教育部高等学校电子信息类专业教学指导委员会规划教材

高等学校电子信息类专业系列教材

C Programming on STC Microcontroller

# STC单片机C语言程序设计

（立体化教程）

何宾　编著

He Bin

清华大学出版社

北京

## 内 容 简 介

本书介绍了STC单片机集成环境下的C语言程序设计。全书共分为26章，主要内容包括：STC单片机绪论、数值表示及运算、数字逻辑和时序、STC单片机CPU子系统、STC单片机CPU指令系统、STC单片机集成开发环境、STC单片机汇编语言编程基础、STC单片机C语言编程入门、STC单片机C语言数据类型、STC单片机C语言运算符、STC单片机C语言描述语句、STC单片机C语言数组、STC单片机C语言指针、STC单片机C语言函数、STC单片机C语言预编译指令、STC单片机C语言复杂数据结构、STC单片机C语言高级编程技术、STC单片机时钟、复位和电源模式原理及实现、STC单片机比较器原理及实现、STC单片机计数器和定时器原理及实现、STC单片机串行异步收发器原理及实现、STC单片机ADC原理及实现、STC单片机SPI原理及实现、STC单片机CCP/PCA/PWM原理及实现、STC单片机增强型PWM原理及实现和RTX51操作系统原理及实现。

本书通过全方位多角度的讲解，将C语言程序设计与单片机课程中的各个知识点进行系统化融合。该教材的一大特色就是理论和实际并重，不仅系统介绍C语言程序设计的各个细节以及在单片机的具体应用，并且更加突出学习方法，教给读者系统学习高级程序设计以及微处理器与嵌入式系统的思路和方法。通过对相关知识点的系统介绍，为读者独立学习其他高级语言程序设计以及基于其他处理器架构的嵌入式系统打下坚实的基础。为了方便教师的教学和学生的自学，本书提供了大量的设计案例和教学视频。本书可作为高职和本科学生系统学习C语言程序设计以及单片机课程的教材，也可作为STC单片机竞赛、单片机认证考试的参考用书。对于从事单片机应用的工程师以及零基础学习C语言的读者来说，也是很好的参考用书。



**图书在版编目(CIP)数据**

STC单片机C语言程序设计：立体化教程/何宾编著. --北京：清华大学出版社，2016（2023.1重印）
高等学校电子信息类专业系列教材
ISBN 978-7-302-42498-7

Ⅰ. ①S… Ⅱ. ①何… Ⅲ. ①单片微型计算机－C语言－程序设计－高等学校－教材
Ⅳ. ①TP368.1 ②TP312

中国版本图书馆CIP数据核字(2015)第316473号

**责任编辑**：盛东亮　赵晓宁
**封面设计**：李召霞
**责任校对**：时翠兰
**责任印制**：宋　林

**出版发行**：清华大学出版社
　　**网　　址**：http://www.tup.com.cn，http://www.wqbook.com
　　**地　　址**：北京清华大学学研大厦A座　　**邮　　编**：100084
　　**社 总 机**：010-83470000　　**邮　　购**：010-62786544
　　**投稿与读者服务**：010-62776969，c-service@tup.tsinghua.edu.cn
　　**质量反馈**：010-62772015，zhiliang@tup.tsinghua.edu.cn
　　**课件下载**：http://www.tup.com.cn，010-83470236
**印 装 者**：三河市龙大印装有限公司
**经　　销**：全国新华书店
**开　　本**：185mm×260mm　　**印　张**：41　　**插　页**：6　　**字　　数**：1007千字
**版　　次**：2016年4月第1版　　**印　　次**：2023年1月第5次印刷
**定　　价**：99.00元

产品编号：067465-02

# 高等学校电子信息类专业系列教材

# 序

FOREWORD

我国电子信息产业销售收入总规模在2013年已经突破12万亿元，行业收入占工业总体比重已经超过9%。电子信息产业在工业经济中的支撑作用凸显，更加促进了信息化和工业化的高层次深度融合。随着移动互联网、云计算、物联网、大数据和石墨烯等新兴产业的爆发式增长，电子信息产业的发展呈现了新的特点，电子信息产业的人才培养面临着新的挑战。

(1) 随着控制、通信、人机交互和网络互联等新兴电子信息技术的不断发展，传统工业设备融合了大量最新的电子信息技术，它们一起构成了庞大而复杂的系统，派生出大量新兴的电子信息技术应用需求。这些"系统级"的应用需求，迫切要求具有系统级设计能力的电子信息技术人才。

(2) 电子信息系统设备的功能越来越复杂，系统的集成度越来越高。因此，要求未来的设计者应该具备更扎实的理论基础知识和更宽广的专业视野。未来电子信息系统的设计越来越要求软件和硬件的协同规划、协同设计和协同调试。

(3) 新兴电子信息技术的发展依赖于半导体产业的不断推动，半导体厂商为设计者提供了越来越丰富的生态资源，系统集成厂商的全方位配合又加速了这种生态资源的进一步完善。半导体厂商和系统集成厂商所建立的这种生态系统，为未来的设计者提供了更加便捷却又必须依赖的设计资源。

教育部2012年颁布了新版《高等学校本科专业目录》，将电子信息类专业进行了整合，为各高校建立系统化的人才培养体系，培养具有扎实理论基础和宽广专业技能的、兼顾"基础"和"系统"的高层次电子信息人才给出了指引。

传统的电子信息学科专业课程体系呈现"自底向上"的特点，这种课程体系偏重对底层元器件的分析与设计，较少涉及系统级的集成与设计。近年来，国内很多高校对电子信息类专业课程体系进行了大力度的改革，这些改革顺应时代潮流，从系统集成的角度，更加科学合理地构建了课程体系。

为了进一步提高普通高校电子信息类专业教育与教学质量，贯彻落实《国家中长期教育改革和发展规划纲要(2010—2020年)》和《教育部关于全面提高高等教育质量若干意见》(教高【2012】4号)的精神，教育部高等学校电子信息类专业教学指导委员会开展了"高等学校电子信息类专业课程体系"的立项研究工作，并于2014年5月启动了《高等学校电子信息类专业系列教材》(教育部高等学校电子信息类专业教学指导委员会规划教材)的建设工作。其目的是为推进高等教育内涵式发展，提高教学水平，满足高等学校对电子信息类专业人才培养、教学改革与课程改革的需要。

本系列教材定位于高等学校电子信息类专业的专业课程，适用于电子信息类的电子信息工程、电子科学与技术、通信工程、微电子科学与工程、光电信息科学与工程、信息工程及其相近专业。经过编审委员会与众多高校多次沟通，初步拟定分批次（2014—2017 年）建设约 100 门课程教材。本系列教材将力求在保证基础的前提下，突出技术的先进性和科学的前沿性，体现创新教学和工程实践教学；将重视系统集成思想在教学中的体现，鼓励推陈出新，采用“自顶向下”的方法编写教材；将注重反映优秀的教学改革成果，推广优秀的教学经验与理念。

为了保证本系列教材的科学性、系统性及编写质量，本系列教材设立顾问委员会及编审委员会。顾问委员会由教指委高级顾问、特约高级顾问和国家级教学名师担任，编审委员会由教育部高等学校电子信息类专业教学指导委员会委员和一线教学名师组成。同时，清华大学出版社为本系列教材配置优秀的编辑团队，力求高水准出版。本系列教材的建设，不仅有众多高校教师参与，也有大量知名的电子信息类企业支持。在此，谨向参与本系列教材策划、组织、编写与出版的广大教师、企业代表及出版人员致以诚挚的感谢，并殷切希望本系列教材在我国高等学校电子信息类专业人才培养与课程体系建设中发挥切实的作用。

吕志伟 教授

# 推荐序

FOREWORD

21世纪全球全面进入了计算机智能检测、控制与通信的时代，而其中的一个重要方向就是以单片机为代表的嵌入式计算机控制与计算。很多大学工科非计算机专业也都与时俱进，全面演进成了以嵌入式计算机、单片机学科群为核心的智能检测、智能控制、智能通信方向的专业。而这些大学的工科非计算机专业要有影响力，就必须学好以单片机为核心的相关专业课程（单片机学科群课程）：

| | |
|---|---|
| C语言程序设计——基于STC单片机实现 | 大学一年级第一学期 |
| 数字系统设计（含Verilog HDL及FPGA） | 大学一年级第二学期 |
| 数据结构及实时操作系统（RTOS） | 大学一年级第二学期 |
| C++及Windows编程 | 大学二年级第一学期 |

我们推荐将何宾老师的这本高校教学改革力作《STC单片机C语言程序设计》，并且放在一年级的第一学期来讲授。工科非计算机专业的学生刚从紧张的高考中走过来，如果大学第一学期还是让学生继续只学数学、英语、物理、政治，那么他们还是不知道他将来究竟能干啥，就会失去新鲜感，失去创造的欲望。如果在第一学期就给他开一门"STC单片机C语言程序设计"，学生就知道他将来能干啥了，就会将高考的学习劲头延续下去，并且也带动了对后续相关专业课程的学习兴趣，可谓"牵一发动全身"，只要先开这门课，就全盘皆活了。然后再开一门Windows下的C++开发课程，正好我们的单片机C语言打下的基础，学生就具备PC端的Windows开发能力了。学生学完数电（含Verilog HDL和FPGA）、模电、数据结构及RTOS（实时操作系统）、传感器、自动控制原理、数字信号处理等后，在大三再开一门"综合电子系统设计"，再加上他那个专业的相关知识，一个以单片机控制为核心的新型复合人才诞生了！

**对大学工科非计算机专业C语言教学的看法**

现在工科非计算机专业讲C语言的课程多是"在空中飘着，落不着地"，学完之后不知道干什么。以前我们学习BASIC/C语言，学完后用DOS系统，在DOS下开发软件。而现在的学生学完C语言，还要从Windows去返回DOS运行，所学的C语言也不能在8051单片机上运行。嵌入式C语言有多个版本，国内流行Keil C；现我们也在开发自己的C编译器。我们现在推动教学改革，将"单片机原理""微机原理"和"C语言程序设计"（嵌入式C语言、面向控制的C语言）安排在同一门课程，在一年级的第一学期就开设，学生学完后就知道将来能干啥了，一年级的第二学期再开设Windows下的C++语言开发课程，正好利用我们的单片机C语言给它奠定的基础。学习过模电、数电（FPGA）、数据结构、实时操作系统（RTOS）、自动控制原理、数字信号处理等课程后，在大三再开一门综合电子系统设计课程，这样就循序渐进地培养出能真正动手实践的人才了。我们现在主要的工作是推动工科非计算机专业高校教学改革，何宾老师的这本教材就是我们教学改革研究成果的优秀代表。

如果部分高校必修课程放不下这门课，可增加这门课为选修课，一定会很受欢迎！

**为何选用 STC 8051 单片机作为 C 语言运行的平台**

Intel 8051 技术诞生于 20 世纪 70 年代，已不可避免地面临着落伍的危险，如果不对其进行大规模创新，我国的单片机教学与应用就会陷入被动局面。为此，STC 宏晶科技对 8051 单片机进行了全面的技术升级与创新，经历了 STC89/90、STC10/11、STC12、STC15 系列，累计发布上百种产品：全部采用 Flash 技术（可反复编程 10 万次以上）和 ISP/IAP（在系统可编程/在应用可编程）技术；针对抗干扰进行了专门设计，超强抗干扰；进行了特别加密设计（例如 STC15 系列现仍无法解密）；对传统 8051 进行了全面提速，指令速度甚至提高了 24 倍；大幅度提高了集成度，如集成了 A/D、CCP/PCA/PWM（PWM 还可当 D/A 使用）、高速同步串行通信端口 SPI、高速异步串行通信端口 UART、定时器、看门狗、内部高精准时钟（±1%温飘，－40～＋85℃之间，可彻底省掉昂贵的外部晶振）、内部高可靠复位电路（可彻底省掉外部复位电路）、大容量 SRAM、大容量 EEPROM、大容量 Flash 程序存储器等。针对高校教学，STC15 系列一个单芯片就是一个仿真器，定时器改造为支持 16 位自动重载（学生只需学一种模式），串行口通信波特率计算改造为（系统时钟/4/（65536 重装数）），极大地简化了教学方式，针对实时操作系统 RTOS 推出了不可屏蔽的 16 位自动重载定时器，并且在最新的 STC-ISP 烧录软件中提供了大量易用的工具，如范例程序、定时器计算器、软件延时计算器、波特率计算器、头文件、指令表、Keil 仿真设置等。封装也从传统的 PDIP40 发展到 DIP8/DIP16/DIP20/SKDIP28，SOP8/SOP16/SOP20/SOP28，TSSOP20/TSSOP28，DFN8/QFN28/QFN32/QFN48/QFN64，LQFP32/LQFP48/LQFP64S/LQFP64L，每个芯片的 I/O 口从 6 到 62 个不等，价格从 0.89 元到 5.9 元不等，极大地方便了客户选型和设计。

2014 年 4 月，STC 宏晶科技重磅推出了 STC15W4K32S4 系列单片机——宽电压工作范围，可直接通过 USB 接口进行 ISP 下载编程，集成了更多的 SRAM（4KB），定时器 7 个（5 个普通定时器＋CCP 定时器 2），串口（4 个），集成了更多的高功能部件（如比较器、带死区控制的 6 路 15 位专用 PWM 等）；开发了功能强大的 STC-ISP 在线编程软件，包含了项目发布、脱机下载、RS-485 下载、程序加密后传输下载等功能，并已申请专利。IAP15W4K58S4 一个芯片就是一个仿真器（OCD，ICE），首次实现一个芯片就可以仿真（彻底抛弃了 J-Link/D-Link），售价仅 5.6 元。

在中国民间草根企业掌握了 Intel 8051 单片机技术，以“初生牛犊不怕虎”的精神，击溃了欧美竞争对手之后，站在 8051 单片机发展的前沿，正在向 16 位、32 位单片机发展的途中，STC 全力支持我国的单片机、嵌入式系统教育事业，STC 大学计划正如火如荼地进行中，免费向一本、二本大学赠送可仿真的 STC15 系列实验箱（仿真芯片 IAP15W4K58S4），共建 STC 高性能单片机、嵌入式 C 语言教学联合实验室，本教材为 STC 大学推广计划的合作教材，也是 STC 单片机系统设计大赛的推荐教材。

**对大学计划与单片机教学的看法**

STC 大学计划正在如火如荼地进行，在国内绝大多数 985、211 和其他一本高校全面建立了 STC 高性能单片机联合实验室，已建和在建的高校有：上海交通大学、复旦大学、同济大学、浙江大学、南京大学、东南大学、武汉大学、吉林大学、中山大学、山东大学、山东大学

(威海)、四川大学、电子科技大学、中南大学、湖南大学、哈尔滨工业大学、哈尔滨工业大学(威海)、南开大学、天津大学、东北大学、厦门大学、兰州大学、西安交通大学、西北工业大学、西北农林科技大学、中国农业大学、中国海洋大学、中央民族大学、北京师范大学、北京航空航天大学、南京航空航天大学、沈阳航空航天大学、南昌航空大学、北京理工大学、大连理工大学、南京理工大学、武汉理工大学、华东理工大学、太原理工大学、上海理工大学、浙江理工大学、东华理工大学、哈尔滨理工大学、哈尔滨工程大学、国防科技大学、中国人民解放军陆军航空兵学院、合肥工业大学、天津工业大学、西安工业大学、河南工业大学、北京工业大学、北京化工大学、北京科技大学、北京信息科技大学、北京工商大学、华北电力大学(北京)、华北电力大学(保定)、西南交通大学、兰州交通大学、东华大学、上海大学、长安大学、中北大学、南昌大学、福州大学、安徽大学、河南大学、苏州大学、江南大学、河海大学、新疆大学、石河子大学、华侨大学、华南师范大学、广西师范大学、上海师范大学、河南师范大学、福建师范大学、云南师范大学、沈阳师范大学、首都师范大学、河南科技大学、扬州大学、南通大学、宁波大学、深圳大学、大连海事大学、杭州电子科技大学、桂林电子科技大学、南京邮电大学、西安邮电大学、天津财经大学、中国石油大学(华东)、东北石油大学、东北农业大学、安徽农业大学、南京农业大学、东北林业大学、北京林业大学、南京林业大学、中国矿业大学(徐州)、中国矿业大学(北京)等国内著名的985、211、及电类本科高校,以及深圳职业技术学院、深圳信息职业技术学院、广东轻工职业技术学院、上海电子信息职业技术学院、吉林电子信息职业技术学院等著名的职业高校。上海交通大学、西安交通大学、浙江大学、山东大学和成都电子科技大学等著名高校的多位知名教授使用STC 1T 8051创作的全新教材也在陆续推出中。多所高校每年都有用STC单片机进行的全校创新竞赛,如杭州电子科技大学、湖南大学、哈尔滨工业大学(威海)、山东大学等。

现在学校的学生是应该首先学习32位的微控制器还是8位的8051单片机呢?我觉得还是8051单片机比较合适。因为高校的嵌入式课程一般只有48个学时,学生如果能充分利用这些学时,把8051单片机学懂,真正做出产品,工作以后就能触类旁通了。但是,如果只给他们48个学时去学习ARM,学生不能完全学懂,最多只能搞些函数调用,培养不出真正能动手的人才。所以,还是应该以8位单片机入门。C语言最好与8051单片机融合教学,尽早开始此课程(比如在一年级开始学习)。等到三年级,学有余力学生可以再选修32位的嵌入式课程。

**对全国大学生电子设计竞赛的支持**

2017年全国大学生电子设计竞赛,采用可仿真的超高速STC15系列1T 8051单片机为主控芯片设计(不需外部晶振,不需外部复位,宽电压,一个芯片就是一台仿真器)

获得最高奖的参赛队伍(限一支),STC特别奖励其10万元:其全体指导老师分享7万元,其全体参赛学生分享3万元。

获得一等奖的参赛队伍(限300支以内),STC特别奖励每队5000元:参赛学生分享3000元,老师分享2000元。

获奖单位需将获奖作品软件/硬件全部提供给STC开源,其知识产权归STC所有,获奖单位需在大赛结束后2个月内提供大赛组委会和学校出具的相关证明来申请。

在校内举办STC杯单片机系统设计大赛的211高校,可获得1万元的赞助,条件是组织100个以上的队伍参赛(每队3人),采用STC可仿真的超高速STC15系列1T 8051

单片机为主控芯片设计参赛作品。普通一本高校,可获得 8000 元的赞助。普通二本高校,可获得 5000 元的赞助。普通三本高校,可获得 4000 元的赞助。高职高专高校,可获得 3000 元的赞助。

感谢 Intel 公司发明了经久不衰的 8051 体系结构,感谢何宾老师撰写了这本新书,保证了中国 30 多年来的单片机教学与世界同步,保证了中国 20 多年来的 C 语言教学与时俱进,本书是 STC 大学计划推荐教材,STC 高性能单片机、嵌入式 C 语言教学联合实验室上机实践指导用书,是 STC 推荐的全国大学生电子设计竞赛 STC 单片机参考教材,采用本书作为教材的院校将优先免费获得可仿真的 STC15 系列单片机实验箱(主控芯片为 STC 可仿真的 IAP15W4K58S4)。

最后,希望广大师生"明知山有虎,偏向虎山行!"

姚永平(STC MCU Limited)
www.STCMCU.com; www.GXWMCU.com
2016 年 4 月

# 前言

PREFACE

目前，在国内高校电子信息类专业同时开设有C语言程序设计课程和单片机课程，而大多数学生在学习C语言程序设计时，没有数字逻辑和处理器的最基本知识，根本不清楚学习C语言程序设计课程的方法和目的，因此造成学生在学习该课程时，普遍感觉很抽象难理解，降低了学生学习该课程的兴趣和效率。学生在学习后续所开设的单片机课程时，授课教师又局限于传统的教学模式和教学方法，往往花了很大的精力只介绍使用汇编语言编程8051单片机，而对C语言在单片机程序设计中的应用讲得很少，甚至根本没有任何涉及，结果就是这些专业虽然在教学计划中开设了这两门课程，但是学生都没有学明白，根本达不到开设相关课程的目的。众所周知，在嵌入式系统开发中，C语言是最重要的开发工具，如果学生在学习C语言的时候没有打好基础，将使得他们无法胜任嵌入式系统开发的工作。

作为国内知名的专业从事8051单片机设计的公司——宏晶科技不断开拓创新，在Intel MCS-51单片机的基础上，融入大量最新的半导体设计方法和计算机技术，使得STC 8051单片机的性能比传统的MCS-51单片机提高了十几倍，并且朝着片上系统SoC的方向发展。此外，借助于Keil μVision集成开发环境，通过使用C语言在STC单片机平台上完成高效率的系统开发。

学生在STC 8051单片机平台上系统学习C语言程序设计的优势，主要体现在以下几个方面。

(1) 在目前已知的嵌入式处理器架构中，8051处理器的内核是最简单的，因此对于学生学习来说，是比较容易入门的。由于处理器的内核相对简单，因此学生可以比较系统直观地学习处理器的内部结构，比如知道程序计数器的作用，取指、译码和执行指令的过程和存储器结构等。

(2) 在学习完8051 CPU内核和指令系统的基础上，学生已经具备了处理器的知识，这样就有了学习C语言的一个具体的处理器平台，因此学习C语言就有了很强的针对性。同时，Keil μVision提供的C51编译器除了支持绝大部分的C语言标准(不支持文件操作)外，还针对8051的架构对C语言标准进行了扩展，学生在学习完C语言程序设计的基本知识后，就能马上应用C语言在STC增强型8051单片机平台上开发应用程序，更深入地理解以C语言为代表的软件控制CPU以及外设的工作过程。

(3) 8051单片机从面世到现在已经三十多年了，在这三十多年的发展历程中，工业界和教育界一起帮助8051平台构建了功能丰富的生态系统，包括大量的教学视频、设计案例和与目前热点应用相关的应用案例，这些将极大地普及和扩展8051在嵌入式系统中的应用领域。

(4) 更重要的是,经过这样系统有针对性的学习后,当学生接触到其他高级程序语言和不同的嵌入式处理器架构时,就知道如何入手快速地面对嵌入式系统的开发。

(5) 将C语言程序设计课程和单片机课程合并不但减轻了学生的学习负担,而且能为国家培养大量可以从事嵌入式系统开发的人才,提高国内嵌入式系统的整体开发水平,从中国制造转变为中国智造。

编写本书时,作者力图从不同的视角对C语言进行解读,从而使读者不但能知道C语言的语法,而且能活学活用,同时使读者能更好地理解C语言和单片机乃至嵌入式系统之间的内在联系。

根据作者多年的教学和科研经历,学习嵌入式系统有着一条非常清晰的主线,即半导体、开关电路、组合逻辑和时序逻辑、状态机、中央处理单元和接口、以助记符所表示机器指令的解读,以C语言为代表的高级语言程序设计。在这个基础上,读者可以自学驱动程序设计以及针对不同操作系统的应用程序开发。因此,书中按照这条主线对相关知识点进行了详细的介绍。

C语言不是孤立存在的,它最终是要被转换成可以运行在不同处理器架构上的机器代码。因此,在本书介绍每个C语言语法知识点的时候,并不只是单单追求能得到正确的运行结果,而是更深入地通过Keil μVision集成开发环境提供的调试器,在机器语言助记符层面,即我们通常所说的汇编语言层面上,通过存储器窗口、监视窗口和寄存器窗口等多角度全方位地解读C语言的每个语法知识点,使得读者能知其然,并且能知其所以然,真正达到活学活用的目的,而不是背C语言的语法和规则。

C语言程序设计能否学透,不仅取决于教师的教学水平,更主要的是取决于学生能不能真正地在实践中学习。将C语言程序设计的理论知识和应用实践完美结合是本书的一大特色。

本书从开始编写到完稿历时近半年,全书共分为26章,以STC公司最新推出的IAP15W4K58S4单片机为平台,以Keil最新的μVision5为软件开发平台,亲自设计C语言程序案例多达130多个,这些设计例子均通过硬件和软件进行了验证和测试。

为了方便老师的教学和学生的自学,提供了该教材的教学课件和所有设计实例的完整设计文件,以及公开视频教学资源。

在本书的编写过程中参考了STC公司最新的技术文档和手册,以及STC学习板原理图和PCB图,在此向STC公司表示衷心的感谢。在本书编写的过程中,作者的学生汤宗美、张艳辉、李宏宇、李宝隆负责部分章节的编写工作,汤宗美对本书的全部稿件进行了初步的完善和修改。在本书编写的过程中,得到了STC公司员工在技术和市场服务方面的热心帮助,特别是得到了STC公司老总姚永平先生的支持,他对作者在编写本书过程中遇到的各种问题进行了耐心细致的回答。在本书出版的过程中,也得到了清华大学出版社各位编辑的帮助和指导,在此也表示深深的谢意。

由于编者水平有限,编写时间仓促,书中难免有疏漏之处,敬请读者批评指正。

作　者

2016年1月于北京

# 学习说明

STUDY SHOWS

**本书视频课堂地址**

书中提及的完整的公共免费高清视频可到北京汇众新特科技有限公司网络课堂观看学习，网址：

http://www.edawiki.com

**本书教学课件(PPT)及工程文件下载地址**

北京汇众新特科技有限公司页面，网址：

http://www.edawiki.com

**注意**：*所有教学课件及工程文件仅限购买本书读者学习使用，不得以任何方式传播！*

**本书作者联络方式**

何宾的网站：http://www.gpnewtech.com

何宾的电子邮件：hb@gpnewtech.com

单片机学习 QQ 群：457066869

**赠送仿真器和实验箱事宜由 STC 公司负责**

STC 公司官网：http://www.stcmcu.com，http://www.gxwmcu.com

市场及服务支持热线：0513-55012928　0513-55012929

**购买本书配套的 GPNT-SMK-1/2 开发板及配件由北京汇众新特科技有限公司负责**

采用本书作为教材的高校教师将免费获得本书作者赠送的单片机开发板

市场及服务支持热线：010-83139176

# 目录

CONTENTS

# 第 1 章 STC 单片机绪论

CHAPTER 1

国产半导体芯片的典型代表——STC 单片机，具有其独特的优点，在整个嵌入式系统领域中，占有一席之地。本章将以 STC 单片机为背景，介绍单片机基础、STC 单片机简介、STC 单片机开发流程、STC 单片机结构及功能和 STC 单片机引脚信号。

通过对 STC 单片机整体的分析，帮助读者掌握学习 STC 单片机的方法，从而达到举一反三、触类旁通的效果。

## 1.1 单片机基础

本节主要介绍单片机的一些基本知识，内容包括：单片机发展历史、单片机概念、单片机与嵌入式系统和单片机编程语言。

### 1.1.1 单片机发展历史

单片机是单片微型计算机(single chip microcomputer)的简称，又称为微控制器(micro control unit，MCU)。

目前，众多厂商将单片机称为微控制器，虽然这样看上去比单片机的名字显得更高级些，但是单片机这个词更能反映其本质特点。

单片机是 20 世纪 70 年代中期发展起来的一种超大规模集成电路芯片。通常所说的 8051 单片机，属于 MCS-51 单芯片系统的一种，它是由英特尔(Intel)公司于 1981 年开发出来的。然后，英特尔公司将 MCS-51 的核心技术授权给了很多公司，所以有很多公司在设计以 8051 为核心的单片机系统。典型的公司有 Atmel、飞利浦和 STC 公司等。

随着半导体技术的不断发展，相继出现了 16 位和 32 位的单片机系统。特别是近几年来，ARM 公司相继推出了更高性能的单片机系统，成为单片机系统应用的一个热点领域。作为传统领域的 8051 单片机性能也得到了很大的提高，和 20 世纪 80 年代相比，其处理能力提高了几十倍。因此仍有非常广阔的市场。表 1.1 给出了单片机发展史上的一些重大事件。

**表 1.1 单片机发展历史**

| 年代 | 事件 |
|---|---|
| 1971 年 | Intel 公司研制出世界上第一个 4 位的微处理器 Intel 4004，标志着微处理器芯片的诞生 |
| 1971 年 | Intel 公司推出 MCS-4 微型计算机系统(包括 4004 微处理器) |
| 1972 年 | Intel 公司研制出第一个 8 位微处理器 Intel 8008 |

续表

| 年代 | 事　　件 |
|---|---|
| 1973 年 | Intel 公司研制出 8 位微处理器 8080，标志第二代微处理器的诞生 |
| 1975 年 | MITS 公司发布第一个通用型 Altair 8800，标志世界上第一台微型计算机的诞生 |
| 1976 年 | Intel 公司研制出 MCS-48 系列 8 位单片机，标志着单片机的诞生 |
| 1976 年 | Zilog 公司开发出 Z80 微处理器，用于微型计算机和工业自动控制设备 |
| 1981 年 | 在 MCS-48 单片机的基础上，Intel 推出了 MCS-51 系列的单片机 |
| 1985 年 | Acorn 公司的 Roger Wilson 和 Steve Furber 设计了 32 位的 RISC 指令集计算机，简称 ARM |
| 1990 年 | Acorn 公司改组为现在的 ARM 计算机公司 |

### 1.1.2　单片机概念

从字面上来说，单片机一词中的“单片”是指一个芯片，“机”是指小型计算机系统。这个小型计算机系统的功能部件主要包括：中央处理单元、程序存储器、随机访问存储器、中断系统、计数器/定时器、外设接口模块以及连接各个功能部件的总线，如图 1.1 所示。下面对单片机的各个功能部件进行说明，从整体上把握单片机的结构。

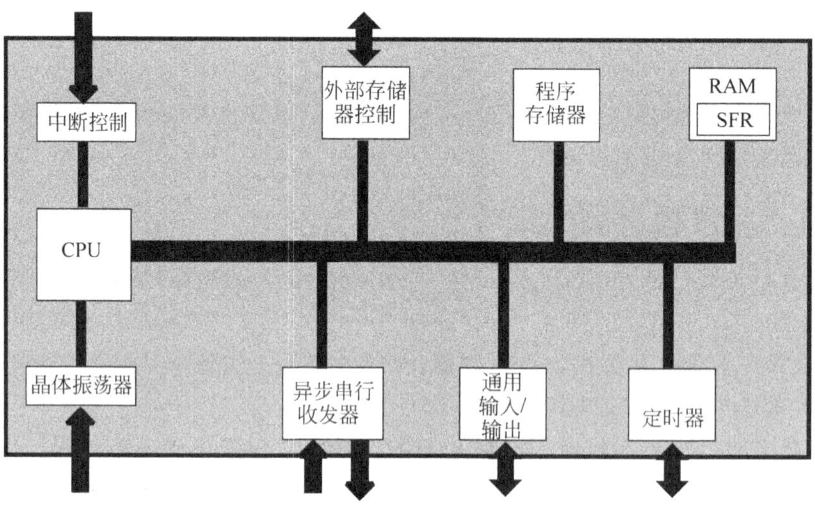


图 1.1　51 单片机内部简化结构

**1. 中央处理单元**

中央处理单元(central processing unit，CPU)是单片机系统的大脑和中枢，它可以完成下面最基本的功能：

(1) 与不同地址空间的不同类型存储器交换信息。通过对存储器的读和写操作，完成 CPU 和存储器的信息交换过程。

(2) 执行逻辑和算术指令，基本和常用的指令包括：加/减运算、逻辑按位或运算、逻辑按位与运算、逻辑按位异或运算和移位运算等。

更具体地说，CPU 是由一些更小的子系统构成。这些重要的子系统包括：

1) 程序计数器

程序计数器(program counter，PC)指向保存将要执行程序指令的存储器地址。然后通过读操作，从PC所指向的储存器的地址获取具体的指令内容。指令中包含着操作码和操作数。

如果在执行指令的过程中，并不是顺序的执行指令，比如遇到调转指令，那么PC将加载新的所要运行指令的地址，并且从指向存储器新地址的位置继续执行程序。

2）指令译码单元

从实现的本质来说，指令译码单元就是一个复杂的有限自动状态机（finite state machine，FSM），它用于对来自程序存储器的指令内容进行翻译。从而用于确定将要执行的指令，这些指令表示CPU下一步所要执行的逻辑操作行为。实际上，这些逻辑操作行为就是一系列的控制序列。

3）算术逻辑单元

算术逻辑单元（arithmetic logic unit，ALU）是CPU中最为重要的核心单元。通过指令译码单元发出的控制信号，从寄存器、存储器中取出需要操作的数据，并将其送到ALU，执行所要求的算术运算或者逻辑运算。

4）控制寄存器和状态寄存器组

对于CPU来说，其内部的控制寄存器组用于设置CPU的工作模式，如设置CPU的工作频率；而状态寄存器组用于反映CPU当前的工作状态，如CPU执行加法运算的过程中，是否出现溢出和进位等。

**2. 程序存储器**

程序存储器用于保存将要执行的程序代码。通常，程序存储器是非易失性的，即一旦将程序固化到存储器中，除非重新固化程序到存储器，否则程序将一直保存在存储器中。即使给单片机断电，在下次上电时，原来固化在程序存储器中的程序仍然存在。

从工艺来说，大多数单片机的程序存储器采用Flash工艺，极少数的单片机采用一次可编程（one time programmable，OTP）工艺。当采用Flash工艺时，设计者可以多次修改和固化程序；当采用OTP工艺时，一旦程序固化，设计者就再也没有机会修改程序。

**3. 随机访问存储器**

随机访问存储器（random access memory，RAM）保存着在程序中所需要用到的数据。典型的，在STC 8051单片机中，提供了用于不同目的RAM。通过不同的寻址模式，实现对这些RAM资源的访问。

**4. 中断系统**

中断系统用于CPU对外部紧急事件的处理。当CPU正在执行当前的程序时，如果外部设备发出了紧急事件的请求，也就是通常所说的中断请求信号时，如果CPU允许立即处理当前紧急事件时，则打断当前正在执行的程序，从而对紧急事件进行处理，也就是通常所说的用于处理紧急事件的程序，即中断服务程序。

当CPU开始对外部紧急事件进行处理时，会通过中断系统通知外部设备CPU已经开始处理紧急事件。这样外部设备会作出相应的判断。

**5. 定时器/计数器**

在单片机中，定时器/计数器单元是一个最基本的功能单元。通过这个单元，可以对不同事件进行同步。当定时器中的计数值到达预先设置的初值时，就会产生定时器中断信号，通过这个信号，就可以同步其他设备。

**6. 外部设备接口模块**

不同单片机厂商所提供的外部接口模块也不尽相同。但是,基本上都提供了通用IO(general purpose input and output,GPIO)和RS-232接口等。

根据产品的应用范围,不同单片机厂商还提供了一些个性化的外设。典型的,宏晶科技在STC单片机中就集成了模拟/数字转换器(analog to digital converter,ADC)模块。

**7. 总线**

总线是一组相关逻辑信号的集合。目前大多数计算机系统都是基于总线的结构,总线包括控制总线、地址总线和数据总线。

对于单片机系统来说,总线分为内部总线和外部总线。其中:

(1) 内部总线用于连接芯片内各个模块单元;

(2) 外部总线用于将外设连接到单片机上。

与复杂计算机系统相比,单片机内的总线相对要简单些。

**思考与练习**

1-1 术语单片机定义为________。

1-2 在单片机中,最核心的功能部件为________。

1-3 在传统的单片机中,存储器分为________和________两种类型。

### 1.1.3 单片机与嵌入式系统

嵌入式系统这个词,目前是整个信息技术词汇中出现频率最高的一个词。嵌入式系统伴随着我们的日常生活,例如智能手机、平板电脑和电子书等。

美国电气和电子工程师协会(institute of electrical and electronics engineers,IEEE)对嵌入式系统定义为用于控制、监视或者辅助操作机器和设备的装置。更具体地说,嵌入式系统是以具体应用为导向的,以计算机技术为核心的,根据具体应用对硬件和软件系统量身定做的便于携带的微型计算机系统。图1.2给出了嵌入式系统的软件和硬件体系结构。与普通计算机系统相比,嵌入式系统对功耗的要求非常苛刻,但是在性能方面,对嵌入式系统的要求又非常高。

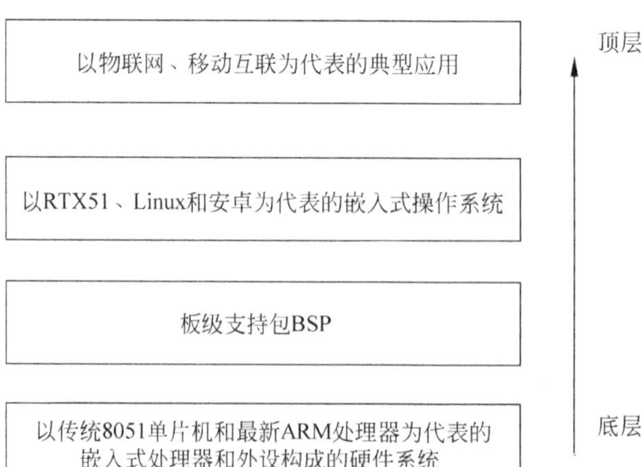


图1.2 嵌入式系统的软件和硬件体系结构

单片机是“物理”层面的概念，指的是某个芯片，只不过芯片内部集成了一个小型的计算机系统而已；而嵌入式系统是一个“系统”层面的概念，包含了软件和硬件。

从应用的角度来说，通常所说的“单片机”是指没有操作系统的软硬件系统，即在硬件系统上，直接开发外设驱动程序和应用程序。所谓在单片机上“裸奔”，即表示在单片机硬件系统上直接运行应用程序；而通常所说的“嵌入式”是指带有操作系统的软硬件系统，即应用程序是构建在操作系统之上的。因此对于嵌入式系统软件和硬件开发人员来说，他们所关注的重点并不相同。

相比较之下，对于纯粹的软件开发人员开说，在操作系统之上开发应用，就不需要特别清楚地知道硬件系统构成情况的各个细节，而只需要大概了解一下即可；而在硬件上直接开发应用，就需要对底层的硬件系统非常清楚，比如寄存器的地址、类型和其中每一位的含义，等等。

本书从嵌入式系统的角度说明基于 STC 8051 单片机构成嵌入式系统的方法，其中就包含了在 8051 单片机上实现并运行 RTX51 操作系统的方法。

**思考与练习**

1-4 术语嵌入式系统定义为________。

1-5 简述嵌入式系统和单片机的关系。

### 1.1.4 单片机编程语言

世界上不论是哪个厂商开发出来的单片机，它们都具有下面共同的特点：

(1) 采用存储程序的体系结构，即将程序保存在程序存储器中。

(2) 本质上都是串行执行程序的，都是靠程序计数器来控制程序的运行。

(3) 工作在二进制状态，也就是通常所说的在 PC 的控制下，通过取出指令，翻译指令和运行指令，运行二进制组成的机器代码。通过运行机器代码，来控制 CPU 内各个功能部件的协调运行。

了解单片机的这些特点，对于编写高效率运行的程序至关重要。

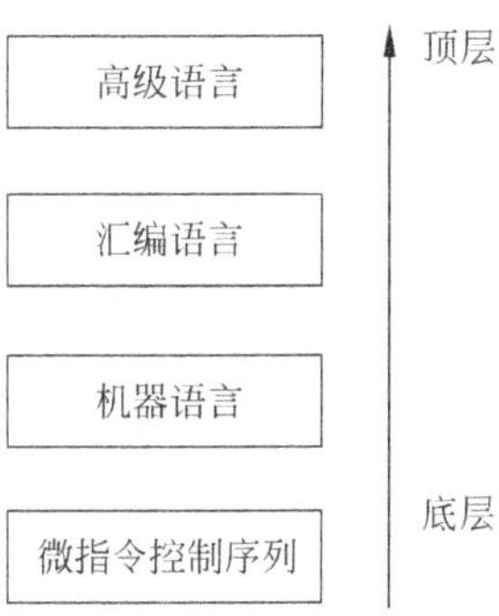

图 1.3 单片机编程语言体系结构

如图 1.3 所示，从系统结构来说，单片机语言分为四个不同的层次，包括控制 CPU 执行程序的微指令序列、机器语言、汇编语言和高级语言。

**1. 微指令控制序列**

微指令控制序列存在于 CPU 内部，对于单片机应用开发人员来说并不可见。本质上，CPU 就是通过由有限自动状态机所构成的微指令控制器对其内部的寄存器、存储器和 ALU 等参与具体数据处理的功能单元“发号施令”。例如，CPU 要实现对两个寄存器的数据进行相加的操作，则微指令控制器会发出一系列的控制序列，这些控制序列是按照 CPU 的时钟周期，按顺序给出。微指令控制序列实际上是数字逻辑中组合逻辑和时序逻辑层面的概念。只有设计 CPU 的工程师，才会接触到微指令控制序列。

下面给出微指令控制序列控制两个数据相加过程的形式化描述：

(1) 选择某个寄存器，将加数读取出来。

(2) 选择另一个寄存器，将被加数读取出来。

(3) 将这两个操作数，送到 ALU。

(4) 根据功能选择，ALU 执行加法运算。

(5) ALU 产生运算的结果和标志，如零标志、符号标志、进位标志和溢出标志等。

(6) 根据指令的要求，将运算的结果送到寄存器或者存储器中进行保存。

可以看出，一个简单的加法运算，要产生一系列的控制序列。这也是通常所说的译码和执行指令。

**2. 机器语言**

从上面可以知道，对于单片机的应用工程师来说，根本不需要微指令控制序，它只要告诉 CPU，执行加法运算即可。也就是不需要掌握 CPU 内部结构的具体实现方式。输入给 CPU，通知其执行加法运算的语言称为机器语言。

图 1.4 给出了 8051 单片机中 ACC 累加器和一个常数(立即数)相加的机器语言的格式。从图中可以看出，机器语言是由 0 和 1 构成的序列。这个序列中包含操作码和操作数两部分。

| 0 0 | 1 0 | 0 1 0 0 | | 立即数 |
|---|---|---|---|---|

图 1.4 单片机机器语言格式

1) 操作码

操作码告诉 CPU 所需要执行的操作。该指令的操作码用二进制表示为$(00100100)_2$，用十六进制表示为$(24)_{16}$。操作码部分包含了操作的类型编码，同时也包含了一部分的操作数内容，指明了参与加法运算的一个数来自 ACC 累加寄存器。

2) 操作数

操作数是操作的对象。这些对象包括立即数(常数)、寄存器和存储器等。图 1.4 中，立即数占用了一个字节(8 个比特位)，表示参与加法运算的另一个数，它由立即数具体的取值指定。

纯粹意义上的机器语言对程序员太难理解了，为什么？这是因为程序员是 CPU 的操作者，而不是 CPU 的设计者，程序员根本不可能从二进制代码的排列中看出机器语言所描述的逻辑操作行为，而且程序员很难记忆这些 0 和 1 的机器语言序列。

**3. 汇编语言**

为了帮助程序员从行为级上理解 CPU 所执行的操作，计算机软件设计人员开发了一套基于助记符的 CPU 指令系统的描述方法。通过汇编语言助记符指令，程序员可以将这些助记符所表示的 CPU 指令组合在一起，构成一个复杂的称为“程序”的软件来控制 CPU 的运行。

汇编语言助记符指令通过汇编器被翻译成机器语言指令。用汇编助记符描述机器指令完整的形式为

[标号:]　　助记符　　[操作数]　　[;注释]

标号用来表示一行指令，助记符表示所要执行的逻辑操作行为，操作数为逻辑操作行为所操作的具体对象，现在用汇编语言来描述图 1.4 给出的机器指令如下：

```
ADD A, #25
```

ADD 表示数据相加操作，A 表示目的操作数，即 ACC 累加器；而 #25 表示源操作数。因此，这个助记符汇编指令所表示的是将立即数(常数)25 和 ACC 累加器内所保存的数相加，将得到的结果保存在 ACC 累加器中。因此在汇编语言级上理解 CPU 的指令操作，更加直观，而且不必知道指令二进制的具体表示方式。因此，降低了软件程序设计人员基于单片机开发程序的难度。

但是，由于汇编语言下面是机器语言，所以对于使用汇编语言编程的程序员来说，必须清楚 CPU 的指令集、寄存器单元和存储器映射等烦琐的硬件规则。虽然其执行效率基本上和机器语言一样，但是使用汇编语言编程效率很低。因为很多程序员根本不了解 CPU 的具体内部结构，所以对它们来说，使用汇编语言编程并不比使用机器指令编程好到哪里去，这也是一件令他们非常痛苦的事情。

但是汇编语言仍然非常重要。重要性体现在：一方面，对理解 CPU 内部的结构和运行的原理非常重要；另一方面，很多与 CPU 打交道的软件驱动程序，尤其是程序的引导代码必须用汇编语言开发；此外，在一些对程序执行时间比较苛刻的场合也需要使用汇编语言进行开发。

**4. 高级语言**

值得高兴的是，目前，厂商开发的软件平台支持使用 C 语言为代表的高级语言对硬件进行编程。图给出了高级语言、汇编语言和机器语言的层次。C 语言不能直接运行在 CPU 上，它必须通过编译器，生成可执行文件，也就是转换成机器语言，才能在 CPU 上运行。如果在 C 语言中，调用或者嵌套了汇编语言，还需要通过汇编器将其转换成机器语言。

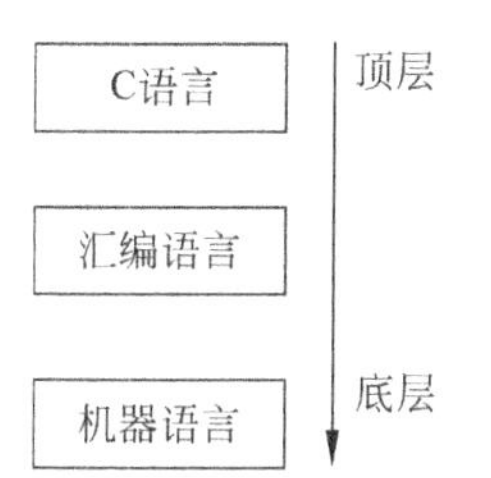


图 1.5 高级语言、汇编语言和机器语言

从图 1.5 可以看出，与 C 语言相比，汇编语言更接近于机器语言。因此使用以 C 语言为代表的高级语言所编写的代码其运行的效率不可能比用汇编语言编程的运行效率高。所以，如果让 C 语言所编写的代码和汇编语言编写的代码有一样高的代码执行效率，需要 C 程序员绞尽脑汁使用一切可能的方法对 C 代码进行优化，或者使用 C 语言和汇编语言混合编程，来满足代码长度和运行时间的设计要求。

代码长度和运行时间是单片机程序设计的两个最基本的要求。一方面，要求程序代码尽可能的短，这样可以大大节省所占用程序存储器的空间，减少了对程序存储器空间的要求；另一方面要求程序代码的运行尽量满足实时性要求，这样在程序的执行过程中可以及时响应不同外设的要求。虽然对程序优化会让高级语言程序员耗费很多精力，但让他们高兴的是，他们再也不用和底层硬件直接打交道了。

现在越来越多的厂商提供了硬件应用程序接口(application program interface，API)函数。这样程序员可以不必知道更多的硬件实现细节，只需关心如何编写代码来使硬件工作，从而大大提高了程序的设计效率。

表 1.2 更清楚地说明 C 语言、汇编语言和机器语言之间的关系。

**表 1.2 C 语言、汇编语言和机器语言之间的关系**

| C 语言描述 | 汇编语言描述 | 机器语言 | 功能 |
|---|---|---|---|
| F=C+D | MOV A, 0x08 | E508 | 将数据空间地址为 0x08 的内容送给累加器 ACC |
| | ADD A, 0x09 | 2509 | 将数据空间地址为 0x09 单元的内容和累加器 ACC 相加后送给累加器 ACC |
| | MOV 0x0A, A | F50A | 将累加器 ACC 的内容送到地址为 0x0A 的单元中 |

如上所述,软件程序设计者必须能够很好地处理汇编语言和 C 语言的关系。

**思考与练习**

1-6 单片机编程语言的四个层次________、________、________、________。

1-7 机器语言/汇编语言指令中,包含________和________。

1-8 请说明在单片机中采用 C 语言编程/汇编语言编程的优势。

## 1.2 STC 单片机简介

本节对 STC 单片机进行概述性介绍,内容包括 STC 单片机发展历史、STC 单片机 IAP 和 ISP、STC 单片机命名规则和 STC 单片机封装类型。

### 1.2.1 STC 单片机发展历史

STC micro(宏晶科技公司)于 1999 年成立。创始人姚永平给它取了三个中文名字:香港宏晶科技有限公司、深圳宏晶科技有限公司和南通国芯微电子有限公司。经过 15 年的发展,目前成为全球最大的 8051 单片机设计公司,全球规模达到 150 余人,研发团队达到 30 余人。STC 在南通面积高达 8000 平方米的 STC 全球运营总部即将投入使用。

STC 南通国芯微电子具备 0.35μm 、0.18μm、0.13μm 和 90nm 的高阶数模混合集成电路设计技术,目前设计的芯片在 TSMC 上海流片生产,在南通富士通封装。

**注**:(1) TSMC-台湾积体电路制造公司,简称台积电,成立于 1987 年,是全球第一家以及全球最大的专业集成电路制造服务(晶圆代工)企业。

(2) 南通富士通微电子股份有限公司,成立于 1997 年,是中国大陆本土最大的封装厂,专业提供从芯片测试到封装,到成品测试的服务。

自 2004 年以来,STC 根据用户的不同需求相继推出了不同系列的 8051 单片机,如表 1.3 所示。

**表 1.3 STC 8051 单片机的发展历史**

| 年份 | 事　　件 |
|---|---|
| 2004 年 | STC 公司推出 STC89C52RC/STC89C58RD+系列 8051 单片机 |
| 2006 年 | STC 公司推出 STC12C5410AD 和 STC12C2052AD 系列 8051 单片机 |
| 2007 年 | STC 公司相继推出 STC89C52/STC89C58、STC90C52RC/STC90C58RD+、STC12C5608AD/STC12C5628AD、STC11F02E、STC10F08XE、STC11F60XE、STC12C5201AD 和 STC12C5A60S2 系列 8051 单片机 |

续表

| 年份 | 事　　件 |
|---|---|
| 2009 年 | STC 公司推出 STC90C58AD 系列 8051 单片机 |
| 2010 年 | STC 公司推出 STC15F100W/STC15F104W 系列 8051 单片机 |
| 2011 年 | STC 公司推出 STC15F2K60S2/IAP15F2K61S2 系列 8051 单片机 |
| 2014 年 | STC 公司相继推出 STC15W401AS/IAP15W413AS、STC15W1K16S/IAP15W1K29S、STC15W404S /IAP15W413S、STC15W100/IAP15W105 和 STC15W4K32S4 / IAP15W4K58S4 系列 8051 单片机 |

### 1.2.2 STC 单片机 IAP 和 ISP

当设计者在单片机上完成单片机上的程序开发后，就需要将程序固化到单片机内部的程序存储器中。当单片机的程序存储器采用 Flash 工艺时，允许设计者重复地固化程序到程序存储器中。

很明显，设计者可以在本地完成程序的固化，然后将系统交付使用方。但是也存在另一种情况，当包含有单片的系统成品交付客户使用后，使用一段时间后需要设计方对产品进行更新，但是由于种种原因设计者又不能到达现场，此时就需要使用其他更新方式，例如，通过网络的远程更新方式。

将本地固化程序的方式称为在系统编程(in system programming，ISP)；而将另一种固化程序的方式称为在应用编程(in application programming，IAP)。下面对这两种方式进行简单的说明。

**1. ISP**

通过单片机专用的串行编程接口和 STC 提供专用串口下载器固化程序软件，对单片机内部的 Flash 存储器进行编程。一般来说，实现 ISP 只需要少量外部电路的辅助。

**2. IAP**

而 IAP 技术是从结构上将 Flash 存储器映射为两个存储空间。当运行一个存储空间的用户程序时，用户可对另一个存储空间重新编程。然后将控制从一个存储空间转向另一个存储空间。IAP 的实现更加灵活。例如，可利用单片机的串行接口连接计算机的 RS-232 口，通过设计者自己专门设计的软件程序来编程 STC 单片机内部的存储器。

支持 ISP 方式的单片机，不一定支持 IAP 方式；但是支持 IAP 方式的单片机，一定支持 ISP 方式。ISP 方式应该是 IAP 方式的一个特殊的“子集”。

**注：**(1) 关于 ISP 和 IAP 的详细原理，将在后续章节进行说明。

(2) 在 STC 单片中，前缀为 STC 的单片机，不支持 IAP 固化程序方式；而前缀为 IAP 的单片机，支持 IAP 固化程序方式。

**思考与练习**

1-9 在单片机中，ISP 是指________，IAP 是指________。

### 1.2.3 STC 单片机命名规则

STC 公司 15 系列单片机用下面符号格式进行标识。

xxx 15 x x xx x-- xx x -xxx x

① ② ③ ④ ⑤ ⑥ ⑦ ⑧ ⑨ ⑩

其中：

① 表示 STC、IAP 或者 IRC，具体含义如下。

STC：设计者不可以将用户程序区的程序 Flash 作为 EEPROM 使用，但有专门的 EEPROM。

IAP：设计者可以将用户程序区的程序 Flash 作为 EEPROM 使用。

IRC：设计者可以将用户程序区的程序 Flash 作为 EEPROM 使用，且固定使用内部的 24MHz 时钟。

② 表示是 STC 公司的 15 系列单片机，当工作在同样的工作频率时，其速度是普通 8051 的 8～12 倍。

③ 表示单片机工作电压，用 F、L 和 W 表示，具体含义如下。

F：表示 Flash，工作电压范围在 3.8～5.5V 之间。

L：表示低电压，工作电压范围在 2.4～3.6V 之间。

W：表示宽电压，工作电压范围在 2.5～5.5V 之间(最低电压和工作频率有关，当单片机的工作频率较高时，建议将最低电压控制在 2.7V 以上)。

④ 用于标识单片机内 SRAM 存储空间容量。

当为一位数字时，容量计算以 128B(B 表示字节)为单位，乘以该数字。例如，当该位为数字 4 时，表示 SRAM 存储空间的容量为 128×4＝512 字节。

当容量超过 1KB(1024 字节时)，用 1K、4K 表示，其单位为字节。

⑤ 表示单片机内程序空间的大小，如：

01 表示 1K 字节；

02 表示 2K 字节；

03 表示 3K 字节；

04 表示 4K 字节；

16 表示 16K 字节；

24 表示 24K 字节；

29 表示 29K 字节。

⑥ 表示单片机的一些特殊功能，用 W、S、AS、PWM、AD 和 S4 表示，具体含义如下。

W：表示有掉电唤醒专用定时器。

S：表示有串口。

AS/PWM/AD：表示有 1 组高速异步串行通信接口；SPI 功能；内部 EEPROM 功能；A/D 转换功能(PWM 还能当作 D/A 使用)、CCP/PWM/PCA 功能。

S4：表示有 4 组高速异步串行通信接口；SPI 功能；内部 EEPROM 功能；A/D 转换功能(PWM 还能当作 D/A 使用)、CCP/PWM/PCA 功能。

⑦ 表示单片机工作频率。例如，28 表示该款单片机的工作频率最高为 28MHz。

⑧ 表示单片机工作温度范围，用 C、I 表示，具体含义如下。

C：表示商业级，其工作温度范围为 0～70℃；

I：表示工业级，其工作温度范围为－40～85℃。

⑨ 表示单片机封装类型。例如，LQFP、PDIP、SOP、SKDIP 和 QFN。

⑩ 表示单片机的引脚个数。例如，64、48、44、40、32 和 28 等。

下面通过一个例子，来说明 STC 单片机的命名规则，如图 1.6 所示。该类型单片机标识的含义如下。

图 1.6 STC 单片机类型标识

(1) IAP 表示该单片机支持在应用编程模式。

(2) 15 表示 15 系列的单片机。

(3) W 表示宽范围供电电压，范围为 2.7～5.5V。

(4) 4K 表示单片机内 SRAM 的容量为 4KB，即 4096 个字节。

(5) 58 表示程序空间的容量为 58KB，即 58×1024 个字节。

(6) S4 表示该单片机提供 4 组高速异步串行通信口(可同时并行使用)、SPI 功能、内部 EEPROM 功能、A/D 转换功能(PWM 还可作为 D/A 使用)和 CCP/PWM/PCA 功能。

(7) 30 表示该单片机的最高工作频率为 30MHz。

(8) I 表示该单片机为工业级器件，工作温度范围为－40～85℃。

(9) PDIP 表示该单片机为传统的双列直插式封装结构。

(10) 40 表示该单片机一共有 40 个引脚。

(11) 1446 表示年份和周数，即 2014 年第 46 周。

(12) HGF462.C 表示晶圆批号，这个标识与芯片制造厂商相关。

(13) B 表示 STC 单片机当前的版本号。

**思考与练习**

1-10 请说明单片机 IAP15W4K58S4 单片机标识的含义。

## 1.2.4 STC 单片机封装类型

从封装类型上来说，STC 单片机主要有双列直插式(dual inline-pin package，DIP)封装和表面贴装(surface mounted devices，SMD)封装两种类型。进一步将 DIP 封装分为 PDIP 和 SKDIP；将 SMD 分为 LQFP、SOP、TSSOP 和 QFN。

STC 单片机所提供的不同封装对电气特性和印刷电路板的设计等都有直接的影响，设计者应该根据设计要求来选择所需要的单片机封装形式。

**1. 双列直插式封装**

双列直插式封装也称为双列直插式封装技术，如图 1.7 所示。早期的集成电路芯片大多采用双列直插形式封装，其引脚数一般不超过 100。

DIP 封装的引脚按逆时针顺序排列，芯片的第一个引脚位于如图 1.8 所示的位置。采用 DIP 封装的集成电路芯片有两排引脚，需要插入到具有 DIP 结构的芯片插座上。当然也可以直接插在有相同焊孔数和几何排列的电路板上进行焊接。DIP 封装的芯片在从芯片插座上插拔时应特别小心，以免损坏引脚。

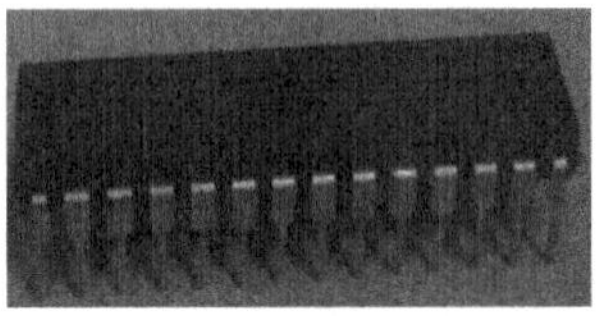

图 1.7　双列直插式封装

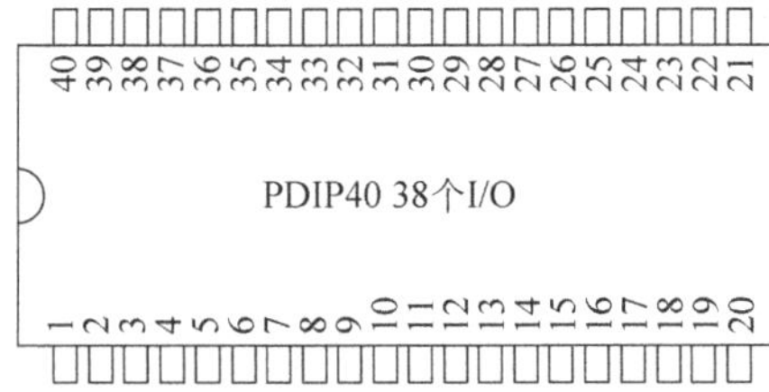


图 1.8　双列直插式封装引脚分布

DIP 封装结构形式有多层陶瓷双列直插式 DIP，单层陶瓷双列直插式 DIP 和引线框架式 DIP(含玻璃陶瓷封接式、塑料包封结构式和陶瓷低熔玻璃封装式)等。

**2. 薄型四方扁平式封装**

采用薄型四方扁平式(low-profile quad flat package，LQFP)封装的集成电路芯片引脚之间距离很小，引脚很细，如图 1.9 所示。

LQFP 封装的引脚按逆时针顺序排列，芯片的第一个引脚位于如图 1.10 所示的位置。一般大规模或超大规模集成电路采用这种封装形式，其引脚数一般都在 100 以上。采用该技术封装的集成电路操作方便，可靠性高；而且其封装外形尺寸较小，寄生参数减小，适合高频应用；该技术主要适合用表面贴装技术(surface mount technology，SMT)在印刷电路板上装配和布线。

图 1.9　薄型四方扁平式封装

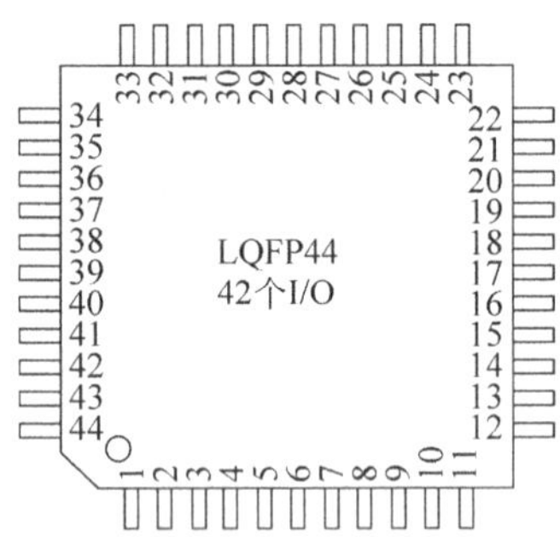


图 1.10　薄型四方扁平式封装引脚分布

**3. 小外形封装**

小外形封装(small out-line package，SOP)是一种很常见的元器件形式。表面贴装型封装之一，引脚从封装两侧引出呈海鸥翼状(L 字形)，如图 1.11 所示。SOP 封装的引脚按逆时针顺序排列，芯片的第一个引脚位于如图 1.12 所示的位置。

图 1.11　小外形封装

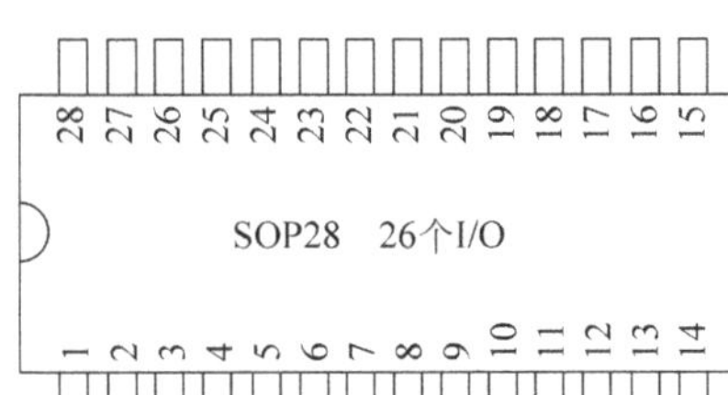


图 1.12　小外形封装引脚分布

**4. 薄的缩小型小外形封装**

薄的缩小型小外形(thin shrink small outline package, TSSOP)封装,比 SOP 封装薄,引脚更密,相同功能时封装尺寸更小,如图 1.13 所示。典型的 TSSOP 封装有 TSSOP8、TSSOP20、TSSOP24 和 TSSOP28 等。

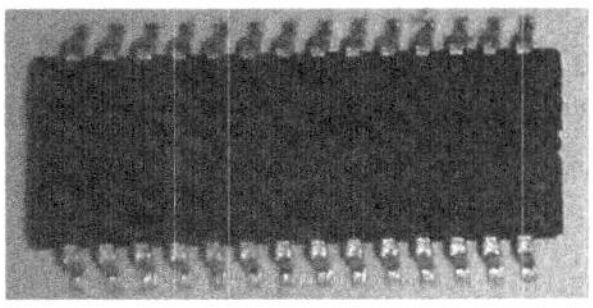

图 1.13 薄的缩小型小外形(TSSOP)封装

**注**:TSSOP 封装引脚分布和 SOP 封装引脚分布一样。

**5. 方形扁平无引脚封装**

方形扁平无引脚(quad flat no-lead,QFN)封装,表面贴装型封装之一。现在多称为 LCC,如图 1.14 所示。QFN 封装的引脚按逆时针顺序排列,芯片的第一个引脚位于如图 1.15 所示的位置。

(a) 正面 (b) 背面

图 1.14 方形扁平无引脚(QFN)封装

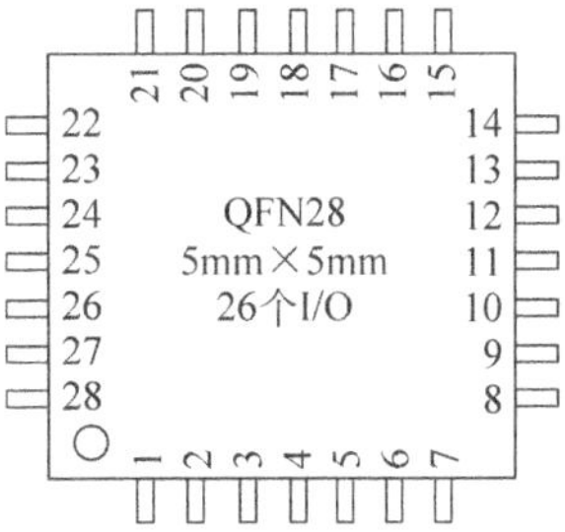


图 1.15 方形扁平无引脚(QFN)封装引脚分布

该封装四侧配置有电极触点,由于无引脚,贴装占用面积比 QFP 小,高度比 QFP 低。当印刷基板与封装之间产生应力时,在电极接触处就不能得到缓解。因此电极触点难于做到 QFP 的引脚那样多,一般是 14～100。材料有陶瓷和塑料两种,塑料 QFN 是以玻璃环氧树脂印刷基板基材的一种低成本封装。

## 1.3 STC 单片机系统硬件设计

本节主要介绍 STC 单片机开发流程,主要是硬件设计流程。作为设计者或者用户,是将 STC 提供的单片机芯片用于实现某个特定的应用需求。

硬件是用来实现特定应用需求的"物理载体",这个"物理载体"的实现过程如图 1.16 所示。

**1. 具体的应用需求**

整个设计的核心问题就是首先明确具体的应用需求。包括以下方面的问题。

(1) 明确所设计的系统与其他系统接口的电气规范和机械规范。

(2) 明确设计所需要的总成本,包括完成设计需要的人员分配、时间进度和资金计划等。

(3) 列出系统的硬件模块划分,以及需要的软件开发工具。

**2. STC 单片机选型**

一旦明确 STC 单片机能满足应用需求,则需要从 STC 所提供不同系列的单片机中选择一款单片机,选型的原则包括:

(1) 在产品交付后，是否需要修改设计，即将来是否需要使用应用在线编程(IAP)的编程方法。

(2) 在设计阶段对系统进行调试和仿真时，所需要的调试和仿真环境。

(3) 单片机的价格成本。

(4) 单片机的工作环境要求。

(5) 单片机的封装形式。

(6) 单片机的工作频率。

(7) 单片机内的程序存储器容量。

(8) 单片机的片内 RAM 容量。

(9) 在满足上述要求的前提下，优先选用片内外设资源丰富的单片机。

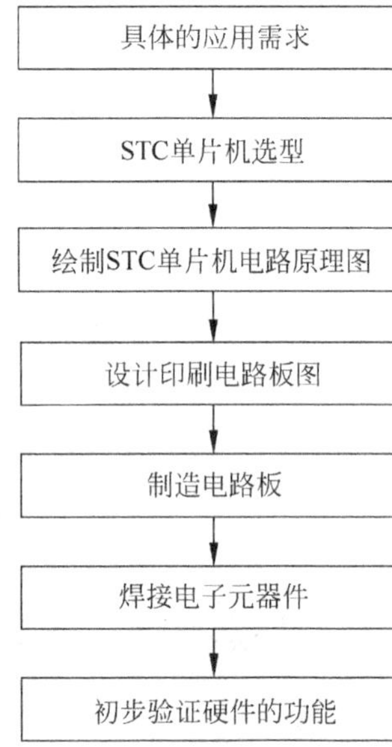


图 1.16 STC 单片机硬件设计流程

**3. 电路原理图和 PCB 图的设计**

在进行原理图和 PCB 图设计时，应遵循下面的原则：

(1) 选择设计者熟悉的原理图和 PCB 图绘制工具。

(2) 检查元件库是否已经提供所需要元器件的原理图和 PCB 封装，如果没有，需要设计者自己绘制所需元件的原理图和 PCB 封装。

(3) 设置绘制原理图的参数和电气规则。

(4) 根据所使用芯片的数据手册，完成原理图的绘制。

(5) 在绘制完原理图后，检查原理图设计是否存在缺陷。

(6) 将原理图导入到 PCB 设计工具中。

(7) 设置绘制 PCB 图的参数和电气规则。

(8) 按照设计规则的要求，完成 PCB 图的绘制。

(9) 在绘制完 PCB 图后，检查 PCB 图的设计。

(10) 生成光绘文件。

**4. 印刷电路板的制造**

当生成光绘文件后，选择 PCB 制板厂商，提供制板的一些要求，如有无阻抗控制要求，PCB 板的颜色以及对于过孔的处理方法等。

**5. 电子元器件的焊接**

当设计者拿到成品 PCB 板后，可以根据焊接工艺的要求自己将所用到的电子元器件焊接到 PCB 板上，或者将 PCB 板和电子元器件交给专业的焊接工厂进行焊接。在焊接完成后，要确保不存在任何焊接的缺陷，包括短路和虚焊等。

**6. 硬件功能的初步验证**

当设计者拿到焊接后的板子，可以在板子上，运行一些测试文件，以确保板子没有设计缺陷和制作缺陷。然后，就可以将其交给软件开发人员进行进一步的开发。必要时，硬件设计人员还需要配合软件设计人员的调试过程。

**思考与练习**

1-11 简述 STC 单片机硬件开发流程。

## 1.4 STC单片机结构及功能

本节以STC公司的IAP15W4K58S4单片机为例，对STC单片机的内部结构和功能进行说明，如图1.17所示。

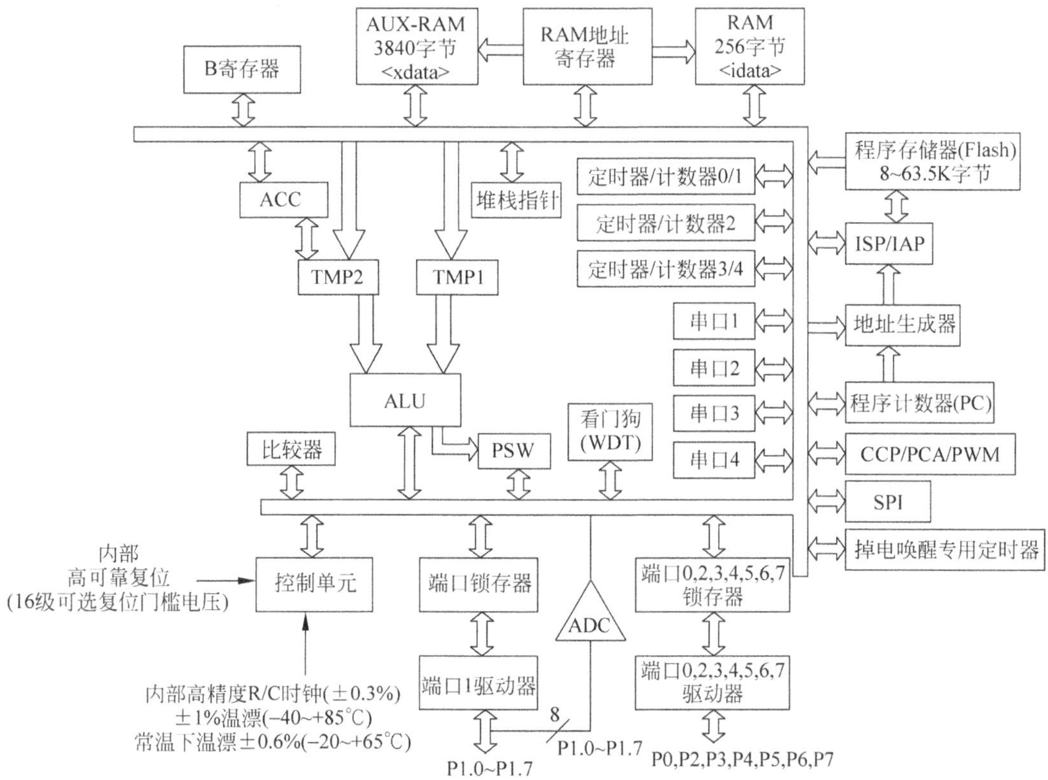


图1.17 STC15W4K32S4系列单片机的内部结构

**注**：(1) 该型单片机属于STC15W4K32S4系列，该系列单片机提供了系统在线仿真、系统在线编程、无需专用仿真器，以及可远程升级的功能。

(2) IAP15W4K58S4单片机本身就是仿真芯片。

STC 15W 4K32S4系列单片机的主要特点包括：

(1) 片内带有高达4KB的RAM数据存储空间。

(2) 采用了增强型8051 CPU内核，达到1个时钟/一个机器周期的性能，比传统的8051速度快7～12倍。速度比STC早期的1T系列单片机(如STC12/11/10系列)的速度快20%。

**注**：在计算机中，为了便于管理，常把一条指令的执行过程划分为若干个阶段，每一阶段完成一项工作。例如，取指令、存储器读和存储器写等，每一项工作称为一个基本操作。完成一个基本操作所需要的时间称为机器周期。

一般情况下，一个机器周期由若干个状态周期组成。通常用内存中读取一个指令字的最短时间来规定CPU周期。

**注**：时钟周期又称振荡周期，是处理操作的最基本单位。

(3) 采用宽电压供电技术，其工作电压范围为2.5～5.5V。

**注**：当单片机工作在高时钟频率时，建议其工作电压范围2.7～5.5V。

(4) 采用低功耗设计技术，该系列单片机可以工作在：低速模式、空闲模式和掉电模式。

**注**：当工作在掉电模式时，可通过外部中断或者内部掉电唤醒定时器唤醒。

(5) 内置高可靠复位电路，不需要外部复位。当通过ISP编程时，提供16级可选的复位门槛电压。

(6) 内置R/C时钟电路，不需要使用外部晶体振荡器。当使用ISP编程时，内部时钟频率为5～35MHz。振荡器频率特性为在正常温度时，温漂为±0.3%；在−40～+85℃时，温漂为±1%；在−20～+65℃时，温漂为±0.6%。

**注**：设计者也可以使用外部有源或者无源晶体振荡器产生的时钟输入信号。推荐使用内部的R/C时钟电路。

(7) 提供了大量的掉电唤醒资源，包括：INT0/INT1(上升沿/下降沿中断均可)，INT2/INT3/INT4(下降沿中断)；CCP0/CCP1/RxD/RxD2/RxD3/RxD4/T0/T1/T2/T3/T4引脚；内部掉电唤醒专用定时器。

(8) 该系列单片机提供了16KB、32KB、40KB、48KB、56KB、61KB和63.5KB容量的片内Flash程序存储器，擦写次数在10万次以上。

(9) 大容量片内EEPROM功能，擦写次数在10万次以上。

(10) 芯片内置8通道10位的高速模拟-数字转换器，采样速度可达30万次采样/秒。

(11) 芯片内置比较器模块。可作为1路ADC使用，并可作掉电检测；支持外部引脚CMP+与外部引脚CMP−进行比较，可产生中断，并可在引脚CMPO上产生输出(可设置极性)；也支持外部引脚CMP+与内部参考电压进行比较。

(12) 片内6通道15位带死区控制的专用高精度脉冲宽度调制(Pulse Width Modulation，PWM)模块。此外还提供了2通道CCP模块，通过它的高速脉冲输出功能可实现2路11～16位PWM。它们可以用来实现8路模拟到数字转换器(Digital to Analog Converter，DAC)功能，2个16位定时器和2个外部中断(支持上升沿/下降沿中断)。

**注**：CCP是下面英文单词的缩写，包括Capture(捕获)、Compare(比较)和PWM脉冲宽度调制。

(13) 片内提供多达7个定时器/计数器模块，其中5个16位可重装载定时器/计数器，包括：T0/T1/T2/T3/T4(T0和T1与普通8051单片机的定时器/计数器模块兼容)，均可实现时钟输出。此外，引脚MCLKO可将内部主时钟进行分频(分频因子为1、2、4、16)，输出分频时钟。2路CCP也可实现2个定时器。

(14) 片内提供可编程时钟输出功能。实现对内部系统时钟，或者连接到外部引脚的时钟进行分频后输出。其中：T0在P3.5引脚输出时钟；T1在P3.4引脚输出时钟；T2在P3.0引脚输出时钟；T3在P0.4引脚输出时钟；T4在P0.6引脚输出时钟；内部主时钟在P5.4引脚/MCLKO对外输出时钟。

**注**：对以上5个定时器/计数器输出时钟，可实现1～65 536级分频；STC15系列8个引脚单片机的主时钟在P3.4引脚/MCLKO输出。

(15) 片内提供四个完全独立的超高速串口/UART。

**注**：通过分时复用的方法，可当作9个串口。

(16) 片内提供硬件看门狗定时器(watchdog timer，WDT)模块。

(17) 该系列单片机采用了先进的指令集结构，兼容普通8051指令集。此外还提供了硬件乘法/除法指令。

(18) 该系列单片机提供了通用输入/输出(general purpose input/output，GPIO)资源。根据具体器件的不同，可提供26、30、42、38、46、62个GPIO端口。当对单片机复位后，将GPIO配置成准双向IO口/弱上拉，这和传统8051单片机是一样。在复位后，可设置4种模式：准双向口/弱上拉；强推挽/强上拉；仅为输入/高阻，以及开漏。每个I/O口驱动能力最大可达到20mA，但是注意整个芯片的电流最大不要超过120mA。

## 1.5 STC单片机引脚信号

本节以STC目前最新的IAP15W4K58S4单片机为例，说明DIP封装和LQFP封装各个引脚的含义，如表1.4所示。

**注**：关于其他封装的各个引脚的含义，请参考STC的数据手册。

**表1.4 IAP15W4K58S4单片机引脚定义和功能**

| 引脚编号 | | | 引脚名字 | 引脚说明 |
|---|---|---|---|---|
| PDIP40 | LQFP44 | LQFP64 | | |
| 1 | 40 | 59 | P0.0/AD0/RxD3 | (1) P0.0：标准I/O口<br>(2) AD0：地址/数据总线<br>(3) RxD3：串口3数据接收端口 |
| 2 | 41 | 60 | P0.1/AD1/TxD3 | (1) P0.1：标准I/O口<br>(2) AD1：地址/数据总线(复用，第1位)<br>(3) TxD3：串口3数据发送端口 |
| 3 | 42 | 61 | P0.2/AD2/RxD4 | (1) P0.2：标准I/O口<br>(2) AD2：地址/数据总线(复用，第2位)<br>(3) RxD4：串口4数据接收端口 |
| 4 | 43 | 62 | P0.3/AD3/TxD4 | (1) P0.3：标准I/O口<br>(2) AD3：地址/数据总线(复用，第3位)<br>(3) TxD4：串口4数据发送端口 |
| 5 | 44 | 63 | P0.4/AD4/T3CLKO | (1) P0.4：标准I/O口<br>(2) AD4：地址/数据总线(复用，第4位)<br>(3) T3CLKO：定时器/计数器3的时钟输出 |
| 6 | 1 | 2 | P0.5/AD5/T3/PWMFLT2 | (1) P0.5：标准I/O口<br>(2) AD5：地址/数据总线(复用，第5位)<br>(3) T3：定时器/计数器3的时钟输入<br>(4) PWMFLT2：PWM异常停机控制引脚(可选的第2个引脚位置) |

续表

| 引脚编号 | | | 引 脚 名 字 | 引 脚 说 明 |
|---|---|---|---|---|
| PDIP40 | LQFP44 | LQFP64 | | |
| 7 | 2 | 3 | P0.6/AD6/T4CLKO/PWM7_2 | (1) P0.6：标准 I/O 口<br>(2) AD6：地址/数据总线(复用，第 6 位)<br>(3) T4CLKO：定时器/计数器 4 的时钟输出<br>(4) PWM7_2：脉冲宽度调制输出通道 7(可选的第 2 个引脚位置) |
| 8 | 3 | 4 | P0.7/AD7/T4/PWM6_2 | (1) P0.7：标准 I/O 口。<br>(2) AD7：地址/数据总线(复用，第 7 位)<br>(3) T4：定时器/计数器 4 的时钟输入<br>(4) PWM6_2：脉冲宽度调制输出通道 6(可选的第 2 个引脚位置) |
| 9 | 4 | 9 | P1.0/ADC0/CCP1/RXD2 | (1) P1.0：标准 I/O 口<br>(2) ADC0：ADC 输入通道 0<br>(3) CCP1：外部信号捕获、高速脉冲输出及脉冲宽度调制输出通道 1<br>(4) RXD2：串口 2 数据接收端 |
| 10 | 5 | 10 | P1.1/ADC1/CCP0/TXD2 | (1) P1.1：标准 I/O 口<br>(2) ADC1：ADC 输入通道 1<br>(3) CCP0：外部信号捕获、高速脉冲输出及脉冲宽度调制输出通道 0<br>(4) TXD2：串口 2 数据发送端 |
| 11 | 7 | 12 | P1.2/ADC2/SS/ECI/CMPO | (1) P1.2：标准 I/O 口<br>(2) ADC2：ADC 输入通道 2<br>(3) SS：SPI 同步串口的从机选择信号<br>(4) ECI：CCP/PCA 计数器外部脉冲输入引脚<br>(5) CMPO：比较器比较结果输出引脚 |
| 12 | 8 | 13 | P1.3/ADC3/MOSI | (1) P1.3：标准 I/O 口<br>(2) ADC3：ADC 输入通道 3<br>(3) MOSI：SPI 同步串行接口的主设备输出/从设备输入引脚 |
| 13 | 9 | 14 | P1.4/ADC4/MISO | (1) P1.4：标准 I/O 口<br>(2) ADC4：ADC 输入通道 4<br>(3) MISO：SPI 同步串行接口的主设备输入/从设备输出引脚 |
| 14 | 10 | 15 | P1.5/ADC5/SCLK | (1) P1.5：标准 I/O 口<br>(2) ADC5：ADC 输入通道 5<br>(3) SCLK：SPI 同步串行接口的时钟信号 |

续表

| 引脚编号 | | | 引脚名字 | 引脚说明 |
|---|---|---|---|---|
| PDIP40 | LQFP44 | LQFP64 | | |
| 15 | 11 | 16 | P1.6/ADC6/RxD_3/XTAL2/MCLKO_2/PWM6 | (1) P1.6：标准 I/O 口<br>(2) ADC6：ADC 输入通道 6<br>(3) RxD_3：串口 1 数据接收端(可选的第 3 个引脚位置)<br>(4) XTAL2：外接无源晶体振荡器的一端。当外接有源晶体振荡器时，该引脚将输入到 XTAL1 的时钟进行输出<br>(5) MCLKO_2：主时钟输出(可选的第 2 个引脚位置)。输出频率为 SYSCLK/1、SYSCLK/2、SYSCLK/4、SYSCLK/6<br>注：SYSCLK 为系统时钟频率<br>(6) PWM6：脉冲宽度调制通道 6 |
| 16 | 12 | 17 | P1.7/ADC7/TxD_3/XTAL1/PWM7 | (1) P1.7：标准 I/O 口<br>(2) ADC7：ADC 输入通道 7<br>(3) TxD_3：串口 1 数据发送端(可选的第 3 个引脚位置)<br>(4) XTAL1：外接无源晶体振荡器的一端。当外接有源晶体振荡器时，该引脚是外部有源晶体振荡器的时钟输入<br>(5) PWM7：脉冲宽度调制通道 7 |
| 32 | 30 | 45 | P2.0/A8/RSTOUT_LOW | (1) P2.0：标准 I/O 口<br>(2) A8：地址总线(第 8 位)<br>(3) RSTOUT_LOW：上电后，输出低电平，在复位期间也是输出低电平，用户可以用软件将其设置为高电平或低电平，如果要读取外部状态，可将该端口先置高后再读 |
| 33 | 31 | 46 | P2.1/A9/SCLK_2/PWM3 | (1) P2.1：标准 I/O 口<br>(2) A9：地址总线(第 9 位)<br>(3) SCLK_2：SPI 同步串行接口的时钟信号(可选的第 2 个引脚位置)<br>(4) PWM3：脉冲宽度调制通道 3 |
| 34 | 32 | 47 | P2.2/A10/MISO_2/PWM4 | (1) P2.2：标准 I/O 口<br>(2) A10：地址总线(第 10 位)<br>(3) MISO_2：SPI 同步串行接口的主设备输入/从设备输出引脚(可选的第 2 个引脚位置)<br>(4) PWM4：脉冲宽度调制通道 4 |
| 35 | 33 | 48 | P2.3/A11/MOSI_2/PWM5 | (1) P2.3：标准 I/O 口<br>(2) A11：地址总线(第 11 位)<br>(3) MOSI_2：SPI 同步串行口的主设备输出/从设备输入引脚(可选的第 2 个引脚位置)<br>(4) PWM5：脉冲宽度调制通道 5 |

续表

| 引脚编号 | | | 引脚名字 | 引脚说明 |
|---|---|---|---|---|
| PDIP40 | LQFP44 | LQFP64 | | |
| 36 | 34 | 49 | P2.4/A12/ECI_3/SS_2/PWMFLT | (1) P2.4：标准 I/O 口<br>(2) A12：地址总线(第 12 位)<br>(3) ECI_3：CCP/PCA 计数器的外部脉冲输入引脚(可选的第 3 个引脚位置)<br>(4) SS_2：SPI 同步串行接口的从设备选择信号(可选的第 2 个引脚位置)<br>(5) PWMFLT：PWM 异常停机控制引脚 |
| 37 | 35 | 50 | P2.5/A13/CCP0_3 | (1) P2.5：标准 I/O 口<br>(2) A13：地址总线(第 13 位)<br>(3) CCP0_3：外部信号捕获、高速脉冲输出及脉冲宽度调制输出通道 0(可选的第 3 个引脚位置) |
| 38 | 36 | 51 | P2.6/A14/CCP1_3 | (1) P2.6：标准 I/O 口<br>(2) A14：地址总线(第 14 位)<br>(3) CCP1_3：外部信号捕获、高速脉冲输出及脉冲宽度调制输出通道 1(可选的第 3 个引脚位置) |
| 39 | 37 | 52 | P2.7/A15/PWM2_2 | (1) P2.7：标准 I/O 口<br>(2) A15：地址总线(第 15 位)<br>(3) PWM2_2：脉冲宽度调制输出通道 2(可选的第 2 个引脚位置) |
| 21 | 18 | 27 | P3.0/RxD/$\overline{\text{INT4}}$/T2CLKO | (1) P3.0：标准 I/O 口<br>(2) RxD：串口 1 数据接收端<br>(3) $\overline{\text{INT4}}$：外部中断 4，只能下降沿触发中断，该引脚支持掉电唤醒<br>(4) T2CLKO：T2 的时钟输出 |
| 22 | 19 | 28 | P3.1/TxD/T2 | (1) P3.1：标准 I/O 口<br>(2) TxD：串口 1 数据发送端<br>(3) T2：定时器/计数器外部输入引脚 |
| 23 | 20 | 29 | P3.2/INT0 | (1) P3.2：标准 I/O 口<br>(2) INT0：外部中断 0，既可上升沿，也可以下降沿触发中断，该引脚支持掉电唤醒 |
| 24 | 21 | 30 | P3.3/INT1 | (1) P3.3：标准 I/O 口<br>(2) INT1：外部中断 1，既可上升沿，也可以下降沿触发中断，该引脚支持掉电唤醒 |
| 25 | 22 | 31 | P3.4/T0/T1CLKO/ECI_2 | (1) P3.4：标准 I/O 口<br>(2) T0：定时器/计数器 0 的外部输入<br>(3) T1CLKO：定时器/计数器 1 的时钟输出<br>(4) ECI_2：CCP/PCA 计数器的外部脉冲输入引脚(可选的第 2 个引脚位置) |

续表

| 引脚编号 | | | 引脚名字 | 引脚说明 |
|---|---|---|---|---|
| PDIP40 | LQFP44 | LQFP64 | | |
| 26 | 23 | 34 | P3.5/T1/T0CLKO/CCP0_2 | (1) P3.5：标准 I/O 口<br>(2) T1：定时器/计数器 1 的外部输入<br>(3) T0CLKO：定时器/计数器 0 的时钟输出<br>(4) CCP0_2：外部信号捕获、高速脉冲输出及脉冲宽度调制输出通道 0(可选的第 2 个引脚位置) |
| 27 | 24 | 35 | P3.6/$\overline{\text{INT2}}$/RxD_2/CCP1_2 | (1) P3.6：标准 I/O 口<br>(2) $\overline{\text{INT2}}$：外部中断 2，只能下降沿触发中断，该引脚支持掉电唤醒<br>(3) RxD_2：串口 1 数据接收端(可选的第 2 个引脚位置)<br>(4) CCP1_2：外部信号捕获、高速脉冲输出及脉冲宽度调制输出通道 1(可选的第 2 个引脚位置) |
| 28 | 25 | 36 | P3.7/$\overline{\text{INT3}}$/TxD_2/PWM2 | (1) P3.7：标准 I/O 口<br>(2) $\overline{\text{INT3}}$：外部中断 3，只能下降沿触发中断，该引脚支持掉电唤醒<br>(3) TxD_2：串口 2 数据接收端(可选的第 2 个引脚位置)<br>(4) PWM2：脉冲宽面度调制输出通道 2 |
| | 17 | 22 | P4.0/MOSI_3 | (1) P4.0：标准 I/O 口<br>(2) MOSI_3：SPI 同步串口接口的主设备输出/从设备输入引脚(可选的第 3 个引脚位置) |
| 29 | 26 | 41 | P4.1/MISO_3 | (1) P4.1：标准 I/O 口<br>(2) MISO_3：SPI 同步串口接口的主设备输入/从设备输出引脚(可选的第 3 个引脚位置) |
| 30 | 27 | 42 | P4.2/$\overline{\text{WR}}$/PWM5_2 | (1) P4.2：标准 I/O 口<br>(2) $\overline{\text{WR}}$：外部数据存储器写脉冲<br>(3) PWM5_2：脉冲宽度调制输出通道 5(可选的第 2 个引脚位置) |
| | 28 | 43 | P4.3/SCLK_3 | (1) P4.3：标准 I/O 口<br>(2) SCLK_3：SPI 同步串口接口的时钟引脚(可选的第 3 个引脚位置) |
| 31 | 29 | 44 | P4.4/$\overline{\text{RD}}$/PWM4_2 | (1) P4.4：标准 I/O 口<br>(2) $\overline{\text{RD}}$：外部数据存储器读脉冲<br>(3) PWM4_2：脉冲宽度调制输出通道 4(可选的第 2 个引脚位置) |
| 40 | 38 | 57 | P4.5/ ALE/PWM3_2 | (1) P4.5：标准 I/O 口<br>(2) ALE ：外部数据存储器地址锁存<br>(3) PWM3_2：脉冲宽度调制输出通道 3(可选的第 2 个引脚位置) |

续表

| 引脚编号 | | | 引 脚 名 字 | 引 脚 说 明 |
|---|---|---|---|---|
| PDIP40 | LQFP44 | LQFP64 | | |
| | 39 | 58 | P4.6/RxD2_2 | (1) P4.6：标准I/O口<br>(2) RxD2_2：串口2数据接收端(第二个可用的引脚位置) |
| | 6 | 11 | P4.7/TxD2_2 | (1) P4.7：标准I/O口<br>(2) TxD2_2：串口2数据发送端(第二个可用的引脚位置) |
| | | 32 | P5.0/RxD3_2 | (1) P5.0：标准I/O口<br>(2) RxD3_2：串口3数据接收端(第二个可用的引脚位置) |
| | | 33 | P5.1/TxD3_2 | (1) P5.1：标准I/O口<br>(2) TxD3_2：串口3数据发送端(第二个可用的引脚位置) |
| | | 64 | P5.2/RxD4_2 | (1) P5.2：标准I/O口<br>(2) RxD4_2：串口4数据接收端(第二个可用的引脚位置) |
| | | 1 | P5.3/TxD4_2 | (1) P5.3：标准I/O口<br>(2) TxD4_2：串口4数据发送端(第二个可用的引脚位置) |
| 17 | 13 | 18 | P5.4/RST/MCLKO/SS_3/CMP− | (1) P5.4：标准I/O口<br>(2) RST：复位引脚，高电平复位<br>(3) MCLKO：主时钟输出。输出频率为SYSCLK/1、SYSCLK/2、SYSCLK/4、SYSCLK/6<br>注：SYSCLK为系统时钟频率<br>(4) SS_3：SPI同步串行接口的从设备选择信号引脚(可选的第3个引脚位置)<br>(5) CMP−：比较器反相端输入 |
| 19 | 15 | 20 | P5.5/CMP+ | (1) P5.5：标准I/O口<br>(2) CMP+：比较器同相端输入 |
| | | 5 | P6.0 | P6.0：标准I/O口 |
| | | 6 | P6.1 | P6.1：标准I/O口 |
| | | 7 | P6.2 | P6.2：标准I/O口 |
| | | 8 | P6.3 | P6.3：标准I/O口 |
| | | 23 | P6.4 | P6.4：标准I/O口 |
| | | 24 | P6.5 | P6.5：标准I/O口 |
| | | 25 | P6.6 | P6.6：标准I/O口 |
| | | 26 | P6.7 | P6.7：标准I/O口 |
| | | 37 | P7.0 | P7.0：标准I/O口 |
| | | 38 | P7.1 | P7.1：标准I/O口 |
| | | 39 | P7.2 | P7.2：标准I/O口 |
| | | 40 | P7.3 | P7.3：标准I/O口 |
| | | 53 | P7.4 | P7.4：标准I/O口 |

续表

| 引脚编号 | | | 引 脚 名 字 | 引 脚 说 明 |
|---|---|---|---|---|
| PDIP40 | LQFP44 | LQFP64 | | |
| | | 54 | P7.5 | P7.5：标准 I/O 口 |
| | | 55 | P7.6 | P7.6：标准 I/O 口 |
| | | 56 | P7.7 | P7.7：标准 I/O 口 |
| 18 | 14 | 19 | VCC | 单片机供电电源正极 |
| 20 | 16 | 21 | GND | 单片机供电电源负极 |

**注**：(1) Px.y 表示第 x 组的第 y+1 个引脚(标识以 0 开始)；

(2) ADx 表示数据/地址线的第 x 位(标识以 0 开始)。

**思考与练习**

1-12 对于标识为 P2.5 引脚，所对应的是单片机________端口的________引脚。

1-13 对于标识为 RxD_2/RxD_3 的引脚 2/3 表示________。

(提示：表示信号 RxD 引脚可以选择设置在第 2 组或者第 3 组位置上，也就是在 STC 单片机中信号 RxD 通过寄存器的设置，可以放置在三个不同的引脚位置，分别是 RxD、RxD_2 或者 RxD_3。)

# 第 2 章 数值表示及转换

CHAPTER 2

本章介绍数值表示方法及转换方法。内容包括常用码制、正数的表示、正数的码制转换、负数的表示、负数补码的计算、定点数表示和浮点数表示。

在单片机 CPU 系统和程序设计中，经常会用到数值表示的基本概念和运算方法，这是系统学习后续单片机内容的基础，读者务必要掌握本章内容。

## 2.1 常用码制

数字逻辑工作在开关状态下，即二进制状态。为了满足不同的运算需求，人们又制定了使用十进制和十六进制表示数字的规则，其中十进制是日常生活中经常使用到的一种表示数字的方法。

### 2.1.1 二进制码制

二进制是以 2 为基数的进位制，即逢 2 进 1，如表 2.1 所示。在计算机系统中，采用二进制计数规则。这是因为采用二进制计数，只使用 0 和 1 两个数字符号，这样非常简单方便，并且很容易通过半导体元器件实现逻辑 0 和逻辑 1 两个状态。通过将 0 和 1 进行组合，就可以表示任意一个二进制数。

为了表示方便，在 C/C++语言中，二进制数以 0b 开头，如 0b1011、0b010111；在汇编语言中，二进制数以 B/b 结尾，如 1011B/1011b、010111B/01011b。

### 2.1.2 十进制码制

十进制是以 10 为基数的进位制，即逢 10 进 1，如表 2.1 所示。在 10 进制计数规则中，只出现 0、1、2、3、4、5、6、7、8、9 这十个数字。通过将这些数字进行组合，就可以表示任意一个十进制数。

在计算机系统中，对十进制数的表示没有特殊的要求。

### 2.1.3 十六进制码制

十六进制是以 16 为基数的进位制，即逢 16 进 1，如表 2.1 所示。在 16 进制计数规则中，只使用数字 0、1、2、3、4、5、6、7、8、9 和字母 A/a、B/b、C/c、D/d、E/e、F/f 表示。

**注：** A/a、B/b、C/c、D/d、E/e、F/f 对应于十进制数的 10～15。

为了表示方便，在 C/C++ 语言中，十六进制数以 0x 开头，如 0x1234、0xE1DD；在汇编语言中，十六进制数以 H 结尾，如 1234H、E1DDH。

**注**：这种对应关系，只限制在非负的整数范围。对于负数整数的描述，将在后面进行详细的说明。

表 2.1 不同进制数之间的对应关系

| 十进制数 | 二进制数 | 十六进制数 |
|---|---|---|
| 0 | 0000 | 0 |
| 1 | 0001 | 1 |
| 2 | 0010 | 2 |
| 3 | 0011 | 3 |
| 4 | 0100 | 4 |
| 5 | 0101 | 5 |
| 6 | 0110 | 6 |
| 7 | 0111 | 7 |
| 8 | 1000 | 8 |
| 9 | 1001 | 9 |
| 10 | 1010 | A |
| 11 | 1011 | B |
| 12 | 1100 | C |
| 13 | 1101 | D |
| 14 | 1110 | E |
| 15 | 1111 | F |
| 16 | 1,0000 | 10 |
| 17 | 1,0001 | 11 |
| 18 | 1,0010 | 12 |
| 19 | 1,0011 | 13 |
| 20 | 1,0100 | 14 |

从表 2.1 中可以得出如下结论：

(1) 为什么在十六进制计数系统中，大于 9 小于 16 的数字使用字符 A/a、B/b、C/c、D/d、E/e、F/f 表示？这是因为如果不用 A/a 表示 10，而用 10 表示的话，会出现理解上的错误，十六进制中的 10 对于十进制数 16，而不是对应于十进制数的 10。

(2) 观察十六进制计数系统，十六进制的 0～F，分别对应于二进制低四位的 0000～1111；十六进制的 10～1F，也分别对应于二进制计数系统中低四位的 0000～1111。即连续的十六进制数，其循环周期为 16。因此，如果将二进制数从最低位开始，每四个数字为一组进行划分，就可以将二进制数转换成十六进制数。例如，对于一个二进制数 10011000010，将其从最低位开始，每四个数字划分为一组，得到划分后的二进制数 100,1100,0010，可以直接得到所对应的十六进制数 4C2。

## 2.1.4 BCD 码

BCD 码(binary-coded decimal)亦称二进码十进数或二-十进制代码。用 4 位二进制数来表示 1 位十进制数中的 0～9 这 10 个数码。BCD 码是一种二进制的数字编码形式，用二进制编码的十进制代码。

BCD 码可分为有权码和无权码两类：有权 BCD 码包括 8421 码、2421 码和 5421 码，其中 8421 码是最常用的；无权 BCD 码包括余 3 码和格雷码(注意：格雷(Gray)码并不是 BCD 码)等。

**1. 8421 码**

8421 BCD 码是最基本和最常用的 BCD 码，它和 4 位自然二进制码相似，各位的权值为 8、4、2、1，故称为有权 BCD 码。与 4 位自然二进制码不同的是，它只选用了 4 位二进制码中前 10 组代码，即用 0000～1001 分别代表它所对应的十进制数，不使用余下的六组编码。

**2. 5421 码和 2421 码**

5421 BCD 码和 2421 BCD 码为有权 BCD 码，它们从高位到低位的权值分别为 5、4、2、1 和 2、4、2、1。这两种有权 BCD 码中，有的十进制数码存在两种加权方法，例如，5421 BCD 码中的数码 5，既可以用 1000 表示，也可以用 0101 表示；2421 BCD 码中的数码 6，既可以用 1100 表示，也可以用 0110 表示。这说明 5421 BCD 码和 2421 BCD 码的编码方案并不唯一。

**3. 余 3 码**

余 3 码是 8421 BCD 码的每个码组加 3(0011)形成的，常用于 BCD 码的运算电路中。

**4. 格雷码**

格雷码也称循环码，其最基本的特性是任何相邻的两组代码中，仅有一位数码不同，因而又叫单位距离码。

## 2.2 正数表示方法

本节介绍正数的表示方法，内容包括正整数的表示和正小数的表示。

### 2.2.1 正整数的表示

下面进一步地说明不同进制数的表示方法。

(1) 对于一个四位十进制数 7531，用 10 的幂次方表示为

$$7\times10^3+5\times10^2+3\times10^1+1\times10^0$$

(2) 对于一个五位二进制数 10101，用 2 的幂次方表示为

$$1\times2^4+0\times2^3+1\times2^2+0\times2^1+1\times2^0$$

该二进制数等价于十进制数 21。

(3) 对于一个四位十六进制数 13AF，用 16 的幂次方表示为

$$1\times16^3+3\times16^2+A\times16^1+F\times16^0$$

**注**：A 等效于十进制数 10，F 等效于十进制数 15。

该十六进制数等价于十进制数 5039。

总结：

(1) 对于一个 $N$ 位的二进制数，最低位为第 0 位，最高位为第 $N-1$ 位。其计算公式为

$$Y=S_{N-1}\cdot2^{N-1}+S_{N-2}\cdot2^{N-2}+\cdots+S_1\cdot2^1+S_0\cdot2^0$$

其中，$S_i$ 为第 $i$ 位二进制数的值，取值为 0 或者 1。$2^i$ 为第 $i$ 位二进制数的权值。$Y$ 为等效的十进制数。

（2）对于一个 $N$ 位的 16 进制数，最低位为第 0 位，最高位为第 $N-1$ 位。其计算公式为

$$Y = S_{N-1} \cdot 16^{N-1} + S_{N-2} \cdot 16^{N-2} + \cdots + S_1 \cdot 16^1 + S_0$$

其中，$S_i$ 为第 $i$ 位十六进制数的值，取值范围为 0～9，A～F。$16^i$ 为第 $i$ 位十六进制数的权值。$Y$ 为等效的十进制数。

从上面的表示方法可以得到一个重要的结论，即不同进制的数，其实就是数字和相应的权值相乘，然后进行相加得到的最终结果。

## 2.2.2　正小数的表示

前面介绍了使用其他进制表示的方法。那么，对于一个十进制的正小数，又该如何表示呢？

（1）对于一个三位十进制小数 0.714，用 10 的幂次表示为

$$7\times10^{-1}+1\times10^{-2}+4\times10^{-3}$$

（2）对于一个五位二进制小数 0.10101，用 2 的幂次表示为

$$1\times2^{-1}+0\times2^{-2}+1\times2^{-3}+0\times2^{-4}+1\times2^{-5}$$

其等效于十进制小数 0.656 25。

总结：

对于一个 $N$ 位的二进制小数，最高位为第 0 位，最低位为第 $N-1$ 位。其计算公式为

$$Y = S_0 \cdot 2^{-1} + S_1 \cdot 2^{-2} + S_2 \cdot 2^{-3} + \cdots + S_{N-1} \cdot 2^{-N}$$

其中，$S_i$ 为第 $i$ 位二进制小数的值，取值范围为 0 或者 1。$2^{-(i+1)}$ 为第 $i$ 位二进制小数的权值。$Y$ 为等效的十进制小数。

从上面可以看出，二进制整数和二进制小数的区别在于，二进制整数的权值为整数，而二进制小数的权值为小数。

**注：**对于一个既包含整数，又包含小数的二进制数来说，就是将整数部分和小数部分分别用整数二进制计算公式和小数二进制计算公式表示。

# 2.3　正数码制转换

## 2.3.1　十进制整数转换成其他进制数

本节介绍十进制整数数转换成二进制数和十六进制数的方法。

**1. 十进制整数转换成二进制数**

将十进制正整数转换成二进制数的方法主要包括长除法和比较法。

1）长除法

采用除法，除数始终为 2，将十进制进行分解，直到商为 0 结束。然后，按顺序将最后得到的余数排在最高位，而最先得到的余数排在最低位。

**【例 2-1】**　使用长除法将十进制整数 59 转成所对应的二进制数。

$$59 \div 2 = 29 \cdots 1$$

$$29 \div 2 = 14 \cdots 1$$
$$14 \div 2 = 7 \cdots 0$$
$$7 \div 2 = 3 \cdots 1$$
$$3 \div 2 = 1 \cdots 1$$
$$1 \div 2 = 0 \cdots 1$$

**注**：…前面的数字表示商，…后面的数字表示余数。

所以，十进制正整数 59 所对应二进制数 111011。

2）比较法

即让需要转换的正整数和不同的二进制权值进行比较。

（1）当需要转换的正整数大于所对应的二进制权值时，得到 1；并且转换的正整数减去二进制权值得到余数。然后，再用得到的余数与下一个二进制权值进行比较。

（2）当需要转换的数小于所对应的二进制权值时，得到 0。并且不做任何处理。

**【例 2-2】** 使用比较法将十进制整数 59 转换成所对应的二进制数。

通过比较法，如表 2.2 所示，得到十进制正整数 59 所对应的二进制数为 111011。

**表 2.2 比较法将十进制正整数转化为二进制数**

| 比较的数 | 59 | 59 | 27 | 11 | 3 | 3 | 1 |
|---|---|---|---|---|---|---|---|
| 二进制权值 | $2^6$(64) | $2^5$(32) | $2^4$(16) | $2^3$(8) | $2^2$(4) | $2^1$(2) | $2^0$(1) |
| 对应的二进制值 | 0 | 1 | 1 | 1 | 0 | 1 | 1 |
| 余数 | 59 | 27 | 11 | 3 | 3 | 1 | 0 |

从以上两种方法可以看出，比较法比长除法更容易理解，并且大大降低了运算量。并且，只要改变比较的权值，就可以得到十进制转其他进制的计算方法。

**2. 十进制整数转十六进制数的计算方法**

将十进制正整数转换成十六进制数的方法主要包括长除法和比较法。

1）长除法

采用除法，除数始终为 16，将十进制进行分解，直到商为 0 结束。然后，按顺序将最后得到的余数排在最高位，而最先得到的余数排在最低位。

**【例 2-3】** 使用长除法将十进制整数 4877 转换成所对应的十六进制数。

$$4877 \div 16 = 304 \cdots 13(\mathrm{D})$$
$$304 \div 16 = 19 \cdots 0$$
$$19 \div 16 = 1 \cdots 3$$
$$1 \div 16 = 0 \cdots 1$$

**注**：…前面的数字表示商，…后面的数字表示余数。

所以，十进制正整数 4877 所对应十六进制数为 130D。

2）比较法

即让需要转换的正整数和不同的十六进制权值进行比较。

（1）当需要转换的正整数大于所对应的十六进制权值时，得到商；并且转换的正整数减去十六进制权值得到余数。然后，再用得到的余数与下一个十六进制权值进行比较。

（2）当需要转换的数小于所对应的十六进制权值时，得到 0。并且不做任何处理。

【例 2-4】　使用比较法将十进制整数 4877 转换成所对应的十六进制数。

通过比较法，如表 2.3 所示，得到十进制正整数 4877 所对应的十六进制数为 130D。

表 2.3　比较法将十进制正整数转化为十六进制数

| 比较的数 | 4877 | 781 | 13 | 13 |
|---|---|---|---|---|
| 十进制权值 | $16^3$(4096) | $16^2$(256) | $16^1$(16) | $16^0$(1) |
| 对应的十六进制值 | 1 | 3 | 0 | D |
| 余数 | 781 | 13 | 13 | 0 |

## 2.3.2　十进制小数转换成二进制数

将十进制小数转换成二进制数的方法主要包括长乘法和比较法。

**1. 长乘法**

将小数乘以 2，取其整数部分的结果。然后，再用计算后的小数部分依次重复计算，算到小数部分全为 0 为止。在读取整数部分的结果时，最先得到的整数放在小数的最高有效位，而最后得到的整数放在小数的最低有效位。

【例 2-5】　使用长乘法将一个十进制小数 0.8125 转换成所对应的二进制小数。

$0.8125\times2=1.625$　取整是 1

$0.625\times2=1.25$　取整是 1

$0.25\times2=0.5$　取整是 0

$0.5\times2=1.0$　取整是 1

所以，十进制小数 0.8125 所对应的二进制小数表示为 0.1101。

**2. 比较法**

也就是让需要转换的数和不同的二进制权值进行比较。

(1) 当需要转换的小数大于所对应的二进制权值时，得到 1；并且转换的小数减去二进制权值得到余数。然后，再用得到的余数与下一个二进制权值进行比较。

(2) 当需要转换的数小于所对应的二进制权值时，得到 0。并且不做任何处理。

【例 2-6】　使用比较法将一个十进制小数 0.8125 转换成所对应的二进制小数。

通过比较法，如表 2.4 所示，得到十进制小数 0.8125 所对应的二进制小数为 0.1101。

表 2.4　比较法将十进制小数转化为二进制小数

| 比较的数 | 0.8125 | 0.3125 | 0.0625 | 0.0625 |
|---|---|---|---|---|
| 二进制权值 | $2^{-1}$(0.5) | $2^{-2}$(0.25) | $2^{-3}$(0.125) | $2^{-4}$(0.0625) |
| 对应的二进制值 | 1 | 1 | 0 | 1 |
| 余数 | 0.3125 | 0.0625 | 0.0625 | 0 |

**思考与练习**

2-1　完成下面整数的转换(使用最少的位数)。

(1) $(35)_{10}=(\_\_\_\_\_\_)_2=(\_\_\_\_\_\_)_{16}$

(2) $(213)_{10}=(\_\_\_\_\_\_)_2=(\_\_\_\_\_\_)_{16}$

(3) $(1034)_{10}=(\_\_\_\_\_\_)_2=(\_\_\_\_\_\_)_{16}$

2-2 完成下面定点数的转换(使用最少的位数)。

(1) $(13.076)_{10}=(\_\_\_\_\_\_\_\_)_2$

(2) $(247.0678)_{10}=(\_\_\_\_\_\_\_\_)_2$

## 2.4 负数表示方法

前面介绍的是正数的表示方法。但是在日常的计算过程中,计算机也会遇到负数的情况。例如,对于一个减法运算,例如:5－3,可以重写成5＋(－3)。这样减法运算就变成了加法运算。但是正数变了负数。因此在数字系统中必须有表示负数的方法。

在数字系统中,用于执行算术功能的部件经常需要处理负数。所以必须要定义一种表示负数的方法。一个 $N$ 位的系统总共可以表示 $2^N$ 个数,因此一个有用的编码就是使用一半可用的编码($2^N/2$)表示正数,另一半表示负数。可以将一个比特位设计成一个符号位,用于区分正数和负数。在这种表示方法中,最高有效位(most significant bit,MSB)可以作为符号位。如果符号位为1,所表示的数为负数;符号位为0,所表示的数为正数。

在所有可能的负数编码方案中,经常使用两种:符号幅度和二进制补码。

### 2.4.1 符号幅度表示法

符号幅度表示法就是简单地用MSB表示符号位,剩下的位表示幅度,如图2.1(a)所示。在一个8位的符号幅度系统中,十进制数16表示为00010000,而十进制数－16表示为10010000。这种表示方法,很容易理解。

但是,用于数字系统中最不利的方面表现在:

(1) 最大的正数将出现在所表示范围一半的地方,后面紧跟着最小的负数,如图2.1(a)所示。

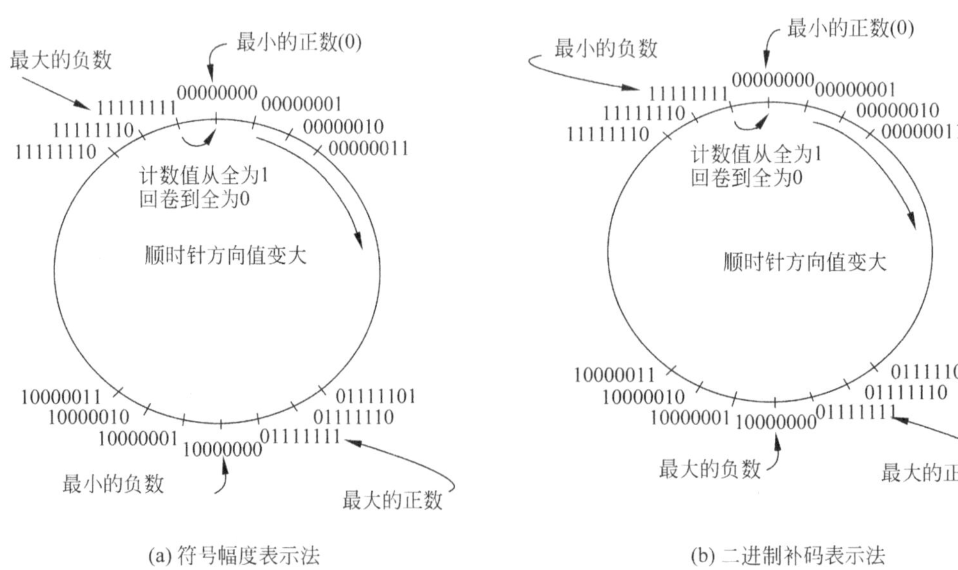


图2.1 8位负数的两种不同表示

(2) 最大的负数出现在二进制数可表示范围的末尾，如图 2.1(a)所示。很明显在最大的负数后面，由于位数的原因，二进制数将回卷到最小的整数 0。

因此，一个更好的表示方法应该将最小的正数和负数放在相邻的位置。

### 2.4.2　补码表示法

由于上述原因，引入了二进制补码的概念，如图 2.1(b)所示。

在二进制补码编码中，MSB 仍是符号位，1 表示负数，0 表示正数。在二进制补码中，0 由一个包含所有 0 的比特模式所定义。其余的 $2^N-1$ 个数表示非零的正数和负数。由于 $2^N-1$ 是奇数，$(2^N-1)/2$ 个编码表示负数，$[(2^N-1)/2]-1$ 个编码表示正数。换言之，可以表示的负数比正数要多一个。最大负数的幅度要比最大正数的幅度个数要多一个。二进制补码编码的不利的地方是，不容易理解负数。对于一个 $N$ 为字长的二进制补码来说，其可以表示的有符号数(包括正数、负数和 0)的范围是

$$-2^{N-1}\sim 2^{N-1}-1$$

**思考与练习**

2-3　当数据的宽度为 8 位时，用符号幅度表示法表示下面的负数。

(1) $-127=$________。

(2) $-1=$________。

## 2.5　负数补码的计算

本节介绍负数补码的计算方法，内容包括负整数补码的计算和负小数补码的计算。

### 2.5.1　负整数补码的计算

负整数二进制补码的计算主要有下面两种方法。

**1. 原码转补码**

将一个正数转换为一个和二进制补码编码同样幅度的负数。其步骤包括：

(1) 将该负数所对应的正数按位全部取反。

(2) 将取反后的结果加 1。

**【例 2-7】**　将+17 转换−17 的二进制补码。

(1) 对应的 17 的原码为 00010001。

(2) 按位取反后变成 11101110。

(3) 结果加 1，变成 11101111。

**【例 2-8】**　将−35 转换为+35 的二进制补码。

(1) 对应的−35 的补码为 11011101。

(2) 按位取反后变成 00100010。

(3) 结果加 1，变成 00100011。

**【例 2-9】**　将−127 转换为+127 的二进制补码。

(1) 对应的−127 的补码为 10000001。

(2) 按位取反后变成 01111110。

(3) 结果加1,变成01111111。

**【例2-10】** 将+1转换为-1的二进制补码。

(1) 对应的+1的原码为00000001。

(2) 按位取反后变成11111110。

(3) 结果加1,变成11111111。

**2. 比较法**

比较法的计算步骤包括:

(1) 得到需要转换负数的最小权值,该权值为负数,以$-2^i$表示,使得其满足:

$$-2^i < \text{需要转换的负数}$$

(2) 取比该权值绝对值$2^i$小的权值,以$2^{i-1},2^{i-2},\cdots,2^0$的幂次方表示。

(3) 需要转换的负数$+2^i$,得到了正数,以后的权值$2^{i-1},2^{i-2},\cdots,2^0$按照前面的方法和这个正数进行比较。

**【例2-11】** 使用比较法得到负整数-97所对应的二进制补码。

对于负的十进制整数-97来说,假设使用8位二进制数进行表示,则其所对应的二进制补码为10011111B,如表2.5所示。

**表2.5 有符号整数的二进制补码表示**

| 转换的数 | -97 | 31 | 31 | 31 | 15 | 7 | 3 | 1 |
|---|---|---|---|---|---|---|---|---|
| 权值 | $-2^7$(-128) | $2^6$(64) | $2^5$(32) | $2^4$(16) | $2^3$(8) | $2^2$(4) | $2^1$(2) | $2^0$(1) |
| 二进制数 | 1 | 0 | 0 | 1 | 1 | 1 | 1 | 1 |
| 余数 | 31 | 31 | 31 | 15 | 7 | 3 | 1 | 0 |

## 2.5.2 负小数补码的计算

对于负小数二进制补码来说,最容易的方法就是比较法。其方法和前面介绍负整数补码中所使用的比较法类似。步骤如下:

(1) 得到需要转换负数的最小权值,该权值为负数,以$-2^0$表示。

(2) 取比该权值绝对值$2^i$小的权值,以$2^{-1},2^{-2},\cdots,2^{-N}$的幂次方表示。

(3) 需要转换的负数+1,得到了正数,以后的权值$2^{-1},2^{-2},\cdots,2^{-N}$按照前面的方法和这个正数进行比较。

**【例2-12】** 使用比较法得到负小数-0.031 25所对应的二进制补码,参见表2.6。

**表2.6 有符号小数的二进制补码表示**

| 转换的数 | -0.031 25 | 0.968 75 | 0.468 75 | 0.218 75 | 0.093 75 | 0.031 25 |
|---|---|---|---|---|---|---|
| 权值 | $-2^0$(-1) | $2^{-1}$(0.5) | $2^{-2}$(0.25) | $2^{-3}$(0.125) | $2^{-4}$(0.0625) | $2^{-5}$(0.031 25) |
| 二进制数 | 1 | 1 | 1 | 1 | 1 | 1 |
| 余数 | 0.968 75 | 0.468 75 | 0.218 75 | 0.093 75 | 0.031 25 | 0 |

**思考与练习**

2-4 当数据宽度为8位时,使用补码表示下面的负整数。

(1) -1=________。

(2) －127＝________。

(3) －55＝________。

2-5 当数据宽度为 8 位时,可以表示整数的范围是________。

2-6 当数据宽度为 16 位时,可以表示整数的范围是________。

2-7 当数据宽度为 8 位时,使用补码表示下面的小数。

(1) －0.897＝________。

(2) －0.003＝________。

上面使用二进制数进行表示时,是否存在误差？如果有误差,请计算误差的大小。

## 2.6 定点数表示

定点数就是二进制小数点在固定位置的数。二进制小数点左边部分的位被定义为整数位,而该点右边部分的位被定义成小数位。例如,对于二进制定点小数 101.01011 来说,有 3 个二进制整数位 101,5 个二进制小数位 01011。通常表示为 Q*m*.*n* 格式。

其中:

(1) *m* 为整数部分的二进制的位数。*m* 越大,表示数的动态范围越大;反之,表示数的范围越小。

(2) *n* 为小数部分的二进制的位数。而 *n* 越大,表示数的精度越高;反之,表示数的精度就越低。

由于是定点数表示,所以 $m+n$ 为定值。这样,只能根据要求,在动态范围和小数精度之间进行权衡。

**【例 2-13】** 将十进制数－28.656 25 用定点二进制的形式表示。

使用前面所介绍的比较法,将－28.656 25 表示成 Q7.5 定点二进制数 1100010.01011B,如表 2.7 所示。

**表 2.7 定点数的二进制补码表示**

| 转换的数 | －28.656 25 | 35.343 75 | 3.343 75 | 3.343 75 | 3.343 75 | 3.343 75 | 1.343 75 | 0.343 75 | 0.343 75 | 0.093 75 | 0.093 75 | 0.031 25 |
|---|---|---|---|---|---|---|---|---|---|---|---|---|
| 权值 | $-2^6$ | $2^5$ | $2^4$ | $2^3$ | $2^2$ | $2^1$ | $2^0$ | $2^{-1}$ | $2^{-2}$ | $2^{-3}$ | $2^{-4}$ | $2^{-5}$ |
| 二进制数 | 1 | 1 | 0 | 0 | 0 | 1 | 0 | 0 | 1 | 0 | 1 | 1 |
| 余数 | 35.343 75 | 3.343 75 | 3.343 75 | 3.343 75 | 3.343 75 | 1.343 75 | 0.343 75 | 0.343 75 | 0.093 75 | 0.093 75 | 0.031 25 | 0 |

**思考与练习**

2-8 对于下面的有符号数,采用 Q4.5 表示。

(1) 5.678＝________。

(2) －8.276＝________。

## 2.7 浮点数表示

本节将介绍浮点数的表示方法。许多具有专用浮点单元(float-point unit,FPU)的数字信号处理器中广泛使用浮点处理单元。但是不建议使用浮点处理,这是因为:

（1）运算速度慢。

（2）占用大量的逻辑设计资源。

但是，某些情况下 FPU 也许是必不可少的，例如，在需要一个很大动态范围或者很高计算精度的应用场合。

此外，使用浮点可能使得设计更加简单。这是因为在定点设计中，需要最好地利用可用的动态范围。但是，在浮点设计中，不需要考虑动态范围的限制。

浮点数可以在更大的动态范围内提供更高的分辨率。通常，当定点数由于受其精度和动态范围所限不能精确表示数值时，浮点数能提供更好的解决方法。当然也在速度和复杂度方面带来了损失。大多数的浮点数都遵循单精度或双精度的 IEEE 浮点标准。标准浮点数字长由一个符号位 S，指数 $e$ 和无符号（小数）的规格化尾数 $m$ 构成，如表 2.8 所示。

**表 2.8　浮点数的格式**

| $S$ | 指数 $e$ | 无符号尾数 $m$ |
|---|---|---|

浮点数可以用下式描述：

$$X = (-1)^S 1.m \cdot 2^{e-bias}$$

对于 IEEE-754 标准来说，还有下面的约定：

（1）当指数 $e=0$，尾数 $m=0$ 时，表示 0。

（2）当指数 $e=255$，尾数 $m=0$ 时，表示无穷大。

（3）当指数 $e=255$，尾数 $m!=0$ 时，表示 NaN(Not a Number，不是一个数)。

（4）对于最接近于 0 的数，根据 IEEE-754 的约定，为了扩大对 0 值附近数据的表示能力，取阶码 $P=-126$，尾数 $m=(0.00000000000000000000001)_2$。此时该数的二进制表示为 0 00000000 00000000000000000000001。IEEE 给出了单精度和双精度格式的参数，如表 2.9 所示。

**表 2.9　IEEE 的单精度和双精度格式的参数**

| 精度<br>参数 | 单　精　度 | 双　精　度 |
|---|---|---|
| 字长 | 32 | 64 |
| 尾数 | 23 | 52 |
| 指数 | 8 | 11 |
| 偏置 | 127 | 1023 |

# 第3章 数字逻辑和时序

CHAPTER 3

学习 8051 单片机的核心问题就是能否掌握 8051 CPU 内核以及外设接口，而掌握这些内容仅仅靠我们所学的基本数字逻辑知识是远远不够的。

为了帮助读者顺利地学习本书后续章节的知识，本章将讨论一些更深层次的数字逻辑知识，内容包括晶体管与 I/O 驱动、有限自动状态机、寄存器组功能和时序分析。

## 3.1 晶体管与 I/O 驱动

本节介绍晶体管与 I/O 驱动之间的关系。首先介绍晶体管作为开关的原理，然后介绍单片机 I/O 引脚的驱动方法。

### 3.1.1 晶体管作为开关

随着半导体技术的不断发展，人们采用半导体器件实现类似继电器那样的闭合和断开的功能。半导体物理器件是通过外部施加的电压来控制它的导通和截止。用于现代数字电路的晶体管开关称为金属氧化物半导体场效应晶体管(metal oxide semiconductor field effect transistor，MOSFET)。

MOSFET 是三端口器件如图 3.1 所示。当在第三个端口(栅极)施加合适的逻辑电平时，在另外两个端口(源极和漏极)之间就会流过电流。在最简单的 FET 模型中，源极和漏极之间的电阻是一个栅-源电压的函数，即栅极电压越高，这个电阻就越小。因此就可以通过更大的电流。当应用在模拟电路中，比如音频放大器，栅-源电压值可以取 GND 和 Vdd 之间的任何值。但是在数字电路中，由于只存在两个状态，因此栅极和源极之间的电压值只能是 Vdd 或 GND(当然，当栅极电压从 Vdd 变化到 GND 或从 GND 变化到 Vdd 时，必须假定电压在 Vdd 和 GND 之间)。

**注**：(1) 假设这个状态改变的过程非常快，所以忽略在栅极电压在这段变化时间的 FET 特性。

(2) Vdd 为 MOSFET 的供电电压，GND 为地。

在一个简单的数字电路模型中，可以将 MOSFET 当作一个可控的断开(截止)或者闭合(导通)的电子开关。如图 3.1 所示，根据不同的物理结构，FET 包含如下两种类型。

1) nFET

当栅极输入电压为 Vdd 时，源极和漏极导通，即闭合；否则，当栅极输入电压为 GND

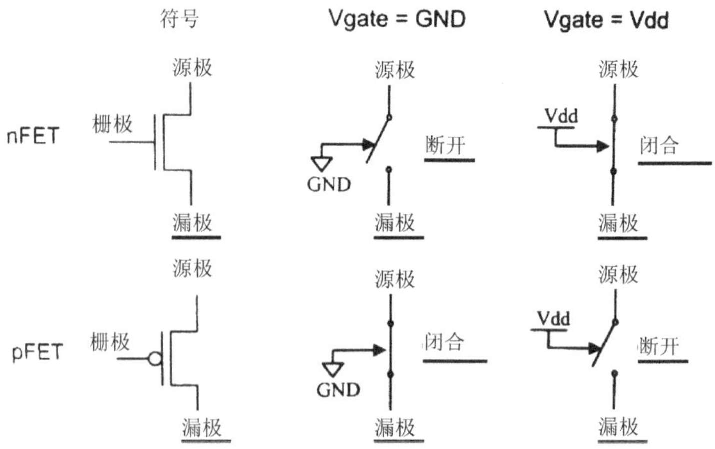

图 3.1　nFETs 和 pFETs 的电路特征和等效开关

时,源极和漏极断开,即截止。

2) pFET

当栅极输入信号为 GND 时,源极和漏极导通,即闭合;否则,当栅极输入信号为 Vdd 时,源极和漏极断开,即截止。

单个的 FET 经常用作独立的电子可控开关。例如,对于一个 pFET,如果电源接到源极,负载(如发动机、灯或其他的应用中的电子元件)接到漏极。在该应用中,pFET 可以打开或关闭开关。当栅极接入 GND 时,导通负载元件;而栅极接入 Vdd 时,断开负载元件。典型的,打开一个 FET 需要一个相对小的电压(几伏特的量级),即使这个 FET 正在切换的是一个大电压和大电流。用于这种目的的单个 FET 通常是相当大的(巨大的)设备。

FET 也可以用于电路中充当有用的逻辑功能,如 AND、OR 和 NOT 等。在这种应用中,几个非常小的 FET 组成一个简单的小硅片(或硅芯片)。然后,用同样大小的金属导线互连起来。这些微小的 FET 占用的空间小于 $1\times10^{-7}\text{m}^2$,因此一个硅芯片的一端可以是几个毫米,一个单芯片上可以集成数百万的 FET。当所有的电路元件整合集成到同一块硅片上时,将这种形式组成的电路称为集成电路(integrated circuit,IC)。

## 3.1.2　单片机 I/O 驱动原理

STC 单片机提供了四种驱动模式,即准双向输出、强推挽输出、仅为输入(高阻)和开漏输出。理解和掌握这些驱动模式和应用场景,对于正确连接 STC 单片机与外部设备非常重要。下面对 STC 单片机 I/O 口的不同配置模式进行详细的说明。

1) 准双向输出配置

准双向输出类型可以用作输出和输入功能而不需要重新配置 I/O 口输出状态,如图 3.2 所示。当 I/O 口锁存数据置为逻辑高时,驱动能力很弱,允许外部设备将其拉低(要尽量避免出现这种情况);而当引脚的输出为低时,驱动能力很强,可吸收很大的电流。在准双向口提供 3 个上拉晶体管以满足不同的要求。

第 1 个晶体管,称为弱上拉晶体管。当 I/O 口锁存数据置 1 且引脚本身为 1 时打开,此上拉提供基本驱动电流使准双向口输出为 1。如果一个引脚输出为 1 而由外部设备下拉到

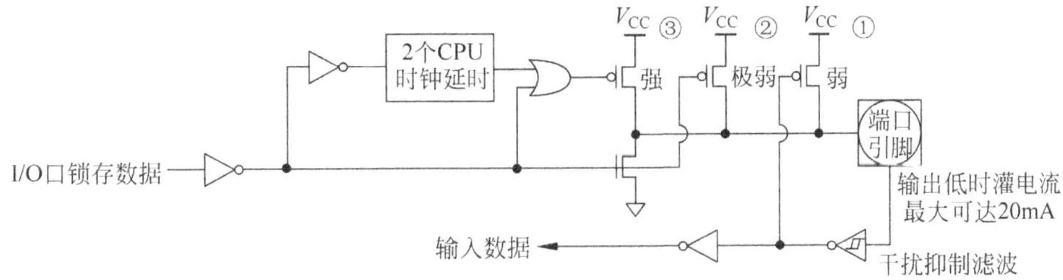


图 3.2 准双向输出配置

低时，弱上拉晶体管关闭而极弱上拉晶体管维持打开状态，为了把这个引脚强拉为低，外部设备必须有足够的灌电流能力使引脚上的电压降到门限电平以下。

(1) 对于 5V 供电的单片机来说，弱上拉晶体管的电流大约为 250μA。

(2) 对于 3.3V 供电的单片机来说，弱上拉晶体管的电流大约为 150μA。

第二个上拉晶体管，称为极弱上拉晶体管。当 I/O 口锁存数据置为 1 时，该晶体管导通。当引脚悬空时，这个极弱的上拉源产生很弱的上拉电流将引脚上拉到高电平。

(1) 对于 5V 供电的单片机来说，极弱上拉晶体管的电流约为 18μA。

(2) 对于 3.3V 单片机来说，极弱上拉晶体管的电流约为 5μA。

第三个上拉晶体管，称为强上拉晶体管。当 I/O 口锁存数据由 0 变化到 1 时，这个上拉用于加快准双向口由逻辑 0 到逻辑 1 的转换。当出现这种情况时，强上拉打开约 2 个时钟以使引脚能够迅速地上拉到高电平。

STC 1T 系列单片机供电电压为 3.3V，在使用时如果在引脚施加 5V 电压，则有电流从引脚流向 $V_{CC}$，这样将产生额外的功耗。

**注**：(1) 建议不要在准双向口模式下向 3.3V 单片机引脚施加 5V 电压。如果出现这种情况，则需要外加限流电阻或使用二极管/三极管做输入隔离。

(2) 特别要注意的是，在对准双向口读取外部设备状态前，要先将相应端口的位设置为 1，才可以读到外部正确的状态。

2) 强推挽输出配置

强推挽输出配置的下拉结构与开漏输出以及准双向口的下拉结构相同，如图 3.3 所示。但当 I/O 口锁存数据为 1 时，经过反相器后，晶体管 1 导通，而晶体管 2 截止。因此提供持续的强上拉。推挽模式一般用于需要更大驱动电流的情况。

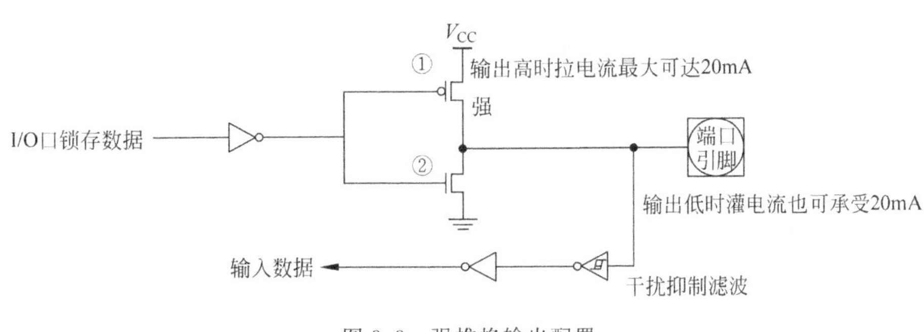


图 3.3 强推挽输出配置

3）仅为输入（高阻）配置

输入口带有一个施密特触发器输入以及一个干扰抑制电路，如图 3.4 所示。

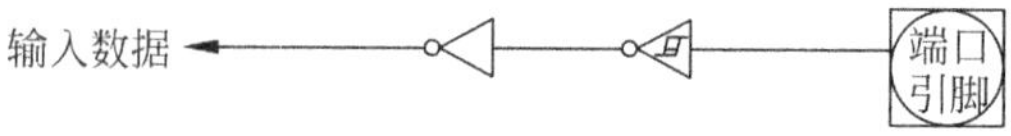


图 3.4 仅为输入配置

**注**：仅为输入（高阻）时，不提供吸收 20mA 电流的能力。

4）开漏输出配置

在开漏模式下，单片机既可以读取引脚的外部状态也可以控制外部引脚输出高电平或低电平。如果要正确地读取外部状态或者需要对外部输出高电平时，需要外加上拉电阻，如图 3.5 所示。

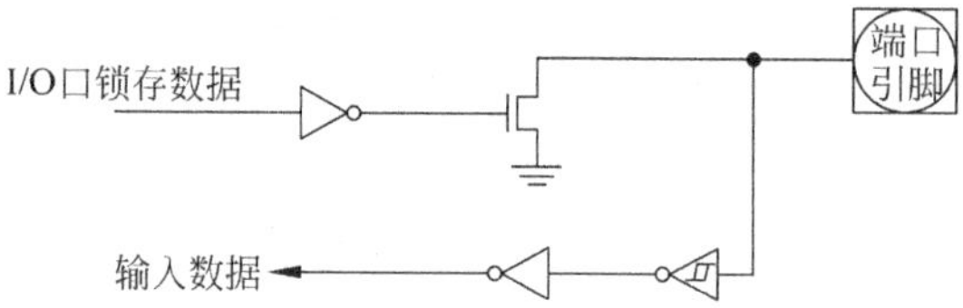


图 3.5 开漏输出配置

当 I/O 口锁存数据置为 1 时，经过反相器后变为 0，此时上拉晶体管截止（不导通）。很明显，这种配置方式需要在外部端口引脚上接上拉电阻。当外接了上拉电阻后，开漏模式的 I/O 口还可以读取外部状态，同时还可以作为输出 I/O；当 I/O 口锁存数据置为 0 时，经过反相器后变为 1，晶体管导通，端口引脚下拉到地。

**注**：由于 8051 CPU 的时钟速度较高。因此，当软件执行由低变高的指令后，加入 1～2 个空操作延迟指令，再读取外部状态。

在 STC 单片机中，通过 I/O 端口的模式寄存器，控制这些 I/O 引脚的工作模式，这些寄存器将在本书 4.1.3 节中详细介绍。

**思考与练习**

3-1 请根据图 3.2，分析准双向端口的工作原理。

3-2 请根据图 3.3，分析强推挽模式端口的工作原理。

3-3 请根据图 3.5，分析开漏输出模式端口的工作原理。

## 3.2 有限自动状态机

微控制器的性能很大程度上取决于 CPU 的性能，CPU 可以像人类的大脑一样，具有推理和记忆的功能，通过大脑的推理和记忆的过程协调人的感觉器官和肢体的行为。人脑的推理和记忆功能的实现是靠脑细胞完成的，而 CPU 的推理和记忆功能的实现是靠有限自动状态机（finite state machine，FSM）完成的。FSM 实际上就是一个复杂的数字系统，它由组合逻辑和时序逻辑两部分构成。组合逻辑负责推理和控制逻辑行为，时序逻辑负责状态的记忆。在每个不同的状态，CPU 将执行不同的逻辑行为。一个 CPU 的整个推理过程会涉及大量的状态转移和推理的过程，这个推理的过程是通过分析机器指令的各个字段完成的。人们在设计 CPU 之前，为机器指令的各个字段都赋予了特定的含义。当 CPU 从程序存储器中取出一条指令时，就会分析每条指令各个不同的字段然后指挥它的运算单元协调的工作。CPU 的推理和记忆的最终目的是为了完成所要求的计算功能，并通过接口于外设进行信息的交互。

下面将详细介绍有限自动状态机的原理和实现方法。

### 3.2.1 有限自动状态机原理

有限自动状态机的模型，如图 3.6 所示。根据数字逻辑的基本知识，我们已经知道有限自动状态机分为摩尔(Moore)状态机和米勒(Mealy)状态机。从图中可知，摩尔状态机的输出只和当前状态有关；而米勒状态机的输出不但和当前的状态有关，而且和当前的输入有关。

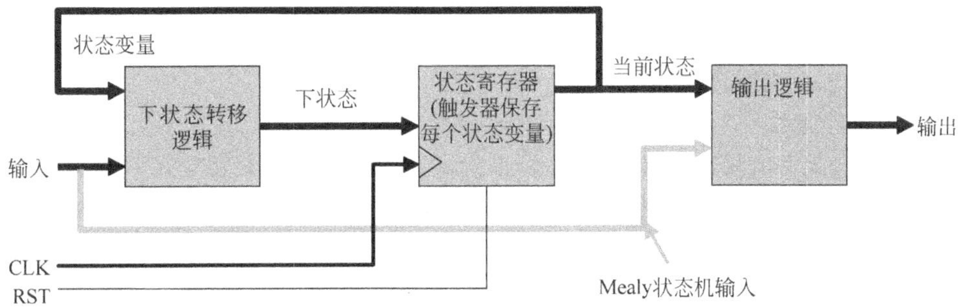


图 3.6 有限自动状态机模型

**注**：对于最简单的 FSM 模型来说，可以不出现输出逻辑，即当前状态可以直接送到输出。

从宏观上来说，有限自动状态机由组合逻辑和时序逻辑共同组成。其中：

(1) 组合逻辑电路构成下状态转移逻辑和输出逻辑，其中下状态转移逻辑用于控制数据流的方向。

(2) 时序逻辑电路构成状态寄存器。状态寄存器是状态机中的“记忆”部分。

一个具体的有限自动状态机模型，如图 3.7 所示，图中：下标 PS 表示当前状态(previous state，PS)；下标 NS 表示下一个状态(next state，NS)。

从构成要素上来说，该状态机模型包含：

1) 输入逻辑变量的集合

在该模型中，输入逻辑变量集合为{I0，I1}，I0 和 I1 只有 0 和 1 两个输入状态。

2) 状态集合

在有限状态机中，为所有状态中的每一个状态都进行编码，对于该状态机模型而言，

因为 $A_{NS}, A_{PS} \in \{0,1\}, B_{NS}, B_{PS} \in \{0,1\}, C_{NS}, C_{PS} \in \{0,1\}$

所以 $A_{PS}B_{PS}C_{PS} \in \{000,001,010,011,100,101,110,111\}$

$A_{NS}B_{NS}C_{NS} \in \{000,001,010,011,100,101,110,111\}$

其最多可以表示的状态有 8 个，每个状态可以表示为{000，001，010，011，100，101，110，111}集合中的任意编码组合。即在任何一个时刻，有限自动状态机只能处于这八个状态中的一

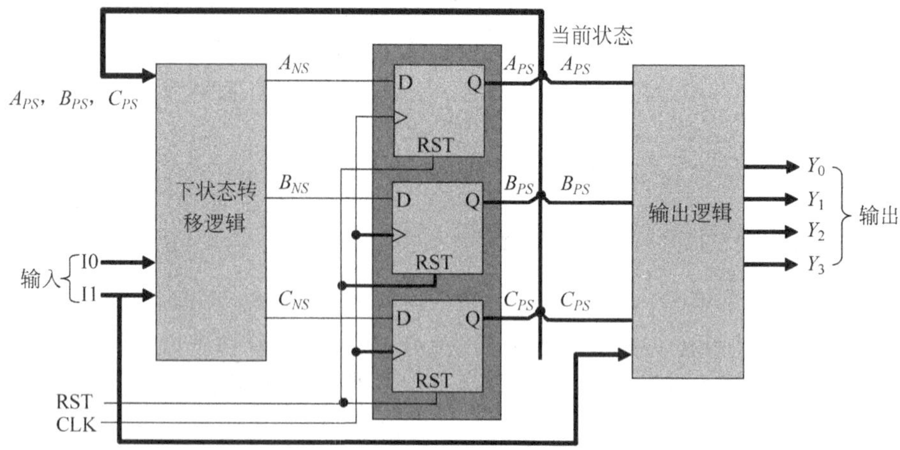


图 3.7 有限自动状态机具体模型

个，处于哪个状态由状态转移逻辑确定。

3）状态转移函数

下状态转移逻辑由状态转移函数确定，也就是说状态转移函数决定了状态机的下一个状态。状态转移逻辑的下一个状态，具体到状态中的每个状态编码，可以表示为当前状态和当前输入逻辑变量的函数，对于该模型来说：

$$A_{NS} = f_1(A_{PS}B_{PS}C_{PS}, I_0, I_1)$$
$$B_{NS} = f_2(A_{PS}B_{PS}C_{PS}, I_0, I_1)$$
$$C_{NS} = f_3(A_{PS}B_{PS}C_{PS}, I_0, I_1)$$

4）输出变量集合

在该模型中，输出变量集合为$\{Y_0, Y_1, Y_2, Y_3\}$。

5）输出函数

用来确定在当前状态下，各个输出逻辑变量的值，即输出可以表示为当前状态和当前输入逻辑变量的函数。对于该模型来说，输出函数可以表示如下：

$$Y_0 = h_1(A_{PS}B_{PS}C_{PS}, I_1)$$
$$Y_1 = h_2(A_{PS}B_{PS}C_{PS}, I_1)$$
$$Y_2 = h_3(A_{PS}B_{PS}C_{PS}, I_1)$$
$$Y_3 = h_4(A_{PS}B_{PS}C_{PS}, I_1)$$

## 3.2.2 状态图表示及实现

下面以图 3.8 所示的状态图为例，详细介绍有限状态机的门级电路实现过程。包括状态机的状态图表示、推导状态转移函数、推导输出函数以及状态机逻辑电路的实现。

**1. 状态机的状态图表示**

状态图是有限状态机最直观和最直接的表示方法。图 3.8 中：

(1) 每个圆圈表示一个状态，圆圈内的二进制数的组合表示该状态的编码。

(2) 两个圆圈之间的带箭头的连接线表示从一个状态迁移到另一个状态的方向。连线上方的文字表示状态迁移的条件。

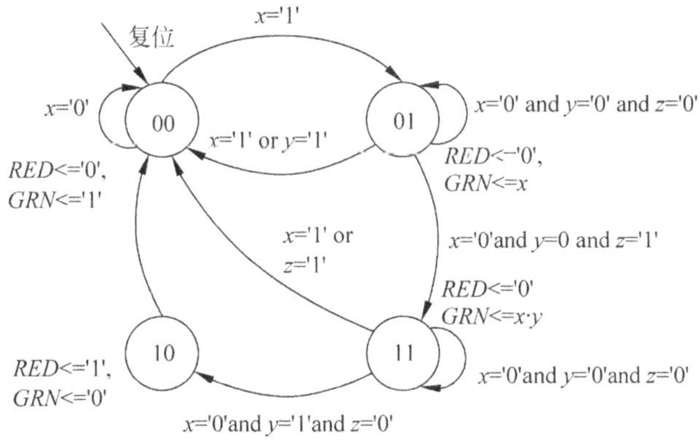


图 3.8 FSM 的状态图描述

(3) 在每个状态旁,都给出了在当前状态下输出逻辑变量的取值。

从状态图中,可以很直观地知道有限自动状态机的状态集合、输入变量和输出变量。因此,只要从状态图中得到具体的状态转移函数和输出函数,就可以实现有限自动状态机。

该有限自动状态机模型描述如下。

1) 状态集合

该有限自动状态机包含四个状态,四个状态的状态编码分别是:00、01、11 和 10。其中:

(1) 状态变量 $A_{NS}B_{NS} \subseteq \{00,01,10,11\}$

(2) 状态变量 $A_{PS}B_{PS} \subseteq \{00,01,10,11\}$

2) 输入变量

该有限自动状态机中有三个逻辑输入变量,即:$x$,$y$,$z$。

3) 系统的状态迁移和在各个状态下的输出描述

(1) 当复位系统时,FSM 当前状态为"00"。该状态下,驱动逻辑输出变量 $RED$ 为低,驱动逻辑输出变量 $GRN$ 为高。当输入逻辑变量 $x$ 为 0 时,FSM 一直处于状态"00";当逻辑输入变量 $x$ 为 1 时,FSM 从状态"00"迁移到状态"01"。

(2) 当 FSM 处于状态"01"时,驱动逻辑输出变量 $RED$ 为低,由逻辑输入变量 $X$ 驱动逻辑输出变量 $GRN$。当逻辑输入变量 $x$ 为 0,并且逻辑输入变量 $y$ 为 0 以及逻辑输入变量 $z$ 为 0 时,FSM 一直处于状态"01";而当逻辑输入变量 $x$ 为 1 或者逻辑输入变量 $y$ 为 1 时,FSM 从状态"01"迁移到状态"00";当逻辑输入变量 $x$ 为 0,且逻辑输入变量 $y$ 为 0 以及逻辑输入变量 $z$ 为 1 时,FSM 从状态"01"迁移到状态"11"。

(3) 当 FSM 处于状态"11"时,驱动逻辑输出变量 $RED$ 为低,由逻辑输入变量 $X$ 和 $Y$ 共同驱动逻辑输出变量 $GRN$,即 $GRN=x \cdot y$。当逻辑输入变量 $x$ 为 0,且逻辑输入变量 $y$ 为 0 以及逻辑输入变量 $z$ 为 0 时,FSM 一直处于状态"11";当逻辑输入变量 $x$ 为 1 或者逻辑输入变量 $z$ 为 1 时,FSM 从状态"11"迁移到状态"00";当逻辑输入变量 $x$ 为 0,且逻辑输入变量 $y$ 为 1 以及逻辑输入变量 $z$ 为 0 时,FSM 从状态"11"迁移到状态"10"。

(4) 当 FSM 处于状态"10"时,驱动逻辑输出变量 $RED$ 为高,驱动逻辑输出变量 $GRN$ 为低。在该状态下,FSM 无条件的从状态"10"迁移到状态"00"。

**2. 推导状态转移函数**

图 3.9(a)和 3.9(b)分别给出了下一状态编码 $B_{NS}$ 和 $A_{NS}$ 的卡诺图映射。下面举例说明卡诺图的推导过程。当 $A_{PS}B_{PS}$ ="00"时,表示 FSM 当前的状态是"00"。要想 $B_{NS}$ 为 1,则 $A_{NS}B_{NS}$ 可能的编码组合为"01"或者"11",即:下一个状态是"01"或者"11"。但是从图 3.8 可以看出,FSM 只存在从状态"00"到状态"01"的变化,而不存在从状态"00"到状态"11"的变化。此外从图 3.8 可以看出,从状态"00"到"01"的状态变迁条件是逻辑输入变量 $x$ 为 1,即 $y$ 和 $z$ 可以是任意取值和组合的情况。所以,在图 3.9(a)中,在第一行即 $A_{PS}B_{PS}$ ="00"的那一行所对应 $zyx$ 分别为"001"、"011"、"111"和"101"的列下,填入数字 1,而该行的其他列都填入数字 0。

以此类推,完成图 3.9 卡诺图的映射关系。

| $A_{PS}B_{PS}$ \ $zyx$ ($B_{NS}$) | 000 | 001 | 011 | 010 | 110 | 111 | 101 | 100 |
|---|---|---|---|---|---|---|---|---|
| 00 | 0 | 1 | 1 | 0 | 0 | 1 | 1 | 0 |
| 01 | 1 | 0 | 0 | 0 | 0 | 0 | 0 | 1 |
| 11 | 1 | 0 | 0 | 0 | 0 | 0 | 0 | 0 |
| 10 | 0 | 0 | 0 | 0 | 0 | 0 | 0 | 0 |

(a) $B_{NS}$的卡诺图表示

| $A_{PS}B_{PS}$ \ $zyx$ ($A_{NS}$) | 000 | 001 | 011 | 010 | 110 | 111 | 101 | 100 |
|---|---|---|---|---|---|---|---|---|
| 00 | 0 | 0 | 0 | 0 | 0 | 0 | 0 | 0 |
| 01 | 0 | 0 | 0 | 0 | 0 | 0 | 0 | 1 |
| 11 | 1 | 0 | 0 | 1 | 0 | 0 | 0 | 0 |
| 10 | 0 | 0 | 0 | 0 | 0 | 0 | 0 | 0 |

(b) $A_{NS}$的卡诺图表示

图 3.9 状态转移函数的卡诺图表示

通过化简卡诺图,得到状态转移函数中状态编码的布尔逻辑表达式为

$$B_{NS} = \overline{A_{PS}} \cdot \overline{B_{PS}} \cdot x + \overline{A_{PS}} \cdot B_{PS} \cdot \bar{x} \cdot \bar{y} + B_{PS} \cdot \bar{x} \cdot \bar{y} \cdot \bar{z}$$

$$A_{NS} = \overline{A_{PS}} \cdot B_{PS} \cdot \bar{x} \cdot \bar{y} \cdot z + A_{PS} \cdot B_{PS} \cdot \bar{x} \cdot \bar{z}$$

**3. 推导输出函数**

图 3.10(a)和 3.10(b)分别给出了 $GRN$ 和 $RED$ 的卡诺图映射。下面举例说明输出函数卡诺图的推导过程。当 $A_{PS}B_{PS}$ ="00"时,输出逻辑变量 $GRN$ 为 1,与 $x$、$y$、$z$ 输入无关。

其逻辑关系可用下面逻辑等式表示:

$$GRN = \overline{A_{PS}} \cdot \overline{B_{PS}} + \overline{A_{PS}} \cdot x + B_{PS} \cdot x \cdot y$$

$$RED = A_{PS} \cdot \overline{B_{PS}}$$

**4. 状态机逻辑电路的实现**

图 3.11 给出了实现图 3.8 给出状态机模型的具体电路。根据状态机的构成要素,包含状态转移逻辑、状态寄存器和输出逻辑三部分。

GRN

| $A_{PS}B_{PS}$ \ zyx | 000 | 001 | 011 | 010 | 110 | 111 | 101 | 100 |
|---|---|---|---|---|---|---|---|---|
| 00 | 1 | 1 | 1 | 1 | 1 | 1 | 1 | 1 |
| 01 | 0 | 1 | 1 | 0 | 0 | 1 | 1 | 0 |
| 11 | 0 | 0 | 1 | 0 | 0 | 1 | 0 | 0 |
| 10 | 0 | 0 | 0 | 0 | 0 | 0 | 0 | 0 |

(a) *GRN*的卡诺图表示

RED

| $A_{PS}B_{PS}$ \ zyx | 000 | 001 | 011 | 010 | 110 | 111 | 101 | 100 |
|---|---|---|---|---|---|---|---|---|
| 00 | 0 | 0 | 0 | 0 | 0 | 0 | 0 | 0 |
| 01 | 0 | 0 | 0 | 0 | 0 | 0 | 0 | 0 |
| 11 | 0 | 0 | 0 | 0 | 0 | 0 | 0 | 0 |
| 10 | 1 | 1 | 1 | 1 | 1 | 1 | 1 | 1 |

(b) *RED*的卡诺图表示

图 3.10 FSM 的卡诺图映射

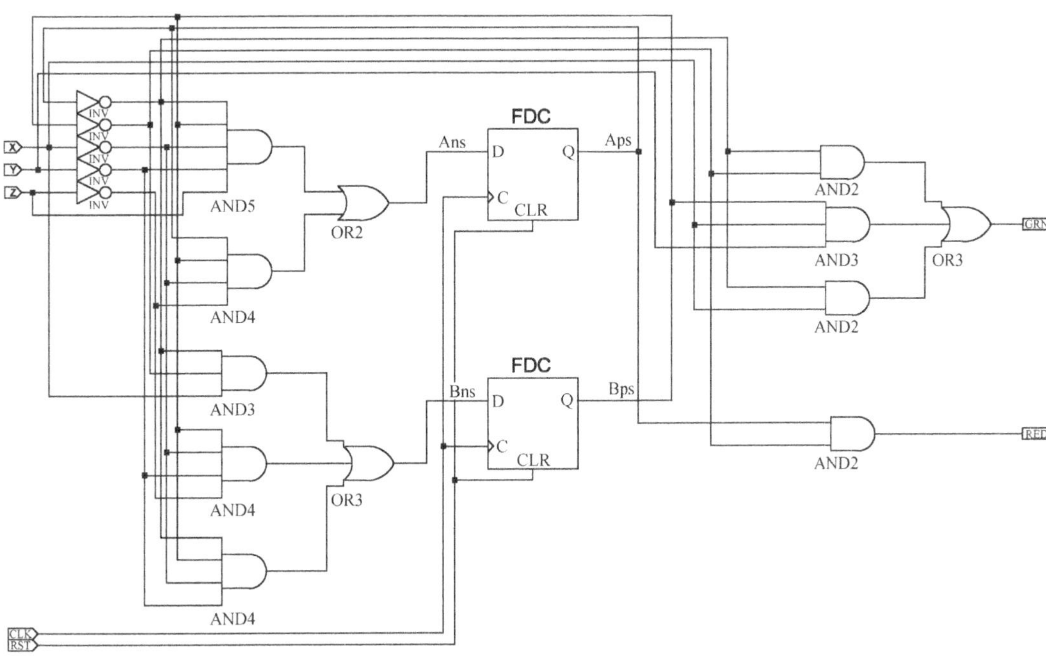


图 3.11 FSM 的实现电路

**思考与练习**

3-4 根据图 3.11，指出状态转移逻辑、状态寄存器和输出逻辑三部分的具体实现部件。

## 3.2.3 三位计数器设计实例

本节将使用前面介绍构成 FSM 的实现方法，设计一个三位八进制的计数器。

### 1. 三位计数器的原理

三位八进制计数器可以从000计数到111。图3.12给出了三位八进制计数器的状态图描述。

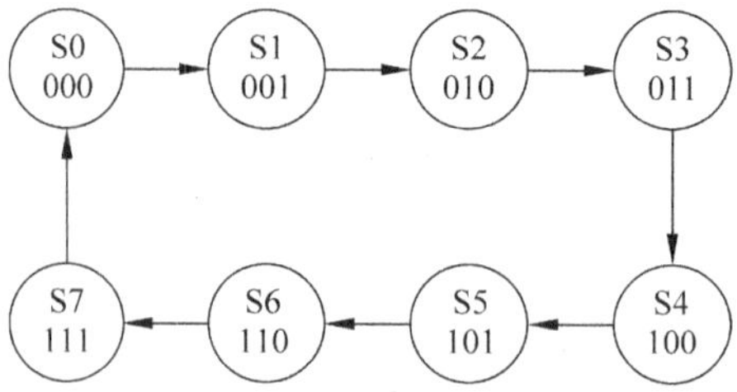


图3.12 三位八进制计数器的状态图描述

在时钟的每个上升沿到来时，计数器从一个状态转移到另一个状态，计数器的输出从000一直递增到111，然后返回到000。在这个计数器模型中，由于状态编码反映了输出逻辑变量的变化规律，也就是状态编码和输出逻辑变量相同，所以在该设计中将状态编码作为输出逻辑变量输出，省去了输出逻辑单元。

三位计算器的状态转移过程，如表3.1所示。表中，三个触发器的输出 $q_2$，$q_1$，$q_0$ 表示当前的状态。下一个状态由三个D触发器各自的输入确定。

**注**：D触发器任意时刻的输入包含下一个计数值，因此在下一个时钟上升沿，这个值就锁存到 $q$，计数器的值将递增1。

**表3.1 三位计数器的真值表**

| 状态 | 当前状态 | | | 下一状态 | | |
|---|---|---|---|---|---|---|
| | $q_2$ | $q_1$ | $q_0$ | $D_2$ | $D_1$ | $D_0$ |
| S0 | 0 | 0 | 0 | 0 | 0 | 1 |
| S1 | 0 | 0 | 1 | 0 | 1 | 0 |
| S2 | 0 | 1 | 0 | 0 | 1 | 1 |
| S3 | 0 | 1 | 1 | 1 | 0 | 0 |
| S4 | 1 | 0 | 0 | 1 | 0 | 1 |
| S5 | 1 | 0 | 1 | 1 | 1 | 0 |
| S6 | 1 | 1 | 0 | 1 | 1 | 1 |
| S7 | 1 | 1 | 1 | 0 | 0 | 0 |

通过化简图3.13给出的卡诺图，得到下面的逻辑表达式。

$$D_2 = q_2 \cdot \bar{q}_1 + q_2 \cdot \bar{q}_0 + \bar{q}_2 \cdot q_1 \cdot q_0$$

$$D_1 = q_0 \cdot \bar{q}_1 + \bar{q}_0 \cdot q_1 = q_0 \oplus q_1$$

$$D_0 = \bar{q}_0$$

### 2. 三位计数器的实现

三位计数器的具体实现电路，如图3.14所示。该计数器就是一个简化的FSM模型。该模型包括状态转移逻辑和状态寄存器两部分。

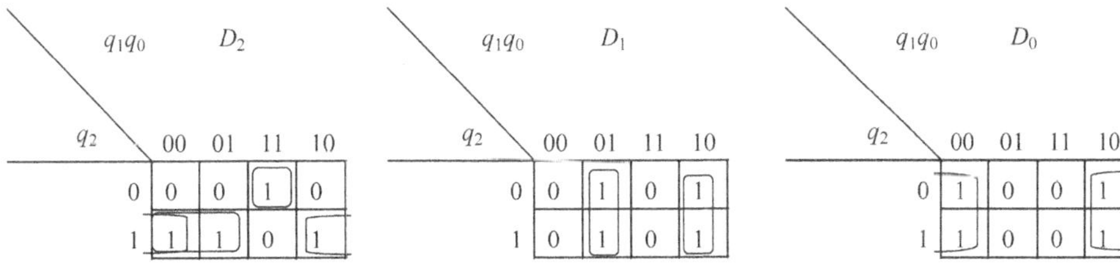


(a) $D_2$的卡诺图映射　(b) $D_1$的卡诺图映射　(c) $D_0$的卡诺图映射

图 3.13　状态编码的卡诺图映射

**思考与练习**

3-5　根据图 3.14，说明状态转移逻辑和状态寄存器模块的具体组成部件。

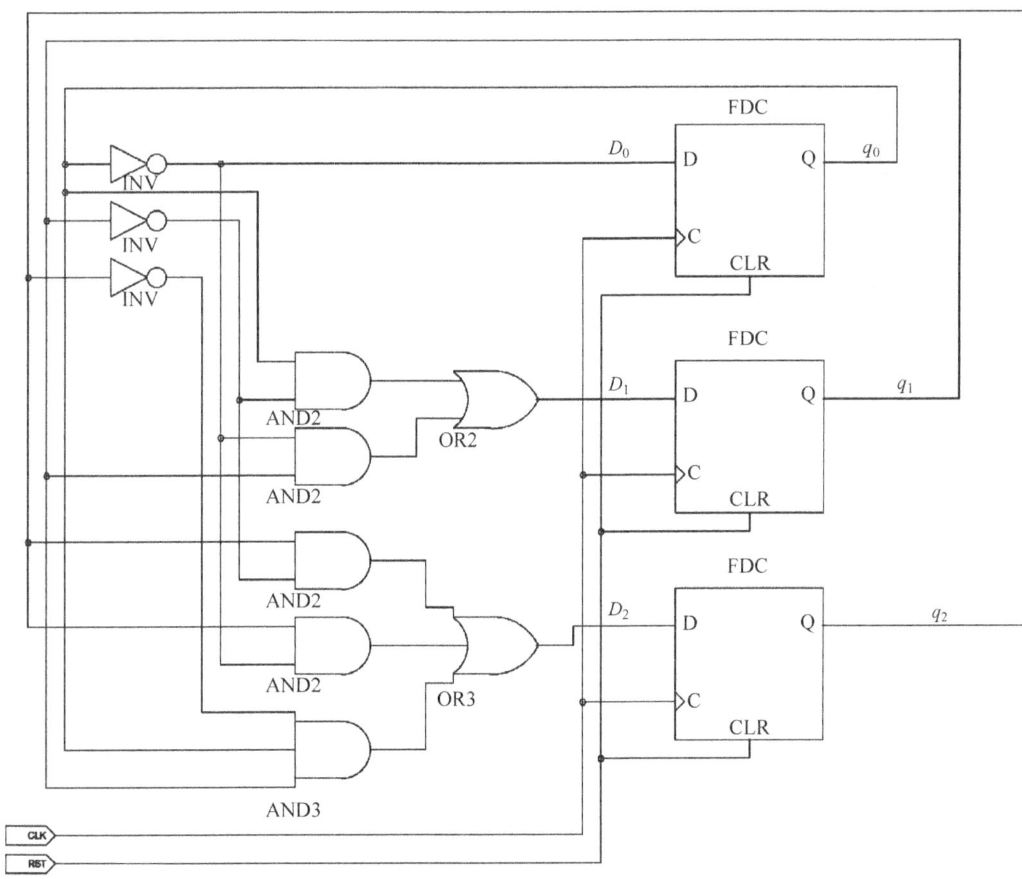


图 3.14　三位八进制计数器实现电路

3-6　如图 3.15 所示，为下面的状态图分配状态编码，并说明编码规则。

3-7　如图 3.15 所示，设计实现该状态图的 FSM。

**注**：在复杂的 FSM 设计中，不是直接通过状态图和化简卡诺图实现的，而是通过硬件描述语言 HDL，先描述出 FSM 的模型，然后再通过软件工具转换成门电路，然后进行进一步的处理。

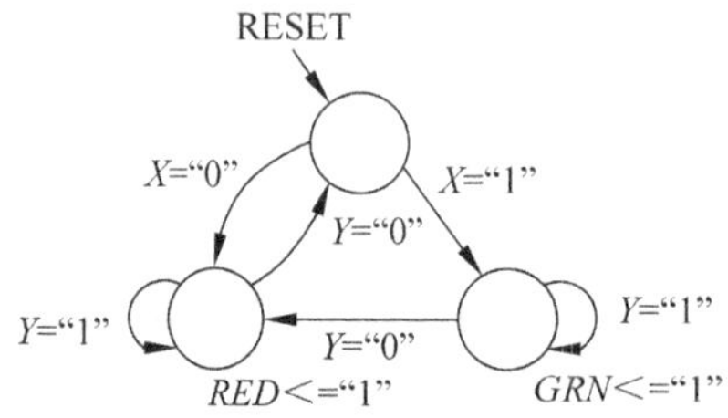


(a) 状态图(1)

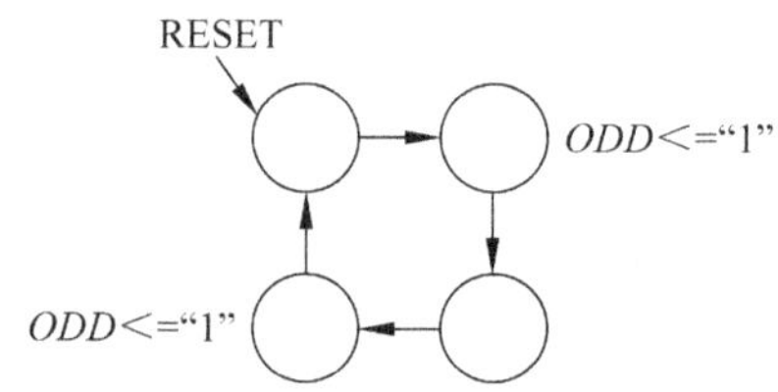


(b) 状态图(2)

图 3.15 需要编码的状态图

## 3.3 寄存器组功能

在本书后面会涉及到大量读写寄存器的应用。在 8051 单片机中，寄存器是 8 位 CPU 与外设/外设控制器进行交互的桥梁。例如，当 CPU 需要控制外设/外设控制器的工作模式时，就会通过控制寄存器完成这个任务；而当 CPU 需要读取外设/外设控制器的工作状态时，就会通过状态寄存器完成这个任务。

### 3.3.1 控制寄存器

寄存器，是从英文单词 register 翻译过来的。在 8051 单片机中，控制寄存器有两个重要的任务。

(1) 控制 CPU 的工作模式，例如，通过 8051 的程序状态字 PSW 寄存器控制在程序运行过程中所选择的通用寄存器组。

(2) 控制外设或者外设控制器的工作模式，例如，通过写 8051 特殊功能寄存器集中的看门狗控制寄存器 WDT_CONTR 使得单片机工作在正常的状态。再例如，通过写 8051 特殊功能特殊功能寄存器集中的定时器/计数器 0/1 控制寄存器 TCON 来设置定时器/计数器 0/1 的工作模式。

构成控制寄存器的基本单元是 D 触发器，对于 8051 单片机来说，8 个 D 触发器就可以组成一个 8 位的控制寄存器，如图 3.16 所示。

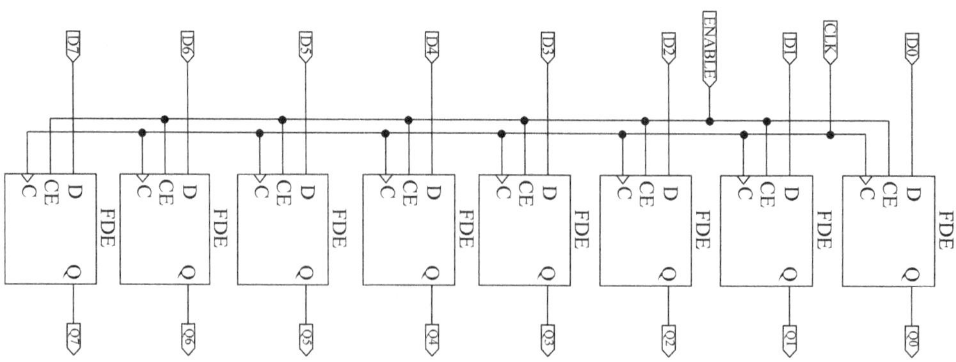


图 3.16 D 触发器构成的寄存器

根据触发器的原理，可以知道当 CLK 上升沿到来的时候，将八个触发器的数据输入端 D0、D1、D2、D3、D4、D5、D6 和 D7 的逻辑状态(0 或者 1)分别记忆/锁存到输出端 Q0、Q1、Q2、Q3、Q4、Q5、Q6 和 Q7。在下一个 CLK 上升沿到来的时候，才会重新记忆 D0～D7 的输入。

但是，当时钟沿到来的时候，能不能将数据记忆到触发器中，还取决于 D 触发器的 CE 使能端的输入信号 ENABLE。当 ENABLE 信号有效时，在时钟 CLK 上升沿到来的时候，才能将输入数据 D0～D7 记忆/锁存。否则，当 ENABLE 信号无效时，即使在 CLK 上升沿到来，也不能记忆/锁存输入数据 D0～D7。

从上面的结构很容易看到，8 个触发器构成的寄存器共用一个 CLK 信号和 ENABLE 信号，但是每个触发器的数据输入信号是相互独立的。当触发器额外添加复位和置位信号时，就可以让 Q0～D7 为 0 或者为 1。

更进一步的问题是，ENABLE 信号从哪里来？D0～D7 又分别来自哪里？Q0～Q7 的输出送到什么地方？下面通过一个简单的结构来说明这个问题，如图 3.17 所示。

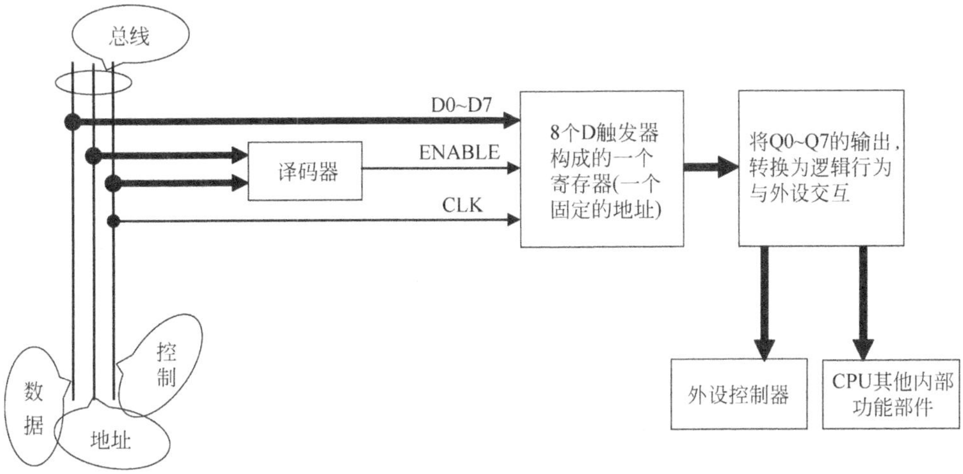


图 3.17　控制寄存器与系统的连接关系简图

在 8051 单片机内部有一条用于连接 CPU 各个功能部件的称之为内部总线的一组逻辑信号线，在这组信号线中包括地址信号线、数据信号线和控制信号线。在 8051 单片机中，控制寄存器全部位于一个称之为特殊功能寄存器集 SFR 的独立存储空间。

来自 CPU 功能部件上的数据通过总线可以连接到控制寄存器的 D0～D7 输入端，连接到 SFR 特殊功能寄存器的地址信号线和控制信号线，经过译码单元后产生用于选择该寄存器的 ENABLE 信号。那么，地址信号线和控制信号线的作用是什么？地址线给出的地址必须通过译码器，才能确定一个具体的地址。当设计 CPU 的时候，已经明确了每个控制寄存器的具体地址，具体到 8051 单片机来说，就是明确了每个控制寄存器在特殊功能寄存器集合中的具体地址，比如规定定时器/计数器 0/1 控制寄存器 TCON 位于特殊功能寄存器地址为 0x88 的位置，而控制信号线上提供了读、写和选择信号线等。当且仅当控制信号上提供了有效的读写信号和选择信号的时候，对控制寄存器的写操作才是有效的。此外，在总线上也包含了时钟信号，该时钟信号就可以送到寄存器中，用于提供触发寄存器记忆的时钟源。

因此，操作 8 位控制寄存器的前提条件就是地址线通过译码器产生了正确的选择信号，并且控制信号线产生了正确的写信号时，才能将数据线上的数据 D0～D7 记忆/锁存到控制寄存器中。因为这个数据是用来控制外设/外设控制器或者 CPU 工作模式的，因此将D0～D7 称为控制字/控制命令，用于保存控制字/控制命令的寄存器，我们就称为控制寄存器。

我们也知道一个事实，就是在 CPU 运行的过程中，总线内的数据总线的数据是不断变化的，但是不会影响到控制寄存器中所记忆的内容，这是因为只有程序代码发出写控制寄存器的命令时，才能通过地址线选中该控制寄存器，即只有软件程序代码在对控制寄存器进行写操作时，才能将 D0～D7 上的数据送到寄存器中。

所以，其实只要知道控制寄存器的具体地址，在程序代码中给出所要送的命令数据 D0～D7，就能让控制寄存器记住 8 位控制命令(字)。

当命令被记住后，通过复杂的状态机转换成逻辑行为用于控制外设的工作模式或 CPU 的工作模式。

## 3.3.2 状态寄存器

状态寄存器用于实时反映外设的工作情况以及 CPU 的工作状态。例如，在 8051 单片机内通过特殊功能寄存器集内地址为 0xD0 的程序状态字 PSW 寄存器，将 CPU 内运算器的工作状态，包括进位标志、辅助进位标志和溢出标志送到总线上的数据信号线上，然后由 CPU 读取。

状态寄存器和控制寄存器的工作原理有很大的差别，这是因为在控制寄存器中，采用的是一对多的结构，即一个 CPU 可以通过对地址译码访问不同的控制寄存器。而对于状态寄存器来说，采用的是多对一的结构，即多个外设的状态可以通过对地址的译码有选择的放到总线的数据信号线上。也就是说，在某个时刻，只允许一个外设/CPU 的状态放置到总线上，否则，如果多个设备的状态同时放到总线上时，会造成总线访问冲突。因此，多个外设的状态需要通过多路复用的方式送到总线上，充当这个角色的是一个称之为多路复用器的功能部件，多路复用器的选择信号就来自总线上的地址信号线和控制信号线，如图 3.18 所示。

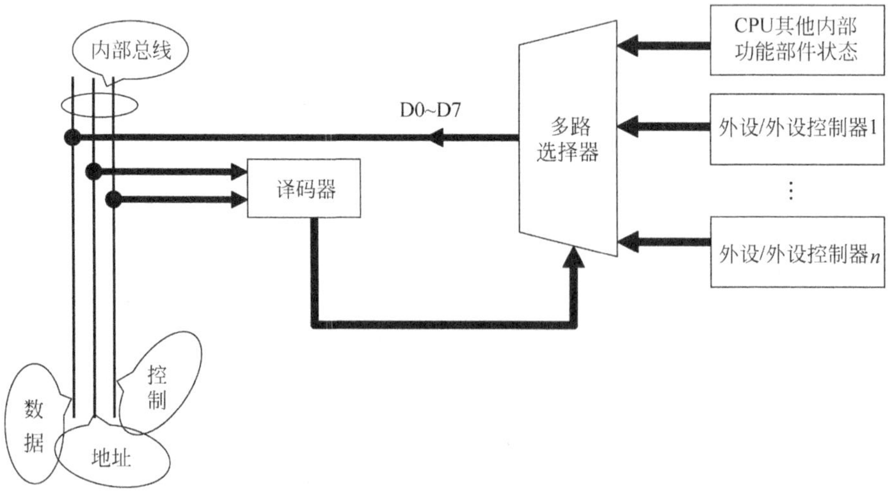


图 3.18 状态寄存器与系统的连接关系简图

从图 3.18 中，根本看不到任何寄存器的影子，也就是多路选择器充当了状态寄存器的角色，当然多路选择器和寄存器是两个截然不同的逻辑功能部件，称作状态寄存器是为了和控制寄存器的称谓相对应，是大家沿用下来的一种称呼而已，读者千万不要被状态寄存器这个称谓搞糊涂了。

**思考与练习**

3-8 请说明控制寄存器的实现原理。

3-9 请说明状态寄存器的实现原理。

## 3.4 时序分析

时序是单片机中一个非常重要的概念，时序是英文单词 timing 的中文译法。在单片机中时序包含两个方面的含义。

(1) 表示逻辑行为的先后顺序。简单的说，逻辑行为就是 0 翻转到 1 和 1 翻转到 0 的过程。当这个过程按照一定的顺序先后执行时，就可以用于表示时序，比如：8051 单片机对外部扩展存储器的读写时序，8051 单片机对 SPI 设备的读写时序。

(2) 避免诸如竞争冒险和亚稳定状态的重要保证。

在基于 STC 单片机的嵌入式系统中，只有满足时序关系，才能保证 STC 单片机与外设实现正确的数据传输，即保证时序的收敛，不会出现数字逻辑中的时序问题。

### 3.4.1 逻辑门传输时序

本节介绍逻辑门传输时序，内容包括上升沿和下降沿时间、脉冲宽度和逻辑门传输延迟。

**1. 上升沿和下降沿时间**

1) 上升沿时间

如图 3.19 所示，从脉冲上升沿 10%上升到 90%所经历的时间，用 $t_r$表示。该参数用于表示信号从逻辑低到逻辑高变化的快慢。当 $t_r$ 越小，表示信号上升沿越陡，信号变化的越快，频率越高。

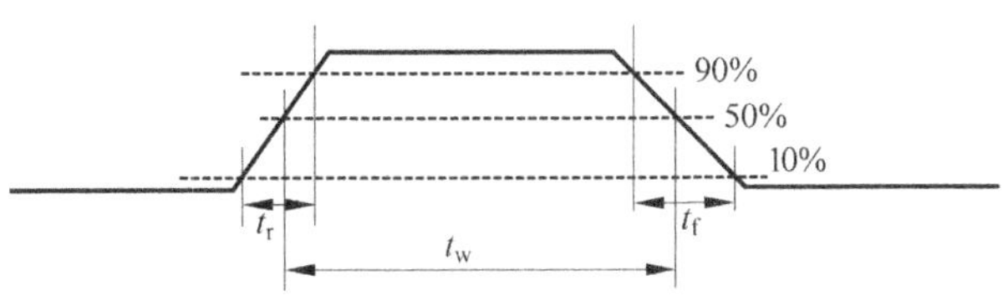


图 3.19 脉冲时序特性

**注**：所谓的 10%和 90%是指的逻辑高电平最大幅度的 10%和 90%。

2) 下降沿时间

如图 3.19 所示，脉冲下降沿 90%下降到 10%所经历的时间，用 $t_f$表示。该参数用于表示信号从逻辑高到逻辑低变化的快慢。当 $t_f$ 越小，表示信号下降沿越陡，信号变化的越快，频率越高。

这两个参数也反映出逻辑门电路中晶体管的反应速度，也表征了晶体管切换频率的快慢。

**2. 脉冲宽度**

如图 3.19 所示，两个脉冲幅值 50%时间点之间所跨越的时间，用 $t_w$ 表示。脉冲宽度的最小值受到半导体器件工艺特性的约束。当脉冲宽度的最小值小于半导体器件导通或者截止的时间要求时，输入脉冲状态的变化不会反映到逻辑门的输出。

**3. 逻辑门传输延迟**

传输延迟时间是衡量门电路开关速度的重要参数，用于说明当给逻辑门输入脉冲时，需要用多长时间，才能反映在逻辑门的输出。在 STC 单片机和外设之间进行数据交互时该参数至关重要，因为该参数会影响到建立时间和保持时间，进而影响整个系统的时序收敛。很明显，不管什么样的半导体工艺，从逻辑门输入到输出一定会存在着传输延迟，如图 3.20 所示。传输延迟的表示方法是：

(1) 计算输出波形下降沿与输入波形下降沿中点之间的时间间隔，用 $t_{PHL}$ 表示。

(2) 计算输出波形上升沿与输入波形上升沿中点之间的时间间隔，用 $t_{PLH}$ 表示。

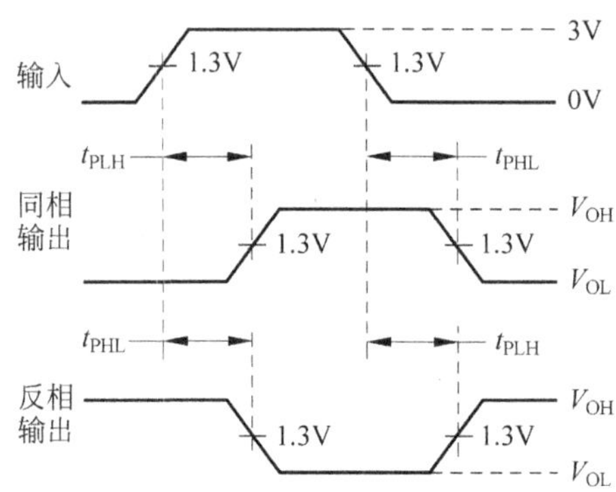


图 3.20 逻辑门传输延迟特性

下面通过一个具体的例子，说明传输延迟对整个单片机系统稳定性的影响，如图 3.21 所示。假设每个逻辑门的延迟都是相同的，表示为 $\tau_D$。在逻辑信号通过引脚 B 进入与非门前，通过了一个反相器，结果 $\overline{B}$ 比 C 延迟 $\tau_D$ 的时间才到达逻辑门，其最后的结果在延迟 $2\tau_D$ 时间后，输入的变化才反映到输出，然后输入给最后一个与非门。

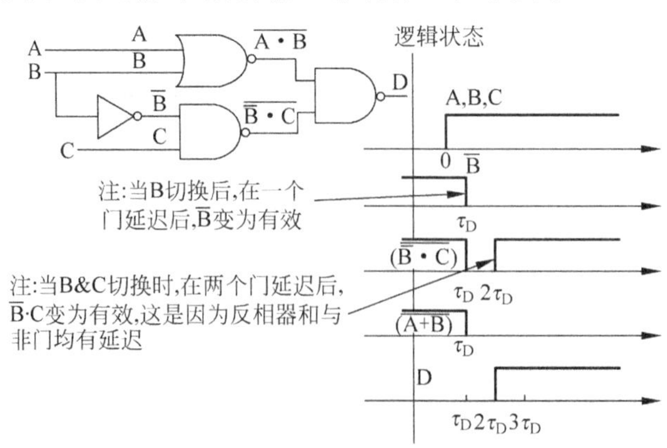


图 3.21 传输延迟对数字逻辑的影响

由上述可知，传输延迟对整个系统的稳定性有重要的影响，因此在设计 STC 单片机和外设接口时，要注意传输延迟的影响。因为在逻辑信号的传输中会出现延迟，因此当读者查看很多器件数据手册时，经常会看到两个术语叫作建立时间和保持时间。只要在设计数据传输接口时，满足数据传输的建立时间和保持时间就不会出现时序问题，下面将详细介绍这两个问题。

## 3.4.2 建立时间和保持时间

前面提到当信号的时序满足建立和保持时间要求时，不会出现时序问题。究竟用什么指标来判断是否满足要求呢？在分析时序时，松弛度用来衡量时序是否满足建立和保持时间要求，它的取值对于判断时序关系非常重要。

(1) 当建立时间或者保持时间的松弛度为正数时，则表示当前的时序关系满足建立时间和保持时间的要求，并且还有充裕的时间裕度(容量)。

(2) 当建立时间或者保持时间的松弛度为负数时，则表示当前的时序关系不满足建立时间或者保持时间要求，并且所给出的时间裕度(容量)明显不够。

1) 建立时间松弛度表示

如图 3.22 所示，建立松弛度用下面公式表示为

$$建立松弛度=数据所要求的建立时间-数据到达的时间$$

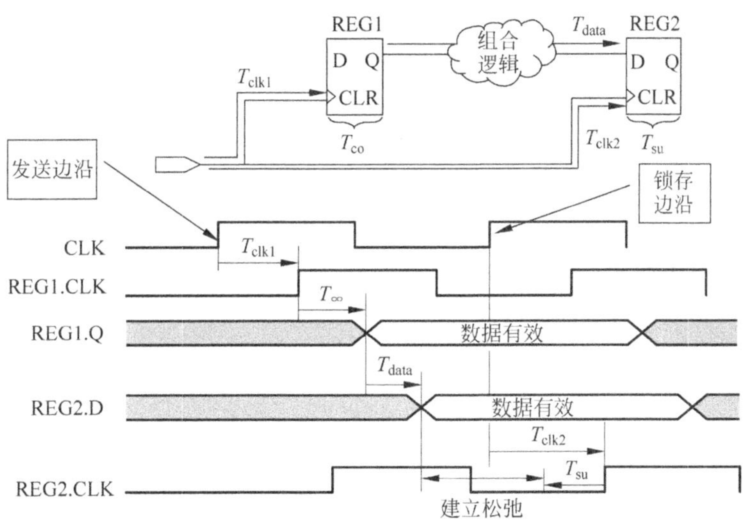


图 3.22 建立松弛的定义

注：(1) 图 3.22 中数据所要求的建立时间表示为 $T_{su}$。

(2) 图 3.22 中数据到达的时间表示为 REG2.D 上数据开始有效的时间到 REG2.CLK 第二个上升沿到来的时间。

很明显，当数据先于最小的建立时间要求 $T_{su}$ 到达时，建立松弛度的值大于 0，这个值越大，表示松弛度越大，数据的传输越稳定，不会出现时序问题；当这个值为负数时，表示在所要求的建立时间要求时间范围内，数据仍然没有到达，很明显，触发器 REG2 就不能正确的记忆/锁存 REG2.D 上的数据，就会出现时序问题。

2）保持时间松弛度表示

如图3.23所示，保持松弛度用下面公式表示为

$$保持松弛度=撤除数据的时间-数据所要求的保持时间$$

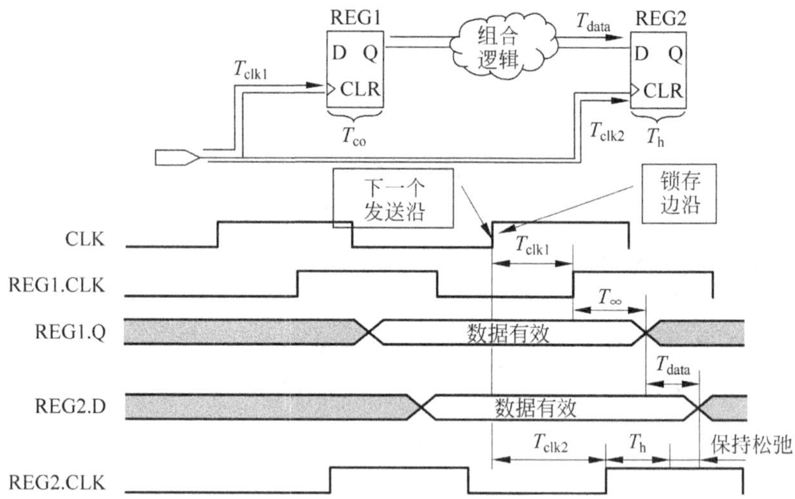


图3.23　保持松弛的定义

**注**：(1) 撤除数据就表示从有效数据变成了无效数据。

(2) 图3.23中数据所要求的保持时间用 $T_h$ 表示。

(3) 图3.23中撤除数据的时间表示为REG2C.CLK第二个上升沿到来后直到REG2.D数据无效所持续的时间。

很明显，当数据在最小的保持时间要求 $T_h$ 后撤除(无效)，保持松弛度的值大于0，这个值越大，表示松弛度越大，数据的传输越稳定，不会出现时序问题；当这个值为负数时，表示在所要求的保持要求时间范围内，数据已经无效，很明显，触发器REG2的输出就不能保持稳定，就可能出现时序问题。

# 第 4 章 STC 单片机 CPU 子系统

CHAPTER 4

本章将详细介绍 STC 单片机内 8051 CPU 子系统的结构原理，主要内容包括 STC 单片机 CPU 内核功能单元、STC 单片机存储器结构和地址空间、STC 单片机中断系统原理及功能等。

本章是全书最重要的内容之一。通过本章内容的学习，读者将系统学习 8051 CPU 内核结构及功能，以帮助学习后续内容。

## 4.1 STC 单片机 CPU 内核功能单元

8051 单片机自诞生之日起，到现在已经持续了 30 多年。在这期间，人们对其性能不断地进行改进，使得其整体性能提高了 10 倍以上。目前，以 8051 CPU 内核为核心的单片机仍然发挥着其巨大的生命力。虽然 8051 CPU 的内核比较简单，但是以其为核心的单片机系统却包含了构成计算机系统的全部要素，图 4.1 给出了经典 8051 CPU 的结构图。

在单片机中，包含了运算器、控制器、存储器、外设和时钟系统共 5 个子系统。在这 5 个子系统中，运算器和控制器构成了 8051 中央处理单元(central processing unit，CPU)。在 8051 CPU 中，运算器和控制器通过 CPU 内部的总线连接在一起。这样，在 CPU 内控制器的控制下，运算器内的各个功能部件有条不紊地按顺序工作(这里的按顺序是指按给定的时钟节拍)。在 8051 单片机中，CPU、存储器和外设通过 CPU 外部的单片机片内的总线连接在一起。通过总线，一方面在 CPU、存储器和外设之间传输数据、地址和控制信息；另一方面 CPU、存储器和外设共享总线。因此，这种结构是典型的共享总线结构。

通常所说的总线是一组逻辑信号的集合。在传统计算机架构中，总线包括数据信号、地址信号和控制信号，这就是所谓的三总线结构。之所以将以 8051 CPU 为核心的单片机称为 8 位单片机，是由于在该单片机中数据信号的宽度是 8 位。

STC 内的 8051 CPU 核是高性能、运行速度经过优化的 8 位中央处理单元(CPU)。它 100%兼容工业标准的 8051 CPU。8051 CPU 外围主要包括：

(1) 内部数据 RAM。

(2) 外部数据空间。

(3) 特殊功能寄存器。

(4) CPU 时钟分频器。

STC 8051 CPU 的特性主要包括：

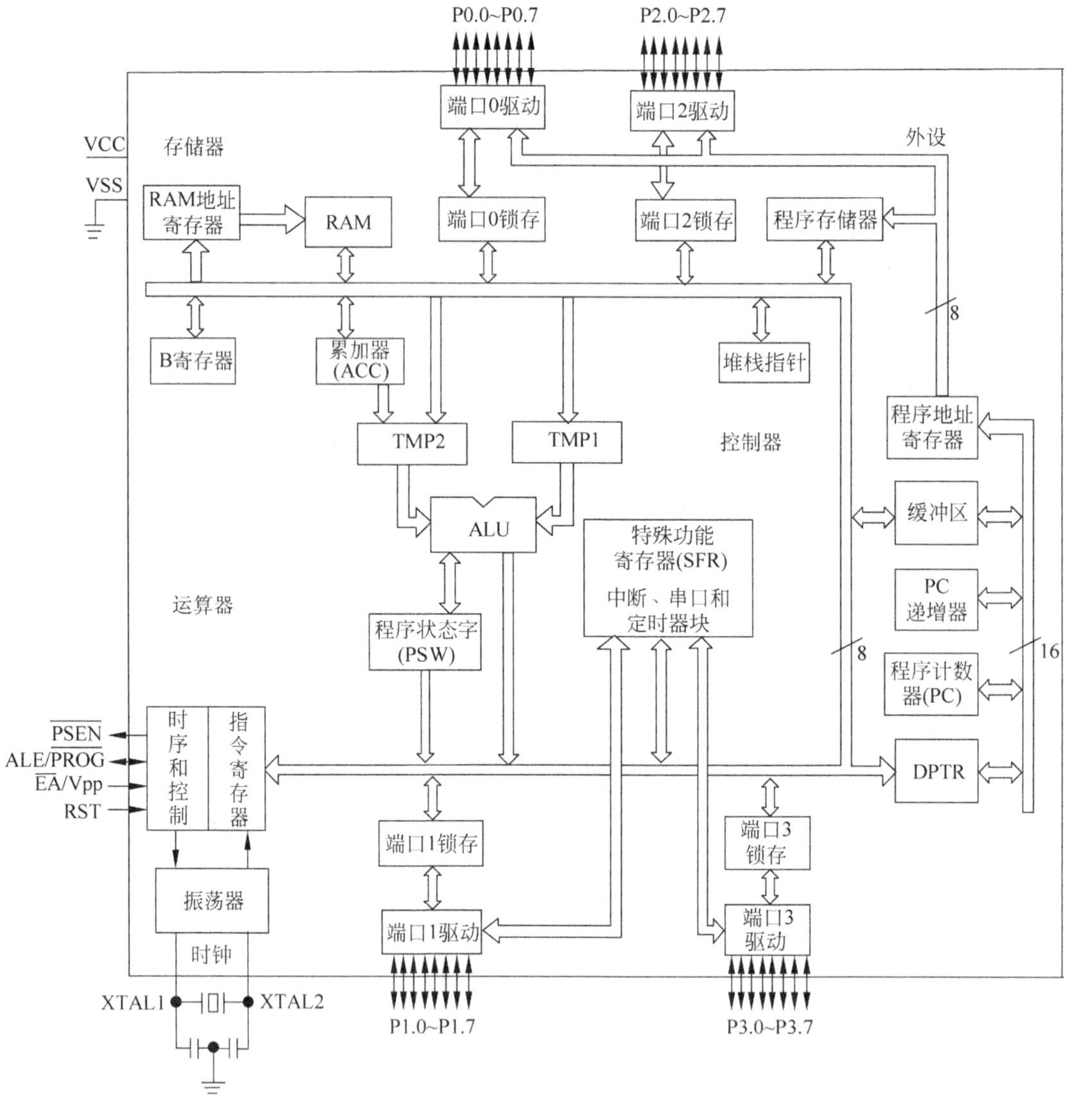


图 4.1　经典 8051 单片机内部结构

(1) 采用流水线 RISC 结构,其执行速度比工业标准 8051 快十几倍。

(2) 与工业标准 8051 指令集 100%兼容。

(3) 大多数指令使用 1 个或 2 个时钟周期执行。

(4) 256 个字节的内部数据 RAM。

(5) 使用双 DPTR 扩展标准 8051 结构。

(6) 提供了片外扩展的 64KB 外部数据存储器。

**注:** 封装在 40 引脚以上的 STC 单片机提供此扩展功能。

(7) 提供了多达 21 个中断源。

(8) 新特殊功能寄存器使能快速访问 STC 单片机 I/O 端口以及控制 CPU 时钟频率。

任何一个中央处理单元(CPU)都包含有控制器和 ALU 两大基本模块。下面将通过

STC 单片机分析 8051 CPU 子系统的功能。

**思考与练习**

4-1 8051 CPU 内核包含________和________两大功能部件。

4-2 仔细分析 8051 CPU 内的各个部件与总线的连接关系，划分出控制器单元和运算器单元。

### 4.1.1 控制器

控制器是 CPU 中最重要的功能部件之一。其作用是控制 CPU 内的各个组成部件协调地工作，保证 CPU 的正常运行。例如，控制器根据指令要求发出正确的控制信号实现加法运算。

**1. 程序计数器**

单片机最重要的特点之一就是采用了存储程序的体系结构，即需要执行的代码保存在一个称之为程序存储器的单元中。通过程序计数器从程序存储器中源源不断地取出所要执行的指令。因此程序计数器 PC 是 CPU 中最基本的控制部分。

PC 的特点就是总是指向下一条所要执行指令的地址空间。下面对程序计数器的原理进行分析，如图 4.1 所示，程序计数器、PC 递增计数器、缓冲区和程序地址寄存器都挂在其结构右侧的一条总线上。程序地址存储器的输出连接到程序存储器上，而程序存储器连接到内部总线上。

前面已经提到在程序存储器中，保存的是程序的机器代码，即机器指令。从图 4.1 中可以知道，程序地址寄存器的输出用于给程序存储器提供地址，而程序存储器的输出用于提供机器指令的内容。因此，程序计数器其实质就是实现递增功能的计数器，只不过是计数器的计数值作为程序存储器的地址。

在图 4.1 中，程序计数器的宽度为 16 位。即地址深度为 $2^{16}$，地址的范围为 0～65 536，即 64KB。因此，程序存储器的容量最大为 64KB。很明显，所编写的程序通过软件处理翻译成机器代码后，其机器代码的长度不能超过 64KB。

程序计数器并不能总是让程序地址寄存器递增。这是因为机器指令可以分成顺序执行和非顺序执行，如图 4.2 所示。

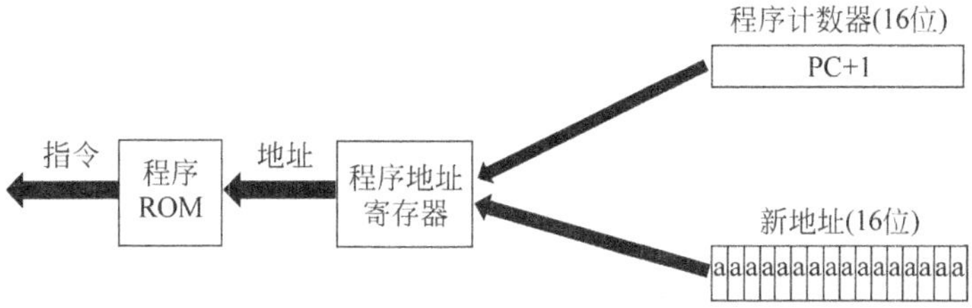


图 4.2 机器指令的执行顺序

1）顺序执行

是指按机器指令的前后顺序，顺序执行执行指令，即把 PC＋1 后的值送给程序地址寄存器，作为程序存储器的地址。然后，从程序存储器中取出指令。这就是所说的，程序计数器总是指向下一条要执行的指令。

2）非顺序执行

在编写的软件代码中，经常出现条件判断语句、跳转语句、程序调用语句和中断调用等。因此，当运行程序代码的过程中遇到这些指令时，程序的执行顺序并不是按照 PC+1→PC 来执行程序，而是将这些语句所指向新指令所在的新目标地址赋给程序地址寄存器。

**思考与练习**

4-3　在单片机中，PC 总是指向________。

4-4　请说明程序计数器的宽度和程序代码长度之间的关系。

4-5　在单片机中，CPU 执行指令的顺序靠________控制。

4-6　在单片机中，程序的执行顺序可以通过代码中的________进行控制。

**提示**：运算的标志位，条件判断语句、程序调用语句和中断服务语句等，在学习完后面的 8051 指令集后进一步地详细说明。

**2. 指令通道**

指令通道包含取指单元、译码单元和执行指令单元。本质上，取值、译码和执行指令就是一个有限自动状态机，即微指令控制器。

1）取指单元

根据 PC 所指向的存放指令的程序存储器地址，取出指令。在 8051 单片机中，程序存储器的宽度为 8 位。但是，8051 的机器指令有 8 位、16 位或 24 位，即 1 个字节、2 个字节或 3 个字节。所以，对于不同的指令来说，取值令所需要的时钟周期并不相同。因此，可能需要几个时钟周期才能完成取指操作。

2）译码单元

根据取出指令的操作码部分，对指令进行翻译。这个翻译过程就是将机器指令转换成一系列的逻辑控制序列，这些控制序列将直接控制 CPU 内的运算单元。

3）执行指令单元

当完成译码过程后，根据逻辑控制序列(微指令)所产生的逻辑行为，控制运算器单元，完成指令需要的实现的操作行为。

例如，假设此时取出一条机器指令(汇编助记符表示)：

```
ADD A,Rn
```

其机器指令的格式为

```
0010,1rrr
```

**注**：rrr 表示寄存器的编号。

该指令完成寄存器 Rn 和累加器 A 数据相加的操作。其译码和执行指令的过程应该包含：

(1) 从寄存器 Rn 中取出数据送入 ALU 的一个输入端口 TMP1，表示为

```
(Rn)→(TMP1)
```

(2) 从累加器 ACC 中取出数据送入 ALU 的另一个输入端口 TMP2，表示为

```
(ACC)→(TMP2)
```

(3) 将 TMP1 和 TMP2 的数据送到 ALU 进行相加,产生结果,表示为

(TMP2) + (TMP1)→(总线)

(4) 将 ALU 产生的结果,通过内部总线送入到 ACC 累加器中。

(总线)→(ACC)

**注**:虽然通常将指令通道的译码和执行指令的过程进行上述细致的划分。但实际上,译码产生控制序列的过程,就是在执行指令。

**思考与练习**

4-7 单片机中,指令通道包含________、________和________;它们的作用分别是________、________和________。

**3. 流水线技术**

传统 8051 单片机的指令通道采用的是串行结构,如图 4.3 所示。为了分析问题方便,下面假设每条指令的取值周期、译码周期和执行指令的周期都是一样的。当采用串行执行结构时,对于 3 条指令来说,需要 T9 个时间周期才能执行完成。

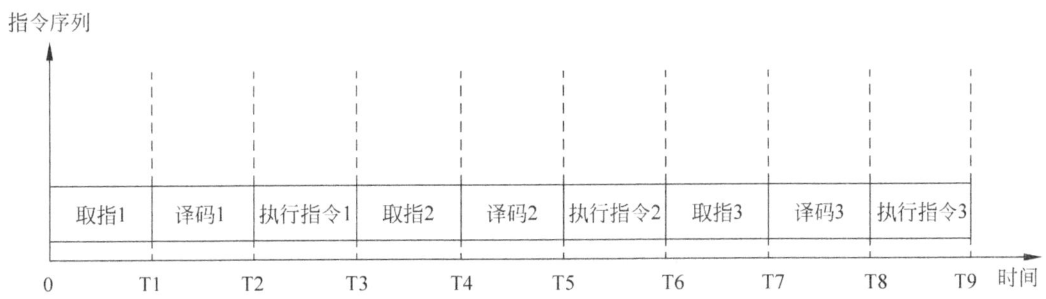


图 4.3 3 条指令执行的串行执行结构原理

与传统的 8051 CPU 取指通道相比,STC 指令通道采用了改进后的(二级/三级)流水线结构,如图 4.4 所示。下面分析指令的三级流水线通道。

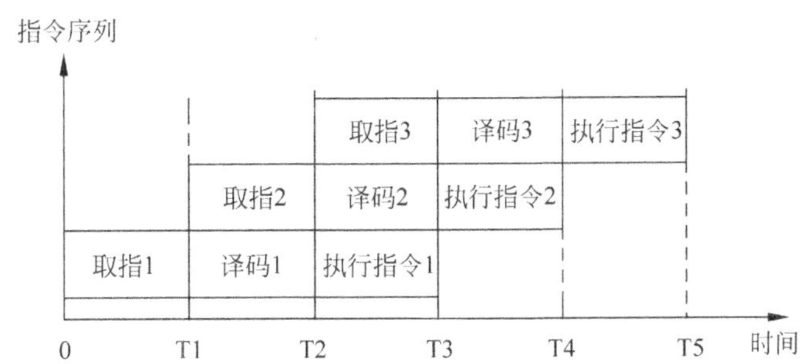


图 4.4 3 条指令执行的流水线结构原理

**注**:当把译码和执行指令分开讨论时,称为三级流水线结构;而当把译码和执行指令合并在一起讨论时,称为二级流水线结构。

(1) 在 0 时刻,从 PC 指向的程序存储器中取出指令 1。

(2) 在 T1 时刻,将取出的指令 1 送到译码单元进行译码;同时从 PC 指向的程序存储

器中取出指令2。

(3) 在T2时刻,将执行译码后的指令1;同时将已经取出的指令2进行译码,以及从PC指向的程序存储器取出指令3。

(4) 在T3时刻,将执行译码后的指令2;同时将已经取出的指令3进行译码。

(5) 在T4时刻,将执行译码后的指令3。

从图4.4可以看出,当采用三级流水线结构以后,只需要T5个周期就能执行完3条指令。基于前面的假设条件,指令通道的吞吐量提高了1倍。当执行指令的数量增加时,流水线结构优势将更加明显。

**思考与练习**

4-8 在单片机中,指令通道采用流水线的目的是________。

4-9 仿照图4.4的分析过程,请给出当执行5条指令时的流水线结构以及性能(吞吐量和延迟)的改善情况。

**4. 双数据指针**

数据指针(dual data pointer,DPTR)是一个16位的专用寄存器,由DPL(低8位)和DPH(高8位)组成,其地址为82H(DPL,低字节)和83H(DPH,高字节)。DPTR是8051中唯一可以直接进行16位操作的寄存器。此外,也可以按照字节分别对DPH和DPL进行操作。

如果STC单片机没有外部数据总线,则该单片机只存在一个16位的数据指针。否则,如果单片机有外部数据总线,则该单片机设计了两个16位的数据指针DPTR0和DPTR1,这两个数据指针共用一个地址空间,可以通过软件设置特殊功能寄存器(special function register,SFR)中P_SW1(地址为A2H)的第0位,即数据指针选择(data pointer select,DPS)来选择所使用的DPTR,如图4.5所示。

| 助记符 | 地址 | 名字 | 7 | 6 | 5 | 4 | 3 | 2 | 1 | 0 | 复位值 |
|---|---|---|---|---|---|---|---|---|---|---|---|
| AUXR1<br>P_SW1 | A2H | 辅助寄存器1 | S1_S1 | S1_S0 | CCP_S1 | CCP_S0 | SPI_S1 | SPI_S0 | 0 | DPS | 0000 0000 |

图4.5 DPTR选择位DPS

(1) DPS=0,选择DPTR0(选择0x83:0x82),其中0x83为16位DPTR0的高寄存器DPH0;0x82为16位DPTR0的低寄存器DPL0。

(2) DPS=1,选择DPTR1(选择0x83:0x82),其中0x83为16位DPTR1的高寄存器DPH1;0x82为16位DPTR1的低寄存器DPL1。

**思考与练习**

4-10 在8051单片机中,DPTR的功能是什么?

4-11 在STC单片机中,提供了DPTR的个数,如何使用它们?

**5. 堆栈及指针**

在单片机中,有一个称为堆栈的特殊存储空间,其作用主要用于保存现场。典型的,当在执行程序的过程中遇到跳转指令时,就需要将当前PC+1指向的下一条指令的地址保存起来,等待执行完跳转指令的时候,再将所保存的下一条指令的地址恢复到程序地址寄存器中，如图 4.6 所示。

**注**：图中①，②表示操作的顺序。

在 STC 单片机中，用于控制指向存储空间位置的是一个堆栈指针（stack pointer，SP），它实际上就是一个 8 位的专用寄存器，该寄存器的内容就是栈顶的地址，它用于表示当前栈顶在内部 RAM 块中的位置。

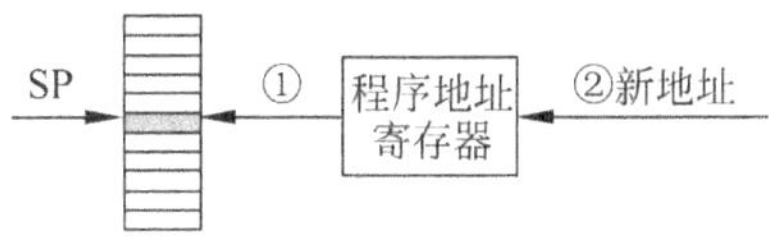


图 4.6　堆栈的操作原理

为了更好地说明堆栈的工作原理，以 3 个数据 0x30、0x31 和 0x32 入栈和出栈为例，如图 4.7 和图 4.8 所示。假设在对堆栈进行操作前，当前 SP 的内容为 0x82，也就是 SP 指向堆栈存储空间地址为 0x82 的位置。

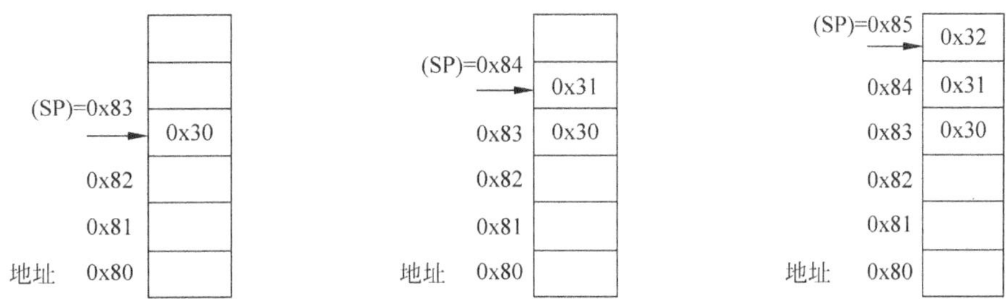


(a) 数据0x30入栈　(b) 数据0x31入栈　(c) 数据0x32入栈

图 4.7　数据入栈操作

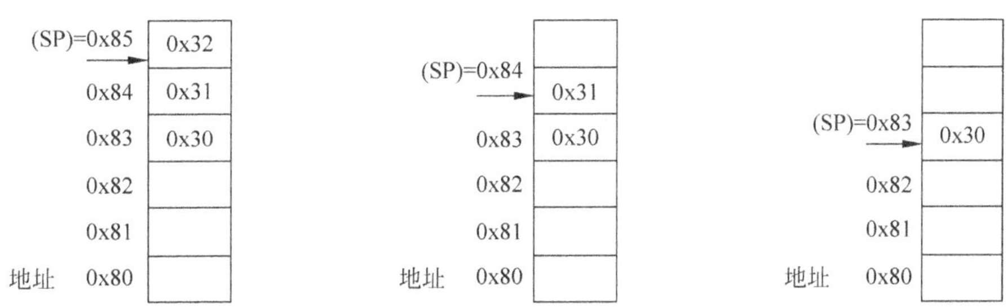


(a) 数据0x32出栈　(b) 数据0x31出栈　(c) 数据0x30出栈

图 4.8　数据出栈操作

1）入栈操作

（1）数据 0x30 要进行入栈操作时，首先，(SP)＋1→(SP)，即 SP 内容加 1，SP 的内容变成 0x83，即 SP 指向堆栈存储空间地址为 0x83 的位置，将数据 0x30 保存在该位置。

（2）数据 0x31 要进行入栈操作时，首先，(SP)＋1→(SP)，即 SP 内容加 1，SP 的内容变成 0x84，即 SP 指向堆栈存储空间地址为 0x84 的位置，将数据 0x31 保存在该位置。

（3）数据 0x32 要进行入栈操作时，首先，(SP)＋1→(SP)，即 SP 内容加 1，SP 的内容变成 0x85，即 SP 指向堆栈存储空间地址为 0x85 的位置，将数据 0x32 保存在该位置。

从上面的过程可以看出，随着数据的入栈操作，(SP)递增，SP 总是指向保存最新数据的存储器位置，即通常所说的，SP 总是指向栈顶的位置。

2）出栈操作

（1）数据 0x32 要进行出栈操作时，此时 SP 指向栈顶 0x85 的位置。首先，读取该位置所保存的数据0x32,将其放置到需要恢复的寄存器中;然后,(SP)－1→(SP),即SP内容减1,SP的内容变成0x84,即SP指向堆栈存储空间地址为0x84的位置。

(2) 数据0x31要进行出栈操作时,此时SP指向栈顶0x84的位置。首先,读取该位置所保存的数据0x31,将其放置到需要恢复的寄存器中;然后,(SP)－1→(SP),即SP内容减1,SP的内容变成0x83,即SP指向堆栈存储空间地址为0x83的位置。

(3) 数据0x30要进行出栈操作时,此时SP指向栈顶0x83的位置。首先,读取该位置所保存的数据0x30,将其放置到需要恢复的寄存器中;然后,(SP)－1→(SP),即SP内容减1,SP的内容变成0x82,即SP指向堆栈存储空间地址为0x82的位置。

从上面的过程可以看出,随着数据的出栈操作,(SP)递减,SP总是指向最新保存的数据的存储器的位置,即通常所说的,SP总是指向栈顶的位置。

**注**:(1) 当对单片机复位后,将SP的内容初始化为07H。所以,实际上堆栈从08H的地址单元开始。考虑08H～1FH是工作寄存器组1～3的地址空间。因此,如果在编写程序代码的过程中如果使用到堆栈存储空间,则建议最好把SP的内容改为80H以上的值。

(2) SP寄存器位于SFR空间地址为0x81的位置。当上电时,默认将SP的内容设置为0x07。

**思考与练习**

4-12 请说明5个数据0x06、0x68、0x90、0x10和0x00入栈和出栈的过程,并用图进行描述。

### 4.1.2 运算器

运算器用于执行丰富的数据操作功能。在STC单片机中,8051 CPU内的运算器包括8位算术逻辑单元、累加器、B寄存器和程序状态字。

**1. 8位算术逻辑单元**

在8051 CPU内的运算器中,最核心的部件就是算术逻辑单元(arithmetic and logic unit,ALU)。8051 CPU的ALU位宽为8位,它可以实现的功能包括:

1) 算术运算

典型的,实现8位加、减、乘和除运算。

2) 其他运算

典型的,实现递增、递减、BCD十进制调整和比较运算。

3) 逻辑运算

典型的,实现逻辑与(AND)、逻辑或(OR)、逻辑异或(XOR),逻辑取反(NOT)和旋转/移位操作。

4) 按位运算

典型的,置位,复位,取补,如果没有置位则不执行跳转操作,如果置位则执行跳转操作,并且执行清除操作以及移入/移出进位标志寄存器。

**2. 累加器**

累加器(accumulator,ACC),也简写为A,用于保存大多数指令运算结果。累加器位于特殊功能寄存器(special function register,SFR)地址为0xE0的位置。

**3. B寄存器**

在乘法和除法操作中,B寄存器有特殊用途;而在其他情况,它用于普通寄存器。B寄存器位于特殊功能寄存器(SFR)地址为 0xF0 的位置。

1) 乘法操作

参与乘法运算的一个操作数保存在 B 寄存器中,另一个保存在 A 寄存器中。并且在乘法运算后,所得乘积的高 8 位保存在 B 寄存器中,而乘积的低 8 位保存在 A 寄存器中。

2) 除法操作

参与除法运算的被除数保存在 A 寄存器中,除数保存在 B 寄存器中。并且在除法运算后,所得的商保存在 A 寄存器中,而余数保存在 B 寄存器中。

**思考与练习**

4-13 在 8051 单片机内,当进行乘法/除法运算时,会使用________和________寄存器。

4-14 当实现乘法运算时,高 8 位结果保存在________,低 8 位结果保存在________。

4-15 当实现除法运算时,商保存在________,余数保存在________。

**4. 程序状态字**

在程序状态字(program status word,PSW)寄存器中,保存一些具有特殊含义的比特位,这些位反映当前 8051 CPU 内的工作状态。该寄存器位于 SFR 空间地址为 0xD0 的位置。PSW 寄存器的内容,如表 4.1 所示。

**表 4.1 PSW 寄存器内容**

| 比特位 | 7 | 6 | 5 | 4 | 3 | 2 | 1 | 0 |
|---|---|---|---|---|---|---|---|---|
| 名字 | CY | AC | F0 | RS1 | RS0 | OV | RSV | P |

其每位的含义分别解释如下。

1) CY

进位标志。算术和位指令操作影响该位。在进行加法运算时,如果最高位有进位;或者在进行减法运算时,如果最高位有借位,则将 CY 设置为 1;否则设置为 0。

2) AC

辅助进位标志。ADD,ADDC 和 SUBB 指令影响该位。在进行加法运算时,如果第 3 位向第 4 位有进位;或者在进行减法运算时,如果第 3 位向第 4 位有借位,则将 AC 设置为 1;否则设置为 0。设置辅助进位标志的目的是为了便于 BCD 码加法、减法运算的调整。

3) F0

通用标志 0。

4) RS1 和 RS0

寄存器组选择位。用于选择不同的寄存器组,其含义如表 4.2 所示。

**表 4.2 RS1 和 RS0 工作寄存器组的选择位含义**

| RS1 | RS0 | 当前使用的工作寄存器组(R0~R7) |
|---|---|---|
| 0 | 0 | 0 组(00H~07H) |
| 0 | 1 | 1 组(08H~0FH) |
| 1 | 0 | 2 组(10H~17H) |
| 1 | 1 | 3 组(18H~1FH) |

5) OV

溢出标志。ADD、ADDC、SUBB、MUL 和 DIV 指令影响该位状态,在后面会详细说明。

6) RSV

保留位。

7) P

奇偶标志位。在每条指令执行后,设置或者清除该比特位,该位用于表示累加器 ACC 中 1 的个数。如果 ACC 中有奇数个 1 时,则将 P 设置为 1; 否则,如果 ACC 中有偶数个 1 (包括 0 个 1 的情况)时,则将 P 设置为 0。

**思考与练习**

4-16 在 8051 单片机中,PSW 表示________,作用是________,它包含________、________、________、________、________、________和________位。

### 4.1.3 特殊功能寄存器

STC 系列单片机除了提供传统 8051 单片机的标准寄存器外,还增加了特殊功能寄存器。

实际上,SFR 是具有特殊功能的 RAM 区域,它是一系列控制寄存器和状态寄存器的集合,如表 4.3 所示。这些寄存器用于对 STC 单片机内的各个功能模块进行管理、控制和监视。

**注**:(1) STC15 系列单片机的 SFR 和高 128 字节的 RAM 共用相同的地址范围,都使用 80H～FFH 的区域。因此需要使用直接寻址方式访问 SFR。

(2) 只有当 SFR 内的寄存器地址能够被 8 整除时才可以对该寄存器的每一位通过位地址进行操作,即表 4.3 中灰色区域可以进行位操作,其他区域不可以进行位操作。

**表 4.3 SFR 的映射空间(STC15W4K32S4 系列单片机)**

| 地址 | 0/8 | 1/9 | 2/A | 3/B | 4/C | 5/D | 6/E | 7/F | 地址 |
|---|---|---|---|---|---|---|---|---|---|
| 0xF8 | P7 | CH | CCAP0H | CCAP1H | CCAP2H | | | | 0xFF |
| 0xF0 | B | PWMCFG | PCA_PWM0 | PCA_PWM1 | PCA_PWM0 | PWMCR | PWMIF | PWMFDCR | 0xF7 |
| 0xE8 | P6 | CL | CCAP0L | CCAP1L | CCAP2L | | | | 0xEF |
| 0xE0 | ACC | P7M1 | P7M0 | | | | CMPCR1 | CMPCR2 | 0xE7 |
| 0xD8 | CCON | CMOD | CCAPM0 | CCAPM1 | CCAPM2 | | | | 0xDF |
| 0xD0 | PSW | T4T3M | T4H<br>RL_TH4 | T4L<br>RL_TL4 | T3H<br>RL_TH3 | T3L<br>RL_TL3 | T2H<br>RL_TH2 | T2L<br>RL_TL2 | 0xD7 |
| 0xC8 | P5 | P5M1 | P5M0 | P6M1 | P6M0 | SPSTAT | SPCTL | SPDAT | 0xCF |
| 0xC0 | P4 | WDT_CONTR | IAP_DATA | IAP_ADDRH | IAP_ADDRL | IAP_CMD | IAP_TRIG | IAP_CONTR | 0xC7 |
| 0xB8 | IP | SADEN | P_SW2 | | ADC_CONTR | ADC_RES | ADC_RESL | | 0xBF |
| 0xB0 | P3 | P3M1 | P3M0 | P4M1 | P4M0 | IP2 | IP2H | IPH | 0xB7 |
| 0xA8 | IE | SADDR | WKTCL<br>WKCTL_CNT | WKTCH<br>WKTCH_CNT | S3CON | S3BUF | | 1E2 | 0xAF |
| 0xA0 | P2 | BUS_SPEED | AUXR1<br>P_SW1 | | | | | | 0xA7 |
| 0x98 | SCON | SBUF | S2CON | S2BUF | | P1ASF | | | 0x9F |
| 0x90 | P1 | P1M1 | P1M0 | P0M1 | P0M0 | P2M1 | P2M0 | CLK_DIV<br>PCON2 | 0x97 |
| 0x88 | TCON | TMOD | TL0<br>RL_TL0 | TL1<br>RL_TL1 | TH0<br>RL_TH0 | TH1<br>RL_TH1 | AUXR | INT_CLK0<br>AUXR2 | 0x8F |
| 0x80 | P0 | SP | DPL | DPH | S4CON | S4BUF | | PCON | 0x87 |

**思考与练习**

4-17 在8051单片机中，SFR表示________，它________(属于/不属于)RAM的一部分，其作用是________。

**注**：本节仅对SFR中端口控制寄存器和CPU时钟分频器的功能进行说明，其他寄存器的功能在后续章节中进行详细说明。

**1. 端口控制寄存器组**

在SFR中，提供了用于对单片机P0组端口、P1组端口、P2组端口、P3组端口、P4组端口、P5组端口、P6组端口和P7组端口进行控制的控制寄存器。

1) P0端口寄存器组

P0端口寄存器组，包括P0寄存器、P0M0寄存器和P0M1寄存器。

(1) P0寄存器，如表4.4所示。P0寄存器中每一个比特位与STC单片机外部P0组内的引脚一一对应，该寄存器位于特殊功能寄存器SFR地址为0x80的位置。复位值为11111111B。

**表4.4 P0寄存器各位的含义**

| 比特位 | B7 | B6 | B5 | B4 | B3 | B2 | B1 | B0 |
|---|---|---|---|---|---|---|---|---|
| 名字 | P0.7 | P0.6 | P0.5 | P0.4 | P0.3 | P0.2 | P0.1 | P0.0 |

(2) P0M0寄存器，如表4.5所示。P0M0寄存器也称为端口0模式配置寄存器0，该寄存器位于特殊功能寄存器地址为0x94的位置。复位值为00000000B。

**表4.5 P0M0寄存器各位的含义**

| 比特位 | B7 | B6 | B5 | B4 | B3 | B2 | B1 | B0 |
|---|---|---|---|---|---|---|---|---|
| 名字 | P0M0.7 | P0M0.6 | P0M0.5 | P0M0.4 | P0M0.3 | P0M0.2 | P0M0.1 | P0M0.0 |

(3) 寄存器P0M1，如表4.6所示。P0M1寄存器也称为端口0模式配置寄存器1，该寄存器位于特殊功能寄存器地址为0x93的位置。复位值为11000000B。

**表4.6 P0M1寄存器各位的含义**

| 比特位 | B7 | B6 | B5 | B4 | B3 | B2 | B1 | B0 |
|---|---|---|---|---|---|---|---|---|
| 名字 | P0M1.7 | P0M1.6 | P0M1.5 | P0M1.4 | P0M1.3 | P0M1.2 | P0M1.1 | P0M1.0 |

**注**：P0M0.x和P0M1.x组合起来用于控制I/O口的方向和驱动模式，如表4.7所示。

**表4.7 P0M1.x和P0M0.x的组合含义**

| P0M1 | P0M0 | 含　义 |
|---|---|---|
| 0 | 0 | 准双向端口，与传统8051 I/O模式兼容。其灌电流可达20mA，拉电流为270μA<br>(注：由于制造误差，拉电流实际在150～270μA之间) |
| 0 | 1 | 推挽输出，即强上拉输出，电流可达到20mA。因此，在使用时需要接入限流电阻 |
| 1 | 0 | 仅为输入(高阻) |

续表

| P0M1 | P0M0 | 含　义 |
|---|---|---|
| 1 | 1 | 开漏(open drain),内部上拉电阻断开。在该模式下,既可以读外部状态也可以对外输出高电平/低电平。因此需要加上拉电阻,否则读不到外部状态,也不能对外输出高电平 |

**注**:表中的x对应于端口0的每个引脚。

2) P1端口寄存器组

P1端口寄存器组,包括P1寄存器、P1M0寄存器和P1M1寄存器。

(1) P1寄存器,如表4.8所示。P1寄存器中每一位与STC单片机外部P1组内的引脚一一对应,该寄存器位于特殊功能寄存器SFR地址为0x90的位置。复位值为11111111B。

**表4.8　P1寄存器各位的含义**

| 比特位 | B7 | B6 | B5 | B4 | B3 | B2 | B1 | B0 |
|---|---|---|---|---|---|---|---|---|
| 名字 | P1.7 | P1.6 | P1.5 | P1.4 | P1.3 | P1.2 | P1.1 | P1.0 |

(2) P1M0寄存器,如表4.9所示。P1M0寄存器也称为端口1模式配置寄存器0,该寄存器位于特殊功能寄存器SFR地址为0x92的位置。复位值为00010001B。

**表4.9　P1M0寄存器各位的含义**

| 比特位 | B7 | B6 | B5 | B4 | B3 | B2 | B1 | B0 |
|---|---|---|---|---|---|---|---|---|
| 名字 | P1M0.7 | P1M0.6 | P1M0.5 | P1M0.4 | P1M0.3 | P1M0.2 | P1M0.1 | P1M0.0 |

(3) P1M1寄存器,如表4.10所示。P1M1寄存器也称为端口1模式配置寄存器1,该寄存器位于特殊功能寄存器SFR地址为0x91的位置。复位值为11000000B。

**表4.10　P1M1寄存器各位的含义**

| 比特位 | B7 | B6 | B5 | B4 | B3 | B2 | B1 | B0 |
|---|---|---|---|---|---|---|---|---|
| 名字 | P1M1.7 | P1M1.6 | P1M1.5 | P1M1.4 | P1M1.3 | P1M1.2 | P1M1.1 | P1M1.0 |

**注**:(1) P1M0.x和P1M1.x组合起来用于控制I/O口的方向和驱动模式,含义和表4.7相同。

(2) 如果P1.x用于A/D,则需要先将其设置成开漏或者高阻输入。

3) P2端口寄存器组

P2端口寄存器组,包括P2寄存器、P2M0寄存器和P2M1寄存器。

(1) P2寄存器。如表4.11所示。P2寄存器中每一个比特位与STC单片机外部P2组内的引脚一一对应,该寄存器位于特殊功能寄存器SFR地址为0xA0的位置。复位值为11111111B。

表 4.11 P2 寄存器各位的含义

| 比特位 | B7 | B6 | B5 | B4 | B3 | B2 | B1 | B0 |
|---|---|---|---|---|---|---|---|---|
| 名字 | P2.7 | P2.6 | P2.5 | P2.4 | P2.3 | P2.2 | P2.1 | P2.0 |

(2) P2M0 寄存器,如表 4.12 所示。P2M0 寄存器也称为端口 2 模式配置寄存器 0,该寄存器位于特殊功能寄存器 SFR 地址为 0x96 的位置。复位值为 00000000B。

表 4.12 P2M0 寄存器各位的含义

| 比特位 | B7 | B6 | B5 | B4 | B3 | B2 | B1 | B0 |
|---|---|---|---|---|---|---|---|---|
| 名字 | P2M0.7 | P2M0.6 | P2M0.5 | P2M0.4 | P2M0.3 | P2M0.2 | P2M0.1 | P2M0.0 |

(3) P2M1 寄存器,如表 4.13 所示。P2M1 寄存器也称为端口 2 模式配置寄存器 1,该寄存器位于特殊功能寄存器 SFR 地址为 0x95 的位置。复位值为 10001110B。

表 4.13 P2M1 寄存器各位的含义

| 比特位 | B7 | B6 | B5 | B4 | B3 | B2 | B1 | B0 |
|---|---|---|---|---|---|---|---|---|
| 名字 | P2M1.7 | P2M1.6 | P2M1.5 | P2M1.4 | P2M1.3 | P2M1.2 | P2M1.1 | P2M1.0 |

**注:** P2M0.x 和 P2M1.x 组合起来用于控制 I/O 口的方向和驱动模式,含义和表 4.7 相同。

4) P3 端口寄存器组

P3 端口寄存器组,包括 P3 寄存器、P3M0 寄存器和 P3M1 寄存器。

(1) P3 寄存器,如表 4.14 所示。P3 寄存器中每一个比特位与 STC 单片机外部 P3 组内的引脚一一对应,该寄存器位于特殊功能寄存器 SFR 地址为 0xB0 的位置。复位值为 11111111B。

表 4.14 P3 寄存器各位的含义

| 比特位 | B7 | B6 | B5 | B4 | B3 | B2 | B1 | B0 |
|---|---|---|---|---|---|---|---|---|
| 名字 | P3.7 | P3.6 | P3.5 | P3.4 | P3.3 | P3.2 | P3.1 | P3.0 |

(2) P3M0 寄存器,如表 4.15 所示。P3M0 寄存器,也称为端口 3 模式配置寄存器 0,该寄存器位于特殊功能寄存器 SFR 地址为 0xB2 的位置。复位值为 00000000B。

表 4.15 P3M0 寄存器各位的含义

| 比特位 | B7 | B6 | B5 | B4 | B3 | B2 | B1 | B0 |
|---|---|---|---|---|---|---|---|---|
| 名字 | P3M0.7 | P3M0.6 | P3M0.5 | P3M0.4 | P3M0.3 | P3M0.2 | P3M0.1 | P3M0.0 |

(3) P3M1 寄存器,如表 4.16 所示。P3M1 寄存器也称为端口 3 模式配置寄存器 1,该寄存器位于特殊功能寄存器 SFR 地址为 0xB1 的位置。复位值为 10000000B。

表 4.16　P3M1 寄存器各位的含义

| 比特位 | B7 | B6 | B5 | B4 | B3 | B2 | B1 | B0 |
|---|---|---|---|---|---|---|---|---|
| 名字 | P3M1.7 | P3M1.6 | P3M1.5 | P3M1.4 | P3M1.3 | P3M1.2 | P3M1.1 | P3M1.0 |

**注**：P3M0.x 和 P3M1.x 组合起来用于控制 I/O 口的方向和驱动模式，含义和表 4.7 相同。

5）P4 端口寄存器组

P4 端口寄存器组，包括 P4 寄存器、P4M0 寄存器和 P4M1 寄存器。

（1）P4 寄存器，如表 4.17 所示。P4 寄存器中每一个比特位与 STC 单片机外部 P4 组内的引脚一一对应，该寄存器位于特殊功能寄存器 SFR 地址为 0xC0 的位置。复位值为 11111111B。

表 4.17　P4 寄存器各位的含义

| 比特位 | B7 | B6 | B5 | B4 | B3 | B2 | B1 | B0 |
|---|---|---|---|---|---|---|---|---|
| 名字 | P4.7 | P4.6 | P4.5 | P4.4 | P4.3 | P4.2 | P4.1 | P4.0 |

（2）P4M0 寄存器，如表 4.18 所示。P4M0 寄存器也称为端口 4 模式配置寄存器 0，该寄存器位于特殊功能寄存器 SFR 地址为 0xB4 的位置。复位值为 00000000B。

表 4.18　P4M0 寄存器各位的含义

| 比特位 | B7 | B6 | B5 | B4 | B3 | B2 | B1 | B0 |
|---|---|---|---|---|---|---|---|---|
| 名字 | P4M0.7 | P4M0.6 | P4M0.5 | P4M0.4 | P4M0.3 | P4M0.2 | P4M0.1 | P4M0.0 |

（3）P4M1 寄存器，如表 4.19 所示。P4M1 寄存器也称为端口 4 模式配置寄存器 1，该寄存器位于特殊功能寄存器 SFR 地址为 0xB3 的位置。复位值为 00110100B。

表 4.19　P4M1 寄存器各位的含义

| 比特位 | B7 | B6 | B5 | B4 | B3 | B2 | B1 | B0 |
|---|---|---|---|---|---|---|---|---|
| 名字 | P4M1.7 | P4M1.6 | P4M1.5 | P4M1.4 | P4M1.3 | P4M1.2 | P4M1.1 | P4M1.0 |

**注**：P4M0.x 和 P4M1.x 组合起来用于控制 I/O 口的方向和驱动模式，含义和表 4.7 相同。

6）P5 端口寄存器组

P5 端口寄存器组，包括 P5 寄存器、P5M0 寄存器和 P5M1 寄存器。

（1）P5 寄存器，如表 4.20 所示。P5 寄存器中每一个比特位与 STC 单片机外部 P5 组内的引脚一一对应，该寄存器位于特殊功能寄存器 SFR 地址为 0xC8 的位置。复位值为 xx111111B。

表 4.20　P5 寄存器各位的含义

| 比特位 | B7 | B6 | B5 | B4 | B3 | B2 | B1 | B0 |
|---|---|---|---|---|---|---|---|---|
| 名字 |  |  | P5.5 | P5.4 | P5.3 | P5.2 | P5.1 | P5.0 |

**注：** P5组端口上只有6个引脚，所以B7和B6比特位没有特殊含义。

（2）P5M0寄存器，如表4.21所示。P5M0寄存器也称为端口5模式配置寄存器0，该寄存器位于特殊功能寄存器SFR地址为0xCA的位置。复位值为xx000000B。

**表4.21　P5M0寄存器各位的含义**

| 比特位 | B7 | B6 | B5 | B4 | B3 | B2 | B1 | B0 |
|---|---|---|---|---|---|---|---|---|
| 名字 | | | P5M0.5 | P5M0.4 | P5M0.3 | P5M0.2 | P5M0.1 | P5M0.0 |

（3）P5M1寄存器，如表4.22所示。P5M1寄存器也称为端口5模式配置寄存器1，该寄存器位于特殊功能寄存器SFR地址为0xC9的位置。复位值为xx000000B。

**表4.22　P5M1寄存器各位的含义**

| 比特位 | B7 | B6 | B5 | B4 | B3 | B2 | B1 | B0 |
|---|---|---|---|---|---|---|---|---|
| 名字 | | | P5M1.5 | P5M1.4 | P5M1.3 | P5M1.2 | P5M1.1 | P5M1.0 |

**注：** P5M0.x和P5M1.x组合起来用于控制I/O口的方向和驱动模式，含义和表4.7相同。

7）P6端口寄存器组

P6端口寄存器组，包括P6寄存器、P6M0寄存器和P6M1寄存器。

**注：** 仅在LQFP64的封装中，才包含P6口。

（1）P6寄存器，如表4.23所示。P6寄存器中每一个比特位与STC单片机外部P6组内的引脚一一对应，该寄存器位于特殊功能寄存器SFR地址为0xE8的位置。复位值为11111111B。

**表4.23　P6寄存器各位的含义**

| 比特位 | B7 | B6 | B5 | B4 | B3 | B2 | B1 | B0 |
|---|---|---|---|---|---|---|---|---|
| 名字 | P6.7 | P6.6 | P6.5 | P6.4 | P6.3 | P6.2 | P6.1 | P6.0 |

（2）P6M0寄存器，如表4.24所示。P6M0寄存器也称为端口6模式配置寄存器0，该寄存器位于特殊功能寄存器SFR地址为0xCC的位置。复位值为00000000B。

**表4.24　P6M0寄存器各位的含义**

| 比特位 | B7 | B6 | B5 | B4 | B3 | B2 | B1 | B0 |
|---|---|---|---|---|---|---|---|---|
| 名字 | P6M0.7 | P6M0.6 | P6M0.5 | P6M0.4 | P6M0.3 | P6M0.2 | P6M0.1 | P6M0.0 |

（3）P6M1寄存器，如表4.25所示。P6M1寄存器也称为端口6模式配置寄存器1，该寄存器位于特殊功能寄存器SFR地址为0xCB的位置。复位值为00000000B。

**表4.25　P6M1寄存器各位的含义**

| 比特位 | B7 | B6 | B5 | B4 | B3 | B2 | B1 | B0 |
|---|---|---|---|---|---|---|---|---|
| 名字 | P6M1.7 | P6M1.6 | P6M1.5 | P6M1.4 | P6M1.3 | P6M1.2 | P6M1.1 | P6M1.0 |

**注**：P6M0.x 和 P6M1.x 组合起来用于控制 I/O 口的方向和驱动模式，含义和表 4.7 相同。

8) P7 端口寄存器组

P7 端口寄存器组，包括 P7 寄存器、P7M0 寄存器和 P7M1 寄存器。

**注**：仅在 LQFP64 的封装中才包含 P7 口。

(1) P7 寄存器，如表 4.26 所示。P7 寄存器中每一个比特位与 STC 单片机外部 P7 组内的引脚一一对应，该寄存器位于特殊功能寄存器 SFR 地址为 0xF8 的位置。复位值为 11111111B。

**表 4.26 P7 寄存器各位的含义**

| 比特位 | B7 | B6 | B5 | B4 | B3 | B2 | B1 | B0 |
|---|---|---|---|---|---|---|---|---|
| 名字 | P7.7 | P7.6 | P7.5 | P7.4 | P7.3 | P7.2 | P7.1 | P7.0 |

(2) P7M0 寄存器，如表 4.27 所示。P7M0 寄存器，也称为端口 7 模式配置寄存器 0，该寄存器位于特殊功能寄存器 SFR 地址为 0xE2 的位置。复位值为 00000000B。

**表 4.27 P7M0 寄存器各位的含义**

| 比特位 | B7 | B6 | B5 | B4 | B3 | B2 | B1 | B0 |
|---|---|---|---|---|---|---|---|---|
| 名字 | P7M0.7 | P7M0.6 | P7M0.5 | P7M0.4 | P7M0.3 | P7M0.2 | P7M0.1 | P7M0.0 |

(3) P7M1 寄存器，如表 4.28 所示。P7M1 寄存器也称为端口 7 模式配置寄存器 1，该寄存器位于特殊功能寄存器 SFR 地址为 0xE1 的位置。复位值为 00000000B。

**表 4.28 P7M1 寄存器各位的含义**

| 比特位 | B7 | B6 | B5 | B4 | B3 | B2 | B1 | B0 |
|---|---|---|---|---|---|---|---|---|
| 名字 | P7M1.7 | P7M1.6 | P7M1.5 | P7M1.4 | P7M1.3 | P7M1.2 | P7M1.1 | P7M1.0 |

**注**：P7M0.x 和 P7M1.x 组合起来用于控制 I/O 口的方向和驱动模式，含义和表 4.7 相同。

**2. 时钟分频器**

CPU 分频器允许 CPU 运行于不同的速度。通过配置特殊功能寄存器 SFR 地址为 0x97 位置的 CLK_DIV(PCON2) 寄存器，用户就可以控制 CPU 的时钟速度，复位值为 00000000B，如表 4.29 所示。

**表 4.29 CLK_DIV(PCON2)寄存器中的比特位说明**

| 比特位 | B7 | B6 | B5 | B4 | B3 | B2 | B1 | B0 |
|---|---|---|---|---|---|---|---|---|
| 名字 | MCKO_S1 | MCKO_S0 | ADRJ | Tx_Rx | MCLKO_2 | CLKS2 | CLKS1 | CLKS0 |

其中，B2～B0 比特位用于对主时钟进行分频，如表 4.30 所示。

表 4.30　时钟分频因子比特位说明

| CLKS2 | CLKS1 | CLKS0 | 含　义 |
|---|---|---|---|
| 0 | 0 | 0 | 主时钟频率/1 |
| 0 | 0 | 1 | 主时钟频率/2 |
| 0 | 1 | 0 | 主时钟频率/4 |
| 0 | 1 | 1 | 主时钟频率/8 |
| 1 | 0 | 0 | 主时钟频率/16 |
| 1 | 0 | 1 | 主时钟频率/32 |
| 1 | 1 | 0 | 主时钟频率/64 |
| 1 | 1 | 1 | 主时钟频率/128 |

**注**：主时钟可以是内部的 R/C 时钟，也可以是外部输入时钟/外部晶体振荡器产生的时钟，如图 4.9 所示。

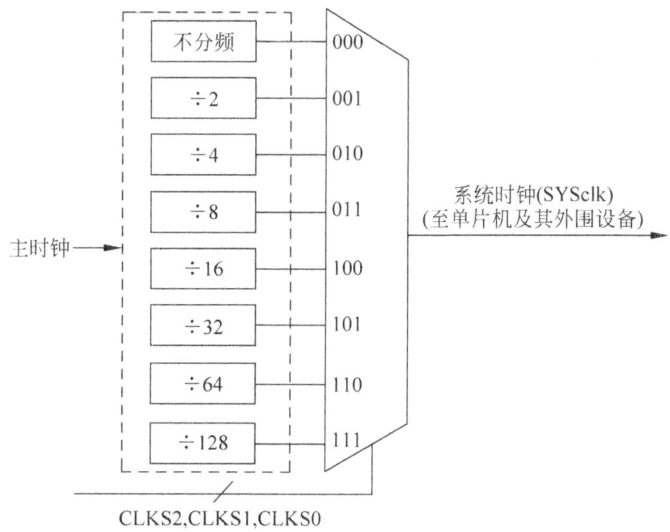


图 4.9　分频时钟结构

此外，在 CLK_DIV 寄存器中的 MCKO_S1 和 MCKO_S0 比特位用于控制在 STC 单片机引脚 MCLKO(P5.4)或者 MCLKO_2(P1.6)输出不同频率的时钟，如表 4.31 所示。

表 4.31　MCKO_S1 和 MCKO_SO 比特的含义

| MCKO_S1 | MCKO_S0 | 含　义 |
|---|---|---|
| 0 | 0 | 主时钟不对外输出时钟 |
| 0 | 1 | 输出时钟，输出时钟频率＝SYSclk 时钟频率 |
| 1 | 0 | 输出时钟，输出时钟频率＝SYSclk 时钟频率/2 |
| 1 | 1 | 输出时钟，输出时钟频率＝SYSclk 时钟频率/4 |

**注**：(1) SYSclk 为系统时钟。

(2) STC15W 系列单片机通过 CLK_DIV 寄存器的 B3 位(MCLKO_2)选择在 MCLKO/P5.4 口对外输出时钟，还是在 MCLKO_2/XTAL2/P1.6 口对外输出时钟，如表 4.32 所示。

表 4.32 时钟输出端口选择

| MCLKO_2 | 含 义 |
| --- | --- |
| 0 | 在 MCLKO/P5.4 口对外输出时钟 |
| 1 | 在 MCLKO_2/XTAL2/P1.6 口对外输出时钟 |

**思考与练习**

4-18 在 STC 8051 单片机中,CLK_DIV 寄存器的功能是________。

## 4.2 STC 单片机存储器结构和地址空间

本节将介绍 STC 单片机存储器结构和地址空间,内容包括程序存储器、内部数据存储器和外部数据存储器。

### 4.2.1 程序 Flash 存储器

本节将介绍程序存储器空间映射和程序存储器特点。

**1. 程序存储器空间映射**

STC 单片机程序空间位于 0x0000～0xFFFF 的地址范围。16 位的 PC 指向下一条要执行的指令。8051 CPU 只能通过使用 MOVC 指令,从程序空间读取数据。

**注:** 在 STC15W4K32S4 系列的单片机内部集成了 8K～61KB 的 Flash 程序存储器,如表 4.33 所示。

表 4.33 STC15W4K32S4 系列存储器空间分配

| 类 型 | 程序存储器 |
| --- | --- |
| STC15W4K08S4 | 0x0000～0x1FFF(8K) |
| STC15W4K16S4 | 0x0000～0x3FFFF(16K) |
| STC15W4K24S4 | 0x0000～0x5FFF(24K) |
| STC15W4K32S4 | 0x0000～0x7FFF(32K) |
| STC15W4K40S4 | 0x0000～0x9FFF(40K) |
| STC15W4K48S4 | 0x0000～0xBFFF(48K) |
| STC15W4K56S4 | 0x0000～0xDFFF(56K) |
| IAP15W4K58S4 | 0x0000～0xE7FF(58K) |
| STC15W4K60S4 | 0x0000～0xEFFF(60K) |
| IAP15W4K61S4 | 0x0000～0xF3FF(61K) |

当复位时,程序计数器(PC)的内容为 0x0000。因此从程序存储器地址为 0x0000 的地方开始执行程序。另外,中断服务程序的入口地址(也称为中断向量)也保存在程序存储单元低地址空间。在程序存储单元中,对于每个中断来说都有一个固定的入口地址。当外部中断进入 8051 CPU 并得到响应后,8051 CPU 就自动跳转到相应的中断入口地址执行程序,具体见后面的详细说明。

**2. 程序存储器特点**

STC 的程序存储器可以保存用户程序、数据和表格信息，具有下面的特点：

(1) 提供 10 万次以上擦写能力。

(2) 低压保护功能，即在低压状态下，禁止对程序存储器进行擦除和编程。

(3) 程序存储器对外不提供读电路。因此有效地防止对用户程序的破解。

(4) 只有对程序存储器进行擦除操作后，才能对其进行编程操作。

(5) 在对程序存储器编程时，可以将程序代码乱序后存放。

(6) 程序存储器的最后 7 个字节设置全球唯一的 ID 号。

(7) 以扇区为单位擦除。

(8) 以字节为单位进行编程。

(9) STC 提供了通过通用异步串口，对 Flash 进行擦除、编程和代码加密的能力。

**思考与练习**

4-19　在 STC 单片机中，程序存储器的作用是________。当访问程序存储器时，使用________指令。

## 4.2.2　数据 Flash 存储器

STC 系列单片机内部提供了大容量的数据 Flash 存储器，用于实现电可擦除的只读存储器(electrically erasable programmabce read-only memory，EEPROM)的功能。数据 Flash 存储器和程序 Flash 存储器空间是分开的。其特点主要包括：

(1) 通过 ISP/IAP 技术可以将内部的数据 Flash 当作 EEPROM 使用。

(2) 擦写次数在 10 万次以上。

(3) 以扇区位单位，每个扇区包含 512 个字节。

(4) 数据存储器的擦除操作是按扇区进行的。

**注**：由于 EEPROM 是以扇区为单位管理，所以数据存储器的擦除操作是按扇区进行的。因此，建议同一次修改的数据保存在同一个扇区，不是同一次修改的数据需要保存在不同扇区。

**1. 数据 Flash 特殊功能寄存器**

在 STC 单片机内提供了用于 IAP 和 EEPROM 进行数据擦除和保存的特殊功能寄存器，这些寄存器位于 SFR 内。下面对这些特殊功能寄存器功能进行说明。

1) ISP/IAP 数据寄存器

用于 ISP/IAP 的数据寄存器称为 IAP_DATA，它位于 STC 单片机 SFR 内地址为 0xC2 的位置。当 ISP/IAP 从 EEPROM 读出的数据放在该寄存器中，向 EEPROM 写的数据也放在这个寄存器中。该寄存器的复位值为 11111111B。

2) ISP/IAP 地址寄存器

用于 ISP/IAP 的地址寄存器由 IAP_ADDRH 和 IAP_ADDRL 构成，这两个寄存器分别位于 STC 单片机 SFR 内地址为 0xC3 和 0xC4 的位置。当进行 ISP/IAP 时，分别用于保存高 8 位和低 8 位地址。这两个寄存器的复位值为 00000000B。

3) ISP/IAP 命令寄存器

用于 ISP/IAP 的命令寄存器称为 IAP_CMD，它位于 STC 单片机 SFR 内地址为 0xC5

的位置,如表 4.34 所示。当复位时,该寄存器的值设置为 xxxxxx00B。在该寄存器中只有 MS1 和 MS0 比特位有意义,用于控制对数据 Flash(EEPROM)的操作,如表 4.35 所示。

**表 4.34 IAP_CMD 寄存器各位的含义**

| 比特位 | B7 | B6 | B5 | B4 | B3 | B2 | B1 | B0 |
|---|---|---|---|---|---|---|---|---|
| 名字 | | | | | | | MS1 | MS0 |

**表 4.35 MSI 和 MS0 的含义**

| MS1 | MS0 | 功　能 |
|---|---|---|
| 0 | 0 | 待机模式,无 ISP 操作 |
| 0 | 1 | 从用户的应用程序区对数据 Flash(EEPROM)进行字节读操作 |
| 1 | 0 | 从用户的应用程序区对数据 Flash(EEPROM)进行字节编程 |
| 1 | 1 | 从用户的应用程序区对数据 Flash(EEPROM)进行扇区擦除 |

**注:**(1) 当程序在用户应用程序区时,仅可以对数据 Flash(EEPROM)进行字节读/字节编程/扇区擦除。

(2) IAP15 系列单片机可以在用户应用程序区修改用户应用程序区。

(3) 可以通过 MOVC 指令读数据 Flash(EEPROM),但是起始地址不再是 0x0000,而是程序存储器空间结束地址的下一个地址。

4) IAP/ISP 命令触发寄存器

用于 IAP/ISP 的命令触发寄存器称为 IAP_TRIG,它位于 STC 单片机 SFR 内地址为 0xC6 的位置,如表 4.30 所示。该寄存器的复位值为 xxxxxxxxB。

当 ICAP_CONTR 寄存器 B7 位的 IAPEN 设置为 1 时,对命令触发寄存器先写入 0x5A,然后再写入 0xA5。这样 ISP/IAP 命令才能生效。

IAP/ISP 操作完成后,IAP 地址高 8 位寄存器 IAP_ADDRH、IAP 地址低 8 位寄存器 IAP_ADDRL,以及 IAP 命令寄存器 IAP_CMD 的内容不变。如果接着要对下一个地址的数据进行 ISP/IAP 操作,需要手动将该地址的高 8 位和低 8 位分别写到 IAP_ADDRH 和 IAP_ADDRL 寄存器中。

**注:**(1) 在每次 IAP 操作前,都要对 IAP_TRIG 先写入 0x5A,然后再写入 0xA5。这样,ISP/IAP 才会生效。

(2) 在每次触发前,需要重新送字节读/字节编程/扇区擦除命令。在不改命令时,不需要重新送命令。

5) ISP/IAP 控制寄存器

用于 ISP/IAP 的控制寄存器称为 IAP_CONTR,它位于 STC 单片机 SFR 内地址为 0xC7 的位置,如表 4.36 所示。当复位时,该寄存器的值设置为 0000x000B。各位含义如下:

**表 4.36 ISP/IAP 控制寄存器各位的含义**

| 比特位 | B7 | B6 | B5 | B4 | B3 | B2 | B1 | B0 |
|---|---|---|---|---|---|---|---|---|
| 名字 | IAPEN | SWBS | SWRST | CMD_FAIL | | WT2 | WT1 | WT0 |

(1) IAPEN。ISP/IAP 功能使能位。当该位为 0 时，禁止 IAP 读/写/擦除数据 Flash (EEPROM)；当该位为 1 时，允许 IAP 读/写/擦除数据 Flash。

(2) SWBS。在复位后，软件选择从用户应用程序区启动还是从系统 ISP 监控程序区启动。当该位为 1 时，选择从系统 ISP 监控程序区启动；当该位为 0 时，选择从用户应用程序区启动。

**注**：需要与 SWRST 一起配合使用。

(3) SWRST。软件复位控制位。当该位为 0 时，表示没有复位操作；当该位为 1 时，软件控制产生复位，单片机自动复位。

(4) CMD_FAIL。命令失败指示位。如果 IAP 地址(由 IAP_ADDRH 和 IAP_ADDRL 寄存器确定)指向非法地址或者无效地址，且已经发送了 ISP/IAP 命令，并对 IAP_TRIG 发送 0x5A 和 0xA5 触发失败，则 CMD_FAIL 为 1。

**注**：需要使用软件清除该位。

(5) WT2～WT0。设置等待时间，如表 4.37 所示。

**表 4.37 WT2～WT0 比特位的含义**

| 设置等待时间 | | | CPU 等待时间(CPU 工作周期数) | | | |
|---|---|---|---|---|---|---|
| WT2 | WT1 | WT0 | 读(2 个周期) | 编程(=55μs) | 扇区擦除(=21ms) | 推荐的系统时钟 |
| 1 | 1 | 1 | 2 个周期 | 55 个时钟 | 21 012 个时钟 | ≥1MHz |
| 1 | 1 | 0 | 2 个周期 | 110 个时钟 | 42 024 个时钟 | ≥2MHz |
| 1 | 0 | 1 | 2 个周期 | 165 个时钟 | 63 036 个时钟 | ≥3MHz |
| 1 | 0 | 0 | 2 个周期 | 330 个时钟 | 126 072 个时钟 | ≥6MHz |
| 0 | 1 | 1 | 2 个周期 | 660 个时钟 | 252 144 个时钟 | ≥12MHz |
| 0 | 1 | 0 | 2 个周期 | 1100 个时钟 | 420 240 个时钟 | ≥20MHz |
| 0 | 0 | 1 | 2 个周期 | 1320 个时钟 | 504 288 个时钟 | ≥24MHz |
| 0 | 0 | 0 | 2 个周期 | 1760 个时钟 | 672 384 个时钟 | ≥30MHz |

6) PCON

电源控制寄存器，它位于 STC 单片机 SFR 内地址为 0x87 的位置，如表 4.38 所示。当复位时，该寄存器的值设置为 00110000B。各位含义如下：

**表 4.38 电源控制寄存器各位含义**

| 比特位 | B7 | B6 | B5 | B4 | B3 | B2 | B1 | B0 |
|---|---|---|---|---|---|---|---|---|
| 名字 | SMOD | SMOD0 | LVDF | POF | GF1 | GF0 | PD | IDL |

(1) SMOD 和 SMOD0 与串口控制有关，在此不进行说明。

(2) LVDF 低电压检测标志位。当单片机的供电电压低于检测门限电压时，该位设置为 1。

**注**：① 该位需要由软件清除。

② 当 STC 单片机内的低压检测电路发现 STC 单片机的供电电压 $V_{CC}$ 偏低时，如表 4.38 所示，不要对数据 Flash 进行任何操作。在 STC_ISP 软件中，选中“低压时禁止 EEPROM 操作”选项前的复选框。

(3) POF。上电复位标志位。当单片机断电后,上电复位标志设置为1,该位由软件清除。

**注**:该位可以用于判断复位源。

(4) GP0 和 GF1。两个通用工作标志位,用户可以任意使用。

(5) PD。掉电模式控制位。当该位设置为1时,进入掉电模式。在掉电模式时,内部时钟停止振荡。因此,CPU、定时器等部件停止工作,只有外部中断继续工作。当进入掉电模式时,可以由外部中断上升沿或者下降沿触发事件进行唤醒。

(6) IDL。空闲模式控制位。当该位设置为1时,进入空闲模式。在该模式下,除系统不给8051 CPU提供时钟,以及CPU不执行指令外,其余功能部件仍然正常工作。在该模式时,可以由外部中断、定时器中断、低压检测中断以及A/D转换中断将其从空闲模式唤醒。

**2. 数据 Flash 空间映射**

表4.39给出了STC15W4K32S4系列单片机数据Flash(EEPROM)空间容量和地址。

**表4.39 STC15W4K32S4系列单片机数据Flash(EEPROM)空间容量和地址**

| 型号 | EEPROM 容量 | 扇区数 | 用IAP字节读时,数据Flash的起始扇区首地址 | 用IAP字节读时,数据Flash的结束扇区末尾地址 | 用MOVC指令读时,数据Flash的起始扇区首地址 | 用MOVC指令读时,数据Flash的结束扇区末尾地址 |
|---|---|---|---|---|---|---|
| STC15W4K16S4 | 42KB | 84 | 0x0000 | 0xA7FF | 0x4C00 | 0xF3FF |
| STC15W4K32S4 | 26KB | 52 | 0x0000 | 0x67FF | 0x8C00 | 0xF3FF |
| STC15W4K40S4 | 18KB | 36 | 0x0000 | 0x47FF | 0xAC00 | 0xF3FF |
| STC15W4K48S4 | 10KB | 20 | 0x0000 | 0x27FF | 0xCC00 | 0xF3FF |
| STC15W4K56S4 | 2K | 4 | 0x0000 | 0x07FF | 0xEC00 | 0xF3FF |
| 以下系列特殊,用户可以在用户程序区直接修改用户程序,所有Flash空间均可作数据Flash(EEPROM)修改<br>注:没有专门的数据Flash,但是用户可以将用户程序区的程序Flash当作数据Flash使用,使用时不要擦除自己的有效程序 | | | | | | |
| IAP15W4K61S4 | — | 122 | 0x0000 | 0xF3FF | — | — |
| IRC15W4K63S4 | — | 126 | 0x0000 | 0xFBFF | — | — |

**注**:对于其他类型的单片机数据Flash的容量和映射关系,请参阅STC提供的单片机数据手册。

## 4.2.3 内部数据RAM存储器

STC15系列的单片机内部集成了RAM存储器,可用于存放程序执行的中间结果和过程数据。以STC15W4K32S4系列单片机为例,在单片机内部集成了4K字节的RAM内部数据存储器。在逻辑和物理上,将其分为两个地址空间:

(1) 内部RAM,其容量为256个字节。

(2) 内部扩展RAM,其容量为3840个字节。

**1. 内部 RAM**

STC15系列单片机内部RAM空间可以分成三个部分,如图4.10所示。

1）低 128 字节 RAM（兼容传统 8051）

这部分的存储空间，既可采用直接寻址方式又可采用间接寻址方式。这部分 RAM 区域也称为通用 RAM 区域，如图 4.11 所示。这个区域分为工作寄存器组区、可位寻址区、用户 RAM 区和堆栈区。

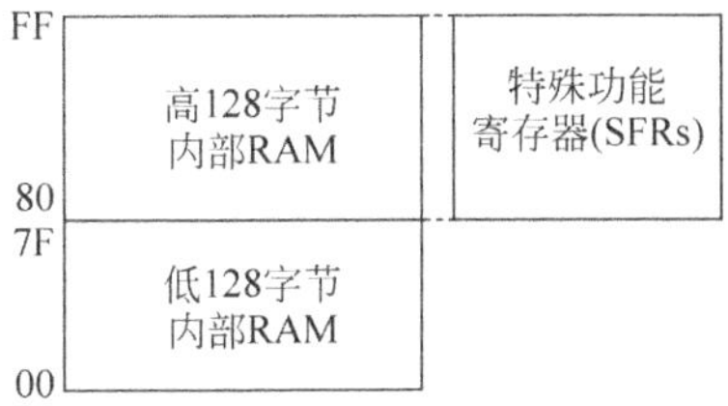


图 4.10 内部 RAM 结构

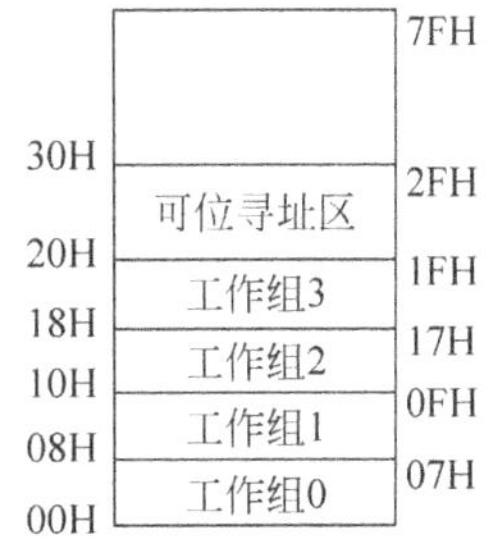


图 4.11 低 128 字节的内部 RAM

（1）工作寄存器组区域。该区域的地址从 0x00～0x1F，用 32 个字节单元，分为四组，每个称为一个寄存器组。

每个寄存器组包含 8 个工作寄存器区，范围是 R0～R7，但是它们属于不同的物理空间。通过使用不同的寄存器组，可以提高运算的速度。在工作寄存器组区内提供 4 组寄存器，是因为 1 组寄存器往往不能满足应用的要求。在前面已经说明，通过 PSW 中的 RS1 和 RS0 位，确定当前所使用的寄存器组。

（2）可位寻址区域。在地址 0x20～0x2F 的 16 个字节的区域中，可实现按位寻址，即可以对这 16 个单元中的每一位进行单独的寻址，这个区域一个有 128 位，所对应的地址范围是 0x00～0x7F，而内部 RAM 低 128 字节的地址范围也是 0x00～0x7F。但是，两者之间存在本质的区别，这是因为，位地址指向的是一个位，而字节地址指向的是一个字节单元，在程序中通过不同的指令进行区分。

（3）用户 RAM 和堆栈区。在地址 0x30～0xFF 区域（包含了高 128 字节区域）是用户的 RAM 和堆栈区，可以采用直接寻址或者间接寻址的方式访问该区域。

2）高 128 字节 RAM（Intel 在 8052 中扩展了高 128 字节 RAM）

这部分区域虽然和 SFR 区域的地址范围重合，都在 0x80～0xFF 的区域。但是，它们在物理上是相互独立的，通过不同的寻址方式来区分它们。对于高 128 字节 RAM 区域来说，只能采用间接寻址方式。

3）特殊功能寄存器。特殊功能寄存器在本章前面进行了详细的说明。对于 SFR 来说，只能采用直接寻址的方式。

**思考与练习**

4-20 在 STC 8051 单片机中，内部数据 RAM 分为________、________和________三部分。

4-21 在 STC 8051 单片机的内部数据 RAM 的高 128 字节复用________和________区域，可分别通过________方式访问它们。

4-22 在 STC 8051 单片机中，共有________组寄存器，使用________来选择它们中的一组。

**2. 内部扩展 RAM**

在 STC15W4K32S4 系列的单片机中,除了集成 256 字节的内部 RAM 外,还集成了 3840 字节的扩展 RAM 区,其地址范围是 0x0000～0x0EFF。在该系列单片机中,访问内部 RAM 的方法和传统 8051 单片机访问外部扩展 RAM 的方法一致,但是不影响单片机外部 P0 口(数据总线和高 8 位地址总线)、P2 口(低 8 位地址总线)、P4.2/$\overline{WR}$、P4.4/$\overline{RD}$和 P4.5/ALE 信号线。

在 STC 该系列单片机中,通过下面方式访问内部扩展 RAM。

(1) 使用汇编语言,通过 MOVX 指令访问内部扩展 RAM 区域,访问的指令为

```
MOVX   @DPTR
```

或者

```
MOVX   @Ri
```

(2) 使用 C 语言,通过使用 xdata 声明存储类型来访问内部扩展 RAM 区域。

在 STC 该系列单片机中,由 SFR 内地址为 0x8E 的辅助寄存器 AUXR 控制,如表 4.40 所示。在该寄存器中的 EXTRAM 位控制是否可以访问该区域,如图 4.12 所示。当复位时,该寄存器的值为 00000001B。

表 4.40 辅助寄存器 AUXR 各位的含义

| 比特位 | B7 | B6 | B5 | B4 | B3 | B2 | B1 | B0 |
|---|---|---|---|---|---|---|---|---|
| 名字 | T0X12 | T1x12 | UAR_M0x6 | T2R | T2_C/T | T2x12 | EXTRAM | S1ST2 |

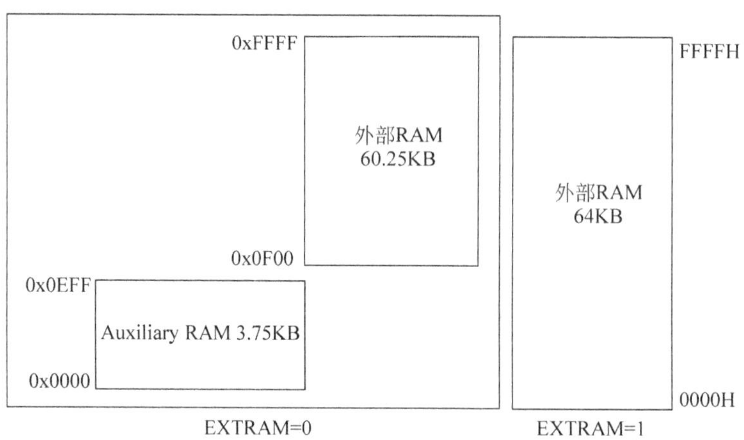


图 4.12 控制能否访问内部扩展 RAM

其中:

EXTRAM 为 0 时,可以存取内部扩展的 EXT_RAM。在 STC15W4K32S4 系列单片机中,通过指令

```
MOVX   @DPTR
```

访问 0x0000～0x0EFF 单元(3840 字节)。

当访问地址超过 0x0F00 时，总是访问外部数据存储器。

注：(1) MOVX @Ri，只能访问 0x00～0xFF 单元。

(2) EXTRAM 为 1 时，禁止访问内部扩展 RAM，此时指令

```
MOVX @DPTR/MOVX @Ri
```

的使用同普通 8052 单片机一样。

**思考与练习**

4-23 在 STC 8051 单片机中，提供了________容量的内部扩展 RAM，其地址范围为________，可使用________指令来访问它们。

注：从上面可以看出来，访问片内扩展 RAM 和外部数据存储器的方式是一样的，只不过前者在 STC 8051 单片机的内部，而后者在 STC 8051 单片机的外部。

### 4.2.4 外部数据存储器

本节将介绍外部数据存储器，内容包括外部数据存储器访问控制、外部数据存储器访问时序以及单片机与外部数据存储器的硬件电路。

**1. 外部数据存储器访问控制**

STC15 系列 40 引脚以上的单片机具有扩展 64KB 外部数据存储器和 I/O 口的能力。当访问 STC 单片机外扩的数据存储器时，$\overline{WR}$和$\overline{RD}$信号有效。在 STC15 系列单片机中，增加了一个控制外部数据存储器的数据总线速度的特殊功能寄存器 BUS_SPEED。该寄存器在 SFR 位置为 0xA1 的位置，如表 4.41 所示。当复位时，该寄存器设置为 xxxxxx10B。

**表 4.41 BUS_SPEED 寄存器各位含义**

| 比特位 | B7 | B6 | B5 | B4 | B3 | B2 | B1 | B0 |
|---|---|---|---|---|---|---|---|---|
| 名字 | | | | | | | EXRTS[1:0] | |

其中，EXRTS[1:0]比特位的含义如表 4.42 所示。

**表 4.42 EXRTS[1:0]的含义**

| EXRTS[1:0] | 建立/保持/读和写时钟周期个数 |
|---|---|
| 00 | 1 |
| 01 | 2 |
| 10 | 4 |
| 11 | 8 |

**2. 外部数据存储器访问时序**

为了方便读者理解外部数据存储器的访问原理，给出了写外部数据存储器和读外部数据存储器的时序，如图 4.13 所示。

由于 STC 单片机的低 8 位地址线和数据线引脚复用在 P0[7:0]端口上，因此在 XADL 建立和保持周期内，P0[7:0]端口上产生出所要访问外部数据存储器的低 8 位地址。P0[7:0]产生的低 8 位地址和 P2[7:0]产生的高 8 位地址拼成一个 16 位的地址，它可访问的外部数据存储器的地址范围为 0x0000～0xFFFF，即 64KB 的范围。

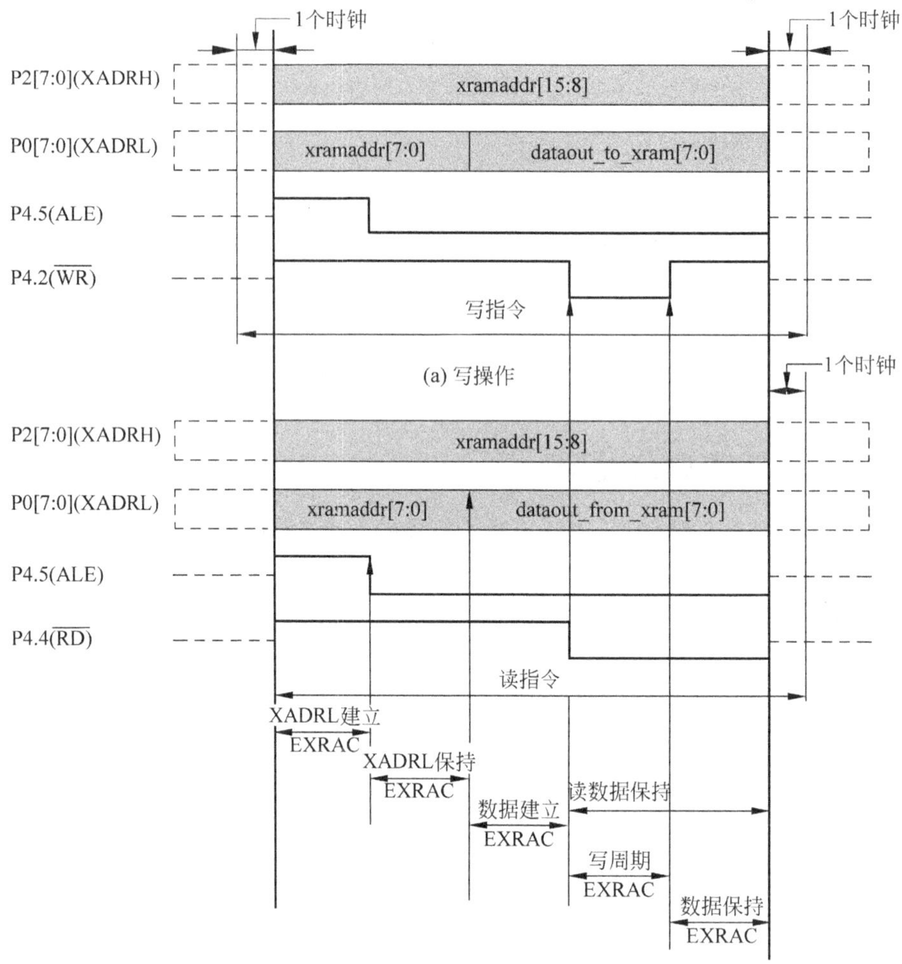


(a) 写操作

(b) 读操作

图 4.13 外部存储器的写和读操作时序

(1) 对于写操作而言，在 XADRL 保持结束后，在 P0[7:0]端口上产生要写到外部数据存储器的 8 位写数据 dataout_to_xram[7:0]。

(2) 对于读操作而言，在 XADRL 保持结束后，在 P0[7:0]端口上出现外部数据存储器返回的 8 位读数据 dataout_from_xram[7:0]。

更进一步地：

(1) 对于 STC15 系列的单片机来说，写指令的时间长度为

$$T_{XADRL建立}+T_{XADRL保持}+T_{数据建立}+T_{写周期}+T_{数据保持}$$

(2) 对于 STC15 系列的单片机来说，读指令的时间长度为

$$T_{XADRL建立}+T_{XADRL保持}+T_{数据建立}+T_{读数据保持}$$

**注**：(1) 建立时间是指在时钟上升沿之前，数据/地址有效的时间。

(2) 保持时间是指在时钟上升沿之后，数据/地址有效的时间。

**3. 单片机与外部数据存储器的硬件电路**

由于单片机上的低 8 位地址和 8 位数据复用在 P0 端口上，因此需要将复用的低 8 位地

址和8位数据分离。在实际应用中,通过使用74HC573器件将地址和数据进行分离,如图4.14所示。

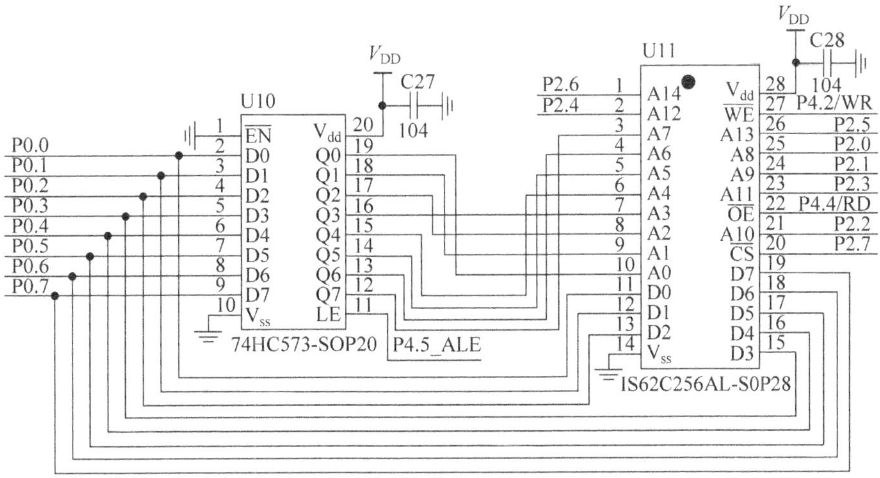


图4.14 扩展外部32KB存储器的电路结构

图4.14中,74HC573是8位带3态输出的锁存器,其功能如表4.43所示。

**表4.43 74HC573输入和输出关系**

| 输入 | | | 输出Q |
|---|---|---|---|
| EN | LE | D | |
| 0 | 1 | 1 | 1 |
| 0 | 1 | 0 | 0 |
| 0 | 0 | × | $Q_0$ |
| 1 | × | × | Z |

在设计中,74HC573器件的LE引脚与STC单片机P4.5/ALE引脚连接。根据图4.13的时序图,当ALE为高时,P0[7:0]端口给出的是用于访问外部数据存储器的低8位地址。通过这个器件,就产生出可以连接到外部型号为IS62C256 SRAM存储器的低8位地址;而STC单片机的P2[7:0]端口直接产生用于访问外部数据存储器的高8位地址。

P0[7:0]端口和需要访问的外部数据存储器的8位数据线直接连接。此外P2.7引脚作为访问外部存储器的片选信号。

## 4.2.5 字节存储顺序

大多数的微处理器都有一个存储器结构,它是按照8个比特位即一个字节的存储器位置构成。很多数据项,例如地址、数字和字符串,由于它们太长,所以不能用一个字节保存,而必须用连续的多个字节保存。

当使用保存在多个字节的数据时,字节的顺序就是一个很严重的问题。但是对于多个字节的顺序并没有一个标准。目前,在计算机系统中广泛使用两种字节顺序存储方法。

1) 小端

Intel 的存储器就是采用的小端模式。在小端模式中，先保存最低有效位，或者是低字节。例如，一个十六位的整数 0x1234(十进制表示为 4660)，使用小端方式连续占用两个字节，即表示为

| 地址 | +0 | +1 |
|---|---|---|
| 内容 | 0x34 | 0x12 |

对于一个 32 位的整数值 0x57415244(十进制表示为 1463898692)，使用小端方式连续占用四个字节，即表示为

| 地址 | +0 | +1 | +2 | +3 |
|---|---|---|---|---|
| 内容 | 0x44 | 0x52 | 0x41 | 0x57 |

2) 大端

第二种访问多字节的方法称为大端模式，例如，摩托罗拉计算机系统表示顺序。在大端模式中，先保存最高有效位，或者是高字节；最后是最低有效位，或者是低字节。例如，一个十六位的整数 0x1234(十进制表示为 4660)，使用大端方式连续占用两个字节，即表示为

| 地址 | +0 | +1 |
|---|---|---|
| 内容 | 0x12 | 0x34 |

对于一个 32 位的整数值 0x57415244(十进制表示为 1463898692)，使用大端方式连续占用四个字节，即表示为

| 地址 | +0 | +1 | +2 | +3 |
|---|---|---|---|---|
| 内容 | 0x57 | 0x41 | 0x52 | 0x44 |

对于 8051 单片机来说，它是 8 位 CPU，没有提供一条指令直接操作大于 8 位的数据对象。根据下面的规则，保存多字节数据。

(1) 8051 的 LCALL 指令在堆栈内保存下一条指令的地址。压入堆栈时，先保存的低字节。因此地址以小端方式保存在存储器中。

(2) 对于保存所有其他 16 位和 32 位值来说，与 Intel 处理器不同，采用大端模式，即首先保存高字节。比如，LJMP 和 LCALL 指令期望 16 位的地址是大端模式(从中断向量表的分析可以看出)。

(3) 根据 IEEE-754 格式所保存的浮点数，是以大端格式保存，即先保存高字节。

**注：** 如果 8051 和其他微处理器进行数据通信，则可能需要知道双方的字节顺序。

**思考与练习**

4-24 对于一个 32 位的整数 0x12345678 来说，当使用 8 位存储器存储格式时：

(1) 大端保存格式为________。

(2) 小端保存格式为________。

## 4.3 STC 单片机中断系统原理及功能

本节介绍 STC 8051 单片机中断原理及功能，内容包括中断原理、中断系统结构、中断优先级处理、中断优先级控制寄存器和中断向量表。

### 4.3.1 中断原理

STC 单片机中的中断系统是为了 8051 CPU 具有实时处理外界紧急事件能力而设置的一种机制。

当 8051 CPU 正在处理某个事件的时候，即正在正常执行一段程序代码时，外界发生了紧急事件，这个紧急事件可通过 STC 单片机的外部引脚送给 8051 CPU，8051 CPU 就需要判断是否需要立即处理这个紧急事件。如果 CPU 允许立即处理这个事件，则暂时停止继续执行当前的程序代码，而跳转到用于处理该紧急事件的程序代码，即通常所说的中断服务程序。当处理完紧急事件，也就是执行完处理该紧急事件的程序代码后，再继续处理前面所打断的正常执行的程序代码。这个过程称为中断，如图 4.15 所示。下面对这个过程进行说明。

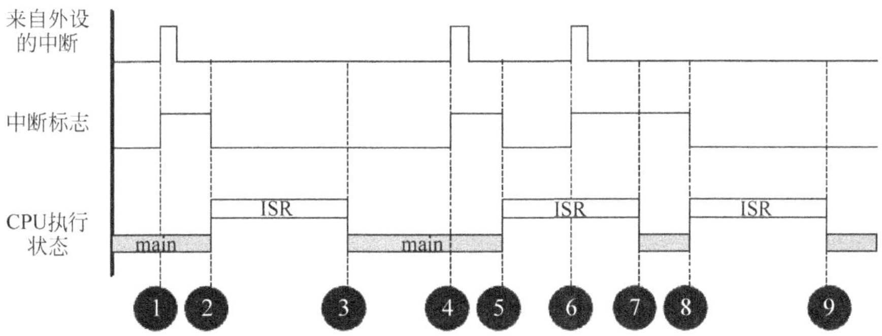


图 4.15　中断处理过程

(1) 外设在中断线上产生脉冲。中断控制器设置中断标志，并向 CPU 发出请求。

(2) CPU 开始执行中断服务程序(interrupt service routine，ISR)。在进入 ISR 入口时，中断控制器清除中断标志。

(3) CPU 从中断返回。

(4) 外设在中断线上产生脉冲。中断控制器设置中断标志，并向 CPU 发出请求。

(5) CPU 开始执行中断服务程序 ISR。中断控制器在进入 ISR 入口时，清除中断标志。

(6) 当正在执行 ISR 时，外设在中断线上产生脉冲。中断控制器设置中断待处理标志。

(7) CPU 从中断服务程序返回。当设置中断标志时，中断控制器产生一个中断。

(8) CPU 开始执行 ISR。中断控制器在进入 ISR 入口时，清除中断标志。

(9) CPU 从中断服务程序返回。

为了方便读者对后续内容的学习，对中断系统的一些术语进行说明：

1) 中断系统

在 STC 单片机中，用于实现中断过程的功能部件称为中断系统。

2) 中断源

可以打断当前正在执行程序的紧急事件称为中断源。

3) 中断优先级

当有多个紧急事件同时需要 8051 CPU 进行处理时，就存在 CPU 到底先处理哪个紧急事件的问题。通常在 8051 CPU 中，为这些紧急事件设置了优先级，即 8051 CPU 总是最先处理优先级最高的紧急事件,最后处理优先级最低的紧急事件。

对于具有相同优先级的紧急事件来说,将按照产生事件的前后顺序进行处理。

4) 中断嵌套

当8051 CPU正在处理一个中断源的时候,即正在执行相应的中断处理程序时,外部又出现了一个优先级更高的紧急事件需要进行处理。如果8051 CPU允许,则暂停处理当前正在执行的中断处理程序,转而去执行用于处理优先级更高的紧急事件的中断处理程序。这种允许高优先级中断打断当前中断处理程序的机制称为中断嵌套,如图4.16所示。

**注**:不允许中断嵌套的中断系统称为单级中断系统。

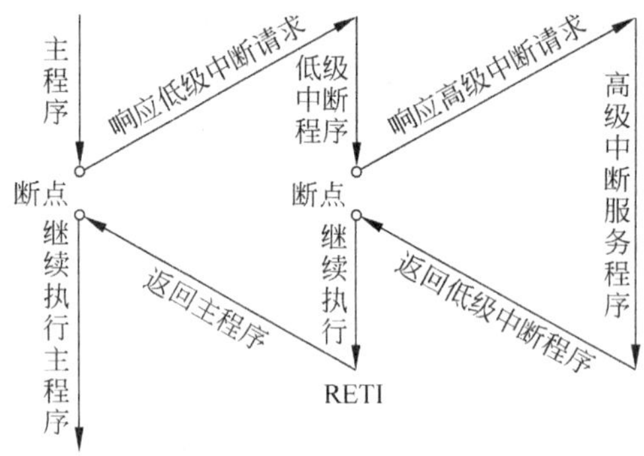


图4.16 中断嵌套结构

**思考与练习**

4-25 在STC 8051单片机中,中断定义为________。

4-26 在STC 8051单片机中,中断源定义为________。

4-27 在STC 8051单片机中,中断优先级定义为________。

4-28 如果允许CPU响应中断请求,请用图表示CPU响应并处理中断的过程。

## 4.3.2 中断系统结构

在STC15W4K32S系列的单片机中,提供了21个中断源,如图4.17所示。包括:

(1) 外部中断0(INT0)。

(2) 定时器0中断。

(3) 外部中断1(INT1)。

(4) 定时器1中断。

(5) 串口1中断。

(6) A/D转换中断。

(7) 低电压检测(LVD)中断。

(8) CCP/PWM/PCA中断。

(9) 串口2中断。

(10) SPI中断。

(11) 外部中断2($\overline{INT2}$)。

(12) 外部中断3($\overline{INT3}$)。

(13) 定时器2中断。

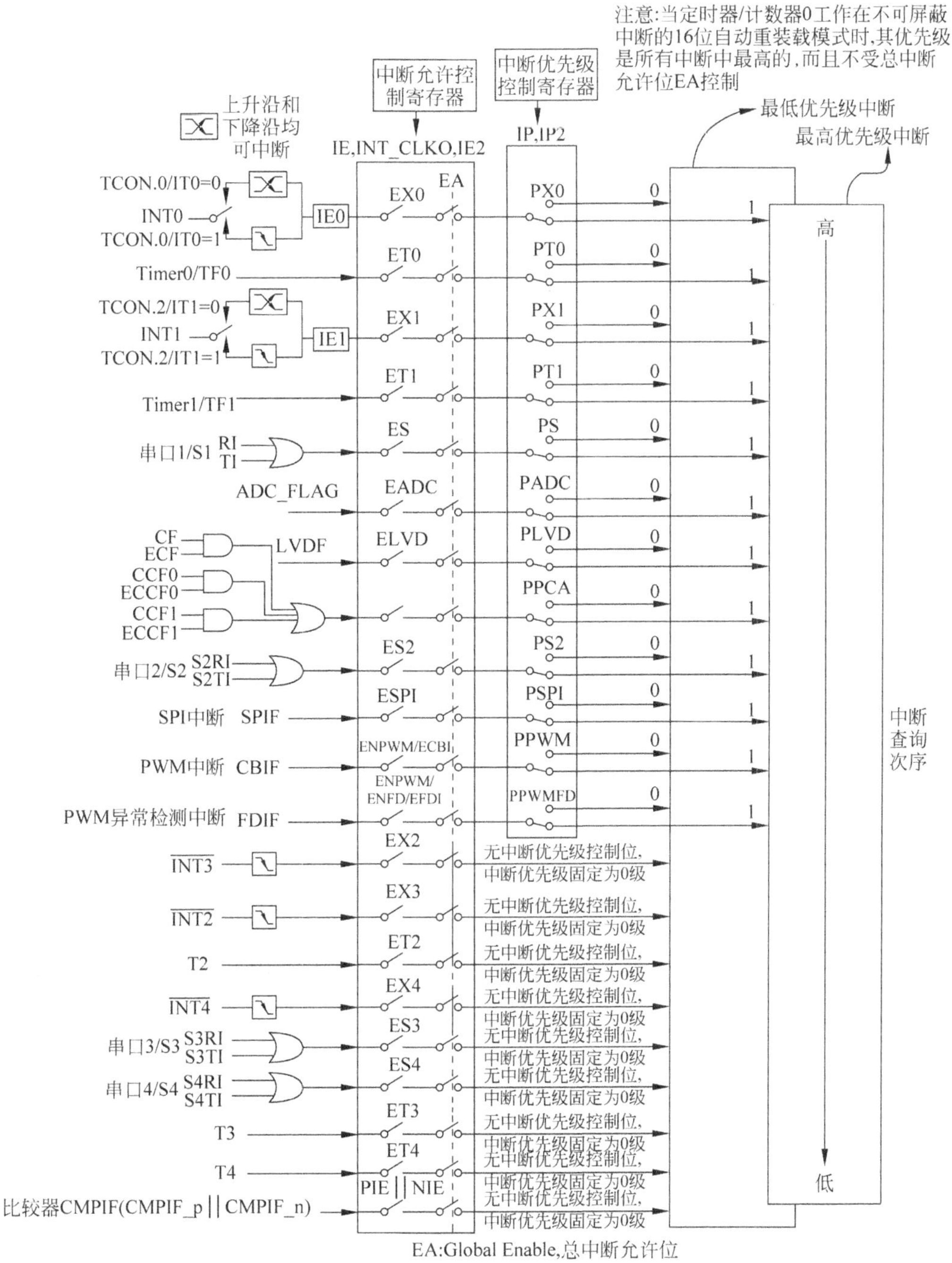


图 4.17　中断系统结构

(14) 外部中断 4($\overline{INT4}$)。

(15) 串口 3 中断。

(16) 串口 4 中断。

(17) 定时器 3 中断。

(18) 定时器 4 中断。

(19) 比较器中断。

(20) PWM 中断。

(21) PWM 异常检测中断。

从图中可以看出,在这 21 个中断中,外部中断 2、外部中断 3、定时器 T2 中断、外部中断 4、串口 3 中断、串口 4 中断、定时器 3 中断、定时器 4 中断和比较器中断的优先级总是固定为最低优先级(0 级)外,其他的中断都具有 2 个中断优先级,可以实现两级中断嵌套。另外,用户可以通过中断允许寄存器 IE 的 B7 比特位 EA,以及相应中断的允许位,使能或者禁止 8051 CPU 响应该中断。通常把 8051 CPU 禁止响应中断,称为屏蔽中断(或中断屏蔽)。下面对用于使能/禁止中断的控制寄存器进行说明。

**1. IE 寄存器**

STC15W4K32S4 系列单片机内的 8051 CPU 对是否允许和禁止响应所有中断源以及是否允许每一个中断源,均由内部的中断允许寄存器 IE 控制,如表 4.44 所示。该寄存器位于 SFR 地址为 0xA8 的位置。当复位时,将该寄存器设置为 00000000B。

**表 4.44 中断允许寄存器 IE 的各位含义**

| 比特位 | B7 | B6 | B5 | B4 | B3 | B2 | B1 | B0 |
|---|---|---|---|---|---|---|---|---|
| 名字 | EA | ELVD | EADC | ES | ET1 | EX1 | ET0 | EX0 |

**注**:该寄存器可以位寻址。

其中:

1) EA

8051CPU 的全局中断使能控制位。当该位为 1 时,表示 CPU 可以响应各种不同类型的紧急事件(中断);当该位为 0 时,表示 CPU 禁止响应任何类型的紧急事件(中断)。

2) ELVD

低电压检测中断允许位。当该位为 1 时,表示允许低压检测产生中断事件;当该位为 0 时,表示禁止低电压检测产生中断事件。

3) EADC

ADC 转换中断允许位。当该位为 1 时,表示允许 ADC 转换产生中断事件;当该位为 0 时,表示禁止 ADC 转换产生中断事件。

4) ES

串行接口 1 中断允许位。当该位为 1 时,表示允许串行接口 1 产生中断事件;当该位为 0 时,表示禁止串行接口 1 产生中断事件。

5) ET1

定时/计数器 T1 的溢出中断允许位。当该位为 1 时,表示允许 T1 溢出产生中断事件;当该位为 0 时,表示禁止 T1 溢出产生中断事件。

6) EX1

外部中断 1 中断允许位。当该位为 1 时,表示允许外部中断 1 产生中断事件;当该位为 0 时,表示禁止外部中断 1 产生中断事件。

7) ET0

定时/计数器 T0 的溢出中断允许位。当该位为 1 时,表示允许 T0 溢出产生中断事件;当该位为 0 时,表示禁止 T0 溢出产生中断事件。

8) EX0

外部中断 0 中断允许位。当该位为 1 时,表示允许外部中断 0 产生中断事件;当该位为 0 时,表示禁止外部中断 0 产生中断事件。

**2. IE2 寄存器**

该寄存器用于使能和禁止其他紧急事件,该寄存器位于 SDR 地址为 0xAF 的位置,如表 4.45 所示。当复位时,该寄存器的内容设置为 x0000000B。

**表 4.45 中断允许寄存器 IE2 的各位含义**

| 比特位 | B7 | B6 | B5 | B4 | B3 | B2 | B1 | B0 |
|---|---|---|---|---|---|---|---|---|
| 名字 | | ET4 | ET3 | ES4 | ES3 | ET2 | ESP1 | ES2 |

其中:

1) ET4

定时器 4 中断允许位。当该位为 1 时,表示允许定时器 4 产生中断事件;当该位为 0 时,表示禁止定时器 4 产生中断事件。

2) ET3

定时器 3 中断允许位。当该位为 1 时,表示允许定时器 3 产生中断事件;当该位为 0 时,表示禁止定时器 3 产生中断事件。

3) ES4

串行接口 4 中断允许位。当该位为 1 时,表示允许串行接口 4 产生中断事件;当该位为 0 时,表示禁止串行接口 4 产生中断事件。

4) ES3

串行接口 3 中断允许位。当该位为 1 时,表示允许串行接口 3 产生中断事件;当该位为 0 时,表示禁止串行接口 3 产生中断事件。

5) ET2

定时器 2 中断允许位。当该位为 1 时,表示允许定时器 2 产生中断事件;当该位为 0 时,表示禁止定时器 2 产生中断事件。

6) ESPI

SPI 接口中断允许位。当该位为 1 时,表示允许 SPI 接口产生中断事件;当该位为 0 时,表示禁止 SPI 接口产生中断事件。

7) ES2

串行接口 2 中断允许位。当该位为 1 时,表示允许串行接口 2 产生中断事件;当该位为 0 时,表示禁止串行接口 2 产生中断事件。

**3. INT_CLKO 寄存器**

外部中断允许和时钟输出寄存器。该寄存器是 STC15 系列单片机新增加的寄存器,该寄存器位于 SFR 地址为 0x8F 的位置,如表 4.46 所示。在复位时该寄存器的内容设置为 x0000000B。

表 4.46　中断允许和时钟输出寄存器 INT_CLKO 的各位含义

| 比特位 | B7 | B6 | B5 | B4 | B3 | B2 | B1 | B0 |
|---|---|---|---|---|---|---|---|---|
| 名字 | | EX4 | EX3 | EX2 | MCKO_S2 | T2CLKO | T1CLKO | T0CLKO |

**注**：在此只介绍和中断有关的比特位。

其中：

1) EX4

外部中断 4 中断允许位。当该位为 1 时，表示允许外部中断 4 产生中断事件；当该位为 0 时，表示禁止外部中断 4 产生中断事件。

**注**：外部中断 4 只能通过下降沿进行触发。

2) EX3

外部中断 3 中断允许位。当该位为 1 时，表示允许外部中断 3 产生中断事件；当该位为 0 时，表示禁止外部中断 3 产生中断事件。

**注**：外部中断 3 只能通过下降沿进行触发。

3) EX2

外部中断 2 中断允许位。当该位为 1 时，表示允许外部中断 2 产生中断事件；当该位为 0 时，表示禁止外部中断 2 产生中断事件。

**注**：外部中断 2 只能通过下降沿进行触发。

**4. TCON 寄存器**

TCON 寄存器称为定时器/计数器控制寄存器，如表 4.47 所示，该寄存器在 SFR 地址为 0x88 的位置。在复位时，该寄存器的内容设置为 00000000B。

表 4.47　定时器/计数器控制寄存器 TCON 的各位含义

| 比特位 | B7 | B6 | B5 | B4 | B3 | B2 | B1 | B0 |
|---|---|---|---|---|---|---|---|---|
| 名字 | TFI | TR1 | TF0 | TR0 | IE1 | IT1 | IE0 | IT0 |

**注**：只介绍和中断有关的比特位含义。

其中：

1) IE1

外部中断 1(INT1/P3.3)中断请求标志。当该位为 1 时，外部中断 1 向 CPU 请求中断。当 CPU 响应该中断后，由硬件清除该位。

2) IT1

外部中断 1 中断源类型选择位。当该位为 0 时，表示 INT1/P3.3 引脚上的上升沿或者下降沿信号均可以触发外部中断 1；当该位为 1 时，表示外部中断 1 为下降沿触发方式。

3) IE0

外部中断 0(INT0/P3.2)中断请求标志。当该位为 1，外部中断 0 向 CPU 请求中断。当 CPU 响应该中断后，由硬件清除该位。

4) IT0

外部中断 0 中断源类型选择位。当该位为 0 时，表示 INT0/P3.2 引脚上的上升沿或者下降沿信号均可以触发外部中断 0；当该位为 1 时，表示外部中断 0 为下降沿触发方式。

对于上述寄存器来说：

(1) 对于 IE 寄存器的设置操作，可以通过下面的位操作指令：

```
SETB BIT
CLR BIT
```

或通过下面的字节操作指令实现：

```
MOV IE, #DATA
ANL IE, #DATA
ORL IE, #DATA
MOV IE,A
```

(2) 对于 IE2 和 INT_CLKO 的设置操作，只能通过字节操作指令完成。

## 4.3.3 中断优先级处理

中断控制器提供了中断优先级处理的能力来帮助为每个中断分配不同的优先级。下面分析不同优先级的处理。

**1. 先后产生中断**

如果一个 8051 CPU 确认需要响应中断 INTB，而 CPU 此时正在执行另一个中断 INTA，这里有三种可能性用于处理这种情况。

(1) 如果 INTA 的优先级比 INTB 低，则：①在当前 INTA 正在执行的指令上停下来，即暂时停止运行 INTA；②将 INTA 的现场入栈，即保护现场，CPU 开始转向执行 INTB；③当执行完 INTB 后，CPU 跳转到刚才中断执行 INTA 指令的地方，继续执行 INTA。

(2) 如果 INTA 的优先级比 INTB 高，则：①INTB 一直等待，直到执行完 INTA；②一旦执行完 INTA 后，立即开始执行 INTB。

(3) 如果 INTA 和 INTB 有相同的优先级，则：①如果正在执行 INTA，则 INTB 等待执行完 INTA。当执行完 INTA 后，开始执行 INTB；②如果正在执行 INTB，则 INTA 等待执行完 INTB。当执行完 INTB 后，开始执行 INTA。

**2. 同时产生中断**

(1) 如果 INTA 优先级低于 INTB，则 INTB 获得仲裁权，开始执行。

(2) 如果 INTA 优先级高于 INTB，则 INTA 获得仲裁权，开始执行。

(3) 如果 INTA 和 INTB 有相同的优先级，则具有低索引值的中断获得仲裁权，开始执行。

## 4.3.4 中断优先级控制寄存器

传统 8051 单片机具有两个中断优先级，即最高优先级和最低优先级，可以实现两级中断嵌套。在 STC15 系列单片机中，通过设置特殊功能寄存器 IP1 和 IP2 中的相应位，可以将部分中断设为带有 2 个中断优先级，除外部中断 2($\overline{\text{INT2}}$)、外部中断 3($\overline{\text{INT3}}$)和外部中断 4($\overline{\text{INT4}}$)以外，可以将其他所有中断请求源设置为 2 个优先级。

**1. 中断优先级寄存器 IP1**

该寄存器用于设置部分中断源的优先级，该寄存器位于 SFR 地址为 0xB8 的位置，如表 4.48 所示。当复位时该寄存器的内容设置为 00000000B。

**表 4.48 特殊功能寄存器 IP1 的各位含义**

| 比特位 | B7 | B6 | B5 | B4 | B3 | B2 | B1 | B0 |
|---|---|---|---|---|---|---|---|---|
| 名字 | PPCA | PLVD | PADC | PS | PT1 | PX1 | PT0 | PX0 |

**注：**该寄存器可位寻址。

其中：

1) PPCA

PCA 中断优先级控制位。当该位为 0 时，PCA 中断为最低优先级(优先级 0)；当该位为 1 时，PCA 中断为最高优先级(优先级 1)。

2) PLVD

PLVD 中断优先级控制位。当该位为 0 时，低电压检测中断为最低优先级(优先级 0)；当该位为 1 时，低电压检测中断为最高优先级(优先级 1)。

3) PADC

PADC 中断优先级控制位。当该位为 0 时，ADC 转换中断为最低优先级(优先级 0)；当该位为 1 时，ADC 转换中断为最高优先级(优先级 1)。

4) PS

PS 中断优先级控制位。当该位为 0 时，串口 1 中断为最低优先级(优先级 0)；当该位为 1 时，串口 1 中断为最高优先级(优先级 1)。

5) PT1

PT1 中断优先级控制位。当该位为 0 时，定时器 1 中断为最低优先级(优先级 0)；当该位为 1 时，定时器 1 中断为最高优先级(优先级 1)。

6) PX1

PX1 中断优先级控制位。当该位为 0 时，外部中断 1 为最低优先级(优先级 0)；当该位为 1 时，外部中断 1 为最高优先级(优先级 1)。

7) PT0

PT0 中断优先级控制位。当该位为 0 时，定时器 0 中断为最低优先级(优先级 0)；当该位为 1 时，定时器 0 中断为最高优先级(优先级 1)。

8) PX0

PX0 中断优先级控制位。当该位为 0 时，外部中断 0 为最低优先级(优先级 0)；当该位为 1 时，外部中断 0 为最高优先级(优先级 1)。

**2. 特殊功能寄存器 IP2**

该寄存器用于设置部分中断源的优先级，该寄存器位于 SFR 地址为 0xB5 的位置，如表 4.49 所示。当复位时该寄存器的内容设置为 xxx00000B。

表 4.49 特殊功能寄存器 IP2 的各位含义

| 比特位 | B7 | B6 | B5 | B4 | B3 | B2 | B1 | B0 |
|---|---|---|---|---|---|---|---|---|
| 名字 | | | | PX4 | PPWMFD | PPWM | PSPI | PS2 |

**注**：该寄存器不可位寻址。

其中：

1) PX4

PX4 中断优先级控制位。当该位为 0 时，外部中断 4 为最低优先级（优先级 0）；当该位为 1 时，外部中断 4 为最高优先级（优先级 1）。

2) PPWMFD

PPWMFD 中断优先级控制位。当该位为 0 时，PWM 异常检测中断为最低优先级（优先级 0）；当该位为 1 时，PWM 异常检测中断为最高优先级（优先级 1）。

3) PPWM

PPWM 中断优先级控制位。当该位为 0 时，PWM 中断为最低优先级（优先级 0）；当该位为 1 时，PWM 中断为最高优先级（优先级 1）。

4) PSPI

PSPI 中断优先级控制位。当该位为 0 时，SPI 中断为最低优先级（优先级 0）；当该位为 1 时，SPI 中断为最高优先级（优先级 1）。

5) PS2

PS2 中断优先级控制位。当该位为 0 时，串口 2 中断为最低优先级（优先级 0）；当该位为 1 时，串口 2 中断为最高优先级（优先级 1）。

**思考与练习**

4-29 在 STC 8051 单片机中，当有一个事件需要 CPU 进行处理时，需要的前提条件是________。

**提示**：允许该事件发出中断请求，以及 CPU 允许响应该中断请求。

## 4.3.5 中断向量表

前面提到，当 CPU 响应紧急事件的时候，要转向用于处理紧急事件的程序代码（这个程序代码通常称为中断服务程序），那问题就出现了，CPU 是如何找到用于处理紧急事件程序代码的起始地址的呢？原来在 8051 CPU 的程序存储空间内，专门开辟了一块存储空间用于保存处理不同类型事件的程序代码的起始地址，也称为中断服务程序入口地址。

在计算机中，把这个用于保存处理不同类型事件的程序代码起始地址的存储空间称为中断向量表。实际上，中断向量表就是程序存储器中的一块特定的存储空间而已，只不过这个存储空间的位置已经率先规定好了，用户不可以修改中断向量表所在地址空间的位置。

但是，用户可以做的工作是可以修改中断向量表中每个中断向量的内容，也就是为处理每个不同类型事件的程序代码指定起始地址，这就是所说的中断映射，如图 4.18 所示。中断源和中断向量的对应关系，如表 4.50 所示。

表 4.50 中断源和中断向量之间的对应关系

| 中 断 源 | 中 断 向 量 | 中断号(C语言编程使用) |
|---|---|---|
| 外部中断 0 | 0x0003 | 0 |
| 定时器 0 | 0x000B | 1 |
| 外部中断 1 | 0x0013 | 2 |
| 定时器 1 | 0x001B | 3 |
| 串口(UART)1 | 0x0023 | 4 |
| ADC 中断 | 0x002B | 5 |
| 低电压检测(LVD) | 0x0033 | 6 |
| 可编程计数器阵列(PCA) | 0x003B | 7 |
| 串口(UART)2 | 0x0043 | 8 |
| 同步串口 SPI | 0x004B | 9 |
| 外部中断 2 | 0x0053 | 10 |
| 外部中断 3 | 0x005B | 11 |
| 定时器 2 | 0x0063 | 12 |
| 外部中断 4 | 0x0083 | 16 |
| 串口(UART)3 | 0x008B | 17 |
| 串口(UART)4 | 0x0093 | 18 |
| 定时器 3 | 0x009B | 19 |
| 定时器 4 | 0x00A3 | 20 |
| 比较器 | 0x00AB | 21 |
| PWM | 0x00B3 | 22 |
| PWM 异常检测 | 0x00BB | 23 |

**注**：中断向量表中的每个中断向量的内容实质就是一条指向中断服务程序入口地址的跳转指令。

从图 4.18 中可以看到，程序 Flash 存储空间的低地址区已经分配了中断向量表，所以这个区域禁止保存用户程序代码。因此在实际中，用户程序经常保存在程序 Flash 存储空间起始地址为 0x100 的地方。在 0x0000 的地址有一条跳转指令，用于避开中断向量表的区域。

**思考与练习**

4-30　在 STC 8051 单片机中，中断向量定义为________。

4-31　在 STC 8051 单片机中，中断向量表定义为________。

4-32　在 STC 8051 单片机中，对于每个紧急事件在中断向量表中给该事件分配了________个字节，用于________。

4-33　在 STC 8051 单片机中，中断向量表的起始地址是________，结束地址是________。

4-34　在 STC 8051 单片机中，中断向量表保存________个中断向量。

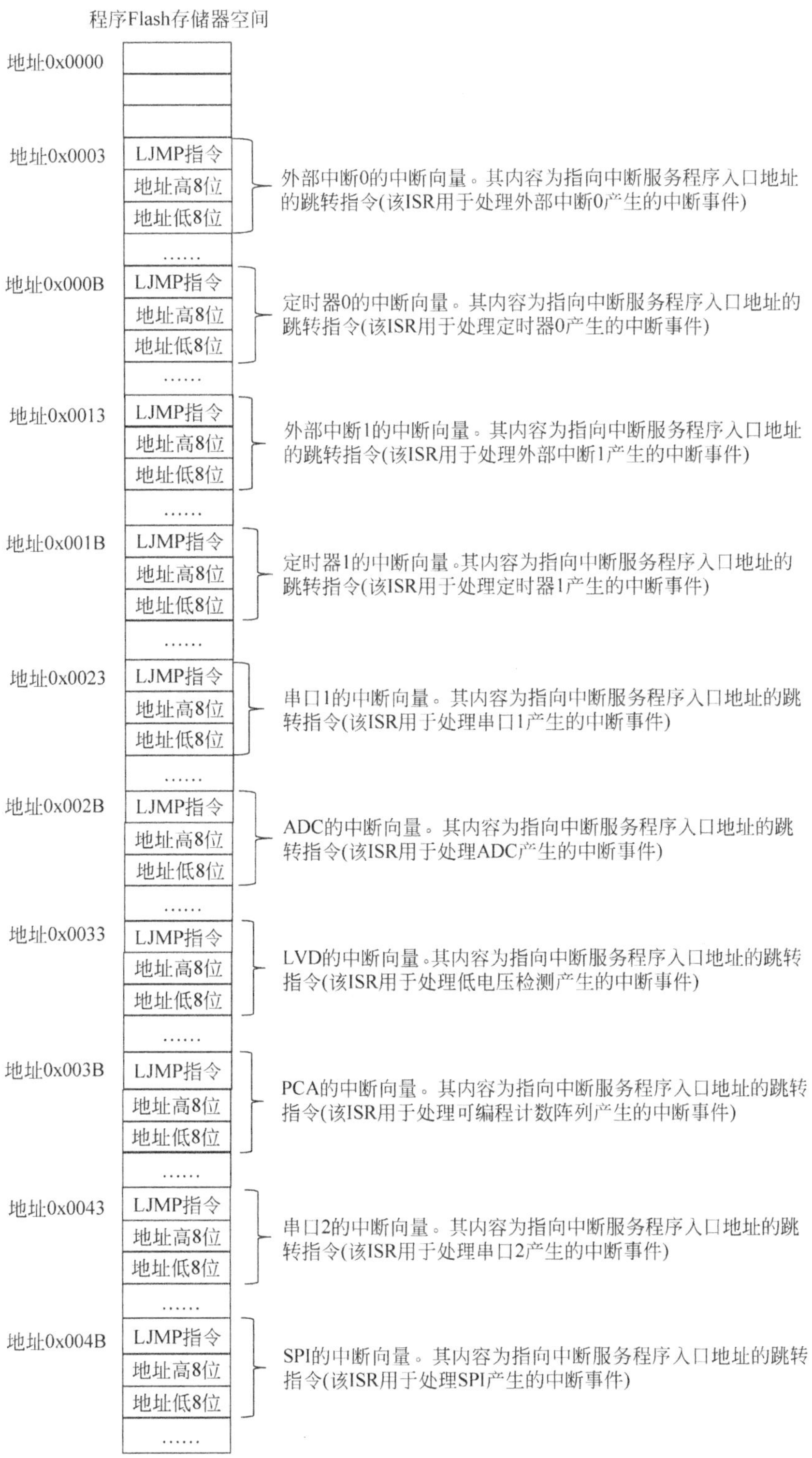
程序Flash存储器空间
地址0x0000
地址0x0003
LJMP指令
地址高8位
地址低8位
外部中断0的中断向量。其内容为指向中断服务程序入口地址的跳转指令(该ISR用于处理外部中断0产生的中断事件)
......
地址0x000B
LJMP指令
地址高8位
地址低8位
定时器0的中断向量。其内容为指向中断服务程序入口地址的跳转指令(该ISR用于处理定时器0产生的中断事件)
......
地址0x0013
LJMP指令
地址高8位
地址低8位
外部中断1的中断向量。其内容为指向中断服务程序入口地址的跳转指令(该ISR用于处理外部中断1产生的中断事件)
......
地址0x001B
LJMP指令
地址高8位
地址低8位
定时器1的中断向量。其内容为指向中断服务程序入口地址的跳转指令(该ISR用于处理定时器1产生的中断事件)
......
地址0x0023
LJMP指令
地址高8位
地址低8位
串口1的中断向量。其内容为指向中断服务程序入口地址的跳转指令(该ISR用于处理串口1产生的中断事件)
......
地址0x002B
LJMP指令
地址高8位
地址低8位
ADC的中断向量。其内容为指向中断服务程序入口地址的跳转指令(该ISR用于处理ADC产生的中断事件)
......
地址0x0033
LJMP指令
地址高8位
地址低8位
LVD的中断向量。其内容为指向中断服务程序入口地址的跳转指令(该ISR用于处理低电压检测产生的中断事件)
......
地址0x003B
LJMP指令
地址高8位
地址低8位
PCA的中断向量。其内容为指向中断服务程序入口地址的跳转指令(该ISR用于处理可编程计数阵列产生的中断事件)
......
地址0x0043
LJMP指令
地址高8位
地址低8位
串口2的中断向量。其内容为指向中断服务程序入口地址的跳转指令(该ISR用于处理串口2产生的中断事件)
......
地址0x004B
LJMP指令
地址高8位
地址低8位
SPI的中断向量。其内容为指向中断服务程序入口地址的跳转指令(该ISR用于处理SPI产生的中断事件)
......

图 4.18　中断向量表

地址0x0053
LJMP指令
地址高8位
地址低8位
外部中断2的中断向量。其内容为指向中断服务程序入口地址的跳转指令(该ISR用于处理外部中断2产生的中断事件)
……
地址0x005B
LJMP指令
地址高8位
地址低8位
外部中断3的中断向量。内容为指向中断服务程序入口地址的跳转指令(该ISR用于处理外部中断3产生的中断事件)
……
地址0x0063
LJMP指令
地址高8位
地址低8位
定时器2的中断向量。内容为指向中断服务程序入口地址的跳转指令(该ISR用于处理定时器2产生的中断事件)
……
地址0x0083
LJMP指令
地址高8位
地址低8位
外部中断4的中断向量。内容为指向中断服务程序入口地址的跳转指令(该ISR用于处理外部中断4产生的中断事件)
……
地址0x008B
LJMP指令
地址高8位
地址低8位
串口3的中断向量。内容为指向中断服务程序入口地址的跳转指令(该ISR用于处理串口3产生的中断事件)
……
地址0x0093
LJMP指令
地址高8位
地址低8位
串口4的中断向量。内容为指向中断服务程序入口地址的跳转指令(该ISR用于处理串口4产生的中断事件)
……
地址0x009B
LJMP指令
地址高8位
地址低8位
定时器3的中断向量。内容为指向中断服务程序入口地址的跳转指令(该ISR用于处理定时器3产生的中断事件)
……
地址0x00A3
LJMP指令
地址高8位
地址低8位
定时器4的中断向量。内容为指向中断服务程序入口地址的跳转指令(该ISR用于处理定时器4产生的中断事件)
……
地址0x00AB
LJMP指令
地址高8位
地址低8位
比较器的中断向量。内容为指向中断服务程序入口地址的跳转指令(该ISR用于处理比较器产生的中断事件)
……
地址0x00B3
LJMP指令
地址高8位
地址低8位
PWM的中断向量。内容为指向中断服务程序入口地址的跳转指令(该ISR用于处理PWM产生的中断事件)
……

图 4.18 （续）

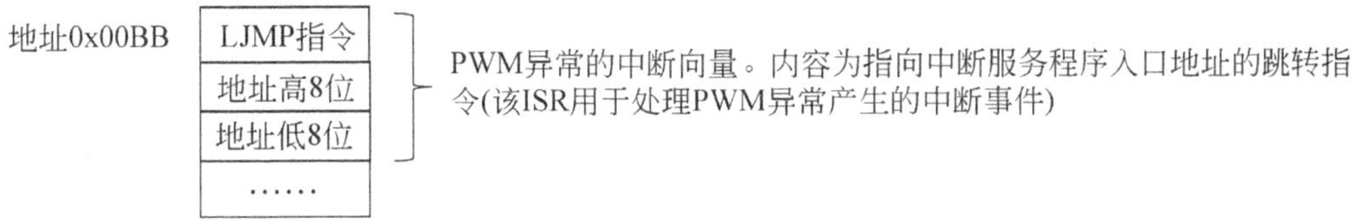
地址0x00BB
LJMP指令
地址高8位
地址低8位
……
PWM异常的中断向量。内容为指向中断服务程序入口地址的跳转指令(该ISR用于处理PWM异常产生的中断事件)

图 4.18 （续）

# 第5章 STC单片机CPU指令系统

CHAPTER 5

本章介绍STC15系列单片机CPU指令系统，主要内容包括STC单片机CPU寻址模式和STC单片机CPU指令集。

CPU指令系统反映了中央处理单元CPU的结构。当指令系统确定后，CPU内核的结构就确定了。通过对STC单片机CPU寻址模式和指令系统的学习，进一步掌握STC单片机CPU的结构和接口功能，为后续学习汇编语言和C语言程序设计打下基础。

特别需要强调的是只有掌握了STC单片机8051 CPU的结构及其指令系统后，才能使所编写的软件程序在运行时达到最高的性能要求。

## 5.1 STC单片机CPU寻址模式

一条机器指令包含两部分，即操作码和操作数。操作码的目的是要对被操作对象进行处理。例如，对被操作对象实现逻辑与或非运算、加减乘除运算等。在机器/汇编语言指令中，将操作对象称为操作数。

在STC 8051单片机中，这些被操作的对象（操作数）可以保存在CPU的内部寄存器、片内Flash程序存储器、片内基本RAM、片内扩展RAM或者片外扩展存储器中，也可能仅是一个常数，它作为操作码的一部分存在。

因此，就需要预先确定一些规则，一方面使得操作数可以保存在这些区域内；另一方面，CPU可以找到它们。在STC 8051单片机中，将CPU寻找操作对象（操作数）所在存储位置的方式，称为寻址模式。

在STC 8051单片机中，操作对象包括立即数、直接位地址、程序地址、直接地址、间接地址和特殊的汇编器符号。这些操作对象和寻址模式相关。

需要说明的是，特殊汇编器符号用来表示8051 CPU的内部功能寄存器，不可以修改这些符号。在8051单片机常用的寄存器符号有：

（1）A表示8051的累加器ACC。

（2）DPTR表示16位的数据指针，指向外部数据空间或者代码存储空间。

（3）PC表示16位的程序计数器，指向下一条要执行指令的地址。

（4）C表示进位标志CY。

（5）AB表示A和B寄存器对，用于乘和除操作。

（6）R0～R7表示当前所使用寄存器组内的8个8位的通用寄存器。

(7) SP 表示堆栈指针。

(8) DPS 数据指针选择寄存器。

STC15 系列单片机采用的是 8051 CPU 内核,所以其寻址模式和传统 8051 单片机的寻址模式完全一样。

## 5.1.1 立即数寻址模式

一些指令直接加载常数的值,而不是地址。例如指令:

```
MOV A, #3AH
```

功能是将 8 位的十六进制立即数 3A 送给累加器,如图 5.1 所示。

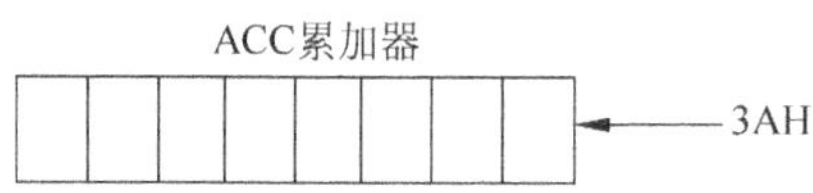


图 5.1 立即数寻址模式

## 5.1.2 直接寻址模式

操作数由一个直接 8 位地址域指定。当使用这种模式时,只能访问片内 RAM 和特殊功能寄存器 SFR。例如指令:

```
MOV A,3AH
```

功能是将片内 RAM 中 3AH 单元中的数据送给累加器 A,如图 5.2 所示。

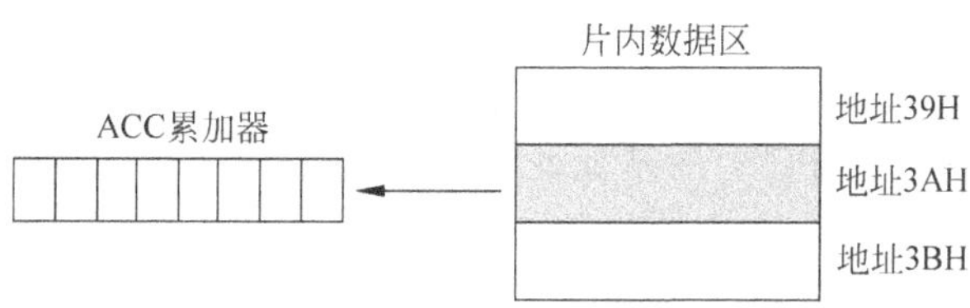


图 5.2 直接寻址模式

**注**:和 MOV A,#3AH 指令的区别。如果操作数前带"#"符号,则操作数表示的是一个立即数,是立即数寻址方式;而操作数前面不带"#"符号,则操作数表示的是存储器的地址,3A 是存储器的地址,表示把存储器地址为 3A 的内容送到寄存器 A 中。

## 5.1.3 间接寻址模式

由指令指定一个寄存器,该寄存器包含操作数的地址。寄存器 R0 和 R1 用来指定 8 位地址,数据指针寄存器(DPTR)用来指定 16 位的地址。例如指令:

```
ANL A,@R1
```

假设累加器 A 的内容为 31H,R1 寄存器的内容为 60H,即(R1)=60H,则以 60H 作为存储器的地址,将 60H 地址单元的内容与累加器 A 中的数 31H 进行逻辑与运算,运算结果保存在累加器 A 中,如图 5.3 所示。

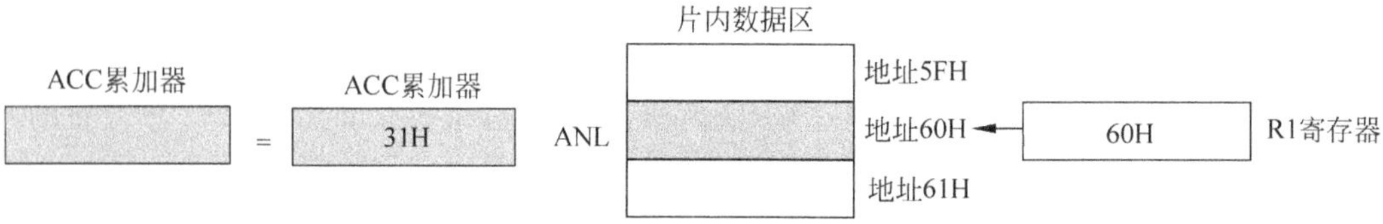


图 5.3 间接寻址模式

## 5.1.4 寄存器寻址模式

某些特定指令用来访问寄存器组中的 R0～R7 寄存器中、累加器 A、通用寄存器 B、地址寄存器和进位 CY。由于这些指令不需要地址域，因此这些指令访问效率更高。例如指令：

```
INC R0
```

功能是将寄存器 R0 的内容加 1，再送回 R0，如图 5.4 所示（假设当前寄存器 R0 中的数为 50H）。

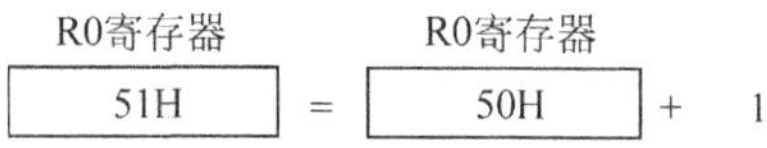


图 5.4 寄存器寻址模式

## 5.1.5 相对寻址模式

相对寻址时将程序计数器(PC)中的当前值与指令中第二个字节给出的数相加，其结果作为转移指令的转移地址。PC 中的当前值为基地址，指令第二个字节给出的数作为偏移量。由于目的地址是相对于 PC 中的基地址而言，所以这种寻址方式称为相对寻址。偏移量为带符号的数，取值范围为－128～＋127。这种寻址方式主要用于跳转指令，例如指令：

```
JC 80H
```

**注**：该指令为两个字节指令，操作码 JC 占用一个字节，80H 占用另一个字节。
功能：当进位标志为 1 时，则进行跳转，如图 5.5 所示。

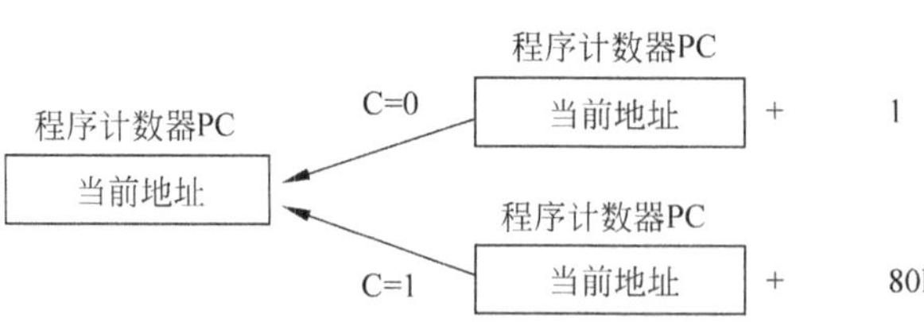


图 5.5 相对寻址模式

## 5.1.6 变址寻址模式

变址寻址模式使用数据指针作为基地址，累加器值作为偏移地址来读取程序存储器。例如指令：

```
MOV C A,@A + DPTR
```

功能是将 DPTR 和 A 的内容相加所得到的值作为程序存储器的地址，并将该地址单元的内容送 A，如图 5.6 所示。

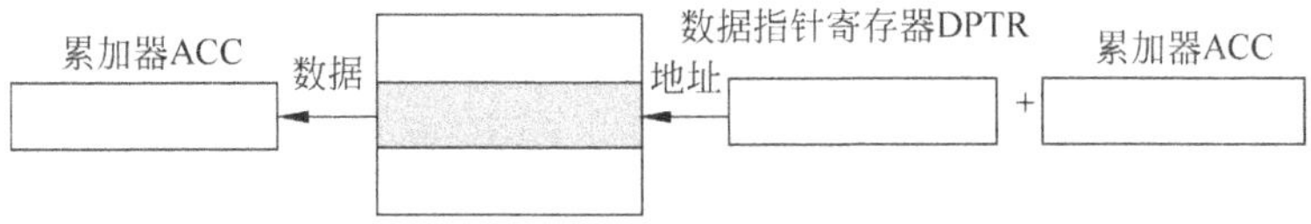


图 5.6　变址寻址模式

## 5.1.7　位寻址模式

位寻址是对一些内部数据存储器 RAM 和特殊功能寄存器 SFR 进行位操作时的寻址模式。在进行位操作时，指令操作数直接给出该位的地址，然后根据操作码的类型对该位进行操作。在这种模式下，操作数是 256 比特中的某一位。例如指令：

```
MOV C,2BH
```

功能是把位寻址区位地址为 2BH 的位状态送进位标志 C，如图 5.7 所示。

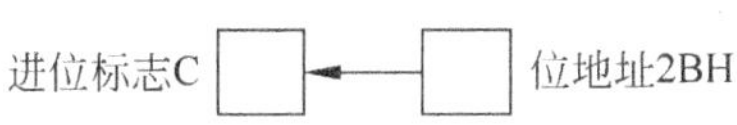


图 5.7　位寻址模式

**思考与练习**

5-1　在 STC 8051 单片机中，共有________种寻址模式。

5-2　请说明在 STC8051 单片机中，操作数可以存放的位置。

5-3　在 STC8051 单片机中，寻址模式是指________。

5-4　参考 STC 寻址模式和 STC 单片机 CPU 指令集，说明下面指令的寻址方式：

(1) MOV DRTR，#1234H，寻址模式________。

(2) MUL AB，寻址模式________。

(3) SETB C，寻址模式________。

(4) MOV A，12H，寻址模式________。

(5) MOVC A，@A+PC，寻址模式________。

(6) LJMP 100H，寻址模式________。

(7) MOV A，@R1，寻址模式________。

## 5.2　STC 单片机 CPU 指令集

STC15 系列单片机内的 8051 CPU 指令集包含 111 条指令，这些指令与传统的 8051 指令完全兼容，但是大幅度提高了执行指令的时间效率。表现在：

(1) 采用了 STC-Y5 超高速 CPU 内核，在相同的时钟频率下，速度又比 STC 早期的 IT 系列单片机(如 STC12 系列/STC11 系列/STC10 系列)的速度快 20%。

(2) 典型的,其中 INC DPTR 和 MUL AB 指令的执行速度大幅提高 24 倍。

(3) 在指令集中有 22 条指令,这些指令可以在一个周期内执行完,平均速度提高 8～12 倍。

(4) 将 111 条指令全部执行完一遍所需的时钟周期数为 283,而传统的 8051 单片机将 111 条指令全部执行完所需要的时钟周期数为 1944。

按照所实现的功能,将 STC15 单片机内 8051 CPU 指令集分为算术运算指令、逻辑指令、数据传输指令、布尔指令和程序分支指令。

## 5.2.1 算术指令

算术指令支持直接、间接、寄存器、立即数和寄存器指定指令寻址方式。算术模式用于加、减、乘、除、递增和递减操作。

**1. 加法指令**

1) ADD A,Rn

该指令将寄存器 Rn 的内容和累加器 A 的内容相加,结果保存在累加器 A 中,如表 5.1 所示,并设置 CY 标志、AC 标志以及溢出标志 OV。

**表 5.1 ADD A,Rn 指令的内容**

| 助记符 | 操作 | 标志 | 机器码 | 字节数 | 周期数 |
|---|---|---|---|---|---|
| ADD A,Rn | (PC)← (PC) + 1<br>(A)← (A) + (Rn) | CY,AC,OV | 00101rrr | 1 | 1 |

**注**:rrr 为寄存器的编号,因此机器码范围是 28H～2FH。

(1) 当和的第 3 位和第 7 位有进位时,分别将 CY、AC 标志置位,否则置 0。

(2) 对于带符号运算数,当和的第 7 位与第 6 位中有一位进位,而另一位不产生进位时,溢出标志 OV 置位,否则清 0。或者可以这样说,当两个正数相加时,相加的结果为负数;或当两个负数相加时,相加的结果为正数时,在这两种情况下设置 OV 为 1。

**【例 5-1】** 假设累加器 A 中的数据为 C3H,R0 寄存器中的数据为 AAH。当执行指令:

```
ADD A,R0
```

结果:

(A)=6DH,(AC)=0,(CY)=1,(OV)=1

**注**:()表示内容。

计算过程为

```
      1100,0011
  +   1010,1010
  -------------
    1,0110,1101
```

2) ADD A,direct

该指令将直接寻址单元的内容和累加器 A 的内容相加,结果保存在累加器 A 中,如表 5.2 所示。CY、AC、OV 标志的设置同上。

表 5.2 ADD A,direct 指令的内容

| 助记符 | 操作 | 标志 | 操作码 | 字节数 | 周期数 |
|---|---|---|---|---|---|
| ADD A,direct | (PC) ← (PC) + 2<br>(A) ← (A) + (direct) | CY,AC,OV | 00100101 | 2 | 2 |

注：在操作码后面跟着一个字节的直接地址。

3) ADD A,@Ri

该指令将间接寻址单元的内容和累加器 A 的内容相加，结果保存在累加器 A 中，如表 5.3 所示。CY、AC、OV 标志的设置同上。

表 5.3 ADD A,@Ri 指令的内容

| 助记符 | 操作 | 标志 | 操作码 | 字节数 | 周期数 |
|---|---|---|---|---|---|
| ADD A,@Ri | (PC)← (PC) + 1<br>(A)← (A) + ((Ri)) | CY,AC,OV | 0010011i | 1 | 2 |

注：i 表示 R0 或者 R1。当 i=0 时，表示 R0 寄存器；当 i=1 时，表示 R1 寄存器。

4) ADD A,#data

该指令将一个立即数和累加器 A 的内容相加，结果保存在累加器 A 中，如表 5.4 所示。CY、AC、OV 标志的设置同上。

表 5.4 ADD A,#data 指令的内容

| 助记符 | 操作 | 标志 | 操作码 | 字节数 | 周期数 |
|---|---|---|---|---|---|
| ADD A,#data | (PC)← (PC) + 2<br>(A)← (A) + data | CY,AC,OV | 00100100 | 2 | 2 |

注：在操作码后面跟着一个字节的立即数。

5) ADDC A,Rn

该指令将寄存器 Rn 的内容与累加器 A 的内容及进位标志 CY 的内容相加，结果保存在累加器 A 中，如表 5.5 所示。CY、AC、OV 标志的设置同上。

表 5.5 ADDC A,Rn 指令的内容

| 助记符 | 操作 | 标志 | 操作码 | 字节数 | 周期数 |
|---|---|---|---|---|---|
| ADDC A,Rn | (PC)← (PC) + 1<br>(A)← (A) +(C)+ (Rn) | CY,AC,OV | 00111rrr | 1 | 1 |

注：rrr 为寄存器的编号，因此机器码范围是 38H～3FH。

**【例 5-2】** 假设累加器 A 中的数据为 C3H，R0 寄存器中的数据为 AAH，进位标志为 1 时，执行指令：

```
ADDC A,R0
```

结果：

(A)=6EH，(AC)=0，(CY)=1，(OV)=1

**注**：计算过程为

$$\begin{array}{r} 1100,0011 \\ 1010,1010 \\ +\qquad\qquad 1 \\ \hline 1,0110,1110 \end{array}$$

6）ADDC A,direct

该指令将直接寻址单元的内容与累加器 A 的内容及进位标志 CY 中的内容相加，结果保存在累加器 A 中，如表 5.6 所示。CY、AC、OV 标志的设置同上。

**表 5.6 ADDC A,direct 指令的内容**

| 助记符 | 操作 | 标志 | 操作码 | 字节数 | 周期数 |
|---|---|---|---|---|---|
| ADDC A,direct | (PC)← (PC) + 2<br>(A)← (A) +(C) + (direct) | CY,AC,OV | 00110101 | 2 | 2 |

**注**：在操作码后面跟着一个字节的直接地址。

7）ADDC A,@Ri

该指令将间接寻址单元的内容与累加器 A 的内容及进位标志 CY 中的内容相加，结果保存在累加器 A 中，如表 5.7 所示。CY、AC、OV 标志的设置同上。

**表 5.7 ADDC A,@Ri 指令的内容**

| 助记符 | 操作 | 标志 | 操作码 | 字节数 | 周期数 |
|---|---|---|---|---|---|
| ADDC A,@Ri | (PC)← (PC) + 1<br>(A)← (A) +(C) + ((Ri)) | CY,AC,OV | 0011011i | 1 | 2 |

**注**：i 表示 R0 或者 R1。当 i=0 时，表示 R0 寄存器；当 i=1 时，表示 R1 寄存器。

8）ADDC A,#data

该指令将一个立即数与累加器 A 的内容及进位标志 CY 中的内容相加，结果保存在累加器 A 中，如表 5.8 所示。CY、AC、OV 标志的设置同上。

**表 5.8 ADDC A,#data 指令的内容**

| 助记符 | 操作 | 标志 | 操作码 | 字节数 | 周期数 |
|---|---|---|---|---|---|
| ADDC A,#data | (PC)← (PC) + 2<br>(A)← (A) +(C)+ data | CY,AC,OV | 00110100 | 2 | 2 |

**注**：在操作码后面跟着一个字节的立即数。

**2. 减法指令**

1）SUBB A,Rn

该指令从累加器 A 中减去寄存器 Rn 和进位标志 CY 内的内容，将结果保存在累加器 A 中，如表 5.9 所示。

表 5.9 SUBB A,Rn 指令的内容

| 助记符 | 操作 | 标志 | 操作码 | 字节数 | 周期数 |
| --- | --- | --- | --- | --- | --- |
| SUBB A,Rn | (PC)← (PC) + 1<br>(A)← (A) − (C) − (Rn) | CY,AC,OV | 10011rrr | 1 | 1 |

注：rrr 为寄存器的编号，因此机器码范围是 98H～9FH。

(1) 如果第 7 位需要一个借位，则设置进位(借位)标志，否则清除 CY 标志。

注：如果在执行指令前，已经设置了 CY 标志，则表示前边的多个步骤需要一个借位。这样，从累加器中减去进位标志以及源操作数。

(2) 如果第 3 位需要一个借位，则设置 AC 标志；否则清除 AC 标志。

(3) 如果第 6 位需要借位，而 7 位没有借位；或者第 7 位有借位，而第 6 位没有借位，在这两种情况下都会设置 OV 标志。或者可以这样说，当减去有符号的整数时，当一个正数减去一个负数，产生一个负数结果时；或者一个负数减去一个正数时，产生一个正数结果时，设置 OV 标志。

**【例 5-3】** 假设累加器 A 中的数据为 C9H，R2 寄存器中的数据为 54H，进位标志为 1 时，执行指令：

```
SUBB A,R2
```

结果：

(A)=74H,(AC)=0,(CY)=0,(OV)=1

注：计算过程为

```
  1100,1001
  0101,0100
-         1
-----------
  0111,0100
```

2) SUBB A,direct

该指令从累加器 A 中减去直接寻址单元的内容和进位标志 CY 的内容，然后结果保存在累加器 A 中，如表 5.10 所示。CY、AC、OV 设置同上。

表 5.10 SUBB A,direct 指令的内容

| 助记符 | 操作 | 标志 | 操作码 | 字节数 | 周期数 |
| --- | --- | --- | --- | --- | --- |
| SUBB A,direct | (PC)← (PC) + 2<br>(A)← (A) − (C) − (direct) | CY,AC,OV | 10010101 | 2 | 2 |

注：在操作码后面跟着一个字节的直接地址。

3) SUBB A,@Ri

该指令从累加器 A 中减去间接寻址单元的内容和进位标志 CY 的内容，然后结果保存在累加器 A 中，如表 5.11 所示。CY、AC、OV 设置同上。

表 5.11 SUBB A,@Ri 指令的内容

| 助记符 | 操作 | 标志 | 操作码 | 字节数 | 周期数 |
|---|---|---|---|---|---|
| SUBB A,@Ri | (PC)← (PC) + 1<br>(A)← (A) − (C) − ((Ri)) | CY,AC,OV | 1001011i | 1 | 2 |

**注**:i 表示 R0 或者 R1。当 i=0 时,表示 R0 寄存器;当 i=1 时,表示 R1 寄存器。

4) SUBB A,#data

该指令从累加器 A 中减去一个立即数和进位标志 CY 的内容,然后结果保存在累加器 A 中,如表 5.12 所示。CY、AC、OV 设置同上。

表 5.12 SUBB A,#data 指令的内容

| 助记符 | 操作 | 标志 | 操作码 | 字节数 | 周期数 |
|---|---|---|---|---|---|
| SUBB A,#data | (PC)← (PC) + 2<br>(A)← (A) − (C) − data | CY,AC,OV | 10010100 | 2 | 2 |

**注**:在操作码后面跟着一个字节的立即数。

**3. 递增指令**

1) INC A

该指令将累加器 A 的内容加 1,结果保存在累加器 A 中,如表 5.13 所示。若累加器的结果为 0xFF 时,在执行完该指令后,将其内容设置为 0。

表 5.13 INC A 指令的内容

| 助记符 | 操作 | 标志 | 操作码 | 字节数 | 周期数 |
|---|---|---|---|---|---|
| INC A | (PC)← (PC) + 1<br>(A)← (A) + 1 | N | 00000100 | 1 | 1 |

2) INC Rn

该指令将寄存器 Rn 的内容加 1,结果保存在 Rn 中,如表 5.14 所示。若 Rn 的结果为 0xFF 时,在执行完该指令后,将其内容设置为 0。

表 5.14 INC Rn 指令的内容

| 助记符 | 操作 | 标志 | 操作码 | 字节数 | 周期数 |
|---|---|---|---|---|---|
| INC Rn | (PC)← (PC) + 1<br>(Rn)← (Rn) + 1 | N | 00001rrr | 1 | 2 |

**注**:rrr 为寄存器的编号,因此机器码范围是 08H~0FH。

3) INC direct

该指令将直接寻址单元的内容加 1,结果保存在直接地址单元中,如表 5.15 所示。若直接地址单元的结果为 0xFF 时,在执行完该指令后,将其内容设置为 0。

表 5.15　INC direct 指令的内容

| 助记符 | 操作 | 标志 | 操作码 | 字节数 | 周期数 |
|---|---|---|---|---|---|
| INC direct | (PC)← (PC) + 2<br>(direct)← (direct) + 1 | N | 00000101 | 2 | 3 |

注：在操作码后面跟着一个字节的直接地址。

4) INC @Ri

该指令将间接寻址单元的内容加 1，结果保存在间接地址单元中，如表 5.16 所示。若间接地址单元的结果为 0xFF 时，在执行完该指令后，将其内容设置为 0。

表 5.16　INC @Ri 指令的内容

| 助记符 | 操作 | 标志 | 操作码 | 字节数 | 周期数 |
|---|---|---|---|---|---|
| INC @Ri | (PC)← (PC) + 1<br>((Ri)) ← ((Ri)) + 1 | N | 0000011i | 1 | 3 |

注：i 表示 R0 或者 R1。当 i=0 时，表示 R0 寄存器；当 i=1 时，表示 R1 寄存器。

5) INC DPTR

该指令将 DPTR 的内容加 1，结果保存在 DPTR 中，如表 5.17 所示。若 DPTR 的结果为 0xFFFF 时，在执行完该指令后，将其内容设置为 0x0000。

表 5.17　INC DPTR 指令的内容

| 助记符 | 操作 | 标志 | 操作码 | 字节数 | 周期数 |
|---|---|---|---|---|---|
| INC DPTR | (PC)← (PC) + 1<br>(DPTR)← (DPTR) + 1 | N | 10100011 | 1 | 1 |

**【例 5-4】** 假设寄存器 R0 中的数据为 7EH，内部 RAM 地址为 7EH 和 7FH 单元的数据分别为 FFH 和 40H，即：(7E)=FFH，(7F)=40H，则当执行指令：

```
INC @R0        ;内部 RAM 地址为 7EH 单元的内容加 1，变成 00H
INC R0         ;寄存器 R0 中的数据变为 7FH
INC @R0        ;内部 RAM 地址为 7FH 单元的内容加 1，变成 41H
```

结果：

(R0)=7FH，内部 RAM 地址为 7EH 和 7FH 单元的数据变为 00H 和 41H。

**4. 递减指令**

1) DEC A

该指令将累加器 A 的内容减 1，结果保存在累加器 A 中，如表 5.18 所示。如果累加器 A 中的内容为 0，在执行完该指令后，则变为 0xFF。

表 5.18　DEC A 指令的内容

| 助记符 | 操作 | 标志 | 操作码 | 字节数 | 周期数 |
|---|---|---|---|---|---|
| DEC A | (PC)← (PC) + 1<br>(A) ← (A) − 1 | N | 00010100 | 1 | 1 |

2) DEC Rn

该指令将寄存器 Rn 的内容减 1,结果保存在寄存器 Rn 中,如表 5.19 所示。如果 Rn 的内容为 0,在执行完该指令后,则变为 0xFF。

**表 5.19 DEC Rn 指令的内容**

| 助记符 | 操作 | 标志 | 操作码 | 字节数 | 周期数 |
|---|---|---|---|---|---|
| DEC Rn | (PC)← (PC) + 1<br>(Rn)← (Rn)−1 | N | 00011rrr | 1 | 2 |

**注**:rrr 为寄存器的编号,因此机器码范围是 18H~1FH。

3) DEC direct

该指令将直接寻址单元的内容减 1,结果保存在直接地址单元中,如表 5.20 所示。如果直接寻址单元的内容为 0,在执行完该指令后,则变为 0xFF。

**表 5.20 DEC direct 指令的内容**

| 助记符 | 操作 | 标志 | 操作码 | 字节数 | 周期数 |
|---|---|---|---|---|---|
| DEC direct | (PC)← (PC) + 2<br>(direct) ← (direct)−1 | N | 00010101 | 2 | 3 |

**注**:在操作码后面跟着一个字节的直接地址。

4) DEC @Ri

该指令将间接寻址单元的内容减 1,结果保存在间接地址单元中,如表 5.21 所示。如果间接寻址单元的内容为 0,在执行完该指令后,则变为 0xFF。

**表 5.21 DEC @Ri 指令的内容**

| 助记符 | 操作 | 标志 | 操作码 | 字节数 | 周期数 |
|---|---|---|---|---|---|
| DEC @Ri | (PC)← (PC) + 1<br>((Ri)) ← ((Ri))−1 | N | 0001011i | 1 | 3 |

**注**:i 表示 R0 或者 R1。当 i=0 时,表示 R0 寄存器;当 i=1 时,表示 R1 寄存器。

**【例 5-5】** 假设寄存器 R0 中的数据为 7FH,内部 RAM 地址为 7EH 和 7FH 单元的数据分别为 00H 和 40H,即(7F)=00H,(7E)=40H,则当执行指令:

```
DEC @R0          ;内部 RAM 地址为 7FH 单元的内容减 1,变成 FFH
DEC R0           ;寄存器 R0 中的数据变为 7EH
DEC @R0(此时 R0 中的数据为 40H);内部 RAM 地址为 7EH 单元的内容减 1,变成 3FH
```

结果:

(R0)=7EH,内部 RAM 地址为 7EH 和 7FH 单元的数据变为 FFH 和 3FH。

**5. 乘法指令**

MUL AB 指令将累加器 A 和寄存器 B 中的两个无符号 8 位二进制数相乘,所得的 16 位乘积的低 8 位结果保存在累加器 A 中,高 8 位结果保存在寄存器 B 中,如表 5.22 所示。

如果乘积大于 255,则溢出标志 OV 置 1;否则 OV 清零。在执行该命令时,总是清除进位标志 CY。

表 5.22 MUL AB 指令的内容

| 助记符 | 操作 | 标志 | 操作码 | 字节数 | 周期数 |
|---|---|---|---|---|---|
| MULAB | (PC)← (PC) + 1<br>(A)← (A) × (B)结果的第 7 位～第 0 位<br>(B)← (A) × (B)结果的第 15 位～第 8 位 | CY,OV | 10100100 | 1 | 2 |

【例 5-6】 假设累加器 A 中的数据为$(80)_{10}$=50H,寄存器 B 中的数据为$(160)_{10}$=A0H,则执行指令:

```
MUL AB
```

结果:

乘积为$(12800)_{10}$=3200H,(A)=00H,(B)=32H,(CY)=0,(OV)=1。

注:

```
          01010000
×         10100000
------------------
         0 0000000
        0 0000000
       0 0000000
      0 0000000
     0 0000000
    01010000
   00000000
+ 01010000
------------------
  0011001000000000
```

6. 除法指令

DIV AB 指令用累加器 A 中的无符号整数除以寄存器 B 中无符号整数。所得的商保存在累加器 A 中,余数保存在寄存器 B 中,如表 5.23 所示。当除数(B 寄存器的内容)为 0 时,结果不定,溢出标志 OV 置 1。在执行该指令时,清除进位标志 CY。

表 5.23 DIV AB 指令的内容

| 助记符 | 操作 | 标志 | 操作码 | 字节数 | 周期数 |
|---|---|---|---|---|---|
| DIV | (PC)← (PC) + 1<br>$(A)_{15\text{-}8}$← (A)/(B)<br>$(B)_{7\text{-}0}$← (A)/(B) | CY,OV | 10000100 | 1 | 6 |

【例 5-7】 假设累加器 A 中的数据为$(251)_{10}$=FBH,寄存器 B 中的数据为$(18)_{10}$=12H,则执行指令:

```
DIV AB
```

结果:

(A)=0DH,(B)=11H,(CY)=0,(OV)=0。

**注**：计算过程为

```
          00001101
00010010)11111011
        -10010
         11010
        -10010
          100011
         -010010
           10001
```

**7. BCD 调整指令**

DA A 指令的功能是对 BCD 码的加法结果进行调整。两个压缩型 BCD 码按十进制数相加后，需经该指令的调整才能得到压缩型 BCD 码的和数，如表 5.24 所示。

**表 5.24 DA A 指令的内容**

| 助记符 | 操作 | 标志 | 操作码 | 字节数 | 周期数 |
|---|---|---|---|---|---|
| DA A | (PC)← (PC) + 1<br>如果{[$(A_{3-0})$ > 9] V [(AC) = 1]}，则<br>$(A_{3-0})$ ← $(A_{3-0})$ + 6<br>如果{[$(A_{7-4})$ > 9] V [(C) = 1]}，则<br>$(A_{7-4})$ ← $(A_{7-4})$ + 6 | CY | 11010100 | 1 | 3 |

本指令是根据 A 的最初数值和程序状态字 PSW 的状态，决定对 A 执行加 06H、60H 或 66H 操作。

**注**：如果前面没有使用加法运算，则不能直接使用 DA 指令。此外，如果前面执行的是减法运算，则 DA 指令也不起任何作用。

**【例 5-8】** 假设累加器 A 中的数据为 56H，表示十进制数 56 的 BCD 码。寄存器 R3 的内容为 67H，表示十进制数 67 的 BCD 码。进位标志为 1，则执行指令：

```
ADDC  A,R3      ;累加器 A 的结果为 BEH,(AC) = 0,(CY) = 0
DA  A           ;表示十进制数的 124
```

结果表示为(A)＝124。

**注**：

因为在执行完 ADDC 指令后，(A)＝BEH，

$(A)_{3-0} > 9$，所以 $(A)_{3-0} + 6 \rightarrow (A)_{3-0} = 4H$，向第 4 位有进位。

$(A)_{7-4} > 9$，所以 $(A)_{7-4} + 6 +$ 进位 $\rightarrow (A)_{7-4} = 2H$，最高位有进位。

**思考与练习**

5-5 假定(A)＝66H，(R0)＝55H，(55H)＝FFH 时，执行指令：

```
ADD A, @R0
```

(A)＝________，(CY)＝________，(OV)＝________。

5-6 如果(A)＝60H，(B)＝73H，(CY)＝1 时，执行指令：

```
ADDC A, B
```

(A)＝________，(CY)＝________，(OV)＝________。

5-7　如果(A)=3DH,(B)=4EH,执行指令:

```
MUL AB
```

(A)=________,(B)=________。

## 5.2.2　逻辑指令

逻辑指令执行布尔操作,比如逻辑与,逻辑或,逻辑异或操作,对累加器内容进行旋转和累加器半字交换。

**1. 逻辑与指令**

1) ANL A , Rn

该指令将累加器 A 的内容和寄存器 Rn 的内容做逻辑与操作,结果保存在累加器 A 中,如表 5.25 所示。

**表 5.25　ANL A,Rn 指令的内容**

| 助记符 | 操作 | 标志 | 操作码 | 字节数 | 周期数 |
|---|---|---|---|---|---|
| ANL A,Rn | (PC)← (PC) + 1<br>(A)← (A) ∧ (Rn) | N | 01011rrr | 1 | 1 |

**注:** rrr 为寄存器的编号,因此机器码范围是 58H~5FH。

**【例 5-9】** 假设累加器 A 中的数据为 C3H,寄存器 R0 的内容为 55H,则执行指令:

```
ANL A,R0
```

结果:

累加器 A 中的数据为 41H。

**注:**

$$\begin{array}{r} 11000011 \\ \wedge\ \ 01010101 \\ \hline 01000001 \end{array}$$

**【例 5-10】** 执行指令

```
ANL P1, ＃01110011B
```

结果:

将端口 1 的第 7 位、第 3 位和第 2 位清零。

2) ANL A , direct

该指令将累加器 A 的内容和直接寻址单元的内容做逻辑与操作,结果保存在累加器 A 中,如表 5.26 所示。

**表 5.26　ANL A,direct 指令的内容**

| 助记符 | 操作 | 标志 | 操作码 | 字节数 | 周期数 |
|---|---|---|---|---|---|
| ANL A,direct | (PC)← (PC) + 2<br>(A)←(A) ∧ (direct) | N | 01010101 | 2 | 2 |

**注**：在操作码后面跟着一个字节的直接地址。

3）ANL A，@Ri

该指令将累加器 A 的内容和间接寻址单元中的内容做逻辑与操作，结果保存在累加器 A 中，如表 5.27 所示。

**表 5.27 ANL A，@Ri 指令的内容**

| 助记符 | 操作 | 标志 | 操作码 | 字节数 | 周期数 |
| --- | --- | --- | --- | --- | --- |
| ANL A，@Ri | (PC)← (PC) + 1<br>(A)← (A) ∧ ((Ri)) | N | 0101011i | 1 | 2 |

**注**：i 表示 R0 或者 R1。当 i=0 时，表示 R0 寄存器；当 i=1 时，表示 R1 寄存器。

4）ANL A，#data

该指令将累加器 A 的内容和立即数做逻辑与操作，结果保存在累加器 A 中，如表 5.28 所示。

**表 5.28 ANL A，#data 指令的内容**

| 助记符 | 操作 | 标志 | 操作码 | 字节数 | 周期数 |
| --- | --- | --- | --- | --- | --- |
| ANL A，#data | (PC)← (PC) + 2<br>(A)← (A) ∧ data | N | 01010100 | 2 | 2 |

**注**：在操作码后面跟着一个字节的立即数。

5）ANL direct，A

该指令将累加器 A 的内容和直接寻址单元的内容做逻辑与操作，结果保存在直接寻址单元中，如表 5.29 所示。

**表 5.29 ANL direct，A 指令的内容**

| 助记符 | 操作 | 标志 | 操作码 | 字节数 | 周期数 |
| --- | --- | --- | --- | --- | --- |
| ANL direct，A | (PC)← (PC) + 2<br>(direct)← (direct) ∧ (A) | N | 01010010 | 2 | 3 |

**注**：在操作码后面跟着一个字节的直接地址。

6）ANL direct，#data

该指令对立即数和直接寻址单元的内容做逻辑与操作，结果保存在直接寻址单元中，如表 5.30 所示。

**表 5.30 ANL direct，#data 指令的内容**

| 助记符 | 操作 | 标志 | 操作码 | 字节数 | 周期数 |
| --- | --- | --- | --- | --- | --- |
| ANL direct，#data | (PC)← (PC) + 3<br>(direct) ← (direct) ∧ data | N | 01010011 | 3 | 3 |

**注**：在操作码后面跟着一个字节的直接地址和一个字节的立即数。

**2. 逻辑或指令**

1）ORL A，Rn

该指令将累加器 A 的内容和寄存器 Rn 中内容做逻辑或操作，结果保存在累加器 A

中，如表 5.31 所示。

**表 5.31 ORL A，Rn 指令的内容**

| 助记符 | 操作 | 标志 | 操作码 | 字节数 | 周期数 |
| --- | --- | --- | --- | --- | --- |
| ORL A，Rn | (PC)← (PC) + 1<br>(A)← (A) ∨ (Rn) | N | 01001rrr | 1 | 1 |

**注**：rrr 为寄存器的编号，因此机器码范围是 48H～4FH。

**【例 5-11】** 假设累加器 A 中的数据为 C3H，寄存器 R0 的内容为 55H，则执行指令：

```
ORL A,R0
```

结果：

累加器 A 中的数据为 D7H。

**注**：计算过程为

$$\begin{array}{r} 11000011 \\ \vee\quad 01010101 \\ \hline 11010111 \end{array}$$

**【例 5-12】** 执行指令

```
ORL P1, #00110010B
```

结果：

将端口 1 的第 5 位、第 4 位和第 1 位置 1。

2）ORL A，direct

该指令将累加器 A 的内容和直接寻址单元的内容做逻辑或操作，结果保存在累加器 A 中，如表 5.32 所示。

**表 5.32 ORL A，direct 指令的内容**

| 助记符 | 操作 | 标志 | 操作码 | 字节数 | 周期数 |
| --- | --- | --- | --- | --- | --- |
| ORL A，direct | (PC)← (PC) + 2<br>(A)← (A) ∨ (direct) | N | 01000101 | 2 | 2 |

**注**：在操作码后面跟着一个字节的直接地址。

3）ORL A，@Ri

该指令将累加器 A 的内容和间接寻址单元中内容做逻辑或操作，结果保存在累加器 A 中，如表 5.33 所示。

**表 5.33 ORL A，@Ri 指令的内容**

| 助记符 | 操作 | 标志 | 操作码 | 字节数 | 周期数 |
| --- | --- | --- | --- | --- | --- |
| ORL A，@Ri | (PC)← (PC) + 1<br>(A)← (A) ∨ ((Ri)) | N | 0100011i | 1 | 2 |

**注**：i 表示 R0 或者 R1。当 i=0 时，表示 R0 寄存器；当 i=1 时，表示 R1 寄存器。

4）ORL A，#data

该指令将累加器 A 的内容和立即数做逻辑或操作，结果保存在累加器 A 中，如表 5.34 所示。

**表 5.34 ORL A，#data 指令的内容**

| 助记符 | 操作 | 标志 | 操作码 | 字节数 | 周期数 |
|---|---|---|---|---|---|
| ORL A，#data | (PC)← (PC) + 2<br>(A)← (A) ∨ data | N | 01000100 | 2 | 2 |

**注**：在操作码后面跟着一个字节的立即数。

5）ORL direct，A

该指令将直接寻址单元的内容和累加器 A 中内容做逻辑或操作，结果保存在直接寻址单元中，如表 5.35 所示。

**表 5.35 ORL direct，A 指令的内容**

| 助记符 | 操作 | 标志 | 操作码 | 字节数 | 周期数 |
|---|---|---|---|---|---|
| ORL direct，A | (PC) ← (PC) + 2<br>(direct) ← (direct) ∨ (A) | N | 01000010 | 2 | 3 |

**注**：在操作码后面跟着一个字节的直接地址。

6）ORL direct，#data

该指令将直接寻址单元中内容和立即数做逻辑或操作，结果保存在直接寻址单元中，如表 5.36 所示。

**表 5.36 ORL direct，#data 指令的内容**

| 助记符 | 操作 | 标志 | 操作码 | 字节数 | 周期数 |
|---|---|---|---|---|---|
| ORL direct，#data | (PC)← (PC) + 3<br>(direct)← (direct) ∨ data | N | 01000011 | 3 | 3 |

**注**：在操作码后面跟着一个字节的直接地址和一个字节的立即数。

**3. 逻辑异或指令**

1）XRL A，Rn

该指令将累加器 A 的内容和寄存器 Rn 的内容做逻辑异或操作，结果保存在累加器 A 中，如表 5.37 所示。

**表 5.37 XRL A，Rn 指令的内容**

| 助记符 | 操作 | 标志 | 操作码 | 字节数 | 周期数 |
|---|---|---|---|---|---|
| XRL A，Rn | (PC)← (PC) + 1<br>(A)← (A) ∨ (Rn) | N | 01101rrr | 1 | 1 |

**注**：rrr 为寄存器的编号，因此机器码范围是 68H～6FH。

**【例 5-13】** 假设累加器 A 中的数据为 C3H，寄存器 R0 的内容为 AAH，则执行指令：

```
XRL A,R0
```

结果：

累加器 A 中的数据为 69H。

**注**：计算过程为

$$\begin{array}{r} 11000011 \\ \vee \quad 10101010 \\ \hline 01101001 \end{array}$$

**【例 5-14】** 执行指令

```
XRL P1, #00110001B
```

结果：

将端口 1 的第 5 位、第 4 位和第 0 位取反。

2) XRL A, direct

该指令将累加器 A 的内容和直接寻址单元的内容做逻辑异或操作，结果保存在累加器 A 中，如表 5.38 所示。

**表 5.38 XRL A,direct 指令的内容**

| 助记符 | 操作 | 标志 | 操作码 | 字节数 | 周期数 |
| --- | --- | --- | --- | --- | --- |
| XRL A,direct | (PC)← (PC) + 2<br>(A)← (A) ∀(direct) | N | 01100101 | 2 | 2 |

**注**：在操作码后面跟着一个字节的直接地址。

3) XRL A,@Ri

该指令将累加器 A 的内容和间接寻址单元的内容做逻辑异或操作，结果保存在累加器 A 中，如表 5.39 所示。

**表 5.39 XRL A,@Ri 指令的内容**

| 助记符 | 操作 | 标志 | 操作码 | 字节数 | 周期数 |
| --- | --- | --- | --- | --- | --- |
| XRL A,@Ri | (PC)← (PC) + 1<br>(A)← (A) ∀((Ri)) | N | 0110011i | 1 | 2 |

**注**：i 表示 R0 或者 R1。当 i=0 时，表示 R0 寄存器；当 i=1 时，表示 R1 寄存器。

4) XRL A , #data

该指令将累加器 A 的内容和一个立即数做逻辑异或操作，结果保存在累加器 A 中，如表 5.40 所示。

**表 5.40 XRL A,#data 指令的内容**

| 助记符 | 操作 | 标志 | 操作码 | 字节数 | 周期数 |
| --- | --- | --- | --- | --- | --- |
| XRL A,#data | (PC)← (PC) + 2<br>(A)← (A) ∀ data | N | 01100100 | 2 | 2 |

**注**：在操作码后面跟着一个字节的立即数。

5) XRL direct,A

该指令将直接寻址单元的内容和累加器 A 的内容做逻辑异或操作,结果保存在直接寻址的单元中,如表 5.41 所示。

**表 5.41 XRL direct,A 指令的内容**

| 助记符 | 操作 | 标志 | 操作码 | 字节数 | 周期数 |
|---|---|---|---|---|---|
| XRL direct, A | (PC)← (PC) + 2<br>(direct)← (direct) ∀(A) | N | 01100010 | 2 | 3 |

**注**:在操作码后面跟着一个字节的直接地址。

6) XRL direct, #data

该指令将直接寻址的内容和一个立即数做逻辑异或操作,结果保存在直接寻址的单元中,如表 5.42 所示。

**表 5.42 XRL direct,#data 指令的内容**

| 助记符 | 操作 | 标志 | 操作码 | 字节数 | 周期数 |
|---|---|---|---|---|---|
| XRL direct,#data | (PC)← (PC) + 3<br>(direct)← (direct) ∀ data | N | 01100011 | 3 | 3 |

**注**:在操作码后面跟着一个字节的直接地址和一个字节的立即数。

**4. 清除指令**

CLR A 指令将累加器 A 中的各位清 0,如表 5.43 所示。

**表 5.43 CLR A 指令的内容**

| 助记符 | 操作 | 标志 | 操作码 | 字节数 | 周期数 |
|---|---|---|---|---|---|
| CLR A | (PC)← (PC) + 1<br>(A)← 0 | N | 11100100 | 1 | 1 |

**【例 5-15】** 假设累加器 A 中的数据为 5CH,则执行指令:

```
CLR A
```

结果:

(A)=00H。

**5. 取反指令**

CPL A 指令将累加器 A 按位取反,将累加器 A 各位中的逻辑 1 变成逻辑 0,逻辑 0 变成逻辑 1,如表 5.44 所示。

**表 5.44 CPL A 指令的内容**

| 助记符 | 操作 | 标志 | 操作码 | 字节数 | 周期数 |
|---|---|---|---|---|---|
| CPL A | (PC)← (PC) + 1<br>(A)← /($\bar{A}$) | N | 11110100 | 1 | 1 |

**【例 5-16】** 假设 P1 端口的数据为 5BH,则执行指令:

```
CPL P1.1
```

```
CPL P1.2
```

结果：

将 P1 端口设置为 5DH=01011101B。

**6. 移位指令**

1) RL A

该指令将累加器 A 中的内容循环左移，如表 5.45 所示。

**表 5.45　RL A 指令的内容**

| 助记符 | 操作 | 标志 | 操作码 | 字节数 | 周期数 |
|---|---|---|---|---|---|
| RL A | (PC)← (PC) + 1<br>$(A_{n+1}) \leftarrow (A_n)$, n = 0～6<br>$(A_0) \leftarrow (A_7)$ | N | 00100011 | 1 | 1 |

**【例 5-17】** 假设累加器 A 的数据为 C5H(11000101B)，则执行指令：

```
RL A
```

结果：

累加器 A 的数据变成 8BH=10001011B。

2) RLC A

该指令将累加器 A 的内容和进位标志 CY 一起循环左移，如表 5.46 所示。

**表 5.46　RLC A 指令的内容**

| 助记符 | 操作 | 标志 | 操作码 | 字节数 | 周期数 |
|---|---|---|---|---|---|
| RLC A | (PC)← (PC) + 1<br>$(A_{n+1}) \leftarrow (A_n)$, n = 0～6<br>$(A_0) \leftarrow (CY)$<br>$(CY) \leftarrow (A_7)$ | CY | 00110011 | 1 | 1 |

**【5-18】** 假设累加器 A 的数据为 C5H(11000101B)，进位标志(CY)=0，则执行指令：

```
RLC A
```

结果：

累加器 A 的数据变成 8AH=10001010B，进位标志(CY)=1。

3) RR A

该指令将累加器 A 的内容循环右移，如表 5.47 所示。

**表 5.47　RR A 指令的内容**

| 助记符 | 操作 | 标志 | 操作码 | 字节数 | 周期数 |
|---|---|---|---|---|---|
| RR A | (PC)← (PC) + 1<br>$(A_n) \leftarrow (A_{n+1})$, n = 0～6<br>$(A_7) \leftarrow (A_0)$ | N | 00000011 | 1 | 1 |

**【例 5-19】** 假设累加器 A 的数据为 C5H(11000101B)，则执行指令：

```
RR A
```

结果：

累加器 A 的内容变成 E2H=11100010B。

4) RRC A

该指令将累加器 ACC 的内容和进位标志 CY 一起循环右移，如表 5.48 所示。

**表 5.48 RRC A 指令的内容**

| 助记符 | 操作 | 标志 | 操作码 | 字节数 | 周期数 |
|---|---|---|---|---|---|
| RRC A | (PC)← (PC) + 1<br>$(A_n)$ ← $(A_{n+1})$ ,n = 0～6<br>$(A_7)$ ← (CY)<br>(CY) ← $(A_0)$ | CY | 00010011 | 1 | 1 |

**【例 5-20】** 假设累加器 A 的数据为 C5H(11000101B)，进位标志(CY)=0，则执行指令：

```
RRC A
```

结果：

累加器 A 的内容变成 62H=01100010B，进位标志(CY)=1。

**7. 半字节交换指令**

SWAP A 指令将累加器 A 中的半字节互换，即将累加器 A 的高、低半字节互换，如表 5.49 所示。

**表 5.49 SWAP A 指令的内容**

| 助记符 | 操作 | 标志 | 操作码 | 字节数 | 周期数 |
|---|---|---|---|---|---|
| SWAP A | (PC)← (PC) + 1<br>$(A_{3\text{-}0})$ ← $(A_{7\text{-}4})$<br>$(A_{7\text{-}4})$ ← $(A_{3\text{-}0})$ | N | 11000100 | 1 | 1 |

**【例 5-21】** 假设累加器 A 的数据为 C5H(11000101B)，则执行指令：

```
SWAP A
```

结果：

累加器 A 的内容变成 5CH=01011100B。

**思考与练习**

5-8 如果(A)=AAH，(R0)=55H，则

(1) 执行指令

```
ANL A,R0
```

(A)=________。

(2) 执行指令

```
ORL A,R0
```

(A)=________。

(3) 执行指令

```
XRL A,R0
```

(A)=________。

(4) 执行指令

```
RL A
```

(A)=________。

## 5.2.3 数据传送指令

STC 单片机中的数据传送指令包括数据传输指令、堆栈操作指令和数据交换指令。

**1. 数据传输指令**

STC 单片机中的数据传输指令包括内部数据传输指令、外部数据传输指令和查找表传输指令。

1) 内部数据传输指令

该类型数据传输指令是在任何两个内部 RAM 或者 SFR 间实现数据传输。这些指令使用直接、间接、寄存器和立即数寻址。

(1) MOV A,Rn

该指令将寄存器 Rn 中的内容复制到累加器 A 中,且 Rn 的内容不发生变化,如表 5.50 所示。

**表 5.50 MOV A,Rn 指令的内容**

| 助记符 | 操作 | 标志 | 操作码 | 字节数 | 周期数 |
|---|---|---|---|---|---|
| MOV A, Rn | (PC)← (PC) + 1<br>(A)← (Rn) | N | 11101rrr | 1 | 1 |

注:rrr 为寄存器的编号,因此机器码范围是 E8H~EFH。

(2) MOV A,direct

该指令将直接寻址单元的内容复制到累加器 A 中,且直接寻址单元的内容不发生变化,如表 5.51 所示。

**表 5.51 MOV A,direct 指令的内容**

| 助记符 | 操作 | 标志 | 操作码 | 字节数 | 周期数 |
|---|---|---|---|---|---|
| MOV A, direct | (PC)← (PC) + 2<br>(A)← (direct) | N | 11100101 | 2 | 2 |

注:在操作码后面跟着一个字节的直接地址。

(3) MOV A,@Ri

该指令将间接寻址单元中的内容复制到累加器 A 中,且间接寻址单元的内容不发生变化,如表 5.52 所示。

表 5.52 MOV A,@Ri 指令的内容

| 助记符 | 操作 | 标志 | 操作码 | 字节数 | 周期数 |
|---|---|---|---|---|---|
| MOV A, @Ri | (PC)← (PC) + 1<br>(A)← ((Ri)) | N | 1110011i | 1 | 2 |

**注**：i 表示 R0 或者 R1。当 i=0 时，表示 R0 寄存器；当 i=1 时，表示 R1 寄存器。

(4) MOV A,#data

该指令将立即数复制到累加器 A 中，且立即数的内容不发生变化，如表 5.53 所示。

表 5.53 MOV A,#data 指令的内容

| 助记符 | 操作 | 标志 | 操作码 | 字节数 | 周期数 |
|---|---|---|---|---|---|
| MOV A, #data | (PC)← (PC) + 2<br>(A)← data | N | 01110100 | 2 | 2 |

**注**：在操作码后面跟着一个字节的立即数。

(5) MOV Rn, A

该指令将累加器 A 的内容复制到寄存器 Rn 中，且累加器 A 的内容不发生变化，如表 5.54 所示。

表 5.54 MOV Rn,A 指令的内容

| 助记符 | 操作 | 标志 | 操作码 | 字节数 | 周期数 |
|---|---|---|---|---|---|
| MOV Rn, A | (PC)← (PC) + 1<br>(Rn)← (A) | N | 11111rrr | 1 | 1 |

**注**：rrr 为寄存器的编号，因此机器码范围是 F8H～FFH。

(6) MOV Rn , direct

该指令将直接寻址单元的内容复制到寄存器 Rn 中，且直接寻址单元的内容不发生变化，如表 5.55 所示。

表 5.55 MOV Rn,direct 指令的内容

| 助记符 | 操作 | 标志 | 操作码 | 字节数 | 周期数 |
|---|---|---|---|---|---|
| MOV Rn, direct | (PC)← (PC) + 2<br>(Rn)← (direct) | N | 10101rrr | 2 | 3 |

**注**：rrr 为寄存器的编号，因此机器码范围是 A8H～AFH；在操作码后面跟着一个字节的直接地址。

(7) MOV Rn , #data

该指令将立即数复制到寄存器 Rn 中，且立即数的内容不发生变化，如表 5.56 所示。

表 5.56 MOV Rn,#data 指令的内容

| 助记符 | 操作 | 标志 | 操作码 | 字节数 | 周期数 |
|---|---|---|---|---|---|
| MOV Rn, #data | (PC)← (PC) + 2<br>(Rn)← data | N | 01111rrr | 2 | 2 |

注:rrr 为寄存器的编号,因此机器码范围是 78H~7FH。在操作码后面跟着一个字节的立即数。

(8) MOV direct , A

该指令将累加器 A 的内容复制到直接寻址单元中,且累加器 A 的内容不发生变化,如表 5.57 所示。

表 5.57 MOV dirtect,A 指令的内容

| 助记符 | 操作 | 标志 | 操作码 | 字节数 | 周期数 |
|---|---|---|---|---|---|
| MOV direct,A | (PC)← (PC) + 2<br>(direct)← (A) | N | 11110101 | 2 | 2 |

注:在操作码后面跟着一个字节的直接地址。

(9) MOV direct , Rn

该指令将寄存器 Rn 的内容复制到直接寻址单元中,且 Rn 的内容不发生变化,如表 5.58 所示。

表 5.58 MOV dirtect,Rn 指令的内容

| 助记符 | 操作 | 标志 | 操作码 | 字节数 | 周期数 |
|---|---|---|---|---|---|
| MOV direct , Rn | (PC)← (PC) + 2<br>(direct)← (Rn) | N | 10001rrr | 2 | 2 |

注:rrr 为寄存器的编号,因此机器码范围是 88H~8FH。在操作码后面跟着一个字节的直接地址。

(10) MOV direct , direct

该指令将直接寻址单元的内容复制到另一个直接寻址单元中,且源直接寻址单元的内容不发生变化,如表 5.59 所示。

表 5.59 MOV direct,direct 指令的内容

| 助记符 | 操作 | 标志 | 操作码 | 字节数 | 周期数 |
|---|---|---|---|---|---|
| MOV direct , direct | (PC) ← (PC) + 3<br>(direct) ← (direct) | N | 10000101 | 3 | 3 |

注:在操作码后面跟着两个字节的直接地址,一个是源操作数地址,另一个是目的操作数地址。

(11) MOV direct , @Ri

该指令将间接寻址单元的内容复制到直接寻址单元中,且间接寻址单元的内容不发生变化,如表 5.60 所示。

表 5.60　MOV direct,@Ri 指令的内容

| 助记符 | 操作 | 标志 | 操作码 | 字节数 | 周期数 |
|---|---|---|---|---|---|
| MOV direct ，@Ri | (PC)← (PC) + 2<br>(direct)← ((Ri)) | N | 1000011i | 2 | 3 |

**注**：i 表示 R0 或者 R1。当 i=0 时，表示 R0 寄存器；当 i=1 时，表示 R1 寄存器。在操作码后面跟着一个字节的直接地址。

(12) MOV direct ，#data

该指令将立即数复制到直接寻址单元中，且立即数的内容不发生变化，如表 5.61 所示。

表 5.61　MOV direct,#data 指令的内容

| 助记符 | 操作 | 标志 | 操作码 | 字节数 | 周期数 |
|---|---|---|---|---|---|
| MOV direct ，#data | (PC) ← (PC) + 3<br>(direct) ← data | N | 01110101 | 3 | 3 |

**注**：在操作码后面跟着一个字节的直接地址和一个字节的立即数。

(13) MOV @Ri，A

该指令将累加器 A 的内容复制到间接寻址的单元中，且累加器 A 的内容不发生变化，如表 5.62 所示。

表 5.62　MOV @Ri,A 指令的内容

| 助记符 | 操作 | 标志 | 操作码 | 字节数 | 周期数 |
|---|---|---|---|---|---|
| MOV @Ri ，A | (PC)← (PC) + 1<br>((Ri))← (A) | N | 1111011i | 1 | 2 |

**注**：i 表示 R0 或者 R1。当 i=0 时，表示 R0 寄存器；当 i=1 时，表示 R1 寄存器。

(14) MOV @Ri，direct

该指令将直接寻址单元的内容复制到间接寻址的寄存器中，且直接寻址寄存器内容不发生变化，如表 5.63 所示。

表 5.63　MOV @Ri,direct 指令的内容

| 助记符 | 操作 | 标志 | 操作码 | 字节数 | 周期数 |
|---|---|---|---|---|---|
| MOV @Ri，direct | (PC)← (PC) + 2<br>((Ri))← (direct) | N | 1010011i | 2 | 3 |

**注**：i 表示 R0 或者 R1。当 i=0 时，表示 R0 寄存器；当 i=1 时，表示 R1 寄存器。在操作码后面跟着一个字节的直接地址。

(15) MOV @Ri，#data

该指令将立即数内容复制到间接寻址单元中，且立即数的内容不发生变化，如表 5.64 所示。

表 5.64 MOV @Ri,#data 指令的内容

| 助记符 | 操作 | 标志 | 操作码 | 字节数 | 周期数 |
|---|---|---|---|---|---|
| MOV @Ri ,#data | (PC)← (PC) + 2<br>((Ri))← data | N | 0111011i | 2 | 2 |

**注**:i 表示 R0 或者 R1。当 i=0 时,表示 R0 寄存器;当 i=1 时,表示 R1 寄存器。在操作码后面跟着一个字节的立即数。

(16) MOV DPTR,#data 16

该指令将一个 16 位的立即数复制到数据指针 DPTR 寄存器中,且 16 位立即数的内容不发生变化,如表 5.65 所示。

表 5.65 MOV DPTR,#data16 指令的内容

| 助记符 | 操作 | 标志 | 操作码 | 字节数 | 周期数 |
|---|---|---|---|---|---|
| MOV DPTR ,#data 16 | (PC)← (PC) + 3<br>DPH← $data_{15-8}$<br>DPL← $data_{7-0}$ | N | 10010000 | 3 | 3 |

**注**:在操作码后面跟着两个字节(16 位)的立即数。

**【例 5-22】** 假设内部 RAM 地址为 30H 的单元的内容为 40H,而 40H 单元的内容为 10H。端口 1 的数据为 CAH(11001010B),则执行指令:

```
MOV R0,#30H         ;将立即数 30H 送到寄存器 R0,(R0) = 30H
MOV A,@R0           ;将 30H 作为指向内部 RAM 的地址,内部 RAM 地址为 30H
                    ;单元的内容 40H 送到累加器 A 中
MOV R1,A            ;将累加器 A 的内容 40H 送到寄存器 R1 中,(R1) = 40H
MOV B,@R1           ;将 40H 作为指向内部 RAM 的地址,内部 RAM 地址为 40H
                    ;单元的内容 10H 送到寄存器 B 中
MOV @R1,P1          ;将 P1 端口的内容送到 R1 寄存器所指向的内部 RAM 的
                    ;地址单元中,即内部 RAM 地址为 40H 单元的内容变为 CAH
MOV P2,P1           ;将 P1 端口的内容送到 P2 端口中,P2 端口的内容变为 CAH
```

2) 外部数据传输指令

该类型传输指令是在累加器和 8051 片内扩展 RAM 和片外扩展 RAM 地址空间实现数据传输数据,这种传输只能使用 MOVX 指令。

**注**:对于 STC 8051 单片机来说,它的片内扩展 RAM 和外部扩展 RAM 都看作外部数据存储区。

(1) MOVX A,@Ri

该指令将外部数据存储区的一个字节的内容复制到累加器 A 中。8 位外部数据存储区地址由 R0 或 R1 确定,且外部数据存储器单元的内容不发生变化,如表 5.66 所示。

表 5.66 MOVX A,@Ri 指令的内容

| 助记符 | 操作 | 标志 | 操作码 | 字节数 | 周期数 |
|---|---|---|---|---|---|
| MOVX A,@Ri | (PC)← (PC) + 1<br>(A)← ((Ri)) | N | 1110001i | 1 | 3 |

**注**:i 表示 R0 或者 R1。当 i=0 时,表示 R0 寄存器;当 i=1 时,表示 R1 寄存器。

**【例 5-23】** 假设有一个时分复用地址/数据线的外部 RAM 存储器，容量为 256B，该存储器连接到 STC 单片机的 P0 端口上，端口 P3 用于提供外部 RAM 所需要的控制信号。端口 P1 和 P2 用作通用输入/输出端口。R0 寄存器和 R1 寄存器中的数据分别为 12H 和 34H，外部 RAM 地址为 34H 的单元内容为 56H，执行指令：

```
MOVX A,@R1      ;将外部 RAM 地址为 34H 单元的内容 56H 送到累加器 A
MOVX @R0,A      ;将累加器 A 的内容 56 送到外部 RAM 地址为 12H 的单元中
```

(2) MOVX A,@DPTR

该指令将外部数据存储区的一个字节的内容复制到累加器 A 中。16 位外部数据存储区单元的地址由 DPTR 寄存器确定，且外部数据存储器单元的内容不发生变化，如表 5.67 所示。

**表 5.67　MOVX A,@DPTR 指令的内容**

| 助记符 | 操作 | 标志 | 操作码 | 字节数 | 周期数 |
|---|---|---|---|---|---|
| MOVX A，@DPTR | (PC)←(PC)+1<br>(A)←(DPTR) | N | 11100000 | 1 | 2 |

(3) MOVX @Ri，A

该指令将累加器 A 的内容复制到外部数据存储单元中。8 位外部数据存储区地址由 R0 或 R1 确定，且累加器 A 中的内容不发生变化，如表 5.68 所示。

**表 5.68　MOVX @Ri,A 指令的内容**

| 助记符 | 操作 | 标志 | 操作码 | 字节数 | 周期数 |
|---|---|---|---|---|---|
| MOVX @Ri，A | (PC)←(PC)+1<br>((Ri))←(A) | N | 1111001i | 1 | 4 |

**注**：i 表示 R0 或者 R1。当 i=0 时，表示 R0 寄存器；当 i=1 时，表示 R1 寄存器。

(4) MOVX @DPTR,A

该指令将累加器 A 的内容复制到外部数据存储单元中。16 位外部数据存储区单元的地址由 DPTR 寄存器确定，且累加器 A 中的内容不发生变化，如表 5.69 所示。

**表 5.69　MOVX @DPTR,A 指令的内容**

| 助记符 | 操作 | 标志 | 操作码 | 字节数 | 周期数 |
|---|---|---|---|---|---|
| MOVX @DPTR，A | (PC)←(PC)+1<br>(DPTR)←(A) | N | 11110000 | 1 | 3 |

3) 查找表传输指令

只在累加器和程序存储器之间实现数据传输，这种传输只能使用 MOVC 指令。

(1) MOVC A,@A+DPTR

该指令将数据指针寄存器 DPTR 和累加器 A 的内容相加所得到的存储器地址单元的内容复制到累加器 A 中，如表 5.70 所示。

表 5.70 MOVC A,@A+DPTR 指令的内容

| 助记符 | 操作 | 标志 | 操作码 | 字节数 | 周期数 |
|---|---|---|---|---|---|
| MOVC A,@A+DPTR | (PC)← (PC) + 1<br>(A)← ((A) + (DPTR)) | N | 10010011 | 1 | 5 |

**【例 5-24】** 假设累加器 A 的值在 0～4 之间，下面的子程序将累加器 A 中的值转换为用 DB 伪指令定义的 4 个值之一。

```
REL_PC:  INC A
         MOVC A,@A + PC
         RET
         DB 66H
         DB 77H
         DB 88H
         DB 99H
```

如果在调用该子程序之前累加器的值为 02H，执行完该子程序后，累加器的值变为 88H。MOVC 指令之前的 INC A 指令是为了在查表时跨越 RET 而设置的。如果 MOVC 和表格之间被多个字节隔开，则为了正确地读取表格，必须将相应的字节数预先加到累加器 A 上。

(2) MOVC A,@A+PC

该指令将程序计数器 PC 和累加器 A 的内容相加所得到的存储器地址单元的内容复制到累加器 A 中，如表 5.71 所示。

表 5.71 MOVC A,@A+PC 指令的内容

| 助记符 | 操作 | 标志 | 操作码 | 字节数 | 周期数 |
|---|---|---|---|---|---|
| MOVC A,@A+PC | (PC)← (PC) + 1<br>(A)← ((A) + (PC)) | N | 10000011 | 1 | 4 |

**2. 堆栈操作指令**

1) POP direct

该指令将堆栈指针 SP 所指向栈顶的内容保存到直接寻址单元中，然后执行(SP)－1→(SP)的操作，此操作不影响标志位，如表 5.72 所示。

表 5.72 POP direct 指令的内容

| 助记符 | 操作 | 标志 | 操作码 | 字节数 | 周期数 |
|---|---|---|---|---|---|
| POP direct | (PC)← (PC) + 2<br>(direct)← ((SP))<br>(SP)← (SP) － 1 | N | 11010000 | 2 | 2 |

注：在操作码后面跟着一个字节的直接地址。

**【例 5-25】** 假设堆栈指针的初值为 32H，内部 RAM 地址 30H～32H 单元的数据分别为 20H、23H 和 01H，则执行指令：

```
POP DPH
POP DPL
```

结果：

堆栈指针的值变成 30H,(DPH)=01H,(DPL)=23H。

如果继续执行指令：

```
POP SP
```

则在这种特殊情况下，在写入出栈数据 20H 之前，栈指针减小到 2FH，然后再随着 20H 的写入，(SP)=20H。

2) PUSH direct

该指令将指针执行后堆栈指针(SP)+1→SP 指向栈顶单元，将直接寻址单元的内容送入 SP 所指向的堆栈空间，此操作不影响标志位，如表 5.73 所示。

**表 5.73　PUSH direct 指令的内容**

| 助记符 | 操作 | 标志 | 操作码 | 字节数 | 周期数 |
|---|---|---|---|---|---|
| PUSH direct | (PC)← (PC) + 2<br>(SP)← (SP) + 1<br>((SP))← (direct) | N | 11000000 | 2 | 3 |

**注**：在操作码后面跟着一个字节的直接地址。

**【例 5-26】** 假设在进入中断服务程序之前堆栈指针的值为 09H，数据指针 DPTR 的值为 0123H，则执行下面的指令：

```
PUSH DPL
PUSH DPH
```

结果：

堆栈指针变成 0BH，并把数据 23H 和 01H 分别保存到内部 RAM 的 0AH 和 0BH 的存储单元中。

**3. 数据交换指令**

1) XCH A ,Rn

该指令将累加器 A 的内容和寄存器 Rn 中的内容互相交换，如表 5.74 所示。

**表 5.74　XCH A,Rn 指令的内容**

| 助记符 | 操作 | 标志 | 操作码 | 字节数 | 周期数 |
|---|---|---|---|---|---|
| XCH A,Rn | (PC)← (PC) + 1<br>(A)↔ (Rn) | N | 11001rrr | 1 | 2 |

**注**：rrr 为寄存器的编号，因此机器码范围是 C8H～CFH。

2) XCH A, direct

该指令将累加器 A 的内容和直接寻址单元的内容互相交换，如表 5.75 所示。

表 5.75　XCH A,direct 指令的内容

| 助记符 | 操作 | 标志 | 操作码 | 字节数 | 周期数 |
|---|---|---|---|---|---|
| XCH A,direct | (PC)← (PC) + 2<br>(A)↔ (direct) | N | 11000101 | 2 | 3 |

注：在操作码后面跟着一个字节的直接地址。

3) XCH A,@Ri

该指令将累加器 A 的内容和间接寻址的内容互相交换，如表 5.76 所示。

表 5.76　XCH A,@Ri 指令的内容

| 助记符 | 操作 | 标志 | 操作码 | 字节数 | 周期数 |
|---|---|---|---|---|---|
| XCH A,@Ri | (PC)← (PC) + 1<br>(A)↔ ((Ri)) | N | 1100011i | 1 | 3 |

注：i 表示 R0 或者 R1。当 i=0 时，表示 R0 寄存器；当 i=1 时，表示 R1 寄存器。

【例 5-27】 假设 R0 的内容为地址 20H，累加器 A 的内容为 3FH。内部 RAM 地址为 20H 单元的内容为 75H，执行指令：

```
XCH   A,@R0
```

结果：

执行该指令后，将 20H 所指向的内部 RAM 的单元的数据 75H 和累加器 A 的内容 3FH 进行交换，结果是累加器 A 的内容变成 75H，而内部 RAM 地址为 20H 单元的内容变成 3FH。

4) XCHD A,@Ri

该指令将累加器 A 的内容和间接寻址单元内容的低半字节互相交换，如表 5.77 所示。

表 5.77　XCHD A,@Ri 指令的内容

| 助记符 | 操作 | 标志 | 操作码 | 字节数 | 周期数 |
|---|---|---|---|---|---|
| XCHD A,@Ri | (PC)← (PC) + 1<br>($A_{3-0}$) ↔ ($(Ri)_{3-0}$) | N | 1101011i | 1 | 3 |

注：i 表示 R0 或者 R1。当 i=0 时，表示 R0 寄存器；当 i=1 时，表示 R1 寄存器。

【例 5-28】 假设寄存器 R0 的内容为 20H，累加器 A 的内容为 36H。内部 RAM 地址为 20H 的单元内容为 75H，执行指令：

```
XCHD A,@R0
```

结果：

将 20H 所指向的内部 RAM 的单元的数据 75H 和累加器 A 内容为 36H 的低四位数据进行交换，结果是累加器 A 的内容变成 35H，而内部 RAM 地址为 20H 单元的内容变成 76H。

**思考与练习**

5-9　假设(30H)=40H，(31H)=5DH，(SP)=15H，则执行下面的指令：

```
PUSH 30H
PUSH 31H
```

其目的是________,(SP)=________。

### 5.2.4 布尔指令

8051 CPU 有独立的位可寻址存储区域。它有 128 比特的位可寻址 RAM 和 SFR。

**1. 清除指令**

1) CLR bit

该指令将目的比特位清 0,如表 5.78 所示。

**表 5.78 CLR bit 指令的内容**

| 助记符 | 操作 | 标志 | 操作码 | 字节数 | 周期数 |
|---|---|---|---|---|---|
| CLR bit | (PC)← (PC) + 2<br>(bit)← 0 | N | 11000010 | 2 | 3 |

注:在操作码后面跟着一个字节的位地址。

**【例 5-29】** 假设端口 P1 的数据为 5DH(01011101B),执行指令:

```
CLR  P1.2
```

结果:

端口 P1 的数据为 59H(01011001B)。

2) CLR C

该指令将进位标志位 CY 清 0,如表 5.79 所示。

**表 5.79 CLR C 指令的内容**

| 助记符 | 操作 | 标志 | 操作码 | 字节数 | 周期数 |
|---|---|---|---|---|---|
| CLR C | (PC)← (PC) + 1<br>(C)← 0 | CY | 11000011 | 1 | 1 |

**2. 设置指令**

1) SETB bit

该指令将目标比特位置 1,如表 5.80 所示。

**表 5.80 SETB bit 指令的内容**

| 助记符 | 操作 | 标志 | 操作码 | 字节数 | 周期数 |
|---|---|---|---|---|---|
| SETB bit | (PC)← (PC) + 2<br>(bit)← 1 | N | 11010010 | 2 | 3 |

注:在操作码后面跟着一个字节的位地址。

2) SETB C

该指令将进位标志 CY 置 1,如表 5.81 所示。

表 5.81 SETB C 指令的内容

| 助记符 | 操作 | 标志 | 操作码 | 字节数 | 周期数 |
|---|---|---|---|---|---|
| SETB C | (PC)← (PC) + 1<br>(C)← 1 | CY | 11010011 | 1 | 1 |

**【例 5-30】** 假设端口 P1 的数据为 34H(00110100B),执行指令:

```
SETB C
SETB P1.0
```

结果:

进位标志(CY)=1,端口 P1 的数据变成为 35H(00110101B)。

**3. 取反指令**

1) CPL bit

该指令将目标比特位取反,如表 5.82 所示。

表 5.82 CPL bit 指令的内容

| 助记符 | 操作 | 标志 | 操作码 | 字节数 | 周期数 |
|---|---|---|---|---|---|
| CPL bit | (PC)← (PC) + 2<br>(bit)← ($\overline{bit}$) | N | 10110010 | 2 | 3 |

注:在操作码后面跟着一个字节的位地址。

**【例 5-31】** 假设端口 P1 的数据为 5BH(01011011B),执行指令:

```
CPL P1.1
CPL P1.2
```

结果:

端口 P1 的数据变成为 5DH(01011101B)。

2) CPL C

该指令将进位标志 CY 取反。如果 CY 为 1,执行该指令后 CY 为 0;反之亦然,如表 5.83 所示。

表 5.83 CPL C 指令的内容

| 助记符 | 操作 | 标志 | 操作码 | 字节数 | 周期数 |
|---|---|---|---|---|---|
| CPL C | (PC)← (PC) + 1<br>(C)← ($\overline{C}$) | CY | 10110011 | 1 | 1 |

**4. 逻辑与指令**

1) ANL C , bit

该指令对进位标志 CY 和一个比特位做逻辑与操作,结果保存在 CY 中,如表 5.84 所示。

**表 5.84 ANL C,bit 指令的内容**

| 助记符 | 操作 | 标志 | 操作码 | 字节数 | 周期数 |
|---|---|---|---|---|---|
| ANL C , bit | (PC)← (PC) + 2<br>(CY) ← (CY) ∧ (bit) | CY | 10000010 | 2 | 2 |

**注**：在操作码后面跟着一个字节的位地址。

2) ANL C , /bit

该指令对进位标志 CY 和一个比特位取反后做逻辑与操作，结果保存在 CY 中，如表 5.85 所示。

**表 5.85 ANL C,/bit 指令的内容**

| 助记符 | 操作 | 标志 | 操作码 | 字节数 | 周期数 |
|---|---|---|---|---|---|
| ANL C , /bit | (PC)← (PC) + 2<br>(CY) ← (CY) ∧ ($\overline{\text{bit}}$) | CY | 10110000 | 2 | 2 |

**注**：在操作码后面跟着一个字节的位地址。

**【例 5-32】** 假设 P1 端口的第 0 位为 1，且累加器 A 的第 7 位为 1，同时溢出标志 OV 的内容为 0，执行指令：

```
MOV C,P1.0          ;进位标志 CY 设置为 1
ANL C,ACC.7         ;进位标志 CY 设置为 1
ANL C,/OV           ;进位标志 CY 设置为 1
```

**5. 逻辑或指令**

1) ORL C, bit

该指令把进位标志 CY 的内容和比特位内容做逻辑或操作，结果保存在 CY 中，如表 5.86 所示。

**表 5.86 ORL C,bit 指令的内容**

| 助记符 | 操作 | 标志 | 操作码 | 字节数 | 周期数 |
|---|---|---|---|---|---|
| ORL C,bit | (PC)← (PC) + 2<br>(CY) ← (CY) ∨ (bit) | CY | 01110010 | 2 | 2 |

**注**：在操作码后面跟着一个字节的位地址。

2) ORL C, /bit

该指令把进位标志 CY 的内容和比特位内容取反后做逻辑或操作，结果保存在 CY 中，如表 5.87 所示。

**表 5.87 ORL C,/bit 指令的内容**

| 助记符 | 操作 | 标志 | 操作码 | 字节数 | 周期数 |
|---|---|---|---|---|---|
| ORL C,/bit | (PC)← (PC) + 2<br>(CY) ← (CY) ∨ ($\overline{\text{bit}}$) | CY | 10100000 | 2 | 2 |

**注**：在操作码后面跟着一个字节的位地址。

**【例 5-33】** 假设P1端口的第0位为1，或者累加器A的第7位为1，或者溢出标志OV的内容为0，执行指令：

```
MOV C,P1.0          ;进位标志 CY 设置为 1
ORL C,ACC.7         ;进位标志 CY 设置为 1
ORL C,/OV           ;进位标志 CY 设置为 1
```

**6. 传输指令**

1) MOV C, bit

该指令把一个比特位的值复制到进位标志CY中，且比特位的值不发生变化，如表5.88所示。

**表 5.88　MOV C,bit 指令的内容**

| 助记符 | 操作 | 标志 | 操作码 | 字节数 | 周期数 |
|---|---|---|---|---|---|
| MOV C,bit | (PC)← (PC) + 2<br>(CY) ← (bit) | CY | 10100010 | 2 | 2 |

**注：** 在操作码后面跟着一个字节的位地址。

2) MOV bit ,C

该指令把进位标志CY的内容复制到一个比特位中，且进位标志CY的值不发生变化，如表5.89所示。

**表 5.89　MOV bit,C 指令的内容**

| 助记符 | 操作 | 标志 | 操作码 | 字节数 | 周期数 |
|---|---|---|---|---|---|
| MOV bit ,C | (PC)← (PC) + 2<br>(bit)← (C) | N | 10010010 | 2 | 3 |

**注：** 在操作码后面跟着一个字节的位地址。

**【例 5-34】** 假设进位标志CY的初值为1，端口P2中的数据为C5H(11000101B)，端口P1中的数据为35H(00110101B)，执行指令：

```
MOV P1.3,C          ;P1 端口的值变为 3DH(00111101B)
MOV C,P2.3          ;进位标志 CY 设置为 0
MOV P1.2,C          ;P1 端口的值变为 39H(00111001B)
```

**7. 跳转指令**

1) JB bit,rel

该指令判断bit位中的数据是否为1，如果为1，则跳转到(PC) + rel指定的目标地址；否则，程序转向下一条指令，该操作不影响标志位，如表5.90所示。

**表 5.90　JB bit,rel 指令的内容**

| 助记符 | 操作 | 标志 | 操作码 | 字节数 | 周期数 |
|---|---|---|---|---|---|
| JB bit,rel | (PC)← (PC) + 3<br>如果(bit) = 1,则(PC) ← (PC) + rel | N | 00100000 | 3 | 5 |

**注：** 在操作码后面跟着一个字节的位地址和一个字节的目的地址。

**【例 5-35】** 假设端口 1 的数据为 CAH(11001010B),累加器 A 的内容为 56H(01010110B)。则执行指令:

```
JB P1.2,LABEL1      ;跳转条件不成立
JB ACC.2,LABEL2     ;跳转条件成立
```

结果:

程序跳转到标号 LABEL2 的地方执行。

2) JNB bit ,rel

该指令判断 bit 中的数据是否为 0,如果为 0,则程序跳转到(PC) + rel 指定的目标地址去;否则,程序转向下一条指令,该操作不影响标志位,如表 5.91 所示。

**表 5.91 JNB bit,rel 指令的内容**

| 助记符 | 操作 | 标志 | 操作码 | 字节数 | 周期数 |
|---|---|---|---|---|---|
| JNB bit ,rel | (PC)← (PC) + 3<br>如果(bit) = 0,则(PC) ← (PC) + rel | N | 00110000 | 3 | 5 |

注:在操作码后面跟着一个字节的位地址和一个字节的目的地址。

**【例 5-36】** 假设端口 1 的数据为 CAH(11001010B),累加器 A 的内容为 56H(01010110B)。则执行指令:

```
JNB P1.3,LABEL1      ;跳转条件不成立
JNB ACC.3,LABEL2     ;跳转条件成立
```

结果:

程序跳转到标号 LABEL2 的地方执行。

3) JC rel

该指令判断进位标志位 CY 是否为 1,如果为 1,则跳转到(PC)+rel 指定的目标地址;否则,程序转向下一条指令,该操作不影响标志位,如表 5.92 所示。

**表 5.92 JC rel 指令的内容**

| 助记符 | 操作 | 标志 | 操作码 | 字节数 | 周期数 |
|---|---|---|---|---|---|
| JC rel | (PC)← (PC) + 2<br>如果(CY) = 1,则(PC) ← (PC) + rel | N | 01000000 | 2 | 3 |

注:在操作码后面跟着一个字节的目标地址。

**【例 5-37】** 假设进位标志为 CY 为 0,则执行指令:

```
JC LABEL1     ;跳转条件不成立
CPL C         ;取反,进位标志 CY 变为 1
JC LABEL2     ;跳转条件成立
```

结果:

程序跳转到标号 LABEL2 的地方执行。

4) JNC rel

该命令判断进位标志位 CY 是否为 0,如果为 0,则跳转到(PC)+rel 指定的目标地址;

否则，程序转向下一条指令，该操作不影响标志位，如表5.93所示。

**表5.93 JNC rel 指令的内容**

| 助记符 | 操作 | 标志 | 操作码 | 字节数 | 周期数 |
|---|---|---|---|---|---|
| JNC rel | (PC)← (PC) + 2<br>如果(CY) = 0,则(PC) ← (PC) + rel | N | 01010000 | 2 | 3 |

注：在操作码后面跟着一个字节的目的地址。

**【例5-38】** 假设进位标志为CY为1，则执行指令：

```
JNC LABEL1      ;跳转条件不成立
CPL C           ;取反,进位标志 CY 变为 0
JNC LABEL2      ;跳转条件成立
```

结果：

程序跳转到标号LABEL2的地方执行。

5) JBC bit,rel

该指令判断指定bit位是否为1，如果为1，则将该位清零，并且跳转到(PC) + rel指定的目标地址；否则，程序转向下一条指令，该操作不影响标志位，如表5.94所示。

**表5.94 JBC bit,rel 指令的内容**

| 助记符 | 操作 | 标志 | 操作码 | 字节数 | 周期数 |
|---|---|---|---|---|---|
| JBC bit , rel | (PC)← (PC) + 3<br>如果(bit) = 1,则<br>bit← 0,(PC) ← (PC) + rel | N | 00010000 | 3 | 5 |

注：在操作码后面跟着一个字节的位地址和一个字节的目的地址。

**【例5-39】** 假设累加器A的内容为56H(01010110B)，则执行指令：

```
JBC ACC.3,LABEL1      ;跳转条件不成立
JBC ACC.2  LABEL2     ;跳转条件成立,并且将 ACC.2 清零
```

结果：

程序跳转到标号LABEL2的地方执行，累加器A的内容变为52H(01010010B)。

## 5.2.5 程序分支指令

8051 CPU支持有条件和无条件的跳转指令，这些跳转指令用于改变程序的执行顺序。

**1. 调用指令**

1) ACALL addr11

该指令无条件地调用在指定地址处的子程序。目标地址由递增PC的高5位、操作码的第7位～第5位和指令第2字节并置组成。所以所调用的子程序的首地址必须与ACALL后面指令的第一个字节在同一个2KB区域内，如表5.95所示。

表 5.95　ACALL addr11 指令的内容

| 助记符 | 操作 | 标志 | 操作码 | 字节数 | 周期数 |
|---|---|---|---|---|---|
| ACALL addr11 | (PC) ← (PC) + 2<br>(SP) ← (SP) + 1<br>((SP)) ← ($PC_{7-0}$)<br>(SP) ← (SP) + 1<br>((SP)) ← ($PC_{15-8}$)<br>($PC_{10-0}$) ←页面地址 | 无 | $a_{10}a_9a_8$10010 | 2 | 4 |

**注**：$a_{10}a_9a_8$是 11 位目标地址的 A10～A8 位。在操作码后面带着一个字节目标地址的 A7～A0 位。

**【例 5-40】**　假设堆栈指针的初值为 07H，标号 SUBRTN 位于程序存储器地址为 0345H 的位置，如果执行位于地址 0123H 处的指令：

```
ACALL SUBRTN
```

结果：

堆栈指针的内容变成 09H，内部 RAM 地址为 08H 和 09H 的位置所保存的内容为 25H 和 01H，PC 值变为 0345H。

2) LCALL addr16

该指令无条件地调用首地址为 addr16 处的子程序。执行该指令时，将 PC 加 3，以获得下一条指令的地址。然后，将指令第 2 字节和第 3 字节所提供的 16 位目标地址加载到 $PC_{15-0}$，程序转向子程序的首地址执行，如表 5.96 所示。所调用的子程序的首地址可以在 64KB 的范围内。

表 5.96　LCALL addr16 指令的内容

| 助记符 | 操作 | 标志 | 操作码 | 字节数 | 周期数 |
|---|---|---|---|---|---|
| LCALL addr16 | (PC)← (PC) + 3<br>(SP)← (SP) + 1<br>((SP))← ($PC_{7-0}$)<br>(SP)← (SP) + 1<br>((SP))← ($PC_{15-8}$)<br>(PC)← $addr_{15-0}$ | N | 00010010 | 3 | 4 |

**注**：在操作码后面带着一个字节目标地址的 $A_{15}$～$A_8$ 位和一个字节目标地址的 $A_7$～$A_0$ 位。

**【例 5-41】**　假设堆栈指针的初值为 07H，标号 SUBRTN 位于程序存储器地址为 1234H 的位置，如果执行位于地址 0123H 处的指令：

```
LCALL SUBRTN
```

结果：

堆栈指针的内容变成 09H，内部 RAM 地址为 08H 和 09H 的位置所保存的内容为 26H 和 01H，PC 值变为 1234H。

**2. 返回指令**

1) RET

该指令将栈顶高地址和低地址字节连续的送给 PC 的高字节和低字节，并把堆栈指针减 2，返回 ACALL 或 LCALL 的下一条指令，继续往下执行，该指令的操作不影响标志位，如表 5.97 所示。

**表 5.97 RET 指令的内容**

| 助记符 | 操作 | 标志 | 操作码 | 字节数 | 周期数 |
|---|---|---|---|---|---|
| RET | $(PC_{15\text{-}8}) \leftarrow ((SP))$<br>$(SP) \leftarrow (SP) - 1$<br>$(PC_{7\text{-}0}) \leftarrow ((SP))$<br>$(SP) \leftarrow (SP) - 1$ | N | 00100010 | 1 | 4 |

**【例 5-42】** 堆栈指针的内容为 0BH，内部 RAM 地址为 0AH 和 0BH 的位置保存的内容为 23H 和 01H，如果执行指令：

```
RET
```

结果：

堆栈指针的内容变成 09H，程序将从地址为 0123H 的地方继续执行。

2) RETI

该指令将从中断程序返回，并清除相应的内部中断状态寄存器。CPU 在执行 RETI 后，至少要再执行一条指令，才能响应新的中断请求，如表 5.98 所示。

**表 5.98 RETI 指令的内容**

| 助记符 | 操作 | 标志 | 操作码 | 字节数 | 周期数 |
|---|---|---|---|---|---|
| RETI | $(PC_{15\text{-}8}) \leftarrow ((SP))$<br>$(SP) \leftarrow (SP) - 1$<br>$(PC_{7\text{-}0}) \leftarrow ((SP))$<br>$(SP) \leftarrow (SP) - 1$ | N | 00110010 | 1 | 4 |

**【例 5-43】** 堆栈指针的内容为 0BH，结束在地址 0123H 处的指令执行结束期间产生中断，内部 RAM 地址为 0AH 和 0BH 的位置保存的内容为 23H 和 01H，如果执行指令：

```
RETI
```

结果：

堆栈指针的内容变成 09H，中断返回后继续从程序代码地址为 0123H 的位置继续执行。

**3. 无条件转移指令**

1) AJMP addr11

该指令实现无条件跳转。绝对跳转操作的目标地址是由 PC 当前值的高 5 位，操作码的第 7～5 位和第二个字节并置而成，如表 5.99 所示。目标地址必须包含 AJMP 指令后第一条指令的第一个字节在内的 2KB 范围内。

表 5.99 AJMP addr11 指令的内容

| 助记符 | 操作 | 标志 | 操作码 | 字节数 | 周期数 |
|---|---|---|---|---|---|
| AJMP addr11 | (PC)← (PC) + 2<br>$(PC_{10-0})$ ←页面地址 | N | $a_{10}a_9a_8$00001 | 2 | 3 |

**注**：$a_{10}a_9a_8$是 11 位目标地址的 $A_{10}$～$A_8$ 位。在操作码后面带着一个字节的目标地址的 $A_7$～$A_0$ 位。

**【例 5-44】** 假设标号 JMPADR 位于程序存储器的 0123H 的位置，如果指令：

```
AJMP JMPADR
```

位于程序存储器地址为 0345H 的位置。

结果：

执行完该指令后，PC 的值变为 0123H。

2) LJMP addr16

该指令实现无条件长跳转操作，跳转的 16 位目的地址由指令的第 2 字节和第 3 字节共同组成，如表 5.100 所示。因此，程序指向的目标地址可以包含程序存储器的整个 64KB 空间。

表 5.100 LJMP addr16 指令的内容

| 助记符 | 操作 | 标志 | 操作码 | 字节数 | 周期数 |
|---|---|---|---|---|---|
| LJMP addr16 | (PC)← addr15…addr0 | N | 00000010 | 3 | 4 |

**注**：在操作码后面带着一个字节的目标地址的 $A_{15}$～$A_8$ 位和一个字节目标地址的 $A_7$～$A_0$ 位。

**【例 5-45】** 假设标号 JMPADR 位于程序存储器的 1234H 的位置，如果指令：

```
LJMP JMPADR
```

位于程序存储器地址为 1234H 的位置。

结果：

执行完该指令后，PC 的值变为 1234H。

3) SJMP rel

该指令实现无条件短跳转操作，跳转的目的地址是由 PC 的当前值和指令的第 2 字节带符号的相对地址相加而成的，如表 5.101 所示。

表 5.101 SJMP rel 指令的内容

| 助记符 | 操作 | 标志 | 操作码 | 字节数 | 周期数 |
|---|---|---|---|---|---|
| SJMP rel | (PC)← (PC) + 2<br>(PC)← (PC) + rel | N | 10000000 | 2 | 3 |

**注**：在操作码后面带着一个字节的目标地址 rel。

**【例 5-46】** 假设标号 RELADR 位于程序存储器的 0123H 的位置，如果指令：

```
SJMP RELADR
```

位于程序存储器地址为0100H的位置。

结果：

执行完该指令后，PC的值变为0223H。

4) JMP @A+DPTR

该指令实现无条件的跳转操作，跳转的目标地址是将累加器A中的8位无符号数与数据指针DPTR的内容相加得到。相加运算不影响累加器A和数据指针DPTR的原内容，如表5.102所示。若相加结果大于64KB，则从程序存储器的零地址往下延续。

**表5.102　JMP @A+DPTR指令的内容**

| 助记符 | 操作 | 标志 | 操作码 | 字节数 | 周期数 |
|---|---|---|---|---|---|
| JMP @A+DPTR | (PC)← (A) + (DPTR) | N | 01110011 | 1 | 5 |

**【例5-47】** 假设累加器A中的值是偶数(0～6)。下面的指令序列将使程序跳转到位于跳转表JMP_TBL的4条AJMP指令中的某一条去执行：

```
         MOV DPTR, # JMP_TBL
         JMP @A + DPTR
JMP_TBL: AJMP LABEL0
         AJMP LABEL1
         AJMP LABEL2
         AJMP LABEL3
```

如果开始执行上面指令时，累加器A中的值为04H，那么程序最终会跳到标号为LABEL2的地方执行。

**注：** AJMP是一个2字节指令，所以在跳转表中，各个跳转指令的入口地址依次相差2个字节。

#### 4. 有条件转移指令

1) JNZ rel

该指令实现有条件跳转。判断累加器A的内容是否不为0，如果不为0，则跳转到(PC)+rel指定的目标地址；否则，程序转向下一条指令，如表5.103所示。

**表5.103　JNZ rel指令的内容**

| 助记符 | 操作 | 标志 | 操作码 | 字节数 | 周期数 |
|---|---|---|---|---|---|
| JNZ rel | (PC)← (PC) + 2<br>如果(A) ≠ 0，则(PC) ← (PC) + rel | N | 01110000 | 2 | 4 |

**注：** 在操作码后面带着一个字节的目标地址rel。

**【例5-48】** 假设累加器A的内容00H，则执行指令：

```
JNZ LABEL1     ;跳转条件不成立
INC A          ;累加器的内容加 1
JNZ LABEL2     ;跳转条件成立
```

结果：

程序跳转到标号LABEL2的地方执行。

2) JZ rel

该指令实现有条件跳转。判断累加器 A 的内容是否为 0，如果为 0，则跳转到(PC) + rel 指定的目标地址；否则，程序转向下一条指令，如表 5.104 所示。

**表 5.104 JZ rel 指令的内容**

| 助记符 | 操作 | 标志 | 操作码 | 字节数 | 周期数 |
|---|---|---|---|---|---|
| JZ rel | (PC)← (PC) + 2<br>如果(A) = 0，则(PC) ← (PC) + rel | N | 01100000 | 2 | 4 |

**注**：在操作码后面带着一个字节的目标地址 rel。

**【例 5-49】** 假设累加器 A 的内容 01H，则执行指令：

```
JZ LABEL1        ;跳转条件不成立
DEC A            ;累加器的内容减 1
JZ LABEL2        ;跳转条件成立
```

结果：

程序跳转到标号 LABEL2 的地方执行。

3) CJNE A, direct, rel

该指令对累加器 A 和直接寻址单元内容相比较，若它们的值不相等，则程序转移到(PC) + rel 指向的目标地址。若直接寻址单元的内容小于累加器内容，则清除进位标志 CY；否则，置位进位标志 CY，如表 5.105 所示。

**表 5.105 CJNE A, direct, rel 指令的内容**

| 助记符 | 操作 | 标志 | 操作码 | 字节数 | 周期数 |
|---|---|---|---|---|---|
| CJNE A, direct, rel | (PC)← (PC) + 3<br>如果(A) ≠ (direct)，则<br>(PC)← (PC) + rel<br>如果(A) < (direct)，则(CY) ← 1<br>否则(CY) ← 0 | CY | 10110101 | 3 | 5 |

**注**：在操作码后面跟着一个字节的直接地址和一个字节的目标地址。

4) CJNE A, #data, rel

该指令将比较累加器 A 的内容和立即数，若它们的值不相等，则程序转移(PC) + rel 指向的目标地址。进位标志 CY 设置同上，该指令不影响累加器 A 的内容，如表 5.106 所示。

**表 5.106 CJNE A, #data, rel 指令的内容**

| 助记符 | 操作 | 标志 | 操作码 | 字节数 | 周期数 |
|---|---|---|---|---|---|
| CJNE A, #data, rel | (PC)← (PC) + 3<br>如果(A) ≠ data，则<br>(PC)← (PC) + rel<br>如果(A) < data，则<br>(CY) ← 1<br>否则(CY) ← 0 | CY | 10110101 | 3 | 4 |

**注**：在操作码后面跟着一个字节的立即数和一个字节的目标地址 rel。

5）CJNE Rn，#data，rel

该指令将寄存器 Rn 的内容和立即数进行比较，若它们的值不相等，则程序转移到(PC) + rel 指向的目标地址。进位标志 CY 设置同上，如表 5.107 所示。

**表 5.107　CJNE Rn，#data，rel 指令的内容**

| 助记符 | 操作 | 标志 | 操作码 | 字节数 | 周期数 |
|---|---|---|---|---|---|
| CJNE Rn，#data,rel | (PC)← (PC) + 3<br>如果(Rn) ≠ data,则<br>(PC)← (PC) + rel<br>如果(Rn) <data,则(CY) ← 1<br>否则(CY) ← 0 | CY | 10111rrr | 3 | 4 |

**注**：rrr 为寄存器的编号，因此机器码范围是 B8H～BFH。在操作码后面跟着一个字节的立即数和一个字节的目标地址 rel。

6）CJNE @Ri ，#data ，rel

该指令将间接寻址的内容和立即数相比较，若它们的值不相等，则程序转移到(PC) + rel 指向的目标地址。进位标志 CY 设置同上，如表 5.108 所示。

**表 5.108　CJNE @Ri，#data，rel 指令的内容**

| 助记符 | 操作 | 标志 | 操作码 | 字节数 | 周期数 |
|---|---|---|---|---|---|
| CJNE @Ri ，#data,rel | (PC)← (PC) + 3<br>如果((Ri)) ≠ (direct),则<br>(PC)← (P) + rel<br>如果((Ri)) <data ,则<br>(CY) ← 1<br>否则(CY) ← 0 | CY | 1011011i | 3 | 5 |

**注**：i 表示 R0 或者 R1。当 i=0 时，表示 R0 寄存器；当 i=1 时，表示 R1 寄存器。在操作码后面跟着一个字节的立即数和一个字节的目标地址 rel。

**【例 5-50】** 假设累加器 A 的内容 34H，寄存器 R7 的内容为 56H。则执行指令：

```
CJNE R7,#60H,NOT_EQ
…                          ;R7 的内容为 60H
NOT_EQ:  JC     REQ_LOW    ;如果 R7 < 60H
…                          ;R7 > 60H
```

结果：

第一条指令将进位标志 CY 设置为 1，程序跳转到标号 NOT_EQ 的地方。接下来测试进位标志 CY，可以确定寄存器 R7 的内容大于还是小于 60H。

7）DJNZ Rn,rel

该指令实现有条件跳转。每执行一次指令，寄存器 Rn 的内容减 1，并判断其内容是否为 0。若不为 0 则转向(PC) + rel 指向的目标地址，继续执行循环程序，否则，结束循环程序，执行下一条指令，如表 5.109 所示。

表 5.109 DJNZ Rn,rel 指令的内容

| 助记符 | 操作 | 标志 | 操作码 | 字节数 | 周期数 |
|---|---|---|---|---|---|
| DJNZ Rn , rel | (PC)← (PC) + 2<br>(Rn)← (Rn) − 1<br>如果(Rn) ≠ 0 ,则<br>(PC)← (PC) + rel | N | 11011rrr | 2 | 4 |

**注**：rrr 为寄存器的编号，因此机器码范围是 D8H～DFH。在操作码后面跟着一个字节的目标地址 rel。

8) DJNZ direct,rel

该指令实现有条件跳转。每执行一次指令，直接寻址单元的内容减 1，并判断其内容是否为 0。若不为 0，则转向(PC) + rel 指向的目标地址，继续执行循环程序，否则，结束循环程序，执行下一条指令，如表 5.110 所示。

表 5.110 DJNZ direct,rel 指令的内容

| 助记符 | 操作 | 标志 | 操作码 | 字节数 | 周期数 |
|---|---|---|---|---|---|
| DJNZ direct , rel | (PC)← (PC) + 3<br>(direct)← (Rn) − 1<br>如果(direct) ≠ 0,则<br>(PC)← (PC) + rel | N | 11010101 | 3 | 5 |

**注**：在操作码后面跟着一个字节的目标位地址和一个字节的目标地址。

**【例 5-51】** 假设内部 RAM 地址为 40H、50H 和 60H 的单元分别保存着数据 01H、70H 和 15H，则执行指令：

```
DJNZ 40H,LABEL_1
DJNZ 50H,LABEL_2
DJNZ 60H,LABEL_3
```

结果：

程序将跳转到标号 LABEL_2 处执行，且相应的 3 个 RAM 单元的内容变成 00H、6FH 和 15H。

**5. 空操作指令**

```
NOP
```

该指令表示无操作，PC+1，如表 5.111 所示。

表 5.111 NOP 指令的内容

| 助记符 | 操作 | 标志 | 操作码 | 字节数 | 周期数 |
|---|---|---|---|---|---|
| NOP | (PC)← (PC) + 1 | N | 0x00 | 1 | 1 |

**【例 5-52】** 假设期望在端口 P2 的第 7 位引脚上输出一个长时间的低电平脉冲，该脉冲持续 5 个机器周期(精确)。若仅仅使用 SETB 和 CLR 指令序列，生成的脉冲只能持续一

个机器周期。因此，需要设法增加 4 个额外的机器周期，可以按照下面的方式实现所要求的功能（假设在此期间没有使能中断）：

```
CLR P2.7
NOP
NOP
NOP
NOP
SETB P2.7
```

# 第6章 STC单片机集成开发环境

CHAPTER 6

本章介绍STC单片机集成开发环境。内容包括Keil μVision集成开发环境介绍、Keil μVision软件开发流程介绍、Keil μVision软件开发流程实现和U8/U8W编程器。

了解并掌握STC单片机开发环境对于从事STC单片机开发设计人员非常重要，用以帮助他们从整体上深入掌握STC单片机的软件开发工具和硬件平台，从而可以充分利用STC单片机提供的功能，实现高效的基于STC单片机的嵌入式系统的设计和开发。

## 6.1 Keil μVision集成开发环境介绍

Keil公司于2014年推出了最新的集成开发环境μVision5，它是一个基于Windows操作系统(32位/64位)的开发平台。

本节将详细介绍Keil μVision5软件功能、软件下载方法、软件的安装过程、Keil μVision5与stc-isp软件关联以及Keil μVision5软件的启动方法。

### 6.1.1 软件功能介绍

μVision5提供了功能强大的编辑器，并且提供了管理工程的能力。μVision5集成了用于开发嵌入式应用的所有工具，包括C/C++编译器、宏汇编器、链接器/定位器和HEX文件生成器。通过该集成开发环境提供的下面功能，可以帮助程序员加速开发的过程。

(1) 全功能的源代码编辑器。

(2) 用于配置开发工具的元件库。

(3) 用于创建和维护工程的工程管理器。

(4) 提供用于对嵌入式设计文件进行处理的汇编器、编译器和链接器。

(5) 提供用于所有开发环境设置的对话框。

(6) 真正集成了带有高速CPU和外设仿真器的源码级和汇编器级调试器工具。

(7) 提供用于对目标硬件进行软件调试的高级GDI接口，以及Keil ULINK调试适配器。

(8) 提供了Flash编程工具，用于将应用程序下载到Flash存储器。

**注**：STC单片机使用stc-isp软件下载程序。

(9) 提供了下面的链接：手册、在线帮助、器件手册和用户指南。

μVision5集成开发环境和调试器是整个Keil开发工具链的中心，它们提供了大量的特性以帮助程序开发人员快速完成嵌入式应用的开发。

μVision5 提供了建立模式(build mode),用于创建应用程序;还提供了调试模式(debug mode),用于调试应用程序。通过 μVision5 集成的仿真器或者实际的硬件系统,设计者对应用程序进行调试。例如,通过 STC 提供的下载器和 USB 下载电缆,设计者可以在实际系统上通过 Keil 集成开发环境对应用程序进行调试。

**注**:并不是所有的 STC 15 系列单片机都支持硬件调试功能,设计者可以参考 STC15 系列单片机手册以了解是否支持对单片机硬件仿真。

### 6.1.2 软件的下载

为方便读者对本书后续内容的学习本节,本节介绍 μVision5 软件的下载方法,下载 μVision5 集成开发环境的步骤主要包括如下几步。

**注**:在进行下面的过程前,必须保证网络正常工作。

(1) 在 IE 浏览器中,输入 http://www.keil.com,登录 Keil 官网。

(2) 在打开的 Keil 官网左侧的 Software Downloads 下找到并点击 Product Downloads,如图 6.1 所示。

(3) 在打开的页面中,出现 Download Products 页面。在该页面中,单击 C51,如图 6.2 所示。

(4) 打开 C51 界面,该界面提供了列表,需要填写相关信息,如图 6.3 所示。

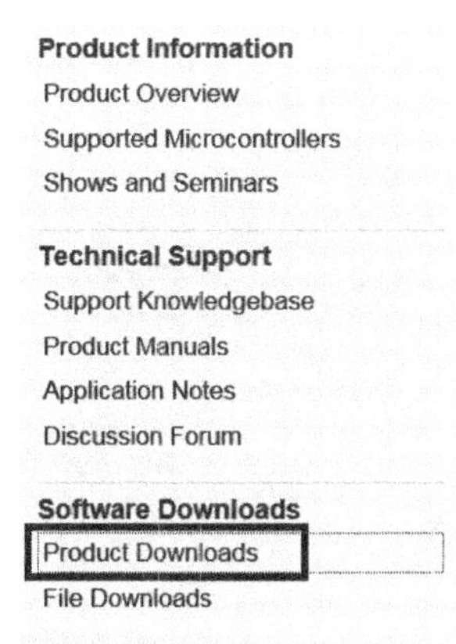


图 6.1 进入下载界面入口(一)

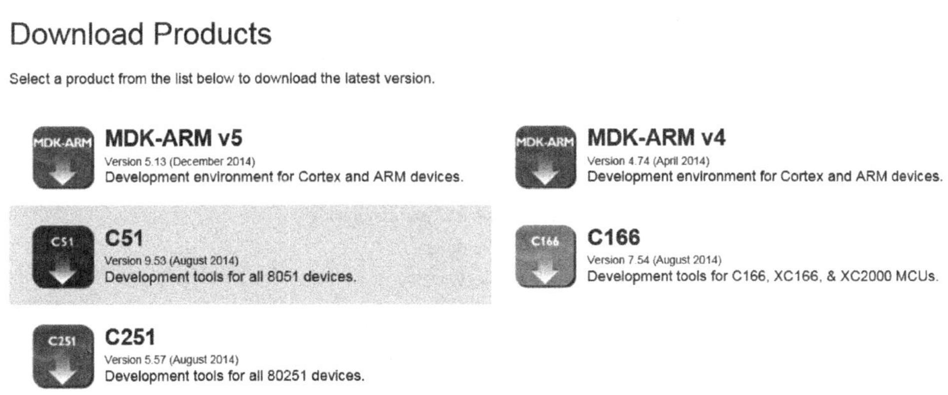


图 6.2 进入下载界面入口(二)

**注**:凡是标识黑体的项,都需要提供信息,不必是真实的信息。但是 E-mail 信息必须是真实的。

(5) 当填写所要求的必要的信息后,单击该页面下方的 Submit 按钮。

(6) 出现新的界面。在该界面下,单击 C51V953.EXE 图标,如图 6.4 所示。

(7) 出现提示信息,单击"保存"按钮,出现浮动菜单,如图 6.5 所示。在浮动菜单内,选择"另存为",将下载的安装包保存到读者指定的路径下。

至此,已成功地下载 μVision5 安装包文件。

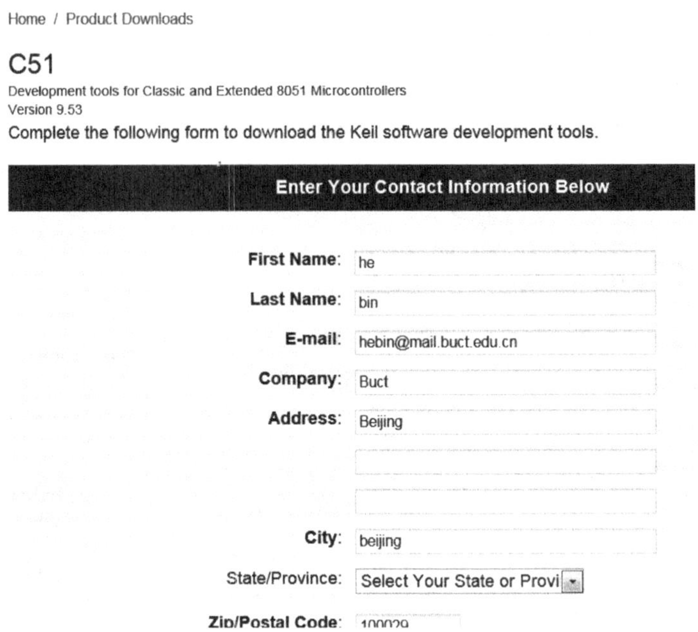


图 6.3 进入下载界面入口(三)

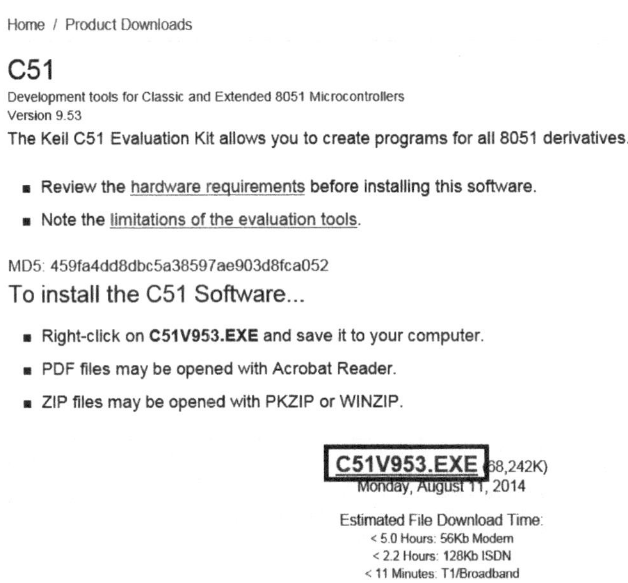


图 6.4 进入下载界面入口(四)

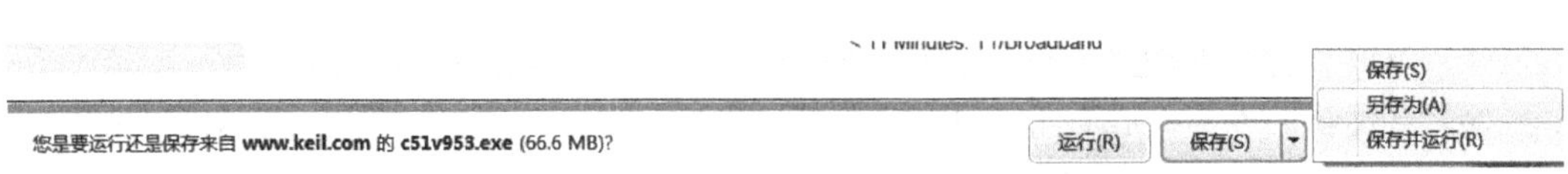


图 6.5 保存安装包提示信息

### 6.1.3 软件的安装

本节介绍 μVision5 软件的安装方法，安装 μVision5 集成开发环境的步骤主要包括：

(1) 在保存安装包的路径下，双击安装包图标，开始安装软件的过程。

**注**：在安装过程中，使用了默认的安装路径 c:\Keil_v5。

(2) 按照安装过程中的提示信息，完成软件的安装。

(3) 当安装成功后，可以看到在 Windows 7 操作系统的开始菜单下，出现图标，如图 6.6(a)所示；或者在 Windows 7 操作系统桌面上出现图标，如图 6.6(b)所示。

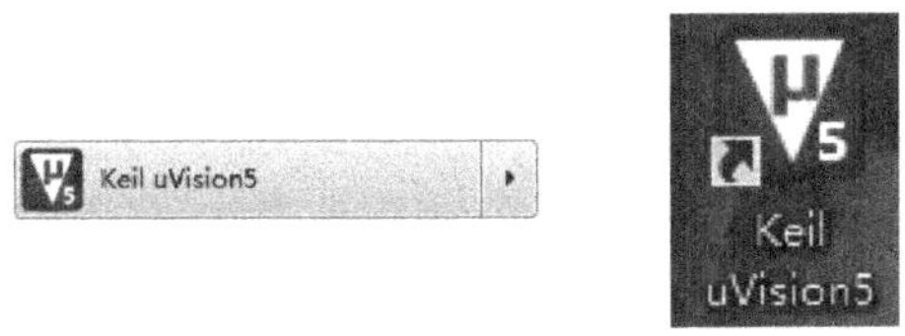


(a) 开始菜单中的μVision5图标　　(b) 桌面上的图标

图 6.6　成功安装 μVision5 后的图标

**注**：(1) 在安装完成后获取许可文件。如果没有许可文件，软件也可以使用，但是程序限制在 2KB 范围内。

(2) 本书给出的操作过程，是在对该软件进行许可后进行的。在打开 Keil μVision 集成开发环境后，在主界面主菜单下，选择 File→License Management 选项，在出现的 License Management 界面中，添加 License 许可证文件，读者可以在网上找到添加许可证的方法。

当安装完 Keil μVision5 后，在默认安装路径 c:\Keil_v5 路径下，给出了该集成开发环境的文件夹结构，如表 6.1 所示。

**表 6.1　Keil μVision 集成开发环境文件夹结构**

| 文　件　夹 | 内　　容 |
|---|---|
| c:\Keil_v5\UV4 | μVision 命令文件 |
| c:\Keil_v5\C51 | C51 工具链的默认基本文件夹 |
| c:\Keil_v5\C51\ASM | 用于宏汇编器的汇编器源文件模板和包含文件 |
| c:\Keil_v5\C51\BIN | μVision 工具链的可执行文件 |
| c:\Keil_v5\C51\Examples | 示例程序 |
| c:\Keil_v5\C51\FlashMon | 用于 Flash 监控器和预配置版本的配置文件 |
| c:\Keil_v5\C51\HLP | 用于 μVision/C51 的在线文档 |
| c:\Keil_v5\C51\INC | 用于 C 编译器的包含文件 |
| c:\Keil_v5\C51\ISD51 | 用于 ISD51 在系统调试器和预配置版本的文件 |
| c:\Keil_v5\C51\LIB | 运行库和 MCU 启动文件 |
| c:\Keil_v5\C51\Mon51 | 用于 Monitor-51(用于传统 8051 单片机)的配置文件 |
| c:\Keil_v5\C51\Mon390 | 用于 Monitor-390(用于达拉斯连续模式)的配置文件 |
| c:\Keil_v5\C51\RtxTiny2 | RTX51 Tiny V2 实时操作系统 |

### 6.1.4 导入 STC 单片机元件库

在 Keil μVision 集成开发环境中完成 STC 单片机软件开发流程前，需要将 STC 公司的单

片机元件库导入到 Keil μVision 集成开发环境中,导入 STC 单片机元件库的步骤主要包括:

(1) 在本书提供的资料中,找到并双击 STC 公司提供的 stc-isp-15xx-v6.85D.exe 文件,打开主界面,如图 6.7 所示。

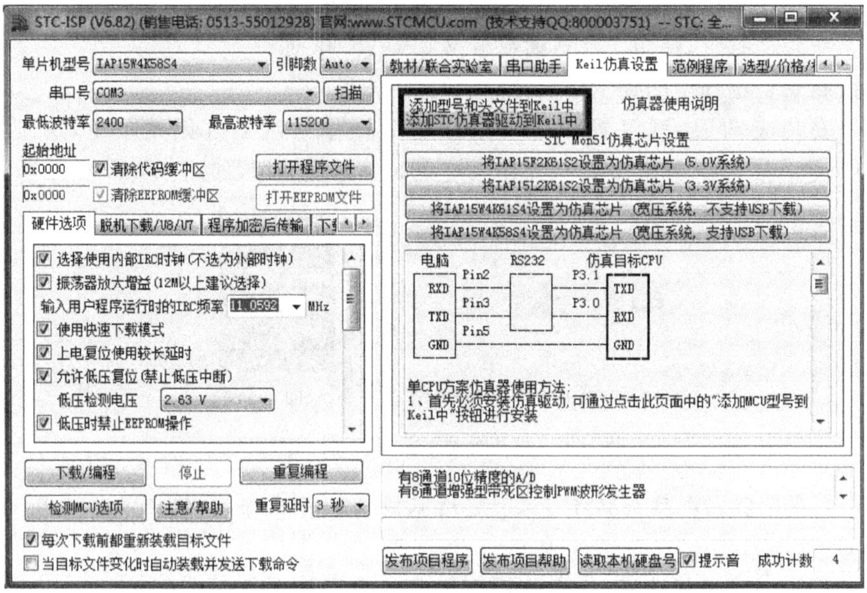

图 6.7 STC-ISP 软件主界面

(2) 在该界面内的右侧窗口中,单击"Keil 仿真设置"标签。在该标签页面下,单击"添加型号和头文件到 Keil 中,添加 STC 仿真器驱动到 Keil 中"按钮,如图 6.7 所示。

(3) 出现浏览文件夹对话框界面。在该界面中,出现"请选择 Keil 的安装目录(例如:C:\Keil)(目录下必须有 C51 目录和 Uvx 目录存在)"提示信息,如图 6.8 所示。

图 6.8 选择路径界面

(4) 在该界面中,将路径定位到 c:\Keil_v5 路径下。

**注**:读者根据自己安装 μVision5 的路径选择所指向的路径。

(5) 单击 OK 按钮。

(6) 出现添加 STC-MCU 器件成功的消息对话框界面。

至此,已成功地将 STC 单片机的元器件库添加到 μVision5 集成开发环境中。

**注**:STC 单片机的头文件保存在 c:\Keil_v5\C51\INC\STC 目录下。

### 6.1.5　软件的启动

本节介绍 μVision5 软件的启动方法,启动 μVision5 集成开发环境的步骤主要包括:

(1) 在 Windows 7 操作系统中,在开始菜单下,选择 Keil μVision5 图标;或者在 Windows 7 操作系统桌面上,双击 Keil μVision5 图标。

(2) 出现 Keil μVision5 启动界面,如图 6.9 所示。

图 6.9　μVision5 启动提示信息

## 6.2　Keil μVision 软件开发流程介绍

在 Keil μVision 集成开发环境下,开发 STC 单片机应用软件程序的开发流程,如图 6.10 所示。在基于 STC 单片机的软件设计过程中,从应用的角度来说,其任务包含两个方面:

(1) 编写驱动程序对硬件系统进行驱动,使其能正常工作。

(2) 编写应用程序,使得整个系统能满足应用要求。

从本质上来说,不管编写什么类型的应用程序以及使用什么语言开发,最终都要经过软件编程可执行的机器代码,然后翻译成存储器格式的文件保存到存储器中。因此,从这个角度来说,所谓的软件,实质就是在存储器不同的位置保存的 0 和 1 的比特流而已。

### 6.2.1　明确软件需求

对于编写软件代码的程序员来说,在开始编写软件代码前,需要明确并完成下面的要求:

(1) 了解所提供硬件的性能。

(2) 了解 STC 单片机的软件开发环境 Keil μVision5 所能实现的功能。

(3) 明确软件代码所要实现的功能。

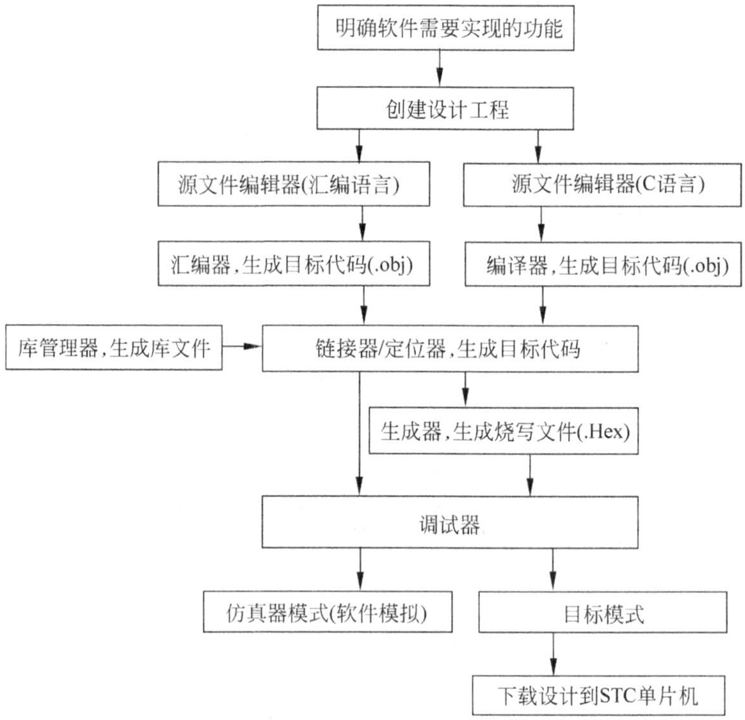


图 6.10 Keil μVision 环境下开发 STC 单片机软件应用的设计流程

(4) 绘制用于表示软件代码实现过程的数据流图和程序流图。

(5) 进一步明确程序的概要设计和详细设计方案。

## 6.2.2 创建设计工程

在使用 Keil μVision 集成开发环境创建设计工程时,需要完成下面的任务:

(1) 指定工程所在的路径和文件夹。

(2) 命名工程名字。

(3) 从单片机元器件库中,找到 STC 单片机元器件库,并添加软件开发所使用的一款单片机型号。

## 6.2.3 编写汇编/C 软件代码

在创建完设计工程后,需要编写汇编/C 软件代码,包括:

(1) 如果使用汇编语言开发软件代码,则添加汇编源文件;如果使用 C 语言开发软件代码,则添加 C 源文件。

(2) 通过 Keil μVision 集成开发环境提供的编辑器,在源文件中输入汇编/C 语言代码。

在程序设计中,软件代码是指与 C/汇编语言相关的文件类型,包括.h 头文件,.c 文件和.a51 汇编文件等。

(3) 当编写完汇编/C 软件代码后,保存设计源文件。

### 6.2.4 汇编器对汇编语言处理

汇编器允许程序员使用 MCU 指令编写程序代码。在一些对速度、代码长度和要求对硬件进行精确控制的应用中，必须使用汇编语言编写代码。Keil 开发环境中的汇编器将汇编语言助记符翻译/转换为可执行的机器码，同时支持源码级符号调试以及对宏处理的强大能力。

汇编器将汇编代码源文件翻译成可重定位的目标模块，以及可以选择创建带有符号表和交叉引用细节的列表文件，并且将完整的行号、符号和类型信息写到所生成的文件中。通过这些信息，可以在调试器中准确的显示程序变量，行号则用于 μVision 调试器和第三方调试工具的源代码级调试。

Keil 汇编器支持不同类型的宏处理器(取决于结构)：

(1) 标准宏处理器(standard macro processor，SMP)。它是一种比较容易使用的宏处理器，允许在汇编程序中使用与其他汇编器兼容的语法规则来定义和使用宏。

(2) 宏处理语言(macro processing language，MPL)。它是字符串替换工具，与 Intel 的 ASM-51 宏处理器兼容。MPL 包含一些预定义的宏处理器函数，它提供了一些有用的操作，例如字符串操作和数字处理。

在程序设计中，使用宏节约了开发和维护时间。在汇编器提供的宏处理器中还具有其他特点，包括根据命令行命令对汇编程序有条件汇编。代码部分的有条件汇编可以帮助程序员设计出最短长度的代码，同时也允许从相同的汇编源文件中生成不同的应用程序代码。

### 6.2.5 C 编译器对 C 语言进行处理

Keil ANSI C 编译器可以用于为 STC 8051 结构的单片机产生快速和压缩的代码。与采用汇编语言编程通过汇编器转换相比，采用 C 语言编程通过 C 编译器转换同样可以得到高效率的目标代码。对于程序员来说，与采用汇编语言编写代码相比，使用以 C 语言为代表的高级语言编写代码具有下面的优势：

(1) 不要求处理器指令集的知识，只要求最初级的处理器架构的知识。

(2) 由编译器负责寄存器的分配、不同存储器类型和数据类型的寻址。

(3) 当程序接收到正规的结构时，可以将其分解成不同的函数，这样就有利于源代码的重用，以及使得应用程序结构更好。

(4) 将带有指定操作的不同选择进行组合，以提高程序的可读性。

(5) 所使用的关键字和操作函数更接近人的思维习惯。

(6) 极大地降低了软件开发和调试的时间。

(7) C 运行库包含很多标准的例程，例如，格式化输出、数字类型转换和浮点算术运算。

(8) 由于采用了模块化的程序结构，因此很容易将已经存在的程序包含到新的程序中。

(9) 由于 C 语言遵循 ANSI 标准，因此它非常容易移植，即很容易从一个处理器架构移植到另一个处理器架构。

### 6.2.6 库管理器生成库文件

库管理器创建和维护目标模块库，这些目标模块库由 C 编译器和汇编器创建。库文件提供了一个便捷的方式,用于组合和引用大量可以被链接器使用的模块。

通过使用库,链接器可以解析用于当前程序的外部变量和函数,提取库中的模块。如果需要的话,可将其添加到当前的应用程序中。在应用程序中没有被调用的那些模块中的例程不会出现在最终的输出文件中,链接器从库中所提取的目标模块可以像其他模块那样,被正确地处理。

在程序设计中,使用库的好处主要有:安全、运行速度快,以及将代码长度降到最小。通过库可以提供大量的函数和例程,而不需要给出源代码。

程序员可以使用 μVision 工程管理器提供的库管理器建立库文件,而不是可执行程序。可以在 Options for Target 对话框的 output 标签页面下,选中 Create Library 前面的复选框,或者通过命令提示符调用库管理器。

### 6.2.7 链接器生成绝对目标模块文件

链接器/定位器将目标模块组合为一个可执行程序,它解析外部和共同的引用,并且为可重定位的程序段分配绝对地址。链接器处理由编译器和汇编器所创建的目标模块,并且自动包含所需要的库模块。

程序员可以从命令行调用链接器,或者让 μVision 自动调用它。默认的链接器命令可以提供给大多数的应用程序,没有必要使用额外的选项。但是它也可以为应用程序指定定制设置。

**注**:在 Keil μVision 完成编译和链接,生成目标文件后,会生成下面的文件:

(1) .lst:对应文件在编译器中的行号,占用的代码空间等。

(2) .lnp:对应项目,包含了什么文件,生成什么文件等信息。

(3) 无后缀文件:该文件是最终生成的文件。

(4) .obj:是编译器生成的目标文件。

(5) .m51:该文件很重要,可以用文本编辑器打开。当软件设计中出现问题时,必须通过该文件才能分析软件设计中的一些问题,比如覆盖分析,混合编程时查看函数段名等,里面都是链接器的连接信息,例如有哪些代码段、数据段,以及它们的大小,被定位到单片机的地址,函数调用关系,工程代码总大小和内存使用总大小等。

### 6.2.8 目标到 HEX 转换器

目标到 HEX 转换器用于将链接器所创建的绝对目标模块转换为 Intel 十六进制文件。Intel 十六进制文件是 ASCII 文件,它是对应用程序的十六进制表示。通过 STC 公司提供的 stc-isp 软件,将 Intel 十六进制文件写到 STC 单片机的程序存储器中。

### 6.2.9 调试器调试目标代码

μVision 集成开发环境集成了图形化的调试器,它提供的特性包括:

(1) 包含不同单步模式的 C 源代码级或者汇编代码级的程序执行。

(2) 包含访问复杂断点的多重断点选项。

(3) 用于查看和修改存储器、变量和 MCU 寄存器的窗口。

(4) 调用栈窗口列出了程序调用树。

(5) 外设对话框用于查看片上控制器外设的状态细节。

(6) 命令提示符用于调试命令入口和类似 C 的脚本语言。

(7) 执行统计,记录了运行程序时间的统计信息。

(8) 代码覆盖统计用于安全性比较苛刻的应用测试。

(9) 逻辑分析仪记录和显示变量与外设 I/O 信号的值。

该调试器提供了两种工作模式,分别是仿真器模式和目标模式。

**1. 仿真器模式**

仿真器模式将调试器配置为只用于软件产品,即精确地模拟目标系统,包括指令和片上外设。这允许在有可用的真实硬件平台之前,提前对应用程序代码进行测试,这样可以加速嵌入式系统软件开发的过程。在仿真器模式下,调试器提供的特性包括:

(1) 允许在没有实际硬件平台的情况下,在电脑上对代码进行仿真测试。

(2) 基于改善软件整体可靠性的目的,对软件进行早期的功能调试。

(3) 仿真允许设置硬件调试器不允许的断点。

(4) 仿真提供了优化的输入信号,硬件调试器则添加了噪声。

(5) 贯穿信号处理算法的单步运行是可行的,当 MCU 停止时,会阻止外部信号。

(6) 很容易检查那些会破坏真实外设的失败场景。

**2. 目标模式**

在目标模式下,调试器将与实际的 STC 单片机硬件系统进行连接。在对 STC 单片机系统进行调试时,使用调试界面下已经提供的 STC Monitor-51 Driver 驱动程序。通过 USB-串口电缆,将 PC 机/笔记本电脑的 USB 口与 STC 单片机的串口进行连接,通过 STC 单片机串口对实际硬件目标系统进行调试。

## 6.3 Keil μVision 软件开发流程实现

本节将介绍 Keil μVision 软件开发流程的具体实现过程。

### 6.3.1 建立新的设计工程

本节将给出在 Keil μVision 环境下创建新设计工程的步骤,步骤如下:

(1) 打开 μVision5 集成开发环境。

(2) 在 μVision5 集成开发环境主界面主菜单下,选择 Project → New μVision Project... 选项。

(3) 出现 Create New Project 对话框界面。在该文件夹下,定位到下面的路径:

```
E:\stc_program_example\例子 6-1
```

在文件名右侧的文本框中输入工程名字 top。

(4) 单击 OK 按钮。

(5) 出现 Select a CPU Data Base File 对话框界面,如图 6.11 所示。在该界面中的下拉框中,选择 STC MCU Database 选项。

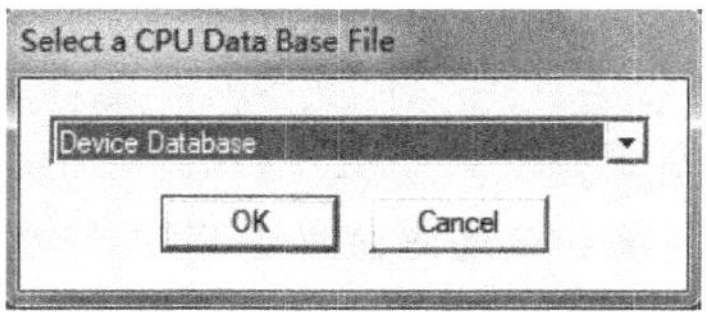


图 6.11 器件库选择界面

(6) 单击 OK 按钮。

(7) 出现 Select Device for Target～'Target 1'...对话框界面。在该界面中左侧的窗口中,找到并展开 STC 前面的"+"。在展开项中,找到并选择 STC15W4K32S4 项,如图 6.12 所示。

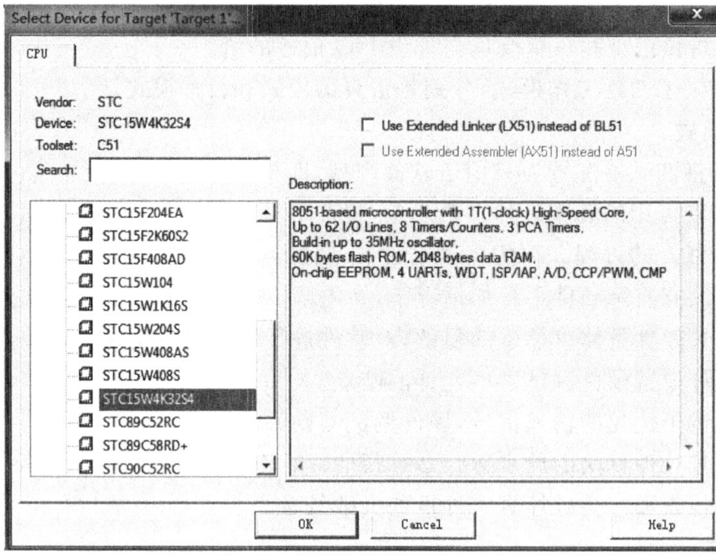


图 6.12 器件选择界面

**注**:全书设计使用 STC 公司 IAP15W4K58S4 单片机。该单片机属于 STC15W4K32S4 系列。

(8) 单击 OK 按钮。

(9) 出现 Copy 'STARTUP. A51' to Project Folder and Add File to Project? 对话框界面。该界面提示是否在当前设计工程中添加 STARTUP. A51 文件。

**注**:在使用 STC 单片机设计软件程序代码时,一般不需要添加该文件。

(10) 单击"否(N)"按钮。

(11) 在主界面左侧窗口中,选择 Project 标签。在该标签窗口中给出了工程信息,如图 6.13 所示。

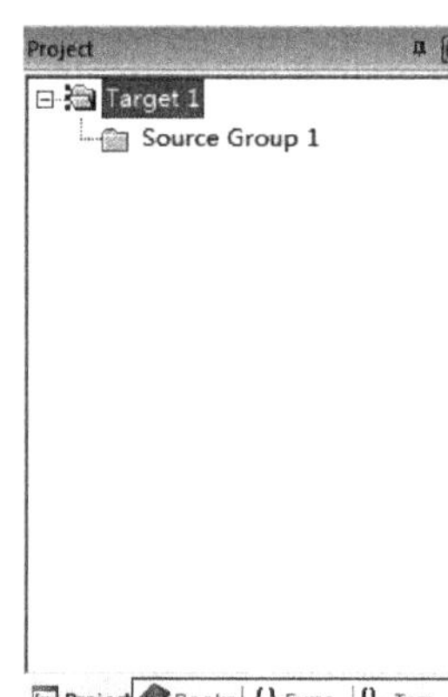


图 6.13 新建工程界面

图 6.13 中顶层文件夹名字为 Target1。在该文件夹下存在一个 Source Group 1 子目录。

## 6.3.2 配置文件结构

在 Keil μVision 集成开发环境中,提供了 target(目标)、group(组)和 file(文件)的工程结构,这种结构非常灵活。这种结构允许程序开发人员为一个工程创建多个目标,为一个目标创建多个文件组,以及为一个组添加多个文件。

**注**:在建立简单工程时,不需要配置文件结构。

程序开发人员可以定制目标和组的名字,用于匹配应用程序的结构或者配置。步骤如下：

（1）在 μVision 主界面主菜单下，选择 Project→Manage→Components，Environment，Books…

（2）出现 Manage Project Items（管理工程条目）对话框界面，如图 6.14 所示。在该界面中，可以添加、删除目标、组等条项，还可以为不同的组添加设计文件。

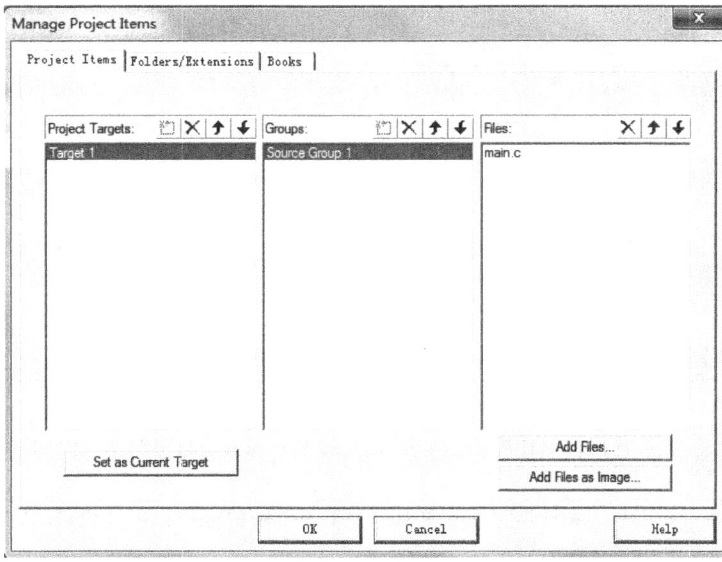


图 6.14 管理项目条目界面

其中：

① 为插入按钮，用于创建新的目标或组。

② 为删除按钮，用于删除一个目标、组或者来自工程的源文件。

③ 为向上移动按钮，用于将目标、组或者源文件条目向上移动。

④ 为向下移动按钮，用于将目标、组或者源文件条目向下移动。

## 6.3.3 设置工程选项

在建立完工程后，需要根据应用程序的设计要求设置工程选项，下面对设置工程选项的过程，以及工程选项参数的含义进行说明。

在 μVision 集成开发环境左侧的 Project 窗口中，选中 Target，并右击，出现浮动菜单。在浮动菜单内，选择 Options for Target 'Target 1'…选项，打开 Options for Target 'Target 1'对话框界面。

**1. Device 标签界面**

单击 Device 标签栏，进入 Device 标签界面。该界面用于从元器件数据库中选择目标器件。

**2. Target 标签界面**

单击 Target 标签栏，进入 Target 标签页面，如图 6.15 所示。该标签界面为目标系统指定硬件设置，如表 6.2 所示。

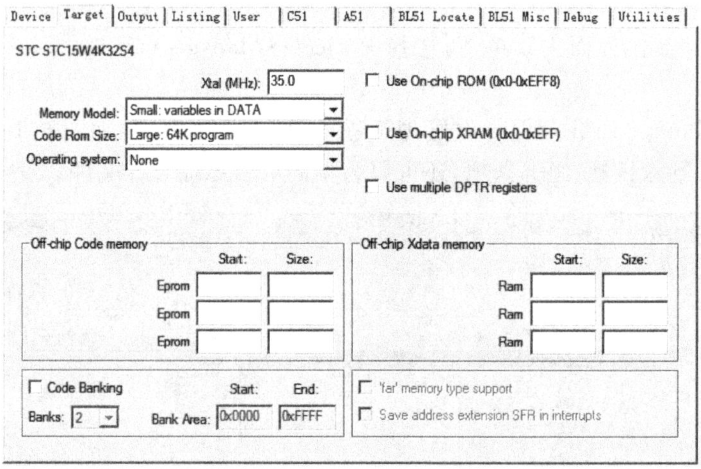


图 6.15 Target 标签界面

**表 6.2 Target 标签页面参数**

| 参数选项 | 描　　述 |
|---|---|
| Xtal(MHz) | 为所使用的单片机指定 CPU 时钟频率。在大多数情况下，这个值和晶体振荡器的频率一致 |
| Memory Model | 指定 C51 编译器存储器模型。对于一个新的应用程序来说，默认 small 是最好的选择 |
| Code Rom Size | 指定程序存储器的大小。这个命令影响对 JMP 和 CALL 指令的编码 |
| Operating system | 程序员可以在应用程序中使用操作系统，Keil 提供了两个不同版本：RTX51 Tiny 和 RTX51 Full |
| Use On-chip… | 指定片上元件的用法。例如，可以在 CPU 启动代码或者在 main 函数的开始使能。确认此处的设置与启动文件或器件初始化配置一致 |
| Off-chip…memory | 指定目标硬件的外部 CODE 和 XDATA 存储器区域 |
| Code Banking | 使能程序代码分组，允许定义 Code Banks 号，以及硬件所支持的起始和结束地址 |

注：在该设计中，使用默认的 Target 参数设置。

### 3. Output 标签界面

单击 Output 标签栏，进入 Output 标签页面，如图 6.16 所示。该标签界面指定输出文件夹和所生成的输出文件，并且允许在建立过程之后启动用户程序。Output 标签界面下的参数，如表 6.3 所示。

**表 6.3 Output 标签页面参数**

| 参数选项 | 描　　述 |
|---|---|
| Select Folder for Objects… | 设置目标文件的文件夹 |
| Name of Executable | 指定在建立和重新建立过程中，所生成可执行文件的名字。默认地，以该名字命名的可执行文件被加载到调试器，并且下载到硬件中 |
| Create Executable | 当使能该选项时，指导 μVision 生成可执行应用程序，该应用程序的名字由 Name of Executable 指定 |

续表

| 参数选项 | 描　述 |
|---|---|
| Debug Information | 为测试应用程序生成调试信息。当使能该选项时，调试器可以访问函数名字、变量名字或者源代码；当禁止该选项时，创建一个发布版本 |
| Browse Information | 为源文件浏览器创建浏览信息 |
| Create HEX File | 当使能该选项时，创建一个 Intel 十六进制文件。该文件用于将软件程序下载到单片机的程序存储器中 |
| HEX Format | 指定 HEX 文件的格式，只提供了 HEX-80 格式供选择 |
| Create Library | 创建其他工程可以使用的库文件 |
| Create Batch File | 创建一个批处理文件，包含重新生成 Rebuild 过程的命令。重新建立目标创建文件。Build 过程不能修改也不能创建文件。然而，当设置这个标志时，build 过程编译和链接所有文件，就像 rebuild。从当前目标文件名字推导批处理文件的名字。该文件被保存在工程的根目录下。使用批处理文件重新建立工程而无须使用 μVision 集成开发环境 |

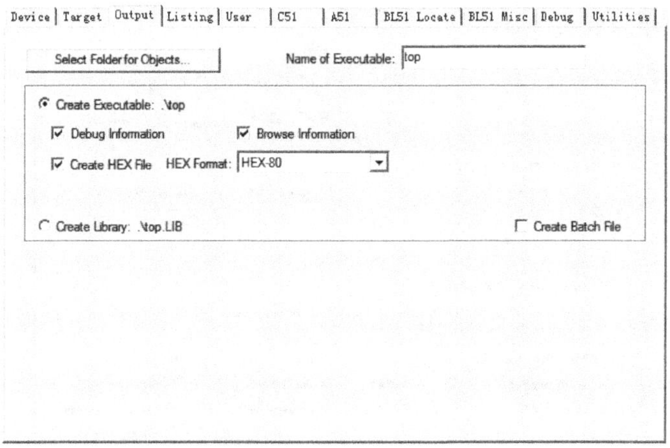


图 6.16　Output 标签界面

注：在该设计中，选中 Create HEX File 前面的复选框，其他按默认设置。

**4. Listing 标签界面**

单击 Listing 标签栏，进入 Listing 标签页面，如图 6.17 所示。该标签界面指定列表文件夹和所生成的列表文件。Listing 标签界面下的参数，如表 6.4 所示。

**表 6.4　Listing 标签页面参数**

| 参数选项 | | 描　述 |
|---|---|---|
| Select Folder for Listings… | | 选择列表文件所保存的文件夹 |
| Page Width | | 为列表文件指定每行的字符个数 |
| Page Length | | 为列表文件指定每页的行数 |
| C Compiler Listing（为 C 源文件创建列表文件） | Conditional | 在列表文件中包含未编译的条件代码 |
| | Symbols | 在列表文件中包含符号信息 |
| | #include Files | 在列表文件中插入包含文件的文本 |
| | Assembly Code | 在列表文件中插入所生成的汇编代码 |

续表

| 参数选项 | | 描述 |
|---|---|---|
| C Preprocessor Listing | | 指导编译器生成预处理列表，展开宏调用，并且删除注释 |
| Assembler Listing(为汇编源文件创建列表文件) | Conditional | 在列表文件中包含未编译的条件代码 |
| | Symbols | 在列表文件中包含符号信息 |
| | Macros | 在列表文件中指定列出宏的方式 |
| | Cross Reference | 在列表文件中包含符号的交叉引用表 |
| Linker Listing(从链接器中，为工程目标创建映射文件) | Memory Map | 在映射文件中包含程序的存储器映射 |
| | Public Symbols | 在映射文件中包含公共符号信息 |
| | Local Symbols | 在映射文件中包含本地符号信息 |
| | Line Numbers | 在映射文件中包含行号 |
| | Comment Records | 在映射文件中包含注解信息 |
| | Cross Reference | 在映射文件中包含一个交叉引用列表 |
| | Generated Symbols | 在映射文件中包含编译器生成的符号信息 |
| | Library Symbols | 在映射文件中包含库生成的符号信息 |

**注**：在该设计中按默认设置。

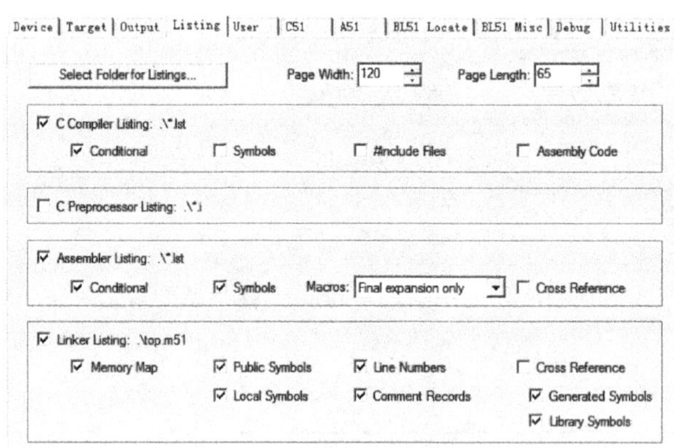


图 6.17 Listing 标签界面

**5. User 标签界面**

单击 User 标签栏，进入 User 标签页面，如图 6.18 所示。该标签界面指定在建立前和建立后运行的用户程序。User 标签界面下的参数，如表 6.5 所示。

**表 6.5 User 标签页面参数**

| 参数选项 | | 描述 |
|---|---|---|
| Run User Programs Before Compilation of a C/C++File | RUN # | 指定在编译任何 C/C++源文件之前运行的程序，例如，用于扩展的语法检查器，比如 MISRA 工具。当使能该选项时，可以激活程序 |
| | Spawn | 使能该选项，外部程序必须运行在 16 位的 DOS 环境下 |
| | Stop Build/Rebuild on Exit Code | 指定当编译错误发生时的退出条件。默认没有指定退出条件。在这种情况下，编译所有文件，捕获和显示所有错误。为了在达到给出数量的错误时，停止程序，则应该从下拉框中选择一个条件，例如，在第五个错误时，选择入口＞＝5 |

续表

| 参数选项 | | 描述 |
|---|---|---|
| Run User Program Before Build/Rebuild | RUN # | 指定在建立/重新建立前运行的程序。使能该选项激活程序 |
| | Spawn | 使能该选项,外部程序必须运行在16位的DOS环境下 |
| Run User Program After Build/Rebuild | RUN # | 指定在成功建立/重新建立之后运行的程序,例如,用于文件转换器或者调试器。使能该选项激活程序 |
| | Spawn | 使能该选项,外部程序必须运行在16位的DOS环境下 |
| Beep When Complete | | 使能该选项,当建立过程成功完成后,发出声音 |
| Start Debugging | | 使能该选项,当成功建立完应用后,启动调试器 |

**注:在该设计中按默认设置。**

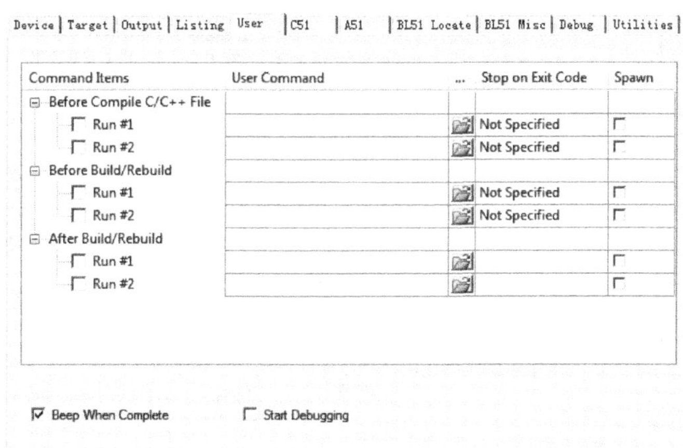


图 6.18　User标签界面

**6. C51标签界面**

单击C51标签栏,进入C51标签页面,如图6.19所示。该标签界面设置C51编译器选项。C51标签界面下的参数,如表6.6所示。C51编译器的优化级设置,如表6.7所示。

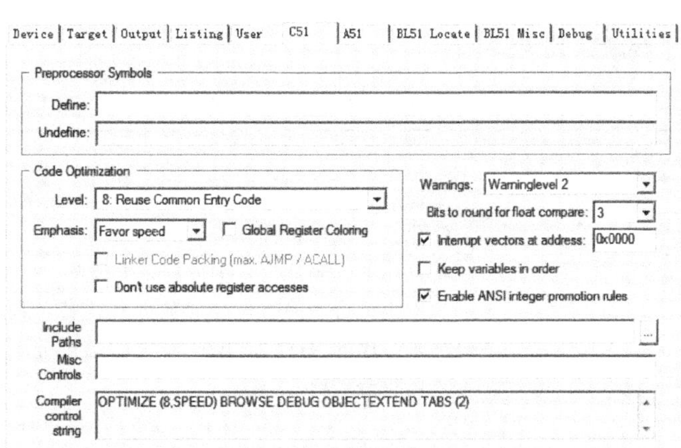


图 6.19　C51标签界面

表 6.6 C51 标签页面参数

| 参数选项 | | 描 述 |
|---|---|---|
| Preprocessor Symbols | Define | 设置预处理器符号，用在C语言的#if，#ifdef和#ifdef预处理命令中。定义的符号名字大小写敏感，可选择在名字后面给出值 |
| | Undefine | 用于清除使用Define所做的分配 |
| Code Optimization | Level | 设置当生成目标代码时，编译器的优化级别，详见表6.7 |
| | Emphasis | 指定编译器对代码进行速度还是长度的优化，即确定优化目标 |
| | Global Register Coloring | 使能优化应用程序寄存器。当使能该选项时，C51编译器知道外部函数所使用的寄存器，μVision自动执行对C源代码文件的一个迭代重新翻译，用于改善寄存器的分配情况 |
| | Don't use absolute register accesses | 使能该选项时，禁止用于R0～R7寄存器绝对寄存器寻址，允许函数调用跨越寄存器组。此时由于C编译器不能使用ARx符号，因此代码长度将有所增加 |
| Warnings | | 基于所定义的级，禁止编译器警告信息 |
| Bits to round for float compare | | 定义在执行浮点比较之前，四舍五入的位数。默认值为3，表示在执行浮点比较之前，将浮点值的最低3位进行四舍五入 |
| Interrupt vectors at address | | 指导C编译器为中断函数产生中断向量，并为中断向量表指定基地址 |
| Keep Variables in Order | | 根据在C源文件中定义的顺序，对存储器中的所有变量排序 |
| Enable ANSI integer promotion rules | | 在执行操作前，将较小类型的表达式扩展到整数表达式 |
| Include Paths | | 允许提供路径(用分号隔开)寻找头文件。编译器首先查找当前文件夹，然后查找源文件夹。当查找失败时，使用指定的包含路径 |
| Misc Controls | | 允许指定没有单个对话框控制的任何命令 |
| Compiler control string | | 在编译器命令行中显示命令 |

**注**：在该设计中按默认设置。

表 6.7 C51 编译器优化级别

| 优 化 级 | 描 述 |
|---|---|
| 0：Constant Folding | 编译器执行计算，用于将可能简化为数字常数的表达式进行简化。这也包含计算运行时的地址 |
| 1：Dead Code Elimination | 将没用的代码片段和生成的东西删除 |
| 2：Data Overlaying | 识别出适合于静态重叠的数据和比特位段，并且在内部标记出来。BL51链接器/定位器可以通过分析全局数据流，选择可以重叠的段 |
| 3：Peephole Optimizing | 将冗余的MOV指令去除。这包含来自存储器不必要的对象加载，以及包含常数的加载操作。当为了节省存储器空间和执行时间时，将复杂的操作用简单的操作代替 |

续表

| 优　化　级 | 描　　述 |
|---|---|
| 4：Register Variables | 在可能的情况下，将自动的变量和函数参数放在寄存器中，同时删除用于这些变量的数据存储器 |
| 5：Common Subexpression Elimination | 在可能的情况下，对于一个函数内相同的子表达式只计算一次。同时将中间结果保存在寄存器中，可以重用 |
| 6：Loop Rotation | 如果可以使最终的程序代码更快以及效率更高，则旋转程序的循环。先在循环的顶部，然后在循环的底部，分别对 for 和 while 循环的循环表达式进行评估。这个优化生成更多的代码但是加速了程序的运行 |
| 7：Extended Index Access Optimizing | 在合适的位置，将 DPTR 用于存放变量。对于执行速度和代码长度，执行指针和数组访问优化 |
| 8：Common Tail Merging | 当在一个函数中有多个调用时，可以重用一些配置代码，用于减少程序的规模 |
| 9：Common Block Subroutines | 检测到反复出现的指令序列，将其转换成子程序。Cx51 编译器可以重排代码以得到更大的反复出现的序列 |

**7. A51 标签界面**

单击 A51 标签栏，进入 A51 标签页面，如图 6.20 所示。该标签界面设置 A51 编译器选项。A51 标签界面下的参数，如表 6.8 所示。

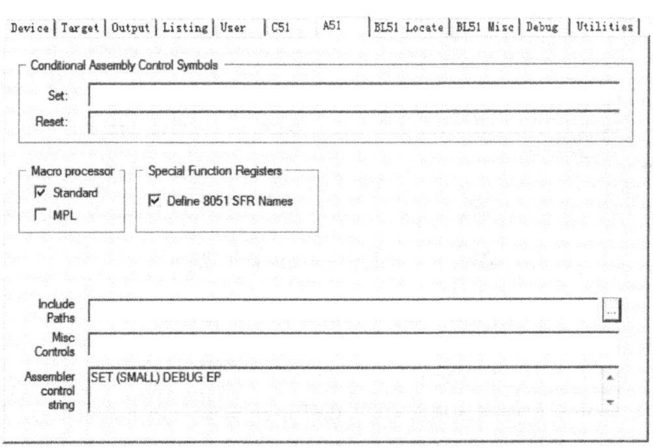


图 6.20　A51 标签界面

**表 6.8　A51 标签页面参数**

| 参数选项 | | 描　　述 |
|---|---|---|
| Conditional Assembly Controls | Set | 给 $ IF 和 $ ELSEIF 命令所用到的变量分配值，用于控制条件汇编 |
| | Reset | 清除前面的 Set 分配 |
| Macro Preprocessor | Standard Assembler Macros | 类似其他的宏汇编器，允许程序员定义宏，类似于标准汇编器指令 |
| | MPL Macros | 与 Intel ASM-51 汇编器兼容 |
| Special Function Registers | | 预定义的传统 8051 SFR 名字 |

续表

| 参数选项 | 描　　述 |
|---|---|
| Include Paths | 当处理$INCLUDE文件命令时,允许在指定的包含路径中查找文件 |
| Misc Controls | 指定没有单独对话框控制的任何汇编器命令 |
| Assembler Control String | 在汇编器命令行中,显示当前的命令 |

**注**:在该设计中按默认设置。

**8. BL51 Locate标签界面**

单击BL51 Locate标签栏,进入BL51 Locate标签页面,如图6.21所示。该标签界面设置BL51链接器/定位器选项。BL51 Locate标签界面下的参数,如表6.9所示。

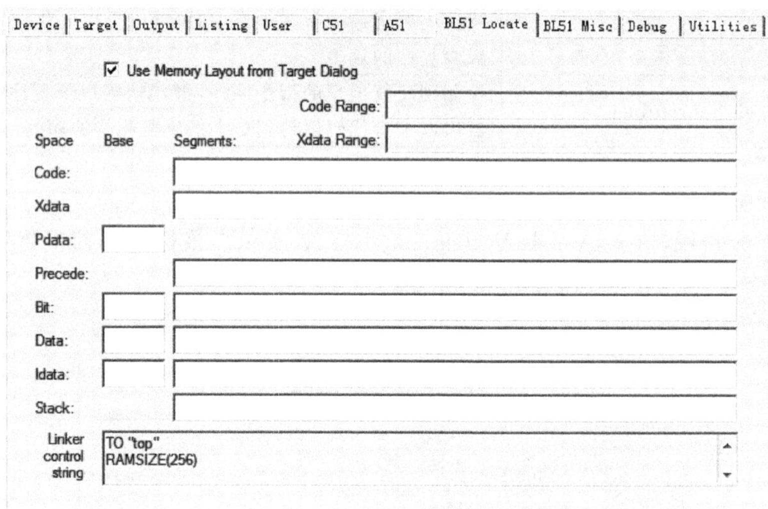


图6.21　BL51 Locate标签界面

**表6.9　BL51 Locate标签页面参数**

| 参数选项 | 描　　述 |
|---|---|
| Use Memory Layout from Target Dialog | 使能该选项时,使用在Target标签页面下指定的存储器信息。程序员仍然可以添加额外的段 |
| Code Range | 指定放置在CODE存储器类(用于程序代码和常数)中段的地址范围。当使能Use Memory Layout from Target Dialog选项时,从Target对话框得到地址范围 |
| Xdata Range | 指定放置在XDATA存储器类(用于由xdata存储类型指定的变量)中段的地址范围。当使能Use Memory Layout from Target Dialog选项时,从Target对话框得到地址范围 |
| Code | 将CODE段定位到绝对存储器或者指定一个段顺序 |
| Xdata | 将XDATA段定位到绝对存储器或者指定一个段顺序 |
| Pdata | 指定PDATA存储器类的基地址。该设置必须反映在启动代码中PDATASTART的配置 |
| Precede | 定位段先于其他可重定位的BIT、DATA或者IDATA段 |

续表

| 参数选项 | 描　　述 |
|---|---|
| Bit | 指定 BIT 存储类的基地址，将 BIT 段定位到绝对存储器或者指定一个段顺序 |
| Data | 指定 DATA 存储类的基地址，将 DATA 段定位到绝对存储器或者指定一个段顺序 |
| Idata | 指定 IDATA 存储类的基地址，将 IDATA 段定位到绝对存储器或者指定一个段顺序 |
| Stack | 定位名字为 STACK 的堆栈在存储器的位置。默认链接器将堆栈定位在 IDATA 存储器最后的地址范围。当手工指定一个地址时，它可能导致在运行的时候，对 data 和 idata 变量的破坏 |
| Linker control string | 在链接器命令行中显示当前的命令 |

注：在该设计中按默认设置。

**9. BL51 Misc 标签界面**

单击 BL51 Misc 标签栏，进入 BL51Misc 标签页面，如图 6.22 所示。该标签界面设置 BL51 链接器/定位器其他杂项。BL51 Misc 标签界面下的参数，如表 6.10 所示。

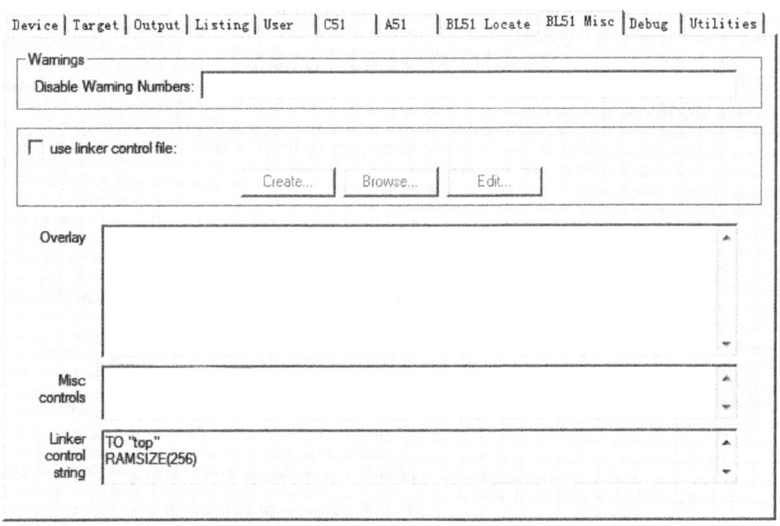


图 6.22　BL51 Misc 标签界面

**表 6.10　BL51 Misc 标签页面参数**

| 参数选项 | 描　　述 |
|---|---|
| Disable Warning Numbers | 输入逗号分隔的禁止警告数目列表 |
| Use Linker Control File | 使能链接器控制文件 |
| Overlay | 修改为数据覆盖使用的调用树 |
| Misc Controls | 指定没有单独对话框控制的任何所要求的链接器命令 |
| Linker Control String | 在链接器命令行中显示当前的命令 |

注：在该设计中按默认设置。

**10. Debug 标签界面**

单击 Debug 标签栏，进入 Debug 标签页面，如图 6.23 所示。该标签界面设置调试器选项，用于仿真器和目标驱动器。当启动调试器会话任务时，将使用该对话框定义的选项。Debug 标签界面下的参数，如表 6.11 所示。

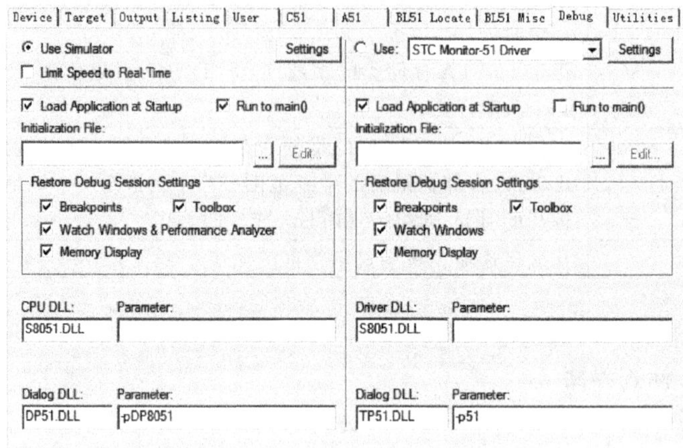


图 6.23 Debug 标签界面

**表 6.11 Debug 标签页面参数**

| 参数选项 | | 描述 |
|---|---|---|
| Use Simulator | Settings(按钮) | 配置元器件指定的仿真器选项，比如启动特性和总线特性 |
| | Limit Speed to Real-Time | 将 CPU 仿真同步到 PC 时钟(实时时钟)，它将 CPU 仿真的速度限制在实时 CPU 频率(在 Target 界面的 Xtal 设置)。只有当目标仿真的速度比真实的时间快的时候，该设置才有用 |
| Use: Debug Driver | | 为调试目标硬件系统选择驱动器。Settings 按钮用于配置目标驱动器选项，例如通信信道、存储缓存或者跟踪选项 |
| 公共选项，用于仿真器模式和目标驱动器模式 | Load Application at Start | 将在 Output 标签界面 Name of Executable 域中指定的目标文件加载到调试器中 |
| | Run to main() | 执行指令，直到运行到 main()停止执行。当禁止该选项时，应用程序停在第一条指令上 |
| | Initialization File | 指定包含调试命令、调试函数和调试器配置设置和元器件初始化命令的文件 |
| | Restore Debug Session Settings | 恢复在前面调试会话中定义的设置，这些设置用于断点、监视窗口和性能分析、存储器窗口、工具栏和系统查看器 |
| | CPU/Driver DLL-Parameter | 推荐，不要修改这些设置 |
| | Dialog DLL-Parameter | 推荐，不要修改这些设置 |

**注**：在该设计中按默认设置。

### 11. Utilities 标签界面

单击 Utilities 标签栏，进入 Utilities 标签页面，如图 6.24 所示。该标签界面配置用于编程目标系统 Flash 的选项，程序员也可以添加和配置第三方的 Flash 编程工具。通常情况下，MCU 厂商会提供目标驱动器或者第三方的命令行工具。此外，在建立过程中，程序员可以触发调用文件转换器工具 FCARM。Utilities 标签界面下的参数，如表 6.12 所示。

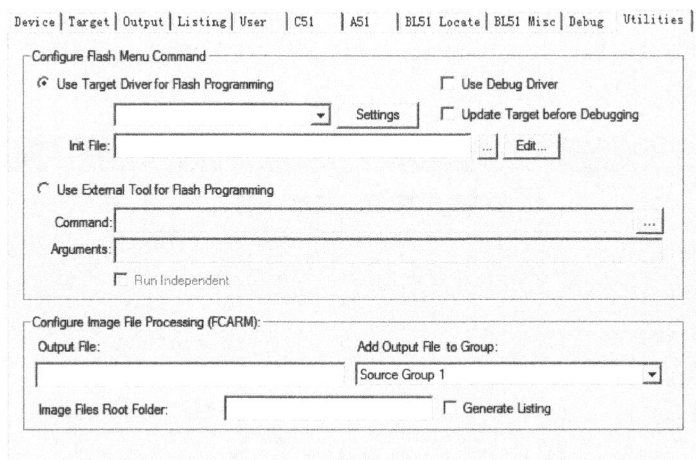


图 6.24　Utilities 标签界面

**表 6.12　Utilities 标签页面参数**

| 参数选项 | | 描　　述 |
|---|---|---|
| Configure Flash Menu Command | Use Target Driver for Flash Programming | 为编程 Flash 选择驱动器。例如，与 Debug 标签下设置相同的驱动器 |
| | Use Debug Driver | 选择该选项时，自动使用和 Debug 标签下所设置的相同驱动器 |
| | Settings | 打开对话框，用于设置 Flash 驱动器特性 |
| | Update Target before Debugging | 在启动调试器前，下载当前的应用程序 |
| | Init File | 在编程 Flash 之前，指定 μVision 应该执行的初始化文件 |
| | Edit… | 允许打开和修改初始化文件 |
| Use External Tool for Flash Programming (使用第三方软件编程 Flash) | Command | 输入想要使用的 Flash 工具的命令 |
| | Arguments | 指定 μVision 传递给 Flash 工具的参数 |
| | Run Independent | 当使能该选项时，μVision 不等待完成 Flash 工具；当禁止该选项时，μVision 等待，直到程序下载到 Flash 为止，并且在输出窗口中显示 Flash 工具的结果 |
| Configure Image File Processing (FCARM) | Output File | 输入 FCARM 输出文件的名字 |
| | Add Output File to Group | 选择 FCARM 输出文件所在的文件组 |
| | Image Files Root Folder | 相对于工程根文件夹下的一个文件夹 |
| | Generate Listing | 生成列表文件(扩展名为 *.lst) |

**注：在该设计中按默认设置。**

### 6.3.4 添加新的源文件

本节将在当前工程中添加新的 C 语言文件，并输入 C 语言代码。添加 C 语言文件及输入代码的步骤主要包括：

(1) 在 Project 窗口界面下，选择 Source Group 1，右击，出现浮动菜单。在浮动菜单内，选择 Add New Item to Group 'Source Group 1'选项。

(2) 出现 Add New Item to Group'Source Group 1'对话框界面，如图 6.25 所示，按下面设置参数。

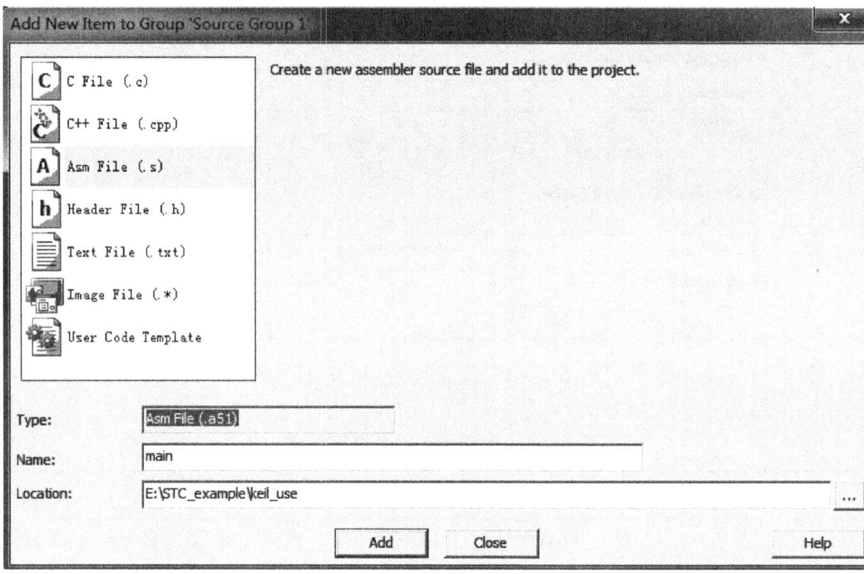


图 6.25 选择 C 语言文件模板

**注**：在该界面中，提供了丰富的文件模板。

① C File(.c)：为 C 语言文件模板。

② C++ File(.cpp)：为 C++语言文件模板。

③ Asm File(.s)：为汇编语言文件模板。

④ Header File(.h)：为包含文件模板。

⑤ Text File(.txt)：为文本文件模板。

⑥ Image File(.*)：为镜像文件模板。

⑦ User Code Template：为用户代码模板(不可用)。

(1) 在该界面左侧窗口中，选中 C File(.c)。

(2) 在 Name 标题栏右侧的文本框中输入 main。注意，该 C 语言的文件名字为 main.c。

(3) 单击 Add 按钮。

(4) 在 Project 窗口中的 Source Group 1 子目录下添加了名字为 main.c 的 C 语言文件。

(5) 在右侧窗口中，自动打开了 main.c 文件。

(6) 输入下面的代码。

**代码清单 6-1　main.c 文件**

```
sfr p4 = 0xc0;                          //使用 sfr 关键字定义 P4 端口的地址为 0xC0

void main()                             //main()主函数
{
    long inti = 0;                      //使用关键字 long int 定义一个长整型的变量 i
    while(1)                            //while 关键字,后面跟着(1)表示无限循环
    {                                   //{ }对表示 while 关键字的作用范围
    p4 = 0x00;                          //给单片机的 p4 端口置低,所连接的 LED 灯亮
    for(i = 0;i < 40000;i++);           //使用关键字 for,定义一个空操作循环,作为延迟
        p4 = 0xff;                      //给单片机的 p4 端口置高,所连接的 LED 灯灭
    for(i = 0;i < 40000;i++);           //使用关键字 for,定义一个空操作循环,作为延迟
    }                                   //{和}构成一对符号,表示 while 关键字的作用范围
}                                       //{和}构成一对符号,表示 main 主程序的作用范围
```

**注**：由于在该程序中存在 while(1),所以不能包含 return 0,main 前面用 void 声明,表示没有返回值。

(7) 保存设计代码。

## 6.3.5 建立设计

本节将对设计进行建立,其步骤主要包括:

(1) 在主界面主菜单下,选择 Project→Build target。开始对设计进行建立。

**注**：该过程对 C 文件进行编译,最后生成可执行二进制文件和 HEX 文件。

(2) 当对设计建立成功后,在 Keil μVision 主界面下方的 Build Output 窗口中,提示下面的信息:

```
linking...
Program Size: data = 13.0xdata = 0 code = 165
creating hex file from "top"...
"top" - 0 Error(s), 0 Warning(s).
```

## 6.3.6 硬件平台

在运行设计之前,介绍一下 STC 提供的单片机开发平台,如图 6.26 所示,该开发平台主芯片采用了 STC 公司的 IAP15W4K58S4 单片机。该开发平台实现完全由 USB 供电。

**注**：(1) 该开发板的更详细的介绍,请参考书中附录给出的 STC 单片机硬件原理图。

(2) 此外,由北京汇众新特科技公司和 STC 公司合作开发了两款兼容平台,即 GPNT-SMK-1 和 GPNT-SMK-2,如图 6.27 和图 6.28 所示。本书给出的所有设计例子,除特殊声明外均可运行在这两款口袋式 STC 单片机开发板上。

(3) 关于 GPNT-SMK-1 和 GPNT-SMK-2 开发板的原理图和用户手册,读者可以登录网址: http://www.gpnewtech.com/product/stc/。

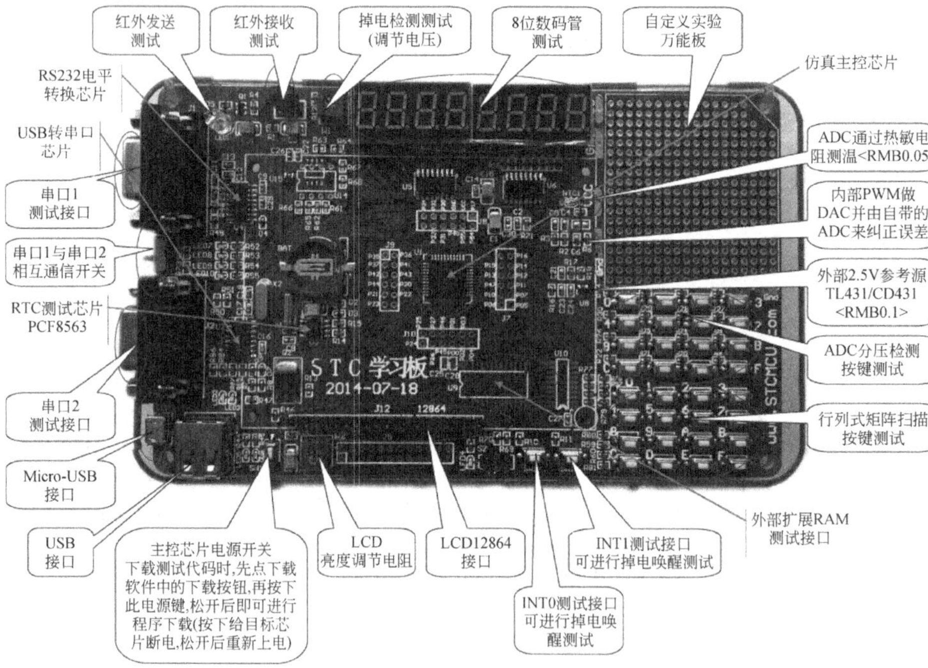


图 6.26 STC 官方提供的开发平台

图 6.27 GPNT-SMK-1 开发平台外观

图 6.28 GPNT-SMK-2 开发平台外观

## 6.3.7 运行设计

本节以 STC 官方提供的开发平台为例，介绍在实际硬件目标系统上运行设计的步骤。在进行硬件仿真前，需要配置运行设计所需要的硬件和软件环境，配置步骤主要包括：

(1) 如图 6.26 所示，在该开发板左侧找到标识为 CON5 mini USB 接口。将 STC 提供的数据电缆的两端，分别与开发板上名字为 CON5 的 USB 插座和 PC/笔记本电脑上的 USB 插座连接。

**注**：当连接完成后，通过 PC/笔记本给 STC 学习板进行供电。

(2) 在本书所提供资料的文件夹下，找到 USB 电缆驱动程序子目录。打开该子目录后，进入 USB to UART Driver 子目录。在该子目录下，进入到 CH340-CH341 子目录。在该子目录下找到安装程序 ch341ser，安装 USB-UART 的串口驱动程序。

**注：** 如果在安装过程中遇到问题，读者可以参考该目录下的驱动安装帮助手册。

(3) 打开本书所提供资料下的 STC-ISP 软件，如图 6.29 所示。在该界面，名字为串口号右侧的下拉框中，选择 USB-SERIAL CH340(COM3)选项。按照图中所示，设置最低波特率和最高波特率参数。在本书中，将最低波特率设置为 2400，最高波特率设置为 115200。

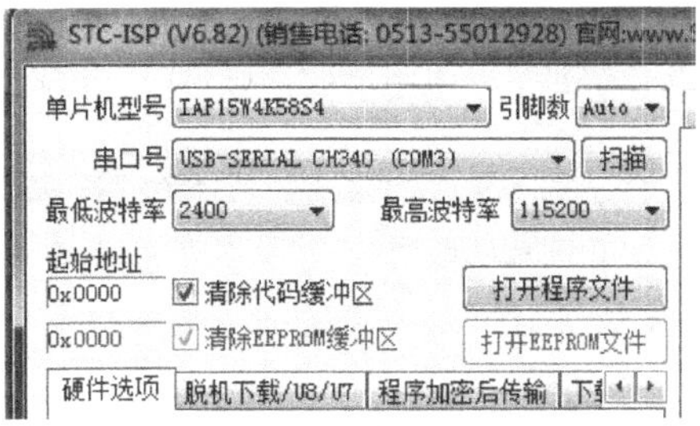


图 6.29 选择新添加串口界面

**注：** ① 读者电脑生成的串口号可能与作者所用电脑生成的端口号不一样，请进行相应修改。

② 在单片机型号右侧的下拉框中，必须确认选中的是 IAP15W4K58S4。

(4) 单击图 6.29 中的打开程序按钮，出现打开程序代码文件对话框界面。在该界面中，定位到当前设计工程路径下，例如，e:\stc_program_example\例子 6-1，打开名字为 top.hex 的文件。

(5) 单击 STC-ISP 左侧下方的“下载/编程”按钮。在该软件右下方的界面上出现“正在检测目标单片机…”提示信息，如图 6.30 所示。

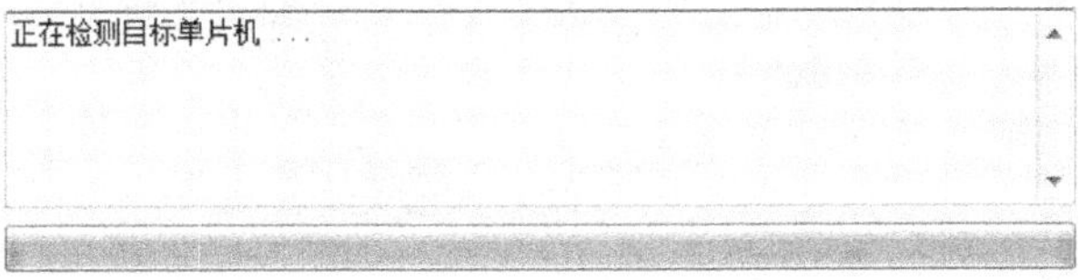


图 6.30 检测单片机界面

(6) 按一下 STC 开发板上的电源开关，即先给 STC 单片机系统断电，然后再上电。

(7) 在该软件右下方的界面上出现编程过程中的信息，如图 6.31 所示。当给 STC 单片机编程成功，即 top.hex 文件成功下载到 STC 单片机的片内 Flash 中时，提示“操作成功!”的消息。

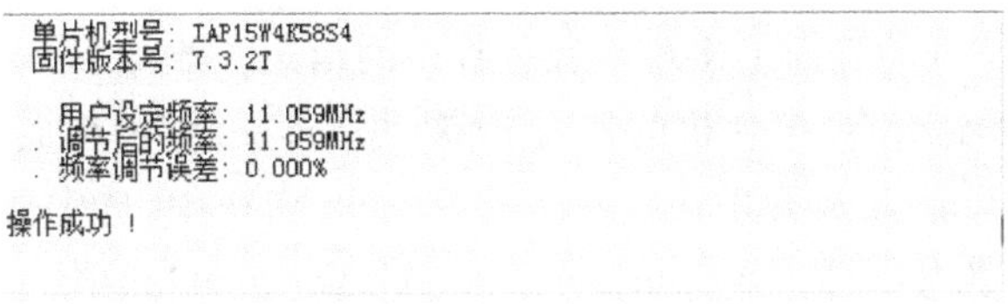


图 6.31 编程单片机界面

(8) 观察 STC 开发板上，LED 灯的变化情况。

## 6.3.8 启动硬件仿真

STC 公司的 IAP15W4K58S4 单片机提供了硬件仿真/调试功能，也就是可以通过 μVision 集成开发环境提供的调试器，在实际的硬件目标系统上调试软件程序代码，这也是

IAP15W4K58S4 可硬件仿真芯片的特色之一。下面介绍启动硬件仿真的步骤，包括：

(1) 按照前面一节的方法，执行到第 4 步。

(2) 在 STC-ISP 软件左侧窗口中，选择脱机下载/U8/U7 标签，如图 6.32 所示。在该标签栏界面下，选中"使用 U8/U7 在线下载完成后持续给目标芯片供电"前面的复选框。

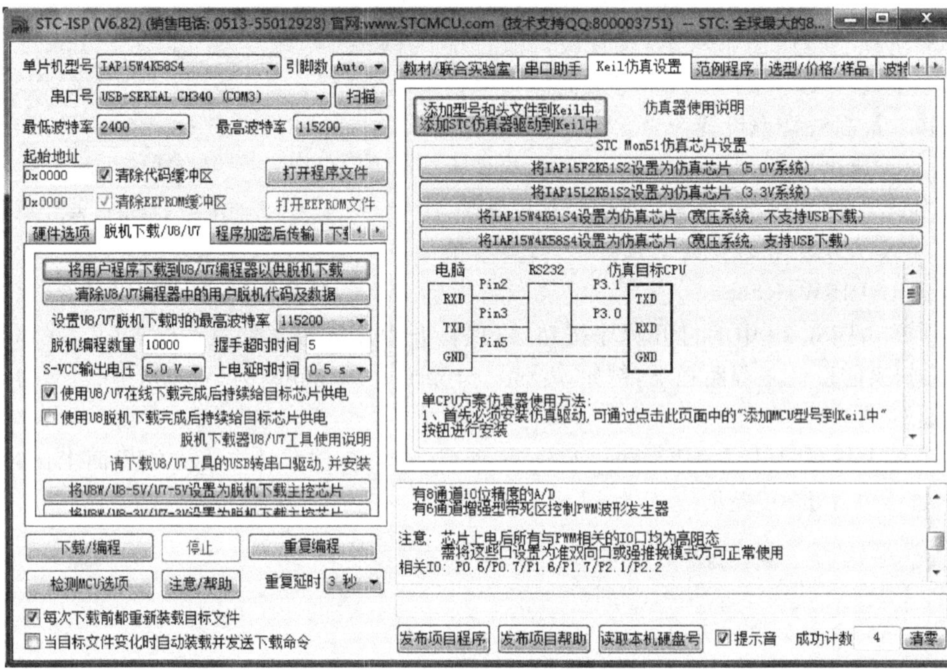

图 6.32 STC-ISP 仿真窗口配置界面

**注**：在进行硬件仿真的时候，必须要选择该选项。

(3) 在右侧窗口中，选择 Keil 仿真器设置标签。在该标签栏界面下，单击"将 IAP15W4K58S4 设置为仿真芯片(宽压系统，支持 USB 下载)"按钮。

(4) 在 STC-ISP 软件由下方的窗口界面内，出现"正在检测目标单片机..."信息。

(5) 按一下 STC 开发板上的电源开关，即先给 STC 单片机系统断电，然后再上电。

(6) 在该软件右下方的界面上出现编程过程中的信息。当给 STC 单片机编程成功，即 top.hex 文件成功下载到 STC 单片机的片内 Flash 中时，提示"操作成功！"的消息。

(7) 在 Keil μVision5 集成开发环境左侧的 Project 窗口中，选中 Target 1 并右击，出现浮动菜单。在浮动菜单内，选择 Options for Target 'Target 1'选项。

(8) 出现 Options for Target 'Target 1'对话框界面，如图 6.33 所示。在该界面中，单击 Debug 标签。在该标签界面右侧窗口中，按如下设置参数：

① 选择 Use 前面的复选框。

② 在右侧下拉框中，选择 STC Monitor-51 Driver。

③ 单击 Settings 按钮。

④ 出现 Target Setup 对话框界面，如图 6.34 所示。在该界面中，将 COM Port 设置为 COM3；将 Baudrate 设置为 115200。

⑤ 单击 OK 按钮。退出 Target Setup 对话框界面。

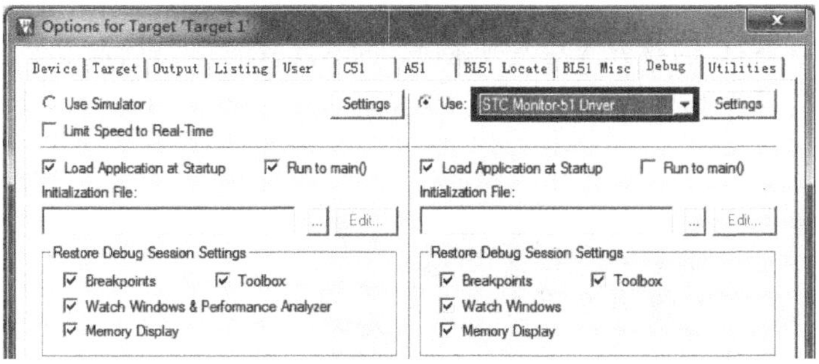


图 6.33　Debug 窗口界面

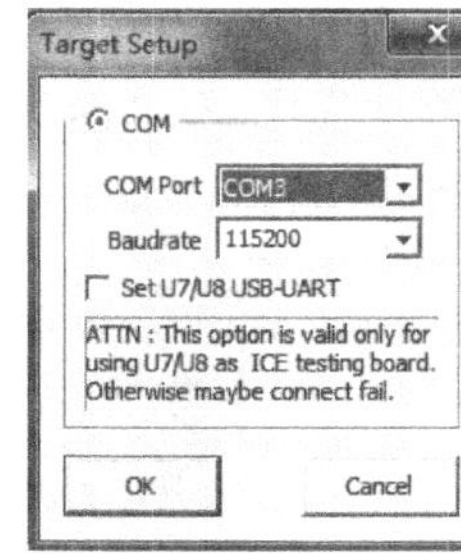


图 6.34　Target Setup 窗口界面

(9) 单击 OK 按钮，退出 Options for Target 对话框界面。

(10) 在 Keil μVision 主界面主菜单下，选择 Debug→Start/Stop Debug Session 选项。

(11) 进入调试器会话界面。

(12) 在该界面下，可以按照类似后面所介绍的软件仿真的方法，进行目标系统的实际在线仿真和调试。

(13) 在 Keil μVision 主界面主菜单下，选择 Debug→Start/Stop Debug Session 选项，退出调试器界面，并关闭该设计。

## 6.4　U8W 编程器

U8W/U8W-Mini 是一款同时具有在线联机下载和脱机下载功能的编程工具，U8W-Mini 是 U8W 的简化版本，如图 6.35 所示。同时 U8W 也是 U8 编程器的升级替代产品。U8W 编程器同时支持 5V 和 3.3V，可以支持 STC 目前全系列的 MCU，并且 Flash 程序空间和 EEPROM 数据空间不受任何限制。

脱机下载工具可以在脱离电脑的情况下进行下载工作，可以用于批量生产和远程升级。脱机下载板可以支持自动增量、下载次数限制以及用户程序加密后传输等多种功能。

图 6.35　U8W 编程器外观图

此外，为了便于 U8W 编程器和用户目标系统连接，STC 专门配备了下载连接线，如图 6.36 所示。

在使用 U8W 编程器之前，在 STC 的官方网站上或在最新的 STC-ISP 下载软件中手动下载驱动程序，驱动的下载链接为 U8 编程器 USB 转串口驱动(http://www.stcmcu.com/STCISP/CH341SER.exe)。

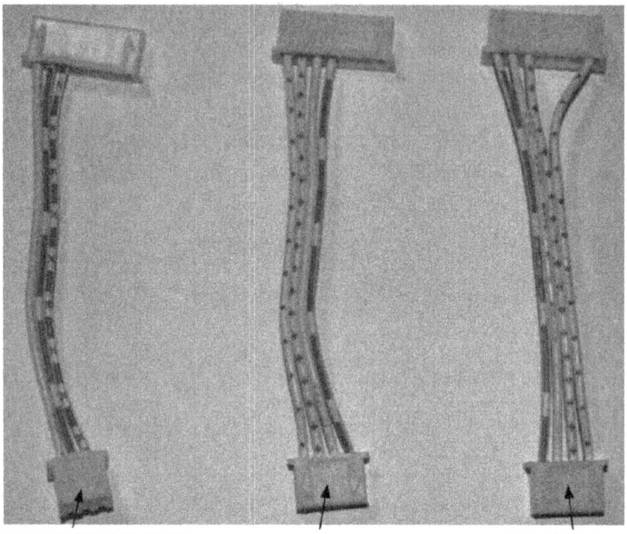


图 6.36 U8W 编程器和用户目标系统连接线

## 6.4.1 U8W 编程器接口和功能

U8W 编程器接口和使用说明，如图 6.37 所示。U8W 编程器接口包括：

(1) 编程接口。根据不同的供电方式，使用不同的下载连接线连接 U8W 下载板和用户系统。

(2) U8W 更新系统程序按键。用于更新 U8W 工具，当有新版本的 U8W 固件时，需要按下此按键对 U8W 的主控芯片进行更新。

**注**：必须先将更新/下载选择接口上的波动开关置于升级工具固件位置。

(3) 脱机下载用户程序按钮。开始脱机下载按钮。首先 PC 将脱机代码下载到 U8W 板上，然后下载连接线将用户系统连接到 U8W，再按下此按钮即可以开始脱机下载，每次上电时也会立即开始下载用户代码。

(4) 更新/下载选择接口。当需要对 U8W 底层固件进行升级时，需要将此开发置于升级工具固件的位置，当需要通过 U8W 对目标芯片进行烧录程序，则需要将波动开关置于烧录用户程序的位置。

(5) 自动烧录机/分选机接口。用于控制自动烧录机/分选机进行自动生产的控制接口。

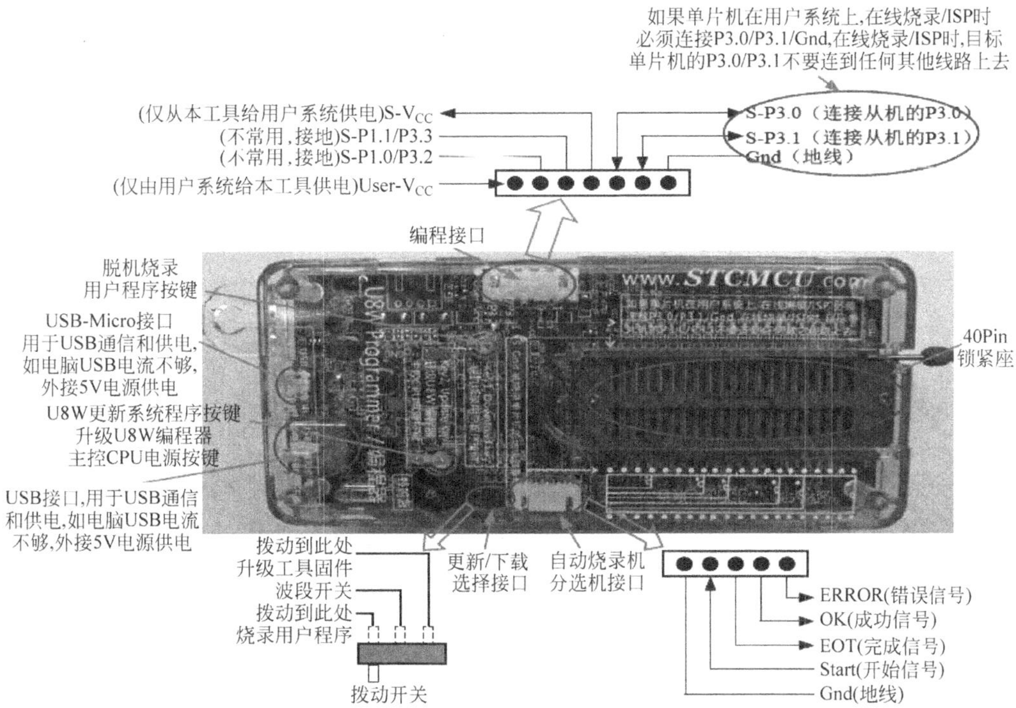


图 6.37　U8W 编程器信号线和接口说明

## 6.4.2　U8W 在线联机下载

联机在线下载就是将 PC/笔记本电脑上的程序通过 U8W 下载到目标系统中，如图 6.38 所示。联机在线下载步骤包括：

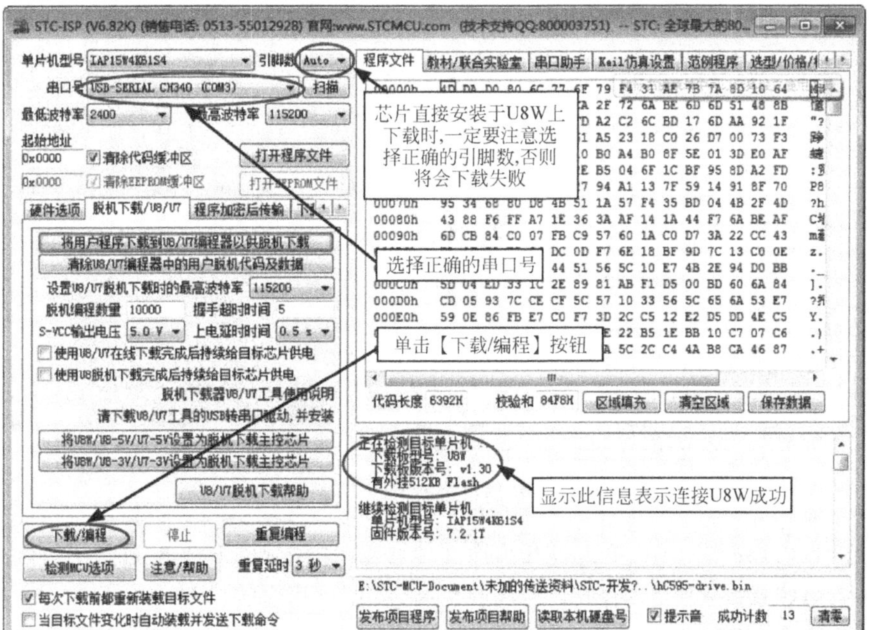


图 6.38　U8W 联机在线下载操作

(1) 先将 U8W 的 USB 接口和 PC/笔记本电脑的 USB 接口通过 USB 电缆连接在一起，并且将目标系统和 U8W 编程器进行连接(可以直接将器件插入 U8W 锁紧座或者通过 STC 提供的引线)。

(2) 在 STC-ISP 软件中选择正确的串口号(由 USB 转 UART 扩展)。

(3) 选择所要下载的 HEX 文件。

(4) 单击下载/编程按钮即可开始在线下载。

**注**：在下载的过程中，U8W 下载工具上的四个 LED 灯会以跑马灯的模式显示。下载完成后，若下载成功，则四个 LED 灯会同时亮、同时灭；若下载失败，则四个 LED 灯都不亮。

## 6.4.3 U8W 脱机下载

U8W 脱机下载就是先将 PC/笔记本电脑的 HEX 文件，下载到 U8W 编程器中。然后再通过 U8W 将程序下载到用户目标系统中。U8W 脱机下载步骤主要包括：

(1) 先将 U8W 的 USB 接口和 PC/笔记本电脑的 USB 接口通过 USB 电缆连接在一起。

(2) 在 STC-ISP 软件中选择正确的串口号(由 USB 转 UART 扩展)，如图 6.39 所示。

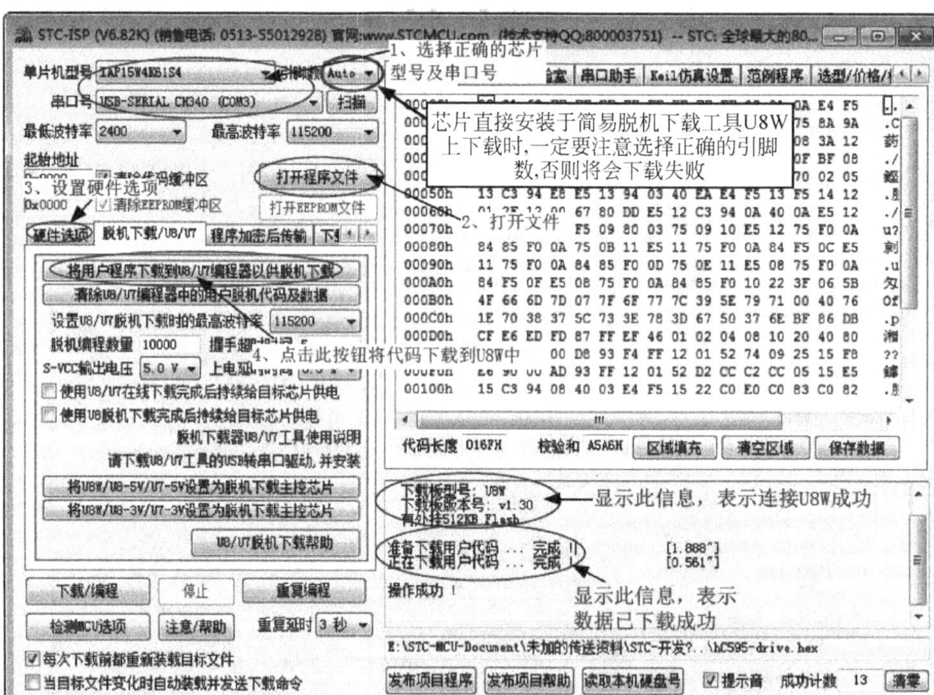


图 6.39 U8W 脱机下载 STC-ISP 软件操作

(3) 在 STC-ISP 软件中，单击打开程序文件按钮，选择所要下载的 HEX 文件。

(4) 在 STC-ISP 软件中，单击硬件选项标签，设置硬件选项。

(5) 在 STC-ISP 软件中，单击脱机下载/U8/U7 标签。在该标签界面下，单击将用户程序下载到 U8/U7 编程器以供脱机下载。

**注**：若下载成功，则在 STC-ISP 软件右下方的窗口中出现操作成功提示信息。

(6) 将单片机直接插入 U8W 编程器锁紧座中，或者通过 STC 提供的引线将用户目标系统与 U8W 下载工具连接。

(7) 按下 U8W 编程器上，找到标记为"Key1，Download key 脱机烧录用户程序按键"的按键，先按下该按钮然后再松开，开始脱机下载，如图 6.40 所示。

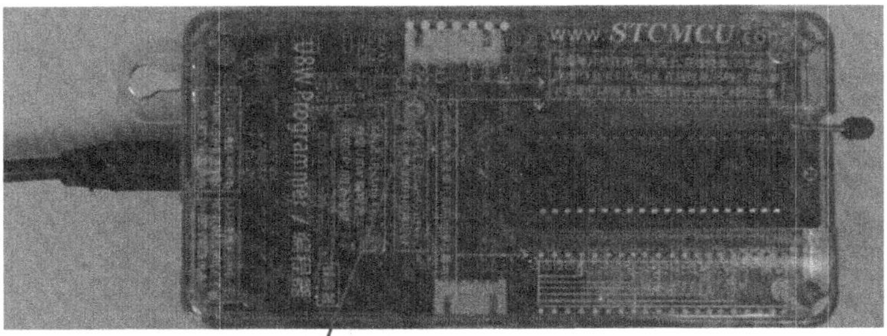


图 6.40　U8W 脱机下载按键操作界面

**注**：(1)在下载的过程中，U8W 下载工具上的四个 LED 灯会以跑马灯的模式显示。下载完成后，若下载成功，则四个 LED 灯会同时亮、同时灭；若下载失败，则四个 LED 灯都不亮。

(2) 在联机和脱机下载时，根据 U8W 和用户目标系统的真实供电情况，正确选择用于连接用户目标系统和 U8W 的连接线。切忌发生电源短路。

# 第7章 STC单片机汇编语言编程基础

CHAPTER 7

本章将介绍汇编语言编程基础，内容包括汇编语言程序结构、汇编代码中段的分配、汇编语言符号及规则、汇编语言操作数描述、汇编语言控制描述、汇编语言设计流程、单片机端口控制汇编语言程序设计和单片机中断汇编语言程序设计。

能熟练地使用本章所介绍的汇编语言语法和汇编语言助记符构建出程序模型，该要求也是很高的。当学习本章有不清楚的内容时，有两个办法可以解决，一是翻到前面两章，再把8051 CPU结构和指令系统好好地深入理解；另一个就是多编写程序。

当彻底地理解和掌握汇编语言，再学习C语言编程就非常容易了。因为此时你已经对单片机有了很深入的理解。

## 7.1 汇编语言程序结构

实际上，所谓的汇编语言程序就是按照一定的规则组合在一起机器语言助记符和汇编器助记符命令。这些按一定规则组合在一起的汇编语言助记符机器指令，能通过软件开发环境的处理，转换成可以在STC 8051 CPU上按照设计要求运行的机器代码。

**【例7-1】** 完整汇编语言程序结构的例子。

**代码清单7-1 main.asm文件**

```
NAME main                                  ;声明模块
my_seg SEGMENT CODE                        ;声明代码段 my_seg
              RSEG     my_seg              ;切换到代码段 my_seg
TABLE:        DB       3,2,5,0xFF          ;声明四个常数

     myprog SEGMENT CODE                   ;声明代码段 myprog
              RSEG     myprog              ;切换到代码段 myprog
              LJMP main                    ;在程序存储器地址 0x0000 的位置跳转
              USING 0                      ;使用第 0 组寄存器
              ORG 100H                     ;定位到代码段 100H 的位置
main:         MOV      DPTR, #TABLE        ;将 TABLE 表的地址送给 DPTR 寄存器
              MOV      A, #3               ;将立即数 3 送到累加器 A 中
              MOVC     A,@A+DPTR           ;将(A)+(DPTR)所指向的程序 Flash 的
                                           ;内容送给累加器 A
              MOV      P1,0                ;给 P1 端口清零
              MOV      P1,A                ;将累加器 A 的内容送到 P1 端口
END
```

**注**：(1) 本章所介绍的汇编语言语法遵守 Ax51 宏汇编器所定义的语法规则。

(2) 在该设计和下面的设计中，可以使用 AJMP main 来代替 LJMP main，这是因为 AJMP 指令只需要 2 个字节，而 LJMP 指令则需要 3 个字节。读者可以根据要求决定。

(3) 读者可以进入本书所提供资料\stc_program_example\例 7-1 目录下，打开并参考该设计。

## 7.2 汇编代码中段的分配

正如前面所提到的那样，一个由汇编语言所构建的程序代码有如下特点：

(1) 绝大部分代码都是机器语言助记符。这些程序代码中的机器语言助记符经过软件处理后变成机器指令(机器码)，然后保存在程序存储器中。通常将保存程序代码的区域称为代码段(code segment)。

(2) 根据程序设计的复杂度，需要提供代码中所需数据所在的位置。这些需要操作的数可能保存在不同的存储空间中。因此就需要在程序中显式说明这些数据所存放的位置。典型地，在 STC 15 系列单片机中，提供了片内基本 RAM、片内扩展 RAM 等存储单元。通常将保存数据的区域统称为数据段(data segment)。

**注**：更具体的划分，会根据不同的 CPU 结构有所不同。

(3) 在运行程序的过程中，可能还需要对 8051 CPU 内功能部件的状态进行保存和恢复操作。前面已经说明，这是由堆栈机制实现的。在这种情况下，就需要明确指出保存这些运行状态的存储空间大小和位置。

在任何一个程序中，必须要有代码段，而其他段的存在与否，由具体的设计要求决定。

**思考与练习**

7-1 在汇编语言程序代码中，指定(分配)段的目的是什么?

### 7.2.1 CODE 段

CODE 段，也称为代码段，它是用来保存程序中汇编助记符描述的机器指令部分。CODE 段放在 STC 单片机中的程序 Flash 存储空间。CODE 段可以由 MOVC 指令，通过 DPTR 寄存器进行访问。

**【例 7-2】** 定义和访问 CODE 段的例子。

**代码清单 7-2 main.a51 文件**

```
my_seg SEGMENT CODE                         ;定义为 CODE 段
               RSEG      my_seg
TABLE:         DB        1,2,4,8,0x10       ;定义常数表

myprog SEGMENT CODE                         ;定义 CODE 段
               RSEG      myprog
               LJMP      main
               ORG       100H
main:          MOV       DPTR, #TABLE       ;加载 TABLE 的地址
               MOV       A, #3              ;加载偏移量
               MOVC      A,@A+DPTR          ;通过 MOVC 指令访问
END
```

**注**：读者可以进入本书所提供资料\stc_program_example\例 7-2 目录下，打开并参考该设计。

**思考与练习**

7-2 在汇编语言程序中，CODE 段的作用是什么？访问 CODE 段的方法是什么？

### 7.2.2 BIT 段

在 8051 单片机内提供了可位寻址的空间。与之相对应，在汇编语言中，提供 BIT 段。通过指令系统中的位操作指令，可以实现位寻址功能。

**注**：可以通过位操作指令访问特殊功能寄存器 SFR。在 SFR 空间内，只有被 8 整除的地址才可以实现位寻址能力。典型地，地址 80H，88H，90H，98H，0A0H，0A8H，0B0H，0B8H，0C0H，0C8H，0D0H，0D8H，0E0H，0E8H，0F0H 和 0F8H 均提供了可位寻址的能力。

**【例 7-3】** 定义和访问 BIT 段的例子。

**代码清单 7-3 main. a51 文件**

```
mybits SEGMENT BIT                              ;定义 BIT 段
                RSEG      mybits
FLAG:           DBIT      1                     ;保留 1 位空间
P1              DATA      90H                   ;8051 SFR 端口 1
GREEN_LED BIT P1.2                              ;在端口 P1 的第 2 引脚 P1.2 定义符号 GREEN_LED

myprog SEGMENT CODE                             ;定义为代码段
                RSEG      myprog
                LJMP      main                  ;无条件跳转 main
                ORG       100H                  ;定位到 100H 的位置
main:           SETB      GREEN_LED             ;P1.2 = 1
                JB        FLAG,is_on            ;到 DATA 的直接访问
                SETB      FLAG                  ;设置 FLAG
                CLR       ACC.5                 ;复位 ACC 的第 5 位
                ⋮
is_on:          CLR       FLAG                  ;清除 FLAG
                CLR       GREEN_LED             ;P1.2 = 0
END
```

**注**：读者可以进入本书所提供资料\stc_program_example\例 7-3 目录下，打开并参考该设计。

**思考与练习**

7-3 在汇编语言程序中，BIT 段的作用是什么？访问 BIT 段的方法是什么？

### 7.2.3 IDATA 段

在 8051 汇编语言中，可以定义 IDATA 段。在 IDATA 段可以定义少量的变量，这些变量将最终保存在 STC 单片机的片内 RAM 高地址和低地址区域中。

**注**：IDATA 的低 128 个字节和 DATA 段重叠。通过寄存器 R0 或者 R1，程序可以间接寻址保存在 IDATA 段中的变量。

【例 7-4】 定义和访问 IDATA 段的例子。

**代码清单 7-4 main.a51 文件**

```
myvars SEGMENT IDATA                        ;定义 IDATA 段
            RSEG     myvars
BUFFER:     DS       100                    ;保留 100 个字节

myprog SEGMENT CODE                         ;定义 CODE 段
            RSEG     myprog
            LJMP     main                   ;无条件跳转到 main
            ORG      100H                   ;定位到 100H 位置
main:       MOV      R0,#BUFFER             ;将 BUFFER 的地址加载到 R0 寄存器
            MOV      A,@R0                  ;将缓冲区的内容读到寄存器 A
            INC      R0                     ;R0 内的地址递增
            MOV      @R0,A                  ;将 A 的内容写到 BUFFER+1 的存储空间
END
```

注：读者可以进入本书所提供资料\stc_program_example\例 7-4 目录下，打开并参考该设计。

**思考与练习**

7-4 在汇编语言程序中，IDATA 段的作用是什么？访问 IDATA 段的方法是什么？

### 7.2.4 DATA 段

在 8051 汇编语言中，定义了 DATA 段，该段指向 STC 单片机内部数据 RAM 的低 128 个字节。通过直接和间接寻址方式，程序代码可以访问在 DATA 段中的存储器位置。

【例 7-5】 定义和访问 DATA 段的例子。

**代码清单 7-5 main.a51 文件**

```
myvar SEGMENT DATA                          ;定义 DATA 段
            RSEG     myvar
VALUE:      DS       1                      ;在 DATA 空间保存一个字节

IO_PORT2    DATA     0A0H                   ;特殊功能寄存器
VALUE2      DATA     20H                    ;存储器的绝对地址

myprog SEGMENT CODE                         ;定义 CODE 段
            RSEG     myprog
            LJMP     main                   ;无条件跳转到 main
            ORG      100H                   ;定位到 100H 的位置
main:       MOV      A,IO_PORT2             ;直接访问 DATA
            ADD      A,VALUE
            MOV      VALUE2,A
            MOV      R1,#VALUE              ;将 VALUE 的值加载到 R1 寄存器
            ADD      A,@R1                  ;间接访问 VALUE
END
```

注：读者可以进入本书所提供资料\stc_program_example\例 7-5 目录下，打开并参考该设计。

**思考与练习**

7-5　在汇编语言程序中,DATA 段的作用是什么? 访问 DATA 段的方法是什么?

### 7.2.5　XDATA 段

在 8051 汇编语言中,定义了 XDATA 段,XDATA 段指向 STC 单片机片内扩展 RAM 和片外扩展 RAM 区域。通过寄存器 DPTR 和 MOVX 指令,程序代码就可以访问 XDATA 段。对于一个单页的 XDATA 存储空间来说,也可以通过寄存器 R0 和 R1 访问。

**【例 7-6】**　定义和访问 XDATA 段的例子。

**代码清单 7-6　main. a51 文件**

```
my_seg SEGMENT XDATA                        ;定义 XDATA 段
               RSEG     my_seg
XBUFFER:       DS       2                   ;保留 2 个字节存储空间

myprog SEGMENT CODE                         ;定义 CODE 段
               RSEG     myprog
               LJMP     main                ;无条件跳转到 main
               ORG      100H                ;定位到 100H 的位置
main:          MOV      DPTR,#XBUFFER       ;XBUFFER 的地址送到 DPTR 寄存器
               CLR      A                   ;累加器 A 清 0
               MOVX     @DPTR,A             ;将累加器 A 的内容送给 DPTR 指向的 XBUFFER 区域
               INC      DPTR                ;寄存器 DPTR 的内容加 1
               CLR      A                   ;累加器 A 清 0
               MOVX     @DPTR,A             ;累加器 A 的内容送给 DPTR 指向的 XBUFFER 区域
END
```

**注**:读者可以进入本书所提供资料\stc_program_example\例 7-6 目录下,打开并参考该设计。

**思考与练习**

7-6　在汇编语言程序中,XDATA 段的作用是什么? 访问 XDATA 段的方法是什么?

## 7.3　汇编语言符号及规则

符号是定义的一个名字,用来表示一个值、文本块、地址或者寄存器的名字。也可用符号表示常数和表达式。

### 7.3.1　符号的命名规则

在 AX51 汇编器中,符号最多可以由 31 个字符组成。符号中的字符可以包括:

(1) A～Z 之间的大写字母。

(2) a～z 之间的小写字母。

(3) 0～9 之间的数字。

(4) 空格字符。

(5) 问号字符。

**注**:数字不可以作为符号的开头。

### 7.3.2　符号的作用

在汇编语言中，符号的作用包括：

(1) 使用 EQU 或者 SET 控制描述，将一个数值或者寄存器名赋给一个指定的符号名，例如：

```
NUMBER_FIVE         EQU     5
TRUE_FLAG           SET     1
FALSE_FLAG          SET     0
```

(2) 在汇编程序中，符号可以用来表示一个标号。其中，

① 标号用于在程序或者数据空间内定义一个位置（地址）。

② 标号是该一行的第一个字符域。

③ 标号后面必须跟着“:”符号。一行只能定义一个标号，例如：

```
LABEL1:      DJNZ     R0, LABEL1
```

(3) 在汇编程序中，符号可以用于表示一个变量的位置，例如：

```
SERIAL_BUFFER  DATA  99h
```

## 7.4　汇编语言操作数描述

一个操作数可以是数字常数、符号名字、字符串或者一个表达式。本节对汇编语言操作数进行详细的说明。

**注**：操作数不是汇编语言指令，它不产生汇编代码。

### 7.4.1　数字

数字以十六进制数、十进制数、八进制数和二进制数的形式指定。如果没有指定数字的形式，默认为十进制数。

1) 十六进制数

后缀 H,h，有效数字在 0～9，A～F 或 a～f 之间，例如 0FH 和 0FFH。

**注**：(1) 当其第一个数字在 A～F 之间时，必须加前缀 0。

(2) 十六进制数也可使用 C 语言的表示方法，例如 0x12AB。

2) 十进制数

后缀 D,d(可无后缀)，有效数字在 0～9 之间。例如 1234 和 20d。

3) 八进制数

后缀 O,o，有效数字在 0～7 之间，例如 25o 和 65O。

4) 二进制数

后缀 B,b，有效数字 0 和 1，例如 111b 和 10100011B;

**注**：可以在数字之间插入符号“$”，用于增加数字的可读性，例如 1$2$3$4 等效于 1234。

### 7.4.2 字符

在表达式中可以使用 ASCII 字符来生成数字值。表达式可以由单引号包含的两个 ASCII 字符组成。

**注**：字符个数不能超过两个，否则在对汇编程序处理的过程中会报错。

在汇编语言的任何地方都可以使用字符，它可以用来作为立即数。例如，'A'表示 0041h，'a'表示 0061h。

### 7.4.3 字符串

字符串与汇编器描述 DB 一起使用，用来定义在 AX51 汇编程序中的消息。字符串用一对单引号''包含。例如：

```
KEYMSG:     DB     'Press any key to continue.'
```

该声明将在 KEYMSG 指向的缓冲区内生成下面的十六进制数，即 50h、72h、65h、73h、73h、20h、…、6Eh、75h、65h、2Eh。

### 7.4.4 位置计数器

AX51 汇编器为每个段保留了一个位置计数器。在该计数器中，包含了指令或者数据的偏移地址。默认将位置计数器初始化为 0。但是，也可以用 ORG 描述符修改位置计数器的初值。

在表达式中，使用“$”符号，用于得到位置计数器当前的值，可以使用位置计数器确定一个字符串的长度。例如：

```
msg:        DB      'This is a message', 0
msg_len:    EQU      $-msg
```

### 7.4.5 操作符

在汇编语言中，操作符可以是一元操作符，即只有一个操作数；或者二元操作符，即有两个操作数。表 7.1 给出了操作符的操作级别。

**表 7.1　操作符及优先级**

| 优先级 | 操　作　符 |
|---|---|
| 1 | ( ) |
| 2 | (1) NOT、HIGH、LOW<br>(2) BYTE0,BYTE1,BYTE2,BYTE3<br>(3) WORD0、WORD2、MBYTE |
| 3 | 一元+、一元− |
| 4 | *、/、MOD |
| 5 | +、− |
| 6 | SHL、SHR |
| 7 | AND、OR、XOR |
| 8 | EQ、=、NE、<>、LT、<、LTE、<=、GT、>、GTE、>= |

注：(1) 1 级优先级最高，8 级优先级最低。

(2) SHL 表示左移运算、SHR 表示右移运算。

(3) BYTEx 根据 x 所指定操作数的位置，返回相应的字节。例如，BYTE0 返回最低的字节(与 LOW 等效)；BYTE1 返回紧挨 BYTE0 的字节(与 HIGH 等效)，如表 7.2 所示。

(4) WORDx 根据 x 指定的操作数的位置，返回相应的字。例如，WORD1 返回最低的字(16 位)；WORD2 返回最高的两个字节(16 位)，如表 7.2 所示。

**表 7.2 32 位操作数的分配**

| MSB | 32 位操作数 | | LSB |
|---|---|---|---|
| BYTE3 | BYTE2 | BYTE1 | BYTE0 |
| WORD2 | | WORD1 | |
| | | HIGH | LOW |

(5) MBYTEx(上表中 MBYTE 的后边没有 x)操作符返回用于 C51 实时库的存储器类型信息。所得到的值是存储器类型字节。这些存储器类型字节用在 C51 实时库中用于访问带有 far 存储器类型定义的变量。

**思考与练习**

7-7 请根据这些符号的功能，给出每条指令所表示的含义。

```
(1) MOV   R2, #99 * 45
(2) MOV   R1, #1234 + 5678
(3) MOV   R1, #12/4
(4) MOV   R1, #(0FDh AND 03h)
(5) MOV   R0, #HIGH 1234h
(6) MOV   R3, #MBYTE far_var
(7) MOV   R2, #99 MOD 10
(8) MOV   R0, #(1 SHL 2)
(9) MOV   R0, #WORD2 12345678h
```

## 7.4.6 表达式

表达式是操作数和操作符的组合，该表达式由汇编器计算。没有操作符的操作数是最简单的表达式。表达式能用在操作数所要求的地方。

**【例 7-7】** 表达式用法的例子。

**代码清单 7-7 表达式用法代码清单**

```
EXTRN CODE (CLAB)                        ;CODE 空间的入口
EXTRN DATA (DVAR)                        ;DATA 空间的变量

MSK       EQU      0F0H                  ;定义符号来替换 0xF0 值
VALUE     EQU      MSK - 1               ;其他常数符号值

FOO SEGMENT CODE
          RSEG     FOO
ENTRY:    MOV      A, #40H               ;用常数加载累加器
          MOV      R5, #VALUE            ;加载一个常数表示的符号值
          MOV      R3, #(0x20 AND MASK)  ;一个计算例子
```

```
MOV      R7,#LOW(VALUE + 20H)
MOV      R6,#1 OR(MSK SHL 4)
MOV      R0,DVAR+20              ;DVAR 地址加上 20,加载 R0 寄存器
MOV      R1,#LOW(CLAB+10)        ;加载 CLAB 地址加 10 的低部分到寄存器 R1
MOV      R5,80H                  ;加载地址 80H(= SFR P0)的内容到 R5 寄存器
SETB 20H.2                       ;设置 20H.2
END
```

## 7.5 汇编语言控制描述

AX51 汇编器提供了大量的控制描述,允许编程人员定义符号值,保留和初始化存储空间,控制代码的存储位置。

**注**:这些描述不能和汇编助记符描述的机器指令混淆。这些描述不能产生可执行代码,除了 DB、DD 和 DW 描述外,它们不影响代码存储器的内容。这些控制改变的是汇编器的状态和定义的用户符号以及添加到目标文件的信息。

### 7.5.1 地址控制

地址控制描述用于控制程序计数器(PC)的指向和寄存器组的选择,地址控制描述包括 EVEN、ORG 和 USING。

1) EVEN

迫使位置计数器指向下一个偶数地址。例如:

```
MYDATA: SEGMENT DATA WORD
        RSEG    MYDATA
  var1: DSB     1
    EVEN
  var2: DSW     1
```

2) ORG

设置位置计数器指向一个指定的偏移量或地址。例如:

```
ORG 100h
```

3) USING

说明所使用的寄存器组。例如:

```
USING     3      ;选择第 3 组寄存器
PUSH      R2     ;将第 3 组中的 R2 寄存器入栈
```

### 7.5.2 条件汇编

根据符号条件的真假,条件汇编控制模块的运行。条件汇编描述包括:

1) IF

条件为真,汇编模块。

2) ELSE

如果前面的 IF 条件为假,则汇编模块。

3) ELSEIF

如果前面的 IF 和 ELSEIF 条件为假,则汇编模块。

4) ENDIF

结束 IF 模块。

**【例 7-8】** 条件编译的代码片段

```
IF (SWITCH = 1)
…
ELSEIF (SWITCH = 2)
…
ELSE
…
ENDIF
```

## 7.5.3 存储器初始化

存储器初始化用于为变量分配空间并进行初始化设置,也就是给出具体的数值。存储器初始化描述包括 DB、DD 和 DW。

1) DB

该描述符用于说明所分配空间的类型是字节,例如:

```
TAB:    DB      2, 3, 5, 7, 11, 13, 17, 19, ';'
```

2) DD

该描述符用于说明分配空间的类型是双字,即 4 个字节,例如:

```
VALS:  DD      12345678h, 98765432h
```

3) DW

该描述符用于说明分配空间的类型是字,即 2 个字节,例如:

```
HERE:  DW      0
```

## 7.5.4 分配存储器空间

分配存储器空间描述符,用于在存储器内为变量预先分配存储空间。分配存储器空间描述包括 DBIT、DS(DSB)、DSD 和 DSW。

1) DBIT

该描述符用于说明为变量所分配存储空间的类型为比特,例如:

```
A_FLAG:      DBIT      1         ;保留的存储空间为 1 位
```

2) DS(DSB)

该描述符用于说明为变量所分配存储空间的类型为字节,例如:

```
TIME:        DS        8         ;保留的存储空间为 8 个字节
```

3) DSD

该描述符用于说明为变量所分配存储空间的类型为双字,即 4 个字节,例如:

```
COUNT:      DSD     9       ;保留的存储空间为 36 个字节
```

4) DSW

该描述符用于说明为变量所分配存储空间的类型为字,即 2 个字节,例如:

```
COUNT:      DSW     9       ;保留的存储空间为 18 个字节
```

### 7.5.5 过程声明

函数声明用于说明过程的开始和结束。过程声明描述主要包括:

1) PROC

该描述符用于定义过程的开始。

2) ENDP

该描述符用于定义过程的结束。

过程声明的格式如下:

```
过程名字 PROC [类型]
         ;汇编助记符
         ;汇编助记符
           …
           ;
过程名字 ENDP
```

其中,类型说明用于规定所定义过程的类型,如表 7.3 所示。

**表 7.3 过程的类型**

| 类型 | 说　明 |
|---|---|
| 无 | 默认为 NEAR |
| NEAR | 定义为一个 NEAR 类型的过程,采用 LCALL 或者 ACALL 指令调用 |
| FAR | 定义一个 FAR 类型过程,采用 ECALL 指令调用 |

3) LABEL

该描述符为符号名分配一个地址。标号后面可以跟一个":",或者不用。标号继承了当前活动代码的属性,因此不能在程序段之外使用。格式如下:

```
标号名:    LABEL  [类型]
```

### 7.5.6 程序链接

程序链接主要用于控制模块之间参数的传递。控制描述包括:

1) EXTERN(EXTERN)

该控制描述符用于定义一个外部的符号。其格式为

```
EXTERN 类: 类型(符号 1,符号 2,…,符号 N)
```

其中,类表示符号所在的存储器段的类型;类型为 BYTE(字节变量),DWORD(双字变量)、FAR(远标号)、NEAR(近标号)和 WORD(字变量)。例如:

```
EXTERN  CODE: FAR (main)
EXTERN  DATA: BYTE (counter)
```

2) NAME

该控制描述符用于指定当前模块的名字。

3) PUBLIC

该控制描述符用于定义符号,用于说明其他模块会使用这些符号。例如:

```
PUBLIC  myvar,yourvar,othervar
```

**注**:应该在当前的程序模块内定义每个符号。不能将寄存器和段符号指定为PUBLIC。

## 7.5.7 段控制

段控制主要为段分配绝对地址或者可重定位描述。段控制描述包括BSEG、CSEG、DSEG、ISEG、RSEG和XSEG。

1) BSEG

该控制符用于定义一个绝对BIT段。例如:

```
BSEG          AT 10                 ;地址 = 0x20 + 10 位 = 0x2A
DEC_FLAG:     DBIT   1              ;DEC_FLAG 为比特位类型
INC_FLAG:     DBIT   1              ;INC_FLAG 为比特位类型
```

2) CSEG

该控制符用于定义一个绝对CODE段。例如:

```
CSEG          AT 0003h              ;CODE 段开始的绝对地址为 0x3
VECT_0:       LJMP     ISR_0        ;跳转到中断向量的位置
CSEG          AT 0x100              ;绝对地址 0x100
CRight:       DB "(C) MyCompany"    ;固定位置的字符串
CSEG          AT 1000H              ;绝对地址 0x1000
Parity_TAB:                         ;Parity_TAB 的名字
              DB       00H          ;初始化 Parity_TAB 开始的缓冲区
              DB       01H
              DB       01H
              DB       00H
```

3) DSEG

该控制符用于定义一个绝对DATA段。例如:

```
DSEG  AT 0x40                       ; DATA 段开始的绝对地址为 40H
TMP_A:        DS     2              ;TMP_A 变量
TEM_B:        DS     4              ;TMP_B 变量
```

4) ISEG

该控制符用于定义一个绝对IDATA段。例如:

```
ISEG  AT 0xC0                       ; IDATA 段开始的绝对地址为 0C0H
TMP_IA:       DS     2              ; TMP_IA 变量
TEM_IB:       DS     4              ; TMP_IB 变量
```

5）RSEG(段名字)

该控制符用于定义一个可重定位段。例如：

```
MYPROG  SEGMENT CODE               ;定义一个段
    RSEG     MYPROG                ;选择段
```

6）XSEG

该控制符用于定义一个绝对的 XDATA 段。例如：

```
XSEG   AT 1000H                    ; XDATA 段的绝对开始地址为 0x1000
OEM_NAME:  DS     25               ; OEM_NAME 变量
PRD_NAME:  DS     25               ; PRD_NAME 变量
```

### 7.5.8 杂项

杂项控制描述包含 ERROR 和 END。

(1) ERROR：产生错误消息。

(2) END：表示汇编模块的结束。

## 7.6 汇编语言设计流程

本节将通过一个简单的设计例子，介绍汇编语言设计流程。内容包括建立新的设计工程，添加新的汇编语言文件，建立设计，分析.m51 文件，分析.lst 文件，分析 HEX 文件，程序软件仿真和程序硬件仿真。

### 7.6.1 建立新的设计工程

本节将建立新的设计工程，建立新设计工程的步骤主要包括：

(1) 打开 μVision5 集成开发环境。

(2) 新建一个名字为 top.uvproj 的工程。

**注**：(1) 将工程路径定位到\stc_program_example\例 7-8 下。

(2) 该设计使用 STC 公司 IAP15W4K58S4 单片机，该单片机属于 STC15W4K32S4 系列。

(3) 在程序设计中不需要添加 STARTUP.A51 文件。

### 7.6.2 添加新的汇编语言文件

本节将添加新的汇编语言文件。添加汇编语言文件的步骤主要包括：

(1) 在 Project 窗口界面下，选择 Source Group 1，右击，出现浮动菜单。在浮动菜单内，选择 Add New Item to Group 'Source Group 1'选项。

(2) 出现 Add New Item to Group'Source Group 1'对话框界面，按下面设置参数：

① 在该界面左侧窗口中，选中 Asm File(.s)。

② 在 Name 右侧的文本框中输入 main。

③ 单击 Add 按钮。

(3) 在右侧窗口中，自动打开了 main. a51 文件，输入下面代码，并保存输入的代码。

**代码清单 7-8 main. a51 文件**

```
seg_1 SEGMENT CODE
          RSEG      seg_1
TABLE:    DB        3,2,5,0x0EE
seg_2 SEGMENT IDATA
          RSEG      seg_2
BUFFER:   DS        19
seg_3 SEGMENT XDATA
          RSEG      seg_3
XBUFFER:  Ds        100

myprog SEGMENT CODE
          RSEG      myprog
          USING 0
          LJMP      main
          org       0x100
main:     MOV       DPTR, #TABLE          ;access code segment
          MOV       A, #3
          MOVC      A,@A + DPTR
          MOV       P1, #0
          MOV       P1,A

          MOV       R0, #BUFFER           ;access IDATA segment
          MOV       @R0,A
          INC       A
          INC       R0
          MOV       @R0,A

          MOV       DPTR, #XBUFFER        ;access XDATA segment
          INC       A
          MOVX      @DPTR,A
          INC       DPTR
          CLR       A
          MOVX      @DPTR,A

END
```

### 7.6.3 建立设计

本节将设置建立(Build)过程参数，并实现对设计的建立。其步骤主要包括：

(1) 在 Project 窗口中，选中 Target 1 文件夹并右击，出现浮动菜单。在浮动菜单内，选中 Options for Target 'Target 1'...选项。

(2) 出现 Options for Target 'Target 1'对话框界面。在该界面中，单击 Target 标签。在该标签界面中，按下面设置参数：在 Xtal(MHz)右侧文本框中，输入 30.0；其余按默认设置。

(3) 在该对话框界面下，再次选中 Output 标签。在该标签界面下，选中 Create HEX File 前面的复选框。

(4) 在该对话框界面下，再次选中 Debug 标签。在该标签界面下，选中 Use Simulator

前面的单选框。

(5) 单击 OK 按钮,退出目标选项对话框界面。

(6) 在主界面主菜单下选择 Project→Build target,开始对设计进行建立的过程。

**注**:该过程对汇编文件进行汇编和链接,最后生成可执行二进制文件和 HEX 文件。

## 7.6.4 分析.m51文件

本节将对建立后生成的.m51 文件进行分析,帮助读者掌握汇编语言程序设计的一些关键点。分析.m51 文件的步骤包括:

(1) 在当前设计工程的目录中,找到并用写字板打开 top.m51 文件。在该文件中,LINK MAP OF MODULE 标题下给出了该设计中不同段在存储器中的空间分配情况,如图 7.1 所示。

```
LINK MAP OF MODULE:  top (MAIN)


            TYPE    BASE      LENGTH    RELOCATION   SEGMENT NAME
            -----------------------------------------------------

            * * * * * * *   D A T A   M E M O R Y   * * * * * * *
            REG     0000H     0008H     ABSOLUTE     "REG BANK 0"
            IDATA   0008H     0013H     UNIT         SEG_2

            * * * * * * *  X D A T A   M E M O R Y   * * * * * * *
            XDATA   0000H     0064H     UNIT         SEG_3

            * * * * * * *   C O D E   M E M O R Y   * * * * * * *
            CODE    0000H     0119H     UNIT         MYPROG
            CODE    0119H     0004H     UNIT         SEG_1
```

图 7.1 top.m51 文件内容(1)

**思考与练习**

7-8 根据图 7.1,请给出在该设计中 SEG_1、SEG_2 和 SEG_3 在 STC 单片机中所在的存储空间的位置,基地址以及所分配的长度,并填入表 7.4。

**表 7.4 该程序代码在存储器中的位置分配和长度信息**

| 段名 | 所在的段的类型 | 基地址 | 长度 |
|---|---|---|---|
| SEG1 | | | |
| SEG2 | | | |
| SEG3 | | | |
| MYPROG | | | |

(2) 继续浏览该文件,在该文件 SYMBOL TABLE OF MODULE 标题下,给出了该程序代码中,所有变量和端口在存储器中的空间分配,如图 7.2 所示。

**思考与练习**

7-9 根据图 7.2,请给出在该设计中符号 BUFFER、MAIN、P1、TABLE 和 XBUFFER 在 STC 单片机中所在的存储空间的位置,并填入表 7.5。

```
SYMBOL TABLE OF MODULE:  top (MAIN)

VALUE           TYPE          NAME
----------------------------------

-------         MODULE        MAIN
C:0119H         SEGMENT       SEG_1
I:0008H         SEGMENT       SEG_2
X:0000H         SEGMENT       SEG_3
C:0000H         SEGMENT       MYPROG
I:0008H         SYMBOL        BUFFER
C:0100H         SYMBOL        MAIN
D:0090H         SYMBOL        P1
C:0119H         SYMBOL        TABLE
X:0000H         SYMBOL        XBUFFER
C:0000H         LINE#         15
C:0100H         LINE#         17
C:0103H         LINE#         18
C:0105H         LINE#         19
C:0106H         LINE#         20
C:0109H         LINE#         21
C:010BH         LINE#         23
C:010DH         LINE#         24
C:010EH         LINE#         25
C:010FH         LINE#         26
C:0110H         LINE#         27
C:0111H         LINE#         29
C:0114H         LINE#         30
C:0115H         LINE#         31
C:0116H         LINE#         32
C:0117H         LINE#         33
```

图 7.2 top.m51 文件内容(2)

**表 7.5 该程序代码中符号在存储器中的位置分配信息**

| 符号名字 | 所在段的类型 | 基地址 |
|---|---|---|
| BUFFER | | |
| MAIN | | |
| P1 | | |
| TABLE | | |
| XBUFFER | | |

**思考与练习**

7-10 根据图 7.2,以及汇编语言代码。计算每条指令的长度,并与前一章所介绍指令系统中的每条指令长度进行比较,是否一致。

## 7.6.5 分析.lst 文件

本节将对建立后生成的.lst 文件进行分析,帮助读者掌握汇编语言指令的一些关键点。分析.lst 文件的步骤包括:

(1) 在当前设计工程的目录中,找到并用写字板打开 main.lst 文件。在该文件中,LINK MAP OF MODULE 标题下给出了该设计中不同段在存储器中的空间分配情况,如图 7.3 所示。

程序代码在STC单片机程序Flash的位置分配

汇编语言助记符对应的机器指令

```
LOC  OBJ        LINE   SOURCE

                  1    NAME main
                  2    seg_1 SEGMENT CODE
----              3              RSEG    seg_1
0000 030205EE     4    TABLE:    DB      3,2,5,0x0EE
                  5    seg_2 SEGMENT IDATA
----              6              RSEG    seg_2
0000              7    BUFFER:   DS      19
                  8    seg_3 SEGMENT XDATA
----              9              RSEG    seg_3
0000             10    XBUFFER:  Ds      100
                 11
                 12    myprog SEGMENT CODE
----             13              RSEG    myprog
                 14              USING 0
0000 020000   F  15              LJMP    main
0100             16              org    0x100
0100 900000   F  17    main:     MOV     DPTR, #TABLE       ;access code segment
0103 7403        18              MOV     A,#3
0105 93          19              MOVC    A,@A+DPTR
0106 759000      20              MOV     P1,#0
0109 F590        21              MOV     P1,A
                 22
010B 7800     F  23              MOV     R0,#BUFFER         ;access IDATA segment
010D F6          24              MOV     @R0,A
010E 04          25              INC     A
010F 08          26              INC     R0
0110 F6          27              MOV     @R0,A
                 28
0111 900000   F  29              MOV     DPTR,#XBUFFER      ;access XDATA segment
0114 04          30              INC     A
0115 F0          31              MOVX    @DPTR,A
```

图 7.3 main.lst 文件

**注**：① 在该文件中，给出每条汇编语言助记符机器指令在程序存储器中的相对位置。

② 在该文件中，给出了每条汇编语言助记符机器指令所对应的机器码。

(2) 关闭该文件。

**思考与练习**

7-11 请根据图 7.3，详细列出每条汇编语言助记符所对应的机器指令(用十六进制进行表示)，以及所实现的功能。

## 7.6.6 分析 HEX 文件

本节将对建立后生成的.hex 文件进行分析，帮助读者掌握编程文件的一些关键点，分析.hex 文件的步骤包括：

(1) 在当前设计工程的目录中，找到并用写字板打开 top.hex 文件，如图 7.4 所示。

```
:04011900030205EEEA
:03000000020100FA
:10010000900119740393759000F5907808F604082F
:09011000F690000004F0A3E4F0F5
:00000001FF
```

图 7.4　HEX 文件格式

许多 Flash 编程器都要求输入文件具有 Intel HEX 格式，一个 Intel HEX 文件的一行称为一个记录，每个记录都由十六进制字符构成，两个字符表示一个字节的值。Intel HEX 文件通常由若干记录组成，每个记录具有如下的格式：

```
: ll aaaa tt dd...dd cc
```

其中：

① "："表示记录起始的标志。Intel HEX 文件的每一行都是以"："开头。

② ll 表示记录的长度。用来标识该记录的数据字节数。

③ aaaa 表示装入地址。它是该记录中第一个数据字节的 16 位地址值，用来表示该记录在程序存储器中的绝对地址。

④ tt 表示记录类型。00 表示数据记录，01 表示文件结束。

⑤ dd…dd 表示记录的实际字节数据值。每一个记录都由 ll 个字节的数据值。

⑥ cc 校验和。将它的值与记录中所有字节(包括记录长度字节)内容相加，其结果应该为 0，如果为其他数值则表明该记录有错。

(2) 关闭该文件。

**思考与练习**

7-12　根据图 7.4 的内容，分析 HEX 文件的具体含义。

## 7.6.7　程序软件仿真

本节将对程序进行软件仿真。软件仿真是指，在 Keil μVision5 集成开发环境中运行设计程序代码。这个运行过程不需要真实 STC 单片机硬件平台。程序软件仿真的步骤主要包括：

(1) 在 Keil μVision 主界面主菜单下，选择 Debug→Start/Stop Debug Session，进入调试器模式。

(2) 出现调试器界面，如图 7.5 所示。在该调试器左边出现 Registers 标签窗口。在该界面的上方出现 Disassembly 窗口，该窗口是程序代码的反汇编程序。在该窗口下方是汇编语言源程序界面。

**注：** 如果没有出现 Registers 窗口和 Disassembly 窗口，则可以在当前调试界面主菜单下，分别选择 View→Disassembly Windows 和 View→Registers Windows 选项，添加 Register 窗口和 Disassembly 窗口。

(3) 在当前调试界面工具栏内，选择并单击 按钮，对程序代码进行单步运行，然后观察寄存器界面内寄存器内容的变化情况。然后再单击 按钮，再次观察寄存器内容的变化，一直运行程序直到单步运行到 END 为止结束。

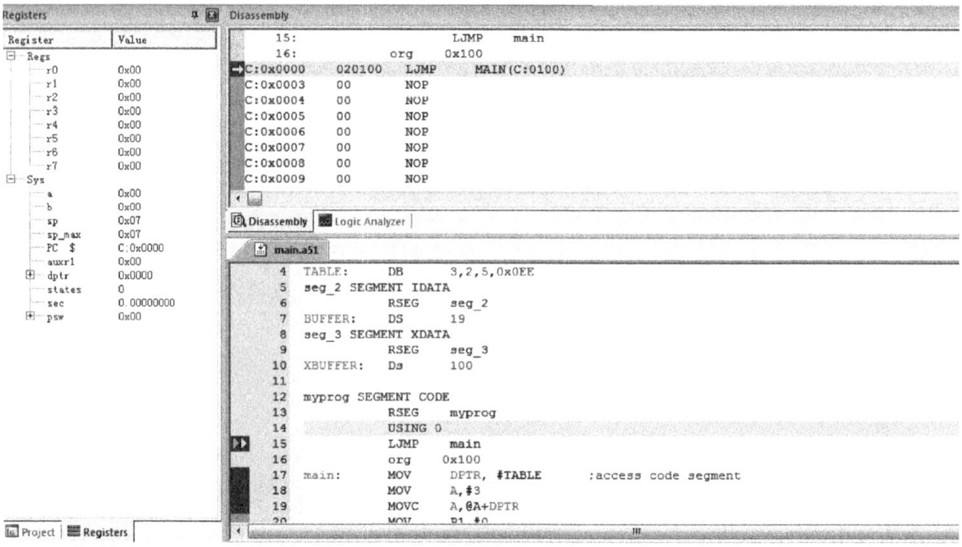


图 7.5　调试器界面

**思考与练习**

7-13　每运行一次单步调试，则记录运行完该行汇编指令后，寄存器的变化情况，并说明指令和寄存器变化的原因。

① a=____________，与指令的关系____________。

② b=____________，与指令的关系____________。

③ pc=____________，与指令的关系____________。

④ sp=____________，与指令的关系____________。

⑤ psw=____________，与指令的关系____________。

⑥ dptr=____________，与指令的关系____________。

⑦ r0=____________，与指令的关系____________。

⑧ r1=____________，与指令的关系____________。

⑨ r2=____________，与指令的关系____________。

⑩ r3=____________，与指令的关系____________。

⑪ r4=____________，与指令的关系____________。

⑫ r5=____________，与指令的关系____________。

⑬ r6=____________，与指令的关系____________。

⑭ r7=____________，与指令的关系____________。

(4) 在当前调试模式主界面主菜单下，选择 Debug→Reset CPU，准备重新运行程序。

(5) 在当前调试模式主界面主菜单下，选择 View→Memory Windows→Memory1；或者在当前调试模式主界面工具栏内单击按钮，出现浮动菜单。在浮动菜单内，选择 Memory1。

(6) 在当前调试模式主界面右下角出现 Memory1 界面，如图 7.6 所示。在 Address:右侧输入 c:0x0119。

**注**：表示 CODE 段地址为 0x119 开始的地址空间。

```
Memory 1
Address: c:0x119
C:0x0119: 03 02 05 EE 00 00 00 00 00 00 00 00 00 00 00 00 00 00 00 00 00 00 00 00 00 00 00 00
C:0x0135: 00 00 00 00 00 00 00 00 00 00 00 00 00 00 00 00 00 00 00 00 00 00 00 00 00 00 00 00
C:0x0151: 00 00 00 00 00 00 00 00 00 00 00 00 00 00 00 00 00 00 00 00 00 00 00 00 00 00 00 00
C:0x016D: 00 00 00 00 00 00 00 00 00 00 00 00 00 00 00 00 00 00 00 00 00 00 00 00 00 00 00 00
C:0x0189: 00 00 00 00 00 00 00 00 00 00 00 00 00 00 00 00 00 00 00 00 00 00 00 00 00 00 00 00
C:0x01A5: 00 00 00 00 00 00 00 00 00 00 00 00 00 00 00 00 00 00 00 00 00 00 00 00 00 00 00 00
Call Stack + Locals | Memory 1
```

图 7.6　存储器监测界面(1)

(7) 在当前调试界面工具栏内，单击 按钮，对程序代码连续运行单步调试，一直到运行完第 21 行程序，如图 7.7 所示，然后观察图 7.6 内的存储器内容的变化情况。

```
17  main:    MOV     DPTR, #TABLE      ;access code segment
18           MOV     A,#3
19           MOVC    A,@A+DPTR
20           MOV     P1,#0
21           MOV     P1,A
22
```

图 7.7　单步运行程序到第 21 行

**思考与练习**

7-14　根据单步执行的指令，分析与所观察存储器内容之间的联系。

(8) 当前调试模式主界面主菜单下，选择 View→Memory Windows→Memory2。或者在当前调试模式主界面工具栏内单击 按钮，出现浮动菜单。在浮动菜单内，选择 Memory2。

(9) 在当前调试模式主界面右下角出现 Memory2 界面，如图 7.8 所示。在 Address:右侧输入 d:0x00。

**注：**表示 IDATA 段地址为 0x00 开始的地址空间。

(10) 在当前调试界面工具栏内，单击 按钮，对程序代码连续运行单步调试，一直到运行完第 27 行程序，如图 7.9 所示，然后观察图 7.8 内的存储器内容的变化情况。

```
Memory 1
Address: d:0x00
D:0x00: 09 00 00 00 00 00 00 00 EE EF 00 00 00 00 00 00 00 00 00 00 00 00 00 00 00 00 00 00 00
D:0x1D: 00 00 00 00 00 00 00 00 00 00 00 00 00 00 00 00 00 00 00 00 00 00 00 00 00 00 00 00 00
D:0x3A: 00 00 00 00 00 00 00 00 00 00 00 00 00 00 00 00 00 00 00 00 00 00 00 00 00 00 00 00 00
D:0x57: 00 00 00 00 00 00 00 00 00 00 00 00 00 00 00 00 00 00 00 00 00 00 00 00 00 00 00 00 00
D:0x74: 00 00 00 00 00 00 00 00 00 00 00 00 FF 07 19 01 00 00 04 00 00 00 00 00 00 00 01 00 EE
D:0x91: 08 00 00 00 00 00 00 00 00 00 FC 00 00 00 00 FF 00 00 00 00 00 00 00 00 00 00 00 00 00
D:0xAE: 00 00 FF 00 00 00 00 00 00 00 00 00 00 00 00 00 00 00 00 00 00 00 83 00 10 FF 00 00 00
D:0xCB: 00 00 00 00 00 01 00 00 00 00 00 00 00 40 00 00 00 00 00 00 00 EF 00 00 00 00 00 00 00
D:0xE8: 00 00 00 00 00 00 00 00 00 00 00 00 00 00 00 00 00 00 00 00 00 00 00 00 09 00 00 00 00
Call Stack + Locals | Memory 1
```

图 7.8　存储器监测界面(2)

```
23           MOV     R0,#BUFFER
24           MOV     @R0,A
25           INC     A
26           INC     R0
27           MOV     @R0,A
28
```

图 7.9　单步运行程序到第 28 行

**思考与练习**

7-15　根据单步执行的指令，分析与所观察存储器内容之间的联系。

(11) 当前调试模式主界面主菜单下，选择 View→Memory Windows→Memory3；或者在当前调试模式主界面工具栏内单击 按钮，出现浮动菜单。在浮动菜单内选择 Memory3。

(12) 在当前调试模式主界面右下角出现 Memory3 界面，如图 7.10 所示。在 Address：右侧输入 x：0x0000。

**注**：表示 XDATA 段地址为 0x0000 开始的地址空间。

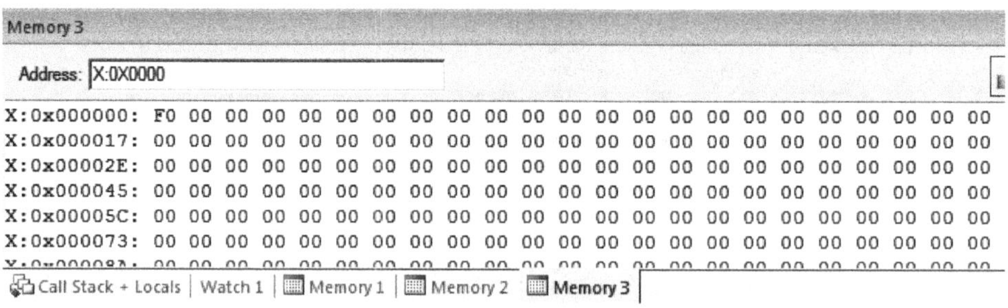


图 7.10　存储器监测界面(3)

(13) 在当前调试界面工具栏内，单击 按钮，对程序代码连续运行单步调试，一直到运行完第 34 行程序，如图 7.11 所示，然后观察图 7.10 内存储器内容的变化情况。

**思考与练习**

7-16　根据单步执行的指令，分析与所观察存储器内容之间的联系。

(14) 在当前调试界面主菜单下，选择 Debug→Reset CPU，准备重新运行程序。

(15) 在当前调试界面主菜单下，选择 View→Trace→Enable Trace Recording 复选框。然后再次选择 View→Trace→Instruction Trace；或者在当前调试主界面工具栏内，单击 按钮，出现浮动菜单，选择 Enable Trace Recording 复选框，然后再次单击 按钮，出现浮动菜单。在浮动菜单内，选择 Instruction Trace 选项。

```
30          MOV     DPTR,#XBUFFER      ;access XDATA segment
31          INC     A
32          MOVX    @DPTR,A
33          INC     DPTR
34          CLR     A
35          MOVX    @DPTR,A
36
37  END
```

图 7.11　单步运行程序到第 34 行

(16) 出现指令 Instruction Trace(跟踪调试)窗口界面。

(17) 再次连续单步运行程序，一直到程序结束为止。当运行单步调试时，在跟踪调试窗口界面中，可以看到所执行的指令，以及该指令在程序存储器内所分配的地址和该指令的机器码，如图 7.12 所示。

Instruction Trace

Filter: Execution-All

| Nr. | Address | Opcode | Instruction |
|---|---|---|---|
| 1 | C:0x0000 | 020100 | LJMP MAIN(C:0100) |
| 2 | C:0x0000 | | 15: LJMP main |
| 3 | C:0x0100 | 900119 | MOV DPTR, #0x0119 |
| 4 | C:0x0100 | | 17: main: MOV DPTR, #TABLE ;access code segment |
| 5 | C:0x0103 | 7403 | MOV A, #0x03 |
| 6 | C:0x0103 | | 18: MOV A, #3 |
| 7 | C:0x0105 | 93 | MOVC A, @A+DPTR |
| 8 | C:0x0105 | | 19: MOVC A, @A+DPTR |
| 9 | C:0x0106 | 759000 | MOV P1(0x90), #0x00 |
| 10 | C:0x0106 | | 20: MOV P1, #0 |
| 11 | C:0x0109 | F590 | MOV P1(0x90), A |
| 12 | C:0x0109 | | 21: MOV P1, A |
| 13 | C:0x010B | 7808 | MOV R0, #0x08 |
| 14 | C:0x010B | | 23: MOV R0, #BUFFER ;access IDATA segment |
| 15 | C:0x010D | F6 | MOV @R0, A |
| 16 | C:0x010D | | 24: MOV @R0, A |
| 17 | C:0x010E | 04 | INC A |
| 18 | C:0x010E | | 25: INC A |
| 19 | C:0x010F | 08 | INC R0 |
| 20 | C:0x010F | | 26: INC R0 |
| 21 | C:0x0110 | F6 | MOV @R0, A |
| 22 | C:0x0110 | | 27: MOV @R0, A |
| 23 | C:0x0111 | 900000 | MOV DPTR, #0x0000 |
| 24 | C:0x0111 | | 29: MOV DPTR, #XBUFFER ;access XDATA segment |
| 25 | C:0x0114 | 04 | INC A |
| 26 | C:0x0114 | | 30: INC A |
| 27 | C:0x0115 | F0 | MOVX @DPTR, A |
| 28 | C:0x0115 | | 31: MOVX @DPTR, A |
| 29 | C:0x0116 | A3 | INC DPTR |
| 30 | C:0x0116 | | 32: INC DPTR |
| 31 | C:0x0117 | E4 | CLR A |
| 32 | C:0x0117 | | 33: CLR A |
| 33 | C:0x0118 | F0 | MOVX @DPTR, A |
| 34 | C:0x0118 | | 34: MOVX @DPTR, A |
| 35 | C:0x0119 | 03 | RR A |
| 36 | C:0x011A | 0205EE | LJMP C:05EE |

Disassembly | Logic Analyzer | Instruction Trace

图 7.12 Instruction Trace 窗口内容

**思考与练习**

7-17 根据图 7.12 给出的信息，详细分析每条指令。

(18) 在当前调试模式主界面主菜单下，选择 View→Symbols Window；或者在当前调试模式主界面工具栏内，单击按钮。

(19) 在调试界面右侧，出现 Symbols 窗口界面，如图 7.13 所示。在该界面下，给出 SFR 寄存器的地址以及为程序代码中所用到变量所分配的段和地址信息。

Symbols

| Module / Name | Location | Type |
|---|---|---|
| ⊞ Virtual Registers | | |
| ⊞ Special Function R... | | |
| ⊟ top | | Application |
| ⊟ MAIN | | Module |
| BUFFER | I:0x08 | uchar |
| P1 | D:0x90 | uchar |
| XBUFFER | X:0x000000 | uchar |

图 7.13 Symbols 窗口内容

(20) 在当前调试界面主菜单下，选择 Debug→Reset CPU，准备重新运行程序。

(21) 在当前调试界面主菜单下，选择 Peripherals→I/O-Ports→Port 1。

(22) 弹出 Parallel Port 1 端口界面,如图 7.14 所示。在该界面中,给出了端口 1 各个引脚当前的状态。

(23) 再次单步运行程序,一直运行到程序代码的第 23 行为止。

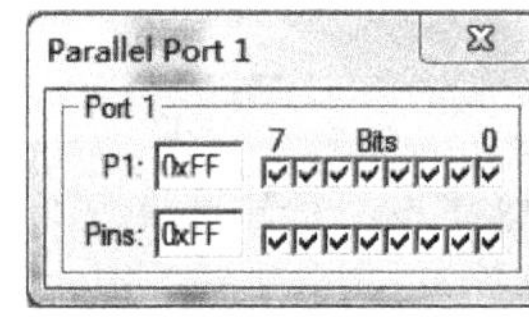


图 7.14 Parallel Port1 窗口界面

**思考与练习**

7-18 根据端口操作指令,分析对端口的控制。读者可以尝试退出调试模式,并且修改端口控制语句,对程序代码进行再次建立,然后进入调试模式,观察所修改的程序,能否按照要求实现对端口的正确控制。

(24) 在当前调试界面主菜单下,选择 Debug→Reset CPU,准备重新运行程序。

(25) 在当前调试主界面主菜单下,选择 View→Analysis Windows→Code Coverage 选项;或者在当前调试主界面工具栏内,单击按钮,出现浮动菜单。在浮动菜单内,选择 Code Coverage 选项。

(26) 在调试主界面内,出现 Code Coverage 窗口界面,如图 7.15 所示。

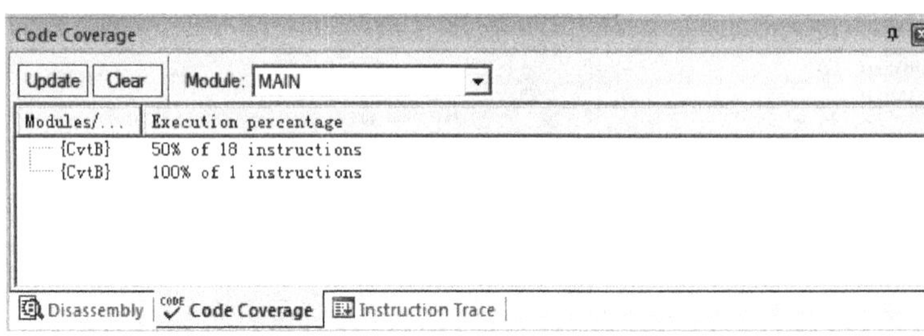


图 7.15 Code Coverage 窗口界面

(27) 在 Code Coverage 窗口界面中 Module:右侧的下拉框中,选择 MAIN。

(28) 运行单步调试,可以看到代码覆盖率随程序的单步执行而不断地增加。

(29) 在当前调试界面主菜单下,选择 Debug→Start/Stop Debug Session,退出调试模式主界面。

**注**:该步操作的目的是为了清除前面所做的操作对存储空间内容的影响。因为下面的步骤会调用软件逻辑分析工具,调试信号的逻辑状态变化。

对该段代码使用逻辑分析仪进行分析的步骤主要包括:

(1) 在 Keil μVision 主界面主菜单下,选择 Debug→Start/Stop Debug Session,进入调试模式主界面。

(2) 在当前调试模式主界面主菜单下,选择 View→Analysis Windows→Logic Analysis;或者在当前调试主界面工具栏中,单击按钮,出现浮动菜单,选择 Logic Analyzer。

(3) 出现 Logic Analyszer(逻辑分析仪)窗口界面,如图 7.16 所示。

(4) 在该窗口界面中,单击 Setup...按钮。

(5) 出现 Setup Logic Analyzer 界面,如图 7.17 所示。在该界面内,单击按钮。

(6) 在 Current Logic Analyzer Signals:窗口下新添加了一个空白行。在该空白行中输入,P1。然后选中该行。

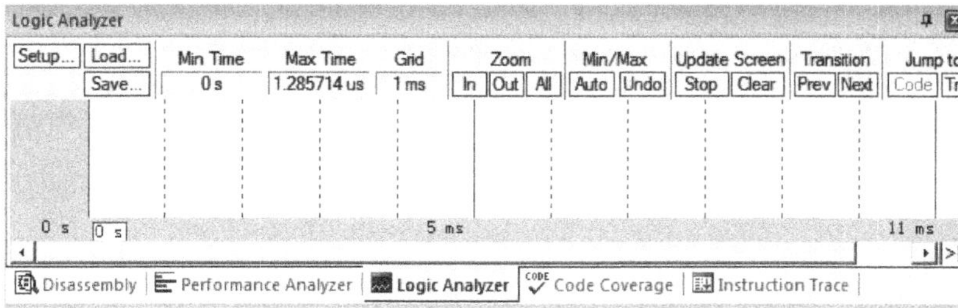


图 7.16　Logic Analyzer 窗口界面

(7) 在该窗口下面的 And Mask：右侧的文本框中输入 0xFFFFFFFF。其余参数保持不变，如图 7.18 所示。

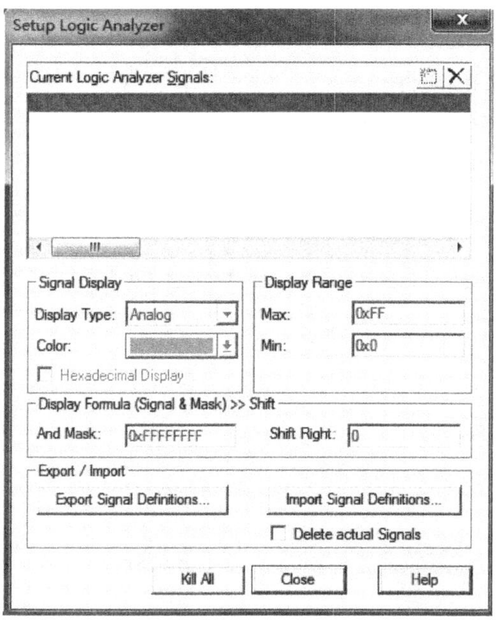


图 7.17　未设置前的 Setup Logic Analysis 窗口界面

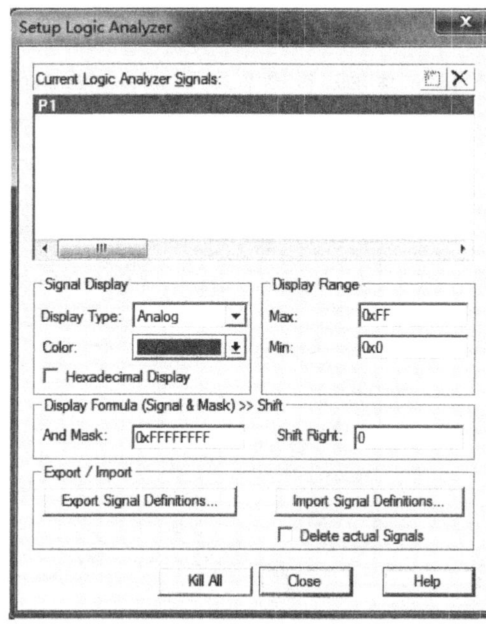


图 7.18　设置后的 Setup Logic Analysis 窗口界面

(8) 单击 Close 按钮，退出配置逻辑分析仪选项界面。

(9) 在当前调试模式主界面下面的 Command 窗口内的命令行中，输入 la buffer 命令，如图 7.19 所示。

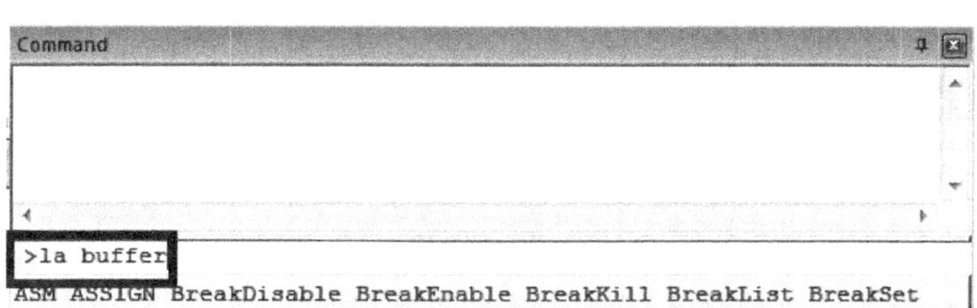


图 7.19　命令行窗口界面

(10) 按 Enter 键,可以看到在 Logic Analyzer 窗口界面内,新添加了 P1 和 buffer 两个逻辑信号,如图 7.20 所示。

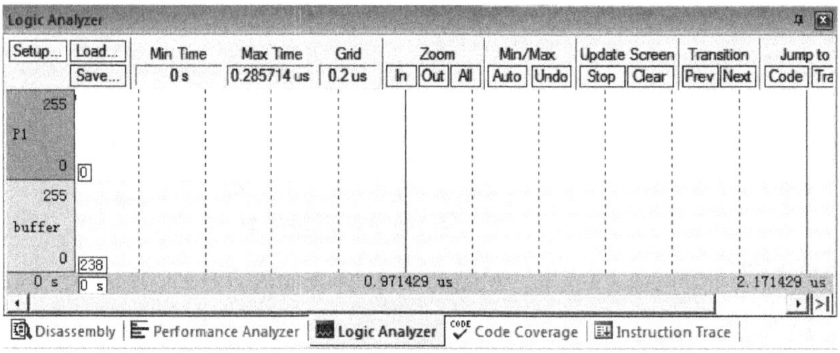

图 7.20　添加分析信号后的 Logic Analyzer 界面

(11) 单步运行程序,一直运行到程序代码的第 29 行。

(12) 在 Logic Analyzer 窗口界面中,连续单击 In 按钮多次,用于放大窗口内的信号。

(13) 当调整到观察范围内时,看到信号的变化过程,如图 7.21 所示。

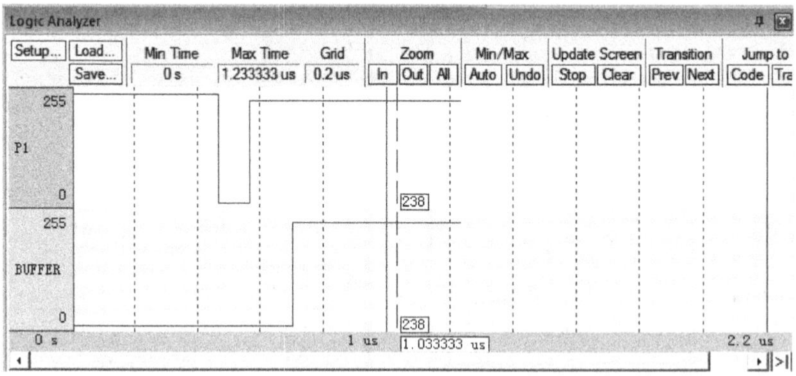

图 7.21　单步运行程序后的 Logic Analyzer 界面

**思考与练习**

7-19　读者可以左右拖动图中颜色为红线坐标,观察不同的值变化情况,说明和指令之间的关系。

(14) 在当前调试主界面主菜单下,选择 Debug→Start/Stop Debug Session,退出调试模式主界面。

## 7.6.8　程序硬件仿真

本节将进行程序的硬件仿真。硬件仿真就是在 STC 单片机硬件平台上调试程序代码,并对程序代码的执行情况进行分析。运行程序硬件仿真的步骤主要包括:

(1) 按照 STC 集成开发环境一章所介绍的方法,配置好硬件仿真所需要的硬件和软件环境。

(2) 在 Keil μVision 主界面主菜单下,选择 Debug→Start/Stop Debug Session,进入调

试器模式。

(3) 再次运行单步调试,先单步运行完第 20 行代码,如图 7.22 所示。

```
15              LJMP    main
16              org     0x100
17   main:      MOV     DPTR, #TABLE
18              MOV     A,#3
19              MOVC    A,@A+DPTR
20              MOV     P1,#0
21              MOV     P1,A
22
```

图 7.22 单步运行调试界面

**注**:观察 STC 学习板上 LED7 和 LED8 变亮。参考附录中提供的 STC 单片机原理图。在该电路中,两个 LED 灯(发光二极管)的阳极接电源 $V_{CC}$,而两个 LED 灯的另一端通过限流电阻 R52 和 R53 分别接到了 STC 单片机的 P1.7 引脚和 P1.6 引脚。因此当 P1.7 引脚为高电平时,LED7 灭;而当 P1.7 引脚为低电平时,LED7 亮。同理,当 P1.6 引脚为高电平时,LED6 灭;而当 P1.6 引脚为低电平时,LED6 亮。

所以,当执行第 20 行代码时,即

```
MOV P1,#0
```

该指令是使得 P1 端口置零,其中就包括让 P1.6 和 P1.7 端口置零。因此看到 LED6 和 LED7 灯亮。

(4) 再次运行单步调试,先单步运行完第 21 行代码。即

```
MOV P1,A
```

该指令将累加器 A 的内容送给 P1 端口。由于此时累加器 A 的内容是 0xEE,也就是 P1.7 和 P1.6 置 1。因此看到 LED6 和 LED7 灯灭。

(5) 在执行指令的时候,可以按照前面的方法,观察寄存器的变化情况、存储器内容和端口 1 的变化情况。

**注**:在硬件仿真时,前面一些软件仿真可以查看的内容受到限制。

(6) 在调试主界面下,选择 Debug→Reset CPU 选项,准备重新执行程序。

(7) 在程序代码行号前单击左键,分别在第 20 行、第 24 行和第 30 行添加断点,如图 7.23 所示。

(8) 在当前调试模式主界面主菜单下,选择 Debug→Run 或直接按 F5 键,运行断点调试功能。

(9) 退出调试器模式并关闭该设计。

**思考与练习**

7-20 请分析下面给出的汇编语言程序代码,完成下面的要求。

**注**:读者可以进入本书所提供资料\stc_program_example\例 7-9 目录,打开该设计代码。

(1) 说明代码清单 7-20 中汇编语言每条指令的功能。

```
myprog SEGMENT CODE
              RSEG     myprog
              USING 0
              LJMP     main
              org     0x100
main:         MOV      DPTR, #TABLE       ;access code segment
              MOV      A,#3
              MOVC     A,@A+DPTR
              MOV      P1,#0
              MOV      P1,A

              MOV      R0,#BUFFER         ;access IDATA segment
              MOV      @R0,A
              INC      A
              INC      R0
              MOV      @R0,A

              MOV      DPTR,#XBUFFER      ;access XDATA segment
              INC      A
              MOVX     @DPTR,A
              INC       DPTR
              CLR       A
              MOVX     @DPTR,A

END
```

图 7.23 在程序代码上设置断点

**代码清单 7-9 汇编语言程序代码**

```
NAME main
idata_seg SEGMENT CODE                          ;____________________
          RSEG idata_seg                        ;____________________
  i: DW   1234                                  ;____________________
  j: DW   6789                                  ;____________________
xdata_seg SEGMENT XDATA                         ;____________________
          RSEG xdata_seg                        ;____________________
  k: DS 2                                       ;____________________

          CSEG          AT 0x0000               ;____________________
          LJMP          main                    ;____________________
          ORG           0x0100                  ;____________________

main:     MOV           DPTR, #i                ;____________________
          MOV           A, #1                   ;____________________
          MOVC          A, @A + DPTR            ;____________________
          MOV           R0, A                   ;____________________
          MOV           DPTR, #j                ;____________________
          MOV           A, #1                   ;____________________
          MOVC          A, @A + DPTR            ;____________________
          ADD           A, R0                   ;____________________
          MOV           DPTR, #k                ;____________________
          INC           DPTR                    ;____________________
          MOVX          @DPTR, A                ;____________________
          MOV           DPTR, #i                ;____________________
```

```
        MOV         A, #0              ;____________________
        MOVC        A,@A + DPTR        ;____________________
        MOV         R0,A               ;____________________
        MOV         DPTR, #j           ;____________________
        MOV         A, #0              ;____________________
        MOVC        A,@A + DPTR        ;____________________
        ADDC        A,R0               ;____________________
        MOV         DPTR, #K           ;____________________
        MOVX        @DPTR,A            ;____________________
END
```

(2) 说明该段汇编语言所实现的功能。

(3) 对该段程序进行软件仿真,帮助进行程序代码分析。

## 7.7　单片机端口控制汇编语言程序设计

本节将设计更为复杂的端口控制汇编语言程序,帮助读者进一步地理解软件控制硬件逻辑行为的方法。

设计目标:在该设计中,将设计一个在 0～3 之间计数(4 进制)的计数器。

### 7.7.1　设计原理

本节介绍硬件设计原理和软件设计原理。

**1. 硬件设计原理**

在该设计中,使用了 STC 提供的学习板。在该学习板上提供了四个 LED 灯,名字分别用 LED7、LED8、LED9 和 LED10 表示,如图 7.24 所示。

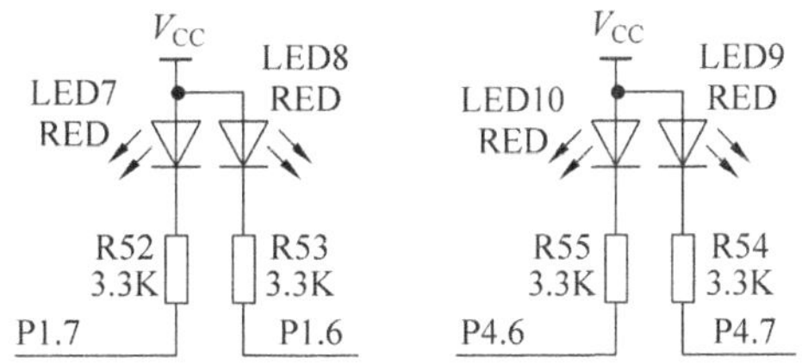


图 7.24　STC 学习板 LED 设计原理

这四个 LED 灯的阳极共同接到了 $V_{CC}$ 电源(+5V 供电),另一端通过限流电阻 R52、R53、R54、R55 与 STC 单片机 IAP15W4K58S4 的 P1.7、P1.6、P4.7 和 P4.6 引脚连接。

(1) 当单片机对应的引脚置位为低时,所连接的 LED 亮.

(2) 当单片机对应的引脚置位为高时,所连接的 LED 灭。

**注**:在该设计中,只用到了与单片机 P4.6 和 P4.7 引脚连接的 LED9 和 LED10 两个 LED 灯。

**2. 软件设计原理**

下面给出软件设计流程图,如图 7.25 所示。

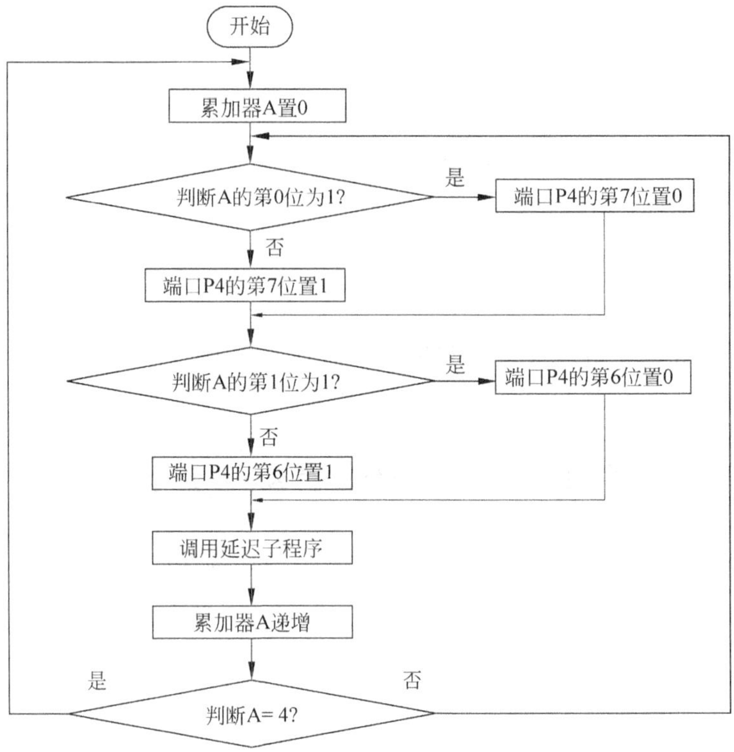


图 7.25 软件设计流程

## 7.7.2 建立新的工程

本节将建立新的设计工程。建立新设计工程的步骤主要包括：

(1) 打开 μVision5 集成开发环境。

(2) 新建一个名字为 top. uvproj 的工程。

**注**：(1) 将工程路径定位到\stc_program_example\例 7-10 下。

(2) 该设计使用 STC 公司 IAP15W4K58S4 单片机。该单片机属于 STC15W4K32S4 系列。

(3) 在程序设计中不需要添加 STARTUP. A51 文件。

## 7.7.3 添加汇编语言文件

本节将为当前工程添加新的汇编语言文件。添加汇编语言文件的步骤主要包括：

(1) 在 Project 窗口界面下，选择 Source Group 1 并右击，出现浮动菜单。在浮动菜单内，选择 Add New Item to Group 'Source Group 1'选项。

(2) 出现 Add New Item to Group'Source Group 1'对话框界面，按下面设置参数。

① 在该界面左侧窗口中，选中 Asm File(. s)。

② 在 Name 右侧的文本框中输入 main。

③ 单击 Add 按钮。

(3) 在右侧窗口中,自动打开了 main.a51 文件,输入下面代码,并保存输入的代码。

**代码清单 7-10 main.a51 文件**

```
P4          DATA    0C0H              ;定义 P4 端口的地址
CSEG AT     0x0000
LJMP main
my_prog     SEGMENT CODE
            RSEG my_prog
            ORG 0x100                 ;定位到偏移 100H 的位置
main:       USING   0                 ;使用第 0 组寄存器 R0～R7
Loop1:      MOV     A,#0              ;累加器 A 初始化为 0
Loop2:      JB      ACC.0, SETP41     ;如果累加器 A 的第 0 位为 1,则跳转
            SETB    P4.7              ;否则,则置位 P4.7(P4 端口的第 7 位)
            JMP     CON               ;跳转判断下一个条件
SETP41:     CLR     P4.7              ;清零 P4.7(P4 端口的第 7 位)
CON:        JB      ACC.1,SETP42      ;如果累加器 A 的第 1 位为 1,则跳转
            SETB    P4.6              ;否则,则设置 P4.6(P4 端口的第 6 位)
            JMP     CON1              ;跳转判断下一个条件
SETP42:     CLR     P4.6              ;清零 P4.6(P4 端口的第 6 位)
CON1:       MOV     R0,#20            ;寄存器 R0 初始化为 20
dly:        ACALL   delay             ;调用延迟子程序
            DEC R0                    ;R0 递减
            CJNE    R0,#0,dly         ;当 R0≠0 时,一直调用延迟子程序
            INC     A                 ;否则累加器 A 递增
            CJNE    A,#4,Loop2        ;如果累加器 A 的值到 4,则跳转到 Loop2
            JMP     Loop1             ;无条件跳转到 Loop1
;**********************************
                                      ;delay 子程序为二重循环语句
delay:
            MOV     R3, #0FFH         ;R3 寄存器初始化为 0xFF
delay_1:    MOV     R4, #0FFH         ;R4 寄存器初始化为 0xFF
delay_2:    DEC     R4                ;R4 寄存器的值递减
            CJNE    R4,#0,delay_2     ;当 R4≠0 时,一直循环递减
            DEC     R3                ;否则 R3 递减
            CJNE    R3,#0,delay_1     ;如果 R3≠0,则跳转到 delay1
RET                                   ;从子程序返回
END
```

### 7.7.4 建立设计

本节将设置建立(Build)过程参数,并实现对设计的建立。其步骤主要包括:

(1) 在 Project 窗口中,选中 Target 1 文件夹并右击,出现浮动菜单。在浮动菜单内,选中 Options for Target 'Target 1'...选项。

(2) 出现 Options for Target 'Target 1'对话框界面。在该界面中,单击 Target 标签。在该标签界面中,按下面设置参数:在 Xtal(MHz)右侧文本框中,输入 30.0;其余按默认设置。

(3) 在该对话框界面下,再次选中 Output 标签。在该标签界面下,选中 Create HEX File 前面的复选框。

(4) 单击 OK 按钮,退出目标选项对话框界面。

(5) 在主界面主菜单下,选择 Project→Build target,开始对设计进行建立的过程。

**注**:该过程对汇编文件进行汇编和链接,最后生成可执行二进制文件和 HEX 文件。

### 7.7.5 下载设计

本节将下载设计到 STC 开发板中,下载步骤包括:

(1) 将 STC 开发平台进行正确的连接,以及安装 USB 驱动程序。

(2) 打开并进入 STC-ISP 程序界面。

(3) 单击"打开程序文件"按钮。

① 出现"打开程序代码文件"对话框界面。在该界面中,定位到当前工程路径下,并打开 top. HEX 文件。

② 单击确定按钮。

(4) 在左侧窗口中,单击"下载/编程"按钮。

(5) 在 STC-ISP 软件右下方的窗口界面内,出现"正在检测目标单片机..."信息。

(6) 按下 STC 学习板/GPNT-SMK-1 开发板/GPNK-SMK-2 开发板上的按键,先给平台断电,然后再上电。

(7) 等待编程结束。

**思考与练习**

7-21 请读者查看运行结果,是否满足设计要求。

## 7.8 单片机中断汇编语言程序设计

本节将通过汇编语言设计中断服务程序。内容包括设计原理、建立新的工程、添加新的汇编语言文件、分析. lst 文件、建立设计、下载设计和硬件仿真。这些内容将帮助读者进一步地理解中断的机制和中断服务程序的含义。

### 7.8.1 设计原理

在该设计中,将设计一个在 0～3 之间计数(4 进制)的计数器。通过 STC 学习板上的 P4.6 和 P4.7 端口上的 LED 显示计数的值。与前面例子不一样的是,计数由外部中断 INT0 触发,即每次当 INT0 引脚下拉到地时触发一次中断,计数器递增一次。该设计的硬件电路的触发由开关控制,如图 7.26 所示。

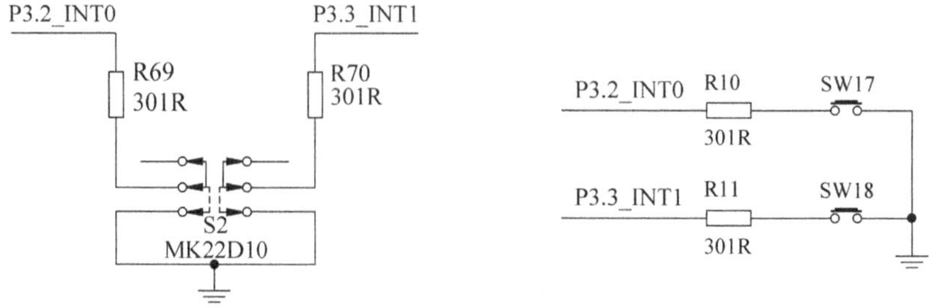


图 7.26 STC 学习板外部中断电路结构

为了正确地下载程序以及方便读者后续的实验，STC 学习板上没有焊接开关。但是提供了 SW17 和 SW18 两个按键。

(1) 当按下 SW17 时，P3.2 引脚接地，即产生一个 INT0 下降沿低脉冲信号。

(2) 当按下 SW18 时，P3.3 引脚接地，即产生一个 INT1 下降沿低脉冲信号。

**注：** 在本节设计的例子中，只使用了 INT0 外部中断信号。

下面给出该设计的程序流程图，如图 7.27(a)和图 7.27(b)所示。

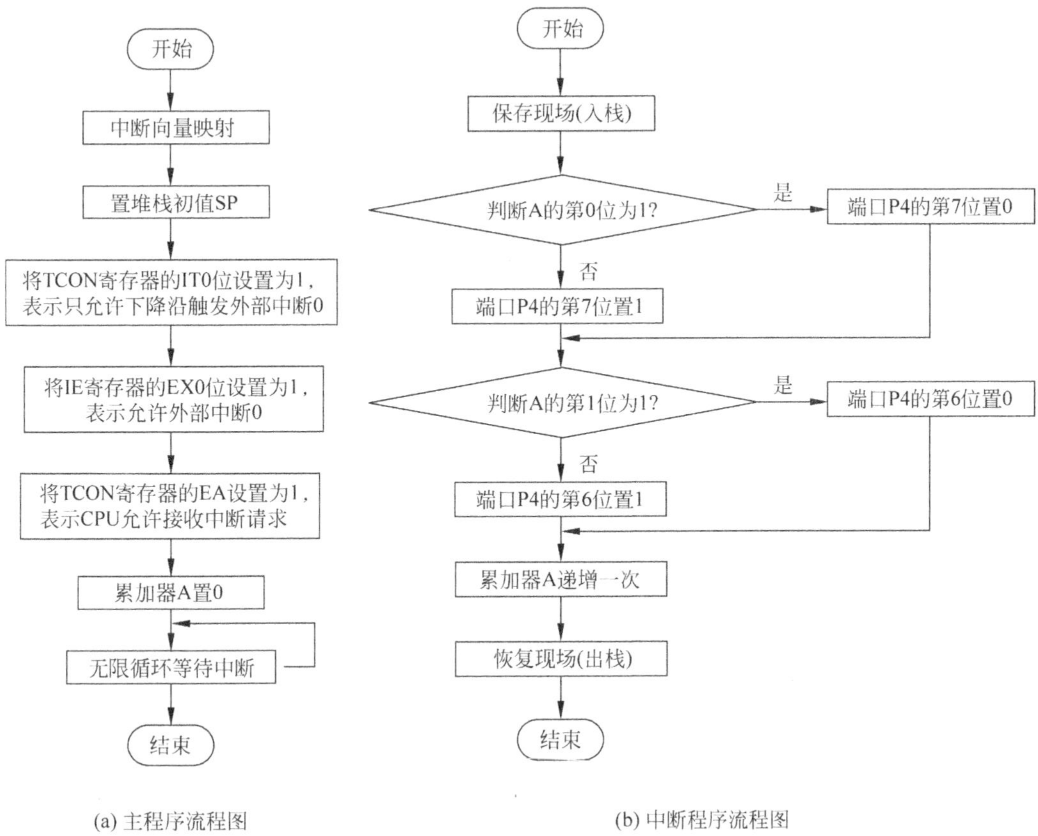


图 7.27 设计软件流程图

图 7.27 中，中断向量映射是指在程序存储器所在的中断向量表中外部中断 0 的地址空间内，写入中断程序的入口地址(在程序中使用中断服务程序的名字表示，实际上在 0x0003 是一条指向中断服务程序跳转指令)。

在程序存储器中，为外部中断 0 分配了 0x0004 和 0x0005 地址，用于保存中断程序入口地址的高 8 位和低 8 位，0x0003 的地址为 LJMAP 指令。

## 7.8.2 建立新的工程

本节将建立新的设计工程，步骤主要包括：

(1) 打开 μVision5 集成开发环境。

(2) 新建一个名字为 top.uvproj 的工程。

**注：** (1) 将工程路径定位到\stc_program_example\例 7-11 下。

(2) 该设计使用 STC 公司 IAP15W4K58S4 单片机，该单片机属于 STC15W4K32S4 系列。

(3) 在程序设计中不需要添加 STARTUP. A51 文件。

### 7.8.3 添加汇编语言文件

本节将为当前工程添加新的汇编语言文件。添加汇编语言文件的步骤主要包括：

(1) 在 Project 窗口界面下，选择 Source Group 1 并右击，出现浮动菜单。在浮动菜单内，选择 Add New Item to Group 'Source Group 1'选项。

(2) 出现 Add New Item to Group'Source Group 1'对话框界面，按下面设置参数。

① 在该界面左侧窗口中，选中 Asm File(. s)。

② 在 Name 右侧的文本框中输入 main。

③ 单击 Add 按钮。

(3) 在右侧窗口中，自动打开了 main. a51 文件，输入下面代码，并保存输入的代码。

**代码清单 7-11 main. a51 文件**

```
P4          DATA 0C0H                   ;P4 端口的存储器地址
CSEG AT     0x0000
LJMP main
my_prog     SEGMENT CODE
            RSEG my_prog
            ORG 0x0003                  ;指向中断向量表中外部中断 0 所在的位置
            LJMP count                  ;中断映射
            ORG 0x100                   ;指向 0x100 的位置
Main:
            USING    0
            MOV SP, #40H                ;堆栈指针指向内部数据存储器的堆栈区
            SETB IT0                    ;设置外部中断 0 为低电平触发
            SETB EX0                    ;使能外部中断 0
            SETB EA                     ;使能 CPU 响应中断请求
            MOV      A, #0              ;累加器 ACC 初始化为 0
loop:       ljmp loop                   ;无限循环
;//===============================
;// 中断服务程序: count
;//===============================
count:
            PUSH DPH                    ;DPH 入栈
            PUSH 02H                    ;寄存器 R2 入栈
            JB       ACC.0, SETP41      ;如果累加器 A 的第 0 位为 1,则跳转
            SETB     P4.7               ;否则,置端口 P4.7 为高,LED 灯灭
            JMP      CON                ;无条件跳转
SETP41:     CLR      P4.7               ;置端口 P4.7 为低,LED 灯亮
CON:        JB       ACC.1,SETP42       ;判断如果累加器 A 的第 1 位为 1,则跳转
            SETB     P4.6               ;否则,置端口 P4.6 为高,LED 灯灭
            JMP      CON1               ;无条件跳转
SETP42:     CLR      P4.6               ;置端口 P4.6 为低,LED 灯亮
CON1:       INC      A                  ;累加器 ACC 递增
            POP      DPH                ;DPH 出栈
            POP      02H                ;寄存器 R2 出栈
            RETI                        ;中断返回
END
```

**注**：中断程序中的入栈和出栈不是必需的，是否需要入栈和出栈操作取决于主程序中是否使用了相同的寄存器。

### 7.8.4 分析.lst文件

在当前设计工程中，找到并打开main.lst文件，文件主要片段如下所示。

**代码清单 7-12 main.lst 文件片段**

```
LOC OBJ          LINE        SOURCE

                 1           ; ************* 功能说明 **************
                 2
                 3           ;程序使用 P4.7 P4.6 来显示 0～3 的计数值
                 4
                 5           ; ****************************************
                 6           ; ****************************************
                 7           ;定义 P4 端口的地址
  00C0           8           P4       DATA 0C0H
                 9           ; ****************************************
                 10
                 11                my_prog SEGMENT CODE
----             12                          RSEG my_prog
0000 020000  F   13                    LJMP main
0003             14                    ORG 0x0003
0003 020000  F   15                    LJMP count
0100             16                    ORG 0x100
0100             17          Main:
                 18                   USING 0
0100 758140      19                   MOV SP, #40H
0103 D288        20                   SETB IT0
0105 D2A8        21                   SETB EX0
0107 D2AF        22                   SETB EA
0109 7400        23                   MOV A, #0
010B 020000  F   24          loop: ljmp loop
                 25          ; ********************************
                 26
                 27          ;// ==============================
                 28          ; // 函数 count
                 29          ; // 描述: 中断服务子程序
                 30          ; // ==============================
010E             31          count:
010E C083        32                   PUSH DPH
0110 C002        33                   PUSH 02H
0112 20E004      34                   JB   ACC.0, SETP41
0115 D2C7        35                   SETB P4.7
0117 8002        36                   JMP  CON
0119 C2C7        37          SETP41:  CLR  P4.7
011B 20E104      38          CON:     JB   ACC.1,SETP42
011E D2C6        39                   SETB P4.6
0120 8002        40                   JMP  CON1
0122 C2C6        41          SETP42:  CLR  P4.6
0124 04          42          CON1:    INC  A
0125 D083        43                   POP  DPH
```

```
0127 D002        44                      POP  02H
0129 32          45                      RETI
                 46               END
```

**思考与练习**

7-22 请说明中断服务程序 count 的入口地址____________________，结束地址____________________，所占的空间____________________(以字节计算)。

7-23 请说明主程序 main 的入口地址____________________，结束地址____________________，所占的空间____________________(以字节计算)。

7-24 请参考第四章入栈和出栈的指令说明，解释该设计中入栈和出栈操作的机器指令以及它们之间的关系，并用图表示入栈和出栈的操作。

## 7.8.5 建立设计

本节将设置建立(Build)过程参数并实现对设计的建立，其步骤主要包括：

(1) 在 Project 窗口中，选中 Target 1 文件夹并右击，出现浮动菜单。在浮动菜单内，选中 Options for Target 'Target 1'...选项。

(2) 出现 Options for Target 'Target 1'对话框界面。在该界面中，单击 Target 标签。在该标签界面中，按下面设置参数：在 Xtal(MHz)右侧文本框中，输入 30.0；其余按默认设置。

(3) 在该对话框界面下，再次选中 Output 标签。在该标签界面下，选中 Create HEX File 前面的复选框。

(4) 在该对话框界面下，再次选中 Debug 标签。在该标签界面下，设置硬件仿真参数。

(5) 单击 OK 按钮，退出目标选项对话框界面。

(6) 在主界面主菜单下，选择 Project→Build target，开始对设计进行建立的过程。

**注**：该过程对汇编文件进行汇编和链接，最后生成可执行二进制文件和 HEX 文件。

## 7.8.6 下载设计

本节将下载设计到 STC 开发板中，下载步骤包括：

(1) 将 STC 开发平台进行正确的连接以及安装 USB 驱动程序。

(2) 打开并进入 STC-ISP 程序界面。

(3) 单击“打开程序文件”按钮。

① 出现“打开程序代码文件”对话框界面。在该界面中定位到当前工程路径下，并打开 top.HEX 文件。

② 单击确定按钮。

(4) 在左侧窗口中，单击“下载/编程”按钮。

(5) 在 STC-ISP 软件右下方的窗口界面内，出现“正在检测目标单片机...”信息。

(6) 按下 STC 学习板/GPNT-SMK-1 开发板/GPNK-SMK-2 开发板上的按键，先给平台断电，然后再上电。

(7) 等待编程结束。

**思考与练习**

7-25 在 STC 学习板上连续按 SW7 键，查看运行结果，是否满足设计要求，即是否计数过程由外部按键触发。

**注**：由于按键有抖动，所以对观察结果会有一些干扰。

### 7.8.7 硬件仿真

再次进入 STC-ISP 程序界面。在该界面中按如下设置参数：

(1) 在 STC-ISP 软件左侧窗口中，选择脱机下载/U8/U7 标签。在该标签栏界面下，选中"使用 U8/U7 在线下载完成后持续给目标芯片供电"复选框。

(2) 在右侧窗口中，选择 Keil 仿真器设置标签。在该标签栏界面下，单击"将 IAP15W4K58S4 设置为仿真芯片(宽压系统，支持 USB 下载)"按钮。

(3) 在 STC-ISP 软件右下方的窗口界面内，出现"正在检测目标单片机..."信息。

(4) 在 STC 学习板左下方，找到一个标识为 SW19 的白色按键，按一下该按键。在图 STC-ISP 程序界面内，出现编程的相关信息。

(5) 在 Keil μVision 集成开发环境中，打开 main.a51 文件，并在该程序的第 32 行设置断点，如图 7.28 所示，并将 Keil 调试器设置为硬件调试模式。

```
31  count:
32          PUSH DPH
33          PUSH 02H
34          JB   ACC.0, SETP41
35          SETB P4.7
36          JMP  CON
37  SETP41: CLR  P4.7
38  CON:    JB   ACC.1,SETP42
39          SETB P4.6
40          JMP  CON1
41  SETP42: CLR  P4.6
42  CON1:   INC  A
43          POP  DPH
44          POP  02H
45          RETI
46  END
```

图 7.28 单步运行调试界面

(6) 在 Keil μVision 主界面主菜单下，选择 Debug→Start/Stop Debug Session，进入调试器模式。

(7) 在当前调试模式主界面主菜单下，选择 Debug→Run 或直接按 F5 键，运行断点调试功能。

(8) 按下 STC 开发板的 SW7 键。

(9) 看到程序进入中断服务程序，然后断点执行完中断服务程序，退出中断服务程序。

(10) 连续触发中断若干次，重复进入中断服务程序。

**思考与练习**

7-26 在寄存器窗口界面中，查看寄存器的变化情况，特别要注意 PC 的跳转。

7-27 在堆栈窗口界面中，观察在执行程序的过程中，CPU 对主程序和中断服务程序 PC 的保存情况，也就是入栈和出栈操作。

(11) 退出调试器模式并关闭该设计。

# 第 8 章 STC 单片机 C 语言编程入门

CHAPTER 8

本章将介绍 STC 单片机 C 语言编程入门知识。内容包括高级编程语言概念、选择 C 语言的理由、C 语言发展历史、C 语言程序框架和 C 语言词法构成。

通过本章内容的学习，了解高级语言在程序设计中的作用，尤其是了解 C 语言的发展历史、C 语言编程的优势以及构成 C 语言的词法规则，以便于对后续 C 语言编程内容的学习。

## 8.1 高级编程语言概念

我们从一出生就开始接触汉字，从可以写一些简单的词语到可以写一些短句，直到我们能流畅地写一篇作文和论文，这是我们熟练掌握汉语言文字的经历。也就是说，一篇作文不管质量如何，它都由若干的段落组成，一个段落又是由若干语句组成，其中的每个句子又是由若干的词汇构成。对于学过英语的人来说，该规则也同样适用。如果我们用数学符号表示它们之间的关系，可以表示为

$$\sum \text{词汇} = \text{简单的句子}$$

$$\sum \text{句子} = \text{段落}$$

$$\sum \text{段落} = \text{作文} / \text{论文}$$

其中，$\sum$ 表示按照一定规则的组合。这个规则包含两方面的内容，即词法和句法。词法是构成语句的要素，句法是构成段落乃至文章的要素。只有使用正确地词法和句法规则，才能写出一篇高质量的文章。例如，构成一句完整的句子，需要有主语、谓语和宾语，必要时还需要加入其他修饰语。

我们所要介绍的 C 语言和上面的汉语言有着很多相同之处，但是又截然不同。这是因为，本书介绍的语言和前面介绍的汉语言文字所面向的对象不同，前者用于人与人之间情感的交流，而这里介绍的 C 语言用于人与计算机之间的交流。实际上，人和计算机交流的目的很简单，就是要让计算机帮助人们实现某个目标或任务，这个过程包括以下几个步骤。

### 8.1.1 构建计算模型

要实现人和计算机之间的交流，首先在人脑中必须要明确所要完成的一个任务，并能勾画出实现这个任务的过程，例如，计算一下从 1＋2＋3＋…＋100 的结果，用数学公式可以表示为

$$\sum_{i=1}^{100} i$$

如果用笔和纸进行计算，在不进行任何计算过程优化的情况下，是一个比较漫长的过程。因此，需要考虑通过计算机来完成这个高强度的运算过程。首先，我们需要将上面的数学模型转换成计算机可以识别的描述方式。

### 8.1.2 形式化描述

在转换之前，我们需要对这个数学公式进行形式化的描述，即

开始。

第一步：首先将计算和用符号 s 表示，s 赋初值为 0，用一个符号 i 表示每次要相加的值，i 的初值为 1。

第二步：将 s+i 的结果赋值给 s，表示为 s+i=>s。

第三步：判断一下，如果 i 的值小于 100，则应该继续进行相加的过程，跳到第四步；否则，计算过程结束，跳到第五步。

第四步：如果继续计算，则 i 的值应该加 1，即 i+1=>i，然后返回第二步继续计算过程。

第五步：当计算结束时，给出最终的计算结果。

结束。

### 8.1.3 算法的流程图描述

传统的图是对算法或者说对计算模型最好的描述方式，它具有简洁直观的特点。因此，在编写复杂的代码前，程序员都会使用流程图对算法进行描述，以降低在编码过程中出现逻辑错误的可能性。

流程图通过使用图框来表示不同类型的操作。在图框内写出各个步骤，然后用带箭头的线将它们连接在一起，用于表示执行的先后顺序。

美国国家标准委员会(ANSI)规定了一些常用的流程图符号，为不同国家的程序员广泛采用。

(1) 处理框。处理框为矩形框，表示一般的处理功能，如图 8.1 所示。

(2) 判断框。判断框为菱形框，如图 8.2 所示，它表示对一个给定条件进行判断。根据给定的条件是否成立，决定如何执行后面的操作。判断框有一个入口和两个出口。

图 8.1 处理框图标

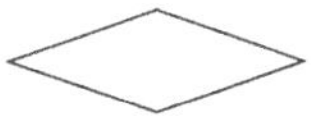

图 8.2 判断框图标

(3) 输入和输出框。输入和输出框为平行四边形框，如图 8.3 所示。

(4) 起止框。起止框为圆弧框，如图 8.4 所示，表示流程的开始和结束。

(5) 连接点。连接点为圆圈，用于将画在不同地方的流程线连接起来。例如，图中有两个以 1 为标志的连接点(在连接点圈中写上“1”)则表示这两个点是连接在一起的，相当于一个点一样。用连接点，可以避免流程线的交叉或过长，使流程线更清楚。

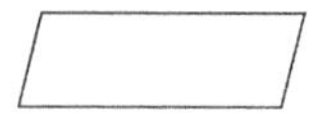

图 8.3　输入输出框图标

图 8.4　起止框图标

(6) 流程线。流程线为带箭头的直线,如图 8.5 所示,表示流程的路径和方向。

(7) 注释框。注释框如图 8.6 所示,它用于对流程图中某些框的操作做必要的补充说明,以帮助阅读流程图的程序员更好地理解流程图的作用。注释框不是程序流程图中的必要部分,不反映流程和操作。

图 8.5　流程线

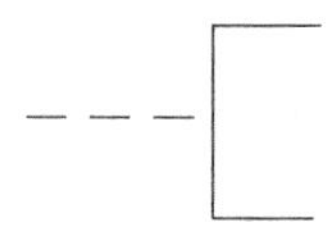

图 8.6　注释框

程序流程图表示程序内各个步骤的内容以及它们的关系和执行的顺序。它说明了程序的逻辑结构。流程图不仅可以指导编写程序,而且可以在调试程序时用来检查程序的正确性。下面通过基本流程图符号,将前面的形式化描述用流程图表示,如图 8.7 所示。

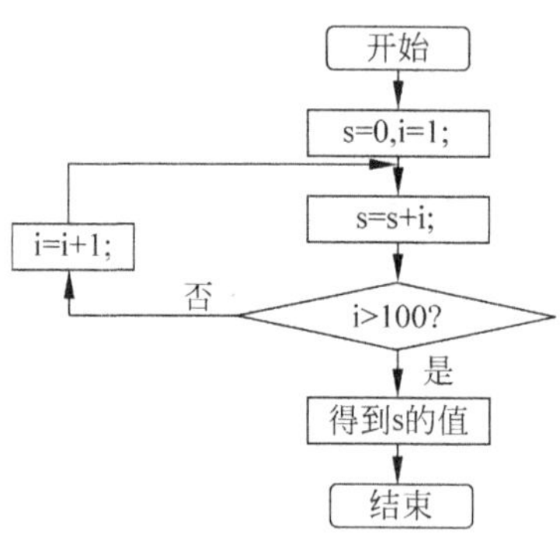


图 8.7　计算模型的流程图描述

### 8.1.4　转换成计算机可以识别的形式

典型地,可以用 C 语言描述如下:

```
s = 0,i = 1;
while(i <= 100)
    {
        s = s + i;
        i = i + 1;
    }
```

转换成计算机可以识别的描述格式时,需要使用预先规定的词法和句法格式进行具体的描述,这样就将其最终转换成可以运行在计算机上的代码。

### 8.1.5　代码、程序和编程的关系

将数学模型得到的形式化描述转换成计算机上可以识别的具体形式描述的过程,称为

编写代码，简称编程，英文称为 programming。编程的对象是面向不同架构的计算机。习惯上，把编写代码的人称为程序员，最近出现的网络词汇将程序员戏称为“码农”或者“程序猿”，反映出编写代码的过程其实是一个高强度的脑力劳动。

这里的高级是相对于前面所介绍的汇编语言机器助记符而言的。其所谓的高级主要体现在这种编程语言特别接近于人类抽象思维的过程，而对编程所面向具体对象-计算机的内部结构和工作原理涉及很少，这样使得程序员在编写代码的过程中，不需要过多地考虑计算机的内部结构和工作原理，当然也需要知道一些基本知识。因此，高级语言考察的是程序员抽象思维的能力，比如，程序员要用 C 语言描述两个 16 位整数的相加过程，只需要进行下面的抽象描述：

```
int a,b,s;
s = a + b;
```

从这个例子中，可以看出这种描述非常接近人的思维过程，但是却很少反映所面对对象的结构和工作原理，也就是我们并不需要知道计算机中如何具体描述 a、b 和 s，以及完成 a 和 b 相加的具体过程。当然，这种抽象描述也称为高级语言程序设计，需要使用相应软件工具的处理才能编写可以真正运行在计算机上的机器代码。

一个程序是通过代码进行描述的，一个完整的程序是所构建模型的具体实现方式，或者说是计算机上可以运行的文字描述。在现代的计算机系统中，程序都是以文件/文档的形式存在的。在这些文档中，保存着程序员所编写的代码。这些代码，我们经常称为源代码（source code），它们不能直接运行在计算机上，必须要经过特定软件工具的处理，才能转换成可以在计算机上运行的机器代码。

软件是相对于硬件而言的，软件主要是指代码和程序等。硬件是物理上存在、人们可以看到的实体，而软件是物理上不存在的，只有通过特定工具才能看到的 0 和 1 组合的比特流。

## 8.2 选择 C 语言的理由

TIOBE 编程语言社区排行榜是编程语言流行趋势的一个指标，每月更新，这份排行榜排名基于互联网上有经验的程序员、课程和第三方厂商的数量。排名使用著名的搜索引擎（诸如 Google、MSN、Yahoo!、Wikipedia、YouTube 以及 Baidu 等）进行计算。请注意这个排行榜只是反映某个编程语言的热门程度，并不能说明一门编程语言好不好，或者一门语言所编写的代码数量多少。但是，从一个侧面反映了某种编程语言的重要性。

这个排行榜可以用来考查程序员的编程技能是否与时俱进，也可以在开发新系统时作为选择一个语言的重要依据。TIBOE 给出使用最多的 10 种编程语言排行榜，如表 8.1 所示。

从这个表中可以看出来，作为高级语言典型代表的 C 语言仍然被广泛地用于编写程序代码，其排名近年来一直稳定在前两名。在大多数情况下，排名仍然高居榜首。一般共识为 C 语言是程序员学习其他高级语言的基础。

表 8.1 编程语言排行榜(前10位,2015年7月,来源TIOBE)

| 排名 | 编程语言 | 使用率 |
|---|---|---|
| 1 | Java | 17.728% |
| 2 | C | 16.147% |
| 3 | C++ | 8.641% |
| 4 | C# | 5.652% |
| 5 | Python | 4.257% |
| 6 | Objective-C | 3.444% |
| 7 | PHP | 2.893% |
| 8 | Visual Basic. NET | 2.423% |
| 9 | JavaScript | 2.194% |
| 10 | Visual Basic | 1.946% |

目前,在嵌入式系统开发中,C语言仍然作为编写软件代码的主要开发工具,有如下几方面原因。

1) 简洁紧凑、灵活方便

在C89/C90标准中,C语言总共只有32个关键字和9种控制语句,程序代码书写形式自由,区分大小写。它将高级语言的基本结构和语句与低级语言的实用性结合在一起。作为高级语言的典型代表,C语言可以像汇编语言那样对位、字节和地址进行操作。

2) 丰富的运算符

C语言的运算符包含的范围广泛,共有34种运算符。C语言将括号、赋值和强制类型转换等都作为运算符处理。从而使C语言的运算类型非常丰富,表达式类型多样化。灵活使用各种运算符可以实现在其他高级语言中难以实现的运算。

3) 丰富的数据结构

C语言的数据类型有整型、实型、字符型、数组类型、指针类型、结构体类型和共同体类型等,能用于实现各种复杂数据结构的运算。由于在C语言中引入了指针概念,使得程序效率更高。此外,C语言提供了强大的图形功能,支持多种显示器和驱动。

4) 结构化的语言

结构化语言的典型特点就是代码和数据的分离,即程序的各个部分除了必要的信息交流外彼此独立。这个结构化方式使得程序层次更加清楚,便于使用,维护和调试。C语言以函数的形式提供给用户。程序员可以很方便地调用这些函数,同时C语言还提供了多种循环、条件语句控制程序流向,从而使C语言程序代码完全结构化。

5) 语法限制较少,设计灵活

虽然C语言是强类型语言,但是它的语言比较灵活,允许程序员有较大的自由度。

6) 允许直接访问物理地址,可以直接对硬件进行操作

由于C语言允许直接访问物理地址,因此可以直接对硬件进行操作,能像汇编语言一样对位、字节和地址进行操作,可以编写系统软件。

7) 生成目标代码质量高,程序执行效率高

根据统计,在一般情况下,使用C语言编写代码所生成的目标代码只比使用汇编语言编写代码多10%~20%。

8）适用范围大，可移植性好

C 语言的一大优势就是适合多种操作系统，可以运行在不同架构的处理器平台上。因此，C 语言的可移植性非常好，只要修改少量的底层代码，就可以从一个平台移植到另一个平台。

## 8.3 C 语言发展历史

C 语言之所以命名为 C，是因为 C 语言源自 Ken Thompson 发明的 B 语言，而 B 语言则源自 BCPL(Basic Combined Programming Language)语言。

1967 年，剑桥大学的 Martin Richards 对 CPL 语言进行了简化，于是产生了 BCPL 语言。

20 世纪 60 年代，美国 AT&T 公司贝尔实验室(AT&T Bell Laboratory)的研究员 Ken Thompson 闲来无事，手痒难耐，想玩一个他自己编的，模拟在太阳系航行的电子游戏——Space Travel。他背着老板，找到了台空闲的机器——PDP-7。但这台机器没有操作系统，而游戏必须使用操作系统的一些功能，于是他着手为 PDP-7 开发操作系统。后来这个操作系统被命名为——UNIX。

1970 年，美国贝尔实验室的 Ken Thompson，以 BCPL 语言为基础，设计出很简单且很接近硬件的 B 语言(取 BCPL 的首字母)，并且他用 B 语言写了第一个 UNIX 操作系统。

1971 年，同样酷爱 Space Travel 的 Dennis M. Ritchie 为了能早点儿玩上游戏，加入了 Thompson 的开发项目，合作开发 UNIX。他的主要工作是改造 B 语言，使其更成熟。

1972 年，美国贝尔实验室的 D. M. Ritchie 在 B 语言的基础上最终设计出了一种新的语言，他取了 BCPL 的第二个字母作为这种语言的名字，这就是 C 语言。

1973 年初，C 语言的主体完成，Thompson 和 Ritchie 迫不及待地开始用它完全重写了 UNIX。此时，编程的乐趣使他们已经完全忘记了那个“Space Travel”，他们一门心思地投入到了 UNIX 和 C 语言的开发中。随着 UNIX 的发展，C 语言自身也在不断地完善。直到今天，各种版本的 UNIX 内核和周边工具仍然使用 C 语言作为最主要的开发语言，其中还有不少继承 Thompson 和 Ritchie 之手的代码。

在开发中，他们还考虑把 UNIX 移植到其他类型的计算机上使用。C 语言强大的移植性再次显现。机器语言和汇编语言都不具有移植性，为 x86 开发的程序，不可能在 Alpha、SPARC 和 ARM 等处理器上运行。而 C 语言程序则可以运行在任意架构的处理器上，只要处理器具有对应的 C 语言编译器和库，然后将 C 源代码编译、连接成目标二进制文件之后即可运行该处理器上。

1977 年，Dennis M. Ritchie 发表了不依赖于具体机器系统的 C 语言编译文本《可移植的 C 语言编译程序》。

C 语言继续发展，在 1982 年，很多有识之士和美国国家标准协会为了使这个语言健康地发展下去，决定成立 C 标准委员会，建立 C 语言的标准。委员会由硬件厂商、编译器及其他软件工具生产商、软件设计师、顾问、学术界人士、C 语言作者和应用程序员组成。

1989 年，ANSI 发布了第一个完整的 C 语言标准——ANSI X3. 159—1989，简称“C89”，不过人们也习惯称其为“ANSI C”。

**注**：ANSI 是美国国家标准学会的简称，英文全称为 AMERICAN NATIONAL STANDARDS INSTITUTE。

1990 年，C89 被国际标准组织(international organization for standardization，ISO)一字不改地采纳，ISO 官方给予的名称为 ISO/IEC 9899，所以 ISO/IEC9899：1990 也通常被简称“C90”。

1999 年，在做了一些必要的修正和完善后，ISO 发布了新的 C 语言标准，命名为 ISO/IEC 9899：1999，简称“C99”。

在 2011 年 12 月 8 日，ISO 又正式发布了新的标准，称为 ISO/IEC9899：2011，简称“C11”。

**注**：(1) 标准 C 语言和单片机中所使用的 C 语言会有一些区别和不同。这点读者要特别注意，在本章也会详细说明这些区别。

(2) 在本书所用的 Keil μVision 集成开发环境中，其 C51 编译器支持 C90 标准。

## 8.4 C 语言程序框架

前面提到，C 语言程序是以文件为单位管理的。在 C 语言中，函数是构成完整程序的基础。在使用 C 语言所编写的程序中，代码被分配到不同的函数中。在 C 语言中，有一个使用 main 关键字标识的函数，称为 C 语言程序的主函数。通过该主函数就可以调用在 C 语言程序中的其他称为子程序的函数。当运行程序时，首先调用的就是 main 主函数。在C 语言中，对 main 函数的定义有两种方式。

(1) 不带形参的 main 主函数，定义格式为

```
int main(void)
{
    本地变量声明;
    逻辑行为描述语句;
    return 0;
}
```

**注**：① 当 main 前面没有类型声明或使用 void 时，在描述代码中，没有 return 语句。

② 在 main 主函数中，使用一对{}符号来标识 main 主函数的边界。

(2) 带有形参的 main 主函数，定义格式为

```
int main(int argc, char * argv[])
{
    本地变量声明;
    逻辑行为描述语句;
    return 0;
}
```

**注**：(1) 当 main 前面没有类型声明或使用 void 时，在描述代码中，没有 return 0 语句。

(2) 在 main 主函数，通过使用一对{}符号来标识主函数的边界。

(3) 尽管在此使用了名字 argc 和 argv，但是由于它们是 main 主函数的局部名字，因此可以使用任何的名字。argc 的值不应为负值；arcv[argc]应该为空指针；如果 argc 的值大

于零，则数组成员 argv[0]到 argv[argc-1]应包含指向串的指针。当运行 main 程序之前，在运行环境控制平台下，把实现定义的值赋值给这些串。

(4) 带参数的 main 函数主要用于复杂应用程序的过程间通信，对于一般的单一程序是不起任何作用的。所以在本书中使用的都是不带形参的 main 主函数。

## 8.5　C 语言词法构成

在使用 C 语言进行编程时，词汇是构成程序最基本的单元，若干词按照一定的规则就构成语句，若干语句的组合就构成了可以完成某个任务的程序。在 C 语言中，词汇主要包含关键字、标识符、常量、串字面值、运算符、标点符号和注释。

**1. 关键字**

在 C90 标准中，提供了 32 个关键字，如表 8.2 所示。这些关键字是构成 C 语言文件的基础。除特殊情况外，在其他词汇中不得使用关键字。在 C 语言中，所有的关键字均使用小写字母表示。

**表 8.2　关键字列表**

| | | | |
|---|---|---|---|
| auto | double | int | struct |
| break | else | long | switch |
| case | enum | register | typedef |
| char | extern | return | union |
| const | float | short | unsigned |
| continue | for | signed | void |
| default | goto | sizeof | volatile |
| do | if | static | while |

**2. 标识符**

标识符就是程序员所起的名字，前面已经提到在一般情况下，不能使用关键字作为标识符。标识符是由非数字字符(包括下划线、26 个大写的英文字母和 26 个小写的英文字母)以及数字构成的文字序列。在命名标识符时，第一个文字不能是数字。

在 C 语言中，对大小写敏感，也就是区分大写字母和小写字母。因此程序员要谨慎地处理标识符中的大写字母和小写字母。

**3. 常量**

常量也就是我们经常说的常数，它的值固定。在 C 语言中，常量包括浮点常量、整数常量、枚举常量和字符常量。对于常量来说，它的值应在其类型可以表示的值域范围内。每一种常量具有一种类型，由其类型说明和值共同确定，将在后面进行详细说明。

**4. 串字面值**

字符串字面值是由双引号括起来的零个或者多个多字节字符组成的序列，如“xyz”。宽串字面值除了使用字母 L 为其前缀外，其他与字符串字面值相同。

除了单引号字符可以用本身或转义序列\'表示，以及双引号字符应以转义序列\"表示外，对整型字符常量或者宽字符常量中序列的描述也同样适用于字符串字面值或宽字面值中序列的每个元素。

**5. 运算符**

在C语言中,提供了下面的符号作为运算符,如表8.3所示。运算符说明要执行的运算(求值),该运算产生一个值,或者一个指示符,或者它们的组合。操作数是运算符所作用的实体。

**表8.3 C语言中提供的运算符**

<table>
<tr><td>[</td><td>]</td><td>(</td><td>)</td><td>.</td><td>-></td><td>++</td><td>--</td></tr>
<tr><td>&</td><td>*</td><td>+</td><td>-</td><td>~</td><td>!</td><td>sizeof</td><td>/</td></tr>
<tr><td>%</td><td><<</td><td>>></td><td><</td><td>></td><td><=</td><td>>=</td><td>!=</td></tr>
<tr><td>^</td><td>|</td><td>&&</td><td>||</td><td>?</td><td>:</td><td>=</td><td>*=</td></tr>
<tr><td>/=</td><td>%=</td><td>+=</td><td>-=</td><td><<=</td><td>>>=</td><td>&=</td><td>^=</td></tr>
<tr><td>|=</td><td>,</td><td>#</td><td>##</td><td></td><td></td><td></td><td></td></tr>
</table>

表8.3中:

(1) 对于运算符"[]"、"()"和"?:"来说,它们应该成对出现,可以用表达式进行分割。

(2) 对于运算符"#"和"##"来说,它们只能出现在定义宏的预处理指令中。

**6. 标点符号**

在C语言中,提供了下面的标点符号,如表8.4所示。

**表8.4 C语言中提供的标点符号**

| [ | ] | ( | ) | { | } | * | , |
|---|---|---|---|---|---|---|---|
| : | = | ; | … | # | | | |

表8.4中:

(1) 标点符号"[]"、"()"和"{}"应成对出现,可以被表达式、声明或者语句分割。

(2) 标点符号"#"只能出现在预处理指令中。

**7. 注释**

在C51编译器中,识别两种注释方法,一种是多行注释,一种是单行注释。

1) 多行注释

在标准C语言中,使用"/*"和"*/"对表示注释,在"/*"和"*/"中出现的任何文字,我们就称为注释。

2) 单行注释

此外,在C51编译器中,也支持单行注释,使用"//"作为单行注释的开始,"//"后面出现的任何文字都表示注释。对于单行注释来说,后面的文字不能跨越多行,如果要跨越多行,要么使用多行注释,要么在每一行前面都添加"//"符号,表示后面出现的任何文字都是注释。

**注**:注释的存在与否,对软件处理程序的过程没有任何影响,不影响任何程序的逻辑结构。注释只是为了程序员和阅读程序的人理解程序的方便。对关键代码给出注释是一个程序员应该具有的良好编程习惯。

# 第9章 CHAPTER 9 STC单片机C语言变量和数据类型

本章介绍C语言中的常量和变量、C51编译器支持的数据类型、自定义数据类型、变量存储种类和存储类型以及定位变量的绝对位置。

在介绍常量和变量时，通过μVision5集成的调试器，观察不同数据类型常量和变量值在8051单片机存储空间的表示方法，这样读者能更准确地掌握数据类型对变量和常量所占用存储空间的影响，以及不同数据类型变量/常量值在计算机中的表示方法。

## 9.1 C语言中的常量和变量

对于基本数据类型，按其值是否可变又分为常量和变量两种。在程序执行过程中，其值不发生改变的量称为常量，其值可变的量称为变量。它们可与数据类型结合起来进行分类，例如，可分为整型常量、整型变量、浮点常量、浮点变量、字符常量和字符变量。

### 9.1.1 常量

在程序执行过程中，其值不发生改变的量称为常量。这种说法过于宽泛，这是因为如果我们在程序中定义了一个变量，但是在程序的运行中不修改变量的值，我们也可以把它看作常量。通过下面的两种方法，可以强制常量的定义和说明。

**1. const关键字**

在ANSI C中，const类型修饰符用于定义和访问定义为常数的对象。在程序运行的时候，不能修改这些常数对象的值。在程序中，const类型修饰符不能用于定义变量。当一个变量前面添加了const类型修饰符时，其实际上就由变量变成了常量。当在源文件中定义了常量对象时，就将它们进行了初始化。

在C语言中，使用const关键字定义常量的格式为

```
const 数据类型 标识符 = 值;
```

其中：

(1) 数据类型为C51编译器支持的数据类型关键字(后面详细介绍)。

(2) 标识符为所声明常量的名字。

(3) 使用符号"＝"给常量分配一个具体的值。

C51编译器遵循ANSI对常数对象的定义规则，规则包括以下：

(1) 对于只由const类型修饰符声明的变量，它可以保存在data、idata或者xdata

区域。

(2) 如果需要将一个变量存放在 ROM 中,则用 code 存储器类型声明。

(3) 包含 const far 的声明变量被保存在 HCONST 存储器空间。典型地,将该区域分配到 ROM 存储器中。

(4) 最后,STRING 编译器命令定义了所保存字符串常量的位置。该命令允许将字符串放在 CODE 存储器、HCONST 存储器或者 XCONST 存储器(XDATA 内的常数空间)。

**【例 9-1】** 通过 const 关键字声明常量的例子 1。

**代码清单 9-1　main.c 文件**

```
int main()
{
    const float b = 7.4;            //定义浮点常量,赋值为 7.4
    const int a = 100;              //定义整型常量,赋值为 100
    const char c = 10;              //定义字符型常量,赋值为 10
    return 1;
}
```

下面对该例子进行分析,分析步骤主要包括:

(1) 进入本书所提供资料的 stc_program_example\例 9-1\目录下,在 Keil μVision5 集成开发环境下选择 top.uvproj 工程名字,打开该设计。

(2) 在 μVision5 集成开发环境主界面主菜单下,选择 Debug->Start/Stop Debug Session 选项,进入调试器模式。

(3) 在调试器界面工具栏内,单击按钮。运行单步直到运行完程序,如图 9.1 所示。

(4) 在 Disassembly 窗口下,可以看到反汇编代码,如图 9.2 所示。

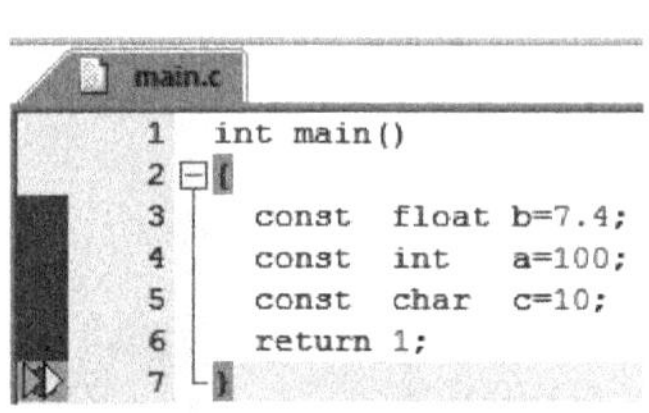


图 9.1　单步运行程序界面

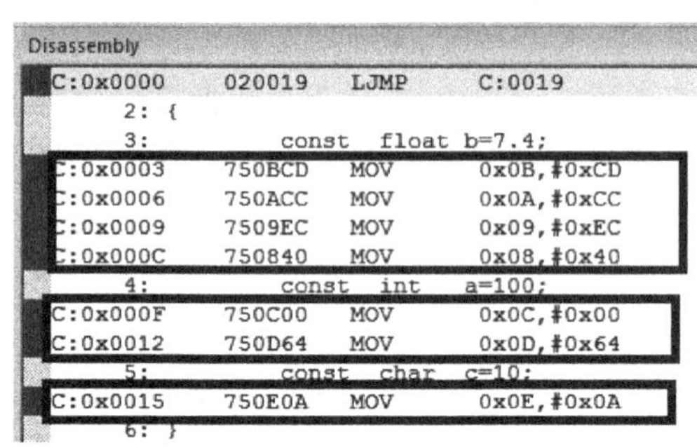


图 9.2　Disassembly 窗口

对于浮点常量来说,占用四个字节,C51 编译器反汇编为将四个立即数 #0xCD、#0xCC和#0xEC 和#0x40 分别保存在 STC 单片机内部数据区地址为 0x0B、0x0A、0x09 和 0x08 的位置。首先分析一下浮点数的 IEEE-754 格式标准。对于浮点数 7.4 来说,在计算机中存储的数 0x40ECCCCD。对应的二进制数表示为

| 0 | 1 0 0, 0 0 0 0, 1 | 1 1 0, 1 1 0 0, 1 1 0 0, 1 1 0 0, 1 1 0 0, 1 1 0 1 |
|---|---|---|

其中:

① MSB 表示符号位,0 表示当前是正数;

② 100,0000,1:表示阶数,对应的十进制数为 129。在浮点标准中,这个值已经加上了

偏移量127,所以实际的阶数为129－127＝2,对应于$2^2=4$,即表示的是2的幂次方。

③ 110,1100,1100,1100,1100,1101:表示尾数,对应的十进制小数近似为0.85。因为总是隐含1。所以表示的小数实际值为1.85,等效值为1.85×4＝7.4。

对于整型常量来说,占用两个字节,C51编译器反汇编为将两个立即数#0x00和#0x64分别保存在STC单片机内部数据区地址为0x0C和0x0D的位置。

对于字符常量来说,占用一个字节,C51编译器反汇编为将立即数#0x0A保存在STC单片机内部数据区0x0E的位置。

(5) 退出调试器模式并关闭该设计。

**思考和练习**

9-1 选择Target1,进入Options for Target对话框界面。在该界面下,单击Target标签。在该标签下,可以看到将Memory Model设置为Small:variable in DATA,所以可以看到立即数都是保存在8051单片机内部数据区。尝试将Memory Model设置改为Larger:variable in XDATA,重新建立并运行程序,填写下表。

(1) 浮点常量b,保存在________存储器空间,地址为____________________;

(2) 整型常量a,保存在________存储器空间,地址为____________________;

(3) 字符型常量c,保存在________存储器空间,地址为____________________。

9-2 尝试在main()主程序中,通过"＝"为常量分配新的值,重新编译设计,C51编译器会提示错误信息。

**2. #define宏定义**

符号常量在使用之前必须通过宏定义语句进行定义,其一般形式为

```
#define 标识符 常量
```

其中:

#define是一条预处理命令(预处理命令都以"#"开头),称为宏定义命令。功能是把该标识符定义为其后的常量值。一经定义,以后在程序中所有出现该标识符的地方均代之以该常量值。使用符号常量的好处就在于程序的可读性好,并且容易修改。

**注:** (1) 习惯上符号常量的标识符用大写字母,变量标识符用小写字母,以示区别。

(2) 在后面预处理命令一章中将进一步介绍#define宏定义,此处不要求读者掌握该内容。

## 9.1.2 变量

其值可以改变的量称为变量。一个变量应该有一个标识符,在内存中占据一定的存储单元。

**1. 变量定义**

变量定义一般放在函数体的开头部分。变量定义的一般形式为

```
类型说明符 变量名, 变量名, …;
```

在书写变量定义时,应注意以下几点:

(1) 允许在一个类型说明符后,定义多个相同类型的变量。各变量名之间用逗号间隔。类型说明符与变量名之间至少用一个空格隔开。

(2) 最后一个变量名之后必须以“;”结尾。

(3) 变量定义必须放在变量使用之前,一般放在函数体的开头部分。

**2. 变量赋值**

变量可以先定义再赋值,也可以在定义的同时进行赋值;在定义变量的同时赋初值称为初始化。

在变量定义中赋初值的一般形式为

```
类型说明符 变量 1 = 值 1,变量 2 = 值 2, …;
```

而在使用时赋值的一般形式为

```
变量 1 = 值 1;
变量 2 = 值 2;
```

## 9.2 C51 编译器支持的数据类型

本节介绍标准数据类型,内容包括标准C语言所支持的类型、单片机扩充的类型、自定义数据类型和变量及存储模式。

C51 编译器提供了基本的数据类型,这些基本数据类型可用在C程序代码中。C51 编译器支持标准的C数据类型,以及专用于 Cx51 平台的一些扩展数据类型,如表 9.1 所示。

**表 9.1 C51 编译器支持的数据类型**

| 数据类型 | 位数 | 字节数 | 值的范围 |
|---|---|---|---|
| bit | 1 | | 0 或 1 |
| signed char | 8 | 1 | −128～+127 |
| unsigned char | 8 | 1 | 0～255 |
| enum | 8 / 16 | 1/2 | −128～+127 或者 −32768～+32767 |
| signed short int | 16 | 2 | −32768～+32767 |
| unsigned short int | 16 | 2 | 0～65535 |
| signed int | 16 | 2 | −32768～+32767 |
| unsigned int | 16 | 2 | 0～65535 |
| signed long int | 32 | 4 | −2147483648～+2147483647 |
| unsigned long int | 32 | 4 | 0～4294967295 |
| float | 32 | 4 | ±1.175494E−38～±3.402823E+38 |
| double | 32 | 4 | ±1.175494E−38～±3.402823E+38 |
| sbit | 1 | | 0 或 1 |
| sfr | 8 | 1 | 0～255 |
| sfr16 | 16 | 2 | 0～65535 |

表 9.1 中:

数据类型 bit、sbit、sfr 和 sfr16 不是 ANSI C 中所提供的数据类型,它们是针对 Cx51 编译器的扩展类型,只针对于 8051 单片机架构。

### 9.2.1 标准C语言所支持的类型

本节只介绍标准C语言所支持数据类型中的基本类型，其他数据类型将在后续内容中进行详细介绍。

**1. 空类型**

空类型用C语言表示为void，该数据类型定义了没有返回值的函数、没有参数列表的函数，以及指向没有数据类型的指针。定义的格式为

```
void 函数名字(参数列表);
返回类型标识符  函数名字(void);
void * 标识符;
```

**2. 整数类型**

整数类型用C语言表示为int，该数据类型定义了一个二进制的整数，其定义的完整格式为

```
{signed | unsigned} {long|short} int 标识符{ = 值};
```

**注**：(1) {}表示里面的内容为可选项。

(2) 在声明整数类型变量时，可选择通过"="符号为其分配一个具体的数值，也可以在后面单独为其分配具体的数值。

根据其所占字节数以及所能表示的范围，将整型数据分为基本型、短整型和长整型三种。

1) 基本型

基本型整数用C语言表示为int，在内存中占2个字节。当基本型整数为无符号整数时，其表示范围在0～65535之间，用C语言进一步表示为unsigned int；当基本型整数为有符号整数时，其表示范围在－32768～＋32767之间，用C语言进一步表示为signed int。当没有unsigned/signed修饰符时，将基本型整数默认为有符号整数。在C语言中的定义形式为

```
{signed|unsigned} int 标识符{ = 数值};
```

其中：

(1) 标识符为变量/常量的名字，由程序员自己命名。

(2) {}内为可选项，用于进一步增强对基本整型变量/常量的定义。

(3) 在声明基本整型变量时，可以通过使用"="符号给该类型变量分配一个具体的数值，也可以在声明基本整型变量后，再给该变量分配一个具体的数值。

(4) 对于有符号的基本整型常量/变量来说，在计算机中用补码表示其具体的数值。

**【例9-2】** 基本型整数C语言声明的例子。

```
int a;
unsigned int b,c = 456;
signed int d;
d = 43;
```

2) 短整型

短整型整数用C语言表示为short int或short，它在内存中所占字节与取值范围同基

本型。当没有 unsigned/signed 修饰符时,将短整型数默认为有符号整数。在 C 语言中的定义形式为

```
{signed|unsigned} short int 标识符{ = 数值};
```

其中:

(1) 标识符为变量/常量的名字,由程序员自己命名。

(2) {}内为可选项,用于进一步增强对短整型变量/常量的定义。

(3) 在声明短整型变量时,可以通过使用"="符号给该类型变量分配一个具体的数值,也可以在声明短整型变量后,再给该变量分配一个具体的数值。

(4) 对于有符号的短整型常量/变量来说,在计算机中用补码表示该变量具体的数值。

**【例 9-3】** 短整型整数 C 语言声明的例子。

```
short a;
short int b;
unsigned short c = 10;
signed short int d;
```

3) 长整型

长整型整数用 C 语言表示为 long int 或 long,在内存中占 4 个字节。当长整型整数为无符号整数,其表示范围在 0~4294967295 之间,用 C 语言进一步表示为 unsigned long 或 unsigned long int;当长整型整数为有符号整数,其表示范围在 −2147483648 ~ +2147483647 之间,用 C 语言进一步表示为 signed long 或 signed long int。当没有 unsigned 或 signed 修饰符时,将长整型数默认为有符号整数。在 C 语言中的定义形式为

```
{signed|unsigned} long int 标识符{ = 数值};
```

其中:

(1) 标识符为常量/变量的名字,由程序员自己命名。

(2) {}内为可选项,用于进一步增强对长整型变量/变量的定义。

(3) 在声明长整型变量时,可以通过使用"="符号给该类型变量分配一个具体的数值,也可以在声明长整型变量后,再给该变量分配一个具体的数值。

(4) 对于有符号的长整型变量/常量来说,在计算机中用补码表示该变量具体的数值。

**【例 9-4】** 长整型整数 C 语言声明的例子。

```
long a;
long int b;
unsigned long int c = 1000000;
signed long d;
```

在 C 语言中,使用十进制、八进制和十六进制格式来表示整型数的一个具体数值。

1) 十进制格式表示整数

当使用十进制形式表示整型数时,数字前面没有任何前缀。对于十进制来说,其有效的数字取值范围在 0~9 之间。例如,237、−568、65535 和 1627。

2) 八进制格式表示整数

当使用八进制形式表示整型数时,数字前面必须以 0 开头,即以 0 作为八进制数的前

缀。当采用八进制格式表示整数时，整数中的每个数字的取值范围为 0～7。当采用八进制格式表示整数时，通常认为该整型数为无符号数。例如，015、0101 和 0177777。

3）十六进制格式表示整数

当使用十六进制形式表示整型数时，数字前面数必须以 0X 或 0x 开头，即以 0X 或 0x 作为十六进制数的前缀。当采用十六进制格式表示整数时，整数中的每个数字的取值范围 0～9，A～F/a～f 之间。例如，0X2A、0XA0 和 0xFFFF。

对于类型为长整型的整数来说，可以在数字的最后面添加大写字母 L 或小写字母 l 作为其后缀。例如，

(1) 十进制长整型数可以表示为 158L、358000L。

(2) 八进制长整型数可以表示为 012L、077L、0200000L。

(3) 十六进制长整型数可以表示为 0X15L、0XA5L、0X10000L。

对于长整型数 158L 和基本整型数 158 来说，在数值上是相等的。但对 158L 而言，因为是长整型，所以 C51 编译器给它分配 4 个字节存储空间；而对于 158 而言，因为是基本整型，所以 C51 编译器给它只分配 2 个字节的存储空间。

此外，对于无符号数而言，也可在数字后添加后缀"U"或者"u"，用于强化说明无符号数表示。

**【例 9-5】** 整型数声明和使用的例子。

**代码清单 9-2 main.c 文件**

```
void main()
{
    int i = 32000, j = 32000, h;
    unsigned int m = 100, n = 0x200;
    long int k = 10000, l = - 40000;
     h = i + j;
}
```

下面对该例子进行分析，分析步骤主要包括：

(1) 进入本书所提供资料的 stc_program_example\例 9-5\目录下，在 Keil μVision5 集成开发环境下打开该设计。

(2) 在集成开发环境主界面主菜单下，选择 Debug→Start/Stop Debug Session。

(3) 在调试器模式下，单步运行该程序直到程序的末尾。

(4) 将鼠标光标分别放到变量 i 和 j 的名字上，读者会发现给出的信息是变量 i 在 D:0x02 的位置上，其保存的值为 0x0000，如图 9.3(a)所示；类似地，给出的信息是变量 j 在 D:0x82 的位置上，其保存的值为 0x0000，如图 9.3(b)所示。

读者自然会提出疑问，明明已经给 i 和 j 进行了赋值操作，为什么显示信息是 0？在 Disassembly 窗口中，找到 h=i+j 的反汇编程序，如图 9.4 所示。

分析：在赋值操作的时候，是两个立即数 0x7D 直接相加，即采用的是立即数寻址的方式。因此在程序运行时，看不到 i 和 j 的内容。相加后结果$(0xFA00)_{16}$保存在单片机内部数据区地址为 0x08 的位置，占用两个字节的存储空间，如图 9.5 所示。提示：$(32000)_{10}=(7D00)_{16}$，对于两个数$(7D00)_{16}$相加来说，结果为$(FE00)_{16}$，从计算的结果来看，(CY)＝0，(OV)＝1。很明显结果溢出，$(FE00)_{16}$对应的有符号数为－1536，即两个正数相加得到一个

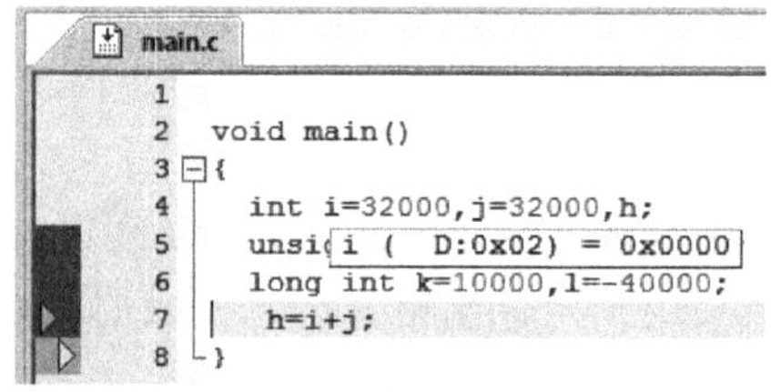


(a) 观察变量i的内容

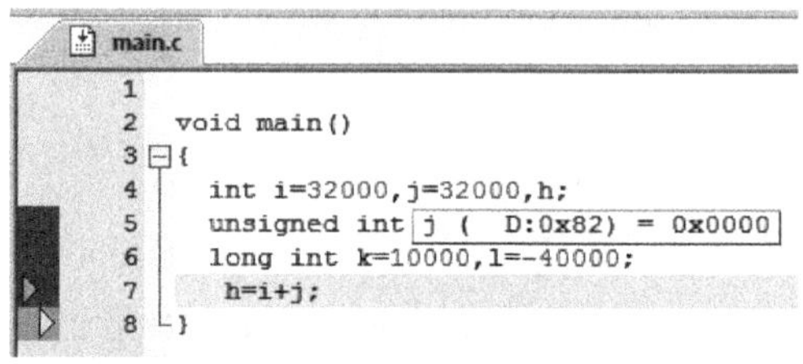


(b) 观察变量j的内容

图 9.3 观察变量 i 和 j 的内容

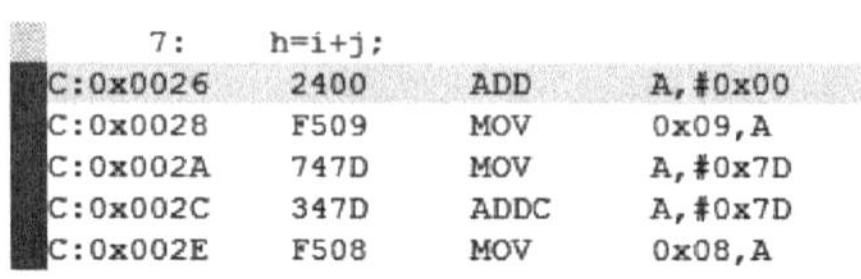


图 9.4 h=i+j 反汇编的指令内容

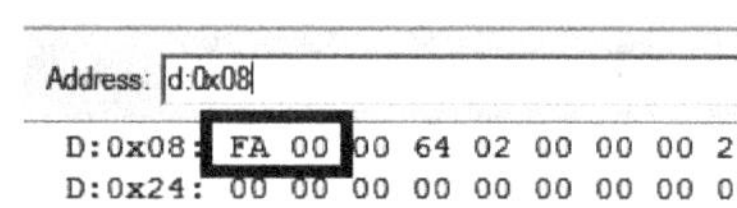


图 9.5 变量 h 在单片机内部数据区的值

负数。在调试界面的寄存器界面内,找到并展开 psw,可以看到和前面一样的分析结果,如图 9.6 所示。

因此,提示读者在声明数据类型时,必须考虑所表示数据的范围,不然会由于不同整数类型数据位宽的不同而造成计算结果的溢出。

(5) 在 Memory 1 窗口界面内,分别重新输入 &m 和 &n,可以看到将变量 m 的值 0x64 分配到单片机片内数据区地址为 0x0A 的位置,该变量占用两个存储字节空间,如图 9.7(a)所示;类似地,可以看到将变量 n 的值 0x200 分配到单片机内数据区地址为 0x0C 的位置,该变量占用两个存储字节空间,如图 9.7(b)所示。

0111,1101,0000,0000
\+ 0111,1101,0000,0000
1111,1010,0000,0000

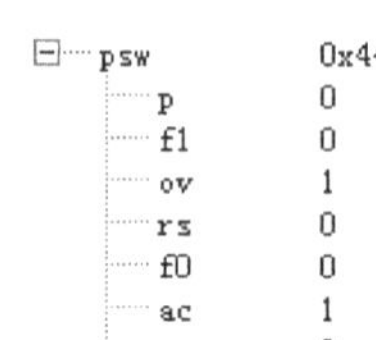


图 9.6 psw 的内容

**注**:&m 和 &n 表示得到变量 m 和 n 在单片机内存储空间的地址。

(6) 在 Memory 1 窗口界面内,分别重新输入 &k 和 &l,可以看到将变量 k 的值 $(10000)_{10}=(2710)_{16}$分配到单片机片内数据区地址为 0x0E 开始的位置,该变量占用四个存储字节空间,如图 9.8(a)所示;类似地,可以看到将变量 l 的值 $(-40000)_{10}=(\mathrm{FFFF63C0})_{16}$分配到单片机内数据区地址为 0x12 开始的位置,该变量占用四个存储字节空间,如图 9.8(b)所示。

对于$(-40000)_{10}$采用二进制补码表示法。方法如下:

① $(40000)_{10}$原码用四个字节表示为$(0000,0000,0000,0000,1001,1100,0100,0000)_2$。

② 对源码按位取反(反码)表示为$(1111,1111,1111,1111,0110,0011,1011,1111)_2$。

③ 反码加 1 得到补码,表示为$(1111,1111,1111,1111,0110,0011,1100,0000)_2=(FFFF63C0)_{16}$。

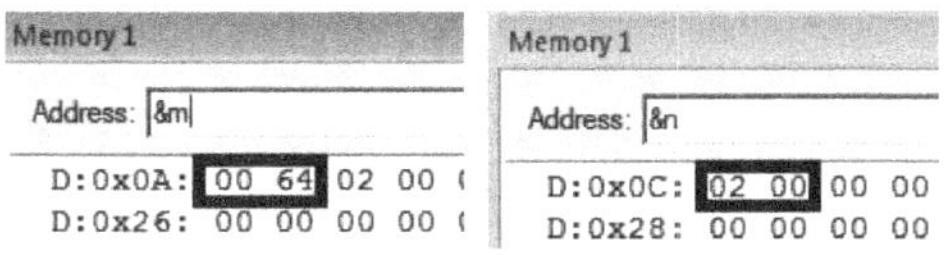


(a) 观察变量m的内容 (b) 观察变量n的内容

图 9.7 观察变量 m 和 n 的内容

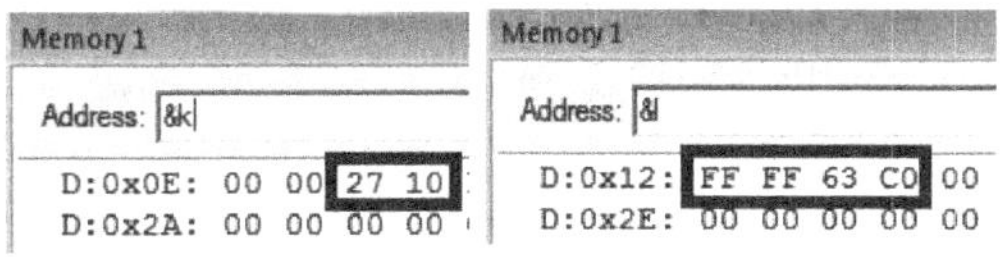


(a) 观察变量k的内容 (b) 观察变量l的内容

图 9.8 观察变量 k 和 l 的内容

**注**:&k 和 &l 表示得到变量 k 和 l 在单片机内存储空间的地址。

(7) 退出调试器界面,并关闭该设计。

**3. 实数型**

在 C 语言中,提供了两种表示实数的方法,分别是十进制表示法和指数形式表示法。

1) 十进制表示法

由数字 0～9 以及小数点组成,例如,0.0、25.0、5.789、0.13、5.0、300.0 和－267.8230。

**注**:在使用十进制表示浮点数时,必须包含小数点。

2) 指数形式表示法

由十进制数字、阶码标志(小写字母“e”或大写字母“E”)以及阶码(只能为整数,可以带符号)组成。表示格式为:

$$a\ \mathrm{E}\ n$$

其中:

$a$ 和 $n$ 均为十进制数,其表示的指数为

$$a\times 10^n$$

例如:

(1) 2.1E5,等价于 $2.1\times10^5$。

(2) 3.7E－2,等价于 $3.7\times10^{-2}$。

(3) 0.5E7,等价于 $0.5\times10^7$。

(4) －2.8E－2,等价于 $-2.8\times10^{-2}$。

在 C51 编译器所支持的 C 语言中,按照所能表示的动态范围和精度,将实数进一步细分为单精度和双精度两种类型,它们在计算机中的表示形式符合 IEEE-754 标准。

1) 单精度浮点数

对于单精度浮点数来说,其 C 语言的定义格式为

```
float 标识符{ = 值};
```

**注**:{}为可选部分,表示在定义单精度浮点变量时,可以为其分配一个具体的数值。

**【例 9-6】** 单精度浮点数声明的例子。

```
float a;
float b = 10.0;
```

```
float c = -0.819E10;
```

2) 双精度浮点数

对于双精度浮点数来说,其C语言的定义格式为

```
double 标识符{ = 值};
```

**注:**(1) {}为可选部分,表示在定义单精度浮点变量时,可以为其分配一个具体的数值。

(2) 在使用C51编译器处理单精度和双精度数时,将两者看成是一样的,并不区分单精度和双精度,float和double类型的常量/变量在单片机中使用相同的四个字节表示。

(3) 可以在具体的数值后面加后缀字母"f"表示该数为单精度浮点数。

**【例9-7】** 双精度浮点数声明的例子。

```
double a;
double b = 0.123457;
double c = - 0.00124E - 2;
```

**【例9-8】** 浮点数声明的例子。

**代码清单9-3 main.c文件**

```
main()
{
    float i = 100.00, j = 245.6e30;
}
```

下面对该例子进行分析,分析步骤主要包括:

(1) 进入本书所提供资料的stc_program_example\例9-8\目录下,在Keil μVision5集成开发环境下打开该设计。

(2) 在集成开发环境主界面主菜单下,选择Debug→Start/Stop Debug Session。

(3) 在调试器模式下,单步运行该程序直到程序的末尾。

(4) 在Memory 1窗口界面内,分别输入&i和&j,可以看到将浮点变量i的值100.0分配到单片机片内数据区地址为0x08开始的位置,该变量占用四个存储字节空间,其值用十六进制数表示为0x42C80000,如图9.9(a)所示;类似地,可以看到将浮点变量j的值245.6e30分配到单片机内数据区地址为0x0C开始的位置,该变量占用四个存储字节空间,其值用十六进制数表示为0x7541BE86,如图9.9(b)所示。

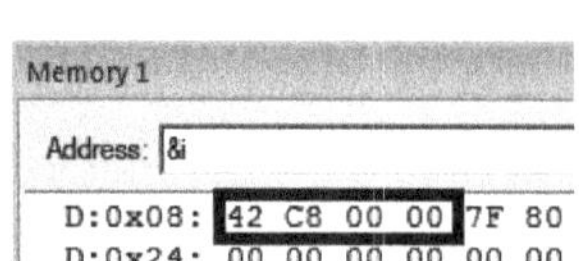


(a) 观察变量i的内容

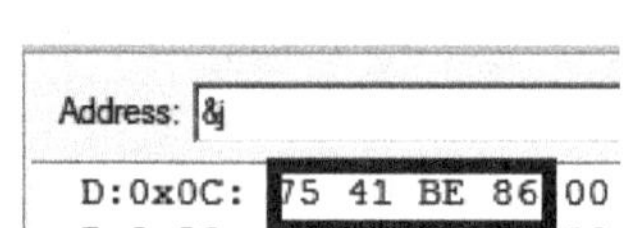


(b) 观察变量j的内容

图9.9 观察变量i和j的内容

下面分析一下浮点数在计算机中存储的原理。

对于浮点数100.0来说,在计算机中存储的数为0x42C80000。对应的二进制数表示为

0 100,0010,1 100,1000,0000,0000,0000,0000

其中：

① 0：表示符号位，表示当前是正数。

② 100,0010,1：表示阶数，对应的十进制数为133。在浮点标准中，这个值已经加上了偏移量127，所以实际的阶数为133－127＝6，对应于$2^6=64$，即表示的是2的幂次方。

③ 100,1000,0000,0000,0000,0000：表示尾数，对应的十进制小数为0.5625。因为总是隐含1，所以表示的小数实际值为1.5625，因此$1.5625\times2^6=1.5625\times64=100$。

对于浮点数245.6e30来说，在计算机中存储的数0x7541BE86。对应的二进制数表示为

0 111,0101,0 100,0001,1010,1110,1000,0110

其中：

① 0：表示符号位，表示当前是正数。

② 111,0101,0：表示阶数，对应的十进制数为234。在浮点标准中，这个值已经加上了偏移量127，所以实际的阶数为234－127＝107，对应于$2^{107}=1.6226\times10^{32}$，即表示的是2的幂次方。

③ 100，0001，1010，1110，1000，0110：表示尾数，对应的十进制小数近似为0.51361083984375。因为总是隐含1，所以表示的小数实际值为1.51361083984375，因此，$1.51361083984375\times2^{107}=2.455974\times10^{32}$。

（5）退出调试器界面，并关闭该设计。

**4. 字符型**

字符型数据用C语言表示为char，在内存中占用1个字节。当字符型数据为无符号字符类型时，其表示范围在0～255之间，用C语言进一步表示为unsigned char；当字符型数据为有符号字符类型时，其表示范围在－128～＋127之间，用C语言进一步表示为unsigned char。在C语言中，定义字符型变量/常量的格式定义为

```
{signed|unsigned} char 标识符{ = 值};
```

其中：

（1）标识符为常量/变量的名字，由程序员自己命名。

（2）{}内为可选项，用于进一步增强对字符型变量/变量的定义。

（3）在声明字符型变量时，可以通过使用"＝"符号给该类型变量分配一个具体的数值，也可以在声明字符型变量后，再给该变量分配一个具体的数值。

（4）对于有符号的字符型变量/常量来说，在计算机中用补码表示该变量具体的数值。

当给无符号的字符型变量/常量分配一个具体的值时，除了使用0～255之间的数值外，也可用普通字符或者转义字符表示。实质上，不管是普通字符还是转义字符，它们在计算机中都是通过ASCII码进行表示，其取值在0～255之间。对于每个具体的字符来说，在ASCII表中都有一个唯一的数值与其对应。因此，这也就是为什么把8位的数据类型经常称为字符型的一个重要原因。下面对普通字符和转移字符进行介绍，以帮助读者正确理解它们的含义。

1) 普通字符

在C语言中,普通字符型数据是用单引号括起来的一个字符,例如,'a'、'b'、'='、'+'、'?'。在C语言中,字符型数据有以下特点:

(1) 字符型数据只能用单引号括起来,不能用双引号或其他括号。

(2) 字符型数据只能是单个字符,不能是字符串。字符可以是字符集中任意字符。

(3) 字符'5'和数字5是不同的。'5'是字符型数据,其ASCII码表示为$(35)_{16}$或者$(53)_{10}$,而数字5不管用10进制表示,还是用16进制表示,它的值始终为5。

**【例9-9】** 字符型数据声明的例子。

**代码清单9-4 main.c文件**

```
void main()
{
    char a = 'a',b = 'H';
    unsigned char c = 250;
    signed char d = 120;
}
```

下面对该例子进行分析,分析步骤主要包括:

(1) 进入本书所提供资料的STC_example\例9-9\目录下,在Keil μVision5集成开发环境下打开该设计。

(2) 在集成开发环境主界面主菜单下,选择Debug→Start/Stop Debug Session。

(3) 在调试器模式下,单步运行该程序直到程序的末尾。

**注:** 字符型与整数型和实数型不一样,不能通过&变量名得到字符型变量的地址。

(4) 在main.c窗口中,将光标分别放在变量a、b、c、d上,就会看到将字符变量的存储信息:

① 显示字符变量a被分配到单片机片内数据区地址为0x08开始的位置,该变量占用一个字节存储空间,其值用十六进制数表示为0x61,如图9.10(a)所示。

② 显示字符变量b的值被分配到单片机内数据区地址为0x09开始的位置,该变量占用一个存储字节空间,其值用十六进制数表示为0x48,如图9.10(b)所示。

③ 显示字符变量c的值被分配到单片机内数据区地址为0x0A开始的位置,该变量占用一个存储字节空间,其值用十六进制数表示为0xFA,如图9.10(c)所示。

④ 显示字符变量d的值被分配到单片机内数据区地址为0x0B开始的位置,该变量占用一个存储字节空间,其值用十六进制数表示为0x78,如图9.10(d)所示。

(5) 退出调试器界面并关闭该设计。

2) 转义字符

转义字符是一种特殊的字符。转义字符以反斜线"\"开头,后跟一个或几个字符。转义字符具有特定的含义,不同于字符原有的意义,故称"转义"字符。例如,在前面各示例中printf函数的格式串中用到的"\n"就是一个转义字符,其意义是"换行"。转义字符主要用来表示那些用一般字符不便于表示的控制代码,如表9.2所示。

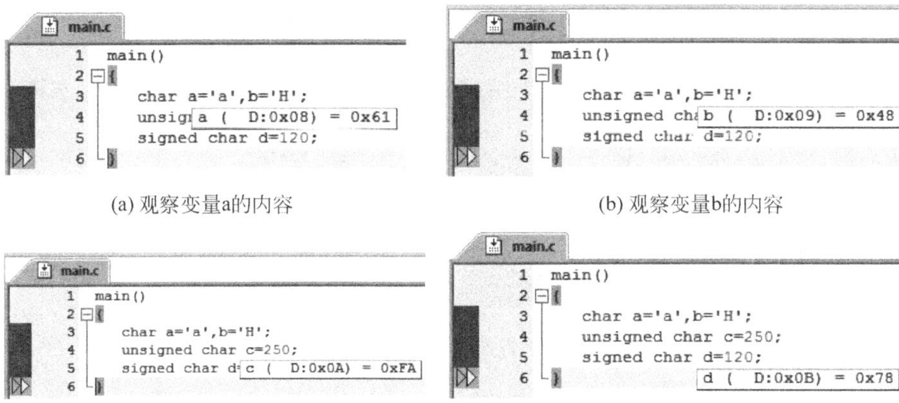


(a) 观察变量a的内容　(b) 观察变量b的内容

(c) 观察变量c的内容　(d) 观察变量d的内容

图 9.10　观察变量 i 和 j 的内容

**表 9.2　常用转义字符及功能**

| 转义字符 | 转义字符的意义 | 对应的 ASCII 码 |
|---|---|---|
| \n | 换行 | 10 |
| \t | 横向跳到下一制表位置 | 9 |
| \b | 退格 | 8 |
| \r | 确认 | 13 |
| \f | 走纸换页 | 12 |
| \\ | 反斜线符"\" | 92 |
| \' | 单引号符 | 39 |
| \" | 双引号符 | 34 |
| \a | 鸣铃 | 7 |
| \ddd | 1～3 位八进制数所代表的字符 | |
| \xhh | 1～2 位十六进制数所代表的字符 | |

**【例 9-10】** 转义字符型数据的例子。

**代码清单 9-5　main.c 文件**

```
main()
{
    char a = 'n',b = '\n';
    char c = 't',d = '\t';
    char e = '\r',f = '\\';
}
```

下面对该例子进行分析，分析步骤主要包括：

(1) 进入本书所提供资料的 stc_program_example\例 9-10\目录下，在 Keil μVision5 集成开发环境下打开该设计。

(2) 在集成开发环境主界面主菜单下，选择 Debug→Start/Stop Debug Session。

(3) 在调试器模式下，单步运行该程序直到程序的末尾。

(4) 在 Disassembly 窗口下，可以看到，经过转义后字符的取值明显不同，如图 9.11

所示。

**思考与练习**

9-3 请根据代码清单 9-5 和图 9.11 给出的代码说明下面字符所对应的十六进制数。

```
        3:          char a='n',b='\n';
C:0x0003    75086E    MOV       0x08,#0x6E
C:0x0006    75090A    MOV       0x09,#0x0A
        4:          char c='t',d='\t';
C:0x0009    750A74    MOV       0x0A,#0x74
C:0x000C    750B09    MOV       0x0B,#0x09
        5:          char e='\r',f='\\';
C:0x000F    750C0D    MOV       0x0C,#0x0D
C:0x0012    750D5C    MOV       0x0D,#0x5C
```

图 9.11 C 语言所对应的汇编语言代码

(1) a=________,表示________;

(2) b=________,表示________;

(3) c=________,表示________;

(4) d=________表示________;

(5) e=________,表示________;

(6) f=________,表示________。

3) 字符串

字符串是由一对双引号括起的字符序列,例如,"CHINA"、"C program"和"$12.5"等都是合法的字符串。字符串和字符不同,它们之间主要有以下区别:

(1) 字符由单引号括起来,字符串由双引号括起来。

(2) 字符只能是单个字符,字符串则可以含一个或多个字符。

(3) 可以把一个字符型数据赋予一个字符变量,但不能把一个字符串赋予一个字符变量。

(4) 在 C 语言中没有相应的字符串变量,也就是说不存在这样的关键字,将一个变量声明为字符串。但是可以用一个字符数组来存放一个字符串,这将在数组一节中进行详细介绍。

(5) 字符占一个字节的存储空间,而字符串占的内存字节数等于字符串中字节数加 1。增加的一个字节中存放字符"\0"(ASCII 码为 0),该字符用于表示字符串结束。

## 9.2.2 volatile 类型修饰符

作为变量的类型修饰符,volatile 关键字用于限制编译器假设变量的值。更准确地说,就是优化器在用到这个变量的时候必须每次都重新读取这个变量的值,而不是保存在寄存器里的备份。另外一个重要的作用就是确保该指令不会因编译器的优化而省略掉。下面通过例子说明该类型修饰符的用法。

**【例 9-11】** 一个变量声明和赋值的例子 1。

**代码清单 9-6 main.c 文件**

```
int main()
{
    char a;
    a = 2;
```

```
    a = 3;
    return 1;
}
```

对于这段代码,想法是先声明一个字符类型的变量 a,然后先给变量 a 赋值为 2,然后再给 a 赋值为 3。我们运行程序看看和设想的是否一致。

下面对该例子进行分析,分析步骤主要包括:

(1) 进入本书所提供资料的 stc_program_example\例 9-11\目录下,在 Keil μVision5 集成开发环境下打开该设计。

(2) 在集成开发环境主界面主菜单下,选择 Debug→Start/Stop Debug Session。

(3) 在 Disassembly 窗口中,观察反汇编代码,如图 9.12 所示,发现 C51 编译器将 a=2 和 a=3 的操作全都优化没了,结果 a 的值为 0。

```
      2: {
      3:          char a;
      4:          a=2;
      5:          a=3;
      6:          return 1;
C:0x000F    7E00      MOV       R6,#0x00
C:0x0011    7F01      MOV       R7,#0x01
      7: }
```

图 9.12 C 语言所对应的反汇编代码 1

(4) 单步运行代码,a 的值为 0,且单步执行时跳过 a=2 和 a=3 这两句话。

(5) 退出调试器模式。

(6) 进入 Options for Target 对话框界面。在该界面下,单击 C51 标签。在该标签界面中,可以看到在 Code Optimization 标题栏下 Level 设置为 8:Reuse Common Entry Code,即优化级为 8 级。

(7) 在下拉框中,将 Level 设置为 0:Constant folding,即降低优先级。

(8) 单击 OK 按钮,退出该对话框界面。

(9) 重新编译/建立程序。

(10) 再次进入调试器界面。

(11) 在 Disassembly 窗口中,观察反汇编代码,如图 9.13 所示,发现在 c 语言中,a=2 和 a=3 的操作,均有汇编代码相对应,也就是没有被优化掉。

```
      2: {
      3:          char a;
      4:          a=2;
C:0x000F    750802    MOV       0x08,#0x02
      5:          a=3;
C:0x0012    750803    MOV       0x08,#0x03
      6:          return 1;
C:0x0015    7E00      MOV       R6,#0x00
C:0x0017    7F01      MOV       R7,#0x01
      7: }
```

图 9.13 C 语言所对应的反汇编代码 2

(12) 单步运行代码,可以看到相继执行了 a=2 和 a=3 的操作。

(13) 退出调试器界面,并关闭该设计。

从上面的调试过程,C51 编译器的优化对设计结果产生影响,产生了不期望的结果。下面将通过使用 volatile 类型修饰符,防止 C51 编译器对该变量操作过程的优化。

【例 9-12】 一个变量声明和赋值的例子 2。

**代码清单 9-7 main.c 文件**

```
int main()
{
    volatile char a;
    a = 2;
    a = 3;
    return 1;
}
```

下面对该例子进行分析,分析步骤主要包括:

(1) 进入本书所提供资料的 stc_program_example\例 9-12\目录下,在 Keil μVision5 集成开发环境下打开该设计。

(2) 在集成开发环境主界面主菜单下,选择 Debug→Start/Stop Debug Session。

(3) 在 Disassembly 窗口中,观察反汇编代码,结果和图 9.13 所示的结果一样,发现 C51 编译器将 a=2 和 a=3 的操作全都都保留了。

(4) 单步运行代码,可以看到相继执行了 a=2 和 a=3 的操作。

(5) 退出调试器界面并关闭该设计。

## 9.2.3 单片机扩充的类型

除了支持标准的 C 所提供的数据类型外,Keil 的编译器还提供了对单片机特定数据类型的支持。

**注**:在使用扩充数据类型时,必须添加头文件包含语句。

```
#include <reg51.h>
```

### 1. bit 类型

该数据类型可用于定义一个比特位,定义的格式为

```
bit 标识符 = 值;
```

对于 bit 类型来说,C51 编译器将其保存在 8051 内部存储器空间的可位寻址空间。由于该可位寻址空间只有 16 个字节,即 128 个比特位,因此只能最多声明 128 个 bit 类型变量。此外,在声明 bit 类型变量时,可以包含存储器类型。由于该类型变量被保存在 8051 内部数据区,因此只能包含 data 和 idata 存储器类型的声明。对于 bit 类型而言:

(1) 不能定义位类型的指针。

(2) 不能定义位类型的数组。

```
bit *ptr;                //定义位类型指针是非法的
bit ware[5];             //定义位类型数组是非法的
```

(3) 禁止中断(#pragma disable)的函数,以及明确所使用寄存器组(using n)的函数也不能返回 bit 类型。

【例 9-13】 bit 类型声明和使用例子 1。

```
bit flag = 0;            //定义一个比特类型的变量 flag,初始值为 0
```

**【例 9-14】** bit 类型声明和使用例子 2。

```
int bdata ibase;             //定义可位寻址的 int 型变量
char bdata bary[4];          //定义可位寻址的数组变量

sbit mybit0 = ibase^0;       //整型变量 ibase 的第 0 位
sbit mybit15 = ibase^15;     //整型变量 ibase 的第 15 位
sbit Ary07 = bary[0]^7;      //字符数组变量 bary[0]的第 7 位
sbit Ary37 = bary[3]^7;      //字符数组变量 bary[3]的第 7 位
```

**注**：可位寻址的范围取决于所声明基本变量的类型：

(1) 对于 char 和 unsigned char 来说，可位寻址范围为第 0～第 7 位。

(2) 对于 int、unsigned int、short 和 unsigned short 来说，可位寻址范围为第 0～第 15 位。

(3) 对于 long 和 unsigned long 来说，可位寻址范围为第 0～第 31 位。

(4) C51 编译器将使用 sbit 声明的访问对象以小端字节的方式保存。然而，标准的 C 类型对象 int 和 long 以大端形式保存。

**2. sfr 类型**

该数据类型可以用于定义 8051 单片机中的所有内部 8 位特殊功能寄存器 SFR。sfr 类型数据占用存储空间一个字节，取值范围为 0～255。定义的格式为

```
sfr 标识符 = 地址;
```

**【例 9-15】** 给出头文件 reg51.h 中已经定义的 sfr 类型。

```
sfr P0  = 0x80;        //P0 端口数据寄存器位于 SFR 内地址为 0x80 的位置
sfr P1  = 0x90;        //P1 端口数据寄存器位于 SFR 内地址为 0x90 的位置
sfr P2  = 0xA0;        //P2 端口数据寄存器位于 SFR 内地址为 0xA0 的位置
sfr P3  = 0xB0;        //P3 端口数据寄存器位于 SFR 内地址为 0xB0 的位置
sfr PSW  = 0xD0;       //程序状态字 PSW 位于 SFR 内地址为 0xD0 的位置
sfr ACC  = 0xE0;       //累加器 ACC 位于 SFR 内地址为 0xE0 的位置
sfr B  = 0xF0;         //寄存器 B 位于 SFR 内地址为 0xF0 的位置
sfr SP  = 0x81;        //堆栈指针 SP 位于 SFR 内地址为 0x81 的位置
sfr DPL  = 0x82;       //低数据指针 DPL 位于 SFR 内地址为 0x82 的位置
sfr DPH  = 0x83;       //高数据指针 DPH 位于 SFR 内地址为 0x83 的位置
sfr PCON  = 0x87;      //电源控制寄存器 PCON 位于 SFR 内地址为 0x87 的位置
sfr TCON  = 0x88;      //定时器控制寄存器 TCON 位于 SFR 内地址为 0x88 的位置
sfr TMOD  = 0x89;      //定时器工作模式寄存器 TMOD 位于 SFR 内地址为 0x89 的位置
sfr TL0  = 0x8A;       //定时器 0 低 8 位初值寄存器 TL0 位于 SFR 内地址为 0x8A 的位置
sfr TL1  = 0x8B;       //定时器 1 低 8 位初值寄存器 TL1 位于 SFR 内地址为 0x8B 的位置
sfr TH0  = 0x8C;       //定时器 0 高 8 位初值寄存器 TH0 位于 SFR 内地址为 0x8C 的位置
sfr TH1  = 0x8D;       //定时器 1 高 8 位初值寄存器 TH1 位于 SFR 内地址为 0x8D 的位置
sfr IE  = 0xA8;        //中断使能寄存器 IE 位于 SFR 内地址为 0xA8 的位置
sfr IP  = 0xB8;        //中断优先级寄存器 IP 位于 SFR 内地址为 0xB8 的位置
sfr SCON  = 0x98;      //串口控制寄存器 SCON 位于 SFR 内地址为 0x98 的位置
sfr SBUF  = 0x99;      //串口数据缓冲区 SBUF 位于 SFR 内地址为 0x99 的位置
```

**注**：在 C 文件中，直接使用已经预定义的 sfr 类型，而无须重新进行定义。

**3. sfr16 类型**

该数据类型可以用于定义 8051 单片机中的 16 位特殊功能寄存器。sfr16 数据类型占

用存储空间两个字节，取值范围为0～65535。定义格式为

```
sfr16 标识符 = 地址;
```

其中，要求"="号后面的地址必须是一个常数，且必须是SFR低字节和高字节所对应的低字节地址。

**【例9-16】** sfr16类型声明和使用例子。

```
sfr16 T2 = 0xCC;              //定时器2: T2L地址为0xCC,T2H地址为0xCD
```

**注**：(1)大多数的16位SFR由16位寄存器包含MSB和LSB的两个连续地址构成。根据不同器件，写到MSB或者LSB，将16位值锁存到寄存器中。当写sfr16时，Keil C51编译器先写高字节，然后写低字节。

(2) 如果写字节的顺序比较重要，则必须使用sfr关键字，使得一次可以定义和访问SFR的一个字节。

(3) 不能在一个函数中声明sfr16类型的变量，它只能声明在函数的外部。

(4) 在编写C代码时，直接使用已经预定义的sfr类型，而无须重新进行定义。

**4. sbit类型**

该数据类型可以用于定义8051单片机内RAM中可寻址位或者特殊功能寄存器中的可寻址位。定义的格式为

(1) sbit标识符=sfr寄存器的名字^比特位的位置。

**【例9-17】** sbit类型声明和使用例子1。

```
sfr  PSW  = 0xD0;
sfr  IE   = 0xA8;

sbit  OV   = PSW^2;
sbit  CY   = PSW^7;
sbit  EA   = IE^7;
```

(2) sbit标识符=sfr寄存器地址^比特位的位置。

**【例9-18】** sbit类型声明和使用例子2。

```
sbit  OV = 0xD0^2;
sbit  CY = 0xD0^7;
sbit  EA = 0xA8^7;
```

(3) sbit标识符=sbit位地址；

**【例9-19】** sbit类型声明和使用例子3。

```
sbit  OV = 0xD2;
sbit  CY = 0xD7;
sbit  EA  = 0xAF;
```

**注**：(1) 不是所有的SFR都可位寻址，只有SFR地址可以被8整除时，才可以进行位寻址，即SFR地址的低半字节必须是0或者8。例如，地址为0xA8和0xD0的SFR是可以位寻址的，而地址为0xC7和0xEB时，就不可以位寻址。因此，为了访问地址为0xC8的SFR的第6位，SFR的位地址应该是0xCE(0xC8+6)。

(2) sbit 数据类型可以用于访问使用 bdata 存储器类型标识符所声明变量的每一位。

(3) 在函数内不能声明 sbit 变量，它只能声明在函数外部。

**【例 9-20】** 单片机扩展数据类型使用例子。

读者可以在本书所提供资料的 stc_program_example\例 9-20\目录下，找到并参考该设计。定义和使用单片机扩展数据类型的步骤主要包括：

(1) 打开 Keil μVision5 集成开发环境。

(2) 建立一个新的设计工程。

(3) 按照前面添加新文件的方法，选择.h 文件模板，将该文件命名为 self_define.h。

(4) 在该文件中，添加设计代码，如图 9.14 所示。

(5) 保存 self_define.h 文件。

(6) 按照前面添加新文件的方法，选择.c 文件模板，将该文件命名为 main.c。

(7) 在该文件中，添加设计代码，如图 9.15 所示。

(8) 保存 main.c 文件。

```
self_define.h | reg51.h | main.c
#ifndef _STC15Fxxxx_H
#define _STC15Fxxxx_H


/*  BYTE Registers   */
sfr P4    = 0xC0;
/*  WORD Registers   */
sfr16 DP = 0x82;

```

图 9.14　在 self_define.h 头文件

```
self_define.h | reg51.h | main.c
1  #include <reg51.h>
2  #include <self_define.h>
3  void main()
4  {
5     char l;
6     bit a=1;
7     P4=0xFF;
8     DP=0x30;
9     ACC=10;
10    B=5;
11    l=ACC+B;
12
13 }
```

图 9.15　在 main.c 头文件

(9) 在集成开发环境主界面主菜单下，选择 Debug→Start/Stop Debug Session。

(10) 在调试器模式下，单步运行该程序，一直到第 7 行，如图 9.16 所示。将光标移到 a 上，弹出提示框。该提示信息说明比特类型变量 a 被分配到内部数据可位寻址区 0x20 的第 0 位(D：0x20.0)的位置，值为 1。

(11) 继续单步运行该程序，一直到第 8 行，该行指令用于给端口 P4 赋值为 0xFF。在 Memory 1 窗口下，输入 d:0xc0，如图 9.17 所示。

```
self_define.h | reg51.h | main.c
1  #include <reg51.h>
2  #include <self_define.h>
3  void main()
4  {
5     char l;
6     bit a=1;
7     P4=0x a (D:0x20.0) = 1
8     DP=0x30;
9     ACC=10;
10    B=5;
11    l=ACC+B;
12
13 }
```

图 9.16　断点运行到第 7 行

```
Address: d:0xc0
D:0xC0: FF 00 00 00
D:0xDC: 00 00 00 00
D:0xF8: 00 00 00 00
```

图 9.17　P4 端口的内容

(12) 在调试器模式下,单步运行该程序,一直到第 9 行,第 8 行程序给 16 位的数据指针 DPTR 赋值为 0x30。在 Register 窗口内,可以看到数据指针寄存器的内容变为 0x0030,如图 9.18 所示。

(13) 在调试器模式下,单步运行该程序,一直到第 10 行,该行程序给累加器 ACC 赋值为 0x0A(十进制数 10)。在 Register 窗口内,可以看到累加器 ACC(显示为 a)的内容变为 0x0a,如图 9.19 所示。

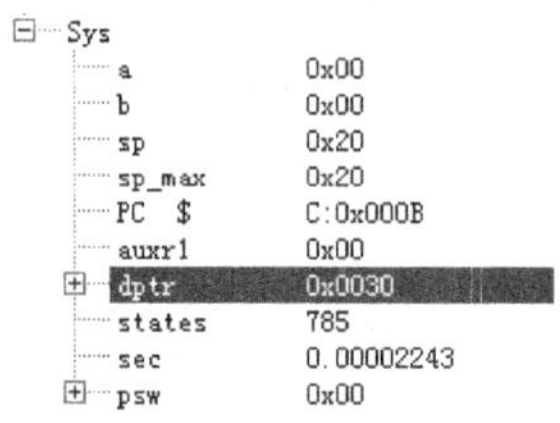


图 9.18 数据指针 DPTR 的内容

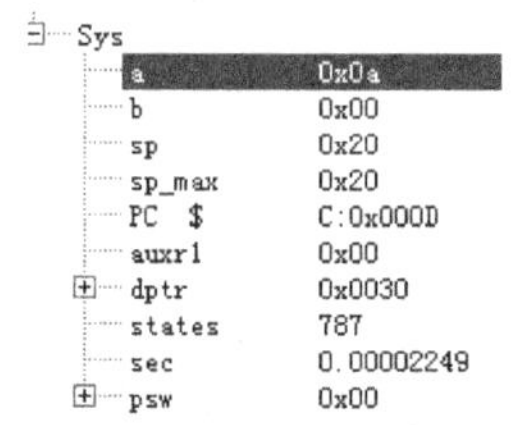


图 9.19 累加器 ACC 的内容

(14) 在调试器模式下,单步运行该程序,一直到第 11 行,该程序给寄存器 B 赋值为 0x05(十进制数 5)。在 Register 窗口内,可以看到寄存器 B(显示为 b)的内容变为 0x05,如图 9.20 所示。

(15) 在调试器模式下,单步运行该程序直到结束,第 11 行程序将累加器 ACC 的内容和寄存器 B 的内容相加后送给字符型变量 l。将光标移到 l 上,弹出提示框。该提示信息说明字符类型变量 l 被分配到内部数据区地址为 0x08 的位置(D: 0x08)的位置,值为 0x0F,如图 9.21 所示。

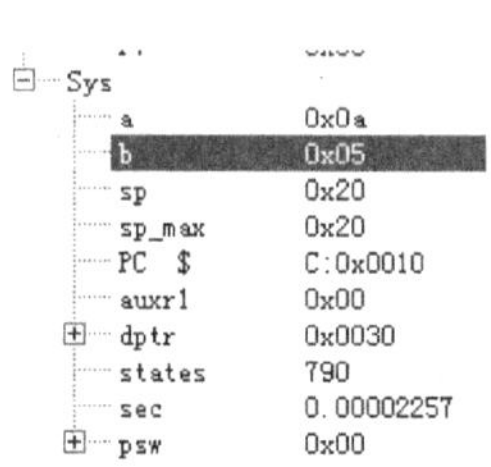


图 9.20 寄存器 B 的内容

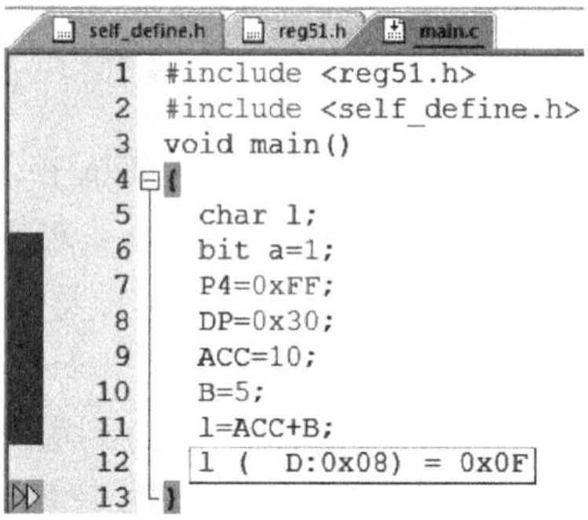


图 9.21 变量 l 的位置和内容

(16) 退出调试器模式并关闭该设计。

## 9.3 自定义数据类型

在 C 语言中,除了可以使用上面所给出的数据类型外,设计者还可以根据需要对数据类型进行重新定义。重新定义数据类型时需要用到关键字 typedef,格式为

```
typedef 已有的数据类型 新的数据类型名
```

**【例 9-21】** 对例 9-5 使用 typedef 重新定义数据类型并使用新定义的数据类型。

修改例 9-5 的步骤包括：

(1) 在 STC_example 目录下，新建一个名字为例 9-21 的子目录。将 STC_example\例 9-5 目录下的所有文件复制到新建的子目录下。

(2) 添加一个名字为 type_define.h 的头文件。

(3) 在该文件中添加代码，将 unsigned int 数据类型重新定义为 u16，以及将 long int 数据类型重新定义为 l32，如图 9.22 所示。

(4) 保存 type_define.h 头文件。

(5) 修改 main.c 文件。在该文件中，新添加包含头文件声明以及使用新定义的头文件，如图 9.23 所示。

```
type_define.h | main.c
typedef unsigned int  u16;
typedef long int  l32;
```

图 9.22　在 type_define.h 文件中添加代码

```
type_define.h | main.c
#include "type_define.h"
void main()
{
  int i=32000,j=32000,h;
  u16 m=100,n=0x200;
  l32 k=10000,l=-40000;
   h=i+j;
}
```

图 9.23　在 main.c 文件中添加和修改代码

(6) 保存 main.c 文件。

(7) 验证新定义的数据类型和原来的数据类型等价。

(8) 关闭并退出设计。

## 9.4　变量存储种类和存储类型

变量的值可以在程序执行过程中不断变化。在使用变量之前，需要对变量进行定义，定义的内容包括变量标识符、数据类型和存储模式。在标准 C 语言中，编译器会根据数据类型和硬件系统自动的确定存储模式。为了更好地利用所提供的存储空间，在针对单片机的 C51 编译器中提供了增强功能的变量存储模式定义功能，定义格式为

```
{存储种类} 数据类型 {存储器类型} 变量名列表;
```

**注**：{}里的内容为可选项。

### 9.4.1　变量存储种类

C 语言支持大量的存储种类，程序员可以在声明变量的时候使用这些存储种类。存储种类可用于定义变量和函数的范围以及“存活”时间。存储种类包括下面四类。

1) auto(自动)

对于本地变量来说，auto 是默认的存储种类。其声明格式为

```
auto 数据类型 标识符 = 值;
```

**注**：(1) auto 存储种类只能用在一个函数定义内。

(2) 当如果没有 auto 和其他存储种类关键字时,默认就是 auto 存储种类。

(3) 标识符为变量的名字。

2) extern(外部)

extern 存储种类声明了一个全局变量,该全局变量在另一个源文件模块中定义,其声明格式为

```
extern 数据类型 标识符;
```

**注**:(1) 当使用 extern 声明一个变量时,不能初始化变量,只能在定义该变量的位置初始化它。

(2) 标识符为变量的名字。

3) static(静态)

static 存储种类限制了变量的范围,以及改变了本地变量的"生命周期",其声明格式为

```
static 数据类型 标识符 = 值;
```

**注**:(1) 当使用 static 在一个函数外面声明一个变量时,不能在源文件的外面访问该变量。

(2) 标识符为变量的名字。

(3) 关于 static 存储种类的用法,将在函数一章进行详细介绍。

4) register(寄存器)

register 存储种类定义了本地变量,将该变量保存在寄存器中,而不是保存在 RAM 中,这样提高了 CPU 访问该变量的速度,其声明格式为

```
register 数据类型 标识符 = 值;
```

**注**:(1) 一般情况下,C51 编译器忽略 register 存储种类,尽可能将所有变量保存在寄存器中。

(2) register 存储种类只能用在一个函数定义内。

**【例 9-22】** extern 关键字声明和应用的例子。

该例子的设计步骤主要包括:

(1) 在目录\stc_program_example\例 9-22,新建一个名字为 top. uvproj 的工程。

(2) 新建一个名字为 extern. c 的文件。在该文件中,输入下面的代码:

**代码清单 9-8 extern. c 文件**

```
inta = 5;
float b = 10.345;
```

(3) 保存该文件。

(4) 新建一个名字为 main. c 的文件。在该文件中,输入下面的代码:

**代码清单 9-9 main. c 文件**

```
extern int a;
extern float b;
int main()
{
```

```
    float c;
    c = a + b;
    return 1;
}
```

(5) 保存该文件。

(6) 进入调试器模式，验证在 extern.c 文件中声明的两个变量 a 和 b 通过在 main.c 文件中使用 extern 关键字，被正确地引用，使得 a+b 得到正确的结果，并且将结果分配给变量 c。

(7) 关闭该设计。

## 9.4.2 变量存储器类型

C51 编译器提供对所有 8051 存储器区域访问的能力。通过在变量声明中包含存储器类型标识符，可以将变量更精确地分配到一个指定的存储器空间。当不声明变量的存储器类型时，将根据 Option for Target 中所设置的存储器模型(memory model)来保存变量，如图 9.24 所示。如表 9.3 所示，这样就可以准确定位变量所在的存储空间。

**表 9.3 Keil C51 编译器所支持的单片机存储类型**

| 存储器类型 | 说 明 |
|---|---|
| DATA | 直接寻址片内数据存储器(128 字节)，访问速度最快 |
| BDATA | 可位寻址的片内数据存储器(16 字节)，允许位和字节混合访问 |
| IDATA | 间接访问的片内数据存储器(256 字节)，允许访问全部片内地址 |
| PDATA | 分页寻址的片外数据存储器(256 字节)，用 MOV @Ri 指令进行访问 |
| XDATA | 外部数据存储器(64KB)，用 MOVX @DPTR 指令进行访问 |
| CODE | 程序存储器(64KB)，用 MOVC @A+DPTR 指令进行访问 |

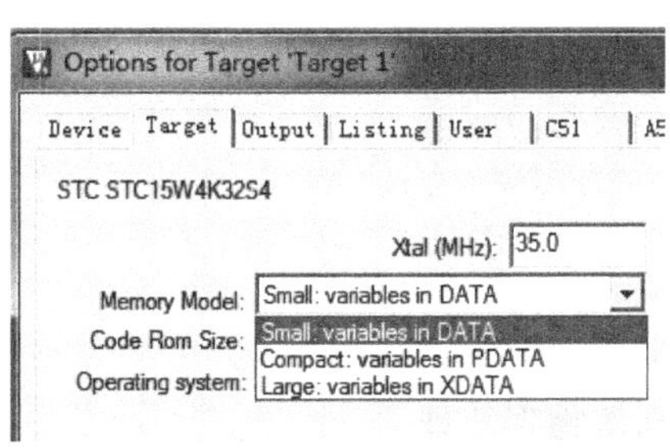


图 9.24 存储器模式设置对话框界面

**【例 9-23】** 带有存储器类型的变量定义例子。

**代码清单 9-10 main.c 文件**

```
int main()
{
    xdata long int x = -1000, y = 4000;
    xdata char m = 90, n = 70;
    pdata char k = 10;
    bdata char l = 0;
    return 1;
}
```

下面对该例子进行分析，分析步骤主要包括：

(1) 进入本书所提供资料的 stc_program_example\例 9-23\目录下，在 Keil μVision5 集成开发环境下打开该设计。

(2) 在集成开发环境主界面主菜单下，选择 Debug→Start/Stop Debug Session。

(3) 在调试器模式下，单步运行该程序直到程序的末尾。

(4) 在 Memory 1 窗口下，分别输入 &x、&y、&m、&n、&k、&l，查看变量所在的存储器空间以及所占用的字节数。

**思考与练习**

9-4 请根据 Memory 1 窗口给出的信息，填写下面空格。

① x=________，所在的存储器空间________，起始地址________，字节数________；

② y=________，所在的存储器空间________，起始地址________，字节数________；

③ m=________，所在的存储器空间________，起始地址________，字节数________；

④ n=________，所在的存储器空间________，起始地址________，字节数________；

⑤ k=________，所在的存储器空间________，起始地址________，字节数________；

⑥ l=________，所在的存储器空间________，起始地址________，字节数________。

(5) 退出调试器模式，并关闭该设计。

## 9.5 定位变量的绝对位置

在 C51 编译器中，提供了将变量定位到绝对位置的多种方法。本节介绍使用_at_关键字确定绝对位置的方法，其他方法将在高级编程一章中进行说明。

在 C 源文件中，通过使用_at_关键字定位变量的绝对地址。格式为

```
{存储器类型} 数据类型 标识符 _at_ 常数;
```

其中：

(1) {}里的内容为可选项。

(2) 标识符为变量的名字。

(3) 常数为保存变量的真实物理地址。

**注**：(1) _at_关键字所声明的地址，必须在用于变量的存储空间的物理边界内。

(2) 不能初始化绝对变量。

(3) 不能将函数指定到一个绝对地址。

(4) 不能将位变量指定到一个绝对地址。

(5) 访问包含_at_关键字声明的 XDATA 内的变量时，使用 volatile 关键字，以确保 C 编译器不会优化掉必要的存储器访问。

**【例 9-24】** 带有_at_关键字的变量定义例子。

该例的设计步骤主要包括：

(1) 在目录\stc_program_example\例 9-24，新建一个名字为 top.uvproj 的工程。

(2) 新建一个名字为 extern.c 的文件。在该文件中，输入下面的代码：

**代码清单 9-11 extern.c 文件**

```
idata int a _at_  0x40;
xdata float b _at_ 0x0050;
data char c _at_ 0x60;
```

**注**：在 extern.c 文件中声明的三个变量 a、b 和 c，并且通过使用_at_关键字，将三个变量分别保存在 8051 单片机 idata 存储空间地址为 0x40 的位置，xdata 存储空间地址为 0x0050 的位置和 data 存储空间地址为 0x60 的位置。

（3）保存该文件。

（4）新建一个名字为 main.c 的文件。在该文件中，输入下面的代码：

**代码清单 9-12 main.c 文件**

```
extern idata volatile int a ;
extern xdata volatile float b;
extern data volatile char c;
xdata float d _at_ 0x0100;
int main()
{
    a = 1048;
    b = 34e - 2;
    c = 25;
    d = a + b + c;
    return 1;
}
```

**注**：通过在 main.c 文件中使用 extern 和 volatile 关键字，正确地引用在 extern.c 文件中声明的三个变量，a+b+c 得到正确的结果，并将结果分配给变量 d。

（5）保存该文件。

（6）进入调试器模式，单步运行设计，直到 return 1 为止。

（7）在调试器模式 μVision 主界面主菜单下，选择 View→Memory Windows→Memory 1，打开存储器窗口界面。

（8）在 Memory 1 窗口中，分别输入 i:0x40、x:0x50、d:0x60 和 x:0x100，如图 9.25 所示，观察这些地址中保存变量的内容。确认_at_关键字在确定变量绝对地址的作用。

（9）退出调试器模式并关闭该设计。

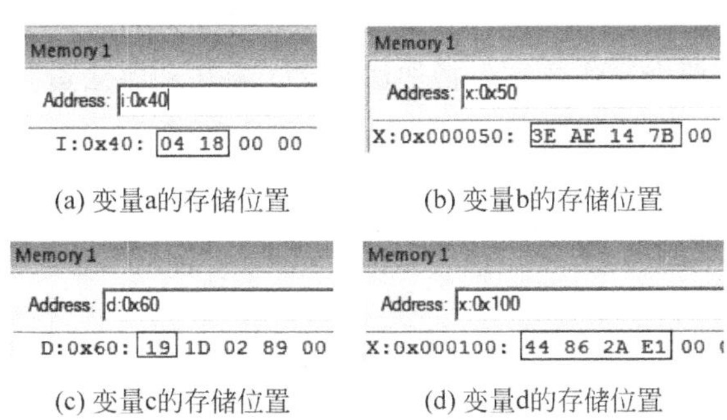


(a) 变量a的存储位置　(b) 变量b的存储位置

(c) 变量c的存储位置　(d) 变量d的存储位置

图 9.25　变量 a、b、c 和 d 的存储位置

# 第 10 章 STC 单片机 C 语言运算符

CHAPTER 10

在 C 语言中，提供了丰富的运算符用于实现复杂的运算功能，包括算术运算、逻辑运算及逻辑判断等。本章将详细地介绍 C 语言中所提供的赋值运算符、算术运算符、递增和递减运算符、关系运算符、逻辑运算符、位运算符、符合赋值运算符、逗号运算符、条件运算符、强制类型转换符以及 sizeof 运算符。

通过本章内容的学习，掌握 C 语言运算符的表示方法及所实现的功能，灵活高效地运用这些运算符实现对数据的处理。

## 10.1 C 语言运算符分类

在 C 语言中，提供了丰富的运算符，用于对数据进行处理。通过运算符和数据的有效合理的搭配，就可以构成完成所要求运算功能的表达式。对于 C 语言的运算符来说，可以从下面的角度进行分类：

(1) 根据所实现的功能，C 语言中的运算符可以分为赋值运算符、算术运算符、递增和递减运算符、关系运算符、逻辑运算符、位运算符、符合赋值运算符、逗号运算符、条件运算符、指针和地址运算符、强制类型转换运算符和 sizeof 等运算符。

(2) 根据参与运算的数据个数，C 语言中的运算符可以分为单目运算符、双目运算符和三目运算符。

① 单目运算符，只有一个操作数。包括递增递减运算符、取地址运算符、指针运算符、取正数运算符，取负数运算符、按位取反运算符和 sizeof 运算符。

② 双目操作符，有两个操作数。包括加法、减法、乘法和除法运算符等。

③ 三目操作符，有三个操作数。例如，条件运算符。

## 10.2 C 语言运算符优先级

所谓的运算符优先级是指，在一个运算表达式中，执行运算的先后顺序。在 C 语言中，共分了 15 级优先级，最高优先级称为第 1 级，最低优先级称为第 15 级，即数字越高优先级越低，如表 10.1 所示。

**注**：表中的一些其他运算符将在后续章节中详细介绍。

**表 10.1　C 语言运算符优先级**

| 优先级 | 运算符 | 名称或含义 | 使用形式 | 结合方向 | 说明 |
|---|---|---|---|---|---|
| 0 | [] | 数组下标 | 数组名[常量表达式] | 从左到右 | |
| | () | 圆括号 | (表达式)<br>函数名(形参表) | | |
| | . | 成员选择(对象) | 对象.成员名 | | |
| | -> | 成员选择(指针) | 对象指针->成员名 | | |
| 2 | − | 负号运算符 | −表达式 | 从右到左 | 单目运算符 |
| | ~ | 按位取反运算符 | ~表达式 | | |
| | ++ | 递增运算符 | ++变量名/变量名++ | | |
| | −− | 递减运算符 | −−变量名/变量名−− | | |
| | * | 取值运算符 | *指针变量 | | |
| | & | 取地址运算符 | &变量名 | | |
| | ! | 逻辑非运算符 | !表达式 | | |
| | (类型) | 强制类型转换符 | (数据类型)表达式 | | |
| | sizeof | 长度运算符 | sizeof(表达式) | | |
| 3 | / | 除法 | 表达式/表达式 | 从左到右 | 双目运算符 |
| | * | 乘法 | 表达式*表达式 | | |
| | % | 取模 | 整型表达式%整型表达式 | | |
| 4 | + | 加法 | 表达式+表达式 | 从左到右 | 双目运算符 |
| | − | 减法 | 表达式−表达式 | | |
| 5 | << | 左移 | 变量<<表达式 | 从左到右 | 双目运算符 |
| | >> | 右移 | 变量>>表达式 | | |
| 6 | > | 大于 | 表达式>表达式 | 从左到右 | 双目运算符 |
| | >= | 大于等于 | 表达式>=表达式 | | |
| | < | 小于 | 表达式<表达式 | | |
| | <= | 小于等于 | 表达式<=表达式 | | |
| 7 | == | 等于 | 表达式==表达式 | 从左到右 | 双目运算符 |
| | != | 不等于 | 表达式!=表达式 | | |
| 8 | & | 按位与 | 表达式&表达式 | 从左到右 | 双目运算符 |
| 9 | ^ | 按位异或 | 表达式^表达式 | 从左到右 | 双目运算符 |
| 10 | \| | 按位或 | 表达式\|表达式 | 从左到右 | 双目运算符 |
| 11 | && | 逻辑与 | 表达式&&表达式 | 从左到右 | 双目运算符 |
| 12 | \|\| | 逻辑或 | 表达式\|\|表达式 | 从左到右 | 双目运算符 |
| 13 | ?: | 条件运算符 | 表达试1?表达式2:表达式3 | 从右到左 | 三目运算符 |
| 14 | = | 赋值运算符 | 变量=表达式 | 从右到左 | |
| | /= | 除后赋值 | 变量/=表达式 | | |
| | *= | 乘后赋值 | 变量*=表达式 | | |
| | %= | 取模后赋值 | 变量%=表达式 | | |
| | += | 加后赋值 | 变量+=表达式 | | |
| | −= | 减后赋值 | 变量−=表达式 | | |
| | <<= | 左移后赋值 | 变量<<=表达式 | | |
| | >>= | 右移后赋值 | 变量>>表达式 | | |
| | &= | 按位与后赋值 | 变量&=表达式 | | |
| | ^= | 按位异或后赋值 | 变量^=表达式 | | |
| | \|= | 按位或后赋值 | 变量\|=表达式 | | |
| 15 | , | 逗号运算符 | 表达式,表达式,… | 从左到右 | |

## 10.3 赋值运算符

在C语言中，赋值操作使用"="号实现，"="称为赋值运算符，赋值语句的格式为

```
变量 = 表达式;
```

先计算由表达式所得到的值，然后在将该值分配给变量。

**【例 10-1】** 不同类型之间赋值操作的例子。

**代码清单 10-1 main.c 文件**

```
int main()
{
    volatile unsigned int a;          //定义无符号的整型变量 a,带有 volatile 属性
    volatile int b = - 2345;          //定义带符号的整型变量 b,初值为 - 2345
    a = b;                            //将 b 的值赋给 a,
    return 0;
}
```

读者可以进入到本书所提供资料的stc_program_example\例10-1\目录下，在Keil μVision5集成开发环境下打开该设计，并进入调试器模式，使用单步运行。根据前面所提到的，在该例子中由于b是有符号的变量，而a是无符号的变量，当把有符号变量b赋值给无符号变量a的时候，会有什么结果？下面对该段代码进行分析。

（1）在Disassembly窗口中，查看该段C语言代码的反汇编代码。

**代码清单 10-2 main.c 的反汇编代码**

```
    2: {
    3:         volatile unsigned int a;
    4:         volatile int b = - 2345;
C:0x0003    750AF6   MOV      0x0A, #0xF6
C:0x0006    750BD7   MOV      0x0B, #0xD7
    5:         a = b;
C:0x0009    850A08   MOV      0x08,0x0A
C:0x000C    850B09   MOV      0x09,0x0B
    6:         return 0;
C:0x000F    E4       CLR      A
C:0x0010    FE       MOV      R6,A
C:0x0011    FF       MOV      R7,A
    7: }
```

从代码可以很清楚地知道下面的事实，即：

① 将立即数0xF6D7保存到8051单片机片内基本数据RAM地址为0x0A和0x0B的空间，该数字是变量b的值－2345的二进制补码表示。

② b＝a的操作就是，将8051单片机片内基本数据RAM地址为0x0A和0x0B的内容复制到8051片内基本数据RAM地址为0x08和0x09的位置，也就是变量a的位置。但是声明a是无符号的整数，因此就将8051片内基本数据RAM地址为0x08和0x09位置的内容当作无符号处理，即无符号数0xF6D7表示为63191。因此a的值最终表示为63191，b的值最终表示为－2345。

注：① 虽然这两个变量 a 和 b 的值在 8051 片内基本数据 RAM 内是完全一样的，但是由于在声明变量 a 和 b 的时候，其类型是不同的，因此最终导致对 0xF6D7 的理解完全不同。

② 通过这个分析过程清楚地知道，要想学好 C 语言需要了解一些 CPU 细节，否则对 C 语言的这些语法是无法彻底理解清楚的。

(2) 从上面的过程可以清楚地看出赋值的过程：

① 赋值过程是从右到左，即先得到"="号右侧表达式的值；然后再将右侧表达式的值赋值给"="号左侧的变量。

② 在赋值过程中，如果"="号左右两侧的数据类型不相同，则将右侧表达式的值自动转换到与"="左侧的数据类型相一致。

(3) 在调试器模式下，在 Keil μVision 集成开发环境右下角的 Watch 1 窗口中，分别输入两个变量 a 和 b 的名字，在右侧可以清楚地显示这两个变量的值，如图 10.1 所示。

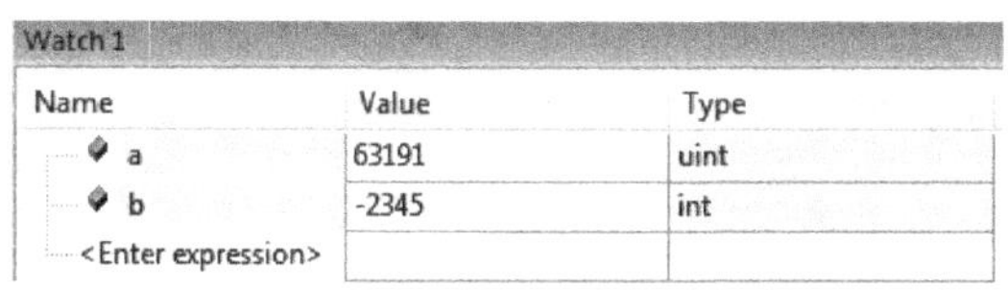


图 10.1　Watch 窗口变量 a 和 b 的值

(4) 退出调试器模式并关闭该设计。

**思考与练习**

10-1　请分析下面代码中变量 a 和 b 的实际值，并说明原因。

```
volatile unsigned int a = - 2345;
volatile int b = - 2345;
```

注：通过对以上设计代码的讲解和分析，在进行赋值操作时，一定要注意"="两边的数据类型是否一致，否则会产生不期望的运行结果。

**【例 10-2】**　正确赋值操作的例子。

**代码清单 10-3　main.c 文件**

```
int main()
{
    int a;
    char b;
    float c;
    a = 10000;
    b = 200;
    c = 0.5;
    return 0;
}
```

读者可以进入到本书所提供资料的 stc_program_example\例 10-2\目录下，在 Keil μVision5 集成开发环境下打开该设计，并进入调试器模式，使用单步运行。

**思考与练习**

10-2　请说明在赋值操作过程中，变量 a、b 和 c 值的变化，并说明当定义变量没有进行赋值操作时其默认的值。

(1) 赋值前 a=________,赋值后 a=________;

(2) 赋值前 b=________,赋值后 b=________;

(3) 赋值前 c=________,赋值后 c=________。

总结:

当赋值运算符两边的运算对象不同时,会执行类型转换,转换的规则是把赋值运算符右侧表达式的类型转换为左侧变量的类型,即:

(1) 浮点型 float 与整型 int。将浮点数转换为整数时,将舍弃浮点数的小数部分,只保留整数部分。将整数值赋值给浮点变量时,数值保持不变,只是将形式改为浮点形式。

(2) 字符型 char 与整型 int。当整型 int 数值赋值给字符型 char 变量时,只保留其最低 8 位,舍弃高位部分。当字符型 char 变量赋值给 int 型变量时,如果原来的 char 型数据取正值,转换后仍为正值;如果原来 char 型值可正可负,则转换后保持原值,只是数据的内部表示形式有所不同,比如对于下面代码:

```
volatile char a = -127;
volatile int c;
c = a;
```

当 a 赋值给 c 后,c 的值也是-127。只不过 a 和 c 在 8051 单片机内表示的形式不同而已,a=-127 用一个字节表示为 0x81,而 c=-127 用两个字节表示为 0xFF81,实质上也是符号扩展。当变量 a 值的符号位为 1,表示负数时,使用 1 扩展,即用 1 将高位填满得到整型变量的值;当变量 a 的符号位为 0,表示正数时,使用 0 扩展,即用 0 将高位填满得到整型变量的值。

(3) 整型 int 与长整型 long。当把长整型 long 的数值赋值给整型 int 变量时,将低 16 位值送给 int 型变量,而将高 16 位截断舍弃;将整型 int 的数值赋值给长整型 long 变量时,其外部值保持不变,而内部形式有所改变,比如对于下面的代码:

```
volatile int a = -32768;
volatile long int c;
c = a;
```

当 a 赋值给 c 后,c 的值也是-32768。只不过 a 和 c 在 8051 单片机内表示的形式不同而已,a=-32768 用两个字节表示为 0x8000,而 c=-127 用四个字节表示为 0xFFFF8000,实质上也是符号扩展。当变量 a 值的符号位为 1,表示负数时,使用 1 扩展,即用 1 将高位填满得到长整型变量的值;而当变量 a 的符号位为 0,表示正数时,使用 0 扩展,即用 0 将高位填满得到长整型变量的值。

(4) 无符号整数。将一个无符号型 unsigned 数据赋值给一个占用相同存储单元的整型变量时,比如 unsigned int 到 int,unsigned long 到 long,unsigned short 到 short,原值照赋,内部存储方式不变,但是外部的值可能变化,对于下面的代码:

```
volatile unsigned int a = 40001;
volatile  int c;
c = a;
```

因为 a 为无符号的整型变量,它在 8051 单片机中占用两个字节表示为 0x9c41。当赋值给 c

的时候，将 0x9c41 赋值给 c，但是由于 c 为带符号的整型变量，此时将 0x9c41 理解为负数，也就是补码，等效的十进制数为－25535。

当把一个非 unsigned 整型数据赋值给长度相同的 unsigned 型变量时，内部存储方式不变，但是外部表示时总是无符号的，对于下面的代码：

```
volatile  int a = - 30000;
volatile unsigned int c;
c = a;
```

因为 a 是有符号的整型变量，它在 8051 单片机内占用两个字节表示为 0x8ad0。当赋值给 c 的时候，将 0x8ad0 赋值给 c，但是由于 c 为无符号的整型变量，此时将 0x8ad0 理解为正数，即十进制数的 35536。

C 语言这种赋值时的类型转换形式可能会使程序员感到不严谨，因为不管表达式的值怎样，系统都自动将其转换为赋值运算符左边变量的类型。

**注**：在进行赋值操作的时候，一定要注意变量和表达式值的数据类型。否则，会产生意想不到的后果，这可能是 C 语言的一个缺点，但是不要忘记当初 C 语言出现的时候，就是为了替换汇编语言而设计的，所以类型变换比较随意。

## 10.4 算术运算符

在 C 语言中，所提供的算术运算符包括＋(加法运算或者取正数运算)、－(减法运算或者取负数运算)、*（乘法运算)、/（除法运算)、%（取余运算)。在这些算术运算中，除了取正和取负运算是单目运算外，其他都是双目运算。

在求取表达式的值时，按照运算符的优先级进行：

(1) 单目运算的优先级要高于双目运算。

(2) 在双目运算中，优先级按照 *、/、%、＋、－从高到低排列。程序员可以通过使用括号()修改运算的优先级顺序。

对于整数除法运算来说，遵循以下的规则：

(1) 整数相除且不能整除时，如果除数和被除数其中只有一个为负数，运算符"/"的运算结果就为负数；如果除数和被除数两个均为负数，运算符"/"的运算结果就为正数，这与代数运算的结果一致。

(2) 整数相除且不能整除时，如果除数和被除数中出现负数，则运算符"%"的运算结果由表达式(a/b) * b＋a%b＝a 确定，即 a%b＝a－(a/b) * b。

(3) 对于运算符"/"和"%"来说，除数(第二个操作数)不能为 0。

**【例 10-3】** 有符号整数相除的例子。

**代码清单 10-4 main.c 文件**

```
int main()
{
    int a1 = - 20,b1 = 3,c1,d1;
    int a2 = 20,b2 = - 3,c2,d2;
    int a3 = - 20,b3 = - 3,c3,d3;
    c1 = a1/b1;
```

```
        d1 = a1 % b1;
        c2 = a2/b2;
        d2 = a2 % b2;
        c3 = a3/b3;
        d3 = a3 % b3;
        return 0;
    }
```

读者可以进入到本书所提供资料的 stc_program_example\例 10-3\目录下，在 Keil μVision5 集成开发环境下打开该设计，并进入调试器模式，使用单步运行，观察运行的结果。

**思考与练习**

10-3 根据整数除法的运算规则，填写下表。

(1) c1=________，d1=________。

(2) c2=________，d2=________。

(3) c3=________，d3=________。

在进行算术运算时，当涉及到赋值操作时，应该注意"="左右两侧的数据类型是一样的，即左边变量的数据类型应该与等号右侧表达式所计算得到值的数据类型一致。在进行赋值操作时，等号右侧的表达式按照算术运算符的优先级进行计算，得到最终的计算结果，然后再根据等号左侧变量的数据类型，将等号右侧所得到值的数据类型转换到等号左侧变量所声明的数据类型。

**【例 10-4】** 不同数据类型运算和赋值的例子。

**代码清单 10-5 main.c 文件**

```
int main()
{
    int a = 1000,b = 30,c = 15;
    float d,e;
    d = a/b * c;
    e = a/(b * c);
    return 0;
}
```

下面对该程序代码进行分析。

(1) 对于 d=a/b * c 的运算来说：

① "="号右侧都是整型变量，因此按照整数运算的规则。先计算 a/b 的结果，然后该结果再与 c 相乘。

② 由于等号左侧变量 d 的数据类型为浮点数，所以将等号右侧的整型运算结果转换成浮点型，然后赋值给变量 d。

(2) 对于 e=a/(b * c)运算来说：

① "="号右侧都是整型变量，因此按照整数运算的规则。在该运算中，通过符号"()"改变了运算顺序，即先计算 b * c 的结果，然后 a 再与该结果相除。

② 由于等号左侧变量 e 的数据类型为浮点数，所以将等号右侧的整型运算结果转换成浮点型，然后赋值给变量 e。

读者可以进入到本书所提供资料的 stc_program_example\例 10-4\目录下，在 Keil

μVision5 集成开发环境下打开该设计，并进入调试器模式，使用单步运行，观察运行的结果。

**思考与练习**

10-4　根据整数除法的运算规则，填写下表。

(1) d=________，在存储单元中表示为________，运算过程________。

(2) e=________，在存储单元中表示为________，运算过程________。

**【例 10-5】** 算术运算操作的例子。

**代码清单 10-6　main.c 文件**

```
int main()
{
    int a = 1000,b = 33,c,d,h,i;
    long int e,j;
    float m = 13414e - 3,n = 0.6547;
    float f,g,k,l;
    c = a/b;                //整数除法,求商
    d = a % b;              //整数除法,求余
    e = a * b;              //乘法求积
    f = a/b;                //整数除法,然后类型转换
    g = a + b - c;          //整数加法和减法运算,然后类型转换
    h = (a + b) * c;        //带()的优先级加法和乘法运算
    i = b - a * c;          //整数乘法和减法运算
    j = (long)a * b;        //转换为长整型,然后长整型乘法
    k = m * n;              //浮点数相乘
    l = m/n;                //浮点数相除
    return 0;
}
```

读者可以进入到本书所提供资料的 stc_program_example\例 10-5\目录下，在 Keil μVision5 集成开发环境下打开该设计，并进入调试器模式，使用单步运行。打开 Watch 1 窗口观察运算得到的结果。

**思考与练习**

10-5　请说明在算术运算操作过程中，变量 c、d、e、f、g、h、i、j、k 和 l 的值，并填写下表。与理论计算结果进行比较。

(1) c 的值=________；

(2) d 的值=________；

(3) e 的值=________；

(4) f 的值=________；

(5) g 的值=________；

(6) h 的值=________；

(7) i 的值=________；

(8) j 的值=________；

(9) k 的值=________；

(10) l 的值=________。

**思考与练习**

10-6 可以看出 e 的值与理论计算的值不一样，解释其中的原因。可以看到 j 的值和理论计算的值一样，有强制转换符存在，解释其作用(提示：符号扩展)。

10-7 在计算 c 和 f 除法运算的时候，解释其中的不同之处。

10-8 在 Disassembly 窗口中，可以找到乘法和除法所对应的汇编指令，发现都调用了子程序，也就是说在单片机中的除法和乘法运算是通过软件实现的，请说明原因。

在前面的例子中，参与运算的数据对象的数据类型是一样的。但是，当参与运算的数据对象的数据类型不一致的时候，该如何处理？

在 C 语言算术表达式的计算过程中，每一步计算所得结果的数据类型由参与运算的运算对象决定，相同数据类型的两个对象运算，结果数据类型不变，不同数据类型的运算对象进行运算，结果的数据类型由高精度的运算对象确定。如果一个运算符两边的运算类型不同，先要将其转换为相同的类型，即较低类型转换为较高类型，然后再参与运算，转换规则如下：

```
char,short -> int -> unsigned -> long -> float
```

例如，一个 long 型数据与一个 int 型数据一起运算，需要先将 int 型数据转换成 long 型数据，两者再进行运算，结果为 long 型。所有这些都是由 C51 编译器自动转换的，使用的时候只需要从中了解结果的类型即可，这些转换可以是自动的。当较低类型的数据转换成较高类型时，一般只是形式上有所变换，不会影响数据的实质内容，而较高类型的数据转换为较低类型时则可能有丢失数据。

**【例 10-6】** 不同类型数据进行算术运算操作的例子。

**代码清单 10-7 main.c 文件**

```
int main()
{
    volatile int a = -30000;
    volatile unsigned int b = 20000;
    int c;
    c = a + b;
    return 0;
}
```

读者可以进入到本书所提供资料的 stc_program_example\例 10-6\目录下，在 Keil μVision5 集成开发环境下打开该设计，并进入调试器模式，使用单步运行。由于 b 是无符号的变量，而 a 是有符号的变量，当两个不同类型数据相加并赋值给有符号变量 c 的时候，会有什么结果？下面对该段代码进行分析。

(1) 在 Disassembly 窗口中，查看该段 C 语言代码的反汇编代码。

**代码清单 10-8 main.c 的反汇编代码**

```
     2: {
     3:         volatile  int a = -30000;
C:0x0003    75088A  MOV      0x08,#TL0(0x8A)
C:0x0006    7509D0  MOV      0x09,#PSW(0xD0)
     4:         volatile unsigned int b = 20000;
     5:         int c;
```

```
C:0x0009    750A4E  MOV     0x0A,#0x4E
C:0x000C    750B20  MOV     0x0B,#0x20
    6:        c = a + b;
C:0x000F    E509    MOV     A,0x09
C:0x0011    250B    ADD     A,0x0B
C:0x0013    F50D    MOV     0x0D,A
C:0x0015    E508    MOV     A,0x08
C:0x0017    350A    ADDC    A,0x0A
C:0x0019    F50C    MOV     0x0C,A
    7:        return 0;
C:0x001B    E4      CLR     A
C:0x001C    FE      MOV     R6,A
C:0x001D    FF      MOV     R7,A
    8: }
```

(2) 从代码可以很清楚地知道下面的事实,即:

① 变量 a 是有符号的整型数,在 8051 中占用两个字节,用补码表示为 0x8AD0。

② 变量 b 是无符号的整型数,在 8051 中占用两个字节,用补码表示为 0x4E20。

③ 虽然 a 是有符号的整型数,但在执行 a+b 的运算时,并不关心 0x8AD0 原本表示的数是有符号还是无符号的,直接进行 0x8AD0+0x4E20 的运算操作。当然,从 C 语言的角度来说,当在运算的时候,因为变量 a 和变量 b 的类型不同,将其转换成无符号的类型。因此,C 语言的这些规则,其实是真实运算工程的文字表述而已。

④ 在运算完成后,由于赋值符号左侧为有符号的整型,所以将 0x8AD0+0x4E20 的计算结果 0xD8F0 作为有符号数,等效于十进制数−10000。

(3) 退出调试器模式并关闭该设计。

## 10.5 递增和递减运算符

在 C 语言中,提供了递增运算符++和递减运算符−−,它们的作用是为了对运算的数据执行加一和减一操作。例如,++i,i++,−−i,i−−。

(1) ++i 和 i++的含义是不一样的:①++i 是先执行 i+1 操作,然后再使用 i 的值,即先执行 i+1=>i 的操作,然后使用递增后的 i 值;②i++是先使用 i 的值,然后再执行 i+1 的操作,即先使用 i 当前的值,然后再执行 i+1=>i 的操作。

(2) 类似地,−−i 和 i−−是不一样的:①−−i 是先执行 i−1 操作,然后再使用 i 的值,即先执行 i−1=>i 的操作,然后再使用 i 的值;②i−−是先使用 i 的值,然后再执行 i−1 的操作,即先使用 i 当前的值,然后再执行 i−1=>i 的操作。

**【例 10-7】** 递增和递减运算符的例子。

**代码清单 10-9 main.c 文件**

```
void main()
{
    int a = 40,b,c,d,e,f,g;        //整型变量 a 的初始值为 40
    b = a -- ;                     //先执行 a => b 操作,然后再执行 a - 1 => a 操作
    c = a;                         //执行 a => c 操作
    d = -- a;                      //先执行 a - 1 => a 操作,然后再执行 a => d 操作
    e = a++;                       //先执行 a => e 操作,然后再执行 a + 1 => a 操作
```

```
    f = a;                          //执行 a => f 操作
    g = ++a;                        //先执行 a + 1 => a 操作,然后再执行 a = g 操作
}
```

读者可以进入到本书所提供资料的 stc_program_example\例 10-7\目录下,在 Keil μVision5 集成开发环境下打开该设计,并进入调试器模式,使用单步运行。打开 Watch 1 窗口观察运算得到的结果。

**思考与练习**

10-9 请说明在递增和递减运算操作过程中,变量 b、c、d、e、f 和 g 的值,并填写下表。

(1) b 的值=________,所进行的操作________;

(2) c 的值=________,所进行的操作________;

(3) d 的值=________,所进行的操作________;

(4) e 的值=________,所进行的操作________;

(5) f 的值=________,所进行的操作________;

(6) g 的值=________,所进行的操作________。

## 10.6 关系运算符

在 C 语言中,提供了下面的关系运算符:>(大于)、<(小于)、>=(大于等于)、<=(小于等于)、==(等于)和!=(不等于)。

其中,前四个关系运算符的优先级相同,后两个关系运算符优先级相同。前一组关系运算符的优先级高于后一组关系运算符。

由这些运算符构成的关系表达式用于后面所介绍的条件判断语句中,判断条件是否成立。关系表达式的格式为

```
表达式 1  关系运算符 表达式 2
```

关系运算的结果只有 1 和 0 两个值,即当满足比较的条件时,关系运算的结果为 1;否则为 0。例如,100>99,返回值为 1;10>(2+10),返回值为 0。

**【例 10-8】** 关系运算符的例子。

**代码清单 10-10 main.c 文件**

```
int main()
{
    int a = 40, b = 10;             //初始化整型变量 a 和 b 的值分别为 40 和 10
    bit c, d, e, f, g, h;           //声明 bit 类型的变量 c、d、e、f、g 和 h
    c = a < b;                      //a < b 判断条件不成立,返回 0
    d = a <= b;                     //a <= b 判断条件不成立,返回 0
    e = a > b;                      //a > b 判断条件成立,返回 1
    f = a >= b;                     //a >= b 判断条件成立,返回 1
    g = a!= b;                      //a!= b 判断条件成立,返回 1
    h = a == b;                     //a == b 判断条件不成立,返回 0
    return 0;
}
```

读者可以进入到本书所提供资料的 stc_example\例 10-8 目录下,在 Keil μVision5 集

成开发环境下打开该设计，并进入调试器模式，使用单步运行。打开 Watch 1 窗口观察运算得到的结果。

**思考与练习**

10-10 请说明在关系运算操作过程中，变量 c、d、e、f、g 和 h 的值，并填写下表。

(1) c 的值=________，所进行的操作________；

(2) d 的值=________，所进行的操作________；

(3) e 的值=________，所进行的操作________；

(4) f 的值=________，所进行的操作________；

(5) g 的值=________，所进行的操作________；

(6) h 的值=________，所进行的操作________。

## 10.7 逻辑运算符

在 C 语言中，提供了逻辑运算符，包括 &&(逻辑与)、||(逻辑或)和!(逻辑非)。

逻辑运算符用在多个关系表达式的条件判断语句中，有以下三种格式。

(1) 条件表达式 1 && 条件表达式 2 &&……

用于确定这些条件表达式条件是否同时成立。如果条件表达式 1 到条件表达式 n 都成立，则返回 1；否则返回 0。

(2) 条件表达式 1 ||条件表达式 2|| ……

用于确定这些条件表达式中是否存在有条件表达式成立的情况。如果在条件表达式 1 到条件表达式 n 中只要有一个条件表达式条件成立，则返回 1；否则返回 0。

(3) ! 条件表达式。

用于对条件表达式的返回值进行取反操作。如果条件表达式的值为 1，则!操作将对条件表达式的值取反，变成 0；如果条件表达式的值为 0，则!操作将对条件表达式的值取反，变成 1。

逻辑关系符的优先级按照!、&&、||依次降低。

**【例 10-9】** 逻辑运算符的例子。

**代码清单 10-11 main.c 文件**

```
int main()
{
    int a = 40,b = 10;              //声明两个整型变量 a 和 b 的值分别为 40 和 10
    bit c,d,e,f,g,h;                //声明 bit 型变量 c、d、e、f、g、h 和 i
    c = a<b && a>b;                 //条件 a<b 和 a>b 并不同时成立,所以 && 操作返回 0
    d = a<= b || a>b;               //条件 a<= b 和 a>b 有一个条件成立,所以||操作返回 1
    e = !(a>b);                     //a>b 条件成立,取!后返回 0
    f = a!= b && a == b;            //a!= b 和 a == b 并不同时成立,所以 && 操作返回 0
    g = a!= b || a == b;            //a!= b 和 a == b 有一个条件成立,所以||操作返回 1
    h = !(a == b);                  //a == b 条件不成立返回 0,!取反后为 1
    return 0;
}
```

读者可以进入到本书所提供资料的 stc_program_example\例 10-9 目录下，在 Keil

μVision5 集成开发环境下打开该设计，并进入调试器模式，使用单步运行。打开 Watch 1 窗口观察运算得到的结果。

**思考与练习**

10-11 请说明在关系运算操作过程中，变量 c、d、e、f、g 和 h 的值，并填写下表。

(1) c 的值=________，所进行的操作________；

(2) d 的值=________，所进行的操作________；

(3) e 的值=________，所进行的操作________；

(4) f 的值=________，所进行的操作________；

(5) g 的值=________，所进行的操作________；

(6) h 的值=________，所进行的操作________。

## 10.8 位运算符

在 C 语言中，提供了对数据进行按位运算的位运算符，包括：～(按位取反)、<<(左移)、>>(右移)、&(按位与)、|(按位或)和^(按位异或)。

(1) 对于按位取反(～)、按位与(&)、按位或(|)和按位异或(^)运算来说，格式为

```
变量 1  按位运算符  变量 2;
```

这些运算规则遵守逻辑代数运算规律，如表 10.2 所示。在按位逻辑运算中，数据类型不能是浮点数。

**表 10.2 逻辑运算规则**

| 逻辑变量 x | 逻辑变量 y | ～x | ～y | x&y | x \| y | x ^ y |
|---|---|---|---|---|---|---|
| 0 | 0 | 1 | 1 | 0 | 0 | 0 |
| 0 | 1 | 1 | 0 | 0 | 1 | 1 |
| 1 | 0 | 0 | 1 | 0 | 1 | 1 |
| 1 | 1 | 0 | 0 | 1 | 1 | 0 |

**【例 10-10】** 逻辑按位运算的原理。

假设两个变量 int a=0x1234，int b=0x3456，则对于 a&b 来说，按位与运算过程如下：

```
      0001,0010,0011,0100
  &   0011,0100,0101,0110
-------------------------
      0001,0000,0001,0100
```

结果为 0x1014。

按位或运算过程如下：

```
      0001,0010,0011,0100
  |   0011,0100,0101,0110
-------------------------
      0011,0110,0111,0110
```

结果为 0x3676。

按位异或运算过程如下：

```
    0001,0010,0011,0100
^   0011,0100,0101,0110
-----------------------
    0010,0110,0110,0010
```

结果为 0x262。

(2) 对于左移和右移运算来说，格式为：

变量 移位运算符 移位个数

① 在移位运算中，对于左移操作来说，在最右端(最低位)补 0，下面以 int 型为例，说明左移的方法。

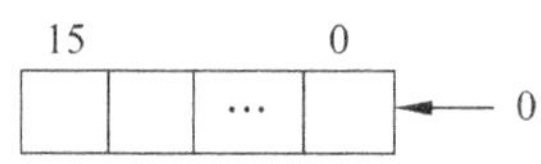


② 对于右移操作来说，如果是无符号的数，则总是在最左端(最高位)补 0；如果是有符号的数，当符号位为 1，则在最左端(最高位)补 1；否则，在最左端(最高位)补 0。

无符号数：

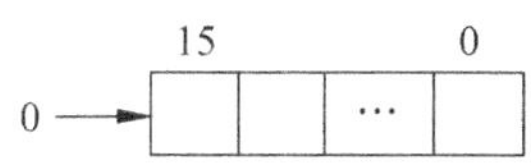


有符号数：

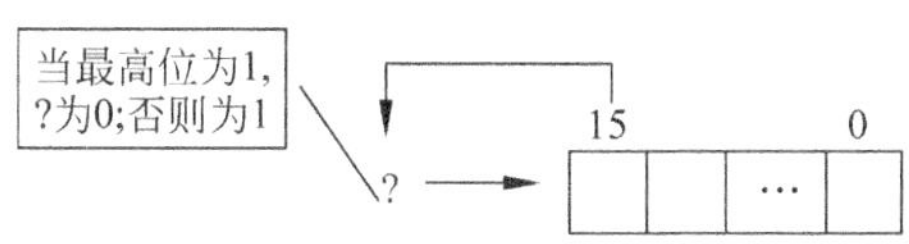


**【例 10-11】** 逻辑移位运算的原理。

假设一个变量 a=0x8123：

(1) 当 a<<3，表示执行左移三位的操作时，由于 a=0x8123，表示成二进制数为 a=1000,0001,0010,0011，当左移三位后，a=0000,1001,0001,1000 值变为 0x0918。

(2) 当 a>>3，表示执行右移三位的操作时，区分有符号数和无符号数：

① 当 a 当作无符号数时，由于 a=0x8123，表示成二进制数为 a=1000,0001,0010,0011，当执行右移操作时，最左端补 0，即当右移完三位后，a=0001,0000,0010,0100，值变为 0x1024。

② 当 a 当作符号数时，由于 a=0x8123，表示成二进制数为 a=1000,0001,0010,0011，当执行右移操作时，最左端补 1，即当右移完三位后，a=1111,0000,00010,0100，值变为 0xF024。

**【例 10-12】** 位运算符的例子。

**代码清单 10-12　main.c 文件**

```
int main()
{
    char a = 30, b = 55;             //定义字符型变量 a 和 b,它们的初值为 30 和 55
    char c,d,e,f,g;                  //定义字符型变量 c、d、e、f 和 g
    int i = -50,j = 60;              //定义整型变量 a 和 b,它们的初值为 -50 和 60
    int k,h,l,m;                     //定义整型变量 k、h、l 和 m
    c = ~a;                          //对变量 a 按位取反
    d = a & b;                       //对变量 a 和变量 b 按位与
```

```
    e = a | b;                    //对变量 a 和变量 b 按位或
    f = a ^ b;                    //对变量 a 和变量 b 按位异或
    g = ~(a ^ b);                 //对于变量 a 和变量 b 按位异或非
    h = ~(a & b);                 //对于变量 a 和变量 b 按位与非
    k = i << 3;                   //对于变量 i 左移 3 位
    n = i >> 3;                   //对于变量 i 右移 3 位
    l = j << 4;                   //对于变量 j 左移 4 位
    m = j >> 4;                   //对于变量 j 右移 4 位
    return 0;
}
```

读者可以进入到本书所提供资料的 stc_program_example\例 10-12 目录下，在 Keil μVision5 集成开发环境下打开该设计，并进入调试器模式，使用单步运行。打开 Watch 1 窗口观察运算得到的结果。

**思考与练习**

10-12 请说明在按位逻辑运算操作过程中，变量 c、d、e、f、g 和 h 的值，并填写下表。

(1) c 的值=________，所进行的操作________；

(2) d 的值=________，所进行的操作________；

(3) e 的值=________，所进行的操作________；

(4) f 的值=________，所进行的操作________；

(5) g 的值=________，所进行的操作________；

(6) h 的值=________，所进行的操作________。

10-13 请用公式详细地给出变量 c、d、e、f、g 和 h 值的计算过程。

10-14 请说明在移位运算操作过程中，变量 k、n、l 和 m 的值，并填写下表。

(1) k 的值=________，所进行的操作________；

(2) n 的值=________，所进行的操作________；

(3) l 的值=________，所进行的操作________；

(4) m 的值=________，所进行的操作________。

10-15 请用公式详细地给出变量 k、n、l 和 m 值的计算过程。

## 10.9 复合赋值运算符

在 C 语言中，提供了复合赋值运算符。复合赋值运算符是算术运算符、位运算符以及赋值运算符的组合。复合赋值运算符包括+=(加法赋值)、-=(减法赋值)、*=(乘法赋值)、/=(除法赋值)、%=(取模赋值)、<<=(左移赋值)、>>=(右移赋值)、&=(逻辑与赋值)、|=(逻辑或赋值)、^=(逻辑异或赋值)和~=(逻辑非赋值)。

复合赋值运算的格式为

```
变量  复合赋值运算符  表达式;
```

在复合赋值表达式中，先进行表达式的运算操作，然后再执行赋值操作的过程。

**注**：在进行完复合赋值运算后，变量的值将发生变化。这点要特别的注意。

【例 10-13】 复合赋值运算符的例子。

**代码清单 10-13 main.c 文件**

```
int main()
{
    int a = 100,b = 45;
    int c = 900,d = 140,e = 790,f = 9900,g = -90,h = 890;
    int i = 560,j = 711;
    a += b;                    //a = a + b;
    c -= b;                    //c = c - b;
    d *= b;                    //d = d * b
    e/ = b;                    //e = e/b
    f % = b;                   //f = f % b
    g <<= 2;                   //g = g << 2
    h >>= 3;                   //h = h >> 3
    i& = b;                    //i = i&b
    j| = b;                    //j = j|b
    return 0;
}
```

读者可以进入到本书所提供资料的 stc_example\例 10-13 目录下，在 Keil μVision5 集成开发环境下打开该设计，并进入调试器模式，使用单步运行。打开 Watch 1 窗口观察运算得到的结果。

**思考与练习**

10-16 请说明在复合赋值运算操作过程中，变量 a、c、d、e、f、g、h 和 i 的值，并填写下表。

(1) a 的值=________，所进行的操作________；

(2) c 的值=________，所进行的操作________；

(3) d 的值=________，所进行的操作________；

(4) e 的值=________，所进行的操作________；

(5) f 的值=________，所进行的操作________；

(6) g 的值=________，所进行的操作________；

(7) h 的值=________，所进行的操作________；

(8) i 的值=________，所进行的操作________。

10-17 请用公式详细地给出变量 a、c、d、e、f、g、h 和 i 值的计算过程。

## 10.10 逗号运算符

在 C 语言中，提供了“,”运算符，将两个表达式连接在一起，称为逗号表达式。逗号表达式的格式为

```
表达式 1,表达式 2,表达式 3,…,表达式 n
```

程序运行时，对于表达式的处理是从左到右依次计算出各个表达式的值，而整个逗号表达式的值是最右边的表达式（即表达式 n）的值。

【例 10-14】 逗号运算符的例子 1。

**代码清单 10-14 main.c 文件**

```
int main()
{
    int a,b,c,d,e,f;
    d = (a = 10,b = 100,c = 1000);
    e = (a = 100,a++,b = a,c = a * b);
    f = (a = 10,b = a * 30,c = a + b);
    return 0;
}
```

分析上面的设计代码：

(1) 对于 d=(a=10,b=100,c=1000)来说，由于逗号表达式取最右侧表达式的值，所以 d=c=1000。

(2) 对于 e=(a=100,a++,b=a,c=a * b)来说，由于逗号表达式是从左到右依次计算各个表达式的值，按下面顺序计算：

① 得到 a=100 的值。

② 计算 a++，即 a 的值变为 101。

③ b=a，即 b 的值为 101。

④ c=a * b，即 c=101×101，值为 10201。

⑤ 将 c 的值赋值给 e，值为 10201。

(3) f=(a=10,b=a * 30,c=a+b)来说，由于逗号表达式是从左到右依次计算各个表达式的值，按下面顺序计算：

① 得到 a=10 的值。

② b=a * 30，得到 b=10×30，值为 300。

③ c=a+b，得到 c=10+300=310。

④ 将 c 的值赋值给 f，值为 310。

读者可以进入到本书所提供资料的 stc_program_example\例 10-14 目录下，在 Keil μVision5 集成开发环境下打开该设计，查看运行结果。

【例 10-15】 逗号运算符的例子 2。

**代码清单 10-15 main.c 文件**

```
int main()
{
    int a = - 30,b,c,d,e,f;
    d = (a * (b = a * 30),c = a + b);
    e = (c = 50,c++,c++,++c);
    f = (c = 30,b = c * 30,d = c + b);
    return 0;
}
```

读者可以进入到本书所提供资料的 stc_program_example\例 10-15 目录下，在 Keil μVision5 集成开发环境下打开该设计，并进入调试器模式，使用单步运行。打开 Watch 1 窗口观察运算得到的结果。

**思考与练习**

10-18　请说明逗号运算操作过程中，变量 d、e 和 f 的值，并填写下表。

(1) d 的值=________，所进行的操作________；

(2) e 的值=________，所进行的操作________；

(3) f 的值=________，所进行的操作________。

10-19　请用公式详细地说明变量 d、e 和 f 值的计算过程。

## 10.11　条件运算符

在 C 语言中，提供了条件运算符"?:"，该运算符是 C 语言中唯一的三目运算符，即该运算符要求有三个运算的对象，用于将三个表达式连接在一起构成一个表达式。条件表达式的格式为

```
逻辑表达式　？　表达式 1 ：　表达式 2
```

首先计算逻辑表达式的值，当逻辑表达式的值为 1，即条件为真时，将表达式 1 的值作为整个条件表达式的值；当逻辑表达式的值为 0，即条件为假时，将表达式 2 的值作为整个条件表达式的值。

**【例 10-16】**　条件运算符的例子。

**代码清单 10-16　main.c 文件**

```
void main()
{
    int a = 10,b = 20,d,e;
    d = (a == b) ? a:b;              //a == b 条件不成立，因此将 b 的值赋值给 d
    e = (a!= b) ? a:b;               //a!= b 条件不成立，因此将 a 的值赋值给 e
}
```

读者可以进入到本书所提供资料的 stc_program_example\例 10-16 目录下，在 Keil μVision5 集成开发环境下打开该设计，并进入调试器模式，使用单步运行。打开 Watch 1 窗口观察运算得到的结果。

**思考与练习**

10-20　请说明条件运算操作过程中，变量 d 和 e 的值，并填写下表。

(1) d 的值=________，所进行的操作________；

(2) e 的值=________，所进行的操作________。

## 10.12　强制类型转换符

前面在介绍赋值操作和算术运算操作时，反复提到对于赋值操作和算术运算操作数据类型不相同的时候，C51 编译器会根据转换规则自动的实现数据类型转换。对于一些程序员来说，如果他们不清楚转换规则，很容易在数据类型的自动转换过程中出现错误的转换结果。在 C 语言中，除了允许不同数据类型之间自动转换外，提供了强制类型转换符，用于将一个数据类型强制转换成另一个数据类型，定义格式为

```
(数据类型关键字) 表达式/变量
```

当表达式或者变量需要进行数据类型转换时，在其最前面显式说明需要最终转换的数据类型，并且用()将该显式声明的数据类型括起来。这样，C51 编译器就能根据显式声明的数据类型关键字，将变量或者表达式转换为该数据类型。

**【例 10-17】** 类型转换符的例子。

**代码清单 10-17 main.c 文件**

```
void main()
{
    int a = 1000,b = 2000;
    long int c,e;
    float d;
    c = (long)a;
    d = (float)b;
    e = d/100;
}
```

读者可以进入到本书所提供资料的 stc_program_example\例 10-17 目录下，在 Keil μVision5 集成开发环境下打开该设计，并进入调试器模式，使用单步运行。打开 Watch 1 窗口观察运算得到的结果。

**思考与练习**

10-21 请说明强制类型运算操作过程中，变量 c、d 和 e 的值，并填写下表。

(1) c 的值=________，其类型转换符的作用________；

(2) d 的值=________，其类型转换符的作用________；

(3) e 的值=________，所执行的操作________。

## 10.13 sizeof 运算符

在 C 语言中，提供了求取数据类型、变量以及表达式最终计算结果字节个数的 sizeof 运算符。其格式为

```
sizeof(表达式)
```

或

```
sizeof(数据类型)
```

**注**：(1) sizeof 是一种特殊的运算符，不是函数。在 C51 编译程序的时候，可以通过 sizeof 计算出字节数。

(2) 对于 8051 来说，char 类型占用一个字节，int 类型占用两个字节，long int 占用四个字节，float 占用四个字节。

**【例 10-18】** sizeof 运算符的例子。

**代码清单 10-18 main.c 文件**

```
void main()
{
```

```
    int a = 10;
    float b = 10.0;
    int c,d,e,f,g,h;
    c = sizeof(int);
    d = sizeof(char);
    e = sizeof(unsigned int);
    f = sizeof(long int);
    g = sizeof(float);
    h = sizeof(a + b);
}
```

读者可以进入到本书所提供资料的 stc_program_example\例 10-18 目录下，在 Keil μVision5 集成开发环境下打开该设计，并进入调试器模式，使用单步运行。打开 Watch 1 窗口观察运算得到的结果。

**思考与练习**

10-22 请说明 sizeof 运算操作过程中，变量 c、d、e、f、g 和 h 的值，并填写下表。

(1) c 的值=________，表示占用存储空间的________个字节；

(2) d 的值=________，表示占用存储空间的________个字节；

(3) e 的值=________，表示占用存储空间的________个字节；

(4) f 的值=________，表示占用存储空间的________个字节；

(5) g 的值=________，表示占用存储空间的________个字节；

(6) h 的值=________，表示占用存储空间的________个字节。

# 第 11 章 STC 单片机 C 语言描述语句

CHAPTER 11

本章将介绍 C 语言描述语句，内容包括输入输出语句、表达式语句、条件语句、开关语句、循环语句和返回语句。从程序结构上，将 C 语言描述语句分为顺序执行语句和非顺序执行语句，理解这点对学习本章知识至关重要。

此外，在学习完 C 语言描述语句后，设计了一个 C 语言控制端口的例子让读者可以体验通过 Keil μVision 集成开发环境编写的 C 语言代码和 STC 单片机硬件交互的过程。

通过本章内容的学习，读者可以掌握基本 C 语言的词法和句法，并可以使用这些语法知识编写完整的简单 C 语言程序。

## 11.1 输入输出语句

在完整的计算机系统中，包含输入输出设备。典型地，在以 PC/笔记本电脑为代表的计算机系统中，默认键盘是标准的输入设备以及显示器是标准的输出设备。通过输入输出设备进行人机交互。这里的“人”指的是计算机用户或者程序员，而“机”是指的计算机。

**注**：在 8051 单片机系统中，默认标准的输入和输出设备均是串行接口。所以在单片机系统中，进行输入操作时，必须先对串口进行初始化操作，而在 PC/笔记本电脑上则不需要执行此操作过程。

在 C 语言中，输入和输出操作是通过函数实现的，而不是通过 C 语言本身实现。C 语言提供了输入函数 scanf 和输出函数 printf 用于实现人机交互。

**注**：(1) 虽然在本节中声明和使用了这两个函数，但是在 8051 单片机中不建议使用，因为这两个函数所占用的存储资源比较多，建议设计者采用其他方式实现输入输出功能。

(2) 在 C 语言中，调用输入和输出函数时，必须包含头文件 stdio.h。并且，在初始化单片机串口时，必须包含头文件 reg51.h。

### 11.1.1 putchar 函数

当用在 PC/笔记本电脑时，该函数向显示终端显示输出一个字符；而当用在 8051 单片机系统时，该函数向串口终端输出一个字符。在程序中，调用 putchar 函数格式为

```
putchar(字母)
```

**注**：关于函数的具体说明，见后续章节。

【例 11-1】 调用 putchar 函数的例子。

**代码清单 11-1　main.c 文件**

```
#include "stdio.h"
#include "reg51.h"
int main()
{
    char a = 'S',b = 'T',c = 'C';                      //定义字符变量,并初始化
    char d = '\n';                                     //定义字符变量,并初始化
    char e = 'H',f = 'e',g = 'l',h = 'l',i = 'o';     //定义字符变量,并初始化
    SCON = 0x52;                                       //初始化串口相关
    TMOD = 0x20;
    TCON = 0x69;
    TH1 = 0xF3;
    putchar(a);                                        //输出字符变量 a 所表示的字符
    putchar(b);                                        //输出字符变量 b 所表示的字符
    putchar(c);                                        //输出字符变量 c 所表示的字符
    putchar(d);                                        //输出字符变量 d 所表示的字符
    putchar(e);                                        //输出字符变量 e 所表示的字符
    putchar(f);                                        //输出字符变量 f 所表示的字符
    putchar(g);                                        //输出字符变量 g 所表示的字符
    putchar(h);                                        //输出字符变量 h 所表示的字符
    putchar(i);                                        //输出字符变量 i 所表示的字符
    putchar(d);                                        //输出字符变量 d 所表示的字符
    return 0;
}
```

读者可以进入到本书所提供资料的 stc_program_example\例 11-1 目录下，在 Keil μVision5 集成开发环境下打开该设计，并进入调试器模式，按 F5 键运行程序。打开 UART #1 窗口观察运算得到的结果，如图 11.1 所示。

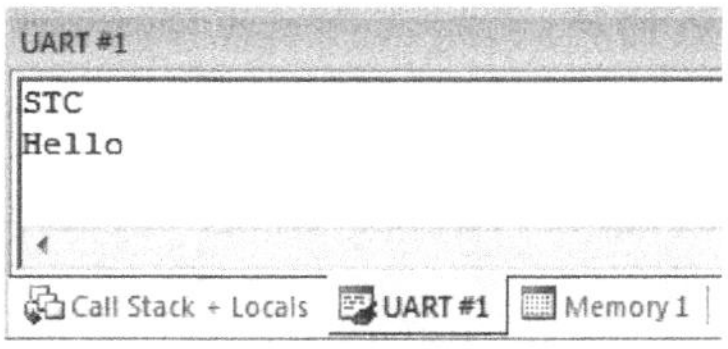


图 11.1　UART #1 窗口界面显示结果

**注**：putchar(ch)，在当前光标处向文本屏幕输出字符 ch，然后光标自动右移一个字符位置。

## 11.1.2　getchar 函数

当用在 PC/笔记本电脑上时，该函数从标准输入设备键盘得到一个字符；而当用在 8051 单片机系统时，该函数从标准输入设备串口终端得到一个字符。调用格式为

```
整型变量 = getchar()
```

当程序调用 getchar 时，程序就等待用户输入，用户输入的字符被放在缓冲区，直到用户按 Enter 键为止，特别要注意 Enter 字符也放在缓冲区内。当用户按下 Enter 键后，

getchar 函数才开始从标准输入输出流中读入一个字符。getchar 函数的返回值是用户输入第一个字符的 ASCII 码,如出错则返回-1,并将用户输入的字符回显到屏幕。如用户在按 Enter 键之前输入了不止一个字符,其他字符会保留在键盘缓冲区,等待后续 getchar 调用读取。即后续的 getchar 调用不会等待用户按键,而是直接读取缓冲区的字符,直到缓冲区中的字符读完后,才等待用户按键。

**【例 11-2】** 调用 getchar 函数的例子。

**代码清单 11-2 main.c 文件**

```
#include "stdio.h"
#include "reg51.h"
void main()
{
    char a,b,c;                          //声明三个字符型变量 a、b 和 c
    SCON = 0x52;                         //初始化串口
    TMOD = 0x20;
    TCON = 0x69;
    TH1 = 0xF3;
    a = getchar();                       //读输入字符
    b = getchar();                       //读输入字符
    c = getchar();                       //读输入字符
    putchar('\n');                       //打印换行符
    putchar(a);                          //打印输入的字符 a
    putchar(b);                          //打印输入的字符 b
    putchar(c);                          //打印输入的字符 c
    putchar('\n');                       //打印换行符
}
```

读者可以进入到本书所提供资料的 stc_program_example\例 11-2 目录下,在 Keil μVision5 集成开发环境下打开该设计,并进入调试器模式,按 F5 键运行程序。打开 UART #1 窗口,在窗口中输入三个字符,然后输出刚才所输入的三个字符,如图 11.2 所示。

图 11.2 UART #1 窗口界面输入字符和显示结果

### 11.1.3 printf 函数

在 PC/笔记本电脑上,该函数向显示器终端输出指定个数任意类型的数据;而在 8051 单片机系统中,该函数向串口终端输出指定个数任意类型的数据。要输出的文字除了可以使用字符、数字、空格和一些数字符号以外,还可以使用一些转义字符表示特殊的含义。该函数在 stdio.h 头文件中定义,在使用 printf 函数的时候必须包含 stdio.h 头文件,printf 函数的调用格式为

```
printf(格式控制,输出列表)
```

例如：

```
printf("%d,%c\n",i,c);
```

**1. 格式控制**

是双引号括起来的一个字符串，称为"转换控制字符串"，简称格式字符串，包含格式声明和普通字符。

1) 格式声明

由"%"和格式字符组成，如%d、%f等。它的作用是将输出的数据转换为指定的格式输出。格式声明总是由"%"字符开始，其完整的格式表示为

```
%[flag][width][.prec][F|N|h|l]type
```

其中，[]内为可选项。

(1) type规定输出数据的类型：

① d(i)，按照十进制整型数据输出，i是旧式写法。

② o，按照八进制整型数据输出。

③ x(X)，按照十六进制整型数据输出。

④ u，按照无符号十进制数据输出。

⑤ c，输出一个字符。

⑥ s(S)，输出一个字符串。

⑦ f(lf)，以系统默认的格式输出实数。单精度浮点数用f，双精度浮点数用lf。

⑧ e(E)，以指数形式输出实数。

⑨ p，以十六进制形式输出指针。

**注**：*可以在格式字符d、o、x和u前面添加l字符，用于表示长整型数。*

(2) flag规定输出样式，取值和含义如下：

① －，减号，左对齐，右边填充空格(默认右对齐)。

② ＋，加号，在数字前增加＋或者－。

③ 0，数字零，将输出的前面补上0，直到占满指定列宽为止(不可以搭配使用－)。

④ 空格，输出值为正时加上空格，为负时加上负号。

⑤ ＃，井号，type为0、x或者X时，增加前缀0、0x或者0X；当type为e、E、f、g和G时，一定要使用小数点；当type为g或者G时，保留尾部的0。

(3) width

用于控制显示数值的宽度，取值含义为

n(n=1,2,3,…)：宽度至少为n位，不足用空格填充。

*格式列表中，下一个参数还是width。width是一个可选的指定最小值字段宽度的十进制数字字符串。如果转换值字符少于字段宽度，该字段将从左到右按指定的字段宽度填充。如果转换结果位数大于字段宽度，则扩展该字段以包含转换后的结果，不会发生截断。然而较小的精度可能会导致在右边发生截断。

(4) prec

用于控制小数点后面的位数,取值和含义如下:如果没有 prec 时,按默认精度显示 0;当 type 为 d、i、o、u 或者 x 时,没有影响;当 type 为 e、E 或者 f 时,不显示小数点。

(5) F|N|h|l

F,远指针;N,近指针;h,短整数(short int);l,长整数(long int)。

2) 普通字符

普通字符是需要原样输出的字符。比如上面 printf 函数中双引号内的逗号、空格和换行符。

**2. 输出列表**

对于 printf 函数中的输出表列来说,需要输出的一些数据,可以是常量、变量或者表达式。

**注**:由于 printf 语句消耗单片机资源很多,所以不建议大量使用。

**【例 11-3】** 调用 printf 函数的例子。

**代码清单 11-3 main.c 文件**

```
#include "stdio.h"
#include "reg51.h"

int main()
{
    int a = 10;
    float b = 133452.1243;
    char s1[20] = {"STC Hello"};
    char c1 = 'a';
    SCON = 0x52;
    TMOD = 0x20;
    TCON = 0x69;
    TH1 = 0xF3;
    printf("a = %d\n",a);
    printf("a = %#x\n",a);
    printf("a = % +-10d\n",a);
    printf("b = %f\n",b);
    printf("b = %e\n",b);
    printf("b = % f\n",b);
    printf("b = %7.8f\n",b);
    printf("%s\n",s1);
    printf("%c\n",c1);
    printf("%d, %f\n",a,b);
    printf("a = %d, b = %d\n",a,b);
    return 0;
}
```

读者可以进入到本书所提供资料的 stc_program_example\例 11-3 目录下,在 Keil μVision5 集成开发环境下打开该设计,并进入调试器模式,按 F5 键运行程序。打开 UART #1 窗口,可以看到显示的信息,如图 11.3 所示。

**思考与练习**

11-1 请分析上面的输出格式以及每一行 printf 输出语句的作用。

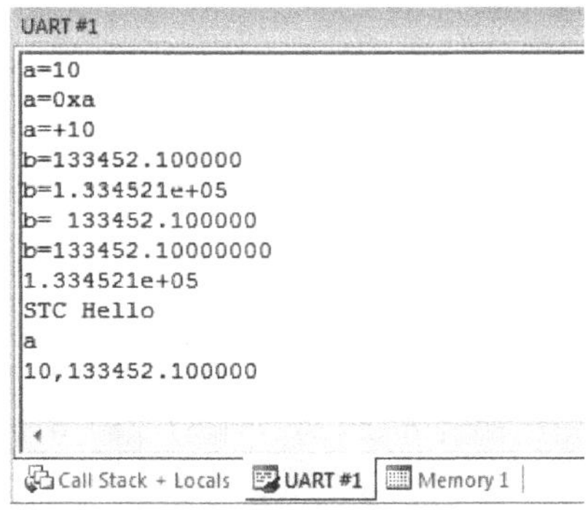


图 11.3　UART ＃1 窗口界面显示的结果

## 11.1.4　scanf 函数

在 PC/笔记本电脑上，该函数通过标准输入设备键盘，获取指定个数的任意类型数据；而在 8051 单片机系统中，该函数通过串口终端获取指定个数任意类型的数据。与 printf 函数一样，该函数也在 stdio.h 头文件中定义，在使用 scanf 函数的时候必须包含 stdio.h 头文件，scanf 函数的调用格式为

```
scanf(格式控制,地址列表)
```

例如：

```
scanf("%d,%d",&a,&b);
```

**1. 格式控制**

格式控制是双引号括起来的一个字符串，称为“转换控制字符串”，简称格式字符串。格式字符串包括格式声明和普通字符两部分。

1）格式声明

格式声明由三类字符构成，包含格式声明符、空白符和非空白字符。

（1）格式声明符由“%”和格式字符组成，如%d、%f 等。它的作用是将输入的信息转换为指定格式的数字。格式声明总是由“%”字符开始。其完整的格式表示为

```
%[修饰符]type
```

对于 type 来说包含：

① d(i)，按照十进制整型数据输入。

② o，按照八进制整型数据输入。

③ x(X)，按照十六进制整型数据输入。

④ u，按照无符号十进制数据输入。

⑤ c，输入一个字符。

⑥ s，输入一个字符串。

⑦ f，用来以系统默认的格式输入实数。

⑧ e(E)，以指数形式输入实数。

⑨ p,读指针的值。

⑩ n,至此已经读入值的等价字符数

对于 type 前的修饰符来说可选择:

① L/l 长度修饰符、输入“长”数据。

② h 长度修饰符、输入“短”数据。

③ W 整型常数、指定输入数据所占宽度。

④ * 表示本输入项在读入后不赋值给相应的变量。

(2) 空白字符。会使 scanf()函数在读操作中略去输入中的一个或多个空白字符。

(3) 非空白字符。会使 scanf()函数在读入时剔除掉与该非空白字符相同的字符。

2) 普通字符

此外,在格式控制串中的普通字符,是需要原样输入的字符。例如上面 scanf 函数中双引号内的逗号、空格和换行符。

**2. 地址列表**

scanf 函数中的地址列表由若干地址组成,可以是变量的地址或者字符串的首地址。

**3. 输入规则**

在使用 scanf 语句输入时,需要注意下面的规则:

(1) 这里特别强调是地址,而不是变量本身。上面的 scanf 语句绝不可以写成

```
scanf(" %d, %d",a,b);
```

(2) 如果在格式控制字符串中,除了格式声明以外还有其他字符,则在输入数据时应在对应位置应输入与这些字符相同的字符。前面的 scanf 语句中,两个%d 之间用“,”隔开,因此在输入数据的时候就需要用逗号隔开。

(3) 如果 scanf 函数写成下面的格式:

```
scanf( %d %d",&a,&b);
```

则在输入两个变量 a 和 b 值的时候,只要在两个值之间添加空格键即可,因为空格键表示前一个数据的输入完成。

(4) 在 scanf 函数中没有精度控制修饰符,下面的写法是非法的:

```
scanf(" %5.2f",&a);
```

(5) 在输入参数时,要特别注意格式化符的含义。

**【例 11-4】** 调用 scanf 函数的例子。

**代码清单 11-4 main.c 文件**

```
#include "stdio.h"
#include "reg51.h"
int main()
{
    int i,j;                                //初始化整型变量 i 和 j
    float k;                                //初始化浮点型变量 k
    char c1;                                //初始化字符型变量 c1
    SCON = 0x52;                            //初始化串口
    TMOD = 0x20;
```

```
    TCON = 0x69;
    TH1 = 0xF3;
    printf("please input two integer number\n"); //提示输入两个整数值
    scanf("%d,%d",&i,&j);                        //输入变量 i 和 j 的值,用逗号分隔
    printf("please input one float number\n");   //提示输入一个浮点数
    scanf("%f",&k);                              //输入浮点变量 k 的值
    printf("please intput one char\n");          //提示输入一个字符
    getchar();                                   //输入一个字符
    scanf("%c",&c1);                             //输入一个字符变量 c1 的值
    printf("\ni=%d,j=%d\n",i,j);                 //打印变量 i 和 j 的值
    printf("k=%f\n",k);                          //打印变量 k 的值
    printf("c=%c\n",c1);                         //打印变量 c1 的值
    return 0;
}
```

读者可以进入到本书所提供资料的 stc_program_example\例 11-4 目录下,在 Keil μVision5 集成开发环境下打开该设计,并进入调试器模式,按 F5 键运行程序,并打开 UART ♯1 窗口。按下面格式输入数据:

(1) 先输入两个整数,两个整数之间必须用逗号分隔。

(2) 然后按 Enter 键。

(3) 输入一个浮点数。

(4) 然后按 Enter 键。

(5) 输入一个字符。

(6) 然后按 Enter 键。

可以看到在 UART♯1 窗口内显示了刚才输入数据的信息,如图 11.4 所示。

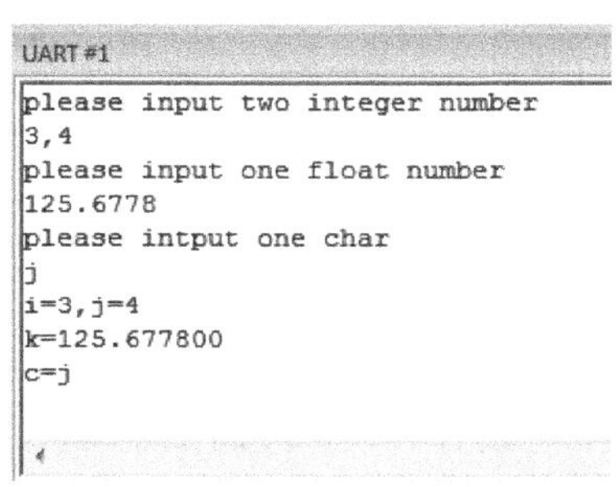


图 11.4　UART ♯1 窗口界面显示的结果

**思考与练习**

11-2　注意到程序中有一行代码 getchar(),解释其作用。如果将该句代码去掉,会出现什么情况?

**提示**:因为输入字符变量 c1 这句话,是从输入缓冲区读取字符,本来是应该正常读取键盘上的一个按键,但是由于前面的 scanf 语句在输入完浮点变量的值 125.6778 后,输入了 Enter 键,因此这个 Enter 键表示的字符就进入输入缓冲区,如果下面直接执行 scanf("%c",&c1),字符型变量 c1 得到的输入值就是 Enter 键的 ASCII 值,导致错误的结果发生,因此就在该语句前增加一条语句 getchar(),用于从缓冲区中读入 Enter 键的键值。这样,scanf("%c",&c1)语句就可以正常读入一个字符变量 c1 的值。

**思考与练习**

11-3　请解释代码中 scanf 语句格式符的作用,并尝试修改设计代码。

### 11.1.5　puts 函数

puts()函数用于向标准的输出设备(显示器或者串口)输出字符串并自动换行。该函数也在 stdio.h 头文件中定义,在使用 puts 函数的时候必须包含 stdio.h 头文件,调用格式为

```
puts(s);
```

其中,s 表示一个字符串。

此外,也可以将字符串直接写入 puts()函数中,例如,

```
puts("STC Hello");
```

puts(s)等效于 printf("%s\n",s),但是 s 必须是 C 语言风格的字符串,最后以"\0"结尾。与 printf()函数相比,该函数只能输出字符串,不能输出数值或者进行格式转换。

**【例 11-5】**　调用 puts 函数的例子。

**代码清单 11-5　main.c 文件**

```
#include <stdio.h>
#include "reg51.h"
int main()
{
  char string[] = "Keil uvision 5 and STC MCU";   //声明字符串数组
  SCON = 0x52;                                    //初始化串口
  TMOD = 0x20;
  TCON = 0x69;
  TH1 = 0xF3;
  puts(string);                                   //向串口输出字符串 string 的内容
  puts("STC 8051 MCU is improved MCS-51 MCU");    //直接输出字符串
return 0;
}
```

读者可以进入到本书所提供资料的 stc_program_example\例 11-5 目录下,在 Keil μVision5 集成开发环境下打开该设计,并进入调试器模式,按 F5 键运行程序,并打开 UART #1 窗口,如图 11.5 所示。

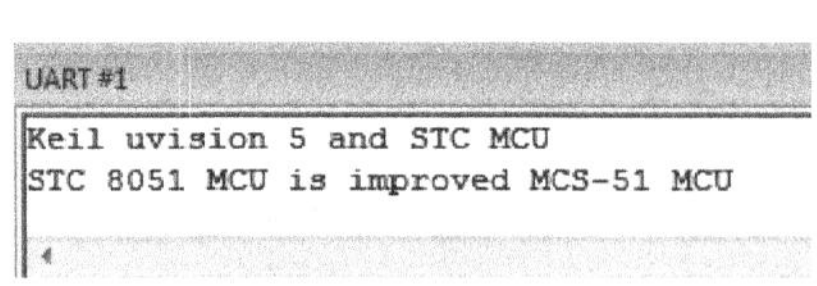


图 11.5　UART #1 窗口界面显示 puts 函数输出的结果

### 11.1.6　gets 函数

gets()函数从标准输入设备中读取字符串,直到接收到换行符或者 EOF 时停止。换行符不作为读取串的内容,读取的换行符被转换为"\0"空字符,并由此来结束字符串。该函数可以无限读取,不会判断上限,以换行结束符读取,所以应该保证缓冲区容量足够大,以便在

执行读操作时不发生溢出。该函数也在 stdio.h 头文件中定义，在使用 gets 函数的时候必须包含 stdio.h 头文件，调用格式为

```
gets(s,n);
```

其中，s 为字符串变量（字符串数组名或者字符串指针），n 表示可以接收到的最大字符数。

**注**：gets(s,n)函数与 scanf("%s",s)相似，但是并不完全一样，使用 scanf 函数读取输入的字符串时存在一个问题，就是如果输入了空格就会认为字符串结束，空格后的字符将作为下一个输入项处理，但 gets()函数将接收输入的整个字符串直到遇到换行为止。即 gets()函数读取到符号\n 时停止读取，但是不会把\n 包含到字符串中。然而需要注意的是，与它配合使用的 puts 函数，却在输出字符串的时候自动换行。

**【例 11-6】** 调用 gets 函数的例子。

**代码清单 11-6　main.c 文件**

```
#include "stdio.h"
#include "reg51.h"
int main()
{
    char s[30];                           //声明字符数组 s
    SCON = 0x52;                          //初始化串口
    TMOD  =  0x20;
    TCON  =  0x69;
    TH1  =  0xF3;
    gets(s,20);                           //读取字符串 s 的值，限制最多 20 个字符
    puts(s);                              //打印所输入的字符串 s 的值
    return 0;
}
```

读者可以进入到本书所提供资料的 stc_program_example\例 11-6 目录下，在 Keil μVision5 集成开发环境下打开该设计，并进入调试器模式，按 F5 键运行程序，并打开 UART #1 窗口，如图 11.6 所示。

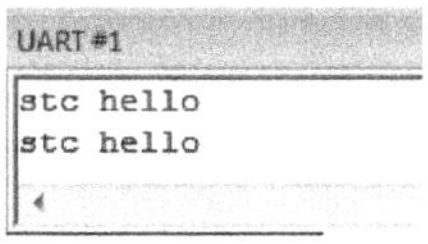


图 11.6　UART #1 窗口界面显示 gets 函数输出的结果

## 11.2　表达式语句

在 C 语言中，表达式语句是最基本的语句。在 C 语言中，不同的表达式语句之间用“；”号分割。

此外，表达式语句前面可以存在标号，标号后必须有“:”符号，用于标识每一行代码。格式为

```
标号:  表达式;
```

这种表示方法可以用在 goto 等跳转语句中。

多条表达式语句，可以通过{}符号构成复合语句，例如，在一个判断条件中，可能存在多个表达式，这些表达式对应于一个判断条件。因此就需要使用{}符号，将多个表达式关联到一个判断条件中。换言之，{}符号可以理解成作用边界的分割符，用于确认条件作用的范围。

例如，main 函数通过{}符号将大量的表达式关联到一个函数中，当然{}符号也用于标识 main 函数的作用范围。

## 11.3 条件语句

在 C 语言中，提供了条件判断语句，又称为分支语句。通过 if 关键字来标识条件语句，它有三种表示方式。此外，在 C 语言中允许条件语句嵌套。

### 11.3.1 条件语句格式 1

条件语句第一种格式只有 if 语句，表示为

```
if(条件表达式)
    语句;
```

如果括号内的条件表达式成立，则执行语句；否则不执行该语句，如图 11.7 所示。

**注**：当 if 语句下面有多条语句时，必须使用{}符号将这些语句包含进去，用于确认 if 语句的作用范围。在使用的时候要特别注意。

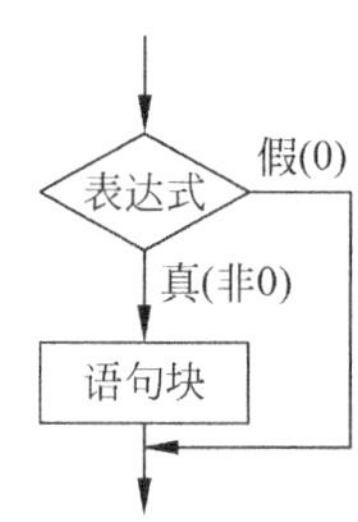


图 11.7 if 语句执行流程

**【例 11-7】** if 语句的例子。

在该设计中，从输入的两个数 a、b 中找到最小的数。把 a 先赋给变量 min，再用 if 语句判断 min 和 b 的大小，如 min 大于 b，则把 b 赋值给 min。因此，min 总是保存两个数中最小的数，最后输出 min 的值。

**代码清单 11-7 main.c 文件**

```
#include "stdio.h"
#include "reg51.h"
int main()
{
  int a,b,min;                              //声明三个整型变量 a、b 和 min
  SCON = 0x52;                              //初始化串口
  TMOD = 0x20;
  TCON = 0x69;
  TH1 = 0xF3;
  printf("please input two integer numbers:\n"); //提示输入两个整数
  scanf("%d,%d",&a,&b);                     //输入整型变量 a 和 b 的值
  min = a;                                  //将 a 作为最小值 min
  if(min > b)                               //如果 min 的值大于 b，则 b 的值作为 min
       min = b;
```

```
  printf("%d\n",min);                    //打印最小值
  return 0;
}
```

**注**：if 语句的作用范围，只有 min=b 语句与 if 判断条件有关。

读者可以进入到本书所提供资料的 stc_program_example\例 11-7 目录下，在 Keil μVision5 集成开发环境下打开该设计，并进入调试器模式，按 F5 键运行程序，并打开 UART #1 窗口，查看比较结果。

## 11.3.2　条件语句格式 2

条件语句的第二种格式包含 if-else 语句对，表示为

```
if(条件表达式)
    语句 1;
else
    语句 2;
```

如果条件表达式成立，则执行语句 1；否则，执行语句 2，如图 11.8 所示。

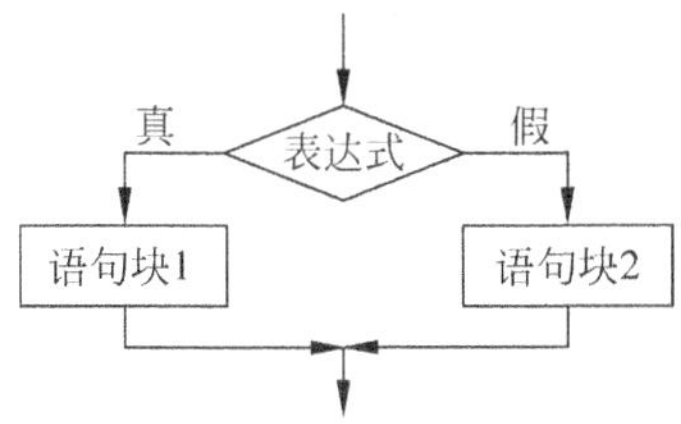


图 11.8　if-else 语句执行流程

**注**：当 if 语句或者 else 语句下面有多条语句时，必须使用{}符号分别将 if 或者 else 条件下的这些语句包含进去，用于确认 if 语句和 else 语句的作用范围。在使用的时候要特别注意。

**【例 11-8】** if-else 语句的例子。

在该例中，根据三个输入变量 a、b、c 的值，判断是不是直角三角形。其判断逻辑是，先判断输入的三个变量 a、b 和 c 的值是否构成一个三角形；然后，才能判断这个三角形是不是直角三角形。

(1) 根据数学知识，构成三角形的条件是同时满足

$a+b>c, a+c>b$ 且 $a+c>b$

的条件。

(2) 根据数学知识，构成直角三角形的条件是同时满足：

$$a^2+b^2=c^2$$

**代码清单 11-8　main.c 文件**

```
#include "stdio.h"
#include "reg51.h"
void main()
```

```
{
    int a, b,c;                                  //声明三个整型变量 a、b 和 c
    SCON =  0x52;                                //初始化串口
    TMOD  =  0x20;
    TCON  =  0x69;
    TH1  =  0xF3;
    scanf(" %d, %d, %d",&a,&b,&c);               //输入整型变量 a、b 和 c 的值
    if(a+b>c && b+c>a && a+c>b)                  //先判断是不是三角形
        if((a*a+b*b) == c*c)                     //然后判断是否直角三角形，如果是直角三角形
            printf("a= %d,b= %d,c= %d is a right angle triangle\n",a,b,c);
        else                                     //如果判断不是直角三角形
            printf("a= %d,b= %d,c= %d is not a right angle triangle\n",a,b,c);
    else                                         //判断不是三角形
        printf("a= %d,b= %d,c= %d is not a triangle\n",a,b,c);
}
```

读者可以进入到本书所提供资料的 stc_program_example\例 11-8 目录下，在 Keil μVision5 集成开发环境下打开该设计，并进入调试器模式，按 F5 键运行程序，并打开 UART #1 窗口，输入 a、b 和 c 三个变量的值，然后观察输出结果。

**思考与练习**

11-4 分析程序代码，画出程序流程图。

11-5 输入不同的数据，观察输出结果。

### 11.3.3 条件语句格式 3

条件语句的第三种格式包含 if-else if-else 语句对，表示为

```
if(条件表达式 1)
    语句 1;
else if(条件表达式 2)
    语句 2;
else if(条件表达式 3)
    语句 3;
…
else
    语句 n;
```

依次判断表达式的值，当出现某个值为真时，则执行其对应的语句，然后跳到整个 if 语句之外继续执行程序。如果所有的表达式均为假，则执行语句 n，然后继续执行后续程序，如图 11.9 所示。

**注**：当 if 语句、else if 语句或者 else 语句下面有多条语句时，必须使用{}符号分别将 if、else if 和 else 条件下的这些语句包含进去，用于确认 if 语句、else if 语句和 else 语句的作用范围。在使用的时候要特别注意。

**【例 11-9】** if-else if-else 语句的例子

在该设计中，根据输入的分数 0～100，判断属于哪个等级。规定 90～100 分为 A，80～89 分为 B，70～79 分为 C，60～69 分为 D，0～59 分为 E，其他数据给出错误信息。

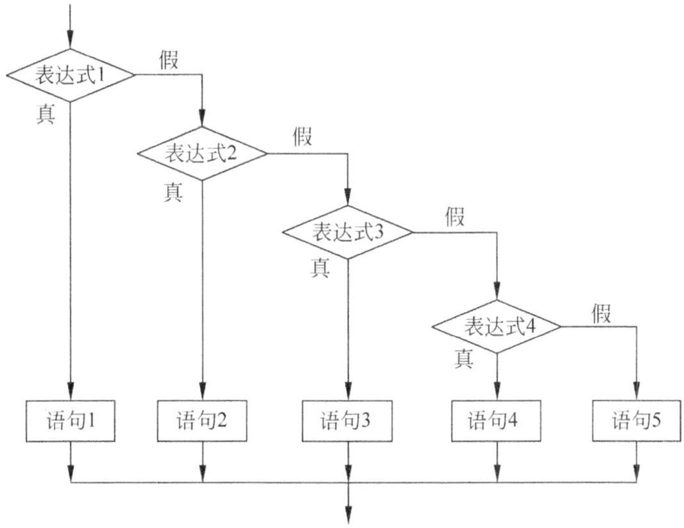


图 11.9　if-else if-else 语句执行流程

**代码清单 11-9　main.c 文件**

```
#include "stdio.h"
#include "reg51.h"
int main()
{
    float score;                        //声明浮点变量 score
    SCON = 0x52;                        //初始化串口
    TMOD = 0x20;
    TCON = 0x69;
    TH1 = 0xF3;
    puts("please input a score");       //打印提示信息
    scanf("%f",&score);                 //输入变量 score 的浮点值
    if(score>100)                       //判断 score 的值是否大于 100,
        puts("Error score");            //如果大于 100 则打印 Error score 信息
    else if(score>=90)                  //否则,判断 score 的值是否大于 90
        puts("A");                      //如果在 90～100 之间,打印字符 A
    else if(score>=80)                  //否则,判断 score 的值是否大于 80
        puts("B");                      //如果在 80～90 之间,打印字符 B
    else if(score>=70)                  //否则,判断 score 的值是否大于 70
        puts("C");                      //如果在 70～80 之间,打印字符 C
    else if(score>=60)                  //否则,判断 score 的值是否大于 60
        puts("D");                      //如果在 60～69 之间,打印字符 D
    else if(score>=0)                   //否则,判断 score 的值是否大于 0
        puts("F");                      //如果在 0～59 之间,打印字符 F
    else                                //否则,如果小于 0
        puts("Error score");            //打印"Error score"信息
    return 0;
}
```

读者可以进入到本书所提供资料的 stc_program_example\例 11-9 目录下，在 Keil μVision5 集成开发环境下打开该设计，并进入调试器模式，按 F5 键运行程序，并打开 UART #1 窗口，输入一个浮点数，然后观察输出结果。

## 11.4 开关语句

在C语言中，提供了开关语句switch，该语句也是判断语句的一种，用来实现不同的条件分支。与条件语句相比，开关语句更简洁，程序结构更加清晰，使用便捷。开关语句的格式为

```
switch(表达式)
{
   case 常数表达式 1: 语句 1; break;
   case 常数表达式 2: 语句 2; break;
          …
   case 常数表达式 n: 语句 n break;
   default: 语句 n+1;
}
```

switch语句的执行流程：首先计算switch后面圆括号内表达式的值，然后用该值依次与各个case的常量表达式进行匹配。

(1) 如果圆括号中表达式的值与某个case后面常数表达式的值相等，就执行此case后面的语句，执行后遇到break语句就退出switch语句。

(2) 如果圆括号中表达式的值与所有case后面常数表达式的值不相等，则执行default后面的语句n+1，然后退出switch语句，程序流程转向开关语句的下一条语句执行。

**注**：(1) 当一个常数表达式对应于多个语句时，用{}符号将多条语句括起来，表示case常数条件表达式的作用范围。

(2) break为跳出开关语句，也可以用于跳出循环语句。

(3) 在switch语句中，default总是写在最后。

**【例11-10】** switch语句的例子。

该例子输入月份值为1～12之间的一个数，然后打印出所对应月份的英文单词。

**代码清单11-10　main.c文件**

```
#include "stdio.h"
#include "reg51.h"
intmain()
{
    int a;
    SCON = 0x52;
    TMOD  =  0x20;
    TCON  =  0x69;
    TH1  =  0xF3;
    scanf("%d",&a);
    switch(a)
    {
        case 1: puts("January\n");          break;
        case 2: puts("February\n");         break;
        case 3: puts("March\n");            break;
        case 4: puts("April\n");            break;
```

```
            case 5: puts("May\n");                   break;
            case 6: puts("June\n");                  break;
            case 7: puts("July\n");                  break;
            case 8: puts("August\n");                break;
            case 9: puts("September\n");             break;
            case 10: puts("October\n");              break;
            case 11: puts("November\n");             break;
            case 12: puts("December\n");             break;
            default : puts("input number should be in 1～12\n");
        }
    return 0;
}
```

**注**：代码中的 puts()函数是打印字符串函数。

读者可以进入到本书所提供资料的 stc_program_example\例 11-10 目录下，在 Keil μVision5 集成开发环境下打开该设计，并进入调试器模式，按 F5 键运行程序，并打开 UART ＃1 窗口，输入月份的值，然后查看打印信息。

**思考与练习**

11-6 分析程序代码，画出程序流程图。

# 11.5 循环语句

在 C 语言中，提供了循环控制语句，用于反复的运行程序。包括 while 语句、do-while 语句、for 语句和 goto 语句。

## 11.5.1 while 语句

while 语句的格式为

```
while(条件表达式)
    语句;
```

或者

```
while(条件表达式);
```

当条件表达式成立时，反复执行语句；如果条件表达式不成立，则不执行语句，如图 11.10 所示。其中：

(1) 在 while 语句中，必须有控制条件表达式的描述，该条件表达式用()括起来。

(2) 对于第二种 while 语句来说，当满足表达式时，一直进行 while 的判断，执行空操作。该语句经常用于延迟或者轮询标志位的应用中。

**注**：当 while 循环中有多条语句时，必须使用{}将多条语句括起来，表明 while 语句的作用范围。

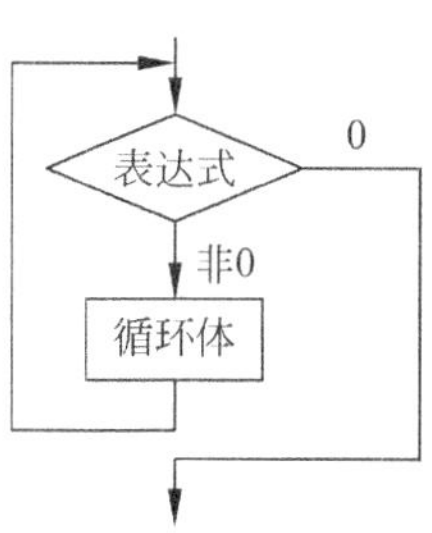


图 11.10 while 语句执行流程

**【例 11-11】** while 语句的例子。

该例子计算 1+2+…+100 的和，并打印计算结果。

**代码清单 11-11 main.c 文件**

```
#include "stdio.h"
#include "reg51.h"
int main()
{
    int s = 0, i = 1;                          //声明整型变量
    SCON =  0x52;                              //初始化串口
    TMOD  =  0x20;
    TCON  =  0x69;
    TH1  =  0xF3;

    while(i <= 100)                            //先判断 i < 100 条件是否为真
    {                                          //为真的时候，一直执行{}内的语句
        s += i;                                //s + i⇒s
        i++;                                   //i + 1⇒i
    }                                          //如果 i > 100 条件为假，则退出{}内的语句
    printf("1 + 2 + 3 + ... + 100 =  %d\n", s);   //打印最终计算的结果
return 0;
}
```

读者可以进入到本书所提供资料的 stc_program_example\例 11-11 目录下，在 Keil μVision5 集成开发环境下打开该设计，并进入调试器模式，按 F5 键运行程序，并打开 UART #1 窗口。

**思考与练习**

11-7 分析程序代码，画出程序流程图。

11-8 使用单步运行，观察 while 循环的执行过程。

## 11.5.2 do-while 语句

do-while 语句格式为

```
do 语句
    while(条件表达式);
```

与 while 语句先判断条件表达式不一样，do-while 语句先执行 do-while 之间的语句，然后再判断圆括号()内的条件表达式是否成立。如果条件表达式成立，则继续执行 do-while 之间的语句；否则，停止执行 do-while 之间的语句，如图 11.11 所示。

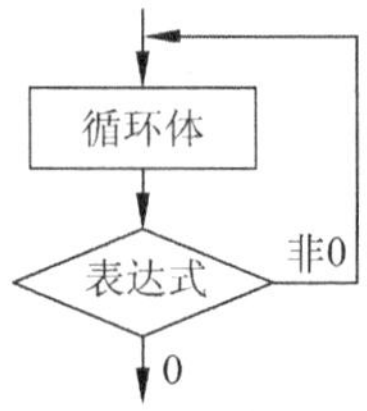

图 11.11 do-while 语句执行流程

**注**：当有 do-while 循环中有多条语句时，必须使用{}将多条语句括起来。

**【例 11-12】** do-while 语句的例子。

该例子计算 2 的 n 次幂，n 值由串口终端输入，并打印 2 的 n 次幂。

**代码清单 11-12 main.c 文件**

```
#include "stdio.h"
#include "reg51.h"
intmain()
{
    int i=0,n;                                           //声明整型变量 i 和 n
    long int p=1;                                        //声明长整型变量 p,p=1
    SCON= 0x52;                                          //初始化串口
    TMOD = 0x20;
    TCON = 0x69;
    TH1 = 0xF3;
    printf("the following will calculate 2 ** n\n");    //提示开始计算过程
    printf("please input n value(0~16)\n");             //提示输入 0~16 之间的一个整数
    do{                                                  //第一重 do-while 循环
        scanf("%d",&n);                                  //输入变量 n 的值
        do{                                              //第二重 do-while 循环
            p=2*p;                                       //执行 p*2=>p 的操作
            i++;                                         //执行 i+1⇒i 操作
        }while(i<n);                                     //当 i>=n,第二重 do-while 循环结束
      printf("2 ** %d= %ld\n",n,p);                      //打印计算结果
    }while(1);                                           //第一重 do-while 无限循环
return 0;
}
```

读者可以进入到本书所提供资料的 stc_program_example\例 11-12 目录下，在 Keil μVision5 集成开发环境下打开该设计，并进入调试器模式，按 F5 键运行程序，并打开 UART #1 窗口，输入不同的数据，观察输出结果。

**思考与练习**

11-9 分析程序代码，画出程序流程图。

## 11.5.3 for 语句

for 语句的格式为

```
for (表达式 1;表达式 2;表达式 3) 语句
```

**注**：(1) 当有多条语句存在时，必须用{}括起来。

(2) for 循环中的“表达式 1(循环变量赋初值)”、“表达式 2(循环条件)”和“表达式 3(循环变量增量)”都是选择项，即可以省略，但是(;)不能省略。

(3) 省略了“表达式 1(循环变量赋初值)”，表示不对循环控制变量赋初值。

(4) 省略了“表达式 2(循环条件)”，则不做其他处理时便成为死循环。

(5) 省略了“表达式 3(循环变量增量)”则不对循环控制变量进行操作，这是可以在语句体中加入修改循环变量的语句。

(6) for 语句中的 3 个表达式都可以省略，当都省略时就相当于 while(1)语句。

(7) 表达式 1 可以是设置循环变量的初值表达式，也可以是其他表达式。

(8) 表达式 1 和表达式 3 可以是一个简单的表达式，也可以是逗号表达式。

(9) 表达式 2 一般是关系表达式或逻辑表达式，也可以是数值表达式或者字符表达式，只要其值非零，就执行循环体。

该循环结构的执行过程为

(1) 计算机先求出表达式 1 的值。

(2) 然后求解表达式 2，如果表达式 2 成立，则执行语句；否则，退出循环。

(3) 求解表达式 3 的值。

(4) 返回第(2)步继续执行。

图 11.12 给出了 for 语句的执行过程。

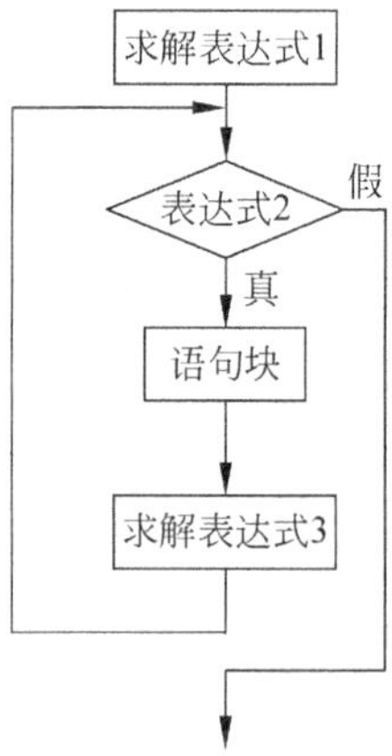

图 11.12 for 语句执行流程

**【例 11-13】** for 语句的例子。

计算 $1+2+2^2+2^3+\cdots+2^{63}$ 的和，并以十进制格式和指数格式打印计算的结果。

**代码清单 11-13 main.c 文件**

```
#include "stdio.h"
#include "reg51.h"
int main()
{
    int i = 0,n = 1;                          //声明整型变量 i 和 n
    float p = 1;                              //声明浮点变量 p
    float t = 1.0;                            //声明浮点变量 t
    SCON =  0x52;                             //初始化串口
    TMOD  =  0x20;
    TCON  =  0x69;
    TH1  =  0xF3;
    for(i = 1;i < 64;i++)                     //for 循环语句
    {
        p = p * 2;                            //p * 2 => p
        t += p;                               //t + p => t
    }
    printf("sum  =  %f\n",t);                 //以普通浮点格式打印 t 的值
    printf("sum  =  %e\n",t);                 //以指数格式打印 t 的值
    return 0;
}
```

读者可以进入到本书所提供资料的 stc_program_example\例 11-13 目录下，在 Keil μVision5 集成开发环境下打开该设计，并进入调试器模式，按 F5 键运行程序，并打开 UART #1 窗口。

**思考与练习**

11-10 分析程序代码，画出程序流程图。

11-11 进行单步调试，观察 for 循环执行的过程。

**【例 11-14】** 嵌套 for 语句的例子。

在该设计中，输入三个任意的整型数，求取它们的全排列。根据代数理论可知，全排列表示将集合中的所有元素按照一定的顺序排列，使用 P(n,n)=n! 表示 n 个元素全排列的个数。

**代码清单 11-14　main.c 文件**

```
#include "stdio.h"
#include "reg51.h"
int main()
{
    int i = 0, j = 0, k = 0;                    //声明三个整型变量 i、j 和 k
    int m, n, l;                                //声明三个整型变量 m、n 和 l
    int x, y, z;                                //声明三个整型变量 x、y 和 z
    SCON =  0x52;                               //初始化串口
    TMOD  =  0x20;
    TCON  =  0x69;
    TH1  =  0xF3;
    scanf("%d, %d, %d", &m, &n, &l);            //读取变量 m、n 和 l 的值
    printf("combined result is following:\n");  //提示打印下面为全排列的组合
    for(i = 0; i < 3; i++)                      //三重循环的最外层循环
      for(j = 0; j < 3; j++)                    //三重循环的中间循环
        for(k = 0; k < 3; k++)                  //三重循环的最内层循环
          if((i!= j) &&(i!= k) && (j!= k))      //判断 i!= j!= k 的时候,为 m、n 和 l 的一个排列
              {
                {
                  if(i == 0) x = m;             //如果 i 的值为 0,将 m 的值赋值给 x
                  else if(i == 1) x = n;        //否则如果 i 的值为 1,将 n 的值赋值给 x
                  else x = l;                   //否则,将 l 的值赋值给 x
              }
                {
                  if(j == 0) y = m;             //如果 j 的值为 0,将 m 的值赋值给 y
                  else if(j == 1) y = n;        //否则如果 j 的值为 1,将 n 的值赋值给 y
                  else y = l;                   //否则,将 l 的值赋值给 y
                }
                {
                  if(k == 0) z = m;             //如果 k 的值为 0,将 m 的值赋值给 z
                  else if(k == 1) z = n;        //如果 k 的值为 1,将 n 的值赋值给 z
                  else z = l;                   //否则,将 l 的值赋值给 z
                }
                printf("%d %d %d\n", x, y, z);  //打印输入三个变量 m、n 和 l 的排列
            }
    return 0;
}
```

读者可以进入到本书所提供资料的 stc_program_example\例 11-14 目录下,在 Keil μVision5 集成开发环境下打开该设计,并进入调试器模式,按 F5 键运行程序,并打开 UART #1 窗口,在该窗口下输入变量 m、n 和 l 三个变量的值,查看全排列的结果,如图 11.13 所示。

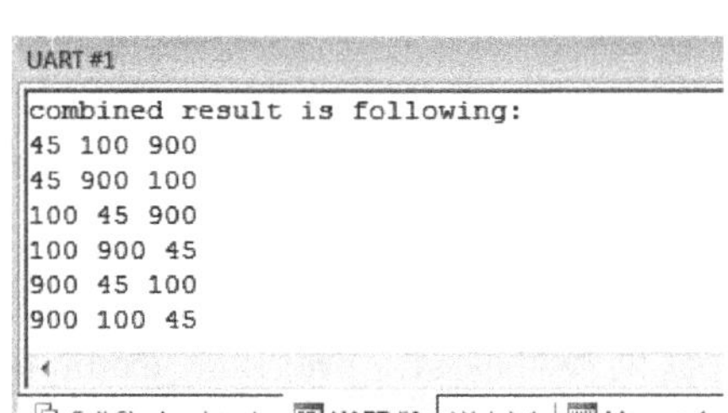


图 11.13　输入三个数字的全排列结果

**思考与练习**

11-12　分析程序代码，画出程序流程图。

### 11.5.4　goto 语句

goto 语句是无条件跳转语句，格式为

```
标号:
    …
    …
    goto 标号;
```

goto 语句通常和条件语句配合使用，可用于实现条件转移，构成循环和跳出循环体等功能。在 C 语言中，goto 语句只能从内层循环跳到外层循环，而不允许从外层循环调到内层循环。

**注**：(1) goto 语句会破坏层次化设计结构，应尽量少用，以免造成程序流程的混乱，使理解和调试程序产生困难。

(2) 语句标号按标识符规定规则定义放在某一语句行的前面，标号后加冒号"："。语句标号起着标识语句的作用，与 goto 语句配合使用。

(3) 在 C 语言中，不限制程序中标号使用的次数，但是各个标号不能重名。

**【例 11-15】**　goto 语句的例子。

当按键输入不是 0 时，一直提示输入 0，直到按键输入为 0 时，提示退出程序。

**代码清单 11-15　main.c 文件**

```
#include "stdio.h"
#include "reg51.h"
int main()
{
    int a;                                          //声明整型变量 a
    SCON =  0x52;                                   //初始化串口
    TMOD  =  0x20;
    TCON  =  0x69;
    TH1  =  0xF3;

  loop:                                             //循环标号 loop
        puts("please input 0 to end loop\n");       //提示输入 0 结束循环
        scanf("%d",&a);                             //输入整型变量 a 的值
        if(a!= 0)                                   //如果 a 不等于 0
            goto loop;                              //则跳转到标号为 loop 的语句行
        else                                        //否则如果 a 等于 0
            puts("end program\n");                  //输出 end program 信息
  return 0;
}
```

读者可以进入到本书所提供资料的 stc_program_example\例 11-15 目录下，在 Keil μVision5 集成开发环境下打开该设计，并进入调试器模式，按 F5 键运行程序，并打开 UART #1 窗口，输入不同的数，观察输出结果。

**思考与练习**

11-13　分析程序代码，画出程序流程图。

11-14　进行单步调试，观察循环执行的过程。

## 11.5.5　break 语句

前面在 switch 语句中使用了 break 语句。在循环语句中，break 用于终止循环的继续执行，即退出循环。

## 11.5.6　continue 语句

continue 语句和 break 语句一样，也可以打断正在执行的循环。但是与 break 语句不同的是，continue 语句仅仅不执行当前循环 continue 后面的语句，但是可以继续执行下一次循环。

**【例 11-16】**　break 和 continue 语句的例子。

该例子执行从 1 到 100 的循环，每执行一次循环给出一个提示信息。在循环中设置了 break 语句和 continue 语句。

**代码清单 11-16　main.c 文件**

```
#include "stdio.h"
#include "reg51.h"
int main()
{
    int i;
    SCON =  0x52;
    TMOD  =  0x20;
    TCON  =  0x69;
    TH1  =  0xF3;
    for(i = 0;i < 100;i++)
    {
        if(i == 50) continue;                //当 i = 50 时,退出当前循环,继续执行下一个
                                               循环
        if(i == 80) break;                   //当 i = 80 时,退出 for 循环
        printf("i = %d is performed\n",i);
    }
    return 0;
}
```

读者可以进入到本书所提供资料的 stc_program_example\例 11-16 目录下，在 Keil μVision5 集成开发环境下打开该设计，并进入调试器模式，按 F5 键运行程序，并打开 UART #1 窗口。

**思考与练习**

11-15　在窗口中，可以看到 i=49 和 i=51 的显示语句，但没有看到 i=50 的显示语句，如图 11.14(a)所示，请解释原因，说明 continue 语句的作用。

11-16　在窗口中，可以看到 i=79 的显示语句，但没有看到后面的显示语句，如图 11.14(b)所示，请解释原因，说明 break 语句的作用。

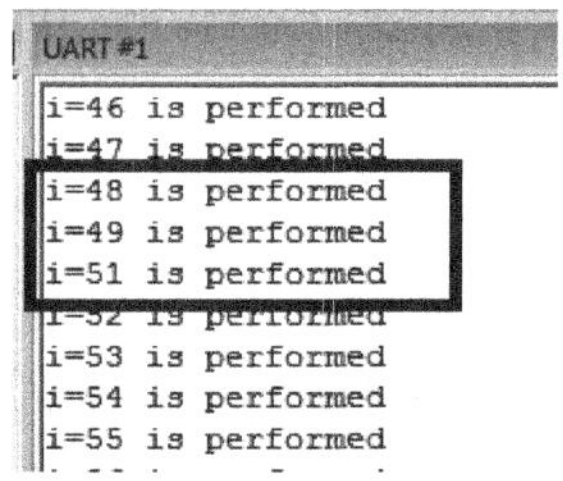


(a) 中间显示结果1

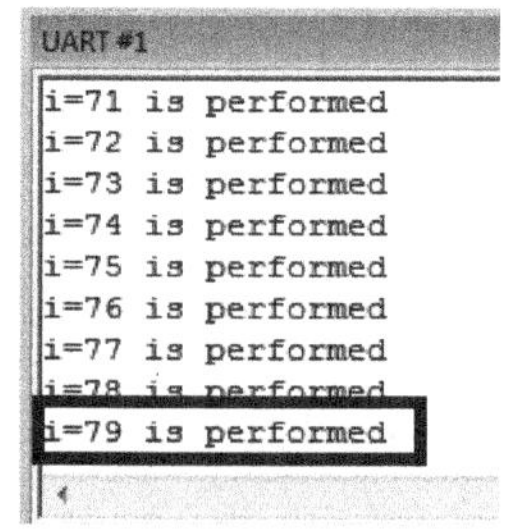


(b) 中间显示结果2

图 11.14 UART #1 窗口界面显示结果

## 11.6 返回语句

返回语句用于终止程序的执行，并控制程序返回到调用函数时的位置。返回语句格式为

```
return(表达式);
```

或者

```
return;
```

在本章 main()主函数返回时，使用了 return 0 表示成功执行程序并且正常返回。

## 11.7 C 语言端口控制实现

本节将使用 C 语言实现对 STC 单片机 P4 端口进行控制。实现 C 语言控制 P4 端口的步骤主要包括：

(1) 建立新的设计工程，工程名为 top. uvproj。

**注**：将路径定位到\stc_program_example\例 11-17 目录下。

(2) 在当前工程主界面中，选中 Target 1 并右击，出现浮动菜单。在浮动菜单内，选择 Options for Target 'Target 1'选项。

(3) 出现 Options for Target 'Target 1'对话框界面。在该界面窗口下，选择 Output 标签。在该标签窗口下，选中 Create HEX File 前面的复选框。

(4) 单击 OK 按钮，退出 Options for Target 'Target 1'对话框界面。

(5) 建立新的名字为 main. c 的 C 语言源文件，输入下面的代码，并保存该设计文件。

**代码清单 11-17(1) main. c 文件**

```
#include "reg51.h"
void main()
{

}
```

(6) 保存设计代码。

(7) 对设计进行编译。成功编译后，在主界面左侧的 Project 窗口中，出现 reg51.h 文件。双击打开 reg51.h 文件，下面对该文件进行修改。

① 在该文件第 16 行添加一行代码，该行代码声明 P4 端口的地址，如图 11.15 所示。

② 从该文件的第 92 行开始添加代码，该段代码声明 P4 端口中每一位的地址，如图 11.16 所示。

```
12  sfr P0    = 0x80;
13  sfr P1    = 0x90;
14  sfr P2    = 0xA0;
15  sfr P3    = 0xB0;
16  sfr P4    = 0xC0;
17  sfr PSW   = 0xD0;
```

图 11.15　在第 16 行添加代码

```
90
91  /* P4 */
92  sbit P40=0xC0;
93  sbit P41=0xC1;
94  sbit P42=0xC2;
95  sbit P43=0xC3;
96  sbit P44=0xC4;
97  sbit P45=0xC5;
98  sbit P46=0xC6;
99  sbit P47=0xC7;
100
```

图 11.16　在第 92 行开始添加代码

③ 保存该文件。

(8) 打开 main.c 文件，添加剩余的代码并保存文件。下面给出完整的代码。

**代码清单 11-17 (2)　main.c 文件**

```
#include "reg51.h"                        //包含修改后的 reg51.h 头文件
void main()
{
int i = 0;
long int j = 0;
    while(1)                              //无限循环
    {
      for(i = 0;i < 4;i++)                //for 循环从 0～3
        {
            switch(i)
            {
                case 0:                   //当计数值为 0,
                {
                    P46 = 1;              //P4.6 置位为 1(灯灭)
                    P47 = 1;              //P4.7 置位为 1(灯灭)
                }
                    break;
              case 1:                     //当计数值为 1
                {
                    P46 = 0;              //P4.6 置位为 0(灯亮)
                    P47 = 1;              //P4.7 置位为 1(灯灭)
                }
                    break;
                case 2:                   //当计数值为 2
                {
                    P46 = 1;              //P4.6 置位为 1(灯灭)
                    P47 = 0;              //P4.7 置位为 0(灯亮)
                }
                    break;
                case 3:                   //当计数值为 3
                {
```

```
                P46 = 0;                        //P4.6 置位为 0(灯亮)
                P47 = 0;                        //P4.7 置位为 0(灯亮)
            }
                break;
            default : ;
        }
    for(j = 0;j < 222222;j++){;}                //软件延迟代码
    }
  }
}
```

(9) 对该文件进行编译，生成 HEX 文件。

(10) 打开 STC-ISP 软件。选择正确的器件型号并设置串口参数。

(11) 在该软件中，单击“打开程序文件”按钮。定位到当前工程路径，并打开 top. HEX 文件。

(12) 在 STC-ISP 软件中，单击“下载/编程”按钮。

(13) 在 STC 提供学习板或者在 GPNT-SMK-1/GPNT-SMK-2 上，找到并按下电源开关按键，其目的是先给单片机断电然后再上电。

(14) 开始编程 STC 单片机。

**思考与练习**

11-17 查看下载后的结果和设计要求是否一致。

(15) 关闭该设计。

# 第12章 STC单片机C语言数组

CHAPTER 12

前面在介绍C语言数据类型的时候，介绍了最基本的数据类型。本章将介绍C语言提供的另一种重要的数据类型——数组，内容包括一维数组的定义和操作以及多维数组的定义和操作。

数组是C语言中非常重要的内容，在程序设计中会大量的使用这种数据类型。通过本章内容的学习，理解并掌握定义和操作数组的方法。

## 12.1 一维数组的定义和操作

在C语言中，可以将具有相同数据类型的一组数据组织在一起。这样，便于对这些相同数据类型的数据进行操作。因此，将组织起来的一组具有相同数据类型的数据，称为数组。

在C语言中，数组用数据类型、标识符和数组所含数据的个数进行标识，并规定在使用数组前必须要事先定义数组。在C语言中，数组的索引号以0开头。

### 12.1.1 一维数组的定义

一维数组的定义格式为

```
类型说明符 数组名[常量表达式];
```

其中，类型说明符是任意一种基本数据类型或者构造数据类型。数组名是用户定义的数组标识符。[]内的常量表达式表示数据元素的个数，也称为数组的长度。例如：

1) int a[10]

该数组用标识符a标示，该数组共有10个元素，数组中每个元素的数据类型为int类型，即数组a包含10个整型数。该数组中的每个元素(整数)通过索引号标识，分别表示为a[0]、a[1]、a[2]、a[3]、a[4]、a[5]、a[6]、a[7]、a[8]和a[9]。

其中：a[0]表示数组a中的第一个数据；a[1]表示数组a中的第二个数据；a[2]表示该数组中的第三个数据元素，以此类推；a[9]表示该数组中的第十个数据。

**注**：*在该数组中，不存在a[10]这个数据，这是因为索引号从0开始直到9为止。*

2) float c[20]

该数组用标识符c标示，该数组共有20个元素，数组中每个元素的数据类型为float类型，即数组c包含20个浮点数。该数组中的每个元素(浮点数)通过索引号标识，分别表示为c[0]、c[1]、c[2]、…、c[18]和c[19]。

3) char ch[20]

该数组用标识符 ch 标示，该数组共有 20 个元素，数组中的每个元素的数据类型为 char 类型，即数组 ch 包含 20 个字符(字符型数据)。该数组中的每个元素(字符)通过索引号标识，分别表示为 ch[0]、ch[1]、ch[2]、…、ch[18]和 ch[19]。

**注：**(1) 数组的类型实际上是指数组元素的取值类型。对于同一个数组，其所有元素的数据类型都是相同的。

(2) 数组名的书写规则应符合 C 语言标识符的命名规则。

(3) 数组名不能和程序中其他数组或者变量的名字相同。

(4) 不能在方括号中用变量表示元素的个数，但是可以使用符号常量或者常量表达式。

(5) 允许在同一个类型声明中，声明多个数组和多个变量。例如：

```
int a,b,c,d,e[10],f[20];
```

### 12.1.2 一维数组初始化

对于数组中的每个数据元素来说，可以在声明数组的时候就给其赋值，也可以在声明完一维数组后再分别给数组中的每个元素赋值。

**注：**(1) 在动态赋值的时候，一条语句只能给数组中的一个元素赋值，一条语句不能同时给多个数组元素赋值。

(2) 可以通过类型前面的关键字 data、idata、xdata，合理地使用 STC 单片机内不同的存储空间，满足存储不同数据元素个数的要求。

(3) 索引数组中每个元素的格式为数组名[下标/索引号]，其中，下标/索引号可以是常量也可以是变量，例如：a[5]、a[i]。在 C 语言中，只能逐个地使用下标变量，而不能一次引用整个数组。

**【例 12-1】** 一维数组声明和初始化赋值的例子。

在该例子中，声明了三个数组 a、b、c，其中：

(1) 数组 a 中，有 10 个 int 数据元素，其索引号从 0～9；

(2) 数组 b 中，有 4 个 char 类型数据元素，其索引号从 0～3；

(3) 数组 c 中，有 40 个 char 数据元素，其索引号从 0～39。

数组 c 和 b 虽然都是 char 类型的，但是赋值方式并不相同，b 数组是每个元素分别赋值；而 c 数组是整体赋值。

**代码清单 12-1 main.c 文件**

```
#include "stdio.h"
#include "reg51.h"
intmain()
{
    int a[10] = {0,1,2,3,4,5,6,7,8,9};
    char b[4] = {'a','b','c','d'};
    char c[40] = {"hebin hello"};
    return0;
}
```

**注：**如果没有给数组的所有元素赋值，则数组中没有赋值的元素使用系统默认值。

读者可以进入到本书所提供资料的 stc_program_example\例 12-1 目录下，在 Keil μVision5 集成开发环境下打开该设计，并进入调试器模式，单步运行程序。使得单步运行到 return 0 的代码。分析步骤如下：

（1）在当前调试主界面主菜单下，选择 Watch Windows→Watch 1。

（2）出现 Watch 1 界面，如图 12.1 所示。在该界面中，单击 Enter expression，然后输入 a；在下一行又出现 Enter expression，然后输入 b；按照类似的方法输入 c，如图 12.2 所示。

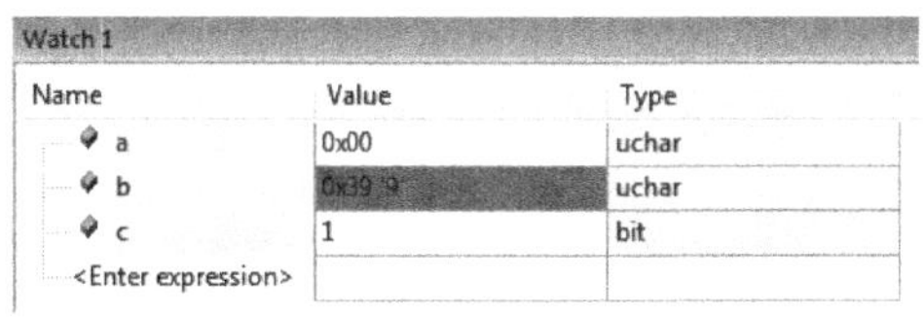


图 12.1 Watch 1 窗口界面

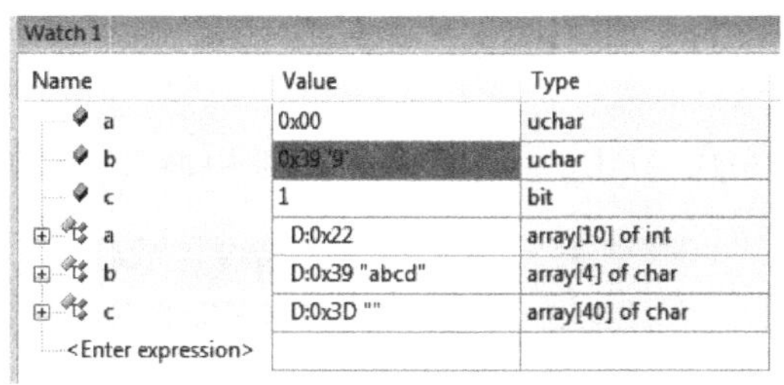


图 12.2 Watch 1 窗口界面添加数组变量

（3）在图 12.2 所示的界面中，分别单击 a、b 和 c 前面的+号，展开数组。可以看到各个数组的数据元素的值，如图 12.3 所示。此外，在该图中可以看到下面的信息：

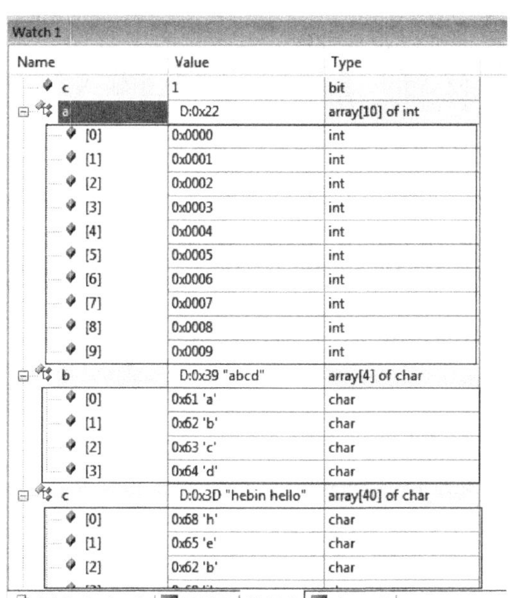


图 12.3 Watch 1 窗口界面数组变量内的元素值

① a 右侧给出 D:0x22 信息，表示数组存放在单片机内部数据区起始地址为 0x22 的区域；

② b 右侧给出 D:0x39 信息，表示数组存放在单片机内部数据区起始地址为 0x39 的区域；

③ c 右侧给出 D:0x3D 信息，表示数组存放在单片机内部数据区起始地址为 0x3D 的区域。

(4) 在 Memory 1 窗口内 Address：右侧的文本框中输入 d:0x22，如图 12.4 所示。可以看到从 D：0x22 开始的区域，每两个字节存放一个数据元素，即 00 00，00 01，00 02，00 03，00 04，00 05，00 06，00 07，00 08，00 09。地址从 d:0x22 开始直到 d:0x35 结束，一共 20 个字节。

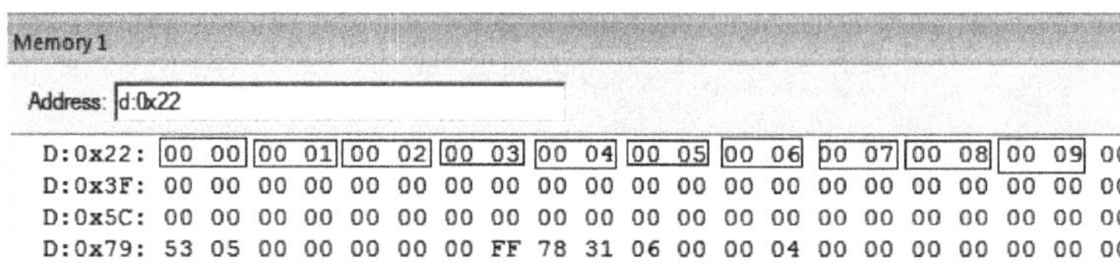


图 12.4 d:0x22 开始连续地址区

(5) 在 Memory 1 窗口内 Address：右侧的文本框中输入 d:0x39，如图 12.5 所示。

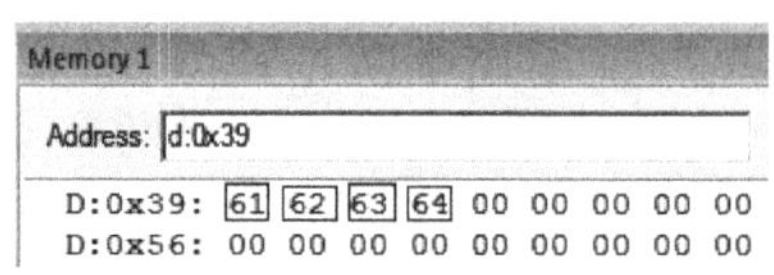


图 12.5 d:0x39 开始连续地址区

**思考与练习**

12-1 根据图 12.5，说明数组 b 的起始地址，该数组数据元素的个数，每个数据元素占用的字节数，数组 b 的结束地址以及该数组一共占用的字节数。

(6) 在 Memory 1 窗口内 Address：右侧的文本框中输入 d:0x3d，如图 12.6 所示。

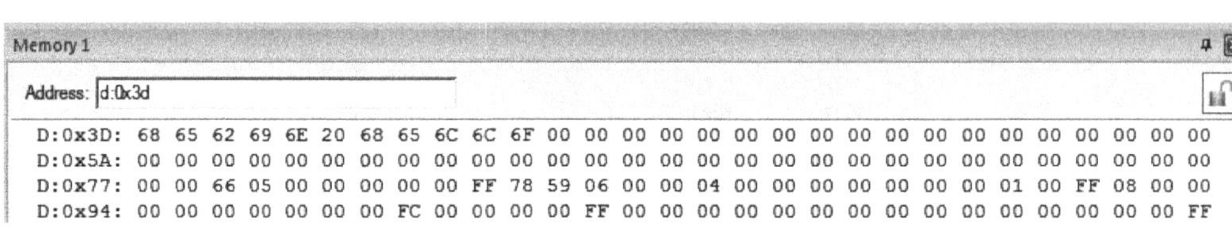


图 12.6 d:0x3d 开始连续地址区

**思考与练习**

12-2 根据图 12.6，说明数组 c 的起始地址，该数组数据元素的个数，每个数据元素占用的字节数，数组 c 的结束地址以及该数组一共占用的字节数。

**【例 12-2】** 动态初始化一维数组元素的例子。

**代码清单 12-2 main.c 文件**

```
#include "stdio.h"
#include "reg51.h"
```

```
void main()
{
    int a[8];                                           //定义一个包含 8 个整型数的数组 a
    xdata char str[40];                                 //将字符数组 str 定义在单片机 xdata 区
    inti;                                               //定义一个整型变量 i
    SCON = 0x52;                                        //初始化串口
    TMOD = 0x20;
    TCON = 0x69;
    TH1 = 0xF3;
    printf("please input data of a[8]\n");             //打印提示输入 a[8]数组的每一个数据元素
    for(i = 0;i<8;i++)                                  //循环语句
      scanf(" % d,",&a[i]);                             //通过索引号和 scanf 语句,得到每个数据元素的值
    printf("\nplease input string of str[40]\n");       //打印输入字符数组数据信息
    gets(str,40);                                       //调用 gets 函数,输入字符数组的值
    printf("output each element of array a\n");         //提示打印数组 a 中的每个元素值
    for(i = 0;i<8;i++)                                  //for 循环语句,循环 8 次
      printf("a[ % d] = % d,",i,a[i]);                  //打印数组 a 中每个元素的值
    printf("\noutput each element of array str\n");     //提示打印数组 str 中的每个元素
    puts(str);                                          //调用 puts 函数,打印数组 str 的值
  while(1);
}
```

读者可以进入到本书所提供资料的 stc_program_example\例 12-2 目录下，在 Keil μVision5 集成开发环境下打开该设计，并进入调试器模式，按 F5 键运行程序。在 UART #1 窗口界面中，给出数据输入的格式和输出信息的格式，如图 12.7 所示。按照下面的格式输入信息：

(1) 在提示信息 Please input data of a[8]下面，输入 8 个数据。按照设计代码要求，这 8 个数据之间应该用“,”隔开。

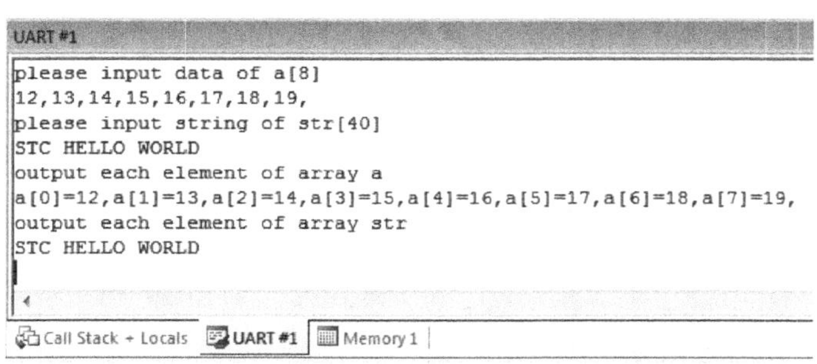


图 12.7　UART #1 窗口输入和打印信息的内容

(2) 当输入最后一个数据“,”后，自动出现提示信息 please input string of str[40]，按照设计要求，输入字符。如果不想继续输入字符，则按 Enter 键，停止输入字符串信息。

(3) 当输入完所要求的数据后，在下面显示所输入的数据以及与数组索引号的对应关系。

下面对该代码的关键部分进行说明：

(1) 在代码开始部分，有下面一行代码

```
xdata char str[40];
```

该行代码用于声明将字符型数组 str 放在单片机的 xdata 区，这样可以避免因为内部数据区

空间有限,而导致无法为 str 数组分配存储空间的情况。

(2) 在代码中,可以看到在输入数据的时候,在数组标识符前面加“&”符号前缀,用于表示取出当前存储器数据元素的地址,其中每个存储器数据元素通过数组名和索引号进行标识。

(3) 对于字符型数组的数据输入,可选择下面方法。

① 使用 for 循环和 scanf 语句。

```
for(i = 0;i < 40;i++)
{
    scanf(" % c",&str[i]);
    if(str[i] == '\n') break;
}
```

这种方法,就是分别输入字符串中的每个字符。如果不继续输入字符,则按 Enter 键,跳出该循环。

② 只使用 scanf 语句

```
scanf(" % s,",str);
```

这种方法,就是直接输入字符串。但是当使用这种方法时,不允许在字符之间存在空格,这是因为空格在此表示输入字符的结束。

③ 调用 gets 函数

```
gets(str,40);
```

和第二种方法类似,注意在调用 gets 函数的时候,需要说明输入字符的最大个数。采用这种方法输入字符串时,允许字符之间存在空格。

**思考与练习**

12-3 修改代码,尝试使用第二种和第三种字符输入方式。

下面查看一下 Watch 1 窗口内容和 Memory 1 窗口内容,其步骤主要包括:

(1) 在 Watch 1 窗口中,分别输入数组名字 a 和 str。可以看到数组保存的数据信息,如图 12.8 所示。从图中可以看到:

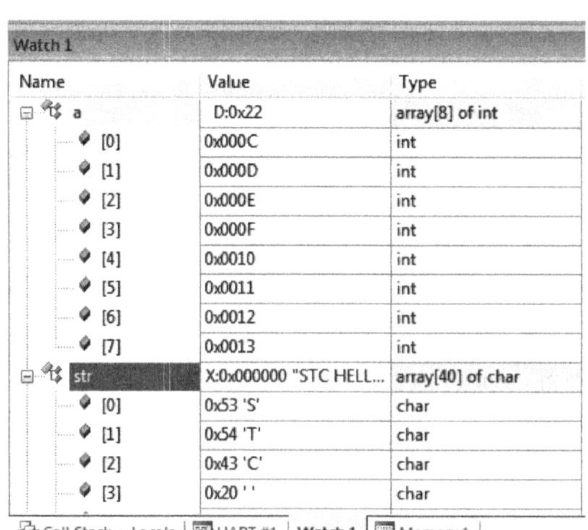


图 12.8 Watch 1 窗口数组元素的内容

① 数组 a 的起始地址为 D:0x22，即在 STC 单片机片内基本 RAM 区域。

② 数组 str 的起始地址为 x:0x000000，即在 STC 单片机片内扩展 RAM 区域。

**思考与练习**

12-4 根据设计代码，请说明代码如何控制字符数组 str 所在的存储空间。

(2) 在 Memory 1 窗口中，输入 d:0x22 查看存储器的内容，如图 12.9 所示。

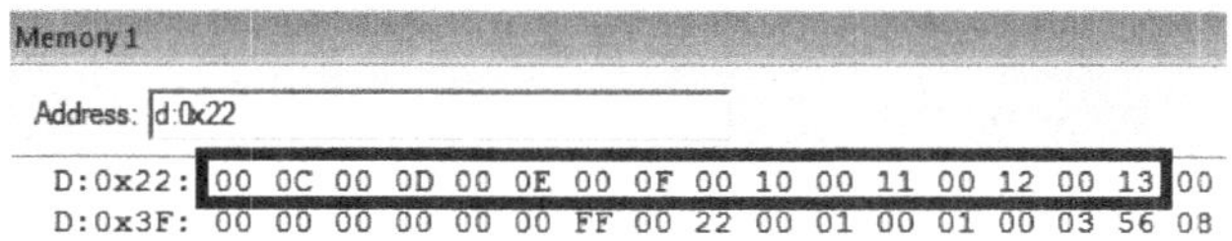


图 12.9 d:0x22 地址开始的数组元素的内容

(3) 在 Memory 1 窗口中，输入 x:0x000000 查看存储器的内容，如图 12.10 所示。

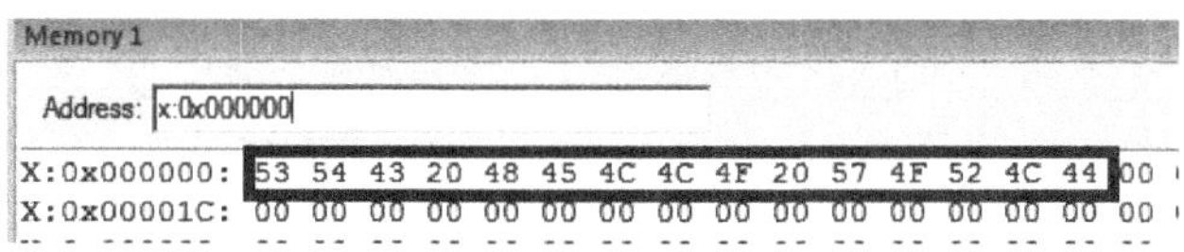


图 12.10 x:000000 地址开始的数组元素的内容

(4) 退出调试器模式并关闭该设计。

### 12.1.3 一维数组的操作

**【例 12-3】** 在一维数组中插入数据的例子。

在该设计中，将在一个包含 10 个元素的数组 a 中索引号为 i 的第 i 个元素之前插入一个元素 x。由于数组空间的限制，每插入一个元素则移除数组中最后元素的值。

**代码清单 12-3 main.c 文件**

```
#include "stdio.h"
#include "reg51.h"

int main()
{
    int a[10] = {12,13,14,15,16,17,18,19,20,21};    //定义并初始化包含 10 个元素的数组 a
    int node,x;                                      //定义整型变量 node 和 x
    int j;                                           //定义整型变量 j
    SCON = 0x52;                                     //初始化串口
    TMOD = 0x20;
    TCON = 0x69;
    TH1 = 0xF3;
    while(1)                                         //无限循环
    {
        printf("\nplease input node and number\n");  //提示输入插入的节点和该节点的值
        scanf(" %d, %d",&node,&x);                   //输入插入节点号和该节点的值
    if  (node<0 || node>9)                           //如果插入节点号越界
        {
            printf("input error\n");                 //打印错误信息
            return 0;                                //退出程序
        }
```

```
        else                                          //否则,如果插入节点没有越界
        {
            for(j = 8;j >= node;j -- )               //for 循环,循环从第 8 个元素到插入节点号
            a[j + 1] = a[j];                          //将插入节点 node 后的元素右移
            a[node] = x;                              //将 x 的值写入到插入节点 node
            printf("value of array after insert a node\n"); //提示打印插入元素后的数组
            for(j = 0;j < 10;j++)                     //for 语句循环 10 次
            printf("a[ %d] = %d,",j,a[j]);            //打印数组中所有元素的值
        }
    }
}
```

读者可以进入到本书所提供资料的 stc_program_example\例 12-3 目录下,在 Keil μVision5 集成开发环境下打开该设计,并进入调试器模式,运行程序。在 UART ♯1 窗口界面中,给出数据输入的格式和输出信息的格式,如图 12.11 所示。

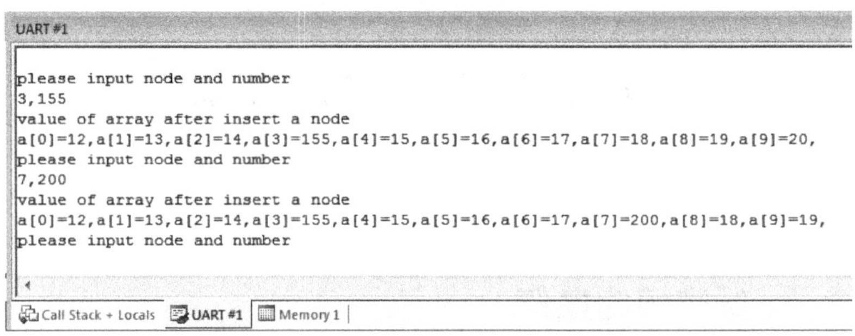


图 12.11 插入数据后的数组元素的值

**【例 12-4】** 匹配输入字符的例子。

在该设计中,输入圆括号()、方括号[]和花括号{},编写程序判断输入的括号是否前后配对,如果不配对则提示错误信息,否则提示匹配成功信息。

在该设计中,使用一维数组模拟一个堆栈,将遇到输入字符'('、'['或者'{'时,入栈,而当遇到输入字符')'、']'或者'}'时,检查当前栈顶的元素是否是对应的'('、'['或者'{',如果是则出栈,否则提示错误信息。

在前面已经介绍过堆栈是一个先进后出的结构,堆栈指针始终指向栈顶。在 8051 单片机中,堆栈就是一个存储器结构,因此可以用一维数组来模拟这个实现过程。

**代码清单 12-4 main.c 文件**

```
#include "stdio.h"
#include "reg51.h"
int main()
{
    xdata char a[200];                  //在单片机片内扩展 RAM 内定义字符数组 a,保存输入符号
    xdata char st[200];                 //在单片机片内扩展 RAM 内定义字符数组 b,作为堆栈
    int top = 0,i = 0;                  //定义整型变量 top 和 i,并将它们初始化为 0
    SCON =  0x52;                       //初始化串口
    TMOD  =  0x20;
    TCON  =  0x69;
    TH1  =  0xF3;
    gets(a,150);                        //输入符号对
```

```
    while(a[i]!= '\0')                    //如果没有到达输入符号串的末尾,则循环
    {
        if(a[i] == '('||a[i] == '['||a[i] == '{')    //判断输入的字符是否是{、[或者(
        {
            top++;                        //如果是,则栈顶指针递增
            st[top] = a[i];               //将当前的字符入栈
        }
        if(a[i] == ')')                   //如果当前字符为)
            if(st[top] == '(') top-- ;//如果栈顶字符为(,则匹配,出栈
        if(a[i] == ']')                   //如果当前字符为]
            if(st[top] == '[') top-- ;//如果栈顶字符为[,则匹配,出栈
        if(a[i] == '}')                   //如果当前字符为}
            if(st[top] == '{') top-- ;//如果栈顶字符为{,则匹配,出栈
        i++;                              //指向数组 a 中的下一个符号
    }
    if(top!= 0)                           //当比较完数组 a 中符号后,如果 top 不为 0
        printf("input don't match\n");//打印不匹配信息
    else                                  //当比较完数组 a 中符号后,如果 top 为 0
        printf("input match \n");     //打印匹配信息
    return 0;
}
```

读者可以进入到本书所提供资料的 stc_program_example\例 12-4 目录下,在 Keil μVision5 集成开发环境下打开该设计,并进入调试器模式,运行程序。在 UART #1 窗口界面中,输入符号串,然后给出匹配的结果,如图 12.12 所示。

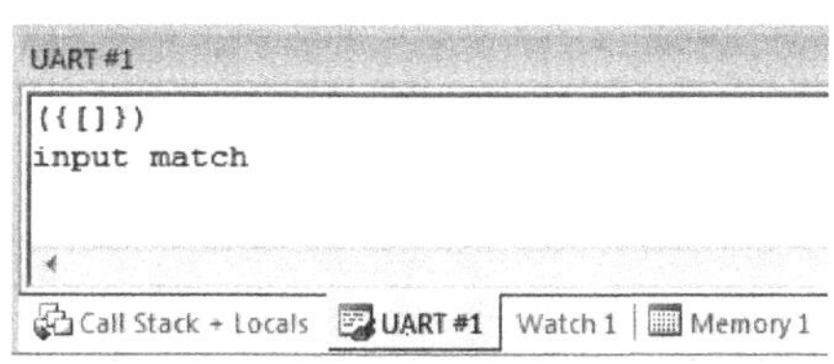


图 12.12 输入符号串,并打印出匹配的结果

**【例 12-5】** 猴子选大王问题的例子。

*n* 只猴子要选大王,选举办法如下:所有猴子按 1、2、…、*n* 编号围坐一圈,从第一号开始按 1、2、…、*m* 报数,凡是报到 *m* 号的退出到圈外,如此循环报数,直到圈内剩下一只猴子时,这只猴子就是大王。*n* 和 *m* 由串口终端输入,打印出剩下的猴子号。

使用一个包含 *n* 个元素的数组 a,开始的时候 a[i]保存猴子的编号,计数器 count 的值为 0。从 a[i]开始循环,每报一次,计数器的值增加 1,凡是报到 m 时,便打印出 a[i]的值,即退出圈外的猴子编号,同时将 a[i]的值改为 0,也就是以后不参与报数,计数器的值重新置 0。

该程序一直执行到 n 只猴子全部退出圈外为止,最后退出的猴子就是大王。

**代码清单 12-5 main.c 文件**

```
#include "stdio.h"
#include "reg51.h"
typedef xdata int maxix[100];          //在 8051 片内扩展 RAM 中定义数组
int main()
```

```
{
    maxix a;                              //定义一个数组变量 a
    int count = 0,d = 0,i,m,n;            //定义整型变量 count、d、i、m 和 n
    SCON = 0x52;                          //初始化串口
    TMOD = 0x20;
    TCON = 0x69;
    TH1 = 0xF3;
    printf("input n and m\n");            //提示输入 n 和 m 的值
    scanf("%d,%d",&n,&m);                 //输入变量 n 和 m 的值
    if(n<=m) return 0;                    //如果 n 小于等于 m,则退出程序
    for(i=0;i<n;i++)                      //for 循环语句
    a[i] = i+1;                           //初始化猴子的编号
        while(d<n)                        //当退出圈外的猴子个数小于猴子的总数
        for(i=0;i<n;i++)
        if(a[i]!=0)
            {
                count++;                  //报一次数
                if(count == m)            //第 i 个猴子退出
                {
                    printf("%d ",a[i]);
                    a[i] = 0;
                    count = 0;
                    d++;                  //d 用于记录退出圈外的猴子个数
                }
            }
    while(1);
}
```

读者可以进入到本书所提供资料的 stc_program_example\例 12-5 目录下,在 Keil μVision5 集成开发环境下打开该设计,并进入调试器模式,运行程序。在 UART #1 窗口界面中,输入 n 值和 m 值,它们之间用逗号隔开,然后观察猴子退出圈外的过程。

## 12.2 多维数组的定义和操作

本节介绍定义和操作多维数组的方法。前面介绍了一维数组只有一个下标,因此称为一维数组,其中每一个数组元素也称为单下标变量。在实际问题中,有很多量是二维或者多维的,因此 C 语言允许构造多维数组。对于多维数组来说,它的每个元素都有多个下标以标识它在数组中的位置,所以也称为多下标变量。

### 12.2.1 多维数组的定义

多维数组定义的格式为

```
类型说明符  数组名[常量表达式 1][常量表达式 2]…[常量表达式 n];
```

其中:常量表达式 1 用于表示一维下标的长度,常量表达式 2 用于二维下标的长度,常量表达式 n 用于表示 n 维下标的长度。例如:

**注**:多维数组的各维下标/索引号从 0 开始,这点与一维数组相同。

1) int b[3][4]

表示一个整型二维数组，即该数组一共包含 3×4=12 个整型数据元素。每个元素用二维下标表示为

```
b[0][0], b[0][1], b[0][2], b[0][3]
b[1][0], b[1][1], b[1][2], b[1][3]
b[2][0], b[2][1], b[2][2], b[2][3]
```

二维数组在概念上是二维的，即它的下标在两个方向上变化，下标变量在数组中的位置也处于一个平面之中，而不像一维数组只是一个向量。但是，在 STC 单片机物理存储空间却是连续编址的，也就是说存储器单元是按一维线性排列的，这点将通过后面的例子详细说说明。如何在一维存储器中存放二维数组？在 C 语言中，二维数组是按行排列的。即先存放 b[0]行，再存放 b[1]行，最后存放 b[2]行。每行中的四个元素也是依次存放。由于数组 b 说明为 int 类型，该类型占用两个字节的内存空间，所以每个元素均占有两个字节。

2) char b[5][5][5]

表示一个字符型的三维数组，即该数组一共有 5×5×5=125 个数据元素。

## 12.2.2　多维数组初始化

对于多维数组初始化来说，与一维数组类似，可以在声明多维数组的时候给多维数组赋值，也可以在声明完多维数组后再给多维数组中的每一个元素分别赋值。

**注**：(1) 可以只对部分元素赋初值，未赋初值的元素自动取 0 值。

(2) 如果对全部元素赋初值，则第一维的长度可以不用给出。

(3) 多维数组可以看成是一维数组的嵌套。

**【例 12-6】**　多维数组声明和赋值语句的例子。

在该例子中，声明了两个数组 a、b，其中：

(1) 数组 a[3][3]为二维数组，有 9 个 int 数据元素，按下面索引号顺序：[0][0]、[0][1]、[0][2]、[1][0]、[1][1]、[1][2]、[2][0]、[2][1]、[2][2]保存数据。

(2) 数组 b[2][2][2]中，有 8 个 char 类型数据元素，按下面索引号顺序：[0][0][0]、[0][0][1]、[0][1][0]、[0][1][1]、[1][0][0]、[1][0][1]、[1][1][0]、[1][1][1]保存数据。

**代码清单 12-6　main.c 文件**

```
int main()
{
    int a[3][3] = {1,2,3,4,5,6,7,8,9};
    char b[2][2][2] = {11,12,13,14,15,16,17,18};
    return 0;
}
```

读者可以进入到本书所提供资料的 stc_program_example\例 12-6 目录下，在 Keil μVision5 集成开发环境下打开该设计，并进入调试器模式，单步运行程序，使得单步运行到 return 0 的代码。分析步骤如下：

(1) 在当前调试主界面主菜单下，选择 Watch Windows→Watch 1。

(2) 出现 Watch 1 界面。在该界面中，单击 Enter expression，然后输入 a；在下一行又

出现 Enter expression,单击该行,然后输入 b,如图 12.13 所示。

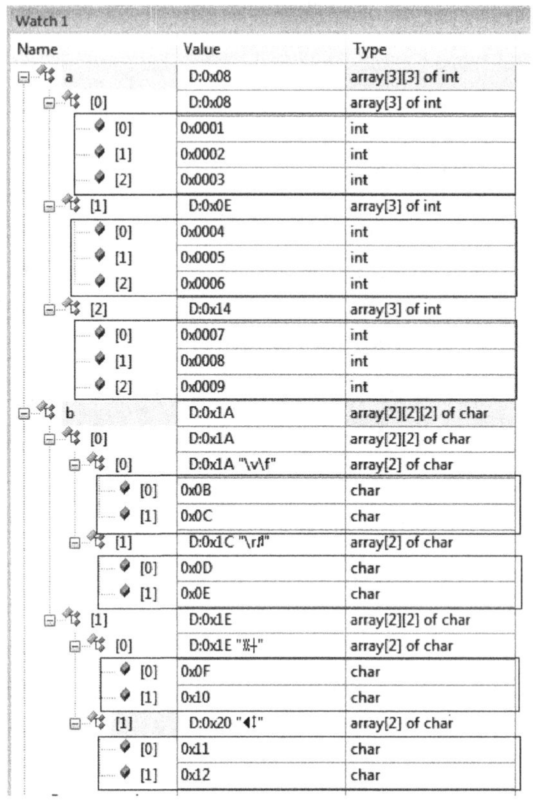

图 12.13　watch ＃1 窗口的多维数组内容

**思考与练习**

12-5　根据图 12.13,说明二维数组 a 中每个数据和索引号的对应关系。

12-6　根据图 12.13,说明三维数组 b 中每个数据和索引号的对应关系。

(3) 在 Memory 1 界面内 Address:右侧的文本框中,输入 d:0x08,如图 12.14 所示。可以看到二维数组 a 的数据实际上是按照一维的形式保存在单片机片内数据区地址为 0x08 的起始地址,并且连续存放这些元素。所以本质上,在物理存储器空间并不存在"多维的概念",只是为了更清楚地划分数据而已。

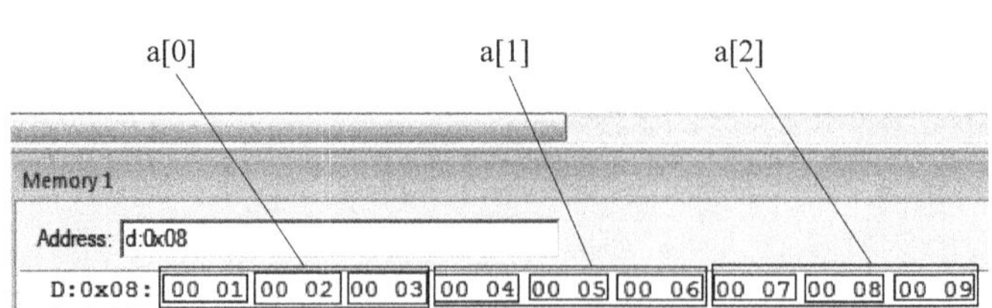

图 12.14　Memory 1 窗口的二维数组 a 的内容

(4) 在 Memory 1 界面内 Address:右侧的文本框中,输入 d:0x1a,如图 12.15 所示。可以看到三维数组 b 的数据实际上是按照一维的形式保存在单片机的片内数据区地址为

0x1a 的起始地址,并且连续存放这些元素。

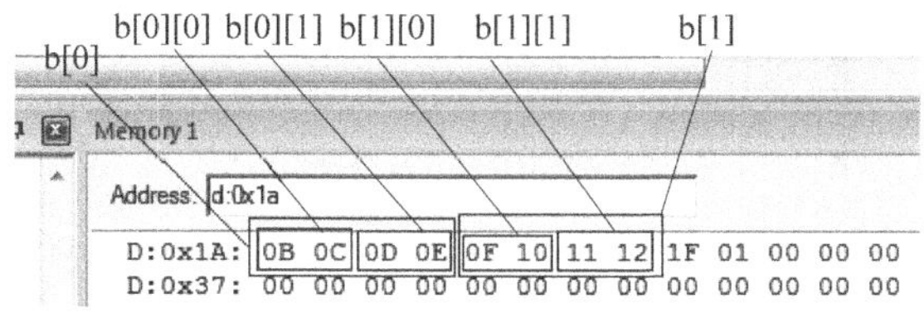


图 12.15 Memory 1 窗口的三维数组 b 的内容

**思考与练习**

12-7 根据图 12.14 和 12.15,说明对于三维数组 b 的一维划分表示方法,二维划分表示方法以及三维划分表示方法。

**【例 12-7】** 动态输入数组元素的例子。

**代码清单 12-7 main.c 文件**

```
#include "stdio.h"
#include "reg51.h"
void main()
{
    int b[3][3];                     //声明整型二维 3×3 数组变量 b
    inti,j;                          //声明整型变量 i 和 j
    SCON = 0x52;                     //初始化串口
    TMOD = 0x20;
    TCON = 0x69;
    TH1 = 0xF3;
    printf("please input data of b[3][3]\n"); //提示输入数组 b 的数据元素
    for(i=0;i<3;i++)                 //外循环 for 语句控制行
    {
        for(j=0;j<3;j++)             //内循环 for 语句控制列
            scanf("%d,",&b[i][j]);   //通过索引号 i 和 j,输入所对应的元素值
    }
    putchar('\n');                   //打印换行符号
     for(i=0;i<3;i++)                //外循环 for 语句控制行
    {
        for(j=0;j<3;j++)             //内循环 for 语句控制列
          printf("b[%d][%d]=%d,",i,j,b[i][j]); //通过索引号 i 和 j,打印数组 b 的每个元素
          putchar('\n');             //打印完每一行数据元素后换行
    }
    while(1);
}
```

读者可以进入到本书所提供资料的 stc_program_example\例 12-7 目录下,在 Keil μVision5 集成开发环境下打开该设计,并进入调试器模式,按 F5 键运行程序。在 UART #1 窗口界面中,给出数据输入的格式和输出信息的格式,如图 12.16 所示。按照下面的格式输入信息:

(1) 自动出现提示信息 please input data of b[3][3],按照设计代码要求,输入二维数组数据,这些数据之间用“,”隔开。为了美观,在输入数据的时候,每输入三个数据(一行),按 Enter 键,再输入下一行数据。

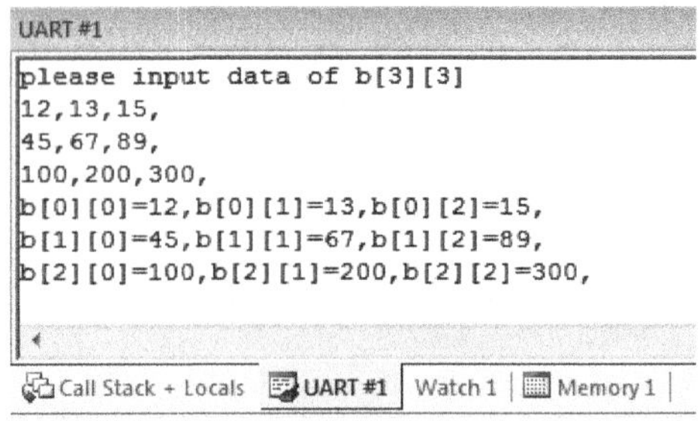


图 12.16 UART #1 窗口输入和打印信息的内容

(2) 当输入完数组 b 的所有数据后，打印出数组中每个元素的值。

**注**：可以看到在输入数据的时候，在数组标识符前面加“&”符号前缀，用于表示取出当前存储器数据元素的地址，其中每个存储器数据元素通过数组名和索引号进行标识。

(3) 在 Watch 1 窗口中，输入数组名字 b。可以看到数组保存数据的信息，如图 12.17 所示。从图中可以看到数组 b 的起始地址为 D:0x22，即数组 b 的第一行起始地址为 D:0x22；数组 b 的第二行起始地址为 D: 0x28；数组 b 的第三行起始地址为 D: 0x2E。

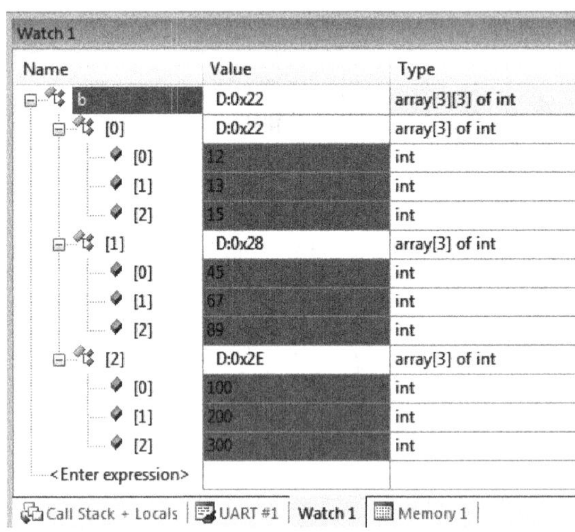


图 12.17 Watch 1 窗口数组元素的内容

(4) 在 Memory 1 窗口中，在 Address: 右侧的文本档中输入 d:0x22 查看存储器的内容，如图 12.18 所示。

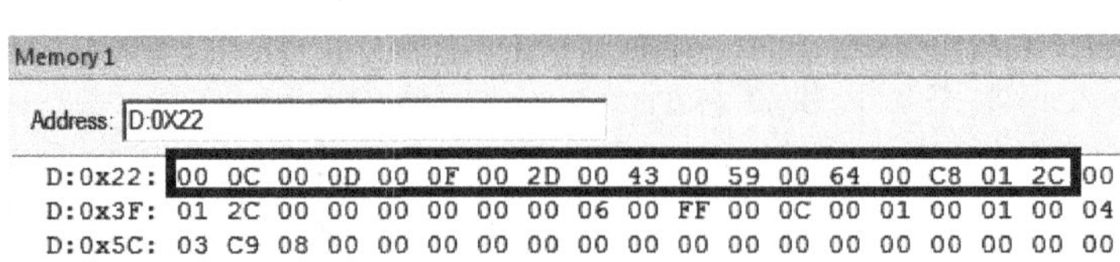


图 12.18 Memory 窗口数组元素的内容

(5) 退出调试器模式并关闭该设计。

## 12.2.3 多维数组的操作

本节将通过例子说明多维数组的操作方法。

**【例 12-8】** 矩阵乘法的例子。

根据矩阵理论的知识，假设矩阵 ***A*** 表示为$(\boldsymbol{a}_{ij})_{m\times p}$，矩阵 ***B*** 表示为$(\boldsymbol{b}_{ij})_{p\times n}$，则矩阵 ***C***=***A***×***B***，则矩阵 ***C*** 表示为$(c_{ij})_{m\times n}$。

其中

$$c_{ij} = \sum_{k=0}^{p} a_{ik} \cdot b_{kj}$$

在该设计中，矩阵 ***A*** 和矩阵 ***B*** 的数据由串口终端输入，在串口终端上显示矩阵 ***C*** 的计算结果。

**代码清单 12-8 main.c 文件**

```
#include "stdio.h"
#include "reg51.h"
#define row_a 4                                        //宏定义矩阵 A 的行个数
#define col_a 3                                        //宏定义矩阵 A 的列个数
#define row_b 3                                        //宏定义矩阵 B 的行个数
#define col_b 2                                        //宏定义矩阵 B 的列个数
void main()
{
    int a[row_a][col_a];
    int b[row_b][col_b];
    int c[row_a][col_b];
    int i,j,k;                                         //定义整型变量 i,j,k
    int m,n,o,p;                                       //定义整型变量 m,n,o,p
    SCON = 0x52;                                       //初始化串口相关
    TMOD = 0x20;                                       //初始化串口相关
    TCON = 0x69;                                       //初始化串口相关
    TH1 - 0xF3;                                        //初始化串口相关
    m = row_a;
    n = col_a;
    o = row_b;
    p = col_b;
    printf("please input data of a[ %d][ %d]\n",m,n);  //打印提示输入数组 a 信息
    for(i = 0;i < row_a;i++)                           //二重 for 循环语句
    {
        for(j = 0;j < col_a;j++)
            scanf(" %d,",&a[i][j]);                    //输入数组 a 的数据信息
    }
    putchar('\n');

    printf("please input data of b[ %d][ %d]\n",o,p);  //打印提示输入数组 b 信息
    for(i = 0;i < row_b;i++)                           //二重 for 循环语句
    {
        for(j = 0;j < col_b;j++)                       //输入数组 b 的数据信息
            scanf(" %d,",&b[i][j]);
    }
```

```
      putchar('\n');
    for (i = 0;i < row_a;i++)                               //三重循环
    {
      for (j = 0;j < col_b;j++)
        {
         c[i][j] = 0;                                       //数组 c 的每个元素初值为 0
          for (k = 0;k < col_a;k++)
          {
              c[i][j] += a[i][k] * b[k][j];                 //矩阵相应元素的乘和累加运算
          }
        }
    }
      printf("\n array c[ %d][ %d] is following\n",m,p);    //提示输出数组 c 的信息
        for(i = 0;i < row_a;i++)
      {
          for(j = 0;j < col_b;j++)
            printf(" %5d,",c[i][j]);                        //输出数组 c 中每个数据的元素
              putchar('\n');
      }
  while(1);
  }
```

读者可以进入到本书所提供资料的 stc_program_example\例 12-8 目录下,在 Keil μVision5 集成开发环境下打开该设计,并进入调试器模式,按 F5 键运行程序。在 UART #1 窗口界面中,给出数据输入的格式和输出信息的格式,如图 12.19 所示。按照下面的格式输入信息:

(1) 在提示信息 Please input data of a[4][3]下面,输入 12 个数据。按照设计代码要求,输入 12 个数据,这 12 个数据之间应该用“,”隔开。为了美观,在输入数据的时候,每输入 3 个数据(一行),按 Enter 键,再输入下一行数据。

(2) 当输入的最后一个数据和“,”后,自动出现提示信息 please input data of b[3][2],按照设计代码要求,输入 6 个数据,这 6 个数据之间用“,”隔开。为了美观,在输入数据的时候,每输入 2 个数据(一行),按 Enter 键,再输入下一行数据。

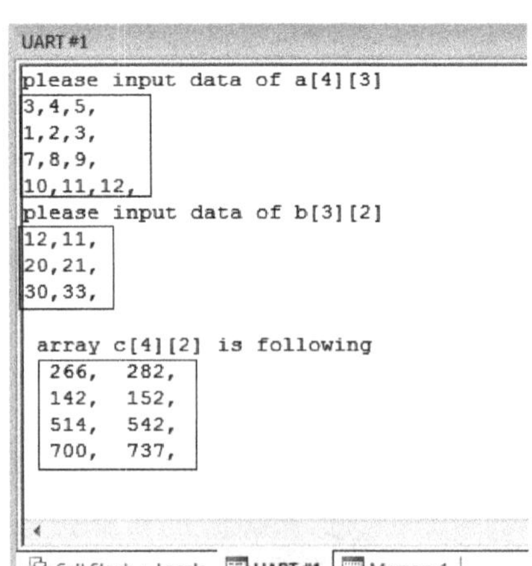


图 12.19 UART #1 窗口界面内输入数组和输出数组信息

(3) 当输入第三行的最后一个数据“,”后，自动出现打印出数组 c 的维度信息以及数组 c 中每个数据元素的值。

**【例 12-9】** 寻找马鞍点的例子。

如果数组 a 中存在这样一个元素 a[i][j]满足下面的条件：a[i][j]是第 i 行中值最小的元素，且又是第 j 列中值最大的元素，则称之为该数组的一个马鞍点。该设计计算 m×n 数组的所有马鞍点。

根据上面的要求，先求出每行的最小元素，放在 min[m]中，再求出每列的最大值元素，放入 max[n]之中，如果某元素既在 min[i]中，又在 max[j]中，则该元素 A[i][j]便是马鞍点，找出所有这样的元素，即找到了所有马鞍点。

**代码清单 12-9　main.c 文件**

```
#include "stdio.h"
#include "reg51.h"
void main()
{
    int a[3][4];                              //声明整型二维数组 a
    int i,j;                                  //声明整型变量 i 和 j
    int min[3],max[4];                        //声明整型二维数组 min 和 max
    bit have = 0;                             //声明 bit 型变量 have
    SCON = 0x52;                              //初始化串口
    TMOD = 0x20;
    TCON = 0x69;
    TH1 = 0xF3;
    puts("please input data of array a");     //提示下面输入数组 a 的数据元素
    for(i = 0;i<3;i++)                        //外层 for 循环语句控制行
      for(j = 0;j<4;j++)                      //内层 for 循环语句控制列
        scanf("%d,",&a[i][j]);                //输入数组 a 每个元素的值
    for(i = 0;i<3;i++)                        //计算出每行的最小值,保存到 min[n]
    {
        min[i] = a[i][0];                     //将每行的第一个元素作为最小值
        for(j = 1;j<4;j++)                    //该值和该行的其他三个元素比较
          if(a[i][j]<min[i])                  //如果其他三个元素有更小的数
            min[i] = a[i][j];                 //则将其作为最小值
    }
    for(j = 0;j<4;j++)                        //计算出每列的最大值,保存到 max[n]
    {
        max[j] = a[0][j];                     //将每列的第一个元素作为最大值
        for(i = 1;i<3;i++)                    //该值和该列的其他两个元素比较
          if(a[i][j]>max[j])                  //如果其他两个元素有更大的数
             max[j] = a[i][j];                //则将其作为最大值
    }
    for(i = 0;i<3;i++)                        //判断是否为马鞍点
      for(j = 0;j<4;j++)
        if(min[i] == max[j])                  //如果满足 min[i]和 max[j]相等
          {
            printf("(%d,%d):%d\n",i,j,a[i][j]);           //则打印马鞍点的位置和值
            have = 1;
          }
```

```
            if(!have)                              //如果没有找到马鞍点
                printf("no Saddle point\n");       //则打印没有找到的信息
        while(1);
    }
```

读者可以进入到本书所提供资料的 stc_program_example\例 12-8 目录下，在 Keil μVision5 集成开发环境下打开该设计，并进入调试器模式，按 F5 键运行程序。在 UART #1 窗口界面中，给出数据输入的格式和输出信息的格式，如图 12.20 所示。

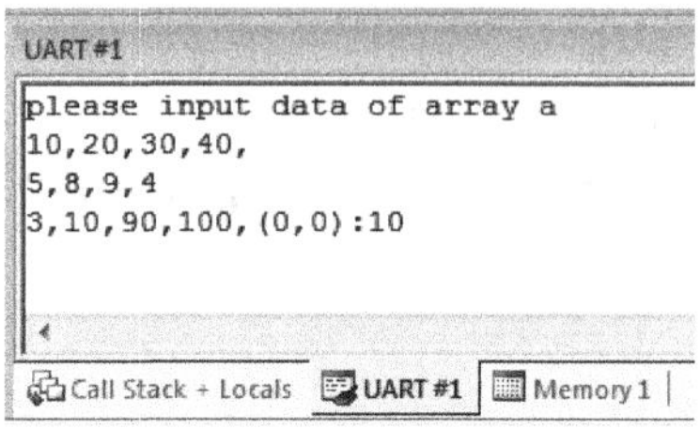


图 12.20 UART #1 窗口界面内输给出马鞍点信息

# 第 13 章 STC 单片机 C 语言指针

CHAPTER 13

本章详细介绍 C 语言的一大特色，即指针的概念及使用方法。内容包括 C51 编译器中指针的分类、通用指针、指定存储器类型的指针、指针转换、指针变量输入、指向指针的指针和抽象指针。

C 语言的一大特色就是提供了指针的功能，这就增加了 C 语言对单片机内存储空间的管理能力。指针的作用就是指向程序设计者所需要存放数据的具体存储空间位置，然后对该存储空间位置进行加载和保存的操作。更通俗地讲，就是指向一个具体的存储空间位置，然后对这个位置进行存取操作。

在前面介绍 8051CPU 指令格式时，提到存储器直接寻址和存储器间接寻址模式。C 语言的指针就和这两种寻址模式有密切的关系。换言之，C 语言中的指针实际上就是对存储器直接寻址和间接寻址模式的抽象。

## 13.1 C51 编译器中指针的分类

Cx51 编译器支持使用字符“*”声明变量指针。C51 编译器可以执行在标准 C 中所提供的所有操作。但是由于 8051 独一无二的结构以及特点，C51 编译器提供两种不同类型的指针，即通用指针和指定存储器的指针。

## 13.2 通用指针

本节介绍 C 语言通用指针的基本概念和使用方法。

### 13.2.1 未指定存储区域的通用指针

C 语言通用指针的声明格式为

数据类型  * 指针名字;

**【例 13-1】** 通用指针声明的例子。

```
char *s;                                        //指向字符的指针
int *number;                                    //指向基本整型数的指针
long *state;                                    //指向长整型数的指针
```

对于通用指针来说，使用三个字节保存。即第一个字节表示存储器的类型；第二个字节表示偏移地址的高 8 位；第三个字节表示偏移地址的低 8 位。对于通用指针来说，它可以访问保存在 8051 存储器系统任何位置的变量。

前面提到过：

```
&变量/数组名字
```

它表示获取变量所在单片机存储空间的地址，或者是数组所在单片机存储空间的起始地址。例如，如下声明：

```
int *p1;
int a;
```

当进行下面操作：

```
p1 = &a;
```

表示 p1 的值为变量 a 所在单片机存储空间的具体地址信息。该地址的内容就是变量 a 的值，用形式化的方式可以表示为

```
(p1) = a;
```

因此 *p1 实际上就是获取指向地址的内容，所以 *p1 的值就是变量 a 的值。

**注**：(1) 在单片机中并不存在指针这样一个功能部件，正如上面所提到的，这只是 C 语言对存储器直接寻址模式的抽象而已。

(2) * 和指针名字之间不能有空格。

**【例 13-2】** 查看通用指针的例子。

**代码清单 13-1(1)　main.c 文件**

```
int main()
{
    int a = 50, *p1;
    float b = 45.13, *p2;
    char c = 40, *p3;
    p1 = &a;
    p2 = &b;
    p3 = &c;
    return 0;
}
```

下面对该程序进行分析，步骤包括：

(1) 读者可以进入到本书所提供资料的 stc_program_example\例 13-2 目录下，在 Keil μVision5 集成开发环境下打开该设计。

(2) 进入调试器模式，查看 Disassembly 窗口内的反汇编代码，代码中加入了注释，帮助读者进行分析。

**代码清单 13-1(2)　Disassembly 窗口内的反汇编代码清单**

```
    2: {
    3:          int a = 50, *p1;
//将立即数 50(0x32)保存到 8051 片内数据区地址为 0x08 和 0x09 的单元
C:0x0003    750800   MOV     0x08, #0x00
```

```
C:0x0006     750932  MOV    0x09, #0x32
     4:          float b = 45.13, *p2;
//将浮点数保存到 8051 片内数据区地址为 0x0D、0x0E、0x0F 和 0x10 的单元
C:0x0009     75101F  MOV       0x10, #0x1F
C:0x000C     750F85  MOV       0x0F, #DPH1(0x85)
C:0x000F     750E34  MOV       0x0E, #0x34
C:0x0012     750D42  MOV       0x0D, #0x42
//将字符型数据 40(0x28)保存到 8051 片内数据区地址为 0x13 的单元
     5:           char c = 40, *p3;
C:0x0015     751428  MOV       0x14, #0x28
//指针 *p1 指向变量 a 的地址,前面说过用三个字节表示指针,即 0x00、0x00 和 0x08 这三个数,保存
//在 8051 片内数据区地址为 0x0A、0x0B 和 0x0C 的位置,这三个字节表示变量 a 所在的地址为片内
//数据区偏移地址为 0x08 的位置.表示专门给指针 *p1 在片内数据区开辟了存储空间,所保存的内
//容就是变量 a 所在的存储器地址
```

**注**:可以这样理解,在内存中开辟 3 个字节,用于表示指针这个数据类型,这个空间保存的内容,等于 p1,也等于变量 a 的地址,因此 p1=&a。

```
    6:          p1 = &a;
C:0x0018     750A00  MOV       0x0A, #0x00
C:0x001B     750B00  MOV       0x0B, #0x00
C:0x001E     750C08  MOV       0x0C, #0x08
//指针 *p2 指向变量 b 的地址,前面说过用三个字节表示指针,即 0x00、0x00、0x0D 这三个数,保存在
//8051 片内数据区地址为 0x11、0x12 和 0x13 的位置,这三个字节表示变量 b 所在的地址为片内数据
//区偏移地址为 0x0D 的位置.表示专门给指针在片内数据区开辟了存储空间,所保存的内容就是变
//量 b 所在的存储器地址
```

**注**:可以这样理解,在内存中开辟 3 个字节,用于表示指针这个数据类型,这个空间保存的内容,等于 p2,也等于变量 b 的地址,因此 p2=&b。

```
    7:          p2 = &b;
C:0x0021     751100  MOV       0x11, #0x00
C:0x0024     751200  MOV       0x12, #0x00
C:0x0027     75130D  MOV       0x13, #0x0D
//指针 *p3 指向变量 c 的地址,前面说过用三个字节表示指针,即 0x00、0x00、0x14 这三个数,保存在
//8051 片内数据区地址为 0x15、0x16 和 0x17 的位置,这三个字节表示变量 c 所在的地址为片内数据区
//偏移地址为 0x14 的位置.表示专门给指针在片内数据区开辟了存储空间,所保存的内容就是变量 c
//所在的存储器地址
```

**注**:可以这样理解,在内存中开辟 3 个字节,用于表示指针这个数据类型,这个空间保存的内容,等于 p3,也等于变量 c 的地址,因此 p3=&c。

```
    8:          p3 = &c;
C:0x002A     751500  MOV       0x15, #0x00
C:0x002D     751600  MOV       0x16, #0x00
C:0x0030     751714  MOV       0x17, #0x14
    9:           return 0;
C:0x0033     E4      CLR      A
C:0x0034     FE      MOV      R6,A
C:0x0035     FF      MOV      R7,A
    10: }
```

(3) 按 F5 运行程序。

(4) 打开 Memory 1 窗口,查看信息。

(5) 退出调试器模式并退出该设计。

**思考与练习**

13-1 分析上面的代码,并回答下面的问题:

(1) 指针 *p1,保存在 8051 片内存储器空间的地址________________,该地址的内容表示________。

(2) 指针 *p2,保存在 8051 片内存储器空间的地址________________,该地址的内容表示________。

(3) 指针 *p3,保存在 8051 片内存储器空间的地址________________,该地址的内容表示________。

**【例 13-3】** 指针基本概念的例子。

**代码清单 13-2 main.c 文件**

```
#include "stdio.h"
#include "reg51.h"
void main()
{
    int a = 100;                         //定义整型变量
    int b[4] = {1,2,3,4};                //定义整型数组
    char c[10] = {"STC"};                //定义字符型的数组
    int *p1, *p2;                        //定义指向整型数的指针 *p1 和 *p2
    char *p3;                            //定义指向字符型的指针 *p3
    SCON = 0x52;                         //初始化串口
    TMOD = 0x20;
    TCON = 0x69;
    TH1 = 0xF3;
    p1 = &a;                             //p1 为变量 a 所在存储空间的地址
    p2 = &b;                             //p2 为数组 b 所在存储空间的首地址
    p3 = &c;                             //p3 为数组 c 所在存储空间的首地址
    printf("%d\n", *p1);                 //打印 p1 单元内存储空间的内容
    printf("%d\n", *p2);                 //打印 p2 单元内存储空间的内容
    printf("%d\n", *(++p2));             //打印(p2+1)单元内存储空间的内容
    printf("%d\n", *(++p2));             //打印(p2+2)单元内存储空间的内容
    printf("%d\n", *(++p2));             //打印(p2+3)单元内存储空间的内容
    printf("%c", *p3);                   //打印 p3 单元内存储空间的内容
    printf("%c", *(++p3));               //打印(p3+1)单元内存储空间的内容
    printf("%c\n", *(++p3));             //打印(p3+2)单元内存储空间的内容
    while(1);
}
```

**注:读者可以调用%p 打印出指针的信息。**

读者可以进入到本书所提供资料的 stc_program_example\例 13-3 目录下,在 Keil μVision5 集成开发环境下打开该设计,并进入调试器模式,按 F5 运行程序。在 UART #1 窗口界面中,给出输出信息的格式,如图 13.1 所示。下面对该程序进行详细的分析:

(1) 打开 Watch 1 窗口界面。在该界面中,分别输入 a,b 和 c,出现变量 a 的值,数组 b 每个数据元素的值以及数组 b 的首地址,数组 c 每个数据元素的值以及数组 c 的首地址,如图 13.2 所示。

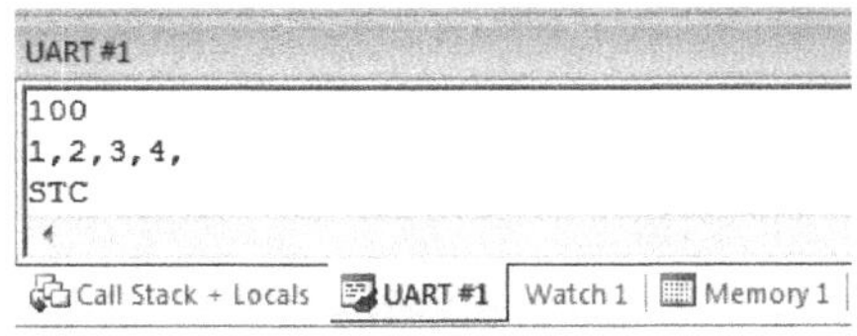


图 13.1　UART ＃1 窗口界面显示输出信息

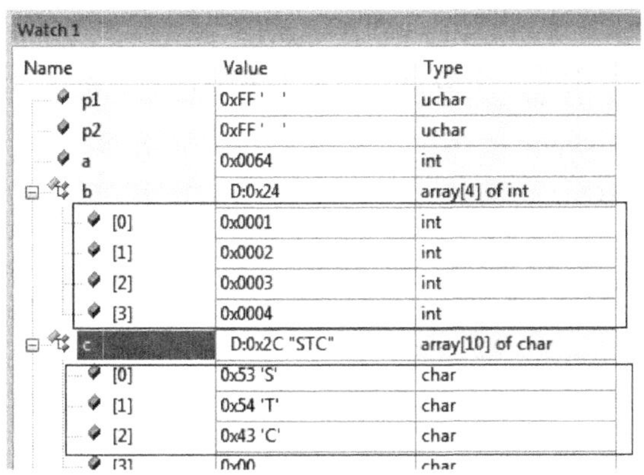


图 13.2　Watch 1 窗口界面显示信息(1)

**注**：在该界面没有给出变量 a 的地址信息。在 main. c 文件界面内，将光标置于变量 a 的名字上，显示出变量 a 的地址信息，如图 13.3 所示。

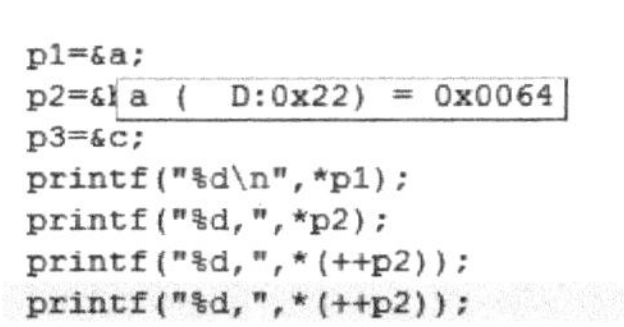


图 13.3　main. c 界面给出变量 a 的地址信息

(2) 重新单步运行程序，程序执行完 16 行代码，在 Watch 1 窗口界面内输入 p1、p2 和 p3 的值，可以看到给出的信息，如图 13.4 所示。

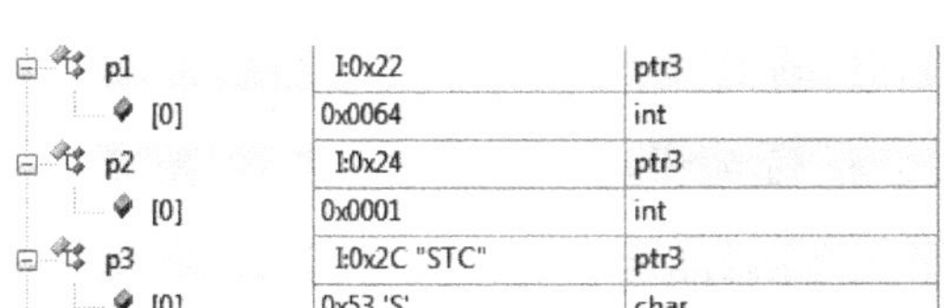


图 13.4　Watch 1 窗口界面显示信息(2)

① 从图中可以看出，p1 的内容为 I:0x22，为地址信息，即指向单片机片内数据区位置为 0x22 的地址，该地址内容为 0x0064。这是因为在程序代码中，将 p1 设置为变量 a 所在的地址。

② 类似地，从图中可以看出 p2 的内容为 I:0x26，为地址信息，即指向单片机片内数据区位置为 0x26 的地址，该地址内容为 0x0002。这是因为在程序代码中，将 p2 设置为指向

数组 b 的首地址,并且数组 b 的第一个数据元素的值为 1。形式化表示为

```
(p2) = 1 = b[0] = *p2
```

换言之,通过指针 *p2 表示 p2 的内容。

**注**:由于指针 *p2 为 int 类型的,所以 p2 的内容为 int 型(2 个字节的数据内容)。()表示地址单元的内容。

③ 类似地,从图中可以看出 p3 的内容为 I:0x2c,为地址信息,即指向单片机片内数据区位置为 0x2c 的地址,该地址内容为 0x53。这是因为在程序代码中,将 p3 设置为指向数组 c 的首地址,并且数组 c 的第一个数据元素的值为字符"S"(该字符的 ASCII 值为 0x53)。形式化表示为:

```
(p3) = 0x53 = c[0] = *p3
```

换言之,p3 的内容就通过指针 *p3 表示。

**注**:由于指针 *p3 为 char 类型,所以 p3 的内容为 char 型(1 个字节的数据内容)。()表示地址单元的内容。

(3) 继续单步执行完第 18 行代码,相继打印出 *p1 和 *p2 的值,为 100 和 1。这个结果和前面分析的一致。

(4) 单步执行完第 19 行代码,即

```
printf("%d,", *(++p2));
```

该段代码让 p2 在首地址基础上递增,由于 p2 指向的是 int 类型,所以实际地址在首地址基础上增加 2。此时 p2 的内容为 I: 0x26,为地址信息,即指向单片机片内数据区位置为 0x26 的地址,该地址的内容为 0x0002,如图 13.5 所示。形式化表示为

```
(p2) = 0x0002 = b[1] = *p2
```

**注**:此时的 p2 在前面 p2 的基础上递增 1,实际地址在首地址基础上增加 2。

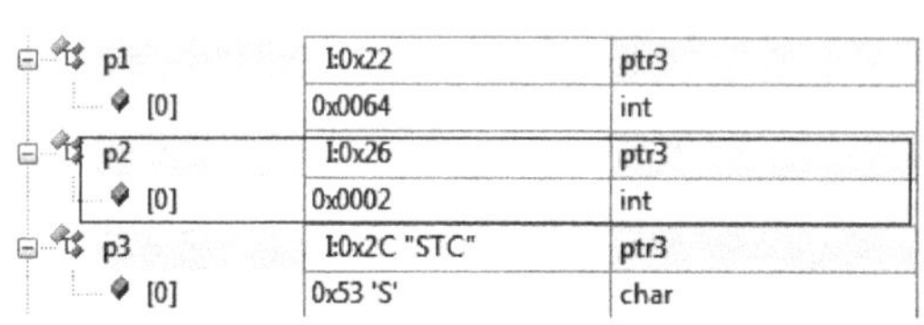


图 13.5 Watch 1 窗口界面显示信息(3)

(5) 单步执行完第 20 行代码,即

```
printf("%d,", *(++p2));
```

该段代码让 p2 在前一个 p2 的基础上递增,由于 p2 指向的是 int 类型,所以实际地址在前一个地址基础上增加 2。此时 p2 的内容为 I: 0x28,为地址信息,即指向单片机片内数据区位置为 0x28 的地址,该地址的内容为 0x0003,如图 13.6 所示。形式化表示为

```
(p2) = 0x0003 = b[2] = *p2
```

**注**:此时的 p2 在前面 p2 的基础上递增 1,实际地址在首地址基础上增加 4。

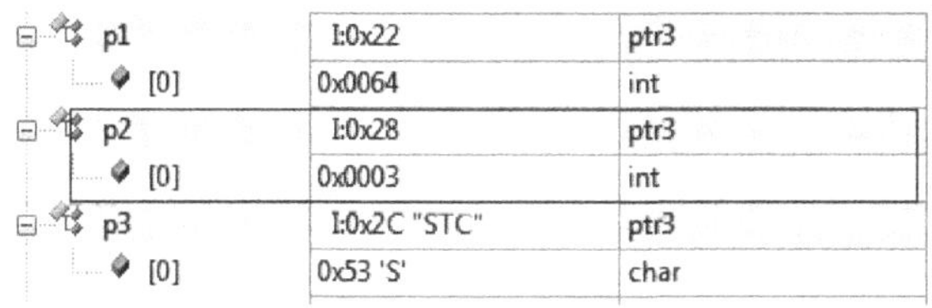


图 13.6　Watch 1 窗口界面显示信息(4)

(6) 单步执行完第 21 行代码，即

```
printf("%d,", *(++p2));
```

该段代码让 p2 在前一个 p2 的基础上递增，由于 p2 指向的是 int 类型，所以实际地址在前一个地址基础上增加 2。此时 p2 的内容为 I：0x2A，为地址信息，即指向单片机片内数据区位置为 0x2A 的地址，该地址的内容为 0x0004，如图 13.7 所示。形式化表示为

```
(p2) = 0x0004 = b[3] = *p2
```

**注**：此时的 p2 在前面 p2 的基础上递增 1，实际地址在首地址基础上增加 6。

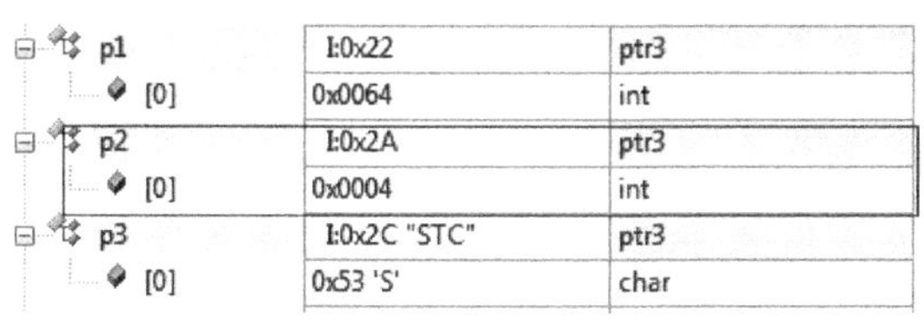


图 13.7　Watch 1 窗口界面显示信息(5)

为了帮助读者理解，给出了数组 b 在单片机片内数据区的存储信息，如图 13.8 所示。

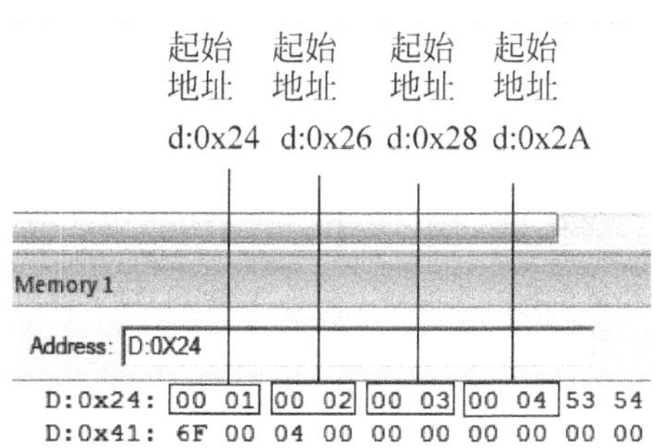


图 13.8　数组 b 在单片机内部数据区的保存

(7) 单步执行完第 21 行代码，打印出 *p3 的值，为字符“S”。

(8) 单步执行完第 22 行代码，即

```
printf("%c,", *(++p3));
```

该段代码让 p3 在前一个 p3 基础上递增，由于 p3 指向的是 char 类型，所以实际地址在前一个地址基础上增加 1。此时 p3 的内容为 I：0x2D，为地址信息，即指向单片机片内数据区位置为 0x2D 的地址，该地址的内容为字符“T”(其 ASCII 码为 0x54)，如图 13.9 所示。形式

化表示为

```
(p3) = 0x54 = c[1] = *p3
```

**注**：此时的 p3 在前面 p3 的基础上递增 1，实际地址在首地址基础上增加 1。

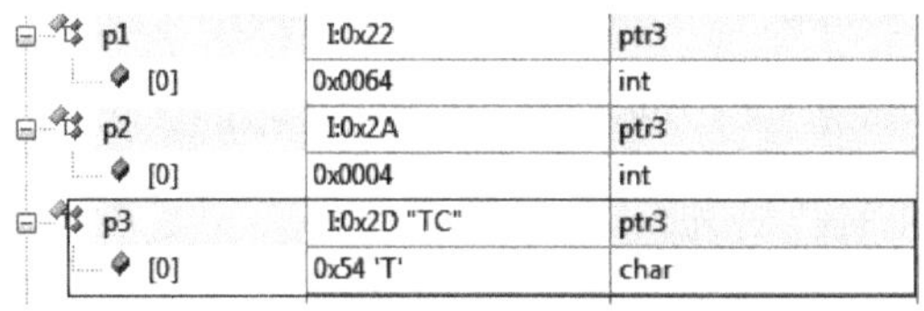


图 13.9　Watch 1 窗口界面显示信息(6)

(9) 单步执行完第 23 行代码，即

```
printf("%c,", *(++p3));
```

该段代码让 p3 在前一个 p3 基础上递增，由于 p3 指向的是 char 类型，所以实际地址在前一个地址基础上增加 1。此时 p3 的内容为 I：0x2E，为地址信息，即指向单片机片内数据区位置为 0x2E 的地址，该地址的内容为字符“C”(其 ASCII 码为 0x43)，如图 13.10 所示。形式化表示为

```
(p3) = 0x43 = c[2] = *p3
```

**注**：此时的 p3 在前面 p3 的基础上递增 1，实际地址在首地址基础上增加 2。

为了帮助读者理解，给出了数组 b 在单片机片内数据区的存储信息，如图 13.11 所示。

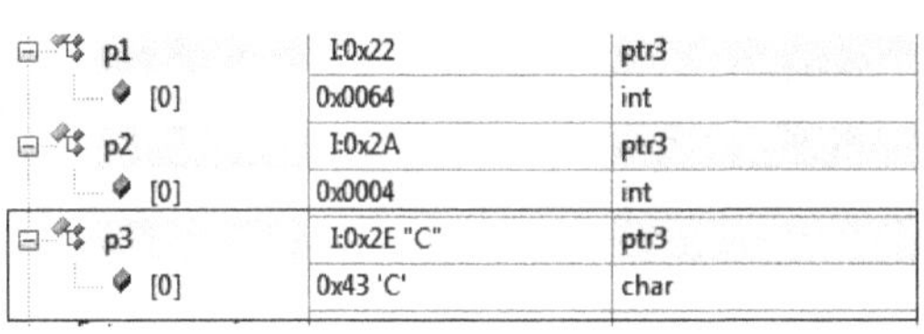


图 13.10　Watch 1 窗口界面显示信息(7)

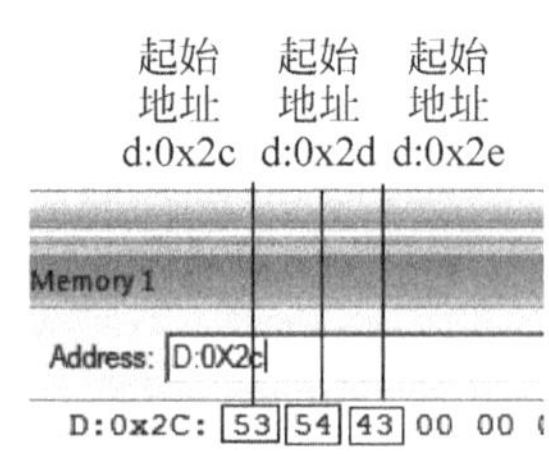


图 13.11　数组 c 在单片机内部数据区的保存

**思考与练习**

13-2　根据图 13.2 和 13.3，填写下面信息。

① 变量 a 的存储空间首地址________，占用________个字节；

② 数组 b 的存储空间首地址________，占用________个字节；

③ 数组 c 的存储空间首地址________，占用________个字节。

13-3　将例 13-3 程序中的下面代码：

```
p1 = &a;
p2 = &b;
p3 = &c;
```

改为

```
p1 = 0x22;
p2 = 0x24;
p3 = 0x2c;
```

然后再单步执行程序，观察 Watch 1 窗口，可以看到相同的结果，进一步地理解指针的概念。

**【例 13-4】** 使用指针的例子。

**代码清单 13-3　main.c 文件**

```
#include "stdio.h"
#include "reg51.h"
void main()
{
    int a = 100,b = 10,t = 0;                    //声明整型变量 a、b 和 t
    int *p1, *p2, *p3;                           //声明整型指针 *p1、*p2 和 *p3
    SCON =  0x52;
    TMOD  =  0x20;
    TCON  =  0x69;
    TH1  =  0xF3;
    printf("a = %d,b = %d\n",a,b);               //打印 a 和 b 的初值
    p1 = &a;                                     //p1 指向变量 a 的地址
    p2 = &b;                                     //p2 指向变量 b 的地址
    p3 = p1;                                     //p3 = p1,也就是 p3 指向变量 a 的地址
    p1 = p2;                                     //p1 = p2,也就是 p1 指向变量 b 的地址
    p2 = p3;                                     //p2 = p3,也就是 p2 指向变量 a 的地址
    printf(" *p1 = %d, *p2 = %d\n", *p1, *p2);   //打印 *p1 和 *p2 的值
    printf("a = %d,b = %d\n",a,b);               //打印 a 和 b 的值
    p1 = &a;                                     //p1 指向变量 a 的地址
    p2 = &b;                                     //p2 指向变量 b 的地址
    t = *p1;                                     //将 p1 指向变量的内容赋值给 t
     *p1 = *p2;                                  //将 p1 指向变量的内容赋给 p1 指向变量
     *p2 = t;                                    //将变量 t 的值赋给 p2 指向的变量
    printf(" *p1 = %d, *p2 = %d\n", *p1, *p2);   //打印 *p1 和 *p2 的值
    printf("a = %d,b = %d\n",a,b);               //打印 a 和 b 的值
    while(1);
}
```

读者可以进入到本书所提供资料的 stc_program_example\例 13-4 目录下，在 Keil μVision5 集成开发环境下打开该设计，并进入调试器模式，按 F5 键运行程序。在 UART #1 窗口界面中，给出输出信息的格式，如图 13.12 所示。下面对该程序进行详细的分析：

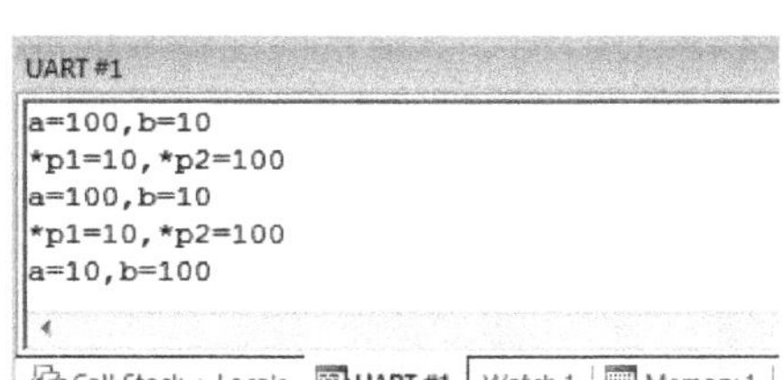


图 13.12　UART #1 窗口显示的数据信息

(1) 重新单步运行程序，运行完第 11 行代码，变量 a 的地址 d:0x22，如图 13.13(a)所示；变量 b 的地址 d:0x24，如图 13.13(b)所示。

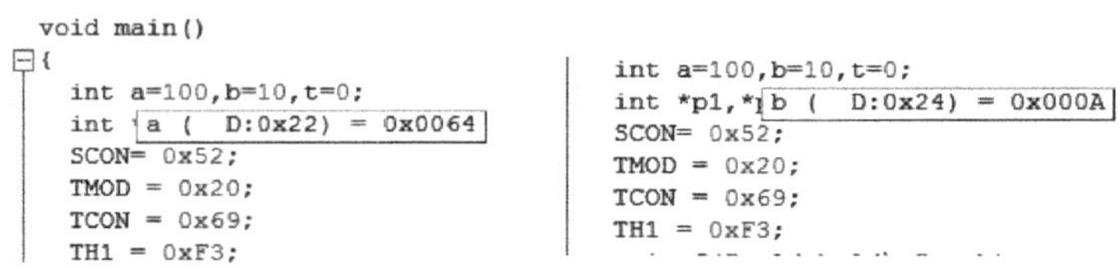


(a) 变量a的地址　　(b) 变量b的地址

图 13.13　变量 a 和变量 b 的地址

(2) 单步运行完第 13 行代码,指针 p1 指向变量 a 的地址,指针 p2 指向变量 b 的地址,如图 13.14 所示。

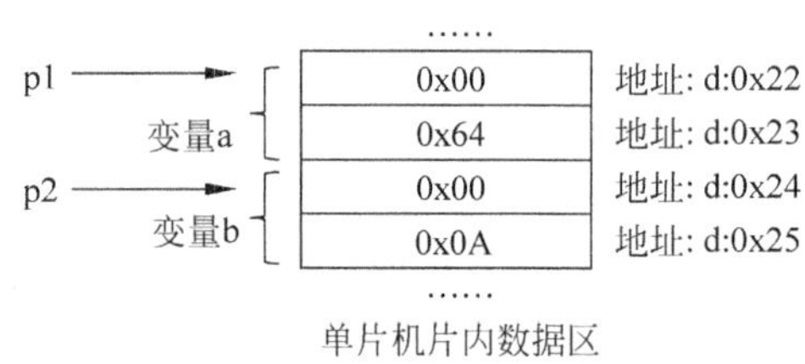


图 13.14　p1 和 p2 指针与存储空间的关系(1)

(3) 单步运行完第 16 行代码,指针 p1 指向变量 b 的地址,指针 p2 指向变量 a 的地址,如图 13.15 所示。

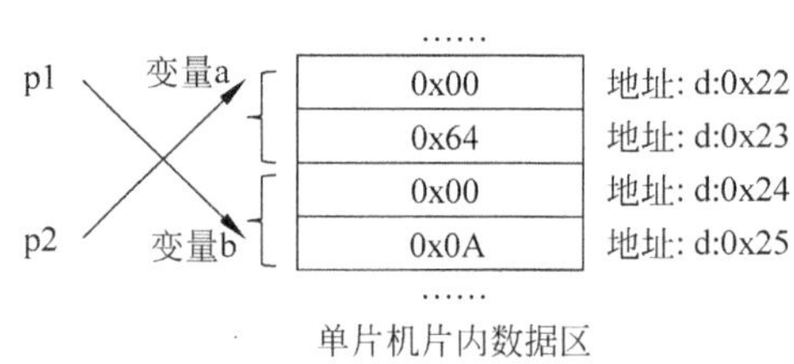


图 13.15　p1 和 p2 指针与存储空间的关系(2)

**思考与练习**

13-4　① p1 指向的地址________,该地址的内容________。

② p2 指向的地址________,该地址的内容________。

③ 原来地址单元保存的数据是否发生变化________。

(4) 单步运行完第 21 行代码,指针 p1 重新指向变量 a 的地址,指针 p2 重新指向变量 b 的地址。

(5) 单步运行完第 26 行代码,指针 p1 指向变量 a 的地址,指针 p2 指向变量 b 的地址,如图 13.16 所示。

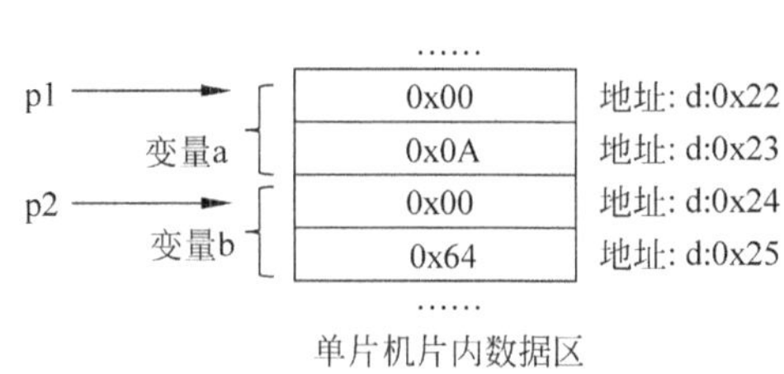


图 13.16　p1 和 p2 指针与存储空间的关系(3)

**思考与练习**

13-5 ① p1 指向的地址________,该地址的内容________。

② p2 指向的地址________,该地址的内容________。

③ 原来地址单元保存的数据是否发生变化________。

13-6 请比较图 13.15 和图 13.16 交换的原理的不同点。

(提示:图 13.15 表示形式的交换,存储空间的内容不变;图 13.16 表示物理交换,存储空间的内容发生变化)。

### 13.2.2 指定存储区域的通用指针

从前面的例子可以看出,未指定存储区域的通用指针保存在 8051 的片内数据存储空间。然而,可以在声明指针的时候,通过存储器类型声明符说明一个通用指针所保存的存储器空间,指定存储区域通用指针的声明格式为

```
数据类型  * 存储器类型 指针名字;
```

**【例 13-5】** 指定存储区域通用指针的例子。

**代码清单 13-4 main.c 文件**

```
int main()
{
    int a = 10;                   //声明整型变量 a
    int * xdata p1;               //声明整型指针变量 *p1,其保存在 8051 xdata 空间
    float b = 34e - 2;            //声明浮点型变量 b
    float * xdata p2;             //声明浮点型指针变量 *p2,其保存在 8051 xdata 空间
    char c = 35;                  //声明字符型变量 c
    char * xdata p3;              //声明字符型指针变量 *p3,其保存在 8051 xdata 空间
    p1 = &a;                      //p1 指向变量 a 的首地址
    p2 = &b;                      //p2 指向变量 b 的首地址
    p3 = &c;                      //p3 指向变量 c 的首地址
  return 0;
}
```

读者可以进入到本书所提供资料的 stc_program_example\例 13-5 目录下,在 Keil μVision5 集成开发环境下打开该设计,并进入调试器模式,按 F5 运行程序。

**注:可以看到将指针 *p1、*p2 和 *p3 分配到了 xdata 存储区域。**

**思考与练习**

13-7 分析上面的代码,并回答下面的问题。

(1) 指针 *p1,保存在 8051 片内扩展存储器空间的地址______________,该地址的内容表示________,为该指针分配________个字节。

(2) 指针 *p2,保存在 8051 片内扩展存储器空间的地址______________,该地址的内容表示________,为该指针分配________个字节。

(3) 指针 *p3,保存在 8051 片内扩展存储器空间的地址______________,该地址的内容表示________。

## 13.3 指定存储器类型的指针

指定存储器的指针，即在声明指针的时候包含存储器类型说明，总是指向一个特定的存储器区域。指定存储器指针的声明格式为

```
数据类型 存储器类型 * 指针名字;
```

**注：**与为通用指针所生成的代码执行速度相比，为指定存储器类型指针所生成代码的执行速度明显要快。这是因为，对于通用指针来说，只有运行时才知道存储器的区域。因此编译器不能优化存储器的访问，而是必须生成能够访问任何存储器区域的通用代码。如果考虑到代码的执行速度，则必须使用指定存储器类型的指针，而不是使用通用指针。

**【例 13-6】** 声明指定存储器类型指针的例子。

```
char data *str;                //声明指向 data 存储空间的字符型指针变量
int xdata *numtab;             //声明指向 xdata 存储空间的基本整型指针变量
long code *powtab;             //声明指向 code 存储空间的长整型指针变量
```

在指定存储器类型的指针中，由于在编译的时候指定了存储器的类型，所以不需要像通用指针那样要求一个字节指定存储器类型。指定存储器的指针可以只用一个字节(idata，data，bdata 和 pdata)或者两个字节(code 和 xdata 指针)。

类似于指定存储器区域的通用指针那样，程序员也可以在指定存储类型的指针中指定存储器区域。在指定存储器指针的声明中包含存储区域的声明格式为

```
数据类型 存储器类型 * 存储器区域 指针名字;
```

**【例 13-7】** 声明包含存储区域的指定存储器类型指针的例子。

```
char data * xdata str;         //声明保存在 xdata 区域指向 data 区域的字符型指针
int xdata * data numtab;       //声明保存在 data 区域指向 xdata 区域的整型指针
long code * idata powtab;      //声明保存在 idata 区域指向 code 区域的长整型指针
```

**注：**指定存储器类型的指针可以用于访问在所声明 8051 存储器区域内的变量。指定存储器类型的指针提高了访问数据对象的效率，但是也降低了灵活性。

**【例 13-8】** 比较通用指针和指定存储器类型指针的例子。

**代码清单 13-5 main.c 文件**

```
int main()
{
    int a = 100,b = 300;           //定义整型变量 a 和 b
    int *p1;                       //定义通用指针 *p1
    int idata *p2;                 //定义指定存储类型 idata 的指针 *p2
    p1 = &a;                       //p1 指向变量 a 的地址
    p2 = &b;                       //p2 指向变量 b 的地址
    return 0;
}
```

下面对该程序进行分析，步骤包括：

(1) 读者可以进入到本书所提供资料的 stc_program_example\例 13-2 目录下，在 Keil

μVision5 集成开发环境下打开该设计。

(2) 进入调试器模式，查看 Disassembly 窗口内的反汇编代码，代码中加入了注释，帮助读者进行分析。

**代码清单 13-1(2) Disassembly 窗口内的反汇编代码清单**

```
      2: {
      3:            int a = 100, b = 300;
      4:            int *p1;
      5:            int idata *p2;
//将立即数 100(0x0064)保存到 8051 片内基本 RAM 地址为 0x08 和 0x09 的位置
//将立即数 300(0x012C)保存到 8051 片内基本 RAM 地址为 0x0A 和 0x0B 的位置
C:0x0003    750800  MOV      0x08, #0x00
C:0x0006    750964  MOV      0x09, #0x64
C:0x0009    750A01  MOV      0x0A, #0x01
C:0x000C    750B2C  MOV      0x0B, #0x2C
//在 8051 片内基本 RAM 区域地址为 0x0C、0x0D 和 0x0E 的位置保存指针变量 *p1
//占用了三个字节，这三个地址的内容为变量 a 所保存地址空间的位置，即 i: 0x08.
//使用了三条 MOV 指令，代码长度为 6 个字节，需要 6 个 CPU 周期
      6:            p1 = &a;
C:0x000F    750C00  MOV      0x0C, #0x00
C:0x0012    750D00  MOV      0x0D, #0x00
C:0x0015    750E08  MOV      0x0E, #0x08
//在 8051 片内基本 RAM 区域地址为 0x0F 的位置保存指针变量 *p2
//占用了一个字节，该地址的内容为变量 b 所保存地址空间的位置，即 i: 0x0A.
//使用了一条 MOV 指令，代码长度为 2 个字节，需要 2 个 CPU 周期
      7:            p2 = &b;
C:0x0018    750F0A  MOV      0x0F, #0x0A
      8:            return 0;
C:0x001B    E4       CLR      A
C:0x001C    FE       MOV      R6, A
C:0x001D    FF       MOV      R7, A
      9: }
```

**思考与练习**

13-8 分析上面的代码并回答下面的问题。

(1) 指针 *p1，保存在 8051 片内扩展存储器空间的地址____________，该地址的内容表示________，为该指针分配________个字节。进行 p1 = &a 操作，代码长度为________个字节，需要________个 CPU 周期。

(2) 指针 *p2，保存在 8051 片内扩展存储器空间的地址____________，该地址的内容表示________，为该指针分配________个字节。进行 p2 = &b 操作，代码长度为________个字节，需要________个 CPU 周期。

(3) 比较通用指针和指定存储器类型指针之间的区别，说明原因。

**提示**：下面通过表 13.1 比较通用指针和指定存储器类型指针之间的区别。

**表 13.1 通用指针和指定存储器指针之间的区别**

| 描述 | idata 指针 | xdata 指针 | 通用指针 |
|---|---|---|---|
| 程序 | char a;<br>char idata *p1;<br>a= *p1; | char a;<br>char xdata *p1;<br>a= *p1; | char a;<br>char *p1;<br>a= *p1; |

续表

| 描述 | idata 指针 | xdata 指针 | 通用指针 |
|---|---|---|---|
| 生成汇编代码 | MOV R0,0x09<br>MOV A,@R0<br>MOV 0x08,A | MOV DPL(0x82),0x0A<br>MOV DPH(0x83),0x09<br>MOVXA,@DPTR<br>MOV 0x08,A | MOV R3,0x09<br>MOV R2,0x0A<br>MOV R1,0x0B<br>LCALL C?CLDPTR(C:0003)<br>MOV 0x08,A |
| 指针长度 | 1 个字节 | 2 个字节 | 3 个字节 |
| 代码长度 | 5 个字节 | 8 个字节 | 8 个字节+库调用 |
| 执行时间 | 7 个周期(STC 单片机) | 10 个周期(STC 单片机) | 15 个周期(STC 单片机) |

## 13.4 指针转换

C51 编译器提供了指定存储器类型指针和通用指针之间转换的方法。

**【例 13-9】** 指针转换的例子。

**代码清单 13-6 main.c 文件**

```
extern int printf(void *format,...);
#include "reg51.h"

int main()
{
    int xdata *p1;
    char code * fmt = "vale = %d\n";
    *p1 = 0x65;
    SCON =  0x52;
    TMOD  =  0x20;
    TCON  =  0x69;
    TH1  =  0xF3;
    printf(fmt, *p1);
    return 0;
}
```

读者可以进入到本书所提供资料的 stc_program_example\例 13-9 目录下，在 Keil μVision5 集成开发环境下打开该设计，并进入调试器模式，按 F5 键运行程序。

从上面可以看出，printf()要求的参数是通用指针类型参数，而在该例子中，使用了指定存储器类型的指针。

当调用 printf 函数时，参数 fmt 表示指向 code 空间的 2 个字节指针，被自动/强制转换成 3 字节通用指针。

**注：**一个存储器类型的指针用于函数的参数时，如果没有声明函数的原型，总是自动转换为通用指针，这可能会引起错误，例如，调用函数真正希望的是一个短指针类型。因此为了避免程序中的这种错误，使用包含文件和所用外部函数的原型。就能确保编译器进行必要类型的转换，以检测并报告类型检测错误。

通用指针转换到指定存储类型(code *，xdata *，idata *，pdata *)指针，如表 13.2 所示。

表 13.2 从通用指针转换到指定存储类型指针

| 转换从下面各行 | 转换到下面各行 | 描 述 |
|---|---|---|
| * | code * | 使用通用指针两个用于表示偏置的字节 |
| * | xdata * | 使用通用指针两个用于表示偏置的字节 |
| * | data * | 只使用通用指针一个用于表示偏置的低字节，将高字节丢弃 |
| * | idata * | 只使用通用指针一个用于表示偏置的低字节，将高字节丢弃 |
| * | pdata * | 只使用通用指针一个用于表示偏置的低字节，将高字节丢弃 |

指定存储类型（code *，xdata *，idata *，pdata *）转换到通用指针，如表 13.3 所示。

表 13.3 指定存储类型指针转换到通用指针

| 转换从下面各行 | 转换到下面各行 | 描述 |
|---|---|---|
| code * | * | 通用指针的存储器类型设置为 0xFF（对于 code），使用 code * 的两字节偏置 |
| xdata * | * | 通用指针的存储器类型设置为 0x01（对于 xdata），使用 code * 的两字节偏置 |
| data * | * | idata */data * 的一字节偏置转换为 unsigned int，并被用作偏置 |
| idata * | * | 对于 idata/data 来说，通用指针的存储类型设置为 00 |
| pdata * | * | 通用指针的存储器类型设置为 0xFE（对于 pdata），一字节偏置转换为 unsigned int，并被用作偏置 |

## 13.5 指针变量输入

本节将使用指针为整型变量、字符型数组、指针数组和整型数组赋值。下面通过一个例子说明使用指针为变量和数组赋值的方法。

**【例 13-10】** 指针变量输入的例子。

**代码清单 13-7 main.c 文件**

```
#include "stdio.h"
#include "reg51.h"
void main()
{
    int a = 10, *p1;                               //声明整型变量 a 和整型指针 *p1
    int i;                                         //声明整型变量 i
    char b[40], *s;                                //声明字符数组 b 和字符型指针 *s
    xdata char c[50], *s1 = "STC hello";           //在 xdata 定义数组 c 和字符指针 *s1
    xdata int d[4] = {1,2,3,4}, *p2;               //在 xdata 定义数组 d 和整型指针 *p2
    SCON =  0x52;                                  //串口初始化相关
    TMOD  =  0x20;                                 //串口初始化相关
    TCON  =  0x69;                                 //串口初始化相关
    TH1  =  0xF3;                                  //串口初始化相关
    p1 = &a;                                       //p1 指向变量 a 的地址
    s = &b;                                        //s 指向字符数组 b 的首地址
    s1 = &c;                                       //s1 指向字符数组 c 的首地址
    p2 = &d;                                       //p2 指向整型数组 d 的首地址
```

```
    printf("please input int value of pointer p1\n");   //提示输入 *p1 的值
    scanf(" %d",p1);                                     //输入 *p1 的值
    printf("please input string value of pointer s\n"); //提示输入指针 s 指向的字符串
    scanf(" %s",s);                                      //输入 s 指向的字符串
    printf("please input string value of pointer s1\n");//提示输入指针 s1 指向的字符串
    scanf(" %s",s1);                                     //输入 s1 指向的字符串
    printf("please input int value of pointer p2\n");   //提示输入指针 p2 指向的整数值
    for(i = 0;i < 4;i++)                                 //循环语句
     {
        scanf(" %d",p2);                                 //输入 p2 指向的整数
           p2++;                                         //指针递增指向下一个地址
     }
    printf("the address of p1 =  %p\n",p1);              //打印指针 *p1 的地址
    printf("the value of p1(p1) = %d\n", *p1);           //打印指针 *p1 的内容
    printf("the value of a = %d\n",a);                   //打印变量 a 的值
    printf("the address of s = %p\n",s);                 //打印指针 *s 的首地址
    printf("the value of s1 = \" %s\"\n",s);             //打印指针 *s 指向的字符串
    printf("the value of b[40] = \" %s\"\n",b);          //打印字符数组 b 的字符串
    printf("the address of s1 = %p\n",s1);               //打印指针 *s1 的地址
    printf("the value of s1 = \" %s\"\n",s1);            //打印指针 *s1 指向的字符串的内容
    printf("the value of c[50] = \" %s\"\n",c);          //打印字符数组 c 的字符串
    p2 = &d;                                             //指针 *p2 指向数组 d 的首地址
    for(i = 0;i < 4;i++)                                 //循环语句
     {
        printf("p2[ %d] = %d,",i, *p2);                  //打印当前 *p2 的内容
          p2++;                                          //p2 递增,指向下一个地址
     }
    putchar('\n');                                       //换行
    for(i = 0;i < 4;i++)                                 //循环语句
    {
        printf("d[ %d] = %d,",i,d[i]);                   //打印数组 d 当前索引号所对应的值
    }
    while(1);                                            //无限循环
}
```

读者可以进入到本书所提供资料的 stc_program_example\例 13-10 目录下,在 Keil μVision5 集成开发环境下打开该设计,并进入调试器模式,按 F5 键运行程序。在 UART ＃1 窗口界面中,给出输入信息的格式,如图 13.17 所示。

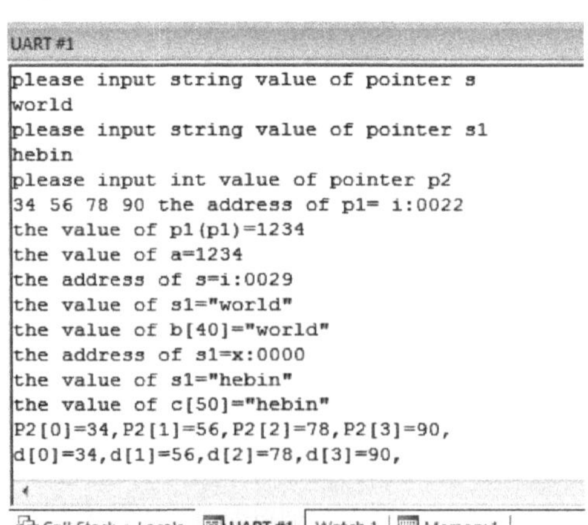

```
please input string value of pointer s
world
please input string value of pointer s1
hebin
please input int value of pointer p2
34 56 78 90 the address of p1= i:0022
the value of p1(p1)=1234
the value of a=1234
the address of s=i:0029
the value of s1="world"
the value of b[40]="world"
the address of s1=x:0000
the value of s1="hebin"
the value of c[50]="hebin"
P2[0]=34,P2[1]=56,P2[2]=78,P2[3]=90,
d[0]=34,d[1]=56,d[2]=78,d[3]=90,
```



图 13.17　UART ＃1 窗口内输出信息的内容

**注**：printf 语句中的%p 用于输出指针的信息。

**思考与练习**

13-9 请根据代码和图 13.17，填写下面表格。

(1) 变量 a 的地址=________，值=________________。

(2) 指针 *p1 的地址=________，*p1 的值=________________。

(3) 指针 *s 的首地址=________，指向字符串=________________。

(4) 数组 b 的首地址=________，内容=________________。

(5) 指针 *s1 的首地址=________，指向字符串=________________。

(6) 数组 c 的首地址=________，原始内容=________________，修改后的内容=________________。

(7) 指针 *p2 的首地址=________，*p2 的值=________________。

(8) 数组 d 的首地址=________，原始内容=________________，修改后的内容=________________。

## 13.6 指向指针的指针

本部分作为提高部分，不要求必须掌握。在 C 语言中，提供了指向指针的指针的功能。所谓的指向指针的指针实际上对应于单片机中的存储器间接寻址的概念，只是 C 语言将存储器间接寻址的概念抽象成指向指针的指针的概念而已。声明格式为

```
数据类型 ** 标识符;
```

例如如下声明：

```
int a;
int *p1;
int **p2;
```

当进行下面操作：

```
p1 = &a;
p2 = &p1;
```

可以表示为下面的关系，如图 13.18 所示。

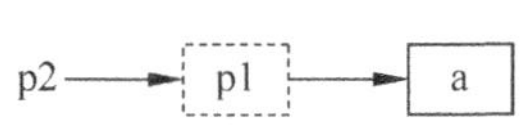


图 13.18 指向指针的指针的关系

表示 p1 的值为变量 a 所在单片机存储空间的具体地址信息。该地址的内容(p1)就是变量 a 的值，用形式化的方式可以这样表示

```
(p1) = a;
(p2) = p1;
((p2)) = a;
```

其中：

()表示单片机内数据存储区地址单元的数据内容。

在 C 语言中，等效描述为

```
*p1 = a;
*p2 = p1;
**p2 = a;
```

**注**：(1) 在单片机中并不存在指向指针的指针这样一个功能部件，正如上面所提到的，这只是 C 语言对存储器间接寻址模式的抽象而已。

(2) ** 和指针名字之间不能有空格。

**【例 13-11】** 指向指针的指针基本概念的例子。

**代码清单 13-8 main. c 文件**

```
#include "stdio.h"
#include "reg51.h"
void main()
{
    char data a = 100;              //在单片机数据区内定义整型变量 a
    char data *p1;                  //定义指向 char 类型的指针
    char data **p2;                 //定义指向 char 类型的指针的指针
    SCON =  0x52;                   //初始化串口相关
    TMOD  =  0x20;                  //初始化串口相关
    TCON  =  0x69;                  //初始化串口相关
    TH1  =  0xF3;                   //初始化串口相关
    p1 = &a;                        //p1 指向变量 a 的地址
    p2 = &p1;                       //p2 指向 p1 的地址
    printf(" %c\n", **p2);          //打印指向指针的指针的内容
    while(1);
}
```

读者可以进入到本书所提供资料的 stc_example\例 13-11 目录下，在 Keil μVision5 集成开发环境下打开该设计，并进入调试器模式，按 F5 键运行程序。下面对该程序进行详细的分析：

(1) 打开 Watch 1 窗口界面。在该界面中，分别输入：a、p1、p2、* p2 和 ** p2，如图 13.19 所示。此外将光标放在 a 名字上，出现变量 a 的地址 d:0x22。

① 由代码设计可知，p1 指向 a 的地址，即 p1 的值为 d:0x22。很明显 *p1 就是 p1 地址存储空间的内容(p1) = *p1 = 0x64，就是 a 的值。

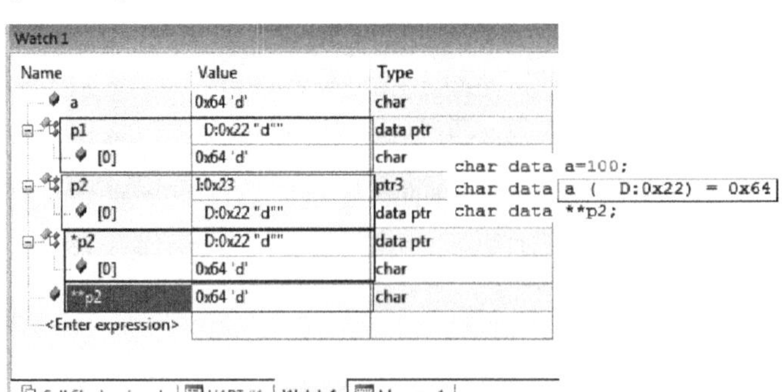


图 13.19 Watch 1 窗口的内容

② p2 是 p1 的地址，即 p1 的地址在单片机内部数据区地址为 I：0x23 的位置。

③ 很明显(p2)＝p1＝ ∗p2＝0x22，即 p2 的内容就是 p1 的值 d：0x22。

④ ∗∗p2，形式化表示为((p2))，即 p2 单元内容的内容，(p2)＝ d：0x22，((p2))＝(d：0x22)＝0x64。

(2) 为了便于读者理解，给出了 d：0x22 存储空间的内容，如图 13.20 所示。

(3) p2、p1 和 a 之间的访问关系，如图 13.21 所示。可以看到本来 p2 可以直接访问到 a。但是 p2 并没有直接访问 a，而是借助了 p1。p2 的内容是单片机片内数据区的一个具体的存储地址，而不是数据，然后，通过这个存储器的地址单元找到了 a，这也就是为什么指针是存储器直接寻址模式，而指针的指针是间接寻址模式的原因，即 p2 不像 p1 可以直接找到 a，它需要借助"第三者"，也就是其他存储单元才能找到 a。

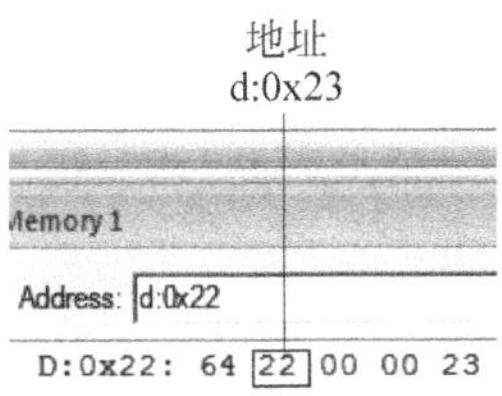


图 13.20　Memory 1 d：0x22 起始内容

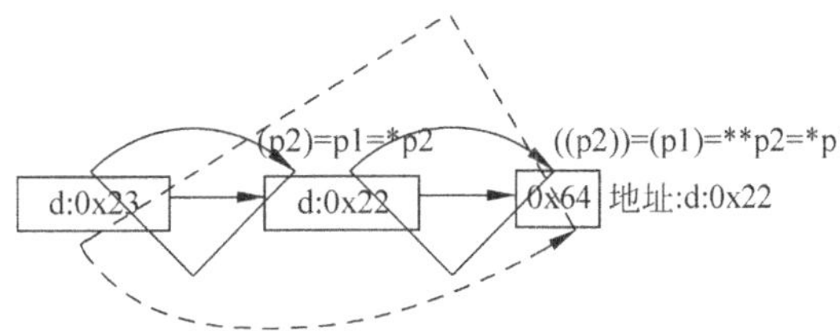


图 13.21　p2、p1 和 a 的关系

【例 13-12】 指向数组的指针基本概念的例子。

**代码清单 13-9　main.c 文件**

```
#include "stdio.h"
#include "reg51.h"
void main()
{
    int a[4] = {0x01,0x10,0x100,0x1000};
    int *b[4] = {&a[0],&a[1],&a[2],&a[3]};
    int **p2;
    int i;
    SCON = 0x52;
    TMOD = 0x20;
    TCON = 0x69;
    TH1 = 0xF3;
    p2 = b;
    for(i = 0;i<4;i++)
    printf("a[ %d] = %d,",i,a[i]);
    putchar('\n');
    for(i = 0;i<4;i++)
    printf("a[ %d] = %d,",i, **(p2++));
    putchar('\n');
    while(1);
}
```

读者可以进入到本书所提供资料的 stc_program_example\例 13-12 目录下，在 Keil μVision5 集成开发环境下打开该设计，并进入调试器模式，按 F5 键运行程序。在 UART #1 窗口界面中，给出输出信息的格式，如图 13.22 所示。下面对该程序进行详细的分析：

(1) 打开 Watch 1 窗口界面，在该窗口中输入 a，给出数组 a 的信息，如图 13.23 所示。

数组 a 的首地址是 0x22,依次为 0x24、0x26、0x28。

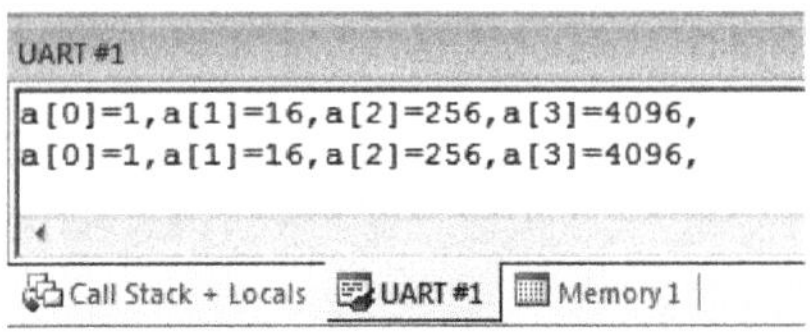


图 13.22 UART #1 窗口显示的数据信息

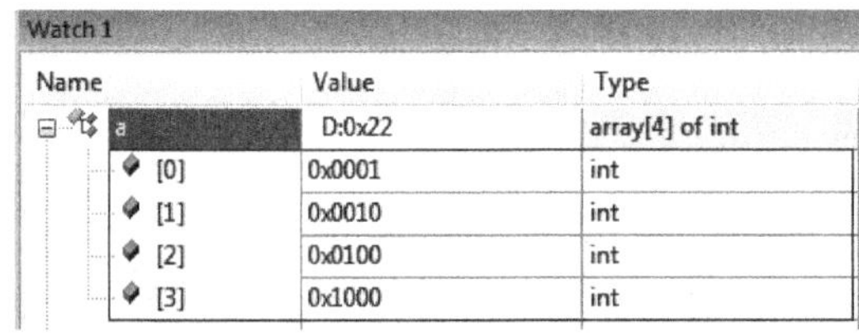


图 13.23 Watch 1 窗口内数组 a 的信息

(2) 类似地,在 Watch 1 窗口中输入 b,给出 b 的信息,如图 13.24 所示。指针数组的地址在 d:0x2A,该数组内保存着数组 a 中每个元素的地址信息 I:0x22、I:0x24、I:0x26 和 I:0x28。在下一层,可以看到这些地址单元的内容为 0x0001、0x0010、0x0100 和 0x1000。

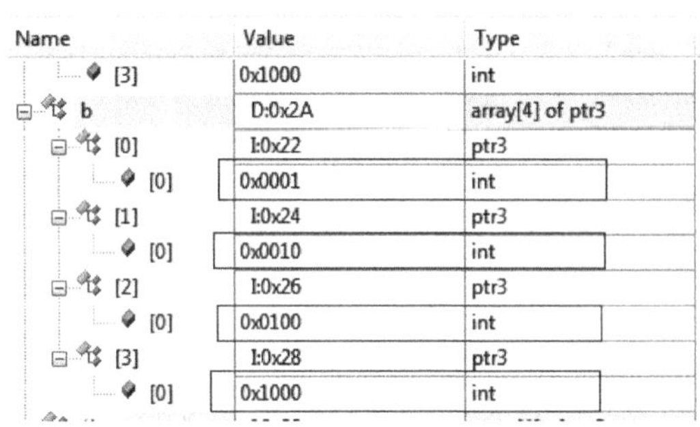


图 13.24 Watch 1 窗口内指针数组 b 的信息

其中:

```
p2 = b;
```

表示将指针数组 *b 的地址给 p2。因此 *p2=(p2),即指针数组第一个元素 b[0]的值 I:0x22。进一步,**p2=((p2)),即 p2 内容的内容,p2 的内容是 I:0x22,而 I:0x22 的内容是 0x0001。

**思考与练习**

13-10 请分析下面代码的功能,并调试说明。

```
for(i = 0;i < 4;i++)
    printf("a[ %d] = %d,",i, **(p2++));
```

## 13.7 抽象指针

程序员可以使用抽象指针灵活地访问存储器位置,或者在更灵活的地址上调用函数。下面给出了抽象指针的描述。

```
char xdata *px;
int idata *pi;
char code *pc;
char c;
```

```
int i;
```

【例 13-13】 将函数的地址分配给指针的例子。

```
pc = (void)main;
```

该例子将 main 函数的地址(保存在 data 存储器)分配给一个指针(保存在 code 存储器的一个 char 类型)。

【例 13-14】 将一个数据变量地址放到 idata 类型指针中。

```
pi = (int idata * )&i;
```

将变量 i(int data * )的地址放到 idata 区域指针中。由于 i 保存在 data 段中,因此间接寻址的 data 是 idata,该指针类型转化是合法有效的。

注:不允许将 xdata 指针转换为 idata 指针。这是因为 xdata 指针使用两个字节表示地址偏置,而 idata 指针只使用一个字节表示地址偏置,这样的转换将导致不可预见的结果。

【例 13-15】 将一个常量值作为 code 型指针地址的例子。

```
pc = (char code * )0x4567;
```

将常数值 0x4567,作为 pc 指针在 code 存储器中的地址,即在 code 存储器地址为 0x4567 的一个字节保存着指针 * pc。

【例 13-16】 将一个常量值作为函数指针地址的例子。

```
i = ((int (code * )(void)) 0xFF00) ()
```

该例子将 0xFF00 作为函数指针的地址,该函数没有参数,返回 int 型,调用函数,并把返回值分配给变量 i。通过在函数指针的末尾添加参数,编译器就能正确地调用函数。

【例 13-17】 使用常数指向 code 存储器的例子。

```
c = * ((char code * ) 0x0000;
```

将常数 0x0000 作为指针,指向 code 存储器地址为 0x0000 的位置,然后将该地址的内容分配给变量 c。

【例 13-18】 使用常数指向 xdata 存储器的例子。

```
c = * ((char xdata * ) 0x0000;
```

将常数 0x0000 作为指针,指向 xdata 存储器地址为 0x0000 的位置,然后将该地址的内容分配给变量 c。

【例 13-19】 使用常数指向 idata 存储器的例子。

```
c = * ((char idata * ) 0x12;
```

将常数 0x12 作为指针,指向 idata 存储器地址为 0x12 的位置,然后将该地址的内容分配给变量 c。

【例 13-20】 使用常数作为指针间接指向 xdata 存储器字符变量的例子。

```
int xdata d _at_ 0x4000;
int xdata e _at_ 0xefef;
```

```
…
char xdata * px;
d = 0xefef;
e = 0xa5a5;
px = *((char xdata * xdata *) 0x4000);
```

该例子在 8051 片内扩展 RAM 区域 xdata 地址为 0x4000 的位置开辟空间保存指针 * px。在该位置保存的值为 0xEFEF，为 8051 片内扩展 RAM 区域 xdata 地址为 0xEFEF。该位置指向 char 类型，即一个字节，因此 * px=0xA5。

**【例 13-21】** 使用常数作为指针间接指向 xdata 存储器数组的例子。

```
int xdata d[10] _at_ 0x4000;
int xdata e _at_ 0xefef;
…
char xdata * px;
d[0] = 0xefef;
e = 0xa7a7;
px = ((char xdata * xdata *) 0x4000) [0];
```

该例子在 8051 片内扩展 RAM 区域 xdata 地址 0x4000 的位置存放着一个名字为 d 的数组，该数组长度为 10 个整型数，给数组第一个元素 d[0]赋值 0xEFEF，为 8051 片内扩展 RAM 区域 xdata 地址为 0xEFEF 的位置，该位置指向 char 类型。即一个字节，因此 * px=0xA7。

# 第 14 章 STC 单片机 C 语言函数

CHAPTER 14

在 C 语言中，函数是 C 语言文件最基本的组织形式，也是 C 语言的精华内容之一。本章将详细介绍 STC 单片机 C 语言函数的声明和使用方法，内容包括函数定义和声明、函数调用原理、函数调用实现分析、函数变量的存储方式、数组类型传递参数、指针类型传递参数、指向函数的指针、可重入函数设计和中断函数设计。

通过本章内容的学习，将前面所学的 C 语言基本语言知识以及数组和指针内容灵活地融入函数声明和函数调用中，进一步提高 C 语言程序的设计效率。

## 14.1 函数定义和声明

本节介绍标准 C 语言函数定义和声明以及 C51 编译器对 C 语言函数定义和声明的扩展。

### 14.1.1 标准 C 函数定义和声明

在标准 C 语言中，定义函数的格式如下：

```
函数返回类型  函数名字(数据类型 形参 1,数据类型 形参 2,…,数据类型 形参 N)
  {
    局部变量定义;
    表达式语句;
  }
```

其中：

(1) ()内为函数入口参数列表，每个参数之间用“,”分割。对于参数列表中的每个参数，需要声明其数据类型。

(2) 在单片机中，使用 ANSI C 形参列表描述方法。

(3) 函数返回类型为调用函数后，函数所返回值的数据类型。当函数不返回值时，函数类型用 void 表示。

**注**：如果没有指定函数的返回类型，默认为 int 型。

这里的标准 C 函数定义，包含定义了函数的名字、函数的入口参数，以及函数所需要实现的功能。

而函数声明用于说明存在函数定义。更准确地说，当出现下面的情况时，需要函数声明：

(1) 当程序员把函数定义写在了 main()主函数后面时，需要在 main()主函数的外面声明所使用的函数。

**注**：当把函数定义写在 main()主函数前面时，只需要函数定义。因为在这种情况下，函数定义隐含实现了函数声明的功能。

(2) 当在当前的设计文件中，使用到其他源文件中所定义的函数，而又不能通过#include 命令说明。

函数声明的格式如下：

```
函数类型  函数名字(数据类型 形参 1,数据类型 形参 2, … ,数据类型 形参 N);
```

与函数定义不同的是，函数声明仅仅说明函数类型、函数名字和函数参数列表，注意后面需要使用";"说明函数声明的结束。函数声明仅仅是用来说明当前设计文件中所使用到的函数。函数定义用于说明函数所要实现的功能。

**【例 14-1】** 带有返回值函数定义的例子。

```
int max(int x,int y)
{
    if(x>y) return x;
    else return y;
}
```

其中：

(1) 函数名字为 max。

(2) max 前面的 int 用于该函数的返回值类型为整型。

(3) 该函数入口参数列表中，有两个 int 型变量，分别是 x 和 y，用","分割。

(4) 该函数有返回参数。当有返回参数时，使用 C 语言中的关键字 return 说明，return 后面为返回的数。在该函数中，①当 x 大于 y 的时候，将 x 作为 max 函数的返回值；②当 x 小于等于 y 的时候，将 y 作为 max 函数的返回值。

**注**：如果声明所要使用的函数时，格式为

```
int max(int x,int y);
```

**【例 14-2】** 无返回值函数定义的例子。

```
void max(int x,int y)
{
    if(x>y)
        printf("%d>%d\n",x,y);
    else
        printf("%d<%d\n",x,y);
}
```

该例与例 14-1 的不同之处在于：

(1) max 前面的 void 表示该函数没有返回值。

(2) 因为在该函数中没有返回值，因此没有使用 C 语言关键字 return。

(3) 该函数实现的功能是通过 printf 函数打印得到的最大值信息，而没有提供返回值信息。

## 14.1.2 扩展C函数定义和声明

在C51编译器中,提供了对标准C函数定义和声明的扩展。扩展包括:

(1) 可以将函数声明为一个中断服务程序ISR。

(2) 可以选择所使用的寄存器组。

(3) 可以选择存储器模型。

(4) 可以声明一个可重入函数。

(5) 可以声明特性(alien)函数。

C51编译器所支持的函数定义格式为

```
函数返回类型 函数名字(参数列表) {存储模型} {reentrant} {interrupt n} {using y}
{
    局部变量定义;
    表达式语句;
}
```

其中:

(1) 函数返回类型用于说明从函数返回值的类型。如果在函数定义或声明时没有定义函数返回类型,则默认为int型。

(2) {}内的内容为可选项。

(3) ()内为参数列表,参数列表给出了函数的入口参数。列表中的每个参数使用","进行分割。每个参数通过参数数据类型和参数名字进行说明。

(4) 存储模型为可选项,可以通过使用关键字small、large或者compact,说明使用小的、大的或者压缩的存储模型。①在small模式下,函数参数和局部变量位于单片机片内数据RAM中;②在compact和large模式下,函数参数和局部变量位于单片机的扩展数据RAM中。

(5) interrupt关键字用于显式声明该函数用于中断服务程序ISR。后面的n为中断号。

(6) using关键字用于说明要使用的通用寄存器组编号,y的取值为0,1,2或者3。

## 14.1.3 存储器模型

当使用标准的C函数定义和声明时,函数的参数和本地变量所保存的存储空间由Option对话框界面中Target标签界面内Memory Model右侧下拉框内所选择的选项确定,也可以使用编译器命令声明,声明格式为

```
#pragma small   //将存储器模型默认设置为small模型
```

前面已经提到,在声明函数的时候可以使用small、large或者compact说明函数中参数和本地变量所使用的存储空间。

**【例14-3】** 包含存储器模型函数声明的例子。

```
extern int calc(char i,int b) large;
extern int func(int i, float f) large;
extern void *tcp(char xdata *xp, int ndx) compact;
```

【例 14-4】 包含存储器模型函数定义的例子。

```
int large_func(int i,int j) large
{
    return(i * j);
}
```

使用 small 存储器模式的优势在于本地变量和函数参数均保存在内部 8051 的基本数据 RAM 中，因此访问数据是高效的。但是内部基本数据 RAM 的空间是非常有限的。有时候小存储器模型不能满足复杂程序代码的要求，因此必须使用 large 或者 compact 模式。

## 14.2 函数调用原理

本节介绍函数调用，包括函数调用格式、参数和堆栈、参数和寄存器以及返回值。通过这些内容的介绍，使读者对函数调用的过程理解得更加透彻。

### 14.2.1 函数调用格式

在前面已经介绍过当定义函数的时候，根据是否带有返回值，将函数分为带有返回值的函数和不带有返回值的函数。

（1）不带有返回值函数的调用格式为

```
被调用函数的名字(实际参数 1,实际参数 2,…,实际参数 N);
```

（2）带有返回值函数的调用格式为

```
变量 = 被调用函数的名字(实际参数 1,实际参数 2,…,实际参数 N);
```

其中：

（1）在被调用函数实际入口参数列表中，各个参数之间用“,”分割。

（2）当调用函数时，传递给被调用函数实际参数的类型必须与定义或声明函数时所使用参数的类型对应，参数的位置也需要一一对应。

（3）在 C 语言中，将定义或声明函数时给出的参数称为形式化参数，简称形参；而把调用函数时，所给出形参具体的取值称为实际参数，简称实参。因此可以这样理解，实参就是形参的一个具体取值而已。

【例 14-5】 调用带有返回值函数的例子。

```
d = max(a,b);
```

【例 14-6】 调用不带有返回值函数的例子。

```
max(a,b);
```

### 14.2.2 参数和堆栈

传统 8051 单片机内的堆栈只访问内部数据存储器，C51 编译器确定堆栈区域的位置。堆栈指针以间接的方式访问内部存储器，可以使用全部的内部数据存储器，直到 0xFF 的最大内部数据存储器地址为止。

传统 8051 单片机的所有堆栈空间限制在 256 个字节范围内。C51 编译器为每个函数参数分配一个固定的存储器位置。当调用一个函数时，当把控制权交给所希望的函数之前，调用程序将参数复制到已经分配的存储位置。然后被调用的函数从固定的存储位置提取它的参数。在这个调用过程中，只有返回地址被保存在堆栈中。对于中断程序来说，它要求使用更多的堆栈空间，这是因为需要切换寄存器组以及在堆栈中保存少量寄存器的值。

C51 编译器默认使用寄存器传递最多三个函数参数，因此改善了程序执行的速度。

### 14.2.3 参数和寄存器

在前面一节已经说明，C51 编译器可以通过 8051 内的寄存器传递最多三个函数参数。由于参数没有被写到存储器中，因此就不需要从存储器中读取参数，所以显著地提高了系统的性能。可以通过 REGPARMS 和 NOREGPARMS 命令控制传递参数的个数。

用于不同参数位置和数据类型的寄存器，如表 14.1 所示。

**表 14.1 用于不同参数位置和数据类型的寄存器**

| 参数的位置 | char<br>1 个字节的 ptr | int<br>2 个字节的 ptr | long<br>float | 通用指针 |
|---|---|---|---|---|
| 1 | R7 | R6&R7 | R4～R7 | R1～R3 |
| 2 | R5 | R4&R5 | R4～R7 | R1～R3 |
| 3 | R3 | R2&R3 | — | R1～R3 |

**注**：(1) 如果函数的第一个参数是 bit 类型，则不能使用寄存器传输其他参数。这是因为超出了用寄存器传递参数的顺序要求范围。因此，bit 类型的参数应该作为参数列表中的最后一个参数。

(2) 如果没有可用的寄存器用于传输参数，则固定的存储器位置用于传递函数参数。

### 14.2.4 返回值

在 C51 编译器中，总是使用 8051 单片机内的寄存器来保存返回值。返回值类型和所用的寄存器，如表 14.2 所示。

**表 14.2 返回值类型和所用的寄存器**

| 返回类型 | 寄存器 | 保存格式 |
|---|---|---|
| bit | 进位标志 C | — |
| char，unsigned char，一字节指针 | R7 | — |
| int，unsigned int，两字节指针 | R6～R7 | 高字节在 R6 寄存器中，低字节在 R7 寄存器中 |
| long，unsigned long | R4～R7 | 高字节在 R4 寄存器中，低字节在 R7 寄存器中 |
| float | R4～R7 | 32 位 IEEE 格式 |
| 通用指针 | R1～R3 | R3 为存储器类型，偏置的高字节在寄存器 R2 中，偏置的低字节在寄存器 R1 中 |

## 14.3 函数调用实现分析

本节将通过一个实例分析函数调用的过程，以使读者能更深刻地理解函数定义、函数声明和函数调用的原理。

**【例 14-7】** 实现简单函数调用的设计实例。

**代码清单 14-1 main.c 文件**

```
#include "stdio.h"
#include "reg51.h"
int max(int a, int b)          //定义一个函数 max,该函数返回值为 int 型
{                              //该函数有两个入口参数(形参)a 和 b
    if(a>b)                    //如果形参 a 的值大于 b 的值
        return a;              //则将 a 作为函数返回值
    else                       //如果形参 a 的值小于等于 b 的值
        return b;              //则将 b 作为函数返回值
}
main()
{
    int i,j,k;                 //声明整型变量 i,j,k
    SCON= 0x52;                //初始化串口
    TMOD = 0x20;
    TCON = 0x69;
    TH1 = 0xF3;
    scanf("%d %d",&i,&j); //输入两个整型变量的值,用空格隔开
    k=max(i,j);                //调用 max 函数,将实参 i 和 j 带入到形参中,返回结果保存在 k 中
    printf("max value is %d\n",k); //打印 k 的值.
    while(1);
}
```

读者可以进入到本书所提供资料的 stc_program_example\例 14-7 目录下，在 Keil μVision5 集成开发环境下打开该设计。运行和分析该设计的步骤主要包括：

(1) 打开 main.c 文件，设置断点，如图 14.1 所示。

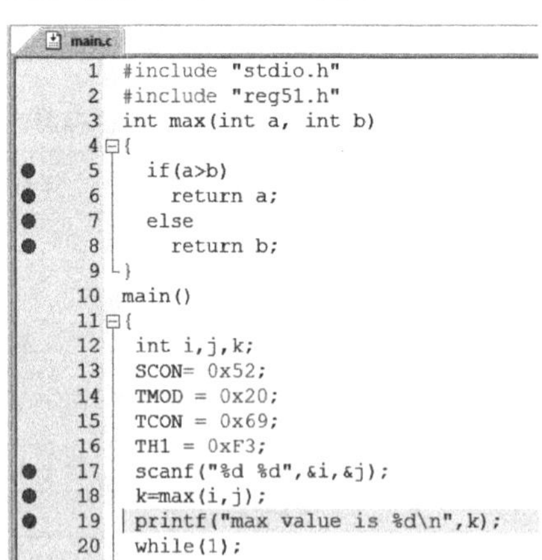


图 14.1 main.c 上设置断点

(2) 在 μVision 集成开发环境主界面主菜单下，选择 Debug→Start/Stop Debug Session，进入调试器模式，如图 14.2 所示。

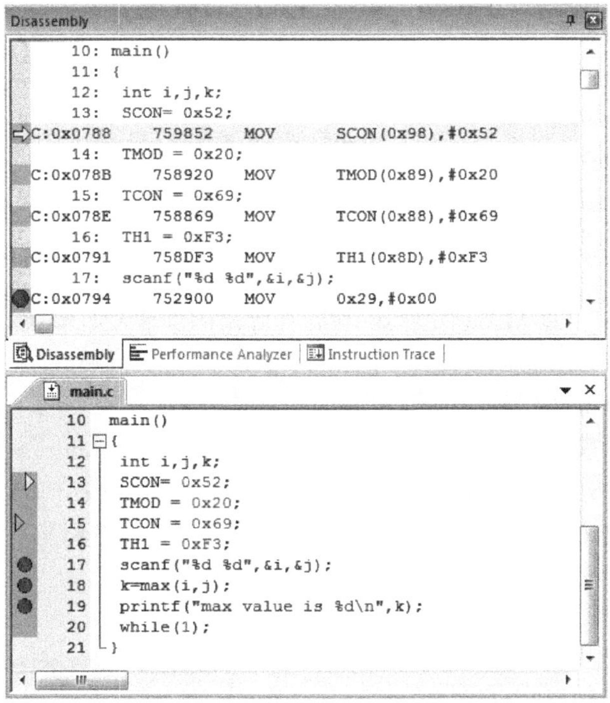


图 14.2　调试器模式

① 在该界面中，可以看到在 Disassembly 窗口中，给出了每条 C 语言指令所对应的汇编语言。

**注**：如果没有出现这个窗口，则在调试模式主界面主菜单下，选择 View→Disassembly Window 选项，打开 Disassembly 窗口。

② 从图中可以看到，程序停在 main()主程序的入口，表示该 C 语言 main 主程序入口点位于 STC 单片机程序存储器空间地址为 0x0788 的位置。

(3) 在当前调试模式主界面下，选择 View→Serial Windows→UART #1，打开串口界面。

(4) 按 F5 键运行程序，运行到设置在 17 行代码的断点位置。运行 scanf 语句后，表示要输入整型变量 i 和 j 的值。

**注**：单片机的 scanf 语句和标准 C 语言的 scanf 语句用法不同。PC 或者笔记本上的 C 语言中所使用的 scanf 语句是从键盘上输入变量的值；而单片机的 scanf 语句是从串口终端界面输入变量的值。

(5) 在当前调试主界面右下侧的窗口内，输入两个数 2 和 100，如图 14.3 所示。然后按 Enter 键。

**注**：在两个数之间只允许存在空格键。

(6) 程序自动停到了第 18 行的断点处。

(7) 在当前调试模式主界面右下方的 Memory 窗口中，在 Address 标题右侧的文本框

图 14.3 串口调试终端界面

中输入 &i,如图 14.4 所示。可以看到下面显示 D:0x22,表示整型变量 i 保存在单片机片内基本数据 RAM 地址为 0x22 和 0x23 的位置,占用两个字节;右侧显示 00 02,表示整型变量当前的取值为 0x0002。

**注**:① 如果没有出现 Memory 窗口,则在当前调试器模式主界面主菜单下,选择 View→Memory Windows→Memory1,打开 Memory 窗口。

② &i 表示得到变量 i 所在存储器空间的地址信息。

(8) 在当前调试模式主界面右下方的 Memory 窗口中,在 Address 标题右侧的文本框中输入 &j,如图 14.5 所示。可以看到下面显示 D:0x24,表示整型变量 j 保存在单片机内基本数据 RAM 地址为 0x24 和 0x25 的位置,占用两个字节;右侧显示 00 64,表示整型变量 j 当前的取值为 0x0064。

**注**:&j 表示得到变量 j 所在存储器空间的地址信息。

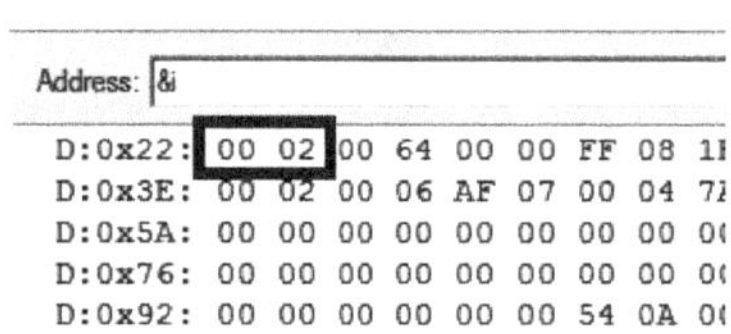


图 14.4 输入 &i 后的 Memory 窗口界面

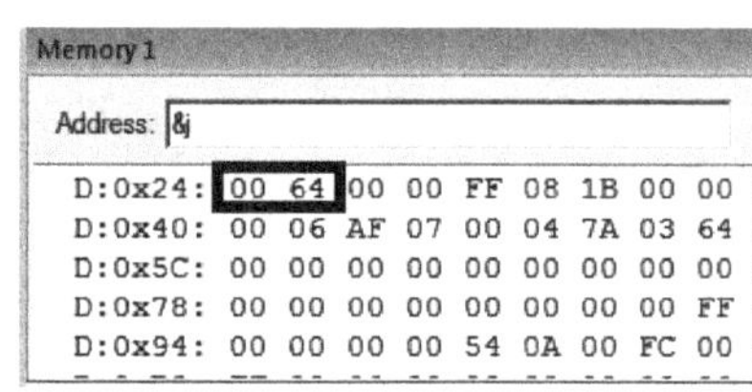


图 14.5 输入 &j 后的 Memory 窗口界面

(9) 此时,在 Disassembly 窗口中可以看到,子函数 max 的程序入口点/入口地址位于 STC 单片机程序存储器 0x07AF 的位置。

① 下面给出 Disassembly 窗口中,由 C 程序代码 k=max(i,j)所生成对应的反汇编代码。

**代码清单 14-2 k=max(i,j)的反汇编代码**

```
    18:  k = max(i,j);
C:0x07AF     AD25      MOV      R5,0x25
C:0x07B1     AC24      MOV      R4,0x24
C:0x07B3     AF23      MOV      R7,0x23
C:0x07B5     AE22      MOV      R6,0x22
C:0x07B7     120807    LCALL    max(C:0807)
```

② 由于被调用的函数 max 共有两个实参,根据表 14.1 给出的寄存器分配规则,将单片机片内基本数据 RAM 地址为 0x24 和 0x25 的内容(保存参数 j)传递给寄存器 R4 和 R5。

③ 将单片机片内基本数据 RAM 地址为 0x22 和 0x23 的内容(保存参数 i)传递给寄存器 R6 和 R7。

④ 当把形参保存到寄存器后,通过 LCALL 指令调用位于单片机程序存储器地址为

0x0807 的 max 函数程序入口点/入口地址。

⑤ 观察 Registers 窗口中，此时 sp 的值为 0x3f。

**注**：sp 为堆栈指针，表示指向当前 8051 片内基本数据 RAM 地址为 0x3f 的位置。

(10) 单步运行程序，进入到被调用函数 max 内部。

① 下面给出在 Disassembly 窗口中给出所调用函数 max 的反汇编代码。

**代码清单 14-3　max 函数的反汇编代码**

```
     3: int max(int a, int b)
     4: {
     5:          if(a > b)
C:0x0807    D3      SETB    C
C:0x0808    EF      MOV     A,R7
C:0x0809    9D      SUBB    A,R5
C:0x080A    EC      MOV     A,R4
C:0x080B    6480    XRL     A,#P0(0x80)
C:0x080D    F8      MOV     R0,A
C:0x080E    EE      MOV     A,R6
C:0x080F    6480    XRL     A,#P0(0x80)
C:0x0811    98      SUBB    A,R0
C:0x0812    4001    JC      C:0815
     6:                 return a;
     7:            else
C:0x0814    22      RET
     8:                 return b;
C:0x0815    AE04    MOV     R6,0x04
C:0x0817    AF05    MOV     R7,0x05
     9: }
```

② 观察 Registers 窗口中，堆栈指针 sp 的值由 0x3f 变为 0x41，递增了 2，说明执行了入栈操作。

**注**：sp 为堆栈指针，表示指向当前 8051 片内数据基本 RAM 地址为 0x41 的位置。

③ 在 Memory 窗口中，Address：标题右侧的文本框中，输入 d:0x3f，如图 14.6 所示。从图中可以看出，因为将 0x07BA 保存到堆栈中，所以堆栈指针的值递增了 2。根据前面的知识，程序计数器 PC 的值保存在这里。

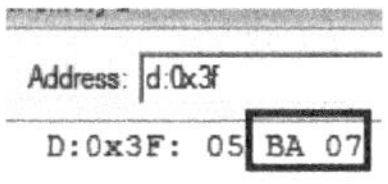


图 14.6　输入 d:0x3f 后的 Memory 窗口界面

④ 在 Disassembly 窗口中，查看程序存储器地址为 0x07BA 的那行，如图 14.7 所示。从图中可以看出，该地址正是 C 语言

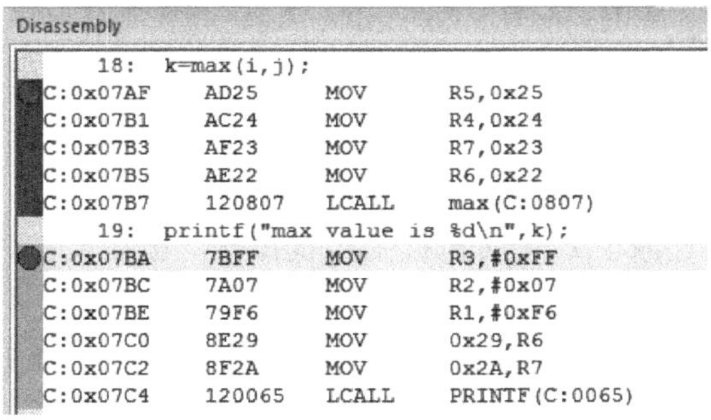


图 14.7　0x07BA 地址的界面

中所调用函数 max 下面 printf 语句的入口点/入口地址，即表示当调用 max 结束后，将要执行 printf 语句。

⑤ 从上面的反汇编代码中，可以看到 max 函数的程序入口点/入口地址，即在单片机程序存储器地址为 0x0807 的位置。

⑥ 将鼠标光标放到第 3 行代码 int a 的字母 a 上，出现浮动提示框，如图 14.8 所示。该提示框内的信息表示形参 a 位于单片机片内基本数据 RAM 地址为 0x06 的位置，它的值为 0x0002，这说明输入变量 i 的值作为实参传递给了函数形参 a，并在单片机基本数据 RAM 存储空间内给形参 a 另外分配了一个存储空间。

⑦ 将鼠标光标放到第 3 行代码 int b 的字母 b 上，出现浮动提示框，如图 14.9 所示。该提示框内的信息表示形参 b 位于单片机片内基本数据 RAM 地址为 0x04 的位置，它的值为 0x0064，这说明输入变量 j 的值作为实参传递给了函数形参 b，并在单片机基本数据 RAM 存储空间内给形参 b 另外分配一个存储空间。

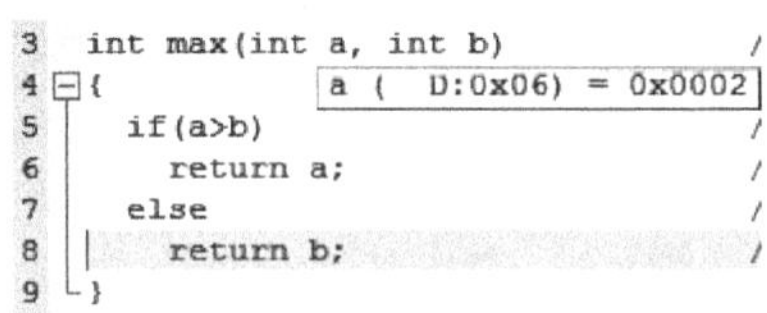


图 14.8 变量 i 的值传递给形参 a

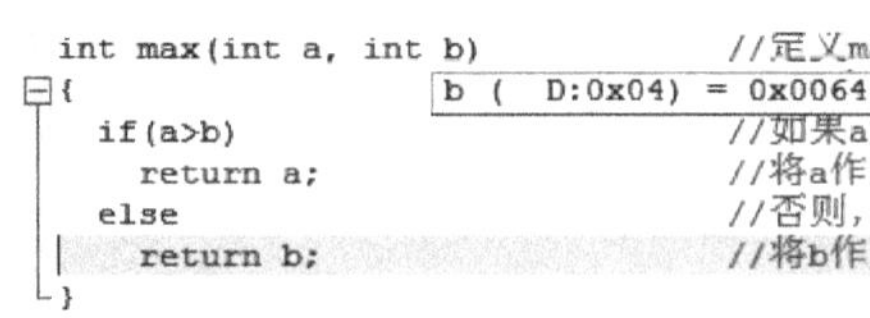


图 14.9 变量 j 的值传递给形参 b

⑧ 分析前面的反汇编代码，可以知道在实现 max 函数的功能时，实际调用保存在 R4 和 R5 寄存器内的参数 j 和保存在 R6 和 R7 寄存器内的参数 i 进行减法运算，以判断在参数 i 和参数 j 中，到底哪个参数值大。

⑨ 根据表 14.2 给出的返回值的寄存器分配原则，当返回值为 int 型时，参数保存在 R6 和 R7 中。当 i>j 的时候，将保存在 R6 和 R7 寄存器内的值即 i 的值作为 max 函数的返回值；否则将形参 b 的值(由实参 j 得到，保存在单片机内部基本数据 RAM 地址为 0x04 和 0x05 的内容)传给寄存器 R6 和 R7。

(11) 继续运行程序，断点停到了第 8 行。说明条件判断 a>b 不成立，即 a≤b 成立，将 b 的值作为函数 max 的返回值，如图 14.10 所示。

**注**：将保存在单片机内部基本数据 RAM 地址为 0x04 和 0x05 的内容传递给 R6 和 R7 作为 max 函数的返回值。

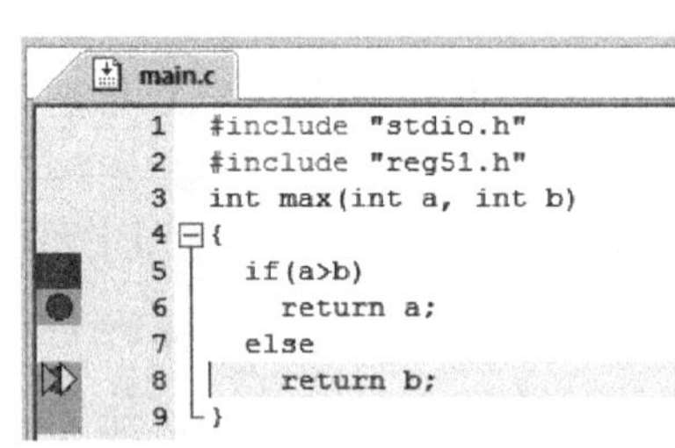


图 14.10 断点停到第 8 行

(12) 断点运行到第 19 行停下来。

① 观察 Registers 窗口中，此时 sp 的值由 0x41 重新变为 0x3f，sp 的值递减了 2，说明执行了出栈操作。根据出栈的原理，将堆栈 0x41 和 0x40 的内容恢复到了程序计数器中。

**注**：sp 为堆栈指针，表示指向当前 8051 片内基本数据 RAM 地址为 0x3f 的位置。

② 观察 Register 窗口中，PC 此时的值为 0x07BA，说明确实从堆栈中恢复了程序计数器的值。从这个过程也可以知道程序计数器的真正含义。

③ 在 Memory 窗口内，在 Address：右侧的文本框中，输入 d:0x3f。内容和前面一样。

**注**：从出栈和入栈的过程可以看出堆栈是一种特殊的数据结构。

(13) 按 F5 键几次，继续运行程序，直到运行到第 20 行为止，观察 UART ＃1 窗口内打印出来的信息，如图 14.11 所示。

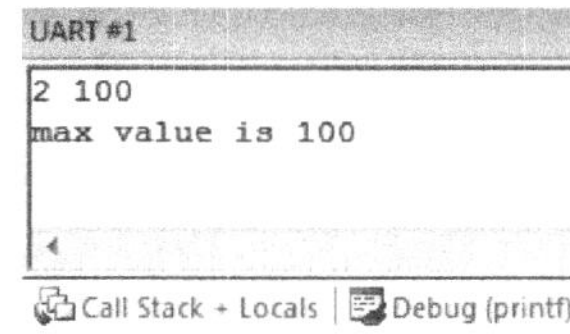


图 14.11　UART ＃1 窗口打印信息

**思考与练习**

14-1　根据前面的分析过程，说明在程序运行的过程中，堆栈的作用以及堆栈真实的物理结构。

14-2　将前面的程序代码的实参和形参变量 i 和 j 的类型都改为 char，重新编译程序并对程序进行分析，回答下面的问题：

(1) 在调用 max 函数时，传递实参 i 和 j 分别使用的寄存器________和________。

(2) 在 max 函数返回参数时，返回值所使用的寄存器为________________。

14-3　说明在使用基本变量作为函数的参数时，参数传递的实现方式。

## 14.4　函数变量的存储方式

前面已经介绍过，在 C 语言中，提供了多种变量的存储方式。按照变量的作用范围，分为局部变量和全局变量。按照变量的存储方式，分为自动变量(auto)、外部变量(extern)、静态变量(static)和寄存器变量(register)。

不同存储类型的变量用在函数中，一方面增加了 C 语言访问变量的灵活性，但另一方面也增加了难度，这就要求准确掌握这些存储方式。下面将详细说明在函数中使用不同存储类型变量的方法。

**1. 自动变量**

当声明变量时，如果没有指定变量的存储类型，则将变量的存储类型默认为 auto。在 C 语言中，这是一类应用最广泛的变量。其特点如下：

(1) 自动变量的作用范围在定义它的函数体或者复合语句的内部。只有当调用定义自动变量的函数时或者执行定义自动变量的复合语句时，编译器才会在单片机内的数据 RAM 内为自动变量分配存储空间。

(2) 当函数调用结束或者执行完复合语句后，将释放为自动变量所分配的存储空间，因此自动变量的值也就不再存在，即不会保留当前的运行结果。

(3) 当再次调用函数或者执行复合语句时，会在单片机内的数据存储 RAM 内为自动变量重新分配存储空间，而且重新给自动变量赋值。

根据自动变量的这些特点，经常将自动变量称为局部变量。

典型地，在前一节中，调用函数 max 使用的两个变量 i 和 j 就是自动变量，它们完全遵守自动变量的特点。

**2. 外部变量**

使用存储类型说明符“extern”定义的变量称为外部变量。其特点如下：

(1) 默认凡是在所有函数之前，在函数外部定义的变量都是外部变量，定义时可以不写 extern 说明符。

(2) 如果在一个函数体内说明一个已经在函数体外或者别的程序模块文件中定义过的外部变量时，则必须使用 extern 说明符。

(3) 一旦定义了外部变量，必须在单片内的数据存储 RAM 内为外部变量分配固定的存储空间。并且在程序运行的整个过程中外部变量均有效，并且保存外部变量值的变化过程。

(4) 函数可以互相调用，因此函数都具有外部存储种类的属性。定义函数时如果用关键字 extern，则将该函数明确定义为一个外部函数。如果定义函数时，省略了关键字 extern，则隐含为外部函数。

(5) 如果要调用当前程序模块文件以外的其他模块文件所定义的函数，则必须用关键字 extern 说明被调用的函数是来自其他文件的一个外部函数。

**3. 静态变量**

静态变量主要分为局部静态变量和全局静态变量两类。

1) 局部静态变量

局部静态变量是指定义在函数的内部，使用 static 关键字声明的变量。特点包括：

(1) 不像自动变量那样只有在函数调用它的时候才存在，退出函数之后它就消失，局部静态变量始终存在，但是只能在定义它的函数内部进行访问，退出函数之后，静态变量以前的值仍然被保留，但是不能访问它。

(2) 定义为 static 的变量，一直保存着以前的运行结果。

2) 全局静态变量

在函数外部定义变量时的变量称为全局静态变量。特点包括：

(1) 作用范围从它的定义点开始，一直到程序结束。

(2) 当一个 C 语言文件由若干模块文件构成时，全局静态变量始终存在，但它只能在被定义的文件中访问，其数据值可以为该文件内的所有函数共享，退出该文件后，虽然变量值仍然保留，但是不能被其他模块文件访问。

从前面的分析可以看出，局部静态变量是一种在两次函数调用之间仍能保留其值的局部变量。有些程序需要在多次调用之后仍然保持变量的值，使用自动变量就无法实现这个功能，但是如果使用全局变量又会带来副作用，这时就可以使用局部静态变量。

从程序员的角度来说，使用局部静态变量比使用全局静态变量容易控制一些，这是因为全局静态变量的作用范围要比局部静态变量的范围要大得多。

**4. 寄存器变量**

为了提高程序执行的效率，在 C 语言中将一些使用频率很高的变量定义为能够直接使用硬件寄存器的所谓寄存器变量。在定义变量时，在前面用 register 说明符，表示该变量是寄存器类型的。寄存器变量是自动变量的一种，它的有效范围和自动变量一样。

**【例 14-8】** 不同存储模式变量的例子。

**代码清单 14-4 main.c 文件**

```
int i = 0;                    //定义全局静态整型变量 i
int cal(int x)                //定义子函数 cal,带有自动整型变量 x
```

```
{
    static int y = 0;             //定义局部静态整型变量 y
    y = x - y - i;
    return y;
}

void main()
{
    int j = 1000;                 //定义整型局部变量 j,初值为 1000
    int k;                        //定义整型局部变量 k
    i = cal(j);                   //第一次调用函数 cal,返回值给全局变量 i
    i = cal(j);                   //第二次调用函数 cal,返回值给全局变量 i
    i = cal(j);                   //第三次调用函数 cal,返回值给全局变量 i
}
```

读者可以进入到本书所提供资料的 stc_program_example\例 14-8 目录下,在 Keil μVision5 集成开发环境下打开该设计,并进入调试器模式,按断点运行程序,如图 14.12 所示。分析程序的执行过程的步骤主要包括:

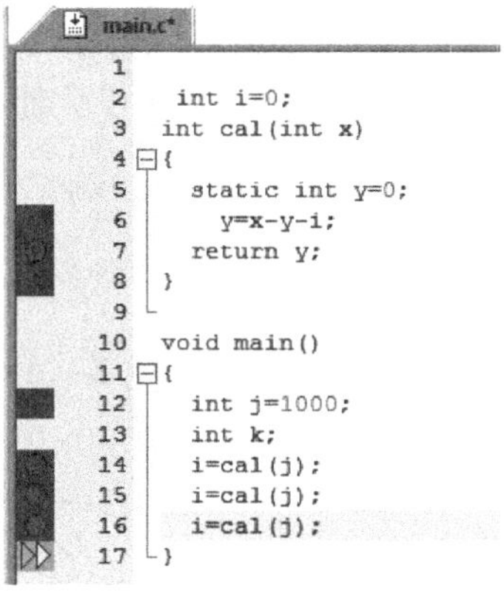

图 14.12 main.c 程序断点运行

(1) 当执行第 14 行代码时,也就是第一次调用函数 cal 时:

① j 的值为 1000,作为实参传递给 cal 函数的形参 x,y 的初值为 0,i 的初值为 0。

② 当执行完 y=x−y−i 后,y 的值为 1000。由于 y 是局部静态变量,在执行完 cal 后,仍然保持该值为 1000,即使 y 的初值设置为 0。在下次调用 cal 函数时,是用 1000 作为 y 的值,而不是用 0 作为 y 的值。

③ 在执行完子函数 cal 后,返回值赋值给 i。由于 i 是全局变量,所以 i 的值此后变成 1000。

(2) 当执行第 15 行代码时,也就是第二次调用函数 cal 时:

① j 的值仍然为 1000,作为实参传递给 cal 函数的形参 x,y 的值为 1000,i 的值为 1000。

② 当执行完 y=x−y−i 后,y 的值变成−1000。由于 y 是局部静态变量,在执行完 cal 后,仍然保持该值为−1000。在下次调用 cal 函数时,用−1000 作为 y 的值。

③ 在执行完子函数 cal 后,返回值赋值给 i。由于 i 是全局变量,所以 i 的值此后变成−1000。

(3) 当执行第 16 行代码时,也就是第三次调用函数 cal 时:

① j 的值仍然为 1000,作为实参传递给 cal 函数的形参 x,y 的值为−1000,i 的值为−1000。

② 当执行完 y=x−y−i 后,y 的值变成 3000。由于 y 是局部静态变量,在执行完 cal 后,仍然保持该值为 3000。

③ 在执行完子函数 cal 后,返回值赋值给 i。由于 i 是全局变量,所以 i 的值此后变成 3000。

(4) 执行完该程序,退出调试器界面并关闭该设计。

**思考与练习**

14-4 读者可以在断点运行程序时,在 watch 1 窗口内输入 i、y、j、x 的值,观察值的变化过程是否和前面的分析结果一致。

## 14.5 数组类型传递参数

在 C 语言中,数组元素可以作为函数实参传递参数,其用法和变量相同,此外数组名也可以作为实参和形参,此时传递的是元素的首地址。下面通过一个例子,详细说明数组作为函数参数的传递过程。

**【例 14-9】** 数组名字传递参数的例子。

在该程序中,调用子函数实现对数组元素的升序排列。

**注:** 在设计前,请查阅资料,描述升序排列的原理和实现方法。

**代码清单 14-5 main. c 文件**

```
#include "stdio.h"
#include "reg51.h"

void sort(int array[ ], int n)                    //声明排序子函数,不返回值
{
    int i, j, k, t;
    for(i = 0;i < n - 1;i++)                      //二重循环排序
        {
            k = i;
              for(j = k + 1;j < n;j++)
                if(array[j]< array[k])
                        k = j;
                  t = array[k];
                  array[k] = array[i];
                  array[i] = t;
        }
}

void main()
{
    int a[10],i;
    SCON =  0x52;
    TMOD  =  0x20;
    TCON  =  0x69;
    TH1  =  0xF3;
    printf("please enter the value of a[10]\n");
    for(i = 0;i < 10;i++)
      scanf(" % d,",&a[i]);                       //输入数组元素
    printf("\n sorted array is\n");
    sort(a,10);                                   //调用排序函数,数组名传递
    for(i = 0;i < 10;i++)
      printf("a[ % d] = % d,",i,a[i]);            //打印排序后的结果
    while(1);

}
```

读者可以进入到本书所提供资料的 stc_program_example\例 14-9 目录下，在 Keil μVision5 集成开发环境下打开该设计，并进入调试器模式。按下面步骤运行和分析数组类型传递参数的过程：

(1) 在代码的第 4 行、第 7 行、第 17 行和第 30 行分别设置断点。

(2) 按 F5 键，运行程序。

(3) 打开 UART #1 窗口。在该窗口界面内，出现提示信息“please enter the value of a[10]”，然后在该窗口内输入 10 个数据，每个数据之间用“,”隔开，如图 14.13 所示。

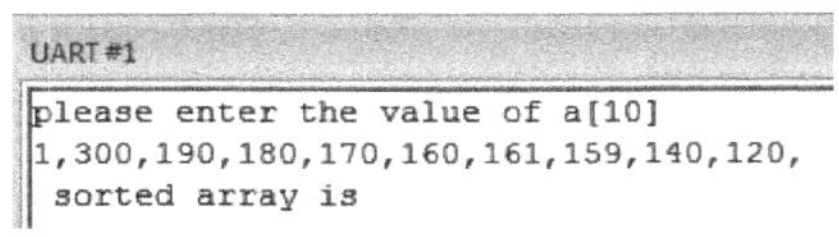


图 14.13　UART #1 窗口打印和输入信息

(4) 打开 Watch 1 窗口，执行下面的操作：输入 a，如图 14.14 所示。从该图可以看到数组 a 存放在单片机内部数据 RAM 地址为 0x22 的起始位置。

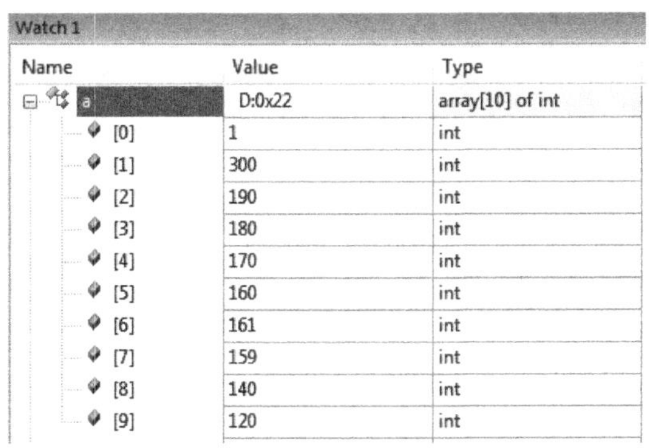


图 14.14　Watch 1 窗口显示数组 a 的信息

(5) 在 Memory 1 窗口中，输入 d:0x22，可以看到所保存数组 a 的数据元素信息，如图 14.15 所示。

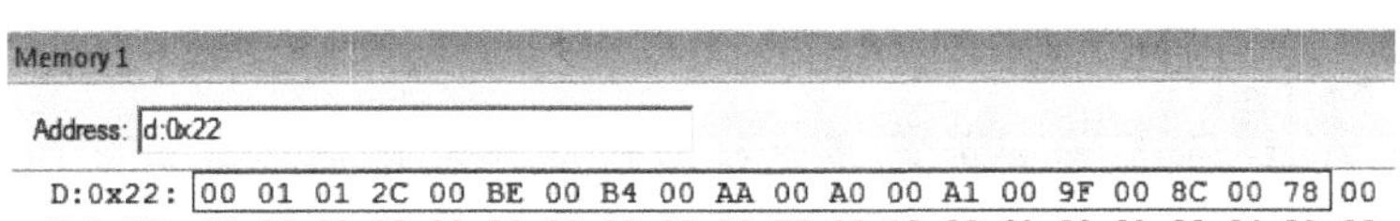


图 14.15　Memory 1 窗口 d:0x22 起始地址存储内容

(6) 按 F5 键，继续运行程序，程序停到了第 4 行代码的位置，如图 14.16 所示。从图中可以看到 sort 子函数的入口在单片机程序存储空间地址为 0x07ED 的位置。

(7) 按 F5 键，继续运行程序，程序停到了第 7 行代码的位置。在 Watch 1 窗口中，输入 array，如图 14.17 所示。从图中可以看到形参数组 array 在单片机片内数据 RAM 地址为 0x22 的起始位置。

**注：**使用数组作为函数参数实现参数传递的过程，并不像采用简单变量传递参数那样将实参的值传递给了形参。本质上，形参 array 指向了实参数组 a 的首地址，也就是实参和

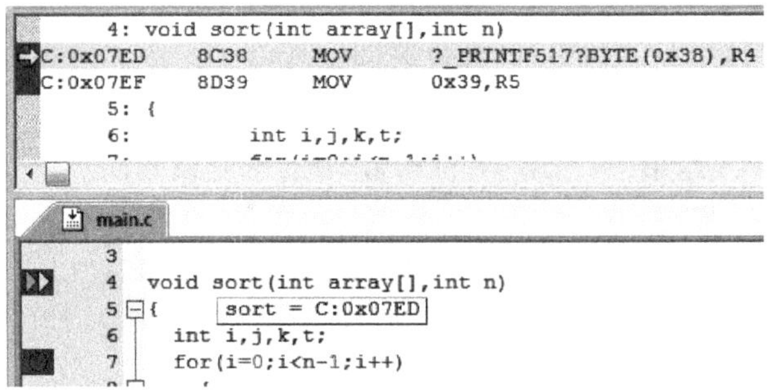


图 14.16 程序停到了第四行代码的位置

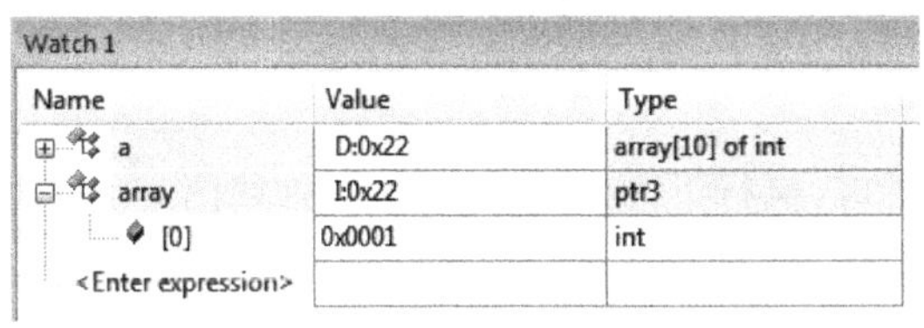


图 14.17 Watch 1 窗口的 array 信息

形参指向了相同的数据区。由于指向了相同的数据区,因此当形参指向的存储空间的内容发生变化时,实参指向的存储空间的内容也发生了同样的变化。

(8) 在 Memory 1 窗口界面内,输入 array,如图 14.18 所示。

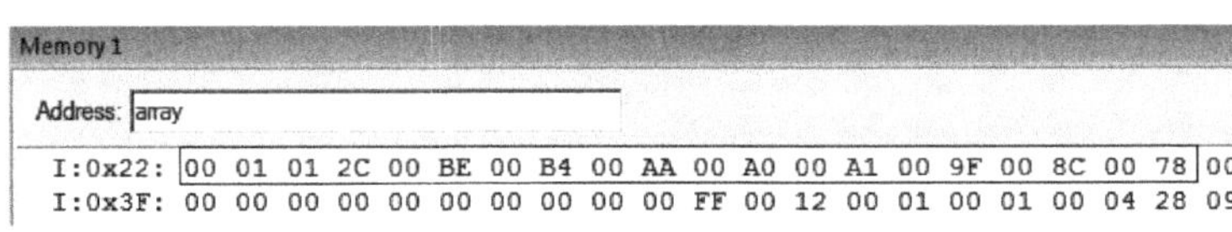


图 14.18 Memory 1 窗口的 array 信息(1)

(9) 按 F5 键,运行程序到第 17 行代码。此时再观察 Memory 1 窗口内的内容,如图 14.19 所示。会发现这个地址空间的内容发生了变化。

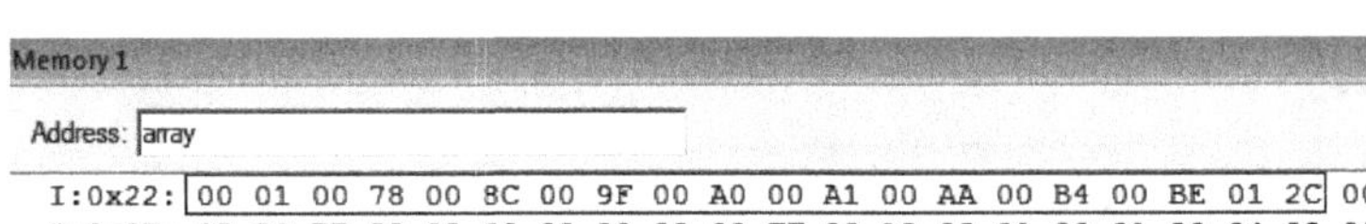


图 14.19 Memory 1 窗口的 array 信息(2)

**注**:最好单步执行程序到第 17 行代码,这样就可以清楚地看到 0x22 起始数据区内容的变化情况。

(10) 按 F5 键,运行程序。因为数组 a 一直指向单片机片内 RAM 地址为 0x22 的起始位置,而由于子函数操作修改了单片机片内 RAM 地址为 0x22 开始的连续 20 个字节内容。因此打印出来的数据,就是修改后从 0x22 地址开始的存储空间的内容,如图 14.20 所示。

**思考与练习**

14-5 可以看到使用数组类型传递参数时,没有返回参数,根据上面的分析过程,请说明真正原因。

```
UART #1
please enter the value of a[10]
1,300,190,180,170,160,161,159,140,120,
 sorted array is
a[0]=1,a[1]=120,a[2]=140,a[3]=159,a[4]=160,a[5]=161,a[6]=170,a[7]=180,a[8]=190,a[9]=300,
```

图 14.20　UART ＃1 窗口打印数组 a 的信息

## 14.6　指针类型传递参数

当函数的参数是指针类型的变量时，主调函数将实际参数的地址作为被调函数中形式参数的地址。因此指针类型传递参数也是通过地址传递。下面将通过一个例子来说明指针类型传递参数的过程。

**【例 14-10】** 两个字符数组首尾连接的例子。

例如：字符串 a=“STC”，字符串 b=“Hello”，将两个字符串连接后生成新的字符串 c =“STC Hello”。

**代码清单 14-6　main.c 文件**

```
#include "stdio.h"
#include "reg51.h"

void con_string(char * s1, char * s2 )          //声明子函数，有两个字符指针参数
{
    while( * s1!= '\0')                          //如果指针 * s1 指向的字符不是结束，则继续
        s1++;                                    //指针递增
    while( * s2!= '\0')                          //如果指针 * s2 指向的字符不是结束，则继续
        * s1++ = * s2++;                         //将指针 * s2 指向的内容赋值到 * s1 的末尾
      * s1 = '\0';                               //在 * s1 当前指向的内容后添加结束标志
}

void main()
{
    xdata char a[40],b[40];                      //在单片机 xdata 区域内声明字符数组 a 和 b
    SCON = 0x52;                                 //初始化串口
    TMOD = 0x20;
    TCON = 0x69;
    TH1 = 0xF3;
    printf("please enter the string of a[40]\n"); //提示输入字符串 a
    gets(a,40);                                  //输入字符串 a，可以有空格，按 Enter 键结束
    printf("please enter the string of b[40]\n"); //提示输入字符串 b
    gets(b,40);                                  //输入字符串 b，可以有空格，按 Enter 键结束
    printf("\n connected the string is\n");      //提示连接后的字符串信息
    con_string(a,b);                             //调用连接字符串函数
    puts(a);                                     //打印字符串 a
    while(1);

}
```

读者可以进入到本书所提供资料的 stc_program_example\例 14-10 目录下，在 Keil μVision5 集成开发环境下打开该设计，并进入调试器模式。按下面步骤运行并分析函数的

运行过程：

(1) 在代码的第4行、第10行、第21行和第26行分别设置断点。

(2) 按F5键，运行程序。

(3) 运行到第21行代码。在Watch 1窗口界面内，输入a和b，看到相关信息，如图14.21所示。从图中可以看出，数组a的起始地址位于单片机扩展数据RAM地址为0x000000的位置，数组b的起始地址位于单片机扩展数据RAM地址为0x000028的位置。展开后其内部用二进制数0填充。

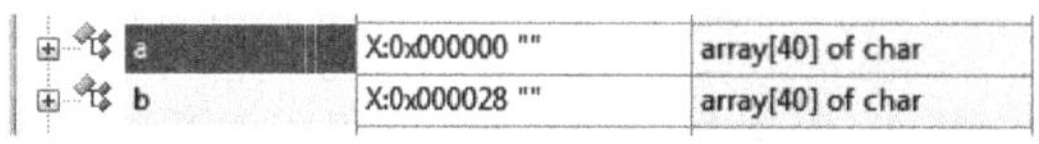


图14.21 Watch 1窗口数组a和数组b信息

(4) 打开UART #1窗口。在该窗口界面内，出现提示信息“please enter the string of a[40]”，然后在下面一行输入字符串“STC”，按Enter键。

(5) 然后，又出现提示信息please enter the string of b[40]，在下面一行输入字符串“Hello”，按Enter键，如图14.22所示。

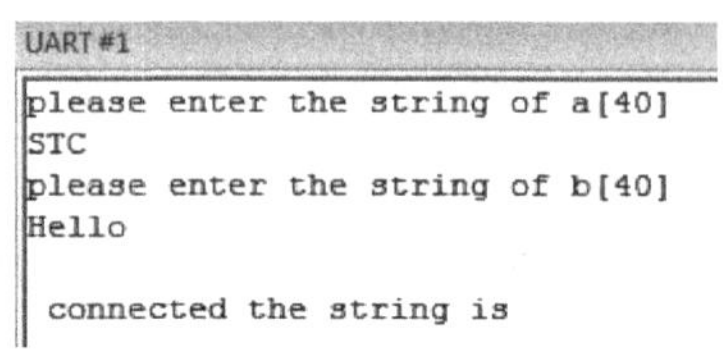


图14.22 UART #1输入和输出信息界面

(6) 按F5键，运行程序。程序运行到第26行，如图14.23所示。

① 从Disassembly窗口可以看到该行代码在单片机片内程序存储空间地址为0x0551的位置。

② 在该行汇编结束的时候有LCALL con_string(c:056E)一行，可以看到被调用函数的起始地址在单片机片内程序存储空间地址为0x0560的位置。

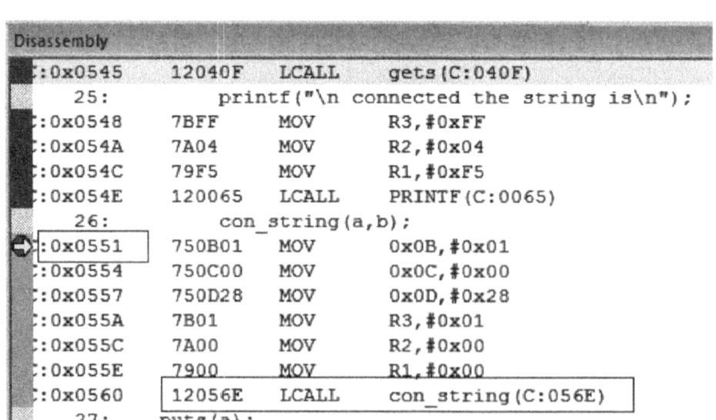


图14.23 Disassembly窗口界面

(7) 按F5键，运行程序。断点停在第4行代码，从Disassembly窗口中可以看到con_string子函数的起始地址位于单片机片内程序Flash存储空间地址为0x574的位置。

(8) 单步运行一行代码。在 Watch 1 窗口界面内输入 s1 和 s2，显示相关信息，如图 14.24 所示。图中，s1 地址为 x:0x000000，s2 地址为 x:0x000028，即 s1 指向数组 a，s2 指向数组 b。

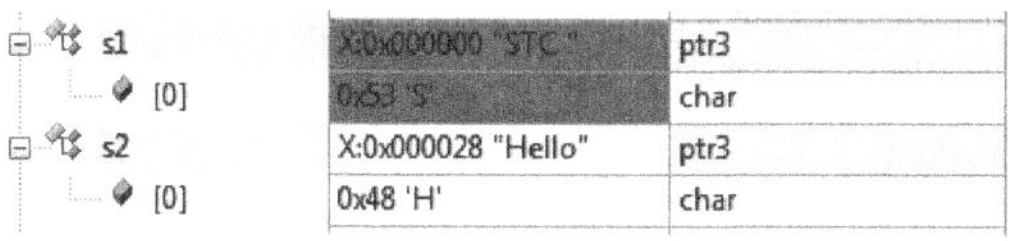


图 14.24 Disassembly 窗口界面

**注**：在使用指针传递参数时，不像使用简单变量传递参数那样将实参传递给形参并且另外开辟存储空间，在使用指针传递参数时，只不过是形参指针的地址分别指向实参数组 a 和数组 b 而已，即形参和实参指向了相同的数据空间。因此一旦形参指向数据空间的内容发生变化时，实参的内容也发生同样的变化。

(9) 单步运行程序代码到第 10 行。注意观察地址为 x:0x000000 起始位置的内容改变，原来的内容如图 14.25(a)所示，修改后的内容如图 14.25(b)所示。

(10) 按 F5 键运行程序。在 UART ＃1 窗口内打印出拼接后的字符串"STC Hello"信息，如图 14.26 所示。

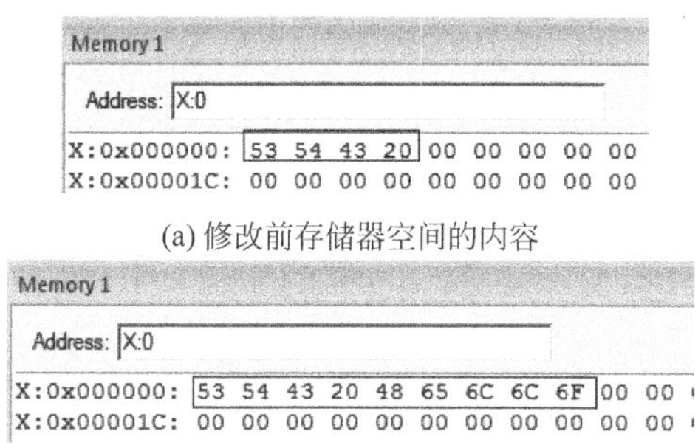


(a) 修改前存储器空间的内容

(b) 修改后存储器空间的内容

图 14.25 修改前后存储器空间的内容

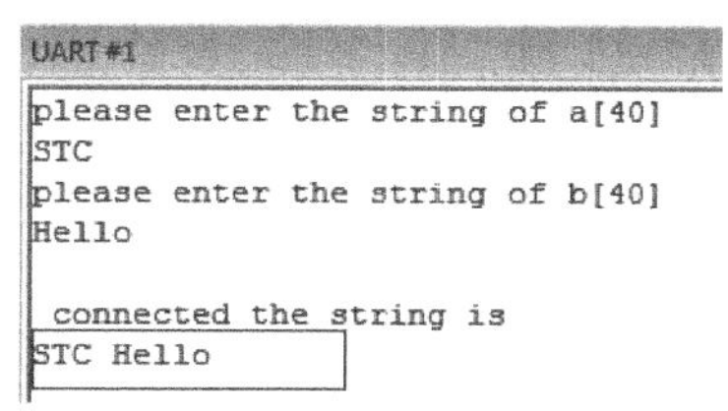


图 14.26 UART ＃1 窗口内打印的信息

**思考与练习**

14-6 可以看到使用指针传递参数时，没有返回参数，根据上面的分析过程请说明真正原因。

## 14.7 指向函数的指针

函数指针是 C 语言中的一个难点，函数指针是指向函数的指针变量。前面已介绍指针变量可以指向整数、字符、浮点数和数组，本节将介绍指针变量指向函数的定义和使用方法。

在 C51 对函数进行编译时，每个函数都有一个入口地址，该入口地址就是函数指针所指向的地址。引入了指向函数的指针变量后，就可以用该指针变量调用函数，就如同使用指针变量引用其他类型变量一样。函数指针有两个用途，即调用函数和作为函数的形参。函数指针的声明格式为

返回值类型(* 指针变量名)(形参列表);

【例 14-11】 声明函数指针的例子。

```
int func(int x);                      //声明一个函数
int (* f) (int x);                    //声明一个函数指针
```

下面将函数指针指向函数:

```
f = func;                             //将 func 函数的首地址传给指针 f
```

或者使用下面的方法将函数地址赋给函数指针:

```
f = &func;
```

**注**:赋值时函数 func 不带括号,也不带参数,由于 func 代表函数的首地址,因此赋值以后,指针 f 就指向函数 func(x)的代码的首地址。

【例 14-12】 声明和使用函数指针的例子。

**代码清单 14-7 main.c 文件**

```
#include "stdio.h"
#include "reg51.h"
void print_max(int a, int b)                //声明一个无返回值的函数 print_max
{
    if(a>b)
        printf("max value is %d\n",a);      //当 a>b 时,a 为最大值,并打印 a 的值
    else
        printf("max value is %d\n",b);      //当 a≤b 时,b 为最大值,并打印 b 的值
}

void print_min(int a, int b)                //声明一个无返回值的函数 print_min
{
    if(a>b)
        printf("min value is %d\n",b);      //当 a>b 时,b 为最小值,并打印 b 的值
    else
        printf("min value is %d\n",a);      //当 a≤b 时,a 为最小值,并打印 a 的值
}
int main()
{
    void (* ptr)(int i, int j);             //声明指向函数的指针
    int m,n;                                //定义整型变量 m 和 n
    SCON = 0x52;                            //初始化串口
    TMOD = 0x20;
    TCON = 0x69;
    TH1 = 0xF3;
    puts("please input two integer");       //提示输入两个整数
    scanf("%d %d",&m,&n);                   //输入整型变量 m 和 n 的值
    ptr = print_max;                        //ptr 指向函数 print_max
    ptr(m,n);                               //在 ptr 后面给出函数所用的实参列表
    ptr = print_min;                        //ptr 指向函数 print_min
    ptr(m,n);                               //在 ptr 后面给出函数所用的实参列表
    return 0;
}
```

读者可以进入到本书所提供资料的 stc_program_example\例 14-12 目录下，在 Keil μVision5 集成开发环境下打开该设计并进入调试器模式。打开 UART ♯1 界面，输入两个整数的值，然后显示结果，如图 14.27 所示。

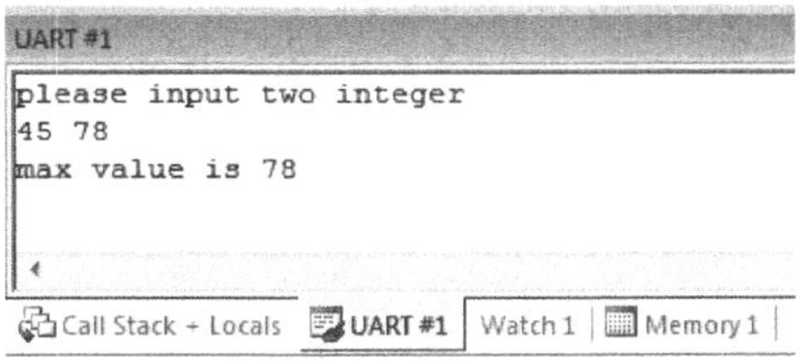


图 14.27 UART ♯1 窗口内打印的最大值和最小值信息

## 14.8 可重入函数设计

在 Keil Cx51 编译器中，对于可重入函数使用关键字 reentrant 标识。对于一个可重入函数而言，可以在同一时刻被不同的程序共享。当正在执行可重入函数时，其他程序可以打断该函数的执行，然后开始执行同一个可重入函数。

通常情况下，在 C51 编译器中的函数不能被递归调用或者以递归的行为运行，这是因为 C51 编译器将函数的参数和本地变量保存在固定的存储空间位置的限制，递归调用使用了相同的存储器空间位置。在这种情况下，可能破坏函数参数和本地变量。

reentrant 函数属性允许声明一个可重入函数，这样就可以被递归调用。可重入函数可以在同一时刻被两个以上的程序调用，它经常用于要求实时应用或者中断和非中断代码共享一个函数的情况。

对于一个可重入函数而言，根据存储器模型的选择，使用内部或者外部存储器来模拟一个可重入堆栈。

使用可重入函数需要注意以下规则：

(1) 不能使用 bit 类型的函数参数，也不能使用本地 bit 标量，因为可重入能力不支持可位寻址的变量。

(2) 不能从 alien 函数调用可重入函数。

(3) 可重入函数不能包含 alien 属性。

(4) 可重入函数可以同时有其他属性，包括 using、interrupt 和存储器模型属性(small、compact 或 large)。

(5) 返回地址保存在 8051 的硬件堆栈中，任何要求 PUSH 和 POP 的操作都会影响硬件堆栈。

(6) 可重入函数可以混合使用不同存储器模型。然而，必须正确的声明每个可重入函数以及包含它的存储器模型属性。这是因为编译器需要这些属性，以便将函数参数放入正确的可重入堆栈。

(7) 三个可重模型中的任何一个模型都有它自己的可重入栈和堆栈指针。

**注：** 可重入函数使用的模拟堆栈有它自己的堆栈指针，它并不依赖于 8051 的堆栈和堆栈指针。在 STARTUP.A51 文件中，定义了堆栈和堆栈指针。

下面将通过一个递归函数，说明可重入函数的用法。对于下面的函数：

$$f(n)=1+\frac{1}{2}+\frac{1}{3}+\cdots+\frac{1}{n}$$

很明显，存在下面的递归关系：

$$f(n)=f(n-1)+\frac{1}{n}$$

当 $n=1$ 时，$f(1)=1$，这是正常计算的初始条件也是递归过程的终止条件。

(1) 由于 $f(n)=f(n-1)+\frac{1}{n}$，所以需要先得到 $f(n-1)$ 的结果。

(2) 而 $f(n-1)$ 又可以通过计算 $f(n-2)$ 得到，即：$f(n-1)=f(n-2)+\frac{1}{n-1}$，以此类推直到得到 $f(1)$，这就是一个递归的过程。

(3) 当递归得到 $f(1)$ 时，就可以通过 $f(1)$，得到 $f(2)$ 的值，…，直到最终得到 $f(n)$ 的值。

**【例 14-13】** 递归函数计算 $f(n)=1+\frac{1}{2}+\frac{1}{3}+\cdots+\frac{1}{n}$ 的例子。

**代码清单 14-8 main.c 文件**

```
#include "stdio.h"
#include "reg51.h"

float fac(int n) reentrant                //声明可重入函数 fac,入口参数为 n,返回类型为浮点
{
    float f;                              //声明浮点变量 f,作为 fac 函数的返回值
    if(n == 1)
         f = 1.0;                         //当 n = 1 时,fac 函数的返回值为 1.0
    else
        f = fac(n - 1) + 1.0/n;           //当 n > 1 时,fac(n)调用 fac(n - 1)
    return f;                             //通过关键字 return,说明 f 为 fac 函数的返回值
}

int main()
{
    int n;                                                   //声明整型变量 n
    float y = 0.0;                                           //声明浮点变量 y
    SCON =  0x52;                                            //初始化串口
    TMOD  =  0x20;
    TCON  =  0x69;
    TH1  =  0xF3;
    printf("please input an integer number\n");
    scanf(" %d",&n);                                         //输入整型变量 n 的值
    y = fac(n);                                              //调用可重入函数 fac(n)
    printf("f( %d) = 1 + 1/2 + ... + 1/ %d = %f\n",n,n,y);   //打印计算结果
  return 0;
}
```

读者可以进入到本书所提供资料的 stc_program_example\例 14-13 目录下，在 Keil μVision5 集成开发环境下打开该设计，并进入调试器模式。按下面步骤运行和分析递归函数的调用过程：

(1) 在代码的第 8 行、第 10 行和第 11 行分别设置断点。

(2) 打开 UART 1 窗口界面。单步运行程序。当运行到第 23 行代码时,在 UART 1 窗口内出现提示信息"please input an integer number"。

(3) 在提示信息下面输入 4,表示该程序将计算 f(4)的值,按 Enter 键。

(4) 在当前调试模式主界面右下侧的 Call Stack + Locals 标签窗口下,可以看到主程序的信息,如图 14.28 所示。

**注:** 该窗口说明,当前断点在 main 主程序内,main 主程序入口点/入口地址在单片机片内存储区的 0x0F2F 的位置。

Call Stack + Locals

| Name | Location/Value | Type |
|---|---|---|
| MAIN | C:0x0F2F | |
| n | 0x0004 | int |
| y | 1.40129846e-045 | float |

图 14.28　堆栈调用窗口信息(1)

(5) 单步运行程序,跳到断点所在的第 10 行代码。在当前调试模式主界面右下侧的 Call Stack + Locals 标签窗口下,可以看到调用函数 FAC 的信息,如图 14.29 所示。从图中可以看到,fac 函数的程序入口点在 c:0x0EB7 的位置。

Call Stack + Locals

| Name | Location/Value | Type |
|---|---|---|
| FAC | C:0x0EB7 | |
| n | 0x0004 | int |
| f | 0 | float |
| MAIN | C:0x0F2F | |
| n | 0x0004 | int |
| y | 5.60519386e-045 | float |

图 14.29　堆栈调用窗口信息(2)

**注:** 从图中可以看到当前断点程序代码的入口在单片机片内程序存储器空间的 0x0EB7。断点落在这个位置。表示继续调用 fac 函数,也就是 fac 调用自己。此时,n=4;由于 fac 要调用自己,所以 fac 函数当前运行的状态保存在堆栈中。

(6) 单步运行程序,再次跳到断点所在的第 10 行代码。在当前调试模式主界面右下侧的 Call Stack + Locals 标签窗口下,可以看到第二次被调用函数 fac 的信息,如图 14.30 所示。

Call Stack + Locals

| Name | Location/Value | Type |
|---|---|---|
| FAC | C:0x0EB7 | |
| n | 0x0003 | int |
| f | 0 | float |
| FAC | C:0x0EB7 | |
| n | 0x0004 | int |
| f | 0 | float |
| MAIN | C:0x0F2F | |
| n | 0x0004 | int |
| y | 5.60519386e-045 | float |

图 14.30　堆栈调用窗口信息(3)

**注**：从图中可以看到当前断点程序代码的入口在单片机片内程序存储器空间的0x0EB7。断点落在这个位置。表示继续调用fac函数，也就是fac调用自己。此时，n=3；由于fac要调用自己，所以fac函数当前运行的状态保存在堆栈中，很明显上一次调用函数的程序入口点在单片机片内程序存储器空间的0x0EB7。

(7) 按F5键，再次跳到断点所在的第10行代码。在当前调试模式主界面右下侧的Call Stack + Locals标签窗口下，可以看到第三次被调用函数fac的信息，如图14.31所示。

Call Stack + Locals

| Name | Location/Value | Type |
|---|---|---|
| FAC | C:0x0EB7 | |
| n | 0x0002 | int |
| f | 0 | float |
| FAC | C:0x0EB7 | |
| n | 0x0003 | int |
| f | 0 | float |
| FAC | C:0x0EB7 | |
| n | 0x0004 | int |
| f | 0 | float |
| MAIN | C:0x0F2F | |
| n | 0x0004 | int |
| y | 5.60519386e-045 | float |

图14.31 堆栈调用窗口信息(4)

**注**：从图中可以看到当前断点程序代码的入口在单片机片内程序存储器空间的0x0EB7。断点落在这个位置。表示继续调用fac函数，也就是fac调用自己。此时，n=2；由于fac要调用自己，所以fac函数当前运行的状态保存在堆栈中，很明显上一次调用函数的程序入口点在单片机片内程序存储器空间的0x0EB7。

(8) 按F5键，再次跳到断点所在的第10行代码。在当前调试模式主界面右下侧的Call Stack + Locals标签窗口下，可以看到第四次被调用函数fac的信息，如图14.32所示。

Call Stack + Locals

| Name | Location/Value | Type |
|---|---|---|
| FAC | C:0x0EB7 | |
| n | 0x0001 | int |
| f | 0 | float |
| FAC | C:0x0EB7 | |
| n | 0x0002 | int |
| f | 0 | float |
| FAC | C:0x0EB7 | |
| n | 0x0003 | int |
| f | 0 | float |
| FAC | C:0x0EB7 | |
| n | 0x0004 | int |
| f | 0 | float |
| MAIN | C:0x0F2F | |
| n | 0x0004 | int |
| y | 5.60519386e-045 | float |

图14.32 堆栈调用窗口信息(5)

**注**：从图中可以看到当前断点程序代码的入口在单片机片内程序存储器空间的0x0EB7，断点落在这个位置，表示继续调用fac函数，也就是fac调用自己。此时，n=1；由

于 fac 要调用自己，所以 fac 函数当前运行的状态保存在堆栈中，很明显上一次调用函数的程序入口点在单片机片内程序存储器空间区的 0x0EB7。

(9) 单步运行程序，此时由于 n=1，满足 if(n==1) f=1.0，判断条件。

(10) 单步运行程序，调到第 11 行代码，return f;准备返回 f 的值，f=1。

(11) 当运行完 return f 后，继续单步运行程序，在 Call Stack + Locals 标签窗口下，最顶上 n=1 的内容出栈，栈顶此时为 n=2，如图 14.33 所示。

Call Stack + Locals

| Name | Location/Value | Type |
|---|---|---|
| FAC | C:0x0EB7 | |
| n | 0x0002 | int |
| f | 1.5 | float |
| FAC | C:0x0EB7 | |
| n | 0x0003 | int |
| f | 0 | float |
| FAC | C:0x0EB7 | |
| n | 0x0004 | int |
| f | 0 | float |
| MAIN | C:0x0F2F | |
| n | 0x0004 | int |
| y | 5.60519386e-045 | float |

图 14.33 堆栈调用窗口信息(6)

**注**：此时返回的值 f=1.5，表示 f(2)=1.5。

(12) 单步继续运行程序，跳到第 11 行，准备执行 return f。

(13) 当运行完 return f 后，继续单步运行程序，在 Call Stack+Locals 标签窗口下，最顶上 n=2 的内容出栈，栈顶此时为 n=3，如图 14.34 所示。

Call Stack + Locals

| Name | Location/Value | Type |
|---|---|---|
| FAC | C:0x0EB7 | |
| n | 0x0003 | int |
| f | 1.83333337 | float |
| FAC | C:0x0EB7 | |
| n | 0x0004 | int |
| f | 0 | float |
| MAIN | C:0x0F2F | |
| n | 0x0004 | int |
| y | 5.60519386e-045 | float |

图 14.34 堆栈调用窗口信息(7)

**注**：此时返回的值 f=1.833 333 37，表示 f(3)=1.833 333 7。

(14) 单步继续运行程序，跳到第 11 行，准备执行 return f。

(15) 当运行完 return f 后，继续单步运行程序，在 Call Stack + Locals 标签窗口下，最顶上 n=3 的内容出栈，栈顶此时为 n=4，如图 14.35 所示。

**注**：此时返回的值 f=2.083 333 49，表示 f(4)= 2.083 333 49。

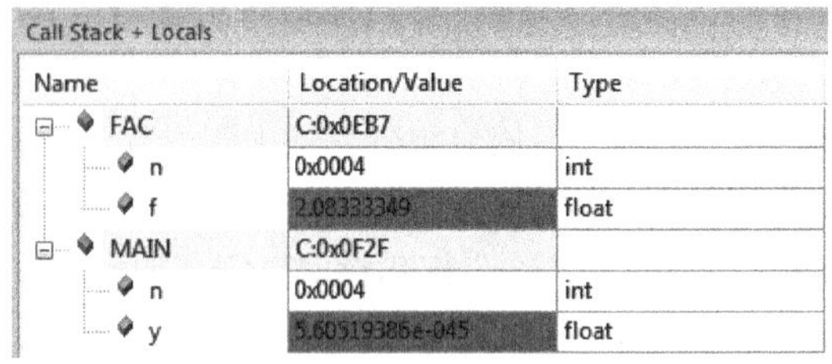


图 14.35　堆栈调用窗口信息(8)

(16) 单步继续运行程序，跳到第 11 行，准备执行 return f。

(17) 当运行完 return f 后，继续单步运行程序，在 Call Stack＋Locals 标签窗口下，最顶上 n＝4 的内容出栈，如图 14.36 所示。

**注**：此时得到调用函数 fac(4)的最终返回值，即 y＝2.083 333 49，表示 fac(4)＝2.083 333 49。

(18) 在 UART ♯1 窗口下，可以看到最后打印的结果，如图 14.37 所示。

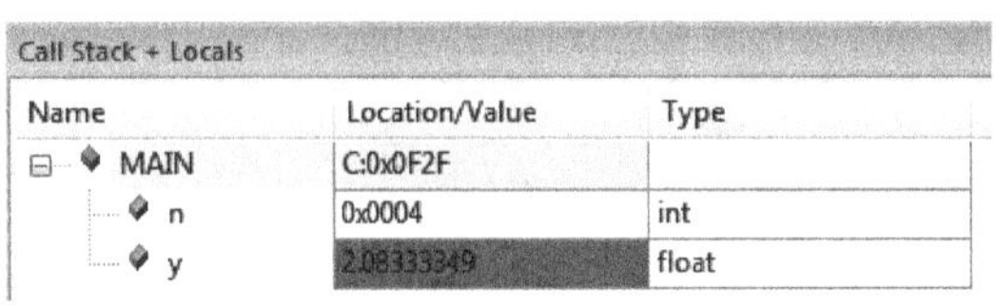


图 14.36　堆栈调用窗口信息(9)

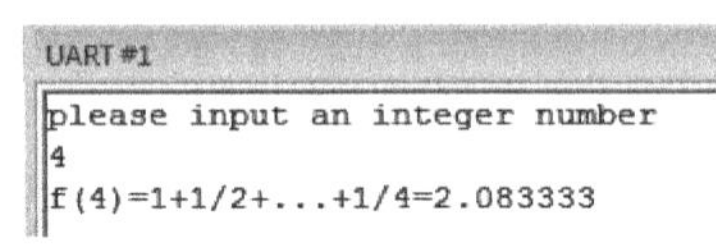


图 14.37　UART ♯1 窗口打印信息

**思考与练习**

14-7　重复上面的过程，并结合反汇编代码，深入理解单片机处理递归函数的原理和过程。

## 14.9　中断函数设计

本节将通过 C 语言设计并实现中断服务程序。

### 14.9.1　C 语言中断函数的格式

Keil Cx51 编译器支持在 C 语言源程序中直接编写 8051 单片机的中断服务程序，从而降低了采用汇编语言编写中断服务程序的复杂度。在 Keil Cx51 编译器中，对函数定义进行了扩展，增加了关键字 interrupt n，n 值与中断源和中断向量的关系，如表 14.3 所示。

**表 14.3　中断源、中断向量和中断号 n 之间的关系**

| 中断源 | 中断向量 | 中断号 n |
|---|---|---|
| 外部中断 0 | 0x0003 | 0 |
| 定时器 0 | 0x000B | 1 |
| 外部中断 1 | 0x0013 | 2 |
| 定时器 1 | 0x001B | 3 |
| 串口(UART)1 | 0x0023 | 4 |

续表

| 中断源 | 中断向量 | 中断号 n |
|---|---|---|
| ADC 中断 | 0x002B | 5 |
| 低电压检测(LVD) | 0x0033 | 6 |
| 可编程计数器阵列(PCA) | 0x003B | 7 |
| 串口(UART)2 | 0x0043 | 8 |
| 同步串口 SPI | 0x004B | 9 |
| 外部中断 2 | 0x0053 | 10 |
| 外部中断 3 | 0x005B | 11 |
| 定时器 2 | 0x0063 | 12 |
| 外部中断 4 | 0x0083 | 16 |
| 串口(UART)3 | 0x008B | 17 |
| 串口(UART)4 | 0x0093 | 18 |
| 定时器 3 | 0x009B | 19 |
| 定时器 4 | 0x00A3 | 20 |
| 比较器 | 0x00AB | 21 |
| PWM | 0x00B3 | 22 |
| PWM 异常检测 | 0x00BB | 23 |

## 14.9.2　外部中断电路原理

在该设计中，将设计一个在 0～3 之间计数(4 进制)的计数器。通过 STC 学习板上的 P4.6 和 P4.7 端口上的 LED，显示计数的值。在该设计中，计数由外部中断 INT0 触发，即每当 INT0 引脚下拉到地时，触发一次中断，计数器递增。该设计的硬件触发电路由开关控制，如图 14.38 所示。

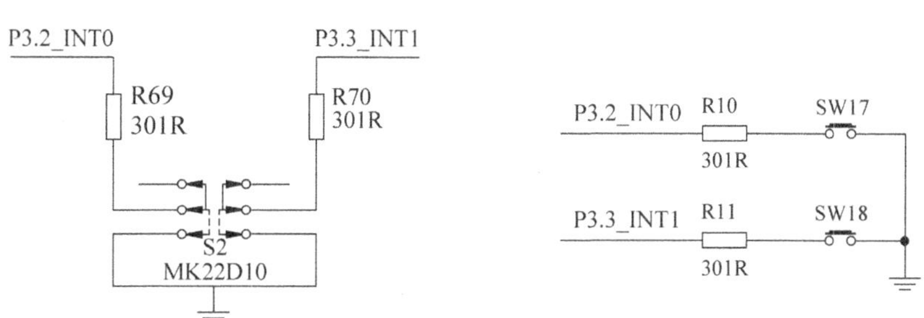


图 14.38　STC 学习板外部中断电路结构

为了正确地下载程序以及方便读者后续的实验。STC 学习板上没有焊接开关。但是提供了 SW17 和 SW18 两个按键。

(1) 当按下 SW17 时，P3.2 引脚接地，也就是产生一个 INT0 下降沿低脉冲信号。

(2) 当按下 SW18 时，P3.3 引脚接地，也就是产生一个 INT1 下降沿低脉冲信号。

**注**：(1) 在该设计中，只使用了 INT0 外部中断信号。

(2) 在该设计中，为了简化程序的设计过程，没有加入对外部按键的去抖动处理代码。

### 14.9.3 C语言中断程序的编写和测试

在该设计中，通过外部中断触发中断事件并进行相应的处理。实现C语言中断函数/中断服务程序设计的步骤主要包括：

**注**：读者可以进入到本书所提供资料的stc_program_example\例14-14目录下，在Keil μVision5集成开发环境下打开并参考该设计。

(1) 建立新的设计工程。

(2) 在当前工程主界面中，选中Target 1并右击，出现浮动菜单。在浮动菜单内，选择Options for Target 'Target 1'选项。

(3) 出现Options for Target 'Target 1'对话框界面。在该界面窗口下，选择Output标签。在该标签窗口下，选中Create HEX File前面的复选框。

(4) 单击OK按钮，退出Options for Target 'Target 1'对话框界面。

(5) 新建名字为main.c的C语言源文件，输入下面的代码并保存该设计文件。

**代码清单14-9 main.c文件**

```
#include "reg51.h"
int i = 0;                              //声明全局变量 i,初值为 0
servivce_int0() interrupt 0             //声明该函数是中断函数,对应于中断号 0
{
    if(i == 4) i = 0;                   //如果 i 计数到 4,则复位到 0
    if(i == 0)                          //当计数值为 0 时
    {
        P46 = 1;                        //设置 P4.6 为 1(灯灭)
        P47 = 1;                        //设置 P4.7 为 1(灯灭)
    }
    else if(i == 1)                     //当计数值为 1 时
    {
        P46 = 0;                        //设置 P4.6 为 0(灯亮)
        P47 = 1;                        //设置 P4.7 为 1(灯灭)
    }
    else if(i == 2)                     //当计数值为 2 时
    {
        P46 = 1;                        //设置 P4.6 为 1(灯灭)
        P47 = 0;                        //设置 P4.7 为 0(灯亮)
    }
    else if(i == 3)                     //当计数值为 3 时
    {
        P46 = 0;                        //设置 P4.6 为 0(灯亮)
        P47 = 0;                        //设置 P4.7 为 0(灯亮)
    }
    i = i + 1;                          //i 递增
}

void main()
{
    IT0 = 1;                            //只允许下降沿触发
    EX0 = 1;                            //允许外部中断 0
```

```
    EA = 1;                               //CPU 允许响应中断
    while(1);                             //无限循环
}
```

(6) 编译并下载设计到 STC 单片机中。

**思考与练习**

14-8 在 STC 提供的学习板上，找到并按 SW17 键多次，查看 LED9 和 LED10 上的显示结果和设计要求是否一致。

14-9 进入硬件仿真模式，在主程序和中断程序中设置断点，查看当外部按键按下触发中断时，程序运行的原理以及寄存器和堆栈的变化情况。

# 第 15 章 STC 单片机 C 语言预处理指令

CHAPTER 15

μVision 中提供了预处理器，用于预先处理源文件中的一些文本，然后通过 C51 编译器再编译成机器语言和目标代码。预处理是编译器最先执行的行为，其目的是在对源文件进行编译之前代替或者插入一些其他的文本到源文件中。

大多数预处理器功能都需要在源代码中通过预处理命令进行激活。预处理命令以符号"#"开头。

对于预处理器来说，它执行下面的行为：

(1) 通过一个空格，代替每个 C 语言注释。

(2) 将每行末尾的连接符"\"去掉，并将其断开的部分连接在一起，用于编译。

(3) 使用预定义的文本代替预定义的宏名字。

除了这些操作外，C51 编译器支持更多的预处理器操作，包括：

(1) 头文件；

(2) 宏；

(3) 条件编译。

**注**：如果遇到预编译器问题，则可以让编译器生成预处理器文件，该文件给出了预处理器的输出。

## 15.1 文件包含

由预处理器包含并处理头文件或者包含文件。它们提供一个便捷的方式，用于在一个复杂的软件程序设计中，说明全局变量、函数原型、常数和宏定义。文件包含命令的格式为

```
#include<文件名>
```

或者

```
#include"文件名"
```

**注**：(1) 双引号表示先在程序源文件所在目录查找，如果未找到则去系统默认目录查找，通常用于包含程序作者编写的头文件。

(2) 尖括号表示只在系统默认目录或者括号内的路径查找，通常用于包含系统中自带的头文件。

通过该命令，使得 C 预处理器包含在编译中所指定文件的内容。然后，再继续处理当

前文件的剩余内容。#include 命令用于指定两种不同类型的头文件或包含文件，即系统头文件和用户头文件。在前面已经多次使用了 #include "stdio.h"和 #include "reg51.h"包含头文件。

在安装路径的\INC 文件夹下，包含系统头文件，它们是 Keil 集成开发环境的一部分，不能被修改。当指定了系统头文件时，编译器按顺序在下面的文件夹中查找头文件：

（1）由 INCDIR 命令指定的路径；

（2）由 C51INC 环境变量指定的路径。

对于程序员创建的包含文件，可以保存在计算机的任何地方，当指定了用户头文件时，计算机按下面的顺序寻找文件夹：

（1）当前文件夹；

（2）源文件夹；

（3）由 INCDIR 命令指定的路径；

（4）由 C51INC 环境变量指定的路径。

**注：**（1）包含文件的扩展名通常为.h，用于表示该文件为头文件。

（2）典型地，包含文件只包含变量声明（不是定义）、宏定义和特殊功能寄存器 SFR 的定义。

（3）包含文件可以包含变量定义。然而，程序员必须确认在当前的工程中，一个文件只包含在一个 C 文件中。否则，在同一个时刻可能定义了多个变量，这样会导致链接器报错。建议在包含文件中不要定义变量或者函数。

（4）可以在包含文件开始或者结束一个函数，也可能将函数和变量定义放在包含文件中。当可能发生这些事情时，会让人感到混淆，因此这样做并不是一个很好的编程习惯。

### 15.1.1 包含用户头文件

**【例 15-1】** 包含用户头文件的例子。

读者可以进入本书提供资料\stc_program_example\例 15-1 目录下，打开并参考该设计。在该例中，定义了 max.c 文件和 max.h 文件，通过文件包含预处理命令将这两个文件集成到当前设计中，包含文件的步骤包括：

（1）在当前工程下，建立一个名字为 top.uvproj 的工程；

（2）新建一个名字为 max.c 的 C 源文件，并在该文件中添加如下设计代码。

**代码清单 15-1(1) max.c 文件**

```
int max(int x, int y)                    //两个数中,求取最大值
{
    if (x>y) return x;
    else return y;
}

int min(int x, int y)                    //两个数中,求取最小值
{
    if (x<y) return x;
    else return y;
}
```

```
float avg(int x,int y)                    //求取两个数的平均值
{
    return((x + y)/2.0);
}
```

(3) 保存该文件。

(4) 新建一个名字为 max.h 的文件,并在该文件中添加如下设计代码。

**代码清单 15-1(2)　max.h 文件**

```
int i = 11,j = 100;                       //定义两个全局整型变量
int max(int x,int y);                     //声明 max 函数类型
int min(int x,int y);                     //声明 min 函数类型
float avg(int x,int y);                   //声明 avg 函数类型
```

(5) 保存该文件。

(6) 新建一个名字为 main.c 的文件,并在该文件中添加如下设计代码。

**代码清单 15-1(3)　main.h 文件**

```
#include "stdio.h"
#include "reg51.h"
#include "max.h"                          //包含自定义头文件

int main()
{
    int k,l;                              //定义两个整型变量 k 和 j
    float m;                              //定义一个浮点变量 m
    SCON = 0x52;                          //初始化串口
    TMOD = 0x20;
    TCON = 0x69;
    TH1  = 0xF3;
    k = max(i,j);                         //调用 max 函数
    l = min(i,j);                         //调用 min 函数
    m = avg(i,j);                         //调用 avg 函数
    printf("max value = %d\n",k);         //打印值 k
    printf("min value = %d\n",l);         //打印值 l
    printf("avg value = %f\n",m);         //打印值 m
    return 0;
}
```

(7) 保存该文件。

(8) 对该文件进行建立(build)处理。

(9) 进入调试器模式,按 F5 键。打开 UART #1 窗口界面,显示如下信息,如图 15.1 所示。

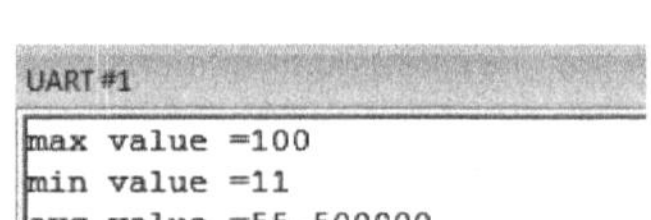


图 15.1　UART #1 窗口内打印的信息

### 15.1.2 包含系统头文件

前面已经提到系统头文件保存在安装路径\KEIL\C51\INC 文件夹下。这些文件包含了常数和宏定义、类型定义和函数原型。

**1. SFR 定义**

C51 编译器提供了大量的包含文件，该文件中包含了 sfr、sfr16 和 sbit 定义，这些定义用于不同 8051 单片机的特殊功能寄存器声明。这些文件保存在\KEIL\C51\INC 文件夹和子文件夹下。

典型地，SFR 定义文件使用 reg 前缀作为文件的开头。例如，用于 8051 单片机的 SFR 定义文件名字为 reg51. h。

**2. absacc. h 头文件**

该头文件包含了宏定义，允许程序员直接访问 8051 不同的存储器区域，如表 15. 1 所示。

**表 15. 1 宏定义及功能(部分)**

| 宏定义 | 功 能 |
|---|---|
| CBYTE | 用于访问 8051 程序存储器中单个的字节 |
| CWORD | 用于访问 8051 程序存储器中单个的字 |
| DBYTE | 用于访问 8051 内部 data 和 idata 存储器中单个的字节 |
| DWORD | 用于访问 8051 内部 data 和 idata 存储器中单个的字 |
| PBYTE | 用于访问 8051 外部数据存储器一页内单个的字节 |
| PWORD | 用于访问 8051 外部数据存储器一页内单个的字 |
| XBYTE | 用于访问 8051 外部数据存储器内单个的字节 |
| XWORD | 用于访问 8051 外部数据存储器内单个的字 |

**【例 15-2】** 使用 absacc. h 头文件中宏定义的例子。

**代码清单 15-2 main. c 文件**

```
#include "absacc.h"
int main()
{
    int a = 100,b;
    volatile long int c = 18961896,d;
    DWORD[0x70] = a;
    b = DWORD[0x70];
    XWORD[0X201] = c;
    XWORD[0X200] = c >> 16;
    d = ((long int)XWORD[0x200]<< 16) + XWORD[0x201];
    return 1;
}
```

**注**：(1) []内的数字为索引号，对于 DBYTE 而言，其索引号的范围为 0～255；对于 DWORD 来说，其索引号的范围为 0～127；对于 XBYTE 而言，其索引号的范围为 0～65 535；对于 XWORD 而言，其索引号的范围为 0～32 767。

(2) 索引号并不总是和物理地址相同，当使用 DBYTE 或 XBYTE 时，索引号和物理地址是相同的；当使用 DWORD 或 XWORD 时，物理地址是索引号的值×2。

读者可以进入到本书所提供资料的 stc_program_example\例 15-2 目录下，在 Keil μVision5 集成开发环境下打开该设计，并进入调试器模式，按 F5 键。打开 Memory 1 窗口界面。

**思考与练习**

15-1　分析例子 15-2 给出的设计代码并回答下面的问题：

(1) XWORD[0x200]，所对应的存储器类型________，其物理地址________。

(2) DWORD[0x70]，所对应的存储器类型________，其物理地址________。

(3) 说明长整型变量 d 的计算过程。

### 3. assert.h 头文件

该头文件定义了 assert 宏，程序员可以用该宏在应用程序中创建一个测试条件。定义格式为

```
void assert(expression);
```

其中，expression 为测试条件表达式，如果表达式为 false 时，使用 printf 语句打印诊断信息。

**【例 15-3】** 使用 assert.h 头文件中宏定义的例子。

**代码清单 15-3　main.c 文件**

```
#include "assert.h"
#include "reg51.h"
int main()
{
    int a;                              //定义整型变量 a
    char b;                             //定义字符变量 b
    SCON = 0x52;                        //初始化串口
    TMOD = 0x20;
    TCON = 0x69;
    TH1 = 0xF3;
    assert(sizeof(a) == sizeof(b));     //判断变量 a 和变量 b 的类型是否一致
    return 1;
}
```

读者可以进入到本书所提供资料的 stc_program_example\例 15-3 目录下，在 Keil μVision5 集成开发环境下打开该设计并进入调试器模式。打开 UART #1 窗口界面。当单步运行完程序后，可以看到 UART #1 窗口中打印下面的信息，如图 15.2 所示。

图 15.2　UART #1 窗口内打印的 assert 信息

### 4. ctype.h 头文件

该头文件包含了用于程序的定义和原型，这些程序用于区分 ASCII 字符以及实现字符的转换，其函数功能如表 15.2 所示。

**表 15.2 ctype.h 头文件内的函数及功能**

| 函数 | 功 能 |
|---|---|
| isalnum | 判断是否为一个文字数字字符('a'～'z','A'～'Z','0'～'9') |
| isalpha | 判断是否为一个文字字符('a'～'z','A'～'Z') |
| iscntrl | 判断是否为一个控制字符(0x00-0x1F 或者 0x7F) |
| isdigit | 判断是否为一个数字字符( '0'～'9') |
| isgraph | 判断是否为一个可打印字符(0x21～0x7E),但不包括空格(' ') |
| islower | 判断是否为一个小写字符('a'～'z') |
| isprint | 判断是否为一个可打印字符(0x20～0x7E) |
| ispunct | 判断是否为一个标点符号字符 |
| isspace | 判断是否为一个空白字符(0x09～0x0D 或者 0x20) |
| isupper | 判断是否为一个大写字符('A'～'Z') |
| isxdigit | 判断是否为一个十六进制数字('a'～'f','A'～'F', '0'～'9') |
| toascii | 转换为一个 7 位的 ASCII 字符 |
| toint | 将十六进制的字符转换成对应的十六进制数 |
| tolower | 转换为小写字符 |
| _tolower | 是 tolower 的宏版本,当知道字符一定是大写字母时,就可以使用_tolower |
| toupper | 转换为大写字符 |
| _toupper | 是 toupper 的宏版本,当知道字符一定是小写字母时,就可以使用_toupper |

**【例 15-4】** 使用 ctype.h 头文件中函数的例子。

**代码清单 15-4 main.c 文件**

```
#include "ctype.h"
#include "reg51.h"
#include "stdio.h"
int main()
{
    unsigned char i;
    SCON = 0x52;                    //初始化串口
    TMOD = 0x20;
    TCON = 0x69;
    TH1 = 0xF3;
    for(i = 0;i <= 255;i++)         //循环 ASCII 范围 0～255
    {
        if(isalnum(i) == 1)         //判断是否为数字文字字符,如果是则打印相关提示信息
            printf(" %x is ASCII value of alphanumeric character \n",(unsigned int)i);
        else                        //如果不是数字文字字符,则打印其他提示信息
            printf(" %x is not ASCII value of alphanumeric character\n",(unsigned int)i);
        if(islower(i) == 1)         //判断是否为小写字母字符,如果是则打印转换完的大写字母
            printf(" %c is uppercase character of %c\n", _toupper(i),i);
        if(i == 255) break;         //如果 i 等于 255,则退出循环
    }
    return 0;
}
```

读者可以进入到本书所提供资料的 stc_program_example\例 15-4 目录下,在 Keil μVision5 集成开发环境下打开该设计并进入调试器模式。打开 UART #1 窗口界面。当

单步运行完程序后，可以看到 UART ＃1 窗口中打印下面的信息，如图 15.3 所示。

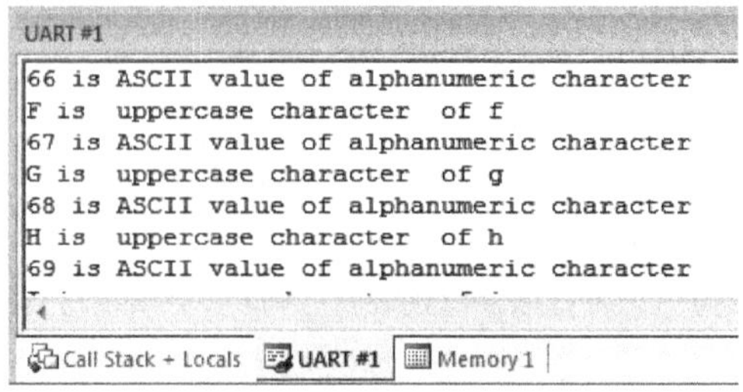


图 15.3 UART ＃1 窗口内打印的字符判断信息

**5. float.h 头文件**

该头文件中显式定义了常量，用于表示实现浮点数所定义的属性，也就是所给予名字的特殊常量，可以在不同的平台和系统上将该常量定义成不同的值。这样可以增加可读性，且便于维护，如表 15.3 所示。

**表 15.3 定义常数和描述**

| 定义的常数 | 描　　述 |
|---|---|
| DBL_DIG | double 类型，以十进制表示的精度 |
| DBL_EPSILON | double 类型中最小的 n，例如：1.0＋n！＝1.0 |
| DBL_MANT_DIG | 基于 DBL_RADIX，double 类型中尾数的个数 |
| DBL_MAX | double 类型中可表示最大有限的数 |
| DBL_MAX_10_EXP | 最大的整数值，例如：$10^n$是 double 类型中一个有限可表示的数 |
| DBL_MAX_EXP | 最大的整数值，例如：DBL_RADIX$^{n-1}$是 double 类型中一个有限可表示的数 |
| DBL_MIN | 最小量化的值，double 类型中表示有限的数 |
| DBL_MIN_10_EXP | 最小的整数值，例如：$10^n$是 double 类型中一个量化有限的数 |
| DBL_MIN_EXP | 最小的整数值，例如：DBL_RADIX$^{n-1}$是 double 类型中一个量化有限的数 |
| DBL_RADIX | 所有 double 类型的基数 |
| DBL_ROUNDS | 用于表示 double 操作当前所使用的四舍五入的模式，即：<br>(1) －1 表示不确定<br>(2) 0，向 0(C51 编译器默认模式)<br>(3) 1，向最近可以表示的值<br>(4) 2，向正无穷大<br>(5) 3，向负无穷大 |
| FLT_DIG | float 类型，以十进制表示的精度 |
| FLT_EPSILON | float 类型中最小的 n，例如：1.0＋n！＝1.0 |
| FLT_MANT_DIG | 基于 FLT_RADIX，float 类型中尾数的个数 |
| FLT_MAX | float 类型中可表示最大有限的数 |
| FLT_MAX_10_EXP | 最大的整数值，例如：$10^n$是 float 类型中一个有限可表示的数 |
| FLT_MAX_EXP | 最大的整数值，例如：FLT_RADIX$^{n-1}$是 float 类型中一个有限可表示的数 |
| FLT_MIN | 最小量化的值，float 类型中表示有限的数 |
| FLT_MIN_10_EXP | 最小的整数值，例如：$10^n$是 float 类型中一个量化有限的数 |
| FLT_MIN_EXP | 最小的整数值，例如：FLT_RADIX$^{n-1}$是 float 类型中一个量化有限的数 |
| FLT_RADIX | 所有 float 类型的基数 |

续表

| 定义的常数 | 描　　述 |
|---|---|
| FLT_ROUNDS | 用于表示 float 操作当前所使用的四舍五入的模式，即：<br>(1) －1 表示不确定<br>(2) 0，向 0(C51 编译器默认模式)<br>(3) 1，向最近可以表示的值<br>(4) 2，向正无穷大<br>(5) 3，向负无穷大 |
| LDBL_DIG | long double 类型，以十进制表示的精度 |
| LDBL_EPSILON | long double 类型中最小的 n，例如：1.0＋n!＝1.0 |
| LDBL_MANT_DIG | 基于 LDBL_RADIX，long double 类型中尾数的个数 |
| LDBL_MAX | long double 类型中可表示最大有限的数 |
| LDBL_MAX_10_EXP | 最大的整数值，例如：$10^n$是 long double 类型中一个有限可表示的数 |
| LDBL_MAX_EXP | 最大的整数值，例如：$LDBL_RADIX^{n-1}$是 long double 类型中一个有限可表示的数 |
| LDBL_MIN | 最小量化的值，long double 类型中表示有限的数 |
| LDBL_MIN_10_EXP | 最小的整数值，例如：$10^n$是 long double 类型中一个量化有限的数 |
| LDBL_MIN_EXP | 最小的整数值，例如：$LDBL_RADIX^{n-1}$是 long double 类型中一个量化有限的数 |
| LDBL_RADIX | 所有 long double 类型的基数 |
| LDBL_ROUNDS | 用于表示 long double 操作当前所使用的四舍五入的模式，即：<br>(1) －1 表示不确定<br>(2) 0，向 0(C51 编译器默认模式)<br>(3) 1，向最近可以表示的值<br>(4) 2，向正无穷大<br>(5) 3，向负无穷大 |

**6. intrins.h 头文件**

该头文件包含了函数的原型，用于引导编译器生成内联的代码。该头文件的函数如表 15.4 所示。

**表 15.4　intrins.h 头文件函数及功能**

| 函数 | 功　　能 |
|---|---|
| _chkfloat_ | 用于检查浮点数的状态。返回值：0 表示标准的浮点数；1 表示浮点值 0；2 表示向上溢出；3 表示向下溢出；4 表示不是一个数，错误状态 |
| _crol_ | 将一个无符号字符 c 循环左移 b 位，原型_crol_(unsigned char c, unsigned char b) |
| _cror_ | 将一个无符号字符 c 循环右移 b 位，原型_cror_(unsigned char c, unsigned char b) |
| _irol_ | 将一个无符号整数 i 循环左移 b 位，原型_irol_(unsigned int i, unsigned char b) |
| _iror_ | 将一个无符号整数 i 循环右移 b 位，原型_iror_(unsigned int i, unsigned char b) |
| _nop_ | 在程序中插入 NOP 指令。该指令可以暂停一个 CPU 周期 |
| _pop_ | 在程序中插入 POP 指令，用于从堆栈中恢复 SFR 的内容 |
| _push_ | 在程序中插入 PUSH 指令，用于将 SFR 的内容保存到堆栈中 |
| _testbit_ | 在程序中产生一条 JBC 指令，用来模拟对比特位 b 的测试，并将其清零 |

【例 15-5】 使用 intrins.h 头文件中函数的例子。

**代码清单 15-5 main.c 文件**

```
#include "intrins.h"
#include "reg51.h"
#include "stdio.h"
int main()
{
    unsigned char c = 0x47;                           //定义无符号的字符变量 c
    unsigned int a = 0x6002;                          //定义无符号的整型变量 a
    float b = 1.01e128;                               //定义浮点变量 b
    SCON =  0x52;                                     //初始化串口
    TMOD  =  0x20;
    TCON  =  0x69;
    TH1  =  0xF3;
    //打印字符变量 c 循环左移 4 位后的结果
    printf("value of char rotated left is %x\n",(unsigned int)_crol_(c,4));
    //打印整型变量 a 循环右移 6 位后的结果
    printf("value of int rotated right is %x\n",(unsigned int)_iror_(a,6));
    _nop_();                                          //插入 NOP 指令
    ACC = 30;                                         //累加器 ACC 赋初值 30
    _push_(ACC);                                      //累加器 ACC 的内容入栈
    printf("ACC value is %d\n",(unsigned int)ACC);    //打印入栈前 ACC 的结果
    ACC = ACC + 1;                                    //累加器 ACC 的内容递增 1
    printf("ACC value is %d\n",(unsigned int)ACC);    //打印累加器 ACC 的结果
    _pop_(ACC);                                       //恢复递增前 ACC 累加器的内容
    printf("ACC value is %d\n",(unsigned int)ACC);    //打印递增前 ACC 累加器的内容
    switch(_chkfloat_(b))                             //判断浮点数 b 的状态
        {
            case 0 : printf("standard floating - point number\n");break;
            case 1 : printf("floating - point value 0\n");break;
            case 2 : printf("postive overflow\n");break;
            case 3 : printf("negative overflow\n");break;
            case 4 : printf("not a number\n");break;
        }
    return 1;
}
```

读者可以进入到本书所提供资料的 stc_program_example\例 15-5 目录下，在 Keil μVision5 集成开发环境下打开该设计并进入调试器模式。打开 UART ＃1 窗口界面。当单步运行完程序后，可以看到 UART ＃1 窗口中打印下面的信息，如图 15.4 所示。

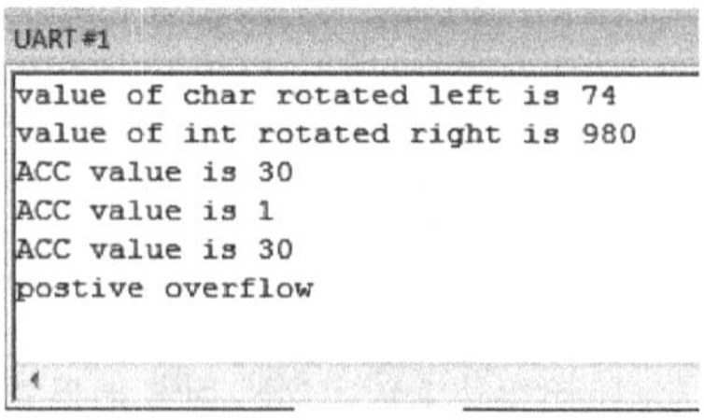


图 15.4 UART ＃1 窗口内打印调用函数的信息

**7. intrins.h 头文件**

该头文件显式定义了常量，用于表示不同数据类型由具体实现所定义的数据存储限制，如表 15.5 所示。

**表 15.5 定义的常数和功能描述**

| 定义的常数 | 功　能 |
|---|---|
| CHAR_BIT | 一个 char 类型的比特位数 |
| CHAR_MAX | char 类型的最大值 |
| CHAR_MIN | char 类型的最小值 |
| SCHAR_MAX | signed char 类型的最大值 |
| SCHAR_MIN | signed char 类型的最小值 |
| UCHAR_MAX | unsigned char 类型的最大值 |
| SHRT_MAX | short 类型的最大值 |
| SHRT_MIN | short 类型的最小值 |
| USHRT_MAX | unsigned short 类型的最大值 |
| INT_MAX | int 类型的最大值 |
| INT_MIN | int 类型的最小值 |
| UINT_MAX | unsigned int 类型的最大值 |
| LONG_MAX | long 类型的最大值 |
| LONG_MIN | long 类型的最小值 |
| ULONG_MAX | unsigned long 类型的最大值 |

**8. math.h 头文件**

该头文件包含用于浮点数学运算的所有的原型和定义。在这个文件中也包含其他数学函数。该头文件所提供的数学运算函数和功能，如表 15.6 所示。

**表 15.6 math.h 头文件函数及功能**

| 函数 | 功　能 |
|---|---|
| abs | 求整数 val 的绝对值，函数原型：int abs(int val) |
| acos | 计算浮点数 x 的反余弦，函数原型：float acos(float x)；x∈[−1,1] |
| asin | 计算浮点数 x 的反正弦，函数原型：float asin(float x)；x∈[−1,1] |
| atan | 计算浮点数 x 的反正切，函数原型：float atan(float x) |
| atan2 | 计算浮点数 y/x 比值的反正切，函数原型：float atan2(float y,float x) |
| cabs | 计算字符型数据 val 的绝对值，函数原型：char cabs(char val) |
| ceil | 计算大于等于浮点数 val 的最小整数值，函数原型：float ceil(float val) |
| cos | 计算浮点数 x 的余弦值，函数原型：float cos(float x)，x∈[−65535,65535] |
| cosh | 计算浮点数 x 的双曲余弦值，函数原型：float cosh(float x) |
| exp | 计算浮点数 x 的指数函数 $e^x$ 的值，函数原型：float exp(float x) |
| fabs | 计算浮点数 val 的绝对值，函数原型：float fabs(float val) |
| floor | 计算小于等于浮点数 val 的最大整数值，函数原型：float floor(float val) |
| fmod | 该函数返回一个值，与 x 有相同的符号，f 的绝对值小于 y 的绝对值，计算 x/y 的余数，函数原型：float fmod(float x,float y) |
| labs | 计算长整型数 val 的绝对值，函数原型：long labs(long val) |

续表

| 函数 | 功　能 |
|---|---|
| log | 计算浮点数 val 的自然对数值(以 e=2.718 282…为底数),函数原型:float log(float val) |
| log10 | 计算浮点数 val 的普通对数值(以 10 为底数),函数原型:float log10(float val) |
| modf | 该函数将浮点数 vak 分成整数部分和小数部分,函数原型:float modf(float val, float * ip),其中 ip 为整数部分 |
| pow | 该函数计算 $x^y$ 次方,函数原型:float power(float x,float y) |
| sin | 计算浮点数 x 的正弦值,函数原型:float sin(float x),x∈[-65 535,65 535] |
| sinh | 计算浮点数 x 的双曲正弦值,函数原型:float sinh(float x) |
| sqrt | 计算浮点数 x 的平方根,函数原型:float sqrt(float x) |
| tan | 计算浮点数 x 的正切值,函数原型:float tan(float x),x∈[-65 535,65 535] |
| tanh | 计算浮点数 x 的双曲正切值,函数原型:float tanh(float x) |

**【例 15-6】** 使用 math.h 头文件中函数的例子。

**代码清单 15-6　main.c 文件**

```
#include "math.h"
#include "reg51.h"
#include "stdio.h"
int main()
{
    float a,b,c,d,f;                                    //定义浮点变量 a,b,c,d,f
    SCON = 0x52;                                        //初始化串口
    TMOD = 0x20;
    TCON = 0x69;
    TH1 = 0xF3;
    //提示输入两个数,作为复数实部和虚部
    printf("please input two float - point data\n");
    scanf("%f,%f",&a,&b);
    //求复数的模
    printf("calculate mold of complex number is %f\n",sqrt(a * a + b * b));
    //求复数的相角
    printf("calculate angle of comlex number is %f\n",(atan(b/a)/3.1415926) * 180);
    //提示输入一个负的浮点数
    printf("please input a nagative float - point data\n");
    scanf("%f",&c);
    printf("absolute value of %f is %f\n", c, fabs(c)); //求该负浮点数的绝对值
    //求距离该负浮点数最近的整数
    printf("largest integer value that is less than or equal to %f is %f\n",c,floor(c));
    //求该负浮点数的整数部分 d 和小数部分 f
    f = modf(c,&d);
    printf(" the integer part of %f is %f\n",c,d);      //打印浮点数的整数部分
    printf(" the fractional part of %f is %f\n",c,f);   //打印浮点数的小数部分
    return 1;
}
```

读者可以进入到本书所提供资料的 stc_program_example\例 15-6 目录下,在 Keil μVision5 集成开发环境下打开该设计,并进入调试器模式。打开 UART #1 窗口界面。当单步运行完程序后,可以看到 UART #1 窗口中打印下面的信息,如图 15.5 所示。

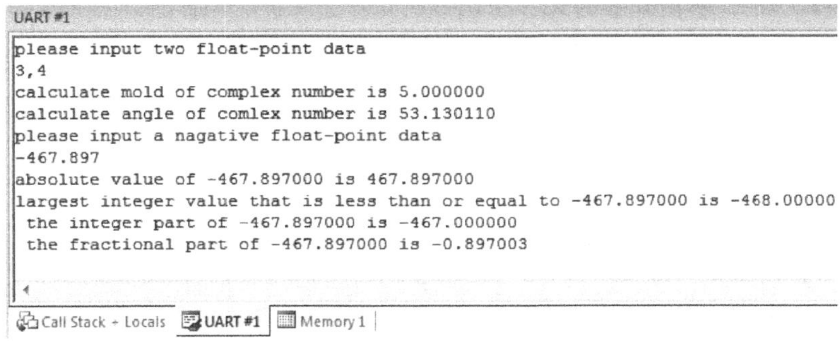


图 15.5 UART #1 窗口内打印调用数学函数的运算结果

**9. rtx51tny.h 头文件**

RTX51 Tiny 操作系统只要求一个包含文件 rtx51tny.h。在这个头文件中定义了用于 RTX51 Tiny 的所有库函数和常数。使用下面的格式在应用程序中包含该头文件：

```
#include <rtx51tny.h>
```

**10. setjmp.h 头文件**

该头文件定义了 jmp_buf 类型以及 setjmp 和 longjmp 函数的原型。

1）jmp_buf 类型

指定了用于 setjmp 和 longjmp 函数的缓冲区，该缓冲区用于保存和恢复现场。jmp_buf 定义如下：

```
typedef char jmp_buf[_JBLEN];
```

用法如下：

```
#include"setjmp.h"
jmp_buf env;                                    //必须声明为全局的
```

2）setjmp 函数

该函数将 CPU 当前的状态保存在 env 中，可以在随后的 longjmp 函数调用中恢复该状态。当一起使用的时候，这两个函数提供一种方法，实现非本地的 goto。

当调用 setjmp 的时候，保存当前的地址和其他 CPU 寄存器，随后的 longjmp 函数调用将恢复指令指针和寄存器，在刚才调用 setjmp 的点上继续执行。

**注：**只有使用 volatile 属性声明时，本地变量和函数才能被恢复。

当已经将当前 CPU 的状态复制到 env 时，setjmp 函数返回值为 0。非零的返回值表示已经执行 longjmp 函数，并返回到 setjmp 函数调用。在这种情况下，返回值是传给 longjmp 函数的值。

3）longjmp 函数

恢复前面保存在 env 中的状态，函数原型为

```
void longjmp(jmp_buf env,int retval);
```

其中，retval 指定返回的值。

**注：**longjmp 和 setjmp 函数通常用于将控制传递到一个错误恢复程序。

【例 15-7】 使用 setjmp. h 头文件中函数的例子。

在设计中通过调用 longjmp 和 setjmp 函数,实现+、-、* 和/四种运算。

**代码清单 15-7　main. c 文件**

```
#include "setjmp.h"
#include "stdio.h"
#include "reg51.h"
jmp_buf buf;                                //声明全局 jmp_buf 类型的变量 buf

void add(int x,int y)                       //add 函数,用于打印两个数相加的结果
{
    printf("%d+%d=%d\n",x,y,(x+y));         //打印两个数相加的结果
    longjmp(buf,1);                         //调用 longjmp,1 为返回值,返回到 setjmp 点
}
void sub(int x,int y)                       //sub 函数,用于打印两个数相减的结果
{
    printf("%d-%d=%d\n",x,y,(x-y));         //打印两个数相减的结果
    longjmp(buf,2);                         //调用 longjmp,2 为返回值,返回到 setjmp 点
}
void mul(int x,int y)                       //mul 函数,用于打印两个数相乘的结果
{
    printf("%d*%d=%d\n",x,y,(x*y));         //打印两个数相乘的结果
    longjmp(buf,3);                         //调用 longjmp,3 为返回值,返回到 setjmp 点
}
void div(int x,int y)                       //div 函数,用于打印两个数相除的结果
{
    printf("%d/%d=%d\n",x,y,(x/y));         //打印两个数相除的结果
    longjmp(buf,4);                         //调用 longjmp,4 为返回值,返回到 setjmp 点
}
int main()
{
    volatile int a=100,b=10;                //声明带有 volatile 属性的两个变量 a 和 b
    SCON= 0x52;                             //初始化串口
    TMOD = 0x20;
    TCON = 0x69;
    TH1 = 0xF3;
    while(1)                                //无限循环
    {
    printf("call setjmp before\n");         //提示调用 setjmp 函数之前
    printf("please two integer number\n");  //提示输入两个整数,用逗号分隔
    scanf("%d,%d",&a,&b);                   //输入两个整数 a 和 b
    switch (setjmp(buf))                    //判断 setjmp 函数的返回值
      {
        case 0:                             //为 0,表示当前 CPU 状态已经被复制到 buf
                add(a,b);                   //调用 add 函数
                break;
        case 1:                             //当调用 longjmp 后,返回 1
                sub(a,b);                   //调用 sub 函数
                break;
        case 2:                             //当调用 longjmp 后,返回 2
                mul(a,b);                   //调用 mul 函数
                break;
        case 3:                             //当调用 longjmp 后,返回 3
```

```
                div(a,b);                            //调用 div 函数
                break;
            default:                                 //当调用 longjmp 后,返回 4
                break;
        }
    }
    return 0;
}
```

读者可以进入到本书所提供资料的 stc_program_example\例 15-7 目录下,在 Keil μVision5 集成开发环境下打开该设计并进入调试器模式。打开 UART ♯1 窗口界面。当单步运行完程序后,可以看到 UART ♯1 窗口中打印下面的信息,如图 15.6 所示。

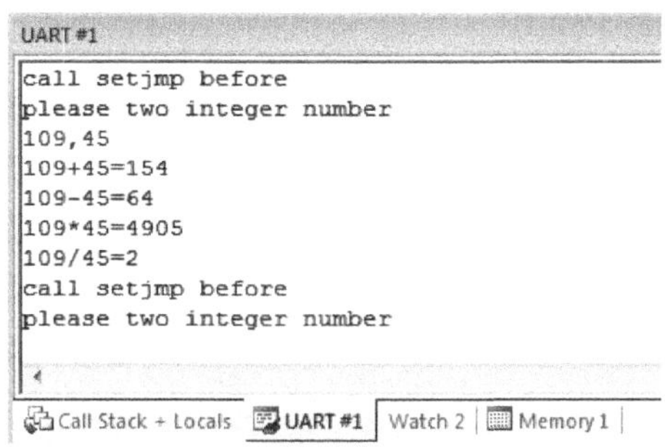


图 15.6　UART ♯1 窗口内打印调用 setjmp 和 longjmp 函数的运算结果

**11. stdarg. h 头文件**

该头文件定义了宏,用于访问那些带有可变长度参量列表的函数参量。

1) va_list

在 stdarg. h 头文件中,定义了 va_list 数组类型,该类型保存了 va_arg 和 va_end 函数中所要求的数据,定义格式为

```
typedef char * va_list;
```

2) va_arg

va_arg 宏用于从 argptr 所引用的可变长度参数列表中提取随后的参数。type 用于说明所要提取参数的数据类型,为每个参数调用一次这个宏,并且必须按照参数列表的顺序进行调用。

第一次调用 va_arg,返回在 va_start 宏中指定 prevparm 后的第一个参数,而随后的调用返回剩余的一系列参数,定义格式为

```
type va_arg(argptr,type);
```

3) va_start

当用在可变长度参数列表的函数中时,va_start 宏为 va_arg 和 va_end 宏,用于随后使用的 prevparm 参数。prevparm 参数是由"…"所表示可选参数前面的函数参数的名字。在使用 va_arg 访问之前,调用 va_start 初始化一个可变长度的参数列表指针,定义格式为

```
void va_start(argptr,prevparm);
```

4) va_end

va_end 宏用于终止 argptr 指向的由 va_start 宏初始化的可变长度参数列表，定义格式为

```
void va_end(argptr);
```

**【例 15-8】** 使用 stdarg. h 头文件中函数的例子。

**代码清单 15-8 main. c 文件**

```
#include "stdio.h"
#include "string.h"
#include "stdarg.h"
#include "reg51.h"

void display_argument(char msg,... )                //定义了一个可变长度参数列表的函数
{
  va_list argp;                                     //定义 va_list 类型的变量 argp
  int argno = 0;                                    //初始化变量 argno 为 0
  char * para;                                      //定义字符型指针 para
  va_start(argp,msg);                               //调用 va_start,初始化可变长度参数列表指针
  while (1)
  {
    para = va_arg(argp,char * );                    //调用 va_arg 宏,提取随后的参数
    if(strcmp(para,"") == 0)                        //如果参数为空,则退出循环
       break;
    printf("Argument %d is: %s\n", argno, para);           //打印参数的顺序和参数的名字
    argno++;
  }
  va_end(argp);                                     //调用 va_end 宏,终止参数列表
}

int main()
{
  SCON = 0x52;                                      //初始化串口
  TMOD = 0x20;
  TCON = 0x69;
  TH1 = 0xF3;
  display_argument("MCU", "This", "is", "STC", "MCU!", "");          //调用可变参数长度函数
  return 0;
}
```

读者可以进入到本书所提供资料的 stc_program_example\例 15-8 目录下，在 Keil μVision5 集成开发环境下打开该设计并进入调试器模式。打开 UART ＃1 窗口界面。当单步运行完程序后，可以看到 UART ＃1 窗口中打印下面的信息，如图 15.7 所示。

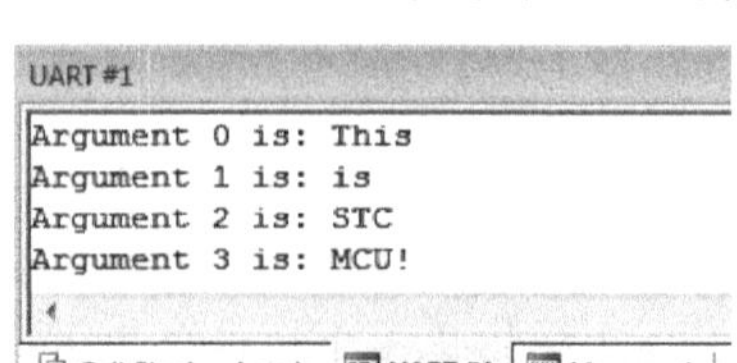


图 15.7 UART ＃1 窗口内打印可变参数长度函数的运行结果

**12. stddef.h 头文件**

该头文件定义了 offsetof 宏，通过该宏可以确定结构体内每个成员的偏移量。在该文件中，也显式定义了 NULL 常数，表示为空。offsetof 宏定义格式为

```
int offsetof(structure,member);
```

**【例 15-9】** stdarg.h 头文件中函数使用的例子。

**代码清单 15-9 main.c 文件**

```
#include "stddef.h"

struct student                              //定义结构体,名字为 student
{
    long int number;                        //长整型变量 number
    char name[10];                          //字符型数组变量 name
    char gender;                            //字符型变量 gender
    int age;                                //整型变量 age
};
typedef struct student stu;                 //自定义类型 stu

int main()
{
    int i,j,k,l;                            //定义四个整型变量 i,j,k 和 l
    i = offsetof(stu,number);               //计算结构体成员变量 number 的偏移
    j = offsetof(stu,name);                 //计算结构体成员变量 name 的偏移
    k = offsetof(stu,gender);               //计算结构体成员变量 gender 的偏移
    l = offsetof(stu,age);                  //计算结构体成员变量 age 的偏移
    return 0;
}
```

读者可以进入到本书所提供资料的 stc_program_example\例 15-9 目录下，在 Keil μVision5 集成开发环境下打开该设计，并进入调试器模式。

**思考与练习**

15-2 在调试器模式下，打开 Watch 1 窗口，查看变量的值，并填写下面空格。

(1) i=________；

(2) j=________；

(3) k=________；

(4) l=________。

**13. stdio.h 头文件**

该头文件包含了用于输入和输出函数的原型和定义，如表 15.7 所示。

**表 15.7 stdio.h 头文件函数和功能**

| 函数 | 功 能 |
|---|---|
| _getkey | 等待从串口接收一个字符，函数原型：char _getkey(void) |
| getchar | 使用_getkey 函数，从输入流中读取一个字符，函数原型：char getchar(void) |
| gets | 调用 getchar 函数，将一行字符读入字符串中，函数原型：char * gets(char * string,int len) |
| printf | 使用 putchar 函数，格式化字符串和数字值，将建立它们，并将它们写到输出流中，函数原型：int printf(const char * fmtstr{,argument…}) |

续表

| 函数 | 功　　能 |
|---|---|
| putchar | 该函数使用串口发送字符 c，函数原型：char putchar(char c) |
| puts | 使用 putchar 函数，将包含换行符'\'的一行字符写到输出流，函数原型：int puts(const char * string) |
| scanf | 使用 getchar 函数，从输入流中读取数据，函数原型：int scanf(const char * mtstr{,arguments…}) |
| sprintf | 格式化字符串和数字，并将它们保存在 buffer 所指向的字符串中，函数原型：int sprintf (char * buffer,const char * fmtstr{,argument….}) |
| sscanf | 从 buffer 指定的字符串中，读取数据，函数原型：int sscanf(char * buffer, const char * fmtstr{,arguments…}) |
| ungetchar | 将字符 c 保存回输入流中，函数原型：char ungetchar(char c) |
| vprintf | 使用 putchar 函数，格式化字符串和数字值，建立它们，并将它们写到输出流中，函数原型：void vprintf(const char * fmtstr, char * argptr) |
| vsprintf | 格式化字符串和数字，并将它们保存在 buffer 所指向的字符串中，函数原型：int vsprintf (char * buffer,const char * fmtstr, char * argptr)<br>**注**：该函数和 sprintf 类似，但是它接受的是指向参数列表的指针，而不是参数列表 |

**【例 15-10】** 使用 stdio.h 头文件中函数的例子。

**代码清单 15-10　main.c 文件**

```
#include "stdio.h"
#include "reg51.h"
#include "ctype.h"

int main()
{
    float a,b;                                  //声明浮点变量 a 和 b
    float c,d;                                  //声明浮点变量 c 和 d
    char a_string[20],b_string[20];             //定义字符数组 a_string 和 b_string
    char key,key1;                              //定义字符变量 key 和 key1
    xdata char c_string[30] = {"34.567 -232.333"}; //定义 xdata 域的字符数组 c_string
    SCON = 0x52;                                //初始化串口
    TMOD = 0x20;
    TCON = 0x69;
    TH1 = 0xF3;
    puts("please input two float-point number"); //提示输入两个浮点数
    scanf("%f,%f",&a,&b);                       //输入两个浮点变量 a 和 b 的值
    sprintf(a_string,"%5.4f",a);                //将变量 a 的值转换成对应的字符串
    sprintf(b_string,"%5.6f",b);                //将变量 b 的值转换成对应的字符串
    printf("a_string = %s\n",a_string);         //打印字符串 a_string 的内容
    printf("b_string = %s\n",b_string);         //打印字符串 b_string 的内容
                                                //从字符串 c_string 中提取浮点变量 c 和
                                                //d 的值
    sscanf(c_string,"%f %f",&c,&d);
    printf("c = %f\n",c);                       //打印浮点变量 c 的值
    printf("d = %f\n",d);                       //打印浮点变量 d 的值
    getchar();                                  //得到输入字符;
    puts("please input one digital digit\n");   //提示输入一个数字
    while(isdigit(key = getchar())){}           //如果输入数字则一直循环,否则退出
    ungetchar(key);                             //将 key 重新返回到输入流中
```

```
    putchar(key);                           //打印 key 所表示的字符
    return 0;
}
```

读者可以进入到本书所提供资料的 stc_program_example\例 15-10 目录下，在 Keil μVision5 集成开发环境下打开该设计并进入调试器模式。打开 UART ♯1 窗口界面。当单步运行完程序后，可以看到 UART ♯1 窗口中打印下面的信息，如图 15.8 所示。

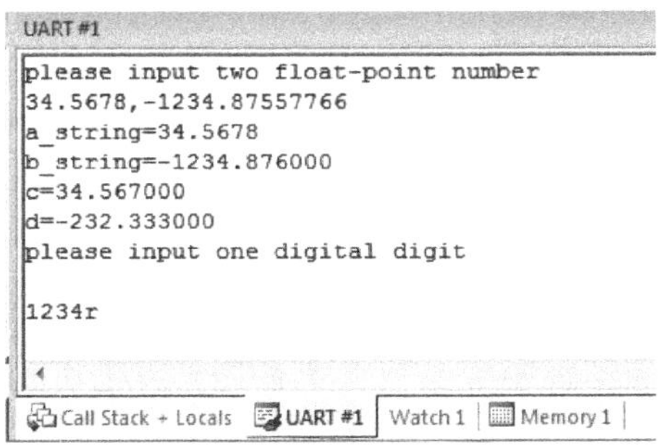


图 15.8　UART ♯1 窗口内调用输入和输出函数的运行结果

**14. stdlib.h 头文件**

该头文件包含了用于类型转换和存储器分配函数的原型和定义，如表 15.8 所示。

**表 15.8　stdlib.h 头文件函数及功能**

| 函数 | 功　　能 |
|---|---|
| abs | 得到整数 val 的绝对值，函数原型：int abs(int val) |
| atof | 将字符串 string 转换成浮点数，函数原型：float atof(char * string) |
| atoi | 将字符串 string 转换成整数，函数原型：int atoi(char * string) |
| atol | 将字符串 string 转换成长整型数，函数原型：long atol(char * string) |
| calloc | 为 num 个元素分配存储器空间，函数原型：void xdata * calloc(unsigned int num, unsigned int len) |
| free | 将存储器块回收到存储器池中，函数原型：void free(void xdata * p) |
| init_mempool | 初始化存储器管理程序，并且提供存储器池的起始地址和大小，函数原型：void init_mempool(void xdata * p, unsigned int size) |
| labs | 得到长整型数 val 的绝对值，函数原型：long labs(long val) |
| malloc | 该函数从存储器池中分配一个存储器块，其长度为 size 字节，函数原型：void xdata * malloc(unsigned int size)<br>**注：在调用 malloc 函数前，必须要调用 init_mempool 函数** |
| rand | 该函数在 0～32 767 之间产生伪随机数，函数原型：int rand(void) |
| realloc | 该函数改变前面分配存储块的大小，函数原型：void xdata * realloc(void xdata * p, unsigned int size) |
| srand | 该函数设置起始值 seed，该值用于让 rand 函数中产生伪随机数 |
| strtod | 将字符串 string 转换成浮点数，函数原型：float strtod(char * string, char ** ptr) |
| strtol | 将字符串 string 转换成有符号长整型数，函数原型：long strtol(char * string, char ** ptr, unsigned char base) |
| strtoul | 将字符串 string 转换成无符号长整型数，函数原型：long strtoul(char * string, char * * ptr, unsigned char base) |

【例 15-11】 使用 stdlib 头文件中产生伪随机数的例子。

**代码清单 15-11　main. c 文件**

```
#include "stdlib.h"
#include "stdio.h"
#include "reg51.h"

int main()
{
    int i,r;                                              //定义两个整型变量 i 和 j
    SCON = 0x52;                                          //初始化串口
    TMOD = 0x20;
    TCON = 0x69;
    TH1 = 0xF3;
    srand(100);                                           //设置产生伪随机数的开始值
    for(i = 0;i < 100;i++)
      printf("pseudo - random number is %d\n",rand());//打印生成的 100 个伪随机数
    return 0;
}
```

读者可以进入到本书所提供资料的 stc_program_example\例 15-11 目录下，在 Keil μVision5 集成开发环境下打开该设计并进入调试器模式。打开 UART #1 窗口界面，直接运行完程序后，可以看到 UART #1 窗口中打印出的伪随机数信息。

【例 15-12】 stdlib 头文件中实现数据转换的例子。

**代码清单 15-12　main. c 文件**

```
#include "stdio.h"
#include "stdlib.h"
#include "reg51.h"

int main()
{
    char s1[] = "12345e - 6";                     //定义字符型数组 s1
    char s2[] = "9876";                           //定义字符型数组 s2
    char s3[] = "12.345 stc hello";               //定义字符型数组 s3
    float f,f1;                                   //定义浮点变量 f 和 f1
    int i;                                        //定义整型变量 i
    char * p;                                     //定义字符型指针 * p
    SCON = 0x52;                                  //初始化串口
    TMOD = 0x20;
    TCON = 0x69;
    TH1 = 0xF3;
    f = atof(s1);                                 //将字符串 s1 转换成对应的浮点数 f
    i = atoi(s2);                                 //将字符串 s2 转换成对应的整数 i
    f1 = strtod(s3,&p);                           //从字符串中提取浮点数 f1 和指向字符串的首地
                                                  //址 &p
    printf("ATOF(\"%s\") = %f\n",s1,f);           //打印字符串 s1 对应的浮点数 f
    printf("ATOI(\"%s\") = %d\n",s2,i);           //打印字符串 s2 对应的整数 i
    printf("strtod(\"%s\") = %f\n",s3,f1);        //打印字符串 s3 对应的浮点数 f1
    while( * p!= NULL)                            //打印指针 * p 所指向的字符串
    {
        printf("%c", * p);
```

```
        p++;
    }
       putchar('\n');                  //打印换行符
    return 0;
}
```

读者可以进入到本书所提供资料的 stc_program_example\例 15-12 目录下，在 Keil μVision5 集成开发环境下打开该设计并进入调试器模式。打开 UART ♯1 窗口界面，直接运行完程序后，可以看到 UART ♯1 窗口中打印出的信息，如图 15.9 所示。

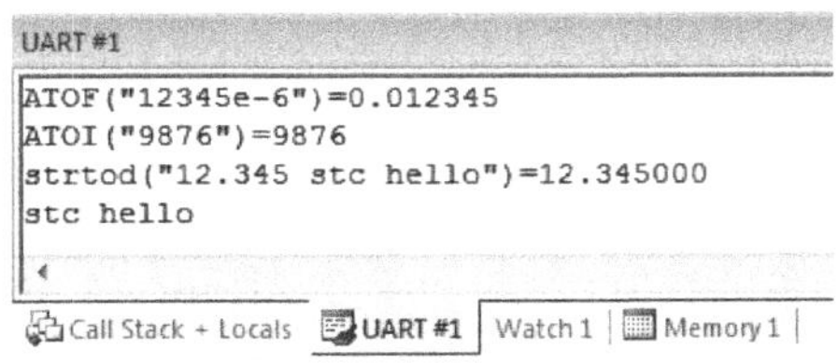


图 15.9 UART ♯1 窗口内打印数据转换的结果

**【例 15-13】** 使用 stdlib 头文件实现动态分配存储器空间的例子。

**代码清单 15-13 main. c 文件**

```
#include "stdlib.h"

unsigned int xdata malloc_mempool[0x1000];              //定义全局的缓冲池大小
int main()
{
    int i;
    xdata int *p;
    init_mempool(&malloc_mempool,sizeof(malloc_mempool));//初始化存储器池
    p = malloc(200);                                    //分配 100 个字的存储块长度长度
    for(i = 0;i < 100;i++)                              //写 100 个数到该存储器块
     {
         *p = i;
        p++;
     }
    free(p);                                            //释放存储块
    return 0;
}
```

读者可以进入到本书所提供资料的 stc_program_example\例 15-13 目录下，在 Keil μVision5 集成开发环境下打开该设计并进入调试器模式。打开 UART ♯1 窗口界面，调试运行完程序。

**思考与练习**

15-3 分析例子 15-13，并回答下面的问题：

(1) init_mempool 函数的作用是________________。

(2) 所分配存储器块的首地址为________________。

(3) free 函数的作用是____________________。

**15. string. h 头文件**

该头文件包含了用于字符串和缓冲区操作函数的原型，如表 15.9 所示。

表 15.9　string.h 头文件函数及功能

| 函数 | 功　　能 |
|---|---|
| memccpy | 将 0 个或者多个字符从 src 复制到 dest。当遇到字符 c 或者已经复制了 len 个字节时，停止复制操作，函数原型：void * memccpy(void * dest, void * src, char c, int len) |
| memchr | 在长度为 len 个字节的缓冲区 buf 中查找字符 c，函数原型：void * memchr(void * buf, char c, int len) |
| memcmp | 比较长度为 len 个字节的缓冲区 buf1 和 buf2 中的内容，函数原型：char memcmp(void * buf1, void * buf2, int len) |
| memcpy | 将 len 个字节从 src 复制到 dest，函数原型：void * memcpy(void * dest, void * src, int len) |
| memmove | 将 len 个字节从 src 复制到 dest，函数原型：void * memmove(void * dest, void * src, int len) |
| memset | 用字符 c 填充缓冲区 buf 内的 len 个字节，函数原型：void * memset(void * buf,char c, int len) |
| strcat | 将 src 指向的字符串添加到 dst 的末尾，函数原型：char * strcat(char * dst, char * src) |
| strchr | 在字符串 string 中查找出现的第一个字符 c，函数原型：char * strchr(const char * string, char c) |
| strcmp | 比较字符串 string1 和 string2 的内容，函数原型：char strcmp(char * string1, char * string2) |
| strcpy | 将字符从 src 复制到 dst，函数原型：char * strcpy(char * dst, char * src) |
| strscpn | 在 src 中查找 set 所指定的任何字符，函数原型：int strcspn(char * src,char * set) |
| strlen | 计算 src 所指向字符串的长度(不包含结束符)，函数原型：int strlen(char * src) |
| strncat | 将 src 所指向字符串的 len 长度的字符添加到 dst 的末尾，函数原型：char * strncat(char * dst, char * src, int len) |
| strncmp | 比较 string1 和 string2 中 len 长度字节的字符，函数原型：char strncmp(char * string1, char * string2, int len) |
| strncpy | 将 src 中最多 len 个字符复制到 dst 中，函数原型：char * strncpy(char * dst, char * src, int len) |
| strpbrk | 在字符串 string 中，寻找第一个出现的在 set 设置内所包含的字符，返回的指针指向第一个出现的在 set 内设置的字符，函数原型：char * strpbrk(char * string, char * set) |
| strpos | 在字符串 string 中，寻找出现第一个字符 c 的位置，函数原型：int strpos(const char * string, char c) |
| strrchr | 在字符串 string 中，寻找最后一个出现的字符 c，返回指针，函数原型：int strrchr(const char * string, char c) |
| strrpbrk | 在字符串 string 中，寻找最后一个出现的由 set 设置的字符，函数原型：char * strrpbrk(char * string, char * set) |
| strrpos | 在字符串 string 中，寻找最后一个出现的字符 c 的位置，函数原型：int strrchr(const char * string, char c) |
| strspn | 在字符串 string 中，查找没有在 set 字符串中出现的字符，函数原型：int strspn(char * string, char * set) |
| strstr | 在字符串 string 中，查找第一个出现的字符串 sub，返回指向第一个出现字符串第一个字符的指针，函数原型：int char * strstr(const char * src, char * sub) |
| strtok | 将字符串 str 分割成由分割符 set 所分割的一个个片段，函数原型：char * strtok(char * str, const char * set)<br>**注**：当 str 是一个非空的字符串指针时，strtok 函数从字符串的开始查找，并且将指针指向找到的字符串；当 str 为 NULL 指针时，strtok 从所保存指针的开始位置查找 |

**【例 15-14】** 使用 string 头文件实现操作字符串的例子。

**代码清单 15-14 main.c 文件**

```
#include "stdio.h"
#include "string.h"
#include "reg51.h"

int main()
{
    char s1[20] = "stc ";                              //定义字符串 s1
    char s2[20] = "hello";                             //定义字符串 s2
    char s3[] = "I love CHINA";                        //定义字符串 s3
                                                       //定义字符串 s4
    xdata char s4[] = "STC is largest MCU company in the world";
    xdata char s5[50];                                 //定义字符串 s5
    xdata char s6[50];                                 //定义字符串 s6
    char * tok, * tok1, * tok2;                        //定义字符指针 * tok, * tok1 和 * tok2
    int i = 0,j;                                       //定义整型变量 i 和 j
    SCON =  0x52;                                      //初始化串口
    TMOD  =  0x20;
    TCON  =  0x69;
    TH1  =  0xF3;
    strcat(s1,s2);                                     //将字符串 s1 和 s2 进行连接
    puts(s1);                                          //打印连接后的字符串 s1
    j = strlen(s3);                                    //计算字符串 s3 的长度
    printf("the length of \" % s\" is % d\n",s3,j); //打印字符串 s3 的长度值
    printf("each part of \" % s\" is\n",s3);           //提示下面给出 s3 每个片段的信息
    tok = strtok(s3," ");                              //在字符串 s3 中,查找用空格划分的片段
    printf(" % s\n",tok);                              //打印在字符串 s3 中,找到的第一个片段
    while(tok = strtok(NULL," "))                      //在字符串 s3 中,查找剩余的片段
    printf(" % s\n",tok);                              //在不同的行,打印出所找到的片段
    tok1 = strstr(s4,"MCU");                           //在字符串 s4 中,查找一个子串"MCU"
    printf(" % s\n",tok1);                             //打印指针 * tok1 所指向的字符串
//在字符串 s4 中,查找匹配"MCU"字符串中任意字符的第一个字符位置,由 * tok2 指向该位置
    tok2 = strpbrk(s4,"MCU");
    printf(" % s\n",tok2);                             //打印指针 * tok2 所指向的字符串
//将字符串 s4 中长度为 20 个字节的字符复制到字符串 s5 中
    strncpy(s5,s4,20);
    printf(" % s\n",s5);                               //打印字符串 s5
    strcpy(s6,s4);                                     //将字符串 s4 复制到字符串 s6 中
    printf(" % s\n",s6);                               //打印字符串 s6
    return 0;
}
```

读者可以进入到本书所提供资料的 stc_program_example\例 15-14 目录下,在 Keil μVision5 集成开发环境下打开该设计并进入调试器模式。打开 UART #1 窗口界面,直接运行完程序后,可以看到 UART #1 窗口中打印出的信息,如图 15.10 所示。

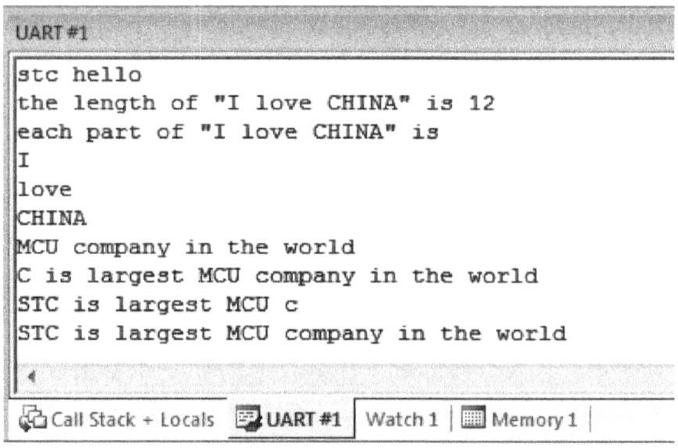


图 15.10 UART #1 窗口内打印操作字符串的结果

### 15.1.3 只包含一次文件

在头文件中通常通过#include命令，包含其他头文件。因此，这种做法通常会使得多次包含一个头文件。如果头文件定义了结构体、typedef或者定义了程序代码或者变量，则编译器会产生错误或者警告信息，即使没有错误，多次包含头文件也比较浪费资源。

避免多次包含一个头文件的标准方法是，使用预处理条件编译命令包含头文件的内容，格式为

```
#ifndef FILENAME_INCLUDED
#define FILENAME_INCLUDED
//以下为头文件的内容

#endif
```

**注**：习惯上，使用“_”符号开始的宏名用于系统文件，而用户文件不使用“_”符号开头。宏名应该包含头文件的名字和额外的文本。

## 15.2 宏定义及使用

C预处理器最有用的一方面就是可以创建和使用宏。通过宏，可以为源代码块分配一个很短的名字。当程序员在源文件中使用宏名字时，预处理器用宏定义中声明的源代码块来替换它。

### 15.2.1 简单的宏定义

简单的宏定义仅仅是简化代码片段，经常将它称为显式声明的常数，这是因为它为一个常数定义了一个名字。

在使用宏之前，必须要用#define命令定义它，定义格式为

```
#define 标识符 常量表达式所确定的常数
```

其中，标识符为宏的名字

【例 15-15】 简单宏定义的例子。

```
#define   PI 3.1415926
#define   R 3.0
#define   L 2 * PI * R
#define   S PI * R * R
```

注：(1) 宏定义必须是单行，如果宏定义需要使用多行时，需要在每行的末尾添加符号"\"。

(2) 习惯上，宏定义的名字为大写字母。

### 15.2.2　复杂的宏定义

在定义复杂宏时，允许使用参数，并且使用这些参数值生成代码片段。使用参数的宏看上去很像函数，但本质是不一样的。对于复杂宏来说，当预处理器展开它的时候，它们仅仅被传递到宏内的文本替换。

类似地，在使用带有参数的宏之前，必须使用#define命令进行定义。定义格式为

```
#define 标识符(参数列表) 表达式
```

其中：

(1) 标识符为复杂宏的名字；

(2) ()内为参数列表，当参数列表内有多个参数时，使用逗号","进行分割。

(3) 标识符和半圆括号"("之间不能有空格。

参数表中的参数是形参，在程序中用实际参数进行替换。

【例 15-16】 复杂宏定义的例子。

```
#define MAX(x,y)   (((x)>(y)) ? (x) : (y))
```

其中：

(1) MAX为宏定义的名字。

(2) (x,y)表示该复杂宏有两个参数x和y。

当在应用程序中使用MAX宏时，它就被文本((x>y)? (x):(y)所替换。如果x和y都是常数时，预处理器就能确定该宏的结果，并且用较大的值来替换它。

例如，一个C语言描述

```
int a = MAX(15,20);
```

预处理器将其扩展为

```
int a = 20;
```

对于一个C语言描述

```
int a = MAX(myval,20);
```

预处理器将其扩展为

```
int a = ((myvar)>(20) ? (myval): (20));
```

注：(1) 传递给宏的参数个数，必须和宏定义中参数的个数一致。

(2) 在宏中多次使用参数,会产生不期望的结果。例如:

```
Maxval = MAX(a + b, func(c));
```

**【例 15-17】** 宏定义的例子。

**代码清单 15-15　main.c 文件**

```
#include "stdio.h"
#include "reg51.h"

#define PI 3.1415926                                          //定义简单宏 PI
#define CIRCLE(R,L,S) L = 2 * PI * R; S = PI * (R) * (R)      //定义带参数的宏 CIRCLE
#define MAX(x,y) (((x)>(y)) ? (x) : (y))                      //定义带参数的宏 MAX
void main()
{
    float r,l,s;                                              //定义浮点变量 r,l 和 s
    int a,b;                                                  //定义整型变量 a 和 b
    SCON = 0x52;                                              //初始化串口
    TMOD = 0x20;
    TCON = 0x69;
    TH1 = 0xF3;
    printf("please input r:\n");                              //提示输入 r 的值
    scanf("%f",&r);                                           //输入浮点变量 r 的值
    printf("please input value of a and b\n");                //提示输入 a 和 b 的值
    scanf("%d,%d",&a,&b);                                     //输入整型变量 a 和 b 的值
    CIRCLE(r,l,s);                                            //调用参数宏 CIRCLE
    printf("\nr = %f\ncirc = %f\narea = %f\n",r,l,s);         //打印变量 r,l 和 s 的值
    printf("a = %d, b = %d, max value is %d\n",a,b,MAX(a,b)); //调用参数宏 MAX,并打印
结果
    while(1);
}
```

读者可以进入到本书所提供资料的 stc_program_example\例 15-17 目录下,在 Keil μVision5 集成开发环境下打开该设计并进入调试器模式,按 F5 按键。打开 UART #1 窗口界面,输入并显示信息,如图 15.11 所示。

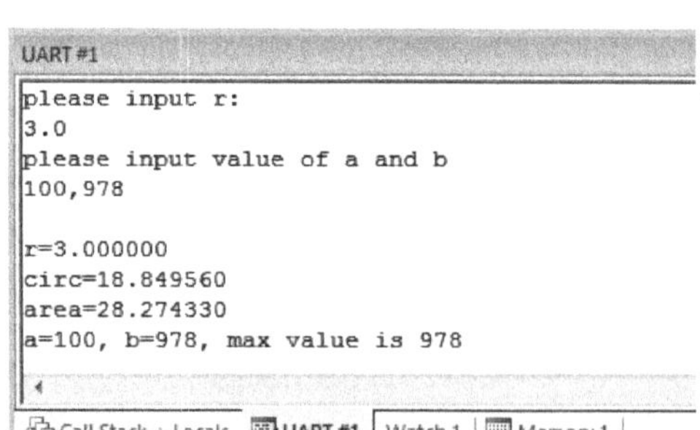


图 15.11　UART #1 窗口内打印调用宏的信息

## 15.2.3　宏操作符

在#define 或者#if 和#elif 预处理器命令中,会用到三种预处理器操作符,包括#、## 和定义的操作符。

**1. stringizer 数字符号操作符(＃)**

当在一个宏定义中,使用符号＃时,将一个宏参数转换为一个字符串常数。该操作符只能用在复杂宏定义中。

当符号＃在宏参数的一个名字前时,参数被传递到宏。宏中用“”括起来的部分作为字符串文字。

**【例 15-18】** 宏操作符＃的例子。

```
#define stringizer(x)   printf(#x"\n")
```

对于一个 C 语言描述:

```
stringizer(text);
```

预处理器的输出为

```
printf("test\n")
```

**2. 标记粘贴操作符＃＃**

在宏定义中使用符号＃＃,用于组合两个参数,它允许将在宏定义中的两个标记组合成一个标记。

当宏定义中＃＃后面跟着宏参数的名字时,宏参数和＃＃符号被所传递的参数值替换。

**【例 15-19】** 宏操作符＃＃的例子。

```
#define tokenpaster(n) printf("token" #n" = %d",token##n);
```

对于一个 C 语言描述:

```
tokenpaster(34);
```

预处理器的输出为

```
printf( %token34 = %d,token34);
```

**3. defined**

预处理器 defined 操作符用在常数表达式中,用于确定是否定义了标识符(由＃define 命令定义)。如果已经定义了指定的标识符,值为真;如果没有定义符号,则指为假。定义格式为

```
defined(标识符)
```

或者

```
defined  标识符
```

**注:** 该标识符只能用在＃if 或者＃elif 命令中。

## 15.2.4 预定义的宏

C51 编译器提供了预定义的常数,如表 15.10 所示,程序员可以在预处理命令和 C 代码中使用预定义的宏创建可移植的程序代码。

**表 15.10 预定义的宏和功能**

| 常数(双下划线) | 功　　能 |
|---|---|
| __C51__ | 编译器的版本号 |
| __CX51__ | 编译器的版本号 |
| __DATE__ | 编译开始的时间,以 ANSI 格式标表示(mouth dd yyyy) |
| __DATE2__ | 编译开始的时间,以短格式标表示(mm/dd/yy) |
| __FILE__ | 正在编译的文件名字 |
| __LINE__ | 当前正在编译文件的行号 |
| __MODEL__ | 存储器模型。0 表示 SMALL; 1 表示 COMPACT; 2 表示 LARGE |
| __TIME__ | 编译开始的时间(格式为 hh:mm:ss) |
| __STDC__ | 定义为 1 表示和 ANSI C 标准完全兼容 |

**【例 15-20】** 使用预定义宏的例子。

**代码清单 15-16 main.c 文件**

```
#include "stdio.h"
#include "reg51.h"

int main()
{
    xdata char a[] = "the compiler of uvison5 is";          //定义字符数组 a
    xdata char b[] = "the time of compiling is ";           //定义字符数组 b
    SCON = 0x52;                                            //初始化串口
    TMOD = 0x20;
    TCON = 0x69;
    TH1 = 0xF3;
    printf("%s %d\n",a,__C51__);                            //调用预定义宏__C51__
    printf("%s %s\n",b,__TIME__);                           //调用预定义宏__TIME__
    return 0;
}
```

读者可以进入到本书所提供资料的 stc_program_example\例 15-20 目录下,在 Keil μVision5 集成开发环境下打开该设计并进入调试器模式,按 F5 键。打开 UART #1 窗口界面,在该界面中显示相关信息,如图 15.12 所示。

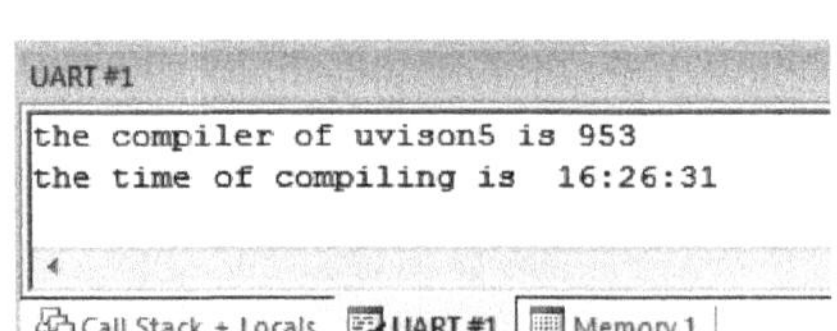


图 15.12 UART #1 窗口内打印调用预定义宏的信息

## 15.3 条件编译

一般情况下,希望对所有的程序行进行编译。但是有时希望在满足一定的条件时才编译其中的一部分内容,这就是条件编译。Keil Cx51 编译器的预处理器提供了三种条件编译格式。

### 1. 条件编译命令格式一

格式：

```
#ifdef 标识符
    程序段 1
#else
    程序段 2
#endif
```

### 2. 条件编译命令格式二

格式：

```
#ifndef 标识符
    程序段 1
#else
    程序段 2
#endif
```

### 3. 条件编译命令格式三

格式：

```
#if 常量表达式 1
    程序段 1
#elif 常量表达式 2
    程序段 2
…
#else
    程序段 n
#endif
```

**【例 15-21】** 条件编译的例子。

**代码清单 15-17 main.c 文件**

```
#include "stdio.h"
#include "reg51.h"

void main()
{
  SCON = 0x52;                                  //初始化串口
  TMOD = 0x20;
  TCON = 0x69;
  TH1 = 0xF3;

    #ifdef SYMBOL                               //如果定义了 SYMBOL
    printf("define SYMBOL in file\n");          //打印定义 SYMBOL 信息
    #else                                       //否则如果没有定义 SYMBOL
      printf("not define SYMBOL in file\n");    //打印没有定义 SYMBOL 信息
    #endif
    while(1);
}
```

读者可以进入到本书所提供资料的 st_program_example\例 15-21 目录下，在 Keil

μVision5 集成开发环境下打开该设计并进入调试器模式，按 F5 键。打开 UART ＃1 窗口界面，显示信息“not define SYMBOL in file”。

下面给出定义 SYMBOL 的两种方法。

1）定义 SYMBOL 方法一

（1）在 main.c 文件中，添加下面一行代码：

```
#define SYMBOL
```

（2）保存 main.c 文件。

（3）建立(build)文件。

（4）进入调试器模式，按 F5 键。

（5）打开 UART ＃1 窗口界面，显示信息“define SYMBOL in file”，如图 15.13 所示。

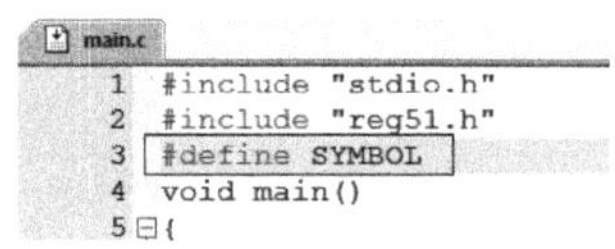


图 15.13　UART ＃1 窗口内打印的条件编译信息

2）定义 SYMBOL 方法二

（1）在当前工程主界面左侧的 Project 窗口内，选择 Target 1 并右击，出现浮动菜单。在浮动菜单内，选择 Options for Target 'Target 1'...。

（2）出现 Options for Target 'Target 1'对话框界面，如图 15.14 所示。在该界面内选择 C51 标签。在该标签窗口中，找到 Preprocessor Symbols（预处理器符号）标题栏。在该标题栏下的 Define：右侧文本框中输入 SYMBOL，然后单击 OK 按钮。

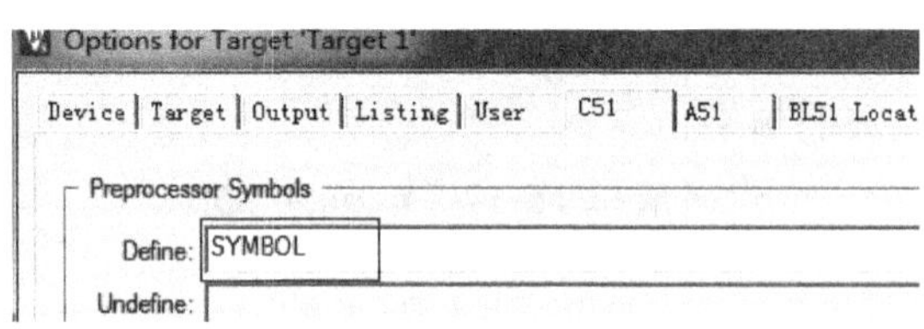


图 15.14　在编译器设置中定义 SYMBOL

（3）重新编译设计。

（4）进入调试器模式，按 F5 键。

（5）打开 UART ＃1 窗口界面，显示信息“define SYMBOL in file”。

## 15.4　其他预处理命令

Keil Cx51 编译器还支持＃error、＃pragma、＃line 和＃message 预处理命令。

### 15.4.1　＃line

该命令用于为源文件的下一行指定一个行号和一个可选的文件名。命令格式为

```
#line 行号{"文件名"}
```

其中：

(1) {}表示可选项。

(2) 文件名用“”包含。

C 源代码可以来自多个源文件。预处理器跟踪行号和文件名，这样 C 编译器就能准确指向引起错误和警告的行，此外它还帮助程序员进行源码级的调试。

**思考与练习**

15-4 读者可以在例 15-21 代码中，加入下面的代码：

```
#line 200 "main.c"
```

并且将 ifdef 改为 ifdeff，重新运行编译，查看错误信息，分析和 #line 命令的关系。

### 15.4.2 #message

该命令使得预处理器在列表文件中给出消息。格式为

```
#message "message"
```

**思考与练习**

15-5 读者可以在例 15-21 代码 main()函数中，加入下面的代码

```
#message "please define SYMBOL"
```

重新运行编译，查看编译器给出的信息，分析与 #message 命令的关系。

### 15.4.3 #error

该命令通常用于条件编译中，以便捕获一些不可预知的编译条件。正常情况下该条件的值为假，如果条件为真，则输出一条由 #error 命令后面字符串给出的错误信息并停止编译。格式为

```
#error"消息"
```

例如：

```
#ifndef  __KEIL__
#error"This code will not work without the Keil Compiler."
#endif
```

### 15.4.4 #pragma

该命令用于在源程序中向编译器传送各种编译控制命令，格式为

```
#pragma  编译命令序列
```

该命令可以控制编译器对程序处理的方法。

例如：

```
#pragma large
```

用于指导编译器在对源代码进行处理时，将存储器模式设置为 LARGE。

# 第 16 章 STC 单片机复杂数据结构

CHAPTER 16

在 C 语言中，除了提供基本数据类型、数组和指针外，还提供了复杂的数据结构，用于将不同类型的数据放在一起。C 语言提供的复杂数据结构包括结构、联合、枚举和链表。

C 语言中的复杂数据结构，尤其是基于结构体的动态链表在数据结构中有着非常重要的应用，通过学习本章内容，掌握复杂数据结构在单片机存储空间的保存形式以及使用方法。

## 16.1 结构

结构是将不同数据类型有序组合在一起而构成的一种数据的集合体。对于结构中的每个数据类型（也称为成员）而言，分别为它们分配了存储空间，其存储空间大小由所声明的数据类型和变量长度共同决定。

### 16.1.1 结构类型的定义

结构类型定义的格式为

```
struct  结构名
{
    结构元素列表
}
```

其中，结构元素列表为不同数据类型的列表。

**【例 16-1】** 结构体的声明例子。

```
struct student{
        char name[30];
        char gender;
        char age;
        long int num;
};
```

### 16.1.2 结构变量的定义

在 C 语言中，提供了两种定义结构变量的方法。

1）在声明结构时定义结构变量

在定义完结构体时，即在符号}的后面，紧接着定义结构变量。

**【例 16-2】** 第一种声明结构体变量的例子。

```
struct student{
        char name[30];
        char gender;
        char age;
        long int;
}stu1,stu2;
```

在该例子中,定义 stu1 和 stu2 是两个结构体类型的变量。

**注**:在该定义格式,还可以进一步简化为

```
struct {
        char name[30];
        char gender;
        char age;
        long int;
}stu1,stu2;
```

2) 在声明结构体后再单独定义结构变量

声明格式为

```
struct 结构名 结构变量 1,结构变量 2,…,结构变量 N
```

在实际使用的时候,如果变量很多,可以将这些变量整合到一个数组内,这样更加方便操作。

**【例 16-3】** 第二种声明结构体变量的例子。

```
struct student stu1,stu2;
```

**注**:只能对结构变量内的元素进行操作,不能对结构内的元素进行操作,即对 stu1,stu2 内的元素操作是合法的,对 student 内的元素操作是非法的。

在 C 语言中,不但可以在声明结构体的时候,直接声明结构变量,还可以同时对结构变量中的每个结构元素进行初始化。

**【例 16-4】** 在定义结构变量的同时初始化结构元素的例子。

```
struct {
    char gender;
    int number;
} a = {'M',20004},b = {'F',20012};
```

### 16.1.3 结构变量内元素的引用

当定义完结构变量后,就可以引用结构变量内的元素。格式为

```
结构变量名.结构元素
```

前面已经提到在 C 语言中,可以在定义完结构后再定义结构变量。当定义完结构变量后,就可以通过引用结构变量内的元素对结构内的元素进行初始化。一种是静态初始化;另一种是动态初始化。

1) 静态初始化

静态初始化是指在声明完结构变量后,直接对结构变量内的元素进行静态赋值。

【例 16-5】 静态初始化结构变量元素的例子。

**代码清单 16-1 main.c 文件**

```
struct {
    char gender;
    int number;
} a,b;
int main()
{
    a.gender = 'M';
    a.number = 13243;
    b.gender = 'F';
    b.number = 12344;
    return 0;
}
```

**注**：对于结构变量内的数组元素初始化，则需要遵循数组元素初始化规则。

读者可以进入到本书所提供资料的 stc_program_example\例 16-4 目录下，在 Keil μVision5 集成开发环境下打开该设计并进入调试器模式，按 F5 键。在 Watch #1 窗口中查看结构体变量 a 和 b 中元素的值。

2）动态初始化

动态初始化就是通过标准输入设备对结构变量内的元素进行初始化。

【例 16-6】 使用结构体的例子。

**代码清单 16-2 main.c 文件**

```
#include "stdio.h"
#include "reg51.h"
struct student{                                         //定义结构体
                char name[30];                          //字符类型数组
                char gender;                            //字符类型数据
                int age;                                //整型数据
                long int num;                           //长整型数据
            };
xdata struct student stu[2];                            //xdata 区定义结构数组变量
int main()
{
    int i;                                              //定义整型变量 i
    SCON = 0x52;                                        //初始化串口
    TMOD = 0x20;
    TCON = 0x69;
    TH1 = 0xF3;
    for(i = 0;i < 2;i++)                                //循环输入结构数组变量元素
     {
        printf("please input stu[ %d].name\n",i);
        scanf(" %s",stu[i].name);                       //输入结构中 name 元素的值
        getchar();
        printf("please input stu[ %d].gender\n",i);
        scanf(" %c",&stu[i].gender);                    //输入结构中 gender 元素的值
        putchar('\n');
        printf("please input stu[ %d].age\n",i);
        scanf(" %d",&stu[i].age);                       //输入结构中 age 元素的值
        printf("please input stu[ %d].num\n",i);
        scanf(" %ld",&stu[i].num);                      //输入结构中 num 元素的值
```

```
    }
    putchar('\n');
    for(i = 0;i < 2;i++)
    {
        printf("the following students information is:\n");
        printf("stu[ % d].name = % s, ",i,stu[i].name);          //输出结构中 name 元素的值
        printf("stu[ % d].gender = % c, ",i,stu[i].gender); //输出结构中 gender 元素的值
        printf("std[ % d].age = % d, ",i,stu[i].age);            //输出结构中 age 元素的值
        printf("std[ % d].num = % ld, ",i,stu[i].num);           //输出结构中 num 元素的值
        putchar('\n');
    }
    return 0;
}
```

读者可以进入到本书所提供资料的 stc_program_example\例 16-6 目录下，在 Keil μVision5 集成开发环境下打开该设计并进入调试器模式，按 F5 键。打开 UART ♯1 窗口界面，在该界面下按照提示信息输入结构元素的值，最后打印所输入结构元素的值，如图 16.1 所示。

```
UART #1
please input stu[0].name
hebin
please input stu[0].gender
m
please input stu[0].age
39
please input stu[0].num
20145
please input stu[1].name
libaolong
please input stu[1].gender
m
please input stu[1].age
24
please input stu[1].num
20147

the following students information is:
stu[0].name=hebin, stu[0].gender=m, std[0].age=39, std[0].num=20145,
the following students information is:
stu[1].name=libaolong, stu[1].gender=m, std[1].age=24, std[1].num=20147,
```

图 16.1 UART ♯1 窗口输入和输出信息窗口

为了使读者更进一步地理解结构体的概念，给出 Watch 1 窗口内的信息，如图 16.2 所示。

Watch 1

| Name | Value | Type |
|---|---|---|
| stu | X:0x000000 stu | array[2] of struct stud... |
| [0] | X:0x000000 &stu | struct student |
| name | X:0x000000 stu[] "hebin" | array[30] of char |
| gender | 0x6D 'm' | char |
| age | 0x0027 | int |
| num | 0x00004EB1 | long |
| [1] | X:0x000025 | struct student |
| name | X:0x000025 "libaolong" | array[30] of char |
| gender | 0x6D 'm' | char |
| age | 0x0018 | int |
| num | 0x00004EB3 | long |
| student | <cannot evaluate> | uchar |
| <Enter expression> | | |

图 16.2 Watch 1 窗口中结构变量

图中可以看出，没有为 student 结构本身分配存储空间，但是为结构变量 stu[0]和 stu[1]分配了空间。其中：

(1) 将结构变量 stu[0]分配到单片机扩展数据区起始地址为 0x000000 的位置。

(2) 将结构变量 stu[1]分配到了单片机扩展数据区起始地址为 0x000025 的位置。

通过查看 stu[0]和 stu[1]在单片机扩展数据区的内容可以更好地理解该数据类型，如图 16.3(a)和图 16.3(b)所示。

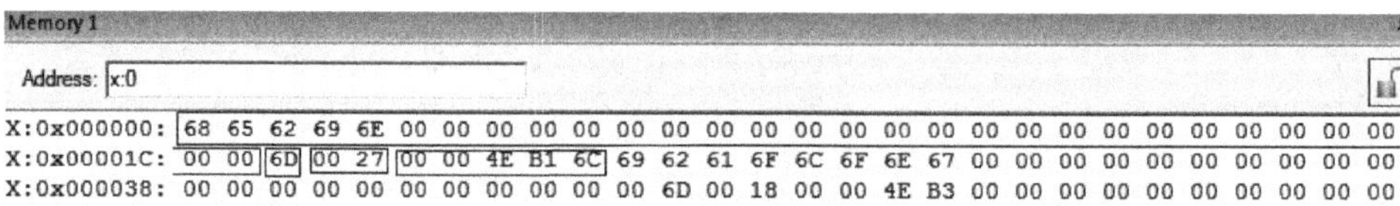


(a) Memory1窗口中结构变量stu[0]的内容

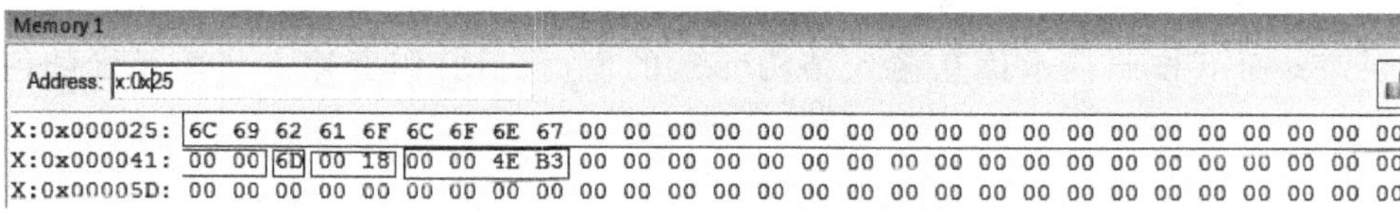


(b) Memory1窗口中结构变量stu[1]的内容

图 16.3　Memory 1 窗口中结构变量 stu[0]和 stu[1]的内容

### 16.1.4　指向结构的指针

在 C 语言中，一个指向结构类型变量的指针称为结构型指针，该指针变量的值是它所指向结构变量的起始地址。结构型指针也可以用来指向结构数组，或者指向结构数组中的元素。定义结构型指针的一般格式为

```
struct 结构类型标识符 *结构指针标识符
```

通过结构型指针引用结构元素的格式为

```
结构指针标识符->结构中的元素
```

**【例 16-7】** 指向结构指针的例子。

**代码清单 16-3　main.c 文件**

```
#include "stdio.h"
#include "reg51.h"
struct student{                                         //声明结构体
              char name[30];
              char gender;
              int age;
              long int num;
          };
xdata struct student stu[2], *p;                        //声明结构数组和指针
int main()
{
  inti;                                                 //定义整型变量 i
  SCON = 0x52;                                          //初始化串口
```

```
    TMOD - 0x20;
    TCON = 0x69;
    TH1 = 0xF3;
    for(i=0;i<2;i++)
      {
          p=&stu[i];                                        //结构指针指向当前数组首地址
          printf("please input stu[%d].name\n",i);
          scanf("%s",&p->name);                             //输入p->name所指向字符串的值
          getchar();
          printf("please input stu[%d].gender\n",i);
          scanf("%c",&p->gender);                           //输入p->gender所指向字符的值
          putchar('\n');
          printf("please input stu[%d].age\n",i);
          scanf("%d",&p->age);                              //输入p->age所指向整数的值
          printf("please input stu[%d].num\n",i);
          scanf("%ld",&p->num);                             //输入p->num所向长整数的值
      }
      putchar('\n');
      for(i=0;i<2;i++)
      {
          p=&stu[i];                                        //结构指针指向当前结构数组首地址
          printf("the following students information is:\n");
          printf("stu[%d].name=%s, ",i,p->name);            //打印p->name所指向字符串的值
          printf("stu[%d].gender=%c, ",i,p->gender);        //打印p->gender所指向字符的值
          printf("std[%d].age=%d, ",i,p->age);              //打印p->age所指向整数的值
          printf("std[%d].num=%ld, ",i,p->num);             //打印p->num所指向长整数的值
          putchar('\n');
      }
      return 0;
}
```

读者可以进入到本书所提供资料的 stc_program_example\例 16-7 目录下,在 Keil μVision5 集成开发环境下打开该设计并进入调试器模式,按 F5 键。打开 UART #1 窗口界面,在该界面下按照提示信息输入结构元素的值,最后打印所输入的结构元素值。

**思考与练习**

16-1 打开 Watch 1 窗口,观察指针随程序运行变化的情况。

## 16.2 联合

在 C 语言中,提供了联合类型的数据结构。在一个联合的数据结构中,可以包含多个数据类型。但是联合并不像结构那样为结构内的每个数据元素单独分配存储空间,联合内的数据类型共享存储空间。这种方法可以分时使用同一个存储空间,因此提高了单片机片内数据存储空间的使用效率。联合类型变量的定义格式为

```
union 联合变量的名字
    {
        成员列表
    }变量列表
```

【例 16-8】 联合数据结构的例子。

**代码清单 16-4 main. c 文件**

```
#include "stdio.h"
#include "reg51.h"
union {                                                //定义联合体
        char data_str[8];                              //定义字符数组
        struct {                                       //定义结构体
                int a;
                int b;
                long int c;

          }data_var;                                   //结构变量的名字
                }shared_information;                   //联合体变量的名字
void main()
{
    int i;                                             //声明整型变量 i
    SCON = 0x52;                                       //初始化串口
    TMOD = 0x20;
    TCON = 0x69;
    TH1 = 0xF3;
    shared_information.data_var.a = 100;               //给结构体整型变量 a 赋值
    shared_information.data_var.b = 1000;              //给结构体整型变量 b 赋值
    shared_information.data_var.c = 100000000;         //给结构体长整型变量 c 赋值
     for(i = 0;i < 8;i++)                              //打印联合体内 data_str 的值
    {
        printf("data[ %d] = %c,\n",i,shared_information.data_str[i]);
     }
    while(1);
}
```

读者可以进入到本书所提供资料的 stc_program_example\例 16-8 目录下，在 Keil μVision5 集成开发环境下打开该设计并进入调试器模式，按 F5 键。打开 Watch 1 窗口界面，在该界面下输入 data_str 和 data_var，如图 16.4 所示。从图中可以看出，data_str 和 data_var 都位于单片机片内数据 RAM 起始地址为 0x22 的位置，共享 8 个字节的片内数据区。

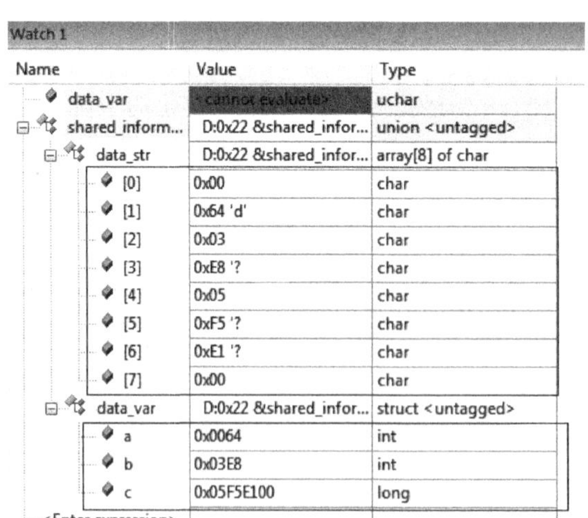


图 16.4 Watch 1 窗口中 data_str 和 data_var 的内容

1) data_var.a=0x0064,存在下面的关系:

(1) data_var.a 高 8 位=>data_str[0]。

(2) data_var.a 低 8 位=>data_str[1]。

2) data_var.b=0x03E8,存在下面的关系:

(1) data_var.b 高 8 位=>data_str[2]。

(2) data_var.b 低 8 位=>data_str[3]。

3) data_var.c=0x05F5E100,存在下面的关系:

(1) data_var.c 第 31 位~第 24 位=>data_str[4]。

(2) data_var.c 第 23 位~第 16 位=>data_str[5]。

(3) data_var.c 第 15 位~第 8 位=>data_str[6]。

(4) data_var.c 第 7 位~第 0 位=>data_str[7]。

## 16.3 枚举

在 C 语言中,提供了枚举数据类型。如果一个变量只有有限个取值,则可以将变量定义为枚举类型。例如,对于星期来说,只有星期一到星期日 7 个可能的取值情况;对于颜色,只有红色、蓝色和绿色三个基本颜色。所以星期和颜色都可以定义为枚举类型,枚举类型的格式为

```
enum 枚举名字{枚举值列表} 变量列表;
```

在枚举值列表中,每一项代表一个整数值。默认第一项为 0,第二项为 1,第三项为 2,以此类推。此外,也可以通过初始化指定某些项的符号值。

**【例 16-9】** 枚举数据结构的例子。

该例子将若干红、绿、黄三种颜色的小球全排列组合,输出每种组合的三种颜色。

**代码清单 16-5 main.c 文件**

```
#include "stdio.h"
#include "reg51.h"
enum color{red,green,blue};
enum color i,j,k,st;
void main()
{
    int n = 0,m;
    SCON = 0x52;
    TMOD = 0x20;
    TCON = 0x69;
    TH1 = 0xF3;
      for(i = red;i <= blue;i++)
        for(j = red;j <= blue;j++)
              for(k = red;k <= blue;k++)
          {
           n = n + 1;
              printf(" % -4d",n);
                for(m = 1;m <= 3;m++)
                  {
```

```
                        switch(m)
                        {
                            case 1 : st = i;break;
                            case 2: st = j;break;
                            case 3: st = k;break;
                            default: break;
                        }
                        switch(st)
                        {
                            case red : printf(" % - 10s","red");break;
                            case green: printf(" % - 10s","green");break;
                            case blue : printf(" % - 10s","blue");break;
                            default: break;
                        }
                    }
            printf("\n");
            }
            printf("\n total: % 5d\n",n);
    while(1);
}
```

读者可以进入到本书所提供资料的 stc_program_example\例 16-9 目录下，在 Keil μVision5 集成开发环境下打开该设计并进入调试器模式，按 F5 键。打开 UART ＃1 窗口界面，在该界面下看到输出数据的信息，如图 16.5 所示。

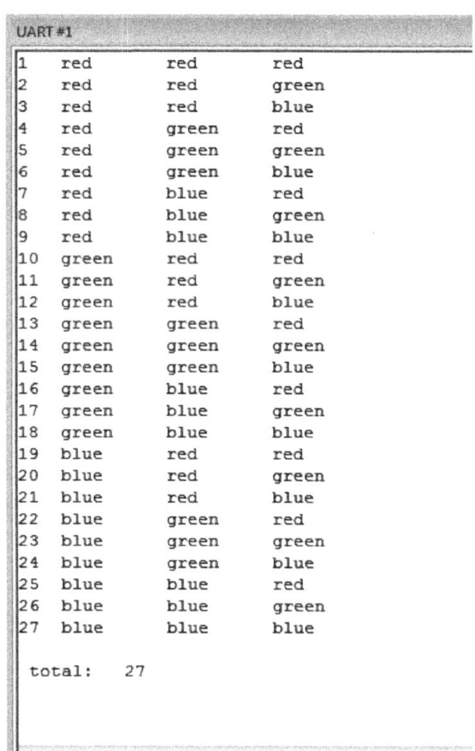

```
UART #1
1   red     red     red
2   red     red     green
3   red     red     blue
4   red     green   red
5   red     green   green
6   red     green   blue
7   red     blue    red
8   red     blue    green
9   red     blue    blue
10  green   red     red
11  green   red     green
12  green   red     blue
13  green   green   red
14  green   green   green
15  green   green   blue
16  green   blue    red
17  green   blue    green
18  green   blue    blue
19  blue    red     red
20  blue    red     green
21  blue    red     blue
22  blue    green   red
23  blue    green   green
24  blue    green   blue
25  blue    blue    red
26  blue    blue    green
27  blue    blue    blue

 total:    27
```

图 16.5　UART ＃1 窗口内打印的信息

**思考与练习**

16-2　分析该设计代码并画出程序流程图。

## 16.4　链表

链表是一种可以实现动态分配的存储结构，它不需要一组地址连续的存储单元，而是用一组任意的甚至是在存储空间中零散分布的存储单元存放线性表的数据；同时在进行元素插入和删除时，链表不必向向量那样移动大量元素，从而克服了向量存储结构的缺点，但同时也失去了顺序表可随机存取的优点。

本节介绍单链表。在设计链表时，有带头结点的链表和不带头结点的链表两种形式。

1）带头结点的链表

带头结点的链表是指使用一个专门的不存储任何数据的结点，其指针作为该链表的头部指针，该结点的指针域指向链表的第一个结点，这在程序设计时非常方便。

2）不带头结点的链表

不带头结点的链表是该链表的表头指针即为该链表的第一个结点的指针。

**注：本节介绍的链表都是不带头结点的链表。**

### 16.4.1　单链表的存储结构

在单链表中分配给每个结点的存储单元包括两个部分，即：

(1) 用于存放结点相关数据的区域，通常称为 data 域。

(2) 用于保存下一个结点起始地址的区域，通常称为 next 域。

对于链表中的最后一个结点来说，没有后续结点存在，因此 next 域为空 NULL。在计算机中可以表示为零或者负数。此外，还需要一个头部变量 head 指向链表的第一个结点。

在单链表中，每个结点 node 形式化定义如下：

```
typedef struct linknode
{
    datatype data;
    struct linknode * next;
}node;
```

其中：datatype 为 data 的数据类型，例如，int、char 或者 float 等；struct linknode * next 表示指向结构体 linknode 的指针。

### 16.4.2　建立链表

输入学生的学号和名字信息，以学号为 0 结束，将这些学生的信息构成一个单链表，其结构如图 16.6 所示。将建立链表的过程用函数 creat()表示。该链表的存储结构定义为

```
struct student
{
    long int number;                    //长整型变量 number 表示学生学号
    char name[20];                      //字符型数组 name 表示学生名字
    struct student * next;              //结构体指针，用于指向链表下一个结点的地址
};
```

我们可以将建立链表的过程,形式化表示如下:

(1) 使用 init_mempool 函数开辟一块存储缓冲池,该缓冲池所在 8051 数据存储空间的位置,以及缓冲池的大小由 malloc_mempool 确定。

(2) 用 malloc 函数为结构 student 在存储缓冲池内分配第一块存储空间。该存储空间的起始地址作为整个链表的开始,指向 head,并输入该结点的学生学号和名字信息。

(3) 继续开辟缓冲区,并输入该结点的学生学号和名字信息,如果学生学号不为 0,则将前一个结点的 next 指向当前开辟的缓冲区;否则,如果学生学号为 0,则该结点的 next 为空 NULL。

(4) 在建立链表的过程中,指向结构体的指针 p1 总是指向当前新的结点,而指向结构体的指针 p2 总是指向前一个结点。因此 p1 和 p2 之间存在下面的关系:p2->next 指向 p1,即要把 p1 的值赋值给 p2->next。

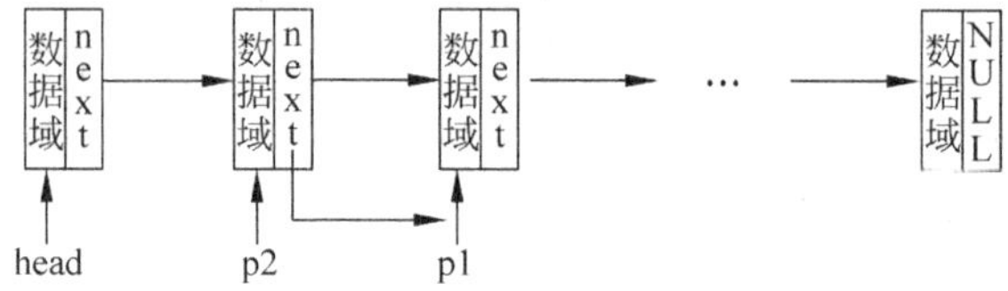


图 16.6 单链表的结构

在打印链表各个结点时,只要知道头指针,通过 p->next 找到链表中下一个结点的地址即可。

**【例 16-10】** 建立链表并打印链表中每个结点的例子。

**代码清单 16-6 main.c 文件**

```
#include "stdlib.h"
#include "stdio.h"
#include "reg51.h"
unsigned int xdata malloc_mempool[0x1000];          //在 STC 单片机片内扩展数据区开辟空间
struct student                                      //定义结构体
{
    long int number;
    char name[20];
    struct student * next;
};

int n;                                              //定义全局变量 n
struct student * creat(void)                        //定义指向结构体的函数 creat()
{
    struct student * head;                          //定义指向结构体的头指针 * head
    struct student * p1, * p2;                      //定义指向结构体的指针 * p1 和 * p2
    n = 0;                                          //初始化全局变量为 0
    p1 = (struct student * )malloc(sizeof(struct student));  //开辟动态存储空间,其地址给 p1
    p2 = p1;                                        //将 p1 和 p2 同时指向当前新开辟的存储空间
    if(p1 == NULL)                                  //判断开辟存储空间成功还是失败
    {
        printf("setup linklist is failure\n");      //如果失败,则打印失败信息
        return NULL;                                //返回空指针
    }
    else                                                    //如果开辟成功
```

```
    {
        head = NULL;                                          //头指针 head 先置为 NULL
        printf("please number and name\n");                  //提示输入学号和名字信息
        printf("input number is zero, indicate end\n");       //提示输入学号为 0,结束建立链表
        scanf(" % ld, % s",&p1 -> number,&p1 -> name);        //输入学号和名字信息
    }
    while(p1 -> number!= 0)                                   //如果输入的学号不为 0
    {
        n = n + 1;                                            //n 递增 1
        if(n == 1)                                            //如果 n 为 1,表示是第一个结点
            head = p1;                                        //将 p1 的地址赋值给 head
        else                                                  //否则不是第一个结点
            p2 -> next = p1;                                  //将 p1 的地址赋值给 p2 -> next
        p2 = p1;                                              //将当前 p1 的地址赋值给 p2
        p1 = (struct student * )malloc(sizeof(struct student));
                                                              //开辟新的存储空间,p1 指向它
        printf("continue\n");                                 //打印继续输入数据提示信息
        scanf(" % ld, % s",&p1 -> number,&p1 -> name);        //继续输入学号和名字信息
    }
    p2 -> next = NULL;                                        //如果输入学号为 0,表示最后一个
                                                              //结点
    return(head);                                             //返回头指针 head
}
void print(struct student * head)                             //定义打印链表结点函数 print,入
                                                              //口首地址
{
    struct student * p;                                       //指向结构 student 的指针 * p
    printf("\n the following is linklist");                   //打印提示信息
    p = head;                                                 //将头指针 * head 的地址赋值给 p
    n = 0;                                                    //初始化全局变量 n = 0
    if(head!= NULL)                                           //如果 head 不为 NULL
    {
        printf("head is % p\n",head);                         //打印头指针的地址
        do{                                                   //打印链表中每个结点的信息
            printf("node = % d,address = % p,number = % ld,name = % s\n",n,p,p -> number,p -> name);
            n = n + 1;                                        //n 递增
            p = p -> next;                                    //将当前结点 p 的 next 值赋值给 p,
                                                              //表示
        }while(p!= NULL);                                     //指向下一个结点
    }
}
int main()
{
    struct student * head;                                    //声明指向结构体 student 的指针
                                                              // * head
    SCON = 0x52;                                              //初始化串口
    TMOD = 0x20;
    TCON = 0x69;
    TH1 = 0xF3;
    init_mempool(&malloc_mempool,sizeof(malloc_mempool));     //开辟缓冲池
    head = creat();                                           //调用 creat 函数,返回首地址赋值
                                                              //给 head
    print(head);                                              //调用 print 函数,head 为入口实参
    return 0;
}
```

读者可以进入到本书所提供资料的 stc_program_example\例 16-10 目录下，在 Keil μVision5 集成开发环境下打开该设计并进入调试器模式，运行程序。打开 UART ＃1 窗口界面，在该界面下按照提示信息输入结构元素的值，最后打印输入的信息，如图 16.7 所示。

**思考与练习**

16-3 分析该设计代码，并画出程序流程图。

16-4 打开 watch 窗口，单步运行，查看各个变量的值。

16-5 通过对上面代码和运行过程的分析，说明链表的含义以及实现链表的关键方法。

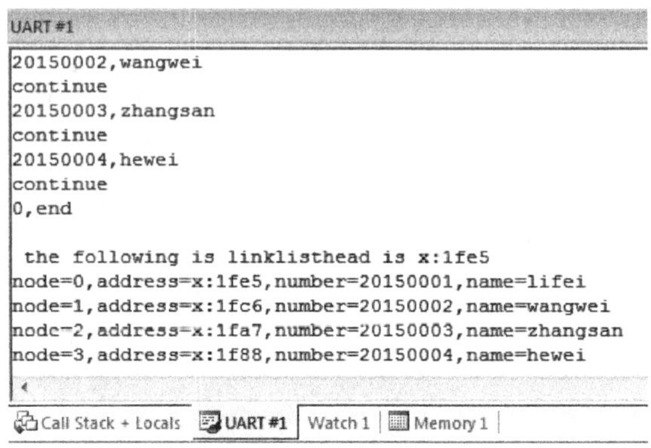


图 16.7 建立单链表和打印链表信息

## 16.4.3 查找结点

本节将设计查找结点函数 search()，给出学号信息，然后打印该学号的所有信息以及在链表中的位置信息。

**注**：将例 16.10 的代码复制到例 16.11 中，添加新的 search 函数，并在 main 中调用该函数，在此只给出 search()函数代码和 main 函数代码。

**【例 16-11】** 查找链表中结点位置的例子。

**代码清单 16-7 main.c 文件**

```
//定义查询函数 search,入口为链表头指针和所要查询的学号
void search(struct student * head, long int x)
{
    struct student * p;                  //定义指向结构 student 的指针 * p
    bit flag = 0;                        //声明 bit 型变量 flag
    p = head;                            //将头指针的地址赋值给 p
    n = 0;                               //初始化 n 为 0
    if(head!= NULL)                      //如果头指针不为空
    {
       do{
            if(p -> number == x)         //比较输入学号 x 是否和链表当前结点的信息一致
            {                            //如果一致,则打印结点的位置和学生姓名信息
               printf("node = %d, name = %s\n",n,p -> name);
               flag = 1;                 //置 flag 标志为 1,表示找到相关信息
               break;                    //退出查找过程
            }
               n = n + 1;                //n 递增
```

```
                p=p->next;              //将 p->next 赋值给 p,p 就指向下一个结点
        }while(p!=NULL);                //如果没有到最后一个结点,则一直循环,否则退出
        if(flag==0)                     //如果到达链表末尾,flag 仍然为 0,打印没找到信息
            printf("can't find student information\n");
    }
}
int main()
{
    struct student *head;               //声明指向结构体 student 的指针 *head
    long int m;                         //定义长整型变量 m
    SCON= 0x52;                         //初始化串口
    TMOD = 0x20;
    TCON = 0x69;
    TH1 = 0xF3;
    init_mempool(&malloc_mempool,sizeof(malloc_mempool)); //开辟缓冲池
    head=creat();                       //创建链表
    print(head);                        //打印创建后的链表
    printf("please student's number\n"); //提示输入要查找学生的学号
    scanf("%ld",&m);                    //输入需要查找学生的学号
    search(head,m);                     //调用 search 函数,入口为链表头部和学号 m
    return 0;
}
```

读者可以进入到本书所提供资料的 stc_program_example\例 16-11 目录下,在 Keil μVision5 集成开发环境下打开该设计并进入调试器模式,运行程序。打开 UART #1 窗口界面,在该界面下按照提示信息输入结构元素的值,最后打印输入的信息。在建立完链表后,根据提示信息输入所要查找的学生的学号,查看打印出的信息,如图 16.8 所示。

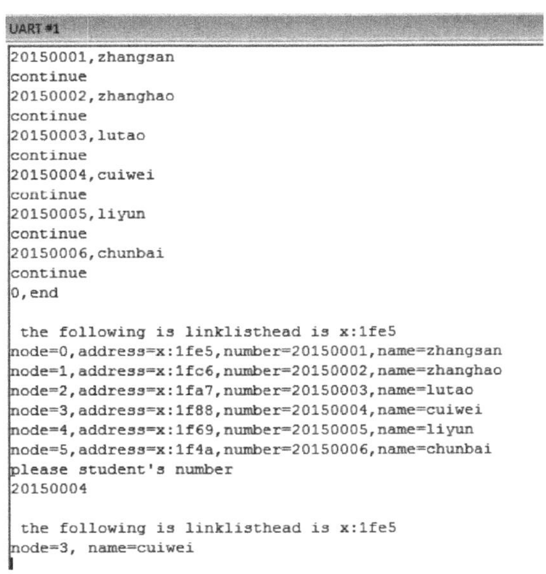


图 16.8　在单链表查找结点信息

**思考与练习**

16-6　分析该设计代码,并画出程序流程图。

16-7　打开 watch 窗口,单步运行,查看各个变量的值。

16-8 通过对上面代码和运行过程的分析说明查找链表结点的方法。

## 16.4.4 删除结点

本节将设计删除结点函数 del(),给出学号信息,然后删除与该学号信息一致的结点。在删除结点时,需要修改 p2->next 的指向的地址,如图 16.9 所示。将标记为①的连接关系去除,新添加标记为②的连接关系。

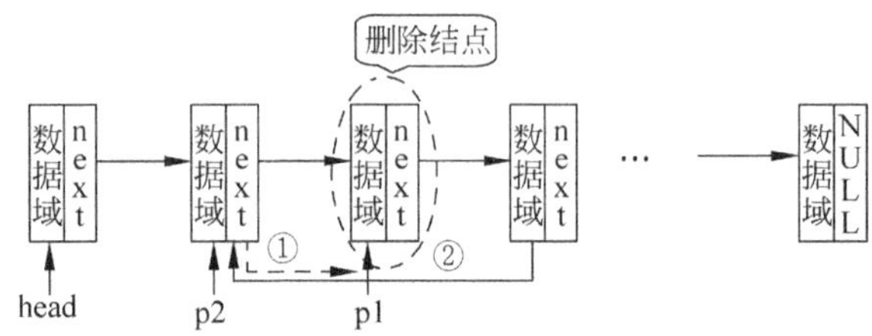


图 16.9 单链表删除结点后的结构

**注**:(1) 将例 16.11 的代码复制到例 16.12 中,添加新的 del 函数,删除 search 函数并在 main 中调用该函数,在此只给出 del()函数代码和 main 函数代码。

(2) 在该设计中,只考虑删除链表中间结点的情况,不考虑删除头结点和末尾结点的情况。

**【例 16-12】** 删除链表中间某个结点的例子。

**代码清单 16-8 main.c 文件**

```
void del(struct student * head, long int x) //声明 del 函数,入口为头指针和学号信息
{
    struct student * p1, * p2;              //声明指向结构体的指针变量 * p1 和 * p2
    p1 = head;                              //将链表中头结点的地址赋值给 p1
    n = 0;                                  //初始化全局变量 n 的值为 0
    if(head!= NULL)                         //如果链表不为空
    {
        do{
            if(p1 -> number == x)           //如果链表当前结点的学号等于 x 的值
            {
                p2 -> next = p1 -> next;    //将当前结点的下一个结点的地址赋值给 p2 -> next
                break;                      //跳出循环过程
            }
            else                            //如果链表当前结点的学号不等于 x 的值
            {
                p2 = p1;                    //将链表当前结点的地址赋值给 p2,p2 则指向当前
                                            //结点
                p1 = p1 -> next;            //将 p1 指向当前结点的下一个结点
            }
        }while(p1!= NULL);                  //如果没有到最后一个结点则一直循环
    }
}
int main()
{
    struct student * head;                  //声明指向结构的指针变量 * head
    long int m;                             //声明长整型变量 m
    SCON = 0x52;                            //初始化串口
```

```
    TMOD = 0x20;
    TCON = 0x69;
    TH1 = 0xF3;                          //分配缓冲池空间
    init_mempool(&malloc_mempool,sizeof(malloc_mempool));
    head = creat();                      //调用 creat 函数创建列表
    print(head);                         //调用 print 函数打印创建的链表信息
    printf("please student's number\n"); //提示输入学生的学号信息
    scanf(" % ld",&m);                   //输入学生的学号信息
    del(head,m);                         //调用 del 函数,从链表上删除该结点
    printf("after delete a node, linklist is \n");  //提示将打印删除结点后的链表信息
    print(head);                         //调用 print 函数打印删除结点后的链表信息
    return 0;
}
```

读者可以进入到本书所提供资料的 stc_program_example\例 16-12 目录下,在 Keil μVision5 集成开发环境下打开该设计并进入调试器模式,运行程序。打开 UART #1 窗口界面,在该界面下按照提示信息输入结构元素的值,最后打印输入的信息。在建立完链表后,根据提示信息输入所要删除学生的学号,打印出删除该学号学生结点后的链表信息,如图 16.10 所示。

图 16.10 在单链表删除结点信息

**思考与练习**

16-9 分析该设计代码,并画出程序流程图。

16-10 打开 watch 窗口,单步运行,查看各个变量的值。

16-11 通过对上面代码和运行过程的分析说明删除链表结点的方法。

## 16.4.5 插入结点

本节将输入结点号,然后在该结点号的位置上插入一个新的学生的结点,如图 16.11 所示。当插入新的结点后,首先删除标记为①的连接关系,然后新开辟一块空间,将新结点 p 的地址指向 p2->next,将 p1 结点的地址指向新结点 p->next。

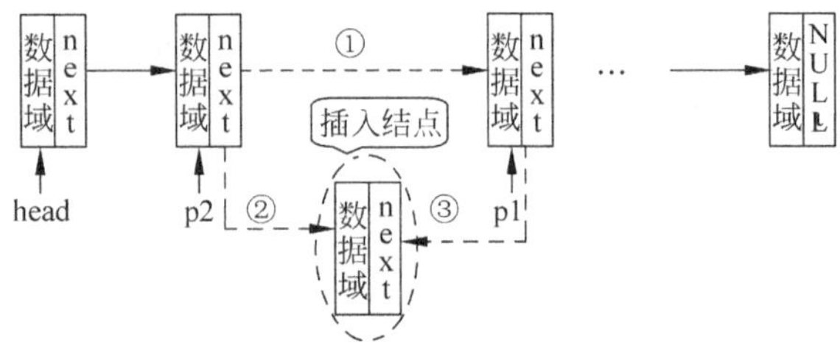


图 16.11 单链表插入结点后的结构

**注**:(1) 将例 16.12 的代码复制到例 16.13 中,添加新的 insert 函数,删除 del 函数,并在 main 中调用该函数,在此只给出 insert()函数代码和 main 函数代码。

(2) 在该设计中,只考虑在链表中间插入结点的情况,不考虑在头部和尾部插入结点的情况。

**【例 16-13】** 插入链表中间某个结点的例子。

**代码清单 16-9 main.c 文件**

```
//声明插入函数 insert,入口参数为头指针和插入的结点号
void insert(struct student * head, int node)
{
    struct student * p1, * p2, * p;                      //声明三个指向结构体的指针变量
    p1 = head;                                           //将头结点的地址赋值给 p1
    n = 0;                                               //初始化全局变量为 n
    p = (struct student * )malloc(sizeof(struct student));//新开辟一块缓冲区,地址为 p
    printf("please input new node information\n");       //打印提示输入学号和姓名信息
    scanf(" % ld, % s",&p -> number,&p -> name);         //输入新结点的学号和姓名信息
    if(head!= NULL)                                      //如果链表非空
    {
        do{
            if(node == n)                                //如果插入结点和当前结点号相同
            {
                p2 -> next = p;                          //将新结点的地址赋值给 p2 -> next
                p -> next = p1;                          //将当前结点的地址赋值给 p -> next
                break;                                   //退出循环
            }
            else                                         //如果插入结点和当前结点号不同
            {
                n = n + 1;                               //递增 n
                p2 = p1;                                 //p1 的地址赋值给 p2
                p1 = p1 -> next;                         //p1 指向链表的下一个结点
            }
        }while(p1!= NULL);                               //当没有到达链表末尾时,执行循环
    }
}
```

```
int main()
{
    struct student * head;                       //声明指向结构体的指针变量 * head
    int m;                                       //声明整型变量 m
    SCON = 0x52;                                 //初始化串口
    TMOD = 0x20;
    TCON = 0x69;
    TH1 = 0xF3;
    init_mempool(&malloc_mempool,sizeof(malloc_mempool)); //分配缓冲池
    head = creat();                              //调用 creat 函数创建链表
    print(head);                                 //打印所构建的链表
    printf("please input node number\n");        //提示输入结点号
    scanf(" % d",&m);                            //输入整型变量 m 的值,作为结点号
    insert(head,m);                              //调用 insert 函数插入新的结点
    printf("after insert a node, linklist is \n"); //提示打印插入结点后的链表
    print(head);                                 //打印插入结点后的链表
    return 0;
}
```

读者可以进入到本书所提供资料的 stc_program_example\例 16-13 目录下，在 Keil μVision5 集成开发环境下打开该设计并进入调试器模式，运行程序。打开 UART ♯1 窗口界面，在该界面下按照提示信息输入结构元素的值，最后打印输入的信息。在建立完链表后，根据提示信息先输入插入的结点号，以及所要插入结点的学生学号和姓名信息，打印出插入该学号学生结点后的链表信息，如图 16.12 所示。

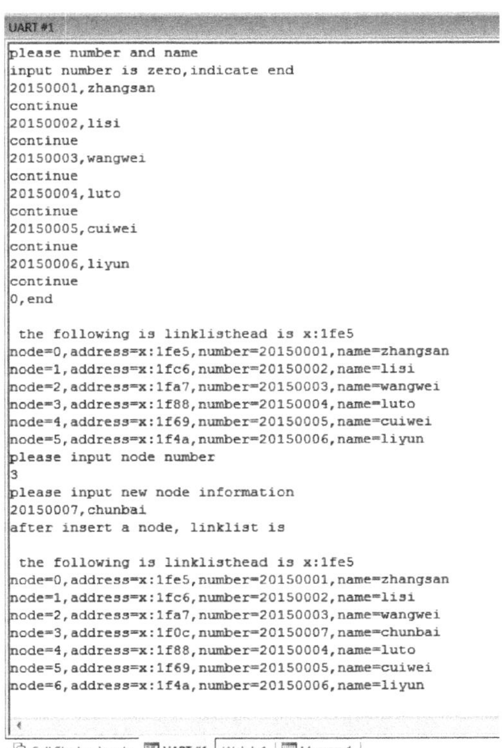

```
please number and name
input number is zero,indicate end
20150001,zhangsan
continue
20150002,lisi
continue
20150003,wangwei
continue
20150004,luto
continue
20150005,cuiwei
continue
20150006,liyun
continue
0,end

 the following is linklisthead is x:1fe5
node=0,address=x:1fe5,number=20150001,name=zhangsan
node=1,address=x:1fc6,number=20150002,name=lisi
node=2,address=x:1fa7,number=20150003,name=wangwei
node=3,address=x:1f88,number=20150004,name=luto
node=4,address=x:1f69,number=20150005,name=cuiwei
node=5,address=x:1f4a,number=20150006,name=liyun
please input node number
3
please input new node information
20150007,chunbai
after insert a node, linklist is

 the following is linklisthead is x:1fe5
node=0,address=x:1fe5,number=20150001,name=zhangsan
node=1,address=x:1fc6,number=20150002,name=lisi
node=2,address=x:1fa7,number=20150003,name=wangwei
node=3,address=x:1f0c,number=20150007,name=chunbai
node=4,address=x:1f88,number=20150004,name=luto
node=5,address=x:1f69,number=20150005,name=cuiwei
node=6,address=x:1f4a,number=20150006,name=liyun
```



图 16.12 在单链表插入结点信息

**思考与练习**

16-12　分析该设计代码,并画出程序流程图。

16-13　打开 watch 窗口,单步运行,查看各个变量的值。

16-14　通过对上面代码和运行过程的分析说明插入链表结点的方法。

# 第17章 STC单片机C语言高级编程技术

CHAPTER 17

本节介绍STC单片机C语言高级编程技术，内容包括C语言中使用汇编语言、优化代码策略和C语言动态图形交互设计。

这部分作为对前面所介绍C语言知识的扩展，将进一步提高程序员灵活使用C语言实现复杂C语言程序设计的能力，尤其是使用C语言实现动态图形的交互过程，将循序渐进地帮助读者理解和掌握初始化TFT图形设备的方法以及在TFT图形屏上通过自定义的绘制函数实现绘制不同图像的过程。

## 17.1 C程序中使用汇编语言

在使用C语言编写单片机应用程序代码时，有时候需要使用汇编语言。在整个软件设计工程中，如下情况需要使用汇编语言：

(1) 系统的启动引导代码。

(2) 为了提高整个软件设计工程的运行效率。

(3) 一些对时序要求比较苛刻的应用。

在C语言中使用汇编语言的方法包括如下两种：

(1) 在C语言程序代码中内嵌汇编语言；

(2) 在C语言程序中调用外部编写的汇编语言程序。

### 17.1.1 内嵌汇编语言

在C源文件中，将汇编代码写在指令

```
#pragma asm
    …
#pragma endasm
```

中间。

本节将通过一个具体的例子说明在C语言中内嵌汇编语言的方法。在C程序中内嵌汇编语言的步骤主要包括：

(1) 建立新的设计工程。

**注：**将工程定位到stc_program_example\例17-1目录下。

(2) 新建并添加一个名字为main.c的C源文件。按下面输入代码并保存该文件。

**代码清单 17-1　main.c 文件**

```
#include "stdio.h"
#include "reg51.h"
    idata unsigned char C1 _at_ 0x22;        //_at_声明 char 类型变量 C1 在 idata 区 0x22 位置
    idata unsigned char B1 _at_ 0x24;        //_at_声明 char 类型变量 B1 在 idata 区 0x24 位置
    idata unsigned char D1 _at_ 0x26;        //_at_声明 char 类型变量 D1 在 idata 区 0x26 位置
    idata unsigned int e _at_ 0x28;          //_at_声明 int 类型变量 e 在 idata 区的 0x28 位置
void main()
{
    C1 = 100;                                //变量 C1 赋值为 100
    B1 = 90;                                 //变量 B1 赋值为 90
    SCON = 0x52;                             //初始化串口
    TMOD = 0x20;
    TCON = 0x69;
    TH1 = 0xF3;
    #pragma asm                              //内嵌汇编命令,表示开始
     MOV A,0x22                              //单片机片内数据区 0x22 单元内容送给累加器 ACC
     MOV B,0x24                              //单片机片内数据区 0x24 单元内容送给寄存器 B
     ADD A,B                                 //累加器 ACC 和寄存器 B 的内容相加,结果保存 ACC
     MOV 0x26,A                              //累加器 ACC 内容送到单片机片内数据区 0x26 单元.
    #pragma endasm                           //内嵌汇编命令,表示结束
     e = D1;                                 //将 D1 的值送给 e
     printf("%d\n",e);                       //打印 e 的值
     while(1);

}
```

下面给出该程序代码的设计思路,如图 17.1 所示。

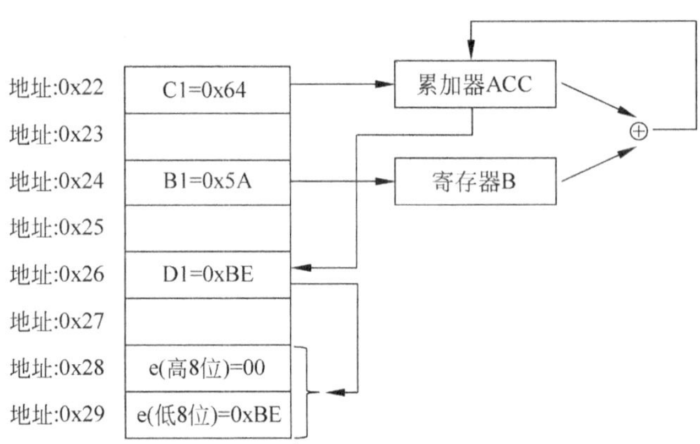


图 17.1　内嵌汇编设计原理

(3) 在当前工程主界面左侧的 Project 窗口中,找到并选择 mian.c,右击出现浮动菜单。在浮动菜单内,选择 Options for File 'main.c'…选项,出现 Options for File 'main.c'…对话框界面,如图 17.2 所示,按如下设置参数:

① 在该界面内,单击"Generate Assembler SRC 文件"前面的复选框,使 ☑ 变黑生效。

② 在该界面内,单击"Assemble SRC File"文件前面的复选框,使 ☑ 变黑生效。

**注:** 该设置使得编译器识别 C 语言内嵌的汇编语言代码。

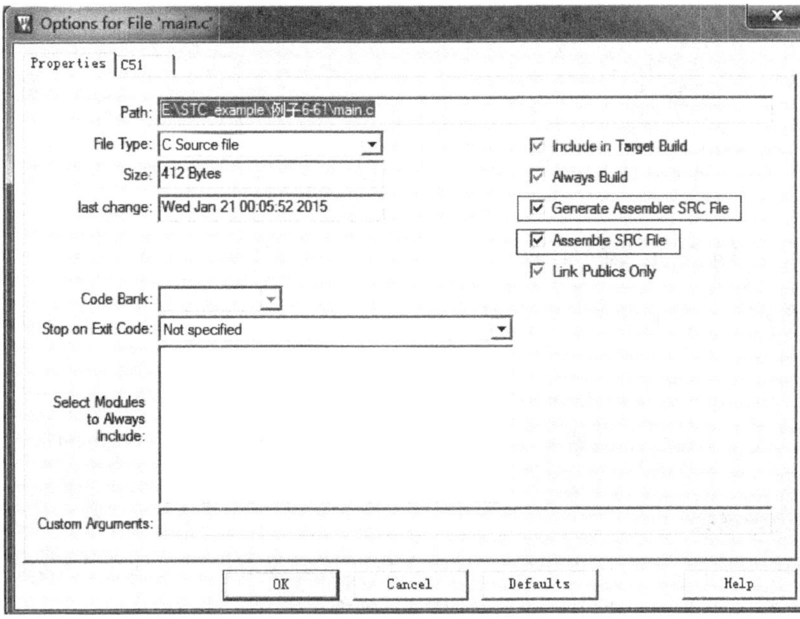


图 17.2 main.c 文件设置界面

③ 单击 OK 按钮。

(4) 在当前工程主界面左侧，选择 Source Group 1，右击出现浮动菜单。在浮动菜单内，选择 Add Existing Files to Group 'Source Group 1'…选项。

(5) 出现 Add Existing Files to Group 'Source Group 1'对话框界面。在该界面中：

① 将文件类型改成 Library file(*.lib)。

② 将文件路径定位到 Keil 集成开发环境安装路径下：

```
c:\keil_v5\C51\LIB
```

③ 在该路径下，选中 C51S.LIB 库文件。

④ 单击 Add 按钮。

(6) 在当前工程主界面左侧的 Project 窗口中，看到新添加的库文件，如图 17.3 所示。

**注：** 该库文件用于 small 存储编译模式，对于其他模式，读者可以选择其他库文件。

(7) 在主界面主菜单下，选择 Project→Build target 选项，或者在工具栏内单击按钮，开始编译设计。

(8) 在主界面主菜单下，选择 Debug→Start/Stop Debug Session 选项，进入调试器模式。

(9) 打开 Watch 1 窗口界面。在该界面中，分别输入 B1、C1 和 D1。

(10) 在工具栏内单击按钮，单步运行程序，观察变量的变化情况。

(11) 打开 Memory 窗口界面。在该界面中，输入 d:0x22，观察单片机片内数据区的存储内容，如图 17.4 所示。

(12) 打开 UART ♯1 窗口。在该窗口下，打印 e 的值为 190。

(13) 退出调试器模式并关闭该设计。

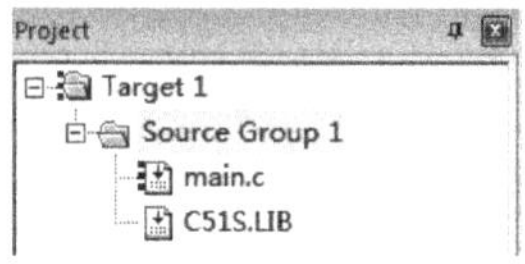


图 17.3 新添加 C51S.LIB 文件

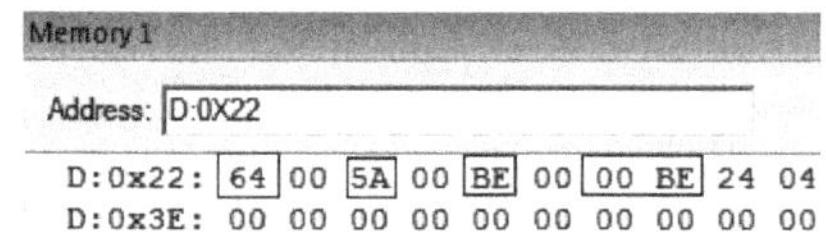


图 17.4 观察起始地址为 0x22 的存储内容

## 17.1.2 调用汇编程序

本节将在外部调用汇编语言程序对端口进行控制,并通过 STC 提供的学习板对设计进行硬件仿真和调试。

在主程序中,调用汇编语言编写的子程序。在汇编语言中,对累加器 ACC 进行递增操作,并且通过 STC 学习板上的四个 LED 灯,显示 ACC 中第 3 位～第 0 位的值,显示的范围为 0～16。

**1. 硬件设计原理**

在该设计中,使用了 STC 提供的学习板。在该学习板上提供了四个 LED 灯,名字分别用 LED7、LED8、LED9 和 LED10 表示,如图 17.5 所示。

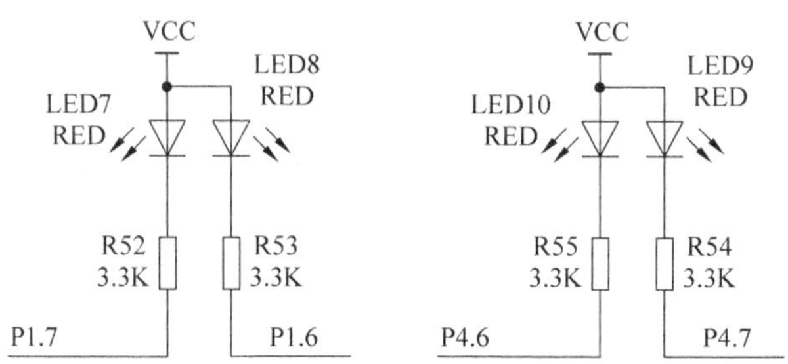


图 17.5 STC 学习板 LED 设计原理

这四个 LED 灯的阳极共同接到了 $V_{CC}$ 电源(+5V 供电),另一端通过限流电阻 R52、R53、R54、R55 与 STC 的 ISP15W4K58S4 单片机 P1.7、P1.6、P4.7 和 P4.6 引脚连接。

(1) 当单片机对应的引脚置位为低时,所连接的 LED 亮;

(2) 当单片机对应的引脚置位为高时,所连接的 LED 灭。

**2. 软件设计原理**

下面给出软件设计流程图,如图 17.6 所示。

**3. 设计实现过程**

通过 C 语言,调用汇编语言的步骤主要包括:

(1) 建立新的设计工程。

**注:** 在该设计中,将工程路径定位到 stc_program_example\例 17-2 目录下。

(2) 在当前工程主界面中,选中 Target 1,右击出现浮动菜单。在浮动菜单内,选择 Options for Target 'Target 1'选项。

(3) 出现 Options for Target 'Target 1'对话框界面。在该界面窗口下,按如下设置参数:

① 选择 Output 标签。在该标签窗口下,选中 Create HEX File 前面的复选框。

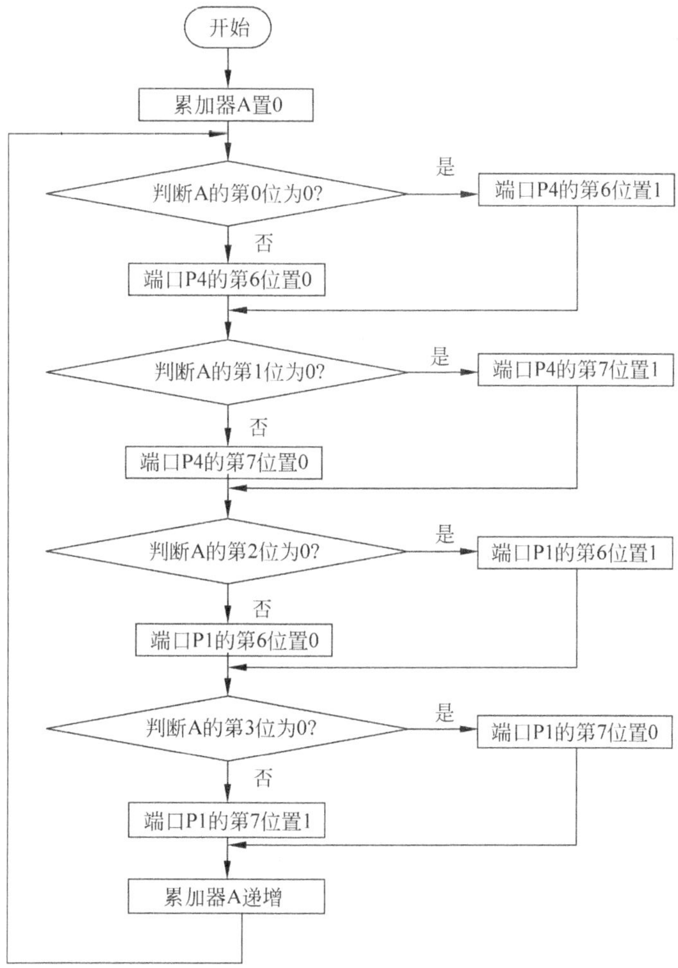


图 17.6　设计软件流程图

② 选择 Debug 标签。在该标签窗口下，选中右侧 Use 前的复选框，表示要使用硬件仿真。在右侧的下拉框中，选择 STC Monitor-51 Driver 选项。单击右侧的 Settings 按钮，出现 Target Setup 选项。选择 COM Port，单击 OK 按钮，返回到设置界面。

**注：** 读者 PC 使用的端口以安装 STC 的 USB-JATG 后所识别的 COM 端口号为准。

(4) 单击 OK 按钮，退出 Options for Target 'Target 1'对话框界面。

(5) 新建名字为 main. c 的 C 语言源文件，输入下面的代码，并保存该设计文件。

**代码清单 17-2(1)　main. c 文件**

```
extern void CONTROL_GPIO(void);              //声明函数 CONTROL_GPIO 为外部函数
void main()
{
    CONTROL_GPIO();                          //调用外部函数
}
```

(6) 新建名字为 gpio. a51 的汇编源文件，输入下面的代码，并保存该设计文件。

**代码清单 17-2(2) gpio.a51 文件**

```
$ NOMOD51                                //使 A51 不识别预定义的 SFR 符号

$ INCLUDE (reg51.inc)                    //包含 reg51.inc 文件,该文件预定了符号

NAME CONTROL_GPIO                        //模块名字 CONTROL_GPIO
P4      DATA 0C0H                        //定义端口 4 的地址
segcode segment code                     //声明代码段 segcode
    public CONTROL_GPIO                  //声明 public,外部模块可以调用
    rseg segcode                         //引用代码段 segcode
CONTROL_GPIO:                            //程序入口
        MOV     A,#0                     //初始化累加器 ACC 为 0
Loop2:  JB      ACC.0, SETP41            //判断 ACC 的第 0 位是否为 1,是则跳转
        SETB    P4.6                     //否则将 P4.6 设置为 1(灯灭)
        JMP     CON                      //无条件跳转到 CON
SETP41: CLR     P4.6                     //将 P4.6 设置为 0(灯亮)
CON:    JB      ACC.1,SETP42             //判断 ACC 的第 1 位是否为 1,是则跳转
        SETB    P4.7                     //否则将 P4.7 设置为 1(灯灭)
        JMP     CON1                     //无条件跳转到 CON1
SETP42: CLR     P4.7                     //将 P4.7 设置为 0(灯亮)
CON1:   JB      ACC.2, SETP43            //判断 ACC 的第 2 位是否为 1,是则跳转
        SETB    P1.6                     //否则将 P1.6 设置为 1(灯灭)
        JMP     CON2                     //无条件跳转到 CON2
SETP43: CLR     P1.6                     //否则将 P1.6 设置为 0(灯亮)
CON2:   JB      ACC.3,SETP44             //判断 ACC 的第 3 位是否为 1,是则跳转
        SETB    P1.7                     //否则将 P1.7 设置为 1(灯灭)
        JMP     CON3                     //无条件跳转到 CON3
SETP44: CLR     P1.7                     //否则将 P1.7 设置为 0(灯亮)
CON3:   INC     A                        //累加器 A 递增
        JMP     Loop2                    //无条件跳转到 Loop2
        RET
END
```

(7) 在 gpio.a51 的第 28 行设置断点。

(8) 将 STC 提供的学习板通过 USB 电缆和主机进行连接。

(9) 打开 STC 提供的 STC-ISP(v6.82)软件,在该界面中按如下设置参数:

① 在该界面串口号右侧下拉框中,选择所识别出来的 STC USB-UART 的串口号。

② 在该界面中,找到单击打开程序按钮,定位到当前设计工程目录下,找到并打开 top.HEX 文件。

③ 在该软件主界面下,选择脱机下载/U8/U7 标签界面。在该标签界面下,选中"使用 U8/U7 在线下载完成后持续给目标芯片供电"前面的复选框。

④ 在 STC-ISP 软件主界面右侧窗口内,选择 Keil 仿真设置标签。在该标签窗口下,单击"将 IAP15W4K58S4 设置为仿真芯片(宽压系统,支持 USB 下载)"按钮。

(10) 按一下 STC 学习板上的 SW19 键。

(11) 开始下载程序。当程序下载成功后,在 STC-ISP 软件的右下角窗口中出现成功下载提示信息。

(12) 在 Keil μVision5 主界面主菜单下,选择 Debug→Start/Stop Debug Session。

(13) 进入调试器模式,连续按 F5 键,断点运行程序。

**思考与练习**

17-1　观察当每次运行程序时，LED的变化规律是不是从0000～1111，即全灭到全亮变化。

17-2　观察反汇编代码，完成下面问题：

(1) main主程序的入口点地址________。

(2) 调用CONTROL_GPIO()代码的地址________。

(3) CONTROL_GPIO子函数的入口地址________。

17-3　在程序运行的过程中，观察单片机内寄存器的变化情况，例如，累加器ACC和程序计数器PC等。

(14) 退出调试器模式并关闭该设计。

## 17.2　优化代码策略

表17.1给出了一些建议，用于帮助读者编写高质量的C语言程序代码。

**表17.1　优化代码策略**

| 建　　议 | 描述/结果 |
|---|---|
| 对于变量来说，尽可能使用最小的数据类型，例如，unsigned char和bit | STC 8051使用8位单片机，提供了位支持能力。绝大多数的指令使用8位的值或者比特位，因此尽量使用较小的数据类型，这样才能产生更高效的代码 |
| 在任何可能的时候，尽量使用unsigned数据类型 | 对于有符号数来说，8051并不提供直接的支持。对于有符号数来说，要求额外的指令，但对于无符号数来说，8051结构提供了直接的支持 |
| 尽量使用small存储器模型 | 绝大多数的应用程序，可以使用small存储器模型。可以使用关键字将较大的对象，例如数组和结构体放在xdata或者pdata存储器中<br>**注**：Keil C51运行库使用通用指针，可以运行任何存储器类型 |
| 当使用其他存储器类型时，对于常用的变量可以使用data存储器类型 | 对于在data地址空间的变量来说，使用8位地址直接访问。这种存储类型产生最高效的代码 |
| 了解如何在单片机上使用pdata存储器类型 | 通过pdata存储器类型，提供使用MOVX @Ri的8位直接寻址指令，实现对存储器256字节的高效访问。然而在不同的8051单片机上pdata的行为是不同的，这是因为它可能要求建议页面寄存器。而xdata存储器类型是通用的，并且可以访问最大的存储器(最大到64KB) |
| 尽可能使用带有存储器类型的指针 | 默认，Keil C51编译器使用通用指针，该指针可以访问任何存储器类型。带有存储器类型的指针只能访问一个固定的存储器空间，但是能产生更快和更小的代码 |
| 限制使用可重入函数 | 8051缺少对堆栈变量的支持。Keil C51编译器实现可重入函数是通过使用一个编译生成的允许数据重叠的堆栈，它允许尽可能地利用存储器空间。8051的可重入函数要求模拟一个堆栈的结构，由于在嵌入式应用程序中，很少要求可重入代码，因此尽量减少使用可重入属性的次数 |

续表

| 建　议 | 描述/结果 |
| --- | --- |
| 使用 LX51 链接器/定位器,以及 Linker Code Packing 来减少代码的长度 | 扩展的 LX51 链接器/定位器(只能用在 PK51 专业开发工具)分析和优化整个程序。使用两字节的 AJMP 和 ACALL 指令来取代三字节的 LJMP 和 LCALL 指令。可以在优化器级别 8 级或者更高的时候使能 Linker Code Packing,为公共代码块生成子例程 |
| 在中断服务程序里,不要编写大量的代码 | 在中断服务程序里,只提供标志的变化,而在主程序中处理中断的具体过程。这是因为如果在中断服务程序中编写过多的代码,将消耗大量的 CPU 资源,影响程序代码的性能,也不利于程序的可读性 |

## 17.3　C 语言动态图形交互设计

标准 C 语言提供了绘图函数库,但是在嵌入式系统中并不支持这些图形库,所以需要程序员使用 C 语言开发绘图函数库。

### 17.3.1　动态图形交互硬件平台

本书使用了北京汇众新特科技有限公司开发的 3.2 寸 TFT 彩色触摸屏模块,该触摸屏由 ILI9341 芯片驱动,图像分辨率为 320×240,如图 17.7 所示。该模块接口信号如表 17.2 所示,该彩色触摸屏模块采用了 8 位数据的模式,简化了接口的实现。该彩屏模块与北京汇众新特科技有限公司开发的 GPNK-SMK-2 开发板通过 J1 连接器连接,GPNT-TFT-1 模块与 STC IAP15W4K58S4 单片机的连接关系,如表 17.3 所示。

图 17.7　GPNT-TFT-1 模块外观

表 17.2　GPNT-TFT-1 模块接口信号

| 引脚号 | 描　　述 | 引脚号 | 描　　述 |
|---|---|---|---|
| 1 | DGND(信号地) | 40 | DGND(信号地) |
| 2 | VCC3V3(3.3V 电源) | 39 | VCC3V3(3.3V 电源) |
| 3 | — | 38 | — |
| 4 | TFT_RS(用于选择数据或命令) | 37 | TFT_RS(与引脚 4 相连) |
| 5 | TFT_RD(读信号) | 36 | TFT_RD(与引脚 5 相连) |
| 6 | TFT_WR(写信号) | 35 | TFT_WR(与引脚 6 相连) |
| 7 | TFT_DB0(接 TFT 屏数据第 8 位) | 34 | TFT_DB0(与引脚 7 相连) |
| 8 | TFT_DB1(接 TFT 屏数据第 9 位) | 33 | TFT_DB1(与引脚 8 相连) |
| 9 | TFT_DB2(接 TFT 屏数据第 10 位) | 32 | TFT_DB2(与引脚 9 相连) |
| 10 | TFT_DB3(接 TFT 屏数据第 11 位) | 31 | TFT_DB3(与引脚 10 相连) |
| 11 | TFT_DB4(接 TFT 屏数据第 12 位) | 30 | TFT_DB4(与引脚 11 相连) |
| 12 | TFT_DB5(接 TFT 屏数据第 13 位) | 29 | TFT_DB5(与引脚 12 相连) |
| 13 | TFT_DB6(接 TFT 屏数据第 14 位) | 28 | TFT_DB6(与引脚 13 相连) |
| 14 | TFT_DB7(接 TFT 屏数据第 15 位) | 27 | TFT_DB7(与引脚 14 相连) |
| 15 | VCC3V3(3.3V 电源) | 26 | TFT_CS(触摸屏驱动芯片选择信号) |
| 16 | DGND(信号地) | 25 | TOUCH_PENIRQ(触摸芯片中断输出) |
| 17 | TOUCH_DOUT(触摸芯片数据输出) | 24 | TFT_RST(触摸屏复位) |
| 18 | TOUCH_DIN(触摸芯片数据输入) | 23 | — |
| 19 | TOUCH_CS(触摸芯片选择) | 22 | VCC3V3(3.3V 电源) |
| 20 | TOUCH_DCLK(触摸芯片时钟输入) | 21 | DGND(信号地) |

表 17.3　GPNT-TFT-1 模块与 IAP15W4K58S4 单片机的连接关系

| GPNT-TFT-1 信号 | IAP15W4K58S4 引脚 | 描　　述 |
|---|---|---|
| TFT_RS | P2.5 | 在并口模式下，该信号用于选择数据或命令。当 TFT_RS 为 1 时，选择数据；当 TFT_RS 为 0 时，选择命令 |
| TFT_RD | P2.6 | 在并口模式下，由 STC 单片机给出读控制信号 |
| TFT_WR | P2.7 | 在并口模式下，由 STC 单片机给出写控制信号 |
| TFT_RST | P2.3 | 由 STC 单片机给出触摸屏复位信号，低电平有效 |
| TFT_CS | P2.4 | 触摸屏驱动芯片片选信号，低电平有效 |
| TFT_DB0 | P0.0 | 触摸屏第 8 位数据 |
| TFT_DB1 | P0.1 | 触摸屏第 9 位数据 |
| TFT_DB2 | P0.2 | 触摸屏第 10 位数据 |
| TFT_DB3 | P0.3 | 触摸屏第 11 位数据 |
| TFT_DB4 | P0.4 | 触摸屏第 12 位数据 |
| TFT_DB5 | P0.5 | 触摸屏第 13 位数据 |
| TFT_DB6 | P0.6 | 触摸屏第 14 位数据 |
| TFT_DB7 | P0.7 | 触摸屏第 15 位数据 |
| TOUCH_DCLK | P7.0 | 触摸控制芯片时钟输入 |
| TOUCH_CS | P7.1 | 触摸控制芯片片选输入 |
| TOUCH_DIN | P7.2 | 触摸控制芯片数据输入 |
| TOUCH_DOUT | P7.3 | 触摸控制芯片数据输出 |
| TOUCH_IRQ | P3.3 | 触摸控制芯片中断信号输出 |

## 17.3.2 STC单片机对触摸屏的控制

实际上，STC单片机对触摸屏的控制是STC单片机通过对触摸屏驱动芯片ILI9341的控制来实现的。这里就涉及两方面的问题，一个是STC单片机提供给触摸屏的读写控制信号的时序，另一个是ILI9341读写命令的格式。

**1. STC单片机提供给触摸屏的读写控制信号**

1) STC单片机提供给触摸屏的写控制信号

在写周期内，TFT_WR信号先从逻辑高变化到逻辑低，然后再返回到逻辑高。在写周期内，STC单片机提供信息，然后在TFT_WR信号的上升沿显示屏模块捕获STC单片机提供的信息。当STC单片机将TFT_RS驱动为逻辑低时，显示屏模块将TFT_DB[0:7]上的输入数据理解为命令信息；而当TFT_RS被驱动为逻辑高时，TFT_DB[0:7]上的输入数据是RAM数据或者是命令的参数，写控制信号如图17.8所示。

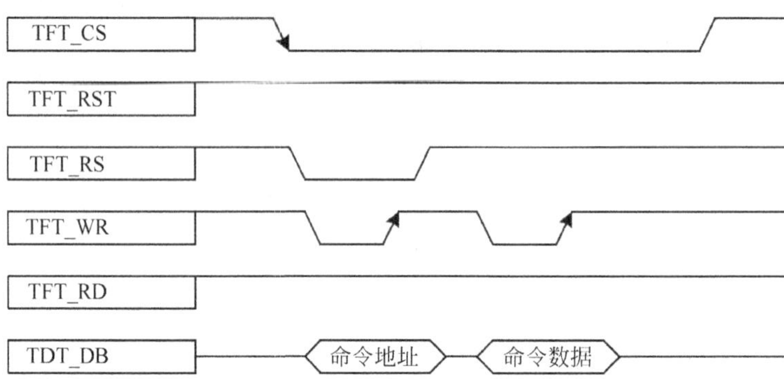


图17.8 STC单片机提供给触摸屏的写控制信号组

2) STC单片机提供给触摸屏的读控制信号

在读周期内，STC单片机将TFT_RD信号先从逻辑高转换为逻辑低，然后再变为逻辑高。在读周期内，TFT显示模块给STC单片机提供信息。在读周期内，当TFT_RD信号上升沿时，STC单片机读取显示模块的信息。当STC单片机将TFT_RS驱动为逻辑低时，STC单片机将TFT_DB[0:7]上的输入数据理解为命令信息；而当TFT_RS被驱动为逻辑高时，TFT_DB[0:7]上的输入数据是RAM数据或者是命令的参数。读控制信号如图17.9所示。

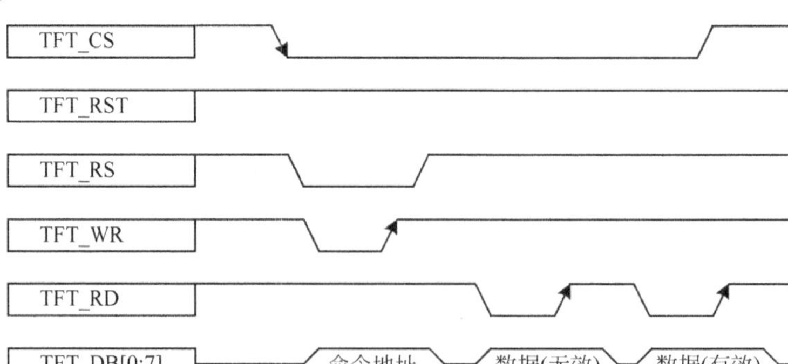


图17.9 STC单片机提供给触摸屏的读控制信号组

### 2. ILI9341 读写命令/数据格式

在 ILI9341 驱动芯片内，提供了大量的控制寄存器和状态寄存器。通过这些寄存器，实现 STC 单片机对 3.2 寸触摸屏的控制。STC 单片机读写 ILI9341 内寄存器的格式，就是先发命令，然后再提供该命令的参数。

命令实际就是要读写命令存储空间的地址，地址为 8 位。这个过程需要将 TFT_RS 信号拉低，表示 STC 单片机给 ILI9341 提供命令。如代码清单 17-3(1)所示。

**代码清单 17-3(1) STC 单片机向显示屏发送命令格式**

```
void comm_out(unchar m)                 //定义发送命令函数 comm_out
{
    TFT32_CS = 0;                       //将 TFT32_CS 信号拉低
    TFT32_RS = 0;                       //将 TFT32_RS 信号拉低
    TFT32_RD = 1;                       //将 TFT32_RD 信号拉高
    TFT32_WR = 0;                       //将 TFT32_WR 信号拉低
    TFT32_DATA = m;                     //将命令码(命令地址)放到 TFT32_DATA
    _nop_();                            //延迟一个 CPU 周期
    _nop_();                            //延迟一个 CPU 周期
    _nop_();                            //延迟一个 CPU 周期
    _nop_();                            //延迟一个 CPU 周期
    TFT32_WR = 1;                       //将 TFT32_WR 信号拉高
    TFT32_RS = 0;                       //将 TFT32_RS 信号拉低
    TFT32_RD = 1;                       //将 TFT32_RD 信号拉高
    TFT32_CS = 1;                       //将 TFT32_CS 信号拉高
}
```

命令参数就是写给该命令存储空间的内容。送给某个命令存储空间的参数可能是一个或者多个，这要根据所提供设计资料中的 ILI9341 数据手册确定，并且这些参数可能是 8 位，也可能是 16 位。

(1) 当参数为 8 位时，可以通过 TFT_DB[0:7]的值表示。

**代码清单 17-3(2) STC 单片机向显示屏发送 8 位命令参数**

```
void data_out(unchar b)                 //定义发送 8 位命令参数函数 data_out
{
    TFT32_CS = 0;                       //将 TFT32_CS 信号拉低
    TFT32_RS = 1;                       //将 TFT32_RS 信号拉高
    TFT32_RD = 1;                       //将 TFT32_RD 信号拉高
    TFT32_WR = 0;                       //将 TFT32_WR 信号拉低
    TFT32_DATA = b;                     //将 8 位参数放在 TFT32_DATA[0:7]上
    _nop_();                            //延迟一个 CPU 周期
    _nop_();                            //延迟一个 CPU 周期
    _nop_();                            //延迟一个 CPU 周期
    _nop_();                            //延迟一个 CPU 周期
    TFT32_WR = 1;                       //将 TFT32_WR 信号拉高
    TFT32_RS = 0;                       //将 TFT32_RS 信号拉低
    TFT32_RD = 1;                       //将 TFT32_RD 信号拉高
    TFT32_CS = 1;                       //将 TFT32_CS 信号拉高
}
```

(2) 当参数为 16 位时，需要分两次将参数放在 TFT_DB[0:7]上，一般是先送参数的高 8 位，然后再送参数的低 8 位。这个过程需要将 TFT_RS 信号拉高，表示 STC 单片机给

ILI9341 提供参数/数据信息。

**代码清单 17-3(3)　STC 单片机向显示屏发送 16 位命令参数**

```
void write_data(unchar i, unchar j)      //定义发送 16 位命令参数 i 和 j 的函数 write_data
{
    TFT32_RS = 1;                        //将 TFT32_RS 信号拉高
    TFT32_CS = 0;                        //将 TFT32_CS 信号拉低
    TFT32_WR = 1;                        //将 TFT32_WR 信号拉高
    TFT32_RD = 1;                        //将 TFT32_RD 信号拉高
    TFT32_DATA = i;                      //将命令参数的高 8 位,即参数 i 放到 TFT32_DATA
    TFT32_WR = 0;                        //将 TFT32_WR 信号拉低
    _nop_();                             //延迟一个 CPU 周期
    _nop_();                             //延迟一个 CPU 周期
    _nop_();                             //延迟一个 CPU 周期
    _nop_();                             //延迟一个 CPU 周期
    TFT32_WR = 1;                        //将 TFT32_WR 信号拉高
    _nop_();                             //延迟一个 CPU 周期
    _nop_();                             //延迟一个 CPU 周期
    _nop_();                             //延迟一个 CPU 周期
    _nop_();                             //延迟一个 CPU 周期
    TFT32_DATA = j;                      //将命令参数的低 8 位,即参数 j 放到 TFT32_DATA
    TFT32_WR = 0;                        //将 TFT32_WR 信号拉低
    _nop_();                             //延迟一个 CPU 周期
    _nop_();                             //延迟一个 CPU 周期
    _nop_();                             //延迟一个 CPU 周期
    _nop_();                             //延迟一个 CPU 周期
    TFT32_WR = 1;                        //将 TFT32_WR 信号拉高
    TFT32_CS = 1;                        //将 TFT32_CS 信号拉高
}
```

**注**：整个图形交互程序设计的完整代码保存在所提供资料根目录下的\stc_program_example\例 17-3 目录下。

## 17.3.3　STC 单片机对触摸屏的初始化

STC 单片机对触摸屏的初始化包括两个部分，即对触摸屏的复位和对触摸屏工作模式设置两个过程。

**1. 对触摸屏的复位**

对触摸屏的复位过程，如代码清单 17-3(4)所示。

**代码清单 17-3(4)　STC 单片机对触摸屏复位的过程**

```
void reset_TFT()                         //定义复位触摸屏函数 reset_TFT
{
   TFT32_RST = 1;                        //将 TFT32_RST 信号拉高
   Delayms(30);                          //延迟一段时间,时间长短与 CPU 频率有关
   TFT32_RST = 0;                        //将 TFT32_RST 信号拉低,进入复位过程
   Delayms(60);                          //延迟一段时间,时间长短与 CPU 频率有关
   TFT32_RST = 1;                        //将 TFT32_RST 信号拉高,退出复位过程
   Delayms(60);                          //再延迟一段时间,触摸屏才可以进入正常状态
}
```

### 2. 对触摸屏工作模式的设置

为了在触摸屏上正确地显示图形，需要事先配置 ILI9341 驱动芯片的工作模式，具体配置过程如代码清单 17-3(5)所示。

**注：**命令参数的详细说明，请参考本书所提供资料的 ILI9341 数据手册。

**代码清单 17-3(5)　STC 单片机对触摸屏设置的过程**

```
void ini_ILI9341()
{
  comm_out(0xCF);                    //电源控制命令 0xCF
  data_out(0x00);                    //参数 1
  data_out(0xC1);                    //参数 2
  data_out(0X30);                    //参数 3

  comm_out(0xED);                    //电源控制序列命令 0xED
  data_out(0x64);                    //参数 1
  data_out(0x03);                    //参数 2
  data_out(0x12);                    //参数 3
  data_out(0x81);                    //参数 4

  comm_out(0xE8);                    //驱动器时序控制 A 命令 0xE8
  data_out(0x85);                    //参数 1
  data_out(0x10);                    //参数 2
  data_out(0x7A);                    //参数 3

  comm_out(0xCB);                    //电源控制 A 命令 0xCB
  data_out(0x39);                    //参数 1
  data_out(0x2C);                    //参数 2
  data_out(0x00);                    //参数 3
  data_out(0x34);                    //参数 4
  data_out(0x02);                    //参数 5

  comm_out(0xF7);                    //泵比率控制命令 0xF7
  data_out(0x20);                    //参数 1

  comm_out(0xEA);                    //驱动器时序控制 B 命令 0xEA
  data_out(0x00);                    //参数 1
  data_out(0x00);                    //参数 2

  comm_out(0xC0);                    //电源控制 1 命令 0xC0
  data_out(0x21);                    //参数 1,VRH[5:0]

  comm_out(0xC1);                    //电源控制 2 命令 0xC1
  data_out(0x13);                    //参数 2,SAP[2:0],BT[3:0]

  comm_out(0xC5);                    //VCM 控制 1 命令 0xC5
  data_out(0x3F);                    //参数 1
  data_out(0x3C);                    //参数 2

  comm_out(0xC7);                    //VCM 控制 2 命令 0xC7
  data_out(0XB3);                    //参数 1

  comm_out(0x36);                    //存储器访问控制命令 0x36
  data_out(0x08);                    //参数 1
```

```
comm_out(0x3A);                         //像素格式设置命令 0x3A
data_out(0x55);                         //参数 1

comm_out(0xB1);                         //帧率控制命令 0xB1
data_out(0x00);                         //参数 1
data_out(0x1B);                         //参数 2

comm_out(0xB6);                         //显示功能控制命令 0xB6
data_out(0x0A);                         //参数 1
data_out(0xA2);                         //参数 2

comm_out(0xF6);                         //接口控制命令 0xF6
data_out(0x01);                         //参数 1
data_out(0x30);                         //参数 2

comm_out(0xF2);                         //使能 3 伽玛命令 0xF2
data_out(0x00);                         //参数 1,禁止伽玛功能

comm_out(0x26);                         //伽玛设置命令 0x26
data_out(0x01);                         //选择伽玛曲线

comm_out(0xE0);                         //正伽玛矫正命令 0xE0
data_out(0x0F);                         //参数 1
data_out(0x24);                         //参数 2
data_out(0x21);                         //参数 3
data_out(0x0C);                         //参数 4
data_out(0x0F);                         //参数 5
data_out(0x09);                         //参数 6
data_out(0x4D);                         //参数 7
data_out(0XB8);                         //参数 8
data_out(0x3C);                         //参数 9
data_out(0x0A);                         //参数 10
data_out(0x13);                         //参数 11
data_out(0x04);                         //参数 12
data_out(0x0A);                         //参数 13
data_out(0x05);                         //参数 14
data_out(0x00);                         //参数 15

comm_out(0XE1);                         //负伽玛矫正命令 0xE1
data_out(0x00);                         //参数 1
data_out(0x1B);                         //参数 2
data_out(0x1E);                         //参数 3
data_out(0x03);                         //参数 4
data_out(0x10);                         //参数 5
data_out(0x06);                         //参数 6
data_out(0x32);                         //参数 7
data_out(0x47);                         //参数 8
data_out(0x43);                         //参数 9
data_out(0x05);                         //参数 10
data_out(0x0C);                         //参数 11
data_out(0x0B);                         //参数 12
data_out(0x35);                         //参数 13
data_out(0x3A);                         //参数 14
```

```
    data_out(0x0F);                     //参数 15

    comm_out(0x11);                     //退出休眠模式命令 0x11
    Delayms(120);                       //延迟
    comm_out(0x29);                     //打开显示命令 0x29
}
```

## 17.3.4　触摸屏基本绘图流程

该设计使用的是 3.2 寸 TFT 显示屏，其可显示区域如图 17.10 所示。在可显示区域绘制图像的操作流程，如图 17.11 所示。

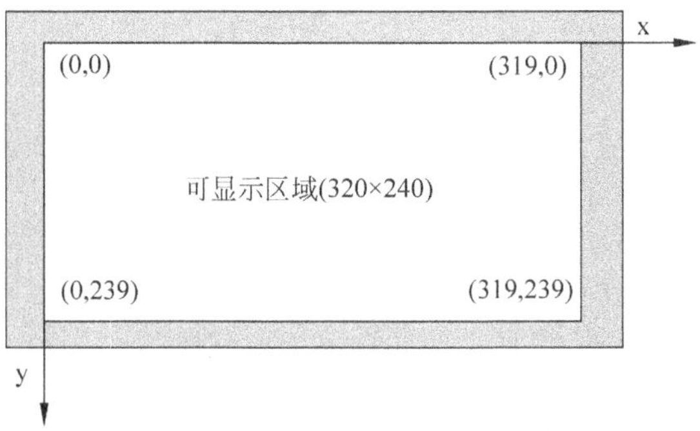


图 17.10　3.2 寸 TFT 屏可显示区域

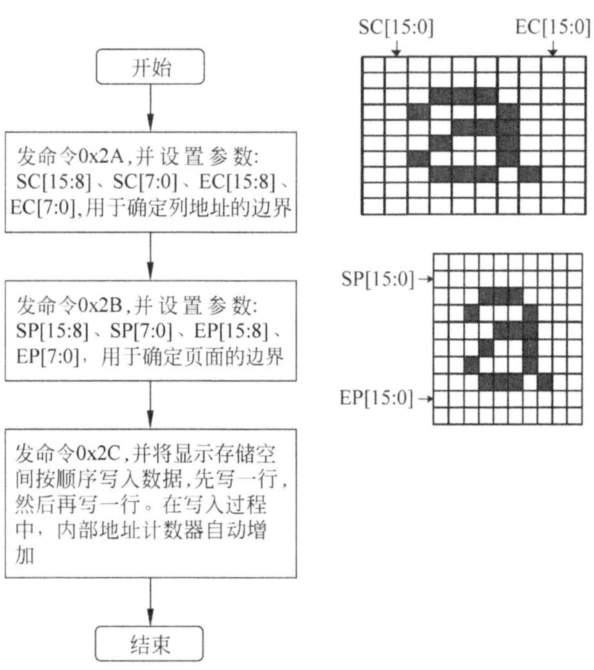


图 17.11　在可显示区域绘制图像

### 17.3.5 绘制不同图形的具体实现方法

本节将介绍显示不同图形的实现方法，包括显示水平横条、垂直数条、方格、由小变大的圆以及预设置图像。

**注：**整个图形交互程序设计的完整代码保存在所提供资料的\stc_program_example\例17-3目录下。

**1. 绘制四条不同颜色的水平横条**

绘制四条不同颜色水平横条的原理如图17.12所示，绘制过程如代码清单17-3(6)所示。

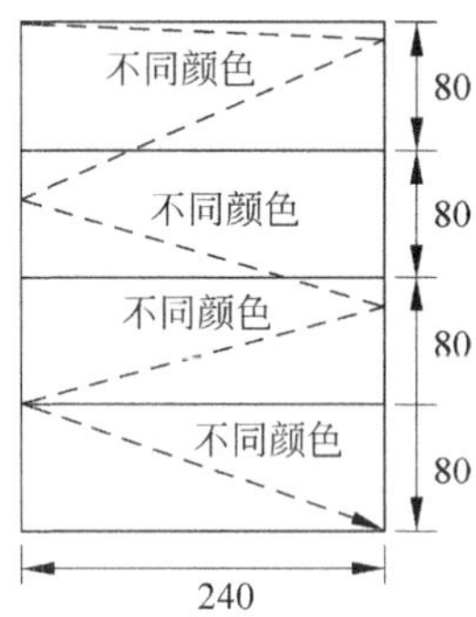


图17.12 绘制水平横条的原理

**代码清单17-3(6) STC单片机绘制水平横条的代码**

```
void display_horizontal_line(void)      //定义绘制水平横条函数display_horizontal_line
{
    unchar j;
    unint i;
    comm_out(0x2A);                     //发命令0x2A,设置列起始和结束地址
    data_out(0x00);                     //设置列起始地址高8位为0x00
    data_out(0x00);                     //设置列起始地址低8位为0x00
    data_out(0x00);                     //设置列结束地址高8位为0x00
    data_out(0xef);                     //设置列结束地址低8位为0xef,结果结束为239
    comm_out(0x2b);                     //发命令0x2b,设置页面起始和结束地址
    data_out(0x00);                     //设置页面起始地址高8位为0x00
    data_out(0x00);                     //设置页面起始地址低8位为0x00,结果起始0
    data_out(0x01);                     //设置页面结束地址高8位为0x01
    data_out(0x3f);                     //设置页面结束地址低8位为0x3f,结果结束为319
    comm_out(0x2C);                     //发命令0x2C,向设置区域按顺序写入数据
    for(i=0;i<80;i++)                   //该两重for循环实现用蓝色填充80×240区域
      for(j=0;j<240;j++)
        write_data(0x00,0x1f);          //写入蓝色像素数据
    for(i=0;i<80;i++)                   //该两重for循环实现用白色填充80×240区域
      for(j=0;j<240;j++)
        write_data(0xff,0xff);          //写入白色像素数据
    for(i=0;i<80;i++)                   //该两重for循环实现用红色填充80×240区域
      for(j=0;j<240;j++)
        write_data(0xf8,0x00);          //写入红色像素数据
    for(i=0;i<80;i++)                   //该两重for循环实现用绿色填充80×240区域
```

```
        for(j=0;j<240;j++)
          write_data(0x07,0xe0);        //写入绿色像素数据
}
```

**2. 绘制四条不同颜色的垂直竖条**

绘制四条不同颜色垂直竖条的原理如图 17.13 所示，绘制过程如代码清单 17-3(7)所示。

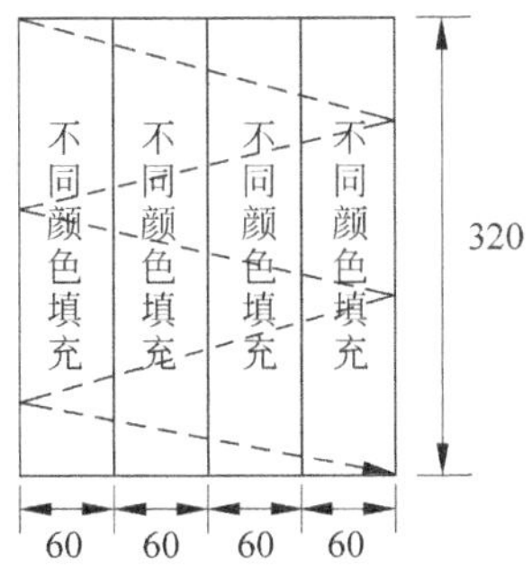


图 17.13　绘制垂直竖条的原理

**代码清单 17-3(7)　STC 单片机垂直竖条的代码**

```
void display_vertical_line(void)        //定义绘制垂直竖条函数 display_vertical_line
{
    unchar j;
    unint i;
    comm_out(0x2A);                     //发命令 0x2A,设置列起始和结束地址
    data_out(0x00);                     //设置列起始地址高 8 位为 0x00
    data_out(0x00);                     //设置列起始地址低 8 位为 0x00,结果起始 0
    data_out(0x00);                     //设置列结束地址高 8 位为 0x00
    data_out(0xef);                     //设置列结束地址低 8 位为 0xef,结果结束为 239
    comm_out(0x2b);                     //发命令 0x2b,设置页面起始和结束地址
    data_out(0x00);                     //设置页面起始地址高 8 位为 0x00
    data_out(0x00);                     //设置页面起始地址低 8 位为 0x00,结果起始 0
    data_out(0x01);                     //设置页面结束地址高 8 位为 0x01
    data_out(0x3f);                     //设置页面结束地址低 8 位为 0x3f,结果结束为 319
    comm_out(0x2C);                     //发命令 0x2C,向设置区域按顺序写入数据
    for(i=0;i<320;i++)                  //外循环控制写 320 行
    {
      for(j=0;j<60;j++)                 //内循环控制用一种颜色填充一行的 0～59 列
        write_data(0x00,0xff);          //写一种颜色像素
      for(j=0;j<60;j++)                 //内循环控制用一种颜色填充一行的 60～119 列
        write_data(0x0f,0xff);          //写一种颜色像素
      for(j=0;j<60;j++)                 //内循环控制用一种颜色填充一行的 120～179 列
        write_data(0x48,0x00);          //写一种颜色像素
      for(j=0;j<60;j++)                 //内循环控制用一种颜色填充一行的 180～239 列
        write_data(0xa1,0xe0);          //写一种颜色像素
    }
}
```

### 3. 绘制十六个不同颜色的小方格

绘制十六个不同颜色小方格的原理如图17.14所示，绘制过程如代码清单17-3(8)所示。

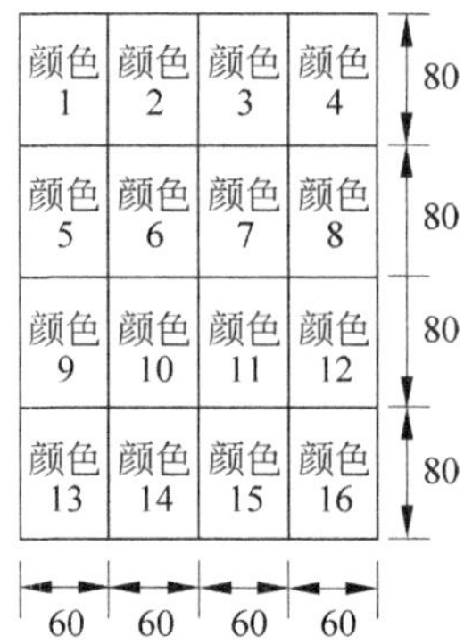


图17.14　绘制小方格的原理

**代码清单17-3(8)　STC单片机绘制16个小方格**

```
void display_squares(void)              //定义绘制16个小方格函数
{
    unchar j,k;
    unint i;
    comm_out(0x2A);                     //发命令0x2A,设置列起始和结束地址
    data_out(0x00);                     //设置列起始地址高8位为0x00
    data_out(0x00);                     //设置列起始地址低8位为0x00,结果起始0
    data_out(0x00);                     //设置列结束地址高8位为0x00
    data_out(0xef);                     //设置列结束地址低8位为0xef,结果结束为239
    comm_out(0x2b);                     //发命令0x2b,设置页面起始和结束地址
    data_out(0x00);                     //设置页面起始地址高8位为0x00
    data_out(0x00);                     //设置页面起始地址低8位为0x00,结果起始0
    data_out(0x01);                     //设置页面结束地址高8位为0x01
    data_out(0x3f);                     //设置页面结束地址低8位为0x3f,结果结束为319
    comm_out(0x2C);                     //发命令0x2C,向设置区域按顺序写入数据
    for(k = 0;k < 4;k++)                //最外层for循环用于控制垂直方向绘制方格个数
     {
         for(i = 0;i < 80;i++)          //中间层for循环用于控制绘制一个方格的垂直方向
         {
           for(j = 0;j < 60;j++)        //最内层for循环用于控制绘制一个方格的水平方向
               write_data(0x00 + k * 60,0x00); //写一种颜色像素,每个小方格的颜色和k有关
           for(j = 0;j < 60;j++)        //最内层for循环用于控制绘制另一个方格的水平方向
               write_data(0x1f + k * 20,0xff);  //写一种颜色像素,每个小方格的颜色和k有关
           for(j = 0;j < 60;j++)        //最内层for循环用于控制绘制另一个方格的水平方向
               write_data(0x2f + k * 50,0x00); //写一种颜色像素,每个小方格的颜色和k有关
           for(j = 0;j < 60;j++)        //最内层for循环用于控制绘制另一个方格的水平方向
               write_data(0x3f + k * 20,0xe0); //写一种颜色像素,每个小方格的颜色和k有关
         }
     }
}
```

### 4. 绘制由小变大的圆

绘制由小变大圆的原理如图17.15所示，绘制过程如代码清单17-3(9)所示。在绘制该

圆形时，比前面要复杂一些。在该设计中，将圆心坐标设置在 TFT 屏的中心点(160,120)，以该中心点为坐标将 TFT 屏的显示区域均分成 4 个区域。绘制圆就是设置一个满足圆形的区域，在该区域内写相同的一个像素，例如红色；在该区域外部写另一种像素，例如绿色。这样，在 TFT 屏上就可以看到在绿色背景下，绘制红色的圆。

判定满足圆形的区域的方法，如图 17.15 所示。著名的勾股定理可以帮助用于判断圆形边界，及 $|x-160|^2+|y-120|^2 \leqslant m^2$。当满足该判断条件时，在圆内；否则在圆外。式中：

(1) m 为圆的半径。

(2) $|x-160|$ 表示 $x-160$ 的绝对值，该绝对值和 x 所在的象限有关。当在左半象限时，为 $160-x$；当在右半象限时，为 $x-160$，即为勾股定理的一个直角边。

(3) $|y-120|$ 表示 $y-120$ 的绝对值，该绝对值 y 所在的象限有关。当在上半象限时，为 $120-y$；当在下半象限时，为 $y-120$，即为勾股定理的另一个直角边。

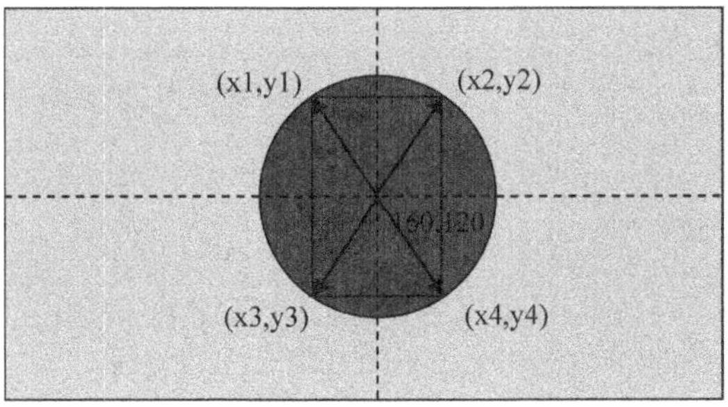


图 17.15 绘制圆形的原理

**代码清单 17-3(9) STC 单片机绘制圆**

```
void display_circle(void)              //定义绘制圆形函数 display_circle
{
unchar j;
unint i,m,c;
unint k,l;
m = 10;                                //设置半径的初始值
  for(c = 0;c < 10;c++)                //外层循环控制半径从 10,增加到 100
  {
    comm_out(0x2A);                    //发命令 0x2A,设置列起始和结束地址
    data_out(0x00);                    //设置列起始地址高 8 位为 0x00
    data_out(0x00);                    //设置列起始地址低 8 位为 0x00,结果起始 0
    data_out(0x00);                    //设置列结束地址高 8 位为 0x00
    data_out(0xef);                    //设置列结束地址低 8 位为 0xef,结果结束为 239
    comm_out(0x2b);                    //发命令 0x2b,设置页面起始和结束地址
    data_out(0x00);                    //设置页面起始地址高 8 位为 0x00
    data_out(0x00);                    //设置页面起始地址低 8 位为 0x00,结果起始 0
    data_out(0x01);                    //设置页面结束地址高 8 位为 0x01
    data_out(0x3f);                    //设置页面结束地址低 8 位为 0x3f,结果结束为 319
    comm_out(0x2C);                    //发命令 0x2C,向设置区域按顺序写入数据

    for(i = 0;i < 320;i++)             //外层 for 循环控制写 320 行
```

```
    {
      for(j = 0;j < 240;j++)               //内层 for 循环控制写 240 列
        {
          if(i < 160 && j < 120)           //当在左上象限时,求取两个直角边的绝对值
            {
              k = 160 - i;
              l = 120 - j;
            }
          else if(i > 160&& j < 120)       //当在右上象限时,求取两个直角边的绝对值
            {
              k = i - 160;
              l = 120 - j;
            }
          else if(i < 160 && j > 120)      //当在左下象限时,求取两个直角边的绝对值
            {
              k = 160 - i;
              l = j - 120;
            }
          else                             //否则在右下象限时,求取两个直角边的绝对值
            {
              k = i - 160;
              l = j - 120;
            }
          if((k * k + l * l)<= m * m)      //如果 k² + l²≤m² 时,在圆内
              write_data(0xf8,0x00);       //用红色填充
          else                             //否则在圆外
              write_data(0x07,0xe0);       //用绿色填充
            }
        }
        Delayms(1000);                     //显示一段时间
        m += 10;                           //圆形半径增加 10 个像素
    }
}
```

**5. 绘制预设置图像**

可以选取一幅很小的图片,将其通过 MATLAB 软件进行转换,得到 16 位的像素值,将其保存在数组 imagepict 中。由于 STC 单片机片内扩展数据 RAM 的空间最多只有 4KB,但是其程序存储空间较大,因此可以将数组 imagepict 保存在 STC 单片机的程序存储空间内。对于绘制预设置图像来说,比较简单,只需要按顺序从数组中读取像素即可,读取预设置图像像素的过程,如代码清单 17-3(10)所示。

**注**:整个预绘制图像的像素保存在所提供资料的\stc_program_example\例 17-3 目录下的 PICTURE.h 头文件中。

**代码清单 17-3(10)　STC 单片机绘制预设置图像**

```
void displayPIC()                          //定义绘制预设置图像函数 displayPIC
{
    unint i,j;
    unchar m;
    comm_out(0x2A);                        //发命令 0x2A,设置列起始和结束地址
```

```
    data_out(0x00);                   //设置列起始地址高 8 位为 0x00
    data_out(0x00);                   //设置列起始地址低 8 位为 0x00,结果起始 0
    data_out(0x00);                   //设置列结束地址高 8 位为 0x00
    data_out(0xEF);                   //设置列结束地址低 8 位为 0xef,结果结束为 239
    comm_out(0x2B);                   //发命令 0x2b,设置页面起始和结束地址
    data_out(0x00);                   //设置页面起始地址高 8 位为 0x00
    data_out(0x00);                   //设置页面起始地址低 8 位为 0x00,结果起始 0
    data_out(0x01);                   //设置页面结束地址高 8 位为 0x01
    data_out(0x3F);                   //设置页面结束地址低 8 位为 0x3f,结果结束为 319
    comm_out(0x2C);                   //发命令 0x2C,向设置区域按顺序写入数据
    for(m = 0;m < 4;m++)              //重复绘制预设置图像 4 次,将 TFT 屏幕填充满
    {unint k = 0;
        for(i = 0;i < 80;i++)         //for 循环控制垂直方向
        {
            for(j = 0;j < 240;j++)    //for 循环控制水平方向
            {
                write_data(imagepict[k],imagepict[k + 1]); //写入像素数据
                k++;                  //变量 k 递增
                k++;                  //变量 k 递增
            }
        }
    }
}
```

## 17.3.6 设计头文件说明

该设计的头文件 TFT32.h 中,包括条件编译宏、自定义数据类型以及 TFT 屏引脚与 STC 单片机引脚进行映射。

**代码清单 17-3(11) STC 单片机自定义头文件 TFT32.h**

```
#ifndef _TFT32_
#define _TFT32_
#include "reg51.h"
#include "intrins.h"

#define unint unsigned int
#define unchar unsigned char

sbit TFT32_RST = P2 ^3;
sbit TFT32_CS = P2 ^4;
sbit TFT32_RS = P2 ^5;
sbit TFT32_RD = P2 ^6;
sbit TFT32_WR = P2 ^7;

sfr TFT32_DATA = 0x80;

sfr P0M1 = 0x93;
sfr P0M0 = 0x94;
sfr P2M1 = 0X95;
sfr P2M0 = 0x96;

void Delayms(unint ms);
```

```
void reset_TFT();
void ini_ILI9341();
void write_regCOM(unchar com1,unchar com2);
void write_DAT(unchar dat1,unchar dat2);
void display_eprom(unchar p);
void displayPIC();
void display_horizontal_line(void);
void display_vertical_line(void);
void display_squares(void);
void display_circle(void);
#endif
```

### 17.3.7 主处理文件 main 函数设计

在该设计中,主函数 main 负责处理调度绘图函数在 TFT 屏上显示不同的图像。

**代码清单 17-3(12) main.c 文件**

```
#include "TFT32.h"
int main()
{
     P0M0 = 0;                          //设置 P0 端口驱动模式寄存器 P0M0
     P0M1 = 0;                          //设置 P0 端口驱动模式寄存器 P0M1
     P2M0 = 0;                          //设置 P2 端口驱动模式寄存器 P2M0
     P2M1 = 0;                          //设置 P2 端口驱动模式寄存器 P2M1
     reset_TFT();                       //复位 TFT 触摸屏
     ini_ILI9341();                     //初始化触摸屏驱动芯片 ILI9341
     while(1)                           //无限循环
     {
     display_horizontal_line();         //绘制水平横条
     Delayms(3000);                     //持续一段时间
     display_vertical_line();           //绘制垂直竖条
     Delayms(3000);                     //持续一段时间
     display_squares();                 //绘制小方格
     Delayms(3000);                     //持续一段时间
     display_circle();                  //绘制逐渐变大的圆形
     Delayms(3000);                     //持续一段时间
     displayPIC();                      //显示预设置图像
     Delayms(3000);                     //持续一段时间
     }
    return 0;
}
```

**思考与练习**

17-4 修改上面的代码,使得圆形可以在 TFT 显示屏上进行水平移动、垂直移动、45°角移动。

17-5 根据书中提供的触摸屏控制芯片资料,添加触摸控制程序,可以通过触摸绘制不同的图形。

# 第 18 章 STC 单片机时钟、复位和电源模式原理及实现

CHAPTER 18

本章介绍 STC 单片机时钟、复位和电源模式原理及实现方法。内容包括 STC 单片机时钟、STC 单片机复位和 STC 单片机电源模式。

本章内容体现了 STC 单片机在时钟、复位以及功耗控制方面的特点。STC 单片机所提供的多个复位能力将极大地改善单片机的抗干扰能力，提高单片机在复杂工作环境下的自我纠错能力。此外，STC 单片机所提供的多种电源工作模式在满足系统性能要求的同时，也极大地降低了系统功耗。

## 18.1 STC 单片机时钟

在第 4 章 4.1.3 节介绍特殊功能寄存器的时候，已经对 STC 单片机系统时钟的分频方法进行了详细的介绍。本节通过例子说明通过 SFR 对时钟分频控制的实现。

**注**：对于 STC15 系列 5V 单片机来说，I/O 口的对外输出时钟的频率不要超过 13.5MHz；对于 STC15 系列 3.3V 单片机来说，I/O 口的对外输出时钟的频率不要超过 8MHz。如果频率过高，需要进行分频才能输出。

**【例 18-1】** 控制 STC 单片机输出时钟频率 C 语言描述的例子。

**程序清单 18-1 main.c 文件**

```
#include "reg51.h"
sfr CLK_DIV = 0x97;                    //声明 CLK_DIV 寄存器的地址
void main()
{
    CLK_DIV = 0xc5;                    //给 CLK_DIV 寄存器赋值 0xc5
    while(1);                          //无限循环
}
```

**注**：读者可以进入本书所提供资料的 stc_program_example\例 18-1 目录下，打开并参考该设计。

该例中，0xc5＝$(1100,0101)_2$，通过查看第 4 章 CLK_DIV 寄存器的内容，最高两位 11 对应于 B7 和 B6，用于控制主时钟对外分频输出控制位。该设置表示主时钟为对外输出时钟，但时钟被 4 分频，输出时钟频率＝SYSclk/4。CLK_DIV 寄存器的 B2～B0＝"101"，表示对单片机内的主时钟进行 32 分频，该 32 分频后的时钟作为单片机的系统主时钟 SYSclk。

所以输出时钟的频率为

$$f_{输出} = f_{主时钟}/(32 \times 4)$$

主时钟频率由 STC-ISP 软件在烧写程序代码时确定，如图 18.1 所示。在硬件选项标签中，在“输入用户程序运行时的 IRC 频率”右侧通过下拉框设置 STC 单片机内部主时钟频率，也可以手动输入任意频率。

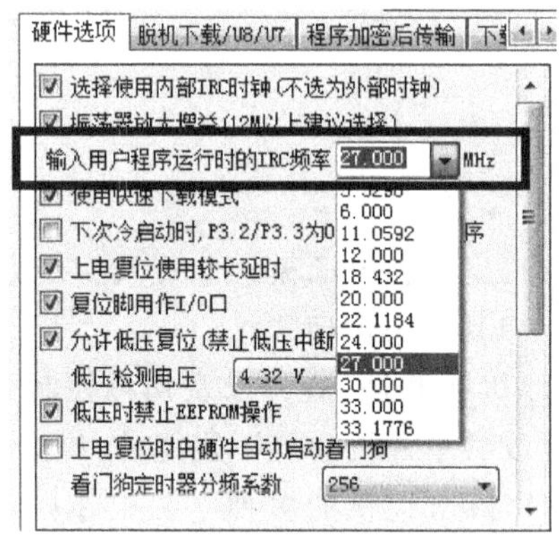


图 18.1　主时钟频率设置界面

**思考与练习**

18-1　将上面的例子下载到 STC 单片机学习板中，将 IRC 频率设置为 27MHz。打开示波器，将探头接入到 STC 单片机学习板 J8 插座上的 GND 和 P54 插孔上，特别要注意共地。测量 P5.4 引脚输出时钟频率＝________ kHz。

18-2　如果将 CLK_DIV 赋值为 0x87，STC 单片机主时钟频率设置为 20.000MHz 时，计算 P5.4 引脚理论输出时钟频率＝________ kHz，实际测量的输出时钟频率＝________ kHz。

18-3　根据误差理论计算公式，计算相对误差和绝对误差。验证是否和 STC 公司给出的技术参数吻合。

18-4　根据汇编语言知识，编写汇编语言程序实现对时钟的分频输出功能。

## 18.2　STC 单片机复位

STC15 系列单片机提供了 7 种复位方式，包括外部 RST 引脚复位、软件复位、掉电复位/上电复位、内部低压检测复位、MAX810 专用复位电路复位、看门狗复位和程序地址非法复位。

对于掉电/上电复位来说，可选择增加额外的复位延迟 18ms，也叫作 MAX810 复位电路，实质就是在上电复位后增加 180ms 的额外复位延时。

### 18.2.1　外部 RST 引脚复位

在 STC15 系列单片机中，复位引脚设置在 P5.4 引脚上(除 STC15F100W 系列单片机复位引脚在 P3.4 上)。

当外部给该引脚施加一定宽度的脉冲后，就可以对单片机进行复位。STC 其余单片机可以在 ISP 烧录程序时进行设置，将其设置为复位引脚。如图 18.2 所示，当选中“复位脚用作 I/O 口”复选框时，引脚是普通 I/O，不能用于 RST 引脚；否则，P5.4 引脚为 RST 引脚。

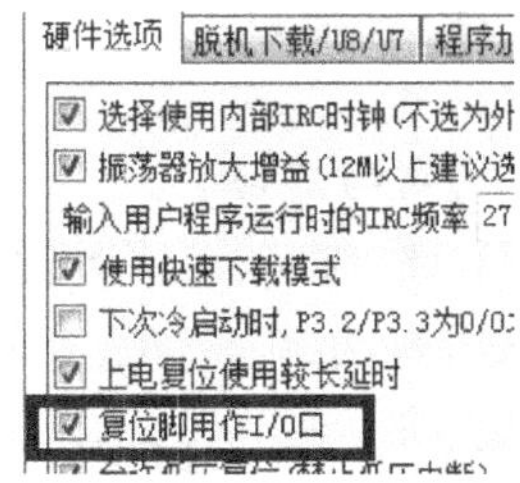


图 18.2　复位引脚设置界面

**注：** *IAP15W4K58S4 单片机 P5.4 引脚不可设置为 RST 引脚，也就是不提供用户在 ISP 软件中进行相关设置的权限，这样做是为了防止误操作。*

如果将 P5.4 引脚设置为复位输入引脚，在外部复位时，需要将 RST 复位引脚拉高并至少维持 24 个时钟外加 20μs 后，单片机就会稳定进入复位状态。当把 RST 复位引脚拉低后，结束复位状态，并将特殊功能寄存器 IAP_CONTR 中的 SWBS/IAP_CONTR.6 位设为 1，同时从系统 ISP 监控区启动。

特别要说明的是，外部 RST 引脚复位是热启动复位中的硬复位。

## 18.2.2　软件复位

当 STC 单片机正在运行用户程序时，有时需要对单片机系统进行软件复位。在传统单片机上并没有提供此功能，用户必须用软件模拟实现。在 STC 推出的单片机中提供了软件复位的功能，该功能通过设置 IAP_CONTR 寄存器中 SWBS 位(第 6 位)和 SWRST 位(第 5 位)实现。

**注：** *在第 3 章介绍用户 Flash 区时，详细介绍过该寄存器。*

1) SWBS

该位表示软件选择复位后，选择从用户应用程序启动还是从系统 ISP 监控程序区启动。当该位为 1 时，选择从系统 ISP 监控区启动；当该位为 0 时，选择从用户应用程序区启动。

2) SWRST

当该位为 1 时，软件控制产生复位，单片机自动复位；当该位为 0 时，不产生任何操作。

**【例 18-2】** 控制 STC 单片机产生软件复位 C 语言描述的例子。

**程序清单 18-2　main.c 文件**

```
#include "reg51.h"
sfr IAP_CONTR = 0xc7;                    //声明 IAP_CONTR 寄存器地址为 0xc7

void main()
{
    long unsigned int j;
      P46 = 0;                           //P4.6 置低,灯亮
      P47 = 0;                           //P4.7 置低,灯亮
      for(j = 0;j < 999999;j++);         //软件延迟
      P46 = 1;                           //P4.6 置高,灯灭
      P47 = 1;                           //P4.7 置高,灯灭
      for(j = 0;j < 999999;j++);         //软件延迟
      P46 = 0;                           //P4.6 置低,灯亮
      P47 = 0;                           //P4.7 置低,灯亮
      for(j = 0;j < 999999;j++);         //软件延迟
      IAP_CONTR = 0x60;                  //软件复位指令
}
```

**注**：读者可以进入本书所提供资料的 stc_program_example\例 18-2 目录下，打开并参考该设计。

**思考与练习**

18-5　将该设计下载到 STC 提供的学习板中，观察灯的变化。注意在软件复位指令产生作用后，重新执行指令的过程。

### 18.2.3　掉电/上电复位

当电源电压 VCC 低于掉电复位/上电复位检测门限电压时，将单片机内的所有电路复位，该复位属于冷启动复位的一种。当内部 VCC 电压高于掉电复位/上电复位检测门限电压后，延迟 32768 个时钟后结束掉电/上电复位过程。当该过程结束后，单片机将特殊功能寄存器 IAP_CONTR 中的 SWBS/IAP_CONTR.6 位置 1，同时从系统 ISP 监控区启动程序。

对于 5V 供电的单片机来说，它的掉电复位/上电复位检测门限电压为 3.2V；对于 3.3V 供电的单片机来说，它的掉电复位/上电复位检测门限电压为 1.8V。

### 18.2.4　MAX810 专用复位电路复位

STC15 系列单片机内部集成了 MAX810 专用复位电路。在 STC-ISP 软件中，允许 MAX810 专用复位电路，如图 18.3 所示。当选中"上电复位使用较长延时"选项前面的复选框时，允许使用 STC 单片机内 MAX810 专用复位电路；否则，不使用该专用复位电路。当使能使用该专用复位电路时，在掉电复位/上电复位后产生约 180ms 复位延时，然后才结束复位过程。

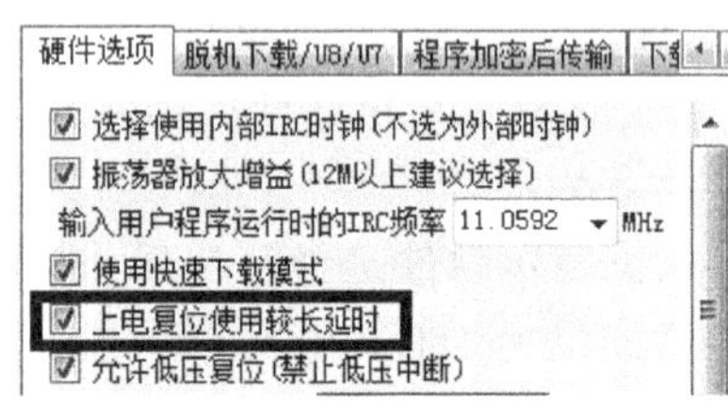

图 18.3　复位延迟设置界面

当该过程结束后，单片机将特殊功能寄存器 IAP_CONTR 中的 SWBS/IAP_CONTR.6 位置 1，同时从系统 ISP 监控区启动程序。

### 18.2.5　内部低压检测复位

除了上面提供的上电复位检测门限电压外，STC15 系列单片机还额外提供了一组更可靠的内部低电压检测门限电压，该复位方式属于热启动复位中的一种硬件复位方式。当电源电压 VCC 低于内部低电压检测(LVD)门限电压时，可产生复位信号。这需要在 STC-ISP 软件中进行设置，如图 18.4 所示。在该界面中，选中"允许低压复位(禁止低压中断)"前面的复选框，使能低压检测；否则，将使能低电压检测中断。

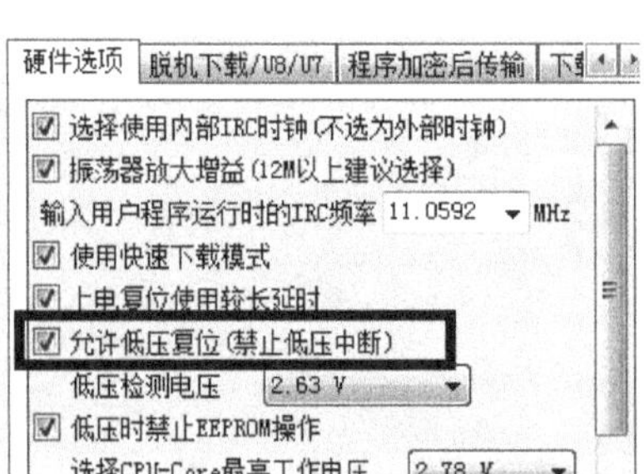

图 18.4　复位检测设置界面

使能低电压检测中断时，当电源电压 VCC 低于内部低电压检测 LVD 门限电压时，硬件将中断请求标志位 LVDF/PCON.5)置位。如果 ELVD/IE.6(低压检测中断允许位)设置为 1，就将向 8051 单片机的 CPU 发出低电压检测中断信号。

(1) 当正常工作和空闲工作状态时，如果内部工作电压 VCC 低于低电压检测门限，则将中断请求标志位 LVDF/PCON.5)自动置位为 1，与低压检测中断是否被允许无关。特别需要注意的是，该位必须用软件清 0；在清零后，如果内部工作电压 VCC 继续低于检测门限电压，则将该位再次自动设置为 1。

(2) 当进入掉电工作状态前，如果低压检测电路未被允许产生中断，则在进入掉电模式后，该低压检测电路不工作以降低功耗。如果允许可产生低压检测中断，则在进入掉电模式后，该低压检测电路将继续工作，在内部工作电压 VCC 低于低压检测门限电压时，产生低压检测中断，可以将 MCU 从掉电状态唤醒。

在低压检测复位结束后，不影响特殊功能寄存器 IAP_CONTR 中的 SWBS/IAP_CONTR.6 位的值，单片机根据复位前 SWBS/IAP_CONTR.6 的值选择从用户应用程序区启动，还是从系统监控区启动。

对于 5V 和 3V 供电的单片机都提供了内置 8 级可选的内部低电压检测门限电压。对于宽电压供电的 STC 单片机来说，内置了 16 级可选的内部低电压检测门限电压值。用户可以根据工作频率和供电电压，选择合理的门限电压。

(1) 对于 5V 供电的单片机来说，常温下工作频率大于 20MHz 时，可以选择 4.32V 作为复位门限电压；常温下工作频率低于 12MHz 时，可以选择 3.82V 电压作为复位门槛电压。

(2) 对于 3.3V 供电的单片机来说，常温下工作频率大于 20MHz 时，可以选择 2.82V 作为复位门限电压；常温下工作频率低于 12MHz 时，可以选择 2.42V 电压作为复位门槛电压。

**注**：在 STC-ISP 软件中推荐选择"低电压时禁止 EEPROM 操作"前面的复选框。如图 18.4 所示。

下面给出与低压检测有关的电源控制寄存器 PCON，如表 18.1 所示。该寄存器在特殊功能寄存器地址为 0x87H 的位置，当上电复位后该寄存器的值为 00110000。

**表 18.1　电源控制寄存器 PCON**

| 比特位 | B7 | B6 | B5 | B4 | B3 | B2 | B1 | B0 |
|---|---|---|---|---|---|---|---|---|
| 名字 | SMOD | SMOD0 | LVDF | POF | GF1 | GF0 | PD | IDL |

其中：

1) LVDF

低电压检测标志位，同时也是低压检测中断请求标志位。

2) POF

上电复位标志位。当单片机停电后，上电复位标志位为 1，可由软件清 0。

3) PD

将其置位为 1 时，进入掉电(power down)模式，可以由外部中断上升沿或者下降沿触发唤醒。进入掉电模式时，内部时钟停止振荡，由于时钟不工作，因此 CPU 和定时器等功能部件停止工作，只有外部中断继续工作。在 STC 单片机中，可以将 CPU 从掉电模式进行唤醒的外部引脚有：INT0/P3.2、INT1/P3.3、INT2/P3.6、INT3/P3.7、INT4/P3.0、CCP0/CCP1/CCP2、RxD/RxD2/RxD3/RxD4、T0/T1/T2/T3/T4。其中，有些单片机还有内部低功耗掉电唤醒专用定时器。掉电模式也称为停机模式，此时电流小于 0.1μA。

4) IDL

将其置位为 1，进入 IDLE 模式(空闲)，除系统不给 CPU 提供时钟，即 CPU 不执行指令外，其余功能部件仍然继续工作，可以由外部中断、定时器中断、低压检测中断及 ADC 转换中断的任何一个中断唤醒。

5) GF1 和 GF0

两个通用工作标志位，用户可以任意使用。

6) SMOD0 和 SMOD

与电源控制无关，与串口有关，后面详细介绍。

### 18.2.6 看门狗复位

在一些对可靠性要求比较苛刻的场合，如工业控制、汽车电子和航空航天等，为了防止系统在异常情况下受到干扰，即经常所说的程序跑飞，引入了看门狗(watchdog 机制。所谓的看门狗机制是指，如果 MCU/CPU 不在规定的时间内按规定访问看门狗，则认为 MCU/CPU 处于异常工作状态，看门狗就会强迫 MCU/CPU 进行复位，使系统重新从头开始按规律执行用户程序。

看门狗复位是热启动复位中的软件复位的一种方式。STC15 系列单片机引入了看门狗机制，使单片机的系统可靠性设计变得更加简单。当看门狗复位状态结束后，不影响特殊功能寄存器 IAP_CONTR 中 SWBS 位的值。至于看门狗复位状态结束后，从 ISP 监控区启动，还是从用户应用程序区启动，读者可以参考 STC 数据手册以获取相关信息。

STC 单片机内提供了看门狗控制寄存器 WDT_CONTR，用于看门狗复位功能，如表 18.2 所示。该寄存器在特殊功能寄存器地址为 0xC1 的位置，当复位后，该寄存器的值为 0x000000。

**表 18.2 看门狗控制寄存器 WDT_CONTR**

| 比特位 | B7 | B6 | B5 | B4 | B3 | B2 | B1 | B0 |
|---|---|---|---|---|---|---|---|---|
| 名字 | WDT_FLGA | | EN_WDT | CLR_WDT | IDLE_WDT | PS2 | PS1 | PS0 |

其中：

1) WDT_FLAG

看门狗溢出标志位。当溢出时，该位由硬件置 1。该位可由软件清除。

2) EN_WDT

看门狗允许位。当设置为 1 时，启动看门狗。

3) CLR_WDT

看门狗清零。当设置为 1 时，看门狗将重新计数。硬件将自动清除该位。

4) IDLE_WDT

看门狗 IDLE 模式位。当设置为 1 时，看门狗定时器在“空闲模式”计数。当清零该位时，看门狗定时器在“空闲模式”时不计数。

5）PS2～PS0

看门狗定时器预分频值。看门狗溢出时间由下面公式确定：

$$溢出时间 = (12 \times 预分频值 \times 32768) / 振荡器频率$$

在不同振荡器频率下的看门狗溢出时间，如表 18.3 所示。

**表 18.3　看门狗定时器预分频值**

| PS2 | PS1 | PS0 | 预分频值 | 看门狗溢出时间 (20MHz) | 看门狗溢出时间 (12MHz) | 看门狗溢出时间 (11.0592MHz) |
|---|---|---|---|---|---|---|
| 0 | 0 | 0 | 2 | 39.3ms | 65.5ms | 71.1ms |
| 0 | 0 | 1 | 4 | 78.6ms | 131.0ms | 142.2ms |
| 0 | 1 | 0 | 8 | 157.3ms | 262.1ms | 284.4ms |
| 0 | 1 | 1 | 16 | 314.6ms | 524.2ms | 568.8ms |
| 1 | 0 | 0 | 32 | 629.1ms | 1.0485s | 1.1377ms |
| 1 | 0 | 1 | 64 | 1.25s | 2.0971s | 2.2755s |
| 1 | 1 | 0 | 128 | 2.5s | 4.1943s | 4.5511s |
| 1 | 1 | 1 | 256 | 5s | 8.3886s | 9.1022s |

此外，在 STC-ISP 软件中，也提供了开启看门狗定时器和设置分频系数的功能，如图 18.5 所示。在该界面中，如果选中“上电复位时由硬件自动启动看门狗”复选框，将在上电时自动打开看门狗。通过该界面，可以在看门狗定时器分频器系数右侧的下拉框中为看门狗定时器选择预分频值。

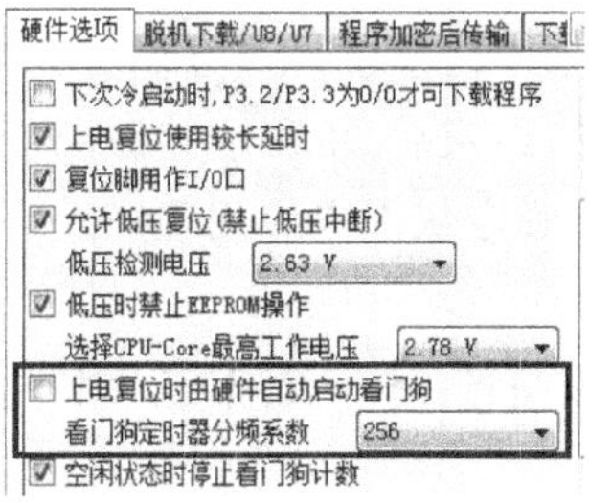


图 18.5　看门狗设置界面

**【例 18-3】** 控制 STC 单片机看门狗定时器复位 C 语言描述的例子。

**程序清单 18-3　main.c 文件**

```
#include "reg51.h"
sfr WDT_CONTR = 0xc1;                  //声明看门狗定时器控制寄存器地址 0xc1

void main()
{
    long unsigned int j;               //声明无符号长整型数 j
    char c = 0x10;                     //声明 8 位变量 c,其值为 0x10
     P46 = 0;                          //置 P4.6 为低,灯亮
     P47 = 0;                          //置 P4.7 低低,灯亮
     for(j = 0;j < 99999;j++);         //循环延迟
     P46 = 1;                          //置 P4.6 为高,灯灭
     P47 = 1;                          //置 P4.7 为高,灯灭
     while(1)                          //无条件循环
         WDT_CONTR| = c;               //按位逻辑或运算,将该寄存器 CLR_WDT 位置 1
}
```

**注：** 读者可以进入本书所提供资料的 stc_program_example\例 18-3 目录下，打开并参考该设计。

**思考与练习**

18-6 将该代码下载到STC提供的学习板。在STC-ISP软件中,使能上电时由硬件自动启动看门狗,并设置分频系数为256。观察实验现象并回答问题:LED的变化规律________,看门狗定时器是否满足复位条件________,判断方法________。

18-7 将该代码中的下面两行代码去掉:

```
while(1)
WDT_CONTR| = c;
```

然后下载设计到STC提供的学习板。在STC-ISP软件中,使能上电时由硬件自动启动看门狗,并设置分频系数为256。观察实验现象并回答问题:LED的变化规律________,看门狗定时器是否满足复位条件________,判断方法________。在此基础上,在STC-ISP软件中,不使能上电时由硬件自动启动看门狗设置。观察实验现象并回答问题:LED的变化规律________,看门狗定时器是否启动________,判断方法________。

18-8 根据汇编语言知识,编写汇编语言程序实现看门狗定时器功能。

### 18.2.7 程序地址非法复位

如果程序指针指向PC的地址空间超过了有效的程序地址空间的大小,就会引起程序地址非法复位。该复位方式是热启动复位中的软件复位的一种方式。当程序地址非法复位状态结束后,不影响特殊功能寄存器IAP_CONTR中SWBS位的值。单片机将根据该位的值,确定从用户应用程序区启动还是从系统ISP监控区启动。

## 18.3 STC单片机电源模式

STC15系列单片机提供了三种运行模式以降低系统功耗,即低速模式、空闲模式和掉电模式。对于STC15系列单片机来说:

(1) 正常工作模式下,功耗为2.7~7mA;

(2) 掉电模式下,功耗为0.1μA;

(3) 空闲模式下,功耗为1.8mA。

### 18.3.1 低速模式

低速模式由时钟分频器CLK_DIV中的分频因子控制,通过分频降低工作时钟频率,从而降低功耗和EMI;而空闲模式和掉电模式的进入由电源控制寄存器PCON相应的位控制。

### 18.3.2 空闲模式

将IDL/PCON.0位置1,单片机将进入IDLE(空闲)模式。在空闲模式下,仅CPU无时钟,但是外部中断、内部低压检测电路、定时器和ADC转换器等仍正常工作。通过寄存器和STC-ISP软件,可以设置在空闲期间看门狗定时器是否继续计数。在空闲模式下,数据RAM、堆栈指针SP、程序计数器PC、程序状态字PSW和累加器A等寄存器都保持原有的数据。I/O口保持空闲模式被激活前的逻辑状态。在空闲模式下，除了8051 CPU外，单片机的所有外设都能正常工作。当产生任何一个中断时，它们均可以唤醒单片机。当唤醒单片机后，CPU继续执行进入空闲模式语句的下一条指令。

**【例18-4】** 控制STC单片机进入和退出空闲模式C语言描述的例子。

**程序清单18-4　main.c文件**

```
#include "reg51.h"
void wakeup() interrupt 0              //声明外部中断0的中断服务程序
{
}
void main()
{
  long int j;
    IT0 = 1;                            //只允许下降沿触发
    EX0 = 1;                            //允许外部中断0
    EA = 1;                             //CPU允许响应中断
  while(1)                              //无限循环
    {
    P46 = 0;                            //置P4.6为0,灯亮
    P47 = 0;                            //置P4.7为0,灯亮
    for(j = 0;j < 222222;j++);          //循环延迟
    PCON| = 0x01;                       //设置PCON.IDL为1,进入空闲模式
    P46 = 1;                            //置P4.6为1,灯灭
    P47 = 1;                            //置P4.7为1,灯灭
    for(j = 0;j < 222222;j++);          //循环延迟
    }
}
```

**注：**读者可以进入本书所提供资料的stc_program_example\例18-4目录下，打开并参考该设计。

**思考与练习**

18-9　将该代码下载到STC提供的学习版。在STC-ISP软件中，使能上电禁止硬件自动启动看门狗。观察实验现象并回答下面问题：

(1) CPU进入空闲状态的条件________，脱离空闲状态的方法________。

(2) 进入空闲状态前，LED的变化规律________；脱离空闲状态后，LED的变化规律________。

**提示：**按下STC学习板上的SW17键，触发外部中断0，就可以脱离空闲状态。

## 18.3.3　掉电模式

将PCON寄存器的PD位置1，则STC单片机进入掉电模式，也称为停机模式。进入掉电模式后，单片机所使用的时钟停止振荡，包括内部系统时钟、外部晶体振荡器和外部时钟，由于没有时钟振荡，CPU、看门狗、定时器、串行口和ADC等模块停止工作，外部中断，包括INT0/INT1/INT2/INT3/INT4以及CCP继续工作。如果允许低压检测电路产生中断，则低压检测电路可以继续工作；否则，将停止工作。进入掉电模式后，STC单片机的所有端口、特殊功能寄存器维持进入掉电模式前一时刻的状态不变。如果在掉电前，打开掉电唤醒定时器，则进入掉电模式后，掉电唤醒专用定时器将开始工作。

进入掉电模式后，STC15W4K32S4 系列单片机可将掉电模式唤醒的引脚资源有：INT0/P3.2、INT1/P3.3(INT0/INT1 上升沿和下降沿均可产生中断)、INT2/P3.6、INT3/P3.7、INT4/P3.0(仅可以下降沿产生中断)、引脚 CCP0/CCP1/CCP2、引脚 RxD/RxD2/RxD3/RxD4、引脚 T0/T1/T2/T3/T4(下降沿即外部引脚 T0/T1/T2/T3/T4 由高到低的变化，前提是在进入掉电模式前已经允许相应的定时器中断)、低压检测中断(前提是低压检测中断被允许，且 STC-ISP 软件中，不选择"允许低压复位/禁止低压中断")和内部低功耗掉电唤醒专用定时器。

**1. 掉电唤醒专用寄存器**

STC 系列单片机的内部低功耗掉电唤醒专用定时器由特殊功能寄存器地址为 0xAA 的 WKTCL 寄存器，以及地址为 0xAB 的 WKTCH 寄存器进行管理和控制，如表 18.4 和 18.5 所示。在上电复位后，WKTCL 的值为 11111111，WKTCH 的值为 01111111。

**表 18.4 WKTCL 寄存器各位的含义**

| 比特位 | B7 | B6 | B5 | B4 | B3 | B2 | B1 | B0 |
|---|---|---|---|---|---|---|---|---|
| 名字 | 低 8 位计数值 | | | | | | | |

**表 18.5 WKTCH 寄存器各位的含义**

| 比特位 | B7 | B6 | B5 | B4 | B3 | B2 | B1 | B0 |
|---|---|---|---|---|---|---|---|---|
| 名字 | WKTEN | 高 7 位计数值 | | | | | | |

内部掉电唤醒定时器是一个 15 位的定时器，由 WKTCH 的{6:0}和 WKTCL 的{7:0}构成最长 15 位的计数值(0～32 767)。

其中，WKTEN 为内部停机唤醒定时器的使能控制位。当该位为 1 时，允许内部停机唤醒定时器；否则，禁止内部停机唤醒定时器。

STC 单片机除提供了内部掉电唤醒定时器 WKTCL 和 WKTCH 外，还设计了 2 个隐藏的特殊功能寄存器 WKTCL_CNT 和 WKTCH_CNT，用来控制内部掉电唤醒专用定时器。WKTCL_CNT 和 WKTCL 共用一个地址，WKTCH_CNT 和 WKTCH 共用一个地址。WKTCL_CNT 和 WKTCH_CNT 是隐藏的，读者看不到。WKTCL_CNT 和 WKTCH_CNT 用作计数器，而 WKTCL 和 WKTCH 用作比较器。

(1) 当写计数器的值时，写到 WKTCL 和 WKTCH 寄存器中，而不是 WKTCL_CNT 和 WKTCH_CNT。

(2) 当读计数器的值时，从 WKTCL_CNT 和 WKTCH_CNT 寄存器读取值，而不是 WKTCL 和 WKTCH 寄存器。

**2. 掉电唤醒专用寄存器工作原理**

如果使能掉电唤醒专用定时器，则当 MCU 进入掉电模式后，掉电唤醒专用定时器开始工作。内部掉电唤醒专用定时器{WKTCH_CNT，WKTCL_CNL}就从 7FFFH 开始计数，直到与{WKTCH，WKTCL}寄存器所设置的值相等后，唤醒系统振荡器。当使用内部振荡器后，MCU 将在 64 个时钟周期后，开始稳定工作；如果使用外部晶体振荡器或者时钟，则在等待 1024 个周期后，开始稳定工作。当 CPU 获得时钟后，程序从上次设置掉电模式语句的下一条语句开始往下执行。当掉电唤醒后，WKTCH_CNT 寄存器和 WKTCL_CNL 寄存器的内容保持不变。

**注**：读者在设置寄存器{ WKTCH，WKTCL }的计数值时，按照需要的计数次数，在计数次数的基础上减去 1 所得到的值，才是{WKTCH，WKTCL}的计数值。

内部掉电唤醒定时器有自己专用的内部时钟，频率约为 32768Hz(误差较大)。对于 16 个引脚以上封装的单片机，可以通过读取 RAM 区域 F8 和 F9 单元的内容来获取内部掉电唤醒专用定时器常温下的时钟频率。对于 8 个引脚封装的单片机，可以通过读取 RAM 区域 78 和 79 单元的内容来获取内部掉电唤醒专用定时器常温下的时钟频率。

**注**：需要在 STC-ISP 软件硬件选项标签栏下，选中"在程序区的结束处添加重要测试参数"复选框，如图 18.6 所示。而且不能在仿真模式下读取掉电唤醒定时器频率参数；只能在编程下载模式下读取掉电唤醒定时器频率参数，如通过串口显示。

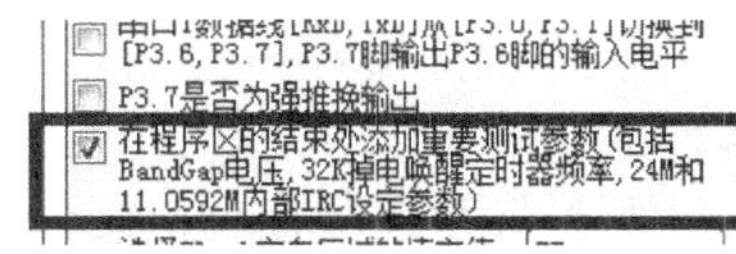


图 18.6 查看唤醒定时器设置界面选项

内部掉电唤醒专用定时器计数时间由下面公式确定：

$$[10^6\mu s/\text{掉电唤醒专用定时器时钟频率}] \times 16 \times \text{计数次数}$$

例如，如果定时器时钟频率为 32 768Hz，则内部掉电唤醒专用定时器最短计数(计数一次)的时间为

$$[10^6\mu s/32\,768] \times 16 \times 1 = 488.28\mu s$$

因此，内部掉电唤醒专用定时器最长计数时间为 $488.28\mu s \times 32\,768 = 16s$。

**注**：为了降低功耗，没有为设计掉电唤醒定时器的抗误差和抗温漂电路。因此掉电唤醒定时器制造误差较大，温漂也比较大。在进入掉电模式前，CPU 会执行进入掉电模式语句的下一条语句。

**【例 18-5】** 控制 STC 单片机进入和退出掉电模式 C 语言描述的例子。

**注**：在该例中，使用掉电唤醒专用寄存器实现掉电模式的唤醒。

**程序清单 18-5 main.c 文件**

```
#include "reg51.h"
#include "intrins.h"
sfr WKTCL = 0xAA;                      //声明 WKTCL 寄存器的地址 0xAA
sfr WKTCH = 0xAB;                      //声明 WKTCH 寄存器的地址 0xAB

void main()
{
  WKTCL = 255;                         //设置唤醒周期为 448μs × (255 + 1) = 114.688ms
  WKTCH = 0x80;                        //设置使能掉电唤醒定时器
  P46 = 0;                             //P4.6 置 0,灯亮
  P47 = 0;                             //P4.7 置 0,灯亮
  while(1)                             //无限循环
  {
    P46 = !P46;                        //P4.6 取反
    P47 = !P47;                        //P4.7 取反
    PCON| = 0x02;                      //进入掉电模式
         _nop_();                      //空操作,必须包含 intrins.h 头文件
```

```
            _nop_();                         //空操作
                                             //114.688ms 后唤醒 CPU 继续循环
        }
    }
```

**注**：读者可以进入本书所提供资料的 stc_program_example\例 18-5 目录下，打开并参考该设计。

**思考与练习**

18-10　将该代码下载到 STC 提供的学习板。在 STC-ISP 软件中，观察实验现象并回答下面问题：

(1) LED 的变化规律________。

(2) 在程序中，通过________方式进入掉电模式。

(3) 如果将 WKTCH 的值改为 0x90，根据前面的计算公式得到唤醒周期为________s。

# 第 19 章 STC 单片机比较器原理及实现

CHAPTER 19

STC 单片机的一个特点就是将模拟比较器集成在单片机中，进一步增加了单片机的功能，扩展了单片机应用的灵活性。本节介绍 STC 单片机比较器原理及实现方法，内容包括 STC 单片机比较器结构、STC 单片机比较器寄存器组和 STC 单片机比较器应用。

通过本章内容的学习可理解 STC 单片机内比较器的原理并掌握其使用方法。

## 19.1 STC 单片机比较器结构

STC15W 系列单片机内置了模拟比较器。STC15W201S、STC15W404S 以及 STC15W1K16S 系列单片机的比较器内部结构，如图 19.1 所示。

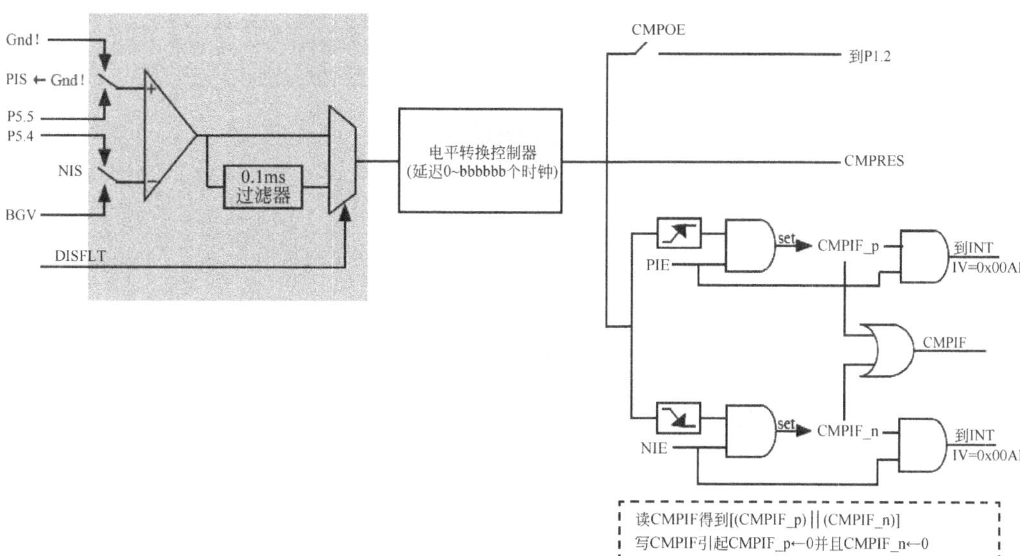


图 19.1 比较器内部结构 1

从图中可以看出，比较器正端输入 CMP+的输入电压来自单片机的 P5.5 引脚，而比较器的负端输入 CMP−的输入电压来自单片机的 P5.4 引脚或者是内部的 BandGap 参考电压(1.27V)。

(1) 当 $V_{CMP+} > V_{CMP-}$ 时，比较器输出逻辑高(1)。

(2) 当 $V_{CMP+} < V_{CMP-}$ 时，比较器输出逻辑低(0)。

内部集成 ADC 的 STC15W401AS 和 STC15W4K32S4 系列单片机比较器内部结构，如图 19.2 所示。

从图 19.2 中可以看出，比较器正端输入 CMP+的输入电压来自单片机的 P5.5 引脚或者 ADCIN 的输入，而比较器的负端输入 CMP-的输入电压来自单片机的 P5.4 引脚或者是内部的 BandGap 参考电压(1.27V)。

(1) 当 $V_{CMP+} > V_{CMP-}$ 时，比较器输出逻辑高(1)。

(2) 当 $V_{CMP+} < V_{CMP-}$ 时，比较器输出逻辑低(0)。

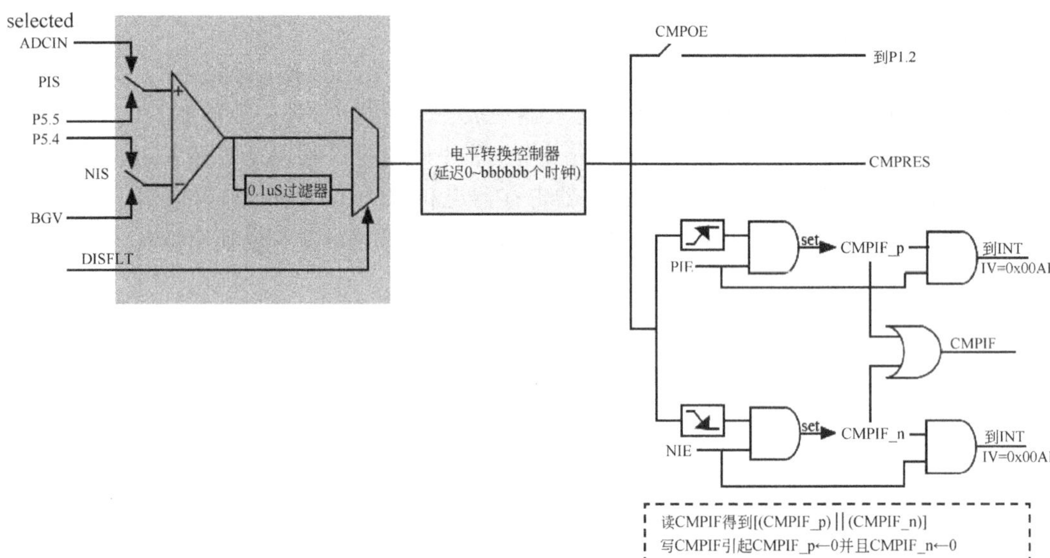


图 19.2 比较器内部结构 2

## 19.2 STC 单片机比较器寄存器组

本节介绍 STC 单片机比较器寄存器组，内容包括比较器控制寄存器 1 和比较器控制寄存器 2。

### 19.2.1 比较控制寄存器 1

本节介绍比较控制寄存器 CMPCR1，如表 19.1 所示，该寄存器位于特殊功能寄存器地址为 0xE6 的位置。当复位后，该寄存器的值为 00000000。

**表 19.1 比较控制寄存器 CMPCR1 各位含义**

| 比特位 | B7 | B6 | B5 | B4 | B3 | B2 | B1 | B0 |
|---|---|---|---|---|---|---|---|---|
| 名字 | CMPEN | CMPIF | PIE | NIE | PIS | NIS | CMPOE | CMPRES |

其中：

1) CMPEN

比较器模块使能位。当该位为 1 时，使能比较器模块；当该位为 0 时，禁止比较器模块，即关闭比较器的电源。

2) CMPIF

比较器中断标志位。

(1) 当比较器的输出由逻辑低变成逻辑高时，如果 PIE 设置为 1，则将单片机中内建的一个称为 CMPIF_P 的寄存器置 1。

(2) 当比较器的输出由逻辑高变成逻辑低时，如果 NIE 设置为 1，则将单片机中内建的一个称为 CMPIF_N 的寄存器置 1。

当 CPU 读取 CMPIF 时，会同时读 CMPIF_P 和 CMPIF_N，只要有一个为 1，则 CMPIF 就置为 1。当软件对该位写 0 时，将 CMPIF_P 和 CMPIF_N 标志清零。

3) PIE

比较器上升沿中断使能控制位。当该位为 1 时，使能比较器上升沿中断；当该位为 0 时，禁止比较器上升沿中断。

4) NIE

比较器下降沿中断使能控制位。当该位为 1 时，使能比较器下降沿中断；当该位为 0 时，禁止比较器下降沿中断。

5) PIS

比较器正端选择位。当该位为 1 时，选择 ADCIS[2:0]所选择到的 ADCIN 作为比较器的正端输入；当该位为 0 时，选择外部 P5.5 引脚的输入作为比较器的正端输入。

6) NIS

比较器负端选择位。当该位为 1 时，选择外部 P5.4 引脚的输入作为比较器的负端输入；当该位为 0 时，选择内部 BandGap 电压 BGV 为比较器的负端输入。

7) CMPOE

比较器结果输出控制位。当该位为 1 时，使能将比较器的结果输出到单片机的 P1.2 引脚；当该位为 0 时，禁止比较器的比较结果输出。

8) CMPRES

比较器比较结果标志位。当该位为 1 时，$V_{CMP+} > V_{CMP-}$；当该位为 0 时，$V_{CMP+} < V_{CMP-}$。

## 19.2.2 比较控制寄存器 2

本节介绍比较控制寄存器 CMPCR2，如表 19.2 所示，该寄存器位于特殊功能寄存器地址为 0xE7 的位置。当复位后，该寄存器的值为 00001001。

**表 19.2 比较控制寄存器 CMPCR2 各位含义**

| 比特位 | B7 | B6 | B5 | B4 | B3 | B2 | B1 | B0 |
|---|---|---|---|---|---|---|---|---|
| 名字 | INVCMPO | DISFLT | LCDTY[5:0] | | | | | |

其中：

1) INVCMPO

比较器输出取反控制位。当该位为 1 时，将比较器的输出取反后再输出到单片机的

P1.2引脚；当该位为0时，比较器正常输出。

**注**：比较器输出，采用经过ENLCCTL控制后的结果，而不是模拟比较器直接的输出结果。

2) DISFLT

去除比较器输出的0.1μs过滤器控制位。当该位为1时，关掉比较器输出的0.1μs过滤器；当该位为0时，比较器的输出经过0.1μs过滤器。

3) LCDTY[5:0]

比较器输出端用于控制电平变化过滤器长度的设置位。当比较器的输出结果变化的脉宽时间小于LCDTY[5:0]所设置的时钟周期的值，则该脉冲的变化不能被输出，即被过滤掉，如图19.3所示。

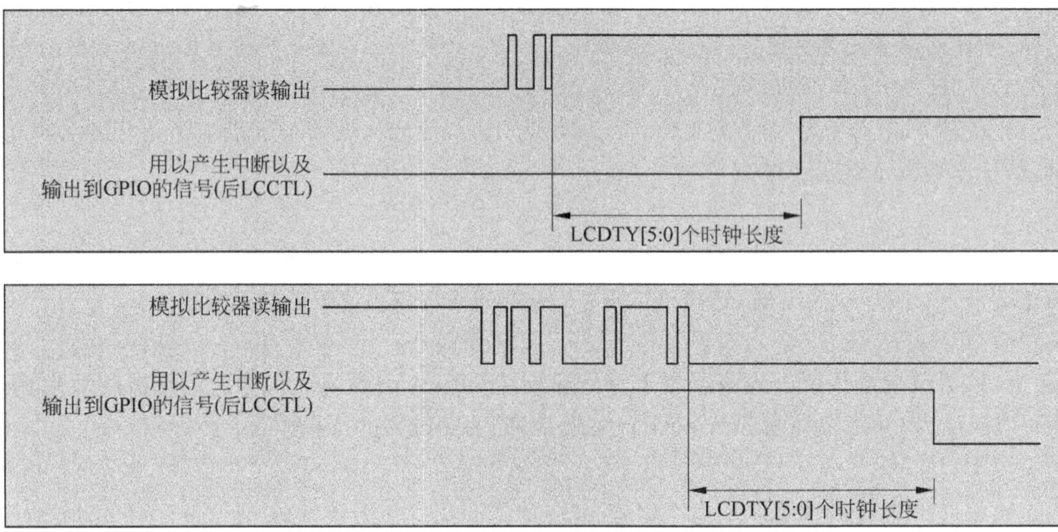


图19.3 比较输出经过过滤器后的效果

## 19.3 STC单片机比较器应用

在STC学习板上提供了标记为W1的可变电位器，用于将单片机供电电压分压后，通过单片机的P5.5引脚送到比较器的正端CMP+，如图19.4所示。在该设计中，将CMP+的电压和STC15系列单片机内的BandGap电压(大约为+1.27V)进行比较。

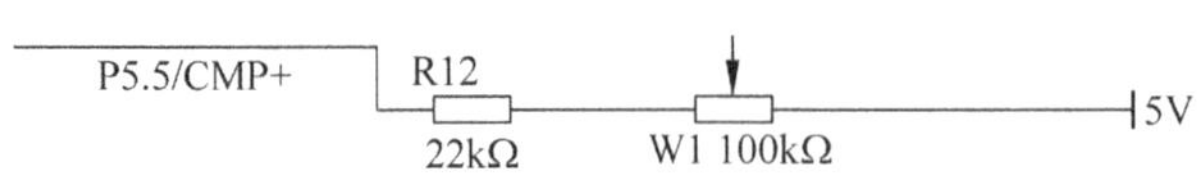


图19.4 1.27V掉电检测电路

不断调整STC学习板上的可变电位器W1并送到P5.5引脚。当$V_{P5.5}<V_{BandGap}$时，STC学习板上标记为LED9的LED灯会闪烁，用于提示电压过低。在调整电位器W1的过程中，每当电压$V_{P5.5}>V_{BandGap}$时，标记为LED10的灯会闪烁一下，表示$V_{P5.5}$当前电压高于$V_{BandGap}$。

【例 19-1】　低电压比较检测 C 语言描述的例子。

**代码清单 19-1　main.c 文件**

```
#include "reg51.h"

sfr CMPCR1  = 0xE6;                  //声明 CMPCR1 寄存器的地址 0xE6
sfr CMPCR2  = 0xE7;                  //声明 CMPCR2 寄存器的地址 0xE7

#define CMPEN 0x80                   //定义 CMPEN 的值为 0x80,使能位
#define CMPIF 0x40                   //定义 CMPIF 的值为 0x40,中断标志位
#define PIE 0x20                     //定义 PIE 的值为 0x20,上升沿中断使能位
#define NIE 0x10                     //定义 NIE 的值为 0x10,下降沿中断使能位
#define PIS 0x08                     //定义 PIS 的值为 0x08,比较器正端选择位
#define NIS 0x04                     //定义 NIS 的值为 0x04,比较器负端选择位
#define CMPOE 0x02                   //定义 CMPOE 的值为 0x02,比较器结果输出控制位
#define CMPRES 0x01                  //定义 CMPRES 的值为 0x01,比较器比较结果标志位

#define INVCMPO 0x80                 //定义 INVCMPO 的值为 0x80,比较结果反向输出控制位
#define DISFLT 0x40                  //定义 DISFLT 的值为 0x40,比较器输出端滤波使能控制位
#define LCDTY 0x3F                   //定义 LCDTY 的值为 0x3F,比较器输出去抖时间控制

void cmp_int() interrupt 21          //定义比较器中断服务程序 cmp_int
{
    P46 = !P46;                      //单片机引脚 P4.6 取反
    CMPCR1 &= ~CMPIF;                //清除比较器中断标志位
}

void main()
{
    unsigned int j = 0;
    P46 = 0;                         //引脚 P4.6 初值为 0
    CMPCR1 = 0;                      //CMPCR1 寄存器清零
    CMPCR2 = 0;                      //CMPCR2 寄存器清零
    CMPCR1&= ~PIS;                   //选择外部引脚 P5.5 作为比较器的正端输入
    CMPCR1&= ~NIS;                   //选择单片机内的 BandGap 电压作为比较器的负端输入
    CMPCR1&= ~CMPOE;                 //禁止输出比较器的比较结果
    CMPCR2&= ~INVCMPO;               //比较器的比较结果正常输出到单片机引脚 P1.2
    CMPCR2&= ~DISFLT;                //使能比较器输出端的 0.1μs 滤波电路
    CMPCR2&= ~LCDTY;                 //比较器结果不去抖动直接输出
    CMPCR2|= (DISFLT & 0x10);        //比较器结果在经过 16 个时钟周期后输出
    CMPCR1|= PIE;                    //使能比较器的上升沿中断
    CMPCR1|= CMPEN;                  //使能比较器
    EA = 1;                          //CPU 允许响应中断请求
    while(1)
    {
        if((CMPCR1 & 0x01) == 0)     //如果比较结果为低
        {
            for(j = 0;j < 30000;j++); //延迟一段时间
          P47 = !P47;                //P4.7 引脚取反
        }
```

```
        else
            P46 = 1;                    //当比较结果为高时,将 P4.6 引脚拉高
    }
}
```

**注**：读者可以进入本书所提供资料的 stc_program_example\例 19-1 目录下，打开并参考该设计。

下载和分析设计的步骤主要包括：

(1) 打开 STC-ISP 软件，在该界面内，选择硬件选项。将输入用户程序运行时的 IRC 频率设置为 12.0000MHz。

(2) 单击"下载/编程"按钮，将设计下载到 STC 单片机。

(3) 用小螺丝刀旋转 STC 学习板上标记为 $W_1$ 的电位器旋钮。

**思考与练习**

19-1 在不断旋转电位器的过程中，观察 STC 开发板上标记为 LED9 和 LED10 的灯的变化情况。

19-2 STC 单片机有掉电唤醒功能，修改设计代码，验证 STC 单片机的掉电唤醒功能。

# 第 20 章 CHAPTER 20 STC 单片机计数器和定时器原理及实现

本章介绍 STC 单片机内的 5 个 16 位定时器/计数器工作原理，内容包括计数器/定时器模块简介、计数器/定时器寄存器组、计数器/定时器工作模式原理和实现。

计数器/定时器模块是单片机中最重要的一个模块，许多应用都需要该模块的支持。通过本章内容的学习理解并掌握 STC 单片机中计数器/定时器的工作原理，以及具体的实现方法。

## 20.1 计数器/定时器模块简介

STC15W4K32S4 系列单片机设置了 5 个 16 位定时器/计数器，即 T0、T1、T2、T3 以及 T4。这 5 个 16 位定时器/计数器可以配置为计数工作模式或者定时工作模式。

(1) 对于定时器/计数器 T0 和 T1 来说，通过特殊功能寄存器 TMOD 相对应的控制位 $C/\overline{T}$，选择 T0/T1 工作在定时器还是计数器模式。

(2) 对于定时器/计数器 T2 来说，通过特殊功能寄存器 AUXR 中相对应的控制位 $T2\_C/\overline{T}$，选择 T2 工作在定时器还是计数器模式。

(3) 对于定时器/计数器 T3 来说，通过特殊功能寄存器 T4T3M 中相对应的控制位 $T3\_C/\overline{T}$，选择 T3 工作在定时器还是计数器模式。

(4) 对于定时器/计数器 T4 来说，通过特殊功能寄存器 T4T3M 中相对应的控制位 $T4\_C/\overline{T}$，选择 T4 工作在定时器还是计数器模式。

对于定时器和计数器来说，其核心部件就是一个做加法运算的计数器，其本质就是对脉冲进行计数。它们的区别在于计数脉冲来源不同：

(1) 如果计数脉冲来自系统时钟，则为定时方式，此时定时器/计数器每 12 个时钟或者 1 个时钟就得到一个计数脉冲，计数值加 1。

(2) 如果计数脉冲来自单片机外部引脚，对于 T0 来说，计数脉冲来自 P3.4 引脚；对于 T1 来说，计数脉冲来自 P3.5 引脚；对于 T2 来说，计数脉冲来自 P3.1 引脚；对于 T3 来说，计数脉冲来自 P0.7 引脚；对于 T4 来说，计数脉冲来自 P0.5 引脚。当计数脉冲来自单片机外部引脚时，为计数方式，每来一个脉冲，则计数值加 1。

当定时器/计数器 T0、T1 及 T2 工作在定时模式时，特殊功能寄存器 AUXR 中的 T0x12、T1x12 和 T2x12 分别决定计数过程使用的是系统时钟还是系统时钟进行 12 分频以后的时钟。当定时器/计数器 T3 和 T4 工作在定时模式时，特殊功能寄存器 T4T3M 中的

T3x12 和 T4x12 分别决定计数过程使用的是系统时钟还是系统时钟进行 12 分频以后的时钟。当定时器/计数器工作在计数模式时,对外部脉冲计数不分频。

(1) 定时器/计数器 0 有 4 种工作模式:模式 0(16 位自动重新加载模式)、模式 1(16 位不可重加载模式)、模式 2(8 位自动重加载模式)和模式 3(不可屏蔽中断的 16 位自动重加载模式)。

(2) 定时器/计数器 1 没有模式 3,其他模式和定时器/计数器 0 相同。

(3) 定时器/计数器 2 的工作模式固定为 16 位自动重加载模式。它可以用作定时器,也可以用作串口波特率发生器和可编程时钟输出。

(4) 定时器/计数器 3 和 4 与定时器/计数器 2 的工作模式相同。

**注**:前面提到的工作模式可以从不同角度进行区分。按照定时器/计数器的用途来可分为计数模式或者定时模式;按它们的具体实现方式上,可分为自动重加载或者不自动重加载模式等。

## 20.2 计数器/定时器寄存器组

本节将介绍与计数器/定时器 T0~T4 有关的寄存器。这些寄存器包括定时器/计数器 0/1 控制寄存器 TCON、定时器/计数器工作模式寄存器 TMOD、辅助寄存器 AUXR、T0~T2 时钟输出寄存器和外部中断允许 INT_CLKO(AUXR2)、定时器 T0 和 T1 中断控制寄存器(IE 和 IP)、定时器 T4 和定时器 T3 控制寄存器 T4T3M 以及定时器 T2、T3 和 T4 的中断控制寄存器 IE2。

### 20.2.1 定时器/计数器 0/1 控制寄存器 TCON

TCON 除了用于控制定时器/计数器 T0 和 T1 外,也可以锁存 T0 和 T1 溢出中断源和外部请求中断源等,如表 20.1 所示。该寄存器位于特殊功能寄存器地址为 0x88 的位置。当复位后,该寄存器的值为 00000000。

**表 20.1 TCON 寄存器各位的含义**

| 比特位 | B7 | B6 | B5 | B4 | B3 | B2 | B1 | B0 |
|---|---|---|---|---|---|---|---|---|
| 名字 | TF1 | TR1 | TF0 | TR0 | IE1 | IT1 | IE0 | IT0 |

其中:

1) TF1

定时器/计数器 1 的溢出中断标志。当允许定时器/计数器 1 计数后,从初值开始加 1 计数。当产生溢出时,硬件将该位置 1,此时向 CPU 发出中断请求。如果 CPU 响应该中断请求,则由硬件自动清 0。该位也可通过软件轮询清零。

2) TR1

定时器/计数器 1 运行控制位。该位由软件置位和清零。当工作模式寄存器 TMOD 的 GATE 位(第 7 位)为 0,且 TR1 位为 1 时,允许其开始计数;当该位为 0 时,禁止计数;当工作模式寄存器 TMOD 的 GATE(第 7 位)位为 1,TR1 位为 1,且 INT1 输入为高电平时,才允许其开始计数。

3) TF0

定时器/计数器0的溢出中断标志。当允许定时器/计数器0计数后，从初值开始加1计数。当产生溢出时，硬件将该位置1。此时，向CPU发出中断请求。如果CPU响应该中断请求，则由硬件自动清零。该位也可通过软件轮询清零。

4) TR0

定时器/计数器0运行控制位。该位由软件置位和清零。当工作模式寄存器TMOD的GATE位（第3位）为0，且TR0位为1时，允许其开始计数；当TR0位为0时，禁止计数；当工作模式寄存器TMOD的GATE位（第3位）为1，TR0位为1，且INT0输入为高电平时，才允许其开始计数。

5) IE1

外部中断请求源（INT1/P3.3）标志。当IE1位为1时，外部中断INT1向CPU发出中断请求。当CPU响应该中断后，由硬件自动清除该位。

6) IT1

外部中断源触发控制位。当IT1位为0时，上升沿或者下降沿均可触发外部中断1；当IT1位为1时，只有下降沿可以触发外部中断1。

7) IE0

外部中断请求源（INT0/P3.2）标志。当IE0位为1时，外部中断INT0向CPU发出中断请求。当CPU响应该中断后，由硬件自动清除该位。

8) IT0

外部中断源触发控制位。当IT0位为0时，上升沿或者下降沿均可触发外部中断0；当IT0位为1时，只有下降沿可以触发外部中断0。

## 20.2.2 定时器/计数器工作模式寄存器TMOD

定时器/计数器0和定时器/计数器1的定时或者计数功能由TMOD寄存器的控制位$C/\overline{T}$进行选择，如表20.2所示。

**表20.2 TMOD寄存器各位的含义**

| 比特位 | B7 | B6 | B5 | B4 | B3 | B2 | B1 | B0 |
|---|---|---|---|---|---|---|---|---|
| 名字 | GATE | $C/\overline{T}$ | M1 | M0 | GATE | $C/\overline{T}$ | M1 | M0 |
| 作用域 | 与定时器1有关 | | | | 与定时器0有关 | | | |

其中：

1) GATE(TMOD.7)

该位用于控制定时器/计数器1。当该位为1时，只有在INT1引脚为高，并且TCON寄存器的TR1位置1时，才能打开定时器/计数器1。

2) $C/\overline{T}$(TMOD.6)

该位用于控制定时器/计数器1的工作模式。当该位为1时，定时器/计数器1工作在计数器模式下，即对引脚T1/P3.5外部脉冲计数；当该位为0时，定时器/计数器1工作在定时器模式,即对内部时钟进行计数。

3) M1 和 M0(TMOD.5 和 TMOD.4)

定时器/计数器 1 模式选择,如表 20.3 所示。

**表 20.3 定时器/计数器 1 模式选择**

| M1 | M0 | 工作模式 |
|---|---|---|
| 0 | 0 | 16 位自动重新加载模式。当溢出时,将 RL_TH1 和 RL_TL1 的值自动重新加载到 TH1 和 TL1 中 |
| 0 | 1 | 16 位不可自动重新加载模式,即需要重新写 TH1 和 TL1 寄存器 |
| 1 | 0 | 8 位自动重新加载模式。当溢出时,将 TH1 的值自动重新加载到 TL1 中 |
| 1 | 1 | 无效,停止计数 |

对于定时器/计数器 1 来说,存在 TH1 和 TL1,它们用于保存计数的初值。TH1 保存计数初值的高 8 位,TL1 保存计数初值的低 8 位,如表 20.4 和表 20.5 所示。TH1 和 TL1 分别位于特殊功能寄存器地址为 0x8D 和 0x8B 的位置,在复位后,它们值均为 00000000B。

**表 20.4 TH1 寄存器**

| 比特位 | B7 | B6 | B5 | B4 | B3 | B2 | B1 | B0 |
|---|---|---|---|---|---|---|---|---|
| 名字 | 定时器/计数器 1 计数初值高 8 位 | | | | | | | |

**表 20.5 TL1 寄存器**

| 比特位 | B7 | B6 | B5 | B4 | B3 | B2 | B1 | B0 |
|---|---|---|---|---|---|---|---|---|
| 名字 | 定时器/计数器 1 计数初值低 8 位 | | | | | | | |

4) GATE(TMOD.3)

该位用于控制定时器/计数器 0。当该位为 1 时,只有在 INT0 引脚为高,并且 TCON 寄存器的 TR0 位置 1 时,才能打开定时器/计数器 0。

5) $C/\overline{T}$(TMOD.2)

该位用于控制定时器/计数器 0 的工作模式。当该位为 1 时,定时器/计数器 0 工作在计数器模式下,即对引脚 T0/P3.4 外部脉冲计数;当该位为 0 时,定时器/计数器 0 工作在定时器模式,即对内部时钟进行计数。

6) M1 和 M0(TMOD.1 和 TMOD.0)

定时器/计数器 0 模式选择,如表 20.6 所示。

**表 20.6 定时器/计数器 0 模式选择**

| M1 | M0 | 工作模式 |
|---|---|---|
| 0 | 0 | 16 位自动重新加载模式,当溢出时,将 RL_TH0 和 RL_TL0 的值自动重新加载到 TH0 和 TL0 中 |
| 0 | 1 | 16 位不可自动重新加载模式,即需要重新写 TH0 和 TL0 寄存器 |
| 1 | 0 | 8 位自动重新加载模式,当溢出时,将 TH0 的值自动重新加载到 TL0 中 |
| 1 | 1 | 不可屏蔽中断的 16 位自动重装定时器 |

对于定时器/计数器0来说，存在TH0和TL0，它们用于保存计数的初值。TH0保存计数初值的高8位，TL0保存计数初值的低8位，如表20.7和表20.8所示。TH0和TL0分别位于特殊功能寄存器地址为0x8C和0x8A的位置，在复位后，它们值均为00000000B。

**表20.7 TH0寄存器**

| 比特位 | B7 | B6 | B5 | B4 | B3 | B2 | B1 | B0 |
|---|---|---|---|---|---|---|---|---|
| 名字 | 定时器/计数器0计数初值高8位 | | | | | | | |

**表20.8 TL0寄存器**

| 比特位 | B7 | B6 | B5 | B4 | B3 | B2 | B1 | B0 |
|---|---|---|---|---|---|---|---|---|
| 名字 | 定时器/计数器0计数初值低8位 | | | | | | | |

### 20.2.3 辅助寄存器AUXR

STC15系列单片机是1T的8051单片机，为了与传统的8051单片机兼容，在复位后，定时器0、定时器1和定时器2和传统8051一样，都是12分频。但是，可以通过设置新增加的AUXR寄存器来禁止分频，而直接使用SYSclk时钟驱动定时器，如表20.9所示。该寄存器位于特殊功能寄存器地址为0x8E的位置。当复位后，该寄存器的值为00000001。

**表20.9 辅助寄存器AUXR**

| 比特位 | B7 | B6 | B5 | B4 | B3 | B2 | B1 | B0 |
|---|---|---|---|---|---|---|---|---|
| 名字 | T0x12 | T1x12 | UART_M0x6 | T2R | T2_C/$\overline{T}$ | T2x12 | EXTRAM | S1ST2 |

其中：

1) T0x12

定时器0速度控制位。当该位为0时，定时器0是传统8051单片机的速度，即12分频；当该位为1时，定时器0的速度是传统8051单片机速度的12倍，即不分频。

2) T1x12

定时器1速度控制位。当该位为0时，定时器1是传统8051单片机的速度，即12分频；当该位为1时，定时器1的速度是传统8051单片机的12倍，即不分频。

**注**：如果UART1/串口1用T1作为波特率发生器，则由T1x12决定UART1/串口1是否分频。

3) UART_M0x6

串口1模式0的通信速率设置位。当该位为0时，串口1模式0的速度是传统8051单片机的速度，即12分频；当该位为1时，串口1模式0的速度是传统8051单片机速度的6倍，即2分频。

4) T2R

定时器2允许控制位。当该位为0时，不允许定时器2运行；当该位为1时，允许定时器2运行。

5) T2_C/$\overline{T}$

控制定时器/计数器2的工作模式。当该位为0时，用作定时器，即对内部系统时钟进行计数；当该位为1时，用作计数器(对引脚T2/P3.1的外部脉冲进行计数)。

对于定时器2来说，只有16位自动重加载模式，其计数初值保存在TH2和TL2寄存器中，如表20.10和表20.11所示。它们分别位于特殊功能寄存器地址为0xD6和0xD7的位置。当复位后，它们的值为00000000B。

**表20.10 TH2寄存器**

| 比特位 | B7 | B6 | B5 | B4 | B3 | B2 | B1 | B0 |
|---|---|---|---|---|---|---|---|---|
| 名字 | 定时器/计数器2计数初值高8位 | | | | | | | |

、

**表20.11 TL2寄存器**

| 比特位 | B7 | B6 | B5 | B4 | B3 | B2 | B1 | B0 |
|---|---|---|---|---|---|---|---|---|
| 名字 | 定时器/计数器2计数初值低8位 | | | | | | | |

6) T2x12

定时器2速度控制位。当该位为0时，定时器2是传统8051单片机的速度，即12分频；当该位为1时，定时器2的速度是传统8051单片机速度的12倍，即不分频。

7) EXTRAM

内部/外部RAM存取控制位。当该位为0时，允许使用逻辑上在片外、物理上在片内的扩展数据RAM区；当该位为1时，禁止使用逻辑上在片外、物理上在片内的扩展数据RAM区。

8) S1ST2

串口1(UART1)选择定时器2作为波特率发生器的控制位。当该位为0时，选择定时器1作为串口1(UART)的波特率发生器；当该位为1时，选择定时器2作为串口1(UART1)的波特率发生器，此时释放定时器1，它可以作为独立的定时器使用。

### 20.2.4 T0～T2时钟输出寄存器和外部中断允许INT_CLKO(AUXR2)

通过INT_CLKO寄存器的T0CLKO、T1CLKO和T2CLKO位，控制T0CLKO/P3.5、T1CLKO/P3.4和T2CLKO/P3.0的时钟输出。T0CLKO的输出时钟频率由定时器0控制，T1CLKO的输出时钟频率由定时器1控制，T2CLKO的输出时钟频率由定时器2控制。很明显，此时它们需要工作在定时器的模式0(16位自动重装载模式)或者模式2(8位自动重装载模式，定时器2不支持)，不要允许相应的定时器中断，否则CPU将频繁地进入退出中断，使得程序运行效率大大降低。INT_CLKO各位的含义如表20.12所示。该寄存器在特殊功能寄存器地址为0x8F的位置。当复位后，该寄存器的值为x000x000B。

**表20.12 INT_CLKO(AUXR2)寄存器各位含义**

| 比特位 | B7 | B6 | B5 | B4 | B3 | B2 | B1 | B0 |
|---|---|---|---|---|---|---|---|---|
| 名字 | | EX4 | EX3 | EX2 | | T2CLKO | T1CLKO | T0CLKO |

其中：

1) EX4

外部中断 4($\overline{INT4}$)允许位。当该位为 1 时，允许外部中断 4；当该位为 0 时，禁止外部中断 4。

**注**：外部中断 4 只能下降沿触发。

2) EX3

外部中断 3($\overline{INT3}$)允许位。当该位为 1 时，允许外部中断 3；当该位为 0 时，禁止外部中断 3。

**注**：外部中断 3 只能下降沿触发。

3) EX2

外部中断 2($\overline{INT2}$)允许位。当该位为 1 时，允许外部中断 2；当该位为 0 时，禁止外部中断 2。

**注**：外部中断 2 只能下降沿触发。

4) T0CLKO

将 P3.5/T1 引脚配置为定时器 0 的时钟输出 T0CLKO 允许控制位。

(1) 当该位为 1 时，将 P3.5/T1 引脚设置为定时器 0 的时钟输出 T0CLKO，输出时钟频率＝T0 溢出率/2。如果运行在模式 0(16 位自动重加载模式)，则：

① 如果工作在定时器模式下，定时器/计数器 T0 是对内部系统时钟计数，则：

当 T0 工作在 1T(AUXR.7/T0x12＝1)模式时，输出频率为

$$\{SYSclk/(65\,536-[RL\_TH0,RL\_TL0])\}/2$$

当 T0 工作在 12T(AUXR.7/T0x12＝0)模式时，输出频率为

$$\{(SYSclk/12)/(65\,536-[RL\_TH0,RL\_TL0])\}/2$$

② 如果工作在计数器模式下，定时器/计数器 T0 是对外部脉冲输入(P3.4/T0)计数，输出时钟频率为

$$\{T0\text{引脚输入时钟频率}/(65\,536-[RL\_TH0,RL\_TL0])\}/2$$

当运行在模式 2(8 位自动重加载模式)时，则：

① 如果工作在定时器模式下，定时器/计数器 T0 是对内部系统时钟计数，则：

当 T0 工作在 1T(AUXR.7/T0x12＝1)模式时，输出频率为

$$[SYSclk/(256-TH0)]/2$$

当 T0 工作在 12T(AUXR.7/T0x12＝0)模式时，输出频率为

$$[(SYSclk/12)/(256-TH0)]/2$$

② 如果工作在计数器模式下，定时器/计数器 T0 是对外部脉冲输入(P3.4/T0)计数，输出时钟频率为

$$[T0\text{引脚输入时钟频率}/(256-TH0)]/2$$

(2) 该位为 0 时，不允许将 P3.5/T1 引脚配置为定时器 0 的时钟输出。

5) T1CLKO

将 P3.4/T0 引脚配置为定时器 1 的时钟输出 T1CLKO 允许控制位。

(1) 当该位为 1 时，将 P3.4/T0 引脚设置为定时器 1 的时钟输出 T1CLKO，输出时钟频率＝T1 溢出率/2。如果运行在模式 0(16 位自动重加载模式)，则：

① 如果工作在定时器模式下，定时器/计数器 T1 是对内部系统时钟计数，则：

当 T1 工作在 1T(AUXR.6/T1x12=1)模式时，输出频率为

{SYSclk/(65 536-[RL_TH1,RL_TL1])}/2

当 T1 工作在 12T(AUXR.6/T1x12=0)模式时，输出频率为

{(SYSclk/12)/(65 536-[RL_TH1,RL_TL1])}/2

② 如果工作在计数器模式下，定时器/计数器 T1 是对外部脉冲输入(P3.5/T1)计数，输出时钟频率为

{T1 引脚输入时钟频率/(65 536-[RL_TH1,RL_TL1])}/2

如果运行在模式 2(8 位自动重加载模式)时，则：

① 如果工作在定时器模式下，定时器/计数器 T1 是对内部系统时钟计数，则：

当 T1 工作在 1T(AUXR.6/T1x12=1)模式时，输出频率为

[SYSclk/(256-TH1)]/2

当 T1 工作在 12T(AUXR.6/T1x12=0)模式时，输出频率为

[(SYSclk/12)/(256-TH1)]/2

② 如果工作在计数器模式下，定时器/计数器 T1 是对外部脉冲输入(P3.5/T1)计数，输出时钟频率为

[T1 引脚输入时钟频率/(256-TH1)]/2

(2) 当该位为 0 时，不允许将 P3.4/T0 引脚配置为定时器 1 的时钟输出。

6) T2CLKO

将 P3.0/T1 引脚配置为定时器 2 的时钟输出 T2CLKO 允许控制位。

(1) 当该位为 1 时，将 P3.0 引脚设置为定时器 2 的时钟输出 T2CLKO，输出时钟频率=T2 溢出率/2。该定时器只能运行在模式 0(16 位自动重加载模式)，则：

① 如果工作在定时器模式下，定时器/计数器 T2 是对内部系统时钟计数，则：

当 T2 工作在 1T(AUXR.2/T2x12=1)模式时，输出频率为

{SYSclk/(65 536-[RL_TH2,RL_TL2])}/2

当 T2 工作在 12T(AUXR.2/T2x12=0)模式时，输出频率为

{(SYSclk/12)/(65 536-[RL_TH2,RL_TL2])}/2

② 如果工作在计数器模式下，定时器/计数器 T2 是对外部脉冲输入(P3.1/T2)计数，输出时钟频率为

{T2 引脚输入时钟频率/(65 536-[RL_TH2,RL_TL2])}/2

(2) 该位为 0 时，不允许将 P3.0 引脚配置为定时器 2 的时钟输出。

### 20.2.5 定时器 T0 和 T1 中断允许控制寄存器 IE

在前面介绍中断的时候，已经介绍过该寄存器，本节对与控制定时器 T0 和 T1 有关的中断控制位进行说明，如表 20.13 所示。该寄存器位于特殊功能寄存器地址为 0xA8 的位置。当复位后，该寄存器的值为 00000000。

**表 20.13 中断控制寄存器 IE 各位含义**

| 比特位 | B7 | B6 | B5 | B4 | B3 | B2 | B1 | B0 |
|---|---|---|---|---|---|---|---|---|
| 名字 | EA | ELVD | EADC | ES | ET1 | EX1 | ET0 | EX0 |

其中：

1) ET1

定时器/计数器 T1 溢出中断允许位。当该位为 1 时，允许 T1 溢出中断；当该位为 0 时，禁止 T1 溢出中断。

2) ET0

定时器/计数器 T0 溢出中断允许位。当该位为 1 时，允许 T0 溢出中断；当该位为 0 时，禁止 T0 溢出中断。

## 20.2.6　定时器 T0 和 T1 中断优先级控制寄存器 IP

在前面介绍中断的时候，已经介绍过该寄存器，本节对与控制定时器 T0 和 T1 有关的控制位进行说明，如表 20.14 所示。该寄存器位于特殊功能寄存器地址为 0xB8 的位置。当复位后，该寄存器的值为 00000000。

**表 20.14　中断优先级控制寄存器 IP 各位含义**

| 比特位 | B7 | B6 | B5 | B4 | B3 | B2 | B1 | B0 |
|---|---|---|---|---|---|---|---|---|
| 名字 | PPCA | PLVD | PADC | PS | PT1 | PX1 | PT0 | PX0 |

其中：

1) PT1

定时器 1 中断优先级控制位。当该位为 0 时，定时器 1 中断为最低优先级中断(优先级为 0)；当该位为 1 时，定时器 1 中断为最高优先级中断(优先级为 1)。

2) PT0

定时器 0 中断优先级控制位。当该位为 0 时，定时器 0 中断为最低优先级中断(优先级为 0)；当该位为 1 时，定时器 0 中断为最高优先级中断(优先级为 1)。

**注**：(1) 当定时器/计数器 0 工作在模式 3(不可屏蔽中断的 16 位自动重加载模式)时，不需要允许 EA/IE.7(总中断使能)，只需要允许 ET0/IE.1(定时器/计数器 0 中断允许位)就能打开定时器/计数器 0 的中断，此模式下的定时器/计数器 0 中断与总的使能中断无关。

(2) 一旦打开该模式下的定时器/计数器 0 的中断，该定时器/计数器 0 中断优先级就是最高的，它不能被其他任何中断打断，而且该中断打开后既不受 EA/IE.7 控制，也不再受 ET0 控制，清零 EA 或者 ET0 均不能关闭该中断。

## 20.2.7　定时器 T4 和定时器 T3 控制寄存器 T4T3M

该寄存器用于控制定时器/计数器 3 和 4 的工作模式，如表 20.15 所示，该寄存器位于特殊功能寄存器地址为 0xD1 的位置。当复位后，该寄存器的值为 00000000。

**表 20.15　定时器 T3 和 T4 控制寄存器 T4T3M 各位含义**

| 比特位 | B7 | B6 | B5 | B4 | B3 | B2 | B1 | B0 |
|---|---|---|---|---|---|---|---|---|
| 名字 | T4R | T4_C/$\overline{T}$ | T4x12 | T4CLKO | T3R | T3_C/$\overline{T}$ | T3x12 | T3CLKO |

其中：

1) T4R

定时器 4 允许控制位。当该位为 0 时，不允许定时器 4 运行；当该位为 1 时，允许定时器 4 运行。

2) T4_C/$\overline{T}$

控制定时器/计数器 4 的工作模式。当该位为 0 时，用作定时器，即对内部系统时钟进行计数；当该位为 1 时，用作计数器，即对引脚 T4/P0.7 的外部脉冲进行计数。

3) T4x12

定时器 4 速度控制位。当该位为 0 时，定时器 4 是传统 8051 单片机的速度，即 12 分频；当该位为 1 时，定时器 4 的速度是传统 8051 单片机速度的 12 倍，即不分频。

4) T4CLKO

将 P0.6 引脚配置为定时器 4 的时钟输出 T4CLKO 允许控制位。

(1) 当该位为 1 时，将 P0.6 引脚设置为定时器 4 的时钟输出 T4CLKO，输出时钟频率＝T4 溢出率/2。该定时器只能运行在模式 0(16 位自动重加载模式)：

① 如果工作在定时器模式下，定时器/计数器 T4 是对内部系统时钟计数，则：

当 T4 工作在 1T(T4T3M.5/T4x12＝1)模式时，输出频率为

{SYSclk/(65 536－[RL_TH4,RL_TL4])}/2

当 T4 工作在 12T(T4T3M.5/T4x12＝0)模式时，输出频率为

{(SYSclk/12)/(65 536－[RL_TH4,RL_TL4])}/2

② 如果工作在计数器模式下，定时器/计数器 T4 是对外部脉冲输入(P0.7/T4)计数，输出时钟频率为

{T4 引脚输入时钟频率/(65 536－[RL_TH4,RL_TL4])}/2

(2) 当该位为 0 时，不允许将 P0.6 引脚配置为定时器 4 的时钟输出。

对于定时器 4 来说，只有 16 位自动重加载模式，其计数初值保存在 TH4 和 TL4 寄存器中，如表 20.16 和表 20.17 所示。它们分别位于特殊功能寄存器地址为 0xD2 和 0xD3 的位置。当复位后，它们的值为 00000000。

**表 20.16　TH4 寄存器**

| 比特位 | B7 | B6 | B5 | B4 | B3 | B2 | B1 | B0 |
|---|---|---|---|---|---|---|---|---|
| 名字 | 定时器/计数器 4 计数初值高 8 位 | | | | | | | |

**表 20.17　TL4 寄存器**

| 比特位 | B7 | B6 | B5 | B4 | B3 | B2 | B1 | B0 |
|---|---|---|---|---|---|---|---|---|
| 名字 | 定时器/计数器 4 计数初值低 8 位 | | | | | | | |

5) T3R

定时器 3 允许控制位。当该位为 0 时，不允许定时器 3 运行；当该位为 1 时，允许定时器 3 运行。

6）T3_C/$\overline{T}$

控制定时器/计数器 3 的工作模式。当该位为 0 时，用作定时器，即对内部系统时钟进行计数；当该位为 1 时，用作计数器，即对引脚 T3/P0.5 的外部脉冲进行计数。

7）T3x12

定时器 3 速度控制位。当该位为 0 时，定时器 3 是传统 8051 单片机的速度，即 12 分频；当该位为 1 时，定时器 3 的速度是传统 8051 单片机速度的 12 倍，即不分频。

8）T3CLKO

将 P0.4 引脚配置为定时器 3 的时钟输出 T3CLKO 允许控制位。

(1) 当该位为 1 时，将 P0.4 引脚设置为定时器 3 的时钟输出 T3CLKO，输出时钟频率＝T3 溢出率/2。该定时器只能运行在模式 0(16 位自动重加载模式)：

① 如果工作在定时器模式下，定时器/计数器 T3 是对内部系统时钟计数，则：

当 T3 工作在 1T(T4T3M.1/T3x12＝1)模式时，输出频率为

{SYSclk/(65 536－[RL_TH3,RL_TL3])}/2

当 T3 工作在 12T(T4T3M.1/T3x12＝0)模式时，输出频率为

{(SYSclk/12)/(65 536－[RL_TH3,RL_TL3])}/2

② 如果工作在计数器模式下，定时器/计数器 T3 是对外部脉冲输入(P0.5/T3)计数，输出时钟频率为

{T3 引脚输入时钟频率/(65 536－[RL_TH3,RL_TL3])}/2

(2) 当该位为 0 时，不允许将 P0.4 引脚配置为定时器 3 的时钟输出。

对于定时器 3 来说，只有 16 位自动重加载模式，其计数初值保存在 TH3 和 TL3 寄存器中，如表 20.18 和表 20.19 所示。它们分别位于特殊功能寄存器地址为 0xD4 和 0xD5 的位置。当复位后，它们的值为 00000000。

**表 20.18　TH3 寄存器**

| 比特位 | B7 | B6 | B5 | B4 | B3 | B2 | B1 | B0 |
|---|---|---|---|---|---|---|---|---|
| 名字 | 定时器/计数器 3 计数初值高 8 位 | | | | | | | |

**表 20.19　TL3 寄存器**

| 比特位 | B7 | B6 | B5 | B4 | B3 | B2 | B1 | B0 |
|---|---|---|---|---|---|---|---|---|
| 名字 | 定时器/计数器 3 计数初值低 8 位 | | | | | | | |

## 20.2.8　定时器 T2、T3 和 T4 的中断控制寄存器 IE2

该寄存器的某些位可以用于控制定时器 T2～T4 的中断，如表 20.20 所示，该寄存器位于特殊功能寄存器地址为 0xAF 的位置。当复位后，该寄存器的值为 x0000000。

**表 20.20　定时器 T3～T4 中断控制寄存器 IE2 各位含义**

| 比特位 | B7 | B6 | B5 | B4 | B3 | B2 | B1 | B0 |
|---|---|---|---|---|---|---|---|---|
| 名字 | | ET4 | ET3 | ES4 | ES3 | ET2 | ESP1 | ES2 |

其中：

1) ET4

定时器4中断允许位。当该位为1时，允许定时器4产生中断；当该位为0时，禁止定时器4产生中断。

2) ET3

定时器3中断允许位。当该位为1时，允许定时器3产生中断；当该位为0时，禁止定时器3产生中断。

3) ET2

定时器2中断允许位。当该位为1时，允许定时器2产生中断；当该位为0时，禁止定时器2产生中断。

4) ES4

串口4中断允许位。当该位为1时，允许串口4产生中断；当该位为0时，禁止串口4产生中断。

5) ES3

串口3中断允许位。当该位为1时，允许串口3产生中断；当该位为0时，禁止串口3产生中断。

6) ES2

串口2中断允许位。当该位为1时，允许串口2产生中断；当该位为0时，禁止串口2产生中断。

7) ESPI

SPI中断允许位。当该位为1时，允许SPI产生中断；当该位为0时，禁止SPI产生中断。

## 20.3 计数器/定时器工作模式原理和实现

本节将介绍STC单片机内各个计数器/定时器工作原理和实现方式。

### 20.3.1 定时器/计数器0工作模式

定时器/计数器0共有4种工作模式，分别为模式0(16位自动重加载模式)、模式1(16位不可自动重加载模式)、模式2(8位自动重加载模式)和模式3(不可屏蔽中断的16位自动重加载定时器模式)。

**1. 模式0(16位自动重加载模式)**

定时器/计数器0工作模式0内部结构如图20.1所示。下面对该模式进行分析，帮助读者更好地理解和掌握模式0的工作原理。

1) GATE、INT0和TR0之间的关系

GATE、INT0和TR0之间的关系，决定定时器/计数器是否能正常工作，如表20.21所示。从图20.1中可以看出，它们三个信号通过逻辑或门和逻辑与门产生控制信号，用于控制内部SYSclk信号或者外部脉冲通过T0引脚是否能接入该定时器/计数器。

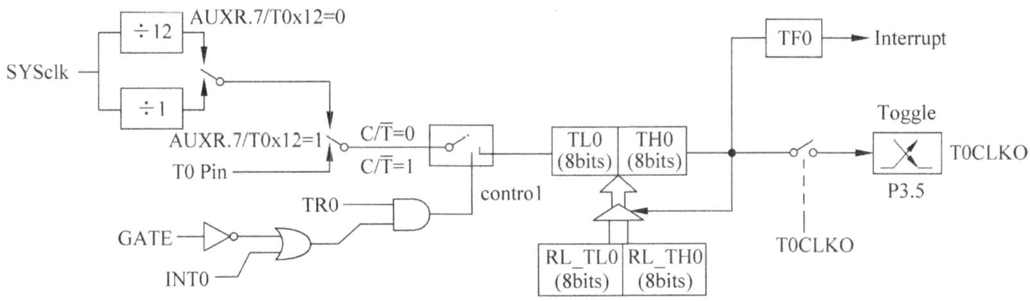


图 20.1 定时器/计数器 0 工作模式 0 内部结构

**表 20.21 GATE、INT0 和 TR0 之间的关系**

| GATE | INT0 | TR0 | 功　　能 |
|---|---|---|---|
| 0 | 0 | 0 | 不启动定时器/计数器 0 |
| 0 | 0 | 1 | 启动定时器/计数器 0 |
| 0 | 1 | 0 | 不启动定时器/计数器 0 |
| 0 | 1 | 1 | 启动定时器/计数器 0 |
| 1 | 0 | 0 | 不启动定时器/计数器 0 |
| 1 | 0 | 1 | 不启动定时器/计数器 0 |
| 1 | 1 | 0 | 不启动定时器/计数器 0 |
| 1 | 1 | 1 | 启动定时器/计数器 0 |

从表 20.21 中可以看出，当 TR0 为 0 时，定时器/计数器 0 一定不工作；当 TR0 为 1 时，定时器/计数器 0 是否工作还取决于 GATE 和 INT0 信号。该关系在前面介绍 TMOD 寄存器的设置时就有清楚的说明。

2）AUXR.7/T0x12 比特位

从图 20.1 中可以看出，当该位为 0 时，通过开关将 SYSclk/12 后得到的时钟接入到定时器/计数器 0 中；当该位为 1 时，通过开关将 SYSclk 直接接入到定时器/计数器 0 中。

3）C/$\overline{T}$ 比特位

当该位为 0 时，将内部的时钟引入到定时器/计数器 0 中；当该位为 1 时，将 T0 引脚上的外部脉冲信号引入定时器/计数器 0。

4）TF0 比特位

当 TF0 位为 1 时，该模块产生中断。

5）T0CLKO 比特位

当该位为 1 时，将定时器/计数器 0 产生的时钟送给 P3.5 引脚；当该位为 0 时，将 P3.5 引脚断开。此时，P3.5 引脚作为普通 I/O 使用。

通过分析可以清楚地知道，所谓的控制寄存器的各个位实际上对应于定时器/计数器 0 的各个控制开关，进而改变其工作模式。换言之，当清楚内部结构时，就知道该如何设置控制命令了。

**【例 20-1】** 定时器/计数器 0 自动加载模式 C 语言描述的例子 1。

该例将通过定时器生成一个频率为 1Hz 的时钟，并通过单片机 P3.5 端口输出。

**代码清单 20-1　main.c 文件**

```
#include "reg51.h"
#define TIMS 3036                    //定时器/计数器 0 的计数初值
sfr AUXR  = 0x8E;                    //声明 AUXR 寄存器的地址为 0x8E
sfr AUXR2  = 0x8F;                   //声明 AUXR2 寄存器的地址为 0x8F
sfr CLK_DIV = 0x97;                  //声明 CLK_DIV 寄存器的地址为 0x97
void timer_0() interrupt 1           //声明定时器/计数器 0 中断服务程序
{
    P46 = !P46;                      //P4.6 端口取反
    P47 = !P47;                      //P4.7 端口取反
}
main()
{
    CLK_DIV = 0x03;                  //CLV_DIV = 3,将主时钟 8 分频后作为 SYSclk
    TL0 = TIMS;                      //TIMS 低 8 位给定时器计数初值寄存器 TL0
    TH0 = TIMS >> 8;                 //TIMS 高 8 位给定时器计数初值寄存器 TH0
    AUXR& = 0x7F;                    //AUXR 最高位置 0,SYSclk/12 作定时器时钟
    AUXR2| = 0x01;                   //AUXR2 最低位置 1,P3.5 端口输出 T0CLKO
    TMOD = 0x00;                     //定时器 0 工作模式为 16 位自动重加载模式
    P46 = 0;                         //设置 P4.6 初值为 0,灯亮
    P47 = 0;                         //设置 P4.7 初值为 0,灯亮
    TR0 = 1;                         //启动定时器/计数器 0
    ET0 = 1;                         //使能定时器/计数器 0 中断
    EA = 1;                          //允许 CPU 响应中断请求
    while(1);                        //无限循环
}
```

**注**：读者可以进入本书所提供资料的 STC_example\例 20-1 目录下，打开并参考该设计。

下面对该设计进行验证和分析，步骤如下：

(1) 打开 STC-ISP 软件，将 IRC 频率设置为 12.000MHz，如图 20.2 所示。

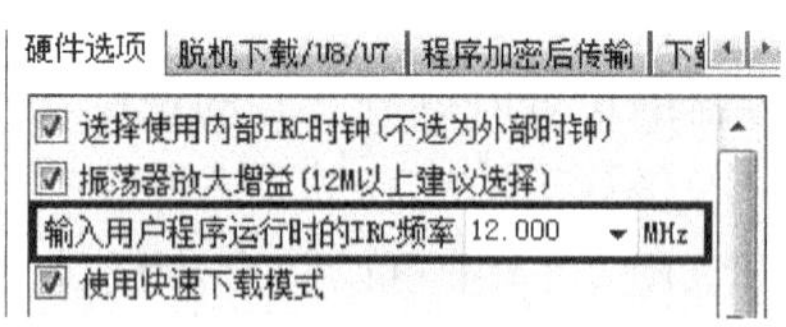


图 20.2　系统主时钟设置界面

(2) 下载设计到 STC 提供的学习板上的单片机中。

(3) 打开示波器，将探头连接到学习板上 P3.5 端口上(注：探头一定要和板子共地)。

**思考与练习**

20-1　回答下面的问题并填空。

(1) T0CLKO 输出的频率(理论)=________ Hz，实际观测频率=________ Hz。理论计算和观测结果是否一致？

(2) LED 灯的变化规律________。

**提示**：理论计算公式为

$$\{[(12\text{MHz}/8)/12]/(65\,536-\text{TIMS})\}/2=1\text{Hz}$$

得到 TIMS 的值为 3036。

**【例 20-2】** 定时器/计数器 0 自动加载模式 C 语言描述的例子 2。

该例将通过外部中断 0 控制控制定时器 1 的工作过程。

**代码清单 20-2　main.c 文件**

```
#include "reg51.h"
#define TIMS 3036
Sfr AUXR  = 0x8E;                    //声明 AUXR 地址为 0x8E
void timer_0() interrupt 1           //声明定时器 0 中断服务程序
{
    P46 = !P46;                      //端口 P4.6 取反
    P47 = !P47;                      //端口 P4.7 取反
}
main()
{
    TL0 = TIMS;                      //将 TIMS 的低 8 位赋值给 TL0
    TH0 = TIMS >> 8;                 //将 TIMS 的高 8 位赋值给 TH0
    AUXR& = 0x7F;                    // AUXR 最高位置 0,SYSclk/12 作定时器时钟
    TMOD = 0x08;                     //设置 GATE 为 1,定时器 0 与 INT0 引脚有关
    P46 = 0;                         //设置 P4.6 初值为 0,灯亮
    P47 = 0;                         //设置 P4.7 初值为 0,灯亮
    TR0 = 1;                         //启动定时器/计数器 0
    ET0 = 1;                         //允许定时器/计数器 0 中断
    EA = 1;                          //允许 CPU 响应中断请求
    while(1);
}
```

**注**：读者可以进入本书所提供资料的 STC_example\例 20-2 目录下，打开并参考该设计。

下面对该设计进行验证和分析，步骤如下：

(1) 打开 STC-ISP 软件，将 IRC 频率设置为 12.000MHz。

(2) 下载设计到 STC 提供的学习板上的单片机中。

(3) 按下 STC 学习板上的 SW17 键，即触发 INT0，观察实验现象。

**思考与练习**

20-2　根据程序代码，说明 INT0 对定时器/计数器 0 的运行有什么影响？

**【例 20-3】**　定时器/计数器 0 自动加载模式 C 语言描述的例子 3。

该例将实现对外部脉冲进行计数功能。

**代码清单 20-3　main.c 文件**

```
#include "reg51.h"
#define TIMS 3036                    //定义 TIMS 的值为 3036
void timer_0() interrupt 1           //声明定时器/计数器 0 中断
{
    P46 = !P46;                      //P4.6 端口取反
    P47 = !P47;                      //P4.7 端口取反
}
main()
{
    TL0 = TIMS;                      //TIMS 低 8 位赋值给 TL0 寄存器
    TH0 = TIMS >> 8;                 //TIMS 高 8 位赋值给 TH0 寄存器
    TMOD = 0x04;                     //配置成计数器 16 位重加载模式
    P46 = 0;                         //P4.6 端口置 0,灯亮
    P47 = 0;                         //P4.7 端口置 0,灯亮
```

```
    TR0 = 1;                        //启动计数器 0
    ET0 = 1;                        //使能计数器 0 中断
    EA = 1;                         //允许 CPU 响应中断请求
    while(1);                       //无限循环
}
```

**注**：读者可以进入本书所提供资料的 STC_example\例 20-3 目录下，打开并参考该设计。

下面对该设计进行验证和分析，步骤如下：

(1) 打开 STC-ISP 软件，将 IRC 频率设置为 12.000MHz。

(2) 下载设计到 STC 提供的学习板上的单片机中。

(3) 打开信号源，信号源输出为 TTL/CMOS。将信号源的输出连接到 STC 学习板的 P34 端口上(注意：信号源和 STC 学习板共地)。

**思考与练习**

20-3 调整信号源的输出频率，观察灯的变化规律。

20-4 根据图 20.1 和设计代码，说明计数器 0 的工作过程与哪些设置有关?

**提示**：当信号源输出频率越高，灯闪烁的频率越快；否则，灯闪烁的频率越慢。

**2. 模式 1(16 位不可自动重加载模式)**

除了不能自动重加载 16 位计数初值和没有 T0CLKO 输出外，定时器/计数器 0 模式 1 和模式 0 结构基本相同，如图 20.3 所示。

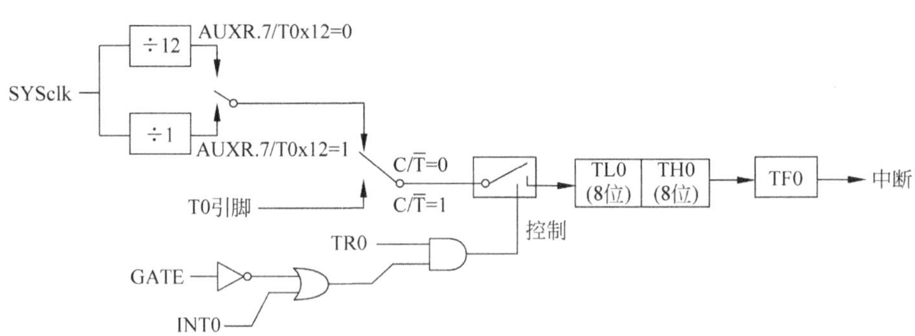


图 20.3 定时器/计数器 0 工作模式 1 内部结构

**思考与练习**

20-5 根据前面的分析方法，自行分析定时器/计数器 0 的模式 1。

**3. 模式 2(8 位自动重加载模式)**

除了自动重加载 8 位计数初值外，定时器/计数器 0 模式 2 和模式 0 结构基本相同，如图 20.4 所示。

**思考与练习**

20-6 根据前面的分析方法，自行分析定时器/计数器 0 的模式 2。

**4. 模式 3(不可屏蔽中断 16 位自动重装载，实时操作系统用节拍定时器)**

定时器/计数器 0 模式 3 和模式 0 结构基本相同，如图 20.5 所示。不同点在于：当工作在模式 3 时，只需允许 ET0/IE.1(定时器/计数器 0 中断允许位)，而不需要允许 EA/IE.7(总中断使能位)就能打开定时器/计数器 0 的中断。因此，该模式下的定时器/计数器 0 中

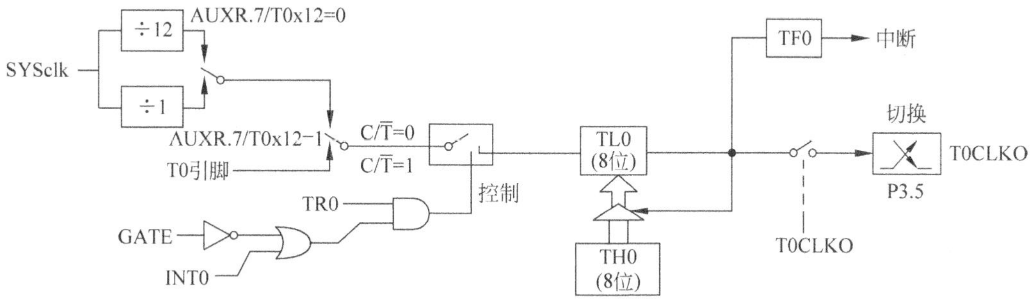


图 20.4　定时器/计数器 0 工作模式 2 内部结构

断与总中断使能位 EA 无关。并且，一旦在该模式下的定时器/计数器 0 中断被打开(ET0＝1)，那么中断是不可屏蔽的，该中断的优先级也是最高的，即该中断不能被任何其他中断所打断。

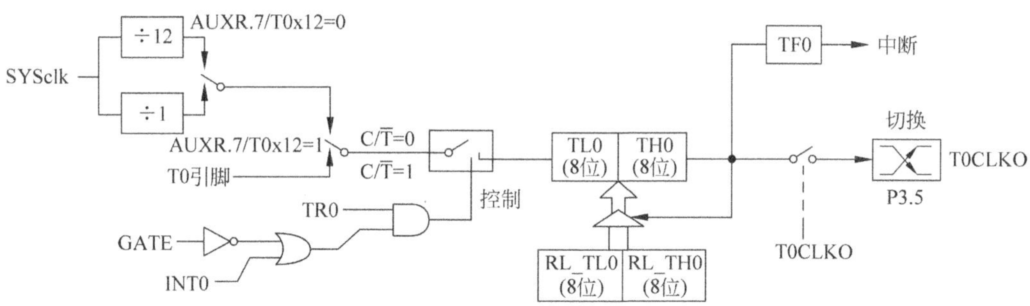


图 20.5　定时器/计数器 0 工作模式 3 内部结构

**思考与练习**

20-7　根据前面的分析方法，自行分析定时器/计数器 0 的模式 3。

## 20.3.2　定时器/计数器 1 工作模式

定时器/计数器 1 共有 3 种工作模式，分别为模式 0(16 位自动重加载模式)、模式 1(16 位不可自动重加载模式)和模式 2(8 位自动重加载模式)。

**1. 模式 0(16 位自动重加载模式)**

定时器/计数器 1 工作模式 0 内部结构如图 20.6 所示。

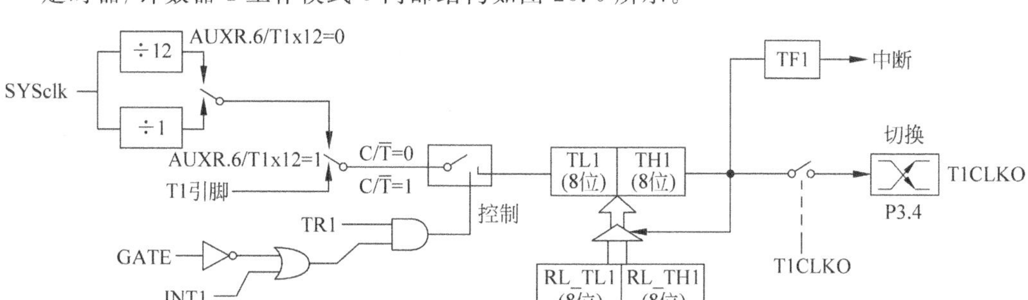


图 20.6　定时器/计数器 1 工作模式 0 内部结构

**思考与练习**

20-8　根据前面的分析方法,自行分析定时器/计数器1的模式0。

**2. 模式1(16位不可自动重加载模式)**

除了不能自动重加载16位计数初值和没有T1CLKO输出外,定时器/计数器1模式1和模式0结构基本相同,如图20.7所示。

**思考与练习**

20-9　根据前面的分析方法,自行分析定时器/计数器1的模式1。

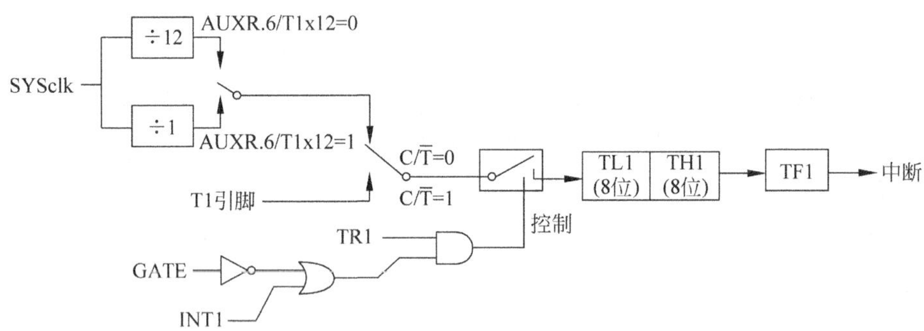


图20.7　定时器/计数器1工作模式1内部结构

**3. 模式2(8位自动重加载模式)**

除了自动重加载8位计数初值外,定时器/计数器1模式2和模式0结构基本相同,如图20.8所示。

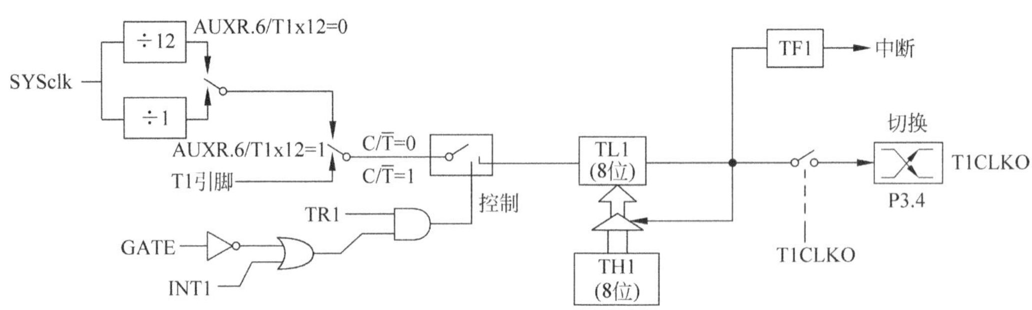


图20.8　定时器/计数器1工作模式2内部结构

**思考与练习**

20-10　根据前面的分析方法,自行分析定时器/计数器1的模式2。

## 20.3.3　定时器/计数器2工作模式

定时器/计数器2只有16位自动重加载模式,其内部结构如图20.9所示。下面通过一个例子说明其工作模式的设置方法。

**思考与练习**

20-11　根据前面的分析方法,自行分析定时器/计数器2的工作模式。

**【例20-4】**　定时器/计数器2自动加载模式C语言描述的例子。

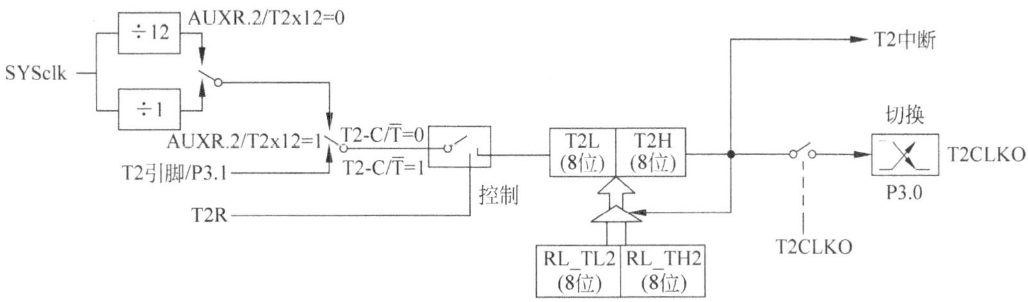


图 20.9 定时器/计数器 2 工作模式内部结构

**代码清单 20-4 main.c 文件**

```
#include "reg51.h"
#define TIMS 3036
sfr AUXR  = 0x8E;                    //声明 AUXR 寄存器的地址 0x8E
sfr IE2   = 0xAF;                    //声明 IE2 寄存器的地址 0xAF
sfr TH2   = 0xD6;                    //声明 TH2 寄存器的地址 0xD6
sfr TL2   = 0xD7;                    //声明 TL2 寄存器的地址 0xD7
sfr CLK_DIV = 0x97;                  //声明 CLK_DIV 寄存器的地址 0x97
void timer_2() interrupt 12          //声明定时器/计数器 2 中断服务程序
{
    P46 = !P46;                      //P4.6 端口取反
    P47 = !P47;                      //P4.7 端口取反
}
main()
{
    CLK_DIV = 0x03;                  //主时钟 8 分频
    TL2 = TIMS;                      //TIMS 低 8 位赋值给 TL2 寄存器
    TH2 = TIMS >> 8;                 //TIMS 高 8 位赋值给 TH2 寄存器
    AUXR| = 0x10;                    //启动定时器/计数器 2,定时器工作模式,不分频
    P46 = 0;                         //P4.6 端口置 0,灯亮
    P47 = 0;                         //P4.7 端口置 0,灯亮
    IE2| = 0x04;                     //允许定时器 2 中断
    EA = 1;                          //CPU 允许响应中断请求
    while(1);
}
```

**注**:读者可以进入本书所提供资料的 STC_example\例 20-4 目录下,打开并参考该设计。

下面对该设计进行验证和分析,步骤如下:

(1) 打开 STC-ISP 软件,将 IRC 频率设置为 12.000MHz。

(2) 下载设计到 STC 提供的学习板上的单片机中。

(3) 观察实验现象。

**思考与练习**

20-12 根据设计代码,分析定时器/计数器 2 的工作原理。

## 20.3.4 定时器/计数器 3 工作模式

定时器/计数器 3 只有 16 位自动重加载模式,其内部结构如图 20.10 所示。下面通过一个例子说明其工作模式的设置方法。

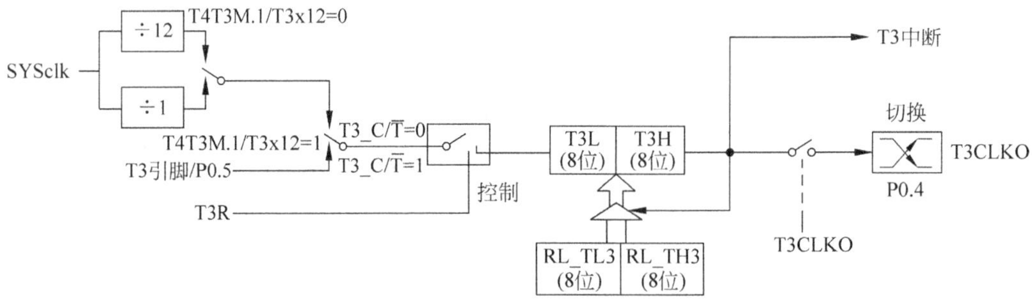


图 20.10　定时器/计数器 3 工作模式内部结构

**【例 20-5】** 定时器/计数器 3 自动加载模式 C 语言描述的例子。

**代码清单 20-5　main.c 文件**

```
#include "reg51.h"
#define TIMS 3036                        //定义 TIMS 的值
sfr CLK_DIV = 0x97;                      //声明 CLK_DIV 寄存器的地址
sfr IE2  = 0xAF;                         //声明 IE2 寄存器的地址
sfr TH3  = 0xD4;                         //声明 TH3 寄存器的地址
sfr TL3  = 0xD5;                         //声明 TL3 寄存器的地址
sfr T4T3M  = 0xD1;                       //声明 T4T3M 寄存器的地址
void timer_3() interrupt 19              //声明定时器/计数器 3 的中断服务程序
{
    P46 = !P46;                          //P4.6 端口取反
    P47 = !P47;                          //P4.7 端口取反
}
main()
{
    CLK_DIV = 0x03;                      //主时钟 8 分频,作为系统时钟
    TL3 = TIMS;                          //TIMS 的低 8 位赋值给 TL3 寄存器
    TH3 = TIMS >> 8;                     //TIMS 的高 8 位赋值给 TH3 寄存器
    T4T3M = 0x08;                        //启动定时器/计数器 3,工作模式定时器
    P46 = 0;                             //P4.6 置 0,灯亮
    P47 = 0;                             //P4.7 置 0,灯亮
    IE2 |= 0x20;                         //允许定时器/计数器 3 中断请求
    EA = 1;                              //CPU 允许响应中断请求
    while(1);
}
```

**注**：读者可以进入本书所提供资料的 STC_example\例 20-5 目录下，打开并参考该设计。

下面对该设计进行验证和分析，步骤如下：

(1) 打开 STC-ISP 软件，将 IRC 频率设置为 12.000MHz。

(2) 下载设计到 STC 提供的学习板上的单片机中。

(3) 观察实验现象。

**思考与练习**

20-13　根据设计代码，分析定时器/计数器 3 的工作原理。

## 20.3.5 定时器/计数器 4 工作模式

定时器/计数器 4 只有 16 位自动重加载模式，其内部结构如图 20.11 所示。

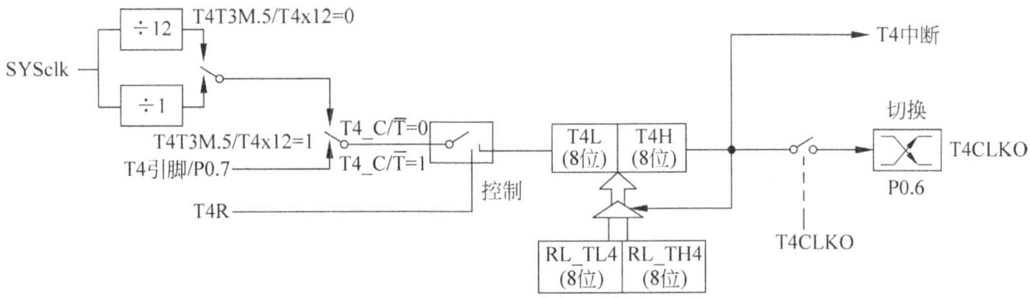


图 20.11 定时器/计数器 4 工作模式内部结构

**思考与练习**

20-14 根据设计代码，分析定时器/计数器 4 的工作原理。

# 第21章 STC单片机串行异步收发器原理及实现

CHAPTER 21

基于通用串行异步收发器的异步串行通信(简称 RS-232)是计算机通信中最经典的一种通信方式。虽然大量高性能的通信方式不断出现,如 USB 等,但是作为一种低成本的通信方式,RS-232 在很多领域仍然被大量使用。

本章介绍基于 STC 单片机的串行异步收发器原理及实现方式,内容包括 RS-232 标准简介、STC 单片机串口模块简介、串口 1 寄存器及工作模式、串口 2 寄存器及工作模式、串口 3 寄存器及工作模式、串口 4 寄存器及工作模式以及串行通信综合实现。

通过本章内容的学习,掌握分析和实现 RS-232 通信协议的方法。

## 21.1 RS-232 标准简介

RS-232 是美国电子工业联盟(electronic industries association,EIA)制定的串行数据通信的接口标准,原始编号全称是 EIA-RS-232(简称 232,RS-232)。它被广泛用于计算机串行接口外设连接。

在 RS-232C 标准中,232 是标识号,C 代表 RS-232 的第三次修改(1969 年),在这之前,还有 RS-232B 和 RS-232A。

目前的最新版本是由 EIA 所发布的 TIA-232-F,它同时也是美国国家标准 ANSI / TIA-232-F-1997 (R2002),此标准于 2002 年确认。在 1997 年由 TIA/EIA 发布当时的编号则是 TIA/EIA-232-F 与 ANSI/TIA/EIA-232-F-1997。在此之前的版本是 TIA/EIA-232-E。

RS-232 标准规定了传输数据所使用的连接电缆和机械、电气特性、信号功能和传送过程。基于这个标准基础,派生出其他电气标准,包括 EIA-RS-422-A、EIA-RS-423A 和 EIA-RS-485。

目前,在 PC 上的 COM1 和 COM2 接口就是 RS-232C 接口。

**注**:在最新的计算机和笔记本电脑中,均不再提供这种接口,用户必须通过 USB 转串口电缆,在计算机和笔记本电脑上虚拟出一个 RS-232 串行接口。

由于 RS-232C 的重大影响,自 IBM PC/AT 开始改用 9 针连接器起,目前几乎不再使用 RS-232 中规定的 25 针连接器,但大多数人仍然普遍使用 RS-232C 来代表此接口。

### 21.1.1 RS-232 传输特点

RS-232 标准有下面显著的特点:

(1) 字符是按逐比特的方式，使用一根信号线进行传输。这就是通常所说的串行方式传输数据，这种传输方式的优点是传输线少，连线简单，传送距离可以较远。

(2) 对于信源(发送方)来说，需要将并行的原始数据进行封装，然后转换成一位一位的串行比特流数据进行发送；对于信宿(目的方)来说，当接收到串行比特流数据后，对接收到的数据进行解析，从数据中找到原始数据的比特流，将其转换成并行数据，如图 21.1 所示。

(3) 在从信源(发送方)发送数据给信宿(目的方)的时候，并不需要传输时钟信号。当信宿接收到串行数据的时候，会使用信宿本地的时钟对接收到的数据进行采样和解码，然后将数据恢复出来。

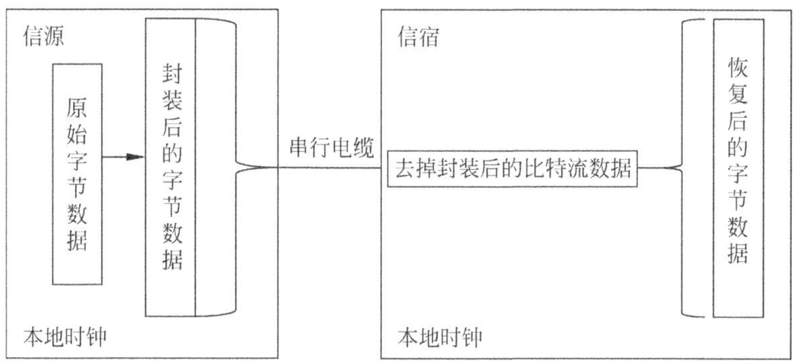


图 21.1　异步串行通信原理

(4) 通过 RS-232 在传送数据时，并不需要额外使用一个信号来传送同步信息。但是，通过在数据前部和尾部加上识别标志，就能正确地将数据顺利传送到对方。综上所述，这就是将 RS-232 称为异步传输的原因。

在计算机中，将实现 RS-232 通信功能的专用芯片，典型的 8251 芯片，称为通用异步接收发送器(universal asynchronous receiver transmitter，UART)。

## 21.1.2　RS-232 数据传输格式

在 RS-232 中，使用的编码格式是异步起停数据格式，如图 21.2 所示。在该数据格式中：

(1) 首先有一个逻辑 0 标识的起始位，该位标识新的一帧数据的开始。

(2) 在起始位后面紧跟 7 或 8 个比特数据，数据比特的开始位对应于原始字节数据的最低位，数据比特的结束位对应于原始字节数据的最高位。

(3) 数据比特后面跟随可选的奇偶校验比特。可以在发送数据的时候进行设置。

(4) 最后是以逻辑 1 标识的 1～2 个停止比特位。

从该协议中，可以看出，在一个异步起停数据格式中，发送一个 8 位的字符数据至少需要 10 个比特位。这样做的好处是使发送信号的速率以 10 进行划分，如图 21.2 所示。

在协议中，每一个比特位持续的时间和发送时钟有关，即一个时钟周期发送一个比特位。将这个时钟称为波特率时钟，用波特率表示，即每秒发送比特位的个数。

**注：** 采用 RS-232 通信协议的信源和信宿必须采用相同的数据格式和波特率时钟。

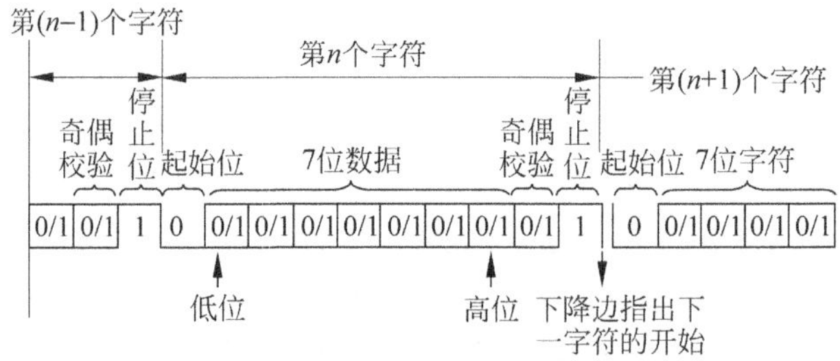


图 21.2　RS-232 数据格式

## 21.1.3　RS-232 电气标准

在 RS-232 标准中，分别定义了逻辑 1 和逻辑 0 的电压范围。

(1) 逻辑 1 的电压范围为－15～－3V。

(2) 逻辑 0 的电压范围为＋3～＋15V。

在 RS-232 中，接近零的电平是无效的。

这与传统数字逻辑中，对逻辑 1 和逻辑 0 的定义是不同的。因此，需要进行电气标准的转换将 TTL/CMOS 电平转换为 RS-232 电平，并将 RS-232 电平转换为 TTL/CMOS 电平。美信(maxim)公司的 MAX232 芯片，可以实现 TTL/CMOS 电平与 RS-232 电平之间的相互转换，如图 21.3 所示。

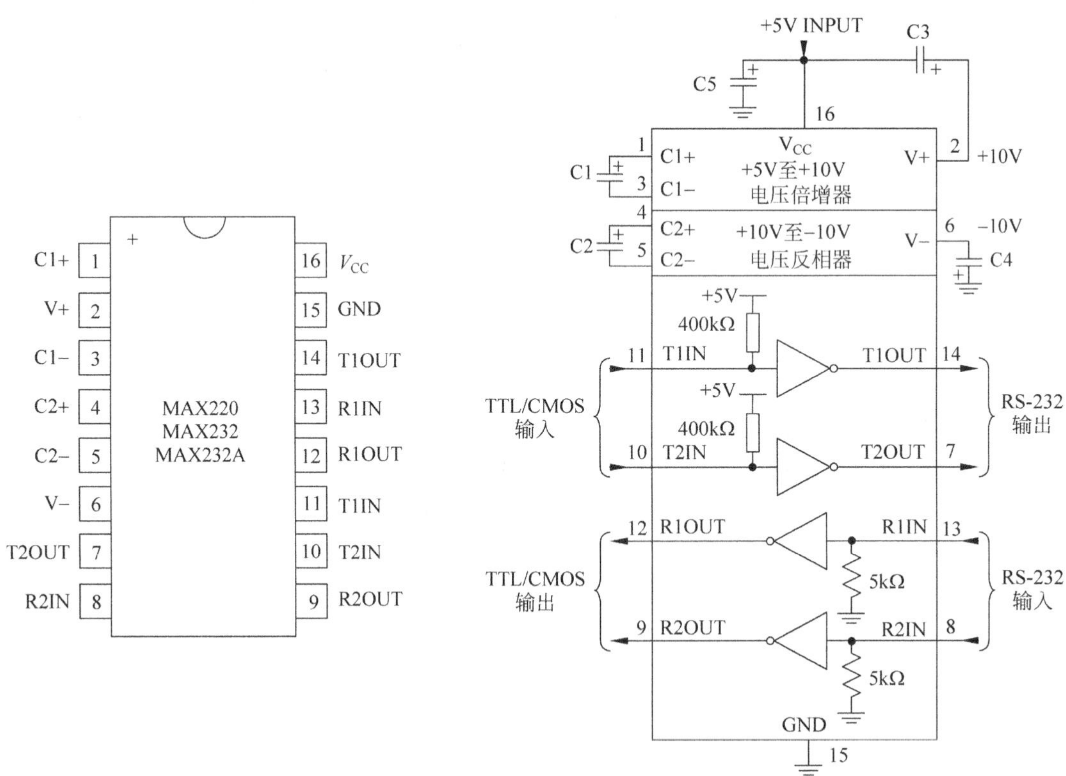


图 21.3　电平转换芯片—在 TTL/COMS 与 RS-232 之间进行电平转换

当单片机的 TTL/CMOS 的引脚连接到 MAX232 芯片上,就可以实现通过串口电缆与其他设备进行通信。

## 21.1.4　RS-232 参数设置

打开 STC-ISP 软件,在“串口助手”选项卡下,可以看到串口参数设置界面,如图 21.4 所示。在该界面中,需要设置波特率、奇偶校验和停止位。

图 21.4　RS-232 串口设置界面

1) 波特率

这里的波特率是指从一设备发到另一设备的波特率,即每秒钟发送的比特位的个数,单位为波特率(bits per second,bps)。典型的,可选择的波特率有 300、1200、2400、9600、19 200 和 115 200 等。

**注:** 一般通信两端设备都要设为相同的波特率,有些设备也可以设置为自动检测波特率。

2) 奇偶校验

奇偶校验是用来验证接收数据的正确性。一般不使用奇偶校验,如果使用,那么既可以选择设置为奇校验也可以选择设置为偶校验。

(1) 在偶校验中,要求所有发送数据的比特(包括校验位载内)1 的个数是偶数。根据这个校验标准,在校验位置 1 或者置 0。

(2) 在奇校验中,要求所有发送数据的比特(包括校验位载内)1 的个数是奇数。根据这个校验标准,在校验位置 1 或者置 0。

3) 停止位

停止位是在每个字节传输之后发送的,它用来帮助接收信号方硬件重同步。如在传输 8 位原始 8 位数据 11001010 时,数据的前后就需加入起始位(逻辑低)以及停止位(逻辑高)。值得注意的是,起始位固定为一个比特,而停止位则可以是 1、1.5 或者 2 个比特位。这由使用 RS-232 的信源与信宿共同确定,并且通过软件进行设置。

4) 流量控制

当需要发送握手信号或数据完整性检测时需要进行其他设置。公用的组合有 RTS/CTS、DTR/DSR 或者 XON/XOFF。这种方式称为硬件流量控制。通常为了简化连接和控制，不使用硬件流量控制方式。

信宿把 XON/XOFF 信号发给信源，以控制信源发送数据的时间，这些信号是与发送数据的传输方向相反的。XON 信号告诉信源，信宿已经准备好接收更多的数据；XOFF 信号告诉信源，停止发送数据，直到信宿再次准备好为止。

### 21.1.5 RS-232 连接器

RS-232 设计之初是用来连接调制解调器作传输之用，因此它的引脚定义通常也和调制解调器传输有关。RS-232 的设备可以分为数据终端设备(data terminal equipment，DTE，如 PC)和数据通信设备(data communication equipment，DCE)两类，这种分类定义了不同的线路用来发送和接收信号。一般来说，计算机和终端设备有 DTE 连接器，调制解调器和打印机有 DCE 连接器。

RS-232 指定了 20 个不同的信号连接，由 25 个 D-sub(微型 D 类)引脚构成的 DB-25 连接器。很多设备只使用了其中的一小部分引脚，出于节省资金和空间的考虑不少机器采用较小的连接器，特别是 9 引脚的 D-sub 或者是 DB-9 型连接器被广泛使用在绝大多数自 IBM 的 AT 机之后的 PC 和其他许多设备上，如图 21.5 所示。DB-25 和 DB-9 型的连接器在大部分设备上是雌型(母头，即插孔)，但并不一定都是这样，有些设备上就是雄型(公头，即插针)。

图 21.6 给出了 DB-9 连接器公头和母头连接器的信号定义顺序。每个信号的定义如表 21.1 所示。

图 21.5 RS-232 串口连接器—母头

```
---------          ---------
\ 1 2 3 4 5 /      \ 5 4 3 2 1 /
 \ 6 7 8 9 /        \ 9 8 7 6 /
  ------             ------
```

(a) DB9公头(引脚一侧)　　(b) DB9母头(引脚一侧)

图 21.6 RS-232 串口连接器—母头和公头引脚顺序

**表 21.1 DB-9 连接器信号定义**

| 引脚名字 | 序号 | 功能 |
|---|---|---|
| 公共接地 | 5 | 地线 |
| 发送数据(TD/TXD) | 3 | 发送数据 |
| 接收数据(RD/RXD) | 2 | 接收数据 |
| 数据终端准备(data terminal ready，DTR) | 4 | 终端设备通知调制解调器可以进行数据传输 |
| 数据准备好(data set ready，DSR) | 6 | 调制解调器通知终端设备准备就绪 |
| 请求发送(request to send，RTS) | 7 | 终端设备要求调制解调器将数据提交 |
| 清除发送(clear to send，CTS) | 8 | 调制解调器通知终端设备可以传数据过来 |
| 数据载波检测(carrier detect，CD) | 1 | 调制解调器通知终端设备侦听到载波信号 |
| 振铃指示(ring indicator，RI) | 9 | 调制解调器通知终端设备有电话进来 |

## 21.2 STC 单片机串口模块简介

STC15W4K32S4 系列单片机集成了四个采用通用异步收发器(universal asychronous receiver/transmitter, UART)工作方式的全双工串行通信接口。

### 21.2.1 串口模块结构

每个串口包含下面的单元：

(1) 两个数据缓冲区。每个串行接口的数据缓冲区由两个独立的接收缓冲区和发送缓冲区构成，这两个缓冲区可以同时收发数据。用户则能向发送缓冲区写入数据，而从接收缓冲区读取数据。两个缓冲区共用一个地址。串口 1 的两个缓冲区 SBUF 地址为 0x99；串口 2 的两个缓冲区 S2BUF 地址为 0x9B；串口 3 的两个缓冲区 S3BUF 地址为 0xAD；串口 4 的两个缓冲区 S4BUF 地址为 0x85。

(2) 一个移位寄存器。

(3) 一个串行控制寄存器。

(4) 一个波特率发生器。

串口 1 有四种工作方式，其中两种工作方式的波特率可变，而另外两种波特率是固定的；串口 2/串口 3/串口 4 都只有两种工作模式，这两种方式的波特率都是可变的。

### 21.2.2 串口引脚

本节介绍串口引脚。包括串口 1 可用的引脚、串口 2 可用的引脚、串口 3 可用的引脚和串口 4 可用的引脚。

**1. 串口 1 可用的引脚**

STC15W4K32S4 系列单片机串口 1 对应的引脚是 TxD 和 RxD。串口 1 可以在三组引脚之间进行切换。通过设置 AUXR1(P_SW1)寄存器中的 S1_S1 比特位和 S1_S0 比特位，可以将串口 1 从[RxD/P3.0, TxD/P3.1]切换到[RxD_2/P3.6, TxD_2/P3.7]，还可以切换到[RxD_3/P1.6/XTAL2, TxD_3/P1.7/XTAL1]。

**注**：(1) 当串口 1 的 RxD 和 TxD 设置在 P1.6/RxD_2 和 P1.7/TxD_2 引脚时，系统要使用内部的时钟。

(2) 建议串口 1 的 RxD 和 TxD 设置在 P3.6/RxD_2 和 P3.7/TxD_2 引脚，或者 P1.6/RxD_3 和 P1.7/TxD_3 引脚。

**2. 串口 2 可用的引脚**

STC15W4K32S4 系列单片机串口 2 对应的引脚是 TxD2 和 RxD2。串口 2 可以在两组引脚之间进行切换。通过设置 P_SW2 寄存器中的 S2_S 比特位，可以将串口 2 从[RxD2/P1.0, TxD2/P1.1]切换到[RxD2_2/P4.6, TxD2_2/P4.7]。

**3. 串口 3 可用的引脚**

STC15W4K32S4 系列单片机串口 3 对应的引脚是 TxD3 和 RxD3。串口 3 可以在两组引脚之间进行切换。通过设置 P_SW2 寄存器中的 S3_S 比特位，可以将串口 3 从[RxD3/P0.0, TxD3/P0.1]切换到[RxD3_2/P5.0, TxD3_2/P5.1]。

**4. 串口 4 可用的引脚**

STC15W4K32S4 系列单片机串口 4 对应的引脚是 TxD4 和 RxD4。串口 4 可以在两组引脚之间进行切换。通过设置 P_SW2 寄存器中的 S4_S 比特位，可以将串口 4 从[RxD4/P0.2，TxD4/P0.3]切换到[RxD4_2/P5.2，TxD4_2/P5.3]。

## 21.3 串口 1 寄存器及工作模式

本节介绍串口 1 寄存器及工作模式，内容包括串口 1 寄存器组、串口 1 工作模式、串口 1 通信实例 1 和串口 1 通信实例 2。

### 21.3.1 串口 1 寄存器组

本节介绍与串口 1 工作模式有关的寄存器，包括串口 1 控制寄存器、电源控制寄存器、串口数据缓冲寄存器、辅助寄存器、从机地址寄存器、中断寄存器和串口引脚切换寄存器。

**注**：对于前面已经详细介绍过的寄存器，此处不再进行说明。

**1. 串口 1 控制寄存器**

本节介绍串口 1 控制寄存器 SCON(可位寻址)，如表 21.2 所示。该寄存器位于 STC 单片机特殊功能寄存器地址为 0x98 的位置。当复位后，该寄存器的值为 00000000。

**表 21.2 串口 1 控制寄存器 SCON 各位的含义**

| 比特位 | B7 | B6 | B5 | B4 | B3 | B2 | B1 | B0 |
|---|---|---|---|---|---|---|---|---|
| 名字 | SM0/FE | SM1 | SM2 | REN | TB8 | RB8 | TI | RI |

其中：

1) SM0/FE

(1) 当 PCON 寄存器中 SMOD0 比特位为 1 时，该位用于检测帧错误。当检测到一个无效的停止位时，通过 UART 接收器将该位置 1。该位由软件清零。

(2) 当 PCON 寄存器中 SMOD0 比特位为 0 时，该位和 SM1 位一起指定串口 1 的通信方式。

2) SM1

该位和 SM0 位一起确定串口 1 的通信方式，如表 21.3 所示。

**表 21.3 SM1 和 SM0 各位的含义**

| SM0 | SM1 | 工作模式 | 功能说明 | 波特率 |
|---|---|---|---|---|
| 0 | 0 | 模式 0 | 同步移位串行方式：移位寄存器 | 当 UART_M0x6 为 0 时，波特率为 SYSclk/12<br>当 UART_M0x6 为 1 时，波特率为 SYSclk/2 |
| 0 | 1 | 模式 1 | 8 位 UART，波特率可变 | 串口 1 用定时器 1 作为其波特率发生器且定时器工作于模式 0(16 位自动重加载模式)或串行口用定时器 2 作为其波特率发生器时，波特率=(定时器 1 的溢出率或者定时器 T2 的溢出率)/4<br>**注**：此时波特率与 SMOD 无关<br>当串口 1 用定时器 1 作为其波特率发生器且定时器 1 工作于模式 2(8 位自动重加载模式)时，波特率=$(2^{SMOD}/32)\times$(定时器 1 的溢出率) |

续表

| SM0 | SM1 | 工作模式 | 功能说明 | 波 特 率 |
|---|---|---|---|---|
| 1 | 0 | 模式 2 | 9 位 UART | 波特率＝($2^{SMOD}$/64)×SYSclk 系统工作时钟频率 |
| 1 | 1 | 模式 3 | 9 位 UART，波特率可变 | 当串口 1 用定时器 1 作为其波特率发生器且定时器工作于模式 0(16 位自动重加载模式)或串行口用定时器 2 作为其波特率发生器时，波特率＝(定时器 1 的溢出率或者定时器 T2 的溢出率)/4<br>**注：此时波特率与 SMOD 无关**<br>当串口 1 用定时器 1 作为其波特率发生器且定时器 1 工作于模式 2(8 位自动重加载模式)时，波特率＝($2^{SMOD}$/32)×(定时器 1 的溢出率) |

**注：溢出率的计算参见第 8 章**

3) SM2

允许方式 2 或者方式 3 多机通信控制位。在方式 2 或者方式 3 时，如果 SM2 位为 1，则接收机处于地址帧选状态，此时可以利用接收到的第 9 位(即 RB8)来筛选地址帧。

(1) 当 RB8 为 1 时，说明该帧为地址帧，地址信息可以进入 SBUF，并使得 RI 置 1，进而在中断服务程序中再进行地址号比较。

(2) 当 RB8 为 0 时，说明该帧不是地址帧，应丢掉并保持 RI 为 0。

在方式 2 或者方式 3 中，如果 SM2 位为 0 且 REN 位为 1，接收机处于禁止筛选地址帧状态。不论收到的 RB8 是否为 1，均可使接收到的信息进入 SBUF，并使得 RI 为 1，此时 RB8 通常为校验位。

**注：方式 0 和方式 1 为非多机通信方式。当处于这两种工作模式时，将 SM2 设置为 0。**

4) REN

允许/禁止串行接收控制位。当 REN 位为 1 时，允许串行接收状态，可以启动串行接收器 RxD，开始接收信息；当 REN 位为 0 时，禁止串行接收状态，禁止串行接收器 RxD。

5) TB8

当选择方式 2 或者方式 3 时，该位为要发送的第 9 位数据，按需要由软件置 1 或者清 0。如可用作数据的校验位或者多机通信中表示地址帧/数据帧的标志位。

**注：在方式 0 和方式 1 时，不用该位。**

6) RB8

当选择方式 2 或者方式 3 时，该位为接收到的第 9 位数据，作为奇偶校验位或者地址帧/数据帧的标志位。

**注：在方式 0 和方式 1 时，不用该位。**

7) TI

发送中断请求标志位。在方式 0 时，当串行发送数据第 8 位结束时，由硬件自动将该位置 1，向 CPU 发出中断请求。当 CPU 响应中断后，必须由软件将该位清 0。在其他方式中，则在停止位开始发送时由硬件置 1，向 CPU 发出中断请求。同样的，当 CPU 响应中断后，必须由软件将该位清 0。

8) RI

接收中断请求标志位。在方式0时,当串行接收数据第8位结束时,由硬件自动将该位置1,向CPU发出中断请求。当CPU响应中断后,必须由软件将该位清0。在其他方式中,则在接收到停止位的中间时刻由内部硬件置1,向CPU发出中断请求。同样地,当CPU响应中断后,必须由软件将该位清0。

**注**:当发送完一帧数据后,向CPU发出中断请求;类似地,当接收到一帧数据后,也会向CPU发出中断请求。由于TI和RI以逻辑或关系向CPU发出中断请求,所以主机响应中断时,不知道是发送还是接收发出的中断请求。因此,必须在中断服务程序中通过查询TI和RI确定中断源。RI和TI必须由软件清零。

### 2. 电源控制寄存器

前面已经介绍过电源控制寄存器PCON,本节说明该寄存器中与串口1有关比特位的含义,如表21.4所示。该寄存器位于STC单片机特殊功能寄存器地址为0x87的位置。当复位后,该寄存器的值为00110000。

表21.4 电源控制寄存器PCON各位的含义

| 比特位 | B7 | B6 | B5 | B4 | B3 | B2 | B1 | B0 |
|---|---|---|---|---|---|---|---|---|
| 名字 | SMOD | SMOD0 | LVDF | POF | GF1 | GF0 | PD | IDL |

其中:

1) SMOD

波特率选择位。当该位为1时,则使串行通信方式1、2和3的波特率加倍;当该位为0时,则使各工作方式的波特率不加倍。

2) SMOD0

帧错误检测有效控制位。当该位为1时,SCON寄存器中的SM0/FE比特位用于FE(帧错误检测)功能;当该位为0时,SCON寄存器中的SM0/FE比特用于SM0功能,该位和SM1比特位一起用来确定串口的工作方式。

### 3. 串口缓冲寄存器

STC15系列单片机的串口1缓冲寄存器SBUF地址为0x99,在该地址实际是两个缓冲寄存器。一个缓冲寄存器用于保存要发送的数据;而另一个缓冲寄存器用于读取已经接收到的数据。

在串口的串行通道内设置数据寄存器。在该串口所有工作模式中,在写入信号SBUF的控制下,把数据加载到相同的9位移位寄存器中,前面8位为数据字节,最低位为移位寄存器的输出位。根据所设置的工作模式,自动将1或者TB8的值加载到移位寄存器的第9位,并进行发送。

在串口的接收寄存器是一个输入移位寄存器。当设置为方式0时,它的字长为8位;当设置为其他工作模式时,它的字长为9位。当接收完一帧数据后,将移位寄存器中的串行字节数据加载到数据缓冲寄存器SBUF中,将其第9位加载到SCON寄存器的RB8位。如果由于SM2使得已经接收到的数据无效时,RB8和SBUF中的内容不变。

由于在串行通道内设置了输入移位寄存器和SBUF缓冲寄存器,从而在接收完一帧串行数据将其从移位寄存器加载到并行 SBUF 缓冲寄存器后，可以立即开始接收下一帧数据。因此，信宿（目的方）主机需要在接收到新的一帧数据之前从 SBUF 中将数据取出，否则前面接收到的数据将被覆盖。

**4. 辅助寄存器**

前面已经介绍过辅助寄存器 AUXR，本节说明该寄存器中与串口 1 有关比特位的含义，如表 21.5 所示。该寄存器位于 STC 单片机特殊功能寄存器地址为 0x8E 的位置。当复位后，该寄存器的值为 00000001。

**表 21.5 辅助寄存器 AUXR 各位的含义**

| 比特位 | B7 | B6 | B5 | B4 | B3 | B2 | B1 | B0 |
|---|---|---|---|---|---|---|---|---|
| 名字 | T0x12 | T1x12 | UART_M0x6 | T2R | T2_C/$\overline{T}$ | T2x12 | EXTRAM | S1ST2 |

其中：

1) T1x12

定时器 1 速度控制位。当该位为 0 时，定时器 1 是传统 8051 的速度，12 分频；当该位为 1 时，定时器 1 的速度是传统 8051 的 12 倍，不分频。

**注**：如果串口 1 使用定时器 1 作为波特率发生器，则该位用于确定串口 1 的速度。

2) UART_M0x6

串口模式 0 的通信速率设置位。当该位为 0 时，串口 1 模式 0 的速度是传统 8051 单片机串口的速度，12 分频；当该位为 1 时，串口 1 模式 0 的速度是传统 8051 单片机速度的 6 倍 2 分频。

3) S1ST2

串口 1 选择定时器 2 作波特率发生器的控制位。当该位为 0 时，选择定时器 1 作为串口 1 的波特率发生器；当该位为 1 时，选择定时器 2 作为串口 1 的波特率发生器。

**5. 从机地址控制寄存器**

在 STC 单片机中，设置了从机地址寄存器 SADEN 和 SADDR。SADEN 寄存器为从机地址掩膜寄存器，该寄存器位于特殊功能寄存器地址为 0xB9 的位置。当复位后，该寄存器的值为 00000000；SADDR 寄存器为从机地址寄存器，该寄存器位于特殊功能寄存器地址为 0xA9 的位置。当复位后，该寄存器的值为 00000000。

**6. 中断允许寄存器**

前面已经介绍过中断允许寄存器 IE，本节说明该寄存器中与串口 1 有关比特位的含义，如表 21.6 所示。该寄存器位于 STC 单片机特殊功能寄存器地址为 0xA8 的位置。当复位后，该寄存器的值为 00000000。

**表 21.6 中断允许寄存器 IE 各位的含义**

| 比特位 | B7 | B6 | B5 | B4 | B3 | B2 | B1 | B0 |
|---|---|---|---|---|---|---|---|---|
| 名字 | EA | ELVD | EADC | ES | ET1 | EX1 | ET0 | EX0 |

其中，ES 为串口 1 中断允许位。当该位为 1 时，允许串口 1 中断；当该位为 0 时，禁止串口 1 中断。

**7. 中断优先级控制寄存器**

前面已经介绍过中断优先级控制寄存器 IP,本节说明该寄存器中与串口 1 有关比特位的含义,如表 21.7 所示。该寄存器位于 STC 单片机特殊功能寄存器地址为 0xB8 的位置。当复位后,该寄存器的值为 00000000。

表 21.7 中断优先级控制寄存器 IP 各位的含义

| 比特位 | B7 | B6 | B5 | B4 | B3 | B2 | B1 | B0 |
|---|---|---|---|---|---|---|---|---|
| 名字 | PPCA | PLVD | PADC | PS | PT1 | PX1 | PT0 | PX0 |

其中,PS 为串口 1 中断优先级控制位。当该位为 0 时,串口 1 中断为最低优先级中断(优先级为 0);当该位为 1 时,串口 1 中断为最高优先级中断(优先级为 1)。

**8. 串口 1 引脚切换寄存器**

该寄存器在前一章进行了详细的说明,读者可以参看该寄存器的内容介绍。

**9. 串口 1 中继广播方式设置**

串口 1 中继广播方式设置在 CLK_DIV 寄存器中实现。前面已经介绍过该寄存器,本节说明该寄存器中与串口 1 有关的比特位的含义,如表 21.8 所示。该寄存器位于 STC 单片机特殊功能寄存器地址为 0x97 的位置。当复位后,该寄存器的值为 00000000。

表 21.8 CLKDIV 寄存器各位的含义

| 比特位 | B7 | B6 | B5 | B4 | B3 | B2 | B1 | B0 |
|---|---|---|---|---|---|---|---|---|
| 名字 | MCKO_S1 | MCKO_S0 | ADRJ | Tx_Rx | MCLKO_2 | CLKS2 | CLKS1 | CLKS0 |

其中,Tx_Rx 为串口 1 中继广播方式设置位。当该位为 0 时,串口 1 为正常工作模式;当该位为 1 时,串口 1 为中继广播方式,即将 RxD 端口输入的电平状态实时输出到 TxD 外部引脚上,TxD 引脚可以对 RxD 引脚的输入信号进行实时整形放大输出,TxD 引脚对外输出实时反映 RxD 端口输入的电平状态。

## 21.3.2 串口 1 工作模式

前面已经提到串口 1 有四种工作模式,可以通过对 SCON 寄存器的 SM0 和 SM1 的设置进行选择。其中模式 1、模式 2 和模式 3 为异步通信方式,每个发送和接收的字符都带有 1 个起始位、1 个停止位。在模式 0 中,串口 1 作为一个简单的移位寄存器使用。

在本节中,只对最常用的模式 1 进行详细介绍。对于其余工作模式,读者可以参考 STC 数据手册相关部分的介绍。

串口 1 工作模式 1 为 8 位波特率可变的 UART 方式,如图 21.7 所示。下面对模式的内部结构进行详细的分析。

**1. 串口 1 的发送过程**

当串口 1 发送数据时,数据从单片机的串行发送引脚 TxD 发送出去。当主机执行一条写 SBUF 的指令时,就启动串口 1 的数据发送过程,写 SBUF 信号将 1 加载到发送移位寄存器的第 9 位,并通知 Tx 控制单元开始发送。通过 16 分频计数器,同步发送串行比特流,如图 21.8(a)所示。

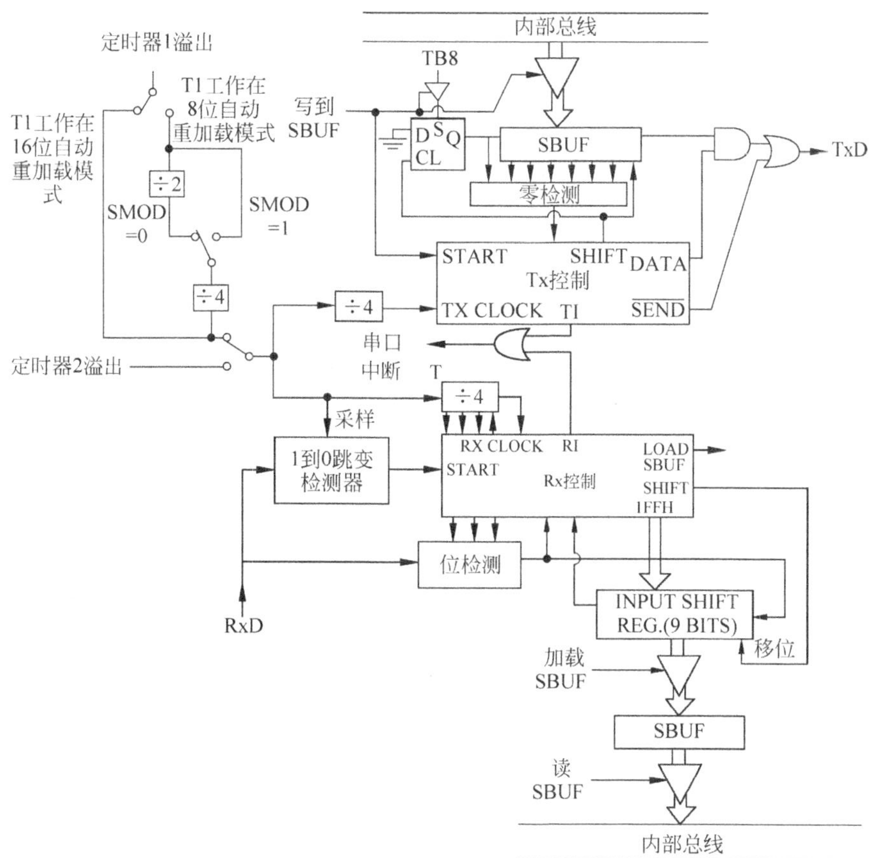


图 21.7　串口 1 工作模式 1 内部结构图

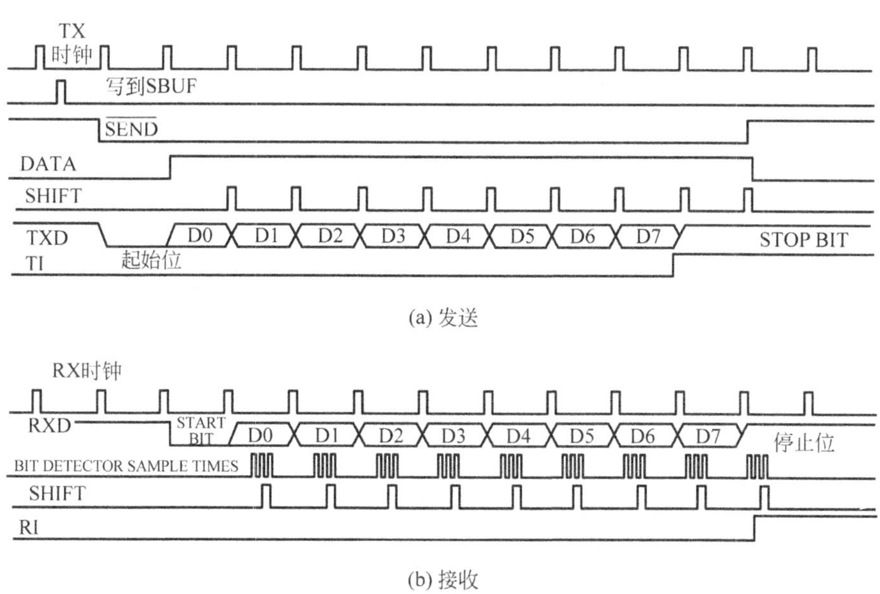


图 21.8　串口 1 时序图

移位寄存器将数据不断地右移，送到 TxD 引脚。同时，在左边不断地用 0 进行填充。当数据的最高位移动到移位寄存器的输出位置，紧跟其后的是第 9 位 1，在它的左侧各位全部都是 0，这个条件状态使得 TX 控制单元进行最后一次移位输出，然后使得发送允许信号 SEND 失效，结束一帧数据的发送过程，并将中断请求位 TI 置 1，向 CPU 发出中断请求信号。

**2. 串口 1 的接收过程**

当软件将接收允许标志位 REN 置 1 后，接收器就用选定的波特率的 16 分频的速率采样串行接收引脚 RxD。当检测到 RxD 端口从 1 到 0 的负跳变后，就启动接收器准备接收数据。同时，复位 16 分频计数器，将值 0x1FF 加载到移位寄存器中。复位 16 分频计数器使得它与输入位时间同步。

16 分频计数器的 16 个状态是将每位接收的时间平均为 16 等份。在每位时间的第 7、8 和 9 状态由检测器对 RxD 端口进行采样，所接收的值是这次采样值经过“三中取二”的值，即三次采样中，至少有两次相同的值，用来抵消干扰信号，提高接收数据的可靠性，如图 21.8(b)所示。在起始位，如果接收到的值不为 0，则起始位无效，复位接收电路，并重新检测 1 到 0 的跳变。如果接收到的起始位有效，则将它输入移位寄存器，并接收本帧的其余信息。

接收的数据从接收移位寄存器的右边移入，将已装入的 0x1FF 向左边移出。当起始位 0 移动到移位寄存器的最左边时，使 RX 控制器做最后一次移位，完成一帧的接收。若同时满足以下两个条件：

(1) RI=0；

(2) SM2=0 或接收到的停止位为 1。

则接收到的数据有效，实现加载到 SBUF，停止位进入 RB8，置位 RI，向 CPU 发出中断请求信号。如果这两个条件不能同时满足，则将接收到的数据丢弃，无论条件是否满足，接收机又重新检测 RxD 端口上的 1 到 0 的跳变，继续接收下一帧数据。如果接收有效，则在响应中断后，必须由软件将标志 RI 清零。

## 21.3.3 串口 1 通信实例 1

本节将通过设计实例详细说明串口通信的实现过程。在该设计中，将在 STC 提供的学习板上，使用串口 1，定时器 1 的模式 0 实现 STC 学习板和主机计算机的串口通信。STC 通过串口 1 向主机发送菜单界面，如图 21.9 所示。

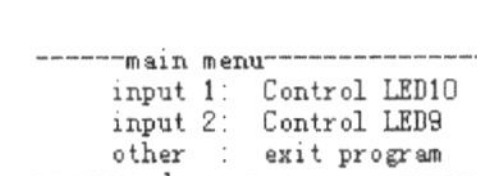


图 21.9　菜单界面

在主机上，按 1 键，用于控制 STC 学习板上的标记为 LED10 的 LED 灯；按 2 键，用于控制 STC 学习板上标记为 LED9 的 LED 灯；按其他键显示退出程序的信息。

在该设计中，使用 STC 学习板上的串口 1，如图 21.10 所示。在图中，CH340G 芯片用于将 IAP15W4K32S4 单片机的串口信号 TxD 和 RxD 转换成 USB 信号，方便与计算机 USB 接口的连接。串口发送信号 TxD 信号连接到 STC 单片机的 P3.1 引脚，该引脚将从 STC 单片机发送数据给主机；串口接收信号 RxD 信号连接到 STC 单片机的 P3.0 引脚，该引脚将接收来自主机的数据。

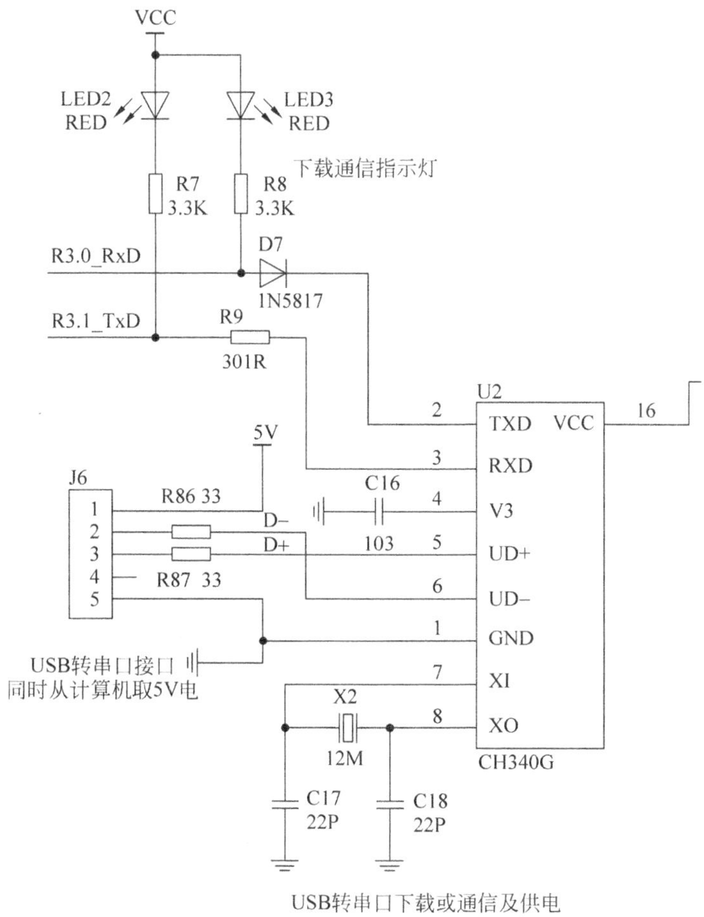


图 21.10 STC 学习板上串口 1 电路结构

在该电路设计中，LED2 和 LED3 上拉，并且连接到 RxD 和 TxD 信号线，用于指示 STC 单片机串口和主机之间发送和接收数据的情况。此外，在 P3.0 引脚上加入 IN5817 二极管，以及在 P3.1 引脚串入电阻的作用是为了防止 USB 器件给芯片供电。

**注**：CH340 芯片和单片机引脚采用交叉连接方式，即单片机的 TxD 信号连接到 CH340G 芯片的 RxD 引脚；单片机的 RxD 信号连接到 CH340G 芯片的 TxD 引脚。

**【例 21-1】** 主机通过串口控制 STC 板上 LED 灯 C 语言描述的例子。

**代码清单 21-1 main.c 文件**

```
#include "reg51.h"
#define FOSC 18432000L                          //声明当前单片机主时钟频率
#define BAUD 115200                             //声明波特率常数 115200
sfr AUXR = 0x8E;                                //声明 AUXR 寄存器的地址 0x8E
sfr TH2  = 0xD6;                                //声明 TH2 寄存器的地址 0xD6
sfr TL2  = 0xD7;                                //声明 TL2 寄存器的地址 0xD7
bit busy = 0;                                   //声明比特位 busy
xdata char menu[] = {"\r\n------ main menu ---------------- "        //声明字符型数组 menu
                    "\r\n input 1: Control LED10 "
                    "\r\n input 2: Control LED9 "
```

```
                    "\r\n other : Exit Program"
                    "\r\n ------ end menu ----------------- "
            };

void SendData(unsigned char dat)                //声明 SendData 子函数,参数 dat
{
    while(busy);                                //判断是否忙,忙等待
    SBUF = dat;                                 //将 dat 写入 SBUF 发送缓冲器
    busy = 1;                                   //将 busy 标志置 1
}
void SendString(char * s)                       //声明 SendString 子函数,参数 s
{
    while( * s!= '\0')                          //判断字符是否结束,如果未结束
        SendData( * s++);                       //调用 SendData 子函数发送数据
}
void uart1() interrupt 4                        //声明串口 1 中断服务程序 uart1
{
    if(RI)                                      //如果接收标志 RI 为 1,有接收数据
        RI = 0;                                 //将 RI 标志清零
    if(TI)                                      //如果发送标志 TI 为 1,已发送数据
        TI = 0;                                 //将 TI 标志清零
     busy = 0;                                  //busy 清零,表示已经发送完数据
}

void main()
{
    unsigned char c;                            //定义无符号字符型变量 c
    P46 = 0;                                    //P4.6 端口置 0,灯亮
    P47 = 0;                                    //P4.7 端口置 1,灯亮
    SCON = 0x50;                                //串口 1 方式 1,允许接收
    AUXR = 0x14;                                //允许定时器 2,不分频
    AUXR| = 0x01;                               //选择定时器 2 作为波特率发生器
    TL2 = (65 536 - ((FOSC/4)/BAUD));           //初值低 8 位赋值给 TL2 寄存器
    TH2 = (65 536 - ((FOSC/4)/BAUD))>> 8;       //初值高 8 位赋值给 TH2 寄存器
    ES = 1;                                     //允许串口中断
    EA = 1;                                     //CPU 允许响应中断请求
     SendString(&menu);                         //在串口中断上打印 menu 的内容
     while(1){                                  //无限循环
         if(RI == 1)                            //如果接收到上位机发送的数据
         {
             c = SBUF;                          //从 SBUF 缓冲区读数据到变量 c
             if(c == 0x31)                      //判断如果接收的数据是字符 1
                 P46 = ! P46;                   //P4.6 取反
             else if(c == 0x32)                 //判断如果接收的数据是字符 2
                 P47 = ! P47;                   //P4.7 取反
             else                               //对于其他任何输入
             {
                 SendString("\r\n Exit Program"); //串口上打印 Exit Program 信息
             }
         }
     }
}
```

**注**：读者可以进入本书所提供资料的 STC_example\例 21-1 目录下，打开并参考该设计。

下面说明该代码的设计原理和验证方法,步骤包括:

(1) 使用 T2 定时器,根据前面给出的 IRC 的时钟频率为 18.432MHz,波特率为 115200,由于 T2 的溢出率和波特率存在下面的关系,即

$$串口1的波特率=SYSclk/(65535-[RL\_TH2,RL\_TL2])/4$$

因此,$[RL\_TH2,RL\_TL2]=65\,536-SYSclk/(串口1波特率\times 4)$。

**注**:RL_TH2 是 T2H 的自动重加载寄存器,RL_TL2 是 T2L 的自动重加载寄存器。

(2) 打开 STC-ISP 软件,在该界面内,选择硬件选项。将输入用户程序运行时的 IRC 频率设置为 18.432MHz。

(3) 单击"下载/编程"按钮,按前面的方法下载设计到 STC 单片机。

(4) 在 STC-ISP 软件右侧窗口中,选择"串口助手"选项卡,如图 21.11 所示,并设置参数:

① 串口:COM3(读者根据自己计算机识别出来的 COM 端口号进行设置)。

② 波特率:115200。

③ 校验位:无校验。

④ 停止位:1 位。

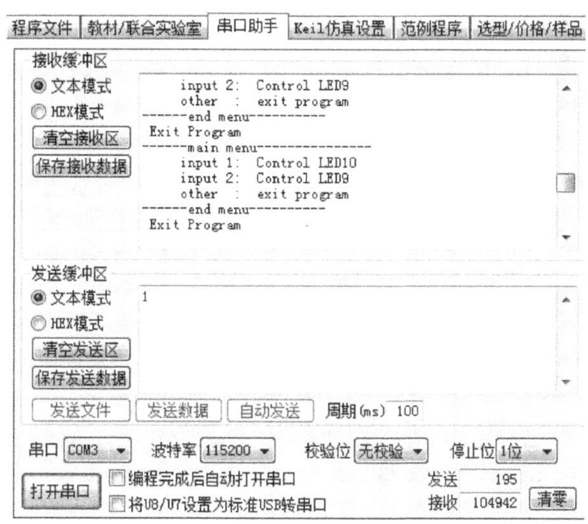


图 21.11 STC-ISP 软件串口调试助手

(5) 单击"打开串口"按钮。

(6) 在 STC 学习板上,找到并按下 SW19 键,重新运行程序,可以看到在上面的接收窗口中显示出菜单信息。

(7) 在发送窗口中输入 1。

(8) 单击"发送数据"按钮。观察 LED10 的变化。

(9) 在发送串口中输入 2。

(10) 单击"发送数据"按钮。观察 LED9 的变化。

(11) 在发送串口中输入其他字符。

(12) 单击"发送数据"按钮,看到在接收窗口中显示 Exit Program 提示信息。

**思考与练习**

21-1 连续发送字符 2，观察 LED9 的变化规律________；连续发送字符 1，观察 LED10 的变化规律________。

21-2 当单片机的主时钟频率改成 20.000MHz，波特率改为 9600 时，根据上面的公式计算 TH2=________，TL2=________。下载并验证参数是否正确。

**注**：在 STC-ISP 软件中，需要将波特率设置改为 9600。

## 21.3.4 串口 1 通信实例 2

本节将检测 STC 学习板上按键开关的状态，并通过串口将按键当前的状态显示到主机串口调试助手界面上。下面详细介绍设计原理和设计实现。

**1. 矩阵按键结构及检测原理**

在 STC 学习板上提供了 16 个按键，这 16 个按键按 4×4 形式排列，即 4 行和 4 列形式，如图 21.12 所示。判断按键状态，首先要确定有无按键被按下，其次判断按下了哪个键。STC 学习板上给每个按键进行标号，按照行的顺序用 0～3、4～7、8～11 和 12～15 表示。

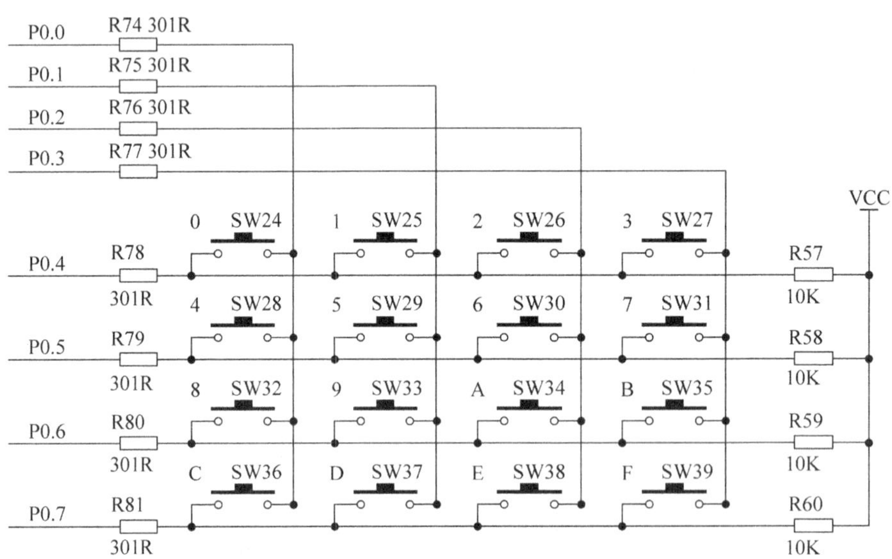


图 21.12 STC 学习板上按键矩阵排列结构

在第 3 章，介绍 I/O 口的时候，提到在上电复位后，I/O 口默认为准双向模式，也就是既可以输出，又可以输入，并且如果要读取某个具体引脚外部的输入状态，需要先给该引脚发逻辑 1，然后才能回读该引脚的状态。

由图 21.12 中可知，P0.4、P0.5、P0.6 和 P0.7 引脚通过上拉电阻连接到 VCC 上，可以看出来，当没有按键按下时，这些引脚已经被拉高到逻辑 1。同时还注意到，当没有按下按键时，P0.0、P0.1、P0.2 和 P.3 引脚处于悬空状态，既没有拉高也没有拉低，即没有上拉到 VCC 和下拉到 GND。从这两个方面综合判断，P0.0～P0.3 引脚需要有确定的逻辑状态，也就是在实际中 P0.0～P0.3 应该为输出，为逻辑高电平或者逻辑低电平；而 P0.7～P0.4 为输入，也就是读取 P0.7～P0.4 引脚的状态。

首先如何判断有无按键被按下，方法是将 P0.0～P0.3 引脚拉低，即驱动 P0.0～P0.3

为低。

(1) 如果 16 个按键中没有按下按键,则 P0.4、P0.5、P0.6 和 P0.7 仍然处于上拉状态,即逻辑高(逻辑 1)此时如果读取这四个端口,读取的值应该是 1111,分别对应于 P0.7、P0.6、P0.5、P0.4 引脚。

(2) 只要有一个按键按下,P0.4、P0.5、P0.6 或者 P0.7 就有引脚被拉低,也就是读 P0.4、P0.5 、P0.6、P0.7 引脚,它们组合的值一定不等于 1111。

因此,通过上述两步就可以判断是否有按键被按下。

下面判断具体按的是哪个按键。

(1) 驱动 P0.3 引脚为低(逻辑 0),驱动 P0.2、P0.1 和 P0.0 引脚为高(逻辑 1),即它们值的组合为 0111,十六进制数 7。

① 当按下标号为 0、1、2、4、5、6、8、9、A、C、D、E 的按键时,P0.4～P0.7 引脚的状态不会发生任何的变化。

② 如果按下 3 号按键,则 P0.4 引脚被拉低,即变化到逻辑 0,而其他引脚状态仍然为逻辑高。此时如果读取这四个端口,读取的值应该是 1110,十六进制数 E 分别对应于 P0.7、P0.6、P0.5、P0.4 引脚。

③ 如果按下 7 号按键,则 P0.5 引脚被拉低,即变化到逻辑状态 0,而其他引脚状态仍然为逻辑高。此时如果读取这四个端口,读取的值应该是 1101,十六进制数 D 分别对应于 P0.7、P0.6、P0.5、P0.4 引脚。

④ 如果按下 11(B)号按键,则 P0.6 引脚被拉低,即变化到逻辑状态 0,而其他引脚状态仍然为逻辑高。此时如果读取这四个端口,读取的值应该是 1011,十六进制数 B 分别对应于 P0.7、P0.6、P0.5、P0.4 引脚。

⑤ 如果按下 15(F)号按键,则 P0.7 引脚被拉低,即变化到逻辑状态 0,而其他引脚状态仍然为逻辑高。此时如果读取这四个端口,读取的值应该是 0111,十六进制数 7 分别对应于 P0.7、P0.6、P0.5、P0.4 引脚。

(2) 驱动 P0.2 引脚为低(逻辑 0),驱动 P0.3、P0.1 和 P0.0 引脚为高(逻辑 1),即它们值的组合为 1011,十六进制数 B。

① 当按下标号为 0、1、3、4、5、7、8、9、B、C、D、F 的按键时,P0.4～P0.7 引脚的状态不会发生任何的变化。

② 如果按下 2 号按键,则 P0.4 引脚被拉低,即变化到逻辑状态 0,而其他引脚状态仍然为逻辑高。此时如果读取这四个端口,读取的值应该是 1110,十六进制数 E 分别对应于 P0.7、P0.6、P0.5、P0.4 引脚。

③ 如果按下 6 号按键,则 P0.5 引脚被拉低,即变化到逻辑状态 0,而其他引脚状态仍然为逻辑高。此时如果读取这四个端口,读取的值应该是 1101,十六进制数 D 分别对应于 P0.7、P0.6、P0.5、P0.4 引脚。

④ 如果按下 10(A)号按键,则 P0.6 引脚被拉低,即变化到逻辑状态 0,而其他引脚状态仍然为逻辑高。此时如果读取这四个端口,读取的值应该是 1011,十六进制数 B 分别对应于 P0.7、P0.6、P0.5、P0.4 引脚。

⑤ 如果按下 14(E)号按键,则 P0.7 引脚被拉低,即变化到逻辑状态 0,而其他引脚状态仍然为逻辑高。此时如果读取这四个端口,读取的值应该是 0111,十六进制数 7 分别对应

于 P0.7、P0.6、P0.5、P0.4 引脚。

(3) 驱动 P0.1 引脚为低(逻辑 0),驱动 P0.3、P0.2 和 P0.0 引脚为高(逻辑 1),即它们值的组合为 1101,十六进制数 D。

① 当按下标号为 0、2、3、4、6、7、8、A、B、C、E、F 的按键时,P0.4～P0.7 引脚的状态不会发生任何的变化。

② 如果按下 1 号按键,则 P0.4 引脚被拉低,即变化到逻辑状态 0,而其他引脚状态仍然为逻辑高。此时如果读取这四个端口,读取的值应该是 1110,十六进制数 E 分别对应于 P0.7、P0.6、P0.5、P0.4 引脚。

③ 如果按下 5 号按键,则 P0.5 引脚被拉低,即变化到逻辑状态 0,而其他引脚状态仍然为逻辑高。此时如果读取这四个端口,读取的值应该是 1101,十六进制数 D 分别对应于 P0.7、P0.6、P0.5、P0.4 引脚。

④ 如果按下 9 号按键,则 P0.6 引脚被拉低,即变化到逻辑状态 0,而其他引脚状态仍然为逻辑高。此时如果读取这四个端口,读取的值应该是 1011,十六进制数 B 分别对应于 P0.7、P0.6、P0.5、P0.4 引脚。

⑤ 如果按下 13(D)号按键,则 P0.7 引脚被拉低,即变化到逻辑状态 0,而其他引脚状态仍然为逻辑高。此时如果读取这四个端口,读取的值应该是 0111,十六进制数 7 分别对应于 P0.7、P0.6、P0.5、P0.4 引脚。

(4) 驱动 P0.0 引脚为低(逻辑 0),驱动 P0.3、P0.2 和 P0.1 引脚为高(逻辑 1),即它们值的组合为 1110,十六进制数 E。

① 当按下标号为 1、2、3、5、6、7、9、A、B、D、E、F 的按键时,P0.4～P0.7 引脚的状态不会发生任何的变化。

② 如果按下 0 号按键,则 P0.4 引脚被拉低,即变化到逻辑状态 0,而其他引脚状态仍然为逻辑高。此时如果读取这四个端口,读取的值应该是 1110,十六进制数 E 分别对应于 P0.7、P0.6、P0.5、P0.4 引脚。

③ 如果按下 4 号按键,则 P0.5 引脚被拉低,即变化到逻辑状态 0,而其他引脚状态仍然为逻辑高。此时如果读取这四个端口,读取的值应该是 1101,十六进制数 D 分别对应于 P0.7、P0.6、P0.5、P0.4 引脚。

④ 如果按下 8 号按键,则 P0.6 引脚被拉低,即变化到逻辑状态 0,而其他引脚状态仍然为逻辑高。此时如果读取这四个端口,读取的值应该是 1011,十六进制数 B 分别对应于 P0.7、P0.6、P0.5、P0.4 引脚。

⑤ 如果按下 12(C)号按键,则 P0.7 引脚被拉低,即变化到逻辑状态 0,而其他引脚状态仍然为逻辑高。此时如果读取这四个端口,读取的值应该是 0111,十六进制数 7 分别对应于 P0.7、P0.6、P0.5、P0.4 引脚。

上述就是矩阵按键键盘的检测原理。所谓扫描即是让 P0.0、P0.1、P0.2 和 P0.3 的驱动值快速地在 0111、1011、1101、1110 之间进行变化,这样就能在按下按键的时候,知道按下的那个按键,如图 21.13 所示。

**2. 串口 1 参数设置**

在该设计中,串口 1 工作在模式 1 下,使用定时器 1 模式 0(16 位自动重加载)作为串口 1 的波特率发生器。

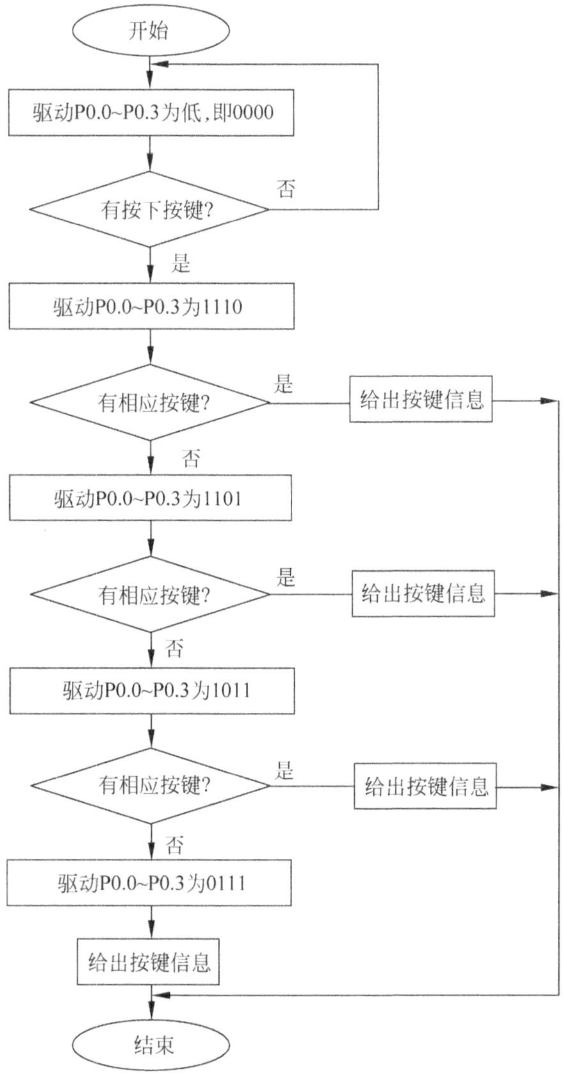


图 21.13 矩阵按键扫描流程

### 3. 设计代码和分析

**【例 21-2】** STC 学习板上按键通过串口显示在主机上 C 语言描述的例子。

**代码清单 21-2 main.c 文件**

```
#include "reg51.h"
#define FOSC 18432000L                          //声明单片机的工作频率
#define BAUD 115200                             //声明串口 1 的波特率参数
sfr AUXR  = 0x8E;                               //声明寄存器 AUXR 的地址
bit busy = 0;                                   //声明 bit 型变量
xdata char menu[ ] = {"\r\n -- Display Press buttons information -- \r\n"};
                                                //声明字符数组 menu
void IO_KeyDelay(void)                          //声明 IO_KeyDelay 子函数,延迟
{
    unsigned char i;
```

```
        i = 60;
        while( -- i);
    }

    void SendData(unsigned char dat)                //声明 SendData 子函数
    {
        while(busy);                                //判断是否发送完,没有则等待
        SBUF = dat;                                 //否则,将数据 dat 写入 SBUF 寄存器
        busy = 1;                                   //将 busy 置 1
    }
    void SendString(char * s)                       //声明 SendString 子函数
    {
        while( * s!= '\0')                          //判断是否是字符串的结尾
            SendData( * s++);                       //如果没有结束,调用 SendData 发送数据
    }
    void uart1() interrupt 4                        //声明 uart 串口 1 中断服务程序
    {
        if(RI)                                      //通过 RI 标志,判断是否接收到数据
            RI = 0;                                 //如果 RI 为 1,则软件清零 RI
        if(TI)                                      //通过 TI 标志,判断是否发送完数据
            TI = 0;                                 //如果 TI 为 1,则软件清零 TI
            busy = 0;                               //将 busy 标志清零
    }

    void main()
    {
        unsigned char c1_new,c1_old = 0,c1;         //声明字符型变量
        SCON = 0x50;                                //串口 1 模式 1,使能串行接收,禁止多机
        AUXR = 0x40;                                //定时器 1 不分频,作为串口 1 波特率时钟
        TL1 = (65 536 - ((FOSC/4)/BAUD));           //定时器 1 初值计数器低 8 位
        TH1 = (65 536 - ((FOSC/4)/BAUD))>> 8;       //定时器 1 初值计数器高 8 位
        TR1 = 1;                                    //使能定时器 1 工作
        ES = 1;                                     //允许串口 1 中断
        EA = 1;                                     //CPU 允许响应中断请求
         SendString(&menu);                         //在串口调试界面中打印字符串信息
         while(1){                                  //无限循环
             P0 = 0xF0;                             //将 P0.0~P0.3 拉低,在读 P0.4~P0.7 前,发 F
             IO_KeyDelay();                         //延迟读
             c1_new = P0&0xF0;                      //得到矩阵按键的信息
            if(c1_new!= c1_old)                     //如果新按键和旧按键状态不一样,则继续
            {
            c1_old = c1_new;                        //把新按键的状态变量保存作为旧的按键
               if(c1_new!= 0xF0)                    //如果有按键按下,继续
               {
                   P0 = 0xFE;                       //将 P0[3 - 0]置为 1110,在读 P0.4~P0.7 前,
                                                    //发 F
                 IO_KeyDelay();                     //延迟读
                   c1_new = P0;                     //获取 P0 端口的值
                   switch (c1_new)
                   {
                     case 0xee: c1 = 0; break;      //如果值为 0xee,则表示按下 0 号按键
                     case 0xde: c1 = 4; break;      //如果值为 0xde,则表示按下 4 号按键
                     case 0xbe: c1 = 8; break;      //如果值为 0xbe,则表示按下 8 号按键
                     case 0x7e: c1 = 12; break;     //如果值为 0x7e,则表示按下 12 号按键
```

```
        default : ;
    }
    P0 = 0xFD;                          //将 P0[3 - 0]置为 1101,在读 P0.4~P0.7 前,
                                        //发 F
    IO_KeyDelay();                      //延迟读
    c1_new = P0;                        //获取 P0 端口的值
    switch (c1_new)
    {
        case 0xed: c1 = 1; break;       //如果值为 0xed,则表示按下 1 号按键
        case 0xdd: c1 = 5; break;       //如果值为 0xdd,则表示按下 5 号按键
        case 0xbd: c1 = 9; break;       //如果值为 0xbd,则表示按下 9 号按键
        case 0x7d: c1 = 13; break;      //如果值为 0x7d,则表示按下 13 号按键
        default : ;
    }
    P0 = 0xFB;                          //将 P0[3 - 0]置为 1011,在读 P0.4~P0.7 前,发 F
    IO_KeyDelay();                      //延迟读
    c1_new = P0;                        //获取 P0 端口的值
    switch (c1_new)
    {
        case 0xeb: c1 = 2; break;       //如果值为 0xeb,则表示按下 2 号按键
        case 0xdb: c1 = 6; break;       //如果值为 0xdb,则表示按下 6 号按键
        case 0xbb: c1 = 10; break;      //如果值为 0xbb,则表示按下 10 号按键
        case 0x7b: c1 = 14; break;      //如果值为 0x7b,则表示按下 14 号按键
        default : ;
    }
    P0 = 0xF7;                          //将 P0[3 - 0]置为 0111,在读 P0.4~P0.7 前,发 F
    IO_KeyDelay();                      //延迟读
    c1_new = P0;                        //获取 P0 端口的值
    switch (c1_new)
    {
        case 0xe7: c1 = 3; break;       //如果值为 0xe7,则表示按下 3 号按键
        case 0xd7: c1 = 7; break;       //如果值为 0xd7,则表示按下 7 号按键
        case 0xb7: c1 = 11;break;       //如果值为 0xb7,则表示按下 11 号按键
        case 0x77: c1 = 15; break;      //如果值为 0x77,则表示按下 15 号按键
        default : ;
    }
        SendString("\r\n press # "); //发送字符串信息
        if(c1 < 10)                     //如果按键变量小于 10,即 0~9
        SendData(c1 + 0x30);            //转换为对应的 ASCII,调用 SendData 发送
        else if(c1 == 10)               //如果按键值为 10
          SendString("10");             //调用 SendString 函数,发送字符串 10
        else if(c1 == 11)               //如果按键值为 11
          SendString("11");             //调用 SendString 函数,发送字符串 11
        else if(c1 == 12)               //如果按键值为 12
          SendString("12");             //调用 SendString 函数,发送字符串 12
        else if(c1 == 13)               //如果按键值为 13
          SendString("13");             //调用 SendString 函数,发送字符串 13
        else if(c1 == 14)               //如果按键值为 14
          SendString("14");             //调用 SendString 函数,发送字符串 14
          else if(c1 == 15)             //如果按键值为 15
          SendString("15");             //调用 SendString 函数,发送字符串 15
        SendString(" button\r\n");      //调用 SendString 函数,发送字符串
   }
  }
 }
}
```

**注**：读者可以进入本书所提供资料的 STC_example\例 21-2 目录下，打开并参考该设计。

下面说明该代码的设计原理和验证方法，步骤包括：

(1) 使用 T1 定时器，根据前面给出的 IRC 的时钟频率为 18.432MHz，波特率为 115200，由于 T1 的溢出率和波特率存在下面的关系，即

串口 1 的波特率=SYSclk/(65535-[RL_TH2,RL_TL2])/4

因此，[RL_TH2,RL_TL2]=65 536-SYSclk/(串口 1 波特率×4)。

**注**：RL_TH1 是 T1H 的自动重加载寄存器，RL_TL1 是 T1L 的自动重加载寄存器。

(2) 打开 STC-ISP 软件，在该界面内，选择硬件选项。将"输入用户程序运行时的 IRC 频率"设置为 18.432MHz。

(3) 单击"下载/编程"按钮，按前面的方法下载设计到 STC 单片机。

(4) 在 STC-ISP 软件右侧串口中，选择"窗口助手"选项卡，按下面设置参数：

① 串口：COM3(读者根据自己电脑识别出来的 COM 端口号进行设置)。

② 波特率：115200。

③ 校验位：无校验。

④ 停止位：1 位。

(5) 单击"打开串口"按钮。

(6) 在 STC 学习板上，找到并按下 SW19 键，重新运行程序，可以看到在上面的接收窗口中，显示出提示信息"—Display Press buttons information—"。

(7) 在 STC 学习板上右下角的位置找到矩阵按键，如图 21.14 所示。

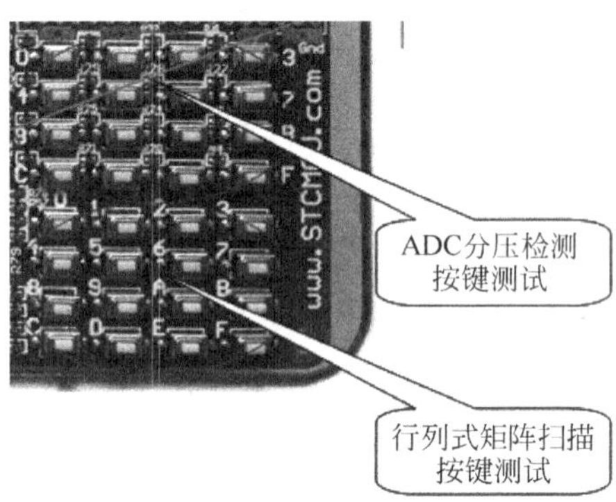


图 21.14 STC 学习板上矩阵按键的位置

(8) 每次按下一个矩阵键盘中的一个按键，可以看到串口调试助手上显示按键信息，如图 21.15 所示。

**思考与练习**

21-3 当单片机的主时钟频率改成 30.000MHz，波特率改为 38400 时，根据上面的公式计算 TH2=________，TL2=________。下载并验证参数是否正确。

**注**：在 STC-ISP 软件中，需要将波特率设置该为 38400。

21-4 分析该设计，给出该设计完整的程序流程图。

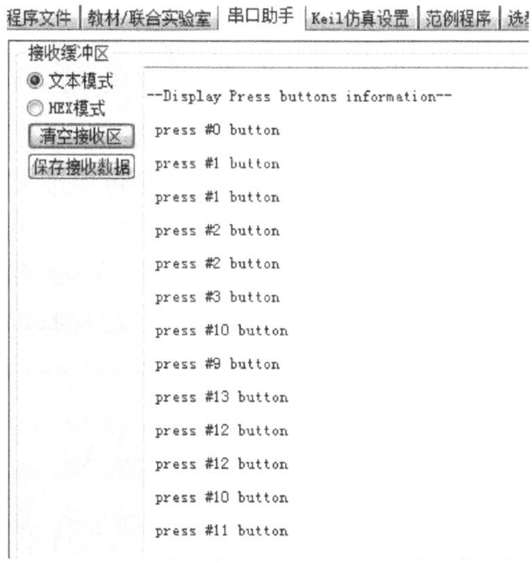


图 21.15　STC-ISP 软件串口调试助手显示信息界面

## 21.4　串口 2 寄存器及工作模式

本节介绍串口 2 寄存器及工作模式，内容包括串口 2 寄存器组和串口 2 工作模式。

**注**：串口 2 永远选择定时器 2 作为波特率发生器，不能使用其他定时器作为串口 2 的波特率发生器。

### 21.4.1　串口 2 寄存器组

与串口 2 相关的寄存器包括串口 2 控制寄存器、串口 2 缓冲寄存器、定时器 2 初值寄存器、辅助寄存器、中断使能寄存器、中断允许寄存器、中断优先级控制寄存器和外围设备功能切换控制寄存器。与定时器和中断有关的寄存器在前面已经进行了详细的介绍，本节只介绍下面新出现的寄存器的功能。

**1. 串口 2 控制寄存器**

本节介绍串口 2 控制寄存器 S2CON，如表 21.9 所示。该寄存器位于 STC 单片机特殊功能寄存器地址为 0x9A 的位置。当复位后，该寄存器的值为 01000000。

**表 21.9　串口 2 控制寄存器 S2CON 各位的含义**

| 比特位 | B7 | B6 | B5 | B4 | B3 | B2 | B1 | B0 |
|---|---|---|---|---|---|---|---|---|
| 名字 | S2SM0 | 1 | S2SM2 | S2REN | S2TB8 | S2RB8 | S2TI | S2RI |

其中：

1) S2SM0

该位确定串口 2 工作模式。当该位为 0 时，为 8 位 UART，可变波特率模式；当该位为 1 时，为 9 位 UART，可变波特率模式。

**注**：在这两种模式下，波特率由下式确定：

波特率=定时器2溢出率/4

2) S2SM2

允许方式1多机通信控制位。如果S2SM2位为1且S2REN位为1时，则接收机处于地址帧选状态。此时可以利用接收到的第9位(即S2RB8)来筛选地址帧。

(1) 当S2RB8为1时，说明该帧为地址帧，地址信息可以进入S2BUF，并使得S2RI置1，进而在中断服务程序中再进行地址号比较。

(2) 当S2RB8为0时，说明该帧不是地址帧，应丢掉并保持S2RI为0。

在方式1中，如果S2SM2位为0且S2REN位为1，则接收机处于禁止筛选地址帧状态。不论收到的S2RB8是否为1，均可使接收到的信息进入S2BUF并使得S2RI置1，此时S2RB8通常为校验位。

方式0为非多机通信方式。在这种模式下，将S2SM2置为0。

3) S2REN

允许/禁止串口2接收控制位。当S2REN位为1时，允许串行接收状态，可以启动串行接收器RxD2，开始接收信息；当S2REN位为0时，禁止串行接收状态，禁止串行接收器RxD2。

4) S2TB8

当选择方式1时，该位为要发送的第9位数据，按需要由软件置1或者清0。如可用作数据的校验位或者多机通信中表示地址帧/数据帧的标志位。

**注**：在方式0中，不使用该比特位。

5) S2RB8

当选择方式1时，该位为接收到的第9位数据，作为奇偶校验位或者地址帧/数据帧的标志位。

**注**：在方式0时，不使用该比特位。

6) S2TI

发送中断请求标志位。在停止位开始发送时由S2TI置1，向CPU发出中断请求。同样地，当CPU响应中断后，必须由软件将该位清零。

7) S2RI

接收中断请求标志位。在接收到停止位的中间时刻由S2RI置1，向CPU发出中断请求。同样地，当CPU响应中断后，必须由软件将该位清零。

**注**：当发送完一帧数据后，向CPU发出中断请求；类似地，当接收到一帧数据后，也会向CPU发出中断请求。由于S2TI和S2RI以逻辑或关系向CPU发出中断请求，所以主机响应中断时，不知道是S2TI还是S2RI发出的中断请求。因此，必须在中断服务程序中通过查询S2TI和S2RI确定中断源。S2RI和S2TI必须由软件清零。

**2. 串口数据缓冲寄存器**

STC15系列单片机的串口2缓冲寄存器S2BUF地址为0x9B，在该地址实际是两个缓冲寄存器。一个缓冲寄存器用于保存要发送的数据；而另一个缓冲寄存器用于读取已经接收到的数据。

在串口的串行通道内，设置数据寄存器。在该串口所有工作模式中，在写入信号S2BUF的控制下，把数据加载到相同的9位移位寄存器中，前面8位为数据字节，最低位为移位寄存器的输出位。根据所设置的工作模式，自动将 1 或者 S2TB8 的值加载到移位寄存器的第 9 位，并进行发送。

在串口的接收寄存器是一个输入移位寄存器。在方式 0 和方式 1 时，字长均为 9 位。当接收完一帧数据后，将移位寄存器中的串行字节数据加载到数据缓冲寄存器 S2BUF 中，将其第 9 位加载到 S2CON 寄存器的 S2RB8 位。如果由于 S2SM2 使得已经接收到的数据无效，则 S2RB8 和 S2BUF 中的内容不变。

由于在串行通道内设置了输入移位寄存器和 S2BUF 缓冲寄存器，从而在接收完一帧串行数据将其从移位寄存器加载到并行 S2BUF 缓冲寄存器后，可以立即开始接收下一帧数据。因此，信宿（目的方）主机需要在接收到新的一帧数据之前从 S2BUF 中将数据取出，否则前面接收到的数据将被覆盖。

### 3. 中断允许寄存器

前面已经介绍过中断允许寄存器 IE2，本节说明该寄存器中与串口 2 有关比特位的含义，如表 21.10 所示。该寄存器位于 STC 单片机特殊功能寄存器地址为 0xAF 的位置。当复位后，该寄存器的值为 x000000。

**表 21.10 中断允许寄存器 IE2 各位的含义**

| 比特位 | B7 | B6 | B5 | B4 | B3 | B2 | B1 | B0 |
|---|---|---|---|---|---|---|---|---|
| 名字 | | ET4 | ET3 | ES4 | ES3 | ET2 | ESPI | ES2 |

其中，ES2 为串口 2 中断允许位。当该位为 1 时，允许串口 2 中断；当该位为 0 时，禁止串口 2 中断。

### 4. 中断优先级控制寄存器

前面已经介绍过中断优先级控制寄存器 IP2，本节说明该寄存器中与串口 2 有关比特位的含义，如表 21.11 所示。该寄存器位于 STC 单片机特殊功能寄存器地址为 0xB5 的位置。当复位后，该寄存器的值为 xxx00000。

**表 21.11 中断优先级控制寄存器 IP2 各位的含义**

| 比特位 | B7 | B6 | B5 | B4 | B3 | B2 | B1 | B0 |
|---|---|---|---|---|---|---|---|---|
| 名字 | | | | PX4 | PPWMFD | PPWM | PSPI | PS2 |

其中，PS2 为串口 2 中断优先级控制位。当该位为 0 时，串口 2 中断为最低优先级中断（优先级为 0）；当该位为 1 时，串口 2 中断为最高优先级中断（优先级 1）。

### 5. 引脚位置控制寄存器

本节介绍引脚位置控制寄存器 P_SW2，如表 21.12 所示。该寄存器位于 STC 单片机特殊功能寄存器地址为 0xBA 的位置。当复位后，该寄存器的值为 0000x000。

**表 21.12 中引脚位置控制寄存器 P_SW2 各位的含义**

| 比特位 | B7 | B6 | B5 | B4 | B3 | B2 | B1 | B0 |
|---|---|---|---|---|---|---|---|---|
| 名字 | EAXSFR | | | | | S4_S | S3_S | S2_S |

其中：

1) S4_S

串口 4 引脚位置选择控制位。当该位为 0 时，串口 4 的引脚位置在 P0.2/RxD4 和 P0.3/TxD4；当该位为 1 时，串口 4 的引脚位置在 P5.2/RxD4_2 和 P5.3/TxD4_2。

2) S3_S

串口 3 引脚位置选择控制位。当该位为 0 时，串口 3 的引脚位置在 P0.0/RxD3 和 P0.1/TxD3；当该位为 1 时，串口 3 的引脚位置在 P5.0/RxD3_2 和 P5.1/TxD3_2。

3) S2_S

串口 2 引脚位置选择控制位。当该位为 0 时，串口 2 的引脚位置在 P1.0/RxD2 和 P1.1/TxD2；当该位为 1 时，串口 2 的引脚位置在 P4.6/RxD2_2 和 P4.7/TxD2_2。

### 21.4.2 串口 2 工作模式

STC15W4K32S4 系列单片机的串口 2 有两种工作模式，通过软件对 S2CON 寄存器的 X2SM0 比特位的设置进行选择。这两种工作模式都为异步通信模式，每个发送和接收的字符都带有 1 个启动位和 1 个停止位。

**1. 串口 2 工作模式 0**

模式 0 为 8 位可变波特率 UART 工作方式。在该模式下，10 位数据通过 RxD2/P1.0 (Rx_D2/ P4.6)接收，通过 TxD2/P1.1(Tx_D2/ P4.7)发送。1 帧数据包含 1 个起始位、8 个数据位和 1 个停止位。接收数据时，停止位进入 S2CON 寄存器的 S2RB8 位。波特率由定时器 2 的溢出率确定。

**2. 串口 2 工作模式 1**

模式 1 为 9 位可变波特率 UART 工作方式。在该模式下，11 位数据通过 RxD2/P1.0 (Rx_D2/ P4.6)接收，通过 TxD2/P1.1(Tx_D2/ P4.7)发送。1 帧数据包含：1 个起始位、8 个数据位、1 个可编程的第 9 位和 1 个停止位。发送时，第 9 位数据来自特殊功能寄存器 S2CON 的 S2TB8 位。当接收数据时，第 9 位进入 S2CON 寄存器的 S2RB8 位。波特率由定时器 2 的溢出率确定。

## 21.5 串口 3 寄存器及工作模式

本节介绍串口 3 寄存器及工作模式。内容包括串口 3 寄存器组和串口 3 工作模式。

**注**：串口 2 可以选择定时器 2 或者定时器 3 作为波特率发生器。

### 21.5.1 串口 3 寄存器组

与串口 3 相关的寄存器包括串口 3 控制寄存器、串口 3 缓冲寄存器、定时器 2/定时器 3 初值寄存器、辅助寄存器、中断使能寄存器、中断允许寄存器、外围设备功能切换控制寄存器。与定时器、引脚切换以及中断有关的寄存器在前面已经进行了详细的介绍，本节只介绍新出现的寄存器的功能。

**1. 串口 3 控制寄存器**

本节介绍串口 3 控制寄存器 S3CON，如表 21.13 所示。该寄存器位于 STC 单片机特殊功能寄存器地址为 0xAC 的位置。当复位后,该寄存器的值为 00000000。

**表 21.13 串口 3 控制寄存器 S3CON 各位的含义**

| 比特位 | B7 | B6 | B5 | B4 | B3 | B2 | B1 | B0 |
|---|---|---|---|---|---|---|---|---|
| 名字 | S3SM0 | S3ST3 | S3SM2 | S3REN | S3TB8 | S3RB8 | S3TI | S3RI |

其中:

1) S3SM0

该位确定串口 3 工作模式。当该位为 0 时,为 8 位 UART 可变波特率模式;当该位为 1 时,为 9 位 UART 可变波特率模式。

**注**:在这两种模式下,波特率由下式确定:

波特率＝定时器 3(定时器 2)溢出率/4

2) S3ST3

串口 3 选择定时器 2/3 作为波特率发生器控制位。当该位为 0 时,串口 3 选择定时器 2 作为其波特率发生器;当该位为 1 时,串口 3 选择定时器 3 作为其波特率发生器。

3) S3SM2

允许方式 1 多机通信控制位。如果 S3SM2 位为 1 且 S3REN 位为 1,则接收机处于地址帧选状态。此时可以利用接收到的第 9 位(即 S3RB8)来筛选地址帧。

(1) 当 S3RB8 为 1 时,说明该帧为地址帧,地址信息可以进入 S3BUF,并使得 S3RI 置 1,进而在中断服务程序中再进行地址号比较。

(2) 当 S3RB8 为 0 时,说明该帧不是地址帧,应丢掉并保持 S3RI 为 0。

在方式 1 中,如果 S3SM2 位为 0 且 S3REN 位为 1,接收机处于禁止筛选地址帧状态。不论收到的 S3RB8 是否为 1,均可使接收到的信息进入 S3BUF,并使得 S3RI 置 1,此时 S3RB8 通常为校验位。

方式 0 为非多机通信方式。在这种模式下,将 S3SM2 设置为 0。

4) S3REN

允许/禁止串口 3 接收控制位。当 S3REN 位为 1 时,允许串行接收状态,可以启动串行接收器 RxD3,开始接收信息;当 S3REN 位为 0 时,禁止串行接收状态,禁止串行接收器 RxD3。

5) S3TB8

当选择方式 1 时,该位为要发送的第 9 位数据,按需要由软件置 1 或者清 0,如可用作数据的校验位或者多机通信中表示地址帧/数据帧的标志位。

**注**:在方式 0 中,不使用该比特位。

6) S3RB8

当选择方式 1 时,该位为接收到的第 9 位数据,作为奇偶校验位或者地址帧/数据帧的标志位。

**注**:在方式 0 时,不使用该比特位。

7) S3TI

发送中断请求标志位。在停止位开始发送时由 S3TI 置 1,向 CPU 发出中断请求。同样地，当CPU响应中断后，必须由软件将该位清零。

8）S3RI

接收中断请求标志位。在接收到停止位的中间时刻由S3RI置1，向CPU发出中断请求。同样地，当CPU响应中断后，必须由软件将该位清0。

**注**：当发送完一帧数据后，向CPU发出中断请求；类似地，当接收到一帧数据后，也会向CPU发出中断请求。由于S3TI和S3RI以逻辑或关系向CPU发出中断请求，所以主机响应中断时，不知道是S3TI还是S3RI发出的中断请求。因此，必须在中断服务程序中通过查询S3TI和S3RI确定中断源。S3RI和S3TI必须由软件清0。

**2. 串口数据缓冲寄存器**

STC15系列单片机的串口3缓冲寄存器SBUF3地址为0xAD，在该地址实际是两个缓冲寄存器。一个缓冲寄存器用于保存要发送的数据；而另一个缓冲寄存器用于读取已经接收到的数据。

在串口的串行通道内，设置数据寄存器。在该串口所有工作模式中，在写入信号S3BUF的控制下，把数据加载到相同的9位移位寄存器中，前面8位为数据字节，最低位为移位寄存器的输出位。根据所设置的工作模式，自动将1或者S3TB8的值加载到移位寄存器的第9位，并进行发送。

在串口的接收寄存器是一个输入移位寄存器。在方式0和方式1时，字长均为9位。当接收完一帧数据后，将移位寄存器中的串行字节数据加载到数据缓冲寄存器S3BUF中，将其第9位加载到S3CON寄存器的S3RB8位。如果由于S3SM2使得已经接收到的数据无效，S3RB8和S3BUF中的内容不变。

由于在串行通道内设置了输入移位寄存器和S3BUF缓冲寄存器，从而在接收完一帧串行数据将其从移位寄存器加载到并行S3BUF缓冲寄存器后，可以立即开始接收下一帧数据。因此，信宿(目的方)主机需要在接收到新的一帧数据之前从S3BUF中将数据取出，否则前面接收到的数据将被覆盖。

**3. 中断允许寄存器**

前面已经介绍过中断允许寄存器IE2，本节说明该寄存器中与串口3有关比特位的含义，如表21.14所示。该寄存器位于STC单片机特殊功能寄存器地址为0xAF的位置。当复位后，该寄存器的值为x0000000。

**表21.14 中断允许寄存器IE2各位的含义**

| 比特位 | B7 | B6 | B5 | B4 | B3 | B2 | B1 | B0 |
|---|---|---|---|---|---|---|---|---|
| 名字 | | ET4 | ET3 | ES4 | ES3 | ET2 | ESPI | ES2 |

其中，ES3为串口3中断允许位。当该位为1时，允许串口3中断；当该位为0时，禁止串口3中断。

## 21.5.2 串口3工作模式

STC15W4K32S4系列单片机的串口3有两种工作模式，通过软件对S3CON寄存器的X3SM0比特位的设置进行选择。这两种工作模式都为异步通信模式，每个发送和接收的字符都带有 1 个启动位和 1 个停止位。

**1. 串口 3 工作模式 0**

模式 0 为 8 位可变波特率 UART 工作方式。在该模式下，10 位数据通过 RxD3/P0.0(RxD3_2/ P5.0)接收，通过 TxD3/P0.1(TxD3_2/ P5.1)发送。一帧数据包含：1 个起始位、8 个数据位和 1 个停止位。接收数据时，停止位进入 S3CON 寄存器的 S3RB8 位。波特率由定时器 2/3 的溢出率确定。

**2. 串口 3 工作模式 1**

模式 1 为 9 位可变波特率 UART 工作方式。在该模式下，11 位数据通过 RxD3/P0.0(RxD3_2/ P5.0)接收，通过 TxD3/P0.1(TxD3_2/ P5.1)发送。一帧数据包含：1 个起始位、8 个数据位、1 个可编程的第 9 位和 1 个停止位。发送时，第 9 位数据来自特殊功能寄存器 S3CON 的 S3TB8 位。当接收数据时，第 9 位进入 S3CON 寄存器的 S3RB8 位。波特率由定时器 2/3 的溢出率确定。

## 21.6　串口 4 寄存器及工作模式

本节介绍串口 4 寄存器及工作模式。内容包括串口 4 寄存器组和串口 4 工作模式。

**注**：串口 4 可以选择定时器 2/ 4 作为波特率发生器。

### 21.6.1　串口 4 寄存器组

与串口 4 相关的寄存器包括串口 4 控制寄存器、串口 4 缓冲寄存器、定时器 2/4 初值寄存器、辅助寄存器、中断允许寄存器和外围设备功能切换控制寄存器。与定时器和中断有关的寄存器在前面已经进行了详细的介绍，本节只介绍新出现的寄存器的功能。

**1. 串口 4 控制寄存器**

本节介绍串口 4 控制寄存器 S4CON，如表 21.15 所示。该寄存器位于 STC 单片机特殊功能寄存器地址为 0x84 的位置。当复位后，该寄存器的值为 00000000。

**表 21.15　串口 4 控制寄存器 S4CON 各位的含义**

| 比特位 | B7 | B6 | B5 | B4 | B3 | B2 | B1 | B0 |
|---|---|---|---|---|---|---|---|---|
| 名字 | S4SM0 | S4ST4 | S4SM2 | S4REN | S4TB8 | S4RB8 | S4TI | S4RI |

其中：

1) S4SM0

该位确定串口 4 工作模式。当该位为 0 时，为 8 位 UART，可变波特率模式；当该位为 1 时，为 9 位 UART，可变波特率模式。

**注**：在这两种模式下，波特率由下式确定：

波特率＝定时器 4(定时器 2)溢出率/4

2) S4ST4

串口 4 选择定时器 2/4 作为波特率发生器控制位。当该位为 0 时，串口 4 选择定时器 2 作为其波特率发生器；当该位位 1 时，串口 4 选择定时器 4 作为其波特率发生器。

3) S4SM2

允许方式 1 多机通信控制位。如果 S4SM2 位为 1 且 S4REN 位为 1 时，则接收机处于地址帧选状态。此时可以利用接收到的第 9 位(即 S4RB8)来筛选地址帧：

(1) 当 S4RB8 为 1 时，说明该帧为地址帧，地址信息可以进入 S4BUF，并使得 S4RI 置 1，进而在中断服务程序中再进行地址号比较。

(2) 当 S4RB8 为 0 时，说明该帧不是地址帧，应丢掉并保持 S4RI 为 0。

在方式 1 中，如果 S4SM2 位为 0 且 S4REN 位为 1，接收机处于禁止筛选地址帧状态。不论收到的 S4RB8 是否为 1，均可使接收到的信息进入 S4BUF，并使得 S4RI 置 1，此时 S4RB8 通常为校验位。

方式 0 为非多机通信方式。在这种模式下，将 S4SM2 设置为 0。

4) S4REN

允许/禁止串口 4 接收控制位。当 S4REN 位为 1 时，允许串行接收状态，可以启动串行接收器 RxD4，开始接收信息；当 S4REN 位为 0 时，禁止串行接收状态，禁止串行接收器 RxD4。

5) S4TB8

当选择方式 1 时，该位为要发送的第 9 位数据，按需要由软件置 1 或者清 0，如可用作数据的校验位或者多机通信中表示地址帧/数据帧的标志位。

**注**：在方式 0 中，不使用该比特位。

6) S4RB8

当选择方式 1 时，该位为接收到的第 9 位数据，作为奇偶校验位或者地址帧/数据帧的标志位。

**注**：在方式 0 时，不使用该比特位。

7) S4TI

发送中断请求标志位。在停止位开始发送时由 S4TI 置 1，向 CPU 发出中断请求。同样地，当 CPU 响应中断后，必须由软件将该位清零。

8) S4RI

接收中断请求标志位。在接收到停止位的中间时刻由 S4RI 置 1，向 CPU 发出中断请求。同样地，当 CPU 响应中断后，必须由软件将该位清零。

**注**：当发送完一帧数据后，向 CPU 发出中断请求；类似地，当接收到一帧数据后，也会向 CPU 发出中断请求。由于 S4TI 和 S4RI 以逻辑或关系向 CPU 发出中断请求，所以主机响应中断时，不知道是 S4TI 还是 S4RI 发出的中断请求。因此，必须在中断服务程序中通过查询 S4TI 和 S4RI 确定中断源。S4RI 和 S4TI 必须由软件清零。

**2. 串口数据缓冲寄存器**

STC15 系列单片机的串口 4 缓冲寄存器 SBUF4 地址为 0x85，在该地址实际是两个缓冲寄存器。一个缓冲寄存器用于保存要发送的数据；而另一个缓冲寄存器用于读取已经接收到的数据。

在串口的串行通道内，设置数据寄存器。在该串口所有工作模式中，在写入信号 S4BUF 的控制下，把数据加载到相同的 9 位移位寄存器中，前面 8 位为数据字节，最低位为移位寄存器的输出位。根据所设置的工作模式，自动将 1 或者 S4TB8 的值加载到移位寄存器的第9位，并进行发送。

在串口的接收寄存器是一个输入移位寄存器。在方式0和方式1时，字长均为9位。当接收完一帧数据后，将移位寄存器中的串行字节数据加载到数据缓冲寄存器S4BUF中，将其第9位加载到S4CON寄存器的S4RB8位。如果由于S4SM2使得已经接收到的数据无效时，S4RB8和S4BUF中的内容不变。

由于在串行通道内设置了输入移位寄存器和S4BUF缓冲寄存器，从而在接收完一帧串行数据将其从移位寄存器加载到并行S4BUF缓冲寄存器后，可以立即开始接收下一帧数据。因此，信宿(目的方)主机需要在接收到新的一帧数据之前从S4BUF中将数据取出，否则前面接收到的数据将被覆盖。

**3. 中断允许寄存器**

前面已经介绍过中断允许寄存器IE2，本节说明该寄存器中与串口4有关比特位的含义，如表21.16所示。该寄存器位于STC单片机特殊功能寄存器地址为0xAF的位置。当复位后，该寄存器的值为x0000000。

**表21.16　中断允许寄存器IE2各位的含义**

| 比特位 | B7 | B6 | B5 | B4 | B3 | B2 | B1 | B0 |
|---|---|---|---|---|---|---|---|---|
| 名字 | | ET4 | ET3 | ES4 | ES3 | ET2 | ESP1 | ES2 |

其中，ES4为串口4中断允许位。当该位为1时，允许串口4中断；当该位为0时，禁止串口4中断。

## 21.6.2　串口4工作模式

STC15W4K32S4系列单片机的串口4有两种工作模式，通过软件对S4CON寄存器的X4SM0比特位的设置进行选择。这两种工作模式都为异步通信模式，每个发送和接收的字符都带有1个启动位和1个停止位。

**1. 串口4工作模式0**

模式0为8位可变波特率UART工作方式。在该模式下，10位数据通过RxD4/P0.2(RxD4_2/ P5.2)接收，通过TxD4/P0.3(TxD4_2/ P5.3)发送。一帧数据包含：1个起始位、8个数据位和1个停止位。接收数据时，停止位进入S4CON寄存器的S4RB8位。波特率由定时器2/4的溢出率确定。

**2. 串口4工作模式1**

模式1为9位可变波特率UART工作方式。在该模式下，11位数据通过RxD4/P0.2(RxD4_2/ P5.2)接收，通过TxD4/P0.3(TxD4_2/ P5.3)发送。一帧数据包含：1个起始位、8个数据位、1个可编程的第9位和1个停止位。发送时，第9位数据来自特殊功能寄存器S4CON的S4TB8位。当接收数据时，第9位进入S4CON寄存器的S4RB8位。波特率由定时器2/4的溢出率确定。

# 21.7　串行通信综合实现

本节将通过一个大的设计例子说明串口通信的高级应用。在该设计中，首先通过STC

学习板上的红外接收器,捕获遥控器发出来的信息,然后解码遥控器信息。通过 STC 单片机串口 2 和串口调试助手将接收到的红外编码信息显示出来。下面将详细介绍接收红外信息的设计和实现过程。

## 21.7.1 红外收发器的电路原理

在 STC 提供的学习板上集成了一个红外发生器和红外接收器,如图 21.16 所示。红外发射器和我们所见过的发光二极管外形很像,但是红外发射器发出的光是不可见的红外光。

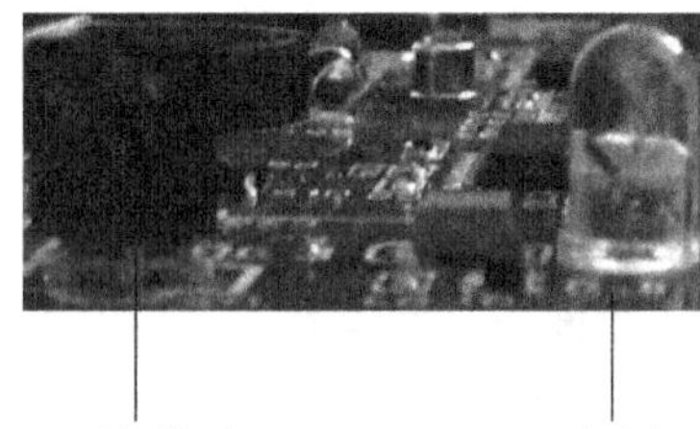


图 21.16 红外发射器和红外接收器外形

在 STC 学习板中,在 IAP15W4K58S4 芯片的 P3.7 引脚处连接了红外遥控发射器。其本质是由一个 PNP 的晶体管构成的放大电路,用于发射红外线的二极管通过 R5 与 PNP 晶体管的发射极连接。此外,用于接收红外线通信信息的红外接收器连接到单片机的 P3.6 引脚处。该接收器将红外光携带的信息转换成电信号,通过 P3.6 引脚传给单片机进行处理,如图 21.17 所示。

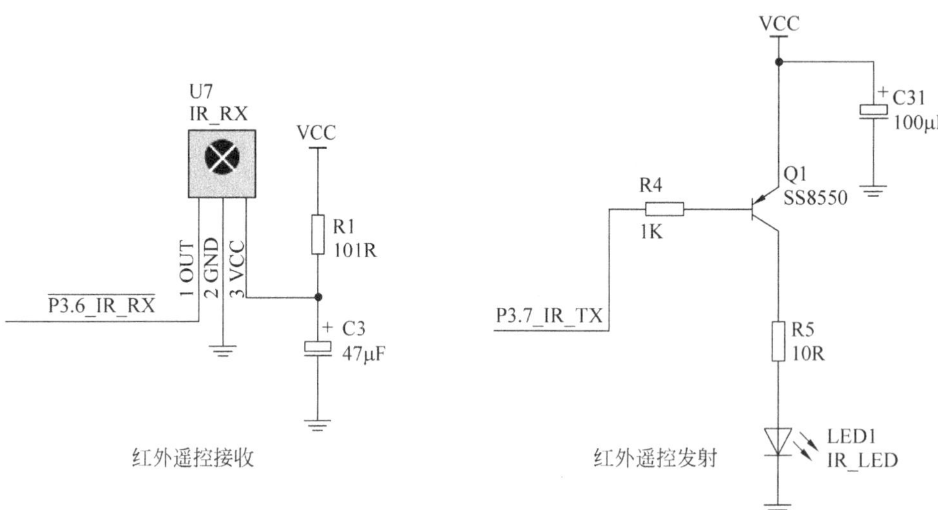


图 21.17 红外接收器和红外发送器电路原理

## 21.7.2 红外通信波形捕获

为了使读者对红外通信原理有一个初步的认识,下面通过实验捕获红外通信所传输的信息。步骤包括:

(1) 给 STC 学习板上电。

(2) 打开示波器。将示波器的一个探头插到 STC 学习板 J9 插座标记为 P36 的插孔中。

(3) 找一个用于控制家里电视用的遥控器。

(4) 将遥控器对准图 21.16 所示的红外接收器，并按下红外遥控器的按键，同时让示波器捕获波形，如图 21.18 所示。

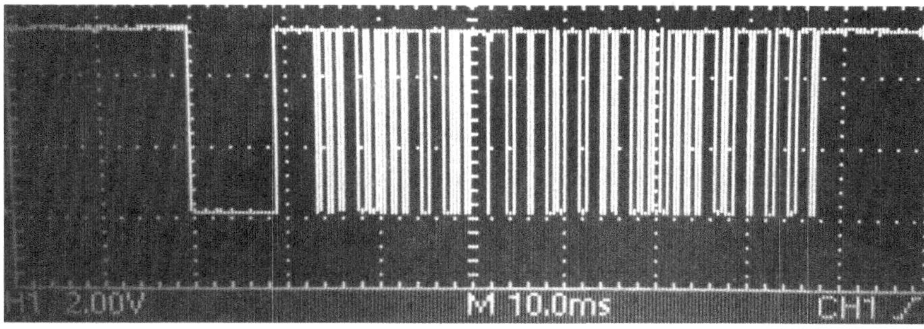


图 21.18　示波器捕获的红外接收器接收的传输信息

(5) 为了能更清楚地看到波形，将波形前部进行放大，如图 21.19 所示。

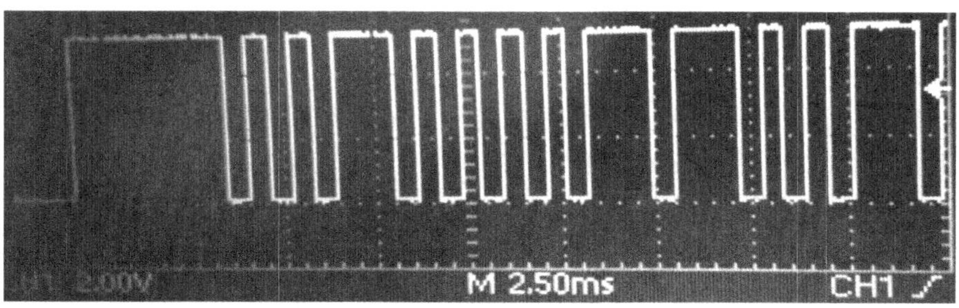


图 21.19　放大后的示波器捕获的红外接收器接收的传输信息

下面详细介绍红外通信协议标准。

## 21.7.3　红外通信协议

本节将介绍红外通信协议，包括：

(1) 在红外发射器一侧，为了使红外线在无线传输的过程中避免受到其他红外信号的干扰，通常是将逻辑 0 和逻辑 1 调制在某一特定频率的载波上，然后经过红外发光二极管发射出去。

(2) 在红外接收器一侧，接收到这个被调制后的信号。在本设计中，将通过单片机对接收到的红外信号进行解调，即去掉载波信号，恢复出原始的二进制脉冲码。

常用的有脉冲宽度调制(pulse width modulation，PWM)和脉冲位置调制(pulse position modulation，PPM)两种方法。

红外遥控中使用的基带通信协议的类型很多，大概有几十种，常用的就有 ITT 协议、NEC 协议、Sharp 协议和 Philips 协议等。

**注**：本节只介绍 NEC 红外协议，对于其他红外通信协议读者可以参考相关的协议手册。

**1. 红外发射数据**

本节介绍红外发射波形，包括载波波形、数据格式、位定义和按键输出波形。

1）载波波形

可以使用455kHz晶体，经内部分频电路的12分频，将信号调制在37.91kHz，占空比为1/3，如图21.20所示。

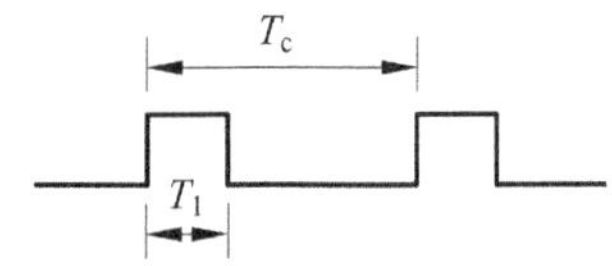


图21.20 红外通信载波波形图

2）数据格式

数据格式包括了起始码、用户码、数据码和数据码反码。数据反码是对数据码取反后的编码，编码时可用于对数据的纠错。在该数据格式中，编码（包括16位用户码、8位数据码和8位数据反码）长度总共32位，如图21.21所示。红外发射的波形中最前面的是起始码。起始码的前半部分为高电平，时长大约为9ms；后半部分为空闲低电平，时长大约为4.5ms。

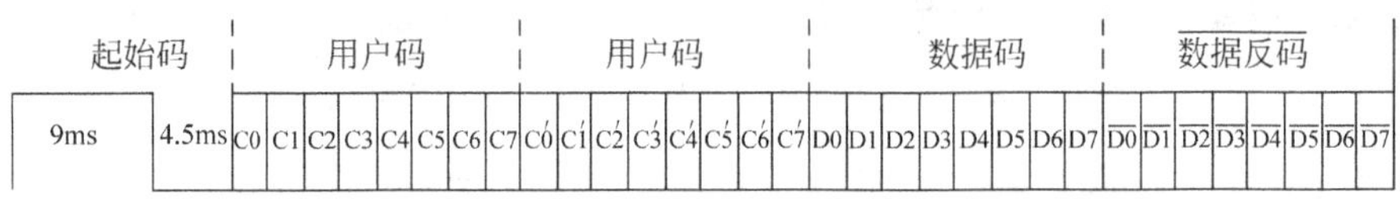


图21.21 红外通信数据格式

3）位定义

用户码或数据码中的每一个二进制位或者是1，或者是0。通过脉冲的时间间隔来区分它们，因此这种编码方式称为PPM调制方式。

（1）对于逻辑0来说，前面的高电平周期为0.56ms，后面的低电平周期为0.56ms，如图21.22(a)所示。

（2）对于逻辑1来说，前面的高电平周期为0.56ms，后面的低电平周期为1.68ms，如图21.22(b)所示。

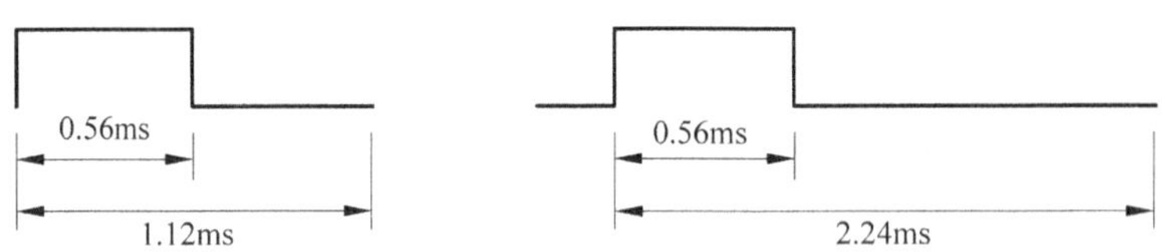


(a) 位0　　(b) 位1

图21.22 位定义的表示

根据位的定义，得到：

（1）16位地址码的最短持续时间为1.12×16=18ms；最长持续时间为2.24ms×16=36ms。

（2）8位数据码和8位数据反码的总时间恒定为(1.12ms+2.24ms)×8=27ms。

因此，所有32位码的持续时间在45～63ms。

4）按键输出波形

红外遥控器按键输出包括：

1）重复码

下面给出重复码的波形，如图21.23所示。

2）单一按键波形

下面给出单一按键的波形，如图21.24所示。

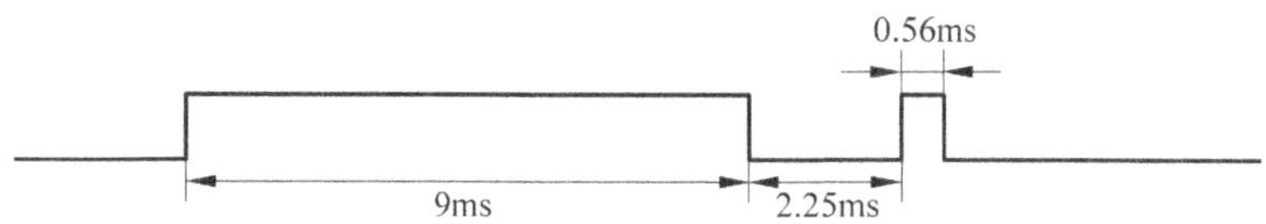


图 21.23 重复码的波形

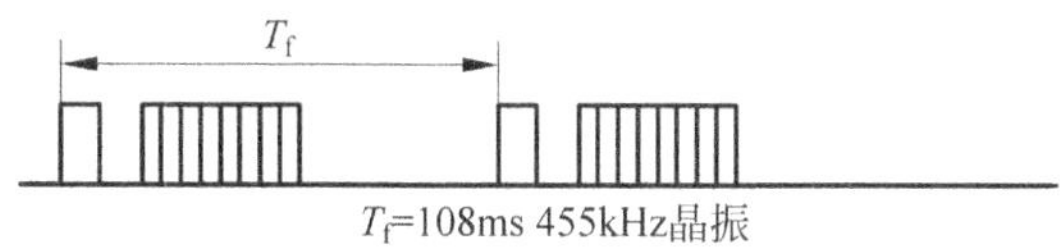


图 21.24 单一按键的波形

3）连续按键波形

下面给出连续按键的波形，如图 21.25 所示。

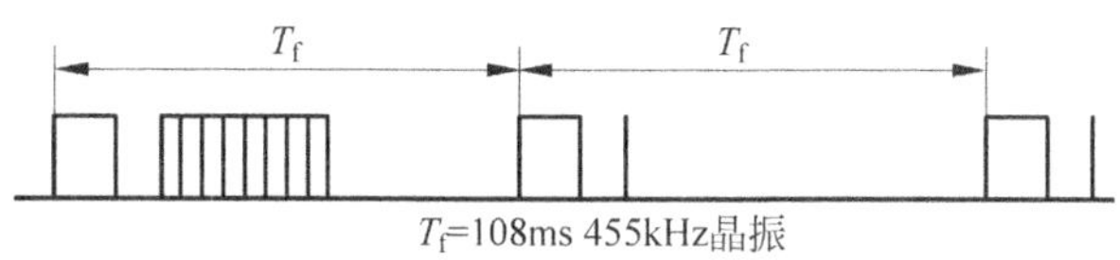


图 21.25 连续按键的波形

**2. 红外接收数据**

红外接收头将 38K 载波信号过虑，接收到的波形刚好与发射波形相反，波形和图 21.18 给出的波形一致。前导码以低电平开始，持续 9ms；然后维持 4.5ms 的高电平。解码的关键是如何识别 0 和 1。

从位的定义可以知道，在接收时，0 和 1 均以 0.56ms 的低电平开始，不同的是高电平的宽度不同，对于 0 来说，持续 0.56ms；对于 1 来说，持续 1.68ms。所以必须根据接收信号的高电平时间长度来区分 0 和 1。

如果从 0.56ms 低电平过后，只持续 0.56ms 的高电平，则为 0；如果持续 1.68ms 的高电平，则为 1。

**注**：根据码的格式，应该等待起始码结束后才能读码。

## 21.7.4 红外检测原理

在此设计中，检测红外传输信息的目的是为了获得四个字节（共 32 位）的数据，包括一个字节的用户码、一个字节的用户反码、一个字节的数据码和一个字节的数据反码。

从硬件设计可以知道，红外接收端接到了 P3.6 引脚，该引脚也是 INT2 中断触发引脚的位置。在 INT_CLKO（AUXR2）寄存器中的 EX2 引脚就是外部中断允许位。当该位为 1 时，允许中断，否则禁止中断。中断 2 必须采用下降沿触发的方式。

该设计中，码型特征很明显。对于单一按键来说，只要区分起始码逻辑 0 和逻辑 1，它们的持续时间有很大的不同，因此可以考虑使用定时器通过判断时间的边界来区分它们。在该设计中，使用定时器/计数器 0 的模式 1（自动 16 位重加载模式）。

红外传输信息的检测在中断 2 服务程序中实现，如图 21.26 所示。在该流程图中，给出了在中断 2 服务程序中处理红外传输信息的过程。

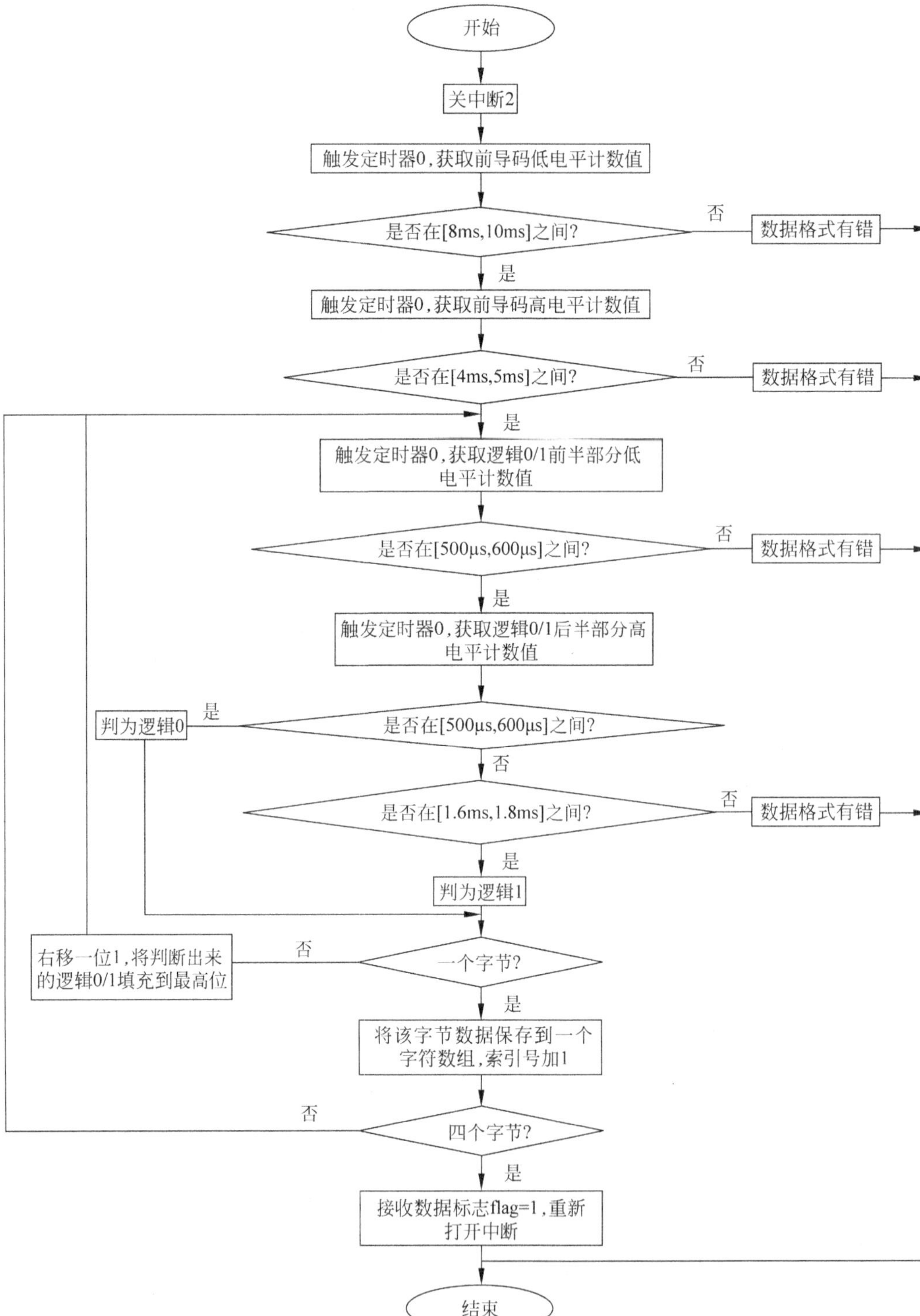


图 21.26　中断程序判断流程

在程序中，一个关键的地方就是设置判决条件。在该设计中，使用的定时器 0 作为判决计数条件。

(1) 当 P3.6 为 0 时，表示低电平，启动定时器 0 一直计数，以此获得低电平的持续时间。计数器 0 的时钟是 SYSclk/12，系统时钟频率在烧写程序到 STC 单片机的时候设置为 6.000MHz，这是考虑到了计数器的范围是 16 位，计数范围是 0～65535。在每个时钟沿时，计数器 0 加 1。计算公式为

时间长度＝(12× SYSclk)/计数值[TH0 * 256＋TL0]

在设计中，考虑时钟的误差，将时间长度设置在一个合理的范围内。

(2) 当 P3.6 为 1 时，表示高电平，启动定时器 0 一直计数，以此获得高电平的持续时间。计数器 0 的时钟是 SYSclk/12，系统时钟频率在烧写程序到 STC 单片机的时候设置为 6.000MHz，这是考虑到了计数器的范围是 16 位，计数范围是 0～65535。在每个时钟沿时，计数器 0 加 1。计算公式为

时间长度＝(12× SYSclk)/计数值[TH0 * 256＋TL0]

类似地，在设计中，考虑时钟的误差，将时间长度设置在一个合理的范围内。

综合上述，最终的门限是通过确定时间长度范围后，通过上面公式得到计数值的范围来作为实际的判断条件。

**注**：实际的计数值可能由于在烧写程序时所设置的 IRC 主时钟不同而有所不同。读者在该程序的基础上可进行适当的修改。

## 21.7.5 串口通信原理

在该设计中使用了串口 2 作为 STC 单片机和 PC/笔记本电脑通信的接口，如图 21.27 所示。在该设计中，使用了标识为 J2 的串口，串口 2 接收和发送信号分别连接到 STC 单片机 IAP15W4K32S4 单片机的 P4.6/RxD2 和 P4.7/TxD2 引脚上。经过 SP3232 芯片转换成 RS-232 电平标准，连接到 9 针的 UART 母头连接器上。

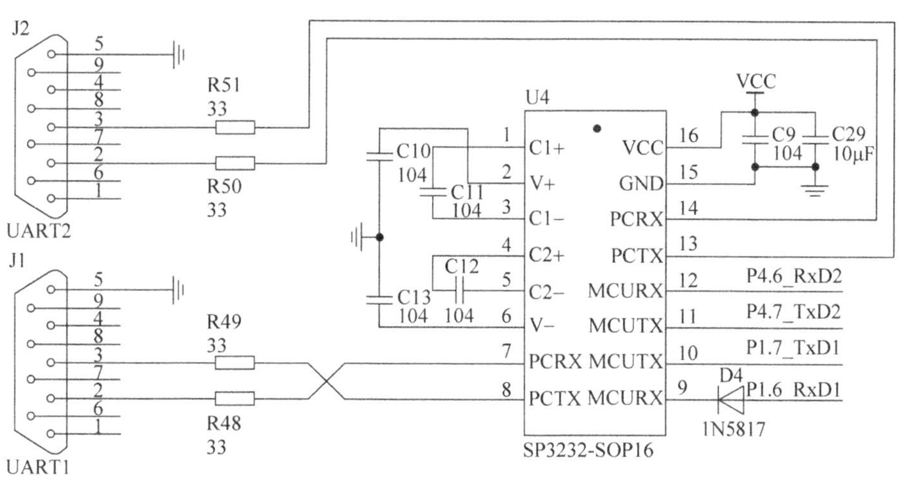


图 21.27 STC 学习板串口电路原理

### 21.7.6 设计实现

**【例 21-3】** STC学习板上红外遥控数据通过串口2显示在主机上C语言描述的例子。

**代码清单 21-3 main.c 文件**

```
#include "reg51.h"
#include "intrins.h"
#define FOSC 6000000L                  //声明单片机主时钟频率6MHz
#define BAUD 115200                    //声明串口通信的波特率115200
#define S2RI 0x01                      //定义S2RI的值
#define S2TI 0x02                      //定义S2TI的值
sfr AUXR  = 0x8E;                      //声明AUXR寄存器的地址0x8E
sfr AUXR1  = 0xA2;                     //声明AUXR1寄存器的地址0xA2
sfr AUXR2  = 0x8F;                     //声明AUXR2寄存器的地址0x8F
sfr TH2  = 0xD6;                       //声明TH2寄存器的地址0xD6
sfr TL2  = 0xD7;                       //声明TL2寄存器的地址0xD7
sfr S2CON  = 0x9A;                     //声明S2CON寄存器的地址0x9A
sfr S2BUF  = 0x9B;                     //声明S2BUF寄存器的地址0x9B
sfr P3M1  = 0xB1;                      //声明P3M1寄存器的地址0xB1
sfr P3M0  = 0xB2;                      //声明P3M0寄存器的地址0xB2
sfr P_SW2  = 0xBA;                     //声明P_SW2寄存器的地址0xBA
sfr IE2  = 0xAF;                       //声明IE2寄存器的地址0xAF
sbit P36  = P3^6;                      //声明P3.6引脚为P36
bit busy = 0;                          //声明busy变量为bit
unsigned char irdata[4] = {0,0,0,0};   //声明数组irdata,保存红外解码的4字节数据
bit flag = 0;                          //声明flag变量为bit
void SendData(unsigned char dat)       //声明串口2发送数据函数SendData
{
    while(busy);                       //如果busy为1,表示忙,则一直等待
    S2BUF = dat;                       //往串口2数据缓冲寄存器S2BUF写数据
    busy = 1;                          //置busy为1
}
void SendString(char *s)               //声明串口2发送字符串函数SendString
{
    while(*s!= '\0')                   //判断字符串是否结束
        SendData(*s++);                //如果没有结束,则调用SendData函数
}

unsigned int high_level_time()         //声明检测红外发送数据的高电平持续时间函数
{
    TL0 = 0;                           //置定时器0初值低8位寄存器TL0为0
    TH0 = 0;                           //置定时器0初值高8位寄存器TH0为0
    TR0 = 1;                           //启动定时器0开始计数
    while(P36 == 1)                    //如果读取P3.6的输入为1,一直继续,否则退出
    {
        if(TH0 >= 0xEE)                //如果计数时间太长,则系统可能有问题,退出循环
            break;
    }
    TR0 = 0;                           //如果读取P3.6的输入为0,则停止定时器0计数
    return(TH0 * 256 + TL0);           //返回计数计数器0的计数值
}
unsigned int low_level_time()          //声明检测红外发送数据的低电平持续时间函数
{
```

```
    TL0 = 0;                              //置定时器 0 初值低 8 位寄存器 TL0 为 0
    TH0 = 0;                              //置定时器 0 初值高 8 位寄存器 TH0 为 0
    TR0 = 1;                              //启动定时器 0 开始计数
    while(P36 == 0)                       //如果读取 P3.6 的输入为 0,一直继续,否则退出
    {
        if(TH0 >= 0xEE)                   //如果计数时间太长,则系统可能有问题,退出循环
             break;
    }
    TR0 = 0;                              //如果读取 P3.6 的输入为 1,则停止定时器 0 计数
    return(TH0 * 256 + TL0);              //返回计数计数器 0 的计数值
}
void int2() interrupt 10                  //声明外部中断 2 的服务程序
{
    unsigned char i,j;                    //定义无符号字符变量 i,j
    unsigned int count = 0;               //定义无符号整型变量 count
    unsigned char dat = 0;                //定义无符号字符变量 dat

    AUXR2& = 0x00;                        //关闭外部中断 2,即禁止中断
    count = low_level_time();             //读取低电平的计数值,即:前导码的低前半部分

    if(count < 4000 || count > 5000)      //如果不在给定范围内,退出中断服务程序
    {
      return;
    }
    count = high_level_time();            //读取高电平的计数值,即前导码的高后半部分
    if(count < 2000 || count > 2500)      //如果不在给定范围内,退出中断服务程序
    {
     return;
    }
    //下面开始处理 32 位数据
    for(i = 0;i < 4;i++)                  //四个字节的循环处理
    {
        P36 = 1;                          //读取 P3.6 引脚前,需要置 P3.6 为高
        dat = 0;                          //dat 赋值为 0
        for(j = 0;j < 8;j++)              //8 个比特的循环处理
          {
            count = low_level_time();     //读取低电平的计数值,即逻辑位低前半部分
            if(count < 250 || count > 300)    //如果不在给定范围内,则退出中断服务程序
              return;
              count = high_level_time();  //读取高电平的计数值,即逻辑位高后半部分
                 if(count > 250 && count < 300) //如果在逻辑 0 的范围内,填充 0
                     dat >>= 1;
                 else if(count > 800 && count < 1000)//如果在逻辑 1 的范围内
                 {
                     dat >>= 1;           //右移一位
                     dat |= 0x80;         //高位用 1 填充
                 }
                 else return;             //否则,不在给定逻辑位高后半部分范围,退出
            }
            irdata[i] = dat;              //将 8 位数据保存在 irdata 数组当前索引号

     }
     flag = 1;                            //当四字节填满后,将 flag 置 1,表示有数据
     AUXR2 |= 0x10;                       //开中断
```

```
    }

    void uart2() interrupt 8                    //声明串口 2 中断服务程序
    {
        if(S2CON & S2RI)                        //如果 S2CON 的 S2RI 为 1,表示接收到数据
            S2CON& = ~S2RI;                     //将 S2CON 寄存器的 S2RI 标志清零
        if(S2CON & S2TI)                        //如果 S2CON 的 S2TI 为 1,表示发送完数据
        {
            S2CON& = ~S2TI;                     //将 S2CON 寄存器的 S2TI 标志清零
            busy = 0;                           //将 busy 标志清零
        }
    }

    void main()                                 //定义主程序
    {
        unsigned char k;                        //定义无符号的字符变量 k
        P36 = 1;                                //设置 P3.6 引脚为高
        P3M1 = 0x00;                            //将 P3 端口设置为准双向弱上拉
        P3M0 = 0x00;                            //通过 P3M1 和 P3M0 寄存器,设置 P3 端口模式
        TMOD = 0x00;                            //设置定时器 0 的工作模式
        S2CON = 0x50;                           //设置串口 2 方式 0,使能串口 2 接收
        AUXR = 0x14;                            //定时器 2/12,启动定时器 2,定时器模式
        P_SW2| = 0x01;                          //串口 2 切换到 P4.6/RxD2_2 和 P4.7/TxD2_2
        TL2 = (65 536 - ((FOSC/4)/BAUD));       //计数初值低 8 位给定时器 2TL2 寄存器
        TH2 = (65 536 - ((FOSC/4)/BAUD))>> 8;   //计数初值高 8 位给定时器 2TH2 寄存器
        IE2| = 0x01;                            //允许串口 2 中断
        AUXR2| = 0x10;                          //允许外部中断 2
        EA = 1;                                 //CPU 允许响应中断请求
        SendString("\r\n -- begin ----- \r\n"); //打印信息
         while(1)                               //无限循环
            {
             if(flag == 1)                      //如果 flag 为 1,表示接收到四字节解码信息
             {
                 flag = 0;                      //将 flag 位置 0
                   SendString("\r\n -- Received IR data is ----- \r\n");            //打印信息
                 for(k = 0;k < 4;k++)           //循环四次
                   SendData(irdata[k]);         //打印 4 字节,一共 32 位的信息
                   SendString("\r\n");          //打印换行符号
                 AUXR2| = 0x10;                 //使能外部中断 2
          }
        }
    }
```

**注**:(1) 读者可以进入本书所提供资料的 STC_example\例 21-3 目录下,打开并参考该设计。

(2) 在 Options for Target'Target 1'对话框中,打开 C51 选项卡,在 Code Optimization 下面 Level 右侧的下拉框中,选择 9:Common Block Subroutines。

下面说明该代码的设计原理和验证方法,步骤包括:

(1) 准备一根 UART-USB 的串口电缆,将 STC 学习板上标记为 J2 的串口插座和计算机主机 USB 进行连接。

(2) 打开 STC-ISP 软件,在该界面内,选择硬件选项。将"输入用户程序运行时的 IRC

频率”设置为 6.000MHz。

(3) 在 STC-ISP 软件右侧串口中，选择串口助手标签。在该标签串口界面下，选择 COM7，波特率为 115200，一个停止位，无奇偶校验。

(4) 在接收缓冲区标题栏下，选中“HEX 模式”前面的复选框。

(5) 单击“打开串口”按钮。

**注**：读者所选择的串口号应该根据自己计算机上所识别出来的串口号进行设置。

(6) 单击“下载/编程”按钮，按前面的方法下载设计到 STC 单片机。

(7) 将红外遥控器对准 STC 红外接收器，按下按键，出现按键信息，如图 21.28 所示。

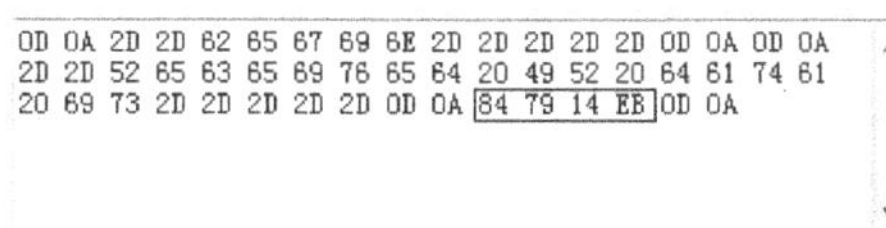


图 21.28 串口界面显示的信息

第一行是没有按遥控器时，给出的提示信息；根据设计代码，可以看到在最后的换行符前面 4 个字节的数字 84 79 14 EB 就是解码的红外遥控器的数据。该数据 14 和 EB 是取反关系，也就是协议规定的用户和用户反码。

**注**：(1) 该程序没有考虑后面跟的操作码，这是本程序需要进一步进行改进的地方。

(2) 如果显示不正确，则按下 STC 学习板上的 SW19 键重新运行程序。

(3) 当读者使用本程序前，确认红外遥控器是否是本书提供的协议格式，如果不是则需要根据读者使用的遥控器数据格式修改程序代码，然后进行验证。

**思考与练习**

21-5 可以打开逻辑分析仪或者示波器，捕获红外数据，从而验证显示结果的正确性，进一步理解红外通信的数据协议。

21-6 修改程序代码，使程序可以识别重复按键的情况。

# 第22章 STC单片机ADC原理及实现

CHAPTER 22

ADC是连接模拟世界和数字世界的重要桥梁。本节将介绍STC单片机内所提供ADC模块的原理及实现方法，内容包括模数转换器原理、STC单片机内ADC的结构原理、STC单片机内ADC寄存器组、ADC应用实现1、ADC应用实现2、ADC应用实现3和ADC应用实现4。

通过本章内容的学习，理解ADC的工作原理，以及通过ADC实现模拟信号转换成数字信号的不同实现方法。

## 22.1 模数转换器原理

数模转换器(analog to digital converter，ADC)，简称为A/D。它用于将连续的模拟信号转换为数字形式离散信号。典型的，ADC将模拟信号转换为与电压值成比例表示的数字离散信号。对于不同厂商所提供的ADC，其输出的数字信号可能使用不同的编码格式。

**注**：有一些模拟数字转换器并非纯的电子设备，如旋转编码器，也可看作是模拟数字转换器。

### 22.1.1 模数转换器的参数

下面介绍ADC转换器中几个重要的参数，包括分辨率、响应类型、误差和采样率。

**1. 分辨率**

在模拟数字转换器中，分辨率是指对于所允许输入的模拟信号范围，它能输出离散数字信号值的个数。这些输出的信号值通用二进制数来表示，如图22.1所示。因此，分辨率经常用比特作为单位，且这些离散值的个数是2的幂次方。例如，一个具有8位分辨率的模拟数字转换器可以将模拟信号编码成256个不同的离散值(离散梯度)，其范围可以是0～255(即无符号整数)或从－128～127(即带符号整数)。至于使用哪一种编码格式，则取决于所选用的ADC器件。

分辨率也可以用电气性质来描述，如使用伏特(V)。使得输出离散信号产生一个变化所需的最小输入电压的差值被称作最低有效位(least significant bit，LSB)电压。这样，模拟数字转换器的分辨率($Q$)等于LSB电压。模拟数字转换器的电压分辨率由下面等式确定：

$$Q=\frac{V_{\text{RefHi}}-V_{\text{RefLow}}}{2^N}$$

式中，$V_{\text{RefHi}}$和$V_{\text{RefLow}}$是转换过程允许输入到ADC的电压上限和下限值；$N$是模拟数字转换器输出数字量的位数宽度值，以比特为单位。

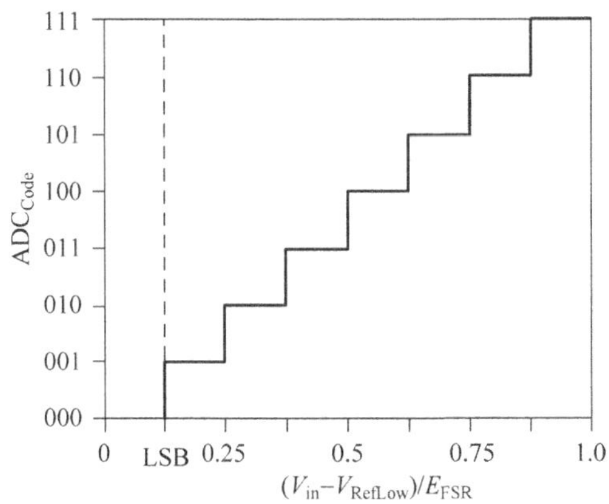


图 22.1 ADC 分辨率的表示

很明显，如果输入电压的变化小于 $Q$ 值，则 ADC 无法分辨出电压的变化。这样，就带来量化误差。$N$ 值越大，即 ADC 输出数字量的位数越多，则 $Q$ 越小，可分辨的电压变化就越小，分辨能力就越强，量化导致的误差就越小。

**2. 响应类型**

大多数模拟数字转换器的响应类型为线性。这里的线性是指输出信号的值与输入信号的值成线性比例。一些早期的转换器的响应类型呈对数关系，由此来执行 A 律算法或 $\mu$ 律算法编码。

在一个 ADC 器件中，没有绝对的线性，只是近似的线性。所以就会带来线性误差。一般情况下，ADC 器件可表示数字量的范围内，中间部分线性度较好，而两端线性度较差。

**3. 误差**

模拟数字转换器的误差有若干种来源。量化误差和非线性误差是任何模拟数字转换中都存在的内在误差。

**4. 采样率**

模拟信号在时域上是连续的，可以将它转换为时间上连续的一系列数字信号。因此，要求定义一个参数来表示获取模拟信号上每个值并表示成数字信号的速度。通常将这个参数称为 ADC 的采样率或采样频率。

根据奈奎斯特采样定理，当采样频率大于所采样模拟信号最高频率的两倍时，信号才不会发生混叠失真。在实际使用时，为了能更加逼真地恢复出原始的模拟信号，建立采样频率为信号最高频率至少 5～10 倍。为了满足采样定理的要求，通常在信号进入 ADC 之前，要对信号进行抗混叠滤波，将信号限制在一个有限的频带内。

**思考与练习**

22-1 说明衡量 ADC 性能的参数的意义。

22-2 说明 ADC 位数对电压分辨率的影响因素。

22-3 说明对信号带限的原因以及实现方法。

## 22.1.2 模数转换器的类型

本节给出几种典型的 ADC 转换器，包括 Flash ADC、逐次逼近寄存器型 ADC、Σ-Δ

ADC、积分型 ADC 和数字跃升型 ADC。

**1. Flash ADC**

Flash ADC 的结构如图 22.2 所示。

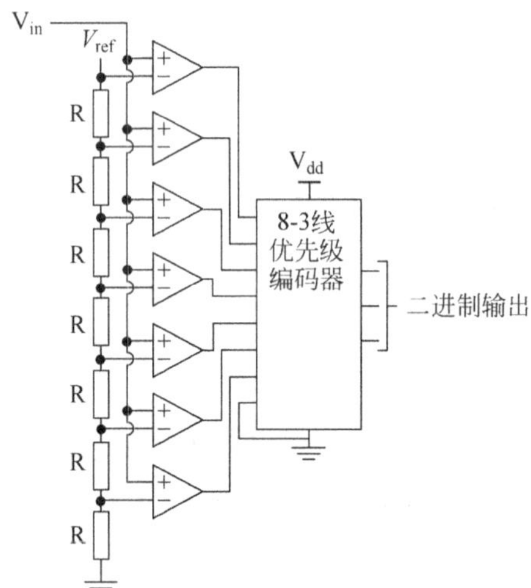


图 22.2 Flash ADC 内部结构

**思考与练习**

22-4 根据该结构,分析 Flash ADC 的工作原理。

**2. 逐次逼近寄存器型 ADC**

逐次逼近寄存器型(successive approximation register,SAR)ADC 结构如图 22.3 所示。

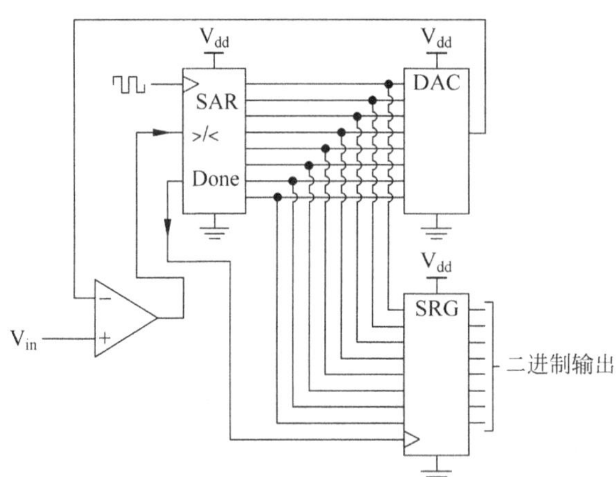


图 22.3 SAR ADC 内部结构

**思考与练习**

22-5 根据该结构,分析 SAR ADC 的工作原理。

**3. Σ-Δ ADC(Sigma-delta ADC)**

Σ-Δ ADC 的结构如图 22.4 所示。

**思考与练习**

22-6 根据该结构,分析 Σ-Δ ADC 的工作原理。

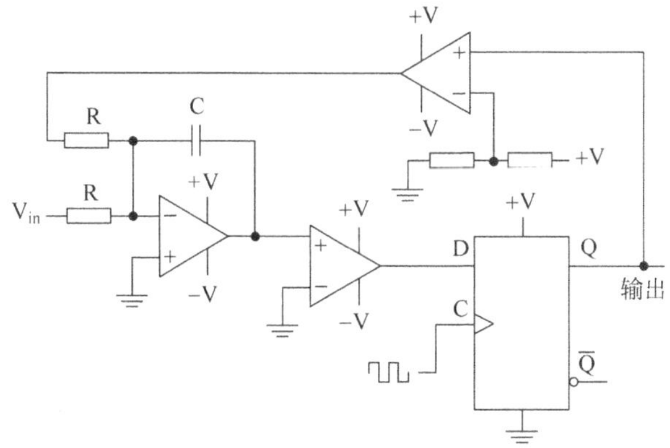


图 22.4 Σ-Δ ADC 内部结构

**4. 积分型 ADC(Integrating ADC)**

积分型 ADC 的结构如图 22.5 所示。

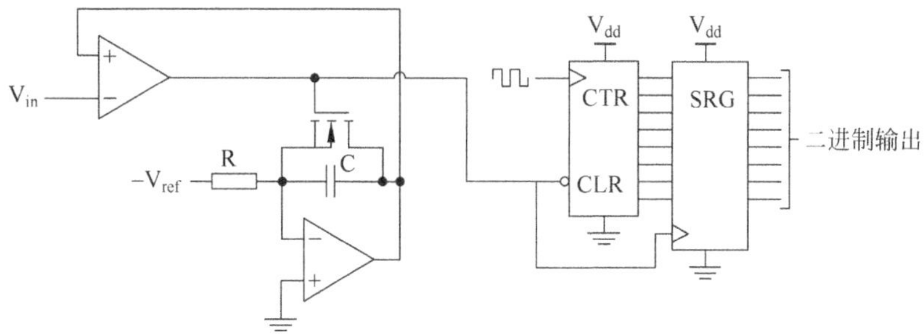


图 22.5 积分型 ADC 内部结构

**思考与练习**

22-7 根据该结构，分析积分型 ADC 的工作原理。

**5. 数字跃升型 ADC(Digital Ramp ADC)**

数字跃升型 ADC 的结构，如图 22.6 所示。

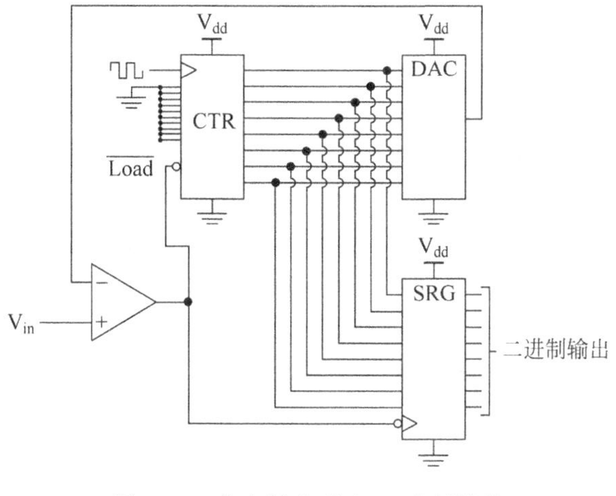


图 22.6 数字跃升型 ADC 内部结构

**思考与练习**

22-8　根据该结构，分析数字跃升型 ADC 的工作原理。

## 22.2　STC 单片机内 ADC 的结构原理

本节介绍 STC 单片机内 ADC 的结构原理，内容包括 STC 单片机内 ADC 的结构，以及 ADC 转换结果的计算方法。

### 22.2.1　STC 单片机内 ADC 的结构

STC15 系列单片机内集成了 8 路 10 位高速 ADC 转换器模块，如图 22.7 所示。

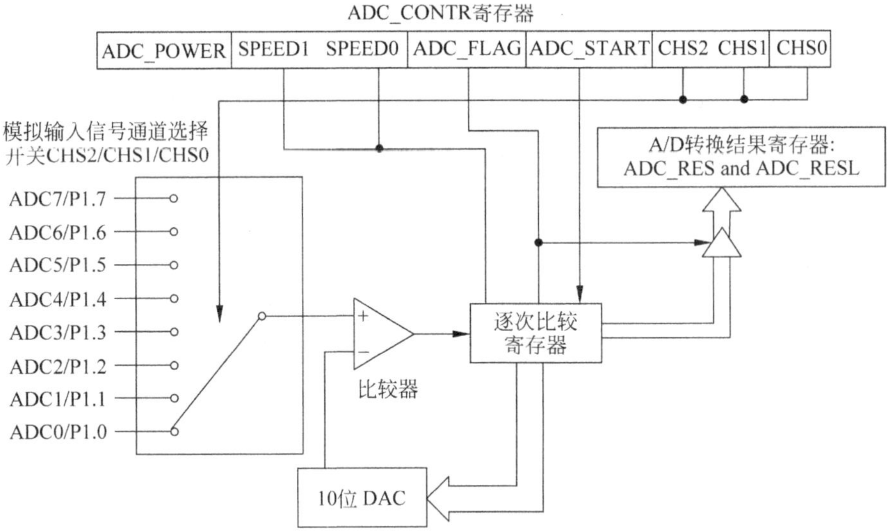


图 22.7　STC 集成 ADC 模块内部结构

通过设置 ADC 控制寄存器 ADC_CONTR 中的 SPEED1 和 SPEED0 比特位，该 ADC 模块的最高采样速率可以达到 300kHz，即 30 万次采样/s(30ksps，30k sample per second)。

从图 22.7 中可以看出，STC15 系列单片机的 ADC 由多路选择开关、比较器、逐次比较寄存器、10 位 DAC、转换结果寄存器 ADC_RES 和 ADC_RESL 以及 ADC 控制寄存器 ADC_CONTR 构成。

该 ADC 是典型的 SAR 结构，这种结果是一种典型的闭环反馈系统。在该 ADC 的前端提供了一个 8 通道的模拟多路复用开关，在 ADC 控制寄存器 ADC_CONTR 内的 CHS2～CHS0 比特位的控制下，将 ADC0～ADC7 的模拟信号多路复用到比较器。

该结构的 ADC 包含一个比较器和 DAC，通过逐次比较逻辑，从最高有效位 MSB 开始，顺序地对每一个输入电压与内置 DAC 输出进行比较。经过多次比较后，使其转换得到的数字量逼近输入模拟信号所对应的数字量的值。将最终得到的数字量保存在 ADC 转换结果寄存器 ADC_RES 和 ADC_RESL 中。同时，将 ADC 控制寄存器 ADC_CONTR 中的转换结束标志 ADC_FLAG 置 1，以供程序查询或者向 CPU 发出中断请求。

**注：** *在使用 ADC 之前，需要将 ADC 控制寄存器 ADC_CONTR 中的 ADC_POWER 位*

置1，给ADC上电，这是软件控制ADC供电的方式。

### 22.2.2 ADC转换结果的计算方法

在STC 15系列的单片机中，通过设置CLK_DIV寄存器中的ADRJ位，控制转换结果的计算方式。

1) 当ADRJ=0时

如果取10位计算结果时，转换结果表示为

$$(\text{ADC\_RES}[7:0],\text{ADC\_RESL}[1:0]) = 1024 \times \frac{V_{\text{in}}}{V_{\text{CC}}}$$

如果取8位计算结果，则转换结果可表示为

$$\text{ADC\_RES}[7:0] = 256 \times \frac{V_{\text{in}}}{V_{\text{CC}}}$$

2) 当ADRJ=1时

$$(\text{ADC\_RESL}[1:0],\text{ADC\_RES}[7:0]) = 1024 \times \frac{V_{\text{in}}}{V_{\text{CC}}}$$

式中，$V_{\text{in}}$为模拟输入通道输入电压；$V_{\text{CC}}$为单片机的供电电压。

## 22.3 STC单片机内ADC寄存器组

本节介绍STC单片机内的ADC寄存器组，包括P1口模拟功能控制寄存器、ADC控制寄存器、ADC结果高位寄存器、ADC结果低位寄存器、时钟分频寄存器、中断使能寄存器和中断优先级寄存器。

### 22.3.1 P1口模拟功能控制寄存器

STC15系列单片机的8路模拟信号的输入端口设置在P1端口的8个引脚上，即P1.0～P1.7。当上电复位后，P1口设置为弱上拉I/O口，用户可以通过软件将8个引脚上的任何一个设置为ADC模拟输入，没有设置为ADC模拟输入的引脚可以作为普通I/O使用。

本节介绍P1口模拟功能控制寄存器P1ASF，如表22.1所示。该寄存器位于STC单片机特殊功能寄存器地址为0x9D的位置。当复位后，该寄存器的值为00000000。

**表22.1　P1口模拟功能控制寄存器P1ASF各位的含义**

| 比特位 | B7 | B6 | B5 | B4 | B3 | B2 | B1 | B0 |
|---|---|---|---|---|---|---|---|---|
| 名字 | P17ASF | P16ASF | P15ASF | P14ASF | P13ASF | P12ASF | P11ASF | P10ASF |

其中：

1) P17ASF

模拟输入通道7控制位。当该位为1时，P1.7引脚用于模拟信号输入；当该位为0时，P1.7引脚用作普通I/O。

2) P16ASF

模拟输入通道6控制位。当该位为1时，P1.6引脚用于模拟信号输入；当该位为0时，P1.6引脚用作普通I/O。

3) P15ASF

模拟输入通道5控制位。当该位为1时,P1.5引脚用于模拟信号输入;当该位为0时,P1.5引脚用作普通I/O。

4) P14ASF

模拟输入通道4控制位。当该位为1时,P1.4引脚用于模拟信号输入;当该位为0时,P1.4引脚用作普通I/O。

5) P13ASF

模拟输入通道3控制位。当该位为1时,P1.3引脚用于模拟信号输入;当该位为0时,P1.3引脚用作普通I/O。

6) P12ASF

模拟输入通道2控制位。当该位为1时,P1.2引脚用于模拟信号输入;当该位为0时,P1.2引脚用作普通I/O。

7) P11ASF

模拟输入通道1控制位。当该位为1时,P1.1引脚用于模拟信号输入;当该位为0时,P1.1引脚用作普通I/O。

8) P10ASF

模拟输入通道0控制位。当该位为1时,P1.0引脚用于模拟信号输入;当该位为0时,P1.0引脚用作普通I/O。

## 22.3.2 ADC控制寄存器

本节介绍ADC控制寄存器ADC_CONTR,如表22.2所示。该寄存器位于STC单片机特殊功能寄存器地址为0xBC的位置。当复位后,该寄存器的值为00000000。

**表22.2 ADC控制寄存器ADC_CONTR各位的含义**

| 比特位 | B7 | B6 | B5 | B4 | B3 | B2 | B1 | B0 |
|---|---|---|---|---|---|---|---|---|
| 名字 | ADC_POWER | SPEED1 | SPEED0 | ADC_FLAG | ADC_START | CHS2 | CHS1 | CHS0 |

其中:

1) ADC_POWER

ADC电源控制位。当该位为0时,关闭ADC电源;当该位为1时,打开ADC电源。

**注**:(1) STC公司推荐在进入空闲模式和掉电模式前,关闭ADC电源,这样可以降低功耗。

(2) 在启动ADC转换前,一定要确认打开了ADC电源。在ADC转换结束后关闭ADC电源,可以降低功耗。

(3) 初次打开ADC电源后,要延迟一段时间,等待ADC供电电源稳定后,再启动ADC转换过程。

(4) 在启动ADC转换后以及在ADC转换结束前,不要改变任何I/O口的状态,这样有利于高精度地实现模拟到数字的转换,如果能将定时器/串口和中断关闭更好。

2) SPEED1和SPEED0

数模转换器速度控制位,如表22.3所示。

表 22.3 数模转换器速度控制位各位的含义

| SPEED1 | SPEED0 | ADC 转换时间 |
|---|---|---|
| 1 | 1 | 90 个时钟周期转换一次。CPU 工作频率为 27MHz 时，ADC 的转换速度为 300kHz |
| 1 | 0 | 180 个时钟周期转换一次。CPU 工作频率为 27MHz 时，ADC 的转换速度为 150kHz |
| 0 | 1 | 360 个时钟周期转换一次。CPU 工作频率为 27MHz 时，ADC 的转换速度为 75kHz |
| 0 | 0 | 540 个时钟周期转换一次。CPU 工作频率为 27MHz 时，ADC 的转换速度为 50kHz |

3) ADC_FLAG

ADC 转换结束标志位。当 ADC 转换结束时，由硬件将该位置 1，该位需要软件清 0。

**注**：不管是中断还是轮询该位，一定要用软件清 0。

4) ADC_START

ADC 转换启动控制位。当该位为 1 时，启动 ADC 转换；转换结束后，该位为 0。

5) CHS2、CHS1 和 CHS0

模拟输入通道选择控制位，如表 22.4 所示。

表 22.4 CHS2、CHS1 和 CHS0 各位含义

| CHS2 | CHS1 | CHS0 | 功　能 |
|---|---|---|---|
| 0 | 0 | 0 | 选择 P1.0 引脚作为内部 ADC 模块采样输入 |
| 0 | 0 | 1 | 选择 P1.1 引脚作为内部 ADC 模块采样输入 |
| 0 | 1 | 0 | 选择 P1.2 引脚作为内部 ADC 模块采样输入 |
| 0 | 1 | 1 | 选择 P1.3 引脚作为内部 ADC 模块采样输入 |
| 1 | 0 | 0 | 选择 P1.4 引脚作为内部 ADC 模块采样输入 |
| 1 | 0 | 1 | 选择 P1.5 引脚作为内部 ADC 模块采样输入 |
| 1 | 1 | 0 | 选择 P1.6 引脚作为内部 ADC 模块采样输入 |
| 1 | 1 | 1 | 选择 P1.7 引脚作为内部 ADC 模块采样输入 |

**注**：对 ADC_CONTR 寄存器操作直接用赋值语句，不要用"逻辑与"和"逻辑或"语句。

## 22.3.3 时钟分频寄存器

本节介绍时钟分频寄存器 CLK_DIV，如表 22.5 所示。该寄存器位于 STC 单片机特殊功能寄存器地址为 0x97 的位置。当复位后，该寄存器的值为 00000000。该寄存器中的 ADRJ 位用于控制 ADC 转换结果存放的位置。

表 22.5 时钟分频寄存器 CLK_DIV 各位的含义

| 比特位 | B7 | B6 | B5 | B4 | B3 | B2 | B1 | B0 |
|---|---|---|---|---|---|---|---|---|
| 名字 | MCLKO_S1 | MCLKO_S0 | ADRJ | Tx_Rx | MCLKO_2 | CLKS2 | CLKS1 | CLKS0 |

其中，ADRJ 为 0 时，ADC_RES[7:0]存放高 8 位结果，ADC_RESL[1:0]存放低 2 位结

果；当 ADRJ 为 1 时，ADC_RES[1:0]存放高 2 位结果，ADC_RESL[7:0]存放低 8 位结果。

### 22.3.4 ADC 结果高位寄存器

本节介绍 ADC 结果高位寄存器 ADC_RES，如表 22.6 所示。该寄存器位于 STC 单片机特殊功能寄存器地址为 0xBD 的位置。当复位后，该寄存器的值为 00000000。

**表 22.6 ADC 结果高位寄存器 ADC_RES 各位的含义**

| 比特位 | B7 | B6 | B5 | B4 | B3 | B2 | B1 | B0 |
|---|---|---|---|---|---|---|---|---|
| 名字 | 内容由 ADRJ 控制 | | | | | | | |

### 22.3.5 ADC 结果低位寄存器

本节介绍 ADC 结果低位寄存器 ADC_RESL，如表 22.7 所示。该寄存器位于 STC 单片机特殊功能寄存器地址为 0xBE 的位置。当复位后，该寄存器的值为 00000000。

**表 22.7 ADC 结果低位寄存器 ADC_RESL 各位的含义**

| 比特位 | B7 | B6 | B5 | B4 | B3 | B2 | B1 | B0 |
|---|---|---|---|---|---|---|---|---|
| 名字 | 内容由 ADRJ 控制 | | | | | | | |

### 22.3.6 中断使能寄存器

在前面介绍中断的时候，已经介绍过该寄存器，本节对与控制 ADC 中断使能有关的控制位进行说明，如表 22.8 所示。该寄存器位于特殊功能寄存器地址为 0xA8 的位置。当复位后，该寄存器的值为 00000000。

**表 22.8 中断控制寄存器 IE 各位含义**

| 比特位 | B7 | B6 | B5 | B4 | B3 | B2 | B1 | B0 |
|---|---|---|---|---|---|---|---|---|
| 名字 | EA | ELVD | EADC | ES | ET1 | EX1 | ET0 | EX0 |

其中，EADC 为 ADC 转换中断允许位。当该位为 1 时，允许 ADC 转换中断；当该位为 0 时，禁止 ADC 转换中断。

### 22.3.7 中断优先级寄存器

在前面介绍中断的时候，已经介绍过该寄存器，本节对与 ADC 中断优先级有关的控制位进行说明，如表 22.9 所示。该寄存器位于特殊功能寄存器地址为 0xB8 的位置。当复位后，该寄存器的值为 00000000。

**表 22.9 中断优先级控制寄存器 IP 各位含义**

| 比特位 | B7 | B6 | B5 | B4 | B3 | B2 | B1 | B0 |
|---|---|---|---|---|---|---|---|---|
| 名字 | PPCA | PLVD | PADC | PS | PT1 | PX1 | PT0 | PX0 |

其中，PADC 为 ADC 转换优先级控制位。当该位为 0 时，ADC 转换中断为最低优先级中断(优先级 0)；当该位为 1 时，ADC 转换中断为最高优先级中断(优先级 1)。

## 22.4 ADC 应用实现 1

本节将读取 STC 学习板上按下不同按键所得到的直流电压值，经过 ADC 转换器转换后，得到数字量的值，经过计算后，通过串口 1 发送到主机串口界面显示得到的直流电压值。

### 22.4.1 直流分压电路原理

在电源 VCC 和 GND 之间连接着由 16 个电阻构成的电阻梯度网络，如图 22.8 所示。存在下面的条件：

(1) 从 STC15 系列单片机 ADC 结构图可以知道，ADC 输入连接着模拟比较器。因此，ADC 的输入阻抗为无穷大，即在电阻 R17 上没有电流。因此，对电阻梯度网络没有影响。

(2) 由于 R18 电阻为 100kΩ，远大于电阻梯度网络的总电阻 300×16＝4.8(kΩ)。所以流经 R18 的电流很小，可以忽略不计。

(3) 在该设计中使用 STC 内部的 10 位 ADC 模块，其分辨梯度为 $2^{10}=1024$。

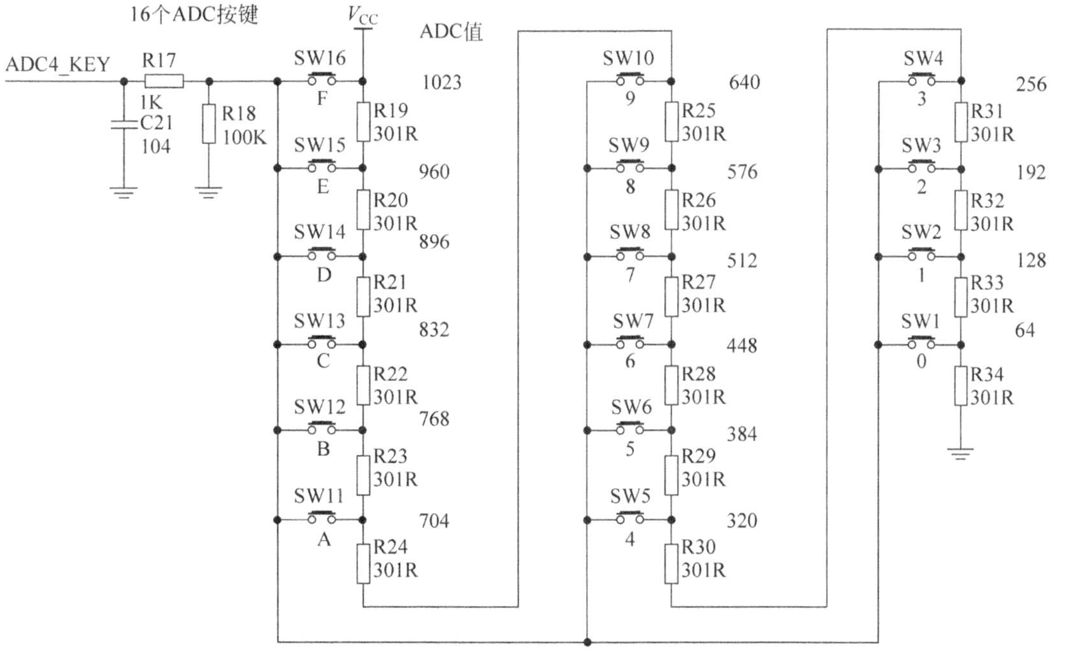


图 22.8 STC 学习板上 ADC 分压网络的设计原理

在该结构中，存在 SW1～SW16 个按键。

(1) 当按下按键 SW16 时，将 VCC 的电压送到单片机 P1.4 引脚上。

(2) 当按下按键 SW15 时，将 VCC 电压的 15/16 送到单片机 P1.4 引脚上。

(3) 当按下按键 SW14 时，将 VCC 电压的 14/16 送到单片机 P1.4 引脚上。

(4) 当按下按键 SW13 时，将 VCC 电压的 13/16 送到单片机 P1.4 引脚上。

(5) 当按下按键 SW12 时，将 VCC 电压的 12/16 送到单片机 P1.4 引脚上。
(6) 当按下按键 SW11 时，将 VCC 电压的 11/16 送到单片机 P1.4 引脚上。
(7) 当按下按键 SW10 时，将 VCC 电压的 10/16 送到单片机 P1.4 引脚上。
(8) 当按下按键 SW9 时，将 VCC 电压的 9/16 送到单片机 P1.4 引脚上。
(9) 当按下按键 SW8 时，将 VCC 电压的 8/16 送到单片机 P1.4 引脚上。
(10) 当按下按键 SW7 时，将 VCC 电压的 7/16 送到单片机 P1.4 引脚上。
(11) 当按下按键 SW6 时，将 VCC 电压的 6/16 送到单片机 P1.4 引脚上。
(12) 当按下按键 SW5 时，将 VCC 电压的 5/16 送到单片机 P1.4 引脚上。
(13) 当按下按键 SW4 时，将 VCC 电压的 4/16 送到单片机 P1.4 引脚上。
(14) 当按下按键 SW3 时，将 VCC 电压的 3/16 送到单片机 P1.4 引脚上。
(15) 当按下按键 SW2 时，将 VCC 电压的 2/16 送到单片机 P1.4 引脚上。
(16) 当按下按键 SW1 时，将 VCC 电压的 1/16 送到单片机 P1.4 引脚上。

## 22.4.2 软件设计流程

为了便于读者理解设计原理，下面给出程序处理流程图，如图 22.9 所示。在该设计中，以单片机供电电压 $V_{CC}$ 为 ADC 转换器计算结果的参考。

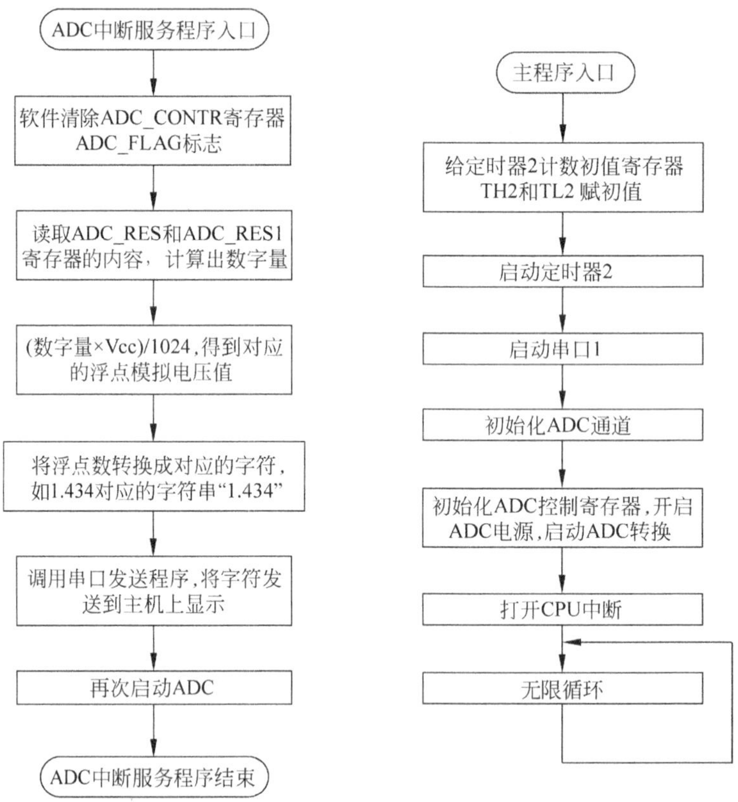


(a) ADC中断服务程序处理流程　　(b) 主程序处理流程

图 22.9　软件处理流程

### 22.4.3 具体实现过程

**【例 22-1】** 采集分压网络的电压值在串口上显示的 C 语言描述的例子。

**代码清单 22-1 main.c 文件**

```
#include "reg51.h"
#include "stdio.h"
#define OSC            18432000L     //定义 OSC 振荡器频率 18432000Hz
#define BAUD           9600          //定义 BAUD 波特率 9600
#define URMD           0             //定义 URMD 的值
#define ADC_POWER      0x80          //定义 ADC_POWER 的值 0x80
#define ADC_FLAG       0x10          //定义 ADC_FLAG 的值 0x10
#define ADC_START      0x08          //定义 ADC_START 的值 0x08
#define ADC_SPEEDLL    0x00          //定义 ADC_SPEEDLL 的值 0x00
#define ADC_SPEEDL     0x20          //定义 ADC_SPEEDL 的值 0x20
#define ADC_SPEEDH     0x40          //定义 ADC_SPEEDH 的值 0x40
#define ADC_SPEEDHH    0x60          //定义 ADC_SPEEDHH 的值 0x60

sfr T2H          = 0xD6;             //定义 T2H 寄存器的地址 0xD6
sfr T2L          = 0xD7;             //定义 T2L 寄存器的地址 0xD7
sfr AUXR         = 0x8E;             //定义 AUXR 寄存器的地址 0x8E
sfr ADC_CONTR    = 0xBC;             //定义 ADC_CONTR 寄存器的地址 0xBC
sfr ADC_RES      = 0xBD;             //定义 ADC_RES 寄存器的地址 0xBD
sfr ADC_RESL     = 0xBE;             //定义 ADC_RESL 寄存器的地址 0xBE
sfr P1ASF        = 0x9D;             //定义 P1ASF 寄存器的地址 0x9D

unsigned char ch = 4;                 //定义无符号变量 ch,指向 P1.4 端口
float voltage = 0;                    //定义浮点变量 voltage
unsigned char tstr[5];                //定义无符号字符数组 tstr
unsigned int tmp = 0;                 //定义无符号整型变量 tmp
float old_voltage = 0;                //定义浮点变量 old_voltage
void SendData(unsigned char dat)      //定义函数 SendData
{
    while(!TI);                       //判断发送是否结束,没有则等待
    TI = 0;                           //清除发送标志 TI
    SBUF = dat;                       //将数据 dat 写到寄存器 SBUF
}

void adc_int() interrupt 5            //声明 adc 中断服务程序
{
    unsigned char i = 0;              //定义无符号字符变量 i
    ADC_CONTR & = !ADC_FLAG;          //清除 ADC 中断标志位
    tmp = (ADC_RES * 4 + ADC_RESL);   //得到 ADC 转换的数字量
    voltage = (tmp * 5.0)/1024;       //计算得到对应的浮点模拟电压值
    sprintf(tstr," %1.4f",voltage);   //将浮点数转换成对应的字符
    if(voltage!= old_voltage)         //如果新的转换值不等于旧的转换值
    {
     old_voltage = voltage;           //将新的转换值赋值给旧的转换值
        SendData('\r');               //发送确认和换行符
    SendData('\n');
     for(i = 0;i < 5;i++)             //发送五个对应的浮点数的字符,一个整数,4
        SendData(tstr[i]);            //个小数
    }                                 //重新启动 ADC 转换
```

```
        ADC_CONTR = ADC_POWER |ADC_SPEEDLL | ADC_START | ch;
    }

    void main()                                 //主程序
    {
        unsigned int i;
        SCON = 0x5A;                            //串口 1 为 8 位可变波特率模式
        T2L = 65 536 - OSC/4/BAUD;              //写定时器 2 低 8 位寄存器 T2L
        T2H = (65 536 - OSC/4/BAUD)>> 8;        //写定时器 2 高 8 位寄存器 T2H
        AUXR = 0x14;                            //定时器 2 不分频,启动定时器 2
        AUXR| = 0x01;                           //选择定时器 2 为串口 1 的波特率发生器
        P1ASF = 0xFF;                           //P1 端口作为模拟输入
        ADC_RES = 0;                            //清 ADC_RES 寄存器
        ADC_CONTR = ADC_POWER|ADC_SPEEDLL | ADC_START | ch; //启动 ADC
        for(i = 0;i<10000;i++);                 //延迟
        IE = 0xA0;                              //CPU 允许响应中断请求,允许 ADC 中断
        while(1);                               //无限循环
    }
```

**注**:读者可以进入本书所提供资料的 STC_example\例 22-1 目录下,打开并参考该设计。

下载和分析设计的步骤主要包括:

(1) 打开 STC-ISP 软件,在该界面内,选择硬件选项。将"输入用户程序运行时的 IRC 频率"设置为 18.432MHz。

(2) 单击"下载/编程"按钮,按前面的方法下载设计到 STC 单片机。

(3) 在 STC-ISP 软件右侧串口中,选择"串口助手"选项卡。按下面设置参数:

① 串口:COM3(读者根据自己电脑识别出来的 COM 端口号进行设置)。

② 波特率:9600。

③ 校验位:无校验。

④ 停止位:1 位。

(4) 单击打开串口按钮。

(5) 在 STC 学习板上右下方,找到并按下 ADC 分压检测按键。如图 22.10 所示,可以看到在串口助手接收窗口中显示出按键所对应的模拟电压的值。

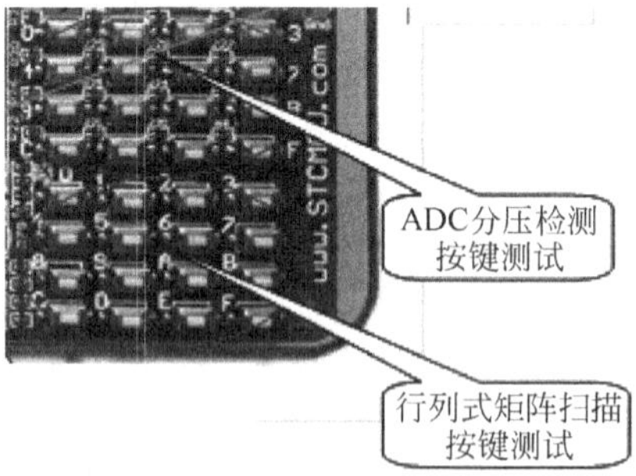


图 22.10 STC 学习板上分压检测按键的位置

**思考与练习**

22-9 观察实验结果,将理论电压和 ADC 转换电压值进行比较,给出对应于每个测量

梯度的相对测量误差和绝对测量误差值。

## 22.5 ADC 应用实现 2

本节将读取 STC 学习板上按下不同按键所得到的直流电压值，经过 ADC 转换器转换后，得到数字量的值，经过计算后，通过 1602 字符 LCD 屏显示得到的直流电压值。

### 22.5.1 硬件电路设计

在该设计中，+5V 供电的 1602 字符屏通过排线电缆与 STC 学习板上的标记为 J12 的单排插座连接，如图 22.11 所示。在图中，标出了 STC 学习板上插针引脚 1 的位置和 1602 字符屏引脚 1 的位置。

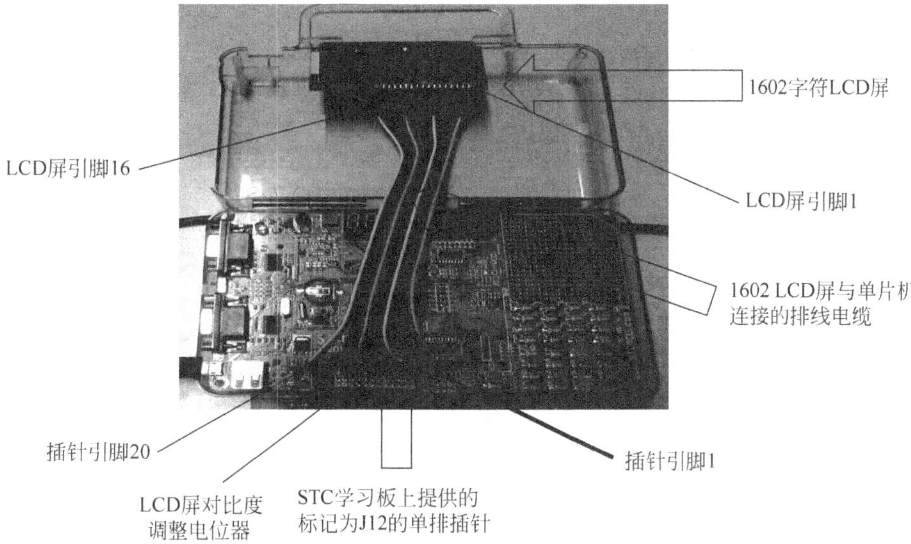


图 22.11　STC 学习板和 1602 屏的连接

STC 学习板上 J12 提供 20 个插针，可以直接与 12864 图形/字符 LCD 进行连接，对于 1602 字符屏来说，不能直接进行连接，它们的信号引脚定义如表 22.10 所示。

**表 22.10　STC 学习板和 1602 字符 LCD 引脚定义**

| STC 学习板 J12 插座引脚号 | 信号名字 | 与单片机引脚连接关系 | 1602 LCD 引脚号 | 信号名字 | 功　能 |
|---|---|---|---|---|---|
| 1 | GND | 地 | 1 | VSS | 地 |
| 2 | VCC | +5V 电源 | 2 | VCC | +5V 电源 |
| 3 | V0 |  | 3 | V0 | LCD 驱动电压输入 |
| 4 | RS | P2.5 | 4 | RS | 寄存器选择。RS=1，数据；RS=0，指令 |
| 5 | R/W | P2.6 | 5 | R/W | 读写信号。R/W=1，读操作；R/W=0，写操作 |
| 6 | E | P2.7 | 6 | E | 芯片使能信号 |

续表

| STC 学习板 J12 插座引脚号 | 信号名字 | 与单片机引脚连接关系 | 1602 LCD 引脚号 | 信号名字 | 功　能 |
|---|---|---|---|---|---|
| 7 | DB0 | P0.0 | 7 | DB0 | 8 位数据总线信号 |
| 8 | DB1 | P0.1 | 8 | DB1 | |
| 9 | DB2 | P0.2 | 9 | DB2 | |
| 10 | DB3 | P0.3 | 10 | DB3 | |
| 11 | DB4 | P0.4 | 11 | DB4 | |
| 12 | DB5 | P0.5 | 12 | DB5 | |
| 13 | DB6 | P0.6 | 13 | DB6 | |
| 14 | DB7 | P0.7 | 14 | DB7 | |
| 15 | PSB | P2.4 | 15 | LEDA | 背光源正极，接+5.0V |
| 16 | N.C | P2.2 | 16 | LEDK | 背光源负极，接地 |
| 17 | /RST | P2.3 | | | |
| 18 | VOUT | — | | | |
| 19 | A | 背光源正极，接+5.0V | | | |
| 20 | K | 背光源负极，接地 | | | |

## 22.5.2　1602 字符 LCD 原理

本节介绍 1602 字符 LCD 原理，内容包括 1602 字符 LCD 指标、1602 字符 LCD 内部显存、1602 字符 LCD 读写时序、1602 字符 LCD 命令和数据。

**1. 1602 字符 LCD 指标**

1602 字符 LCD 的特性指标，如表 22.11 所示。

**表 22.11　1602 字符 LCD 主要技术参数**

| 参数 | 特　性 |
|---|---|
| 显示容量 | 16×2 个字符，即可以显示 2 行字符，每行可以显示 16 个字符 |
| 工作电压范围 | 4.5～5.5V，推荐 5.0V |
| 工作电流 | 2.0mA@5V |
| 屏幕尺寸 | 2.95mm×4.35mm(宽×高) |

**注**：工作电流是指液晶的耗电，没有考虑背光耗电。一般情况下，背光耗电大约为 20mA。

**2. 1602 字符 LCD 内部显存**

1602 液晶内部包含 80 个字节的显示 RAM，用于存储需要发送的数据，如图 22.12 所示。

第一行存储器地址范围 0x00～0x27；第二行存储器地址范围为 0x40～0x67。其中，第一行存储器地址范围 0x00～0x0F 与 1602 字符 LCD 第一行位置对应；第二行存储器地址范围 0x40～0x4F 与 1602 字符 LCD 第二行位置对应。

每行多出来的部分是为了显示移动字幕。

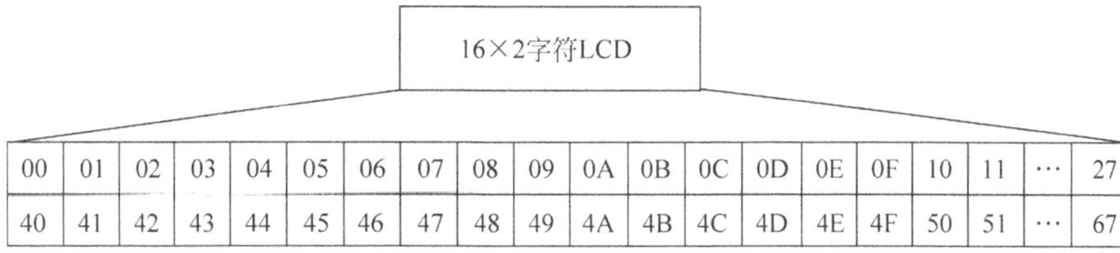


图 22.12 1206 内部 RAM 结构图

**3. 1602 字符 LCD 读写时序**

本节在 8 位并行模式下，1602 字符 LCD 各种信号在读写操作时的时序关系。

1) 写操作时序

STC15 系列单片机对 1602 字符 LCD 进行写数据/命令操作时序，如图 22.13 所示。

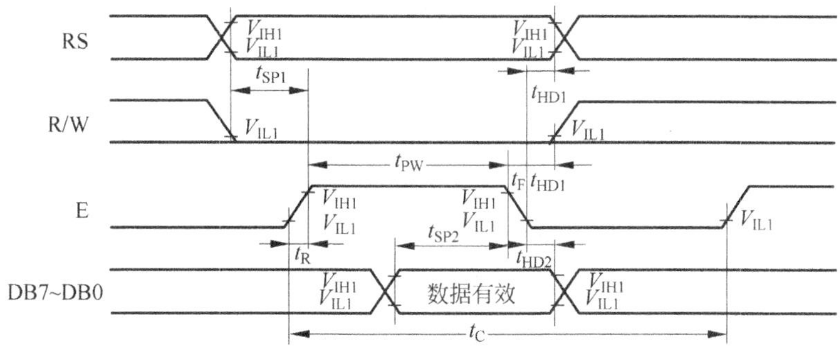


图 22.13 STC 单片机对 1206 写操作时序

(1) 将 R/W 信号拉低。同时给出 RS 信号，该信号为 1 或者 0，用于区分数据和命令。

(2) 将 E 信号拉高。当 E 信号拉高后，STC 单片机将写入 1602 字符 LCD 的数据放在 DB7～DB0 数据线上。当数据有效一段时间后，首先将 E 信号拉低。然后数据继续维持一段时间 $t_{HD2}$。这样，数据就写到 1602 字符 LCD 中。

(3) 撤除/保持 R/W 信号。

至此，STC15 系列单片机完成对 1602 字符 LCD 的写操作过程。

2) 读操作时序

STC15 系列单片机对 1602 字符 LCD 进行读数据/状态操作时序，如图 22.14 所示。

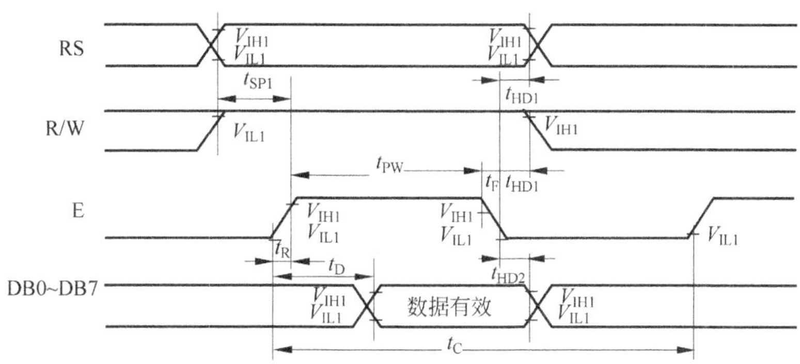


图 22.14 STC 单片机对 1206 读操作时序

(1) 将 R/W 信号拉高。同时给出 RS 信号，该信号为 1 或者 0，用于区分数据和状态。

(2) 将 E 信号拉高。当 E 信号拉高，并且延迟一段时间 $t_0$后，1602 字符 LCD 将数据放在 DB7～DB0 数据线上。当维持一段时间 $t_{pw}$后，将 E 信号拉低。

(3) 撤除/保持 R/W 信号。

至此，STC15 系列单片机完成对 1602 字符 LCD 的读操作过程。

将上面的读和写操作总结，如表 22.12 所示。

**表 22.12 读和写操作总结**

| RS | R/W | 操作说明 |
|---|---|---|
| 0 | 0 | 写入指令寄存器(清屏) |
| 0 | 1 | 读 BF(忙)标志，以及读取地址计数器的内容 |
| 1 | 0 | 写入数据寄存器(显示各字型等) |
| 1 | 1 | 从数据寄存器读取数据 |

**4. 1602 字符 LCD 命令和数据**

在 STC 单片机对 1602 字符 LCD 操作的过程中，会用到表 22.13 所示的指令。

**表 22.13 1602 字符 LCD 指令和数据**

| 指令 | 指令操作码 | | | | | | | | | | 功能 |
|---|---|---|---|---|---|---|---|---|---|---|---|
| | RS | RW | DB7 | DB6 | DB5 | DB4 | DB3 | DB2 | DB1 | DB0 | |
| 清屏 | 0 | 0 | 0 | 0 | 0 | 0 | 0 | 0 | 0 | 1 | 将 20H 写到 DDRAM，将 DDRAM 地址从 AC(地址计数器)设置到 00 |
| 光标归位 | 0 | 0 | 0 | 0 | 0 | 0 | 0 | 0 | 1 | | 将 DDRAM 的地址设置为 00，光标如果移动，则将光标返回到初始的位置。DDRRAM 的内容保持不变 |
| 输入模式设置 | 0 | 0 | 0 | 0 | 0 | 0 | 0 | 1 | I/D | S | 分配光标移动的方向，使能整个显示的移动。I=0，递减模式；I=1，递增模式。S=0，关闭整个移动；S=1，打开整个移动 |
| 显示打开/关闭控制 | 0 | 0 | 0 | 0 | 0 | 0 | 1 | D | C | B | 设置显示(D)，光标(C)和光标闪烁(B)打开/关闭控制。D=0，显示关闭；D=1，打开显示。C=0，关闭光标；C=1，打开光标。B=0，关闭闪烁；B=1，打开闪烁 |

续表

| 指令 | 指令操作码 | | | | | | | | | | 功能 |
|---|---|---|---|---|---|---|---|---|---|---|---|
| | RS | RW | DB7 | DB6 | DB5 | DB4 | DB3 | DB2 | DB1 | DB0 | |
| 光标或者显示移动 | 0 | 0 | 0 | 0 | 0 | 1 | S/C | R/L | | | 设置光标移动和显示移动的控制位以及方向，不改变DDRAM数据。S/C＝0，R/L＝0，光标左移；S/C＝0，R/L＝0，光标右移；S/C＝1，R/L＝0，显示左移，光标跟随显示移动；S/C＝1，R/L＝1，显示右移，光标跟随显示移动 |
| 功能设置 | 0 | 0 | 0 | 0 | 1 | DL | N | F | | | 设置接口数据宽度以及显示行的个数。DL＝1，8位宽度；DL＝0，4位宽度。N＝0，1行模式；N＝1，2行模式。F＝0，5×8字符字体；F＝1，5×10字符字体 |
| 设置CGRAM地址 | 0 | 0 | 0 | 1 | AC5 | AC4 | AC3 | AC2 | AC1 | AC0 | 在地址计数器中，设置CGRAM地址 |
| 设置DDRAM地址 | 0 | 0 | 1 | AC6 | AC5 | AC4 | AC3 | AC2 | AC1 | AC0 | 在地址计数器中，设置DDRAM地址 |
| 读忙标志和地址计数器 | 0 | 1 | BF | AC6 | AC5 | AC4 | AC3 | AC2 | AC1 | AC0 | 读BF标志，知道LCD屏内部是否正在操作。也可以读取地址计数器的内容 |
| 将数据写到RAM | 1 | 0 | D7 | D6 | D5 | D4 | D3 | D2 | D1 | D0 | 写数据到内部RAM（DDRAM/ CGRAM） |
| 从RAM读数据 | 1 | 1 | D7 | D6 | D5 | D4 | D3 | D2 | D1 | D0 | 从内部RAM（DDRAM/ CGRAM）读取数据 |

## 22.5.3 软件设计流程

本节介绍软件设计流程，包括1602字符LCD初始化和操作流程，以及系统软件处理流程。

**1. 1602字符LCD初始化和操作流程**

将上面的指令表进行总结，得到1602字符LCD的初始化和操作流程，如图22.15所示。

**2. 系统软件处理流程**

主程序的系统流程图如图22.16所示。

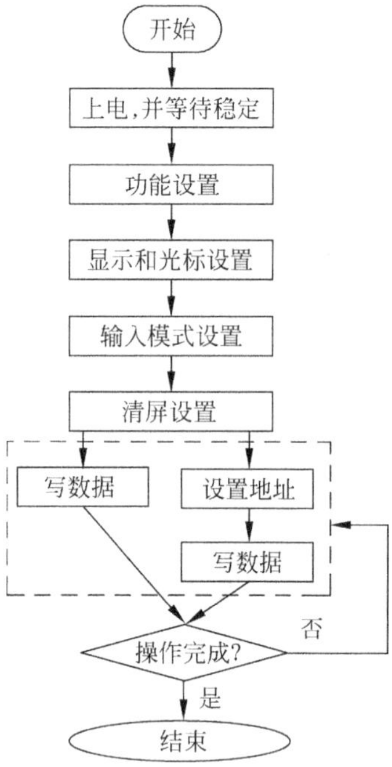


图 22.15 1602 初始化和读写操作流程

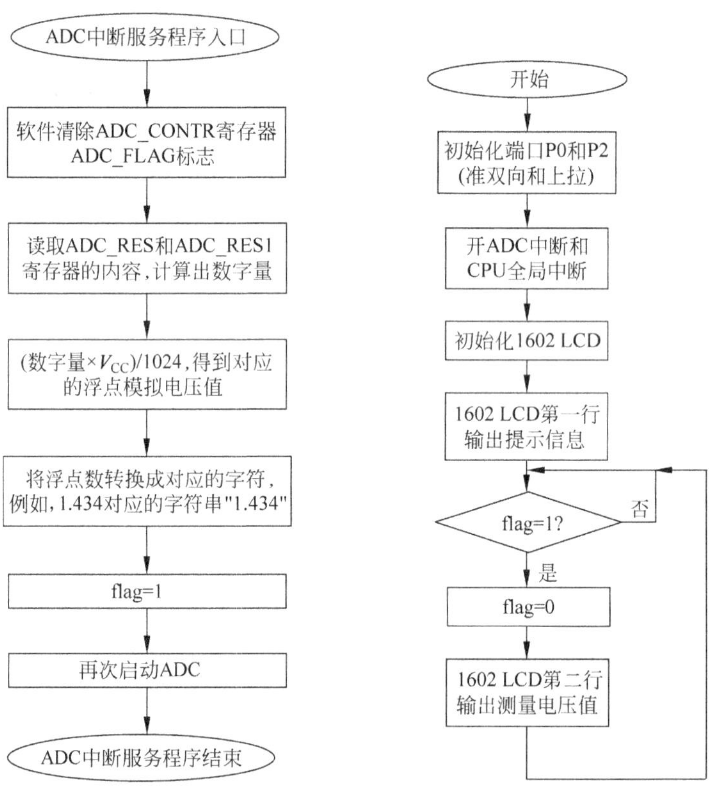


(a) ADC中断处理程序流程　　(b) 主程序处理流程

图 22.16 ADC 中断处理程序和主程序操作流程

### 22.5.4 具体实现过程

**【例 22-2】** 采集分压网络的电压值在1602字符LCD上显示的C语言描述的例子。

**代码清单 22-2(a) led1602.h 文件**

```
#ifndef _1602_                                           //条件编译命令,如果没有定义_1602_
#define _1602_                                           //定义_1602_
#include "reg51.h"                                       //包含 reg51.h 头文件
#include "intrins.h"                                     //包含 intrins.h 头文件
sbit LCD1602_RS = P2^5;                                  //定义 LCD1602_RS 为 P2.5 引脚
sbit LCD1602_RW = P2^6;                                  //定义 LCD1602_RW 为 P2.6 引脚
sbit LCD1602_E  = P2^7;                                  //定义 LCD1602_E 为 P2.7 引脚
sfr LCD1602_DB = 0x80;                                   //定义 LCD1602_DB 为 P0 端口
sfr P0M1 = 0x93;                                         //定义 P0 端口 P0M1 寄存器地址 0x93
sfr P0M0 = 0x94;                                         //定义 P0 端口 P0M0 寄存器地址 0x94
sfr P2M1 = 0x95;                                         //定义 P2 端口 P2M1 寄存器地址 0x95
sfr P2M0 = 0x96;                                         //定义 P2 端口 P2M0 寄存器地址 0x96
void lcdwait();                                          //定义子函数 lcdwait 类型
void lcdwritecmd(unsigned char cmd);                     //定义子函数 lcdwritecmd 类型
void lcdwritecmd(unsigned char dat);                     //定义子函数 lcdwritecmd 类型
void lcdinit();                                          //定义子函数 lcdinit 类型
void lcdsetcursor(unsigned char x, unsigned char y);     //定义子函数 lcdsetcursor 类型
void lcdshowstr(unsigned char x, unsigned char y,        //定义子函数 lcdshowstr 类型
               unsigned char * str);
#endif                                                   //条件预编译命令结束
```

**代码清单 22-2(b) led1602.c 文件**

```
#include "led1602.h"                                     //包含 led1602.h 头文件
void lcdwait()                                           //声明 lcdwait 函数,用于读取 BF 标志
{
    LCD1602_DB = 0xFF;                                   //读取前,先将 P0 端口设置为 FF
    _nop_();                                             //空操作延迟
    _nop_();                                             //空操作延迟
    _nop_();                                             //空操作延迟
    _nop_();                                             //空操作延迟
    LCD1602_RS = 0;                                      //将 LCD1602 的 RS 信号拉低
    LCD1602_RW = 1;                                      //将 LCD1602 的 RW 信号拉高
    LCD1602_E = 1;                                       //将 LCD1602 的 E 信号拉高
    while(LCD1602_DB & 0x80);                            //等待标志 BF 为低,表示 LCD1602 空闲
    LCD1602_E = 0;                                       //将 LCD1602 的 E 信号拉低
}

void lcdwritecmd(unsigned char cmd)                      //声明 lcdwritecmd 函数,写命令到 1602
{
    lcdwait();                                           //等待 LCD 不忙
    _nop_();                                             //空操作延迟
    _nop_();                                             //空操作延迟
    _nop_();                                             //空操作延迟
    _nop_();                                             //空操作延迟
    LCD1602_RS = 0;                                      //将 LCD1602 的 RS 信号拉低
    LCD1602_RW = 0;                                      //将 LCD1602 的 RW 信号拉低
    LCD1602_DB = cmd;                                    //将命令控制码 cmd 放到 P0 端口
    LCD1602_E = 1;                                       //将 LCD1602 的 E 信号拉高
```

```
    _nop_();                                    //空操作延迟
    _nop_();                                    //空操作延迟
    _nop_();                                    //空操作延迟
    _nop_();                                    //空操作延迟
    LCD1602_E = 0;                              //将 LCD1602 的 E 信号拉低
}

void lcdwritedata(unsigned char dat)            //声明 lcdwritedata 函数,写数据到 1602
{
    lcdwait();                                  //等待 LCD 不忙
    _nop_();                                    //空操作延迟
    _nop_();                                    //空操作延迟
    _nop_();                                    //空操作延迟
    _nop_();                                    //空操作延迟
    LCD1602_RS = 1;                             //将 LCD1602 的 RS 信号拉高
    LCD1602_RW = 0;                             //将 LCD1602 的 RW 信号拉低
    LCD1602_DB = dat;                           //将数据码 cmd 放到 P0 端口
    LCD1602_E = 1;                              //将 LCD1602 的 E 信号拉高
    _nop_();                                    //空操作延迟
    _nop_();                                    //空操作延迟
    _nop_();                                    //空操作延迟
    _nop_();                                    //空操作延迟
    LCD1602_E = 0;                              //将 LCD1602 的 E 信号拉低
}

void lcdinit()                                  //声明 lcdinit 子函数,用来初始化 1602
{
    lcdwritecmd(0x38);                          //发命令 0x38,2 行模式,5×8 点阵,8 位
                                                //宽度
    lcdwritecmd(0x0c);                          //发命令 0x0C,打开显示,关闭光标
    lcdwritecmd(0x06);                          //发命令 0x06,文字不移动,地址自动加 1
    lcdwritecmd(0x01);                          //发命令 0x01,清屏
}
//声明 lcdsetcursor 函数,设置显示 RAM 的地址,x 和 y 表示在 1602 的列和行参数
void lcdsetcursor(unsigned char x, unsigned char y)
{
    unsigned char address;                      //声明无符号 char 类型变量 address
    if(y == 0)                                  //如果第一行
        address = 0x00 + x;                     //存储器地址以 0x00 开始
    else                                        //如果是第二行
        address = 0x40 + x;                     //存储器地址以 0x40 开始
    lcdwritecmd(address|0x80);                  //写存储器地址命令
}

void lcdshowstr(unsigned char x, unsigned char y,   //在液晶上指定的 x 和 y 位置,显示字符
    unsigned char * str)
{
    lcdsetcursor(x,y);                          //设置显示 RAM 的地址
    while(( * str)!= '\0')                      //如果不是字符串的结尾,则继续
    {
        lcdwritedata( * str);                   //发写数据命令,在 LCD 上显示数据
        str++;                                  //指针加 1,指向下一个地址
    }
}
```

**代码清单 22-2(c) main.c 文件**

```
#include "reg51.h"
#include "stdio.h"
#include "led1602.h"
#define ADC_POWER      0x80            //定义 ADC_POWER 的值 0x80
#define ADC_FLAG       0x10            //定义 ADC_FLGA 的值 0x10
#define ADC_START      0x08            //定义 ADC_START 的值 0x08
#define ADC_SPEEDLL    0x00            //定义 ADC_SPEEDLL 的值 0x00
#define ADC_SPEEDL     0x20            //定义 ADC_SPEEDL 的值 0x20
#define ADC_SPEEDH     0x40            //定义 ADC_SPEEDH 的值 0x40
#define ADC_SPEEDHH    0x60            //定义 ADC_SPEEDHH 的值 0x60

sfr AUXR           = 0x8E;             //声明 AUXR 寄存器的地址 0x8E
sfr ADC_CONTR      = 0xBC;             //声明 ADC_CONTR 寄存器的地址 0xBC
sfr ADC_RES        = 0xBD;             //声明 ADC_RES 寄存器的地址 0xBD
sfr ADC_RESL       = 0xBE;             //声明 ADC_RESL 寄存器的地址 0xBE
sfr P1ASF          = 0x9D;             //声明 P1ASF 寄存器的地址 0x9D

unsigned char ch = 4;                  //声明 char 类型变量 ch
bit flag = 1;                          //声明 bit 类型变量 flag
float voltage = 0;                     //声明 float 类型变量 voltage
unsigned char tstr[5];                 //声明 char 类型数组 tstr
unsigned int tmp = 0;                  //声明 int 类型变量 tmp

void adc_int() interrupt 5             //声明 adc 中断服务程序
{
    unsigned char i = 0;               //声明 char 类型变量 i
    ADC_CONTR &= !ADC_FLAG;            //将 ADC_FLAG 标志清零
    tmp = (ADC_RES * 4 + ADC_RESL);    //读取模拟信号对应的数字量
    voltage = (tmp * 5.0)/1024;        //将数字量转换成对应的模拟电压值
    sprintf(tstr,"%1.4f",voltage);     //将浮点数,转换成对应的电压值
    flag = 1;                          //将 flag 置 1
    ADC_CONTR = ADC_POWER |ADC_SPEEDLL | ADC_START | ch; //启动 ADC
}

void main()
{
    unsigned int i;                    //声明 int 型变量 i
    P0M0 = 0;                          //通过 P0M0 和 P0M1 寄存器,将 P0 口
    P0M1 = 0;                          //定义为准双向,弱上拉
    P2M0 = 0;                          //通过 P2M0 和 P2M1 寄存器,将 P2 口
    P2M1 = 0;                          //定义为准双向,弱上拉
    P1ASF = 0xFF;                      //将 P1 端口用于 ADC 输入
    ADC_RES = 0;                       //将 ADC_RES 寄存器清 0
                                       //配置 ADC_CONTR 寄存器
    ADC_CONTR = ADC_POWER|ADC_SPEEDLL | ADC_START | ch;
    for(i = 0;i<10000;i++);            //延迟一段时间
    IE = 0xA0;                         //CPU 允许响应中断请求,允许 ADC 中断
    lcdwait();                         //等待 1602 字符 LCD 稳定
    lcdinit();                         //初始化 1602 字符 LCD
```

```
    lcdshowstr(0,0,"Measured Voltage is");  //在 1602 第一行开始打印信息
    lcdshowstr(6,1,"V");                    //在 1602 第二行第 6 列打印字符 v
    while(1)                                //无限循环
        {
            if(flag == 1)                   //判断 flag 标志是否为 1
            {
                flag = 0;                   //将 flag 置 0
                lcdshowstr(0,1,tstr);       //在第二行,打印电压对应的字符
            }
        }
}
```

**注**:读者可以进入本书所提供资料的 STC_example\例 22-2 目录下,打开并参考该设计。

下载和分析设计的步骤主要包括:

(1) 打开 STC-ISP 软件,在该界面内,选择硬件选项。将“输入用户程序运行时的 IRC 频率”设置为 6.000MHz。

(2) 单击“下载/编程”按钮,按前面的方法下载设计到 STC 单片机。

(3) 观察 1602 字符屏上的输出结果,如图 22.17 所示。

**注**:当 1602 对比度不理想时,可以调整 STC 学习板上标识为 $W_2$ 的电位器旋钮。

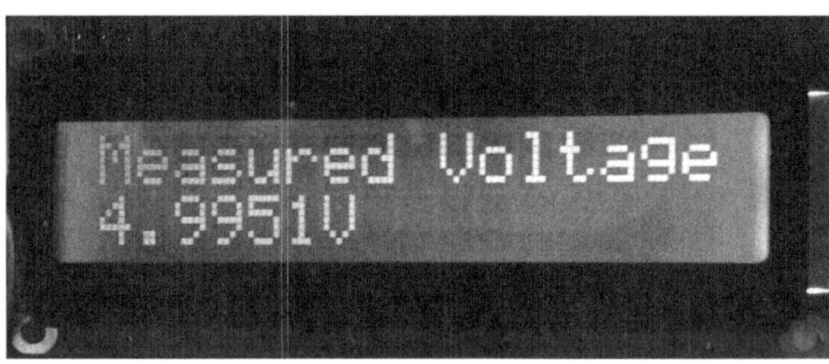


图 22.17　1602 LCD 上的显示结果

## 22.6　ADC 应用实现 3

本节将从外部输入信号源,经过 ADC 转换器转换后,得到数字量的值,经过计算后,通过 12864 图形/点阵 LCD 屏,一方面以字符形式得到的交流信号的最大值 MAX、最小值 MIN、峰峰值 PTP(peak to peak);另一方面以图形的方式显示采集交流信号的波形。

### 22.6.1　硬件电路设计

在该设计中,12864 图形点阵 LCD 通过屏上焊接的插座与 STC 学习板上的标记为 J12 的单排插针连接,如图 22.18 所示。在图中标出了 STC 学习板上插针引脚 1 的位置和 12864 图形点阵 LCD 引脚 1 的位置。

STC 学习板上 J12 提供 20 个插针,可以直接与 12864 图形点阵 LCD 进行连接,它们的信号引脚定义如表 22.14 所示。

12864图形/字符LCD点阵屏

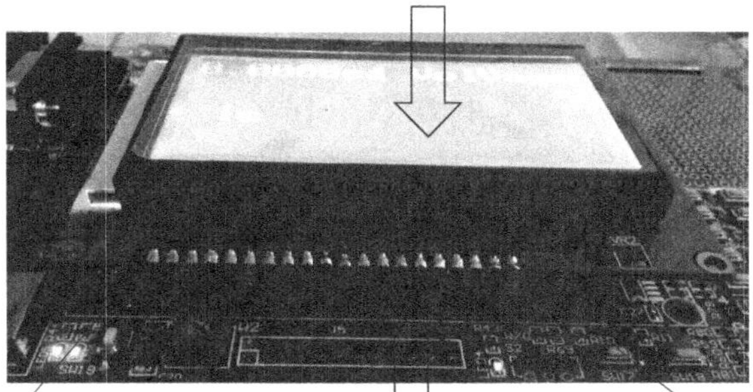

引脚20　　STC学习板上提供的标记为J12的单排插针和12864的单排插座插在一起　　引脚1

图 22.18　12864 LCD 和 STC 学习板的连接

**表 22.14　STC 学习板和 12864 图形/字符 LCD 引脚定义**

| STC 学习板 J12 插座引脚号 | 信号名字 | 与单片机引脚的连接关系 | 12864 图形点阵 LCD 引脚号 | 信号名字 | 功　　能 |
|---|---|---|---|---|---|
| 1 | GND | 地 | 1 | VSS | 地 |
| 2 | VCC | +5V 电源 | 2 | VCC | +5V 电源 |
| 3 | V0 | | 3 | V0 | LCD 驱动电压输入 |
| 4 | RS | P2.5 | 4 | RS | 寄存器选择。RS=1，数据；RS=0，指令 |
| 5 | R/W | P2.6 | 5 | R/W | 读写信号。R/W=1，读操作；R/W=0，写操作 |
| 6 | E | P2.7 | 6 | E | 芯片使能信号 |
| 7 | DB0 | P0.0 | 7 | DB0 | 8 位数据总线信号 |
| 8 | DB1 | P0.1 | 8 | DB1 | |
| 9 | DB2 | P0.2 | 9 | DB2 | |
| 10 | DB3 | P0.3 | 10 | DB3 | |
| 11 | DB4 | P0.4 | 11 | DB4 | |
| 12 | DB5 | P0.5 | 12 | DB5 | |
| 13 | DB6 | P0.6 | 13 | DB6 | |
| 14 | DB7 | P0.7 | 14 | DB7 | |
| 15 | PSB | P2.4 | 15 | PSB | 并/串模式选择。PSB=1，并行；PSB=0，串行 |
| 16 | N.C | P2.2 | 16 | N.C | 不连接 |
| 17 | /RST | P2.3 | 17 | /RST | 复位，低电平有效 |
| 18 | VOUT | | 18 | VOUT | 倍压输出脚 |
| 19 | A | +5V 电源 | 19 | BLA | 背光源正极，接+5.0V |
| 20 | K | 地 | 20 | BLK | 背光源负极，接地 |

## 22.6.2　12864 图形点阵 LCD 原理

本节介绍 JGD12864 图形/字符 LCD 原理，内容包括 12864 图形点阵 LCD 指标、12864 图形点阵 LCD 内部显存、12864 图形点阵 LCD 读写时序、12864 图形点阵 LCD 指令和数据。

**1. 12864 图形点阵 LCD 指标**

12864 是指 LCD 的屏幕分辨率为 128×64。12864 中文汉字图形点阵液晶显示模块，可显示汉字及图形，内置 8192 个中文汉字(16×16 点阵)、128 个字符(8×16 点阵)及 64×256 点阵显示 RAM(GDRAM)。JGD12864 图形点阵 LCD 的特性指标，如表 22.15 所示。

**表 22.15　12864 图形点阵 LCD 主要技术参数**

| 参数 | 特　　性 |
|---|---|
| 显示容量 | 128×64 个像素。每屏可显示 4 行 8 列共 32 个 16×16 点阵的汉字，或者 4 行 16 列共 64 个 ASCII 字符 |
| 工作电压范围 | 4.5～5V。对于 STC 单片机来说，推荐给 12864 供电 5.0V |
| 显示颜色 | 黄绿/蓝屏/灰屏 |
| LCD 类型 | STN |
| 与 MCU 接口 | 8/4 位并行，或者 3 位串行 |
| 屏幕尺寸 | 93mm×70mm×12.5mm(长×宽×高) |
| 多重模式 | 显示光标、画面移动、自定义字符和睡眠模式等 |

**2. 12864 图形点阵 LCD 内部存储空间**

下面对 12864 的存储空间进行简单的说明。

1) 数据显示 RAM

数据显示 RAM 即 Data Display Ram ,DDRAM。往里面写入什么数据，LCD 就会显示写入的数据。

2) 字符发生 ROM

字符发生 ROM 即 Character Generation ROM ,CGROM。里面存储了中文汉字的字模，也称作中文字库，编码方式有 GB2312(中文简体)和 BIG5(中文繁体)。

3) 字符发生 RAM

字符发生 RAM 即 Character Generation RAM, CGRAM。12864 内部提供了 64×2 字节的 CGRAM，可用于用户自定义 4 个 16×16 字符，每个字符占用 32 个字节。

4) 图形显示 RAM

图形显示 RAM 即 Graphic Display RAM,GDRAM。这一块区域用于绘图，往里面写入什么数据，12864 屏幕就会显示相应的数据，它与 DDRAM 的区别在于，往 DDRAM 中写入的数据是字符的编码，字符的显示先是在 CGROM 中找到字模，然后映射到屏幕上，而往 GDRAM 中写的数据是图形的点阵信息，每个点用 1 比特来保存其显示与否。

5) 半宽字符发生器

半宽字符发生器即 Half height Character Generation ROM ,HCGROM，就是字母与数字，也就是 ASCII 码。

12864 内部有 4 行×32 字节的 DDRAM 空间。但是某一时刻，屏幕只能显示 2 行×32 字节的空间，剩余的这些空间可以用于缓存，当实现卷屏显示时就可以利用这些空间。

DDRAM 结构如下所示：

80H、81H、82H、83H、84H、85H、86H、87H、88H、89H、8AH、8BH、8CH、8DH、8EH、8FH
90H、91H、92H、93H、94H、95H、96H、97H、98H、99H、9AH、9BH、9CH、9DH、9EH、9FH
A0H、A1H、A2H、A3H、A4H、A5H、A6H、A7H、A8H、A9H、AAH、ABH、ACH、ADH、AEH、AFH
B0H、B1H、B2H、B3H、B4H、B5H、B6H、B7H、B8H、B9H、BAH、BBH、BCH、BDH、BEH、BFH

地址与屏幕显示对应关系如下：

12864 第一行：80H、81H、82H、83H、84H、85H、86H、87H

12864 第二行：90H、91H、92H、93H、94H、95H、96H、97H

12864 第三行：88H、89H、8AH、8BH、8CH、8DH、8EH、8FH

12864 第四行：98H、99H、9AH、9BH、9CH、9DH、9EH、9FH

**注**：一般用于显示字符使用的是上面两行的空间，也就是 80H～8FH，90H～9FH，每个地址的空间是 2 个字节，也就是 1 个字，所以可以用于存储字符编码的空间总共是 128 字节。因为每个汉字的编码是 2 个字节，所以每个地址需要使用 2 个字节来存储一个汉字。当然如果将 2 个字节拆开来使用也可以，那就是显示 2 个半宽字符。

**3. 12864 图形点阵 LCD 读写时序**

本节介绍在 8 位并行模式下 12864 图形点阵 LCD 各种信号在读写操作时的时序关系。

1）写操作时序

STC15 系列单片机对 12864 图形点阵 LCD 进行写数据/命令操作时序，如图 22.19 所示。

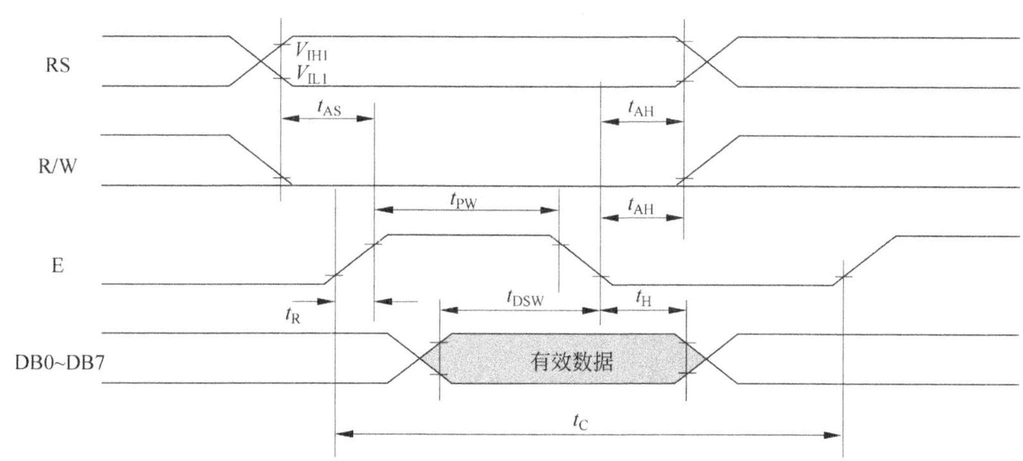


图 22.19 STC 单片机 12864 图形点阵 LCD 写操作时序

（1）将 R/W 信号拉低。同时给出 RS 信号，该信号为 1 或者 0，用于区分数据和命令。

（2）将 E 信号拉高。当 E 信号拉高后，STC 单片机将写入 12864 图形点阵 LCD 的数据放在 DB7～DB0 数据线上。当数据有效一段时间 $t_{DSW}$ 后，首先将 E 信号拉低。然后，数据再维持一段时间 $t_H$。这样，数据就写到 12864 图形点阵 LCD 中。

（3）撤除/保持 R/W 信号。

至此，STC15 系列单片机完成对 12864 图形点阵 LCD 的写操作过程。

2）读操作时序

STC15 系列单片机对 12864 图形点阵 LCD 进行读数据/状态操作时序，如图 22.20 所示。

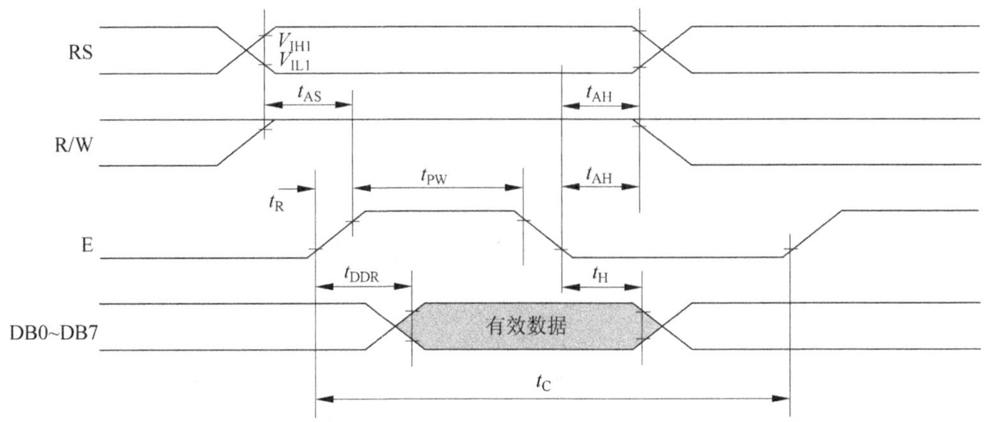


图 22.20　STC 单片机对 12864 图形点阵读操作时序

（1）将 R/W 信号拉高。同时给出 RS 信号，该信号为 1 或者 0，用于区分数据和状态。

（2）将 E 信号拉高。当 E 信号拉高，并且延迟一段时间 $t_{DDR}$ 后，12864 图形点阵 LCD 将数据放在 DB7～DB0 数据线上。当维持一段时间 $t_{TH}$ 后，将 E 信号拉低。

（3）撤除/保持 R/W 信号。

至此，STC15 系列单片机完成对 12864 图形点阵 LCD 的读操作过程。

**4. 12864 图形点阵 LCD 命令和数据**

在 STC 单片机对 12864 图形点阵 LCD 操作的过程中，会用到表 22.16 和表 22.17 所示的指令。12864 图形点阵 LCD 提供了基本指令和扩展指令。下面进行说明，以帮助读者更好地理解后面的设计流程。

**表 22.16　12864 图形点阵 LCD 基本命令(RE=0)**

| 指令 | 指令操作码 | | | | | | | | | | 功　能 |
|---|---|---|---|---|---|---|---|---|---|---|---|
| | RS | RW | DB7 | DB6 | DB5 | DB4 | DB3 | DB2 | DB1 | DB0 | |
| 清屏 | 0 | 0 | 0 | 0 | 0 | 0 | 0 | 0 | 0 | 1 | 将 20H 写到 DDRAM，将 DDRAM 地址从 AC(地址计数器)设置到 00 |
| 光标归位 | 0 | 0 | 0 | 0 | 0 | 0 | 0 | 0 | 1 | — | 将 DDRAM 的地址设置为 00，光标如果移动，则将光标返回到初始的位置。DDRRAM 的内容保持不变 |
| 进入点设定 | 0 | 0 | 0 | 0 | 0 | 0 | 0 | 1 | I/D | S | 指定在读数据和写数据时，设定光标移动的方向以及指定显示的移位。I=0，递减模式；I=1，递增模式。S=0，关闭整个移动；S=1，打开整个移动 |

续表

| 指令 | 指令操作码 | | | | | | | | | | 功　能 |
|---|---|---|---|---|---|---|---|---|---|---|---|
| | RS | RW | DB7 | DB6 | DB5 | DB4 | DB3 | DB2 | DB1 | DB0 | |
| 显示打开/关闭控制 | 0 | 0 | 0 | 0 | 0 | 0 | 1 | D | C | B | 设置显示(D),光标(C)和光标闪烁(B)打开/关闭控制。D=0,关闭显示;D=1,打开显示。C=0,关闭光标;C=1,打开光标。B=0,关闭闪烁;B=1,打开闪烁 |
| 光标或者显示移动 | 0 | 0 | 0 | 0 | 0 | 1 | S/C | R/L | | | 设置光标移动和显示移动的控制位,以及方向,不改变DDRAM数据。S/C=0,R/L=0,光标左移;S/C=0,R/L=0,光标右移;S/C=1,R/L=0,显示左移,光标跟随显示移动;S/C=1,R/L=1,显示右移,光标跟随显示移动 |
| 功能设置 | 0 | 0 | 0 | 0 | 1 | DL | | RE=0 | | | DL=1(必须设置为1)。RE=1,扩展指令集;RE=0,基本指令集 |
| 设置CGRAM地址 | 0 | 0 | 0 | 1 | AC5 | AC4 | AC3 | AC2 | AC1 | AC0 | 在地址计数器中,设置CGRAM地址 |
| 设置DDRAM地址 | 0 | 0 | 1 | AC6 | AC5 | AC4 | AC3 | AC2 | AC1 | AC0 | 在地址计数器中,设置DDRAM地址 |
| 读忙标志和地址计数器 | 0 | 1 | BF | AC6 | AC5 | AC4 | AC3 | AC2 | AC1 | AC0 | 读BF标志,知道LCD屏内部是否正在操作,也可以读取地址计数器的内容 |
| 将数据写到RAM | 1 | 0 | D7 | D6 | D5 | D4 | D3 | D2 | D1 | D0 | 将数据写到内部RAM(DDRAM/CGRAM/IRAM/GDRAM) |
| 从RAM读数据 | 1 | 1 | D7 | D6 | D5 | D4 | D3 | D2 | D1 | D0 | 从内部RAM(DDRAM/CGRAM/IRAM/GDRAM)读取数据 |

**表22.17　12864图形点阵LCD扩展命令(RE=1)**

| 指令 | 指令操作码 | | | | | | | | | | 功　能 |
|---|---|---|---|---|---|---|---|---|---|---|---|
| | RS | RW | DB7 | DB6 | DB5 | DB4 | DB3 | DB2 | DB1 | DB0 | |
| 待命模式 | 0 | 0 | 0 | 0 | 0 | 0 | 0 | 0 | 0 | 1 | 将20H写到DDRAM,将DDRAM地址从AC(地址计数器)设置到00 |
| 卷动地址或IRAM地址选择 | 0 | 0 | 0 | 0 | 0 | 0 | 0 | 0 | 1 | SR | SR=1,允许输入垂直卷动地址;SR=0,允许输入IRAM地址 |

续表

| 指令 | 指令操作码 | | | | | | | | | | 功　　能 |
|---|---|---|---|---|---|---|---|---|---|---|---|
| | RS | RW | DB7 | DB6 | DB5 | DB4 | DB3 | DB2 | DB1 | DB0 | |
| 反白选择 | 0 | 0 | 0 | 0 | 0 | 0 | 0 | 1 | R1 | R0 | 选择4行中的任意一行做反白显示，并可决定是否反白 |
| 休眠模式 | 0 | 0 | 0 | 0 | 0 | 0 | 1 | SL | — | — | SL=1，脱离休眠模式；SL=0，进入休眠模式 |
| 扩充功能设定 | 0 | 0 | 0 | 0 | 1 | 1 | — | RE=1 | G | 0 | RE=1，扩充指令集；RE=0，基本指令集。G=1，打开绘图模式；G=0，关闭绘图模式 |
| 设定IRAM地址或卷动地址 | 0 | 0 | 0 | 1 | AC5 | AC4 | AC3 | AC2 | AC1 | AC0 | SR=1，AC5～AC0为垂直卷动地址；SR=0，AC3～AC0为ICON IRAM地址 |
| 设置绘图RAM地址 | 0 | 0 | 1 | AC6 | AC5 | AC4 | AC3 | AC2 | AC1 | AC0 | 在地址计数器中，设置CGRAM地址 |

**5. 12864图形点阵字符/图像表示方法**

下面给出12864图形点阵128×64像素的构成方式，如图22.21所示。从图22.21(a)和22.21(b)中可以看出，将屏幕分成上下部分，每部分包含32行和128列的像素。$X$方向以字节为单位，而$Y$方向以位为单位。$X$方向确定列，$Y$方向确定行。该绘图显示RAM提供128×8个字节的存储空间。

1）字符/汉字表示方法

可以看到在字符模式下，将12864图形点阵分为4行8列一共32个区域。每个区域包含16×16个像素值，可以显示两个ASCII码字符/数字，或者一个汉字。每行起始地址分别为0x80、0x90、0x88、0x98。每行可显示区域分配了8个地址，一个地址包含两个字节。从图22.21中可以看出，只要从32个地址中选择一个地址，就可以确定所要显示的字母/数字/汉字的位置。

2）图像的表示方法

现在的问题就是给定了一个$(x,y)$坐标，$x$范围为0～127，$y$范围为0～63，如何向该坐标对应12864屏的位置点写数据。当向12864对应的位置点写0时，该点不亮；而写1时，该点变亮。在更改绘图RAM的内容时，步骤包括：

(1) 连续写入水平与垂直的坐标值。

(2) 写入两个字节的数据到绘图RAM，而地址计数器(AC)会自动加1。

**注**：在写入绘图RAM的期间，必须关闭绘图显示功能。

写入所有绘图RAM的步骤包括：

(1) 关闭绘图显示功能。

(2) 将水平的位元组坐标$X$，即所在上半部分/下半的行，写入绘图RAM地址。

(3) 将垂直坐标$Y$，即所在屏幕的上半部分还是下半部分，写入绘图RAM地址。

(4) 将D15～D8写入到RAM中。

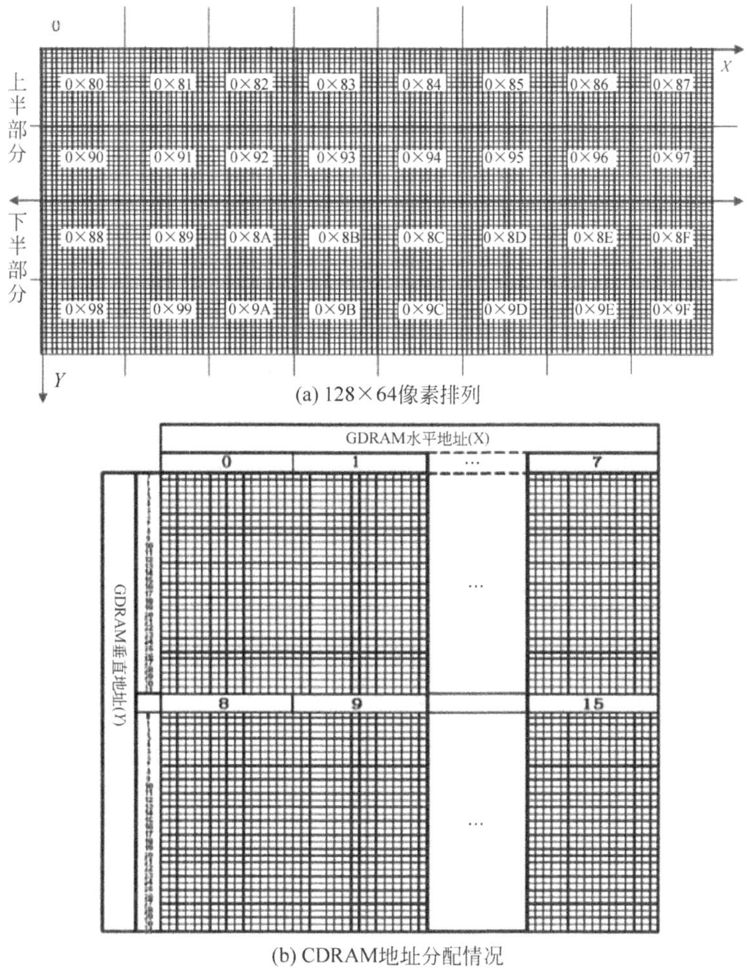


图 22.21　128×64 像素阵列和 CDRAM 之间的对应关系

(5) 将 D7～D0 写入到 RAM 中。

(6) 打开绘图显示功能。

在该设计中，在 12864 点阵中显示波形的策略如下：

(1) 声明一个 16×64 大小的 unsigned char 类型数组，即

```
unsigned char pix[16][64];
```

该声明的目的是，将 128×64 像素点分成 16×64 的区域。每个区域 8 列 1 行像素。8 列正好是 8 位，一个无符号字节。因此，该数组可以表示 12864 图形点阵 LCD 中的所有 128×64 像素的当前状态。

(2) 将该 pix 数组所有元素赋初值为 0，即 128×64 像素的当前状态都是 0，不亮。很明显，在 12864 图形点阵 LCD 上画波形实际上就是让需要亮的像素点赋值为 1 即可。显示波形，包括正弦和三角波。为了在 LCD 上显示一屏数据，因此每次得到 128 个采样，每个采样对应于 $x$ 坐标；每个采样所对应的离散的值是 10 位，范围在[0,1023]之间，经过量化处理，

即将该离散的值除以16,范围限制在[0,63]之间。也就是说,每个采样的幅度在[0,63]之间。在该设计中,每个采样的幅度表示为 $y[i]$,$i=0\sim128$。

(3) 下面得到每个采样和pix数组之间的对应关系。pix数组的每个元素的索引与 $y[i]$ 存在下面的对应关系,即

$$\text{pix}[i/8][y[i]],\ i=0\sim128$$

$i/8$ 将 $x$ 坐标对应到16个区域中,$y[i]$ 是每个采样点经过量化处理后的幅度,很明显是pix数组中每个像素的行坐标。

(4) pix数组的每个元素是unsigned char类型,也就是8个像素。表示为

$$\text{pix}[i/8][y[i]]=(0\text{x}80>>(i\%8));$$

$(0\text{x}80>>(i\%8))$ 具体含义如下:$i\%8$ 得到每个 $x$ 坐标 $i$ 在pix数组每个区域 $i/8$ 内的偏移位置。0x80表示一个8位的像素中,有一个像素是亮的,即亮点;$(0\text{x}80>>(i\%8))$ 意思为在 $x$ 坐标 $i$ 在pix数组每个区域 $i/8$ 内的偏移位置上赋值为1。

(5) 重复步骤(4)共128次,将128个采样点的幅度具体表示在pix数组中。

下面将详细说明将pix写到12864图形点阵屏的方法。

## 22.6.3 软件设计流程

本节介绍软件设计流程,包括12864图形点阵LCD字符模式初始化和显示字符操作流程,12864图形点阵LCD图形模式初始化和显示波形操作流程,以及系统软件处理流程。

**1. 12864 LCD字符模式初始化和显示字符操作过程**

12864 LCD字符模式初始化和显示字符操作过程如图22.22所示。

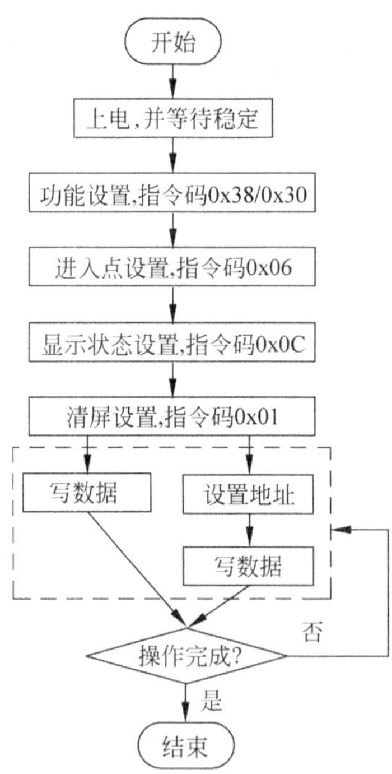


图22.22 12864 LCD字符模式初始化和显示字符操作流程

**2. 12864 LCD 图形模式初始化和显示波形操作过程**

12864 LCD 字符模式初始化和显示字符操作过程，如图 22.23 所示。

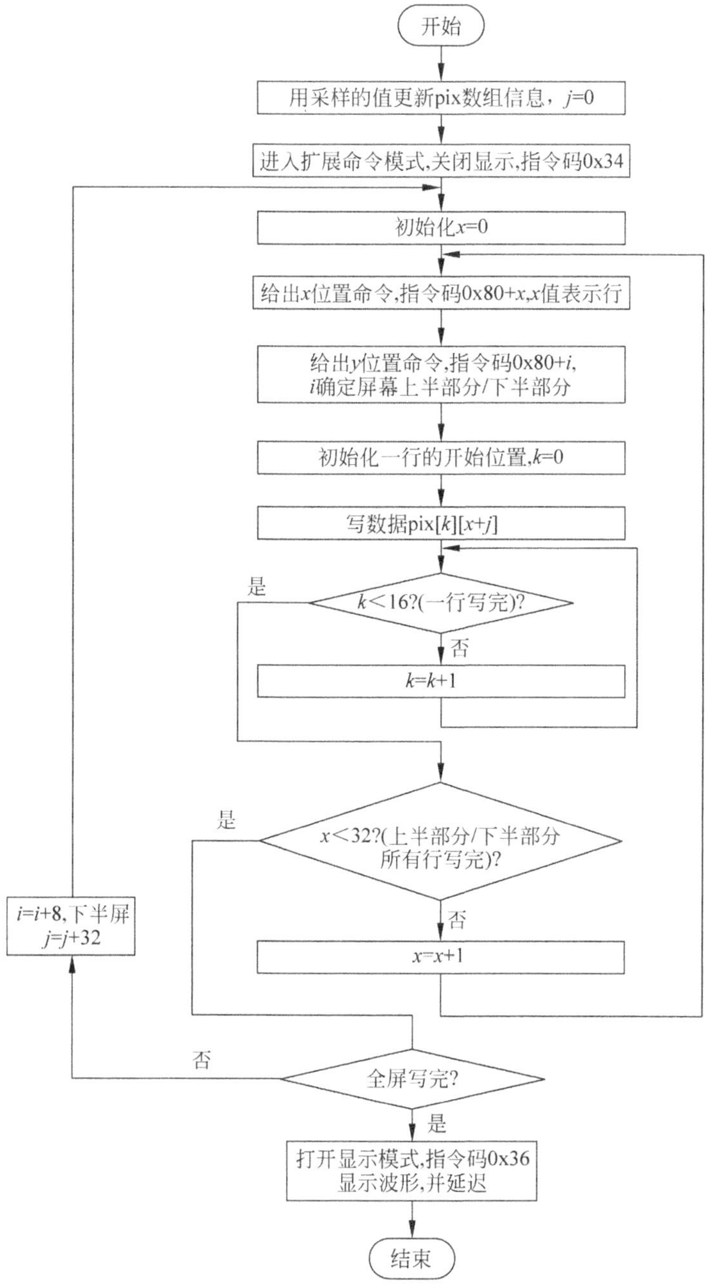


图 22.23 12864 LCD 图形模式初始化和显示波形操作过程

**3. 系统软件处理流程**

本节将介绍系统软件处理流程，包括 ADC 中断处理流程和主程序处理流程，如图 22.24 所示。

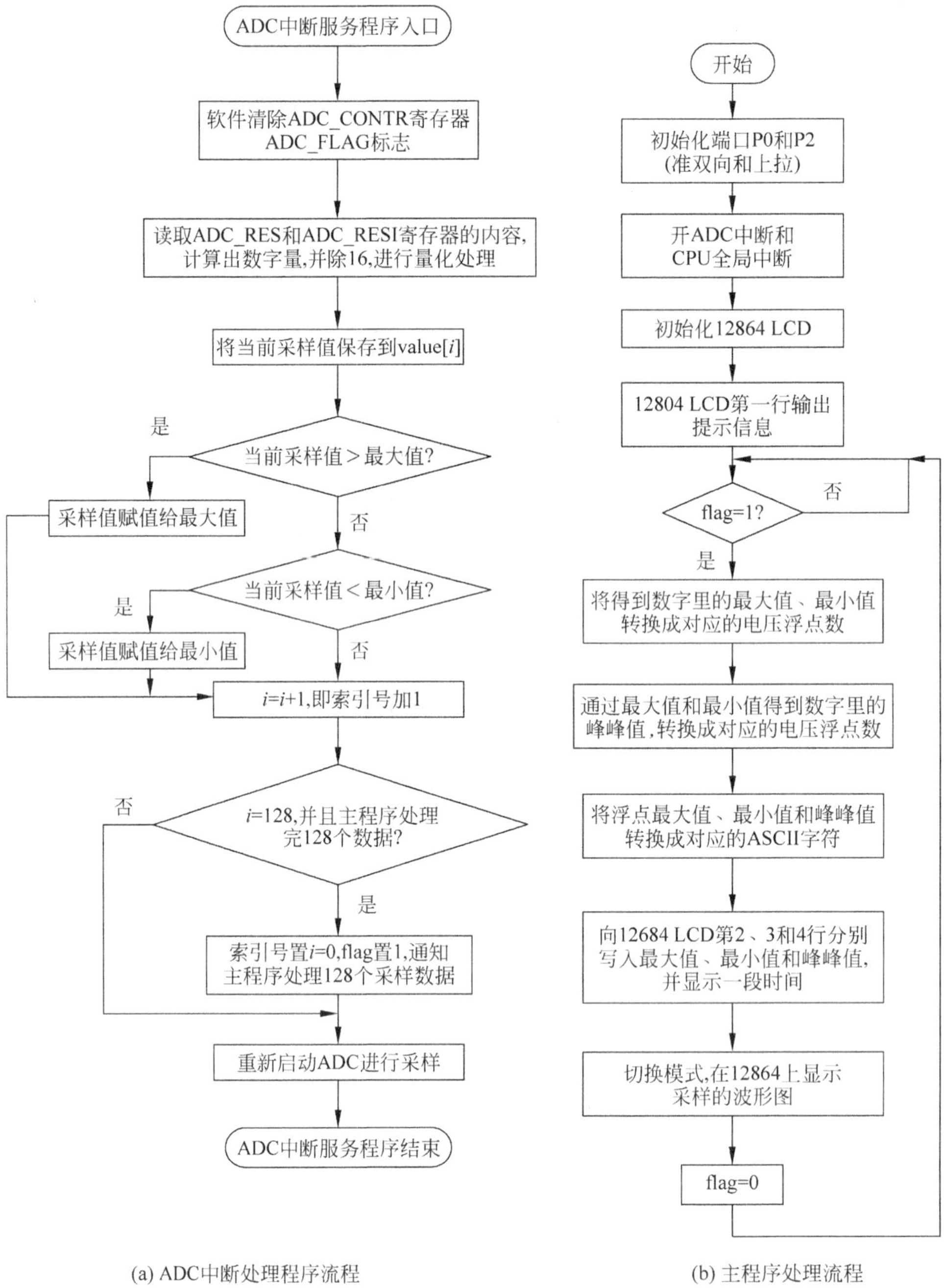


图 22.24 ADC 中断处理程序和主程序操作流程

## 22.6.4 ADC 外部输入信号要求

由于 STC15 系列单片机是单电源供电,所以其内部集成的 ADC 模块也是单电源供电。典型的,供电电压是+5V。因此直接输入到 ADC 模块的信号范围在 0～$V_{CC}$(单片机供电电压)范围内。

输入信号采用的方式包括：

(1) 在信号源将信号直接接入到 STC 单片机 ADC 输入引脚时，直接给出直流偏置，交流信号在这个直流偏置信号上摆动，直流加交流摆动的范围在 0～5V 单片机供电电压内，即给出的信号是单极性的信号。

(2) 信号源直流偏置为 0，直接给出交流信号，这个交流信号经过下面的单电源放大器构成的电压跟随器的处理引入直流偏置，然后将跟随器的输出信号 $V_{out}$ 连接到 STC 单片机 ADC 的输入引脚上，如图 22.25 所示。

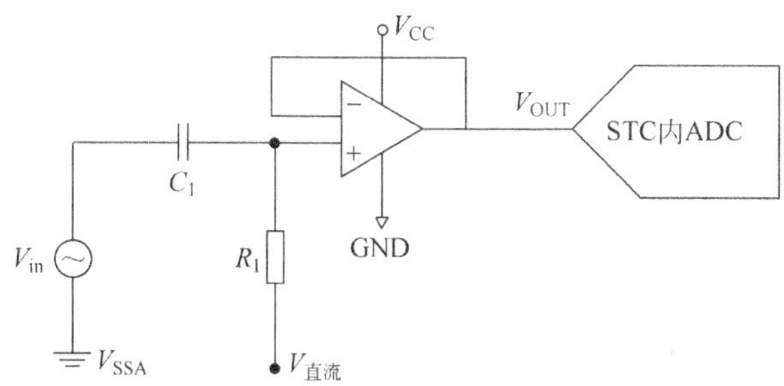


图 22.25 经过电压跟随器处理的双极性交流信号

当没有交流信号输入时，即信号的直流通路输出满足

$$V_{out}' = V_{直流}$$

当有交流小信号输入时，信号的交流通路(直流偏置接地)输出满足

$$V_{out}'' = V_{in}$$

其中，输入信号 $V_{in}$ 的电压通过电阻 $R_1$ 降低到 GND(地)。

使用叠加定理，则总输出为

$$V_{out} = V_{out}' + V_{out}'' = V_{in} + V_{直流}$$

## 22.6.5 具体实现过程

**【例 22-3】** 采集外部交流信号，并在 12864 图形点阵 LCD 上显示的 C 语言描述的例子。

**代码清单 22-3(a) 12864.h 文件**

```
#ifndef _12864_                              //条件编译命令，如果没有定义 12864
#define _12864_                              //则定义 12864
#include "reg51.h"
#include "intrins.h"
sbit LCD12864_RS = P2 ^5;                    //声明 sbit 类型变量 LCD12864_RS 为 P2.5 引脚
sbit LCD12864_RW = P2 ^6;                    //声明 sbit 类型变量 LCD12864_RW 为 P2.6 引脚
sbit LCD12864_E  = P2 ^7;                    //声明 sbit 类型变量 LCD12864_E 为 P2.7 引脚
sbit LCD12864_PSB = P2 ^4;                   //声明 sbit 类型变量 LCD12864_PSB 为 P2.4 引脚
sfr LCD12864_DB = 0x80;                      //声明 LCD12864_DB 寄存器地址 0x80(P0 端口)
sfr P0M1 = 0x93;                             //声明 P0 端口模式寄存器 P0M1 地址为 0x93
sfr P0M0 = 0x94;                             //声明 P0 端口模式寄存器 P0M0 地址为 0x94
sfr P2M1 = 0x95;                             //声明 P2 端口模式寄存器 P2M1 地址为 0x95
sfr P2M0 = 0x96;                             //声明 P2 端口模式寄存器 P2M0 地址为 0x96
void lcdwait();                              //声明子函数 lcdwait 类型
void lcdwritecmd(unsigned char cmd);         //声明子函数 lcdwritecmd 类型
```

```
void lcdwritedata(unsigned char dat);                   //声明子函数 lcdwritedata 类型
void lcdinit();                                         //声明子函数 lcdinit 类型
void lcdsetcursor(unsigned char x, unsigned char y);    //声明子函数 lcdsetcursor 类型
void lcdshowstr(unsigned char x, unsigned char y,       //声明子函数 lcdshowstr 类型
                unsigned char * str);
void drawpoint(unsigned char y[]);                      //声明子函数 drawpoint 类型
#endif
```

**代码清单 22-3(b)　12864.c 文件**

```
#include "12864.h"
void lcdwait()                          //定义 lcdwait 函数,用于检测 16284 的忙标志
{
    LCD12864_DB = 0xFF;                 //读取 P0 端口前,先给 P0 端口置位 0xFF
    _nop_();                            //空操作延迟
    _nop_();                            //空操作延迟
    _nop_();                            //空操作延迟
    _nop_();                            //空操作延迟
    LCD12864_RS = 0;                    //将 LCD12864_RS 指向的 P2.5 引脚拉低
    LCD12864_RW = 1;                    //将 LCD12864_RW 指向的 P2.6 引脚拉高
    LCD12864_E = 1;                     //将 LCD12864_E 指向的 P2.7 引脚拉高
    while(LCD12864_DB & 0x80);          //如果 16284LCD 内部忙,则等待
    LCD12864_E = 0;                     //将 LCD12864_E 指向的 P2.7 引脚拉低
    _nop_();                            //空操作延迟
    _nop_();                            //空操作延迟
    _nop_();                            //空操作延迟
    _nop_();                            //空操作延迟
}

void lcdwritecmd(unsigned char cmd)     //定义子函数 lcdwritecmd,用于给 12864 写命令
{
    lcdwait();
    _nop_();                            //空操作延迟
    _nop_();                            //空操作延迟
    _nop_();                            //空操作延迟
    _nop_();                            //空操作延迟
    LCD12864_RS = 0;                    //将 LCD12864_RS 指向的 P2.5 引脚拉低
    LCD12864_RW = 0;                    //将 LCD12864_RW 指向的 P2.6 引脚拉低
    LCD12864_DB = cmd;                  //将命令码 cmd 放到 LCD12864_DB 指向的 P0 端口
    LCD12864_E = 1;                     //将 LCD12864_E 指向的 P2.7 引脚拉高
    _nop_();                            //空操作延迟
    _nop_();                            //空操作延迟
    _nop_();                            //空操作延迟
    _nop_();                            //空操作延迟
    LCD12864_E = 0;                     //将 LCD12864_E 指向的 P2.7 引脚拉低
}

void lcdwritedata(unsigned char dat)    //定义子函数 lcdwritedata,用于给 12864 写数据
{
    lcdwait();
    _nop_();                            //空操作延迟
    _nop_();                            //空操作延迟
    _nop_();                            //空操作延迟
    _nop_();                            //空操作延迟
```

```
    LCD12864_RS = 1;                        //将 LCD12864_RS 指向的 P2.5 引脚拉高
    LCD12864_RW = 0;                        //将 LCD12864_RW 指向的 P2.6 引脚拉低
    LCD12864_DB = dat;                      //将数据 dat 放到 LCD12864_DB 指向的 P0 端口
    LCD12864_E = 1;                         //将 LCD12864_E 指向的 P2.7 引脚拉高
    _nop_();                                //空操作延迟
    _nop_();                                //空操作延迟
    _nop_();                                //空操作延迟
    _nop_();                                //空操作延迟
    LCD12864_E = 0;                         //将 LCD12864_E 指向的 P2.7 引脚拉低
}

void lcdinit()                              //定义子函数 lcdinit,用于初始化 12864
{
    lcdwritecmd(0x38);                      //调用函数 lcdwritecmd,给 12864 发命令 0x38
    lcdwritecmd(0x06);                      //调用函数 lcdwritecmd,给 12864 发命令 0x06
    lcdwritecmd(0x01);                      //调用函数 lcdwritecmd,给 12864 发命令 0x01
    lcdwritecmd(0x0c);                      //调用函数 lcdwritecmd,给 12864 发命令 0x0c
}

//声明 lcdsetcursor 函数,设置显示 RAM 的地址,x 和 y 表示在 1602 的列和行参数
void lcdsetcursor(unsigned char x, unsigned char y)
{
    unsigned char address;                  //声明无符号 char 类型变量 address
    if(y == 0)                              //如果是第一行
        address = 0x80 + x;                 //从存储器地址 0x80 的位置开始
    else if(y == 1)                         //如果是第二行
        address = 0x90 + x;                 //从存储器地址 0x90 的位置开始
    else if(y == 2)                         //如果是第三行
        address = 0x88 + x;                 //从存储器地址 0x88 的位置开始
    else                                    //如果是第四行
        address = 0x98 + x;                 //从存储器地址 0x98 的位置开始
    lcdwritecmd(address|0x80);              //写 12864 存储器地址命令
}

void lcdshowstr(unsigned char x, unsigned char y,
                unsigned char * str)        //在 12864 上指定的 x 和 y 位置,显示字符
{
    lcdsetcursor(x,y);                      //设置写 RAM 的地址
    while(( * str)!= '\0')                  //如果字符没有结束
    {
         lcdwritedata( * str);              //将当前字符写到 RAM,即在 12864 上显示
         str++;                             //指向下一个字符
    }
}
void drawpoint(unsigned char y[])           //声明子函数 drawpoint,在 12864 上显示波形
{
    unsigned char i,j,k;                    //定义无符号 char 类型变量 i,j 和 k
    unsigned long int l;                    //定义无符号长整型变量 l
    unsigned char x;                        //定义无符号 char 类型变量 x
    xdata unsigned char pix[16][64];        //在 xdata 区域定义二维数组 pix[16][64]
    for(i = 0;i < 16;i++)                   //二重循环初始化 pix 数组为 0
    for(j = 0;j < 64;j++)
           pix[i][j] = 0;
           for(i = 0;i < 128;i++)           //用采样的数据数组 y[128]修改 pix 数组的值
```

```
            pix[i/8][y[i]] = (0x80 >>(i % 8)); //在给定的 x 和 y 的像素位置上置 1

      for(i = 0,j = 0;i<9;i += 8,j += 32)        //该循环确定屏幕上半部分和下半部分
       {
       for(x = 0;x<32;x++)                       //该循环定位所在屏幕所在的行
          {
          lcdwritecmd(0x34);                     //使用扩展命令,关闭图像显示模式
          lcdwritecmd(0x80 + x);                 //写 x 坐标信息
          lcdwritecmd(0x80 + i);                 //写 y 坐标信息
          lcdwritecmd(0x30);                     //使用基本命令
            for(k = 0;k<16;k++)                  //该循环连续的写指定一行的 128 个像素
              lcdwritedata(pix[k][x + j]);       //16 列,每列 8 个像素
          }
       }
       lcdwritecmd(0x36);                        //打开显示模式
         for(l = 0;l<500000;l++);                //显示图像并持续一段时间
}
```

**代码清单 22-3(c)　main.c 文件**

```
#include "reg51.h"
#include "stdio.h"
#include "12864.h"
#define ADC_POWER     0x80              //定义 ADC_POWER 的值 0x80
#define ADC_FLAG      0x10              //定义 ADC_FLAG 的值 0x10
#define ADC_START     0x08              //定义 ADC_START 的值 0x08
#define ADC_SPEEDLL   0x00              //定义 ADC_SPEEDLL 的值 0x00
#define ADC_SPEEDL    0x20              //定义 ADC_SPEEDL 的值 0x20
#define ADC_SPEEDH    0x40              //定义 ADC_SPEEDH 的值 0x40
#define ADC_SPEEDHH   0x60              //定义 ADC_SPEEDHH 的值 0x60

sfr AUXR          = 0x8E;               //声明 AUXR 寄存器的地址为 0x8E
sfr ADC_CONTR     = 0xBC;               //声明 ADC_CONTR 寄存器的地址为 0xBC
sfr ADC_RES       = 0xBD;               //声明 ADC_RES 寄存器的地址为 0xBD
sfr ADC_RESL      = 0xBE;               //声明 ADC_RESL 寄存器的地址为 0xBE
sfr P1ASF         = 0x9D;               //声明 P1ASF 寄存器的地址为 0x9D

unsigned char ch = 4;                   //声明全局无符号 char 类型变量 ch
bit flag = 1;                           //声明全局 bit 类型变量 flag
unsigned char max_tstr[10],min_tstr[10],avg_tstr[10];     //声明全局无符号 char 类型数组
unsigned int tmp = 0;                   //声明全局无符号 int 类型变量 tmp
xdata unsigned char value[128];         //xdata 区域声明无符号 char 类型数组 value
unsigned int max_value = 0 ,min_value = 1024,avg_value = 10;     //声明全局无符号 int 类型变量
unsigned char inc = 0;                  //声明全局无符号 char 类型变量 inc
void adc_int() interrupt 5              //声明 ADC 中断服务程序
{
    unsigned char i = 0;                //定义无符号 char 类型变量 i
    ADC_CONTR &= !ADC_FLAG;             //清除 ADC_FLAG 标志
    tmp = (ADC_RES * 4 + ADC_RESL);     //得到输入模拟量对应的 10 位转换数字量
    if(inc!= 128 && flag == 0)          //如果没有采够 128 个数据,并且 flag = 0
    {
        value[inc] = tmp/16;            //数字量除 16,量化到 0~64 的范围用于将来显示
        if(tmp > max_value)             //如果当前采样的数字量大于最大值的数字量
```

```
                max_value = tmp;        //将当前采样的数字量赋值给最大值
        if(tmp < min_value)             //如果当前采样的数字量小于最小的数字量
                min_value = tmp;        //将当前采样的数字量赋值给最小值
        inc++;                          //索引号递增 1
    }
    else                                //采满 128 个采样数据
    {
        inc = 0;                        //索引号归零
        flag = 1;                       //将 flag 位置 1
    }
    ADC_CONTR = ADC_POWER |ADC_SPEEDLL | ADC_START | ch; //启动 ADC
}

void main()
{
    long unsigned int i;
    P0M0 = 0;                           //设置 P0M0 和 P0M1 寄存器,将 P0 端口设置为
    P0M1 = 0;                           //准双向/弱上拉
    P2M0 = 0;                           //设置 P2M0 和 P2M1 寄存器,将 P2 端口设置为
    P2M1 = 0;                           //准双向/弱上拉
    P1ASF = 0xFF;                       //将 P1 端口设置为模拟输入
    ADC_RES = 0;                        //将 ADC_RES 寄存器清 0
    //配置 ADC 控制寄存器 ADC_CONTR
    ADC_CONTR = ADC_POWER|ADC_SPEEDLL | ADC_START | ch;
    for(i = 0;i < 10000;i++);           //延迟一段时间
    IE = 0xA0;                          //CPU 允许响应外部中断,允许 ADC 中断
    lcdinit();                          //初始化 12864
    lcdshowstr(0,0,"测量交流信号");     //在 12864 第一行打印信息
    for(i = 0;i < 600000;i++);          //延迟一段时间
    lcdwritecmd(0x01);                  //给 12684 发清屏命令
    while(1)                            //无限循环
    {
      if(flag == 1)                     //如果 flag 标志为 1
      {
        lcdinit();                      //初始化 12864
        sprintf(max_tstr,"% +1.4f",(max_value * 5.0)/1024);   //将浮点最大值转换成字符串
        sprintf(min_tstr,"% +1.4f",(min_value * 5.0)/1024);   //将浮点最小值转换成字符串
        //将计算得到的浮点峰峰值转换成字符串
        sprintf(avg_tstr,"% +1.4f",((max_value - min_value) * 5.0)/1024);
        max_value = 0;                  //将 max_value 重新赋值为 0
        min_value = 1024;               //将 min_value 重新赋值为 1024
        lcdshowstr(0,1,"MAX: ");        //在 12684 第二行的开头打印"MAX:"信息
        lcdshowstr(2,1,max_tstr);       //在 12684 第二行继续打印采集信号的最大值
        lcdshowstr(5,1," V");           //在 12684 第二行继续打印"V:"信息
        lcdshowstr(0,2,"MIN: ");        //在 12684 第三行的开头打印"MIN:"信息
        lcdshowstr(2,2,min_tstr);       //在 12684 第三行继续打印采集信号的最小值
        lcdshowstr(5,2," V");           //在 12684 第三行继续打印"V:"信息
        lcdshowstr(0,3,"PTP: ");        //在 12684 第四行的开头打印"PTP:"信息
        lcdshowstr(2,3,avg_tstr);       //在 12684 第四行继续打印采集信号的峰峰值
        lcdshowstr(5,3," V");           //在 12684 第四行继续打印"V:"信息
        for(i = 0;i < 300000;i++);      //延迟一段时间
```

```
            lcdwritecmd(0x01);              //清屏
            drawpoint(value);               //绘制采集信号的128个值的波形图
            flag = 0;                       //将flag标志置0
          }
        }
      }
```

**注**：读者可以进入本书所提供资料的 STC_example\例 22-3 目录下，打开并参考该设计。

下载和分析设计的步骤主要包括：

(1) 打开 STC-ISP 软件，在该界面内，选择硬件选项。将"输入用户程序运行时的 IRC 频率"设置为 22.000MHz。

(2) 单击"下载/编程"按钮，按前面的方法下载设计到 STC 单片机。

(3) 打开信号源，将信号源的输出分别连接到 STC 开发板的 P1.4 和 GND。

**注**：信号源的信号输出采用前面介绍的第一种方法，即在输出的信号中已经包含了直流偏置信号。

(4) 观察 12864 图形点阵 LCD 上的输出，第一屏、第二屏和第三屏显示，如图 22.26～图 22.28 所示。

图 22.26　12684 输出的第一屏信息

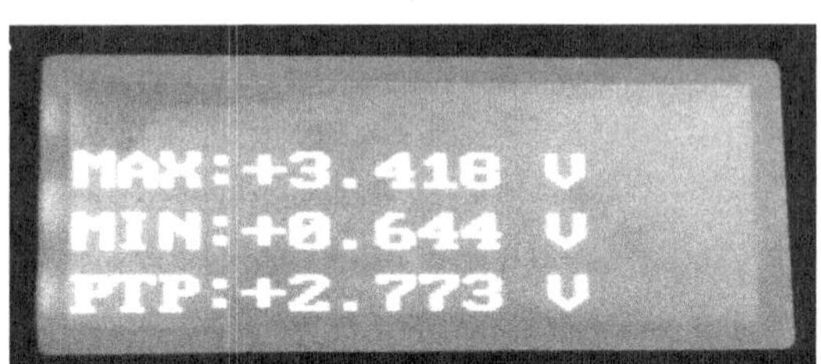


图 22.27　12684 输出的第二屏信息

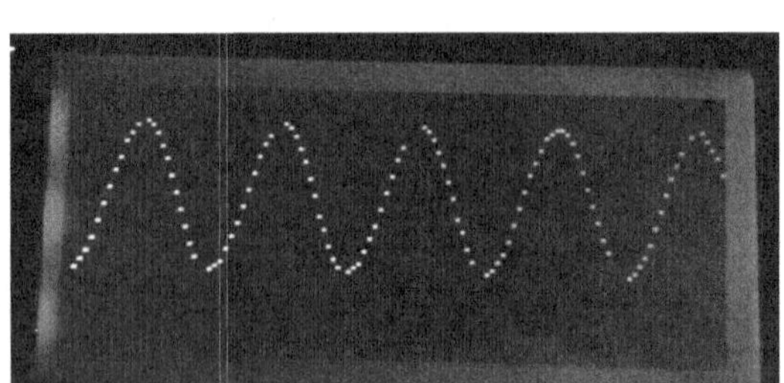

图 22.28　12684 输出的第三屏信息

**注**：当 12864 对比度不理想时，可以调整 STC 学习板上标识为$W_2$的电位器旋钮。

**思考与练习**

22-10 改变信号源输出信号的频率和幅度，观察输出结果。

22-11 将输出信号在正弦信号和三角波信号之间进行切换，观察输出结果。

22-12 根据 STC-ISP 设置的 IRC 频率以及设计代码，ADC 的采样频率＝________，ADC 的转换结果表示方法________。

22-13 影响 ADC_RES 和 ADC_RESL 寄存器表示结果的控制位为________。

22-14 修改设计代码，将波形用点之间的连线更逼真地表示出来。

22-15 （扩展题）修改设计代码，添加串口，并在主界面上用 VB/VC 编写显示界面，在该界面上显示和 12684 相同的信息。

## 22.7 ADC 应用实现 4

在前面的设计中，把 ADC 的数字量转换成模拟电压值是基于单片机的供电电压 $V_{CC}$，典型的为＋5V。如果单片机的外部供电电压发生变化，则转换出来的电压就一定存在误差，而且误差随着 $Vcc$ 的变化而不确定。

因此，如果能有一个稳定的电压源作为转换参考，然后基于此参考电源进行计算，所得到的被测量信号的模拟电压值误差只与 STC15 系列单片机 ADC 内部的转换误差和参考源的误差有关，与单片机的供电电压无关。这样，就很容易计算出输入模拟信号电压的相对误差和绝对误差。

在该设计中，通过基准电压源计算测量信号的结果，并通过串口 1 进行显示。

**1. 测量信号校准原理**

在 STC 学习板上，提供了 TL431 基准参考电压源，该参考源默认输出＋2.5V 的参考信号。该信号连接到 STC 单片机的 P1.2 引脚上，如图 22.29 所示。

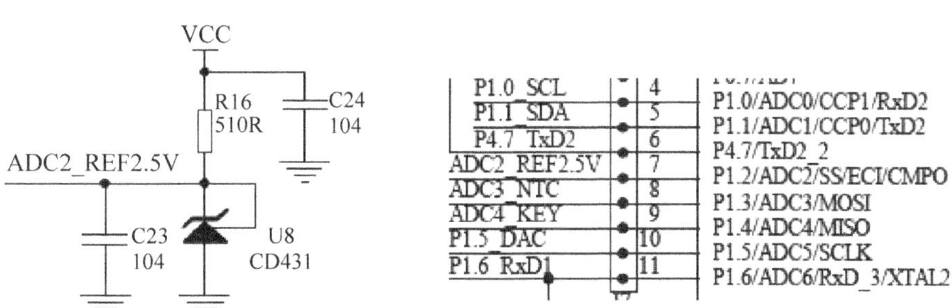


图 22.29 STC 学习板上提供的基准信号源

**注**：TL431 可以通过外部的电阻将输出的参考电压设置在$V_{ref}$到 36V 之间。

TL431 的技术指标主要包括：

(1) 在 25℃时，误差为 0.5％(B 级)、1％(A 级)和 2％(标准级)。

(2) 在 0～70℃范围内，温漂为 6mV；在－40～＋85℃时，温漂为 14mV。

将参考源 TL431 经过 STC15 单片机转换的数字量表示为 $X_{参考}$，模拟电压值表示为 $V_{参考}$(典型的 2.5V)；将输入信号经过 STC15 单片机转换的数字量表示为 $X_{输入}$，模拟电压

值表示为$V_{输入}$。因为

$$\frac{V_{参考}}{X_{参考}}=\frac{V_{输入}}{X_{输入}}$$

因此,可以通过下面的公式得到$V_{输入}$:

$$\frac{V_{参考}\times X_{输入}}{X_{参考}}=V_{输入}$$

**2. 信号输入电路**

在STC学习板上,提供了带有负温度系数(negative temperature coefficient,NTC)热敏电阻SDNT2012X103F3950FTF的信号输入电路,如图22.30所示。该热敏电阻的负温度系数是指,当温度升高的时候,热敏电阻值减少;而当温度降低的时候,热敏电阻值增加。当在标称温度(25℃)时,热敏电阻的值为10kΩ。

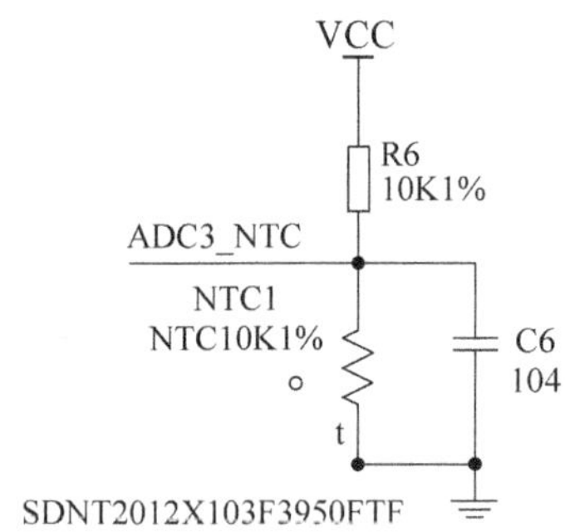


图22.30 STC学习板上提供的热敏电阻电路

在温度$T$时的热敏电阻的值由下面的公式进行计算:

$$R_T=R_N\cdot \exp B(1/T-1/T_N)$$

其中,$R_T$为在温度$T$(单位为开氏温度K)时的NTC热敏电阻阻值;$R_N$为在额定温度$T_N$(单位为开氏温度K)时的NTC热敏电阻阻值;$T$为规定温度(单位为开氏温度K);$B$为NTC热敏电阻的材料常数,又叫热敏指数;exp为以自然数e为底的指数(e=2.71828…)。

在图22.30所示的电路中,热敏电阻作为分压网络的一部分与$R_6$电阻连接在一起。ADC_NTC网络连接到单片机P1.3引脚上。ADC_NTC上的电压由下式确定:

$$V_{ADC\_NTC}=(V_{CC}\times R_{NTC1})/(R_{NTC1}+R_6)$$

**3. 软件设计流程**

软件设计流程如图22.31所示。

**4. 具体实现过程**

**【例22-4】** 利用外部参考电压精确测量外部输入电压值C语言描述的例子

**代码清单22-4 main.c文件**

```
#include "reg51.h"
#include "stdio.h"
#define OSC           18432000L      //声明单片机主时钟频率为18432000Hz
#define BAUD          9600           //声明单片机串口1通信波特率时钟
#define ADC_POWER     0x80           //声明ADC_POWER的值为0x80
#define ADC_FLAG      0x10           //声明ADC_FLAG的值为0x10
#define ADC_START     0x08           //声明ADC_START的值为0x08
#define ADC_SPEEDLL 0x00             //声明ADC_SPEEDLL的值为0x00
#define ADC_SPEEDL    0x20           //声明ADC_SPEEDH的值为0x20
#define ADC_SPEEDH    0x40           //声明ADC_SPEEDH的值为0x40
#define ADC_SPEEDHH 0x60             //声明ADC_SPEEDHH的值为0x60

sfr T2H           = 0xD6;            //声明T2H寄存器的地址为0xD6
sfr T2L           = 0xD7;            //声明T2L寄存器的地址为0xD7
sfr AUXR          = 0x8E;            //声明AUXR寄存器的地址为0x8E
```

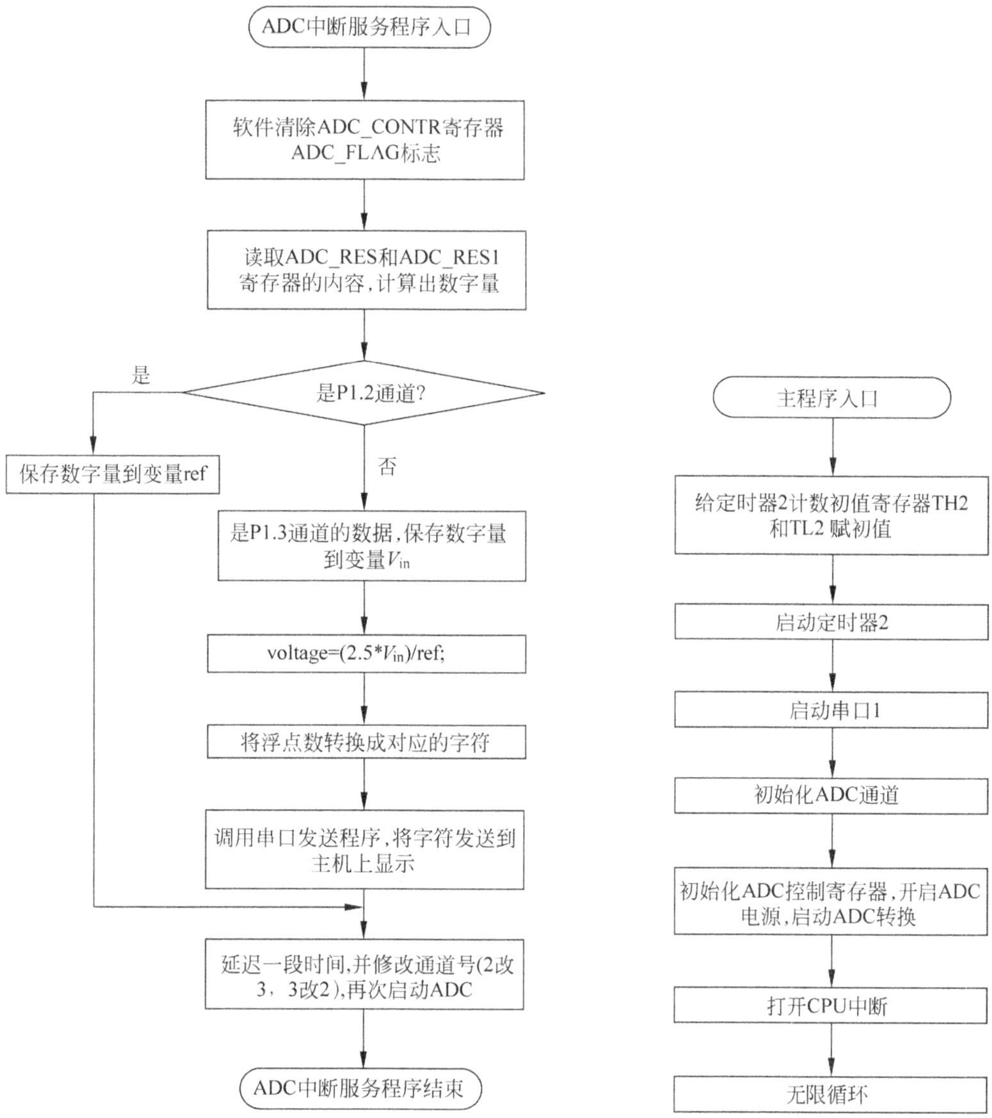


(a) ADC中断服务程序处理流程　　(b) 主程序处理流程

图 22.31　软件处理流程

```
sfr ADC_CONTR       = 0xBC;       //声明 ADC_CONTR 寄存器的地址为 0xBC
sfr ADC_RES         = 0xBD;       //声明 ADC_RES 寄存器的地址为 0xBD
sfr ADC_RESL        = 0xBE;       //声明 ADC_RESL 寄存器的地址为 0xBE
sfr P1ASF           = 0x9D;       //声明 P1ASF 寄存器的地址为 0x9D

unsigned char ch = 2;             //声明无符号 char 类型全局变量 ch = 2
float voltage = 0;                //声明浮点类型全局变量 voltage = 0
unsigned char tstr[5];            //声明无符号 char 类型全局数组 tstr
unsigned int ref = 0, vin = 0;    //声明无符号 int 类型全局变量 ref 和 vin
void SendData(unsigned char dat)  //声明串口发送子函数
{
    while(!TI);                   //如果 TI 不为 1,正在发送数据,则等待
```

```
        TI = 0;                                 //TI 标志清零
        SBUF = dat;                             //dat 写入串口 1 发送寄存器 SBUF 中
    }

    void adc_int() interrupt 5                  //声明 ADC 中断服务程序 adc_int
    {
        unsigned char i = 0;                    //声明无符号 char 类型变量 i
        unsigned long int j = 0;                //声明无符号 long int 类型变量 j
        ADC_CONTR & = !ADC_FLAG;                //清 ADC_FLAG 变量
        if(ch == 2)                             //如果是参考电压源 TL431 通道
        {
           ref = (ADC_RES * 4 + ADC_RESL);      //将参考电压所对应的数字量保存到变量 ref 中
        }
        else if(ch == 3)                        //如果是热敏电阻分压输入通道
        {
             vin = (ADC_RES * 4 + ADC_RESL);    //将分压所对应的数字量保存到变量 vin 中
           voltage = (2.5 * vin)/ref;           //计算分压的浮点电压值
           sprintf(tstr,"%1.4f",voltage);       //转换成对应的字符串 tstr
         SendData('\r');                        //串口发送回车符
         SendData('\n');                        //串口发送换行符
            for(i = 0;i < 5;i++)
              SendData(tstr[i]);                //串口发送分压对应的 ASCII 字符
        }
        if(ch == 2)                             //如果当前通道是 2
            ch = 3;                             //则将通道号修改为 3
        else if(ch == 3)                        //如果当前通道是 3
            ch = 2;                             //则将通道号修改为 2
        for(j = 0;j <= 80000;j++);              //延迟一段时间
        ADC_RES = 0;                            //ADC_RES 寄存器清零
        ADC_RESL = 0;                           //ADC_RESL 寄存器清零
        ADC_CONTR = ADC_POWER |ADC_SPEEDLL | ADC_START | ch;                     //启动 ADC
    }

    void main()
    {
        unsigned int i;
        SCON = 0x5A;                            //串口 1 为 8 位可变波特率模式
        T2L = 65 536 - OSC/4/BAUD;              //写定时器 2 低 8 位寄存器 T2L
        T2H = (65 536 - OSC/4/BAUD)>> 8;        //写定时器 2 高 8 位寄存器 T2H
        AUXR = 0x14;                            //定时器 2 不分频,启动定时器 2
        AUXR| = 0x01;                           //选择定时器 2 为串口 1 的波特率发生器
        P1ASF = 0xFF;                           //P1 端口作为模拟输入
        ADC_RES = 0;                            //清 ADC_RES 寄存器
        ADC_CONTR = ADC_POWER|ADC_SPEEDLL | ADC_START | ch;                      //启动 ADC
        for(i = 0;i < 10000;i++);               //延迟
        IE = 0xA0;                              //CPU 允许响应中断请求,使能 ADC 中断
        while(1);                               //无限循环
    }
```

**注**:读者可以进入本书所提供资料的 STC_example\例 22-4 目录下,打开并参考该设计。

下载和分析设计的步骤主要包括:

(1) 打开 STC-ISP 软件,在该界面内,选择硬件选项。将"输入用户程序运行时的 IRC

频率”设置为 18.432MHz。

(2) 单击“下载/编程”按钮，按前面的方法下载设计到 STC 单片机。

(3) 在 STC-ISP 软件右侧串口中，选择“串口助手”选项卡，按下面设置参数：

① 串口：COM3(读者根据自己计算机识别出来的 COM 端口号进行设置)。

② 波特率：9600。

③ 校验位：无校验。

④ 停止位：1 位。

(4) 单击打开串口按钮。

(5) 用电热吹风接近 STC 学习板上的热敏电阻——黑圈的位置，如图 22.32 所示。

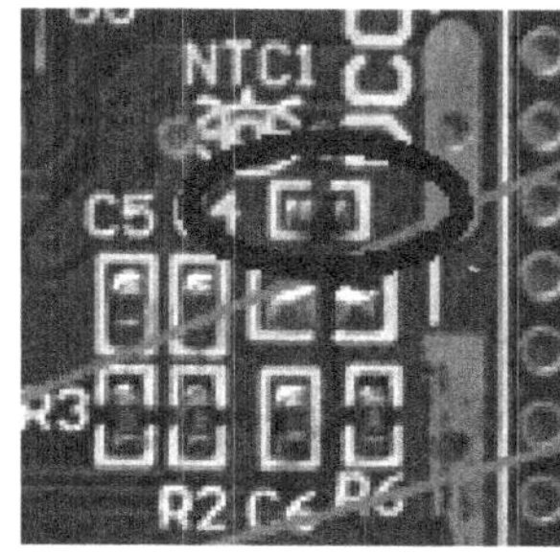


图 22.32　STC 学习板上热敏电阻的位置

(6) 观察串口的输出结果，如图 22.33 所示。

当电烙铁瞬间接触热敏电阻时，其电压可以降低到 1.306V。

(7) 将单片机的供电电压通过 J12 插座上的插针和导线连接到 P1.3 插孔上，观察串口输出结果，如图 22.34 所示。

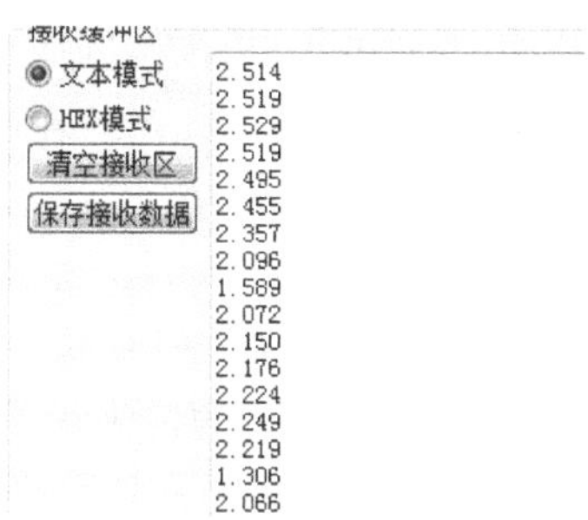


图 22.33　串口上输出的电压值(1)

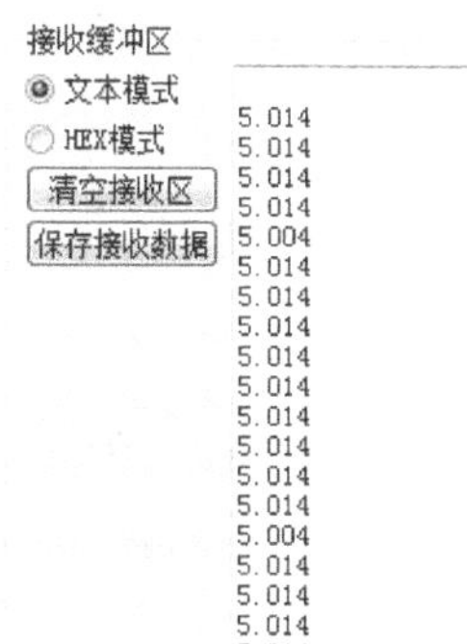


图 22.34　串口上输出的电压值(2)

从图中可以看出，单片机的供电电压非常稳定，值的变化范围为 0.01V，即 10mV。

**思考与练习**

22-16　根据校准的参考信号，计算单片机的供电电压的相对误差和绝对误差。

# 第 23 章 STC 单片机 SPI 原理及实现

CHAPTER 23

本章介绍 STC 单片机集成的 SPI 模块的原理，并通过例子说明实现 SPI 通信的方法。内容包括 SPI 模块结构及功能、SPI 模块寄存器组、SPI 模块配置及时序和 SPI 模块设计实例。

基于 SPI 接口的器件广泛应用于各个领域。通过本章内容的学习理解并掌握 SPI 接口的工作原理和 STC 单片机 SPI 接口通信的具体实现方式，从而实现 SPI 设备之间的高效率通信。

## 23.1 STC SPI 模块结构及功能

SPI 英文全称是 serial peripheral interface，中文称为串行外设接口，该接口是 Motorola（摩托罗拉）公司首先在其 MC68HCXX 系列处理器上定义并实现的。SPI 用于在两个设备之间进行高速数据传输。

### 23.1.1 SPI 传输特点

与前面所介绍的异步串行通信有着本质的区别，使用 SPI 进行数据的传输，不但需要有源方（发送数据的一方）提供的时钟信号，而且还需要有源方（发送数据的一方）提供的同步信号。同步信号的主要作用是要告诉信宿（目的）什么时候应该接收源方发送过来的数据，以及信宿如何将数据返回给信源。所以，基于 SPI 的通信方式是典型的高速同步双向数据传输方式。这种通信方式在工业界应用非常广泛。SPI 接口主要用于在 EEPROM、Flash、实时时钟、AD 转换器、数字信号处理器和数字信号解码器之间的数据传输。

### 23.1.2 SPI 模块功能

STC 公司系列单片机提供了另一种高速串行通信接口——SPI 接口。SPI 接口为数据传输提供了主模式和从模式两种工作模式。

（1）在主模式下，支持高达 3MHz 的数据传输率。如果单片机的主频为 20～36MHz，工作频率为 12MHz 时，可以提供更高的工作速度。

（2）在从模式下，速度受限，STC 推荐数据率在 SYSclk/4 内的数据传输率。

此外，SPI 接口提供了完成标志和写冲突标志保护。

**注：** 通过寄存器的控制，STC15W4K32S4 系列单片机的 SPI 接口信号可以选择使用三组不同的引脚。下面会详细进行介绍。

### 23.1.3　SPI 接口信号

在 SPI 接口中，提供了 4 个信号用于进行高速同步数据传输。

1) MOSI

主设备输出和从设备输入信号，实现主设备(发出数据)到从设备(接收数据)的数据传输。

(1) 当 STC 的 SPI 接口作为主设备传输数据时，该信号方向为输出，指向从设备。

(2) 当 STC 的 SPI 接口作为从设备接收数据时，该信号方向为输入，由从设备指向 STC 单片机的 SPI 接口。

2) MISO

主设备输入和从设备输出信号，实现从设备(发出数据)到主设备(接收数据)的数据传输。

(1) 当 STC 的 SPI 接口作为主设备传输数据时，该信号方向为输入，由从设备指向 STC 单片机的 SPI 接口。

(2) 当 STC 的 SPI 接口作为从设备接收数据时，该信号方向为输出，指向主设备。

所以，不管单片机的 SPI 接口是作为主设备还是从设备，MOSI 和 MISO 传输方向都是相反的。

3) SCLK

串行时钟信号，它由主设备发出，指向从设备。在串行时钟的控制下，用于同步主设备和从设备之间 MISO 和 MOSI 信号线上数据的传输过程。当主设备启动一次数据传输过程时，自动产生 8 个 SCLK 信号给从设备。在 SCLK 信号的上升沿或者下降沿到来的时候，移出一位数据。所以，一次传输可以传输一个字节的数据。

**注**：(1) 在一些应用中，将多个设备 SPI 接口的 SCLK、MOSI、MISO 信号连接在一起。通过 MIOSI 信号，将数据从主设备发送到从设备。

(2) 如果将 SPCTL 寄存器的 SPEN 位设置为 0(复位值为 0)，则禁止 SPI 接口，分配给这些信号的引脚可以当作普通 I/O 引脚使用。

4) $\overline{SS}$

从设备选择信号。通过该信号，主设备用于选择处于从模式的 SPI 设备。在主模式和从模式下，$\overline{SS}$信号的用法不同。

(1) 在主模式下，SPI 接口只能有一个主设备，不存在选择主机的问题，在该模式下，该位不是必需的。在主模式下，将主设备的$\overline{SS}$引脚通过 10kΩ 电阻上拉到高电平。每一个从设备的$\overline{SS}$信号与主设备的$\overline{SS}$信号连接，由主设备控制电平的高低，以便主设备选择从设备。

(2) 在从模式下，不管接收还是发送$\overline{SS}$信号必须有效。因此，在一次数据开始传输之前必须将$\overline{SS}$信号拉低。

通过$\overline{SS}$信号，SPI 从设备确认是否被选中。如果满足下面的其中一个条件，则忽略该信号：

(1) 如果禁止 SPI 接口。

(2) 如果配置为 SPI 主设备，即 SPCTL 寄存器的 MSTR 位置为 1，并且 P1.2/$\overline{SS}$配置为输出。

(3) 如果 SPCTL 寄存器的 SSIG 位置为 1，该引脚用作普通 I/O 功能。

**注**：即使 STC 单片机的 SPI 接口配置为主设备，但是仍然可以通过拉低$\overline{SS}$引脚，将其配置为从设备。通过设置寄存器相应的位使能该特性。

### 23.1.4 SPI 接口的数据通信方式

STC15 系列单片机的 SPI 接口提供的三种数据通信方式。

1）单一主设备和单一从设备方式

单一主设备和单一从设备配置结构，如图 23.1 所示。

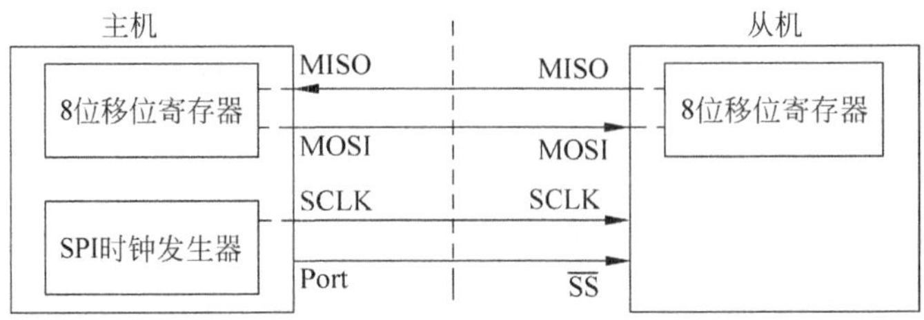


图 23.1　SPI 单个主设备和单个从设备的通信方式

在这种通信配置模式中，从设备的 SSIG 位设置为 0，$\overline{SS}$用于选择从设备。SPI 主设备可以使用任何引脚，包括 P1.2/$\overline{SS}$引脚来驱动$\overline{SS}$信号。主设备的 SPI 接口和从设备的 SPI 的 8 位移位寄存器构成一个循环的 16 位移位寄存器。当主设备向 SPDAT 寄存器写入一个字节时，立即启动一个连续的 8 位移位数据传输过程，即主设备的 SCLK 引脚向从设备的 SCLK 引脚发出时钟信号。在该时钟信号的驱动下，主设备 SPI 接口的 8 位移位寄存器中的数据通过 MOSI 信号线进入到从设备 SPI 接口的 8 位寄存器中。同时，从设备 8 位移位寄存器中的数据通过 MISO 信号又移动到了主设备的 8 位移位寄存器中。因此在该模式下，主设备即可以向从设备发送数据，又可以读取从设备发来的数据。

2）双设备方式

双设备方式，即设备可以互为主设备和从设备，如图 23.2 所示。

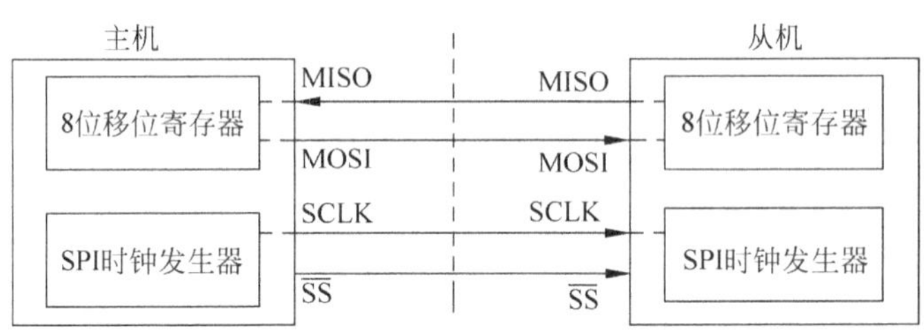


图 23.2　SPI 双设备通信方式

在该配置模式中，当没有 SPI 数据传输时，两个设备均可作为主机，将 SSIG 清零并将 P1.2/$\overline{SS}$引脚配置为准双向模式。当其中一个器件启动传输时，它将 P1.2/$\overline{SS}$配置为输出并驱动为低电平，这样就将另一个设备变成从设备。

双方初始化时，将自己配置成忽略$\overline{SS}$引脚的从模式。当一方要主动发送数据时，先检测$\overline{SS}$引脚的电平。如果$\overline{SS}$引脚为高，就将自己设置为忽略$\overline{SS}$引脚的主模式。在平时，通信双方将自己配置成没有选中的从模式。在该模式下，MISO、MOSI、SCLK 信号均为输入。当多个单片机的 SPI 接口以该模式并联时不会发生总线冲突。

**注**：在这种模式下，双方的 SPI 速度必须相同。如果使用外部的晶体振荡器，则双方晶体振荡器的频率也要相同。

3）单一主设备和多个从设备方式

单一主设备和多个从设备方式配置结构如图 23.3 所示。

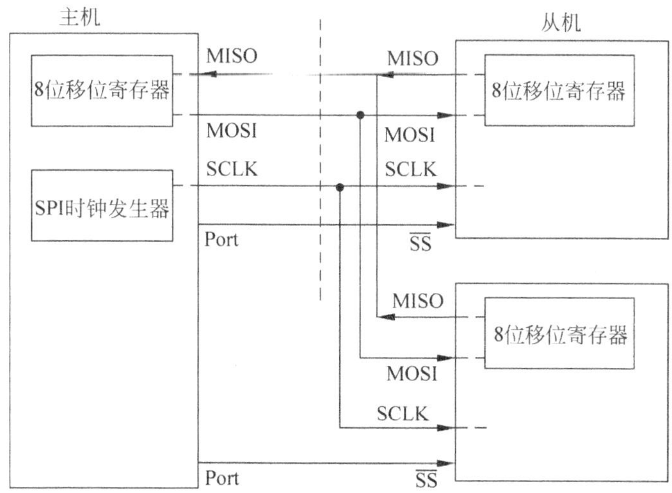


图 23.3 SPI 单主设备和多从设备通信方式

在该配置中，从设备的 SSIG 位置为 0，通过$\overline{SS}$信号，选择对应的从设备。主设备的 SPI 接口可以使用任何端口来驱动$\overline{SS}$引脚。

## 23.1.5 SPI 模块内部结构

SPI 模块内部结构如图 23.4 所示。从图中可以看出，SPI 模块核心是一个 8 位的移位寄存器和数据缓冲器，可以同时接收和发送数据。在数据传输的过程中，将接收和发送的数据保存在数据缓冲器。

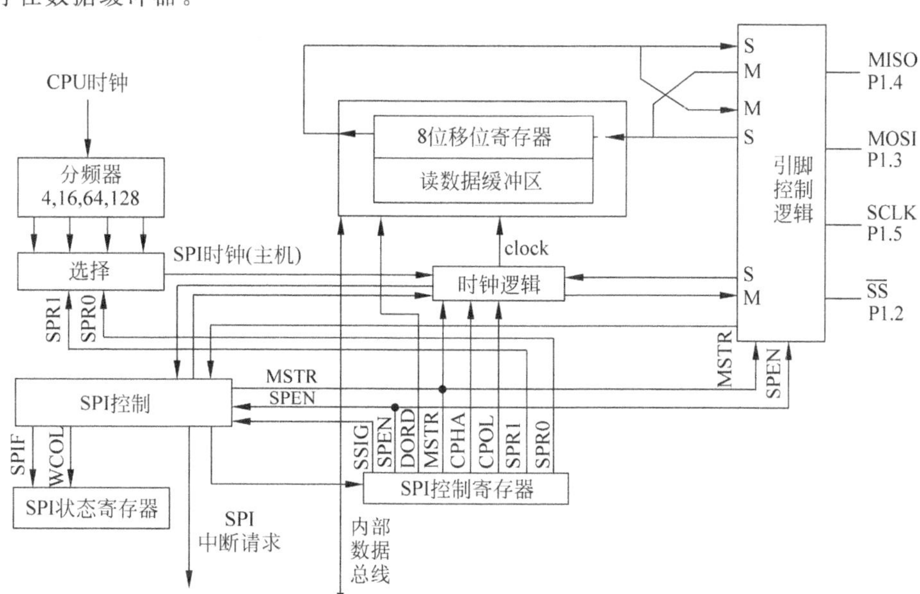


图 23.4 SPI 模块内部结构

对于主模式来说，如果要发送一个字节的数据，只需要将该数据写到 SPDAT 寄存器中。在该模式下，$\overline{SS}$信号不是必需的；但是，在从模式下，必须在$\overline{SS}$信号变为有效并接收到合适的时钟信号后，才可以开始进行数据传输。在从模式下，如果完成一个字节的数据传输，则$\overline{SS}$信号变高，这个字节立刻被硬件逻辑标记为接收完成。随后，SPI 接口准备接收下一个数据。

## 23.2 SPI 模块寄存器组

本节介绍与 SPI 模块有关的寄存器。这些寄存器包括 SPI 控制寄存器、SPI 状态寄存器、SPI 数据寄存器、中断允许寄存器、中断使能寄存器、中断优先级寄存器和控制 SPI 引脚位置寄存器。

### 23.2.1 SPI 控制寄存器

本节介绍 SPI 控制寄存器 SPCTL，如表 23.1 所示。该寄存器位于 STC 单片机特殊功能寄存器地址为 0xCE 的位置。当复位后，该寄存器的值为 00000100。

**表 23.1 SPI 控制寄存器 SPCTL 各位的含义**

| 比特位 | B7 | B6 | B5 | B4 | B3 | B2 | B1 | B0 |
|---|---|---|---|---|---|---|---|---|
| 名字 | SSIG | SPEN | DORD | MSTR | CPOL | CPHA | SPR1 | SPR0 |

其中：

1) SSIG

$\overline{SS}$引脚忽略控制位。当该位为 1 时，MSTR 位确定单片机是主设备还是从设备；当该位为 0 时，$\overline{SS}$引脚用于确定单片机是主设备还是从设备。$\overline{SS}$引脚可作为普通 I/O。

2) SPEN

SPI 使能控制位。当该位为 1 时，使能 SPI 接口；当该位为 0 时，禁止 SPI 接口，此时所有 SPI 接口的信号引脚都可以作为普通 I/O。

3) DORD

设定 SPI 数据发送和接收的位顺序。当该位为 1 时，先发送数据字的最低有效位(LSB)；当该位为 0 时，先发送数据字的最高有效位(MSB)。

4) MSTR

主从模式选择位。当该位为 1 时，主模式；当该位为 0 时，从模式。

5) CPOL

SPI 时钟极性选择位。

(1) 当该位为 1 时，空闲情况下，SCLK 为高电平。SCLK 的前一个时钟沿为下降沿，而后一个时钟沿为上升沿。

(2) 当该位为 0 时，空闲情况下，SCLK 为低电平。SCLK 的前一个时钟沿为上升沿，而后一个时钟沿为下降沿。

6) CPHA

SPI 时钟相位选择位。

(1) 当该位为 1 时，在 SCLK 的前时钟沿驱动数据，并在后时钟沿采样；

(2) 当该位为 0 时，在$\overline{SS}$为低时驱动数据，在 SCLK 的后时钟沿改变数据，并在前时钟沿采样。

**注**：当 SSIG=1 时，没有定义操作。

7) SPR1 和 SPR0

时钟速率选择位，如表 23.2 所示。

**表 23.2 SPR1 和 SPR0 位的含义**

| SPR1 | SPR0 | 时钟(SCLK) |
|---|---|---|
| 0 | 0 | CPU_CLK/4 |
| 0 | 1 | CPU_CLK/8 |
| 1 | 0 | CPU_CLK/16 |
| 1 | 1 | CPU_CLK/32 |

**注**：CPU_CLK 表示 CPU 的时钟。

## 23.2.2 SPI 状态寄存器

本节介绍 SPI 状态寄存器 SPSTAT，如表 23.3 所示。该寄存器位于 STC 单片机特殊功能寄存器地址为 0xCD 的位置。当复位后，该寄存器的值为 00xxxxxx。

**表 23.3 SPI 状态寄存器 SPSTAT 各位的含义**

| 比特位 | B7 | B6 | B5 | B4 | B3 | B2 | B1 | B0 |
|---|---|---|---|---|---|---|---|---|
| 名字 | SPIF | WCOL | | | | | | |

其中：

1) SPIF

SPI 传输完成标志。当完成一次 SPI 数据传输后，硬件将该位设置为 1。此时，如果允许 SPI 中断，则产生中断。当 SPI 处于主模式，且 SSIG 为 0 时，如果$\overline{SS}$引脚为输入并驱动为低电平时，硬件也将该标志置为 1，表示改变模式。

**注**：该位由软件写入 1 清 0。

2) WCOL

SPI 写冲突标志。在数据传输的过程中，如果对 SPI 数据寄存器 SPDAT 进行写操作，硬件将该标志置 1。

**注**：该位由软件写入 1 清 0。

## 23.2.3 SPI 数据寄存器

本节介绍 SPI 数据寄存器 SPDAT，如表 23.4 所示。该寄存器位于 STC 单片机特殊功能寄存器地址为 0xCF 的位置。当复位后，该寄存器的值为 00000000。

表 23.4 SPI 数据寄存器 SPDAT 各位的含义

| 比特位 | B7 | B6 | B5 | B4 | B3 | B2 | B1 | B0 |
|---|---|---|---|---|---|---|---|---|
| 名字 | 8 位数据 | | | | | | | |

## 23.2.4 中断允许寄存器 2

前面已经介绍过中断允许寄存器 IE2,本节说明该寄存器中与 SPI 接口有关比特位的含义,如表 23.5 所示。该寄存器位于 STC 单片机特殊功能寄存器地址为 0xAF 的位置。当复位后,该寄存器的值为 x000000。

表 23.5 中断允许寄存器 IE2 各位的含义

| 比特位 | B7 | B6 | B5 | B4 | B3 | B2 | B1 | B0 |
|---|---|---|---|---|---|---|---|---|
| 名字 | | ET4 | ET3 | ES4 | ES3 | ET2 | ESPI | ES2 |

其中,ESPI 是 SPI 中断允许位。当该位为 1 时,允许 SPI 中断;当该位为 0 时,禁止 SPI 中断。

## 23.2.5 中断优先级寄存器

前面已经介绍过中断优先级控制寄存器 IP2,本节说明该寄存器中与 SPI 接口有关比特位的含义,如表 23.6 所示。该寄存器位于 STC 单片机特殊功能寄存器地址为 0xB5 的位置。当复位后,该寄存器的值为 xxx00000。

表 23.6 中断优先级控制寄存器 IP2 各位的含义

| 比特位 | B7 | B6 | B5 | B4 | B3 | B2 | B1 | B0 |
|---|---|---|---|---|---|---|---|---|
| 名字 | | | | PX4 | PPWMFD | PPWM | PSPI | PS2 |

其中,PSPI 为 SPI 中断优先级控制位。当该位为 0 时,SPI 中断为最低优先级中断(优先级为 0);当该位为 1 时,SPI 中断为最高优先级中断(优先级 1)。

## 23.2.6 控制 SPI 引脚位置寄存器

PCA 模块引脚切换寄存器 AUXR1(P_SW1),用于选择 CCP 输出、SPI 接口和串口所使用的引脚在单片机上的位置,如表 23.7 所示。该寄存器位于 STC 单片机特殊功能寄存器地址为 0xA2 的位置。当复位后,该寄存器的值为 00000000。

表 23.7 PCA 模块引脚切换寄存器 AUXR1(P_SW1)各位的含义

| 比特位 | B7 | B6 | B5 | B4 | B3 | B2 | B1 | B0 |
|---|---|---|---|---|---|---|---|---|
| 名字 | S1_S1 | S1_S0 | CCP_S1 | CCP_S0 | SPI_S1 | SPI_S0 | 0 | DPS |

其中,SPI_S1 和 SPI_S0 确定 SPI 接口在单片机上引脚的位置,如表 23.8 所示。

**表 23.8 SPI_S1 和 SPI_S0 各位的含义**

| SPI_S1 | SPI_S0 | 功　　能 |
|---|---|---|
| 0 | 0 | 选择 SPI 接口分别对应于单片机 P1.2/SS、P1.3/MOSI、P1.4/MISO、P1.5/SCLK 引脚 |
| 0 | 1 | 选择 SPI 接口分别对应于单片机 P2.4/SS_2、P2.3/MOSI_2、P2.2/MISO_2、P2.1/SCLK_2 引脚 |
| 1 | 0 | 选择 SPI 接口分别对应于单片机 P5.4/SS_3、P4.0/MOSI_3、P4.1/MISO_3、P4.3/SCLK_3 引脚 |
| 1 | 1 | 无效 |

# 23.3 SPI 模块配置及时序

本节介绍 SPI 模块配置及时序问题。

## 23.3.1 SPI 配置模式

STC 15 系列单片机进行 SPI 通信时，通过 SPEN 位、SSIG 位、$\overline{SS}$引脚和 MSTR 位，控制其工作模式，如表 23.9 所示。

**表 23.9 主从模式的选择**

| SPEN | SSIG | $\overline{SS}$引脚/P1.2 | MSTR | 主/从模式 | MISO/P1.4 | MOSI/P1.3 | SCLK/P1.5 | 功　　能 |
|---|---|---|---|---|---|---|---|---|
| 0 | X | P1.2/$\overline{SS}$ | X | 禁止 SPI | MISO P1.4 | MOSI/P1.3 | SCLK/P1.5 | 禁止 SPI。SPI 接口的引脚 MISO/P1.4、MOSI/P1.3、SCLK/P1.5 可作为普通 I/O |
| 1 | 0 | 0 | 0 | 从模式 | 输出 | 输入 | 输入 | 选择作为从设备 |
| 1 | 0 | 1 | 0 | 从模式，未选中 | 高阻 | 输入 | 输入 | 未被选中。MISO 为高阻状态，以避免总线冲突 |
| 1 | 0 | 0 | 1→0 | 从模式 | 输出 | 输入 | 输入 | P1.2/$\overline{SS}$配置为输入或准双向口。SSIG 为 0。如果将$\overline{SS}$驱动为低，则选择作为从设备。当$\overline{SS}$变为低电平时，将 MSTR 清零<br>**注：** 当$\overline{SS}$处于输入模式时，如果驱动为低，且 SSIG 为 0，则自动清零 MSTR 位 |

续表

<table>
<tr><th>SPEN</th><th>SSIG</th><th>$\overline{SS}$引脚/P1.2</th><th>MSTR</th><th>主/从模式</th><th>MISO/P1.4</th><th>MOSI/P1.3</th><th>SCLK/P1.5</th><th>功　　能</th></tr>
<tr><td rowspan="2">1</td><td rowspan="2">0</td><td rowspan="2">1</td><td rowspan="2">1</td><td>主(空闲)</td><td rowspan="2">输入</td><td>高阻</td><td>高阻</td><td>当主机空闲时,MOSI 和 SCLK 为高阻,以避免总线冲突。用户必须将 SCLK 上拉或者下拉,以避免 SCLK 处于悬空状态</td></tr>
<tr><td>主(活动)</td><td>输出</td><td>输出</td><td>作为主机激活时,MOSI 和 SCLK 为推挽输出</td></tr>
<tr><td>1</td><td>1</td><td>P1.2/$\overline{SS}$</td><td>0</td><td>从模式</td><td>输出</td><td>输入</td><td>输入</td><td></td></tr>
<tr><td>1</td><td>1</td><td>P1.2/$\overline{SS}$</td><td>1</td><td>主模式</td><td>输入</td><td>输出</td><td>输出</td><td></td></tr>
</table>

### 23.3.2　主/从模式的注意事项

本节介绍 SPI 接口处于主模式和从模式下的一些注意事项,以避免在使用 SPI 接口时出现一些未知的错误。

**1. 作为主设备时的注意事项**

当 CPHA 为 0 时,SSIG 必须为 0,即不能忽略$\overline{SS}$引脚,$\overline{SS}$引脚必须设置为低,并且在每个连续的串行字节发送完后必须重新设置为高电平。如果在$\overline{SS}$低电平有效时,执行对 SPDAT 寄存器的写操作,将会导致出现一个写冲突错误。

当 CPHA 为 1 时,SSIG 可以置 1,即可以忽略$\overline{SS}$引脚。如果 SSIG 为 0,在连续传输之间$\overline{SS}$引脚保持低电平有效。这种方式适合具有单个固定主设备和单个固定从设备之间驱动 MISO 数据线的系统。

**2. 作为从设备时的注意事项**

在 SPI 中,总是由主设备发起数据传输过程。如果使能 SPI,并将其设置为主设备,主设备对 SPI 数据寄存器的写操作将启动 SPI 时钟发生器和数据的传输。在数据写入 SPDAT 之后的 0.5~1 个 SPI 比特位时间后,在 MOSI 引脚上将出现数据。

**注**:主设备可以通过将对应器件的$\overline{SS}$引脚驱动为低实现与从设备的通信。写到主设备 SPDAT 寄存器的数据从 MOSI 引脚移出,然后发送到从设备的 MISO 引脚。同时,从设备 SPDAT 寄存器的数据从 MISO 引脚移出并发送到主设备的 MISO 引脚。

传输完一个字节后,停止 SPI 时钟,将 SPIF 标志置 1,并产生一个中断。主设备和从设备 CPU 的两个移位寄存器可以看作是一个 16 位的循环移位寄存器。当数据从主设备移位传输到从设备的同时,数据以反方向从从设备移位传输到主设备。也就是说,在一个移位周期过程中,主设备和从设备相互交换数据。

### 23.3.3　通过$\overline{SS}$修改模式

如果 SPEN 为 1,SSIG 为 0 且 MSTR 为 1,则 SPI 为主模式。通过 P2M1 和 P2M0 寄

存器(用于设备 P2 端口的输入/输出模式),将$\overline{SS}$引脚配置为输入或者准双向模式。在该模式下,另外一个主设备可以将该引脚驱动为低,从而将该器件选择为 SPI 从设备,并向该从设备发送数据。

为了避免总线冲突,SPI 执行下面的行为:

(1) 清零 MSTR,并且变为从设备。同时,将 MOSI 和 SCLK 强制作为输入模式,而 MISO 作为输出模式。

(2) 将 SPSTAT 寄存器的 SPIF 标志置为 1。如果已经使能 SPI 中断,则产生 SPI 中断。

必须一直检测 MSTR 比特位。如果该位被一个从设备选择清 0,而用户一直想继续将 SPI 作为主设备,则必须重新将 MSTR 置 1。否则,将进入从设备模式。

## 23.3.4 写冲突

SPI 在发送数据时,为单级缓冲方式;而在接收数据时,为双缓冲方式。因此在前一次数据发送未结束之前,不能向移位寄存器写入新的数据。如果在发送数据的过程中,向移位寄存器写数据,则将 WCOL 位置 1 表示数据冲突。在这种情况下,继续发送完当前的传输的数据,但是新写入的数据丢失。

当对主设备或者从设备进行写冲突检测时,主设备发生写冲突的情况是比较少见的,这是由于主设备拥有数据传输的控制能力。但是从设备有可能发生写冲突。这是因为当主设备启动数据传输时,从设备无法控制数据的传输过程。

当从设备接收到数据时,将接收到的数据发送到一个并行读数据缓冲区。这样,就释放了移位寄存器用于接收下一个数据。但是,必须在下一个字符完全移入之前从数据寄存器中读出接收到的数据。否则,将丢失前一个数据。

## 23.3.5 数据模式时序

通过时钟相位控制位 CPHA,允许用户设置采样和改变数据的时钟边沿。此外,时钟极性比特控制位 CPOL,允许用户设置时钟的极性,如图 23.5~图 23.8 所示。

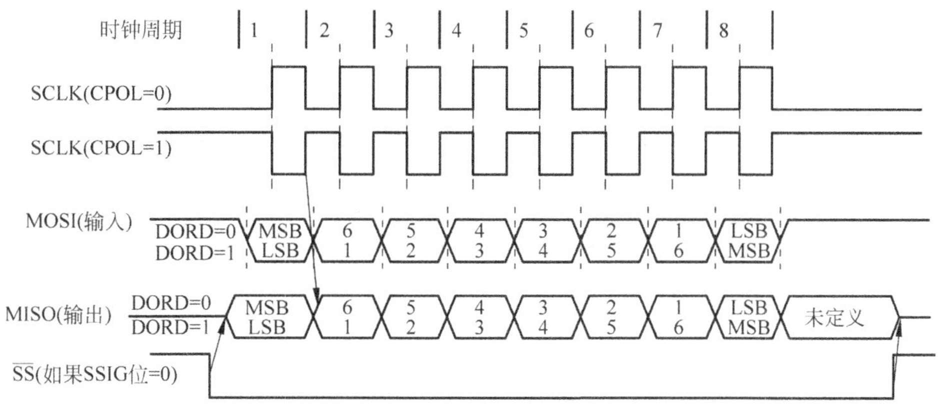


图 23.5 CPHA 为 0 时从模式数据传输时序图

从图中可以看出,当 CPOL 为 0 时,在空闲状态下,SCLK 为低电平;当 CPOL 为 1 时,在空闲状态下,SCLK 为高电平。

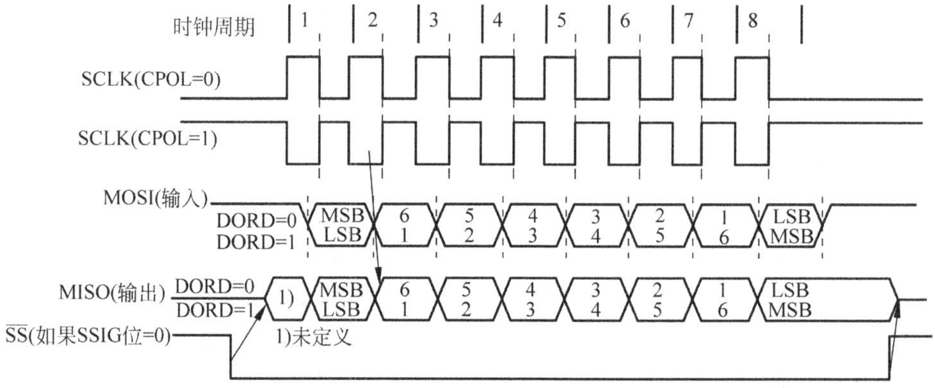


图 23.6　CPHA 为 1 时从模式数据传输时序图

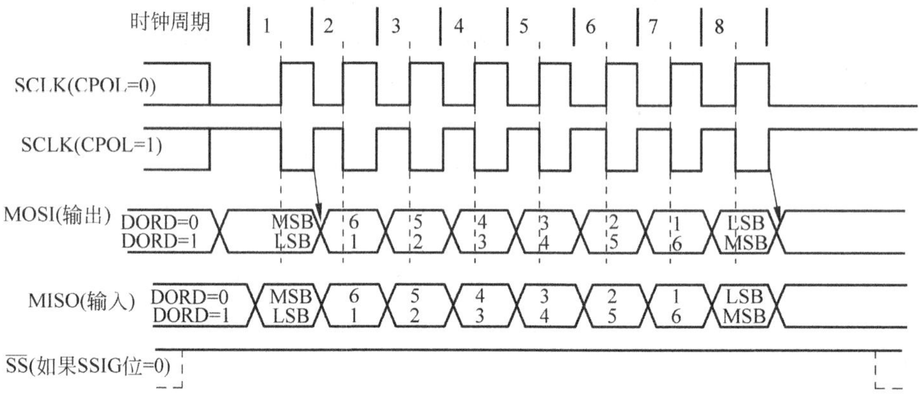


图 23.7　CPHA 为 0 时主模式数据传输时序图

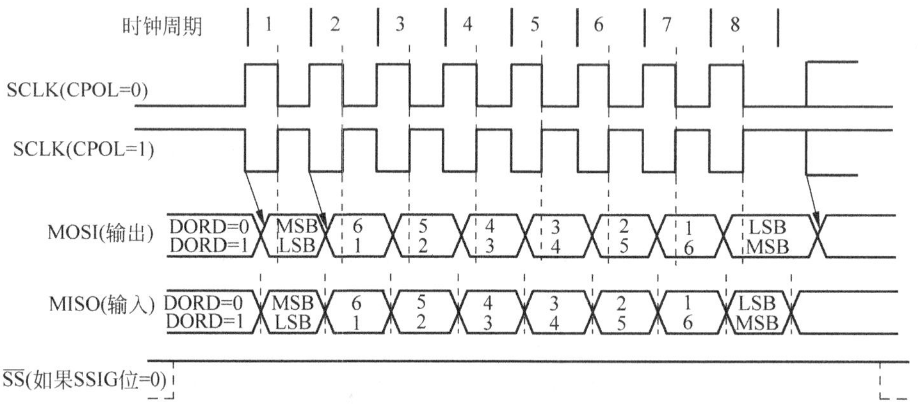


图 23.8　CPHA 为 1 时主模式数据传输时序图

**注**：从空闲状态到活动状态的变化称为 SCLK 前沿，从活动状态到空闲状态的变化称为 SCLK 后沿。前沿和后沿组合一个 SCLK 周期。一个 SCLK 周期传输一个数据位。

**思考与练习**

23-1　分析前面四个 SPI 数据传输时序图，完成表 23.10。

表 23.10 当 SSIG=0 时，不同模式下数据发送和采样的时间

| 模式 | CPOL | CPHA | $\overline{SS}$信号 | MOSI 方向 | MISO 方向 | 发送数据的边沿 |
|---|---|---|---|---|---|---|
| 从模式 | 0 | 0 | | | | |
| | 0 | 1 | | | | |
| | 1 | 0 | | | | |
| | 1 | 1 | | | | |
| 主模式 | 0 | 0 | | | | |
| | 0 | 1 | | | | |
| | 1 | 0 | | | | |
| | 1 | 1 | | | | |

## 23.4 SPI 模块设计实例

本节将通过设计实例说明 SPI 接口通信的实现方法。在 STC 学习板上，通过 SPI 接口控制 74HC595 芯片，进一步实现对板上 7 段数码管的控制。设置 16 个预置的数字 0,1,2,3,4,5,6,7,8,9,A,B,C,D,E,F，然后在 8 个 7 段数码管上进行滚动显示。在该设计中，滚动显示数字的频率是 1Hz。

### 23.4.1 系统控制电路原理

在 STC 学习板上，为了减少控制 7 段数码管所使用的引脚的数目，使用两片 74HC595 对 7 段数码管进行控制。其中一片 74HC595 用于产生控制 8 个 7 段数码管的管选信号 COM1～COM8；另一片 74HC595 用于为每个数码管产生段控制信号 A～H，其中一个信号用于控制显示小数点。与七段数码管连接的信号线，分别通过 8 个电阻进行限流。

74HC595 器件提供了 SPI 接口，与单片机上的 P4.3/SCLK、P5.4/SS 和 P4.0/MOSI 引脚连接在一起，如图 23.9 所示。

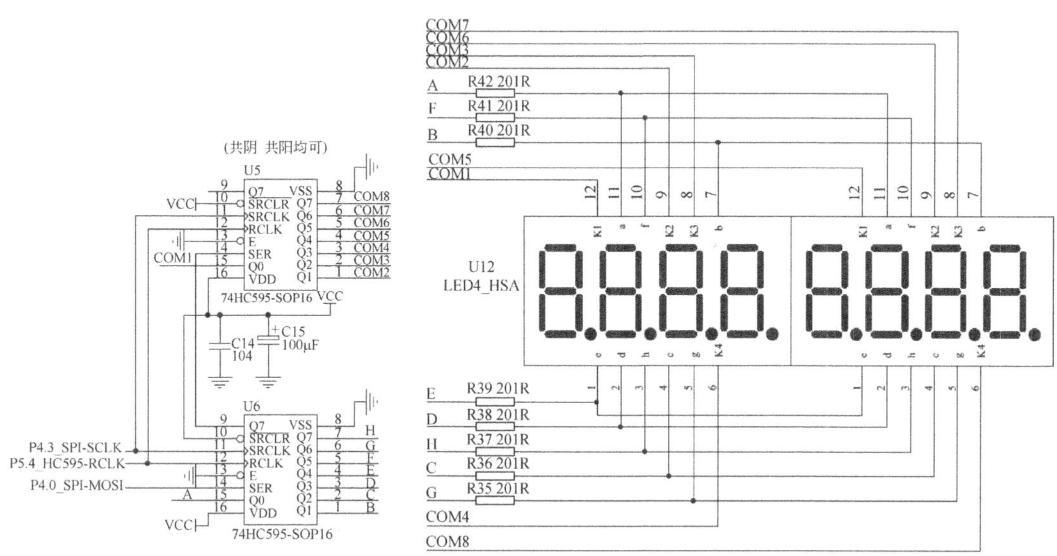


图 23.9 CPHA 为 1 时主模式数据传输时序图

从图 23.9 中可以看出，实现设计目标的关键是掌握 7 段数码管和 74HC595 的工作原理。下面对其工作原理进行详细的说明。

## 23.4.2 7段数码管原理

在该设计中，采用了共阴极的 7 段数码管。

**1. 单个共阴极七段数码管控制原理**

7 段数码管亮灭控制的最基本原理就是当有电流流过 7 段数码管 a、b、c、d、e、f、g 的某一段时，该段就发光，如图 23.10 所示。

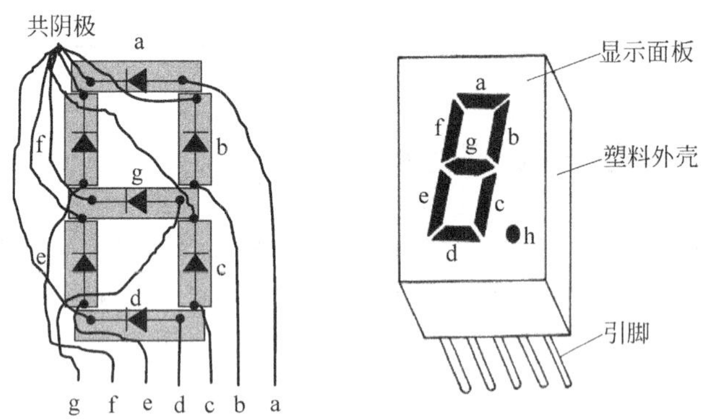


(a) 共阴极7段数码管原理　　(b) 7段数码管外观

图 23.10　共阴极 7 段数码管原理

(1) $V_a - V_{公共端} < V_{TH}$时，a 段灭；否则，a 段亮。

(2) $V_b - V_{公共端} < V_{TH}$时，b 段灭；否则，b 段亮。

(3) $V_c - V_{公共端} < V_{TH}$时，c 段灭；否则，c 段亮。

(4) $V_d - V_{公共端} < V_{TH}$时，d 段灭；否则，d 段亮。

(5) $V_e - V_{公共端} < V_{TH}$时，e 段灭；否则，e 段亮。

(6) $V_f - V_{公共端} < V_{TH}$时，f 段灭；否则，f 段亮。

(7) $V_g - V_{公共端} < V_{TH}$时，g 段灭；否则，g 段亮。

**注**：$V_{TH}$为七段数码管各段的门限电压。

控制共阴极 7 段数码管显示不同的数字和字母时，只要给不同段施加高电平(逻辑 1)即可。将二进制码编码转换为所对应的 7 段码，如表 23.11 所示。

**表 23.11　二进制码转换到 7 段码的对应关系**

| $x_3$ | $x_2$ | $x_1$ | $x_0$ | g | f | e | d | c | b | a |
|---|---|---|---|---|---|---|---|---|---|---|
| 0 | 0 | 0 | 0 | 0 | 1 | 1 | 1 | 1 | 1 | 1 |
| 0 | 0 | 0 | 1 | 0 | 0 | 0 | 0 | 1 | 1 | 0 |
| 0 | 0 | 1 | 0 | 1 | 0 | 1 | 1 | 0 | 1 | 1 |
| 0 | 0 | 1 | 1 | 1 | 0 | 0 | 1 | 1 | 1 | 1 |
| 0 | 1 | 0 | 0 | 1 | 1 | 0 | 0 | 1 | 1 | 0 |
| 0 | 1 | 0 | 1 | 1 | 1 | 0 | 1 | 1 | 0 | 1 |
| 0 | 1 | 1 | 0 | 1 | 1 | 1 | 1 | 1 | 0 | 1 |

续表

| $x_3$ | $x_2$ | $x_1$ | $x_0$ | g | f | e | d | c | b | a |
|---|---|---|---|---|---|---|---|---|---|---|
| 0 | 1 | 1 | 1 | 0 | 0 | 0 | 0 | 1 | 1 | 1 |
| 1 | 0 | 0 | 0 | 1 | 1 | 1 | 1 | 1 | 1 | 1 |
| 1 | 0 | 0 | 1 | 1 | 1 | 0 | 1 | 1 | 1 | 1 |
| 1 | 0 | 1 | 0 | 1 | 1 | 1 | 0 | 1 | 1 | 1 |
| 1 | 0 | 1 | 1 | 1 | 1 | 1 | 1 | 1 | 0 | 0 |
| 1 | 1 | 0 | 0 | 0 | 1 | 1 | 1 | 0 | 0 | 1 |
| 1 | 1 | 0 | 1 | 1 | 0 | 1 | 1 | 1 | 1 | 0 |
| 1 | 1 | 1 | 0 | 1 | 1 | 1 | 1 | 0 | 0 | 1 |
| 1 | 1 | 1 | 1 | 1 | 1 | 1 | 0 | 0 | 0 | 1 |

**2. 多个共阴极7段数码管控制原理**

对于多个共阴极7段数码管，从图23.9可以看到段信号A～H被复用到8个数码管上。同时，每个数码管都有自己独立的管选信号。由于使用的是共阴极的7段数码管，所以只有当管选信号$COM_i=0(i=0,1,2,3,4,5,6,7)$时，段信号对该数码管有效。因此，在7段数码管上显示不同的数字/字母时，满足条件：$COM_i=0(i=0,1,2,3,4,5,6,7)$时，对应给出合适的A～H信号。也就是在不同的时刻，使得$i=0\sim7$快速地进行递增变化，如图23.11所示。导通频率大约在100kHz的量级。当导通频率越高，人眼看到数码管上显示的数字/字母越稳定。

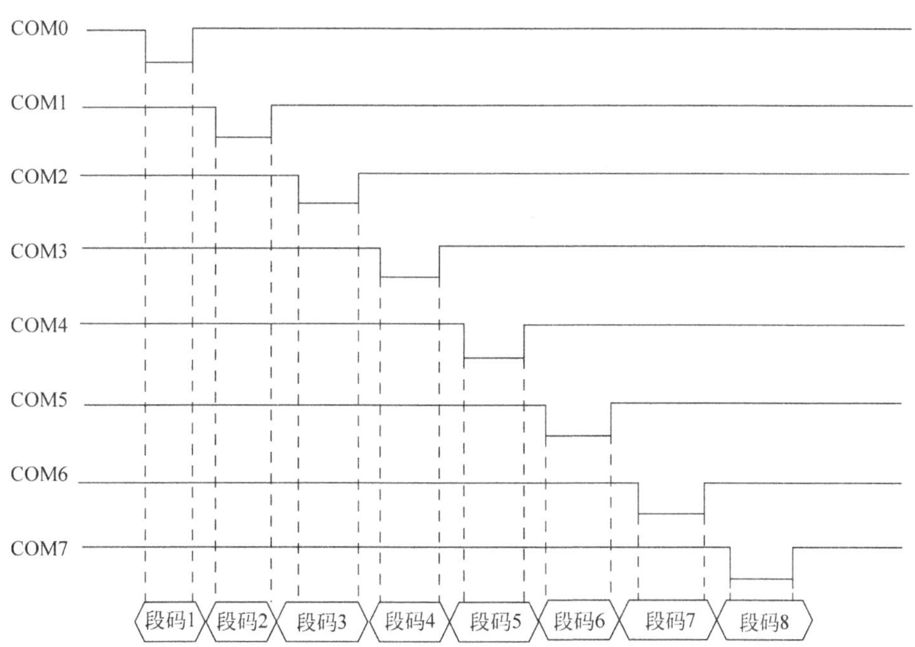


图23.11　8位共阴极7段数码管控制时序

## 23.4.3　74HCT595原理

74HCT595芯片是一个带有3态输出寄存器的8位移位寄存器，如图23.12所示。该芯片的功能如表 23.12 所示,详细的控制顺序如图 23.13 所示。

**表 23.12 74HCT595 功能表**

| 输入 | | | | | 输　出 |
|---|---|---|---|---|---|
| SER | SRCLK | $\overline{SRCLR}$ | RCLK | $\overline{OE}$ | |
| X | X | X | X | H | 禁止 $Q_A \sim Q_H$ 输出 |
| X | X | X | X | L | 使能 $Q_A \sim Q_H$ 输出 |
| X | X | L | X | X | 清除移位寄存器 |
| L | ↑ | H | X | X | 第一个移位寄存器变低,其他保存以前的数据 |
| H | ↑ | H | X | X | 第一个移位寄存器变高,其他级保存以前的数据 |
| X | X | X | ↑ | ↑ | 移位寄存器的数据保存在存储寄存器中 |

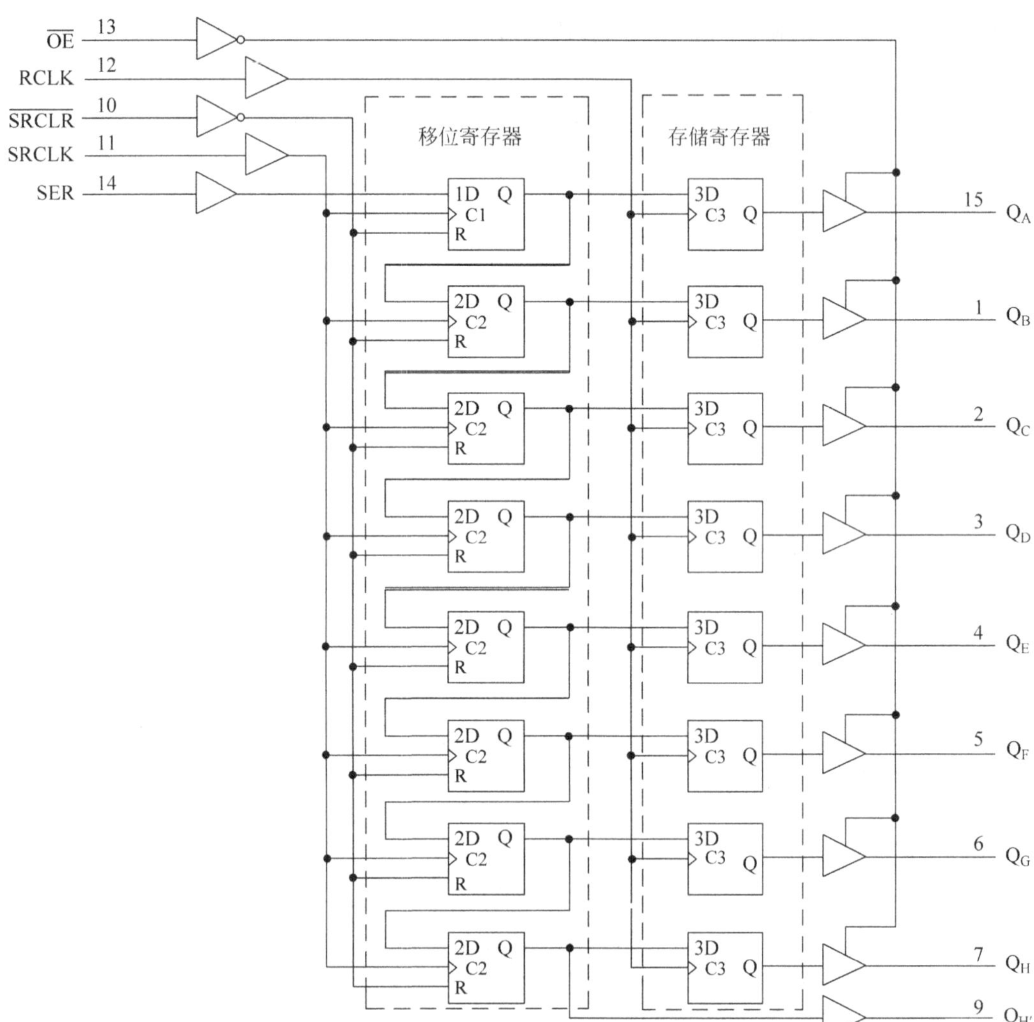


图 23.12 74HCT595 芯片内部结构

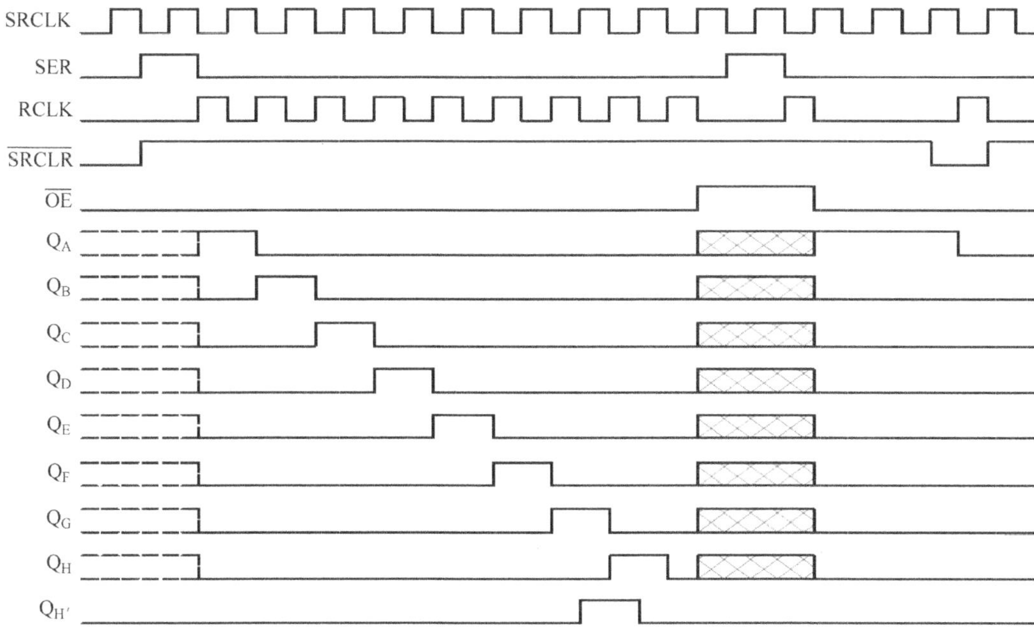


图 23.13 74HCT595 控制时序

再次分析图 23.9 的电路,数据从标记为 U6 的 74HCT595 器件的 SER 引脚输入,在每个 SRCLK 的上升沿,将 SER 引脚上的数据移入到移位寄存器,在第 9 个 SRCLK 的第 9 个上升沿,数据开始从$\overline{Q7}$移出。由于将 U6 的$\overline{Q7}$和 U5 的 SER 引脚连接在一起,数据开始移入标记为 U5 的 74HCT595 器件内部的移位寄存器,如此下去。当在第 16 个上升沿的时候,16 位数据充满移位寄存器。之后,给 RCLK 一个上升沿,就将寄存器中的数据同时保存到存储寄存器中。由于设计中$\overline{OE}$始终为低电平,所以数据直接从 Q0～O7 引脚输出。

**思考与练习**

23-2 通过上面的分析,给出通过 8 片 74HCT595 扩展出 64 个 I/O 端口的方案,画出电路结构,并进行说明。

### 23.4.4 系统软件控制流程

软件控制流程如图 23.14 所示。定时器 0 频率很高,用于轮流导通 8 个 7 段数码管;定时器 1 频率大约为 1Hz,用于控制每个数码管上显示的数字。

### 23.4.5 程序具体实现

**【例 23-1】** 通过 SPI 接口和 74HCT595 芯片控制 7 段数码管 C 语言描述的例子。

注:在该设计中,为了读者阅读程序的方便,添加了 spi.h 头文件,包含了宏定义、寄存器定义和引脚定义等。

**代码清单 23-1 spi.h 文件**

```
#define TIMS      65500        //定义定时器 0 的计数初值
#define TIMS1     3036         //定义定时器 1 的计数初值
#define SSIG      1            //定义 SPCTL 寄存器 SSIG 位的值
```

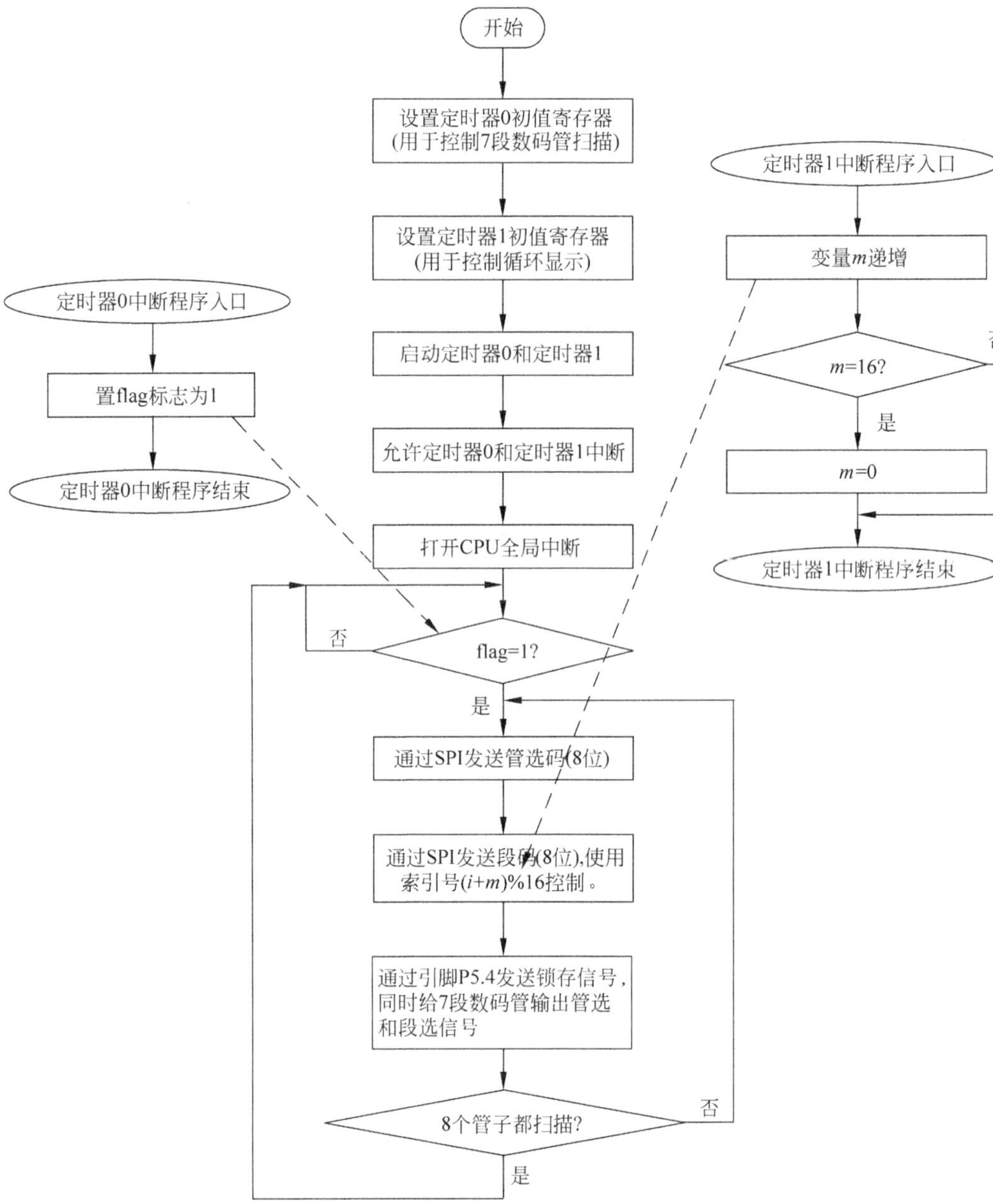


图 23.14 系统软件设计流程图

```
#define SPEN       1          //定义 SPCTL 寄存器 SPEN 位的值,使能 SPI
#define DORD       0          //定义 SPCTL 寄存器 DORD 位的值,先送 MSB
#define MSTR       1          //定义 SPCTL 寄存器 MSTR 位的值,SPI 为主机
#define CPOL       1          //定义 SPCTL 寄存器 CPOL 位的值,空闲为高电平
#define CPHA       1          //定义 SPCTL 寄存器 CPHA 位的值,前沿驱动数据
#define SPR1       0          //与 SPECTL 寄存器 SPR0 一起确定 SPI 的时钟频率
#define SPR0       0          //SPI 时钟频率为 CPU 时钟的 1/4
#define SPEED_4    0
#define SPEED_16   1
#define SPEED_64   2
```

```
#define SPEED_128   3

#define SPIF        0x80                //定义 SPSTAT 寄存器 SPIF 标志的值
#define WCOL        0x40                //定义 SPSTAT 寄存器 WCOL 标志的值

sfr SPSTAT  = 0xCD;                     //定义 SPSTAT 寄存器的地址 0xCD
sfr SPCTL  = 0xCE;                      //定义 SPCTL 寄存器的地址 0xCE
sfr SPDAT  = 0xCF;                      //定义 SPDAT 寄存器的地址 0xCF

sfr AUXR  = 0x8E;                       //定义 AUXR 寄存器的地址 0x8E
sfr AUXR1  = 0xA2;                      //定义 AUXR1 寄存器的地址 0xA2
sfr CLK_DIV = 0x97;                     //定义 CLK_DIV 寄存器的地址 0x97
sfr P5  = 0xC8;                         //定义 P5 端口寄存器的地址 0xC8

sbit HC595_RCLK = P5 ^4;                //定义 P5.4 引脚
```

**代码清单 23-2 main.c 头文件**

```
#include "reg51.h"
#include "spi.h"                        //包含自定义头文件
//t_display 数组保存着 0～9,A～F 的段码,顺序 h,g,f,e,d,c,b,a
unsigned char code t_display[16] = {0x3F,0x06,0x5B,0x4F,
                        0x66,0x6D,0x7D,0x07,
                        0x7F,0x6F,0x77,0x7C,
                        0x39,0x5E,0x79,0x71};
//T-COM 数组保存着管选码的反码,在一个时刻只有一个管选信号为低,其余为高
unsigned char code T_COM[8] = {0x01,0x02,0x04,0x08,0x10,0x20,0x40,0x80};
bit flag = 0;                           //定义全局位变量 flag
unsigned m = 0;                         //定义全局无符号变量 m
void SPI_SendByte(unsigned char dat)    //定义 SPI 数据发送函数
{
    SPSTAT = SPIF + WCOL;               //写 1 清零 SPSTAT 寄存器内容
    SPDAT = dat;                        //dat 写入 SPDATSPI 数据寄存器
    while((SPSTAT & SPIF) == 0);        //判断发送是否完成,没有则等待
    SPSTAT = SPIF + WCOL;               //写 1 清零 SPSTAT 寄存器内容
}
//定义用于写 7 段数码管的子函数 seg7scan,index1 参数控制管选,Index2 控制段码
void seg7scan(unsigned char index1,unsigned char index2)
{
    SPI_SendByte(~T_COM[index1]);       //向 74HCT595(U5)写入管选信号
    SPI_SendByte(t_display[index2]);    //向 74HCT595(U6)写入段码数据
    HC595_RCLK = 1;                     //通过 P5.4 端口向两片 595 发数据锁存
    HC595_RCLK = 0;                     //上升沿有效
}
void timer_0() interrupt 1              //声明定时器 0 的中断服务程序
{
    flag = 1;                           //置 flag 标志为 1
}
void timer_1() interrupt 3              //声明定时器 1 的中断服务程序
{
    P46 = !P46;                         //P4.6 引脚取反
    m++;                                //全局变量 m 递增
    if(m == 16) m = 0;                  //如果 m 等于 16,则 m 置为 0
}
```

```
void main()
{
    unsigned char i = 0;                    //定义本地字符型变量 char
    SPCTL = (SSIG << 7) + (SPEN << 6) + (DORD << 5) + (MSTR << 4)          //给寄存器 SPCTL 赋值
          + (CPOL << 3) + (CPHA << 2) + SPEED_4;
    CLK_DIV = 0x03;                         //主时钟 8 分频作为 SYSclk 频率
    TL0 = TIMS;                             //TIMS 写入定时器 0 低 8 位寄存器 TL0
    TH0 = TIMS >> 8;                        //TIMS 写入定时器 0 高 8 位寄存器 TH0
    TL1 = TIMS1;                            //TIMS1 写入定时器 1 低 8 位寄存器 TL1
    TH1 = TIMS1 > 8;                        //TIMS1 写入定时器 1 高 8 位寄存器 TH1
    AUXR& = 0x3F;                           //定时器 0 和 1 是 12 分频
    AUXR1 = 0x08;                           //将 SPI 接口信号线切换到第 3 组引脚上
    TMOD = 0x00;                            //定时器 0/1,16 位重加载定时器模式
    TR0 = 1;                                //启动定时器 0
    TR1 = 1;                                //启动定时器 1
    ET0 = 1;                                //允许定时器 0 溢出中断
    ET1 = 1;                                //允许定时器 1 溢出中断
    EA = 1;                                 //CPU 允许响应中断请求

    while(1)                                //无限循环
    {
        if(flag == 1)                       //如果 flag 为 1,表示定时器 0 中断
        {
         flag = 0;                          //将 flag 标志清零
           for(i = 0;i < 8;i++)             //轮流导通 7 段数码管,需要 8 次
           {
            seg7scan(i,(m + i) % 16);       //控制其中一个数码管,送管选和段码
           }                                //(m + i) % 16 为了控制每个 7 段数码管
        }                                   //上显示的数字
    }
}
```

**注**：读者可以进入本书所提供资料的 STC_example\例 23-1 目录下，打开并参考该设计。

**思考与练习**

23-3 假设在烧写程序时，将 IRC 频率设置为 12MHz，则定时器 0 的溢出率＝________ Hz；定时器 1 的溢出率＝________ Hz。

23-4 程序中(m＋i)％16 的作用________。

23-5 说明在该程序中 SPI 接口对 74HCT595 的控制时序。

23-6 添加代码，使用串口 2 设置需要循环显示的 16 个数字/字符。

# 第 24 章 STC 单片机 CCP/PCA/PWM 模块原理及实现

CHAPTER 24

本章介绍 STC 单片机内部比较捕获脉冲宽度调制(compare capture pulse width modulation,CCP)/可编程计数器阵列(programmable counter array,PCA)/脉冲宽度调制(pulse width modulation,PWM)模块原理及实现方法。内容包括 CCP/PCA/PWM 结构、CCP/PCA/PWM 寄存器组和 CCP/PCA/PWM 工作模式。

CCP/PCA/PWM 模块可用于软件定时器、外部脉冲的捕获、高速脉冲的输出以及 PWM 的输出。

## 24.1 CCP/PCA/PWM 结构

STC15 系列部分单片机内部集成了三路 CCP/PCA/PWM 模块,如图 24.1 所示。

**注**:(1) STC15W1K16S、STC15W404S、STC15W201S、STC15F100W 系列单片机无 CCP/PCA/PWM 模块。

(2) STC15W4K32S4 系列单片机来说,只有两路 CCP 输出。

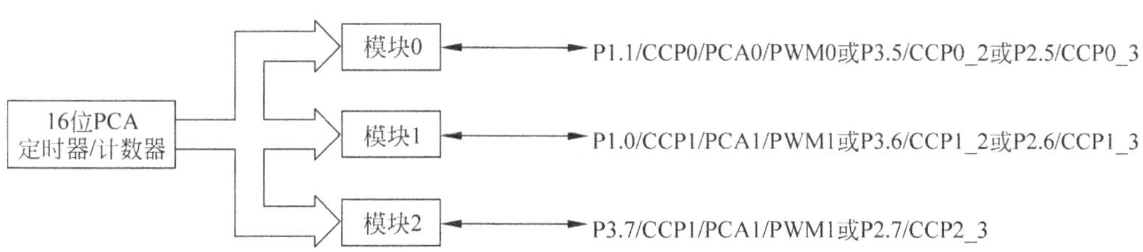


图 24.1 PCA 模块结构

PCA 模块包含一个特殊的 16 位定时器,有 3 个 16 位的捕获/比较模块和该定时器/计数器模块相连。通过软件程序,每个模块可以设置工作在下面四种模式中的一种:上升/下降沿捕获、软件定时器、高速脉冲输出和可调脉冲输出。

通过 AUXR1(P_SW1)寄存器可以控制这三路 CCP/PCA/PWM 输出所使用的引脚位置。

1) CCP/PCA/PWM 的输出

(1) 对于 CCP/PCA/PWM 模块 0 的输出,可以选择使用 P1.1、P3.5 或者 P2.5 引脚。

(2) 对于 CCP/PCA/PWM 模块 1 的输出,可以选择使用 P1.0、P3.6、P2.6 引脚。

(3) 对于 CCP/PCA/PWM 模块 2 的输出,可以选择使用 P3.7 或者 P2.7 引脚。

**注**：对于 STC15W4K32S4 系列单片机来说，不存在模块 2 的输出。

可以看出，输出可以选择使用 P1 口、P2 口或者 P3 口的某些引脚，也就是后面所说的输出可以在 P1、P2 和 P3 口之间进行切换。因此，也就增加了使用模块输出的灵活性。

2) CCP/PCA/PWM 的外部脉冲输入

对于 CCP/PCA/PWM 不同模块使用一个外部脉冲输入，该输入信号可以选择使用 P1.2、P3.4 或者 P2.4 引脚，也就是后面所说的输入可以在 P1、P2 和 P3 口之间进行切换。因此，也就增加了使用模块输入的灵活性。

下面对 16 位 PCA 计数器/定时器的结构进行详细说明，如图 24.2 所示。其中，计数器 CH 和 CL 的内容是正在自由递增计数的 16 位 PCA 定时器的值。PCA 定时器是三个模块的公共时间基准。通过 CMOD 寄存器 CPS2、CPS1 和 CPS0 位，选择 16 位 PCA 定时器/计数器的时钟源，包括 SYSclk/1、SYSclk/2、SYSclk/4、SYSclk/6、SYSclk/8、SYSclk/12、定时器 0 溢出和外部脉冲输入。

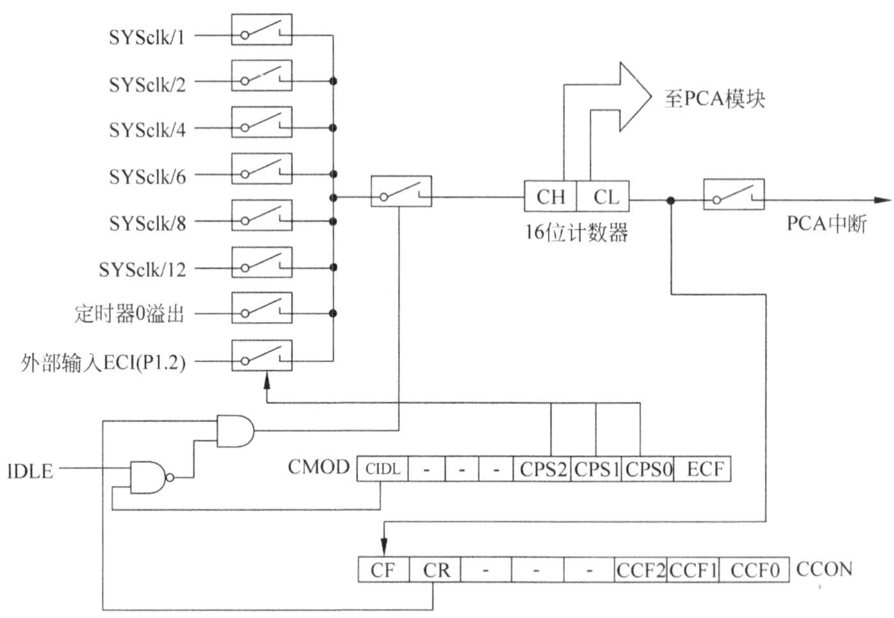


图 24.2　16 位 PCA 定时器计数器内部结构

此外，CMOD 寄存器还有两位与 PCA 有关。

(1) CIDL，空闲模式下允许停止控制位。

(2) ECF，PCA 中断使能位。即当 PCA 定时器溢出时，将 CCON 寄存器的 PCA 计数溢出标志位 CF 置位。

CCON 寄存器包含 PCA 的运行控制位 CR 和 PCA 定时器标志 CF 以及各个模块的标志 CCF2、CCF1 和 CCF0。

(1) 当 CR 为 1(CCON.6)，使能运行 PCA；当 CR 为 0 时，禁止运行 PCA。

(2) 当 PCA 计数器溢出时，置位 CF。如果 CMOD 寄存器的 ECF 位为 1，则产生 PCA 中断。

**注**：CF 只能通过软件清除。

CCON 寄存器的第 2～0 位是 PCA 各个模块的标志位。从图中可以看出，第 0 位对应与模块 0；第 1 位对应模块 1；第 2 位对应模块 2。当发生匹配或者比较时，由硬件置位这些比特位。

**注**：这些位只能通过软件清除。

PCA 的每个模块都分别对应一个寄存器。

(1) 模块 0 对应于 CCAPM0。

(2) 模块 1 对应于 CCAPM1。

(3) 模块 2 对应于 CCAPM2。

此外，每个模块还对应于另外两个寄存器——CCAP$n$H 和 CCAP$n$L。当出现捕获或者比较时，它们可以用来保存 16 位的计数值。当 PCA 模块用于 PWM 模式时，用来控制输出的占空比。

## 24.2 CCP/PCA/PWM 寄存器组

本节将介绍 CCP/PCA/PWM 模块寄存器组中的各个寄存器的功能，包括 PCA 工作模式寄存器、PCA 控制寄存器、PCA 比较捕获寄存器、PCA 的 16 位计数器、PCA 捕获/比较寄存器、PCA 模块 PWM 寄存器和 PCA 模块引脚切换寄存器。

### 24.2.1 PCA 工作模式寄存器

本节介绍 PCA 工作模式寄存器 CMOD，如表 24.1 所示。该寄存器位于 STC 单片机特殊功能寄存器地址为 0xD9 的位置。当复位后，该寄存器的值为 0xxx0000。

**表 24.1　PCA 工作模式寄存器 CMOD 各位的含义**

| 比特位 | B7 | B6 | B5 | B4 | B3 | B2 | B1 | B0 |
|---|---|---|---|---|---|---|---|---|
| 名字 | CIDL | | | | CPS2 | CPS1 | CPS0 | ECF |

其中：

1) CIDL

空闲模式下是否停止 PCA 计数的控制位。当该位为 0 时，空闲模式下 PCA 计数器继续工作；当该位为 1 时，空闲模式下 PCA 计数器停止工作。

2) CPS2～CPS0

PCA 计数脉冲源选择控制位，如表 24.2 所示。

**表 24.2　CPS2、CPS1 和 CPS0 各位的含义**

| CPS2 | CPS1 | CPS0 | 选择 PCA 定时器的输入源 |
|---|---|---|---|
| 0 | 0 | 0 | SYSclk/12 |
| 0 | 0 | 1 | SYSclk/2 |
| 0 | 1 | 0 | 定时器溢出脉冲 |
| 0 | 1 | 1 | 外部控制脉冲输入 ECI(最高速度＝SYSclk/2) |
| 1 | 0 | 0 | SYSclk |

续表

| CPS2 | CPS1 | CPS0 | 选择 PCA 定时器的输入源 |
|---|---|---|---|
| 1 | 0 | 1 | SYSclk/4 |
| 1 | 1 | 0 | SYSclk/6 |
| 1 | 1 | 1 | SYSclk/8 |

3) ECF

PCA 计数溢出中断使能位。当该位为 0 时,禁止寄存器 CCON 中 CF 位的中断;当该位为 1 时,允许寄存器 CCON 中 CF 位的中断。

## 24.2.2 PCA 控制寄存器

本节介绍 PCA 控制寄存器 CCON,如表 24.3 所示。该寄存器位于 STC 单片机特殊功能寄存器地址为 0xD8 的位置。当复位后,该寄存器的值为 00xxx000。

**表 24.3 PCA 控制寄存器 CCON 各位的含义**

| 比特位 | B7 | B6 | B5 | B4 | B3 | B2 | B1 | B0 |
|---|---|---|---|---|---|---|---|---|
| 名字 | CF | CR | | | | CCF2 | CCF1 | CCF0 |

其中:

1) CF

PCA 计数器阵列溢出标志位。当 PCA 计数器溢出时,硬件将该位置 1。此时,如果 CMOD 寄存器的 ECF 位为 1,则 CF 标志位可用于产生中断。可以通过软件或者硬件给 CF 位置 1,但是只能通过软件将 CF 位清 0。

2) CR

PCA 计数器阵列运行控制位。当该位为 1 时,启动 PCA 计数器阵列;当该位为 0 时,关闭 PCA 计数器阵列。

3) CCF2

PCA 模块 2 中断标志。当出现匹配或者捕获时,由硬件将该位置 1。该位必须通过软件清 0。

4) CCF1

PCA 模块 1 中断标志。当出现匹配或者捕获时,由硬件将该位置 1。该位必须通过软件清 0。

5) CCF0

PCA 模块 0 中断标志。当出现匹配或者捕获时,由硬件将该位置 1。该位必须通过软件清 0。

## 24.2.3 PCA 比较捕获寄存器

本节介绍 PCA 比较捕获寄存器 CCAPM,包括三个寄存器 CCAPM0、CCAPM1 和 CCAPM2。

**注:** 对于 STC4K32S4 系列单片机来说,没有 CCAPM2 寄存器。

**1. PCA 比较捕获寄存器 CCAPM0**

本节介绍 PCA 比较捕获寄存器 CCAPM0，如表 24.4 所示。该寄存器位于 STC 单片机特殊功能寄存器地址为 0xDA 的位置。当复位后，该寄存器的值为 x0000000。

**表 24.4 PCA 比较捕获寄存器 CCAPM0 各位的含义**

| 比特位 | B7 | B6 | B5 | B4 | B3 | B2 | B1 | B0 |
|---|---|---|---|---|---|---|---|---|
| 名字 | | ECOM0 | CAPP0 | CAPN0 | MAT0 | TOG0 | PWM0 | EECF0 |

其中：

1) ECOM0

允许比较器功能控制位。当该位为 1 时，允许比较器功能；当该位为 0 时，禁止比较器功能。

2) CAPP0

上升沿控制位。当该位为 1 时，允许上升沿捕获；当该位为 0 时，禁止上升沿捕获。

3) CAPN0

下降沿控制位。当该位为 1 时，允许下降沿捕获；当该位为 0 时，禁止下降沿捕获。

4) MAT0

匹配控制位。当该位为 1 时，PCA 计数值与模块的比较/捕获寄存器值的匹配将置位 CCON 寄存器的中断标志 CCF0。

5) TOG0

翻转控制位。当该位为 1 时，工作在 PCA 高速脉冲输出模式，PCA 计数器的值与模块的比较/捕获寄存器值得匹配将使 CCP0 引脚翻转。

6) PWM0

脉冲宽度调节模式。当该位为 1 时，允许 CCP0 用于 PWM 输出；当该位为 0 时，禁止 CCP0 用于 PWM 输出。

7) ECCF0

使能 CCF0 中断。当该位为 1 时，使能寄存器 CCON 的比较/捕获标志 CCF0 产生中断。

**2. PCA 比较捕获寄存器 CCAPM1**

本节介绍 PCA 比较捕获寄存器 CCAPM1，如表 24.5 所示。该寄存器位于 STC 单片机特殊功能寄存器地址为 0xDB 的位置。当复位后，该寄存器的值为 x0000000。

**表 24.5 PCA 比较捕获寄存器 CCAPM1 各位的含义**

| 比特位 | B7 | B6 | B5 | B4 | B3 | B2 | B1 | B0 |
|---|---|---|---|---|---|---|---|---|
| 名字 | | ECOM1 | CAPP1 | CAPN1 | MAT1 | TOG1 | PWM1 | EECF1 |

其中：

1) ECOM1

允许比较器功能控制位。当该位为 1 时，允许比较器功能；当该位为 0 时，禁止比较器功能。

2) CAPP1

上升沿控制位。当该位为1时,允许上升沿捕获;当该位为0时,禁止上升沿捕获。

3) CAPN1

下降沿控制位。当该位为1时,允许下降沿捕获;当该位为0时,禁止下降沿捕获。

4) MAT1

匹配控制位。当该位为1时,PCA计数值与模块的比较/捕获寄存器值的匹配将置位CCON寄存器的中断标志CCF1。

5) TOG1

翻转控制位。当该位为1时,工作在PCA高速脉冲输出模式,PCA计数器的值与模块的比较/捕获寄存器值得匹配将使CCP1引脚翻转。

6) PWM1

脉冲宽度调节模式。当该位为1时,允许CCP1用于PWM输出;当该位为0时,禁止CCP1用于PWM输出。

7) ECCF1

使能CCF1中断。当该位为1时,使能寄存器CCON的比较/捕获标志CCF1产生中断。

**3. PCA比较捕获寄存器CCAPM2**

本节介绍PCA比较捕获寄存器CCAPM2,如表24.6所示。该寄存器位于STC单片机特殊功能寄存器地址为0xDA的位置。当复位后,该寄存器的值为x0000000。

**表24.6 PCA比较捕获寄存器CCAPM2各位的含义**

| 比特位 | B7 | B6 | B5 | B4 | B3 | B2 | B1 | B0 |
|---|---|---|---|---|---|---|---|---|
| 名字 | | ECOM2 | CAPP2 | CAPN2 | MAT2 | TOG2 | PWM2 | EECF2 |

其中:

1) ECOM2

允许比较器功能控制位。当该位为1时,允许比较器功能;当该位为0时,禁止比较器功能。

2) CAPP2

上升沿控制位。当该位为1时,允许上升沿捕获;当该位为0时,禁止上升沿捕获。

3) CAPN2

下降沿控制位。当该位为1时,允许下降沿捕获;当该位为0时,禁止下降沿捕获。

4) MAT2

匹配控制位。当该位为1时,PCA计数值与模块的比较/捕获寄存器值的匹配将置位CCON寄存器的中断标志CCF2。

5) TOG2

翻转控制位。当该位为1时,工作在PCA高速脉冲输出模式,PCA计数器的值与模块的比较/捕获寄存器值匹配将使CCP2引脚翻转。

6) PWM2

脉冲宽度调节模式。当该位为1时,允许CCP2用于PWM输出;当该位为0时,禁止

CCP2 用于 PWM 输出。

7) ECCF2

使能 CCF2 中断。当该位为 1 时，使能寄存器 CCON 的比较/捕获标志 CCF2 产生中断。

## 24.2.4 PCA 的 16 位计数器

本节介绍 PCA 的 16 位计数器，分别用 CL 寄存器和 CH 寄存器表示，如表 24.7 和表 24.8 所示。CL 和 CH 寄存器分别位于 STC 单片机特殊功能寄存器地址为 0xE9 和 0xF9 的位置。当复位后，CL 和 CH 寄存器的值均为 00000000。

**表 24.7 PCA 的寄存器 CL 各位的含义**

| 比特位 | B7 | B6 | B5 | B4 | B3 | B2 | B1 | B0 |
|---|---|---|---|---|---|---|---|---|
| 名字 | 16 位计数值的低 8 位 | | | | | | | |

**表 24.8 PCA 的寄存器 CH 各位的含义**

| 比特位 | B7 | B6 | B5 | B4 | B3 | B2 | B1 | B0 |
|---|---|---|---|---|---|---|---|---|
| 名字 | 16 位计数值的高 8 位 | | | | | | | |

## 24.2.5 PCA 捕获/比较寄存器

本节介绍 PCA 捕获/比较寄存器，分别对应于每个模块，即 CCAP0、CCAP1 和 CCAP2。当 PCA 模块用于捕获或者比较时，它们用于保存各个模块的 16 位捕捉计数值；当 PCA 模块用于 PWM 时，它们用来控制输出的占空比。

**1. PCA 捕获/比较寄存器 CCAP0**

PCA 捕获/比较寄存器 CCAP0，分别用 CCAP0L 寄存器和 CCAP0H 寄存器表示，如表 24.9 和表 24.10 所示。CCAP0L 和 CCAP0H 寄存器分别位于 STC 单片机特殊功能寄存器地址为 0xEA 和 0xFA 的位置。当复位后，CCAP0L 和 CCAP0H 寄存器的值均为 00000000。

**表 24.9 PCA 捕获/比较寄存器 CCAP0L 各位的含义**

| 比特位 | B7 | B6 | B5 | B4 | B3 | B2 | B1 | B0 |
|---|---|---|---|---|---|---|---|---|
| 名字 | 捕获/比较寄存器 CCAP0 低 8 位 | | | | | | | |

**表 24.10 PCA 捕获/比较寄存器 CCAP0H 各位的含义**

| 比特位 | B7 | B6 | B5 | B4 | B3 | B2 | B1 | B0 |
|---|---|---|---|---|---|---|---|---|
| 名字 | 捕获/比较寄存器 CCAP0 高 8 位 | | | | | | | |

**2. PCA 捕获/比较寄存器 CCAP1**

PCA 捕获/比较寄存器 CCAP1，分别用 CCAP1L 寄存器和 CCAP1H 寄存器表示，如表 24.11 和表 24.12 所示。CCAP1L 和 CCAP1H 寄存器分别位于 STC 单片机特殊功能寄存器地址为 0xEB 和 0xFB 的位置。当复位后，CCAP1L 和 CCAP1H 寄存器的值均为 00000000。

**表 24.11 PCA 捕获/比较寄存器 CCAP1L 各位的含义**

| 比特位 | B7 | B6 | B5 | B4 | B3 | B2 | B1 | B0 |
|---|---|---|---|---|---|---|---|---|
| 名字 | 捕获/比较寄存器 CCAP1 低 8 位 | | | | | | | |

**表 24.12 PCA 捕获/比较寄存器 CCAP1H 各位的含义**

| 比特位 | B7 | B6 | B5 | B4 | B3 | B2 | B1 | B0 |
|---|---|---|---|---|---|---|---|---|
| 名字 | 捕获/比较寄存器 CCAP1 高 8 位 | | | | | | | |

**3. PCA 捕获/比较寄存器 CCAP2**

PCA 捕获/比较寄存器 CCAP2，分别用 CCAP2L 寄存器和 CCAP2H 寄存器表示，如表 24.13 和表 24.14 所示。CCAP2L 和 CCAP2H 寄存器分别位于 STC 单片机特殊功能寄存器地址为 0xEC 和 0xFC 的位置。当复位后，CCAP2L 和 CCAP2H 寄存器的值均为 00000000。

**表 24.13 PCA 捕获/比较寄存器 CCAP2L 各位的含义**

| 比特位 | B7 | B6 | B5 | B4 | B3 | B2 | B1 | B0 |
|---|---|---|---|---|---|---|---|---|
| 名字 | 捕获/比较寄存器 CCAP2 低 8 位 | | | | | | | |

**表 24.14 PCA 捕获/比较寄存器 CCAP2H 各位的含义**

| 比特位 | B7 | B6 | B5 | B4 | B3 | B2 | B1 | B0 |
|---|---|---|---|---|---|---|---|---|
| 名字 | 捕获/比较寄存器 CCAP2 高 8 位 | | | | | | | |

## 24.2.6 PCA 模块 PWM 寄存器

本节介绍 PCA 模块 PWM 寄存器 PCA_PWM，它包含 PCA_PWM0、PCA_PWM1 和 PCA_PWM2，这些寄存器分别对应一个模块。

**1. PCA 模块 PWM 寄存器 PCA_PWM0**

PCA 模块 PWM 寄存器 PCA_PWM0，如表 24.15 所示。该寄存器位于 STC 单片机特殊功能寄存器地址为 0xF2 的位置。当复位后，该寄存器的值为 00xxxx00。

**表 24.15 PCA 模块 PWM 寄存器 PCA_PWM0 各位的含义**

| 比特位 | B7 | B6 | B5 | B4 | B3 | B2 | B1 | B0 |
|---|---|---|---|---|---|---|---|---|
| 名字 | EBS0_1 | EBS0_0 | | | | | EPC0H | EPC0L |

其中：

1) EBS0_1 和 EBS0_0

当 PCA 模块工作在 PWM 模式时的功能选择位，如表 24.16 所示。

表 24.16　EBS0_1 和 EBS0_0 各位的含义

| ESB0_1 | ESB0_0 | 功　　能 |
|---|---|---|
| 0 | 0 | PCA 模块 0 工作于 8 位 PWM 功能 |
| 0 | 1 | PCA 模块 0 工作于 7 位 PWM 功能 |
| 1 | 0 | PCA 模块 0 工作于 6 位 PWM 功能 |
| 1 | 1 | 无效，PCA 模块 0 仍工作于 8 位 PWM 功能 |

2）EPC0H

在 PWM 模式下，与 CCAP0H 组成 9 位数。

3）EPC0L

在 PWM 模式下，与 CCAP0L 组成 9 位数。

**2. PCA 模块 PWM 寄存器 PCA_PWM1**

PCA 模块 PWM 寄存器 PCA_PWM1，如表 24.17 所示。该寄存器位于 STC 单片机特殊功能寄存器地址为 0xF3 的位置。当复位后，该寄存器的值为 00xxxx00。

表 24.17　PCA 模块 PWM 寄存器 PCA_PWM1 各位的含义

| 比特位 | B7 | B6 | B5 | B4 | B3 | B2 | B1 | B0 |
|---|---|---|---|---|---|---|---|---|
| 名字 | EBS1_1 | EBS1_0 |  |  |  |  | EPC1H | EPC1L |

其中：

1）EBS1_1 和 EBS1_0

当 PCA 模块工作在 PWM 模式时的功能选择位，如表 24.18 所示。

表 24.18　EBS1_1 和 EBS1_0 各位的含义

| ESB0_1 | ESB1_0 | 功　　能 |
|---|---|---|
| 0 | 0 | PCA 模块 1 工作于 8 位 PWM 功能 |
| 0 | 1 | PCA 模块 1 工作于 7 位 PWM 功能 |
| 1 | 0 | PCA 模块 1 工作于 6 位 PWM 功能 |
| 1 | 1 | 无效，PCA 模块 1 仍工作于 8 位 PWM 功能 |

2）EPC1H

在 PWM 模式下，与 CCAP1H 组成 9 位数。

3）EPC1L

在 PWM 模式下，与 CCAP1L 组成 9 位数。

**3. PCA 模块 PWM 寄存器 PCA_PWM2**

PCA 模块 PWM 寄存器 PCA_PWM2，如表 24.19 所示。该寄存器位于 STC 单片机特殊功能寄存器地址为 0xF4 的位置。当复位后，该寄存器的值为 00xxxx00。

表 24.19　PCA 模块 PWM 寄存器 PCA_PWM2 各位的含义

| 比特位 | B7 | B6 | B5 | B4 | B3 | B2 | B1 | B0 |
|---|---|---|---|---|---|---|---|---|
| 名字 | EBS2_1 | EBS2_0 |  |  |  |  | EPC2H | EPC2L |

其中：

1）EBS2_1 和 EBS2_0

当 PCA 模块工作在 PWM 模式时的功能选择位，如表 24.20 所示。

**表 24.20 EBS2_1 和 EBS2_0 各位的含义**

| ESB2_1 | ESB2_0 | 功 能 |
|---|---|---|
| 0 | 0 | PCA 模块 2 工作于 8 位 PWM 功能 |
| 0 | 1 | PCA 模块 2 工作于 7 位 PWM 功能 |
| 1 | 0 | PCA 模块 2 工作于 6 位 PWM 功能 |
| 1 | 1 | 无效，PCA 模块 2 仍工作于 8 位 PWM 功能 |

2) EPC2H

在 PWM 模式下，与 CCAP2H 组成 9 位数。

3) EPC2L

在 PWM 模式下，与 CCAP2L 组成 9 位数。

### 24.2.7 PCA 模块引脚切换寄存器

PCA 模块引脚切换寄存器 AUXR1(P_SW1)，用于选择 CCP 输出、SPI 接口和串口所使用的引脚在单片机上的位置，如表 24.21 所示。该寄存器位于 STC 单片机特殊功能寄存器地址为 0xA2 的位置。当复位后，该寄存器的值为 00000000。

**表 24.21 PCA 模块引脚切换寄存器 AUXR1(P_SW1)各位的含义**

| 比特位 | B7 | B6 | B5 | B4 | B3 | B2 | B1 | B0 |
|---|---|---|---|---|---|---|---|---|
| 名字 | S1_S1 | S1_S0 | CCP_S1 | CCP_S0 | SPI_S1 | SPI_S0 | 0 | DPS |

其中：

(1) S1_S1 和 S1_S0 确定串口 1 在单片机上引脚的位置，如表 24.22 所示。

**表 24.22 S1_S1 和 S1_S0 各位的含义**

| S1_S1 | S1_S0 | 功 能 |
|---|---|---|
| 0 | 0 | 选择串口 1 分别对应于单片机 P3.0/RxD 和 P3.1/TxD 引脚 |
| 0 | 1 | 选择串口 1 分别对应于单片机 P3.6/RxD_2 和 P3.7/TxD_2 引脚 |
| 1 | 0 | 选择串口 1 分别对应于单片机 P1.6/RxD_3 和 P1.7/TxD_3 引脚 |
| 1 | 1 | 无效 |

(2) CCP_S1 和 CCP_S0 确定 CCP 输出在单片机上引脚的位置，如表 24.23 所示。

**表 24.23 CCP_S1 和 CCP_S0 各位的含义**

| CCP_S1 | CCP_S0 | 功 能 |
|---|---|---|
| 0 | 0 | 选择 CCP 输入对应于单片机 P1.2/ECI 引脚，同时选择 CCP 三个输出分别对应于单片机的 P1.1/CCP0、P1.0/CCP1 和 P3.7/CCP2 引脚 |
| 0 | 1 | 选择 CCP 输入对应于单片机 P3.4/ECI_2 引脚，同时选择 CCP 三个输出分别对应于单片机的 P3.5/CCP0_2、P3.6/CCP1_2 和 P3.7/CCP2_2 引脚 |
| 1 | 0 | 选择 CCP 输入对应于单片机 P1.2/ECI 引脚，同时选择 CCP 三个输出分别对应于单片机的 P2.4/CCP0_3、P2.6/CCP1_3 和 P2.7/CCP2_3 引脚 |
| 1 | 1 | 无效 |

**注**：对于 STC4KW32S4 系列单片机只存在 2 个 CCP 通道。

(3) SPI_S1 和 SPI_S0 确定 SPI 接口在单片机上引脚的位置，如表 24.24 所示。

**表 24.24 SPI_S1 和 SPI_S0 各位的含义**

| SPI_S1 | SPI_S0 | 功　　能 |
|---|---|---|
| 0 | 0 | 选择 SPI 接口分别对应于单片机 P1.2/SS、P1.3/MOSI、P1.4/MISO、P1.5/SCLK 引脚 |
| 0 | 1 | 选择 SPI 接口分别对应于单片机 P2.4/SS_2、P2.3/MOSI_2、P2.2/MISO_2、P2.1/SCLK_2 引脚 |
| 1 | 0 | 选择 SPI 接口分别对应于单片机 P5.4/SS_3、P4.0/MOSI_3、P4.1/MISO_3、P4.3/SCLK_3 引脚 |
| 1 | 1 | 无效 |

(4) DPS

DPTR 寄存器选择位。当该位为 0 时，选择 DPTR0；当该位为 1 时，选择 DPTR1。

# 24.3 CCP/PCA/PWM 工作模式

本节详细介绍 CCP/PCA/PWM 模块的四种工作模式，包括捕获模式、16 位软件定时器模式、高速脉冲输出模式和脉冲宽度调制模式。

## 24.3.1 捕获模式

PCA 模块工作于捕获模式的内部结构如图 24.3 所示。从图中可以看出，要想工作在该模式，寄存器 CCAPM*n* 的两位(CAPN*n* 和 CAPP*n*)或者其中一位必须置为 1。当该模块工作于捕获模式时，对模块外部 CCP*n* 输入(可选择 CCP0/P1.1、CCP1/P1.0 或 CCP2/P3.7)的跳变进行采样。当采样到有效跳变时，PCA 硬件就将 PCA 计数器阵列寄存器(CH 和 CL)的值加载到模块的捕获寄存器 CCAP*n*L 和 CCAP*n*H 中。

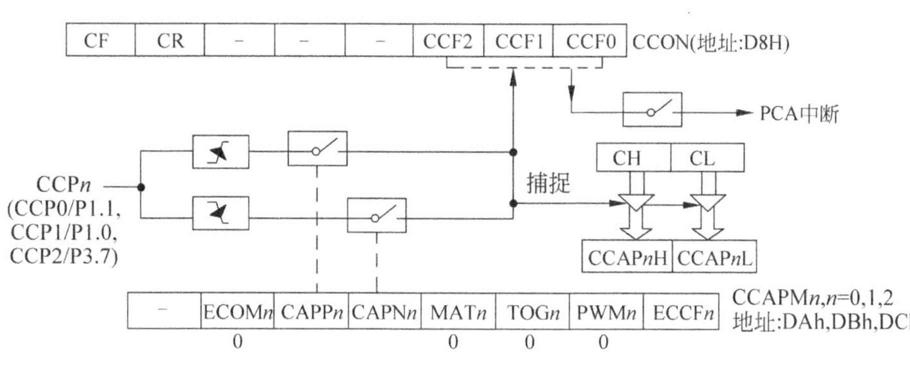


图 24.3 PCA 模块工作在捕获模式的内部结构

如果将 CCON 寄存器中位 CCF*n* 和 CCAPM*n* 寄存器中的 ECCF*n* 置位为 1，则将产生中断。可在中断服务程序中，判断产生中断的模块，并注意中断标志的清零问题。

【例 24-1】 捕获模式 C 语言描述的例子。

**代码清单 24-1 main.c 文件**

```
#include "reg51.h"

sfr P_SW1       = 0xA2;              //声明 P_SW1 寄存器的地址 0xA2
sfr CCON        = 0xD8;              //声明 CCON 寄存器的地址 0xD8
sfr CMOD        = 0xD9;              //声明 CMOD 寄存器的地址 0xD9
sfr CL          = 0xE9;              //声明 CL 寄存器的地址 0xE9
sfr CH          = 0xF9;              //声明 CH 寄存器的地址 0xF9
sfr CCAPM0      = 0xDA;              //声明 CCAPM0 寄存器的地址 0xDA
sbit CCF0       = CCON^0;            //声明 CCF0 标志位
sbit CCF1       = CCON^1;            //声明 CCF1 标志位
sbit CR         = CCON^6;            //声明 CR 标志位
sbit CF         = CCON^7;            //声明 CF 标志位

void PCA_int() interrupt 7          //声明 PCA 中断服务程序
{
    CCF0 = 0;                       //CCF0 标志清零
    P46 = !P46;                     //P4.6 端口取反
    P47 = !P47;                     //P4.7 端口取反
}

void main()
{
    P46 = 0;                        //P4.6 端口置 0,灯亮
    P47 = 0;                        //P4.7 端口置 0,灯亮
    P_SW1 = 0x00;                   //CCP_S0 = 0,CCP_S1 = 0
    CCON = 0;                       //停止 PCA 定时器,清除 CF 和 CCF0 标志
    CL = 0;                         //CL 寄存器清零
    CH = 0;                         //CH 寄存器清零
    CMOD = 0x00;                    //设置时钟源,禁止 CF 溢出中断
    CCAPM0 = 0x11;                  //PCA 模块下降沿触发
    CR = 1;                         //启动 PCA 定时器
    EA = 1;                         //CPU 允许响应中断请求
    while(1);
}
```

**注**:读者可以进入本书所提供资料的\STC_example\例 24-1 目录下打开并参考该设计,由于 STC 提供的学习板没有外部 CCP 输入信号源,所以本书不对该设计进行验证。

**思考与练习**

24-1 根据图 24.3 和上面的代码分析捕获模式的工作原理。

### 24.3.2 16 位软件定时器模式

16 位软件定时器模式结构如图 24.4 所示。

通过设置 CCAPM$n$ 寄存器中的 ECOM 和 MAT 位,使得 PCA 模块工作在 16 位软件定时器模式。PCA 定时器的值与模块捕获寄存器的值进行比较,当它们相等时,如果 CCON 寄存器的 CCF$n$ 位和 CCAPM$n$ 寄存器的 ECCF$n$ 位都置位,则将产生中断。

在 16 位软件定时器模式下,每个时钟节拍(由所选择时钟源确定)到来时,自动加 1。当[CH,CL]增加到等于[CCAP$n$H,CCAP$n$L]时,CCF$n$=1,产生中断请求。如果每次 PCA

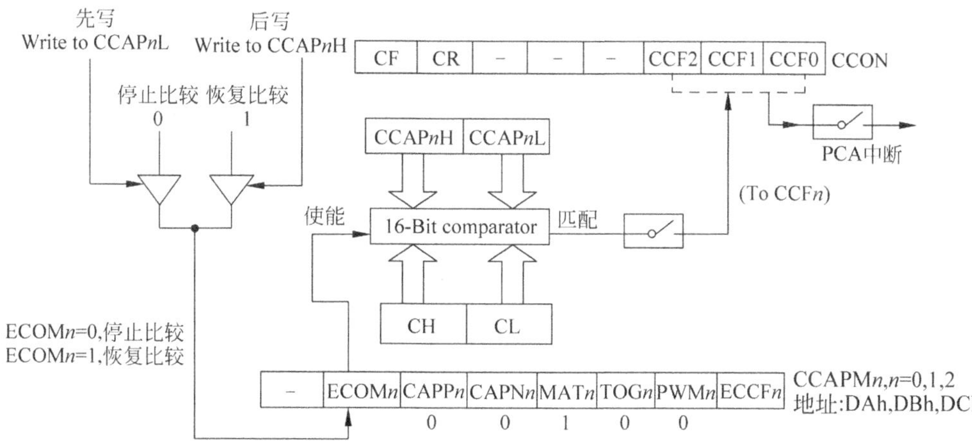


图 24.4　PCA 模块工作在 16 位软件定时器模式

模块中断后，在中断服务程序给 CCAPnH，CCAPnL]增加相同的值时，下次中断来临的间隔时间也是相同的，从而实现了定时功能。定时时间的长短取决于时钟源的选择，以及 PCA 计数器计数值的设置。

**【例 24-2】** 16 位软件定时器模式 C 语言描述的例子。

**代码清单 24-2　main.c 文件**

```
#include "reg51.h"
#define value 3906              //定义 value 为 3906
sfr P_SW1       = 0xA2;         //声明 P_SW1 寄存器的地址为 0xA2
sfr CCON        = 0xD8;         //声明 CCON 寄存器的地址为 0xD8
sfr CMOD        = 0xD9;         //声明 CMOD 寄存器的地址为 0xD9
sfr CL          = 0xE9;         //声明 CL 寄存器的地址为 0xE9
sfr CH          = 0xF9;         //声明 CH 寄存器的地址为 0xF9
sfr CCAPM0      = 0xDA;         //声明 CCAPM0 寄存器的地址为 0xDA
sfr CCAP0L      = 0xEA;         //声明 CCAP0L 寄存器的地址为 0xEA
sfr CCAP0H      = 0xFA;         //声明 CCAP0H 寄存器的地址为 0xFA
sfr CLK_DIV     = 0x97;         //声明 CLK_DIV 寄存器的地址为 0x97
sbit CCF0       = CCON^0;       //声明 CCON 寄存器内的 CCF0 位
sbit CCF1       = CCON^1;       //声明 CCON 寄存器内的 CCF1 位
sbit CR         = CCON^6;       //声明 CCON 寄存器内的 CR 位
sbit CF         = CCON^7;       //声明 CCON 寄存器内的 CF 位

void PCA_int() interrupt 7      //声明 PCA 中断服务程序
{
    CCF0 = 0;                   //CCF0 标志清零
    CL = 0;                     //CL 寄存器清零
    CH = 0;                     //CH 寄存器清零
    P46 = !P46;                 //P4.6 端口清零
    P47 = !P47;                 //P4.7 端口清零
}

void main()
{
    P46 = 0;                    //P4.6 端口置 0,灯亮
    P47 = 0;                    //P4.7 端口置 0,灯亮
```

```
    CLK_DIV = 0x07;              //设置 SYSclk 频率 = 主时钟频率/128
    P_SW1 = 0x00;                //CCP_S0 = 0,CCP_S1 = 0
    CCON = 0;                    //停止 PCA 计数器,清除 CF 和 CCF0 标志
    CL = 0;                      //CL 寄存器清零
    CH = 0;                      //CH 寄存器清零
    CMOD = 0x00;                 //设置 PCA 时钟源 SYSclk/12
    CCAP0L = value;              //value 低 8 位赋值给 CCAP0L 寄存器
    CCAP0H = value >> 8;         //value 高 8 位赋值给 CCAP0H 寄存器
    CCAPM0 = 0x49;               //打开比较器,使能匹配控制,使能 CCF0 中断
    CR = 1;                      //启动 PCA 定时器/计数器
    EA = 1;                      //CPU 允许响应中断请求
    while(1);
}
```

**注**:读者可以进入本书所提供资料的\STC_example\例 24-2 目录下打开并参考该设计。

下面对该设计进行验证和分析,步骤主要包括:

(1) 在 STC-ISP 软件中,将 IRC 频率设置为 12MHz。

(2) 下载设计到 STC 学习板。

**思考与练习**

24-2 观察实验现象,说明灯的变化规律________。

24-3 打开示波器,并将探头接入 STC 学习板的 P4.6 引脚上,测出该信号的变化频率________ Hz。理论计算得到的信号变化频率________ Hz。理论和实际测试结果是否一致?

**提示**:定时时间频率$=[(12\times10^6/128)/12]/3906=2(\text{Hz})$,等于 0.5s。因此,灯的闪烁频率为 1s。

## 24.3.3 高速脉冲输出模式

高速脉冲输出模式结构如图 24.5 所示。

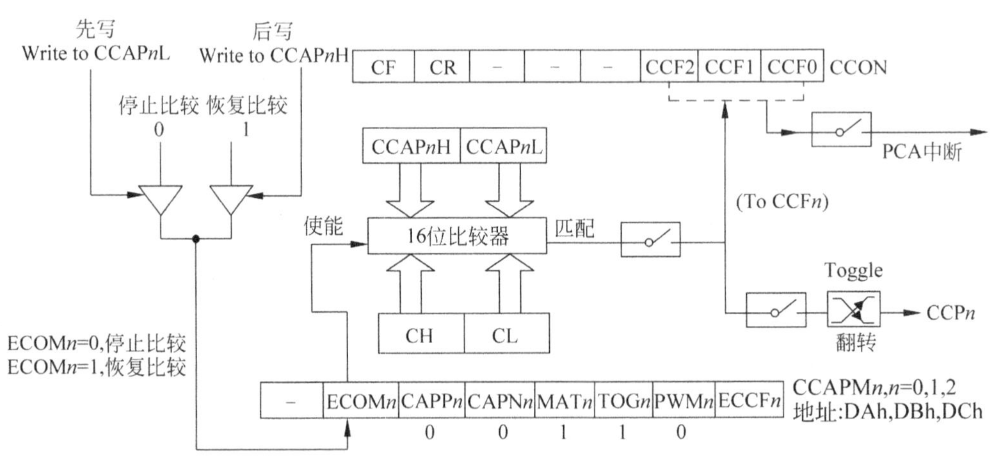


图 24.5 PCA 模块工作在高速脉冲输出模式

当 PCA 计数器的计数值与模块捕获寄存器的值匹配时,PCA 模块的 CCP$n$ 输出将发生翻转。当 CCAPM$n$ 寄存器的 TOG$n$ 位、MAT$n$ 位和 ECOM$n$ 位都置为 1 时,PCA 模块

工作在高速脉冲模式。

CCAP$n$L 的值决定了 PCA 模块 $n$ 的输出脉冲频率。当 PCA 时钟源是 SYSclk/2 时，输出脉冲的频率为

$$f = \text{SYSclk}/(4\times \text{CCAP}n\text{L})$$

因此，就可以得到对应的 CCAP$n$L 寄存器的值。

**【例 24-3】** 高速脉冲输出模式 C 语言描述的例子。

**代码清单 24-3 main.c 文件**

```
#include "reg51.h"
#define value 3906
sfr P_SW1        = 0xA2;            //声明 P_SW1 寄存器的地址 0xA2
sfr CCON         = 0xD8;            //声明 CCON 寄存器的地址 0xD8
sfr CMOD         = 0xD9;            //声明 CMOD 寄存器的地址 0xD9
sfr CL           = 0xE9;            //声明 CL 寄存器的地址 0xE9
sfr CH           = 0xF9;            //声明 CH 寄存器的地址 0xF9
sfr CCAPM0       = 0xDA;            //声明 CAPM0 寄存器的地址 0xDA
sfr CCAP0L       = 0xEA;            //声明 CCAP0L 寄存器的地址 0xEA
sfr CCAP0H       = 0xFA;            //声明 CCAP0H 寄存器的地址 0xFA
sfr CLK_DIV      = 0x97;            //声明 CLK_DIV 寄存器的地址 0x97
sbit CCF0        = CCON^0;          //声明 CCON 寄存器的 CCF0 位
sbit CCF1        = CCON^1;          //声明 CCON 寄存器的 CCF1 位
sbit CR          = CCON^6;          //声明 CCON 寄存器的 CR 位
sbit CF          = CCON^7;          //声明 CCON 寄存器的 CF 位

void PCA_int() interrupt 7          //声明中断服务程序
{
    CCF0 = 0;                       //CCF0 标志清零
    CL = 0;                         //CL 寄存器清零
    CH = 0;                         //CH 寄存器清零
    P46 = !P46;                     //P4.6 端口取反
    P47 = !P47;                     //P4.7 端口取反
}

void main()
{
    P46 = 0;                        //P4.6 端口置 0,灯亮
    P47 = 0;                        //P4.7 端口置 0,灯亮
    CLK_DIV = 0x07;                 //SYSclk 频率 = 主时钟频率/128
    P_SW1 = 0x00;                   //CCP_S0 = 0,CCP_S1 = 0
    CCON = 0;                       //停止 PCA 定时器,清除 CF 和 CCF0 位
    CL = 0;                         //CL 寄存器清空
    CH = 0;                         //CH 寄存器清空
    CMOD = 0x00;                    //设置时钟源,SYSclk/12
    CCAP0L = value;                 //value 的低 8 位赋值给 CCAP0L
    CCAP0H = value >> 8;            //value 的高 8 位赋值给 CCAP0H
    CCAPM0 = 0x4d;                  //PCA 模块为 16 位定时器模式,同时翻转 CCP0
    CR = 1;                         //启动 PCA 定时器
    EA = 1;                         //CPU 允许响应中断请求
    while(1);
}
```

**注**：读者可以进入本书所提供资料的\STC_example\例 24-3 目录下打开并参考该设计。

下面对该设计进行验证和分析，步骤主要包括：

(1) 在 STC-ISP 软件中，将 IRC 频率设置为 12MHz。

(2) 下载设计到 STC 学习板。

**思考与练习**

24-4　观察实验现象，说明灯的变化规律________。

24-5　打开示波器，并将探头接入 STC 学习板的 P1.1 引脚上(该引脚为默认的 CCP0 信号的输出引脚)，测出该信号的变化频率________ Hz。理论计算得到的信号变化频率________ Hz。理论和实际测试结果是否一致？

### 24.3.4　脉冲宽度调制模式

本节介绍脉冲宽度调试原理和 STC 单片机 PCA 模块脉冲宽度调制模式的实现方法。

**1. 脉冲宽度调试原理**

使用数字电路来控制电机的速度，通常使用脉冲宽度调制 PWM 信号波形，如图 24.6 所示。在 PWM 中，脉冲周期是恒定的。在一个脉冲周期内，将高电平的时间称为占空，占空是可变的。

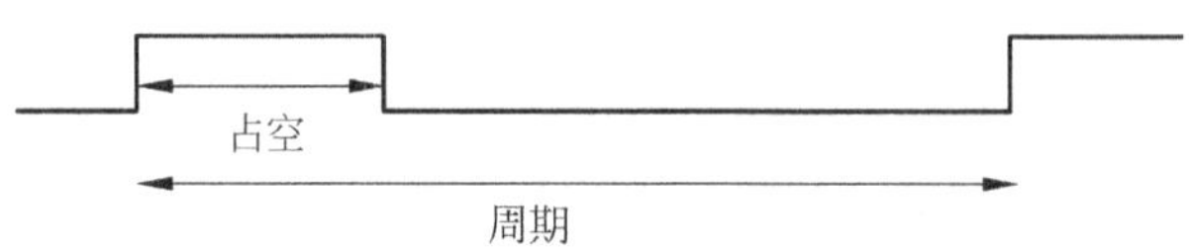


图 24.6　PWM 信号

占空比表示为

$$占空比 = \frac{占空}{脉冲周期} \times 100\%$$

PWM 信号的直流平均值与占空是成比例的。一个占空比为 50%的 PWM 信号，其直流值为 PWM 信号幅度最大值的 1/2。如果通过电机的电压与 PWM 成正比，简单地改变脉冲占空比就可以改变电机的速度。

下面将介绍使用 PWM 信号控制直流电机的原理。

当连接电机或其他负载时，可能向数字电路(CPLD，FPGA 和微处理器)流入很大的电流，因此最安全和最容易的方法是使用一些类型的固态继电器(solid-state relay，SSR)，如图 24.7 所示，数字电路提供小的电流(5～10mA)到输入引脚 1 和 2，将开启固态继电器内的 LED，来自 LED 的光将打开 MOSFET，这样将允许引脚 3 和 4 之间流经很大的电流。这种光电耦合电路将数字电路隔离开，这样可以降低电路的噪声和防止对数字电路造成的破坏。

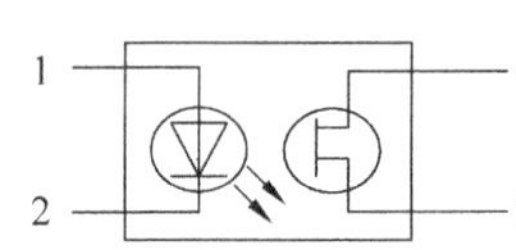


图 24.7　固态继电器

SSR 适用于控制直流负载。然而，一些 SSR 有两个 MOSFET 和背对背的二极管用来控制交流负载。当使用直流或交流 SSR 时，需要确认 SSR 能处理所使用的电压和电流负载。通常，需要为电机提供独立的电源，将两个地连在一起。

一个例子是使用 G3VM-61B1/E1 固态继电器 SSR，该 SSR 是欧姆龙公司的一个 6 脚的 MOSFET 继电器，能用作直流或交流 SSR，如图 24.8 所示。最大的交流负载电压是

60V，最大负载电流是500mA（将两个MOSFET并联后可为直流负载提供1A电流）。

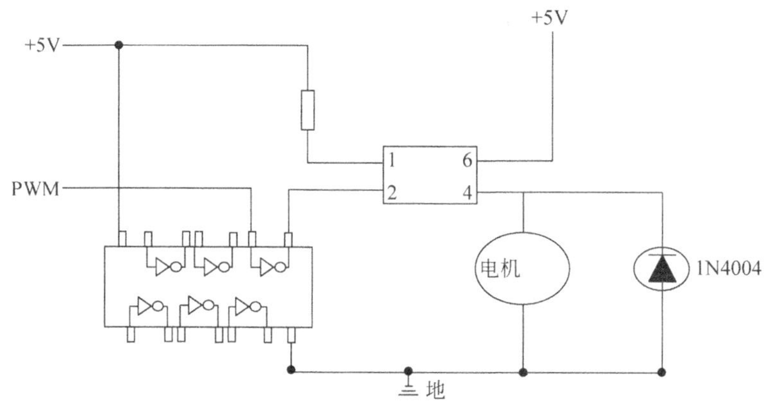


图 24.8 PWM控制直流电机电路

直流电机的速度取决于电机的电压，电压越高，电机转动的越快。如果需要电机以恒定的速度旋转，将4脚和电源连接起来，将电机连在3脚和地之间（也可以将3脚连接到地和将连接电机道第四引脚和电源之间）。连接到电机的电源的极性决定了电机的转动方式。如果转动方向错误，只需要改变电机的两个连接。

**注**：如果使用数字电路改变电机的方向，需要使用H桥。SN75440是一个四半桥驱动器，它能管理两个双向的电机，其供电电压可以到36V，负载电流可以到1A。

**2. 脉冲宽度调制实现**

通过设置PCA各个模块CCAPM$n$寄存器的PWM$n$和ECOM$n$比特位，使得PCA模块工作在PWM模式。此外，通过设置PCA模块各自PCA_PWM$n$($n$=0,1,2)寄存器中的EBS$n$_1以及EBS$n$_0比特位，使得PCA模块工作在8位、7位或者6位PWM模式。

1) 8位脉冲宽度调节方式

当设置[EBS$n$_1,EBS$n$_0]=[0,0]或者[1,1]时，PCA模块工作在8位PWM模式，如图24.9所示。此时，{0,CL[7:0]}与捕获寄存器{EPC$n$L,CCAP$n$L[7:0]}进行比较。

当PCA模块工作于8位模式时，由于所有模块共用仅有的PCA定时器，因此它们的输出频率相同。每个模块的占空比各自独立，只与该模块的捕获寄存器{EPC$n$L,CCAP$n$L[7:0]}有关。

(1) 当{0,CL[7:0]}的值<{EPC$n$L,CCAP$n$L[7:0]}时，输出为低。

(2) 当{0,CL[7:0]}的值≥{EPC$n$L,CCAP$n$L[7:0]}时，输出为高。

当CL的值由FF变成00溢出时，将{EPC$n$H,CCAP$n$H[7:0]}的内容加载到{EPC$n$L,CCAP$n$L[7:0]}中。因此，就可以实现无干扰更新PWM。

在8位模式下，PWM的频率由下式确定：

$$f_{\text{PWM}}=\text{PCA 时钟输入源频率}/256$$

2) 7位脉冲宽度调节方式

当设置[EBS$n$_1,EBS$n$_0]=[0,1]时，PCA模块工作在7位PWM模式，如图24.10所示。此时，{0,CL[6:0]}与捕获寄存器{EPC$n$L,CCAP$n$L[6:0]}进行比较。

当PCA模块工作于7位模式时，由于所有模块共用仅有的PCA定时器，因此它们的输出

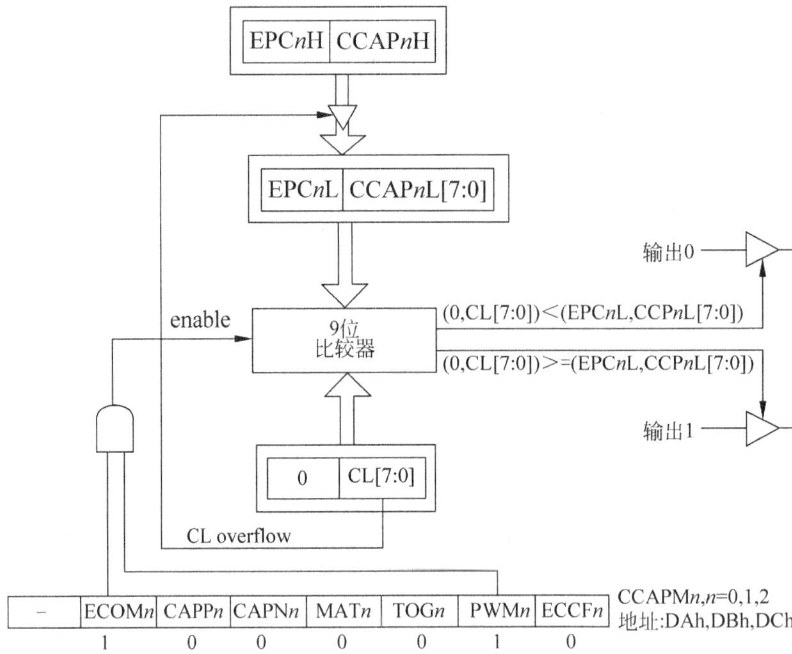


图 24.9　PCA 模块工作在 8 位 PWM 模式

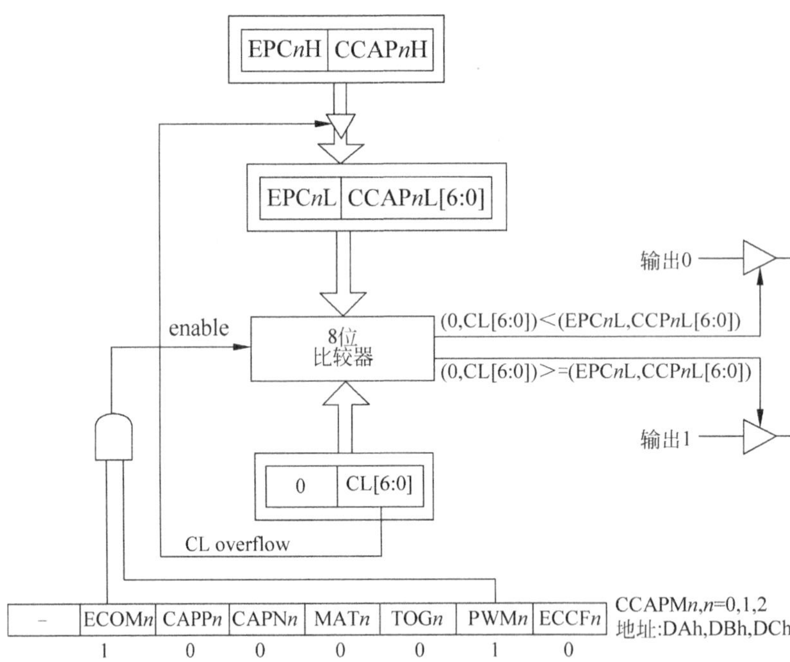


图 24.10　PCA 模块工作在 7 位 PWM 模式

频率相同。每个模块的占空比各自独立,只与该模块的捕获寄存器{EPCnL,CCAPnL[6:0]}有关。

(1) 当{0,CL[6:0]}的值<{EPCnL,CCAPnL[6:0]}时,输出为低。

(2) 当{0,CL[6:0]}的值≥{EPC$n$L,CCAP$n$L[6:0]}时，输出为高。

当 CL 的值由 7F 变成 00 溢出时，将{EPC$n$H,CCAP$n$H[6:0]}的内容加载到{EPC$n$L,CCAP$n$L[6:0]}中，就可以实现无干扰更新 PWM。

在 7 位模式下，PWM 的频率由下式确定：

$$f_{PWM} = \text{PCA 时钟输入源频率}/128$$

3) 6 位脉冲宽度调节方式

当设置[EBS$n$_1,EBS$n$_0]= [1,0]时，PCA 模块工作在 6 位 PWM 模式，如图 24.11 所示。此时，{0,CL[5:0]}与捕获寄存器{EPC$n$L,CCAP$n$L[5:0]}进行比较。

当 PCA 模块工作于 6 位模式时，由于所有模块共用仅有的 PCA 定时器，因此它们的输出频率相同。每个模块的占空比各自独立，只与该模块的捕获寄存器{EPC$n$L,CCAP$n$L[5:0]}有关。

(1) 当{0,CL[5:0]}的值<{EPC$n$L,CCAP$n$L[5:0]}时，输出为低。

(2) 当{0,CL[5:0]}的值≥{EPC$n$L,CCAP$n$L[5:0]}时，输出为高。

当 CL 的值由 3F 变成 00 溢出时，将{EPC$n$H,CCAP$n$H[5:0]}的内容加载到{EPC$n$L,CCAP$n$L[5:0]}中。因此，就可以实现无干扰更新 PWM。

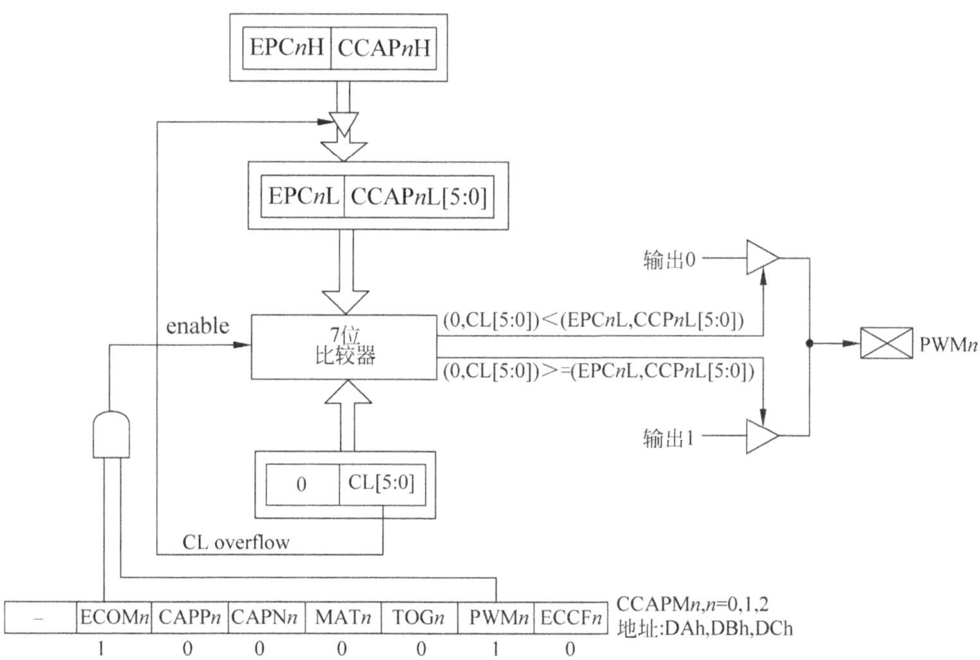


图 24.11　PCA 模块工作在 6 位 PWM 模式

在 6 位模式下，PWM 的频率由下式确定：

$$f_{PWM} = \text{PCA 时钟输入源频率}/64$$

**【例 24-4】** 脉冲宽度调制模式 C 语言描述的例子。

**代码清单 24-4　main.c 文件**

```
#include "reg51.h"
#define value 3906
```

```
sfr P_SW1       = 0xA2;          //声明 P_SW1 寄存器的地址 0xA2
sfr CCON        = 0xD8;          //声明 CCON 寄存器的地址 0xD8
sfr CMOD        = 0xD9;          //声明 CMOD 寄存器的地址 0xD9
sfr CL          = 0xE9;          //声明 CL 寄存器的地址 0xE9
sfr CH          = 0xF9;          //声明 CH 寄存器的地址 0xF9
sfr CCAPM0      = 0xDA;          //声明 CCAMP0 寄存器的地址 0xDA
sfr CCAP0L      = 0xEA;          //声明 CCAP0L 寄存器的地址 0xEA
sfr CCAP0H      = 0xFA;          //声明 CCAP0H 寄存器的地址 0xFA
sfr PCA_PWM0    = 0xF2;          //声明 PCA_PWM0 寄存器的地址 0xF2
sbit CCF0       = CCON^0;        //声明 CCON 寄存器的 CCF0 比特位
sbit CCF1       = CCON^1;        //声明 CCON 寄存器的 CCF1 比特位
sbit CR         = CCON^6;        //声明 CCON 寄存器的 CR 比特位
sbit CF         = CCON^7;        //声明 CCON 寄存器的 CF 比特位
unsigned char i = 0;             //声明无符号的 8 位全局变量 i
void PCA_int() interrupt 7       //声明 PCA 中断服务程序
{
    CF = 0;                      //CF 标志清零
    CCAP0H = i;                  //i 赋值给 CCAP0H 寄存器
    CCAP0L = i;                  //i 赋值给 CCAP0L 寄存器
    if(i<255) i++;               //如果 i<255,则 i 递增
    else i = 0;                  //否则,i = 0

}
void main()
{
    P_SW1 = 0x00;                //CCP_S0 = 0,CCP_S1 = 0
    CCON = 0;                    //停止 PCA 定时器,清除 CF 和 CCF0 标志
    CL = 0;                      //CL 寄存器清零
    CH = 0;                      //CH 寄存器清零
    CMOD = 0x03;                 //时钟源主时钟/2,允许 CF 中断
    PCA_PWM0 = 0x00;             //PCA 模块 0,工作于 8 位的 PWM 模式
    CCAP0L = 0x10;               //CCAP0L 赋初值 0x10
    CCAP0H = 0x10;               //CCAP0H 赋初值 0x10
    CCAPM0 = 0x42;               //使能比较,脉宽调制模式
    CR = 1;                      //启动 PCA 定时器工作
    EA = 1;                      //CPU 允许响应中断请求
    while(1);
}
```

**注**:读者可以进入本书所提供资料的\STC_example\例 24-4 目录下打开并参考该设计。

下面对该设计进行验证和分析,步骤主要包括:

(1) 在 STC-ISP 软件中,将 IRC 频率设置为 12MHz。

(2) 下载设计到 STC 学习板。

**思考与练习**

24-6 打开示波器,并将探头接入 STC 学习板的 P1.1 引脚上(该引脚为默认的 CCP0 信号的输出引脚),观察占空变化规律,并根据设计代码进行分析。

24-7 在 P1.1 引脚外部通过限流电阻接一个发光二极管,观察灯的变化规律。

**提示**:变化规律就是呼吸灯。

# 第 25 章 CHAPTER 25 STC 单片机增强型 PWM 发生器原理及实现

增强型 PWM 发生器增加了 PWM 控制的灵活性。本章介绍 STC15 系列单片机增强型 PWM 发生器的原理和使用方法。内容包括增强型 PWM 发生器简介、增强型 PWM 发生器相关寄存器组、增强型 PWM 发生器实现 1 和增强 PWM 发生器实现 2。

通过本章内容的学习，理解增强型 PWM 发生器的原理，并能够掌握通过 PWM 实现对电机等设备进行控制的方法。

## 25.1 增强型 PWM 发生器简介

STC15W4K32S4 系列的单片机内部集成了一组(各自独立 6 路)增强型 PWM 波形发生器。PWM 波形发生器内部有一个 15 位的 PWM 计数器提供给 6 路 PWM 使用。用户可以设置每路 PWM 的初始电平。

此外，PWM 波形发生器为每路 PWM 又设计了两个用于控制波形翻转的计数器 T1/T2，可以非常灵活地控制每路 PWM 高低电平的宽度，从而实现对 PWM 占空比一级的 PWM 输出延迟进行控制。

由于每路 PWM 相对独立，且可以设置每路 PWM 的初始状态。所以，用户可以将其中的任意两路 PWM 信号组合在一起使用。因此，可以实现互补对称输出以及死区控制等特殊的应用。

增强型的 PWM 波形发生器还设计了对外部异常事件，其中包括外部端口 P2.4 的电平异常、比较器比较结果异常，进行监控的功能，可用于紧急关闭 PWM 输出。PWM 波形发生器还可以在 15 位的 PWM 计数器归零时触发外部事件(如 ADC 转换)。

在 STC15W4K32S4 系列增强型 PWM 模块的输出端口可以使用 PWM2/P3.7、PWM3/P2.1、PWM4/P2.2、PWM5/P2.3、PWM6/P1.6、PWM7/P1.7 可以通过寄存器将 PWM 输出切换到第 2 组端口，也就是可以用第 2 组引脚位置 PWM2_2/P2.7、PWM3_2/P4.5、PWM4_2/P4.4、PWM5_2/P4.2、PWM6_2/P0.7、PWM7_2/P0.6。

**注**：所有与 PWM 相关的端口在上电后均为高阻输入状态，必须在程序中通过相关端口的模式寄存器将这些端口设置为双向端口/强推挽模式，才可以正常输出波形。

## 25.2 增强型PWM发生器相关寄存器组

本节介绍增强型PWM发生器相关寄存器组。

### 25.2.1 端口配置寄存器

前面已经介绍过端口配置寄存器P_SW2,本节只介绍与PWM模块访问相关的位,如表25.1所示。该寄存器位于STC单片机特殊功能寄存器地址为0xBA的位置。当复位后,该寄存器的值为0000x000。

**表25.1 端口配置寄存器P_SW2各位的含义**

| 比特位 | B7 | B6 | B5 | B4 | B3 | B2 | B1 | B0 |
|---|---|---|---|---|---|---|---|---|
| 名字 | EAXSFR | 0 | 0 | 0 | | S4_S | S3_S | S2_S |

其中,EAXSFR为访问扩展SFR使能控制位。

(1) 当该位为0时,指令:

```
MOVX A, @DPTR
```

或者

```
MOVX @DPTR, A
```

操作对象为扩展RAM(XRAM)。

(2) 当该位为1时,指令:

```
MOVX A, @DPTR
```

或者

```
MOVX @DPTR, A
```

操作对象为扩展SFR(XSFR)。

**注**:如果要访问PWM在扩展RAM区的特殊功能寄存器,必须先将EAXSFR位置1。

### 25.2.2 PWM配置寄存器

本节介绍PWM配置寄存器PWMCFG,如表25.2所示。该寄存器位于STC单片机特殊功能寄存器地址为0xF1的位置。当复位后,该寄存器的值为x0000000。

**表25.2 PWM配置寄存器PWMCFG各位的含义**

| 比特位 | B7 | B6 | B5 | B4 | B3 | B2 | B1 | B0 |
|---|---|---|---|---|---|---|---|---|
| 名字 | | CBTADC | C7INI | C6INI | C5INI | C4INI | C3INI | C2INI |

其中：

1）CBTADC

PWM计数器归零触发ADC转换控制位。当该位为0时，PWM计数器归零不触发ADC转换；当该位为1时，PWM计数器归零触发ADC转换。

**注**：前提条件是必须使能PWM和ADC，即ENPWM=1，且ADCON=1。

2）C7INI

设置PWM7输出端口的初始电平。当该位为0时，PWM7输出端口的初始电平为低电平；当该位为1时，PWM7输出端口的初始电平为高电平。

3）C6INI

设置PWM6输出端口的初始电平。当该位为0时，PWM6输出端口的初始电平为低电平；当该位为1时，PWM6输出端口的初始电平为高电平。

4）C5INI

设置PWM5输出端口的初始电平。当该位为0时，PWM5输出端口的初始电平为低电平；当该位为1时，PWM5输出端口的初始电平为高电平。

5）C4INI

设置PWM4输出端口的初始电平。当该位为0时，PWM4输出端口的初始电平为低电平；当该位为1时，PWM4输出端口的初始电平为高电平。

6）C3INI

设置PWM3输出端口的初始电平。当该位为0时，PWM3输出端口的初始电平为低电平；当该位为1时，PWM3输出端口的初始电平为高电平。

7）C2INI

设置PWM2输出端口的初始电平。当该位为0时，PWM2输出端口的初始电平为低电平；当该位为1时，PWM2输出端口的初始电平为高电平。

### 25.2.3　PWM控制寄存器

本节介绍PWM控制寄存器PWMCR，如表25.3所示。该寄存器位于STC单片机特殊功能寄存器地址为0xF5的位置。当复位后，该寄存器的值为00000000。

**表25.3　PWM控制寄存器PWMCR各位的含义**

| 比特位 | B7 | B6 | B5 | B4 | B3 | B2 | B1 | B0 |
|---|---|---|---|---|---|---|---|---|
| 名字 | ENPWM | ECBI | ENC7O | ENC6O | ENC5O | ENC4O | ENC3O | ENC2O |

其中：

1）ENPWM

使能增强PWM波形发生器。当该位为0时，关闭PWM波形发生器；当该位为1时，使能PWM波形发生器，PWM计数器开始计数。

2）ECBI

PWM计数器归零中断使能位。当该位为0时，关闭PWM计数器归零中断（CBIF依然会被硬件置位）；当该位为1时，使能PWM计数器归零中断。

3) ENC7O

PWM7 输出使能位。当该位为 0 时，PWM 通道 7 的端口为 GPIO；当该位为 1 时，PWM 通道 7 的端口为 PWM 输出口，受 PWM 波形发生器控制。

4) ENC6O

PWM6 输出使能位。当该位为 0 时，PWM 通道 6 的端口为 GPIO；当该位为 1 时，PWM 通道 6 的端口为 PWM 输出口，受 PWM 波形发生器控制。

5) ENC5O

PWM5 输出使能位。当该位为 0 时，PWM 通道 5 的端口为 GPIO；当该位为 1 时，PWM 通道 5 的端口为 PWM 输出口，受 PWM 波形发生器控制。

6) ENC4O

PWM4 输出使能位。当该位为 0 时，PWM 通道 4 的端口为 GPIO；当该位为 1 时，PWM 通道 4 的端口为 PWM 输出口，受 PWM 波形发生器控制。

7) ENC3O

PWM3 输出使能位。当该位为 0 时，PWM 通道 3 的端口为 GPIO；当该位为 1 时，PWM 通道 3 的端口为 PWM 输出口，受 PWM 波形发生器控制。

8) ENC2O

PWM2 输出使能位。当该位为 0 时，PWM 通道 2 的端口为 GPIO；当该位为 1 时，PWM 通道 2 的端口为 PWM 输出口，受 PWM 波形发生器控制。

### 25.2.4 PWM 中断标志寄存器

本节介绍 PWM 中断标志寄存器 PWMIF，如表 25.4 所示。该寄存器位于 STC 单片机特殊功能寄存器地址为 0xF6 的位置。当复位后，该寄存器的值为 x0000000。

**表 25.4 PWM 中断标志寄存器 PWMIF 各位的含义**

| 比特位 | B7 | B6 | B5 | B4 | B3 | B2 | B1 | B0 |
|---|---|---|---|---|---|---|---|---|
| 名字 | | CBIF | C7IF | C6IF | C5IF | C4IF | C3IF | C2IF |

其中：

1) CBIF

PWM 计数器归零中断标志位。当 PWM 计数器归零时，硬件将此位置为 1。当 ECBI 为 1 时，程序会跳转到相应的中断入口执行中断服务程序。

**注**：该位需要软件清 0。

2) C7IF

第 7 通道的 PWM 中断标志位。可设置在翻转点 1 和翻转点 2 触发 C7IF。当 PWM 发生翻转时，硬件自动将该位置 1。当 EPWM7I 位为 1 时，程序会跳转到相应中断入口执行中断服务程序。

**注**：该位需要软件清 0。

3) C6IF

第 6 通道的 PWM 中断标志位。可设置在翻转点 1 和翻转点 2 触发 C6IF。当 PWM

发生翻转时，硬件自动将该位置 1。当 EPWM6I 位为 1 时，程序会跳转到相应中断入口执行中断服务程序。

**注**：该位需要软件清 0。

4）C5IF

第 5 通道的 PWM 中断标志位。可设置在翻转点 1 和翻转点 2 触发 C5IF。当 PWM 发生翻转时，硬件自动将该位置 1。当 EPWM5I 位为 1 时，程序会跳转到相应中断入口执行中断服务程序。

**注**：该位需要软件清 0。

5）C4IF

第 4 通道的 PWM 中断标志位。可设置在翻转点 1 和翻转点 2 触发 C4IF。当 PWM 发生翻转时，硬件自动将该位置 1。当 EPWM4I 位为 1 时，程序会跳转到相应中断入口执行中断服务程序。

**注**：该位需要软件清 0。

6）C3IF

第 3 通道的 PWM 中断标志位。可设置在翻转点 1 和翻转点 2 触发 C3IF。当 PWM 发生翻转时，硬件自动将该位置 1。当 EPWM3I 位为 1 时，程序会跳转到相应中断入口执行中断服务程序。

**注**：该位需要软件清 0。

7）C2IF

第 2 通道的 PWM 中断标志位。可设置在翻转点 1 和翻转点 2 触发 C2IF。当 PWM 发生翻转时，硬件自动将该位置 1。当 EPWM2I 位为 1 时，程序会跳转到相应中断入口执行中断服务程序。

**注**：该位需要软件清 0。

## 25.2.5　PWM 外部异常控制寄存器

本节介绍 PWM 外部异常控制寄存器 PWMFDCR，如表 25.5 所示。该寄存器位于 STC 单片机特殊功能寄存器地址为 0xF7 的位置。当复位后，该寄存器的值为 x0000000。

**表 25.5　PWM 外部异常控制寄存器 PWMFDCR 各位的含义**

| 比特位 | B7 | B6 | B5 | B4 | B3 | B2 | B1 | B0 |
|---|---|---|---|---|---|---|---|---|
| 名字 | | | ENDF | FLTFLIO | EEDI | FDCMP | FDIO | FDIF |

其中：

1）ENFD

PWM 外部异常检测功能控制位。当该位为 0 时，关闭 PWM 外部异常检测功能；当该位为 1 时，使能 PWM 外部异常检测功能。

2）FLTFLIO

发生 PWM 外部异常时，对 PWM 输出口的控制位。当该位为 0 时，发生 PWM 外部异常时，PWM 的输出口不作任何改变；当该位为 1 时，发生 PWM 外部异常时，PWM 的输出口立即被设置为高阻输入模式。

**注**：只有 ENC*n*O 为 1 所对应的端口才会被强制悬空。当 PWM 外部异常状态消失后，相应 PWM 输出口就会自动恢复以前的 I/O 设置。

3）EFDI

PWM 异常检测中断使能位。当该位为 0 时，关闭 PWM 异常检测中断（FDIF 仍然会被硬件置位）；当该位为 1 时，使能 PWM 异常检测中断。

4）FDCMP

设定 PWM 异常检测源为比较器的输出。当该位为 0 时，比较器与 PWM 无关。当该位为 1 时，当比较器正极 P5.5/CMP＋的电平比比较器负极 P5.4/CMP－的电平高或者比较器正极 P5.5/CMP＋的电平比内部参考电压源 1.28V 高时，触发 PWM 异常。

5）FDIO

设定 PWM 异常检测源为端口 P2.4 的状态。当该位为 0 时，P2.4 的状态与 PWM 无关；当该位为 1 时，P2.4 的电平为高时，触发 PWM 异常。

6）FDIF

PWM 异常检测中断标志位。当发生 PWM 异常，即比较器正极 P5.5/CMP＋的电平比比较器负极 P5.4/CMP－的电平高或者比较器正极 P5.5/CMP＋的电平比内部参考电压源 1.28V 高，或者 P2.4 的电平为高时，硬件自动将该位置 1。当 EFDI 为 1 时，程序会跳转到中断入口执行中断服务程序。

**注**：该位需要软件清 0。

### 25.2.6 PWM 计数器

本节介绍 PWM 计数器，包含 PWM 计数器高字节寄存器 PWMCH 和 PWM 计数器低字节寄存器 PWMCL。分别如表 25.6 和表 25.7 所示。

（1）寄存器 PWMCH 位于 STC 单片机扩展特殊功能寄存器 XSFR 地址为 0xFFF0 的位置。当复位后，该寄存器的值为 x0000000。

**表 25.6　PWM 计数器高字节寄存器 PWMCH 各位的含义**

| 比特位 | B7 | B6 | B5 | B4 | B3 | B2 | B1 | B0 |
|---|---|---|---|---|---|---|---|---|
| 名字 | | PWMCH[14:8] | | | | | | |

（2）寄存器 PWMCL 位于 STC 单片机扩展特殊功能寄存器 XSFR 地址为 0xFFF1 的位置。当复位后，该寄存器的值为 00000000。

**表 25.7　PWM 计数器低字节寄存器 PWMCL 各位的含义**

| 比特位 | B7 | B6 | B5 | B4 | B3 | B2 | B1 | B0 |
|---|---|---|---|---|---|---|---|---|
| 名字 | PWMCH[7:0] | | | | | | | |

PWM 计数器是一个 15 位的寄存器，计数范围为 1～32 768 之间的任意值都可以作为 PWM 的周期。PWM 波形发生器内部的计数器从 0 开始计数，每个 PWM 时钟周期递增 1。当内部计数器的计数值达到[PWMCH，PWMCL]设置的 PWM 周期时，PWM 波形发生

器内部的计数器将从0开始重新计数。硬件会自动将PWM归零中断标志位CBIF置为1，如果ECBI为1，则程序将跳转到相应中断入口执行中断服务程序。

### 25.2.7　PWM时钟选择寄存器

本节介绍PWM时钟选择寄存器PWMCKS，如表25.8所示。该寄存器位于STC单片机扩展特殊功能寄存器XSFR地址为0xFFF2的位置。当复位后，该寄存器的值为xxx00000。

表25.8　PWM时钟选择寄存器PWMCKS各位的含义

| 比特位 | B7 | B6 | B5 | B4 | B3 | B2 | B1 | B0 |
|---|---|---|---|---|---|---|---|---|
| 名字 | | | | SELT2 | PS[3:0] | | | |

其中：

1）SELT2

PWM时钟源选择。当该位为0时，PWM时钟源为系统时钟经过分频器之后的时钟；当该位为1时，PWM时钟源为定时器2的溢出脉冲。

2）PS[3:0]

系统时钟分频参数。当SELT2位为0时，PWM时钟频率＝系统时钟频率/(PS[3:0]+1)。

### 25.2.8　PWM2翻转计数器

本节介绍PWM2的翻转计数器，包含：

(1) PWM2第一次翻转高字节寄存器PWM2T1H，如表25.9所示。该寄存器位于STC单片机扩展特殊功能寄存器XSFR地址为0xFF00的位置。当复位后，该寄存器的值为x0000000。

表25.9　PWM2第一次翻转高字节寄存器PWM2T1H各位的含义

| 比特位 | B7 | B6 | B5 | B4 | B3 | B2 | B1 | B0 |
|---|---|---|---|---|---|---|---|---|
| 名字 | | PWM2T1H[14:8] | | | | | | |

(2) PWM2第一次翻转低字节寄存器PWM2T1L，如表25.10所示。该寄存器位于STC单片机扩展特殊功能寄存器XSFR地址为0xFF01的位置。当复位后，该寄存器的值为00000000。

表25.10　PWM2第一次翻转低字节寄存器PWM2T1L各位的含义

| 比特位 | B7 | B6 | B5 | B4 | B3 | B2 | B1 | B0 |
|---|---|---|---|---|---|---|---|---|
| 名字 | PWM2T1L[7:0] | | | | | | | |

(3) PWM2第二次翻转高字节寄存器PWM2T2H，如表25.11所示。该寄存器位于STC单片机扩展特殊功能寄存器XSFR地址为0xFF02的位置。当复位后，该寄存器的值

为 x0000000。

表 25.11　PWM2 第二次翻转高字节寄存器 PWM2T2H 各位的含义

| 比特位 | B7 | B6 | B5 | B4 | B3 | B2 | B1 | B0 |
|---|---|---|---|---|---|---|---|---|
| 名字 | | PWM2T2H[14:8] | | | | | | |

(4) PWM2 第二次翻转低字节寄存器 PWM2T2L，如表 25.12 所示。该寄存器位于 STC 单片机扩展特殊功能寄存器 XSFR 地址为 0xFF03 的位置。当复位后，该寄存器的值为 00000000。

表 25.12　PWM2 第二次翻转低字节寄存器 PWM2T2L 各位的含义

| 比特位 | B7 | B6 | B5 | B4 | B3 | B2 | B1 | B0 |
|---|---|---|---|---|---|---|---|---|
| 名字 | PWM2T2L [7:0] | | | | | | | |

## 25.2.9　PWM2 控制寄存器

本节介绍 PWM2 控制寄存器 PWM2CR，如表 25.13 所示。该寄存器位于 STC 单片机扩展特殊功能寄存器 XSFR 地址为 0xFF04 的位置。当复位后，该寄存器的值为 xxxxx0000。

表 25.13　PWM2 控制寄存器 PWM2CR 各位的含义

| 比特位 | B7 | B6 | B5 | B4 | B3 | B2 | B1 | B0 |
|---|---|---|---|---|---|---|---|---|
| 名字 | | | | | PWM2_PS | EPWM2I | EC2T2SI | EC2T1SI |

其中：

1) PWM2_PS

PWM2 输出引脚选择位。当该位为 0 时，PWM2 的输出引脚为 PWM2/P3.7。当该位为 1 时，PWM2 的输出引脚为 PWM2_2/P2.7。

2) EPWM2I

PWM2 中断使能控制位。当该位为 0 时，关闭 PWM2 中断。当该位为 1 时，使能 PWM2 中断。当 C2IF 被硬件设置为 1 时，程序将跳转到相应中断服务程序入口执行中断服务程序。

3) EC2T2SI

PWM2 的 T2 匹配发生波形翻转时的中断控制位。当该位为 0 时，关闭 T2 翻转时的中断；当该位为 1 时，使能 T2 翻转时的中断。当 PWM2 波形发生器内部计数值与 T2 计数器所设置的值相匹配时，PWM 的波形发生翻转，同时硬件将 C2IF 置 1。

4) EC2T1SI

PWM2 的 T1 匹配发生波形翻转时的中断控制位。当该位为 0 时，关闭 T1 翻转时的中断；当该位为 1 时，使能 T1 翻转时的中断。当 PWM2 波形发生器内部计数值与 T1 计数器所设置的值相匹配时，PWM 的波形发生翻转，同时硬件将 C2IF 置 1。

## 25.2.10 PWM3 翻转计数器

本节介绍 PWM3 的翻转计数器，包含：

(1) PWM3 第一次翻转高字节寄存器 PWM3T1H，如表 25.14 所示。该寄存器位于 STC 单片机扩展特殊功能寄存器 XSFR 地址为 0xFF10 的位置。当复位后，该寄存器的值为 x0000000。

**表 25.14 PWM3 第一次翻转高字节寄存器 PWM3T1H 各位的含义**

| 比特位 | B7 | B6 | B5 | B4 | B3 | B2 | B1 | B0 |
|---|---|---|---|---|---|---|---|---|
| 名字 | | PWM3T1H[14:8] | | | | | | |

(2) PWM3 第一次翻转低字节寄存器 PWM3T1L，如表 25.15 所示。该寄存器位于 STC 单片机扩展特殊功能寄存器 XSFR 地址为 0xFF11 的位置。当复位后，该寄存器的值为 00000000。

**表 25.15 PWM3 第一次翻转低字节寄存器 PWM3T1L 各位的含义**

| 比特位 | B7 | B6 | B5 | B4 | B3 | B2 | B1 | B0 |
|---|---|---|---|---|---|---|---|---|
| 名字 | PWM3T1L [7:0] | | | | | | | |

(3) PWM3 第二次翻转高字节寄存器 PWM3T2H，如表 25.16 所示。该寄存器位于 STC 单片机扩展特殊功能寄存器 XSFR 地址为 0xFF12 的位置。当复位后，该寄存器的值为 x0000000。

**表 25.16 PWM3 第二次翻转高字节寄存器 PWM3T2H 各位的含义**

| 比特位 | B7 | B6 | B5 | B4 | B3 | B2 | B1 | B0 |
|---|---|---|---|---|---|---|---|---|
| 名字 | | PWM3T2H[14:8] | | | | | | |

(4) PWM3 第二次翻转低字节寄存器 PWM3T2L，如表 25.17 所示。该寄存器位于 STC 单片机扩展特殊功能寄存器 XSFR 地址为 0xFF13 的位置。当复位后，该寄存器的值为 00000000。

**表 25.17 PWM3 第二次翻转低字节寄存器 PWM3T2L 各位的含义**

| 比特位 | B7 | B6 | B5 | B4 | B3 | B2 | B1 | B0 |
|---|---|---|---|---|---|---|---|---|
| 名字 | PWM3T2L [7:0] | | | | | | | |

## 25.2.11 PWM3 控制寄存器

本节介绍 PWM3 控制寄存器 PWM3CR，如表 25.18 所示。该寄存器位于 STC 单片机扩展特殊功能寄存器 XSFR 地址为 0xFF14 的位置。当复位后，该寄存器的值为 xxxxx0000。

表 25.18 PWM3 控制寄存器 PWM3CR 各位的含义

| 比特位 | B7 | B6 | B5 | B4 | B3 | B2 | B1 | B0 |
|---|---|---|---|---|---|---|---|---|
| 名字 | | | | | PWM3_PS | EPWM3I | EC3T2SI | EC3T1SI |

其中：

1) PWM3_PS

PWM3 输出引脚选择位。当该位为 0 时，PWM3 的输出引脚为 PWM3/P2.1。当该位为 1 时，PWM3 的输出引脚为 PWM3_2/P4.5。

2) EPWM3I

PWM3 中断使能控制位。当该位为 0 时，关闭 PWM3 中断。当该位为 1 时，使能 PWM3 中断。当 C3IF 被硬件设置为 1 时，程序将跳转到相应中断服务程序入口执行中断服务程序。

3) EC3T2SI

PWM3 的 T2 匹配发生波形翻转时的中断控制位。当该位为 0 时，关闭 T2 翻转时的中断；当该位为 1 时，使能 T2 翻转时的中断。当 PWM3 波形发生器内部计数值与 T2 计数器所设置的值相匹配时，PWM 的波形发生翻转，同时硬件将 C3IF 置 1。

4) EC3T1SI

PWM3 的 T1 匹配发生波形翻转时的中断控制位。当该位为 0 时，关闭 T1 翻转时的中断；当该位为 1 时，使能 T1 翻转时的中断。当 PWM3 波形发生器内部计数值与 T1 计数器所设置的值相匹配时，PWM 的波形发生翻转，同时硬件将 C3IF 置 1。

## 25.2.12 PWM4 翻转计数器

本节介绍 PWM4 的翻转计数器，包含：

(1) PWM4 第一次翻转高字节寄存器 PWM4T1H，如表 25.19 所示。该寄存器位于 STC 单片机扩展特殊功能寄存器 XSFR 地址为 0xFF20 的位置。当复位后，该寄存器的值为 x0000000。

表 25.19 PWM4 第一次翻转高字节寄存器 PWM4T1H 各位的含义

| 比特位 | B7 | B6 | B5 | B4 | B3 | B2 | B1 | B0 |
|---|---|---|---|---|---|---|---|---|
| 名字 | | PWM4T1H[14:8] | | | | | | |

(2) PWM4 第一次翻转低字节寄存器 PWM4T1L，如表 25.20 所示。该寄存器位于 STC 单片机扩展特殊功能寄存器 XSFR 地址为 0xFF21 的位置。当复位后，该寄存器的值为 00000000。

表 25.20 PWM4 第一次翻转低字节寄存器 PWM4T1L 各位的含义

| 比特位 | B7 | B6 | B5 | B4 | B3 | B2 | B1 | B0 |
|---|---|---|---|---|---|---|---|---|
| 名字 | PWM4T1L [7:0] | | | | | | | |

(3) PWM4 第二次翻转高字节寄存器 PWM4T2H，如表 25.21 所示。该寄存器位于 STC 单片机扩展特殊功能寄存器 XSFR 地址为 0xFF22 的位置。当复位后，该寄存器的值为 x0000000。

**表 25.21 PWM4 第二次翻转高字节寄存器 PWM4T2H 各位的含义**

| 比特位 | B7 | B6 | B5 | B4 | B3 | B2 | B1 | B0 |
|---|---|---|---|---|---|---|---|---|
| 名字 | | PWM4T2H[14:8] | | | | | | |

(4) PWM4 第二次翻转低字节寄存器 PWM4T2L，如表 25.22 所示。该寄存器位于 STC 单片机扩展特殊功能寄存器 XSFR 地址为 0xFF23 的位置。当复位后，该寄存器的值为 00000000。

**表 25.22 PWM4 第二次翻转低字节寄存器 PWM4T2L 各位的含义**

| 比特位 | B7 | B6 | B5 | B4 | B3 | B2 | B1 | B0 |
|---|---|---|---|---|---|---|---|---|
| 名字 | PWM4T2L [7:0] | | | | | | | |

## 25.2.13 PWM4 控制寄存器

本节介绍 PWM4 控制寄存器 PWM4CR，如表 25.23 所示。该寄存器位于 STC 单片机扩展特殊功能寄存器 XSFR 地址为 0xFF24 的位置。当复位后，该寄存器的值为 xxxxx0000。

**表 25.23 PWM4 控制寄存器 PWM4CR 各位的含义**

| 比特位 | B7 | B6 | B5 | B4 | B3 | B2 | B1 | B0 |
|---|---|---|---|---|---|---|---|---|
| 名字 | | | | | PWM4_PS | EPWM4I | EC4T2SI | EC4T1SI |

其中：

1) PWM4_PS

PWM4 输出引脚选择位。当该位为 0 时，PWM4 的输出引脚为 PWM4/P2.2。当该位为 1 时，PWM4 的输出引脚为 PWM4_2/P4.4。

2) EPWM4I

PWM4 中断使能控制位。当该位为 0 时，关闭 PWM4 中断。当该位为 1 时，使能 PWM4 中断。当 C4IF 被硬件设置为 1 时，程序将跳转到相应中断服务程序入口执行中断服务程序。

3) EC4T2SI

PWM4 的 T2 匹配发生波形翻转时的中断控制位。当该位为 0 时，关闭 T2 翻转时的中断；当该位为 1 时，使能 T2 翻转时的中断。当 PWM4 波形发生器内部计数值与 T2 计数器所设置的值相匹配时，PWM 的波形发生翻转，同时硬件将 C4IF 置 1。

4) EC4T1SI

PWM4 的 T1 匹配发生波形翻转时的中断控制位。当该位为 0 时，关闭 T1 翻转时的中断；当该位为1时，使能T1翻转时的中断。当PWM4波形发生器内部计数值与T1计数器所设置的值相匹配时，PWM的波形发生翻转，同时硬件将C4IF置1。

### 25.2.14 PWM5翻转计数器

本节介绍PWM5的翻转计数器，包含：

(1) PWM5第一次翻转高字节寄存器PWM5T1H，如表25.24所示。该寄存器位于STC单片机扩展特殊功能寄存器XSFR地址为0xFF30的位置。当复位后，该寄存器的值为x0000000。

**表25.24 PWM5第一次翻转高字节寄存器PWM5T1H各位的含义**

| 比特位 | B7 | B6 | B5 | B4 | B3 | B2 | B1 | B0 |
|---|---|---|---|---|---|---|---|---|
| 名字 | | PWM5T1H[14:8] | | | | | | |

(2) PWM5第一次翻转低字节寄存器PWM5T1L，如表25.25所示。该寄存器位于STC单片机扩展特殊功能寄存器XSFR地址为0xFF31的位置。当复位后，该寄存器的值为00000000。

**表25.25 PWM5第一次翻转低字节寄存器PWM5T1L各位的含义**

| 比特位 | B7 | B6 | B5 | B4 | B3 | B2 | B1 | B0 |
|---|---|---|---|---|---|---|---|---|
| 名字 | PWM5T1L [7:0] | | | | | | | |

(3) PWM5第二次翻转高字节寄存器PWM5T2H，如表25.26所示。该寄存器位于STC单片机扩展特殊功能寄存器XSFR地址为0xFF32的位置。当复位后，该寄存器的值为x0000000。

**表25.26 PWM5第二次翻转高字节寄存器PWM5T2H各位的含义**

| 比特位 | B7 | B6 | B5 | B4 | B3 | B2 | B1 | B0 |
|---|---|---|---|---|---|---|---|---|
| 名字 | | PWM5T2H[14:8] | | | | | | |

(4) PWM5第二次翻转低字节寄存器PWM5T2L，如表25.27所示。该寄存器位于STC单片机扩展特殊功能寄存器XSFR地址为0xFF33的位置。当复位后，该寄存器的值为00000000。

**表25.27 PWM5第二次翻转低字节寄存器PWM5T2L各位的含义**

| 比特位 | B7 | B6 | B5 | B4 | B3 | B2 | B1 | B0 |
|---|---|---|---|---|---|---|---|---|
| 名字 | PWM5T2L [7:0] | | | | | | | |

### 25.2.15 PWM5控制寄存器

本节介绍PWM5控制寄存器PWM5CR，如表25.28所示。该寄存器位于STC单片机扩展特殊功能寄存器XSFR地址为0xFF34的位置。当复位后，该寄存器的值为xxxxx0000。

表 25.28 PWM5 控制寄存器 PWM5CR 各位的含义

| 比特位 | B7 | B6 | B5 | B4 | B3 | B2 | B1 | B0 |
|---|---|---|---|---|---|---|---|---|
| 名字 | | | | | PWM5_PS | EPWM5I | EC5T2SI | EC5T1SI |

其中：

1) PWM5_PS

PWM5 输出引脚选择位。当该位为 0 时，PWM5 的输出引脚为 PWM5/P2.3。当该位为 1 时，PWM5 的输出引脚为 PWM5_2/P4.2。

2) EPWM5I

PWM5 中断使能控制位。当该位为 0 时，关闭 PWM5 中断。当该位为 1 时，使能 PWM5 中断。当 C5IF 被硬件设置为 1 时，程序将跳转到相应中断服务程序入口执行中断服务程序。

3) EC5T2SI

PWM5 的 T2 匹配发生波形翻转时的中断控制位。当该位为 0 时，关闭 T2 翻转时的中断；当该位为 1 时，使能 T2 翻转时的中断。当 PWM5 波形发生器内部计数值与 T2 计数器所设置的值相匹配时，PWM 的波形发生翻转，同时硬件将 C5IF 置 1。

4) EC5T1SI

PWM5 的 T1 匹配发生波形翻转时的中断控制位。当该位为 0 时，关闭 T1 翻转时的中断；当该位为 1 时，使能 T1 翻转时的中断。当 PWM5 波形发生器内部计数值与 T1 计数器所设置的值相匹配时，PWM 的波形发生翻转，同时硬件将 C5IF 置 1。

## 25.2.16 PWM6 翻转计数器

本节介绍 PWM6 的翻转计数器，包含：

(1) PWM6 第一次翻转高字节寄存器 PWM6T1H，如表 25.29 所示。该寄存器位于 STC 单片机扩展特殊功能寄存器 XSFR 地址为 0xFF40 的位置。当复位后，该寄存器的值为 x0000000。

表 25.29 PWM6 第一次翻转高字节寄存器 PWM6T1H 各位的含义

| 比特位 | B7 | B6 | B5 | B4 | B3 | B2 | B1 | B0 |
|---|---|---|---|---|---|---|---|---|
| 名字 | | PWM6T1H[14:8] | | | | | | |

(2) PWM6 第一次翻转低字节寄存器 PWM6T1L，如表 25.30 所示。该寄存器位于 STC 单片机扩展特殊功能寄存器 XSFR 地址为 0xFF41 的位置。当复位后，该寄存器的值为 00000000。

表 25.30 PWM6 第一次翻转低字节寄存器 PWM6T1L 各位的含义

| 比特位 | B7 | B6 | B5 | B4 | B3 | B2 | B1 | B0 |
|---|---|---|---|---|---|---|---|---|
| 名字 | PWM6T1L [7:0] | | | | | | | |

(3) PWM6 第二次翻转高字节寄存器 PWM6T2H,如表 25.31 所示。该寄存器位于 STC 单片机扩展特殊功能寄存器 XSFR 地址为 0xFF42 的位置。当复位后,该寄存器的值为 x0000000。

**表 25.31　PWM6 第二次翻转高字节寄存器 PWM6T2H 各位的含义**

| 比特位 | B7 | B6 | B5 | B4 | B3 | B2 | B1 | B0 |
|---|---|---|---|---|---|---|---|---|
| 名字 | | PWM6T2H[14:8] | | | | | | |

(4) PWM6 第二次翻转低字节寄存器 PWM6T2L,如表 25.32 所示。该寄存器位于 STC 单片机扩展特殊功能寄存器 XSFR 地址为 0xFF43 的位置。当复位后,该寄存器的值为 00000000。

**表 25.32　PWM6 第二次翻转低字节寄存器 PWM6T2L 各位的含义**

| 比特位 | B7 | B6 | B5 | B4 | B3 | B2 | B1 | B0 |
|---|---|---|---|---|---|---|---|---|
| 名字 | PWM6T2L [7:0] | | | | | | | |

## 25.2.17　PWM6 控制寄存器

本节介绍 PWM6 控制寄存器 PWM6CR,如表 25.33 所示。该寄存器位于 STC 单片机扩展特殊功能寄存器 XSFR 地址为 0xFF44 的位置。当复位后,该寄存器的值为 xxxxx0000。

**表 25.33　PWM6 控制寄存器 PWM6CR 各位的含义**

| 比特位 | B7 | B6 | B5 | B4 | B3 | B2 | B1 | B0 |
|---|---|---|---|---|---|---|---|---|
| 名字 | | | | | PWM6_PS | EPWM6I | EC6T2SI | EC6T1SI |

其中:

1) PWM6_PS

PWM6 输出引脚选择位。当该位为 0 时,PWM6 的输出引脚为 PWM6/P1.6。当该位为 1 时,PWM6 的输出引脚为 PWM6_2/P0.7。

2) EPWM6I

PWM6 中断使能控制位。当该位为 0 时,关闭 PWM6 中断。当该位为 1 时,使能 PWM6 中断。当 C6IF 被硬件设置为 1 时,程序将跳转到相应中断服务程序入口执行中断服务程序。

3) EC6T2SI

PWM6 的 T2 匹配发生波形翻转时的中断控制位。当该位为 0 时,关闭 T2 翻转时的中断;当该位为 1 时,使能 T2 翻转时的中断。当 PWM6 波形发生器内部计数值与 T2 计数器所设置的值相匹配时,PWM 的波形发生翻转,同时硬件将 C6IF 置 1。

4) EC6T1SI

PWM2 的 T1 匹配发生波形翻转时的中断控制位。当该位为 0 时,关闭 T1 翻转时的中断；当该位为1时，使能T1翻转时的中断。当PWM6波形发生器内部计数值与T1计数器所设置的值相匹配时，PWM的波形发生翻转，同时硬件将C6IF置1。

## 25.2.18 PWM7翻转计数器

本节介绍PWM7的翻转计数器，包含：

(1) PWM7第一次翻转高字节寄存器PWM7T1H，如表25.34所示。该寄存器位于STC单片机扩展特殊功能寄存器XSFR地址为0xFF50的位置。当复位后，该寄存器的值为x0000000。

**表25.34 PWM7第一次翻转高字节寄存器PWM7T1H各位的含义**

| 比特位 | B7 | B6 | B5 | B4 | B3 | B2 | B1 | B0 |
|---|---|---|---|---|---|---|---|---|
| 名字 | | PWM7T1H[14:8] | | | | | | |

(2) PWM7第一次翻转低字节寄存器PWM7T1L，如表25.35所示。该寄存器位于STC单片机扩展特殊功能寄存器XSFR地址为0xFF51的位置。当复位后，该寄存器的值为00000000。

**表25.35 PWM7第一次翻转低字节寄存器PWM7T1L各位的含义**

| 比特位 | B7 | B6 | B5 | B4 | B3 | B2 | B1 | B0 |
|---|---|---|---|---|---|---|---|---|
| 名字 | PWM7T1L [7:0] | | | | | | | |

(3) PWM7第二次翻转高字节寄存器PWM7T2H，如表25.36所示。该寄存器位于STC单片机扩展特殊功能寄存器XSFR地址为0xFF52的位置。当复位后，该寄存器的值为x0000000。

**表25.36 PWM7第二次翻转高字节寄存器PWM7T2H各位的含义**

| 比特位 | B7 | B6 | B5 | B4 | B3 | B2 | B1 | B0 |
|---|---|---|---|---|---|---|---|---|
| 名字 | | PWM7T2H[14:8] | | | | | | |

(4) PWM7第二次翻转低字节寄存器PWM7T2L，如表25.37所示。该寄存器位于STC单片机扩展特殊功能寄存器XSFR地址为0xFF53的位置。当复位后，该寄存器的值为00000000。

**表25.37 PWM7第二次翻转低字节寄存器PWM7T2L各位的含义**

| 比特位 | B7 | B6 | B5 | B4 | B3 | B2 | B1 | B0 |
|---|---|---|---|---|---|---|---|---|
| 名字 | PWM7T2L [7:0] | | | | | | | |

## 25.2.19 PWM7控制寄存器

本节介绍PWM7控制寄存器PWM7CR，如表25.38所示。该寄存器位于STC单片机扩展特殊功能寄存器XSFR地址为0xFF54的位置。当复位后，该寄存器的值为xxxxx0000。

表 25.38 PWM7 控制寄存器 PWM7CR 各位的含义

| 比特位 | B7 | B6 | B5 | B4 | B3 | B2 | B1 | B0 |
|---|---|---|---|---|---|---|---|---|
| 名字 | | | | | PWM7_PS | EPWM7I | EC7T2SI | EC7T1SI |

其中：

1) PWM7_PS

PWM7 输出引脚选择位。当该位为 0 时，PWM7 的输出引脚为 PWM7/P1.7。当该位为 1 时，PWM7 的输出引脚为 PWM7_2/P0.6。

2) EPWM7I

PWM7 中断使能控制位。当该位为 0 时，关闭 PWM7 中断。当该位为 1 时，使能 PWM7 中断。当 C2IF 被硬件设置为 1 时，程序将跳转到相应中断服务程序入口执行中断服务程序。

3) EC7T2SI

PWM7 的 T2 匹配发生波形翻转时的中断控制位。当该位为 0 时，关闭 T2 翻转时的中断；当该位为 1 时，使能 T2 翻转时的中断。当 PWM7 波形发生器内部计数值与 T2 计数器所设置的值相匹配时，PWM 的波形发生翻转，同时硬件将 C7IF 置 1。

4) EC7T1SI

PWM7 的 T1 匹配发生波形翻转时的中断控制位。当该位为 0 时，关闭 T1 翻转时的中断；当该位为 1 时，使能 T1 翻转时的中断。当 PWM7 波形发生器内部计数值与 T1 计数器所设置的值相匹配时，PWM 的波形发生翻转，同时硬件将 C7IF 置 1。

## 25.2.20 PWM 中断优先级控制寄存器

前面已经介绍 PWM 中断优先级控制寄存器 IP2，本节只介绍与 PWM 发生器相关的位，如表 25.39 所示。该寄存器位于 STC 单片机特殊功能寄存器地址为 0xB5 的位置。当复位后，该寄存器的值为 xxx00000。

表 25.39 PWM 中断优先级控制寄存器 IP2 各位的含义

| 比特位 | B7 | B6 | B5 | B4 | B3 | B2 | B1 | B0 |
|---|---|---|---|---|---|---|---|---|
| 名字 | | | | PX4 | PPWMFD | PPWM | PSPI | PS2 |

其中：

1) PPWMFD

PWM 异常检测中断优先级控制位。当该位为 0 时，PWM 异常检测中断为最低优先级(优先级 0)；当该位为 1 时，PWM 异常检测中断为最高优先级(优先级 1)。

2) PPWM

PWM 中断优先级控制位。当该位为 0 时，PWM 中断为最低优先级(优先级 0)；当该位为 1 时，PWM 中断为最高优先级(优先级 1)。

**注**：在 STC15 系列单片机中，按如下方式声明中断函数：

```
void PWM_Routine(void) interrupt 22;
void PWMFD_Routine(void) interrupt 23;
```

## 25.3 增强型 PWM 发生器实现 1

本节将使用增强型 PWM 发生器产生一个重复的 PWM 波形，波形特征为如下：

(1) PWM 波形发生器的时钟频率为系统时钟的 4 分频。

(2) 波形由通道 4 输出。

(3) 周期为 20 个 PWM 时钟。

(4) 占空比为 2/3(高电平在整个周期所占的时间)。

(5) 有 4 个 PWM 时钟的相位延迟。

**【例 25-1】** 通过增强型 PWM 发生器产生 PWM 波形用 C 语言描述的例子。

**代码清单 25-1 main.c 文件**

```c
#include "reg51.h"
sfr P_SW2      = 0xBA;                   //声明 P_SW2 寄存器的地址为 0xBA
sfr PWMCFG     = 0xF1;                   //声明 PWMCFG 寄存器的地址为 0xF1
sfr PWMCR      = 0xF5;                   //声明 PWMCR 寄存器的地址为 0xF5
sfr P2M0       = 0x96;                   //声明 P2 端口模式寄存器 P2M0 寄存器地址 0x96
sfr P2M1       = 0x95;                   //声明 P2 端口模式寄存器 P2M1 寄存器地址 0x95
unsigned char xdata *PWMCKS;             //声明 xdata 区域无符号 char 类型指针 *PWMCKS
unsigned char xdata *PWMCH;              //声明 xdata 区域无符号 char 类型指针 *PWMCH
unsigned char xdata *PWMCL;              //声明 xdata 区域无符号 char 类型指针 *PWMCL
unsigned char xdata *PWM4T1H;            //声明 xdata 区域无符号 char 类型指针 *PWM4T1H
unsigned char xdata *PWM4T1L;            //声明 xdata 区域无符号 char 类型指针 *PWM4T1L
unsigned char xdata *PWM4T2H;            //声明 xdata 区域无符号 char 类型指针 *PWM4T2H
unsigned char xdata *PWM4T2L;            //声明 xdata 区域无符号 char 类型指针 *PWM4T2L
unsigned char xdata *PWM4CR;             //声明 xdata 区域无符号 char 类型指针 *PWM4CR
void main()
{
     P2M0 = 0;                           //通过 P2 端口模式寄存器 P2M0 和 P2M1 将端口 2
     P2M1 = 0;                           //设置为准双向/弱上拉
     P_SW2 |= 0x80;                      //使能访问扩展 SFR
     PWMCFG &= 0xFB;                     //PWM4 输出初始电平为低电平
     PWMCKS = 0xFFF2;                    //定义指针 *PWMCKS 在扩展 SFR 的地址为 0xFFF2
     *PWMCKS = 0x03;                     //PWM 时钟为系统时钟/4
     PWMCH = 0xFFF0;                     //定义指针 *PWMCH 在扩展 SFR 的地址为 0xFFF0
     PWMCL = 0xFFF1;                     //定义指针 *PWMCL 在扩展 SFR 的地址为 0xFFF1
     *PWMCH = 0;                         //PWM 计数器初值计数器[PWMCH,PWMCL] = 19
     *PWMCL = 19;
     PWM4T1H = 0xFF20;                   //定义指针 *PWM4T1H 在扩展 SFR 的地址为 0xFF20
     PWM4T1L = 0xFF21;                   //定义指针 *PWM4T1L 在扩展 SFR 的地址为 0xFF21
     *PWM4T1H = 0;                       //PWM4 第一次翻转计数器初值
     *PWM4T1L = 3;                       //[PWM4T1H,PWM4T1L] = 3
     PWM4T2H = 0xFF22;                   //定义指针 *PWM4T2H 在扩展 SFR 的地址为 0xFF22
     PWM4T2L = 0xFF23;                   //定义指针 *PWM4T2L 在扩展 SFR 的地址为 0xFF23
     *PWM4T2H = 0;                       //PWM4 第二次翻转计数器初值
     *PWM4T2L = 0x10;                    //[PWM4T2H,PWM4T2L] = 16
     PWM4CR = 0xFF24;                    //定义指针 *PWM4CR 在扩展 SFR 的地址为 0xFF24
     *PWM4CR = 0;                        //PWM4 输出引脚 P2.2,禁止 PWM4 的中断
     P_SW2 &= 0x0F;                      //禁止对扩展 SFR 的访问
     PWMCR |= 0x84;                      //使能增强型 PWM 波形发生器,PWM4 输出使能
}
```

**注**：读者可以进入本书所提供资料的 STC_example\例 25-1 目录下，打开并参考该设计。

下载和分析设计的步骤主要包括：

(1) 打开 STC-ISP 软件，在该界面内，选择硬件选项。将"输入用户程序运行时的 IRC 频率"设置为 12.0000MHz。

(2) 单击"下载/编程"按钮，按前面的方法下载设计到 STC 单片机。

(3) 打开示波器，并将示波器的探头连接到 STC 学习板上 J9 插座上标记为 P2.2 的插孔。

**注**：示波器和 STC 学习板一定要共地。

(4) 调整示波器的量程并观察结果，如图 25.1 所示。

**思考与练习**

25-1 修改设计代码，将占空比修改为 80%。

25-2 修改设计代码，启动 PWM5 通道，并使用 PWM5_2/P4.2 引脚输出。

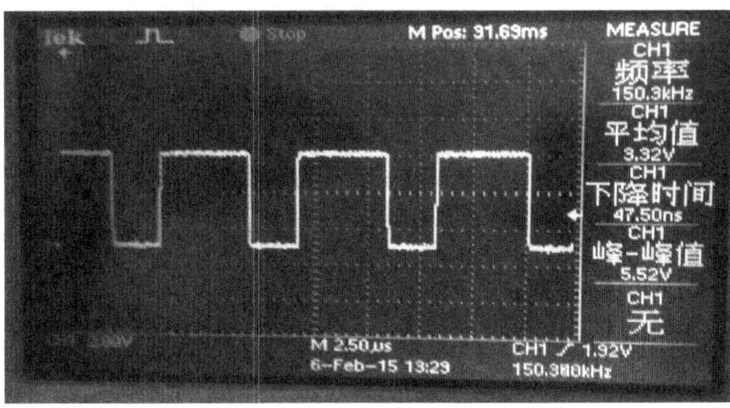


图 25.1 单个 PWM 波形显示界面

## 25.4 增强型 PWM 发生器实现 2

本节将使用增强型 PWM 发生器产生两个互补的 PWM 波形，波形特征如下：

(1) PWM 波形发生器为系统时钟的 4 分频。

(2) 波形由通道 4 和通道 5 输出。

(3) 周期为 20 个 PWM 时钟。

(4) 通道 4 的有效高电平为 13 个 PWM 时钟。

(5) 通道 5 的有效高电平为 10 个 PWM 时钟。

(6) 前端死区为 2 个 PWM 时钟，末端死区为 1 个 PWM 时钟。

**【例 25-2】** 通过增强型 PWM 发生器产生两路互补 PWM 波形用 C 语言描述的例子。

**代码清单 25-2 main.c 文件**

```
#include "reg51.h"
sfr P_SW2       = 0xBA;            //声明 P_SW2 寄存器的地址为 0xBA
```

```
sfr PWMCFG       = 0xF1;             //声明 PWMCFG 寄存器的地址为 0xF1
sfr PWMCR        = 0xF5;             //声明 PWMCR 寄存器的地址为 0xF5
sfr P2M0         = 0x96;             //声明 P2 端口模式寄存器 P2M0 寄存器地址 0x96
sfr P2M1         = 0x95;             //声明 P2 端口模式寄存器 P2M1 寄存器地址 0x95
unsigned char xdata * PWMCKS;        //声明 xdata 区域无符号 char 类型指针 * PWMCKS
unsigned char xdata * PWMCH;         //声明 xdata 区域无符号 char 类型指针 * PWMCH
unsigned char xdata * PWMCL;         //声明 xdata 区域无符号 char 类型指针 * PWMCL
unsigned char xdata * PWM4T1H;       //声明 xdata 区域无符号 char 类型指针 * PWM4T1H
unsigned char xdata * PWM4T1L;       //声明 xdata 区域无符号 char 类型指针 * PWM4T1L
unsigned char xdata * PWM4T2H;       //声明 xdata 区域无符号 char 类型指针 * PWM4T2H
unsigned char xdata * PWM4T2L;       //声明 xdata 区域无符号 char 类型指针 * PWM4T2L
unsigned char xdata * PWM4CR;        //声明 xdata 区域无符号 char 类型指针 * PWM4CR
unsigned char xdata * PWM5T1H;       //声明 xdata 区域无符号 char 类型指针 * PWM5T1H
unsigned char xdata * PWM5T1L;       //声明 xdata 区域无符号 char 类型指针 * PWM5T1L
unsigned char xdata * PWM5T2H;       //声明 xdata 区域无符号 char 类型指针 * PWM5T2H
unsigned char xdata * PWM5T2L;       //声明 xdata 区域无符号 char 类型指针 * PWM5T2L
unsigned char xdata * PWM5CR;        //声明 xdata 区域无符号 char 类型指针 * PWM5CR

void main()
{
     P2M0 = 0;                       //通过 P2 端口模式寄存器 P2M0 和 P2M1 将端口 2
     P2M1 = 0;                       //设置为准双向/弱上拉
     P_SW2| = 0x80;                  //使能访问扩展 SFR
     PWMCFG& = 0xFB;                 //PWM4 输出初始电平为低电平
     PWMCFG| = 0x08;                 //PWM5 输出初始电平为高电平
     PWMCKS = 0xFFF2;                //定义指针 * PWMCKS 在扩展 SFR 的地址为 0xFFF2
      * PWMCKS = 0x03;               //PWM 时钟为系统时钟/4
     PWMCH = 0xFFF0;                 //定义指针 * PWMCH 在扩展 SFR 的地址为 0xFFF0
     PWMCL = 0xFFF1;                 //定义指针 * PWMCL 在扩展 SFR 的地址为 0xFFF1
      * PWMCH = 0;                   //PWM 计数器初值计数器[PWMCH,PWMCL] = 19
      * PWMCL = 19;
     PWM4T1H = 0xFF20;               //定义指针 * PWM4T1H 在扩展 SFR 的地址为 0xFF20
     PWM4T1L = 0xFF21;               //定义指针 * PWM4T1L 在扩展 SFR 的地址为 0xFF21
      * PWM4T1H = 0;                 //PWM4 第一次翻转计数器初值
      * PWM4T1L = 3;                 //[PWM4T1H,PWM4T1L] = 3
     PWM4T2H = 0xFF22;               //定义指针 * PWM4T2H 在扩展 SFR 的地址为 0xFF22
     PWM4T2L = 0xFF23;               //定义指针 * PWM4T2L 在扩展 SFR 的地址为 0xFF23
      * PWM4T2H = 0;                 //PWM4 第二次翻转计数器初值
      * PWM4T2L = 0x10;              //[PWM4T2H,PWM4T2L] = 16
     PWM4CR = 0xFF24;                //定义指针 * PWM4CR 在扩展 SFR 的地址为 0xFF24
      * PWM4CR = 0;                  //PWM4 输出引脚 P2.2,禁止 PWM4 的中断
     PWM5T1H = 0xFF30;               //定义指针 * PWM5T1H 在扩展 SFR 的地址为 0xFF30
     PWM5T1L = 0xFF31;               //定义指针 * PWM5T1L 在扩展 SFR 的地址为 0Xff31
      * PWM5T1H = 0;                 //PWM5 第一次翻转计数器初值
      * PWM5T1L = 3;                 //[PWM5T1H,PWM5T1L] = 3
     PWM5T2H = 0xFF32;               //定义指针 * PWM5T2H 在扩展 SFR 的地址为 0xFF32
     PWM5T2L = 0xFF33;               //定义指针 * PWM5T2H 在扩展 SFR 的地址为 0xFF33
      * PWM5T1H = 0;                 //PWM5 第二次翻转计数器初值
      * PWM5T1L = 15;                //[PWM5T2H,PWM5T2L] = 15
     PWM5CR = 0xFF34;                //定义指针 * PWM5CR 在扩展 SFR 的地址为 0xFF34
      * PWM5CR = 0;                  //PWM5 输出引脚 P2.3,禁止 PWM5 的中断
     P_SW2& = 0x0F;                  //禁止对扩展 SFR 的访问
     PWMCR| = 0x8C;                  //使能 PWM 波形发生器,PWM4 和 PWM5 输出使能
}
```

**注**：读者可以进入本书所提供资料的 STC_example\例 25-2 目录下，打开并参考该设计。

下载和分析设计的步骤主要包括：

(1) 打开 STC-ISP 软件，在该界面内，选择硬件选项。将“输入用户程序运行时的 IRC 频率”设置为 12.0000MHz。

(2) 单击“下载/编程”按钮，按前面的方法下载设计到 STC 单片机。

(3) 打开示波器，并将示波器的两个探头同时连接到 STC 学习板上 J9 插座上标记为 P2.2 的插孔和标记为 P2.3 的插孔。

**注**：示波器和 STC 学习板一定要共地。

(4) 调整示波器的量程并观察结果，如图 25.2 所示。

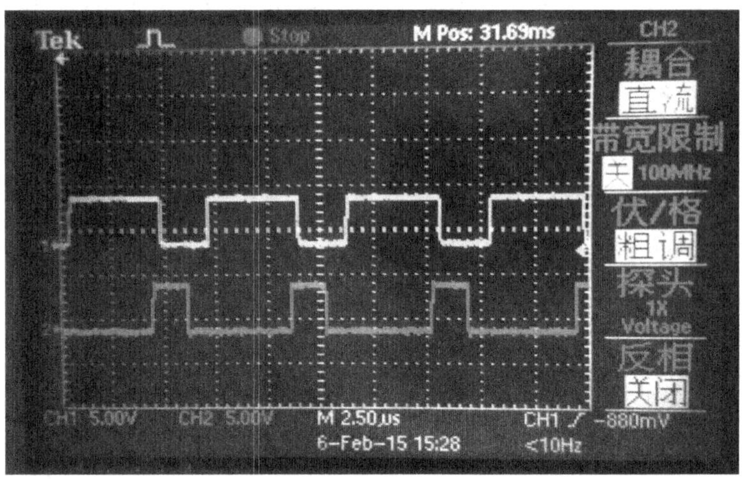


图 25.2 两路 PWM 波形显示界面

**思考与练习**

25-3 根据波形分析两个 PWM 的死区。

25-4 修改设计代码，启动 PWM3 和 PWM7 通道，并使用 PWM5 和 PWM7 引脚输出两路带死区控制的 PWM 波。

# 第 26 章 RTX51 操作系统原理及实现

CHAPTER 26

RTX51 Tiny 是一个实时的内核，由一个 ARM 公司——Keil 发布，它用于代码长度敏感的应用。RTX51 包含在 Keil μVision 开发工具中，并且它是免费的。其特点包括：

(1) RTX51 Tiny 支持 C51 编译器所有的存储器模型(小的、压缩的和大的存储模型)。

(2) RTX51 Tiny 可以配置成轮询和合作的多任务，但它不支持抢占任务切换和任务优先级。

(3) RTX51 Tiny 只使用一个定时器，用于操作系统的定时器滴答，不使用其他硬件资源。

**注：** RTX51 有两个版本——RTX51 FULL 和 RTX51 Tiny。本章只介绍 RTX51 Tiny。

## 26.1 操作系统的必要性

在不使用操作系统的传统的单片机中，常使用单任务的程序或者轮询的程序。

### 26.1.1 单任务程序

一个标准的 C 程序用 main 函数启动执行。在嵌入式应用中，main 通常作为一个无限循环，被认为一个单任务，这个任务连续地运行。下面给出单任务程序的代码。

**【例 26-1】** 单任务程序 C 语言描述的例子。

**代码清单 26-1　单任务程序**

```
int counter;
void main (void) {
counter = 0;
while (1) {                    //无限循环
            counter++;         //递增计数器
           }
}
```

很明显，一旦 CPU 开始运行这个程序，除非强行退出，永远无法释放 CPU 资源，其他程序永远不能得到 CPU 的服务(执行)。

### 26.1.2 轮询程序

不用实时操作系统 RTOS，解决单任务程序的一个方法就是将需要 CPU 执行的一些程序编写成为子程序，然后用一个轮询预安排的多任务机制，实现一个更复杂的 C 程序。在这个机制中，在一个无限循环中重复地调用任务或者函数。

**【例 26-2】** 轮询程序 C 语言描述的例子。

**代码清单 26-2　轮询程序**

```
int counter;
void main (void) {
counter = 0;
while (1) {                                //无限循环
            check_serial_io ();            //处理串行 I/O 设备
            process_serial_cmds ();        //处理串行输入
            check_kbd_io ();               //检查键盘 I/O 设备
            process_kbd_cmds ();           //处理键盘输入
            adjust_ctrlr_parms ();         //调整控制器
            counter++;                     //递增计数器
        }
}
```

与前面的单任务程序相比，本质还是一样，即除非强行退出，否则，CPU 永远运行该程序。但改进之处是，在运行程序的时候，可以按一定的顺序轮流地执行其他功能，如串行处理、键盘输入等。但响应事件的能力较差，如硬件上已经出现了键盘按键的事件，但是必须等待程序轮询执行到 process_kbd_cmds 子程序时才能进行处理。

从这两个例子可以看出，单任务和轮询的程序运行方式效率很低、响应事件的时间较长，并且不能同时运行多个程序，不能有效地管理计算机的硬件资源，因此就需要引入操作系统来解决这些问题。

## 26.2　操作系统基本知识

操作系统是管理和控制计算机硬件与软件资源的计算机程序，是直接运行在计算机硬件上的最基本的系统软件，任何其他软件都必须在操作系统的支持下才能运行。

操作系统在硬件系统上运行，它常驻于内存，并提供给上层两种接口：操作接口和编程接口。操作接口由一系列操作指令组成，用户通过操作接口可以方便地使用计算机。编程接口由一系列的系统调用组成各种程序可以使用这些系统调用让操作系统为其服务，并通过操作系统来使用硬件和软件资源。所以，其他程序是在操作系统提供的功能基础上运行的。

### 26.2.1　操作系统的作用

操作系统的作用主要体现在以下两方面：

(1) 屏蔽硬件物理特性和操作细节，为用户使用计算机提供了便利。对于一个复杂的 CPU 来说，其指令系统有多达成千上万条机器指令，它们的执行由微程序的指令解释系统实现。在早期的计算机中，计算机程序设计者就是在计算机硬件上直接通过汇编语言和 C 语言编写程序。这种方式在早期的计算机系统中没有任何问题。但是，随着计算机硬件体系结构越来越复杂，这种直接在计算机硬件上编程的设计方式就会遇到很多困难。典型地，如何高效地管理计算机硬件系统的各个功能部件，包括存储器和外设等。

(2) 有效管理系统资源，提高系统资源使用效率。如何有效地管理和合理地分配系统资源，提高系统资源的使用效率是操作系统必须发挥的主要作用。资源利用率和系统吞吐量是衡量计算机性能的两个重要的指标。

要想使计算机系统满足这两个性能指标，就要求计算机系统能同时为多个程序共同使用提供环境。当一个计算机系统中运行多个程序的时候，需要解决资源共享问题，以及如何分配、管理有限的资源。

### 26.2.2 操作系统的功能

操作系统位于底层硬件与用户之间，是两者沟通的桥梁。用户可以通过操作系统的用户界面输入指令。操作系统则对指令进行解释，驱动硬件设备，实现用户要求。以现代观点而言，一个完整的OS应该提供以下功能。

**1. 资源管理**

系统的设备资源和信息资源都是操作系统根据用户需求按一定的策略来进行分配和调度的。操作系统的存储管理就负责把内存单元分配给需要内存的程序以便让它执行，在程序执行结束后将它占用的内存单元收回以便再使用。对于提供虚拟存储的计算机系统，操作系统还要与硬件配合做好页面调度工作，根据执行程序的要求分配页面，在执行中将页面调入和调出内存以及回收页面等。

处理器管理或称处理器调度，是操作系统资源管理功能的另一个重要内容。在一个允许同时执行多道程序的系统里，操作系统会根据一定的策略将处理器交替地分配给系统内等待运行的程序。只有在获得了处理器后，才能运行一个等待运行的程序。一道程序在运行中若遇到某个事件，如启动外部设备而暂时不能继续运行下去或发生一个外部事件等，操作系统就要来处理相应的事件，然后重新分配处理器。

操作系统的设备管理功能主要是分配和回收外部设备以及控制外部设备按用户程序的要求进行操作等。对于非存储型外部设备，如打印机和显示器等，它们可以直接作为一个设备分配给一个用户程序，在使用完毕后回收它以便给另一个需要的用户使用。对于存储型的外部设备，如磁盘和磁带等，则给用户提供存储空间，用来存放文件和数据。存储型外部设备的管理与信息管理是密切结合的。

信息管理是操作系统的一个重要的功能，主要是向用户提供一个文件系统。一般而言，一个文件系统向用户提供创建文件、撤销文件、读写文件、打开和关闭文件等功能。有了文件系统后，用户可按文件名存取数据而无须知道这些数据存放的地方。这种做法不仅便于用户使用而且还有利于用户共享公共数据。此外，由于建立文件时允许创建者规定使用权限，这样就可以保证数据的安全性。

**2. 程序控制**

一个用户程序的执行自始至终是在操作系统控制下进行的。一个用户将他要解决的问题用某一种程序设计语言描述后，就将该程序连同对它执行的要求输入到计算机中，操作系统就根据要求控制这个用户程序的执行直到结束为止。操作系统控制用户的执行主要有以下内容：

(1) 调入相应的编译程序，将用某种程序设计语言编写的源程序编译成计算机可执行的目标程序。

(2) 分配内存等存储资源,并将程序调入内存并启动。

(3) 按用户指定的要求处理执行中出现的各种事件以及与操作员联系请示有关意外事件的处理等。

**3. 人机交互**

操作系统的人机交互功能是决定计算机系统友好性的一个重要因素。人机交互功能主要靠可输入/输出的外部设备和相应的软件来完成。可供人机交互使用的设备主要有键盘显示、鼠标、各种模式识别设备等。与这些设备相应的软件就是操作系统提供人机交互功能的部分。人机交互部分的主要作用是控制有关设备的运行和理解并执行通过人机交互设备传来的各种指令和要求。

**4. 进程管理**

不管是常驻程序还是应用程序,它们都是以进程为标准的执行单位。进程就是当前正在运行的程序。在早期使用冯·诺依曼理论构建计算机系统时,每个中央处理器最多只能同时执行一个进程。早期的操作系统,如 DOS 不允许任何程序打破这个限制,且 DOS 同时只能执行一个进程。而现代的操作系统,即便只有一个 CPU,它也可以利用多任务功能同时执行多个进程。进程管理指的是操作系统管理多个进程的准备、运行、挂起和退出。

由于绝大多数的计算机系统只有一个 CPU,在单内核 CPU 的情况下多进程只是简单迅速地切换各进程,让每个进程都能够执行;而在多内核或多处理器的情况下,所有进程通过许多协同技术在各处理器或内核上转换。同时执行的进程越多,每个进程能分配到的时间片就越小。进程管理通常使用分时复用的调度机制,大部分的操作系统可以通过为不同进程指定不同的优先级,从而改变为这些进程所分配的时间片。在进程管理中,优先调度优先级高的进程。

**5. 内存管理**

程序员通常希望系统给进程分配尽可能多且尽可能快的存储器资源。大部分的现代计算机存储器架构都是层次结构式的,存储器层次顺序为寄存器、高速缓存、内存和外存。寄存器容量最小,而外存容量最大;寄存器速度最快,而外存速度最慢。操作系统的存储器管理功能包括:

(1) 查找可用的存储空间。

(2) 配置与释放存储空间。

(3) 交换内存和外存的内容。

(4) 提供存储器访问的权限等功能。

**6. 虚拟内存**

虚拟内存是计算机系统内存管理的一种技术。它使得应用程序认为它拥有连续的可用的内存(一个连续完整的地址空间)。而实际上,它通常是被分隔成多个物理内存碎片,还有部分暂时存储在外部磁盘存储器上,在需要时进行数据交换。

**7. 用户接口**

用户接口包括作业一级接口和程序一级接口。作业一级接口为便于用户直接或间接地控制自己的作业而设置。它通常包括联机用户接口与脱机用户接口。程序一级接口是为用户程序在执行中访问系统资源而设置的,通常由一组系统调用组成。

在早期的单用户单任务操作系统中，每台计算机只有一个用户，每次运行一个程序，且程序不是很大，单个程序完全可以存放在实际内存中。这时虚拟内存并没有太大的用处。但随着程序占用存储器容量的增长和多用户多任务操作系统的出现，在设计程序时，在程序所需要的存储量与计算机系统实际配备的主存储器的容量之间往往存在着矛盾。例如在某些计算机系统中，所提供的物理内存的容量较小，而某些程序却需要很大的内存才能运行；而在多用户多任务系统中，多个用户或多个任务更新全部主存，要求同时互斥（排他性）执行程序。这些同时运行的程序到底占用实际内存中的哪一部分，在编写程序时是无法预先确定的，必须等到运行程序时才能进行分配（动态分配）。

**8. 用户界面**

用户界面（user interface，UI）是系统和用户之间进行交互和信息交换的媒介，它实现信息的内部形式与人类可接受形式之间的转换。

用户界面是便于用户与硬件彼此之间交互沟通而设计的相关软件，目的是使得用户能够方便有效率地去操作硬件以达成双向之交互，借助硬件完成相应的工作，用户界面定义广泛，包含了人机交互与图形用户接口，凡参与人类与机械的信息交流的领域都存在着用户界面。用户和系统之间一般用面向问题的自然语言进行交互。目前有系统开始利用多媒体技术开发新一代的用户界面。

## 26.3 RTX51 操作系统的任务

本节介绍 RTX51 操作系统的定义任务、管理任务和切换任务。

### 26.3.1 定义任务

实时或者多任务应用是由一个或多个执行指定操作的任务所构成的。RTX51 Tiny 允许最多 16 个任务。任务是简单的 C 函数，返回类型为 void，有一个 void 参数列表。使用 _task_ 函数属性声明。格式如下：

```
void func(void) _task_ num
```

其中，func 为任务的函数名；_task_是定义任务关键字；num 是任务 ID 号，取值为 0～15，每一个任务必须有一个唯一的任务号。

**注：** RTX51 TINY 的任务没有返回值和参数，因此定义任务时必须要明确定义为 void 类型。

**【例 26-3】** 定义任务 C 语言描述的例子。

**代码清单 26-3 定义任务**

```
void job0 (void) _task_ 0 {
  while(1) {
    counter0++;                              //计数器递增
  }
}
```

### 26.3.2 管理任务

每个在 RTX51 Tiny 中定义的任务，都应该在下面状态中的其中某个状态。RTX51

Tiny 内核能够保证每个任务的正确状态，如表 26.1 所示。

表 26.1 不同状态的描述

| 状　态 | 描　述 |
|---|---|
| RUNNING | 在 RUNING 状态时，正在执行当前任务。在一个时刻，只允许执行一个任务 |
| READY | 在 READY 状态，等待执行任务。当处理完当前运行的任务后，RTX51 Tiny 启动下一个准备好的任务 |
| WAITING | 在 WAITING 状态，任务等待一个事件。如果发生一个事件，任务则进入 READY 状态 |
| DELETED | 在 DELETED 状态，没有启动任务 |
| TIME-OUT | 在 TIME-OUT 状态，任务被轮询超时打断。这个状态等同于 READY 状态 |

### 26.3.3 切换任务

RTX51 Tiny 执行轮询多任务调度，这样允许模拟并行执行多个无限循环或者任务。任务不是并发执行的，而是按时间片执行的。可用的 CPU 时间被分成时间片，RTX51 Tiny 为每个任务分配一个时间片。每个任务允许执行预先确定的时间长度。然后，RTX51 Tiny 切换到其他准备运行的任务，使这个任务执行一段时间。时间片的长度使用变量 TIMESHARING 定义。

如果不是等待一个任务的时间片超时，那么可以使用 os_wait()系统函数来通知 RTX51 Tiny 让另一个任务开始执行。os_wait()停止执行当前的任务，等待一个指定时间的产生。在这段时间内，可以执行任意个数的任务。

RTX51 Tiny 中，负责分配处理器给一个任务的模块称为调度器。根据下面的规则，RTX51 Tiny 调度器定义所运行的任务。

如果发生下面的情况，则打断当前正在运行的任务：

(1) 任务调用 os_wait 函数，并且没有产生指定的事件。

(2) 执行任务的时间大于定义的轮询超时时间。

如果发生下面的情况，则启动其他任务。

(1) 没有运行其他任务。

(2) 将要启动的任务处于 READY 或者 TIME_OUT 状态。

## 26.4 RTX51 操作系统内核函数

下面对 RTX51 Tiny 内核函数进行说明。

**注：**在调用这些内核函数时，必须包含头文件 rtx51tny.h。

**1. char isr_send_signal(unsigned char task_id)**

功能：该函数发送信号到 task_id 所确定的任务。如果指定的任务已经在等待信号，则该函数调用将准备用于执行的任务，否则，保存信号到任务的信号标志内。该函数只能被中断函数所调用。

返回值：0，表示成功；－1，表示任务不存在。

**【例 26-4】** 调用 isr_send_signal()函数的例子。

**代码清单 26-4 调用 isr_send_signal()函数**

```
#include <rtx51tny.h>
void tst_isr_send_signal (void) interrupt 2
{
isr_send_signal (8);                          //向任务 8 发送信号
}
```

**2. char os_clear_signal(unsigned char task_id)**

功能：清除 task_id 指定任务的信号标志。

返回：0,表示成功清除信号标志；－1,表示任务不存在。

**【例 26-5】** 调用 os_clear_signal()函数的例子。

**代码清单 26-5 调用 os_clear_signal()函数**

```
#include <rtx51tny.h>

void tst_os_clear_signal (void) _task_ 8
{
    …
    os_clear_signal (5);                      //清除任务 5 中的信号标志
    …
}
```

**3. char os_create_task(unsigned char task_id)**

功能：启动由 task_id 指定的任务。将该任务标记为准备状态,并且根据 RTX51 Tiny 指定的规则执行该任务。

返回：0,表示成功启动任务；－1 表示没有启动任务,或者不存在 task_id 定义的任务。

**【例 26-6】** 调用 os_create_task()函数的例子。

**代码清单 26-6 调用 os_create_task()函数**

```
#include <rtx51tny.h>
#include <stdio.h>

void new_task (void) _task_ 2
{
    …
}

void tst_os_create_task (void) _task_ 0
{
    …
if (os_create_task (2))
  {
  printf ("Couldn't start task 2\n");
  }
…
}
```

**4. char os_delete_task(unsigned char task_id)**

功能：停止 task_id 指定的任务,将由 task_id 指定的任务从任务列表中删除。

返回：0,表示任务成功停止和删除；－1,表示指定的任务不存在或者 task_id 定义的任务没有启动。

**【例 26-7】** 调用 os_delete_task()函数的例子。

**代码清单 26-7 调用 os_delete_task()函数**

```
#include <rtx51tny.h>
#include <stdio.h>

void tst_os_delete_task (void) _task_ 0
{
  ...
if (os_delete_task (2))
  {
  printf ("Couldn't stop task 2\n");
  }
  ...
}
```

**5. char os_running_task_id(void)**

功能：确定当前运行任务的 id。

返回：当前运行任务的任务 ID 号,值的范围为 0～15。

**【例 26-8】** 调用 os_running_task_id()函数的例子。

**代码清单 26-8 调用 os_running_task_id()函数**

```
#include <rtx51tny.h>

void tst_os_running_task (void) _task_ 3
{
unsigned char tid;

tid = os_running_task_id ();              // tid = 3
}
```

**6. char os_send_signal(unsigned char task_id)**

功能：发送信号到 task_id 任务。如果指定的任务已经在等待信号,则该函数调用将准备任务用于执行；否则,保存信号到任务的信号标志内。

**注**：os_send_signal 函数只能从任务函数中调用。

返回：0,表示成功；－1,表示任务不存在。

**【例 26-9】** 调用 os_send_signal ()函数的例子。

**代码清单 26-9 调用 os_send_signal ()函数**

```
#include <rtx51tny.h>

void signal_func (void) _task_ 2
{
  ...
os_send_signal (8);                       //向任务 8 发送信号
  ...
}
```

```
void tst_os_send_signal (void) _task_ 8
{
  …
os_send_signal (2);                    //向任务 2 发送信号
  …
}
```

**7. char os_wait(unsigned char event_sel, unsigned char ticks, unsigned int dummy)**

功能：os_wait 函数停止当前的任务，等待一个或多个事件，如来自时间间隔，来自一个超时，或者来自其他任务或者中断。

1）event_sel

该参数指定了时间或者等待事件，可以是下面常数的任何的组合：

(1) K_IVL：等待一个定时器滴答间隔。

(2) K_SIG：等待一个信号。

(3) K_TMO：等待一个超时。

**注**：上面的这些事件可以使用"|"进行逻辑或运算。如 K_TMO|K_SIG，表示等待一个超时或者一个信号。

2）ticks

该参数指定用于等待一个间隔事件(K_IVL)或者超时事件(K_TMO)的定时器滴答的数目。

3）dummy

提供和 RTX51 的兼容性，RTX51 Tiny 不使用。

返回：指定事件发生时，使能任务用于执行，恢复执行。可能的返回值：

(1) SIG_EVENT：接收到一个信号。

(2) TMO_EVENT：完成超时，或者间隔过期。

(3) NOT_OK：event_sel 参数无效。

**【例 26-10】** 调用 os_wait()函数的例子。

**代码清单 26-10　调用 os_wait ()函数**

```
#include <rtx51tny.h>
#include <stdio.h>

void tst_os_wait (void) _task_ 9 {
  while (1) {
    char event;
    event = os_wait (K_SIG | K_TMO, 50, 0);

    switch (event) {
    default:                           //空操作
      break;

    case TMO_EVENT:                    //超时
      break;

    case SIG_EVENT:                    //收到信号
      os_reset_interval (100);         //必须使用 os_reset_interval 调整延迟
```

```
            break;
        }
    }
}
```

**8. char os_wait1(unsigned char event_sel)**

功能：os_wait1 停止当前的任务，等待发生一个事件。os_wait1 函数是 os_wait 函数的子集，不允许 os_wait 所提供的所有的事件。

其中，event_sel 指定等待的事件，只能有 K_SIG，即等待信号。

返回：当信号事件发生时，使能任务用于执行，恢复执行。可能的返回值为 SIG_EVENT 或者 NOT_OK。

**9. char os_wait2(unsigned char event_sel, unsigned char ticks)**

功能：os_wait 函数停止当前的任务，等待一个或多个事件，如来自时间间隔，来自一个超时，或者来自其他任务或者中断。

1）event_sel

该参数指定了时间或者等待事件，可能是下面常数的任何的组合：

(1) K_IVL：等待一个定时器滴答间隔。

(2) K_SIG：等待一个信号。

(3) K_TMO：等待一个超时。

**注**：上面的这些事件可以使用"|"进行逻辑"或"运算。如 K_TMO|K_SIG，表示等待一个超时或者一个信号。

2）ticks

该参数指定用于等待一个间隔事件(K_IVL)或者超时事件(K_TMO)的定时器滴答的数目。

返回：指定事件发生时，使能任务用于执行，恢复执行。可能的返回值：

(1) SIG_EVENT：接收到一个信号。

(2) TMO_EVENT：完成超时，或者间隔过期。

(3) NOT_OK：event_sel 参数无效。

## 26.5 RTX51 操作系统实现

本节将通过例子说明 RTX51 操作系统的实现方法。

### 26.5.1 RTX51 操作系统实现 1

在这个例子中所创建的任务是实现简单的计数器循环。RTX51 启动执行名字为 job0 的任务 0。这个函数添加另一个名字为 job1 的任务。当 job0 执行一段时间后，RTX51 切换到 job1。在 job1 执行一段时间，RTX51 切换回 job0。这个过程无限重复。

**【例 26-11】** 使用 RTX51 Tiny 内核函数调用实现轮询调度 C 语言描述的例子。

**代码清单 26-11 main.c 文件**

```
#include <rtx51tny.h>                    //包含头文件 rtx51tiny.h
```

```
unsigned char counter0;                  //定义无符号 char 类型变量 counter0
unsigned char counter1;                  //定义无符号 char 类型变量 counter1
void job0 (void) _task_ 0                //定义任务 0
    {
        os_create_task (1);              //创建一个任务
        while (1)                        //无限循环
            {
                counter0++;              //更新计数器
            }
    }

void job1 (void) _task_ 1                //定义任务 1
{
    while (1)
        {                                //无限循环
            counter1++;                  //更新计数器
        }
}
```

**注**：(1) 读者可以进入本书所提供资料的 STC_example\例 26-1 目录下，打开并参考该设计。

(2) 在使用 RTX51 操作系统时，需要在 Options for Target 'Target 1'对话框界面中，选择 Target 选项卡。在 Operating system 右侧的下拉框中选择 RTX-51 Tiny 选项，如图 26.1 所示。

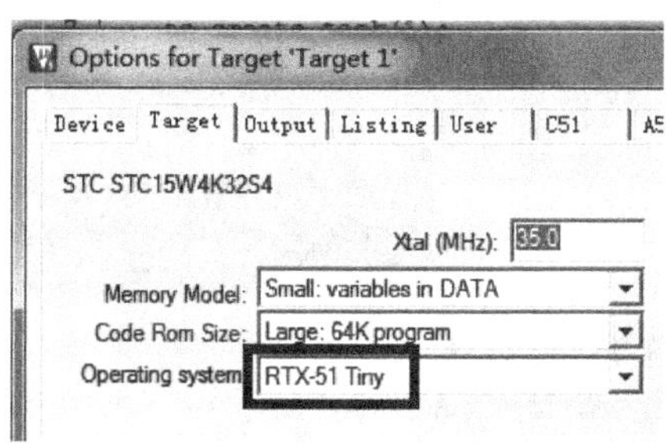


图 26.1 在目标对话框中，包含 RTX51 操作系统

下面通过 Keil μVision 调试器说明 RTX51 的运行机制，主要步骤包括：

(1) 在例 26-1 目录下，打开该设计。

(2) 在 Keil μVision 当前设计主界面主菜单下，选择 Debug→Start/Stop Debug Session 命令，进入调试器模式。

(3) 在当前调试器主界面主菜单下，选择 View→Logic Analyzer 命令。

(4) 在当前调试器主界面右侧上方，出现 Logic Analyzer 界面。

(5) 在该界面中，添加 counter0 和 counter1 两个变量，如图 26.2 所示。

(6) 右击 counter0 和 counter1，出现快捷菜单，选择 state 选项。

(7) 在当前调试器主界面主菜单下，选择 View→Watch Windows→Watch 1 命令。

(8) 在当前调试器主界面右下方出现 Watch1 窗口界面。在该界面中，添加 counter0 和 counter1 两个变量，如图 26.3 所示。

(9) 按 F5 键或者在当前调试主界面主菜单下，选择 Debug→Run，运行该程序。

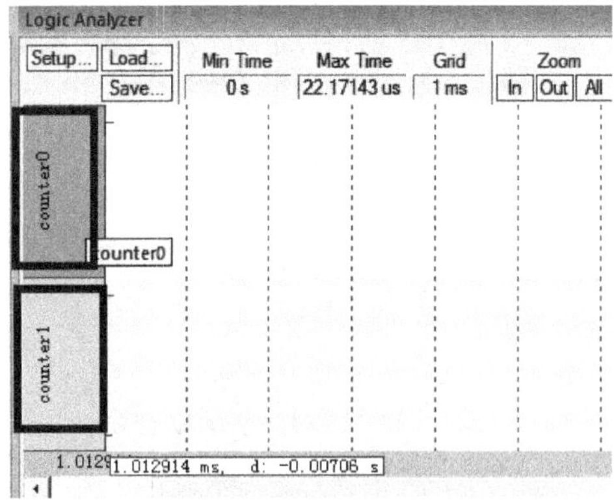


图 26.2　在 Logic Analyzer 界面中添加 counter0 和 counter1 变量

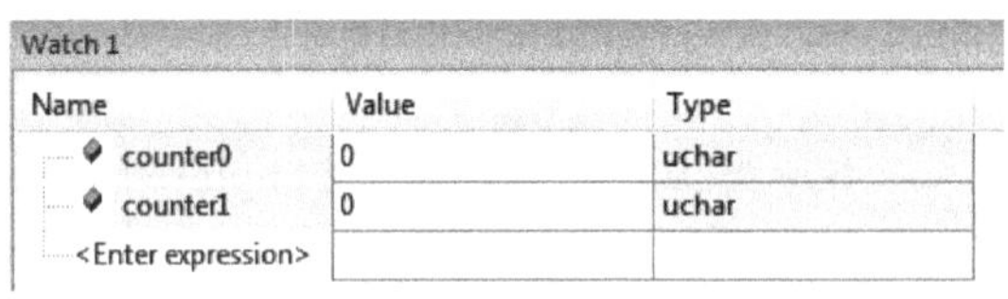


图 26.3　在 Watch 1 窗口中添加 counter0 和 counter1 变量

(10) 观察 Logic Analyzer 窗口，如图 26.4 所示。通过观察 counter0 和 counter1，很明显，两个任务——任务 0 和任务 1 在分时运行。

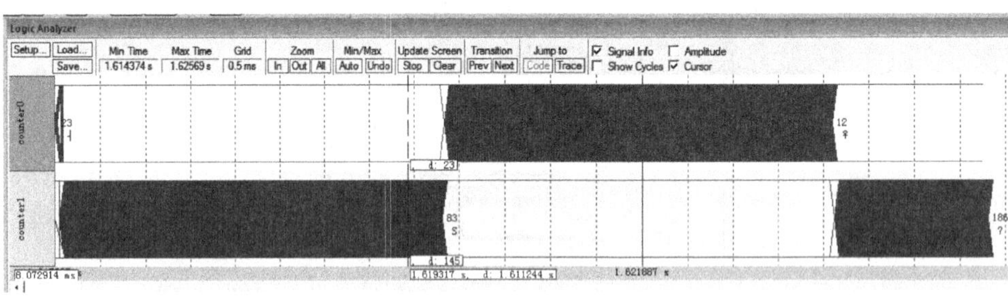


图 26.4　在 Logic Analyzer 窗口中观察 counter0 和 counter1 变量

(11) 观察 Watch 1 窗口，可以看到 counter0 和 counter1 两个变量的值在交替变化，如图 26.5 所示。

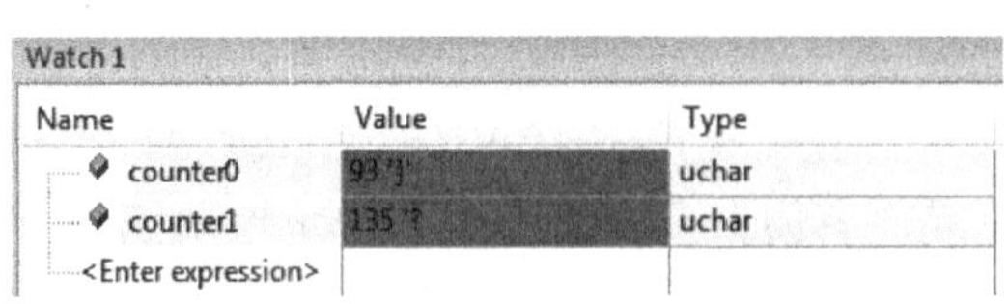


图 26.5　Watch 1 窗口中观察 counter0 和 counter1 变量的变化

### 思考与练习

26-1　停止运行程序，在 Logic Analyzer 窗口中，通过标尺，测量每个程序运行的时间片，给出具体的时间值。

26-2 添加 RTX-Ting TaskList 窗口，并运行程序，观察程序运行时进程之间的相互切换。

**注**：(1) 读者可以在该软件的安装路径下，找到 CONF_TNY. A51 文件并修改该文件内的时间片常数，以改变分配给每个程序的时间片的时间长度。

(2) 读者可以在当前调试主界面下，选择 Debug→OS Support→Rtx-Ting Tasklist，打开 Rtx-Ting Tasklist 窗口界面。

## 26.5.2 RTX51 操作系统实现 2

在这个例子中，job0 使能 job1。但是现在，当递增 counter0 后，job0 调用 os_wait 函数暂停 3 个时钟滴答。在这个时间，RTX51 切换到下一个任务 job1。当 job1 递增 counter1 后，它也调用 os_wait 暂停 5 个时钟滴答。现在，RTX51 没有其他任务需要执行，它进入空闲状态 3 个时钟滴答，然后继续执行 job0。

**【例 26-12】** 使用 RTX51 使用 os_wait 函数延迟执行 C 语言描述的例。

**代码清单 26-12 main. c 文件**

```
#include <rtx51tny.h>                    //包含头文件 rtx51tiny.h
unsigned char counter0;                  //定义无符号 char 类型变量 counter0
unsigned char counter1;                  //定义无符号 char 类型变量 counter1
void job0 (void) _task_ 0                //定义任务 0
    {
        os_create_task (1);              //创建任务 1
        while (1)                        //无限循环
        {
            counter0++;                  //更新计数器
            os_wait (K_TMO,3,1);         //暂停 3 个时钟嘀答
        }
    }

void job1 (void) _task_ 1                //定义任务 1
{
    while (1)                            //无限循环
    {
        counter1++;                      //更新计数器
        os_wait (K_TMO,5,1);             //暂停 5 个时钟嘀答
    }
}
```

**注**：(1) 读者可以进入本书所提供资料的 STC_example\例 26-2 目录下，打开并参考该设计。

(2) 在使用 RTX51 操作系统时，需要在 Options for Target 'Target 1'对话框界面中，选择 Target 标签。在该标签窗口界面中，在 Operating system 右侧的下拉框中，选择 RTX-51 Tiny 选项。

下面通过 Keil μVision 调试器，说明 RTX51 的运行机制，主要步骤包括：

(1) 在例 26-2 目录下，打开该设计。

(2) 在 Keil μVision 当前设计主界面主菜单下，选择 Debug→Start/Stop Debug Session，进入调试模式。

(3) 在当前调试器主界面主菜单下，选择 View→Logic Analyzer 选项。

(4) 在当前调试器主界面右侧上方，出现 Logic Analyzer 界面。

(5) 在该界面中，添加 counter0 和 counter1 两个变量。

(6) 右击 counter0 和 counter1，出现浮动菜单。在浮动菜单内选择 state 选项。

(7) 在当前调试器主界面主菜单下，选择 View→Watch Windows→Watch 1。

(8) 在当前调试器主界面右下方出现 Watch1 窗口界面。在该界面中，添加 counter0 和 counter1 两个变量。

(9) 按 F5 键或者在当前调试主界面主菜单下，选择 Debug→Run，运行该程序。

(10) 观察 Logic Analyzer 窗口，如图 26.6 所示。通过观察 counter0 和 counter1，很明显，每 3 个定时器滴答后递增 counter0，每 5 个定时器滴答后递增 counter1。

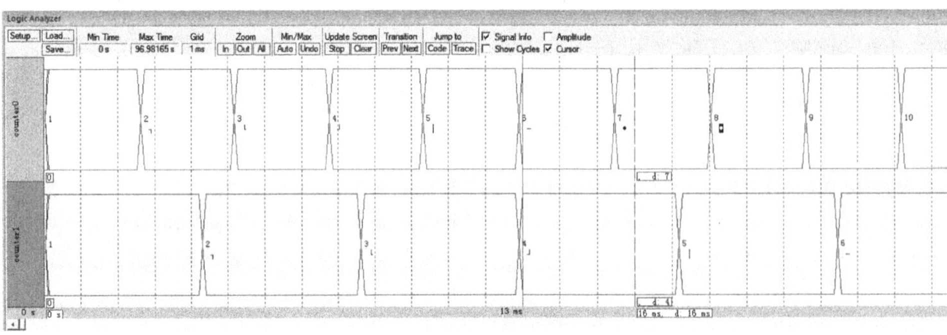

图 26.6　在 Logic Analyzer 窗口中观察 counter0 和 counter1 变量

(11) 观察 Watch 1 窗口，可以看到 counter0 和 counter1 两个变量的值在交替变化，很明显，counter0 变化的比 counter1 要快。

**思考与练习**

26-3　添加 Instruction Trace 窗口并运行程序，观察程序运行时进程之间的相互切换。

### 26.5.3 RTX51 操作系统实现 3

在这个例子中，job1 等待它从其他任务接收到信号。当它接收到一个信号时，递增 counter1。job0 连续地递增 counter0，直到溢出至 0。当发生这种情况时，job0 发送信号到 job1，RTX51 让 job1 准备运行。job1 不会启动，直到 RTX51 得到它的下一个定时器嘀答。

**【例 26-13】** RTX51 使用信号调度两个任务 C 语言描述的例子。

**代码清单 26-13　main. c 文件**

```
#include <rtx51tny.h>                    //包含头文件
unsigned char counter0;                  //定义无符号 char 类型变量 counter0
unsigned char counter1;                  //定义无符号 char 类型变量 counter1
void job0 (void) _task_ 0                //定义任务 0
{
    os_create_task (1);                  //创建任务 1
    while (1)                            //无限循环
    {
        if (++counter0 == 0)             //更新计数器
        os_send_signal (1);              //给任务 1 发送信号
```

```
    }
}

void job1 (void) _task_ 1                    //定义任务1
{
    while (1)                                //无限循环
    {
        os_wait (K_SIG, 0, 0);               //等待信号
        counter1++;                          //更新计数器
    }
}
```

**注**：(1) 读者可以进入本书所提供资料的 STC_example\例 26-3 目录下，打开并参考该设计。

(2) 在使用 RTX51 操作系统时，需要在 Options for Target 'Target 1'对话框界面中，选择 Target 标签。在该标签窗口界面中，在 Operating system 右侧的下拉框中，选择 RTX-51 Tiny 选项。

下面通过 Keil μVision 调试器，说明 RTX51 的运行机制，主要步骤包括：

(1) 在例 26-3 目录下，打开该设计。

(2) 在 Keil μVision 当前设计主界面主菜单下，选择 Debug→Start/Stop Debug Session，进入调试器模式。

(3) 在当前调试器主界面主菜单下，选择 View→Logic Analyzer 选项

(4) 在当前调试器主界面右侧上方，出现 Logic Analyzer 界面。

(5) 在该界面中，添加 counter0 和 counter1 两个变量。

(6) 右击 counter0 和 counter1，出现浮动菜单。在浮动菜单内选择 state 选项。

(7) 在当前调试器主界面主菜单下，选择 View→Watch Windows→Watch 1。

(8) 在当前调试器主界面右下方出现 Watch1 窗口界面。在该界面中，添加 counter0 和 counter1 两个变量。

(9) 按 F5 键或者在当前调试主界面主菜单下，选择 Debug→Run，运行该程序。

(10) 观察 Logic Analyzer 窗口，如图 26.7 所示。

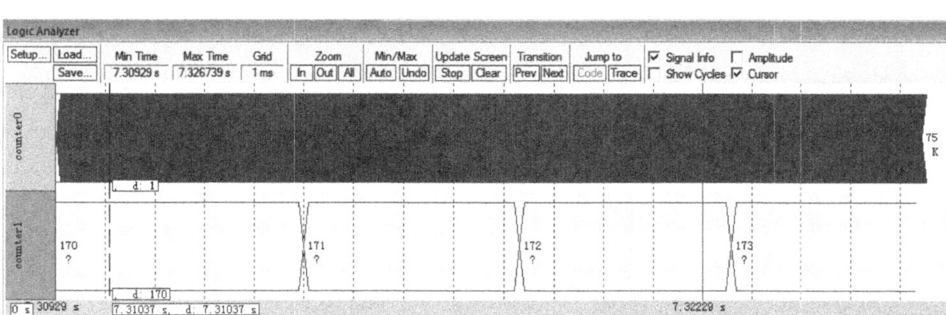


图 26.7 在 Logic Analyzer 窗口中观察 counter0 和 counter1 变量

**思考与练习**

26-4 观察程序运行时，counter0 和 counter1 变量的变化，分析两个任务：任务 0 和任

务1之间发送信号和接收信号,控制任务1运行的情况。

26-5 添加Instruction Trace窗口并运行程序,观察程序运行时进程之间的相互切换。

26-6 使用RTX51操作系统设计一个交通信号灯。设计要求如下:

(1) 绿灯和红灯亮10s,黄灯亮2s。

(2) 包含夜间黄灯双闪模式。

(3) 包含自动和手动模式。

(4) 在STC学习板上进行验证。

附录 A

Appendix A

# STC 单片机选型表

**STC15F100W 系列选型表**

| 型号 | 工作电压(V) | Flash程序存储器字节 | SRAM字节 | 串行口 | SPI | 定时器计数器T0/T2 | CCP PCA PWM | 掉电唤醒专用定时器 | 标准外部中断 | A/D 8路 | DPTR | EEP ROM | 内部低压检测中断 | 看门狗 | 内部高可靠复位 | 内部高精准时钟 | 可对外输出时钟及复位 | 程序加密后传输 | 可设置下次更新程序所需口令 | 支持RS485下载 |
|---|---|---|---|---|---|---|---|---|---|---|---|---|---|---|---|---|---|---|---|---|
| STC15F100W | 3.8～5.5 | 0.5K | 128 | — | — | 2 | — | 有 | 5 | — | 1 | — | 有 | 有 | 8级 | 有 | 是 | 有 | 是 | 是 |
| STC15F101W | 3.8～5.5 | 1K | 128 | — | — | 2 | — | 有 | 5 | — | 1 | 4K | 有 | 有 | 8级 | 有 | 是 | 有 | 是 | 是 |
| STC15F102W | 3.8～5.5 | 2K | 128 | — | — | 2 | — | 有 | 5 | — | 1 | 3K | 有 | 有 | 8级 | 有 | 是 | 有 | 是 | 是 |
| STC15F103W | 3.8～5.5 | 3K | 128 | — | — | 2 | — | 有 | 5 | — | 1 | 2K | 有 | 有 | 8级 | 有 | 是 | 有 | 是 | 是 |
| STC15F104W | 3.8～5.5 | 4K | 128 | — | — | 2 | — | 有 | 5 | — | 1 | 1K | 有 | 有 | 8级 | 有 | 是 | 有 | 是 | 是 |
| IAP15F105W | 3.8～5.5 | 5K | 128 | — | — | 2 | — | 有 | 5 | — | 1 | IAP | 有 | 有 | 8级 | 有 | 是 | 有 | 是 | 是 |
| IRC15F107W | 3.8～5.5 | 7K | 128 | — | — | 2 | — | 有 | 5 | — | 1 | IAP | 有 | 有 | 固定 | 有 | 是 | 无 | 否 | 否 |

**STC15L100W 系列选型表**

| 型号 | 工作电压(V) | Flash程序存储器字节 | SRAM字节 | 串行口 | SPI | 定时器计数器T0/T2 | CCP PCA PWM | 掉电唤醒专用定时器 | 标准外部中断 | A/D 8路 | DPTR | EEP ROM | 内部低压检测中断 | 看门狗 | 内部高可靠复位 | 内部高精准时钟 | 可对外输出时钟及复位 | 程序加密后传输 | 可设置下次更新程序所需口令 | 支持RS485下载 |
|---|---|---|---|---|---|---|---|---|---|---|---|---|---|---|---|---|---|---|---|---|
| STC15L100W | 2.4～3.6 | 0.5K | 128 | — | — | 2 | — | 有 | 5 | — | 1 | — | 有 | 有 | 8级 | 有 | 是 | 有 | 是 | 是 |
| STC15L101W | 2.4～3.6 | 1K | 128 | — | — | 2 | — | 有 | 5 | — | 1 | 4K | 有 | 有 | 8级 | 有 | 是 | 有 | 是 | 是 |
| STC15L102W | 2.4～3.6 | 2K | 128 | — | — | 2 | — | 有 | 5 | — | 1 | 3K | 有 | 有 | 8级 | 有 | 是 | 有 | 是 | 是 |
| STC15L104W | 2.4～3.6 | 4K | 128 | — | — | 2 | — | 有 | 5 | — | 1 | 1K | 有 | 有 | 8级 | 有 | 是 | 有 | 是 | 是 |
| IAP15L105W | 2.4～3.6 | 5K | 128 | — | — | 2 | — | 有 | 5 | — | 1 | IAP | 有 | 有 | 8级 | 有 | 是 | 有 | 是 | 是 |

**STC15W401AS 系列选型表**

| 型号 | 工作电压(V) | Flash程序存储器字节 | SRAM字节 | 串行口 | SPI | 定时器计数器T0/T2 | CCP PCA PWM | 掉电唤醒专用定时器 | 标准外部中断 | A/D 8路 | DPTR | EEP ROM | 内部低压检测中断 | 看门狗 | 内部高可靠复位 | 内部高精准时钟 | 可对外输出时钟及复位 | 程序加密后传输 | 可设置下次更新程序所需口令 | 支持RS485下载 | 比较器 |
|---|---|---|---|---|---|---|---|---|---|---|---|---|---|---|---|---|---|---|---|---|---|
| STC15W401AS | 2.5～5.5 | 1K | 512 | 1 | 有 | 2 | 3-ch | 有 | 5 | 10-bit | 1 | 5K | 有 | 有 | 16级 | 有 | 是 | 有 | 是 | 是 | 有 |
| STC15W402AS | 2.5～5.5 | 2K | 512 | 1 | 有 | 2 | 3-ch | 有 | 5 | 10-bit | 1 | 5K | 有 | 有 | 16级 | 有 | 是 | 有 | 是 | 是 | 有 |
| STC15W404AS | 2.5～5.5 | 4K | 512 | 1 | 有 | 2 | 3-ch | 有 | 5 | 10-bit | 1 | 9K | 有 | 有 | 16级 | 有 | 是 | 有 | 是 | 是 | 有 |
| STC15W408AS | 2.5～5.5 | 8K | 512 | 1 | 有 | 2 | 3-ch | 有 | 5 | 10-bit | 1 | 5K | 有 | 有 | 16级 | 有 | 是 | 有 | 是 | 是 | 有 |
| IAP15W413AS | 2.5～5.5 | 13K | 512 | 1 | 有 | 2 | 3-ch | 有 | 5 | 10-bit | 1 | IAP | 有 | 有 | 16级 | 有 | 是 | 有 | 是 | 是 | 有 |
| IRC15W415AS | 2.5～5.5 | 15.5K | 512 | 1 | 有 | 2 | 3-ch | 有 | 5 | 10-bit | 1 | IAP | 有 | 有 | 16级 | 有 | 是 | 无 | 否 | 否 | 有 |

**STC15W404S 系列选型表**

| 型号 | 工作电压(V) | Flash程序存储器字节 | SRAM字节 | 串行口 | SPI | 定时器计数器T0/T2 | CCP PCA PWM | 掉电唤醒专用定时器 | 标准外部中断 | A/D 8路 | DPTR | EEPROM | 内部低压检测中断 | 看门狗 | 内部高可靠复位 | 内部高精准时钟 | 可对外输出时钟及复位 | 程序加密后传输 | 可设置下次更新程序所需口令 | 支持RS485下载 | 比较器 |
|---|---|---|---|---|---|---|---|---|---|---|---|---|---|---|---|---|---|---|---|---|---|
| STC15W404S | 2.5～5.5 | 4K | 512 | 1 | 有 | 3 | — | 有 | 5 | — | 2 | 9K | 有 | 有 | 16级 | 有 | 是 | 有 | 是 | 是 | 有 |
| STC15W408S | 2.5～5.5 | 8K | 512 | 1 | 有 | 3 | — | 有 | 5 | — | 2 | 5K | 有 | 有 | 16级 | 有 | 是 | 有 | 是 | 是 | 有 |
| STC15W410S | 2.5～5.5 | 10K | 512 | 1 | 有 | 3 | — | 有 | 5 | — | 2 | 3K | 有 | 有 | 16级 | 有 | 是 | 有 | 是 | 是 | 有 |
| IAP15W413S | 2.5～5.5 | 13K | 512 | 1 | 有 | 3 | — | 有 | 5 | — | 2 | IAP | 有 | 有 | 16级 | 有 | 是 | 有 | 是 | 是 | 有 |
| IRC15W415S | 2.5～5.5 | 15.5K | 512 | 1 | 有 | 3 | — | 有 | 5 | — | 2 | IAP | 有 | 有 | 固定 | 有 | 是 | 无 | 否 | 否 | 有 |

**STC15F2K60S2 系列选型表**

| 型号 | 工作电压(V) | Flash程序存储器字节 | SRAM字节 | 串行口 | SPI | 定时器计数器T0/T2 | CCP PCA PWM | 掉电唤醒专用定时器 | 标准外部中断 | A/D 8路 | DPTR | EEPROM | 内部低压检测中断 | 看门狗 | 内部高可靠复位 | 内部高精准时钟 | 可对外输出时钟及复位 | 程序加密后传输 | 可设置下次更新程序所需口令 | 支持RS485下载 | 比较器 |
|---|---|---|---|---|---|---|---|---|---|---|---|---|---|---|---|---|---|---|---|---|---|
| STC15F2K08S2 | 4.5～5.5 | 8K | 2K | 2 | 有 | 3 | 3-ch | 有 | 5 | 10位 | — | 53K | 有 | 有 | 8级 | 有 | 是 | 有 | 是 | 是 | — |
| STC15F2K16S2 | 4.5～5.5 | 16K | 2K | 2 | 有 | 3 | 3-ch | 有 | 5 | 10位 | — | 45K | 有 | 有 | 8级 | 有 | 是 | 有 | 是 | 是 | — |
| STC15F2K32S2 | 4.5～5.5 | 32K | 2K | 2 | 有 | 3 | 3-ch | 有 | 5 | 10位 | — | 29K | 有 | 有 | 8级 | 有 | 是 | 有 | 是 | 是 | — |
| STC15F2K48S2 | 4.5～5.5 | 48K | 2K | 2 | 有 | 3 | 3-ch | 有 | 5 | 10位 | — | 13K | 有 | 有 | 8级 | 有 | 是 | 有 | 是 | 是 | — |
| STC15F2K60S2 | 4.5～5.5 | 60K | 2K | 2 | 有 | 3 | 3-ch | 有 | 5 | 10位 | — | 1K | 有 | 有 | 8级 | 有 | 是 | 有 | 是 | 是 | — |
| IAP15F2K61S2 | 4.5～5.5 | 61K | 2K | 2 | 有 | 3 | 3-ch | 有 | 5 | 10位 | — | IAP | 有 | 有 | 8级 | 有 | 是 | 有 | 是 | 是 | — |

续表

| 型号 | 工作电压(V) | Flash程序存储器字节 | SRAM字节 | 串行口 | SPI | 定时器计数器T0/T2 | CCP PCA PWM | 掉电唤醒专用定时器 | 标准外部中断 | A/D 8路 | DPTR | EEPROM | 内部低压检测中断 | 看门狗 | 内部高可靠复位 | 内部高精准时钟 | 可对外输出时钟及复位 | 程序加密后传输 | 可设置下次更新程序所需口令 | 支持RS485下载 | 比较器 |
|---|---|---|---|---|---|---|---|---|---|---|---|---|---|---|---|---|---|---|---|---|---|
| IRC15F2K63S2 | 4.5~5.5 | 63.5K | 2K | 2 | 有 | 3 | 3-ch | 有 | 5 | 10位 | — | IAP | 有 | 有 | 固定 | 有 | 是 | 无 | 否 | 否 | — |
| STC15F2K32S | 4.5~5.5 | 32K | 2K | 2 | 有 | 3 | 3-ch | 有 | 5 | 10位 | — | 29K | 有 | 有 | 8级 | 有 | 是 | 有 | 是 | 是 | — |
| STC15F2K60S | 4.5~5.5 | 60K | 2K | 2 | 有 | 3 | 3-ch | 有 | 5 | 10位 | — | 1K | 有 | 有 | 8级 | 有 | 是 | 有 | 是 | 是 | — |
| IAP15F2K61S | 4.5~5.5 | 61K | 2K | 2 | 有 | 3 | 3-ch | 有 | 5 | 10位 | — | IAP | 有 | 有 | 8级 | 有 | 是 | 有 | 是 | 是 | — |
| STC15F2K24AS | 4.5~5.5 | 24K | 2K | 2 | 有 | 3 | 3-ch | 有 | 5 | 10位 | — | 37K | 有 | 有 | 8级 | 有 | 是 | 有 | 是 | 是 | — |
| STC15F2K48AS | 4.5~5.5 | 48K | 2K | 2 | 有 | 3 | 3-ch | 有 | 5 | 10位 | — | 13K | 有 | 有 | 8级 | 有 | 是 | 有 | 是 | 是 | — |

**STC15L2K60S2 系列选型表**

| 型号 | 工作电压(V) | Flash程序存储器字节 | SRAM字节 | 串行口 | SPI | 定时器计数器T0/T2 | CCP PCA PWM | 掉电唤醒专用定时器 | 标准外部中断 | A/D 8路 | DPTR | EEPROM | 内部低压检测中断 | 看门狗 | 内部高可靠复位 | 内部高精准时钟 | 可对外输出时钟及复位 | 程序加密后传输 | 可设置下次更新程序所需口令 | 支持RS485下载 | 比较器 |
|---|---|---|---|---|---|---|---|---|---|---|---|---|---|---|---|---|---|---|---|---|---|
| STC15L2K08S2 | 2.4~3.6 | 8K | 2K | 2 | 有 | 3 | 3-ch | 有 | 5 | 10位 | 2 | 53K | 有 | 有 | 8级 | 有 | 是 | 有 | 是 | 是 | — |
| STC15L2K16S2 | 2.4~3.6 | 16K | 2K | 2 | 有 | 3 | 3-ch | 有 | 5 | 10位 | 2 | 45K | 有 | 有 | 8级 | 有 | 是 | 有 | 是 | 是 | — |
| STC15L2K24S2 | 2.4~3.6 | 24K | 2K | 2 | 有 | 3 | 3-ch | 有 | 5 | 10位 | 2 | 37K | 有 | 有 | 8级 | 有 | 是 | 有 | 是 | 是 | — |
| STC15L2K32S2 | 2.4~3.6 | 32K | 2K | 2 | 有 | 3 | 3-ch | 有 | 5 | 10位 | 2 | 29K | 有 | 有 | 8级 | 有 | 是 | 有 | 是 | 是 | — |
| STC15L2K40S2 | 2.4~3.6 | 40K | 2K | 2 | 有 | 3 | 3-ch | 有 | 5 | 10位 | 2 | 21K | 有 | 有 | 8级 | 有 | 是 | 有 | 是 | 是 | — |

续表

| 型号 | 工作电压(V) | Flash程序存储器字节 | SRAM字节 | 串行口 | SPI | 定时器计数器T0/T2 | CCP PCA PWM | 掉电唤醒专用定时器 | 标准外部中断 | A/D 8路 | DPTR | EEPROM | 内部低压检测中断 | 看门狗 | 内部高可靠复位 | 内部高精准时钟 | 可对外输出时钟及复位 | 程序加密后传输 | 可设置下次更新程序所需口令 | 支持RS485下载 | 比较器 |
|---|---|---|---|---|---|---|---|---|---|---|---|---|---|---|---|---|---|---|---|---|---|
| STC15L2K48S2 | 2.4～3.6 | 48K | 2K | 2 | 有 | 3 | 3-ch | 有 | 5 | 10位 | 2 | 13K | 有 | 有 | 8级 | 有 | 是 | 有 | 是 | 是 | — |
| STC15L2K56S2 | 2.4～3.6 | 56K | 2K | 2 | 有 | 3 | 3-ch | 有 | 5 | 10位 | 2 | 5K | 有 | 有 | 8级 | 有 | 是 | 有 | 是 | 是 | — |
| STC15L2K60S2 | 2.4～3.6 | 60K | 2K | 2 | 有 | 3 | 3-ch | 有 | 5 | 10位 | 2 | 1K | 有 | 有 | 8级 | 有 | 是 | 有 | 是 | 是 | — |
| IAP15L2K61S2 | 2.4～3.6 | 61K | 2K | 2 | 有 | 3 | 3-ch | 有 | 5 | 10位 | 2 | IAP | 有 | 有 | 8级 | 有 | 是 | 有 | 是 | 是 | — |
| STC15L2K32S | 2.4～3.6 | 32K | 2K | 1 | 有 | 3 | — | 有 | 5 | — | 2 | 29K | 有 | 有 | 8级 | 有 | 是 | 有 | 是 | 是 | — |
| STC15L2K60S | 2.4～3.6 | 60K | 2K | 1 | 有 | 3 | — | 有 | 5 | — | 2 | 1K | 有 | 有 | 8级 | 有 | 是 | 有 | 是 | 是 | — |
| IAP15L2K61S | 2.4～3.6 | 61K | 2K | 1 | 有 | 3 | — | 有 | 5 | — | 2 | IAP | 有 | 有 | 8级 | 有 | 是 | 有 | 是 | 是 | — |
| STC15L2K24AS | 2.4～3.6 | 24K | 2K | 1 | 有 | 3 | 3-ch | 有 | 5 | 10位 | 2 | 37K | 有 | 有 | 8级 | 有 | 是 | 有 | 是 | 是 | |
| STC15L2K48AS | 2.4～3.6 | 48K | 2K | 1 | 有 | 3 | 3-ch | 有 | 5 | 10位 | 2 | 13K | 有 | 有 | 8级 | 有 | 是 | 有 | 是 | 是 | |

**STC15W4K32S4 系列选型表型号**

| 型号 | 工作电压(V) | Flash程序存储器字节 | SRAM字节 | 串行口 | SPI | 定时器计数器T0/T2 | CCP PCA PWM | 掉电唤醒专用定时器 | 标准外部中断 | A/D 8路 | DPTR | EEPROM | 内部低压检测中断 | 看门狗 | 内部高可靠复位 | 内部高精准时钟 | 可对外输出时钟及复位 | 程序加密后传输 | 可设置下次更新程序所需口令 | 支持RS485下载 | 比较器 | 支持USB直接下载 |
|---|---|---|---|---|---|---|---|---|---|---|---|---|---|---|---|---|---|---|---|---|---|---|
| STC15W4K16S4 | 2.5～5.5 | 16K | 4K | 4 | 有 | 5 | 6/2-ch | 有 | 有 | 10位 | 2 | 42K | 有 | 有 | 16级 | 有 | 是 | 有 | 是 | 是 | 有 | 是 |

续表

| 型号 | 工作电压(V) | Flash程序存储器字节 | SRAM字节 | 串行口 | SPI | 定时器计数器T0/T2 | CCP PCA PWM | 掉电唤醒专用定时器 | 标准外部中断 | A/D 8路 | DPTR | EEPROM | 内部低压检测中断 | 看门狗 | 内部高可靠复位 | 内部高精准时钟 | 可对外输出时钟及复位 | 程序加密后传输 | 可设置下次更新程序所需口令 | 支持RS485下载 | 比较器 | 支持USB直接下载 |
|---|---|---|---|---|---|---|---|---|---|---|---|---|---|---|---|---|---|---|---|---|---|---|
| STC15W4K32S4 | 2.5～5.5 | 32K | 4K | 4 | 有 | 5 | 6/2-ch | 有 | 有 | 10位 | 2 | 26K | 有 | 有 | 16级 | 有 | 是 | 有 | 是 | 是 | 有 | 是 |
| STC15W4K40S4 | 2.5～5.5 | 40K | 4K | 4 | 有 | 5 | 6/2-ch | 有 | 有 | 10位 | 2 | 18K | 有 | 有 | 16级 | 有 | 是 | 有 | 是 | 是 | 有 | 是 |
| STC15W4K48S4 | 2.5～5.5 | 48K | 4K | 4 | 有 | 5 | 6/2-ch | 有 | 有 | 10位 | 2 | 10K | 有 | 有 | 16级 | 有 | 是 | 有 | 是 | 是 | 有 | 是 |
| STC15W4K56S4 | 2.5～5.5 | 56K | 4K | 4 | 有 | 5 | 6/2-ch | 有 | 有 | 10位 | 2 | 2K | 有 | 有 | 16级 | 有 | 是 | 有 | 是 | 是 | 有 | 是 |
| IAP15W4K58S4 | 2.5～5.5 | 58K | 4K | 4 | 有 | 5 | 6/2-ch | 有 | 有 | 10位 | 2 | IAP | 有 | 有 | 16级 | 有 | 是 | 有 | 是 | 是 | 有 | 是 |
| IAP15W4K61S4 | 2.5～5.5 | 61K | 4K | 4 | 有 | 5 | 6/2-ch | 有 | 有 | 10位 | 2 | IAP | 有 | 有 | 16级 | 有 | 是 | 有 | 是 | 是 | 有 | 否 |
| IRC15W4K63S4 | 2.5～5.5 | 63.5K | 4K | 4 | 有 | 5 | 6/2-ch | 有 | 有 | 10位 | 2 | IAP | 有 | 有 | 固定 | 有 | 是 | 无 | 否 | 否 | 有 | 否 |